Springer-Lehrbuch

Helmut Wannenwetsch

Integrierte Materialwirtschaft, Logistik und Beschaffung

5., neu bearbeitete Auflage

Springer Vieweg

Helmut Wannenwetsch
Fakultät für Wirtschaft
Duale Hochschule Baden-Württemberg Mannheim
Mannheim, Deutschland

ISSN 0937-7433
ISBN 978-3-642-45022-8 ISBN 978-3-642-45023-5 (eBook)
DOI 10.1007/978-3-642-45023-5

Die Deutsche Nationalbibliothek verzeichnet diese Publikation in der Deutschen Nationalbibliografie; detaillierte bibliografische Daten sind im Internet über http://dnb.d-nb.de abrufbar.

Springer Vieweg

Gedruckt auf säurefreiem und chlorfrei gebleichtem Papier

Springer Vieweg ist eine Marke von Springer DE. Springer DE ist Teil der Fachverlagsgruppe Springer Science+Business Media.
www.springer-vieweg.de

Vorwort

Das Erscheinen der fünften Neuauflage des Praxisbuches „Integrierte Materialwirtschaft und Logistik“ innerhalb weniger Jahre zeigt die hohe Akzeptanz des Praxisbuches beim Leser. Dies gilt ebenso für das Erfolgsbuch „Erfolgreiche Verhandlungsführung in Einkauf und Logistik“, welches später erschien und jetzt ebenfalls in der vierten Neuauflage nachgefragt wird.

Das wissenschaftlich fundierte Fachbuch „Integrierte Materialwirtschaft und Logistik“ ist verständlich geschrieben und wird in allen Branchen und Studiengängen wie Industrie und Handel, Automobilindustrie, Verkehrsbereich, Dienstleistung, Chemie, Pharma, Maschinenbau und Logistik erfolgreich eingesetzt.

Das Buch umfasst z.B. das Supply Chain Management, Einkauf, Logistik, Energielogistik, Karriere im Einkauf, Materialwirtschaft, Produktion, Qualitätsmanagement, Umweltlogistik, Vertragsmanagement, Dienstleistung und Entsorgung, Dazu gehören auch Themen wie E-Logistik, ERP- und SCM-Systeme, Verkehrssysteme, Global Sourcing, Service-Logistik, ECR- oder Ersatzteillogistik. Daneben werden die vielfältigen Möglichkeiten der Kostenoptimierung in Logistik Controlling oder VMI, Maverick Buying, Materialgruppenmanagement oder der ABC/RSU-Analyse anschaulich dargestellt. Die bedeutenden und aktuellen Themen Energiemanagement, Standardisierung und Komplexitätsmanagement wurden neu aufgenommen, wie auch das Thema Karriere im Einkauf.

Die fünfte Auflage wurde komplett neu gestaltet und aktualisiert. Nach jedem Kapitel findet der Leser jetzt Wiederholungsfragen zum besseren Verständnis des Gelesenen. Am Schluss des Buches gibt es Lösungshinweise für die einzelnen Wiederholungsfragen. Zahlreiche praxisnahe und anschaulich dargestellte Fallbeispiele vertiefen die Kenntnisse der einzelnen Kapitel. Abbildungen, Tabellen und Merksätze erhöhen die Aussagekraft und ermöglichen eine schnelle und leichte Vermittlung des Wissens. Folgende Merkmale zeichnen das Buch aus:

- praxisnahe Darstellung mit zahlreichen informativen Grafiken,
- aussagekräftige Tabellen und Übersichten,
- verständliche und klare Formulierungen,

- Wiederholungsfragen nach jedem Kapitel mit Lösungshinweisen,
- Hinweise zu Prüfungsfragen für Studenten, Dozenten und Professoren,
- hoher Praxisbezug und schnelle Umsetzungsmöglichkeit.
- für Praktiker, Bachelor und Masterstudiengänge.

Die Zielgruppen des Buches sind Studierende, Dozenten und Professoren an Universitäten, Hochschulen, Dualen Hochschulen, Fachhochschulen, Berufsakademien und Fachschulen im Grund- und Hauptstudium. Das Buch findet große Nachfrage sowohl in Bachelor- und Masterstudiengängen als auch in der Fort- und Weiterbildung von Praktikern in kleinen und mittleren und auch großen Unternehmen.

Bei der Erstellung des Buches gilt mein herzlicher Dank für die langjährige vertrauensvolle Zusammenarbeit den Mitarbeitern des Springer-Verlages Herrn Cheflektor Dipl.-Ing. Thomas Lehnert, sowie der verantwortlichen Lektorin Frau Sabine Bromby. Wertvolle Anregungen bekam ich von Frau Meike Seeber (Dipl.-Betriebswirtin) und Frau Anja Franke (Dipl.-Betriebswirtin).

Für vielfältige Anregungen und Beiträge danke ich den Fach- und Führungskräften der Industrie, meinen Professoren-Kollegen der Dualen Hochschule Baden-Württemberg Mannheim sowie dem Bundesverband Materialwirtschaft, Einkauf und Logistik (BME) in Frankfurt/Main.

Mannheim, im August 2014 *Helmut H. Wannenwetsch*

Inhaltsverzeichnis

1 Integrierte Logistik, Beschaffung, Materialwirtschaft und Produktion

Investition in Wissen bringt die höchsten Zinsen.
Benjamin Franklin (Gründervater der Vereinigten Staaten)

Das Ziel des Lehr- und Praxisbuches ist die Abdeckung aller Bereiche des Supply Chain Managements über die gesamte Wertschöpfungskette. In diesem Buch werden alle Bereiche der Supply Chain, von Logistik, Materialwirtschaft und Logistik dargestellt. Zu Beginn des ersten Kapitels wird die Bedeutung von Logistik und Beschaffung anhand von kurzen Praxisbeispielen dargestellt. Danach werden die die Begriffe, Ziel und Aufgaben der Logistik kurz und prägnant erklärt. Anschließend erfolgt die Darstellung der Prozessorientierung und Wertschöpfung. Neben der Erläuterung der globalen Netzwerke der Logistik zeigt das Fachbuch eine detaillierte Betrachtung der Organisation von Logistik und Materialwirtschaft und Einkauf im Unternehmen.

Die Kapitel sind logisch aufeinander aufgebaut. Aussagekräftige Grafiken, Tabellen und Praxisbeispiele ergänzend die einzelnen Kapitel. Zum besseren Verständnis werden nach jedem Kapitel entsprechende Wiederholungsfragen aufgeführt. Die Lösungshinweise auf diese Wiederholungsfragen sind am Schluss des Buches kapitelweise aufgeführt.

1.1 Deutschland als weltweit größter Logistikmarkt

Infolge der Globalisierung der Warenströme hat sich die Logistik zu einer Boombranche entwickelt. Der Logistik-Umsatz der deutschen Wirtschaft betrug im Jahre 2013 ca. 230 Mrd. Euro. Nach der Automobilindustrie ist die Logistik der größte Wirtschaftsbereich in Deutschland.

Die Logistikbranche beschäftigt rund 2,85 Mio. Mitarbeiter in mehr als 60.000 Unternehmen. Die ca. 2,85 Mio. Mitarbeiter sind je zur Hälfte bei den Logistikdienstleistern sowie in den Logistiksparten von Industrie und Handel beschäftigt. Der Logistik-Markt in Europa wird auf 950 Mrd. Euro geschätzt (2011). Davon nimmt die Bundesrepublik Deutschland mit einem Anteil von 20% den europaweit größten Anteil ein (Vgl. BVL Bundesvereinigung Logistik 16.01.2013 und 2014). Der Anteil der Logistikkosten an den Gesamtkosten des Unternehmens schwankt je nach Branche und beträgt im Fahrzeugbau 5,1%, Maschinenbau 6,0%, Chemie 6,9% und im Nahrungsmittelbereich 8,0% (Vgl. Schulte C 2013, S. 10).

1.2 Steigende Bedeutung von Einkauf und Beschaffungsmanagement

„Die Menschen verstehen nicht, welche große Einnahmequelle in der Sparsamkeit liegt“. Dieses Zitat des römischen Politikers Cicero verdeutlicht lauf Prof. Dr. Fieten, Vorstandsmitglied des BME, die Bedeutung des Einkaufs und sein enormes Einsparpotenzial für die Unternehmen (5. BME Stahlforum Köln 2009).

Im Jahre 2010 betrug das Einkaufsvolumen der ca. 7.500 Mitgliedsunternehmen des BME ca. 1,25 Billionen Euro. Die Mitgliedsunternehmen des Bundesverbandes Materialwirtschaft Einkauf und Logistik stellen einen Großteil der Dax-, M-DAX- und S-Dax-Unternehmen dar (Vgl. Bundesverband Materialwirtschaft Einkauf und Logistik (BME, Frankfurt/M) in Verbindung mit Infratest Institut).

Rechnet man alle über 800.000 Unternehmen der Bundesrepublik Deutschland zusammen, so dürfte ein Beschaffungsvolumen von wahrscheinlich 1,5 Billionen Euro entstehen.

Die Unternehmen reduzieren zunehmend die Fertigungstiefe auf 20% und darunter. Dies bedeutet, es wird weniger selbst produziert und immer mehr von Lieferanten zugekauft. Dadurch steigt das Einkaufsvolumen der Unternehmen weiter an.

Dieses Einkaufsvolumen birgt natürlich Potenzial für Kosteneinsparungen. Der Anteil der Materialkosten an der Gesamtleistung der deutschen Industrie liegt im Durchschnitt zwischen 40–70% (Versteeg 1999, S. 30). Im Handel betragen die Materialkosten sogar bis über 80%.

Zwei Drittel der Kosten die beim Bau eines PKWs anfallen, sind Materialkosten (FAZ 2003g). In der Automobilindustrie gilt die Faustformel, dass die Einsparung von einem Prozent bei Material- und Materialgemeinkosten soviel Zusatzgewinn bringt, wie eine Umsatzsteigerung von mindestens 10%. Bei einem Anteil der Materialkosten am Umsatz von 50% und einer Umsazrendite von 3% bewirkt eine Reduzierung der Materialkosten um 5% eine Gewinnsteigerung um 83% (Vgl. Melzer-Ridinger 2007, S. 58).

Nicht nur im Automobilbereich, Maschinenbau, Handel oder im Energiebereich spielt der Einkauf eine herausragende und wettbewerbsentscheidende Rolle. Das gesamte Beschaffungsvolumen von Bund, Ländern, Kommunen und sonstigen öffentlichen Auftraggebern beträgt im Jahr knapp 480 Mrd. Euro (Vgl. Eßig 2013b).

Eine Einsparung von nur 3%, was dem durchschnittlichen Skonto bei Preisverhandlungen entspricht, würde eine Einsparung der Ausgaben der öffentlichen Hand von über 14 Mrd. Euro pro Jahr betragen.

Tabelle 1.1 zeigt die Auswirkung der Materialkostenreduktion um 10% im Vergleich zu einer Umsatzsteigerung um 10%.

Tabelle 1.1. Auswirkung der Materialkostenreduktion um 10% im Vergleich zu einer Umsatzsteigerung um 10%

	Basis in Tausend Euro	**Umsatz + 10 %**	**Materialkosten – 10 %**
Umsatz	100.000	110.000	100.000
Materialkosten	50.000	55.000	45.000
Lohnkosten	20.000	22.000	20,000
Sonstige Kosten	20.000	22.000	20.000
Kosten	90.000	99.000	85.000
Gewinn	10.000	11.000	15.000
Gewinnänderung		+ 10 %	+ 50 %

S.a. Wannenwetsch 2007

Das Beispiel zeigt deutlich, dass bei einer Reduzierung der Materialkosten um 10% sich der Gewinn um 50% erhöht.

Tabelle 1.2 zeigt die Einkaufs-Benchmarks führender US-Wirtschaftssektoren.

Tabelle 1.2. Einkaufs-Benchmarks führender US-Wirtschaftssektoren

Sektor	**Einkaufsanteil am Umsatz**	**Beschaffungskosten in Prozent vom Einkaufsvolumen**	**Einkaufsvolumen pro EK-Mitarbeiter in Mio. US$**	**Einkaufsanteil über Einkaufs (EK)-Abtlg.**
Stahlindustrie	61,7 %	0,65 %	35,79	66,3 %
Halbleiter	47,7 %	0,54 %	14,29	95,6 %
Elektroausrüstung	44,5 %	3,52 %	5,95	87,4 %
Chemie	41,8 %	0,93 %	24,17	86,6 %
Bauindustrie	48,2 %	1,75 %	6,31	93,1 %
Banken	15,3 %	0,38 %	24,15	37,3 %

Stand 2/2003; Quelle: Beschaffung Aktuell 5/2003, S. 8

Die Beispiele zeigen einen Einkaufsanteil am Umsatz zwischen 15,3% und 61,7%. Die Kosten der Beschaffung am gesamten Einkaufsvolumen liegen zwischen 0,38% und 3,52%.

Im Vergleich dazu sehen Sie in Tabelle 1.3 die Einkaufskosten in Prozent vom Einkaufsvolumen (Unternehmen in der Bundesrepublik Deutschland).

Tabelle 1.3. Einkaufskosten in Prozent vom Einkaufsvolumen (BRD)

Branche	Durchschnitt	Best in Class	Delta
Metall-, Elektro- und Kunststoffindustrie, Maschinenbau	1,82	0,59	- 67 %
Energie, Versorgung, GöR	1,43	0.97	- 32 %
Dienstleister	0.90	0,62	- 31 %
Chemie, Pharma, Bio.	1,05	0,60	- 43 %
Kfz-Industrie und Systemzulieferer	1,22	0,57	- 53 %

(Vgl. BME, TOP-Kennzahlen im Einkauf, Auswertung 2013, S. 6).

Man sieht, dass die besten Unternehmen in der Metall-, Elektro- und Kunststoffindustrie sowie im Maschinenbau um 67% geringere Einkaufskosten haben als der Durchschnitt. Allerdings hängen die Einkaufskosten in Prozent vom Einkaufsvolumen auch vom Unternehmensumsatz ab. Je höher der Umsatz desto geringer die prozentualen Einkaufskosten, wie Tabelle 1.4 des BME zeigt.

Tabelle 1.4. Zusammenhang zwischen Einkaufskosten in Prozent vom Einkaufsvolumen und Umsatzvolumen

Branche	Durchschnitt	Best in Class	Delta
< 50 Mio. €	2,75	2,21	20 %
50–200 Mio. €	1,74	0,91	48 %
200–500 Mio. €	1,45	0,67	54 %
500–5.000 Mio. €	1,07	0,61	43 %
< 5.000 Mio. €	1,00	0,66	34 %

(Vgl. BME, TOP-Kennzahlen im Einkauf, Auswertung 2013, S. 6)

Trotz der steigenden Bedeutung des Einkaufs wird bei ca. 25% des Beschaffungsvolumens der Einkauf erst bei der Auftragsvergabe bzw. Bestellschreibung eingebunden. Es ist aber erwiesen, dass bei frühzeitiger Einbindung des Einkaufs, ein im Durchschnitt um 5% höherer Einkaufspreis zu erzielen wäre, welcher sich sofort auf das Unternehmensergebnis auswirken würde (Vgl. BME-Benchmark-Services v. 25.05.2012).

1.3 Wachstums- und Absatzmarkt China

Eine besondere Rolle nimmt hier China ein. Beinahe 90% aller Spielzeuge werden aus China nach Deutschland importiert. China ist weltweit der größte Hersteller von Kleidung und Schuhen ebenso wie von Stahl, Kühlschränken und von TV-Geräten. China produziert 80% des weltweiten Absatzes von Uhren und Armbanduhren und rund 50% bei Fahrrädern und Fotoapparaten (Zeitschrift „Chancen" 2006, S. 7; Wannenwetsch 2009).

Das Schlagwort heißt in vielen Unternehmen Low Cost Country Sourcing (LCCS). Das bedeutet: Der Einkauf von Produkten und Dienstleistungen in Ländern mit niedrigeren Produktionskosten als in Deutschland. Nach Untersuchungen der European Business School (Ebs) beschaffen deutsche Einkäufer noch 50% aller Güter in Deutschland. Im Jahr 2010 werden direkt produktionsrelevante Güter allerdings überwiegend in China eingekauft, anstatt wie bisher in Deutschland. Auch in Ländern wie Indien, Brasilien und einigen Ostblockstaaten wird im Jahr 2010 aufgrund der niedrigen Preise mehr eingekauft werden als heute (Schmidt 2005).

Für die deutsche wie auch die weltweite Automobilindustrie spielt China eine entscheidende Rolle was den Absatz betrifft. Im Jahr 2005 betrug der PKW-Gesamtabsatz von BMW, Mercedes, und anderen deutschen Herstellern nach China ca. 104.00 Fahrzeuge pro Jahr. Im Jahr 2012 betrug der PKW-Absatz von BMW, Mercedes, Porsche und Audi nach China insgesamt 959.000 Neufahrzeuge. So viel wie in keinem anderen Land der Welt. Im Heimatmarkt Deutschland setzten die Premiumhersteller 882.000 Fahrzeuge ab. So viele PKWs wurden in keinem anderen Land der Welt abgesetzt. Tabelle 1.5 zeigt die Anteile der weltweiten Pkw-Produktion in Prozent (Vgl. Roland Berger, Rheinpfalz 2013b).

Tabelle 1.5. Einkaufs-Benchmarks führender US-Wirtschaftssektoren

Jahr	Nordamerika	Westeuropa	China
2007	21 %	23 %	12 %
2013	19 %	15 %	25 %
2016	18 %	13%	27 %

Die Zahlen zeigen, dass ab dem Jahre 2013 die meisten Pkws in China produziert werden. Damit wird sich auch für die gesamte Zuliefererindustrie China zum wichtigsten Absatzmarkt entwickeln. Der Umsatz des chinesischen Autozulieferermarktes erhöhte sich von 67 Mrd. Euro im Jahr 2006 auf insgesamt 261 Mrd. Euro im Jahr 2012 (Vgl. FAZ 2013a, S. 19). Tabelle 1.6 zeigt den Umsatz der chinesischen Zulieferer in China im Vergleich zum Umsatz der deutschen Zulieferer in Asien (Vgl. FAZ 2013a, S. 19).

Tabelle 1.6. Umsatz chinesischer Zulieferer in Asien

Chinesische Zulieferer	Umsatz Mrd. € 2011	Deutsche Zulieferer in Asien	Umsatz Mrd. € 2011 in Asien
Weichai Power	7,3	Bosch	8,0
Hangzhou Zhongce	2,8	Continental	5,9
Triangle Group	1,9	ZF	2,3
Yuchai	1,9	BASF	1,8
Fast Gear	1,5	Mahle	1,2
Shandong Linglong	1,3	Hella	1,1
Double Coin	1,3	Schaeffler	0,8
Aeolus Tire	1,2		
Fuyao Glass	1,2		
Wanxiang Qianchao	1,0		

Im Jahr 2013 wurden in China ca. 18 Mio. PKW verkauft. Auf 1.000 Einwohner kommen in China 47 PKWs, während in Deutschland auf 1.000 Einwohner rund 540 PKWs kommen (http://boerse.ard.de/anlage strategie/branchen/china-paradies-der-autokonzerne100.html v. 01.07.2014).

1.4 Verlagerung von Produktion, Forschung und Entwicklung in das Ausland

Weltweit ist eine Verlagerung der Tätigkeiten in Länder mit niedrigen Arbeitskosten festzustellen. Vor einigen Jahren wurden sogar Tätigkeiten aus Ländern mit niedrigen Arbeitskosten wie z.B. Mexiko nach China verlagert, weil in China die Arbeitskosten nur ein Drittel von denen in Mexiko betrugen. Allerdings sind in den letzten zehn Jahren die Lohnkosten in China teilweise über 300% gestiegen.

Für einige Textilfirmen ist China schon zu teuer und sie haben ihre Produktion bereits nach Pakistan, Kambodscha, Bangladesch, Indien und Vietnam verlagert.

In Tschechien sind beispielsweise in der Automobilproduktion allein 300 ausländische Fahrzeugteilehersteller vertreten und beschäftigen in diesem Bereich rund 70.000 Personen. Dort sind momentan die Hälfte der weltweit bedeutendsten Konzerne wie TRW, Bosch, Siemens, Johnson Controls oder Visteon tätig (Beschaffung Aktuell 2/2004, S. 50).

Zur Absicherung von Währungsrisiken beabsichtigt beispielsweise Volkswagen die Ausweitung von Produktion und Beschaffung in Mexiko. 50% der Teile des neuen VW Jetta stammen aus Mexiko sowie Ländern mit USD Währung. Bis zum Ende der Jahres 2006 will der VW-Konzern sein Einkaufsvolumen von chinesischen Lieferanten von bisher 250 Mio.

Euro auf eine Milliarde Euro Einkaufsvolumen erhöhen (Beschaffung Aktuell 10/2005, S. 31).

Tabelle 1.7. Kosten je Arbeitsstunde in Euro

Land	Kosten je Arbeitsstunde in Euro 2012
Norwegen	57,85
Westdeutschland	38,83
Japan	29,56
USA	25,87
Ostdeutschland	23,57
Tschechischen	10,15
Ungarn	7,65
Polen	6,65
Mexico	4,95
China	3,97
Bulgarien	2,40
Philippinen	1,82

Quelle: Institut der deutschen Wirtschaft, Köln (IW), 2013

Folgende Hauptgründe werden für die Produktionsverlagerung in das Ausland von den Firmen angeführt (Burckhardt 2001, S. 205):

- Personalkosten 82 %
- Produktion im Absatzgebiet 28 %
- Ausweitung von Kernkompetenzen 25 %
- Flexibilität 23 %
- Kapazitätsauslastung 22 %
- Koordinationskosten 13 %

Jedes dritte Unternehmen lässt im Ausland forschen und die Hälfte dieser Unternehmen (also jedes sechste Unternehmen) hat dabei Aktivitäten aus Deutschland verlagert. Dies sind die Ergebnisse einer Umfrage der Deutschen Industrie und Handelskammer (DIHK) unter 1.554 Unternehmen, welche 60% der privatwirtschaftlichen deutschen Forschungsaufwendungen abdecken (FAZ 2005b, S. 11; Rheinpfalz 2006).

Die folgende Aufzählung zeigt die Motive der Unternehmen für Forschungs- und Entwicklungsinvestitionen im Ausland (Antworten in Prozent/Mehrfachnennungen möglich):

- Ergänzung zu Produktionsstandorten im Ausland 44 %
- Niedrigere Lohnkosten 41 %
- Nähe zu Kunden, Markterfordernisse 27 %
- Flexiblere Arbeitszeiten 26 %

- Weniger Bürokratie 24 %
- Bessere Verfügbarkeit qualifizierter Arbeitskräfte 22 %
- Bessere Wissenschafts- und Forschungsstruktur 12 %
- Steuervorteile 12 %

Besonders IT-Hersteller, Maschinenbau-Unternehmen, Kraftfahrzeug-Zulieferer und Anbieter von Elektrotechnik sourcen F&E-Tätigkeiten aus. Bevorzugte Zielländer sind dabei die Staaten Mittel- und Osteuropas, gefolgt von Nordamerika und Asien.

1.5 Rückverlagerung der Produktion nach Deutschland

Von knapp 27.000 untersuchten Unternehmen hat zwischen 2001 und 2003 etwa jedes vierte Unternehmen (6.600 Unternehmen) Teile seiner Produktion in das Ausland verlagert. Bevorzugte Länder waren Osteuropa (64%), Asien (29%) und Westeuropa (28%). Nach Untersuchungen des Institutes für Systemtechnik und Innovationsforschung (ISI) in Karlsruhe kehrt jedes fünfte Unternehmen wieder zurück (Pott 2005).

Die folgende Aufzählung stellt die Gründe für die Rückverlagerung der Produktion dar (Burckhardt 2001, S. 205).

- Flexibilität 62 %
- Kapazitätsauslastung 47 %
- Qualität 43 %
- Koordinationskosten 36 %
- Ausweitung von Kernkompetenzen 23 %
- Produktion nahe F&E Zentren 21 %

Ein Beispiel ist hier das Unternehmen für landwirtschaftliche Geräte Lemken in Alpen/Niederrhein. Der russische Landwirtschaftsminister hatte persönlich für eine Ansiedlung des Unternehmens in Kaliningrad/Russland geworben. Hallen, Maschinen und Stahl aus der Rüstungsindustrie wurden der Firma Lemken zur Verfügung gestellt. Russische Mitarbeiter wurden im Stammwerk Lemken in Alpen ausgebildet. Die Löhne in Russland lagen bei 10% der deutschen Löhne. Es sollten Frästeile für Pflüge gebaut werden.

Als die ersten Pflugteile von Lemken/Kaliningrad nach Lemken/Alpen zum endgültigen Zusammenbau geliefert werden sollten, begannen die Probleme:

- die Produktlieferungen waren nicht pünktlich,
- die Zölle waren höher als die Materialpreise,

- der Strom in Kaliningrad fiel oft aus,
- der zu beschaffende Stahl war plötzlich viel teurer,
- es gab Probleme mit den russischen Banken vor Ort,
- die russische Mafia verlangte „Schutzleistungen".

Der Standort Kaliningrad wurde wieder aufgegeben und die Produktion innerhalb der Region outgesourct.

Nach Untersuchungen des Bundesverbandes Materialwirtschaft, Einkauf und Logistik (BME) werden mit ca. 20% aller Outsourcing-Tätigkeiten im Ausland Verluste eingefahren anstatt der erhofften Einsparungen.

1.6 Begriffe, Ziele und Aufgaben der Logistik

Logistik ist die Gesamtheit aller Tätigkeiten, welche auf eine bedarfsgerechte Verfügbarkeit von Objekten, Personen, Sachgütern, Dienstleistungen, Informationen und Energie ausgerichtet ist (Isermann 1998, S. 21).

Ein weiterer zentraler Begriffsinhalt der Logistik ist die zielgerichtete Überbrückung von Raum- und Zeitparitäten (Ihde 1991 S. 2; Pfohl 1972, S. 15ff; Wildemann 1997a, S. 4).

> Jünemann (Ehrmann 1997, S. 24ff) formulierte die sechs Aufgaben der Logistik (sechs „r") als
>
> „die richtige Menge der richtigen Objekte (Güter, Personen, Energie, Informationen) am richtigen Ort im System (Lieferant, Hersteller, Kunde, Produktion etc.) zum richtigen Zeitpunkt (9:30 Uhr, Just-in-Time) in der richtigen Qualität (fehlerfrei, nach ISO 9000ff etc.) zu den richtigen Kosten (optimales Preis-Leistungs-Verhältnis).

Das Hauptziel der Logistik wie z.B. Optimierung der Logistikleistungen ist natürlich abhängig vom Unternehmensziel. Wird als Unternehmensziel „Erhöhung des Marktanteils der Verkaufsprodukte um 10%" definiert so können sich daraus für die Logistik folgende abgeleitete Ziele ergeben:

- Lieferzeit aller Teile an den Kunden maximal zwölf Stunden ab Auftragsannahme,
- Reklamationsquote unter einem Prozent bezogen auf alle Lieferungen,
- 98% aller Teile müssen am zuständigen Lager verfügbar sein.

Die Ziele und Aufgaben der Logistik werden durch den Einfluss des Internet differenzierter und umfassender. Hierbei spielen Faktoren wie Kundenorientierung, Customer Relationship, Kostenreduzierung sowie die

Flexibilität und Schnelligkeit der Informations-, Waren- und Dienstleistungsversorgung eine immer größere Rolle.

Die Leistung der Logistik wird, wie in anderen Unternehmensbereichen auch, vom Wahrnehmungsvermögen des Kunden bestimmt. Eine starke Wahrnehmung der Logistikleistung soll eine dementsprechende Wertschätzung ergeben und damit verbunden ein Differenzierungsmerkmal gegenüber dem Wettbewerber.

In der Automobilproduktion wird heute bereits das Fünf-Tages-Auto als Ziel anvisiert. Das bedeutet, dass jedes Auto ab Kundenbestellung innerhalb von fünf Tagen nach individuellen Kundenwünschen komplett gefertigt ist.

Dies bedeutet eine optimale Integration der gesamten Supply Chain bzw. der Wertschöpfungskette vom Lieferanten über den Hersteller bis zum Kunden. Innerhalb des Unternehmensbereichs bedeutet dies eine effektive Zusammenarbeit von Beschaffung, Entwicklung, Materialwirtschaft, Produktion und Logistik.

Abbildung 1.1 Logistikleistung als Verhältnis von System-Output zu System-Input (Fortmann 1999, S. 123) verdeutlicht dies.

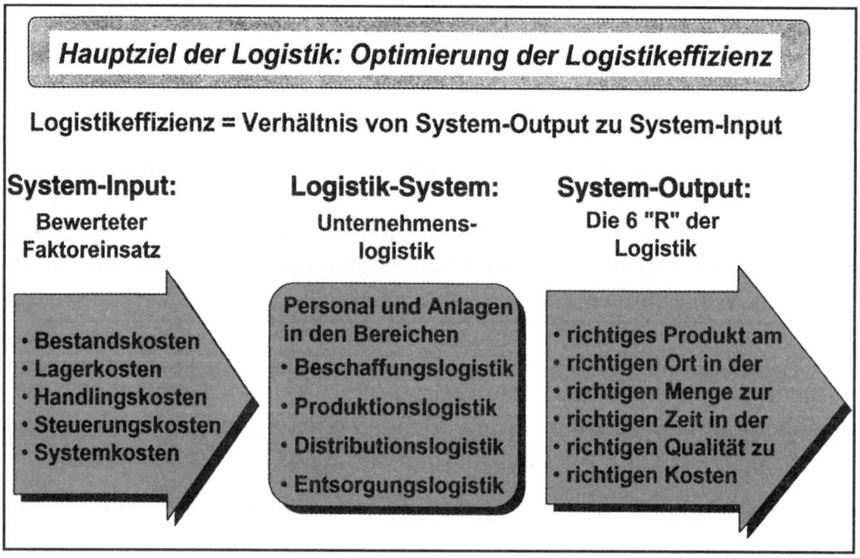

Abb. 1.1. Logistikleistung als Verhältnis von System-Output zu System-Input (Fortmann 1999, S. 123)

1.7 Prozessorientierung und Wertschöpfung in der Logistik

Ein Geschäftsprozess ist eine Folge von einzelnen Funktionen, Aufgaben oder Aktivitäten, die nacheinander oder nebeneinander ablaufen können. Der Einkaufsprozess kann z.B. aus den nacheinander folgenden Prozessen bestehen:

- Ermittlung des Bedarfs,
- Suche von Lieferanten,
- Ausschreibung der Teile bzw. Einholung von Angeboten,
- Auswahl des optimalen Lieferanten,
- Vergabe des Auftrages.

Der nachfolgende Produktionsprozess kann folgende Segmente enthalten:

- Wareneingangsprüfung der vom Einkauf bestellten Teile,
- Einlagerung im Produktionslager,
- Auslagerung an die Fertigung,
- Vormontage der Teile in der Fertigung,
- Zwischenlagerung,
- Endmontage der Teile,
- Einlagerung im Zentrallager.

Der anschließende Distributionsprozess wird hierbei unterteilt in:

- Auslagerung aus dem Zentrallager,
- Verpackung der Teile,
- Fertigstellung zum Versand,
- Transport zum Kunden,
- Wareneingangsprüfung der Teile durch den Kunden.

Neben dem Distributionsprozess kann parallel der Prozess „Rechnungsstellung“ ablaufen:

- Berechnung des Warenwertes,
- Erstellung der Kundenrechnung,
- Versand der Rechnung an den Kunden,
- Überwachung des Rechnungseingangs.

Die Kette der Geschäftsprozesse umfasst hier nicht nur den Hersteller, sondern auch die vorgelagerte Stufe der Lieferanten und die nachgelagerte Stufe der Kunden. Unter der im Geschäftsprozess erzeugten „Wertschöpfung“ versteht man den Wertzuwachs, der den Leistungen mit jedem Prozessschritt (siehe Einkaufsprozess) zuwächst (Pepels 1999a, S. 247ff).

Dieser Wert kann auch in einer *Wertzuwachskurve* dargestellt werden. Wenn ein Lieferteil beispielsweise den Wert 100 Euro hätte, so könnte der Wertzuwachs ab dem Eintreffen beim Hersteller folgendermaßen aussehen (insgesamt 100%):

Einkaufspreis	+ 30 %
Wareneingangsprüfung	+ 1 %
Lagerung	+ 2 %
Vormontage	+ 10 %
Fräsen	+ 7 %
Schleifen	+ 8 %
Bohren	+ 5 %
Lagerung	+ 3 %
Lackierung	+ 9 %
Endmontage	+ 19 %
Lagerung	+ 2 %
Verpackung, Versand	+ 4 %

Anschließend muss noch der Wertzuwachs im Distributionsprozess betrachtet werden.

Die Wertschöpfungskette kann die einzelnen Bereiche eines Unternehmens (Hersteller) wie Entwicklung, Beschaffung, Materialwirtschaft, Fertigung, Vertrieb und Distribution betreffen, sich aber auch auf die Kette „Lieferanten – Hersteller – Kunden" (Supply Chain und eSupply Chain) beziehen (Wannenwetsch/Nicolai 2002, S. 3ff).

Unter dem Begriff des *Supply Chain Managements* werden somit nicht nur die Ansprechpartner in den logistischen Bereichen wie Beschaffung, Transport, Qualitätssicherung und Produktion verstanden. Vielmehr wird hier die gesamte Wertschöpfungskette mit einbezogen. Diese erstreckt sich von den Lieferanten, Modullieferanten, Systemlieferanten zum Hersteller mit Bereichen wie z.B. Entwicklung, Vertrieb, Marketing und Controlling (Wannenwetsch 2002b, S. 196ff, S. 201). Vom Hersteller spannt sich die Wertschöpfungskette über mehrere Ebenen weiter bis zum Kunden.

Hierbei können innerhalb der Wertschöpfungskette wiederum Kooperationen der einzelnen Stufen stattfinden.

Die Hersteller reduzieren hierbei die Anzahl der Lieferanten vor allem der B- und C-Lieferanten und konzentrieren sich dabei auf die System-, Modul- und A-Lieferanten. Der IBM-Konzern reduzierte in Zusammenhang mit der Einführung von E-Procurement die Anzahl seiner Lieferanten von 50.000 auf nunmehr ca. 2.800 Lieferanten.

Der Begriff der integrierten Logistik und Materialwirtschaft ist ebenfalls abhängig von der Definition des Funktionsumfangs und der anzustrebenden Organisationsform. Dies zeigt Abb. 1.2. Man erkennt, dass hier eine ständige Erweiterung des Funktionsumfanges in der Materialwirtschaft stattgefunden hat (Jünemann 2001, S. 2ff).

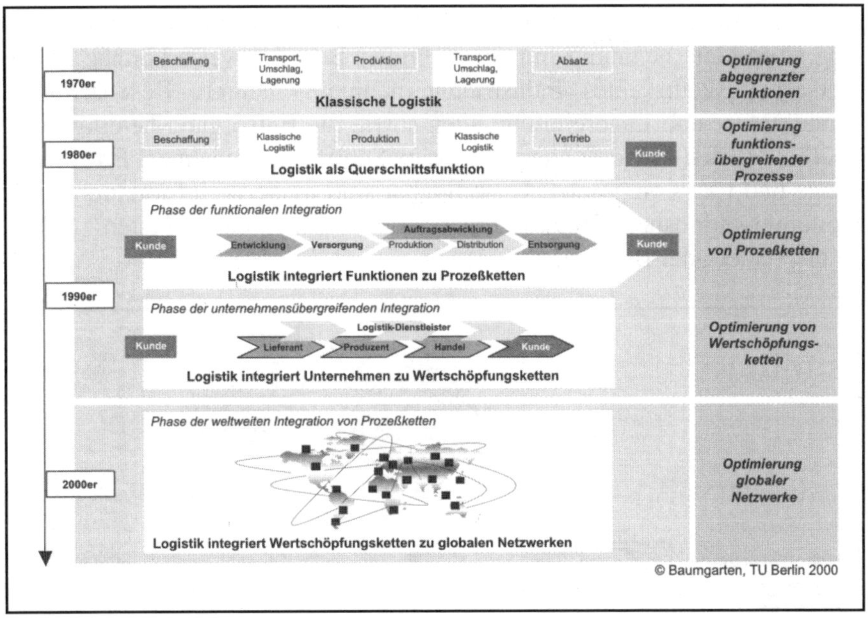

Abb. 1.2. Entwicklung der Logistik (Baumgarten 2001, S. 2ff).

1.8 Netzwerke der volkswirtschaftlichen Logistik

1.8.1 Volkswirtschaftliche Logistik

Die gesamte Volkswirtschaft eines Landes besteht aus mehr oder weniger gut funktionierenden Teilsystemen, welche im Folgenden noch näher erläutert werden. Hierbei spielen die Infrastruktur und die einzelnen Standortfaktoren (Qualifikation der Mitarbeiter, Absatzpotenzial etc.) eine mitentscheidende Rolle.

Der Aufbau bzw. der Erhalt eines modernen Logistiksystems erfordert eine ständige Weiterentwicklung und Verbesserung der Systeme, damit Informationen und Güter schnell, reibungslos, rationell, wirtschaftlich und umweltverträglich länderübergreifend fließen können. Um einen besseren Überblick zu erhalten, werden zuerst die logistischen Betriebe der Volkswirtschaft im Überblick betrachtet (Jünemann 1989, S. 42).

Die Darstellung des Netzwerkes in Abb. 1.3 lässt erkennen, wie stark die Unternehmen von einer gut funktionierenden Logistik im täglichen Leben abhängig sind, seien dies nun die Informationsdienste mit E-Commerce, Krankenhäuser, Eisenbahn, Spedition und Luftverkehrsunternehmen, der Umweltschutz oder der Katastrophenschutz. Hierbei wird das effektive Zusammenspiel der einzelnen Logistiknetze für den Erfolg einer Unternehmung immer wichtiger. Beispielsweise können an der Versorgungskette eines Industrieunternehmens mehrere Beschaffungs-, Produktions- und Lagereinrichtungen sowie die Entsorgung beteiligt sein. Hierbei werden im kombinierten Einsatz Schiffe, Eisenbahnen, Frachtflugzeuge und Lkws eingesetzt. Unabdingbar sind moderne Informations- und Kommunikationsnetze wie Internet, Global Positioning System (GPS), Transponder oder Barcoding.

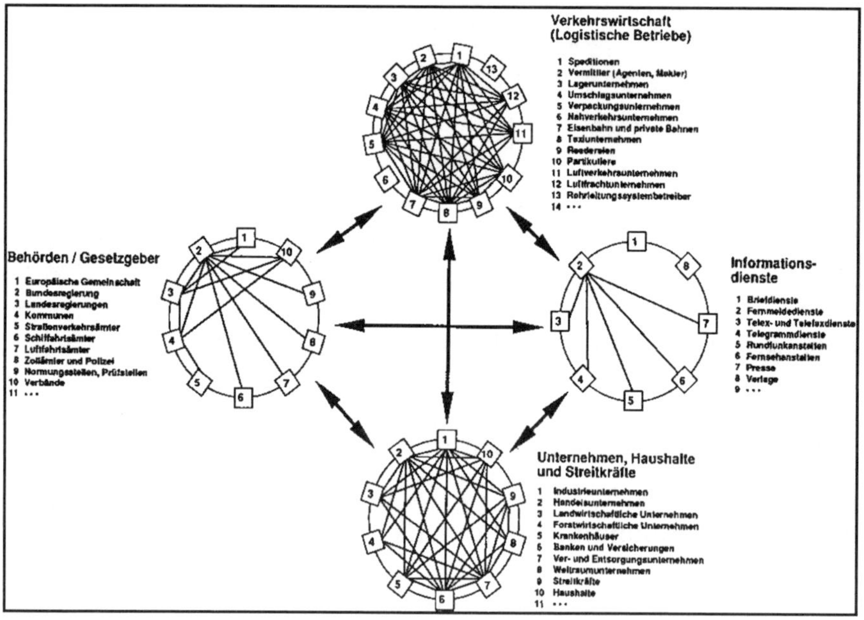

Abb. 1.3. Netzwerke der volkswirtschaftlichen Logistik (nach Jünemann 1989, S. 42)

1.8.2 Makro-, Mikro- und Metalogistik

Die Logistik kann institutionell in Makrologistik, Mikrologistik und Metalogistik unterschieden werden (s. Abb. 1.4) (Schulte G 1996, S. 8ff).

Systeme der *Makrologistik* sind gesamtwirtschaftlicher Art wie z.B. die Güterverkehrswirtschaft (Straßentransport, Schiene, Schiff etc.) einer Volkswirtschaft. Die *Mikrologistik* umfasst die Systeme einzelwirtschaftlicher Art wie die Krankenhauslogistik, Militärlogistik und Unternehmenslogistik. Die in Abb. 1.4 gezeigte Unterteilung ist beispielhaft und kann angesichts der immer größeren Differenzierung der Logistik stellenweise noch weiter unterteilt werden. Abbildung 1.5 zeigt weitere Möglichkeiten der Unterteilung der Mikrologistik.

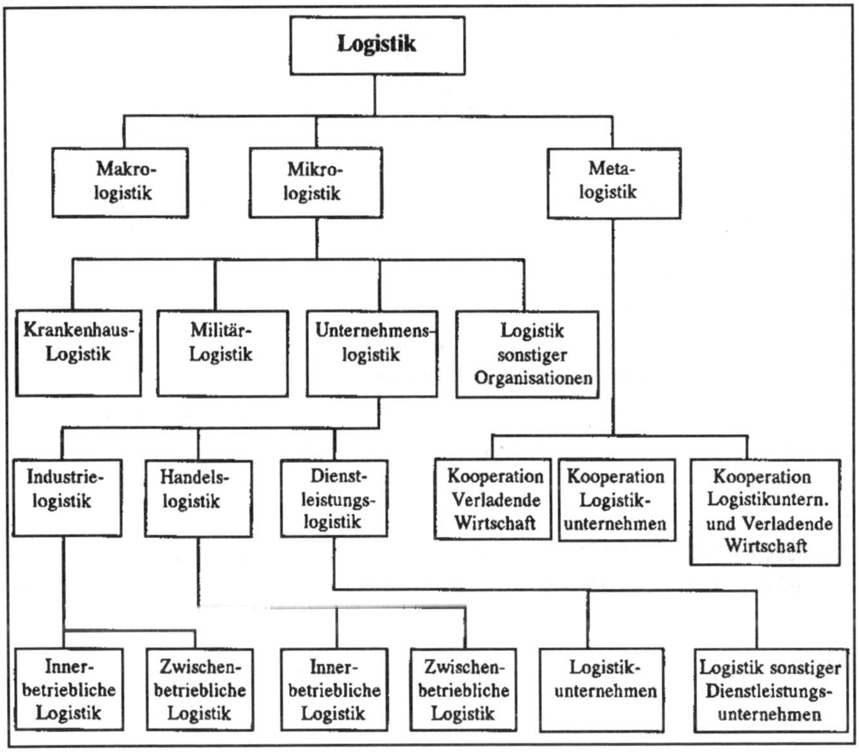

Abb. 1.4. Institutionelle Abgrenzung der Logistik (Schulte G 1996, S. 8ff)

Der verstärkte internationale Einsatz von militärischen Verbänden zur Hilfe bei Katastrophen sowie zur Unterstützung der Zivilbevölkerung mit lebensnotwendigen Gütern ist ohne eine gut funktionierende Logistik nicht möglich.

Die *Metalogistik* ist zwischen der Mikro- und Makrologistik angesiedelt. Sie umfasst z.B. den Güterverkehr der in einem Absatzkanal zusammenarbeitenden Organisationen (Schulte G 1996, S. 12ff). So können z.B. alle Weingroßhandlungen einer Region ein gemeinsames Distributionsnetz besitzen. Das gemeinsame Betreiben eines Warenverteilzentrums oder einer Fahrzeugreparaturwerkstätte von mehreren Speditionsunternehmen sind ebenfalls Segmente der Metalogistik.

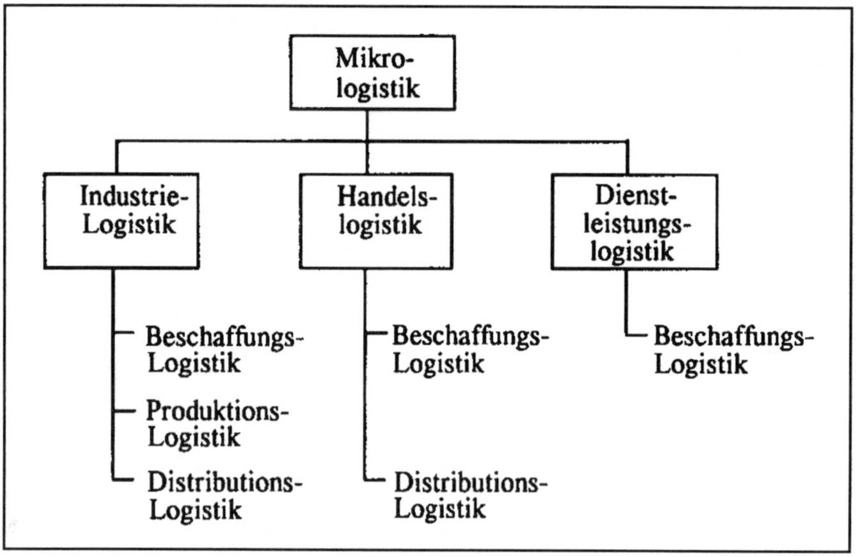

Abb. 1.5. Darstellung der Mikrologistik (Schulte G 1996, S. 10)

1.9 Stellung und Organisation der Logistik und Materialwirtschaft

1.9.1 Stellung der Logistik und Materialwirtschaft im Unternehmen

Die Stellung der Logistik bzw. der darin integrierten Materialwirtschaft innerhalb der Unternehmung ist von mehreren Faktoren abhängig. Hierbei spielen z.B. die Produktstruktur, die Kernkompetenz des Unternehmens, der Beitrag der Logistik zum Unternehmensgewinn sowie der Einfluss des Logistikmanagements innerhalb des Unternehmensmanagements eine Rolle. Weiterhin ist das Aufgabenspektrum der Logistik, die Unterordnung der einzelnen Bereiche unter die logistische Leitung, von Bedeutung.

Teilweise werden unter dem Begriff der Logistik hauptsächlich Tätigkeiten wie Kommissionierung, Verpackung und Transport der Güter verstanden, also Aufgaben, die der Spediteur leistet. Davon getrennt ist oft der Bereich Materialwirtschaft. Diesem Bereich werden Aufgaben zugeordnet wie Qualitätskontrolle, innerbetrieblicher Transport, Lagerhaltung und Wareneingang. Daneben besteht noch der Einkauf, der für die Beschaffung der einzelnen Güter und Dienstleistungen zuständig ist.

In der Praxis ergibt sich oft eine unterschiedliche Zuordnung der Aufgabengebiete unter die Bereiche Materialwirtschaft, Logistik, Einkauf/Beschaffung und Produktion. Teilweise überschneiden sich hierbei auch die Aufgabengebiete. In der Logistik als übergeordnete Organisationseinheit, welche in Unternehmen oder der Automobilindustrie oftmals im Vorstandsbereich angesiedelt ist, werden die Bereiche Materialwirtschaft, Beschaffung und Logistik oft unter einer einheitlichen Leitung mit dem Begriff „Logistik" zusammengefasst (Kluck, 1998 S. 12ff).

Der Verantwortungsbereich kann hierbei folgende Aufgaben umfassen:

- Lagermanagement,
- Kommissionierung, Versand/Verpackung,
- interner/externer Transport,
- Produktionsplanungs-, und -steuerungssysteme,
- Qualitätsmanagement,
- Beschaffungsmanagement (strategischer und operativer Einkauf),
- Entsorgungsmanagement,
- Logistik-Controlling.

1.9.2 Organisation der Logistik

Welche Funktionen der Logistik zugeordnet werden und damit verbunden welche Bedeutung die Logistik im Unternehmen im Einzelnen besitzt, lässt sich oftmals im Organisationsplan des einzelnen Unternehmens erkennen (Pepels 1999a, S. 127ff). Das Organigramm zeigt an einem Beispiel eine Unternehmensleitung mit Stabsabteilungen wie Controlling, EDV/Organisation und Personal. Parallel zu den Stäben besteht eine zentrale Logistik, welche Aufgaben wie die übergeordnete Produktionsplanung, das zentrale Qualitätsmanagementsystem, den strategischen Einkauf oder strategisches Materialmanagement wahrnehmen kann. Die Werkslogistik kann neben allgemeinen logistischen Aufgaben wie Verpackung und Lagerhaltung auch den operativen Einkauf beinhalten (Arnolds et al. 1998, S. 428ff).

Die Stellung der Logistik kann von der Unternehmensgröße, der Produktstruktur, von der Branche und von der Organisationsform abhängig sein. In einer Bank oder Versicherung spielt das Material- und Lagermanagement oftmals keine so dominierende und wettbewerbsentscheidende Rolle wie in einem Unternehmen des Maschinen- oder Fahrzeugbaus.

1.9.2.1 Zentrale Organisation

Bei einer zentralen Logistik unterstehen die einzelnen Werke mit der Werkslogistik direkt der zentralen Logistik unterhalb der Unternehmensleitung. Hierbei können die einzelnen Werke aber jeweils spezielle Kompetenzen übertragen bekommen. So kann der Einkauf von Werk II einen Artikel, z.B. die Klimaanlage für einen PKW, für alle anderen Werke mit einkaufen. Dies kann der Fall sein, wenn der Einkauf im Werk II eine besondere Kompetenz und sehr gute Einkaufskonditionen zu den entsprechenden Lieferanten besitzt. Eine zentrale Organisation ist geeignet, wenn das Unternehmen eine geographisch abgegrenzte Fertigungsstätte und eine zentrale Verwaltung besitzt.

Bei einer zentralen Organisation können oftmals die Abstimmungen und Koordinationen der dezentralen Organisation vermieden werden. Die Bestände sind teilweise schneller zu ermitteln und Entscheidungen können schneller umgesetzt werden (Arnolds et al. 1998, S. 430ff).

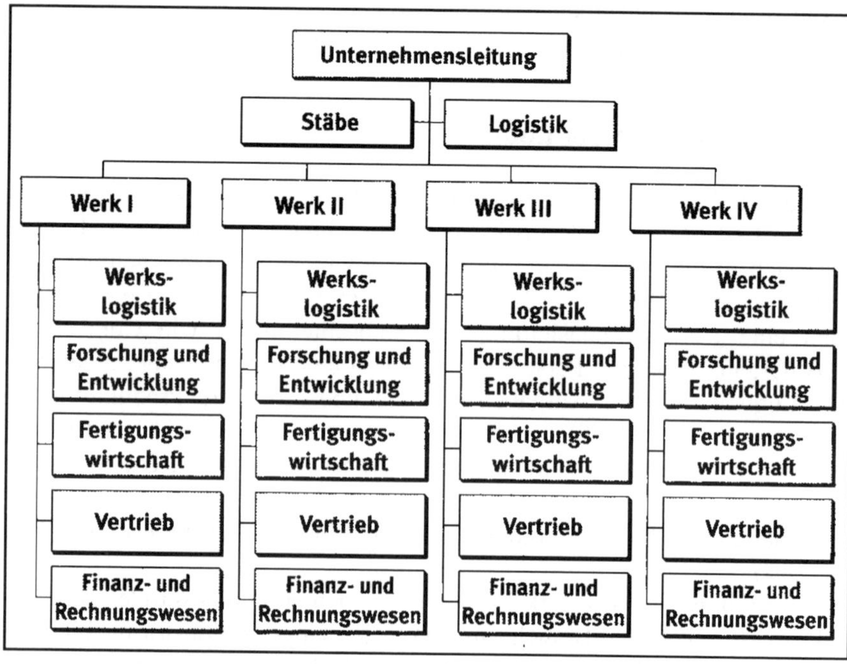

Abb. 1.6. Einordnung Logistik-Verantwortung in Industrieunternehmen mit mehreren Werken (Fortmann 2000, S. 109; in Pepels 1999a, S. 126)

Die einzelnen Werke können aber mit gleichem Organigramm eine dezentrale Organisationsstruktur besitzen. Werk I wäre zuständig für PKW, Werk II für LKW usw. Die einzelnen Werke würden als eigenständige

Profitcenter mit weitgehender Selbständigkeit geführt werden. So könnte der Einkauf alle Teile einkaufen, seien dies nun A-, B-, C-Teile, Module oder ganze Systeme wie z.B. das gesamte Bremssystem für ein Fahrzeug. Die Logistikstelle direkt unter der Unternehmensleitung (direkt neben den Stäben) hätte in der dezentralen Organisationsform keine Weisungsbefugnis gegenüber der dezentralen Logistik in den Werken, sondern nur eine beratende (Stabs) Funktion.

1.9.2.2 Dezentrale Organisation

Das Unternehmen in Abb. 1.7 oft das Organigramm von Mittelbetrieben, besteht hier aus den dezentralen Einheiten Wirtschaft und Technik mit den jeweils untergeordneten Bereichen. Hier kommt der Begriff Logistik in den Organisationseinheiten nicht direkt vor, statt dessen werden hier Abteilungen/Bereiche wie Einkauf, Lagerwesen, Entsorgung und Transport aufgeführt. In großen Unternehmen wie in der Automobilindustrie können die einzelnen dezentralen Einheiten aus Divisions (Bereichen) wie z.B. PKW-, LKW- und Motorenfertigung mit jeweils vielen tausend Beschäftigten bestehen (Weber 1994, S. 217ff).

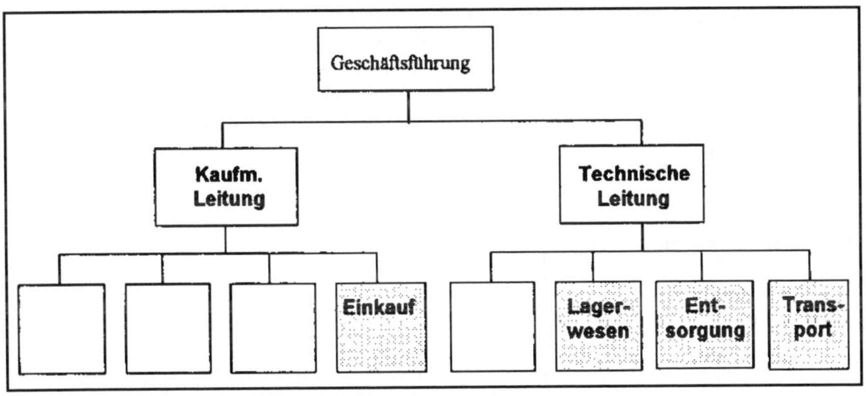

Abb. 1.7. Dezentrale Organisation in einem Unternehmen (Fortmann 1999, S. 127; in Pepels 1999a)

1.10 Logistik als Querschnittsfunktion

Die Logistik hat ihre Aufgaben über die einzelnen Funktionen des Unternehmens hinweg als bereichsübergreifende Service- bzw. Dienstleistungsfunktion wahrzunehmen (Schulte C 2013, S. 5ff). Die Logistik ist dabei entlang der Wertschöpfungskette – von der Entwicklung, dem Lieferantenmanagement über den Vertrieb bis zum Kunden – integriert. Abbildung 1.8 verdeutlicht diese Querschnittsfunktion.

Bis zu 80% der Kosten eines Produktes werden in der Entwicklungsphase bereits festgelegt. Deshalb müssen alle an einem neuen Produkt beteiligten Bereiche so früh wie möglich an der Entwicklung eines neuen Produktes beteiligt werden. Fehler und Versäumnisse in der Entwicklungsphase kosten ein Mehrfaches, wenn sie erst in der Produktionsphase bemerkt werden. Durch die frühzeitige Integration aller am Wertschöpfungsprozess beteiligten Abteilungen erhöht sich die Motivation und die Akzeptanz der beteiligten Mitarbeiter. Wichtig ist, dass die Aufgaben der Logistik sich nicht nur auf das Unternehmen selbst erstrecken, sondern dass auch die Vorlieferanten und Kunden wichtige Ansprechpartner darstellen. Aus dieser Querschnittsfunktion der Logistik können sich manchmal Zielkonflikte ergeben. Aus traditionellen Schnittstellen mit anderen Bereichen sollen wertschöpfende Verbindungsstellen werden (Kluck 1998, S. 31).

Funktionsbereiche	strategische Aufgaben
Einkauf Beschaffungsmarketing	• Gestaltung des Beschaffungsprogramms • Langfristige Rahmenverträge • Beschaffungsmarktforschung • Erschließung neuer Beschaffungsmärkte • Aufbau von Zulieferern
Bevorratung (Lagerwirtschaft)	• Langfristige Planung der Sicherheitsbestände
Innerbetrieblicher Transport (Materialflußplanung und -steuerung)	• Gestaltung des Materialflusses und der Verpackungen
Reststoffverwertung und Entsorgung	• Gestaltung der Entsorgungs- und Recyclingsysteme • Ermittlung von Substitutionsgütern
Weitere fallweise strategische Aufgaben	• Langfristige Entscheidung über Eigenfertigung oder Fremdbezug • Materialstandardisierung • Kapitalbeteiligungen bei Zulieferern • Imagepflege

Abb. 1.8. Logistik als Querschnittsfunktion (Schulte G 1996, S. 35ff)

1.11 Ziele und Zielkonflikte

Wenn die Zusammenarbeit und Kooperation der einzelnen Bereiche des Unternehmens nicht stattfindet, können Konkurrenz und Bereichsegoismus entstehen, was zu einer Zersplitterung der logistischen Aktivitäten führt. Mangelnde Wettbewerbsfähigkeit, Bindung von Energien und Kosten sowie eine isolierte Optimierung von Abteilungs- und Bereichszielen können die Folge sein (Schulte G 1996, S. 11). In Tabelle 1.8 werden einige wichtige Ziele der Unternehmensbereiche und der Logistik und die damit verbundenen möglichen Zielkonflikte dargestellt.

Tabelle 1.8. Mögliche Zielkonflikte in der Logistik

Bereich/Abtl.	Ziele	Zielkonflikt
Produktion	hohe Verfügbarkeit der Teile	hohe Kapitalbindung im Lager
Einkauf	geringe Einstandspreise, hohe Rabatte, Boni, Skonti	hohe Abnahmemengen, hohe Kapitalbindung
Qualitätssicherung	hohe Qualität	intensive Stichprobenprüfung, hohe Prüfkosten
Lagermanagement	hohe Teileverfügbarkeit	hohe Lagermenge und damit hohe Kapitalbindung und Lagerkosten
Distribution	schneller Transport	hohe Transportkosten
Verkauf	hohe Teileverfügbarkeit	hohe Lagerbestände bzw. hohe Kapitalbindung
Controlling	geringe Kapitalbindung und hohe Liquidität	geringe Lagerbestände und damit Gefahr von Fehlmengen bzw. Produktionsstop infolge fehlender Teile
Produktion	geringe Rüstkosten	Produktion vieler homogener Teile und damit Gefahr von hohem Lagerbestand
Kunde	individuelle Produkte, Flexibilität	hohe Rüstkosten, viele Varianten, Ladenhüter
Einkauf	geringe Kapitalbindung durch Just-in-Time Anlieferung	Gefahr von Lieferengpässen, Fehlmengenkosten
Produktion	Kostenersparnis durch Standardisierung der Teile	mangelnde Kundenflexibilität und Individualisierung der Produkte
Kommissionierung	schnelle Kommissionierzeiten	hohe Investitionskosten in Lagerhaltung und Kommissionierung
Service	optimaler Kundendienst	hohe Personalkosten
Ersatzteillog.	schnelle Teileverfügbarkeit	hoher Lagerbestand
Vertrieb	umfassendes Produktsortiment	viele Lagerplätze, Lagerkosten, geringer Lagerumschlag
Logistik	hohe Informationsbereitschaft	hohe Investitionen in Hardware und Software

Die Vermeidung dieser Konflikte bleibt ein Ziel der Logistik und seiner jeweiligen Bereiche wie z.B. Einkauf (Beschaffung), Lagermanagement. Dem stehen ein Wandel vom Verkäufer- zum Käufermarkt sowie ein Wandel der Verbrauchs- und Kaufgewohnheiten der Kunden im Vergleich zu früher gegenüber (Sommerer 1998, S. 35ff).

Früher wurden große Mengen eines Produktes frühzeitig bestellt. Heute werden kleine Mengen, in kurzen Zeitabständen, in Just-in-Time und Just-in-Sequence, in großer Teilevielfalt und mit hoher Qualität, bestellt.

Bei Audi in Neckarsulm beträgt der Just-in-Time teilweise 90% und darüber. Der Kunde ist individueller, weniger berechenbar und kritischer gegenüber den Produkten geworden, dazu kommt ein gestiegenes Umweltbewusstsein. Um die Anforderungen der Kunden optimal zu erfüllen, sind die Kosten und die Wettbewerbsfähigkeit entscheidende Punkte.

In Tabelle 1.9 sind einige Leistungs-Kennzahlen der Supply Chain Champions – also der Besten in der Branche – aufgeführt.

Tabelle 1.9. Leistungs-Kennzahlen der Supply Chain Champions bei Just-in-Time-Fertigung

Merkmal	Top 5	Durchschnitt
Lieferzeit in Tagen	1,7	3,5
Fertigwarenbestand in Tagen Reichweite	3,2	5,0
Regalverfügbarkeit in %	98,8	96,4
Interne Lieferzeit in Tagen	1,0	1,8
Gesamtbestand Reichweite in Tagen	16,0	36,0
Logistikkosten in % v. Hundert	3,2	5,0

(s.a. Simon 2007)

Ist ein Produkt im Handel nicht vorhanden, so kaufen 37% der Verbraucher ein Konkurrenzprodukt. 21% der Verbraucher wechseln das Geschäft, wenn ihre bevorzugte Marke nicht bevorratet ist. 26% der Kunden verzichten auf den Einkauf oder verschieben ihn.

Welches sind nun die „Erfolgsrezepte" von erfolgreichen Unternehmen?

1.12 Kennzeichen erfolgreicher Unternehmen

Als Erfolgsfaktoren von Supply Champions, also den „Besten in der Branche" wurden bei Untersuchungen folgende Kriterien ermittelt.

Einige Erfolgsfaktoren der Champions sind:

- intensive informelle Kontakte zu Kunden (Supply Chain Kooperations-Netzwerk),

- hoher Anteil mit wöchentlicher Produktion (flexible Produktion),
- produktgenaue detaillierte Zuordnung der Kosten,
- transparente Planungsprozesse,
- Messung von Schlüsselfaktoren wie z.B. Lieferbereitschaft, Lagerreichweite (Controlling).

Top-Unternehmen in Einkauf und Beschaffung, sowohl in kleinen, mittleren und großen Betrieben, zeichnen sich durch folgende Faktoren aus:

- Etwa 50% der mittelständischen Top-Unternehmen sicherten ihren Einkauf durch langfristige Verträge ab.
- Unternehmen, in denen der Einkauf direkt an das Management berichtete, erzielten einen um fast 14% höheren Deckungsbeitrag.
- Im Durchschnitt berichten bei 60% aller Mittelstandsunternehmen die Einkaufsleiter direkt an die Geschäftsführung.
- Bei den Top 5 Unternehmen berichten 80% der Einkaufsleiter direkt an die Geschäftsführung.

Die Unternehmen konnten ihre Materialkosten im Jahr 2003 um 2–8% senken. Die Top-Großunternehmen senkten ihre Materialkosten um 8%, der Durchschnitt betrug 4%.

In Boomjahren steht nicht so sehr die Kostensenkung im Vordergrund sondern die ausreichende und rechtzeitige Versorgung des Unternehmens mit Teilen. In Krisenjahren bietet die schlechte Auftragslage wiederum genügend Potenzial für Preissenkungen.

Die bei der Kostenreduktion führenden Unternehmen arbeiteten mit sechs Lieferanten pro Million Euro Einkaufsvolumen.

In der verarbeitenden Industrie umfasst der durchschnittliche Lieferantenstamm 14 Unternehmen pro eine Million Einkaufsvolumen.

Bei den TOP 5 Unternehmen bewältigen Einkäufer das doppelte Einkaufsvolumen im Vergleich zum Branchendurchschnitt.

TOP 5 Unternehmen setzen eine 17% höhere Liefertermintreue ihrer Lieferanten durch, im Vergleich zum Durchschnitt.

Die Best Performer haben einen hohen Automatisierungsgrad und nutzen stärker elektronische Kataloge (bme-news@dcimail.de 2009).

Bei den TOP 5 Unternehmen waren die Durchschnittswerte einer Bestellung doppelt so hoch wie im Durchschnitt.

Die TOP 5 der Unternehmen geben dreimal mehr für Weiterbildung aus als der Durchschnitt.

Bei den TOP 5 der Unternehmen liegt der Anteil der Einkaufskosten in % vom Einkaufsvolumen unter 0,5%. Der Durchschnitt liegt bei 2,15% (BMW Januar 2009).

Mehr als drei Viertel der mittleren und großen Unternehmen haben Lösungen zur Messung der Leistungen des Einkaufs implementiert. Aber nur in 57 der befragten Unternehmen werden die ermittelten Kennzahlen von der Geschäftsführung und der Finanzabteilung überprüft.

Befragt wurden Geschäftsführer sowie Einkaufs- und Finanzentscheider aus 94 großen und mittelständischen deutschen Unternehmen. Im Schwerpunkt standen dabei Unternehmen aus der Automobilindustrie, der Metall-, Elektro- und Bauindustrie sowie aus Handel und Dienstleistung (Untersuchung BME Frankfurt/M. in Verbindung mit Syner Deal, 2005).

1.13 Karriere im Einkauf

Qualifizierte Fach- und Führungskräfte wurden in den letzten Jahren von Unternehmen aller Branchen sehr stark gesucht und hatten dementsprechend hervorragende Berufsaussichten. Die große Bedeutung des Einkaufs für den Unternehmensgewinn wie auch für Kostensenkungen und niedrige Einkaufspreise sind ein Teil der Gründe. Weitere Ursachen sind eine höhere Verantwortung und gewachsene anspruchsvollere Tätigkeiten, wie die weltweite Beschaffung oder Outsourcingprojekte.

1.13.1 Fachliche und persönliche Anforderungen an Einkäufer

Die Bedeutung des Bereichs Einkauf wächst zunehmend und stetig – eine Erkenntnis, die mittlerweile auch die Geschäftsleitungsebene und Vorstandsetage erreicht hat. Nicht von ungefähr entstehen neue Stellenbezeichnungen wie die eines Chief Procurement Officers (CPO), der als gleichberechtigtes Mitglied im Management Board aktiv ist.

Zwar ist die Frage nach dem sog. Early Involvement, d.h. der frühzeitigen Einbindung des Einkaufs noch mitunter umstritten und diskussionswürdig, dennoch gewinnt der Funktionsbereich immer mehr an Stellenwert und wird somit auch immer häufiger bereits während des Produktentwicklungsprozesses einbezogen. Vor einigen Jahren v.a. für Forscher, Entwickler und Techniker eine noch undenkbare Rolle des Einkaufs. Doch der entstehende Mehrwert durch rechtzeitige und zielführende Kostenbeeinflussung hat letztlich sowohl Stake- als auch Shareholder überzeugt.

Dies ist einer der Gründe, warum die Anforderungen an den modernen Einkauf weiter zunehmen und die Aufgaben der Einkaufsmitarbeiter immer umfassender, komplexer und weitreichender werden. Die neuen Herausforderungen erfordern auf der einen Seite die Aufgabe des tradierten Rollenbildes eines operativen Materialbeschaffers und andererseits den

Einsatz neuer innovativer Ideen und nachhaltiger Lösungen zur Gestaltung des Einkaufs der Zukunft.

Zum beschriebenen Wandel, um den veränderten Rahmenbedingungen zu begegnen, ist die Anpassung des Einkäuferberufsbildes an die aktuellen Gegebenheiten. Diesem neuen Profil und Image des Einkäufers von morgen ist dieses Kapitel gewidmet.

Der Einkäufer befasst sich verstärkt mit strategischen Aufgaben, so dass er in vielen Betrieben als Schnittstellenmanager zwischen den anderen Unternehmensbereichen crossfunktional agiert. Diese Anforderungen treten neben der klassisch-kaufmännischen Sichtweise eines Einkäufers immer mehr in den Vordergrund, so dass folgende Fertigkeiten und Kenntnisse von modernen Einkäufern erwartet werden:

- Kommunikations- und Moderationsfähigkeiten,
- Team- und Projektmanagementerfahrung,
- globale, interkulturelle Kompetenz und internationale Erfahrung,
- Detailwissen um und in den Beschaffungsmärkten,
- vertragsrechtlich- und verhandlungssicheres Auftreten auch auf den globalen Märkten,
- effektives und effizientes Lieferanten- und Risikomanagement,
- nachhaltiges und Compliance-affines Denken sowie
- Eigenmarketing, um auch unternehmensintern einen höheren Gestaltungsspielraum zu erlangen.

Die Kompetenzschwerpunkte liegen somit nicht mehr nur auf der rein fachlichen sondern vielmehr auf sozialen, persönlichen sowie methodischen Kompetenzen. Durchsetzungs- und Überzeugungswillen sind ebenso erforderlich wie Konflikt- und Lösungsfähigkeit.

Natürlich gibt es im Einkauf nicht nur Strategen sondern im organisatorischen Sinne, auch operative Mitarbeiter. Diese Abgrenzung ist wichtig, um eine klare Aufgabenzuordnung vornehmen zu können. Tabelle 1.10 versucht eine Gegenüberstellung dieser beiden grundlegenden Einkäufertypen.

Neben den o.g. Stereotypen unterscheiden sich Einkäufer auch in der Praxis auch in Projekteinkäufer, technische Einkäufer, Lead Buyer/Commodity Manager/Category Manager, Regional oder Global Sourcing Manager. Zudem besteht über Karrierepfade die Perspektive, sich in die Experten-, Projekt- und/oder Führungsaufgaben zu entwickeln.

Tabelle 1.10. Aufgaben operativer und strategischer Einkäufer

Operativer Einkäufer	Strategischer Einkäufer
• Bestellabwicklung (Bestellerzeugung und -verfolgung) • Mängel- und Reklamationsmanagement • Pflege der Stammdaten • Rechnungsprüfung und -klärung	• Beschaffungsmarktforschung (BMF) • Lieferantenmanagement • Vertragsmanagement • Einkaufsverhandlungen • Material-/Warengruppen-/ Dienstleistungsmanagement • Einkaufscontrolling und -reporting • Risikomanagement • Führen von interdisziplinären Teams • Projektmanagement

1.13.2 Einkommensentwicklung im Einkauf

Die Gehaltsstudien des Bundesverbandes Materialwirtschaft, Einkauf und Logistik (BME) e.V. aus den Jahren 2009 und 2013 brachten folgende Erkenntnisse:

- Einkäufer besitzen ein hohes Bildungsniveau, ca. 66% der Einkäufer hatten 2013 einen Hochschulabschluss (im Vergleich 2009 waren es noch 54%).
- Einkäufer beziehen ein hohes Grundgehalt (Gesamtdurchschnitt 71.431 Euro im Jahr 2013; 2009 waren es noch 66.000 Euro).
- Einkäufer bekommen ein leistungsabhängiges Gehalt (68% im Jahr 2013 bzw. 60% im Jahr 2009 erhalten erfolgsabhängige Vergütungen).
- Für die Jahresbezüge ist es unerheblich, ob der Einkäufer einen persönlich zu verantwortenden Anteil am Einkaufsvolumen von 1% oder 50% hat.
- Wenn der Einkäufer die Verantwortung für den gesamten Einkaufsbereich hat, dann steigen die Jahresbezüge.
- Hierbei macht es keinen Unterschied, ob der Einkäufer die Verantwortung für die Bereiche Dienstleistungen, Produktionsmaterial oder Maschinen/Anlagen trägt.

Tabelle 1.11. Einkommensmerkmale im Vergleich 2009 zu 2013

Einkommensmerkmale	2009	2013
• Hochschulabschluss	54 %	66 %
• Grundgehalt	66.000,- Euro	71.431,- Euro
• Leistungsabhängiges Gehalt	60 %	68 %

Auch das Alter und die damit verbundene Lebenserfahrung spiegeln sich im Gehaltsniveau wieder, dabei ist ein sprunghafter Gehaltsanstieg vor allem in der ersten Berufsdekade zwischen dem 25. und 35. Lebensjahr zu erkennen:

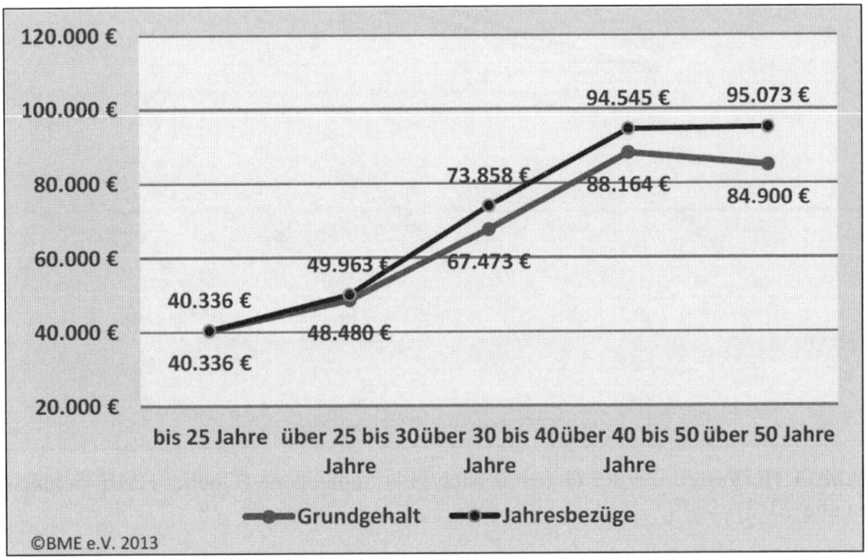

Abb. 1.9. Verteilung der Gehälter nach Lebensalter (Quelle: BME-Gehaltsstudie 2013)

Im Einkauf zeigt sich, dass ein Bildungsabschluss sich auch im Gehalt widerspiegelt. Dabei kann ein berufsbegleitender Abschluss, z.B. des Fachkaufmanns Einkauf und Logistik, durchaus gehaltstechnisch mit den Einkäufern mit Universitätsabschluss oder Promotion mithalten. Tabelle 1.12 gibt darüber Aufschluss:

Tabelle 1.12. Durchschnittliche Verteilung des Gehalts nach Bildungsniveau

Abschluss/Bildungsniveau	Grundgehalt in Euro	Jahresbezüge in Euro
• Universitätsabschluss/Master/Promotion	78.072,-	83.743,-
• Diplom/FH/Bachelor/BA	72.743,-	79.869,-
• Fachkaufmann Einkauf und Logistik	75.747,-	83.250,-
• Ausbildung	54.629,-	55.681,-

Betrachtet man die verschiedenen Hierarchieebenen im Einkauf ist auch eine Gehaltssteigerung in den strategischen und führungstechnischen Bereichen zu verzeichnen:

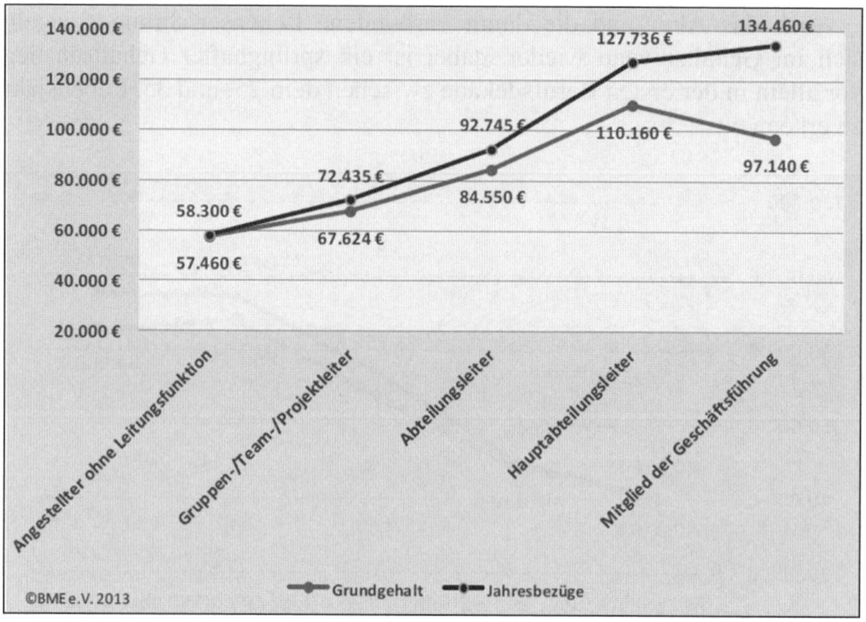

Abb. 1.10. Verteilung der Gehälter nach Hierarchieebene (Quelle: BME-Gehaltsstudie 2013)

Im Branchenvergleich verdienen Einkäufer im Energiesektor am meisten (Grundgehalt: 93.750 Euro), gefolgt von Finanzdienstleitungen, Elektroindustrie, Konsumgüter- und Chemieindustrie sowie Maschinenbau. Handel, Transport/Verkehr und Öffentlicher Dienst (Grundgehalt: 59.487 Euro) zahlen am schlechtesten (Quelle: BME-Gehaltsstudie 2013).

1.13.3 Aus- und Weiterbildungsmöglichkeiten im Einkauf

Im Gegensatz zu den meisten anderen Unternehmens- und Funktionsbereichen gibt es im Einkauf keinen klassischen Erstausbildungsberuf beispielsweise eines „Einkaufskaufmanns“. Viele erlernen daher einen traditionellen kaufmännischen oder technischen Beruf bzw. steigen über ein entsprechendes betriebswirtschaftliches und/oder technisches Studium im Einkauf ein. Erst nach ein bis zwei Berufserfahrungsjahren ergeben sich durch die Weiterbildung, vor allem berufsbegleitend, einige sinnvolle Qualifizierungsmöglichkeiten für Einkäufer.

Über die Industrie- und Handelskammern (IHK) kann – mit einigen zwischenzeitlich erfolgten inhaltlichen Modifikationen – seit 1974 die Basisqualifikation zur/zum Geprüfte/n Fachkauffrau/-mann Einkauf und Logistik erworben werden. Aufbauend auf der genannten IHK-Weiterbildung entwickelte der BME im Jahr 2004 die Maßnahmen Diplomierter Einkaufsexperte (BME) für strategische Fachkräfte sowie 2005 den Abschluss Diplomierter Einkaufsmanager (BME) für die Führungs- und Einkaufsleitungsebene. Die praxisgerechten Weiterbildungen werden von Einkaufsorganisationen stark nachgefragt und in den Stellenanzeigen als Qualifikationen für z.B. strategische Einkäufer explizit gefordert.

1.13.4 Zukünftige Entwicklungen

Ein Praxisreport führender Einkaufsorganisationen beschreibt die zukünftigen Entwicklungen sehr treffend mit den Worten *„Die Jagd nach Top-Einkäufern"*. Hier kommt zum Ausdruck, dass der Fachkräftemangel mittlerweile auch den Funktionsbereich Einkauf voll erfasst hat. Nur durch rechtzeitige sowie langfristig angelegte Personalplanung und -entwicklung können Einkaufsorganisationen im globalen Wettbewerb um qualifizierte Fachkräfte bestehen. Der bereits in diesem Kapitel beschriebene Zuwachs an strategischen und komplexeren Aufgaben wird auch in Zukunft anhalten. Mit stetig steigendem Gestaltungsspielraum des Einkaufs im Unternehmen werden die Anforderungen an den Einkäufer der Zukunft ebenfalls qualitativ und quantitativ zunehmen. Eine Investition in Weiterbildung der Mitarbeiter wird unerlässlicher Anreiz bleiben, um Top-Einkäufer auch langfristig an das eigene Unternehmen zu binden (Quelle: BME-Fachgruppe „Personal im Einkauf" 2013).

Viele Hochschulen und Universitäten bieten mittlerweile im Vollstudium und berufsbegleitend Masterstudiengängen für Logistik und Einkauf an.

Wiederholungsfragen zu Kapitel 1

1. Nennen Sie vier Kennzeichen von erfolgreichen Unternehmen.
2. Zeigen Sie vier Zielkonflikte in der Logistik auf.
3. Nennen Sie wichtige Gründe, warum Unternehmensbereiche ihre Produktion ins Ausland verlagern.

2 Analysen zur Kostenreduzierung in der Materialwirtschaft

Die Materialwirtschaft muss sich mit einer Fülle von Materialien und den damit verbundenen unterschiedlichen Aufgabenstellungen befassen. Es ist deshalb notwendig, Schwerpunkte zu bilden und sich mit den Materialgruppen zu befassen, die auf Grund ihres Gesamtwertes eine intensive Bearbeitung erfordern. Genauso erfordern diejenigen Lieferanten eine intensive Beobachtung, die einen hohen Wertanteil am gesamten Beschaffungsvolumen aufweisen.

Ziel der Analysen in der Materialwirtschaft ist die Identifikation von Kostensenkungspotentialen durch die Untersuchung der Ist-Struktur und die darauf basierende Ableitung von Kostensenkungsmaßnahmen.

2.1 ABC-Analyse

Die ABC-Analyse lässt sich grundsätzlich in allen Bereichen der Materialwirtschaft anwenden. Sie ermöglicht

- das Wesentliche vom Unwesentlichen zu unterscheiden,
- die Aktivitäten schwerpunktmäßig auf den Bereich hoher wirtschaftlicher Bedeutung zu lenken und gleichzeitig den Aufwand für die übrigen Gebiete durch Vereinfachungsmaßnahmen zu senken,
- die Effizienz von Maßnahmen (z.B. Kostensenkung) durch die Möglichkeit eines gezielten Einsatzes zu erhöhen.

Folgende Größen und Abhängigkeiten können mit Hilfe der ABC-Analyse untersucht werden:

- Anzahl und Wert der beschafften Materialien (z.B. nach Einzelmaterial oder nach Materialgruppen),
- Anzahl und Wert des verbrauchten Materials,
- Anzahl und Wert aller Bestellungen,
- Anzahl und Umsatz der Lieferanten,
- Anzahl und Wert von Reklamationen,
- Bestandswerte.

Die Kriterien der ABC-Analyse können auch kombiniert werden, z.B. Umsatz an Material nach Lieferanten. Die ABC-Analyse kann je nach Bedarf wöchentlich, monatlich, quartalweise oder jährlich durchgeführt werden. Je öfter die Analyse durchgeführt wird, desto besser der Überblick über die Bestandssituation des Lagers und desto schneller kann bei Veränderungen der Bestände reagiert werden.

Die ABC-Analyse ist somit ein Instrument, mit dem Objekte im Unternehmen nach der Verteilung ihrer Werthäufigkeit klassifiziert werden können (Oeldorf/Olfert 2008, S. 102ff). Die ABC-Analyse wurde erstmals 1951 bei General Electric durchgeführt. Es wurde festgestellt, dass in Unternehmen ein verhältnismäßig geringer Teileumfang oft den größten Teil des Werteumfangs darstellt.

2.1.1 Ziel und Ablauf der ABC/RSU-Analyse

a) Ziel der ABC/RSU-Analyse

Das Ziel der ABC-Analyse in der Materialwirtschaft ist es, wesentliches von unwesentlichem Material zu trennen. Die A-Teile haben einen hohen Anteil am Gesamtwert z.B. 80% (Euro) des Lagerbestandes aber einen geringen Anteil an der Anzahl der gesamten Artikel (5% der Artikelmenge). Dies bedeutet, dass in diesem Fall durch 5% der Artikel mit dem höchsten Wert insgesamt 80% des gesamten Lagerbestandes abgedeckt werden. Die ABC-Analyse wurde auch auf andere Bereiche übertragen. Es erfolgt eine Klassifizierung nach ABC-Lieferanten. Dabei sind A-Lieferanten die Lieferanten, mit denen der Hersteller den größten Umsatz erzielt. Von z.B. 1.000 Lieferanten wird mit 100 Lieferanten (10%) insgesamt 85% des gesamten Einkaufsvolumens getätigt. Mit weiteren 300 Lieferanten wird 10% des Einkaufsvolumens abgedeckt und mit den restlichen 600 Lieferanten wird nur ein Einkaufsvolumen von 5% abgedeckt.

b) Ablauf der ABC/RSU-Analyse

Als Basis der Analyse kann die Verbrauchs- und Lagerstatistik herangenommen werden. Als Auswahlkriterium dienen der Materialwert bzw. die Materialkosten.

1. Bei der Materialart wird die Materialmange mit dem Bezugspreis bzw. mit den Herstellkosten multipliziert.
2. Anschließend werden die Materialarten nach der Höhe ihrer Materialwerte in absteigender Form geordnet und die Materialwerte kumuliert.
3. Aufgrund der Kumulation ist eine Ermittlung des mengen- und wertmäßigen Anteils des Materials, bezogen auf den Gesamtwert, möglich.

4. In der Praxis werden dabei oft bestimmte Wert- oder Artgrenzen vorgegeben.
5. Grafische Darstellung der ABC-Analyse.

2.1.2 Klassifizierung der Materialien

Die Einteilung der Materialien erfolgt nach einem Wert-Mengenverhältnis.

A-Material: geringer mengenmäßiger Anteil, hoher wertmäßiger Anteil
B-Material: mittlerer mengenmäßiger Anteil, mittlerer wertmäßiger Anteil
C-Material: hoher mengenmäßiger Anteil, geringer wertmäßiger Anteil

Als Basis der Analyse wird die Verbrauchs- oder Lagerstatistik und als Auswahlkriterium der Materialwert bzw. die Materialkosten genommen (Kluck 1998, S. 39ff). Menge und Wert der in einer ABC-Analyse erfassten Güter stehen erfahrungsgemäß in einem bestimmten Verhältnis zueinander. Für die industrielle Fertigung gilt:

Tabelle 2.1. Klassifizierung der Materialien (Vgl. Ebel 2009, S. 222ff).

Materialart	Wertgrenzen in Euro	Artgrenzen in Stück/Menge
A-Material	60 – 80 %	5 – 20 %
B-Material	10 – 25 %	30 – 35 %
C-Material	5 – 15 %	40 – 70 %

Das Wert-Mengenverhältnis wird in der Abb. 2.1 in Form der Lorenz-Kurve visualisiert. Die Visualisierung ist wie folgt zu verstehen:

- etwa 5% der Güter haben einen wertmäßigen Anteil von 80% am Gesamtwert (A-Güter),
- etwa 25% der Güter haben einen wertmäßigen Anteil von 15% am Gesamtwert (B-Güter),
- etwa 70% der Güter haben einen wertmäßigen Anteil von 5% am Gesamtwert (C-Güter).

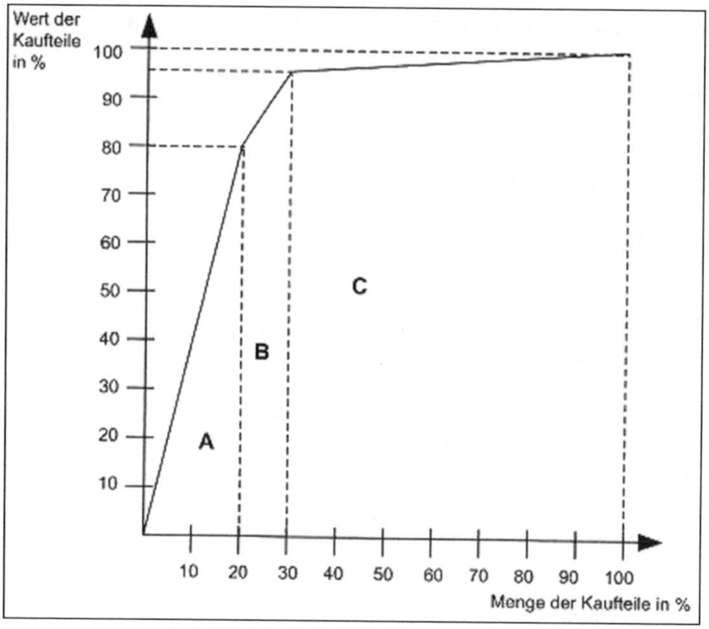

Abb. 2.1. ABC-Analyse (Fortmann/Kallweit, 2000, S. 37)

Die exakten Grenzen müssen von Analyse zu Analyse jeweils neu festgelegt werden, d.h. sie sind nicht starr vorgegeben sondern müssen Sinn ergeben.

2.1.3 Vorgehensweise bei der ABC-Analyse – Fallstudie

1. Bei jeder Materialart wird die Materialmenge mit dem Bezugspreis bzw. mit den Herstellkosten multipliziert.

Material-Nr.	Verbrauchsmenge pro Jahr	Preis pro Stück in €	Materialwert pro Jahr in €	Rang
6001	365	130	47.450	5.
6002	1.000	250	250.000	3.
6003	550	50	27.500	6.
6004	2.000	375	750.000	2.
6005	5.556	225	1.250.100	1.
6006	167	60	10.020	9.
6007	403	310	124.930	4.
6008	104	120	12.480	8.
6009	188	120	22.560	7.
6010	63	80	5.040	10.
Summe:	**10.395**		**2.500.080**	

2. Anschließend werden die Materialarten nach der Höhe ihrer Materialwerte in absteigender Form gemäß ihres Rangs geordnet und die Materialwerte kumuliert.

Rang	Material-Nr.	Materialwert Pro Jahr in €	Materialwert kumuliert in €
1.	6005	1.250.100	1.250.100
2.	6004	750.000	2.000.100
3.	6002	250.000	2.250.100
4.	6007	124.930	2.375.030
5.	6001	47.450	2.422.480
6.	6003	27.500	2.449.980
7.	6009	22.560	2.472.540
8.	6008	12.480	2.485.020
9.	6006	10.020	2.495.040
10.	6010	5.040	2.500.080
	Summe:	**2.500.080**	

3. Aufgrund der Kumulation ist eine Ermittlung des mengen- und wertmäßigen Anteils des Materials, bezogen auf den Gesamtwert, möglich.

Rang	Material-Nr.	Materialwert pro Jahr in €	% Anteil am Gesamtwert	% Anteile kumuliert
1	6005	1.250.100	50,0%	50,0%
2	6004	750.000	30,0%	80,0%
3	6002	250.000	10,0%	90,0%
4	6007	124.930	5,0%	95,0%
5	6001	47.450	1,9%	96,9%
6	6003	27.500	1,1%	98,0%
7	6009	22.560	0,9%	98,9%
8	6008	12.480	0,5%	99,4%
9	6006	10.020	0,4%	99,8%
10	6010	5.040	0,2%	100,0%
	Summe:	**2.500.080**	**100,0%**	

4. Bestimmung von sinnvollen Wert- oder Artgrenzen:

Materialart	Wertgrenzen	Mengen-/Artgrenzen
A-Material	80 %	15–25 %
B-Material	15 %	30–40 %
C-Material	5 %	40–70 %

Rang	Material-Nr.	% Anteil Gesamtwert	% Anteile kumuliert	% Anteil an Anzahl der Materialien	% Anteile kumuliert	Materialart
1	6005	50,0%	50,0%	10%	10%	A
2	6004	30,0%	80,0%	10%	20%	A
3	6002	10,0%	90,0%	10%	30%	B
4	6007	5,0%	95,0%	10%	40%	B
5	6001	1,9%	96,9%	10%	50%	C
6	6003	1,1%	98,0%	10%	60%	C
7	6009	0,9%	98,9%	10%	70%	C
8	6008	0,5%	99,4%	10%	80%	C
9	6006	0,4%	99,8%	10%	90%	C
10	6010	0,2%	100,0%	10%	100%	C
	Summe:	**100,0%**		**100%**		

5. Grafische Darstellung der ABC-Analyse

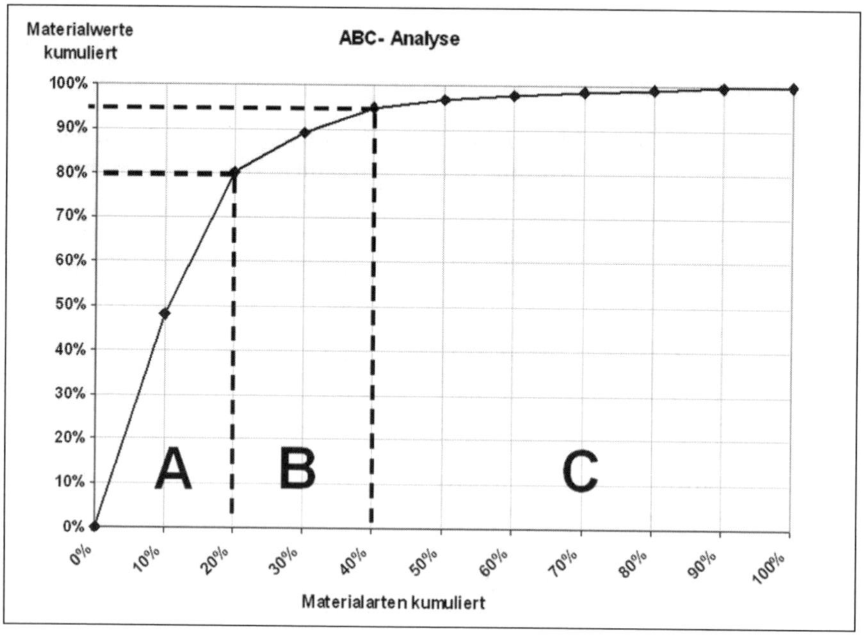

Auf Grundlage der Auswertung können Aussagen darüber getroffen werden, wie die verschiedenen Materialgruppen innerbetrieblich zu behandeln sind.

2.1.4 Anwendungspotentiale der ABC-Analyse

Mögliche Maßnahmen für A-Güter sind (Wannenwetsch 2002a, S. 41f):

- ausführliche Marktbeobachtung und Marktanalyse,
- genaue Festlegung von Mengen und Qualitäten,
- systematische Prüfung von Einstandspreisen und Lieferkonditionen,
- Wahl zuverlässiger und leistungsfähiger Lieferanten,
- rasche Rechnungsbegleichung zwecks Skontoausnutzung,
- bevorzugte Überwachung der Materialien,
- unverzügliche Buchung von Materialzu- und -abgängen.

Eine aufmerksame Betrachtung der A-Güter durch genaue Marktanalyse und Marktbeobachtung führt zu

- hohen Materialkosteneinsparungen,
- Minimierung der Lagerzeiten,
- Optimierung der Durchlaufzeiten,
- Wahl zuverlässiger und leistungsfähiger Lieferanten,
- schneller Buchung der Zu- und Abgänge.

Eine vereinfachte Behandlung der C-Güter führt zu

- großzügiger Festlegung der Sicherheitsbestände,
- Vereinbarung von Sammelrechnungen mit Lieferanten,
- Vereinfachung des Bestellwesens.

2.2 C-Artikel-Management

Ausgangspunkt vieler Einkaufsentscheidungen ist eine Klassifizierung der Einkaufsartikel anhand einer ABC- oder Pareto-Analyse. Eine entsprechende Einteilung der einzelnen Artikel erlaubt eine Priorisierung der Tätigkeiten und Ressourcen, sowie eine differenzierte Bearbeitung der einzelnen Einkaufsartikel. Abbildung 2.2 zeigt typische Beschaffungsparameter in den einzelnen Artikelgruppen einer ABC-Analyse.

Wie aus Abb. 2.2 hervorgeht, werden unter „C-Artikel" Positionen subsumiert, deren Einzelwert sehr niedrig, aber deren Bestellhäufigkeit, Bestellaufwand und Lieferantenvolumen meistens sehr hoch sind. C-Artikel sind demnach billig, kosten jedoch viel (Einkäuferweisheit).

Controller aus der betrieblichen Praxis haben ausgerechnet, dass die Kosten eines konventionellen Bestellvorgangs, je nach Unternehmen und Organisation der Bestellprozesse, zwischen 50 bis über 150 Euro betragen können. Hinzu kommt ein nicht einkalkulierter Kapazitäts- und Ressourcenverbrauch in der Einkaufsabteilung, der nicht für die Beschaffung der wichtigen A-Artikel genutzt werden kann und somit zu Kosten- und Wettbewerbsnachteilen führen kann.

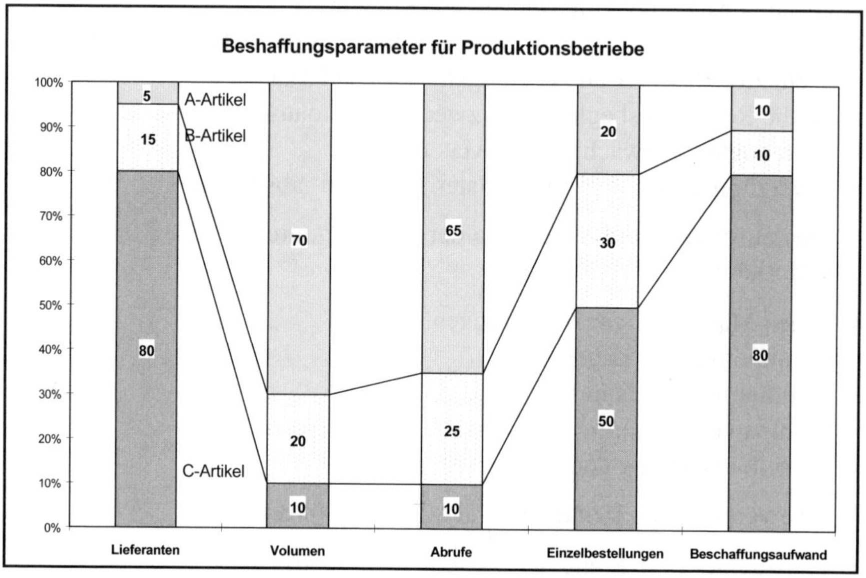

Abb. 2.2. Beschaffungsparameter für Produktionsbetriebe

2.2.1 Allgemeine Merkmale von C-Artikeln

C-Artikel sind i.d.R. Komponenten, die meist standardisiert, einfach in der Qualität und leicht zu beschaffen sind. Diese unter weitere Gemeinsamkeiten werden wie folgt abgebildet (Hirschsteiner 2002a, S. 384ff).

Tabelle 2.2. Allgemeine Merkmale von C-Artikeln

Allgemeine Merkmale von C-Artikeln	
• sporadischer Bedarf	• standardisierte Artikel (DIN-Teile)
• einfache Qualität	• niedriges Beschaffungsrisiko
• niedriger Stückpreis	• kurzfristige Lieferzeiten
• große Sortimentsbreite	• regionale Anbieter
• hohe Bestellhäufigkeit	• überwiegend Händler als Lieferanten
• geringe Positionsmengen	• einfache Beschaffungsmöglichkeiten

2.2.2 Beispiele für typische C-Artikel

Tabelle 2.3. Beispiele für C-Artikel

Artikelgruppe	Beispiele
Büromaterialien	Bleistifte, Papier, Druckerpatrone etc.
Werkzeuge, Maschinenzubehör	Bohrer, Fräser, minderwertige Klein- und Ersatzteile etc.
DIN- und Normteile	Schrauben, Beschläge, Unterlegscheiben
Arbeits- und Sicherheitsausstattung	Atemschutzmasken, Handschuhe, Gehörschutz etc.
Kleinmengen meist niedrigpreisiger Hilfs- und Betriebsstoffe	Reinigungs-, Schmiermittel, Klebstoffe etc.

2.2.3 Ursachen für hohe Versorgungskosten

Die hohen Kosten bei der C-Artikel-Versorgung resultieren im Wesentlichen aus folgenden Ursachen (Hirschsteiner 2002b, S. 78ff):

- vielfältige und komplexe Beschaffungsprozesse,
- Beschaffungsprozesse zentral organisiert und formal gesteuert,
- Bestellprozesse dauern länger als die Lieferung benötigt (lange Wege, mehrstufige Genehmigungsprozeduren),
- hohe Anzahl von Lieferanten und hoher Anteil an Kleinbestellungen aufgrund von geringen Preisvorteilen und kurzfristigem Bedarf.

2.2.4 Strategische Ansätze im C-Artikel-Management

Ein erfolgreiches C-Artikel-Management erfordert i.d.R. eine grundsätzlich andere Vorgehensweise im Einkauf und in der Beschaffung als bei der Versorgung mit A- oder B-Artikeln.

Ein konsequentes C-Artikel-Management bedingt deshalb eine ganzheitliche Optimierung der Prozesse, Instrumente und Strategien in der Beschaffung. Im Kern bedeutet dies u.a. Wesentliches von Unwesentlichem zu trennen, Schwerpunkte für Rationalisierungen zu bilden, Aktivitäten und Aufwendungen differenziert und gezielt einzusetzen, Regeln statt Anweisungen vorzugeben, wirtschaftliche Gegebenheiten zu versachlichen und Aufgaben und Ergebnisse berechenbarer zu machen (Hirschsteiner 2002b, S. 78).

Durch die systematische Kostensenkung und Prozessvereinfachung im C-Artikel-Management wird die Einkaufsabteilung erheblich entlastet. Die Einkäufer können sich dadurch mehr mit den hochwertigen A- und B-

Artikeln befassen und dort durch Verhandlungen Preis- und Kostenreduzierungen durchsetzen (Meier 2004, in Wannenwetsch, S. 177ff).

C-Artikel-Management	
Ziele	• Senkung der Prozesskosten • Verkürzung der Durchlaufzeiten • Verschlankung von Beschaffungsprozessen • Erzielung günstiger Einkaufspreise durch Bedarfsbündelung • Sicherung der Artikelverfügbarkeit und –qualität
Strategien	• Dezentralisierung der Beschaffungsvorgänge • Materialgruppenmanagement • Delegation der Budgetverantwortung an den Bedarfsträger • Reduzierung und Vereinfachung der Kostentreiber • Bündelung des Bedarfs auf wenige Lieferanten
Prozesse	• Dezentrale Beschaffungsabwicklung durch den Bedarfsträger • Unmittelbare Beziehung zwischen Anforderer und Lieferant • Direkte Belieferung an den Bedarfsträger
Instrumente	• Internet-/Intranet-Kataloge (z.B. Elektronische Marktplätze) • Purchasing Cards • Rahmenverträge und Sammelrechungen • IT-Unterstützung & Controlling

Abb. 2.3. Strategische Ansätze im C-Artikel-Management

2.2.5 Kategorisierung im Materialgruppenmanagement

Materialgruppenmanagement ist ein Konzept der koordinierten funktionsübergreifenden Planung und Realisierung von Beschaffungs- und Versorgungsprozessen (Hirschsteiner 2002a, S. 412ff).

Durch die kategorische Eingruppierung der Materialien können einzelne Gruppen besser koordiniert und Potenziale effizienter ausgeschöpft werden. Manche Konzepte beschränken sich auf die Bündelung des Bedarfes:

- durch Normierung und Standardisierung,
- durch Zusammenfassung der Beschaffungsaufgaben für gleichartige Güter auf Einkaufssachgebiete, nach dem Lead-Buyer-Ansatz.

Eine Kategorisierung für C-Artikel könnte wie in Tabelle 2.4 dargestellt, strukturiert sein.

Tabelle 2.4. Artikelkategorien im C-Artikel-Management (Hirschsteiner 2002a, S. 386)

Artikelkategorien im C-Artikel-Management	
• Hand- und Verschleißwerkzeuge	• C-Artikel des Produktionsmaterials
• Betriebsmittel	• Listenmaterial
• Büromaterial	• Normteile
• EDV-Bedarf	• Geringwertige Wirtschaftsgüter
• Verbrauchsmaterial	• Ersatzteile
• Arbeitsschutz	• Reparaturbedarf

Die strategischen Ziele im Materialgruppenmanagement sind dabei (Hirschsteiner 2002a, S. 413):

- einheitlicher Auftritt am Markt und zu den Lieferanten,
- Bedarfsbündelung zur Verbesserung der Nachfragepotenziale,
- Beschaffungsbündelung für bestmöglichen Einkaufskonditionen,
- strategische und objektive Auswahl bzw. Festlegung des Lieferspektrums von Lieferanten, unabhängig vom operativen Tagesgeschäft,
- Normierung und Standardisierung der Bedarfsgüter zur Minimierung der Variantenvielfalt, Verbesserung der Beschaffungsmöglichkeiten und Kostensenkung.

Für jede Materialgruppe ergeben sich hieraus zu beziehende Aufgaben:

- Untersuchung der relevanten Marktsegmente,
- Bündelung verschiedene Bedarfsquellen (Betriebe, Abteilungen),
- Koordination der Bevorratung und der Materiallogistik,
- Analyse und Gestaltung der Versorgungsprozesse und Schnittstellen,
- Optimierung von Informationsmanagement und Kommunikation.

2.2.6 Vorgehensweisen im C-Artikel-Management

Folgende Vorgehensweisen haben sich bei der Umsetzung von C-Artikel-Management in der Unternehmenspraxis bewährt (s. Tabelle 2.5).

Erfolgreiche Realisierungen von internetbasierten Lösungen für das C-Artikel-Management finden sich stellvertretend bei der Frankfurter Flughafen AG in Zusammenarbeit mit Firmen wie beispielsweise Daimler Benz, Zahnradfabrik Friedrichshafen (ZF), Heidelberger Druckmaschinen, Audi AG oder ABB.

Tabelle 2.5. Vorgehensweisen bei der Umsetzung von C-Artikel-Management

Analyse und Strukturierung	Die C-Artikel-Beschaffung wird getrennt von A- und B-Erzeugnissen in einem separaten Ablauf organisiert. Durchführung von Sortimentsanalysen durch den Einkauf und die Bedarfsträger.
Bildung von Materialgruppen	Die Materialien werden nach bestimmten Kategorien eingruppiert und die entsprechenden Bedarfe gebündelt.
Lieferantenauswahl und -festlegung	Lieferantenauswahl aufgrund von Preis sowie Logistik- und Servicepotential des Lieferanten. Dabei oft deutliche Reduzierung auf wenige, leistungsfähige Lieferanten.
Dezentralisierung der Beschaffung- und Budgetverantwortung	Kostengünstige Bestellung dezentral direkt über verbrauchende Stelle (Sekretariat/Büromaterial). Ausgewählte Mitarbeiter erhalten die Aufgabe der C-Artikel-Beschaffung. Dazu werden entsprechende Voraussetzungen wie Berechtigungen im Bestellsystem eingerichtet.
Dezentralisierung der Prozessverantwortung	Qualitätskontrolle, Freigabe und Einlagerung direkt an den Bedarfsträger. Bei Störungen des Lieferprozesses erfolgt auch von dieser Stelle aus eine entsprechende Reaktion.
Abschluss von Rahmenverträgen	Je nach Bedarfsumfang und Marktmacht Abschluss von Rahmenverträge mit den C-Artikel Lieferanten. Hierbei Bedarfsbündelung der Bedarfsträger und Perioden.
Verschlankung der Prozesse durch E-Procurement-Lösungen	Durch komfortable Benutzeroberflächen (z.B. Desktop-Purchasing) über Internet und firmeninterne Intranet können die benötigten Artikel ausgesucht, einer virtuellen Einkaufsliste hinzugefügt und dann bestellt werden. Online-Lieferauskünfte, Bestellverfolgung und Produktinformationen runden das Serviceangebot ab.
Outsourcing bei Drittanbietern	Für kleinere Unternehmen Einsatz eines Vollsortimenters, der seinen Kunden ein Komplettangebot der benötigten C-Artikel über das Internet zugänglich macht. Größere Unternehmen erstellen mit Ihren Lieferanten individuelle Kataloge mit Preisen und Bestellkonditionen für die C-Artikel.
Budgetkontrolle und Begleichung durch Sammelrechnung	Abrechnungen erfolgen häufig über Gutschriftverfahren. Im Abrechnungszeitraum erhält jede bestellberechtigte Abteilung einmal, i.d.R. am Monatsende eine Sammelrechnung, die dann von den Kostenstellenverantwortlichen überprüft und freigegeben wird. Danach erfolgt eine Verbuchung der Sammelrechnung (s. Purchasing Card).

2.3 XYZ-Analyse/RSU-Analyse

Die XYZ-Analyse klassifiziert die Beschaffungsobjekte anhand ihrer Verbrauchsstruktur. Für die Bestimmung der Beschaffungs- und Lagerstrategien sind Kenntnisse zur Verbrauchsstruktur der einzelnen Beschaffungsobjekte notwendig (Wannenwetsch 2002a, S. 43ff; Ehrmann 1997, S. 132). Eine geeignete Analyse für diese Informationsgewinnung stellt die XYZ-Analyse dar, welche in ihrer Anwendung i.d.R. mit der ABC-Analyse kombiniert wird.

In neuerer Zeit wird anstatt dem Begriff XYZ-Analyse auch der Begriff RSU-Analyse benutzt. Dabei steht der Begriff „R"(X) für „regelmäßigen" Bedarf, der Begriff „S" (Y) für „saisonal" und „U"(X) für „unregelmäßig".

Tabelle 2.6. XYZ-Analyse

Material	Verbrauch	Vorhersagegenauigkeit
X-Material/R-Material	gleichmäßig	hoch
Y-Material/S-Material	schwankend	mittel
Z-Material/U-Material	unregelmäßig	niedrig

Erfahrungswerte zeigen, dass

- ca. 50% der Teile X-Materialien,
- ca. 20% aller Beschaffungsobjekte in die Y-Klasse fallen und
- ca. 30% aller Teile Z-Materialien sind.

Auf Basis dieser XYZ-Klassifizierung können Bereitstellungsempfehlungen für die Beschaffungsobjekte ausgesprochen werden.

- Wird die XYZ-Analyse als alleinige Entscheidungshilfe bei der Wahl der Beschaffungsstrategie herangezogen, so kommt für X-Materialien eine fertigungs- bzw. bedarfssynchrone „Just-in-Time"-Beschaffung in Betracht.
- Y-Material sollte auf Grundlage von Monatsprogrammen – also programmorientiert – disponiert und auf Vorrat beschafft werden.
- Z-Material sollte dagegen nur im Bedarfsfall – also verbrauchsorientiert – geordert werden.

Beispiel:

Für ein Sortiment von zehn Teilen enthält die Tabelle 2.7 das monatliche Beschaffungsvolumen. Für die Verbrauchsschwankungen wird eine differenzierte Punktebewertung für XYZ-Gruppen wie folgt verwendet:

Gruppe:

X= stetiger Verbrauch	Bewertung:	10 – 9 Punkte
Y= schwankender Verbrauch	Bewertung:	8 – 4 Punkte
Z= unstetiger Verbrauch	Bewertung:	3 – 1 Punkte

Tabelle 2.7. Ausgangssituation

Teile	Monatliches Beschaffungs-volumen (T€)	Wertmäßiger Anteil Beschaf-fungsvolumen (%)	Anteil an Gesamt-menge (%)	Bewertung Verbrauchs-schwankung
T1	630	6,3	15,7	2
T2	910	9,1	7,5	6
T3	1.090	10,9	5,4	6
T4	690	6,9	10,8	10
T5	500	5,0	18,0	1
T6	400	4,0	10,5	5
T7	2.050	20,5	6,2	8
T8	2.710	27,1	7,0	10
T9	320	3,2	6,6	6
T10	700	7,0	12,3	7
	10.000	**100,0**	**100,0**	

Tabelle 2.8. Neusortierung des Datenmaterials

Rang	Teile	Monatl. BV (T€)	Wertmäßiger Anteil		Anteil an Gesamtmenge		Verbrauchs-schwankungs-punkte	Gruppe
			%	*kum. %*	%	*kum. %*		*XYZ*
1	T8	2.710	27,1	27,1	7,0	7,0	10	X
2	T7	2.050	20,5	47,6	6,2	13,2	8	Y
3	T3	1.090	10,9	58,5	5,4	18,6	6	Y
4	T2	910	9,1	67,6	7,5	26,1	6	Y
5	T10	700	7,0	74,6	12,3	38,4	7	Y
6	T4	690	6,9	81,5	10,8	49,2	10	X
7	T1	630	6,3	87,8	15,7	64,9	2	Z
8	T5	500	5,0	92,8	18,0	82,9	1	Z
9	T6	400	4,0	96,8	10,5	93,4	5	Y
10	T9	320	3,2	100,0	6,6	100,0	6	Y
		10.000	**100,0**		**100,0**			

Tabelle 2.8 zeigt die Vorgehensweise bei der XYZ-Analyse (Sommerer 1998, S. 90ff). Es werden zehn Teile (T) betrachtet. Stetiger Verbrauch (X) wird 9–10 Punkten, schwankender Verbrauch (Y) mit 4–8 Punkten und unstetiger Verbrauch (Z) mit 1–3 Punkten bewertet. Im folgenden Schritt werden die Daten nach absteigender Reihenfolge des Beschaffungsvolumens neu sortiert sowie Kumulierungen vorgenommen.

2.4 Kombinierte ABC- und XYZ/RSU-Analyse

Durch Kombination von ABC- und XYZ-Analyse entstehen neun Klassifizierungsgruppen (s. Tabelle 2.9) (Sommerer 1998, S. 88ff).

Tabelle 2.9. Kombination von ABC- und XYZ-Analyse

	A	B	C
X R	• hoher Wert • hohe Vorhersage-genauigkeit • gleichmäßiger Verbrauch	• mittlerer Wert • hohe Vorhersage-genauigkeit • gleichmäßiger Verbrauch	• niedriger Wert • hohe Vorhersage-genauigkeit • gleichmäßiger Verbrauch
Y S	• hoher Wert • mittlere Vorhersage-genauigkeit • schwankender Verbrauch	• mittlerer Wert • mittlere Vorher-sagegenauigkeit • schwankender Verbrauch	• niedriger Wert • mittlere Vorhersage-genauigkeit • schwankender Verbrauch
Z U	• hoher Wert • niedrige Vorhersage-genauigkeit • unregelmäßiger Verbrauch	• mittlerer Wert • niedrige Vorher-sagegenauigkeit • unregelmäßiger Verbrauch	• niedriger Wert • niedrige Vorhersage-genauigkeit • unregelmäßiger Verbrauch

Aktivitäten zur Verbesserung der Materialbereitstellung bzw. zur Reduzierung der Kapitalbindung sollten sich vor allem auf Material mit hohem Verbrauchswert (A-Material) und hoher Vorhersagegenauigkeit (X-Material) konzentrieren.

- Grundsätzlich eigenen sich die Materialien AX, BX und AY für eine produktionssynchrone Beschaffung (Just-in-Time).
- Demgegenüber muss der Beschaffungsaufwand für Material mit geringem Wert und niedriger Vorhersagegenauigkeit (CZ-Material) minimiert werden.
- Bei Materialgruppen, die zwischen diesen beiden Extrempositionen liegen, sollte eine Einzelfallbetrachtung erfolgen.

Im oben genannten Beispiel könnte sich bei der Kombination mit der ABC-Analyse Tabelle 2.10 ergeben.

X-Teile eignen sich grundsätzlich für die Fremdfertigung. Mit Einschränkungen gilt dies auch für Y-Teile. Aufgrund des hohen Wertanteils bieten sich für die A-Teile die Just-in-Time Lieferungen an. Aus Tabelle

2.10 lässt sich ablesen, dass sich insbesondere die Teile 8, 7, 3, 4, 2 und 10 für den Just-in-Time Bereich eignen.

Tabelle 2.10. Einteilung nach kombinierter ABC-/XYZ-Analyse

Rang	**Teile**	**Monatl . BV (T€)**	**Wertm. Anteil**		**Anteil an Gesamtmenge**		**Verbrauchs-schwan-kungspunkte**	**Gruppe**	
			%	*kum. %*	*%*	*kum. %*		*ABC*	*XYZ*
1	T8	2.710	27,1	27,1	7,0	7,0	10	A	X
2	T7	2.050	20,5	47,6	6,2	13,2	8	A	Y
3	T3	1.090	10,9	58,5	5,4	18,6	6	A	Y
4	T2	910	9,1	67,6	7,5	26,1	6	B	Y
5	T10	700	7,0	74,6	12,3	38,4	7	B	Y
6	T4	690	6,9	81,5	10,8	49,2	10	B	X
7	T1	630	6,3	87,8	15,7	64,9	2	C	Z
8	T5	500	5,0	92,8	18,0	82,9	1	C	Z
9	T6	400	4,0	96,8	10,5	93,4	5	C	Y
10	T9	320	3,2	100,0	6,6	100,0	6	C	Y
		10.000	**100,0**		**100,0**				

2.5 GMK-Analyse

Die GMK-Analyse widmet sich insbesondere logistischen Aspekten. Sie klassifiziert Beschaffungsobjekte in Abhängigkeit von ihrem Volumen bzw. ihrer Sperrigkeit. Die GMK-Analyse

- dimensioniert Lagervolumina und
- optimiert Transportkapazitäten.

Die GMK-Analyse sollte insbesondere dann angewendet werden, wenn Lagervolumina oder Transportkapazitäten dimensioniert und optimiert werden sollen.

Tabelle 2.11. Klassifikationen der GMK-Analyse

G-Material	Großvolumige Teile
M-Material	Mittelvolumige Teile
K-Material	Kleinvolumige Teile

Materialien mit G-Klassifikation beanspruchen große Transportraumkapazitäten, es entstehen aber geringe Transportleerkosten, so dass sie für eine fertigungssynchrone Anlieferung günstig sind. Entstehen wegen der geringen Größe des Materials Transportraumleerkosten (nicht ausgelastete Transporteinheiten), so wird der Lieferant versuchen, die Anlieferfrequenz zu verringern und in größeren kostengünstigeren Transportlosen zu liefern.

2.6 Kombination von ABC- mit XYZ- und GMK-Analyse

Es entsteht ein Würfel mit 27 möglichen Materialgruppen. Einteilungskriterien sind Wert, Verbrauchsstruktur und Volumen des Materials.

Diese kombinierte Methode ist ein Instrument, um

- Beschaffungs-,
- Lager- und
- Transportstrategien

zu bestimmen (Sommerer 1998, S. 88ff). Besonders dem AXG-Material ist eine besondere Aufmerksamkeit zu widmen. So sind hier beispielsweise intensive Lieferantenverhandlungen wichtig, um Einstandspreise zu senken und für eine produktionssynchrone Lieferung zu sorgen. Da es sich bei den AXG-Gütern um sperrige Waren handelt, müssen Transportvolumina und Lagerkapazitäten optimal ausgeschöpft werden, um Transportleerkosten und Lagerkosten zu minimieren. Demgegenüber ist es Aufgabe bei der CZK-Materialbeschaffung, dieses möglichst effizient und mit so wenig Aufwand wie möglich zu beschaffen.

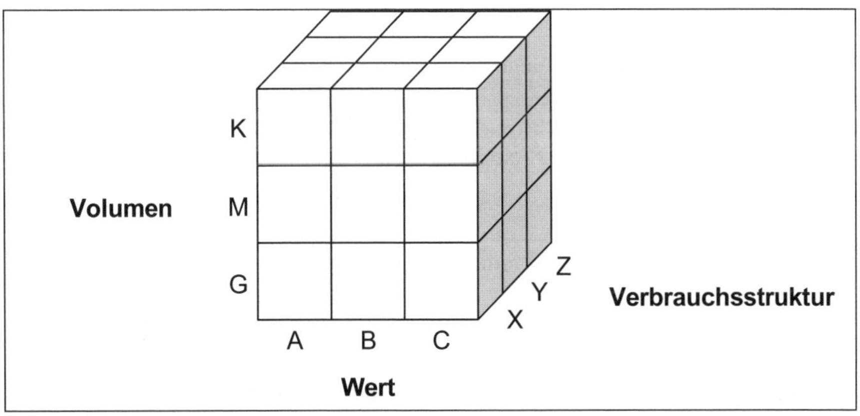

Abb. 2.4. Materialgruppen der ABC-XYZ-GMK-Analyse

Vorteile der integrierten Materialanalyse

- Kostenersparnisse, Bestandsreduzierungen
- Verringerung der Kapitalbindung
- Entwicklung von optimalen Beschaffungsstrategien
- Entwicklung von effizienten Lagerungs- und Transportstrategien
- Schnelle und objektive Optimierung der Beschaffungsobjektbevorratung

2.7 Wertanalyse

Die Wertanalyse stellt die planmäßige und koordinierte Anwendung bewährter Methoden zur Ermittlung der Funktion eines materiellen Erzeugnisses, zur Bewertung der Funktionen und zum Entdecken von Funktionsrealisierungen zu geringstmöglichen Gesamtkosten dar.

2.7.1 Ziel der Wertanalyse

Wertanalyse nach DIN 69 910 ist das „systematische analytische Durchdringen von Funktionsstrukturen mit dem Ziel einer abgestimmten Beeinflussung von deren Elementen (z.B. Kosten, Nutzen) in Richtung einer Wertsteigerung" (Schanz/Stange, 1979, Sp. 2252).

Die Wertanalyse kann in folgenden Bereichen angewendet werden (s. Tabelle 2.12).

Tabelle 2.12. Anwendungsbereiche der Wertanalyse (Arnolds et al. 1998, S. 183ff)

Anwendungsbereich	Beispiele
• optimale Gestaltung neuer Produkte	z.B. neue Antriebskonzepte
• optimale Gestaltung neuer Arbeitsprozesse	z.B. Entwicklungsprozesse
• Verbesserung existierender Produkte	z.B. Versionsverbesserung existierender Motorvarianten
• Verbesserung bestehender Arbeitsprozesse	z.B. Beschaffungsprozesse
• Gestaltung und Verbesserung nichtmaterieller Objekte	z.B. Software

2.7.2 Merkmale der Wertanalyse

Folgende Merkmale sind typisch für die Wertanalyse:

Tabelle 2.13. Merkmale der Wertanalyse (Oeldorf/Olfert 2008, S. 107)

Merkmal	Beschreibung
Funktionsorientierung	Die vom Kunden gewünschten Funktionen der Leistung werden herausgefiltert, um Ansätze für die Wertanalyse deutlich zu machen.
Kostenorientierung	Durch den Einsatz der Wertanalyse soll das Kostenbewusstsein im Unternehmen intensiviert werden.
Teamorientierung	Verbesserungen durch die Wertanalyse erfordern Teamarbeit. Ein Team ist eher in der Lage Potenziale aufzudecken.
Systematisierung	Den wertanalytischen Aktivitäten liegt eine Systematik zugrunde, d.h. man versucht in genau definierten Schritten zu einer Problemlösung zu kommen.

2.7.3 Ablauf der Wertanalyse

Die Wertanalyse kann in die folgenden Schritte, in Tabelle 2.14 dargestellt, unterteilt werden.

Tabelle 2.14. Wertanalyse-Arbeitsplan

Wertanalyse-Arbeitsplan	
Grundschritte	**Teilschritte**
Projektvorbereitung	• Auswahl des Analyseobjektes • Festlegung der Ziele • Einrichtung von Arbeitsgruppen • Planung des Zeitablaufs
Objekt-Ist-Situationsanalyse	• Beschreibung des Analyseobjektes • Ermittlung der Funktionsstruktur • Quantifizierung der Funktionen • Ermittlung der Funktionskosten • Erstellung der Funktionsmatrix
Soll-Zustandsbeschreibung	• Erstellung der Soll-Funktionsstruktur • Quantifizierung der Soll-Funktionen • Zuordnung der Kostenziele
Ideenentwicklung	• Anwendung von Ideenfindungstechniken • Nutzung von Informationsquellen

Wertanalyse-Arbeitsplan	
Grundschritte	**Teilschritte**
Lösungsfestlegung	• Bewertung der Ideen • Darstellung der Lösungsansätze • Bewertung der Lösungsansätze • Ausarbeitung der Lösungen • Bewertung der Lösungen • Erstellung von Entscheidungsvorlagen • Entscheidung
Lösungsimplementierung	• Erstellung der Realisierungsplanung • Einleitung der Realisierung • Überwachung der Realisierung • Abschluss der Analyse

2.7.4 Einteilung der Funktionsarten

Die Wertanalyse führt eine funktionsbezogene Betrachtungsweise der Analysegegenstände durch. Sie betrachtet Wirkungen, Eigenschaften, Aufgaben oder Tätigkeiten eines Objektes, die als Leistungen für die Problemlösung der Kunden dienen. Die Funktionen eines Gegenstandes lassen sich dann den Rubriken

- Gebrauchs- und Geltungsfunktionen und/oder
- Haupt- und Nebenfunktionen zuordnen.

Bei den Funktionen soll nach kostengünstigeren und optimalen Lösungen gesucht werden. Irrelevante Funktionen können leichter entdeckt und eliminiert werden. Abbildung 2.5 zeigt Ihnen die Vorgehensweise zur Einteilung von Funktionen nach ihrer Bedeutung für das Produkt (Arnolds/Heege/Tussing, 1998, S. 166).

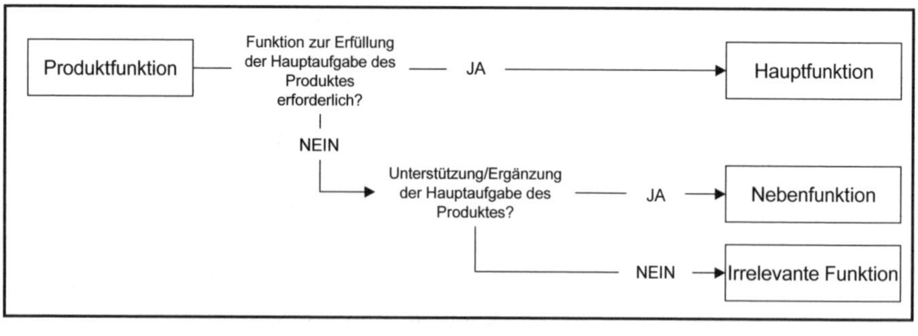

Abb. 2.5. Funktionseinteilung nach ihrer Bedeutung

Es hat sich in der Praxis bewährt, bei wertanalytischen Untersuchungen folgende Fragen zu stellen (ohne Anspruch auf Vollständigkeit):

Tabelle 2.15. Checkliste für die Wertanalyse

Bewährte wertanalytische Fragen aus der Praxis
• Welche Funktionen erwartet der Verwender/Kunde des Produktes? • Kann auf einzelne Funktionen verzichtet werden? • Kann die Funktion durch andere Teile erfüllt werden? • Können Toleranzen ohne Funktionsbeeinträchtigung erweitert werden? • Existieren Teile mit ähnlichen Funktionen, die niedrigere Kosten aufweisen? • Können Material- oder Bearbeitungskosten durch Änderung in der Konstruktion eingespart werden? • Können Spezialteile durch Normteile ersetzt werden? • Existieren preisgünstigere Materialien, die verwendet werden können? • Können durch die Trennung eines Teils in mehrere Teile Normteile eingesetzt werden können? • Können selbsthergestellte Teile günstiger eingekauft werden? Oder lassen sich fremdbezogene Teile kostengünstiger selbst herstellen? • Kann der Lieferant unnötige Funktionen des Materials abstellen? • Kann der Lieferant Änderungen herbeiführen, die den Fertigungsprozess vereinfachen?

2.7.5 Arten der Wertanalyse

Vier verschiedene Arten der Wertanalyse lassen sich unterschieden (Oeldorf/Olfert 2008, S. 107ff).

Tabelle 2.16. Arten der Wertanalyse

Value Analysis	Die Erzeugnis-Wertanalyse bezieht sich auf Beschaffung und Konstruktion und befasst sich mit Erzeugnissen, die bereits im Produktionsprogramm enthalten sind (umfangreiche Änderungen notwendig).
Value Engineering	Die Konzept-Wertanalyse erfolgt vor der Aufnahme der Erzeugnisse in das Fertigungsprogramm (kostengünstiger, da weniger Änderungen).
Value Administration	Analyse von Verwaltungstätigkeiten
Value Control	Die Erzeugnis-Kontrolle umfasst die Planung und Steuerung der Aufnahme der Produkte des Unternehmen beim Kunden (Reklamationen, Service).

2.7.6 Praxisbeispiele zur Wertanalyse

Praxisbeispiel 1 – Produktanwendung

In einer Unternehmensberatung werden DIN A4-Aktenordner mit weißem Kunststoffeinband sowie Ordnerdeckel und -rücken mit Einsteckschild und farbigem Aufdruck des Unternehmenslogos beschafft. Die Wertanalyse betrachtet die Hauptfunktionen „Archivierung von Präsentationen und Korrespondenz". Der Ordner muss grundsätzlich im Bereich des Rückens zu beschriften sein (= relevante Nebenfunktion zur Erfüllung der Hauptaufgabe). Das Einsteckfach des Ordnerdeckels kann durch einen bereits auf dem Ordnerrücken befindlichen Aufkleber ersetzt werden. Der weiße Kunststoffeinband und der farbige Aufdruck des Unternehmenslogos wurden ersatzlos gestrichen (= irrelevante Nebenfunktion). Als Konsequenz wurden für Archivierungszwecke lediglich einfache, marmorierte DIN A4-Standardordner mit einem wesentlich günstigeren Einstandspreis beschafft. Für Repräsentationszwecke wurde der weiße Ordner hingegen beibehalten.

Praxisbeispiel 2 – Fallstudie

Die Firma Schneider hat fünf verschiedene Typen von Hochleistungswaschmaschinen in ihrem Verkaufsprogramm für das kommende Jahr. Zur Erhaltung der Wettbewerbsfähigkeit werden ständig Wertanalysen durchgeführt. Entscheiden Sie anhand der nachfolgenden Kriterien, bei welchen Waschmaschinentypen eine Wertanalyse durchgeführt werden sollte.

Tabelle 2.17. Fallstudie Wertanalyse

Produkttyp	I	II	III	IV	V
Restlebensdauer (geschätzt)	1 Jahre	3 Jahre	3 Jahre	4 Jahre	5 Jahre
Materialwert pro Stück (in Euro)	1.700 €	850 €	2.190 €	3.600 €	1.200 €
Verkaufszahl (in Stück/Jahr)	500	1.930	1.300	1.150	2.800
Absatzerwartung	Fallend	konstant	steigend	steigend	konstant
Wertanalyse durchgeführt?	Nein	vor 1 Jahr	vor ½ Jahr	nein	vor 3 Jahren
Wertanalyse durchführen	**Nein**	**nein**	**nein**	**ja**	**ja**

Praxisbeispiel 3 – Vermeidung von Montagearbeitsgängen

Im folgenden Beispiel wird dargestellt, wie ein Montageteil von sieben auf vier Einzelkomponenten reduziert wurde. Durch eine gezielte Modifizierung der Teilstücke (s. Deckel) konnten nicht nur die Einzelkomponenten reduziert werden sondern die Montagearbeitsgänge reduziert und die Montagezeit verkürzt werden. Dies führte zu Einsparung bei den Material- und Bearbeitungskosten.

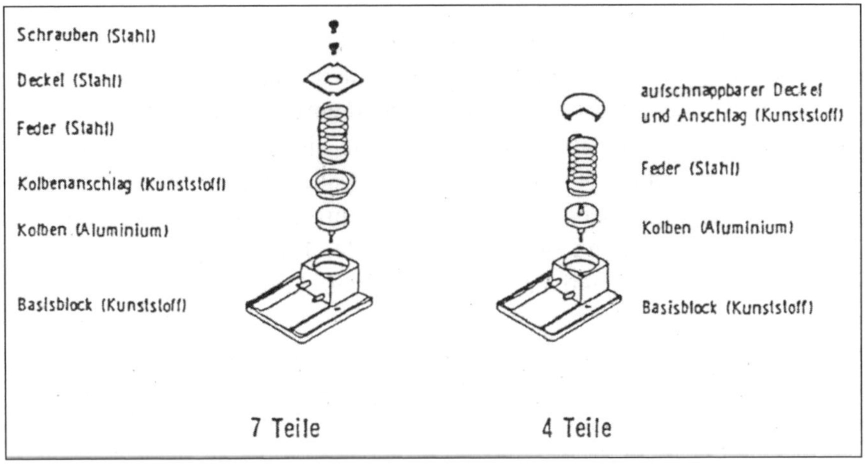

Abb. 2.6. Beispiel für die Vermeidung von Montagearbeitsgängen

2.8 Target Costing

Das Konzept des Target Costing (Genka Kikaku) wurde in Japan in den 70er Jahren als Instrument eines vorausschauenden Kosten- und Erfolgsmanagements entwickelt (Wannenwetsch 2004, S. 16ff).

2.8.1 Ziel von Target Costing

Unter Target Costing versteht man eine innovationsorientierte Methode des marktorientierten Kosten- und Erfolgsmanagements, welches durch eine konsequente Kundenorientierung den Kunden als Ausgangspunkt der Preisfindung und Produktkonzeption begreift, um die Wettbewerbsfähigkeit eines Unternehmens zu stärken.

Vorteile von Target Costing

Durch Target Costing können Kosten besser

- geplant,
- gesteuert und
- kontrolliert werden.

Kennzeichen von Target Costing

- Erhöhtes Kostenbewusstsein im gesamten Unternehmen.
- Kundenorientierte Kostenplanung: Funktionen und Kosten werden genau den Kundenerwartungen entsprechend entwickelt.
- Optimierung von Qualität und Kosten aus Sicht der Kunden durch Ermittlung der Kundenwünsche und die Vorgabe der Zielkosten.
- Durch Aufspaltung der Gesamtkosten Identifikation von Komponenten für Optimierungen und zu teuer eingekauften Produkten.
- Erstellung eines objektiven und detaillierten Anforderungskataloges für Beschaffungsobjekte.
- Leichtere Lieferantensuche und Lieferantenverhandlung.
- Make-or-Buy-Entscheidungen können leichter getroffen werden.
- Zulieferer können in den Entwicklungsprozess mit einbezogen werden.

2.8.2 Vorgehensweise beim Target Costing

Abbildung 2.7 zeigt die sechs Stufen bei der Einführung von Target Costing.

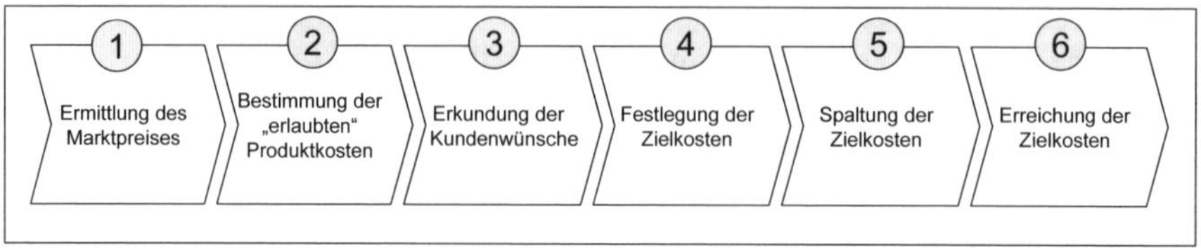

Abb. 2.7. Vorgehensweise beim Target Costing

1. Basis ist die Idee für ein neues Produkt oder ein Nachfolgeprodukt. Beispiel: Ein Elektroauto für den Stadtgebrauch mit maximalem Verkaufspreis (Target Price) von 10.000 Euro.
2. Der Verkaufspreis (Target Price) des Produktes muss sowohl die Gewinnspanne als auch die Produktkosten tragen können.

	Verkaufspreis:	10.000 €
–	Gewinnspanne:	1.000 €
=	Zielkosten/Target Costs/Allowable Costs:	9.000 €

3. Die Anforderungen und Erwartungen der Kunden an die Eigenschaften des Produktes werden durch Kundenbefragung aus dem Absatzmarkt abgeleitet. Für das Elektroauto sind Energieverbrauch, Raumangebot und Design wichtige Eigenschaften aus Kundensicht.

Eigenschaft	Energieverbrauch	Raumangebot	Design	Gesamt
Wichtigkeit	0,5	0,3	0,2	1

4. Die Produkteigenschaften werden durch verschiedene Bauteile und Komponenten des Produktes erfüllt. Diesen Komponenten wird ein Nutzenanteil in Bezug auf den Gesamtkundennutzen des Produktes zugeordnet. Es entstehen die Nutzenteilgewichte der Komponenten.

	Eigenschaft		
Komponente	Energieverbrauch	Raumangebot	Design
Karosserie	0,3	0,8	1,0
Motor	0,7	0,2	0,0
Gesamt	1	1	1

Die Komponentenfunktionsanteile werden mit dem Kundennutzen der Eigenschaften multipliziert. Auf diese Weise entsteht der Komponentennutzen.

	Eigenschaft			
Komponente	Energieverbrauch	Raumangebot	Design	Komponentennutzen
Karosserie	0,15	0,24	0,2	0,59
Motor	0,35	0,06	0,0	0,41
Gesamt	0,5	0,3	0,2	1

5. Bei der Zielkostenspaltung werden die Gesamtkosten des Produktes den einzelnen Komponenten des Produktes zugeordnet. Anschließend werden durch Vergleich der Zielkosten und der Standardkosten (bisherige Kosten der Produktkomponenten) die Drifting Costs ermittelt.

Komponente	**Komponentennutzen**	**Zielkosten**
Karosserie	0,59	5.310 €
Motor	0,41	3.690 €
Gesamt	1	9.000 €

Komponente	Standardkosten	Zielkosten	Drifting Costs
Karosserie	5.700 €	5.310 €	+ 390 €
Motor	7.000 €	3.690 €	+ 3.310 €
Gesamt	12.700 €	9.000 €	+ 3.700 €

6. Zur Erreichung der Zielkosten wird der Zielkostenindex errechnet und im Zielkostenkontroll-Chart dargestellt (s. Abb. 2.8).

Der *Zielkostenindex* ergibt sich einer Komponente durch die Formel:

Zielkostenindex = Zielkosten (in %) / Standardkosten (in %)

Der optimale Zielkostenindex für sämtliche Komponenten des Produktes ist 1. Dann entsprechen sich Standardkosten und Zielkosten (Komponente 1). Auch die Festlegung eines Zielkostenkorridors ist möglich, der Toleranzgrenzen enthält (Komponente 2 und 3).

Ist der Zielkostenindex allerdings wesentlich größer oder kleiner als eins (Komponente 4 und 5), sind Maßnahmen zur Kostensenkung erforderlich. Als Maßnahmen ist sind hier beispielsweise Lieferanten- oder Materialwechsel möglich. Für das Elektroauto wurden die folgenden Zielkostenindices (s. Abb. 2.8) ermittelt.

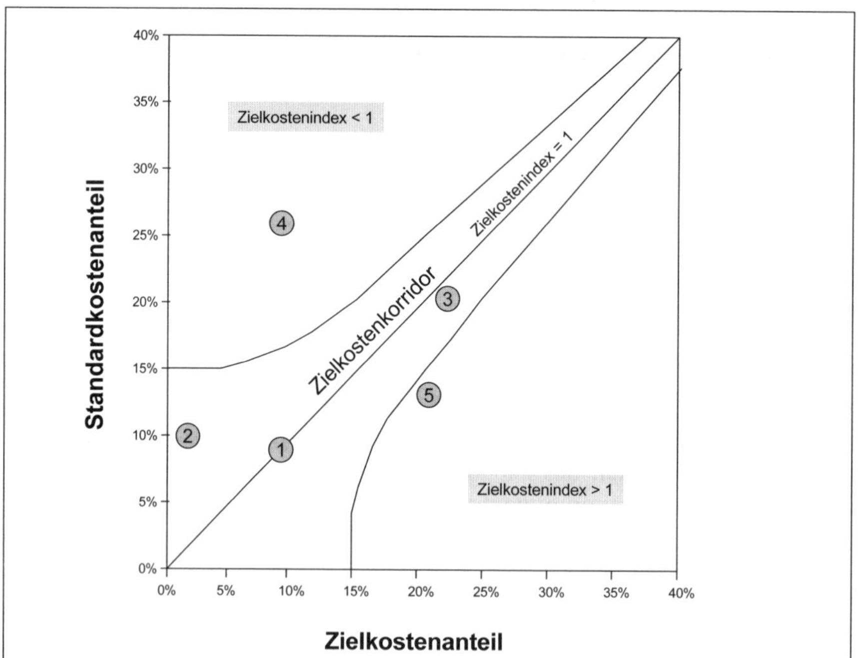

Abb. 2.8. Zielkostenkontroll-Chart

Komponente	Standard-kosten	in %	Ziel-kosten	in %	Differenz	Zielkosten-index
Karosserie	5.700 €	45%	5.310 €	59%	390 €	1,31
Motor	7.000 €	55%	3.690 €	41%	3.310 €	0,75
Gesamt	12.700 €	100%	9.000 €	100%	3.700 €	

2.8.3 Wesentliche Eigenschaften des Target Costing

- Verstärkte Marktorientierung in der Preis- und Kostengestaltung
- Zwang zur kunden- und konkurrenzorientierten Produktionsverbesserung
- Zwang zur rechtzeitigen Prüfung von Eigen- und Fremdfertigung auf allen Produktionsstufen
- Analyse der für die Produktentwicklung und -produktion erforderlichen Wertschöpfungsprozesse (Kleineicken in Wannenwetsch 2004, S. 20ff)

2.9 Total-Cost-of-Ownership

Der Total Cost of Ownership-Ansatz (TCO-Ansatz) ermöglicht eine gesamtkostenbezogene Betrachtungsweise.

2.9.1 Ziel des Total-Cost-of-Ownership-Ansatzes

Der Total-Cost-of-Ownership-Ansatz stellt einen funktionsbereichs- und unternehmensübergreifenden Kostenmanagement-Ansatz dar, der sämtliche Kosten für Entwicklung, Design, Beschaffung, Transport, Lagerung, Weiterverarbeitung, Garantie, Recycling usw. über den gesamten Lebenszyklus eines Beschaffungsobjektes identifiziert und strukturiert.

Großunternehmen wie Mercedes-Benz setzen den Total-Cost-of-Ownership-Ansatz bereits seit längerem ein. Das Ziel von Mercedes-Benz war es, durch eine höhere Transparenz über alle Kostenblöcke die Kostentreiber einfacher zu identifizieren und die Transparenz der Kostenstrukturen deutlich zu verbessern. Bereits im Jahr 2000 wurden bei Mercedes-Benz 48 Pilotprojekte zum Thema Total-Cost-of-Ownership begonnen, mit denen bereits erhebliche Einsparungen erzielt wurden.

2.9.2 Wesentliche Eigenschaften des Total-Cost-of-Ownership-Ansatzes

- Betrachtung des Gesamtpreises statt des Teilepreises von Beschaffungsobjekten
- Betrachtung der Kosten von Beschaffungsobjekten über ihren gesamten Lebenszyklus
- Einbezug funktionsbereichs- und unternehmensübergreifender Aspekte in das Denken und Handeln der Beschaffungsmanager
- Berücksichtigung, dass zunehmend nicht mehr nur einzelne Unternehmen, sondern ganze unternehmensübergreifende Wertschöpfungsketten in Konkurrenz zueinander treten
- Identifikation von Kostentreibern durch höhere Transparenz über Kostenblöcke

Der Total-Cost-of-Ownership-Ansatz sorgt durch eine Gesamtkostenbetrachtung für ein umfassendes Kostenverständnis:

- Es werden neben den direkten Kosten (z.B. Kosten für Material) für die Güter auch alle indirekten Kosten (z.B. Kosten für Garantieleistungen) betrachtet.
- Wichtig ist die umfassende Kostenbetrachtung, die neben dem beschaffenden Unternehmen auch die Lieferanten und die Kunden enthält.

2.9.3 Unterscheidung der Kostenkategorien

Der Total-Cost-of-Ownership-Ansatz unterscheidet Kosten, die

- vor dem Vertragsabschluss,
- während der Vertragsdurchführung und
- nach dem Vertragsabschluss anfallen.

Als ideale Analyseobjekte für den Total-Cost-of-Ownership-Ansatz bieten sich an (Kleineicken in Wannenwetsch 2004, S. 23ff):

- Das Beschaffungsobjekt verursacht bereits jetzt einen relativ großen Kostenblock.
- Das Beschaffungsobjekt wird regelmäßig beschafft und es liegt eine gewisse Beschaffungshistorie in Form von Daten und Informationen vor.
- Die Kosten sind von der Beschaffungsabteilung durch Geschäftsprozessveränderung, Lieferantenwechsel, Lieferantenverhandlung o.ä. beeinflussbar.

Tabelle 2.18. Kostenkategorien des Total-Cost-of-Ownership-Ansatzes

Kostenkategorien des Total-Cost-of-Ownership-Ansatzes		
1. Kosten vor Vertragsabschluss	*2. Kosten der Vertragsdurchführung*	*3. Kosten nach Vertragsabschluss*
• Bedarfsanalyse • Lieferantenanalyse • Lieferantenbewertung • Lieferantenanbindung • Lieferantenförderung und -entwicklung • Vorverhandlung	• Einstandspreis • Übermittlung der Bestellung • Transport • Zölle/Abgaben • Zahlungsabwicklung • Wareneingang • Qualitätsprüfung	• Lagerung, Verpackung • Einbau/Bereitstellung • Wartung • Reparaturen • Funktionsstörungen/ Produktionsausfälle • Garantieleistungen • Reputation Unternehmen • Recycling

Beispiel Computersystem

Bei der Anschaffung und Nutzung eines Computersystems sind die folgenden Kosten zu beachten:

- Anschaffungskosten für Hardware und Software,
- Kosten des Systemmanagements, Wartungskosten,
- laufende Kosten beim Nutzer, Kommunikationsgebühren sowie
- entgangene Erträge (Opportunitätskosten) wegen Systemausfällen.

Tabelle 2.19. Beispiel Computersystem

Praxisbeispiel Computersystem			
		Alternative A	**Alternative B**
Anschaffungskosten	Software	18.000 €	23.000 €
	Hardware	6.000 €	9.000 €
	Transport	2.000 €	2.500 €
	Installation	1.500 €	1.500 €
	Gesamt	**27.500 €**	**36.000 €**
Kosten des Systemmanagements (meist innerbetriebl. Personalkosten)		25.000 € (⅓ Mitarbeiter)	18.750 € (¼ Mitarbeiter)
Wartungskosten		12.500 €	8.500 €
Lfd. Kosten beim Nutzer (z.B. Schulungen)		8.000 €	7.500 €
Kommunikationsgebühren		5.000 €	5.000 €
Opportunitätskosten bei Systemausfällen (höhere Stabilität der Alternative B)		9.000 €	4.000 €
Total-Cost-of-Ownership	**Gesamt**	87.000 €	79.750 €

2.10 Erfahrungskurven-Analyse

Das Erfahrungskurvenkonzept basiert auf der Beobachtung in der Praxis, dass mit jeder Verdopplung der kumulierten Produktionsmenge die durchschnittlichen Stückkosten eines Produktes um 20 bis 30% sinken (bezogen auf konstante Geldwerte) (Kleineicken in Wannenwetsch 2004, S. 30ff).

2.10.1 Ziel der Erfahrungskurven-Analyse

Ziel der Erfahrungskurven-Analyse ist es, das bekannte Phänomen, dass die Produktivität mit dem Grad der Arbeitsteilung steigt (Lernkurveneffekt), auf die Stückkosten anzuwenden: Die Stückkosten eines Produktes gehen um einen relativ konstanten Betrag (20–30%) zurück, sobald sich die in Produktmengen ausgedrückte Produkterfahrung verdoppelt hat. Diese Erkenntnis soll für das Beschaffungsmanagement genutzt werden, um selbst wiederum entsprechende Einstandspreisreduktionen realisieren/ begründen zu können.

Die Senkung stellt sich aber nicht automatisch ein, sondern ist das Ergebnis von mehreren, kaum trennbaren Einflüssen und Maßnahmen. Beispielhaft können

- Rationalisierungs-, Standardisierungs- und
- Automationsmaßnahmen sowie
- Lernprozesse und technischer Fortschritt

im Produktionsbereich genannt werden. Abbildung 2.9 stellt eine Erfahrungskurve grafisch dar.

- Preise bei Serienstart sollten für Folgeaufträge nicht akzeptiert werden. Es ist zu vermuten, dass bei verdoppelter Produktionsmenge die Preise ebenfalls um 20–30% gesenkt werden können.
- Alternative Bezugsobjekte, die noch am Beginn der Erfahrungskurve stehen, sollten mit besonderer Aufmerksamkeit betrachtet werden. In Zukunft zu erwartende Einstandspreissenkungen können diese auch bereits jetzt attraktiv erscheinen lassen. Kurzfristige Kostennachteile müssen langfristigen Vorteilen gegenübergestellt werden.

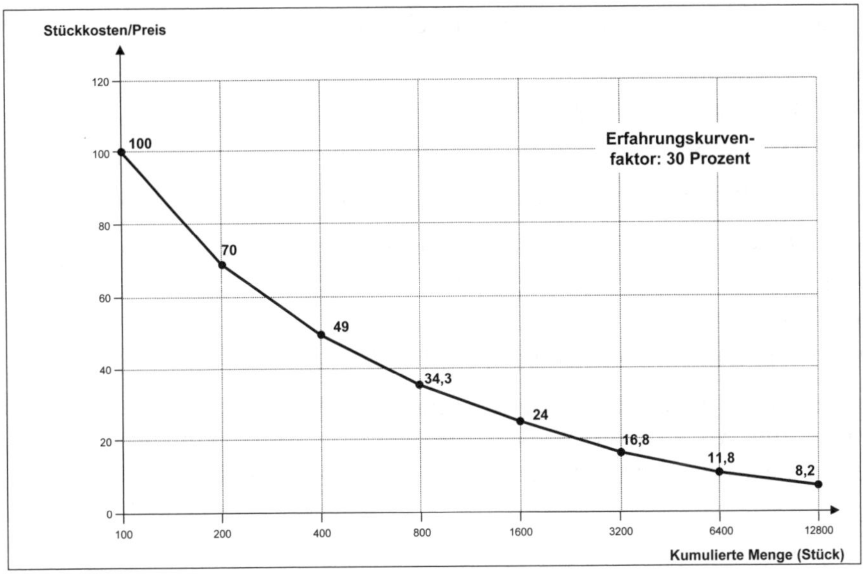

Abb. 2.9. Preis-/Kostenerfahrungskurve

2.10.2 Eigenschaften der Erfahrungskurven-Analyse

- Zusammenhang von Produktmenge und Stückkosten eines Produktes.
- Mit Verdopplung der kumulierten Produktionsmenge ist ein Rückgang der Stückkosten verbunden.
- Kostendegression liegt i.d.R. zwischen 20 und 30 Prozent.

2.11 Produktlebenszyklus-Analyse

Die Produktlebenszyklus-Analyse geht von der Annahme aus, dass jedes Produkt gewisse Zyklen durchläuft (Kleineicken in Wannenwetsch 2004, S. 33ff).

2.11.1 Ziel der Produktlebenszyklus-Analyse

Ziel der Produktlebenszyklus-Analyse aus Sicht der Beschaffung ist es, die Maßnahmen und Strategien der Beschaffung im Hinblick auf die entsprechende Phase des Produktlebenszykluses des Beschaffungsobjektes optimal zu unterteilen und besser abzustimmen.

Der Produktlebenszyklus gliedert sich in die Phasen

- Beobachtung,
- Produktentstehung und
- Marktzyklus.

Im Idealfall untergliedert sich der Marktzyklus in die Teilphasen:

- die Einführungsphase (z.B. das technische Sehen im Auto),
- die Wachstumsphase (z.B. digitale Fotokameras),
- die Reifephase (z.B. das Mobiltelefon) und
- die Sättigungsphase (z.B. traditionelle Fotokameras),

in denen sich unterschiedliche Konsequenzen für die Behandlung des Produktes aus Absatz- und Beschaffungssicht ergeben. Abbildung 2.10 stellt einen idealtypischen Produktlebenszyklus aus Absatzsicht dar.

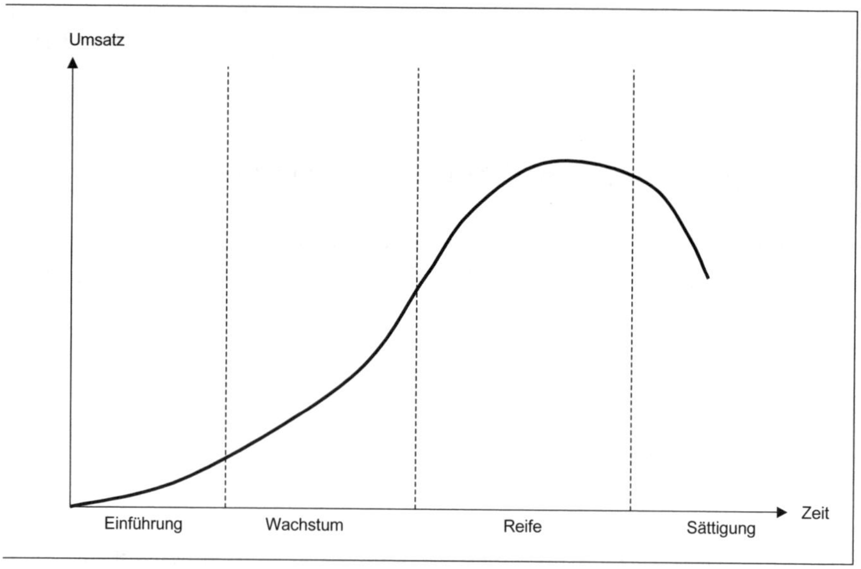

Abb. 2.10. Produktlebenszyklus aus Absatzsicht (Marktzyklus)

Die grundsätzliche Ansiedlung der Produktlebenszyklus-Analyse liegt im Absatzbereich, lässt sich aber leicht auf den Einkaufs- und Beschaffungsbereich übertragen.

Tabelle 2.20. Handlungsfelder des Einkaufs und der Beschaffung im Produktlebenszyklus

Phase	Handlungsfelder im Einkaufs und der Beschaffung
Beobachtungsphase	Während der Beobachtungsphase muss die Beschaffungsmarktforschung das technologische Umfeld in Bezug auf neue Produkte und Problemlösungsalternativen scannen.
Produktentstehungs-phase	Im Rahmen der Produktentstehungsphase ist es die Aufgabe des Beschaffungsmanagements, aktiv auf den Entstehungsprozess des Produktes Einfluss zu nehmen. Dies ist von besonderer Wichtigkeit, da bereits in der Entwicklungsphase 80% der späteren Kosten festgelegt werden.
Marktphase	Während der Marktphase ist die kontinuierliche Versorgung des Unternehmens mit dem Beschaffungsobjekt sicherzustellen.
Sättigungsphase	Während der Sättigungsphase kann der dargestellte Total-Cost-of-Ownership-Ansatz angewendet werden, um die Beschaffungskosten zu optimieren.

2.11.2 Eigenschaften der Produktlebenszyklus-Analyse

- Betrachtung des Beschaffungsobjektes aus Sicht eines Lebenszykluses
- Abstimmung der Beschaffungsaktivitäten auf den Stand des Beschaffungsobjektes im Rahmen seines Lebenszykluses

Wiederholungsfragen zu Kapitel 2

1. Beschreiben Sie die Funktionsweise der ABC-Analyse!

2. Grenzen Sie die XYZ/RSU-Analyse von der ABC-Analyse ab!

3 Materialbestand und Materialbedarf im Unternehmen

Die Ermittlung des *Materialbedarfs* bildet die Basis aller Aktivitäten im Rahmen der Materialwirtschaft. Der Bedarf ist die Quantität/Menge von Materialien bzw. Erzeugnissen, die innerhalb eines bestimmten Zeitraumes an die verbrauchenden bzw. produzierenden Stellen des Unternehmens abgegeben wird.

Der Bedarf wird ermittelt, um das Fertigungsprogramm, das auf festen Kundenaufträgen oder wahrscheinlichem Absatz von Materialien und Erzeugnissen basiert, mengen- und termingerecht zu erfüllen (Bichler 2001, S. 84ff).

Die *Materialbedarfsarten* können nach Ursprung und Erzeugnisebene in Primärbedarf, Sekundärbedarf und Tertiärbedarf unterteilt werden und unter Berücksichtigung des Zusatzbedarfes und der Lagerbestände in Brutto- und Nettobedarf eingeteilt werden.

3.1 Primär-, Sekundär- und Tertiärbedarf

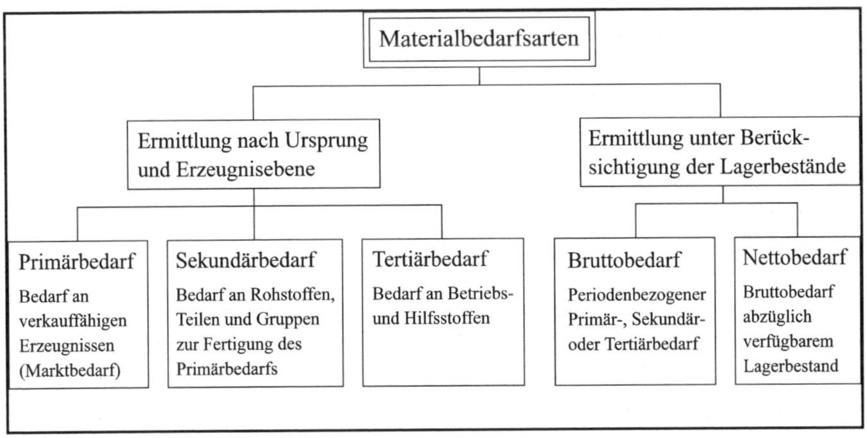

Abb. 3.1. Zusammenstellung der Materialbedarfsarten (Pfohl 2010, S. 92)

Tabelle 3.1. Primärbedarf – Sekundärbedarf – Tertiärbedarf

Primärbedarf	• Erzeugnisse, Gruppenteile, Ersatzteile und Waren • Ergibt sich aus Absatzplan, Produktionsplan Kundenaufträgen • Beispiele: PKW, Waschmaschine, Kleidung
Sekundärbedarf	• Werkstoffe, Rohstoffe, Einzelteile und Baugruppen • Notwendig zur Fertigung des Primärbedarfes • Beispiele: Aluminium, Granulat, Bleche, Holz
Tertiärbedarf	• Hilfs- und Betriebsstoffe und Verschleißwerkzeuge • Beispiele: Öle, Schmierstoffe, Energie

3.2 Brutto- und Nettobedarf

Der Sekundärbedarf wird aus der Multiplikation des Primärbedarfes mit den Erzeugnisbestandteilen aus den Stücklisten abgeleitet. Unter Berücksichtung des Zusatzbedarfes kann der Bruttobedarf ermittelt werden.

Sekundärbedarf
+ Zusatzbedarf
= **Bruttobedarf**

Der Zusatzbedarf ist der ungeplante Bedarf, der zusätzlich benötigt wird, wie z.B. Mehrbedarf für Ausschuss, Schwund, Instandhaltung, Reparaturen, Versuchszwecke, Herstellung von Exoten. Der Zusatzbedarf wird häufig durch Statistiken ermittelt und dem Sekundärbedarf als prozentualer Zuschlag zugeschlagen.

Tabelle 3.2. Bruttobedarfsermittlung unter Berücksichtigung des Zusatzbedarfes

Quartal	**1**	**2**	**3**	**4**
ermittelter Sekundärbedarf	150	130	160	170
+ Zusatzbedarf (10%)	15	13	16	17
= Bruttobedarf	165	143	176	187

Eine genaue Materialbedarfsermittlung ist erst durch die Berücksichtigung der Lagerbestände möglich. Daraus resultiert der Nettobedarf.

Zur Ermittlung des Nettobedarfes werden die Lagerbestände und die offenen Mengen laufender Bestellungen vom Bruttobedarf abgezogen. Hinzugerechnet werden die reservierten Bestände aus Vormerkungen für bestehende Aufträge, die in Kürze vom Lager abgehen.

Bruttobedarf
– Lagerbestände
– **Bestellbestände**
+ Reservierte Bestände
= **Nettobedarf**

Letztlich ist der Nettobedarf der Beschaffungsbedarf für die Materialien, die programmorientiert disponiert werden (Oeldorf/Olfert 2008, S. 130f).

3.3 Materialien und Betriebsmittel in der Materialwirtschaft

Als Material (lat. Material) werden alle Gegenstände der Materialwirtschaft bezeichnet, die zur Herstellung von Gütern benötigt werden. Beispiele hierfür sind Roh-, Hilfs- und Betriebsstoffe, Handelswaren und Dienstleistungen (Härdler 1999, S. 85).

Tabelle 3.3. Materialien und Betriebsmittel

Rohstoffe (Erzeugnisstoffe)	sind unmittelbarer Hauptbestandteil des zu fertigenden Erzeugnisses (z.B. Aluminium, Kupfer, Granulat).
Hilfsstoffe	gehen lediglich als Hilfsfunktion in das Endprodukt ein (z.B. Leim, Schrauben).
Betriebsstoffe	werden im Produktionsprozess verbraucht, bilden also keinen Bestandteil des Fertigerzeugnisses (z.B. Energie, Wasser, Öl).
Zulieferteile	werden von Lieferanten bezogen.
Ersatzteile	werden eigens erstellt. Sie können auch Endprodukt sein (z.B. Auspuff, Motor, Schraube)
Handelswaren	werden dem Endprodukt unverarbeitet bereitgestellt. Sie können das Verkaufsprogramm ergänzen (z.B. Radios, Feuerlöscher bei PKW- Fertigung)
Fertigerzeugnisse (Enderzeugnisse)	sind vom Unternehmen hergestellte Endprodukte, Vorräte (z.B. PKW, Fernseher, Kleidung, Waschmaschinen)
Halbzeuge	Sind vorgeformte Rohstoffe (z.B. Bleche, Kunststoffe, Baustähle, T-Träger).

3.4 Grundbegriffe und Aufgaben des Materialbestandes

Ziel der Bestandsführung ist die rechtzeitige und termingerechte Versorgung des Unternehmens mit Material. Der Bedarf muss errechnet werden, um festzulegen, welche Materialien für die Leistungserstellung des Betriebes bereitzustellen sind. Hierbei muss das richtige Material, zum richtigen Zeitpunkt, in der richtigen Menge und Qualität, am richtigen Ort und zu den optimalen Kosten bereitgestellt werden („6 r der Logistik"). Der Bedarf gibt jedoch keine Aussagen darüber, wie viel beschafft werden muss. Um Bestände planen zu können, müssen bestimmte Faktoren berücksichtigt werden.

3.4.1 Fallbeispiel: Ermittlung des Materialbedarfes für Zahnräder

	Bedarf (B) in Stück	**Zugang (Z) in Stück**	**Lagerbestand (AB – B + Z) in Stück**
Anfangsbestand (AB)		5.000	
Auftrag 1 (von der Fertigung)	3.000		2.000
Auftrag 2 (von der Entwicklung)	1.700		300
Zugang (vom Lieferanten I)		1.500	1.800
Auftrag 3 (von der Werkstatt)	1.000		800
Verschrottung (Abgang)	300		500
Ausschuss (Abgang)	100		400
Mindestbestand	2.400		
Mindestbestellmenge (Losgröße: 500 Stück)			**2.000**

Der Materialbedarf von 2.000 Stück ist zu Losen von 4 • 500 Stück vom Einkauf über Rahmenverträge (z.B. Just-in-Time, Just-in-Sequence) oder als Einzelbestellung zu beschaffen.

3.4.2 Sicherheitsbestand

Der Sicherheitsbestand wird auch *eiserner Bestand*, Mindestbestand oder Reservebestand genannt und ist der Bestand an Material, der nicht zur Fertigung herangezogen wird (Ehrmann 2011, S.112). Bei Erreichen des Sicherheitsbestandes soll die neue Lieferung spätestens eingetroffen sein.

Der Sicherheitsbestand basiert auf dem Durchschnittsverbrauch an Materialien innerhalb eines bestimmten Zeitraumes.

Der Sicherheitsbestand kann von folgenden Faktoren abhängig sein:

- Trendprodukte (Inline-Skater), Saisonprodukte (Ski, Mähdrescher),
- Berechenbarkeit des Bedarfes (PKW, Waschmaschine, Ersatzteile),
- Lieferzeit, Lieferengpässe, strategische Produkte,
- A-Teile (hohe Kapitalbindung – geringer Sicherheitsbestand),
- C-Teile (geringe Kapitalbindung – hoher Sicherheitsbestand,
- der Wiederbeschaffungszeit (WBZ),
  geringe WBZ = geringer Sicherheitsbestand.

Der Sicherheitsbestand kann 5–10% des durchschnittlichen Lagerbestandes betragen. Bei kurzen Lieferzeiten (Just-in-Time, Just-in-Sequence) kann er aber auch nur 1–2 Tage oder 4–8 Stunden betragen (z.B. bei der Sitzfertigung für PKW).

Die Ermittlung des Sicherheitsbestandes (SB) erfolgt häufig mit Hilfe grober Näherungsrechnungen:

SB = ∅ Verbrauch pro Periode x WBZ

SB = 10–20% des ∅ Lagerbestandes (je nach ABC-Artikel) (3.1)

Beispiel:

V_M = durchschnittl. Verbrauch pro Monat: 70% der Bestände
Wiederbeschaffungszeit für V_M : 0,3 Monate

Monat	**Lagerendbestand pro Monat**	**V_M (70% der Lagerbestände)**	**Sicherheitsbestand (V_M x WBZ)**
Januar	500	500 · 0,7 = 350	350 · 0,3 = 105
Februar	600	600 · 0,7 = 420	420 · 0,3 = 126
März	700	700 · 0,7 = 490	490 · 0,3 = 147
	∅ 600	**∅ 420**	**∅ 126**

Gesamtverbrauch der 3 Monate: 1.800 Stück

- Verbrauch pro Monat: 1.800 Stück : 3 = 600 Stück
- Sicherheitsbestand: 420 • 0,3 Monate (WBZ) = 126 Stück

Bei C-Artikel ergibt sich ein Sicherheitsbestand von z.B.:
20% • 600 = 120 Stück.

Zusätzlich wird oft auch der Sicherheitskoeffizient angegeben:

$$(1)\quad SK = \frac{\text{Sicherheitsbestand (126 Stk.)}}{\text{durchschnittlicherLagerbestand (600 Stk.)}} \cdot 100 \; (= 21\%)$$

bzw.

$$(2)\quad SK = \frac{\text{Sicherheitsbestand (126 Stk.)}}{\text{Höchstbestand (750 Stk.)}} \cdot 100 \; (= 16{,}8\%) \tag{3.2}$$

3.4.3 Meldebestand und Bestellpunkt

Der Meldebestand (Bestellpunkt) ist der Bestand, bei dessen Unterschreiten eine Bestellung ausgelöst wird. Spätestens wenn der Verbrauch den Sicherheitsbestand erreicht hat, soll das bestellte Material eintreffen.

Um das zu erreichen, gibt es verschiedene Möglichkeiten zur Festlegung der Bestellpunkte (Schulte G 2001, S. 177ff).

- *Fester Bestellpunkt*: Er wird über einen längeren Zeitraum festgelegt.
- *Gleitender Bestellpunkt*: Er passt sich Änderungen an, wobei die mathematische Ermittlung mit Hilfe der EDV erfolgt.

Der Zeitpunkt der Bestellung muss so rechtzeitig sein, dass der Sicherheitsbestand nach Möglichkeit nicht genutzt wird (Oeldorf/Olfert 2008, S. 186). Die Festlegung kann abhängig sein von Trends (Sportartikel), Saisonprodukten (Gartenmöbel) oder der Berechenbarkeit. Jeder Betrieb bzw. jede Branche legt hier verschiedene Formeln zur Errechnung fest.

(1) BM = Verbrauch je Periode Lieferzeit + Sicherheitsbestand

(2) BM = 2 x Sicherheitsbestand (3.3)

(3) BM = Mindestbestellmenge + Sicherheitsbestand

Beispiel:
Monatsendwerte der Lagerbestände

Dezember:	600 Stück	März:	540 Stück
Januar:	635 Stück	April:	590 Stück
Februar:	600 Stück		

a) Verbrauch: 20 %
Beschaffungsdauer: 1,5 Monate
Mindestbestellmenge: 100 Stück

Monat	Verbrauch	Beschaf-fungs-dauer	Sicher-heits-bestand	Melde-bestand 2. Formel	Melde-bestand 3. Formel
Dezember	120	1,5	180	360	280
Januar	127	1,5	190	380	290
Februar	120	1,5	180	360	280
März	108	1,5	162	324	262
April	118	1,5	177	354	277

Nach der zweiten Formel beträgt der Meldebestand für Dezember:
2 • 180 = 360.
Bei Anwendung der dritten Formel ergibt sich für Dezember ein Meldebestand von: 100 + 180 = 280

Errechnung der Werte für die obige Tabelle:
120 Stück (Verbrauch) • 1,5 Monate = 180 Stück (Sicherheitsbestand)

b) Verbrauch: 70%
Beschaffungsdauer: 20 Tage = 0,6 Monate
Mindestbestellmenge: 100 Stück

Monat	Verbrauch	Beschaf-fungs-dauer (T)	Sicher-heits-bestand	Melde-bestand 2. Formel	Melde-bestand 3. Formel
Dezember	420	20	252	504	352
Januar	445	20	267	534	367
Februar	420	20	252	504	352
März	378	20	227	454	327
April	413	20	248	496	348

Errechnung der Werte für die obige Tabelle:
420 Stück (Verbrauch pro Monat) · 0,6 Monate (WBZ) = 252 Stück (Sicherheitsbestand)

Nach der zweiten Formel beträgt der Meldebestand für Dezember:
2 • 252 = 840.
Bei Anwendung der dritten Formel ergibt sich für Dezember ein Meldebestand von: 100 + 252 = 352.

c) Verbrauch: 50 Stück wöchentlich
Beschaffungsdauer: 15 Tage = 0,5 Monate
Mindestbestellmenge: 100 Stück

Monat	**Verbrauch**	**Beschaf-fungs-dauer (T)**	**Sicher-heits-bestand**	**Melde-bestand 2. Formel**	**Melde-bestand 3. Formel**
Dezember	200	15	100	200	200
Januar	200	15	100	200	200
Februar	200	15	100	200	200
März	200	15	100	200	200
April	200	15	100	200	200

Errechnung der Werte für die obige Tabelle:
200 Stück (Verbrauch pro Monat) • 0,5 Monate (WBZ) = 100 Stück (Sicherheitsbestand)

Nach der zweiten Formel beträgt der Meldebestand für Dezember:
2 • 100 = 200.
Bei Anwendung der dritten Formel ergibt sich für Dezember ein Meldebestand von: 100 + 100 = 200.

In diesem Zusammenhang ist es wichtig, die durchschnittliche Lagerdauer (Umschlagdauer) zu kennen, da sie einen Hinweis auf die Bestellhäufigkeit gibt.

$$(2)\ \ DLD = \frac{\text{durchschnittlicher Lagerbestand}}{\text{Jahresverbrauch}} \cdot 360\ (\text{Tage}) \qquad (3.4)$$

Ferner berechnet man häufig die Reichweite, um die Notwendigkeit einer Bestellung zu erkennen:

$$(1)\ \ RW = \frac{\text{Lagerbestand am Stichtag}}{\text{durchschnittl. Verbrauch pro T/Wo./Mon.}} (\text{T / Wo / Mon.})$$

bzw.

$$(2)\ \ SK = \frac{\text{Lagerbestand + offene Bestellungen}}{\text{geplanter Verbrauch pro T/Wo./Mon.}} (\text{T/Wo/Mon.}) \qquad (3.5)$$

Eine weitere Verbrauchskennzahl liefert die Umschlagshäufigkeit eines Lagers:

$$(1)\ \ UH = \frac{\text{Verbrauch in der Periode}}{\text{durchschnittlicher Lagerbestand}}$$

bzw.

$$(2)\ \ SK = \frac{\text{360(240) Tage}}{\text{durchschnittliche Lagerdauer in Tagen}} \qquad (3.6)$$

3.4.4 Höchstbestand – Maximalbestand

Der *Höchstbestand* (maximaler Bestand) gibt an, welche Materialmenge maximal am Lager vorhanden sein darf. Ziel ist es, einen überhöhten Lagerbestand und dementsprechend eine zu hohe Kapitalbindung am Lager zu vermeiden (Ehrmann 2011, S. 112).

3.4.5 Wiederbeschaffungszeit

Folgende Einflussfaktoren sind für den Zeitraum der Wiederbeschaffung bzw. der Eigenerstellung zu berücksichtigen:

- Beschaffungsvorbereitung,
- Produktionszeit beim Lieferanten,
- Qualitätskontrolle, Risikozuschlag,
- Lieferzeit (inkl. Transportzeit), Materialentnahme.

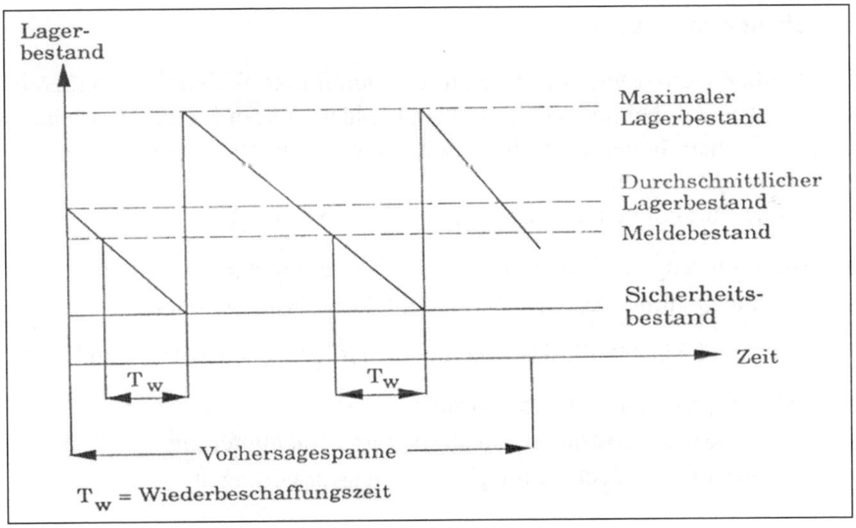

Abb. 3.2. Der Materialbestand (Oeldorf/Olfert 2008, S. 186)

Abbildung 3.2 zeigt den Höchstbestand (maximaler Lagerbestand, der die maximale Kapitalbindung im Lager verursacht), den Melde-, Sicherheitsbestand und die Wiederbeschaffungszeit. Dabei wird von gleichmäßigem Verbrauch ausgegangen und es gilt:

1. Die *Wiederbeschaffungszeit* ist die Zeitdauer zwischen der Bestellauslösung und dem Zeitpunkt der Verfügbarkeit des bestellten Materials im Lager. Sie setzt sich zusammen aus

- Bestellabwicklung im Einkauf (z.B. 3 Tage),
- Produktionszeit beim Lieferanten (z.B. 20 Tage),
- Transportzeit (z.B. 1 Tag),
- Risikozuschlag (z.B. 1 Tag),
- Qualitätsprüfung und Einlagerung (z.B. 1 Tag),

insgesamt: 26 Tagen.

2. Die *Vorhersagespanne* ist die Länge des Zeitintervalls, für das eine Bedarfsvorhersage gemacht wird. Die Bedarfsvorhersage geht vom geschätzten Durchschnittsverbrauch in einer Periode aus.

3.4.6 Fehlmengenkosten und Lieferbereitschaftsgrad

a) Fehlmengenkosten

Die Fehlmengenkosten sind Kosten, die durch eine fehlende Lieferbereitschaft entstehen. Fehlmengenkosten sind abhängig vom Lieferbereitschaftsgrad. Bei einem hohen Lieferbereitschaftsgrad (z.B. 98%) entstehen geringe Fehlmengenkosten.

Gründe für Fehlmengen bzw. Fehlmengenkosten:

- späte Lieferung des Lieferanten, späte Bestellung durch Einkauf,
- schlechte Qualität, beschädigte Ware, falsche Ware geliefert.

Fehlmengen können für das Unternehmen folgende Auswirkungen haben:

- Produktionsstillstand, Umsatzverlust,
- zeit- und kostenaufwendige Nacharbeit und Nachlieferung,
- Vertragsstrafe, schlechtes Image, Auftragsstornierungen.

b) Lieferbereitschaftsgrad

Der Lieferbereitschaftsgrad bezeichnet die Fähigkeit, jederzeit alle Bedarfsanforderungen erfüllen zu können. Der Lieferbereitschaftsgrad wird errechnet aus (Oeldorf/Olfert 2008, S. 182):

$$LB = \frac{\text{Anzahl sofort bedienter Bedarfspositionen}}{\text{Anzahl aller Bedarfspositionen}} \cdot 100 \qquad (3.7)$$

Beispiel:

Wenn 180 von 210 Bedarfspositionen sofort bedient werden sollen, ergibt sich ein Lieferbereitschaftsgrad von $\frac{180}{210} \cdot 100 = 85{,}71\%$.

Ein Sicherheitsbestand, der alle Bedarfsanforderungen zu 100% erfüllt, kann einen hohen Lagerbestand und damit eine hohe Kapitalbindung mit sich ziehen. Ab einem Lieferbereitschaftsgrad von 85% können die Lagerkosten überproportional zunehmen. Gewünscht ist ein Lieferbereitschaftsgrad von 98–99% vom Zentrallager oder von nachgeordneten Lagern aus.

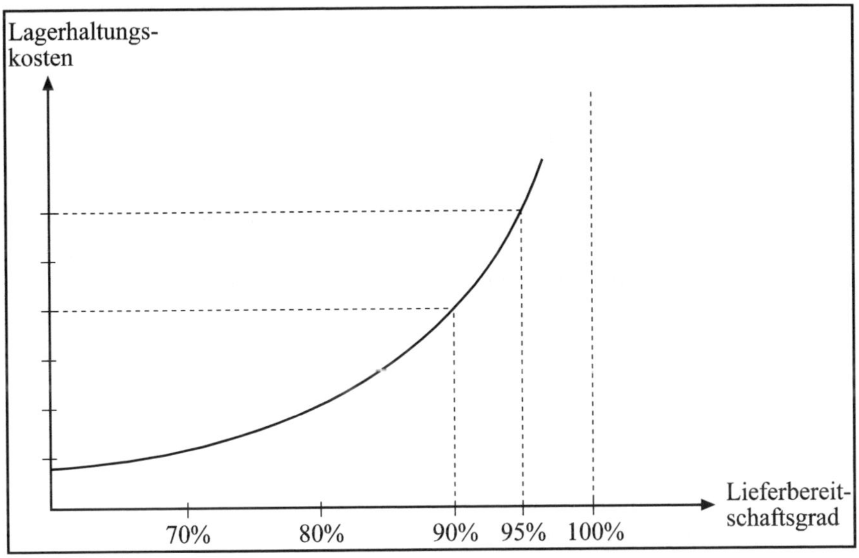

Abb. 3.3. Lieferbereitschaftsgrad in Abhängigkeit der Lagerhaltungskosten (Oeldorf/Olfert 2008, S. 182)

3.4.7 Errechnung der Kapitalbindung

Die Kapitalbindung im Unternehmen findet z.B. im Lager statt. Die Waren im Unternehmen bzw. im Lager werden meist fremdfinanziert, das heißt auf Bankkredit finanziert. Die Kapitalbindung ist also der Fremdkapitalzins, der vom Unternehmen jeden Monat an die Bank bezahlt werden muss.

Folgendes *Beispiel* veranschaulicht dies:

Lageranfangsbestand:	1,5 Mio. Euro
Lagerendbestand:	2,5 Mio. Euro
Durchschnittlicher Lagerbestand:	*2 Mio. Euro*
1,5 Mio. € + 2,5 Mio. €	= 4 Mio. Euro
4 Mio. € : 2	= 2 Mio. Euro
Kapital wird fremdfinanziert:	Zinssatz 8 % pro Jahr

8 % von 2 Mio. € = 160.000 Euro pro Jahr Zinszahlung (Kapitalbindung)

160.000 Euro pro Jahr : 12 Monate = 13.333,33 Euro pro Monat (Kapitalbindung)

3.5 Bedarfsermittlung

Ziel und Aufgabe der Bedarfsprognose ist es, den Bedarf der Materialien so vorherzusagen, dass diese für die Produktion oder den direkten Verkauf als Handelsteil termin- und mengengerecht zur Verfügung stehen. Voraussetzung hierfür ist die ordnungsgemäße Ermittlung der Ausgangsmaterialien, Teile, Baugruppen sowie die genaue Festlegung des Vorhersagezeitraumes, richtige Bedarfsvorhersage und Bedarfsrechnung (Kluck 2008, S. 71ff).

Es kann unterschieden werden zwischen

- programmorientierter Bedarfsermittlung,
- verbrauchsorientierter Bedarfsermittlung,
- subjektiver Bedarfsschätzung.

Alle drei Arten sind in der Praxis meist nebeneinander üblich (Grunwald 1991, S. 158ff), wie in Abb. 3.4 und Tabelle 3.4 dargestellt.

Die Materialplanung und Bestandsrechnung auf der Basis der Bedarfsermittlung und Bedarfsschätzung ist von verschiedenen Faktoren abhängig wie

- Bedarfsmenge pro Zeiteinheit, Bedarfsschwankungen, Bestellrhythmen,
- Just-in-Time, Just-in-Sequence, vorhandene Lagerbestände, Engpässe,
- offene Bestellungen, Sicherheitsbestände, Lieferzeit.

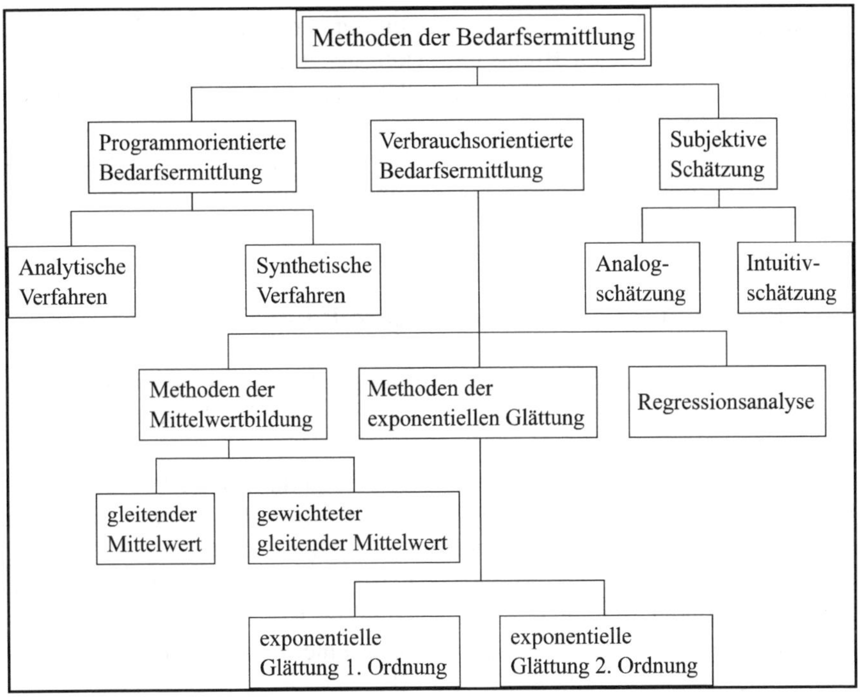

Abb. 3.4. Methoden der Bedarfsermittlung (Pfohl 2010, S. 93)

Tabelle 3.4. Methoden der Bedarfsermittlung

Programmorientierte Bedarfsermittlung	Verbrauchsorientierte Bedarfsermittlung	Subjektive Bedarfsschätzung
Anhand von Stücklisten-auflösungen bei prognos-tizierbarem Bedarf oder festen Kundenaufträgen anwendbar.	Anhand von Vergangen-heitswerten bei Bedarfs- und Verbrauchsschwan-kungen, Trend, Saison oder unregelmäßigem Verbrauch anwendbar.	Bei schwierig planbarem Verbrauch oder unregel-mäßiger Nachfrage an-wendbar (z.B. bei Spe-zialteilen, Exoten).

Bestellmengenplanung

Grundlagen für die Bestellmengenplanung sind die Ergebnisse der Bedarfsplanung. Sie wird auf der Basis von Optimierungsberechnungen durchgeführt. Die kostenoptimale Bestellmenge muss dabei einen bestmöglichen Ausgleich finden zwischen Beschaffungskosten, Bedarfsschätzung, Fehlmengenkosten, mittelbaren Beschaffungskosten und Lagerkosten (Grunwald 1991, S. 182ff). Weiter müssen in der Bestellmengenplanung die Höhe der Lagerbestände und der Verbrauch berücksichtigt werden.

Bezüglich der Optimierung der Bestellmengenplanung spielen auch die Festlegung der richtigen Breite und Tiefe des Materialsortiments und die Zusammenarbeit mit Konstruktion und Fertigung eine wesentliche Rolle (Ehrmann 2005, S. 400ff).

Ist die bestellte Menge sehr gering, hat das Unternehmen geringe Kapitalbindungs- und Lagerhaltungskosten, aber es muss öfter bestellt werden. Dies verursacht erhöhte Bestellkosten.

3.5.1 Programmorientierte Bedarfsermittlung

Die programmorientierte Bedarfsermittlung orientiert sich am geplanten Produktionsprogramm bzw. an den vorliegenden Kundenaufträgen (auftragsgesteuerte Disposition).

Aus dem Produktionsprogramm (z.B. Fertigung von 10.000 PKW pro Periode) wird die Bedarfsplanung abgeleitet. Mit Hilfe der verschiedenen Stücklisten und Verwendungsnachweise werden exakte Bedarfsmengen und Bedarfstermine *(deterministische Bedarfsprognose)* ermittelt. Anschließend können die verschiedenen Arten der Bestellmengenplanung angewandt werden, Voraussetzung hierfür ist eine genaue Kenntnis des Lagerbestandes (Kluck 2008, S. 77ff).

Bei der programmorientierten Bedarfsermittlung kann aufgrund der höheren „Planungssicherheit“ mit einem geringeren Sicherheitsbestand als bei der verbrauchsorientierten Bedarfsermittlung gearbeitet werden. Die Grundlagen der programmorientierten Bedarfsermittlung sind die Lager- und Kundenaufträge.

3.5.1.1 Lager- und Kundenaufträge

a) Lageraufträge

Bei einem anonymen Markt wird aufgrund von Lageraufträgen produziert, d.h. es liegen keine festen Kundenaufträge vor. Man geht dabei von den Absätzen des letzten Jahres aus und addiert etwaige Absatzsteigerungen (z.B. Handys, PCs, Fernseher). Grundlage des Fertigungsprogramms sind die voraussichtlich am Markt abzusetzenden Mengen unter Einhaltung der fertigungswirtschaftlichen Möglichkeiten (Kapazität, Personal, Maschinen, Rohstoffe).

Der Bedarf für eine bestimmte Periode, d.h. die Nachfrage des Marktes, ist als Primärbedarf zu prognostizieren. Aus diesem *Primärbedarf* wird das Fertigungsprogramm abgeleitet (Glaser et al. 1992, S. 53ff).

Tabelle 3.5 zeigt ein Fertigungsprogramm (Primärbedarf/Fertigerzeugnisse) im Unternehmen für das erste Quartal.

Tabelle 3.5. Fertigungsprogramm

Artikel	Bezeichnung	Mengen	Zeitraum
Handys	F2000	3.000	01.01.–05.02
PCs	CP130	2.500	06.02.–11.03
Fernseher	S100	6.000	12.03.–29.03

Mit Hilfe der *Stücklistenauflösung* wird der sich aus dem Fertigungsprogramm ergebende Sekundärbedarf (z.B. Gehäuse, Rohstoffe) bestimmt.

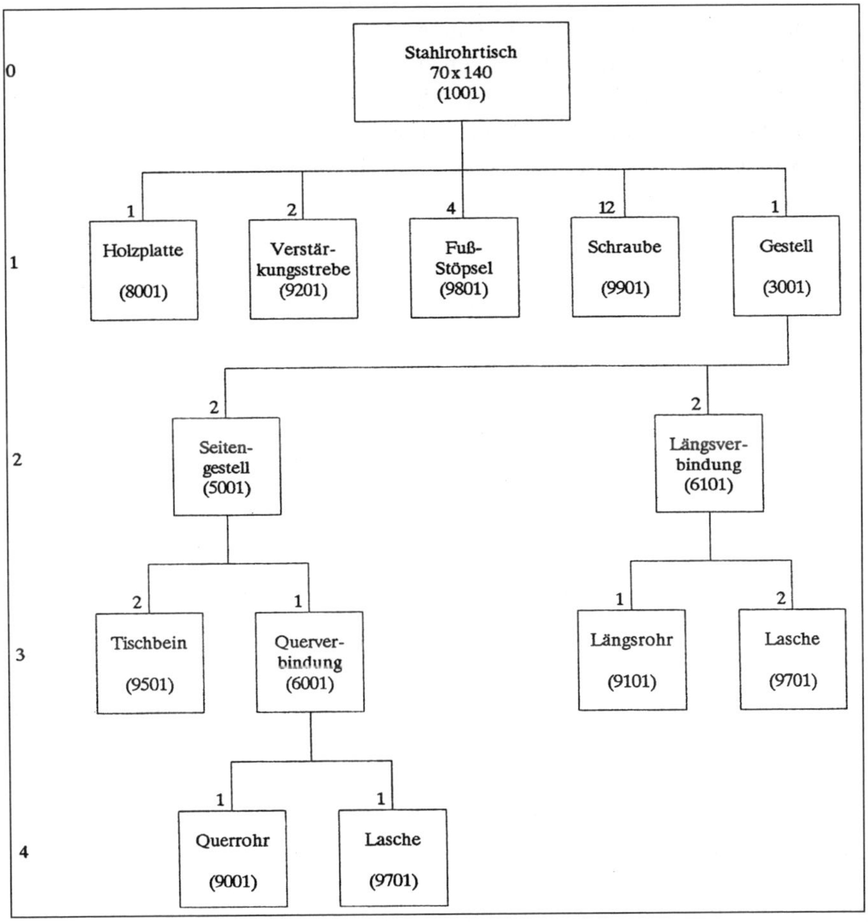

Abb. 3.5. Erzeugnisstruktur des Stahlrohrtisches 1001 (Glaser/Geiger/Rhode 1992, S. 13)

b) Kundenaufträge

Das Produktionsprogramm wird auf die direkt vom Kunden beauftragte Menge ausgelegt. Es können jedoch Vorleistungen (Baugruppen, Plattformstrategie, Modulbauweise) für die Enderzeugnisse in Serien oder Massenfertigung erstellt werden. Es werden hierbei oft spezielle Materialien und Teile verwendet. Bei begehrten Produkten oder langfristigen Investitionsentscheidungen wird aufgrund von Kundenaufträgen produziert (z.B. Flugzeuge, Schiffe).

Durch die Modulbauweise und Plattformstrategien, verbunden mit kurzen Lieferzeiten, versuchten die Unternehmen immer mehr von den kapitalintensiven Lageraufträgen zu den umsatzsicheren Kundenaufträgen zu wechseln. Viele PKW-Modelle, Maschinen und Anlagen werden nur noch nach Kundenaufträgen individuell innerhalb der Plattformstrategie gefertigt. Abbildung 3.5 und 3.6 zeigen die Komponenten eines Stahlrohrtisches.

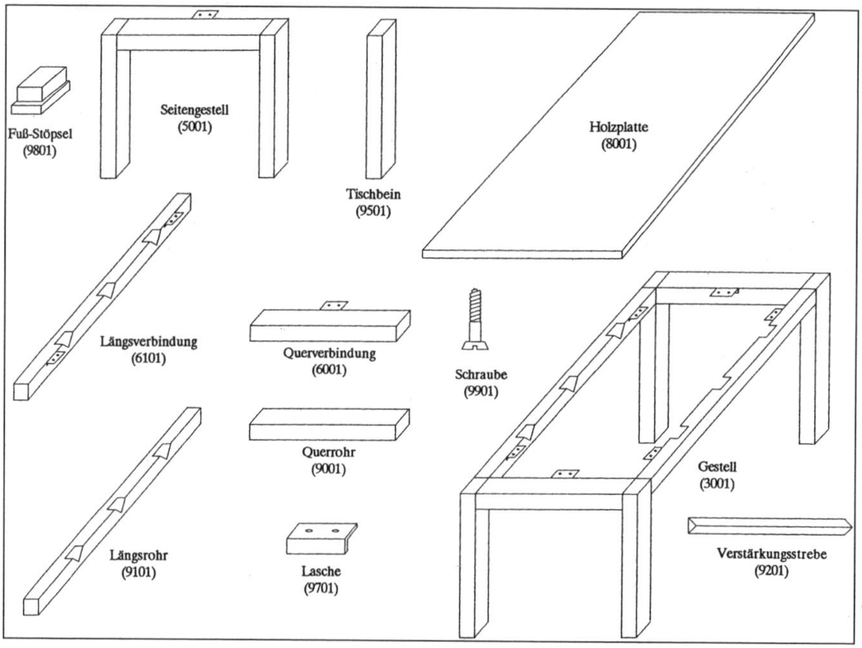

Abb. 3.6. Komponenten des Stahlrohrtisches 1001 (Glaser/Geiger/Rhode 1992, S. 13)

3.5.1.2 Stücklistenerstellung (analytische Bedarfsauflösung)

Die kundenbezogene Fertigung erfolgt oft durch Handwerksbetriebe oder Mittelbetriebe in Einzel-, Kleinserien- oder Variantenfertigung.

Die Stückliste (analytische Bedarfsauflösung) stellt ein Verzeichnis der Rohstoffe, Teile und Baugruppen eines Erzeugnisses dar. Sie gibt Auskunft über den qualitativen und quantitativen Aufbau des Erzeugnisses.

Ausgangspunkt für die einzelnen Stücklisten ist die Gesamtstückliste (Zusammenstellung aller Bestandteile eines Erzeugnisses ohne Ordnung nach bestimmten Merkmalen). Aus ihr werden Stücklisten für spezielle Zwecken abgeleitet (Oeldorf/Olfert 2008, S. 133ff).

Tabelle 3.6. Arten von Stücklisten

Dispositionsstückliste	Mengenstückliste, in der nach Eigenfertigung und Fremdbezug unterschieden wird. Jedes Teil wird auf der Stufe aufgeführt, wo es erstmalig auftritt.
Konstruktionsstückliste	Stückliste mit relevanten technischen Daten.
Ersatzteilstückliste	Für die Wartung und Reparatur der Erzeugnisse bestimmt.
Mengenstückliste	Zusammenstellung der Bestandteile eines Produktes, für die quantitative Dokumentation bestimmt.
Strukturstückliste	Zeigt in welcher Fertigungsstufe eine Baugruppe oder ein Einzelteil verwendet wird.
Baukastenstückliste	Enthält Baugruppen einer Fertigungsstufe, die direkt in die übergeordnete Baugruppe eingehen.
Variantenstückliste	Sie beschreibt mehrere sich nur geringfügig unterscheidende Erzeugnisse.

Tabelle 3.7 zeigt eine Mengenübersichtsstückliste.

Tabelle 3.7. Mengenübersichtsstückliste des Stahlrohrtisches 1001

TNR (BG): 1001
TB (BG): Stahlrohrtisch 70 x 140, Holzplatte, 2 Verstärkungsstreben

Positionsnummer	**TNR (KOMP)**	**TB (KOMP)**	**Menge**
10	8001	Holzplatte	1
20	9001	Querrohr	2
30	9101	Längsrohr	2
40	9201	Verstärkungsstrebe	2
50	9501	Tischbein	4
60	9701	Lasche	6
70	9801	Fuß- Stöpsel	4
80	9901	Schraube	12
90	3001	Gestell	1
100	5001	Seitengestell	2
110	6001	Querverbindung	2
120	6101	Längsverbindung	2

3.5.1.3 Verwendungsnachweise (synthetische Bedarfsauflösung)

Die synthetische Bedarfsauflösung basiert auf den Teileverwendungsnachweisen. Bei den Verwendungsnachweisen wird festgestellt, in welchen Erzeugnissen die einzelnen Bestandteile enthalten sind. Sie finden Anwendung bei Teileänderungen (Modifikation), Preiserhöhungen, Lieferengpässen und Lieferverträgen. Es werden die in Abb. 3.7 dargestellten Arten von Verwendungsnachweisen unterschieden:

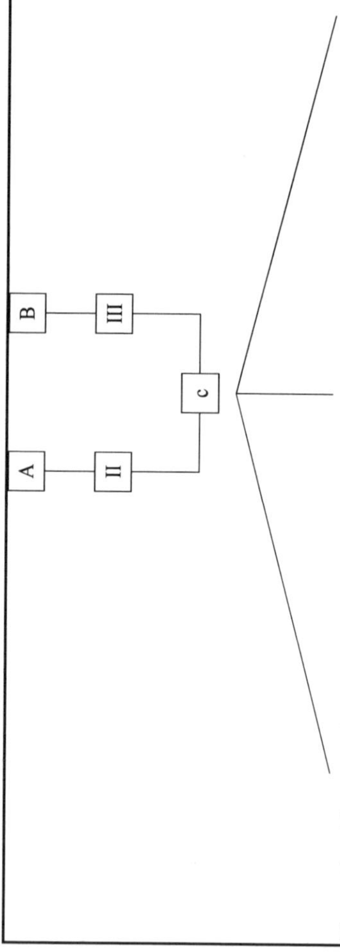

Mengenübersichtsverwendungsnachweis

Teil c		
Sach-Nr.	Menge	Bezeichnung
II	2	Baugruppe
III	1	Baugruppe
A	6	Enderzeugnis
B	1	Enderzeugnis

Strukturverwendungsnachweis

Teil c			
Stufe	Sach-Nr.	Menge	Bezeichnung
1	II	2	Baugruppe
2	A	3	Enderzeugnis
1	III	1	Baugruppe
2	B	1	Enderzeugnis

Baukastenverwendungsnachweis

Teil c		
Sach-Nr.	Menge	Bezeichnung
II	2	Baugruppe
III	1	Baugruppe

Baugruppe II		
Sach-Nr.	Menge	Bezeichnung
A	3	Enderzeugnis

Baugruppe III		
Sach-Nr.	Menge	Bezeichnung
B	1	Enderzeugnis

Abb. 3.7. Arten von Verwendungsnachweisen (Schulte G 2001, S. 128)

Mengenverwendungsnachweis	Nur mengenmäßige Verwendung aufgezeigt, keine Fertigungsstruktur.
Strukturverwendungsnachweis	Gesamte Struktur wird aufgezeigt.
Baukastenverwendungsnachweis	Lediglich die übergeordneten Komponenten werden aufgezeigt.

Stücklisten und Verwendungsnachweise können folgende Informationen enthalten: Basisdaten Sachnummer, Benennung, Maßeinheit des Materials, Technische Daten, Gewicht, Konstruktionsdaten (Ehrmann 2008, S. 260ff).

Beispiel: Aus folgenden Stücklisten

E 1	
Bezeichnung	**Menge**
T 1	4
T 2	1
T 3	2
T 4	1

E 2	
Bezeichnung	**Menge**
T 2	2
T 4	3
T 5	3

E 3	
Bezeichnung	**Menge**
T 1	1
T 2	4
T 4	1
T 5	2

E 4	
Bezeichnung	**Menge**
T 1	1
T 2	2

ergeben sich die Verwendungsnachweise:

T 1	
Bezeichnung	**Menge**
E 1	4
E 3	1
E 4	1

T 2	
Bezeichnung	**Menge**
E 1	1
E 2	2
E 3	4
E 4	2

T 3	
Bezeichnung	**Menge**
E 1	2

T 4	
Bezeichnung	**Menge**
E 1	1
E 2	3
E 3	1

T 5	
Bezeichnung	**Menge**
E 2	3
E 3	2

Abb. 3.8. Verwendungsnachweis (Oeldorf/Olfert 2008, S. 139)

3.5.1.4 Verfahren der analytischen Bedarfsauflösung

Bei der analytischen Bedarfsauflösung werden die Baukastenstücklisten und Strukturstücklisten zur Ermittlung des *Nettobedarfes* verwendet. Dabei lassen sich verschiedene Verfahren unterscheiden:

- Fertigungsstufenverfahren,
- Dispositionsstufenverfahren,
- Renettingverfahren.

a) Fertigungsstufen-Verfahren

Beim Fertigungsstufen-Verfahren (Baustufenverfahren) werden die Teile der Erzeugnisse in der Reihenfolge der Fertigungsstufen aufgelöst. Das Fertigungsstufenverfahren ist nur anwendbar, wenn in den Erzeugnissen keine Teile enthalten sind, die auf verschiedenen Stufen (und damit mehrfach) vorkommen.

b) Dispositionsstufen-Verfahren

Das Dispositionsstufen-Verfahren wird angewendet, wenn einzelne Teile in mehreren Erzeugnissen und/oder verschiedenen Fertigungsstufen vorkommen. Damit jedes Teil nur einmal aufgelöst werden muss, werden alle gleichen Teile auf die unterste Verwendungsstufe (Dispositionsstufe) heruntergezogen.

Eine nach dem Fertigungsstufen-Verfahren angeordnete Stückliste (Abb. 3.9) wird zum Dispositionsstufen-Verfahren (Abb. 3.10) aufgelöst, da in der Stückliste Erzeugnisse (T1 u. G2) auf mehreren Stufen existieren.

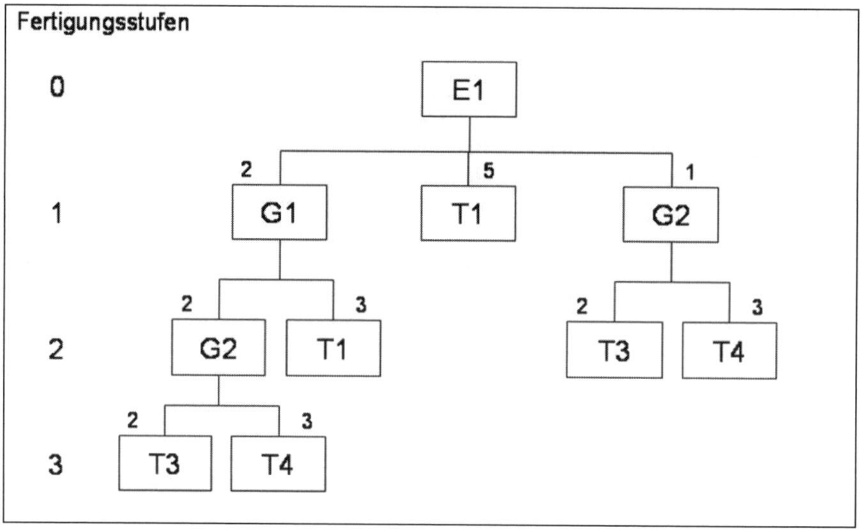

Abb. 3.9. Stücklistenauflösung nach Fertigungsstufen-Verfahren (in Anlehnung an Oeldorf/Olfert 2008, S. 146)

Im Folgenden wird das Dispositionsstufen-Verfahren anhand eines Fallbeispiels verdeutlicht. Ein Primärbedarf von E1 pro Periode wird wie folgt angenommen: P4: 20 Stk.; P5: 25 Stk.; P6: 30 Stk.

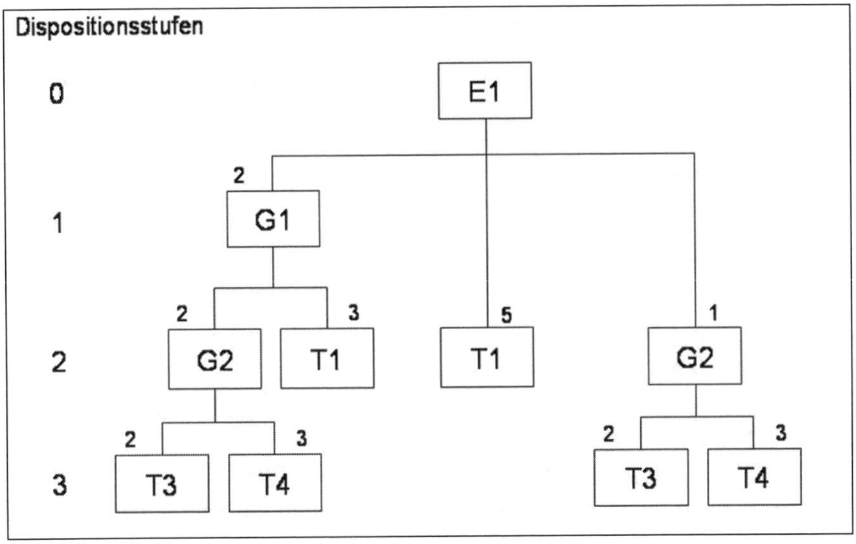

Abb. 3.10. Stücklistenauflösung nach Dispositionsstufen-Verfahren (in Anlehnung an Oeldorf/Olfert 2008, S. 147)

Es wird eine Vorlaufverschiebung zur Fertigung/Beschaffung der Stücklistenkomponenten von einer Periode angenommen. Die Stücklistenauflösung nach dem Dispositionsstufen-Verfahren gibt Tabelle 3.8 vor. Der Sekundärbedarf soll pro Periode und Stufe ermittelt werden.

Tabelle 3.8. Fallbeispiel Auflösung nach dem Dispositionsstufen-Verfahren (in Anlehnung an Oeldorf/Olfert 2008, S. 147)

Stufe	Periodenbedarf		P1	P2	P3	P4	P5	P6
0	Primärbedarf	E1				20	25	30
1	Sekundärbedarf	G1				40	50	60
	Vorlaufverschiebung				40	50	60	
2	Sekundärbedarf	G2			100	125	150	
	Vorlaufverschiebung			100	125	150		
	Sekundärbedarf	T1			220	275	330	
	Vorlaufverschiebung			220	275	330		
3	Sekundärbedarf	T3		200	250	300		
	Vorlaufverschiebung		200	250	300			
	Sekundärbedarf	T4		300	375	450		
	Vorlaufverschiebung		300	375	450			

Sekundärbedarf G1 (Stufe 1):

Abgeleitet aus dem Primärbedarf für E1 ergibt sich für den Sekundärbedarf G1 (E1 = 2 x G1):
P4: 2 x 20 = 40; P5: 2 x 25 = 50; P6: 2 x 30 = 60
Aufgrund der Vorlaufzeit wird der Bedarf um eine Periode nach vorne verschoben: P3: 40; P4: 50; P5: 60.

Sekundärbedarf G2 (Stufe 2):

Abgeleitet aus dem Primärbedarf für E1 ergibt sich für den Sekundärbedarf G2 (E1 = 1 x G2):
P3: 1 x 20 = 20; P4: 1 x 25 = 25; P5: 1 x 30 = 30
Abgeleitet aus dem Sekundärbedarf G1 ergibt sich für den Sekundärbedarf G2 (G1 = 2 x G2):
P3: 2 x 40 = 80; P4: 2 x 50 = 100; P5: 2 x 60 = 120
In Summe und unter Einbeziehung der Vorlaufzeit ergibt sich ein Bedarf pro Periode von P2: 100; P3: 125; P4: 150.

Sekundärbedarf T1 (Stufe 2):

Abgeleitet aus dem Primärbedarf für E1 ergibt sich für den Sekundärbedarf T1 (E1 = 5 x T1):
P3: 5 x 20 = 100; P4: 5 x 25 = 125; P5: 5 x 30 = 150
Abgeleitet aus dem Sekundärbedarf G1 ergibt sich für den Sekundärbedarf T1 (G1 = 3 x T1):
P3: 3 x 40 = 120; P4: 3 x 50 = 150; P5: 3 x 60 = 180
In Summe und unter Einbeziehung der Vorlaufzeit ergibt sich ein Bedarf pro Periode von: P2: 220; P3: 275; P4: 330.

Sekundärbedarf T3 (Stufe 3):

Abgeleitet aus der Summe des Sekundärbedarfes G2 ergibt sich für den Sekundärbedarf T3 (G2 = 2 x T3):
P2: 2 x 100 = 200; P3: 2 x 125 = 250; P4: 2 x 150 = 300
Unter Einbeziehung der Vorlaufzeit ergibt sich ein Bedarf pro Periode von: P1: 200; P2: 250; P3: 300.

Sekundärbedarf T4 (Stufe 3):

Abgeleitet aus der Summe des Sekundärbedarfes G2 ergibt sich für den Sekundärbedarf T4 (G2 = 3 x T4):
P2: 3 x 100 = 300; P3: 3 x 125 = 375; P4: 3 x 150 = 450
Unter Einbeziehung der Vorlaufzeit ergibt sich ein Bedarf pro Periode von: P1: 300; P2: 375; P3: 450.

c) Renettingverfahren

Dieses Verfahren ist, im Gegensatz zum Fertigungsstufenverfahren, in der Lage, eine Mehrfachverwendung in verschiedenen Fertigungsebenen und Erzeugnissen zu berücksichtigen (Härdler 1999, S. 96). Die Bedarfsermittlung für ein Teil, das in mehreren Erzeugnissen vorhanden ist und/oder mehrfach auf verschiedenen Ebenen vorkommt, muss beim Renetting (engl.: netto, einnehmen) entsprechend oft erfolgen. Dabei ist der jeweils bis dahin entstandene Bedarf zu berücksichtigen. Das Verfahren hat in der Praxis keine große Bedeutung (Oeldorf/Olfert 2008, S. 146ff).

3.5.2 Verbrauchsorientierte Bedarfsermittlung

Die verbrauchsorientierte Ermittlung des Materialbedarfs wird aufgrund von Vergangenheitswerten prognostiziert. Sie kommt insbesondere zur Anwendung bei:

- Gütern des Tertiärbedarfes (Hilfs- und Betriebsstoffe, C-Güter), wenn deterministische Methoden nicht anwendbar sind (Ersatzteilbedarf, ungeplante Entnahmen),
- ungeplantem Ausschuss,
- deterministischen Methoden, wenn sie unwirtschaftlich sind (Einzelfertigung) (Oeldorf/Olfert 2008, S. 154ff).

Voraussetzungen an Vorhersagezeiträume

Die verbrauchsorientierte Bedarfsermittlung beruht auf Vorhersagen. Sie ist umso schwieriger zu erstellen, je weiter sie in die Zukunft reicht. Sie soll dennoch einen angemessen Zeitraum überbrücken. Aus diesem Grund sind von Bedeutung:

- Anzahl der Vergangenheitsdaten, die Beschaffungszeit der Materialien (Beschaffungszeitraum und Vorhersagezeitraum),
- zukünftige Kundenwünsche, Wettbewerbssituation (Marktstellung).

Für die mathematisch-statistische Ermittlungsmethode ist eine gewisse Bedarfskontinuität erforderlich (Probleme bei sporadischem und stark schwankendem Bedarf).

Es lassen sich folgende *Arten von Bedarfsverläufen* unterscheiden:

- *sporadisch* ⇒ schwer planbar, Bedarf unregelmäßig,
- *stark schwankend* ⇒ schwer planbar, Bedarf unregelmäßig,
- *konstant* ⇒ Bedarf regelmäßig, gut planbar,
- *trendbeeinflusster Verlauf* ⇒ bei gleichmäßiger Steigerung planbar (z.B. Inline-Skater),
- *saisonabhängig* ⇒ planbar; Winter/Sommer (z.B. Kleidung/Erntemaschinen).

3.5.2.1 Verbrauchsorientierte Bestandsergänzung

Der operative Einkauf muss in Verbindung mit der Materialdisposition die Materialien so rechtzeitig bereitstellen, dass der Sicherheitsbestand nicht angegriffen wird. Die Vorhersagespanne und die Wiederbeschaffungszeit sind dabei wichtige Kriterien. Die Anwendung erfolgt vor allem dort, wo ein regelmäßiger Verbrauch an Hilfs- und Betriebsstoffen und an relativ geringwertigen Materialien vorliegt, sowie bei der Auffüllung des Grundbestandes, z.B. Silos oder Tanks.

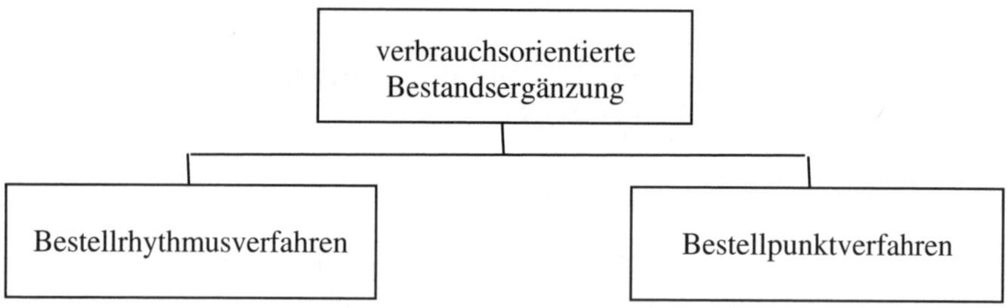

Abb. 3.11. Verfahren der verbrauchsorientierten Bestandsergänzung

a) Bestellrhythmusverfahren

Bestellungen werden in gleichbleibenden Zeitabständen (T) ausgelöst. Es wird entweder immer die gleiche Menge bestellt, oder es wird ein Höchstbestand festgelegt, den das Lager bei Eintreffen der neuen Lieferung erreichen soll.

Eine Kontrolle des Lagerbestandes zum Bestellzeitpunkt erfolgt nur im Bestellrhythmussystem mit Höchstbestand. Die Bestellmenge wird hier als Differenz zwischen Lagerbestand zum Zeitpunkt der Überprüfung und dem gewünschten Höchstbestand bestimmt (Arnolds 2013, S.50).

Es fallen geringere Tätigkeiten für die Überwachung und Kontrolle als beim Bestellpunktverfahren an, es können aber erhöhte Fehlmengen auftreten.

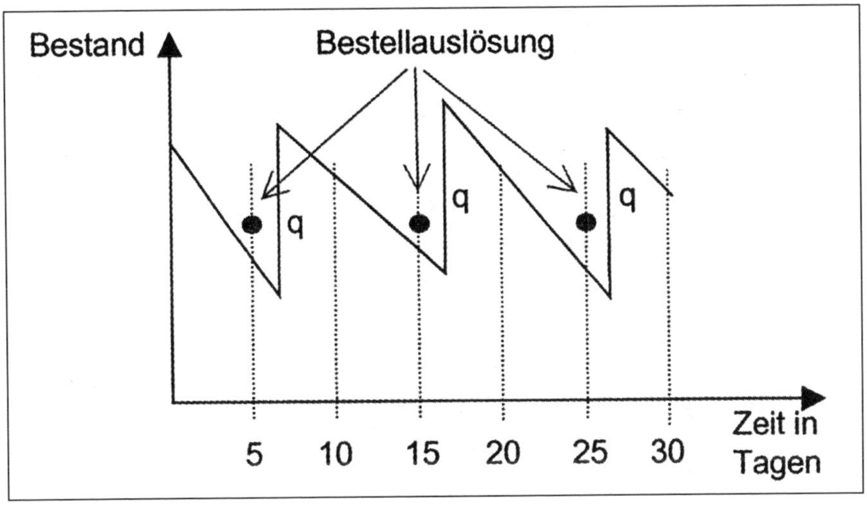

Abb. 3.12. Bestellrhythmusverfahren mit gleichen Bestellmengen (Fortmann/Kallweit 2007, S. 80)

Der Meldebestand kann wie folgt berechnet werden: (Ehrmann 2011, S. 130)

$$B_M - \frac{V_T(T_W + T_U}{T_P}$$

B_M = Bestellpunkt = Meldebestand
V_T = Verbrauch in Tagen
T_W =Wiederbeschaffungszeit in Tagen
T_U = Überprüfungszeit in Tagen
T_P = Vorhersageperiode in Tagen

Beispiel:

V_T = 180 Stück
T_W =18 Tage
T_U = 6 Tage
T_P = 6 Tage

$$B_M = \frac{180 \cdot (18+6)}{6}$$

$B_M = \underline{\underline{720}}$

b) Bestellpunktverfahren

Eine Bestellung wird dann ausgelöst, wenn der Lagerbestand eine zuvor festgelegte Höhe, die als Meldebestand oder Bestellpunkt bezeichnet wird, erreicht oder unterschritten hat.

Bei unregelmäßigem Lagerverbrauch sind die Zeiträume zwischen zwei Bestellungen (im Unterschied zum Bestellrhythmussystem) unterschiedlich lang. Das Bestellpunktverfahren erfordert eine kontinuierliche Lagerverbrauchs(Lagerabgangs-)kontrolle, um ständig über den Lagerbestand informiert zu sein.

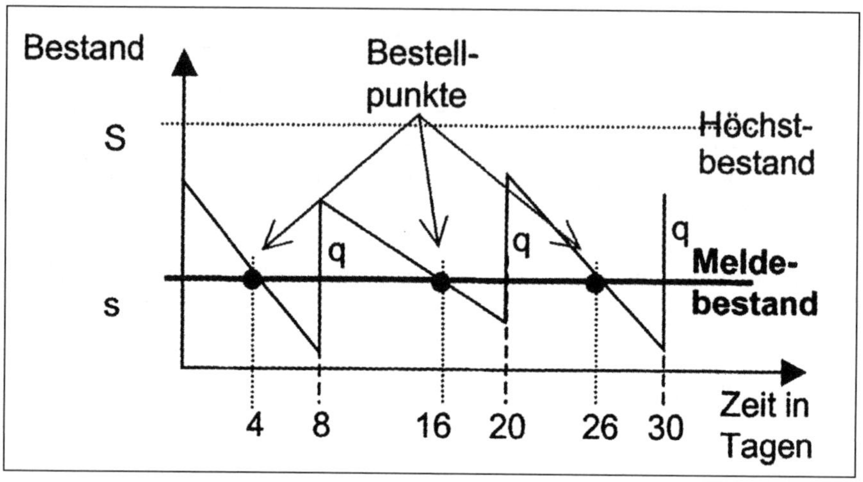

Abb. 3.13. Bestellpunktverfahren mit gleichen Bestellmengen (Fortmann/Kallweit 2007, S. 81)

Es hat den Vorteil, dass sich die Zeiträume zwischen den Bestellungen einer Veränderung des Lagerabgangs anpassen (Fortmann/Kallweit 2007, S. 80ff).

Die regelmäßige Lagerverbrauchskontrolle erfordert einen höheren Kontroll(Verwaltungs-)aufwand, es entstehen aber geringere Fehlmengenkosten, da eine ständige Kontrolle der Lagerbewegungen stattfindet.

c) Kombination aus Bestellrythmus- und Bestellpunktverfahren (t,s,S)-Strategie

Es ist ebenfalls eine Kombination aus Bestellrhythmus- und Bestellpunktverfahren möglich. Wie im Bestellrhythmusverfahren wird in gleichbleibenden Zeitintervallen (t) der Bestand überprüft. Es wird nur eine Bestellung ausgelöst, wenn der Bestand unter dem Meldebestand (s) liegt, dies gleicht dem Bestellpunktverfahren. Liegt der Bestand unter dem Meldebestand, wird der Bestand bis zum Sollbestand (S) aufgefüllt. Hierin liegt ein Unterschied zu den zuvor beschriebenen Verfahren. Demnach wird nicht die kostenoptimale Menge wie im Bestellpunkt- oder Bestellrhythmusverfahren bestellt, sondern die Menge die nötig ist, um bis zum Sollbestand das Lager aufzufüllen.

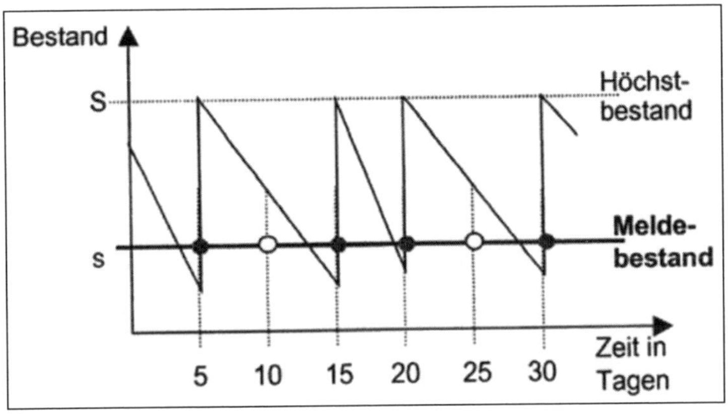

Abb. 3.14. Kombination aus Bestellrythmus- und Bestellpunktverfahren (Fortmann/Kallweit 2007, S. 82)

Abbildung 3.14 stellt diese Kombination aus Bestellrhythmus- und Bestellpunktverfahren dar. Das Zeitintervall, in dem die Bestände überprüft wurden, liegt bei fünf Tagen (t). Aus der Grafik geht ebenfalls hervor, dass Bestellung und Lieferung am selben Tag stattfinden (Fortmann/Kallweit 2007, S. 82).

3.5.2.2 Stochastische Methoden

Der Begriff Stochastik bezeichnet ein Teilgebiet der Statistik, das sich mit der Analyse zufallsbedingter Ereignisse und deren Wert für statistische Untersuchungen befasst. Die stochastischen Verfahren zur Bedarfsvorhersage unterstellen einen Zusammenhang zwischen dem Verbrauch in der Vergangenheit und dem Bedarf in zukünftigen Perioden. Grundlage der stochastischen Methoden sind effektive Verbrauchsdaten aus der Vergangenheit (Schulte G 2001, S. 217ff).

	Stochastische Methoden	
Mittelwertbildung	Exponentielle Glättung	Regressionsanalyse

Einen Überblick über die Eignung der verschieden stochastischen Methoden in Bezug auf verschiedene Bedarfverläufe bietet Abb. 3.15.

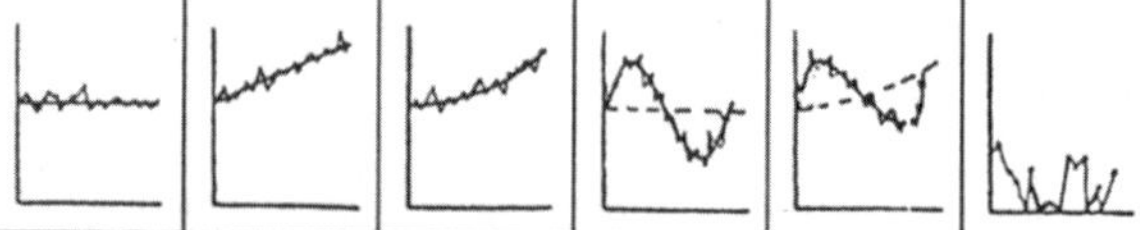

Nachfrageverlauf / Methode	konstant	linearer Trend	progressiver Trend	saisonal	saisonal mit Trend	sporadisch
Einfacher Mittelwert	●					
Gleitender Mittelwert	●	◐				◐
Gewogener gleitender Mittelwert	●					
Einfache Regression 1. Ordnung	○	●				
Multiple Regression	○	○	●	●	●	
Exponentielle Glättung 1. Ordnung	●					
Exponentielle Glättung 2. Ordnung	○	●				
Exponentielle Glättung 3. Ordnung	○	○	●			
Exponentielle Glättung bei saisonaler Nachfrage	○	○	○	●	●	

Legende: ● geeignet ○ geeignet, aber nicht sinnvoll ◐ bedingt geeignet

Abb. 3.15. Eignung der stochastischen Methoden bei verschiedenen Bedarfsverläufen (Wilhelm 1983, S. 88)

a) Mittelwertbildung

Die Methoden zur Ermittlung des Mittelwertes sind für eine Bedarfsvorhersage geeignet, wenn der Bedarfsverlauf der Materialien konstant ist. Es lassen sich drei Möglichkeiten der Mittelwertbildung unterscheiden:

- arithmetischer Mittelwert,
- gleitender Mittelwert,
- gewogen-gleitender Mittelwert.

Arithmetischer Mittelwert

Bei der Berechnung des arithmetischen Mittelwertes werden die Verbräuche der jeweiligen Perioden addiert und durch die Anzahl der Perioden dividiert. Eine gezielte Anpassung der jüngsten Bedarfsentwicklung ist nicht möglich, da die Gleichgewichtung sämtlicher vergangener Periodenverbräuche problematisch ist. Um kurzfristige Zufallsschwankungen weitestgehend auszuschalten, muss die Anzahl der zugrundeliegenden Verbräuche genügend groß sein (Schulte C 2013, S. 404). Er wird wie folgt errechnet:

$$V = \frac{T_1 + T_2 + \ldots + T_n}{n} \tag{3.8}$$

V = Vorhersagewert für die nächste Periode
T_n = Materialbedarf der Periode n
n = Anzahl der betreffenden Perioden

Beispiel:
Der Materialbedarf für das vergangene Jahr bildet folgende Zahlenreihe:

Januar	100	Juli	169
Februar	103	August	144
März	138		
April	114		
Mai	126		
Juni	98		

Daraus ergibt sich ein Vorhersagewert für den Januar des darauffolgenden Jahres von:

$$V = \frac{T_1 + T_2 + \ldots + T_8}{8} \tag{3.9}$$

Beispiel:

$$V_{September} = \frac{100+103+138+114+126+98+169+144}{8} = 124$$

$$V_{Oktober} = \frac{100+103+138+114+126+98+169+144+124}{9} = 124$$

Gleitender Mittelwert

Der gleitende Mittelwert wird aus einer vorher bestimmten Anzahl der letzten Periodenverbräuche berechnet. Dabei wird die Anzahl der Verbrauchswerte konstant gehalten. Die am weitesten zurückliegenden Periodenverbräuche werden eliminiert und durch die neuen Werte ersetzt, um ein aussagekräftiges Ergebnis zu erzielen (Schulte C 2013, S. 404). Der gleitende Durchschnitt der sechs letzten Perioden ergibt als Vorhersage für den September:

$$V = \frac{T_3 + T_4 + T_5 + T_6 + T_7 + T_8}{6} \tag{3.10}$$

Beispiel:

$$V_{September} = \frac{138+114+126+98+169+144}{6} = 131{,}5 \approx 132$$

$$V_{Oktober} = \frac{114+126+98+169+144+131{,}5}{6} = 130{,}42 \approx 131$$

Der Vorhersagebedarf für September kann auf V = 131 oder V = 132 festgelegt werden.

Gewogen-gleitender Mittelwert

Bei der Methode des gewogen-gleitenden Mittelwertes besteht die Möglichkeit, die einzelnen Perioden unterschiedlich zu gewichten. Das Prinzip ist dem des gleitenden Mittelwertes gleich, jüngere Perioden werden jedoch stärker gewichtet als ältere Perioden. So lassen sich Trends besser erkennen. Formel (3.11) kommt zur Anwendung (Oeldorf/Olfert 2013, S. 405ff):

$$V = \frac{T_1 G_1 + T_2 G_2 + T_3 G_3 + ... T_n G_n}{G_1 + G_2 + G_3 + ... + G_n} \tag{3.11}$$

G_i = Gewichtung der Periode i

Beispiel:
Für das vorangegangene Beispiel gelten folgende Gewichtungen:

$G_1 = 6\%$; $G_2 = 9\%$; $G_3 = 13\%$; $G_4 = 18\%$; $G_5 = 24\%$; $G_6 = 30\%$

September

$$V = \frac{138 \cdot 6 + 114 \cdot 9 + 126 \cdot 13 + 98 \cdot 18 + 169 \cdot 24 + 144 \cdot 30}{6 + 9 + 13 + 18 + 24 + 30} = \frac{13632}{100} = 136{,}32$$

Oktober

$$V = \frac{114 \cdot 6 + 126 \cdot 9 + 98 \cdot 13 + 169 \cdot 18 + 144 \cdot 24 + 136{,}32 \cdot 30}{6 + 9 + 13 + 18 + 24 + 30} = \frac{13680}{100} = 136{,}80$$

Hier kann der Bedarf für September V = 136 (aufgerundet 137) sein.

b) Exponentielle Glättung

Das Verfahren der exponentiellen Glättung eignet sich für konstante Verbrauchsabläufe. Die Daten werden je nach Verbrauchsverlauf unterschiedlich gewichtet. Unterschieden wird zwischen exponentieller Glättung erster Ordnung und exponentieller Glättung zweiter Ordnung.

Exponentielle Glättung erster Ordnung

Die exponentielle Glättung erster Ordnung ist die wichtigste Methode der verbrauchsorientierten Bedarfsermittlung (Härdler 1999, S. 108). Ein zuvor berechneter Prognosewert wird mit dem tatsächlich eingetretenen Verbrauch verglichen und die dabei entstandene Abweichung berücksichtigt. Zur Gewichtung der Daten wird der Glättungsfaktor α verwendet. Je kleiner man α wählt, umso stärker werden die Vergangenheitswerte gewichtet. Das bedeutet eine starke Glättung der Zufallsschwankungen (Härdler 1999, S. 108). Es gilt:

$$V_n = V_a + \alpha \, (T_i - V_a) \tag{3.12}$$

V_n = neue Vorhersage
V_a = alte Vorhersage
T_i = tatsächlicher Bedarf der abgelaufenen Periode
α = Glättungsfaktor

Beispiel:
Gegeben sind: $V_a = 200$ $T_i = 250$ $\alpha = 0{,}2;\ 0{,}5;\ 0{,}7$

Daraus lässt sich V_n ermitteln:
$V_n = 200 + 0{,}2\ (250 - 200) = 210$ für $\alpha = 0{,}2$
$V_n = 200 + 0{,}5\ (250 - 200) = 225$ für $\alpha = 0{,}5$
$V_n = 200 + 0{,}7\ (250 - 200) = 235$ für $\alpha = 0{,}7$

Die Verbrauchvorhersage für September heißt $V_n = 210$ für $\alpha = 0{,}2$.

Exponentielle Glättung zweiter Ordnung

Während die exponentielle Glättung erster Ordnung für konstanten Materialbedarf einsetzbar ist, ermöglicht die exponentielle Glättung zweiter Ordnung die Berücksichtigung von Trends (Oeldorf/Olfert 2008, S. 162ff). Für die Bedarfsvorhersage werden zwei Punkte auf einer Trendgeraden benötigt. Der erste Punkt ergibt sich aus dem Glättungswert erster Ordnung:

$$V_{n(1)} = V_{a(1)} + \alpha \cdot \left(T_{i(1)} - V_{a(1)}\right) \quad (3.13)$$

Der zweite Punkt wird in der Vergangenheit angesetzt. Man erhält durch die Formel den um den Zeitraum

$$\frac{1-\alpha}{\alpha} \quad (3.14)$$

zurückliegenden Glättungswert zweiter Ordnung:

$$V_{n(2)} = V_{a(2)} + \alpha \cdot \left(T_{i(2)} - V_{a(2)}\right) \quad (3.15)$$

Aus diesen beiden Formeln kann der Mittelwert für die laufende Periode errechnet werden:

$$V_n = V_{n(1)} + \left(V_{n(1)} - V_{n(2)}\right) \quad (3.16)$$

Die Steigung der Trendgeraden kann mit den bestimmten Mittelwerten errechnet werden:

$$b_n = \frac{\alpha}{1-\alpha}\left(V_{n(1)} - V_{n(2)}\right) \tag{3.17}$$

b_n stellt dabei den neuen Aufstiegsfaktor der Trendgeraden dar.

Die Bedarfsvorhersage für die neue Periode lautet somit:

$$V_{n+1} = V_n + \frac{1-\alpha}{\alpha} \cdot b_n \tag{3.18}$$

Beispiel:
Gegeben: $V_a = 200$ $T_i = 250$ Ά = 0,2

$$V_{n(1)} = 200 + 0{,}2 \cdot (250 - 200) = 210$$

Somit ergibt sich ein Glättungsfaktor zweiter Ordnung von:

$$V_{n(2)} = 200 + 0{,}2 \cdot (210 - 200) = 202$$

Der Vorhersagewert für die laufende Periode beträgt:

$$V_n = 210 + 210 - 202 = 218$$

Die Steigung der Trendgeraden ist:

$$b_n = \frac{0{,}2}{1 - 0{,}2} \cdot (210 - 202) = 2$$

Es ergibt sich als neuer Vorhersagewert:

$$V_{n+1} = 218 + \frac{1 - 0{,}2}{0{,}2} \cdot 2 = 226$$

3.5.3 Subjektive Bedarfsschätzung

Die subjektive Bedarfsschätzung wird angewendet, wenn keine Vergangenheitswerte vorliegen bzw. der Bedarfsverlauf völlig unregelmäßig ist (Einzelfertigung, Produktneuentwicklung, Werkstattfertigung, spezielle Kundenwünsche).

Bei dieser Methode gibt es im Wesentlichen zwei Formen: *Analogschätzung* und *Intuitivschätzung*.

In der Analogschätzung werden Vorhersageergebnisse vergleichbarer Materialien auf das betreffende Material übertragen. Existieren keine vergleichbaren Erzeugnisse, bleibt nur noch die Intuitivschätzung.

Bei der Intuitivschätzung werden Expertenmeinungen zusammengetragen. Die Fehleinschätzung ist dabei sehr groß und kann bei Materialien mit geringen Lagerhaltungskosten als wirtschaftlich angesehen werden (Schulte C 2013, S. 409ff). Bei kurzen Lieferzeiten wird daher bei Bedarf beschafft; bei langen Lieferzeiten ist die Vorratshaltung notwendig.

3.6 Ermittlung der optimalen Losgröße und Bestellmenge

Der Einkäufer hat die Aufgabe, einen optimalen Ausgleich zwischen Beschaffungskosten, Bedarfsschätzung, Fehlmengenkosten, Bestellkosten (nicht abhängig vom Bestellwert) und Lagerkosten zu finden. Dies gilt für die Eigenfertigung wie den Fremdbezug (Ehrmann 2001, S. 288ff).

Untersuchungen in den USA haben ergeben, dass ca. 80% der Bestellungen einen Warenwert von unter 1.000 USD haben. Die durchschnittlichen Bestellkosten pro Bestellung betragen dabei 100 USD pro Bestellung.

3.6.1 Kostenbestandteile

Die Höhe wirtschaftlicher Beschaffungsmengen hängt von den Lagerhaltungs- und Bestellkosten ab (Oeldorf/Olfert 2008, S. 302).

Die optimale Beschaffungsmenge ist die Bestellmenge, bei der die vorgenannten Kosten bezogen auf eine Mengeneinheit ein Minimum erreichen.

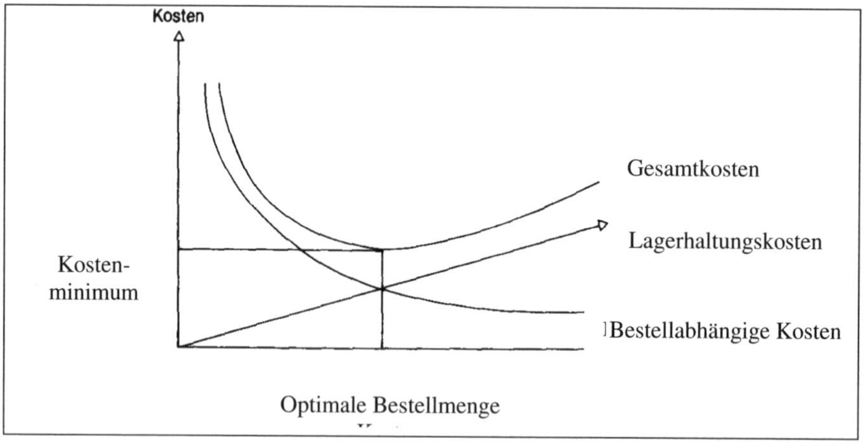

Abb. 3.16. Optimale Bestellmenge (Schulte C 2013, S. 412, modifiziert)

Die *Lagerhaltungskosten* setzen sich zusammen aus:

- Lagerkosten: Lager als Investition, Personal, Versicherung, Abschreibung, Maschinen, Energie, Instandhaltung etc.,
- Kapitalbindungskosten: Zinskosten für eingelagerten Warenwert, Kreditzinsen an Bank.

Die *Bestellkosten* setzen sich zusammen aus:

- Personalkosten im Einkauf, Abschreibung der Räume im Einkauf,
- Raummiete, Geschäftsreisen, Büromaterial etc.

Daraus lassen sich die Bestellkosten pro Bestellung ableiten.

Tabelle 3.9. Zusammensetzung der Bestellkosten (Beschaffung Aktuell 7/2000)

Personalkosten für Einkäufer		640.000 €	64,0 %
Personalkosten für Einkaufshilfspersonal		217.000 €	21,7 %
Telefon-, Telefax- und E-Mailkosten		40.000 €	4,0 %
Büromaterial und Formulare		20.000 €	2,0 %
Geringwertige Wirtschaftsgüter		15.000 €	1,5 %
Abschreibungen auf Investitionen im Einkauf		10.000 €	1,0 %
Personalweiterbildung		5.000 €	0,5 %
Mietkosten der EDV		25.000 €	2,5 %
Sonstige Kosten der EDV		5.000 €	0,5 %
Fahrtkosten (ohne Fuhrpark)		15.000 €	1,5 %
Fuhrparkkosten		7.000 €	0,7 %
Bewirtungskosten		1.000 €	0,1 %
Summe Kostenstelle Einkauf		**1.000.000 €**	**100 %**
Anzahl aller Bestellungen:	**25.000**		

Die Bestellkosten betragen hier 40 Euro pro Bestellung (1.000.000 Euro/ 25.000 Bestellungen = 40 Euro pro Bestellung)

Den Umfrageergebnissen des Bundesverband Materialwirtschaft, Einkauf und Logistik e.V. (BME) zufolge ist 40 Euro pro Bestellung ein hervorragendes Ergebnis. Im Durchschnitt liegen in 2011 die Kosten je Bestellvorgang bei 108 Euro. Nur die effizientesten Unternehmen erreichen Kosten zwischen 35 und 50 Euro (Quelle: Bundesverband Materialwirtschaft, Einkauf und Logistik e.V. (BME), Frankfurt am Main, hat die Effizienz der Einkaufsabteilungen in mehr als 170 Firmen untersucht. Jährlich fragt der Verband seine 25 „Top-Kennzahlen im Einkauf" ab. Die Ergebnisse der Umfrage 2011 zeigen, dass die Kosten je Bestellvorgang gegenüber der Umfrage 2010 im Schnitt um zehn Prozent auf 108 Euro gesunken sind. Die effizientesten Betriebe liegen zwischen 35 und 50 Euro je Bestellung.).

Zusätzlich spielt selbstverständlich auch der Preis der eingekauften Waren eine Rolle für die Kosten, die mit einer Bestellung verbunden sind. Neben diversen Preisvergünstigungen, die geschickte Einkäufer erreichen können, sollte ein Unternehmen, soweit es die Liquiditätsplanung zulässt, Skonto in Anspruch nehmen. Bei Skonto handelt es sich um einen Preisnachlass, der bei Zahlung innerhalb einer bestimmten Frist gezahlt wird. Üblich sind 3% bei einer Zahlung innerhalb von sieben Tagen.

a) Durchschnittlicher Lagerbestand und Zinskosten

Es besteht ein direkter Zusammenhang zwischen Bestellmenge und Kapitalbindung. Eine zu hohe Bestellmenge hat einen zu hohen Lagerbestand zur Folge und eine entsprechend hohe Zinsbelastung. Zu viele Bestellungen hingegen verursachen zu hohe Bestellkosten.

Der durchschnittliche Lagerbestand kann folgendermaßen ermittelt werden.

a) Bei ungleichmäßigen Lagerzugängen und -abgängen:

$$\mathrm{DLB} = \frac{\text{Jahresanfangsbestand} + 12\ \text{Monatsendbestände}}{13}$$

bzw.

$$DLB = \frac{\tfrac{1}{2}\ \text{Jahres-AB} + 11\ \text{Monatsendbestände} + \tfrac{1}{2}\ \text{Jahres-EB}}{12} \qquad (3.19)$$

b) Bei regelmäßigen Lagerzugängen und -abgängen:

$$\mathrm{DLB} = \frac{\text{Anfangsbestand} + \text{Endbestand}}{2} \qquad (3.20)$$

Beispiel:

Jan AB:	700		
Jan EB:	600	Juli EB:	500
Feb EB:	600	Aug EB:	480
Mrz EB:	540	Sep EB:	550
Apr EB:	590	Okt EB:	600
Mai EB:	545	Nov EB:	650
Juni EB:	530	Dez EB:	680

Bei regelmäßigen Lagerzu- und -abgängen ergibt sich ein durchschnittlicher Lagerbestand von

$$DLB = \frac{700 + 680}{2} = 690$$

Bei unregelmäßigen Zu- und Abgängen ergibt sich:

$$DLB = \frac{700 + 2 \cdot 600 + 540 + 590 + 545 + 530 + 500 + 480 + 550 + 600 + 650 + 680}{13}$$

$$DLB = \frac{7.565}{13} = 581{,}92 \text{ bzw.}$$

$$DLB = \frac{\frac{1}{2} \cdot 700 + 3 \cdot 600 + 540 + 590 + 545 + 530 + 500 + 480 + 550 + 650 + \frac{1}{2} \cdot 680}{12}$$

$$DLB = \frac{350 + 6.185 + 340}{12} = 572{,}92$$

Bei regelmäßigen Lagerzu- und -abgängen ergibt sich ein durchschnittlicher Lagerbestand von

$$DLB = \frac{700 + 680}{2} = 690$$

Multipliziert man den durchschnittlichen Lagerbestand mit dem Einzelpreis des jeweiligen Artikels, so erhält man das durchschnittlich pro Periode im Lager gebundene Kapital. Hieraus lassen sich die Zinskosten der Kapitalbindung berechnen:

$$\mathrm{BD} = \mathrm{DLB} \cdot \mathrm{E} \Rightarrow \mathrm{ZK} = \frac{\mathrm{BD} \cdot \mathrm{p}}{100} \qquad (3.21)$$

ZK = Zinskosten
BD = durchschnittlich im Lager gebundenes Kapital
E = Einstandspreis, z.B. 1,50 Euro
p = Zinssatz; z.B. 8%

Beispiel:

$$\mathrm{BD} = 100 \cdot 1{,}50\ € = 150\ € \text{ sowie } \mathrm{ZK} = \frac{150\ € \cdot 8}{100} = 12\ €$$

Die Zinskosten betragen 12 €.

Bei gleichmäßigen Lagerzugängen und -abgängen errechnet sich das gebundene Kapital aus:

$$\text{Kapitalbindung im Lager} = \frac{B_L}{2} \cdot E \qquad (3.22)$$

B_L = Lagerbestand (Anfangsbestand + Endbestand)
E = Einstandspreis; z.B. 40 €

Beispiel:

$$\frac{300}{2} \cdot 40\,€ = 6000\,€$$

Die Kapitalbindung im Lager beträgt 6.000 €.

Daraus lassen sich die Zinskosten berechnen:

$$ZK = \frac{B_L}{2} \cdot E \cdot \frac{p}{100} \qquad (3.23)$$

Beispiel:

$$ZK = \frac{300 \cdot 40 \cdot 8}{2 \cdot 100} = 480\,€$$

Die Zinskosten betragen 480 €.

b) Berechnung des Lagerkosten- und des Lagerhaltungskostensatzes

Die Lagerkosten setzen sich zusammen aus z.B. Raumkosten, Miete, Kosten für Lagerpersonal, Abschreibung auf Maschinen, EDV und Anlagen und Energiekosten.

Aus oben genannten Berechnungen ergibt sich der *Lagerkostensatz*:

$$L_S = \frac{K_L \cdot 100 \cdot 2}{B_L \cdot E} \qquad (3.24)$$

L_S = Lagerkostensatz
K_L = Lagerkosten
B_L = Lagerbestand (Anfangsbestand + Endbestand)

Als Lagerkosten werden hierbei alle Kosten erfasst, die im Lager anfallen, ausgenommen die Zinskosten für die Kapitalbindung der Waren. Die Waren im Lager sind sog. Umlaufvermögen und werden meist fremdfinanziert, das heißt es wird ein Kredit bei der Bank aufgenommen. Dafür müssen vom Unternehmer Fremdkapitalzinsen bezahlt werden.

Beispiel:

Der Lagerbestand, bewertet in Euro, beträgt 70.000 Stück. Der Preis pro Stück beträgt 20 €.

Lagerkosten fielen in Höhe von 105.000 Euro an.

$$L_S = \frac{105.000 \cdot 100 \cdot 2}{70.000 \cdot 20} = 15\%$$

Beispiel:

Falls der Warenwert bereits bekannt ist (Anzahl der Teile multipliziert mit ihrem Einstandspreis) so vereinfacht sich die Berechnung: Der Einstandspreis beträgt 2.350.000 €, die Lagerkosten betragen 147.500 €. Daraus ergibt sich der Lagerkostensatz zu

$$L_S = \frac{147.500 \cdot 100 \cdot 2}{2.350.000} = 12{,}55\%$$

Lagerhaltungskostensatz

Der Lagerhaltungskostensatz setzt sich aus dem Lagerkostensatz und dem Zinssatz für den eingelagerten Warenwert im Lager (gebundenes Kapital) zusammen.

Bei einem Zinssatz von 8% ergibt sich der Lagerhaltungskostensatz:

$$\text{Lagerhaltungskostensatz (LHS)} = \text{Lagerkostensatz} + \text{Zinssatz} \qquad (3.25)$$

Beispiel:

In einem Lager befanden sich im letzten Jahr durchschnittlich 50.000 Stk. Rohmaterial mit einem Einstandspreis von 7 €/Stk. Der Kalkulationszinssatz betrage 9%. Die Lagerkosten betrugen 42.000 €.

Dann berechnet sich der Lagerkostensatz zu

$$L_S = \frac{42.000 \cdot 100 \cdot 2}{50.000 \cdot 7} = 24\%$$

Zusammen mit dem Kalkulationszinssatz ergibt sich somit ein Lagerhaltungskostensatz von

LHS = 24% + 9% = 33%.

Wenn das Unternehmen die Waren verkaufen möchte, so müssen natürlich die Lagerhaltungskosten neben anderen Kosten sowie dem Gewinnzuschlag auf den Einstandspreis aufgeschlagen werden, damit das Unternehmen einen Gewinn erzielt.

Fallbeispiel zur Berechnung des durchschnittlichen Lagerbestandswerts, Lagerkostensatz und Lagerhaltungskostensatz

Für das mittelständische Produktionsunternehmen werden im Betrachtungszeitraum Januar bis Dezember folgende unregelmäßigen Lagerzugänge und -abgänge wertmäßig ermittelt:

Tabelle 3.10. Berechnung des durchschnittlichen Lagerbestandes

Versandlager bewertet zu Herstellkosten in Tsd. Euro												
	Jan	**Feb**	**Mrz**	**Apr**	**Mai**	**Jun**	**Jul**	**Aug**	**Sep**	**Okt**	**Nov**	**Dez**
AB	4.500	4.800	3.900	4.200	3.300	2.400	2.400	1.800	1.500	1.800	1.500	1.800
(+)	900	600	1.500	900	1.200	1.500	1.800	1.200	1.500	1.500	900	600
(-)	600	1.500	1.200	1.800	2.100	1.500	2.400	1.500	1.200	1.800	600	300
EB	4.800	3.900	4.200	3.300	2.400	2.400	1.800	1.500	1.800	1.500	1.800	2.100

AB = Anfangsbestandswert EB = Endbestandswert
(+) = Zugänge (-) = Abgänge

Berechnung des durchschnittlichen Lagerbestandswert (Ø LB):

$$\text{ØLB} = \frac{\text{Jahresanfangsbestand} + 12 \text{ Monatsendbestände}}{13}$$

$$\text{ØLB} = \frac{4.500 + 4.800 + 3.900 + ... + 2.100}{13} = 2.769.231\ €$$

Da nun der durchschnittliche Lagerbestandswert bekannt ist, ergibt sich eine vereinfachte Formel für den Lagerhaltungskostensatz.

Berechnung des Lagerkostensatzes:

$$\text{Lagerkostensatz} = \frac{\text{Lagerkosten} \cdot 100}{\text{ØLB}} = \frac{304.590\ € \cdot 100}{2.769.231\ €} = 11\%$$

Für das Unternehmen ergeben sich somit 2.769.231 Euro durchschnittlich gebundenes Kapital im Lager und ein Lagerkostensatz von 11%, der die anteiligen Kosten pro Artikel im Lager darstellt.

Bei Annahme eines Kalkulationszinssatzes von 9% ergibt sich folgender Lagerhaltungskostensatz:

LHS= 11% + 9% = 20%.

3.6.2 Klassische Losgrößenformel nach Andler

Die Optimierung der Beschaffungsmenge lässt sich mit Hilfe der klassischen Losgrößenformel nach Andler ermitteln. Sie wird im Folgenden hergeleitet.

Optimale Bestellmenge und optimale Beschaffungshäufigkeit

Die Losgrößenformelrechnung setzt eine konstante Versorgung der Produktion voraus. Zur Ermittlung der optimalen Beschaffungsmenge und Beschaffungshäufigkeit müssen folgende Voraussetzungen erfüllt werden.

- Der Stückpreis ist unabhängig von der Beschaffungsmenge.
- Der Bedarf ist bekannt und konstant, die Lieferzeit ist praktisch Null.
- Mindestbestellungen sind nicht vorgesehen.
- Es gibt keine Fehlmengen.
- Bestellungen einzelner Artikel sind voneinander unabhängig (Bichler/Schröter 2001, S. 107ff).

Ansatzpunkt des Modells ist die Minimierung der Gesamtkosten (KG):

$$K_G = \frac{M}{x} \cdot K_B + \frac{x}{2} \cdot E \cdot \frac{LHS}{100} \tag{3.26}$$

K_G = Gesamtkosten
M = Jahresgesamtbedarfsmenge
X = Bestellmenge
K_B = Bestellkosten

Aus dieser Gleichung kann man erkennen, dass

- die Bestellkosten mit wachsender Bestellmenge abnehmen,
- die Lagerkosten hingegen mit der Bestellmenge linear ansteigen.

Das Minimum von Gleichung 3.26 erhalten wir durch Bildung der 1. Ableitung von *KG* nach *x*:

$$\frac{dKG}{dx} = \frac{M}{x^2} \cdot KB + \frac{E \cdot LHS}{200} \tag{3.27}$$

Dann gilt:

$$\frac{dKG}{dx} = \frac{M}{x^2} \cdot KB + \frac{E \cdot LHS}{200} = 0 \tag{3.28}$$

Durch Auflösen dieser Gleichung nach x wird die optimale Bestellmenge wie in Gl. (3.29) bestimmt (Oeldorf/Olfert 2008, S. 254ff). Hierbei wird vorausgesetzt, dass $\frac{d^2KG}{dx^2} \neq 0$.

$$X_{opt.} = \sqrt{\frac{200 \cdot M \cdot K_B}{E \cdot LHS}} \tag{3.29}$$

X_{opt} = optimale Beschaffungsmenge
M = Jahresbedarfsmenge
E = Einstandspreis pro Mengeneinheit
K_B = Bestellkosten je Bestellung
L_{HS} = Lagerhaltungskostensatz

Beispiel:

Ein Unternehmen benötigt für das kommende Geschäftsjahr voraussichtlich 1.200 Mengeneinheiten eines Materials, dessen Einstandspreis 4 Euro/Einheit beträgt. Die Bestellkosten für eine Bestellung betragen 40 Euro, der Lagerhaltungskostensatz wird mit 12% des durchschnittlichen Lagerbestandes angesetzt. Der Lieferant liefert immer nur in Paletten zu 50 Stück. Die Mindestbestellmenge für den Lieferanten beträgt 250 Stück.

$$X_{opt.} = \sqrt{\frac{200 \cdot 1200 \cdot 40}{4 \cdot 12}} = 447{,}2 \text{ Stück} \approx 450 \Rightarrow 9 \text{ Paletten}$$

Abbildung 3.17 zeigt die Entwicklung von Bestellmengen und Lagerbeständen in Abhängigkeit der Zeit.

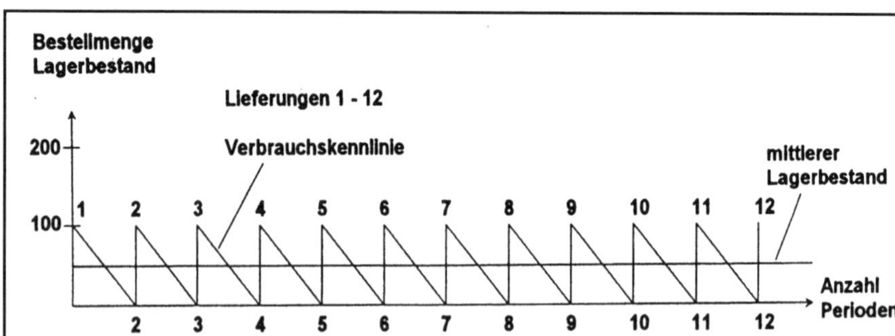

Abb. 3.17. Entwicklung der Bestellmengen und Lagerbestand in Abhängigkeit der Zeit (Bichler/Schröter 2001, S. 103)

Die klassische Losgrößenformel kann auch zur Ermittlung der *optimalen Beschaffungshäufigkeit* dienen. Die Formel lautet:

$$X = \sqrt{\frac{200 \cdot M \cdot K_B}{E \cdot LHS}} \tag{3.30}$$

Wird X in der klassischen Losgrößenformel durch $\frac{M}{n}$ ersetzt und ist n = Häufigkeit der Bestellungen, so ergibt sich eine Möglichkeit, die optimale Beschaffungshäufigkeit zu ermitteln:

$$\frac{M}{n} = \sqrt{\frac{200 \cdot M \cdot K_B}{E \cdot LHS}} \tag{3.31}$$

Die Auflösung der Gleichung nach *n* führt zu folgenden Umformungen:

$$\frac{M^2}{n^2} = \frac{200 \cdot M \cdot K_B}{E \cdot LHS}$$
$$M \cdot E \cdot LHS = 200 \cdot K_B \cdot n^2 \tag{3.32}$$
$$n^2 = \frac{M \cdot E \cdot LHS}{200 \cdot K_B}$$

Damit ergibt sich die optimale Bestellmenge zu:

$$n_{opt.} = \sqrt{\frac{M \cdot E \cdot LHS}{200 \cdot K_B}} \tag{3.33}$$

(Oeldorf/Olfert 2008, S. 255)

Beispiel:

Unter Verwendung der Daten aus dem vorangegangenen Beispiel errechnet sich die optimale Beschaffungshäufigkeit wie folgt:

$$n_{opt} = \sqrt{\frac{1200 \cdot 4 \cdot 12}{200 \cdot 40}} = 2{,}68 \text{ (aufgerundet 3-mal)}$$

Es wird dreimal in Höhe von jeweils 400 Stück (3 · 400 = 1.200 Stück) bestellt.

Die Gesamtkosten sind abhängig von der wirtschaftlichen Bestellmenge und von der Bestellhäufigkeit, wie aus Tabelle 3.11 ersichtlich wird (nach Bichler/Schröter 2001, S. 103).

Tabelle 3.11. Gesamtkosten in Abhängigkeit von Bestellmenge und -häufigkeit

Bestell-häufigkeit	Bestell-menge (€)	Mittlerer Lager-bestand (€)	Lager-haltungs-kosten (€)	Anzahl Bestel-lungen	Bestell-kosten (€)	Gesamt-kosten (€)
jährlich	12.000	6.000	600	1	35	635
½ jährlich	6.000	3.000	300	2	70	370
¼ jährlich	3.000	1.500	150	4	140	290
2-monatlich	2.000	1.000	100	6	210	310
monatlich	1.000	500	50	12	420	470

Tabelle 3.12. Fallbeispiel optimale Bestellmenge

Jahresbedarf des Materials	50.000 Mengeneinheiten
Bestellkosten	100 € pro Bestellung
Lagerkosten	10 % p.a. des durchschnittlichen Lagerwertes
Einstandpreis	5 € pro Mengeneinheit

Bestellmenge (Stück)	2.000	5.000	10.000
Anzahl Bestellungen pro Jahr	25	10	5
Durchschn. Lagerbestand in ME	1.000	2.500	5.000
Durchschn. Lagerbestand in €	5.000	12.500	25.000
Bestellkosten pro Jahr	2.500	1.000	500
Lagerkosten pro Jahr in €	500	1.250	2.500
Bestell- + Lagerkosten pro Jahr in €	3.000	2.250	3.000

Das Fallbeispiel in Tabelle 3.12 zeigt, dass die optimale Bestellmenge 3.000 Stück pro Jahr ist, da hier die Bestell- und Lagerkosten pro Jahr am geringsten sind.

In der Praxis ist die errechnete optimale Losgröße oft ein Näherungswert. Es müssen oft noch zusätzliche Faktoren wie die Palettengröße, die Mindestliefermenge des Lieferanten, die Transportkosten oder Mengenrabatte berücksichtigt werden.

Es bestehen optimale Losgrößen des Einkaufs (z.B. 500 Stück), optimale Lieferantenlosgrößen (z.B. 1.000 Stück), optimale Produktionslosgrößen (z.B. 250 Stück) und optimale Kundenlosgrößen (z.B. 100 Stück).

Fallbeispiel optimale Losgröße und optimale Beschaffungshäufigkeit

Firma Müller benötigt:	650 Stk.
Einstandspreis:	72€
Bestellkosten:	51€
Lagerhaltungskostensatz:	24,8 %
Mindestbestellgröße:	50 Stk.

Errechnung optimale Bestellmenge:

$$x_{opt} = \sqrt{\frac{200 \times 51 \times 650}{72 \times 24{,}8}} = 60{,}93 \approx 61 \text{ Stk.}$$

Errechnung optimale Beschaffungshäufigkeit:

$$n_{opt} = \sqrt{\frac{650 \times 72 \times 24{,}8}{51 \times 200}} = 10{,}667 \approx 11 \text{ Bestellungen}$$

3.6.3 Kostenausgleichsverfahren

Das Optimum beim Kostenausgleichsverfahren ist dort, wo die Summe der Lagerhaltungskosten und der Bestellkosten gleich werden. Es werden stufenweise die Bedarfsmengen der einzelnen Perioden solange kumuliert, bis die Lagerhaltungskosten annähernd den fixen Bestellkosten entsprechen.

Beim Kostenausgleichsverfahren ist es möglich – im Gegensatz zum klassischen Losgrößenverfahren – Schwankungen der Bedarfsmengen für die einzelnen Perioden zu berücksichtigen.

Die Frage, ob die optimale Beschaffungsmenge ein wenig unterhalb oder oberhalb des Grenzwertes liegt, muss bei jeder Berechnung neu entschieden werden (s. Tabelle 3.13).

3.6.4 Gleitendes Bestellmengenverfahren (Näherungsverfahren)

Wenn die Bedarfe der einzelnen Periode sehr unterschiedlich sind, sollten das Näherungsverfahren oder das Kostenausgleichsverfahren zur Ermittlung der optimalen Bestellmenge angewandt werden.

Tabelle 3.14 zeigt die rechnerische Ermittlung der Bestellmengen, Abrufmengen oder Losgrößen beim Näherungsverfahren. Bei Erreichen eines Kostenoptimums wird die optimale Bestellmenge festgestellt (Hirschsteiner 2006, S. 283ff).

Tabelle 3.13. Ermittlung der optimalen Beschaffungsmenge

Periode	**Nettobedarf**	**Nettobedarf kumuliert**	**Lagerdauer kumuliert in Monate**	**Lagerhaltungs-kostensatz**	**Lagerhaltungskosten in €**	**Lagerhaltungskosten kumuliert in €**	**Bestellkosten in €**	**Optimale Beschaffungsmenge**
	A	**B**	**C**	**D**	**E** A×C×D	**F**	**G**	**H**
1	60	60	0,5	0,35	10,50	10,50	49,00	
2	50	110	1,0	0,35	17,50	28,00	49,00	
3	40	150	1,5	0,35	21,00	49,00	49,00	150
4	100	100	0,5	0,35	17,50	17,50	49,00	
5	85	185	1,0	0,35	29,75	47,25	49,00	185
6	70	70	0,5	0,35	12,25	12,25	49,00	
7	80	150	1,0	0,35	28,00	40,25	49,00	150
8	60	60	0,5	0,35	10,50	10,50	49,00	
9	60	120	1,0	0,35	21,00	31,50	49,00	
10	50	170	1,5	0,35	26,25	57,75	49,00	170
11	90	90	0,5	0,35	15,75	15,75	49,00	
12	110	200	1,0	0,35	38,50	54,25	49,00	200

3.7 Bewertung des Materialverbrauches

Für die Bewertung des mengenmäßigen Materialverbrauches und der Materialbestände werden verschiedene Wertansätze zugrunde gelegt. Nach Handels- und Steuerrecht gilt der Grundsatz der Einzelbewertung (§252 Abs. 1 Nr. 3 HGB). Bei gleichartigen Vermögensgegenständen besteht aber auch die Möglichkeit einer Gruppenbewertung (§240 Abs. 4 HGB).

Verschiedene Wertansätze sind möglich:

- Anschaffungswert,
- Wiederbeschaffungswert,
- Tageswert,
- Verrechnungswert.

Tabelle 3.14. Ermittlung der Bestellmengen

Optimierung nach dem gleitenden Bestellmengenverfahren (Näherungsverfahren)									
Periode	**Wert Nettobedarf in €**	**Wert Nettobedarf kumuliert in €**	**Lagerdauer Perioden kumuliert**	**Lagerhaltungskostenfaktor**	**Lagerhaltungskosten in €**	**Bestellkosten in €**	**Gesamtkosten der Bestellung in €**	**Gesamtkosten der Bestellung pro Mengeneinheit in €**	**Optimierter Bestellwert in €**
	A	**B**	**C**	**D**	**E**	**F**	**G**	**H**	**I**
				20%	A×C×D		E + F	G / B	Aus B bei Minimum in H
1	200	200	0,5	0,20	20	50	70	0,35	–
2	100	300	1,5	0,20	30	50	80	0,27	–
3	50	350	2,5	0,20	25	50	75	0,21	–
4	**300**	**650**	**3,5**	**0,20**	**20**	**50**	**70**	**0,11**	**650**
5	100	750	4,5	0,20	90	50	140	0,19	–
5	100	100	0,5	0,20	10	50	60	0,60	–
6	200	300	1,5	0,20	60	50	110	0,37	–
7	300	700	2,5	0,20	150	50	200	0,29	–
8	50	750	3,5	0,20	35	50	85	0,11	750
9	200	950	4,5	0,20	180	50	230	0,24	–
9	**200**	**200**	**0,5**	**etc.**					

3.7.1 Anschaffungswert

Der Anschaffungswert wird auch Einstandspreis genannt. Die Bewertung der Verbrauchsmengen mit Hilfe der Anschaffungswerte kann unter Verwendung von effektiven oder durchschnittlichen Anschaffungspreisen erfolgen.

effektive Anschaffungspreise	Preise werden bei jedem Materialeingang erfasst (aufwändig); geeignet bei A-Gütern.
durchschnittliche Anschaffungspreise	Bei der *permanenten Durchschnittsbewertung* erfolgt die Bewertung des Durchschnittspreises nach jedem Zugang. Bei der *periodischen Durchschnittsbewertung* erfolgt die Ermittlung des Durchschnittspreises nur einmal am Ende der Periode.

Beispiel (permanente Durchschnittspreis-Methode):

		Stück	Preis pro Einheit	Wert in €
Anfangsbestand	01.01.	130	10,00	1.300
+ Zugänge	15.01.	70	12,00	840
Bestand	15.01.	200	10,70	2.140
- Abgang	01.02.	160	10,70	1.712
Endbestand	15.02.	40	10,70	428
Verbrauch		**160**		**1.712**

Es lassen sich die nachfolgenden Verbrauchsfolgeverfahren unterscheiden. Bei der Bewertung der Verbrauchsmengen werden dabei verschiedene Verbrauchsfolgen unterstellt.

*a) **Lifo-Verfahren** (last in – first out)*

Beim Lifo-Verfahren wird unterstellt, dass die zuletzt ins Lager gelangten Materialien als erste wieder verbraucht werden. Dabei lassen sich weiter unterscheiden (Schulte G 2001, S. 303ff):

- *Permanentes Lifo*: Bewertung des Materialverbrauches erfolgt fortlaufend während des ganzen Jahres bei jedem Verbrauch.
- *Perioden-Lifo* (end of the period lifo-method): Die Zugänge werden während der Periode chronologisch mit Menge und Preis erfasst, nicht aber der Verbrauch. Um ihn zu ermitteln wird lediglich der Endbestand mit dem Anfangsbestand verglichen.

*b) **Fifo-Verfahren** (first in– first out)*

Im Gegensatz zu Lifo-Verfahren wird hier angenommen, dass die zuerst angeschafften/hergestellten Artikel auch zuerst wieder verbraucht werden (einfaches Verfahren, z.B. bei Silos anwendbar).

Beispiel: (Oeldorf/Olfert 2008, S. 211)

		Stück	Preis pro Einheit	Wert in €
Anfangsbestand	01.01.	100	6,00	600
+ Zugänge	15.01.	50	8,00	400
+ Zugänge	15.02.	50	9,00	450
Buchbestand		200		1.450
Endbestand	31.12.	60		530
Verbrauch		**140**		**920**

c) ***Hifo-Verfahren*** *(highest in – first out)*

Hier wird angenommen, dass die zu den höchsten Preisen erworbenen Vorratsgüter zuerst verbraucht werden.

- *Permanentes Hifo*: Genaue Berechnung des Zu- und Abgangs.
- *Perioden-Hifo* (end of the period hifo-method): Die Zugänge werden chronologisch mit Menge und Preis erfasst, nicht aber der Verbrauch. Es wird lediglich der Endbestand mit dem Anfangsbestand verglichen.

Beispiel (permanente Hifo-Methode):

		Stück	Preis pro Einheit	Wert in €
Anfangsbestand	01.01.	130	10,00	1.300
+ Zugänge	15.01.	70	12,00	840
Bestand	15.01.	200		2.140
- Abgang	01.02.	70	12,00	840
		90	10,00	900
Endbestand	15.02.	40		400
Verbrauch		**160**		**1.740**

d) ***Lofo-Verfahren*** *(lowest in – first out)*

Hier wird angenommen, dass die zu den niedrigsten Preisen erworbenen Güter zuerst wieder verbraucht oder veräußert werden.

Die handels- und steuerrechtliche Zulässigkeit der Verfahren zeigt Tabelle 3.15.

Tabelle 3.15. Zulässigkeit der Bewertungsverfahren

Methode	HGB-Bilanz	IFRS-Bilanz	Steuerbilanz
Durchschnitts-bewertung	Zulässig für gleichartige Vermögens-gegenstände des Vorratsvermögens (§240 Abs. 4 HGB)	Zulässig für eine große Anzahl von untereinander austauschbaren Vorräten (IAS 2, 24/25)	Zulässig gleich-artige Wirtschafts-güter des Vorrats-vermögens (R 6.8 EStR)
Lifo-Verfahren	Zulässig für gleichartige Ver-mögensgegen-stände des Vor-ratsvermögens (§256 HGB)	Nicht zulässig	Generell zulässig, unabhängig von der tatsächlichen Verbrauchsfolge (§6 Abs. 1 Nr. 2a EStG)

Methode	HGB-Bilanz	IFRS-Bilanz	Steuerbilanz
Fifo-Verfahren	Zulässig für gleichartige Vermögensgegenstände des Vorratsvermögens (§256 HGB)	Zulässig für eine große Anzahl von untereinander austauschbaren Vorräten (IAS 2, 24/25)	Nicht zulässig (R 6.9 Abs. 1 EStR). Ausnahme: Das Unternehmen weist nach, dass die tatsächliche Verbrauchsfolge dem Fifo-Verfahren entspricht (Vgl. Beck'scher Bilanzkommentar §256 HGB Rz. 85)
Hifo-Verfahren	Nicht zulässig	Nicht zulässig	Nicht zulässig
Lofo-Verfahren	Nicht zulässig	Nicht zulässig	Nicht zulässig

3.7.2 Wiederbeschaffungswert (Ersatzwert)

Mit dem Ansatz des Wiederbeschaffungswertes soll die Substanz des Unternehmens erhalten bleiben. Die Ermittlung des Wertes bei jedem Verbrauch kann sehr aufwendig werden.

3.7.3 Tageswert

Hier erfolgt die Bewertung mit dem Wert am Tag der Lagerentnahme, was ebenfalls aufwendig sein kann.

3.7.4 Verrechnungswert

Der Verrechnungswert ist ein über einen längeren Zeitraum festgelegter Wert, der künftige Preiserwartungen berücksichtigt. Er wird z.B. bei der innerbetrieblichen Leistungsverrechnung verwendet.

Wiederholungsfragen zu Kapitel 3

1. Welche Verfahren der Bedarfsermittlung werden in der Praxis eingesetzt?
2. Der Lagerbestand in der Periode beträgt für alle Waren 250.000 Stk. Lagerkosten fielen in Höhe von 93.500 Euro an. Der Stückpreis der Waren betrug 5 Euro/Stk. Errechnen Sie den Lagerkostensatz.
3. Welche verschiedenen Wertansätze können für die Bewertung des mengenmäßigen Materialverbrauches und der Materialbestände zugrunde gelegt werden?

4 Beschaffungs- und Einkaufsmanagement

4.1 Grundlagen des integrierten Beschaffungsmanagement

Die Materialbeschaffung hat die Materialversorgung des Unternehmens bezüglich *Art, Menge, Zeit und Qualität* zu gewährleisten. Sie hat die Aufgabe, sowohl den Materialbedarf vom Unternehmen selbst als auch von Lieferanten außerhalb des Unternehmens zu decken. Im Rahmen der Logistik hat die Beschaffung eine strategische Bedeutung, da sie am Beginn der Materialflüsse durch ein Unternehmens steht. Sie trägt gegenüber dem im Allgemeinen als Engpass beschriebenen Absatzbereich eine Leistungsverantwortung und in der Folge eine Erfolgsverantwortung für das Unternehmen. Zudem ist die Beschaffung von besonderer Bedeutung, da der Gesamterfolg eines Unternehmens in zunehmendem Maß wesentlich von den Vorleistungen von Zulieferern abhängig ist (Vgl. Henke/Jahns 2005, S. 3ff). Das liegt vor allem daran, dass immer häufiger der Zukaufanteil die eigene Wertschöpfung übertrifft (Vgl. Moder 2008, S. 6). Um die unternehmerischen Absichten in die Realität umzusetzen, werden deshalb verschiedene Strategien eingesetzt.

4.2 Strategische und operative Ziele in der Beschaffung

Die Beschaffung wird in strategische und operative Beschaffung eingeteilt. Die operative Beschaffung zeichnet sich durch ihren Routinecharakter aus und beschäftigt sich mit kurzfristigen Entscheidungen im operativen Tagesgeschäft. Zweck der strategischen Beschaffung oder Beschaffungspolitik sind langfristige, grundsätzliche Entscheidungen über das Tagesgeschäft hinaus. Die strategischen Vorgaben bilden den Rahmen für die operativen Geschäftsprozesse der Beschaffung.

4.2.1 Strategische Beschaffung

Voraussetzung für die richtige Wahl von einzelnen Beschaffungsstrategien ist die Festlegung einer strategischen Grundrichtung für das Marktverhalten des Unternehmens und die Definition seiner Ziele. Die Bestimmung von Beschaffungszielen kann erhebliche leistungs- und finanzwirtschaftliche Auswirkungen auf die Gesamtunternehmung haben. Fehler in der strategischen Planung sind mit hohen Kosten verbunden und oft erst langfristig wieder zu korrigieren.

Als strategisches Oberziel der Unternehmung kann man die generelle Sicherung von Erfolgspotenzialen betrachten, zu denen primär das Ziel der Versorgungssicherung gehört. Aufgabe einer Beschaffungsstrategie ist es, dieses Oberziel zu unterstützen und abzusichern.

Tabelle 4.1 zeigt, dass dem Ziel der Versorgungssicherung auch andere Zielsetzungen zugeordnet werden können (Vgl. Koether 2010, S. 28ff).

Tabelle 4.1. Ziele und Aufgaben der strategischen Beschaffung

Ziele und Aufgaben der strategischen Beschaffung
• Global-, Single-, Modular-Sourcing von A-Artikeln
• Streuung des Beschaffungsrisikos, Erkennen von Alternativmaterialien
• Lieferantenbewertung, Aufbau von Partnerschaften
• Wertanalyse, Make-or-Buy, Rahmenverträge
• Sicherung des Lieferantenpotenzials und der Materialqualität
• Sicherung des Technologiestatus, Lieferantenreduzierung
• Verschlankung/Optimierung der Beschaffungsprozesse
• Verkürzung von Wiederbeschaffungszeiten
• Reduzierung der Bestände und Beschaffungskosten
• Risk Management

4.2.2 Operative Ziele und Aufgaben der Beschaffung

Die operative Beschaffung hat die Aufgabe, die strategischen Ziele zu ermöglichen. Die Ziele der operativen Beschaffung sind z.B.

- Disposition und Prognosen, Abrufe, Anfragen, Bestellungen,
- B- und C-Artikel-Management,
- Höhe des Sicherheitsbestandes,
- Sicherung der Materialverfügbarkeit,
- Überwachung von Termin-, Mengen- und Qualitätsvorgaben,
- Desktop-Purchasing (elektronische Beschaffung),
- Risk Management.

Eine weitere Aufgabe der operativen Beschaffung ist die *operative Planung*. Sie befasst sich mit der *Planung auf mittlere Sicht* (1–2 Jahre) und ist der strategischen Planung untergeordnet.

4.2.3 Ablauf der operativen Beschaffung im Unternehmen

Im Rahmen der vorgegebenen Ziele und Strategien der strategischen Beschaffung hat die operative Beschaffung die Aufgabe, dem Bedarfsträger unter Betrachtung von Kostengesichtspunkten *das richtige Material zum richtigen Zeitpunkt in der richtigen Menge und Qualität bereitzustellen.* Die operative Beschaffung erfolgt hierbei in mehreren Phasen.

Tabelle 4.2. Ablauf und Phasen der operativen Beschaffung

Phasen	**Beschreibung**
1. Bedarfsermittlung	Die Materialdisposition ermittelt die Nettobedarfsmenge und den Bedarfstermin.
2. Bedarfsmeldung	Die Materialdisposition meldet die ermittelten Mengen und Termine per Bestellanforderung (BANF) an den zuständigen Einkäufer.
3. Konsolidierung	Der Einkauf konsolidiert die Bedarfe der Verbrauchsstellen ggf. zu einer Sammelbestellung.
4. Lieferantenauswahl	Der Einkauf sucht/selektiert qualifizierte Lieferanten.
5. Angebotsanfrage	Der Einkauf schickt Anfragen an ausgewählte Lieferanten (evtl. mit Lastenheft) oder schreibt den Bedarf im Internet aus.
6. Angebotsvergleich	Die Einkaufsabteilung vergleicht die Angebote nach bestimmten Kriterien wie z.B. Preis, Qualität, Zeit.
7. Angebotsauswahl	Anschließend wird das beste Angebot bzw. ein Lieferant bestimmt.
8. Bestellung/Kontrakt	Der Einkauf löst gemäß dem Angebot eine Bestellung aus. Der Lieferant bestätigt dies mit einer Auftragsbestätigung. Eventuell werden auch Rahmenverträge abgeschlossen bei dem der Bestellvorgang auf einen Abruf durch den dezentralen Bedarfsträger verkürzt wird (Phase 3 bis 8 entfällt).
9. Auftragsverfolgung	Einkauf/Disposition überwacht die Bestellung auf die termin- und mengengerechte Einhaltung.
10. Lieferantenbeurteilung	Der Lieferant wird bewertet nach vorgegebenen Zielgrößen, z.B. Einhaltung von Zeit- und Qualitätszielen.

4.2.4 Das Einkaufshandbuch

Das Einkaufshandbuch oder auch die Beschaffungsrichtlinie beinhaltet verbindliche und einheitliche Regeln für einkaufsbezogene Sachverhalte. Es beschreibt unternehmensweit individuelle Verantwortlichkeiten, Grenzen der Zuständigkeit und das allgemeine Verhalten bei der Wahrnehmung der Beschaffungsaufgabe durch Einkäufer und jene Bedarfsträger, welche in Beschaffungsvorgängen involviert sind. Durch die unternehmensweite Gültigkeit des Einkaufshandbuchs ergibt sich ein einheitliches Verständnis des Arbeitsbereichs Einkauf und Beschaffungsvorgänge werden effizienter bearbeitet. Zudem soll es bei der Erreichung der Ziele helfen und die erforderliche Transparenz für Revisions- und Compliance-Konformität schaffen. Bestandteile sind z.B.:

- Versorgungssicherheit unter Berücksichtigung des Total Cost of Ownership,
- enge und partnerschaftliche Beziehung zu internen Kunden,
- Güter und Dienstleistungen sollen auf Basis einer Spezifikation eines Lastenheftes eingekauft werden
- Aufbau und Erhalt eines effizienten Wettbewerbs auf dem Beschaffungsmarkt,
- Verpflichtung zur Beschaffungsmarktforschung,,
- Aufstellung ethischer und ökologischer Vorgaben
- Vermeidung von Korruption, keine Annahme von Geschenken, Mitteilung privater/verwandtschaftliche Beziehungen zu Lieferanten,
- Einholen von drei Angeboten im Normalfall (abhängig von Wert, Dringlichkeit und Marktsituation),
- Aufstellung von Kriterien der Lieferantenauswahl,
- Kleinbestellungen zusammenfassen oder über Kataloge bestellen,
- Aufstellung von Verhandlungs- und Vertragsgrundsätzen.

Dadurch kann das Einkaufshandbuch als Arbeitshilfe für den Einkaufsalltag verwendet werden und als Anweisung für neue Mitarbeiter sowie als Nachschlagewerk gelten.

Neben all diesen Inhalten ist jedoch entscheidend, dass das Einkaufshandbuch praxistauglich, kurzgefasst ist (maximal zehn Seiten).

4.2.5 Das Angebot und der Netto-Einstandspreis

Angebot

Um den Markt zu sondieren und um zu erfahren, ob mögliche Lieferanten einen grob beschriebenen Bedarf prinzipiell erfüllen könnten, wird diesen eine unverbindliche Leistungsanfrage übermittelt (international auch „RFI" Request for Information). Auf den Antworten der Lieferanten (sie nennen im Normalfall Listenpreise) basierend, kann der Einkauf eine Vorauswahl für weitere Schritte treffen.

Die Preisanfrage (auch „RFQ" Request for Quotation) erhalten Lieferanten, von deren Leistungsfähigkeit der Einkäufer überzeugt ist. Sie beinhaltet eine sehr detaillierte und spezifische Bedarfsbeschreibung, dem Lastenheft, und der Bitte einen möglichst genauen Preis abzugeben, der jedoch im Normalfall unverbindlich ist.

Die Aufforderung zur Angebotsabgabe (auch „RFP" Request for Proposal) enthält ein Lastenheft und erwartet vom Lieferanten eine bindende Leistungsbeschreibung, das Pflichtenheft. RFP wird auch bei Ausschreibungen verwendet.

Im Normalfall werden pro Angebotsanfrage mindestens drei Lieferanten angefragt. Ziel ist es, sog. „Hoflieferanten" zu vermeiden. Als Hoflieferanten werden solche Lieferanten bezeichnet, welche fast ausschließlich mit Aufträgen für ein Produkt bedacht werden, während andere Lieferanten ausgeschlossen werden oder mit einem kleineren Auftragsumfang versehen werden.

Die typischen Bestandteile eines Angebots sind:

- Preis,
- Gerichtsstand,
- Lieferbedingungen (Incoterms),
- Währung,
- Zahlungsbedingungen (Bonus, Skonto Rabatt),
- Gewährleistung,
- Qualität,
- Garantie.

Die Gewährleistung ist durch das Bürgerliche Gesetzbuch (BGB) geregelt und besagt, dass ein Verkäufer für sein Produkt bzw. seine Dienstleistung einer Haftung unterliegt. Dies gilt auch für Reparaturen. Die Regelzeit für diese Haftung beträgt zwei Jahre, bei gebrauchter Ware zwölf Monate. Innerhalb dieser Zeit besteht das Recht auf Nachbesserung, Nachlieferung oder Kaufpreisminderung. Der Rücktritt vom Kaufvertrag gilt als weitere Option. Außerdem besteht Anspruch auf Schadensersatz bzw. Anspruch auf Ersatz von Aufwendungen.

Die Garantie ist im BGB erwähnt, ist jedoch eine freiwillige Leistung des Herstellers. Sie wird oft als Marketinginstrument zur Vertrauensschaffung eingesetzt. Wie eine vom Hersteller gegebene Garantie aussieht, ist alleinig von diesem abhängig.

Netto-Einstandspreis

Der Einstandspreis, auch Bezugspreis oder Beschaffungspreis genannt, ist der Preis eines Materials, abzüglich sämtlicher Preisabschläge (wie beispielsweise Rabatt und Skonto) und zuzüglich der Kosten, die für den Transport des Gutes anfallen (z.B. Porto und Versandversicherung). Der Einstandspreis der angebotenen Materialien schlägt sich direkt auf die Anschaffungskosten nieder.

Tabelle 4.3. Berechnungsschema des Netto-Einstandpreises in der Praxis (in Anlehnung an Hirschsteiner 2006, S. 256)

Angebotspreis Brutto		**2.380,00 €**
– Mwst	(19%)	380,00 €
= Angebotspreis Netto		2.000,00 €
– Rabatt (von 2.000 €)	(25%)	500,00 €
= Zieleinkaufspreis		1.500,00 €
– Skonto (von 2.000 €)	(3%)	60,00 €
– Bonus* (von 2.000 €)	(4%)	80,00 €
= Bareinkaufspreis		1.360,00 €
+ Verpackung		5,00 €
+ Fracht		20,00 €
+ Versicherung		10,00 €
+ Zoll		4,28 €
= Einstandspreis (Netto)		**1.399,28 €**
+ Mwst.	(19%)	265,86 €
= Einstandspreis (Brutto)		**1.665,14 €**
Abnahmemenge	05/2008 bis 05/2009	1.000 Stück

*Der Bonus wird wegen der, über das aufs Bestelljahr kumulierten, großen Abnahmemenge gewährt. Er wird am Ende des Bestell- oder Kalenderjahres vergütet sollte aber dennoch in die Kalkulation einbezogen werden.

Dieser sehr leicht einsehbare und quantifizierbare Zusammenhang ist ein häufig angewandtes Beurteilungskriterium eines Angebots, obwohl z.B. auch das Qualitätsniveau als Vergleichsfaktor das Betriebsergebnis beeinflusst. Zur Ermittlung des Netto-Einstandspreises müssen alle Beschaffungskosten herangezogen werden, die durch den Fremdbezug von Material entstehen. Die Beschaffungskosten setzen sich dabei aus dem Beschaffungspreis und den Beschaffungsnebenkosten zusammen. Der Einstandspreis wird wie in Tabelle 4.3 ermittelt.

Bei kleinen Mengen kann zudem ein Mindermengen-Zuschlag anfallen, da geringe Stückzahlen oft zusätzliche Kosten, wie z.B. höhere Fracht- und Handlingskosten, beim Lieferanten verursachen. Die Einbeziehung dieses Mindermengen-Zuschlags erfolgt beispielhaft in Tabelle 4.4.

Tabelle 4.4. Berechnungsschema des Netto-Einstandpreises unter Berücksichtigung eines Mindermengenzuschlags

Angebotspreis Brutto	**Stück**	**2.380,00 €**
– Mwst	(19%)	380,00 €
= Angebotspreis Netto		2.000,00 €
+ Mindermengen-Zs. (von 2.000 €)	(5%)	100,00 €
= Zieleinkaufspreis		2.100,00 €
– Skonto (von 2.100 €)	(3%)	63,00 €
= Bareinkaufspreis		2.037,00 €
+ Bezugskosten		15,00 €
+ Verpackung		5,00 €
+ Fracht		20,00 €
+ Versicherung		10,00 €
+ Zoll		4,28 €
= Einstandspreis (Netto)	**Stück**	**2.136,28 €**

Der Mindestrabattsatz

Der Mindestrabattsatz beschreibt, ab wann sich die Beschaffung größerer Stückzahlen aufgrund eines Mengenrabattes lohnt (Vgl. Hartmann 2010, S. 37ff). Er wird anhand der Gleichung 4.1 errechnet:

$$R_{min} = \frac{1 \cdot x_{opt}}{2 \cdot JB} \cdot \left(\frac{x_{opt}}{x_{min}} + \frac{x_{min}}{x_{opt}} - 2 \right) \tag{4.1}$$

Abkürzungen in dieser Gleichung:

l = Lagerhaltungskostenfaktor
x_{opt} = optimale Bestellmenge in Einheiten pro Bestellung
JB = Jahresbedarf in Einheiten pro Jahr
x_{min} = Mindestmange, ab der der Rabattsatz gewährt wird in Einheiten

Beispiel: Der Jahresbedarf eines Artikels beträgt 12.000 Stück, die wirtschaftliche Bestellmenge 3.100 Stück. Der Lagerhaltungsfaktor beträgt 15%.

Vom Lieferanten wird ein Rabatt von 2% bei einer Mindestabnahme von 5.000 Stück angeboten. Lohnt sich die Ausnutzung des Rabattes?

$$R_{min} = \frac{15 \cdot 3.100}{2 \cdot 12.000} \cdot \left(\frac{3.100}{5.000} + \frac{5.000}{3.100} - 2 \right) = 0{,}45\%$$

Der Mindestrabattsatz beträgt 0,45%. Da der gewährte Rabatt von 2% diesen Satz übersteigt, lohnt sich die Beschaffung in einer Losgröße von 5.000 Stück.

Die Ausnutzung von Skonto

Der Skonto stellt einen prozentualer Nachlass dar, der den Zahlungsbedingungen entsprechend, auf den Rechnungsbetrag bei Zahlung innerhalb einer bestimmten Frist gewährt wird. Die Auswirkung von Skontoabzug wird oft unterschätzt. Das folgende Beispiel soll den Effekt verdeutlichen.

Beispiel: Eine Rechnung hat einen Warenwert von 100.000 Euro. Zur Zahlung stehen zwei Optionen zur Verfügung. Entweder die Zahlung sofort mit Abzug von 3% Skonto oder aber die Zahlung nach 14 Tagen netto, also 100.000 Euro. Um sofort bezahlen zu können, ist im Beispiel ein Kredit notwendig. Die Kreditzinsen bei der Bank belaufen sich auf 8% p.a.

Die sofortige Zahlung mit 3% Skonto beläuft sich auf 97.000 Euro.

Die Zinsen des Bankkredits lassen sich wie folgt berechnen:

$$Z = \frac{97.000 \cdot 8 \cdot 14}{360 \cdot 100}$$

Z = 301,78 € (Zinsen)

Die Einsparung beläuft sich somit auf: 3.000 Euro - 301,78 Euro = 2.698,22 Euro.

Weitere Möglichkeiten der Kostenersparnis für den Einkäufer

Neben den bisher aufgeführten Möglichkeiten existieren für den Einkäufer auch weitere Optionen Kostenersparnisse zu erzielen. So kann ein Einkäufer beispielsweise immer häufiger Listungsgebühren verlangen. Ursprünglich vor allem im Handel verbreitet war, halten sie immer häufiger auch in der Industrie Einzug. Listungsgebühren sind ein Zeichen der Marktmacht des Einkäufers (Käufermarkt) und werden erhoben, damit der Lieferant sein Produkt im Sortiment des Händlers oder im Materialstamm des Industrieherstellers platzieren darf. Sie bilden sozusagen einen Zuschuss des Lieferanten für den zusätzlichen Aufwand, die Lieferantendaten in das ERP-System einzupflegen, um die Regale einzurichten oder Prüftests durchzuführen. Vor allem in der Automobilindustrie wird zusätzlich zu Preisreduzierungen und Preistransparenz eine Listungsgebühr erhoben.

Bei Druck- und Werbekostenzuschüsse verlangt der Händler vom Lieferanten für die Platzierung von dessen Produkten bei Werbeaktionen in Flyern, Werbeanzeigen oder Werbeheften einen Zuschuss für die Werbe- und Druckkosten.

Supplier Early Payment Program, abgekürzt SEPP ist ein Angebot von Banken. Dabei übernimmt die Bank die Forderung des Lieferanten gegenüber dem Hersteller und gibt dem Lieferanten einen günstigen Zwischenkredit. Dadurch wird erreicht, dass der Lieferant schnell seine Liquidität steigert, während der Hersteller seinem Wunsch entsprechend später zahlen kann.

Auch die beschriebenen Lieferkonditionen bzw. Incoterms können eine Kostenerleichterung des Herstellers bedeuten. Dies ist z.B. der Fall bei der Handelsklausel DDP (Delivery Duty Paid). Hier trägt der Lieferant sowohl die Frachtkosten als auch die Zollabgabe und das Risiko für die gesamte Lieferstrecke. Bewegt sich der Lieferant hingegen auf einem Verkäufermarkt, hat er die bessere Handlungsposition und wird versuchen ausschließlich über die Handelsklausel EXW (Ex Works) zu liefern. So trägt der Hersteller den Großteil der Kosten und des Risikos.

Der operative Beschaffungsvorgang endet mit der Bereitstellung der Waren beim Bedarfsträger. In Abb. 4.1 wird der Material- und Informationsfluss vom Zeitpunkt der Bestellauslösung über die Anlieferung und Prüfung des Materials im Wareneingang bis zur Bereitstellung beim Bedarfsträger dargestellt.

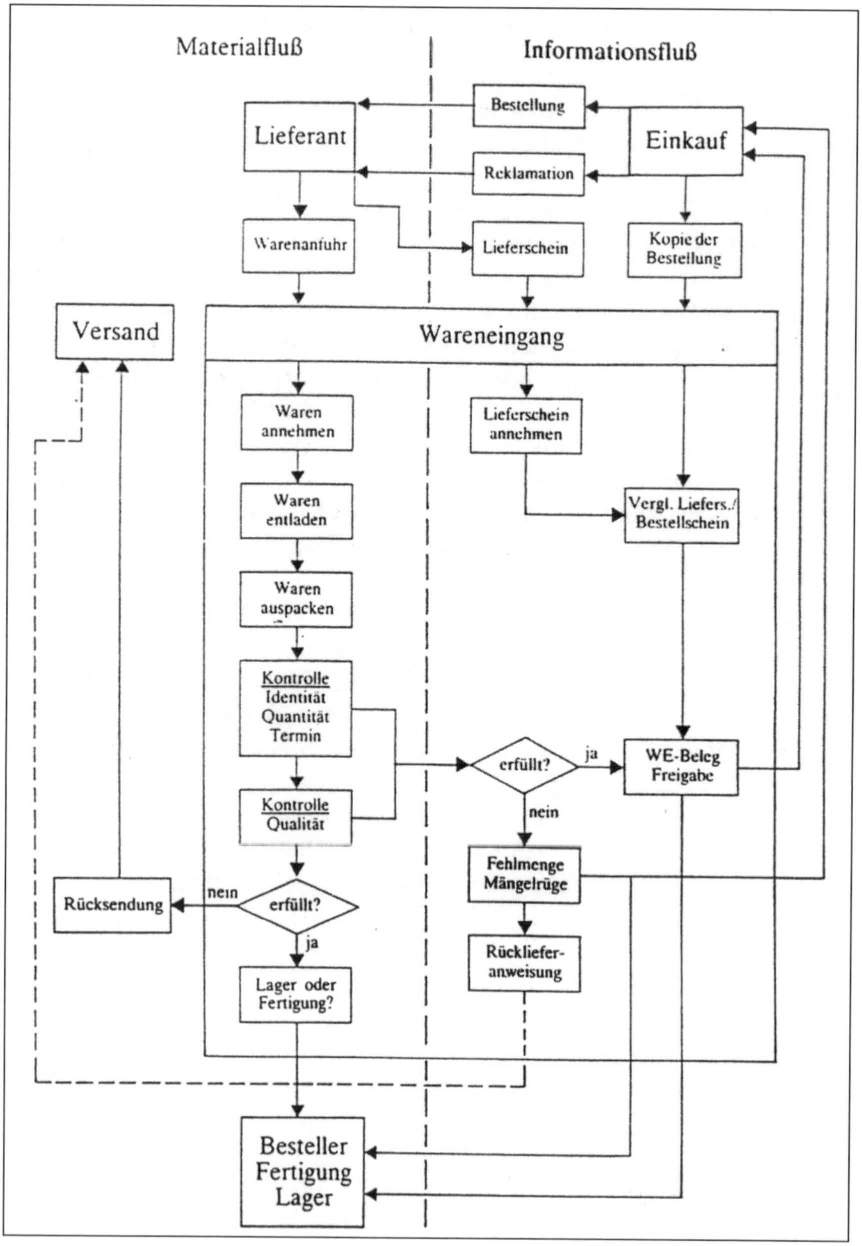

Abb. 4.1. Material- und Informationsfluss im Wareneingang (ZVEI 1982, S. 81)

4.2.6 Erstellung eines Pflichten-/Lastenheftes

Das *Lastenheft* ist eine ergebnisorientierte Beschreibung der „Gesamtheit der Forderungen an die Lieferungen und Leistungen eines Auftragnehmers“ (DIN 69905). Das vom Auftraggeber formulierte Lastenheft dient als Grundlage zur Einholung von Angeboten. Aufgrund des vorangegangenen Lastenhefts erarbeitet der Lieferant oder Großhändler das Pflichtenheft.

Tabelle 4.5. Inhalte eines Lastenheftes am Beispiel PKW, in dem die Anforderungen des Kunden/Herstellers beschrieben sind und Pflichtenhefte der Anbieter A und B

Inhalte	Lastenheft	Pflichtenheft A	Pflichtenheft B
Farbe:	Silber	Orionsilber metallic	Eisgrau metallic
Leistung:	90–120 kW	115 kW	95 kW
Ausstattung:	Navigationssystem, Klimaanlage	Navigationssystem, Klimaanlage	Navigationssystem, Klimaanlage
Garantie:	200.000 km	250.000 km	200.000 km
Reifen:	Sommer- und Winterreifen	Sommer- und Winterreifen	Sommer- und Winterreifen
Ladevolumen:	Min. 1000 Liter	1100 Liter	1190 Liter
Finanzierung:	Kredit/Leasing	3,9% Kreditzinsen pro Jahr, Laufzeit 48 Monate	4,3% Kreditzinsen pro Jahr, Laufzeit 36 Monate
Schaltung:	Automatik	Automatik	Automatik
Ölwechsel:	alle 20.000 km	alle 20.000 km	alle 25.000 km
Kraftstoff:	Diesel	Diesel	Diesel
Verbrauch:	max. 6.0 l /100km	5,5 bis 6,2 Liter	4,3 bis 5,5 Liter
Preis:	max. 24.000 Euro	22.990 Euro	23.990 Euro

Der Auftragnehmer setzt nach Erhalt des Lastenheftes die zu erbringenden Ergebnisse (Lasten) in erforderliche Tätigkeiten (Pflichten) um und erstellt das *Pflichtenheft* als Teil des Angebots an den Auftraggeber. Das Pflichtenheft ist die vertraglich bindende, detaillierte Beschreibung einer zu erfüllenden Leistung. Es beschreibt die „Umsetzung des vom Auftraggebers vorgegebenen Lastenhefts“ (DIN 69905). Im Pflichtenheft wird definiert wie, wo und wann die Forderung zu realisieren ist. Pflichten- und Lastenheft sollten stets unmittelbarer Bestandteil des Vertrages zwischen Auftraggeber und Auftragnehmer sein.

4.3 Organisation der Beschaffung

Die Organisation der Materialbeschaffung ist in Unternehmen häufig sehr unterschiedlich aufgebaut und eingegliedert. In Abb. 4.2 werden die Teilbereiche *Organisatorische Eingliederung* der Beschaffung in der Gesamtorganisation und *Organisatorischer Aufbau* der Organisationseinheit dargestellt und im Folgenden mögliche Organisationsformen beschrieben.

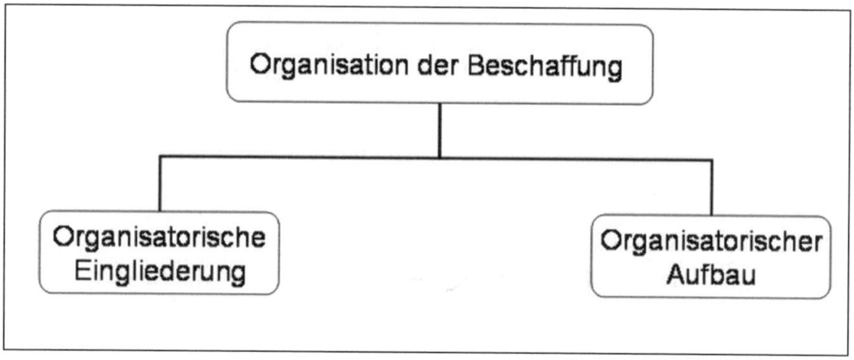

Abb. 4.2. Teilbereiche in der Beschaffungsorganisation (Oeldorf/Olfert 2008, S. 35)

Organisatorische Eingliederung der Beschaffung

Die Eingliederung der Materialbeschaffung in die Gesamtorganisation kann zentralisiert, dezentralisiert oder in einer Mischform erfolgen. Nach einer kurzen Vorstellung wird in den folgenden Unterkapiteln detailliert auf die jeweiligen Formen eingegangen.

Tabelle 4.6. Organisatorische Eingliederung der Beschaffung

Zentrale Eingliederung	Die Aufgaben der Beschaffung werden von einer einzelnen Organisationseinheit übernommen.
Dezentrale Eingliederung	Die Aufgaben der Beschaffung werden von mehreren Organisationen nebeneinander wahrgenommen.
Mischform	Die Aufgaben der Beschaffung werden kombiniert von zentralen und dezentralen Organisationseinheiten übernommen.

Die Entscheidung, ob der Einkauf zentral oder dezentral organisiert wird, hängt von diversen Faktoren ab. Jedes Unternehmen muss die Vor- und Nachteile erkennen und abwägen. Diese Entscheidungsfaktoren können sein (Vgl. Arnolds et al. 2013, S. 327ff):

- Flexibilität, Größe und Standorte des Unternehmens,
- Anzahl und Entfernung räumlich getrennter Werke/Divisionen,
- Wirtschaftszweig, -branche,
- Übereinstimmung der Produktionsprogramme der verschiedenen Werke,
- Übereinstimmung des Betriebsbedarf (Mengeneffekte),

Organisatorischer Aufbau der Beschaffung

Der Aufbau der Materialbeschaffung, mit dem die Arbeitseinheiten (z.B. Abteilungen) organisiert werden, kann nach den in Tabelle 4.7 erläuterten Prinzipien erfolgen (Vgl. Frese 2012, S. 190ff).

Tabelle 4.7. Organisatorischer Aufbau der Beschaffung

nach Verrichtung	Die Einheiten werden nach Beschaffungsverrichtungen gegliedert, z.B.: Disposition, Bestellung, Anfragen, Lager.
nach Objekten	Die Gliederung wird nach Materialgruppen vorgenommen, z.B.: Roh-, Hilfs-, Betriebsstoffe, Verpackung, DIN-Teile.
nach Regionen	Der Aufbau orientiert sich an Beschaffungsmärkten, z.B.: West-/Ost-Europa, Asien, Nord-/Südamerika, EU.

Eingegliedert in die Gesamtorganisation könnte der Aufbau der einzelnen Organisationseinheiten wie in Abb. 4.3 dargestellt werden.

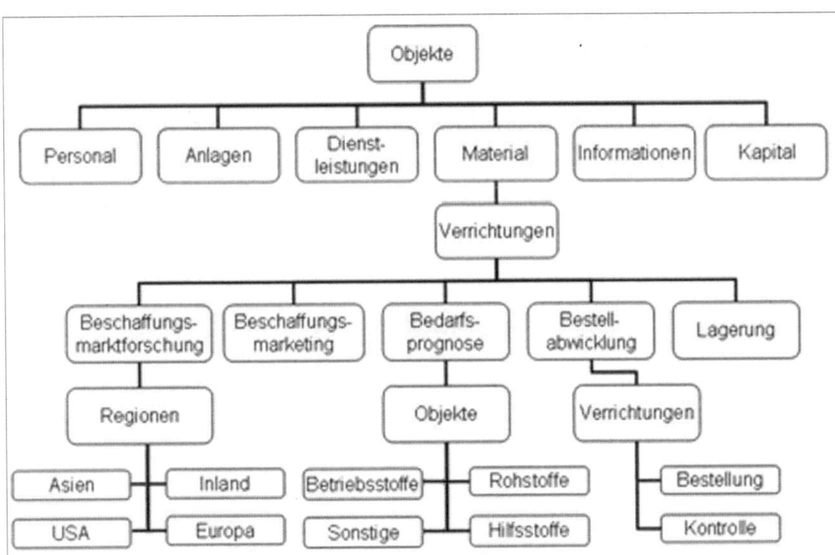

Abb. 4.3. Regionen-, objekt- und verrichtungsorientierte Beschaffung (in Anlehnung an Melzer-Ridinger 2008, S. 121)

4.3.1 Zentrale Beschaffung

Bei einer *zentralen Beschaffung* wird der gesamte Bedarf des Unternehmens von einer einzigen Organisationseinheit im Unternehmen beschafft. Dies kann besonders für Klein- und Mittelbetriebe *Vorteile* haben, z.B. Bündelung der Bedarfe und eine zentrale Ansprechstelle (Vgl. Arnolds et al. 2013, S. 330ff).

Vorteile der zentralen Beschaffung

- Bestellung von großen Mengen/Losgrößen führt zu günstigen Preisen, Rabatten, Boni und lässt die Beschaffungskosten sinken.
- Der Einkauf hat umfassende Informationen bei allen Beschaffungsvorgängen.
- Zentrale Ansprechstelle für interne Bereiche und Lieferanten.
- Bessere Übersicht, zentrale Entscheidungen.
- Höhere Potenziale für Standardisierung, Typung und Normung.

Mögliche Nachteile einer zentralen Beschaffung

- Besonders bei Konzernen mit mehreren Werken im In- und Ausland kann die Struktur aufgrund der langen Entscheidungswege schwerfällig werden und verbürokratisieren.
- Durch die Inflexibilität steigen die Abwicklungskosten und plötzliche Versorgungsengpässe führen zu Fehlmengenkosten.
- Beeinträchtigung von Kostenbewusstsein und Kostenverantwortung der Bedarfsträger aufgrund mangelnder Nähe zum Beschaffungsmarkt.
- Oft müssen länderspezifische Gegebenheiten berücksichtigt werden (Kompensationsgeschäfte, Einkauf bei lokalen Lieferanten).
- Starke Spezialisierung für den Einkäufer, kein breites Einsatzspektrum.

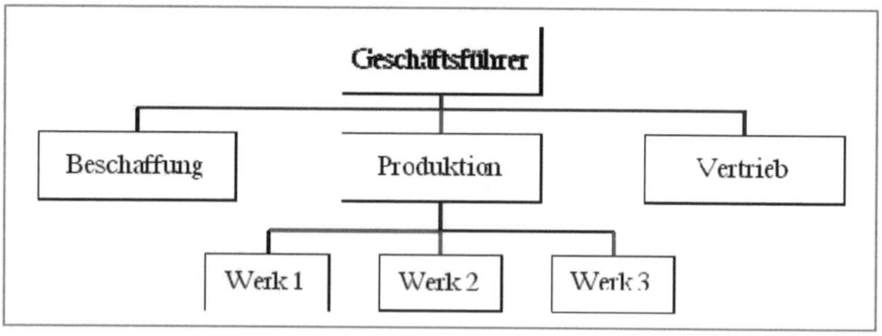

Abb. 4.4. Die zentrale Beschaffung in einem Konzern mit drei Betriebsstätten (in Anlehnung an Arnolds et al. 2013, S. 332ff)

4.3.2 Dezentrale Beschaffung

Die *dezentrale Beschaffung* kann örtlich und/oder sachlich orientiert erfolgen, indem mehrere Stellen im Unternehmen den Bedarf an Materialien parallel beschaffen. Gründe hierfür können unterschiedliche Betriebsstandorte oder die jeweilige Verantwortung für bestimmte Materialgruppen sein (Vgl. Arnolds et al. 2013, S. 330).

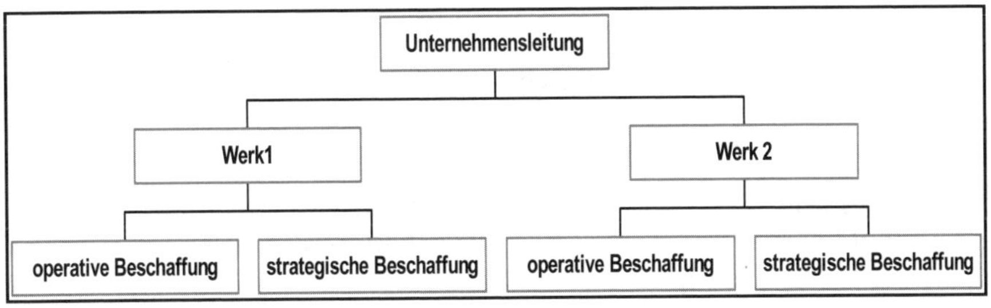

Abb. 4.5. Dezentrale Beschaffung

Mögliche Vorteile einer dezentralen Beschaffung

- Kurze Entscheidungswege
- Kurze Informationswege
- Eingehen auf spezifische Anforderungen des einzelnen Absatzproduktes
- Hohe Erfahrungswerte und hohe Motivation der Mitarbeiter
- Höhere Flexibilität und Anpassungsfähigkeit

Nachteile einer dezentralen Beschaffung

- Manche Arbeiten werden eventuell nur ungenügend ausgeführt, wenn ein Großteil der Tagesarbeit für Bestellungen verwendet wird.
- Einige Aufgaben werden doppelt ausgeführt, wie z.B. bei der Lieferantensuche.
- Für Beschaffungsmarketing bleibt nur wenig Zeit.
- Konzernweite Konsolidierung von Beschaffungsmengen ist nicht möglich.
- Weniger Rabatte, höhere Kosten, schlechtere Einkaufskonditionen.

4.3.3 Mischformen in der Beschaffungseingliederung

Eine optimale Organisationsform kann eine Mischung aus zentralem und dezentralem Einkauf sein (z.B. Matrixorganisation), wie in Abb. 4.6 dargestellt. Der zentrale Einkauf arbeitet Rahmenverträge aus, während der dezentrale Einkauf innerhalb dieser Rahmenverträge das Material bestellt.

Der zentrale Einkauf ist weiterhin Ansprechpartner in rechtlichen Fragestellungen. Gleichzeitig werden dem dezentralen Einkauf Aufgaben übertragen, wenn er dafür über größere Fachkompetenz verfügt, z.B. beim Einkauf von Elektronik. In Tabelle 4.8 ist zu erkennen, dass in Unternehmen oft Mischformen des Einkaufs vorherrschen.

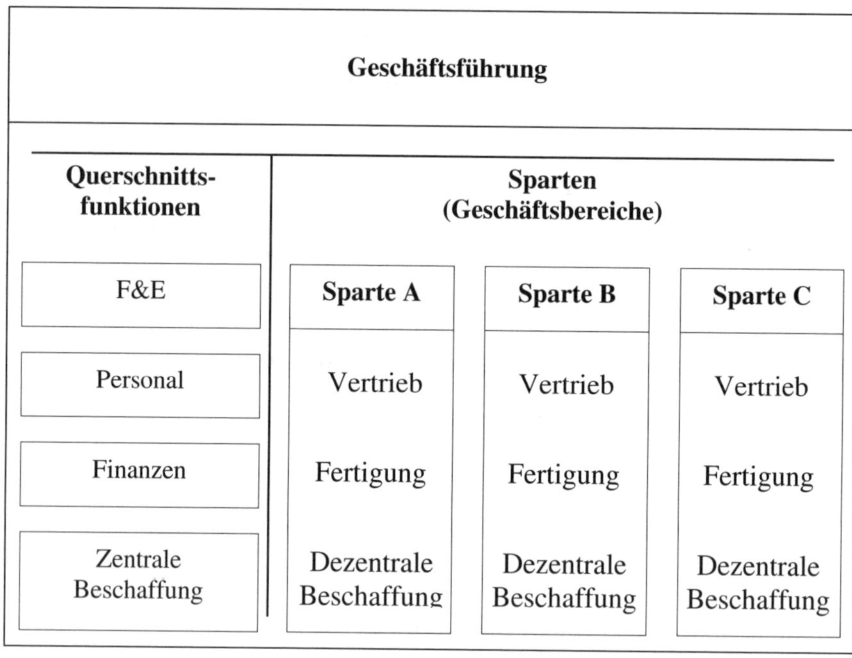

Abb. 4.6. Mischform der Beschaffungsorganisation: In einem Unternehmen mit drei Sparten gibt es sowohl eine zentrale als auch eine dezentrale Beschaffung (in Anlehnung an Arnolds et al. 2013, S. 333).

Tabelle 4.8. Organisationsformen der Beschaffung (Arnold 2000, S. 43)

	Zentralisierte Struktur	Dezentralisierte Struktur	Mischung aus zentralisierter und dezentralisierter Struktur
Deutschland	33%	9%	58%
USA	13%	5%	82%
Großbritannien	20%	14%	66%
Kanada	36%	9%	55%
Frankreich	34%	3%	63%
Ungarn	20%	2%	78%
Alle Länder	**24%**	**7%**	**69%**

Als weitere Mischform können Outsourcing-Bewegungen in der Beschaffung bezeichnet werden, in denen Beschaffungsfunktionen ausgelagert und zentralisiert werden. Zum Beispiel gründete die Siemens AG den Einkaufs- und Logistikdienstleiter SPLS, der den Siemens-Bereichen und Regionen sowie externen Kunden weltweit marktkonforme Einkaufs- und Logistikdienstleistungen anbietet. Durch die Auslagerung von Beschaffungsfunktionen können Kunden von Spezialistenwissen profitieren und Kostenvorteile durch die Bündelung der Beschaffungsvolumen erzielen (Vgl. Winkler 1999, S. 40).

4.3.4 Lead-Buyer-Konzept als moderne Mischform

Das Lead-Buyer-Konzept ist eine moderne Mischform, welche den Kompromiss zwischen den Vor- und Nachteilen der zentralen und dezentralen Organisationsstrukturen versucht. Die Geschäftsbereiche einigen sich für eine oder mehrere spezifische Materialgruppen auf einen Lead Buyer, der die Verträge für die beteiligten Divisionen/Bedarfsträger abschließt. Er leitet und koordiniert die internen bzw. nach außen gerichteten strategischen Beschaffungsaktivitäten aller dezentralen Organisationseinheiten innerhalb seiner Materialgruppe. Die operative Abwicklung der Aufträge erfolgt anschließend durch die Einkäufer der Materialgruppen. So wird ein effizienter Ressourceneinsatz unter einheitlichen strategischen Vorgaben erreicht (Vgl. Beschaffung Aktuell 2005, S. 24ff).

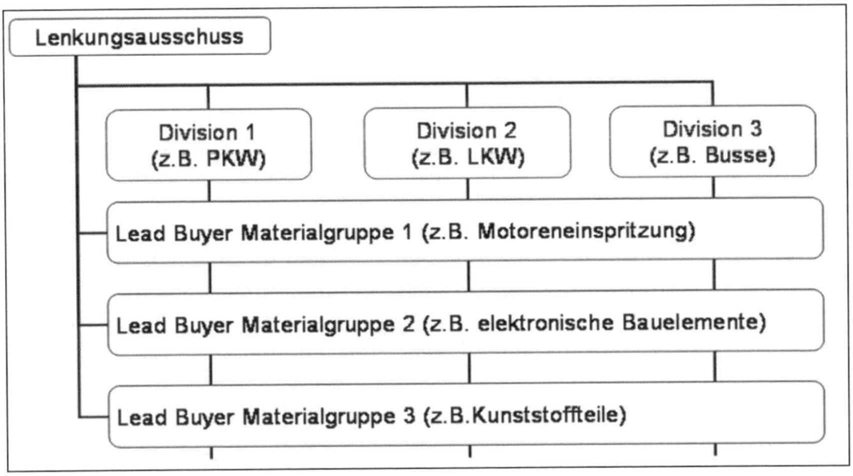

Abb. 4.7. Beispiel einer Lead-Buyer-Matrixorganisation (Beschaffung Aktuell 2005, S. 25)

4.3.5 Verrichtungsorientierte Beschaffung

Beim Verrichtungsprinzip sind die Arbeitseinheiten nach dem organisatorischen Ablauf, entsprechend der Wertschöpfung, gegliedert:

- Bestellabwicklung,
- Vertragsabteilung,
- Disposition, Planung, Steuerung,
- Marktbeobachtung,
- Lagerhaltung,
- Lieferantenanfrage.

Dieses Prinzip wird meist bei Klein- und Mittelunternehmen eingesetzt (Vgl. Oeldorf/Olfert 2013, S. 51).

4.3.6 Objektorientierte Beschaffung

Bei *objektorientierter Aufgabenanalyse* kann eine Gliederung nach Materialgruppen erfolgen. Das *Verrichtungsprinzip und das Objektprinzip können miteinander kombiniert werden.* Die Praxis zeigt, dass Klein- und Mittelunternehmen einen verrichtungsorientierten Aufbau, Großunternehmen dagegen einen objektorientierten Aufbau bevorzugen (Vgl. Oeldorf/Olfert 2013, S. 51ff).

Möglichkeiten der Gliederung können z.B. eine Unterteilung in Roh-, Hilfs-, Betriebsstoffe, Zukaufteile, Handelswaren sein.

4.3.7 Regionenorientierte Beschaffung

Ein *regionenorientierter* Aufbau einer Beschaffungseinheit gliedert sich nach verschiedenen Beschaffungsmärkten, wie z.B. Asien, West-/Ost-Europa, Nord- und Südamerika.

Diese Gliederungsform wird häufig verwendet, um Spezialisten-Wissen wie Sprach-, Kultur-, Markt- und Landeskenntnisse zu bündeln (Wannenwetsch 2004, S. 235ff). Der regionenorientierte Aufbau der Beschaffungseinheit findet bevorzugt im Handel seine Verwendung.

4.4 Lieferantenmanagement/Lieferantenbeurteilung

Das Wachstum Porsches wird durch die schwierige Lage der Zulieferer bedroht. Porsche sieht sich selbst nicht unbedingt als Autoproduzent, sondern eher als Autoentwickler, denn im Branchenvergleich hat man eine geringere Fertigungstiefe. Somit muss man sich auf Zulieferer verlassen (und verlassen können), da die meisten Komponenten nicht durch Eigenfertigung hergestellt werden. Durchschnittlich leisten Autohersteller nur noch rund 28% der Wertschöpfung selbst. Beim Geländewagen Cayenne stellt Porsche sogar nur 10–11% selbst her, der Rest kommt von außen (Vgl. Seeber 2010, S. 155).

Der Lieferant steht am Anfang der logistischen Kette. Eine Fehlentscheidung bei der Auswahl kann, wie obiges Beispiel verdeutlicht, ein Unternehmen in Schwierigkeiten bringen. Je geringer die eigene Fertigungstiefe, desto größer ist also die Bedeutung des Lieferantenmanagements, da eine hohe Abhängigkeit vom Zulieferer besteht. Der Einkauf trägt in diesen Fällen eine noch höhere Erfolgsverantwortung gegenüber dem Unternehmen.

4.4.1 Ziele des Lieferantenmanagements

Ziel des Lieferantenmanagements ist es, dem beschaffenden Unternehmen eine *genügende Anzahl leistungsfähiger Versorgungsquellen von dauerhafter Existenz und Lieferbereitschaft* zu erschließen bzw. zu erhalten. Die Aufgabe der Lieferantenpolitik besteht somit darin, die Situation auf den Beschaffungsmärkten zu analysieren und die Intensität der Zusammenarbeit mit Lieferanten zu bestimmen und zu optimieren. Weiterhin sind die Kriterien für die Lieferantenauswahl festzulegen. Sind die Kriterien festgelegt, so ist Art, Umfang bzw. Intensität der Zusammenarbeit mit den Lieferanten zu bestimmen (Vgl. Koether 2010, S. 567f). Wichtige Kriterien der Lieferantenbeziehung sind z.B.:

- Auswahl des Lieferanten bereits in der Konzeptphase,
- teilweise Entwicklung und Konstruktion durch den Zulieferer,
- Austausch von Kosteninformationen,
- gemeinsame Kostenziele.

Die Kontraktpolitik versucht, mit dem Instrument der Vertragsgestaltung die optimale Versorgung nach Qualität, Menge, Zeit, Preis, Zuverlässigkeit zu gewährleisten.

Tabelle 4.9 stellt die Hauptziele dar, die das Unternehmen bei der Lieferantenauswahl verfolgt.

Tabelle 4.9. Hauptziele bei der Lieferantenauswahl

Ziele	Bewertungskriterien	
Versorgungs-sicherheit	• Inländische/ausländische Lieferanten • Transportzeit des Lieferanten (Wege, Zuverlässigkeit)	• Just-in-Time, Just-in-Sequence • Produktions-kapazität
Kostensenkung	• Einstandspreise • Liefer-/Zahlungsbedingungen	• Konditionen • Losgrößen
Vermeidung von Abhängigkeit	• Monopolstellung/Oligopol der Lieferanten	• Lieferantenmacht • Substitutionsgüter
Kooperation	• Teamfähigkeit • andere bereits bestehende Kooperationen (Entwicklung)	• Offenheit • Firmenkultur, Image

4.4.2 Aufbau der Lieferantenhierarchie

Durch die Analyse und Auswahl von Lieferanten kommt es häufig zu einer Reduktion der Lieferantenanzahl hin zu System- und Modullieferanten.

Systemlieferanten sind Tier-One-Lieferanten und dafür zuständig, dem OEM komplette Systeme zu liefern. Sie entwickeln, dokumentieren, konstruieren und stellen diese Komponenten der Produkte des OEMs her. Für den OEM können dadurch dass sich der Lieferant auf ein Spezialgebiet konzentriert Kostenvorteile entstehen. Am Beispiel des BMW X5 (s. Abb. 4.9) liefert VDO das Cockpit, Bosch das Motoreinspritzsystem.

Bei *Modullieferanten* handelt es sich um Zulieferer, die ganze Module, bzw. Baugruppen zur fertigen Montage in ein Produkt liefern. Beispiel 5er BMW: Hella als Modullieferant für das Modul Lampen. Dies hat zum Vorteil, dass der Aufwand für Lieferantenkontakte und -pflege sinkt. Aus der Zulieferpyramide der Abb. 4.8 können in diesem Zusammenhang verschiedene Strategien abgeleitet werden. Die Bedeutung der einzelnen Lieferanten wird an den in Abb. 4.8 dargestellten Kriterien festgelegt.

Innerhalb der Lieferantenhierarchie ist der *Systemlieferant (A-Lieferant)* von besonderer Bedeutung. Ihm werden größere Auftragsumfänge übertragen. Er erhält auf diese Weise zusätzliche Wachstumspotenziale und übernimmt in Eigenverantwortung die Organisation des Material- und Teileflusses von Unter-Lieferanten. Vor allem obliegt ihm eine enge Kooperation mit dem Abnehmer auf technischem, betriebswirtschaftlichem und logistischem Gebiet. Dem Systemlieferanten überträgt der Abnehmer Eigenverantwortung im Bereich der Entwicklung von Produkt-Know-how und der Erarbeitung von neuen Problemlösungen (Wagner 2002, S. 25f).

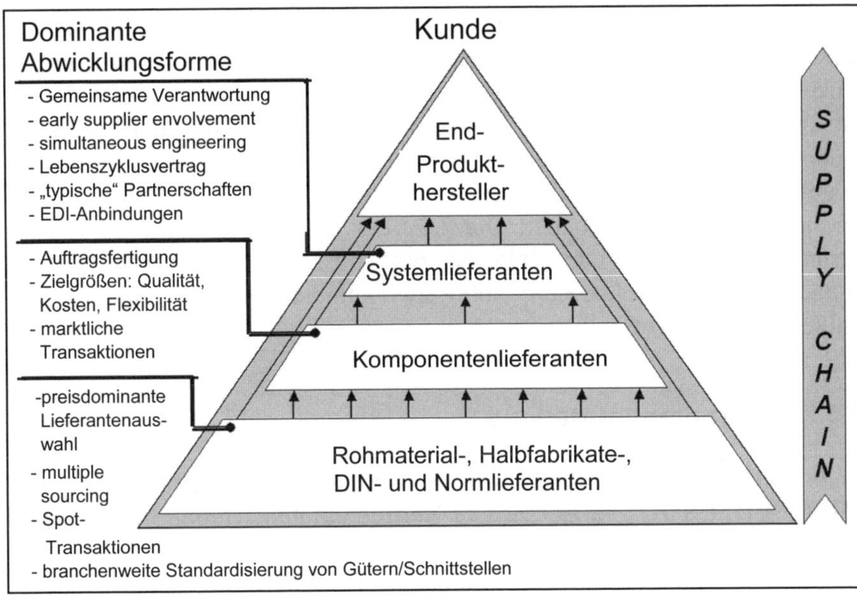

Abb. 4.8. Zulieferpyramide (Schmitz 2002, S. 201, s.a. www.uni-stuttgart.de)

Der Abbau der logistischen Kontakte ist laut Wilhelm Becker, Einkaufs-Chef der BMW Group, nicht zwingend, denn mit jeder neuen Technologie und jedem neuen Werkstoff erhöht sich die Anzahl der Lieferanten.

Abbildung 4.9 zeigt einen Ausschnitt wichtiger Lieferanten für den BMW X5.

Abb. 4.9. Lieferantenmanagement am Beispiel des BMW X5 (Pressespiegel 85/2000)

Auch die bei BMW mögliche Variantenvielfalt (beim 7er BMW sind dies z.B. über tausend Lieferanten) trägt hierzu bei. Aus diesem Grund wird nicht etwa auf Plattformen oder Gleichteile gesetzt, sondern darauf, die Prozesse beim Zulieferer zu vereinheitlichen. Mit den dann weltweit einheitlichen Fertigungsprozessen können problemlos variierende Produkte gefertigt werden. Aus diesem Grund wird eng mit den wichtigsten Lieferanten zusammengearbeitet. Die Zahl der Lieferanten sollte so von ursprünglich 1.200 (im Jahr 1995) auf 600 (im Jahr 2009) sinken. Hiervon sollten 50 Systemlieferanten, 300 Entwicklungslieferanten und 250 Modullieferanten betroffen sein.

4.4.3 Lieferantenbeurteilung

Ende 2001 begann der schwäbische Sensorenhersteller Balluff, seine rund 750 Lieferanten zu reduzieren. Die Kernlieferanten wurden bewertet und die übrigen Lieferanten verringert. Bisher war der Preis das weitgehend einzige Kriterium für die Lieferantenentscheidung. Nun kamen Qualität, Logistik und Technologie dazu. Hierdurch konnte z.B. in der Warengruppe Kunststoffspritzguss die Anzahl der vormals 20 Lieferanten stark reduziert werden. Die Bedarfe wurden gebündelt und von Vorzugslieferanten geliefert. Schon im ersten Jahr konnten die Materialkosten um 20% reduziert und der Betreuungsaufwand im Einkauf gesenkt werden (Aichbauer 2003, S. 86).

Es ist also wichtig, sich nicht nur an den Preisen der Lieferanten zu orientieren, es müssen auch weitere Kriterien beachtet werden.

Kriterien für die Lieferantenbeurteilung

Kriterien zur Beurteilung von Lieferanten müssen grundsätzlich dem Unternehmen entsprechend gewählt werden. Die Auswahl der Kriterien ist von Unternehmen zu Unternehmen unterschiedlich. In der Praxis haben sich jedoch einige wenige herauskristallisiert, die für die Materialbeschaffung von hoher Bedeutung und teilweise gut messbar sind.

Tabelle 4.10. Kriterien für die Lieferantenbeurteilung (Vgl. Heß 2010, S. 288ff)

Beurteilungsbereich	Kriterien
Lieferungen und Leistungen des Lieferanten	• Liefersortiment • Qualität, Preis, Konditionen • Lieferzuverlässigkeit, Liefertreue • Lieferflexibilität, Lieferservice • Lieferstandort

Beurteilungsbereich	**Kriterien**
Lieferant selbst	• Rechtsform • Wirtschaftliche Lage (z.B. Bonität) • Kostenstruktur • Marktanteil/-entwicklung • Struktur/Qualität des Managements • Qualitätsfähigkeit • Forschungs-/Entwicklungskompetenz • Image bei Wettbewerbern • Kooperationsbereitschaft • Bereitschaft zu Gegengeschäften • Social Corporate Responsibility (z.B. bzgl. Kinderarbeit, Umweltbelastung)
Umfeld des Lieferanten	• Staat/Gesellschaft/Bevölkerung • Ökologie, Technologie • Volkswirtschaft/Außenwirtschaft • Zahlungsbilanz • Währung/Geld/Kapital, Wirtschaftsregion

Methoden für die Lieferantenbeurteilung

Für die Erstellung einer systematischen Lieferantenbeurteilung existieren eine Reihe unterschiedlicher Methoden. Im Folgenden werden Methoden vorgestellt, welche in der Praxis häufig zur Lieferantenbeurteilung herangezogen werden: Generell gilt, dass heutzutage eine Cross-funktionale Beurteilung durchgeführt werden soll. Das heißt, Lieferanten werden nicht mehr nur vom Einkauf bewertet, sondern von verschiedenen Abteilungen innerhalb des Unternehmens gemeinsam. So bekommt z.B. ein Lieferant vom Einkauf (GSCM – global supply chain management) eine schlechtere Bewertung aufgrund des höheren Preises, jedoch von der Qualitätsabteilung eine sehr gute Beurteilung, da die Qualität hervorragend abschneidet.

Die Cross-funktionale Beurteilung ist wichtig, um das Gesamtbild, losgelöst von einzelnen Funktionen, sichtbar zu machen. Außerdem können heute Medien wie das Internet zur Lieferantenbewertung herangezogen werden. Sourcing-Foren veröffentlichen Bewertungen von Lieferanten, mit denen sich interessierte Unternehmen, über die eigenen Firmengrenzen und Erfahrungen hinaus, einen Überblick über die Zulieferer verschaffen können.

a) Punktbewertungsverfahren

Die Beurteilung kann z.B. anhand des Punktbewertungsverfahren (s. Tabelle 4.11) erfolgen.

Tabelle 4.11. Beispiel für Punktbewertungsverfahren

Bewertungskriterien	Gewichtung	Lieferant A		Lieferant B	
		Punkte		*Punkte*	
	1...10	1...10	gewichtet	1...10	gewichtet
Finanzielle Kriterien					
Preis	4	10	4×10=40	8	4×10=32
Konditionen	4	2	4× 2= 8	3	4× 2=12
Zuverlässigkeit					
Ruf	3	8	3× 8=24	9	3× 8=27
Qualität	10	7	10× 7=70	8	10× 8=80
Verfügbarkeit					
kurzfristige Lieferung	7	9	7× 9=63	7	7× 7=49
Termineinhaltung	8	8	8× 8=64	10	8×10=80
Gesamtpunktzahl			**269**		**280**

Voraussetzung für die Anwendung des Punktbewertungsverfahrens ist die Klarheit über die *Gewichtungskriterien*, z.B. Kriterien der Beurteilung der Lieferungen und Leistungen des Lieferanten (Qualität, Preis, Konditionen, Zuverlässigkeit, Just-in-Time usw.) (Vgl. Kummer et al. 2013, S. 184). In einem ersten Schritt können in einer Vorauswahl zunächst alle Lieferanten aussortiert werden, welche die Mindestanforderungen verfehlen. Anschließend wird untersucht, welcher Lieferant die Kriterien am besten erfüllt.

Der Bewertungsbogen führt dabei alle Informationen zu den Lieferanten zusammen. In der Kopfzeile des Bewertungsbogens werden die möglichen Lieferanten aufgeführt, in der Vorspalte die Entscheidungskriterien. Ein wichtig eingestuftes Entscheidungskriterium erhält eine hohe Gewichtungsziffer. Für jeden Lieferanten und jedes Kriterium wird ein Punktwert von z.B. eins bis zehn vergeben. Die vergebenen Punkte werden mit der jeweiligen Gewichtungsziffer multipliziert. Durch Addition der gewichteten Punktwerte ergibt sich der Nutzwert des jeweiligen Lieferanten. Der vorteilhafteste Lieferant hat die höchste Gesamtpunktzahl (Vgl. Kummer et al. 2013, S. 185). Durch Maßnahmen der Lieferantenentwicklung können jedoch auch die Alternativlieferanten höhere Nutzwerte erzielen.

b) Nutzwertanalyse

Ein weiteres Bewertungsverfahren stellt die *Nutzwertanalyse* dar, siehe Tabelle 4.12. Der Nutzwert einer Alternative ist dabei die Summe der nach ihrer Relevanz gewichteten Teilnutzwerte berechnet. Diese Teilnutzwerte drücken aus, wie gut eine Alternative ein Ziel des Bewertenden erfüllt. Die Nutzwertanalyse unterscheidet sich zum Punktbewertungsverfahren insofern, als dass die Gewichtung in Prozent durchgeführt wird und den Kriteriengruppen ebenfalls eine Gewichtung gegeben wird. Das wichtigste Kriterium erhält die höchste prozentuale Wertung. Die Gesamtzahl der Gewichte muss immer 100% ergeben.

Hier ist es ebenfalls sinnvoll, eine Gewichtung von einzelnen Unterkriterien innerhalb einer Kriteriengruppe vorzunehmen. Beispielsweise kann die Kriteriengruppe Preis- und Konditionen weiter unterteilt werden in: Preisniveau, Preisentwicklung, Lieferantenkredite, Übernahme der Fracht- und Transportkosten, Möglichkeit von Gegengeschäften.

Tabelle 4.12. Beispiel für Nutzwertanalyse

Kriterien	**Gewicht**	**Unter-kriterien**	**Ge-wicht**	**Lieferant A**		**Lieferant B**	
				Punkte		*Punkte*	
	in %			1...10	Teilnutzwert	1...10	Teilnutzwert
Finanzielle Kriterien	30%						
		Preis	20%	10	20%×10=2	8	20%×10=2
		Konditionen	10%	2	10%×2=0,2	3	10%×2=0,2
Zuverlässigkcit	40%						
		Ruf	10%	8	10%×8=0,8	9	10%×8=0,9
		Qualität	30%	7	30%×7=2,1	8	30%×8=2,4
Verfügbarkeit	30%						
		Flexibilität	5%	9	5%×9=0,45	7	5%×7=0,35
		Termineinhaltung	25%	8	25%×8=2	10	25%×10=2,5
Gesamt	**100%**		**100%**	**Nutzwert 7,55**		**Nutzwert 8,35**	

Den einzelnen Unterkriterien werden ebenfalls prozentuale Gewichtungen zugeteilt. Ihre Summe darf nicht größer sein als die Prozentzahl der Gruppe (beispielsweise wurde das Kriterium Verfügbarkeit mit 30% bewertet, die Summe der Unterkriterien muss ebenfalls 30% ergeben). Zuletzt werden für jeden Lieferant und jedes Kriterium Punkte vergeben, die in einem zweiten Schritt mit dem Kriteriengewicht multipliziert werden. Die Summe aller Teilnutzwerte ist der Nutzwert, welcher angibt, wie wertvoll ein Lieferant für das Unternehmen ist (Vgl. Kummer et al. 2013, S. 185). Je wertvoller der Lieferant, desto höher der Nutzwert.

c) Stärken-Schwächen-Profil

Eine Möglichkeit, grafisch veranschaulicht Lieferanten zu bewerten, ist das Stärken-Schwächen-Profil. Für jeden Lieferanten werden die individuellen Stärken bzw. Schwächen in einer Kurve festgehalten.

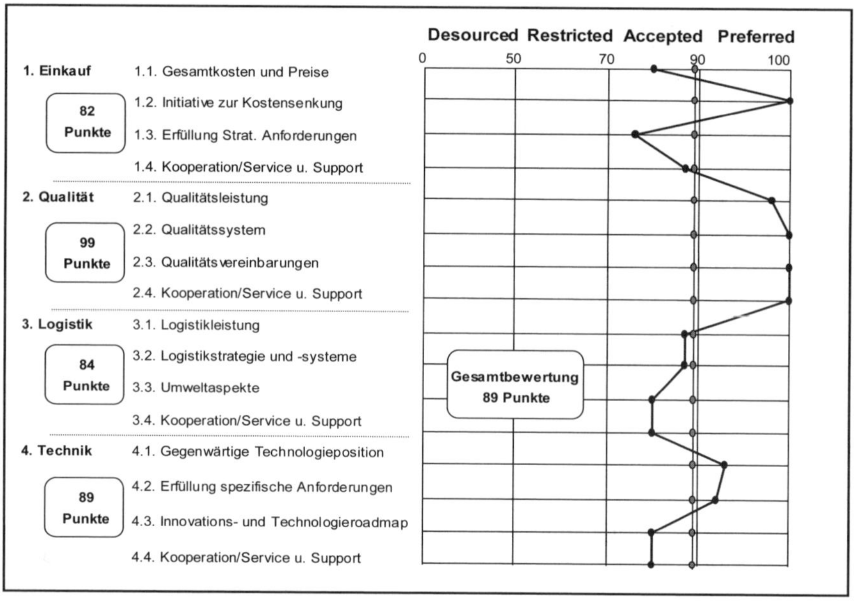

Abb. 4.10. Stärken-Schwächenprofil auf Basis der Lieferantenbewertung (Aichbauer 2003, S. 84)

Durch die Bewertung wird der Lieferant in eine von vier Kategorien eingestuft (Aichbauer 2003, S. 84):

- Preferred (90–100 Punkte): die besten Lieferanten,
- Accepted (70–89 Punkte): gute Lieferanten,

- Restricted (50–69 Punkte): mäßige Lieferanten, die zu Verbesserungen angehalten werden,
- Desourced (<50 Punkte): schlechte Lieferanten, von denen nach Möglichkeit nicht mehr bezogen wird.

Das Gesamtergebnis aus den verschiedenen Bewertungen ist die *Auswahl eines Lieferanten*, die *Auswahl von Stammlieferanten* und eine *Reduzierung der Lieferantenanzahl*.

Die Auswahl von *Stammlieferanten* kann folgende Vor- und Nachteile beinhalten (s. Tabelle 4.13).

Tabelle 4.13. Vor- und Nachteile bei der Auswahl von Stammlieferanten

Die **Vorteile** sind hauptsächlich	Die **Nachteile** können sein
• langfristige Versorgungssicherheit • geringere Transaktionskosten (Bestellung) • langfristige Preisvereinbarungen • Kostenvorteile durch große Einkaufsmengen	• Kosten für eine vorzeitige Vertragsauflösung • Abhängigkeit (Qualität, Service) • abnehmender Wettbewerb (Preis, Technologie)

Zur Minimierung des Risikos kann gleichzeitig mit mehreren Stammlieferanten zusammengearbeitet werden. Gleichzeitig können B- und C-Lieferanten zu A-Lieferanten aufgebaut werden.

d) Praxisbeispiel

Im Jahr 1998 belieferten 30% aller Zulieferer von Siemens mehrere Standorte. Aufgrund konzernweit unterschiedlicher Bewertungskriterien wurde oft ein und derselbe Lieferant unterschiedlich bewertet. Deshalb entwickelte man eine konzernweit einheitliche Bewertung. Es wurde ein allgemeingültiges Kriterienset mit den vier Kategorien Preis, Qualität, Logistik und Technologie aufgestellt, das sowohl durch die Einkäufer, als auch die Bedarfsträger bewertet wird (s. Abb. 4.11).

Das Kriterienset wird in weitere Aspekte auf Ebene 2 untergliedert, bis auf Ebene 3 geschäftsspezifische Detailbeschreibungen durchgeführt werden.

Durch die erstmals durchgeführte cross-funktionale gemeinsame Bewertung durch Einkäufer, Qualitäts- und Logistikexperten und Entwickler stellte sich eine teilweise bisher gegensätzliche Bewertung derselben Lieferanten heraus. Befand der Einkauf z.B. die Preispolitik des Lieferanten für gut, so waren die Qualitäts- und Logistikexperten wegen mangelnder Qualität der gegensätzlichen Meinung (Vgl. Heß 2010, S. 298).

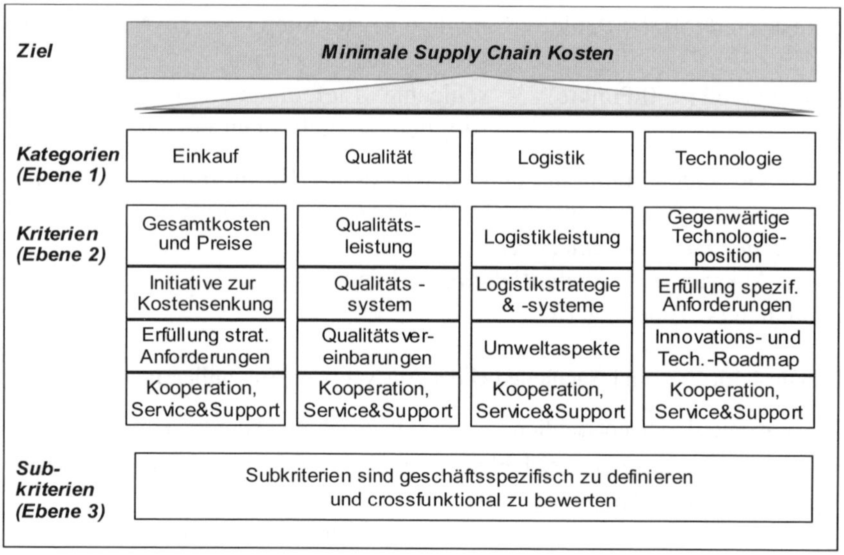

Abb. 4.11. Kriterienset zur Lieferantenbewertung der Siemens AG (Heß 2010, S. 298)

4.5 Formen der Zusammenarbeit zwischen Hersteller und Lieferant

Der Zusammenarbeit können die unterschiedlichsten Ziele und Philosophien zugrunde liegen. Sie reichen von der kurzfristigen Geschäftsbeziehung über längerfristige Kooperation bis zu engen Partnerschaften (Vgl. Arnolds et al. 2013, S. 234ff), wie z.B.:

- Aufkauf des Unternehmens (Kauf von Aktienanteilen),
- gemeinsame Forschung und Entwicklung,
- Beteiligung an den Entwicklungskosten,
- Joint-Venture-Rahmenverträge oder auch
- Austausch von Konstruktionszeichnungen.

4.5.1 Kontraktpolitik

Die Kontraktpolitik behandelt die Vertragspolitik der Hersteller gegenüber den Unternehmen, wobei Umfang und Ausgestaltung der Verträge verschieden sind. Verträge sind abhängig vom zu beziehenden Produkt, den Preisen, Lieferpolitik, Vertragsstrafen, Sanktionen bei Qualitätsmängeln,

Terminüberschreitungen und Minderlieferungen. Diverse Vertragsarten regeln die Beziehungen zwischen Lieferanten und Hersteller. Hierbei kann z.B. unterschieden werden zwischen (Vgl. Arnolds et al. 2013, S. 192ff)

- Rahmenvertrag,
- Abrufvertrag,
- Sukzessivliefervertrag.

a) Rahmenvertrag
Der Rahmenvertrag ist oft ein langfristiger Liefervertrag mit genauer Beschreibung der Qualitäts- und Eigenschaftsanforderungen des Produktes, sowie Zahlungs- und Lieferkonditionen. Er beinhaltet i.d.R. keine langfristigen Preisvereinbarungen. Ein Vorteil ist die Senkung der Transaktionskosten beim Hersteller.

b) Abrufvertrag
Der Abrufvertrag legt über die Vereinbarungen des Rahmenvertrages hinaus die Menge fest, die in einem bestimmten Zeitraum abgenommen werden muss (Festlegung von Höchst- und Mindestmengen). Mengenmäßige Festlegungen bringen Preiszugeständnisse beim Lieferanten, beinhalten aber die Abnahmeverpflichtung bei geringerem Materialbedarf.

c) Sukzessivliefervertrag
Der Sukzessivliefervertrag legt genaue Lieferzeitpunkte und Abnahmemengen fest. Er ist oft die Voraussetzung für Just-in-Time Lieferungen.

4.5.2 Vertragsdauer

Die zeitliche Bindung an die Verträge hat sich geändert. In den 80er Jahren überwog die Festlegung für ein Jahr, in den 90er Jahren überwogen im Durchschnitt Verträge mit dreijähriger Bindung. Die Festlegung der Vertragsdauer hat eine unterschiedliche Auswirkung auf die gesamte Unternehmung.

a) Kurze Vertragsdauer
Herstellermacht, flexibel, schnelle Teile- und Produktionsänderung möglich, hoher Abwicklungsaufwand.

b) Lange Vertragsdauer
Lieferantenmacht, bessere Kooperation, höhere Motivation des Lieferanten, Beteiligung an Entwicklung, geringerer Bestellaufwand, bessere Kapazitätsauslastung des Lieferanten, bessere Konditionen bei Preisverhandlungen, höhere Abhängigkeit.

4.5.3 Lieferbedingungen (Incoterms)

Die Lieferbedingungen, international Incoterms (International Commercial Terms = Internationale Handelsklauseln), sind Regeln zur einheitlichen Auslegung von handelsüblichen Vertragsformeln. Seit 1936 werden sie von der internationalen Handelskammer ICC (International Chamber of Commerce) in Paris herausgegeben. Im Laufe der Jahre folgten Anpassungen und Erweiterungen, die den Veränderungen in der Handelspraxis und im Transportwesen Rechnung trugen. Abb. 4.12 veranschaulicht die im Jahr 2010 überarbeiteten Klauseln.

Die Incoterms sollen Missverständnissen vorbeugen indem sie festlegen, welche Transportkosten der Verkäufer, welche der Käufer zu tragen hat und wer im Falle eines Verlustes oder der Beschädigung der Ware das finanzielle Risiko trägt (Gefahrenübergang) (Vgl. Pulic 2011, S. 22). Zudem lassen sie Rückschlüsse auf die erforderlichen Dokumente der Lieferung zu. Sie machen jedoch z.B. keine Aussage zum Gerichtsstand, Eigentumsübergang, Zahlungsbedingungen und anwendbaren Recht. Weiterhin sind die Folgen bei Mängeln und Leistungsstörungen nicht geregelt. Diese Bereiche müssen im Einkaufsvertrag entsprechend vereinbart werden.

Die bei den Incoterms verwendeten Begriffe „Bestimmungsort" und „Lieferort" werden des Öfteren verwechselt. Der Lieferort (/-Hafen) ist der Ort, an dem das Risiko vom Verkäufer auf den Käufer übergeht (Gefahrenübergang). Im Gegensatz dazu ist der Bestimmungsort (/-Hafen) der Ort, an dem der Käufer die Ware übernimmt. Damit wird klar, dass die Incoterms ausschließlich auf Warenkaufverträge anwendbar sind und z.B. nicht für Dienstleistungen oder Software geeignet sind.

Die elf Klauseln stellen jedoch kein internationales Gesetz oder Abkommen dar, welches automatisch gilt. Sie sind eher ein auf Handelsbräuchen basierendes Angebot der Internationalen Handelskammer, das genutzt werden kann, um die Lieferbedingungen in Einkaufsverträgen zu standardisieren. Obwohl die Incoterms auch im nationalen Warenverkehr angewendet wurden, waren sie ursprünglich ausschließlich für den internationalen, grenzüberschreitenden Warenverkehr konzipiert (Vgl. Pulic 2011, S. 23).

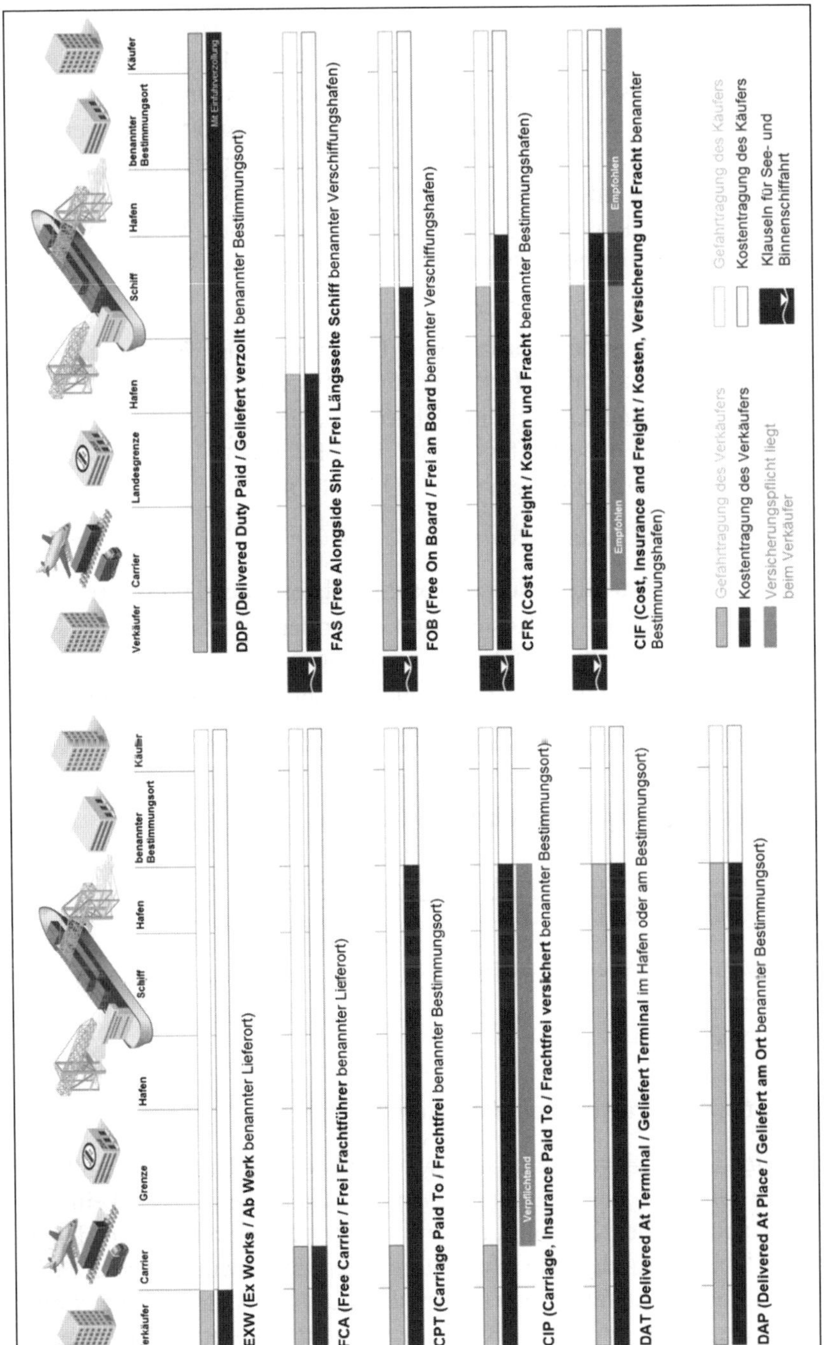

Abb. 4.12. Incoterms 2010 (eigene Darstellung in Anlehnung an Pulic 2011, S. 22)

Die Incoterms 2010 sind erstmals ausdrücklich als "nationale und internationale Handelsklauseln“ deklariert. Sie wurden 2010 erstmals in zwei Gruppen nach Transportart eingeteilt: Es gibt sieben multimodal anwendbare Regeln (Rules for any Mode or Modes of Transport) und vier ausschließlich für den See- oder Binnenschiffstransport geeignete Regeln (Rules for Sea and Inland Waterway Transport, in Abb. 4.12 dargestellt durch das Schiff-Piktogramm). Zudem können nach der Art der Abwicklung vier Gruppen unterteilt werden:

- Gruppe E – Abholklausel (EXW),
- Gruppe F – Absendeklauseln ohne Übernahme der Kosten für den Haupttransport durch den Verkäufer (FCA, FAS, FOB),
- Gruppe C – Absendeklauseln mit Übernahme der Kosten für den Haupttransport durch den Verkäufer (CFR, CIF, CPT, CIP),
- Gruppe D – Ankunftsklauseln (DAP, DAT, DDP).

Hier einige der gängigsten Incoterms:

- EXW: Käufer trägt alle Transportkosten und gesamtes Transportrisiko.
- FOB: Verkäufer trägt die Kosten und Gefahr der Schiffsverladung, Käufer trägt die Kosten und Gefahr des Seetransports.
- DAP: Verkäufer trägt alle Kosten und Gefahren bis zum vereinbarten Bestimmungsort. Käufer trägt Kosten und Gefahr der Entladung.

4.5.4 Preisvereinbarungen bei Verträgen

Verträge können folgende Preisvereinbarungen enthalten (Vgl. Melzer-Ridinger 2008, S. 96ff):

- unbestimmte Preisvorbehaltsklauseln,
- Festpreise,
- Preisgleitklauseln.

a) Unbestimmte Preisvorbehaltsklauseln

Anzutreffen sind Formulierungen wie „Preis freibleibend“, „gültiger Listenpreis am Tage der Lieferung“. Dann beinhaltet der Vertrag keine bezifferte Angabe. Die Klauseln „unverbindlicher Richtpreis“ oder „Ungefähr-Preis“ bedeuten, dass ein Mindestpreis vereinbart wurde, den der Lieferant jedoch zum Liefertermin erhöhen darf. Der Einkäufer hat hier wenig Verhandlungsspielraum. Diese Klauseln sind nur bei starker Lieferantenmacht zu akzeptieren.

b) Festpreise

Festpreise lassen sich nach ihrer Entwicklung im Zeitablauf unterteilen in konstanten, steigenden und fallenden Festpreis. Der Lieferant versucht, die zu erwartenden Lohn- und Preiserhöhungen mit in den Festpreis einzubeziehen. Festpreise zeichnen sich dadurch aus, dass beide Parteien während der Vertragslaufzeit den Preis nicht nachverhandeln dürfen. Damit gefährden zu hohe Festpreise den Auftrag, eine Unterschätzung der Preiserhöhungen ergibt Verluste. Nur im Falle „der Störung der Geschäftsgrundlage“ nach §313 BGB darf der Vertrag nachverhandelt werden. Mit den Festpreisen hat der Hersteller eine kalkulierbare Größe auf längere Zeit.

c) Preisgleitklauseln

Mit Preisgleitklauseln wird die Festsetzung des Preises von der Entwicklung der Löhne und Materialpreise abhängig gemacht. Die Wirkungsstärke der einzelnen Kostenbestandteile wird schon vorab durch eine Formel festgelegt. Es gilt z.B. Gl. (4.2). Die Klauseln finden Anwendung, wenn zum Zeitpunkt des Vertragsabschlusses die Richtung und das Ausmaß der Kostenentwicklung ungewiss sind. In diesem Fall wird das Preisrisiko, welches ein Festpreis mit sich brächte, von den Vertragspartnern (Lieferant und Hersteller) als zu hoch empfunden, da zum Vertragsabschlusses die noch unübersehbaren Risiken nicht auf beide Vertragspartner in objektiver Weise verteilt werden können. Preisgleitklauseln können Anwendung finden bei öffentlichen Aufträgen sowie im Anlagen- und Seriengeschäft mit längeren Lieferfristen oder auch Lieferungen ins Ausland.

Durch Preisgleitklauseln erhöht sich die Nachvollziehbarkeit von Berechnungsmodalitäten und eine ständige Neuverhandlung über Preise kann weitgehend vermieden werden. Die Preise werden durch solche Klauseln besser nachvollziehbar, subjektive Erhöhungen können weitestgehend vermieden werden. In der Einkaufspraxis kommt eine Reihe von Klauseln vor, z.B. Lohngleitklauseln, Indexklauseln, Kostenelementeklauseln, Selbstbeteiligungsklauseln.

Generell kann zwischen unbestimmten und definierten Preisgleitklauseln unterschieden werden.

aa) Unbestimmte Preisgleitklauseln

Unbestimmte Preisgleitklauseln berücksichtigen zwar das Risiko von nicht beeinflussbaren Faktoren, sie stellen aber wegen der fehlenden Eindeutigkeit oft keine befriedigende Lösung des Problems in der Praxis dar. Hier sind z.B. Klauseln zu finden wie: „Die Preise basieren auf heutigen Kosten“ oder „Sollte es während der Laufzeit der Vertrages zu Erhöhungen der Material- oder Personalkosten kommen, so sind wir berechtigt, die

Preise entsprechend anzupassen.“ Nachteilig ist, dass unbestimmte Preisgleitklauseln die Marktrisiken oft nur einem Marktpartner zuweisen.

bb) Definierte Preisgleitklauseln

Hierbei legen beide Vertragspartner bei Abschluss des Vertrages die Anpassung der einzelnen Preis- bzw. Kostenbestandteile in einer mathematischen Preisgleitformel fest. Dabei werden den ausgehandelten Preisen Entgelt-, Transport-, Materialanteile und sonstige relevanten Kostenbestandteile zugeordnet. Besteht das Produkt aus mehreren wesentlichen Materialanteilen so werden in der Praxis oft mehrere Materialanteile definiert (Kupfer, Stahl, Aluminium, Holz, Öl). Bei der Bestimmung von Wertansätzen für Entgelte kann z.B. die Entgeltgruppe aus dem Tarifvertrag als Indikator verwendet werden. Bei Rohstoffpreisen können Preisindizes, Börsenpreise oder auch Durchschnittspreise innerhalb eines Zeitraumes verwendet werden.

Hier ein *Beispiel* über die Verwendung von Preisgleitklauseln:

Ein LKW-Konzern (Lieferant) schließt einen langfristigen Vertrag (10 Jahre) über die Lieferung von Teilen in ein afrikanisches Land. Die Teile werden von der in Afrika ansässigen Firma (Hersteller) zu Komplett-LKWs zusammengebaut. Der Vorteil für den Hersteller ist hierbei, dass Arbeitsplätze und Know-How geschaffen werden. Probleme für den Hersteller ergeben sich wenn der Lieferant während der Vertragslaufzeit die Preise für die Teile extrem erhöht.

Hier kann z.B. vereinbart werden, dass die jährliche Preiserhöhung aus verschiedenen Komponenten besteht welche entsprechend gewichtet werden. Die Höhe der Gewichtung wird vorher vereinbart. Die Komponenten welche die Preiserhöhung beeinflussen dürfen können z.B. sein: Löhne, Materialkosten, Energiekosten, Transportkosten. Die Erhöhung der Preise muss anhand öffentlich zugänglicher Daten, Indizes etc. nachvollziehbar sein. Dies sind z.B. Lohnerhöhungen, Inflationsrate, Preisentwicklung der Rohstoffe.

Anbei ein Beispiel für die Berechnung anhand der Preisgleitklausel. In der Praxis kann die Formel aus vielen Einzelbestandteilen bestehen und damit umfangreicher sein.

$$P_1 = \frac{P_0}{100} \cdot \left(a + \frac{m \cdot M_1}{M_0} + \frac{l \cdot L_1}{L_0}\right) \qquad (4.3)$$

Beispiel

a	= nicht gleitender Preisanteil	20%
m	= Anteil der Materialkosten am Preis	30%
l	= Anteil der Lohnkosten am Preis	50%
M_o	= Materialkosten am Basisstichtag	Metallpreis 110,- €
M_1	= Materialkosten am Abrechnungsstichtag	105,- €
L_o	= Lohnkosten am Basisstichtag	10,- €/Std
L_1	= Lohnkosten am Abrechnungsstichtag	12,- €/Std
P_o	= Preis am Basisstichtag	100.000,- €

Zusatzinfos für eine weitere Rechnung (P_2):

m_2	= Anteil der Materialkosten am Preis (2)	55%
l_2	= Anteil der Lohnkosten am Preis (2)	25%

Basisstichtag ist hierbei der Tag des Vertragsabschlusses. Der Abrechnungsstichtag ist der Tag der Lieferung des Produktes bzw. des Materials. Der Abrechnungsstichtag ist zeitlich nach dem Basisstichtag.

Beispielrechnung

$$P_1 = \frac{100000}{100} \cdot (20 + \frac{30 \cdot 105}{110} + \frac{50 \cdot 12}{10})$$

P_1 = 108.636,36 € aktueller Preis – Die Preiserhöhung beträgt 8,636%.
P_2 = 102.500 € aktueller Preis – Die Preiserhöhung beträgt 2,5%.

d) Hedging

Hedging wird von Unternehmen angewendet, um sich gegen negative Risiken aus Rohstoffpreis- und Devisenkursschwankungen von gegenwärtigen und zukünftigen Geschäften abzusichern. Ob ein Geschäft durch einen Hedge abgesichert wird, hängt davon ab, wie hoch ein Rohstoffpreis- bzw. ein Devisenkursrisiko von dem jeweiligen Unternehmen eingeschätzt wird und ob Preis- oder Kurschancen bestehen, durch welche das Unternehmen günstigere Einkaufskonditionen erreichen kann.

e) Akkreditiv (letter of credit – L/C)

Das Akkreditiv ist eine spezielle Zahlungsform im Außenhandel zur Reduzierung des Erfüllungs- und Zahlungsrisikos zwischen (oft nicht näher bekannten) Geschäftspartnern. Der Importeur (Einfuhr/Einkauf von Gütern) beauftragt seine Bank, bei der Hausbank des Exporteurs (Ausfuhr/Verkauf der Güter) ein Akkreditiv zu eröffnen. Das Akkreditiv garantiert dem Exporteur, dass er bei Vorlage von genau spezifizierten Dokumenten (Frachtbrief, Ursprungszertifikat etc.) den vereinbarten Rechnungsbetrag erhält.

Es gibt verschiedene Grundformen des Akkreditivs, das Waren- und das Dokumentenakkreditiv. Hierbei sichert die Bank zu, dass sie bei der Vorlage bestimmter Dokumente einen vorher fixierten Geldbetrag an den Begünstigten zahlen wird (Zahlung gegen Dokumente). Ein weiteres Akkreditiv ist das Bankakkreditiv.

Das Akkreditiv ermöglicht dem Exporteur der Waren eine 100%ige Vorauskasse. Für den Importeur können sich Probleme ergeben, wenn die von ihm vollständig bezahlte Ware beschädigt ist bzw. gravierende (Qualitäts-)Mängel aufweist. Die Lösung wäre hier eine Prüfung der Ware beim Lieferanten durch den Einkauf (Auslandsniederlassung) oder eine Teilzahlung bzw. Zahlung der Ware nach Qualitätsprüfung im Wareneingang.

4.6 Beschaffungsmarktforschung als Informationsgrundlage

Der Begriff Beschaffungsmarktforschung umfasst alle betrieblichen Maßnahmen der systematischen Sammlung und Aufbereitung von Informationen über die Bedingungen und Vorgänge auf den Beschaffungsmärkten eines Unternehmens und kann unterteilt werden in:

a) die *Demoskopische Beschaffungsmarktforschung* beschäftigt sich mit den Handlungssubjekten (Lieferanten und Vorlieferanten). Die Erhebung kann z.B. durch Befragung oder Probekäufe erfolgen.

b) die *Ökoskopische Beschaffungsmarktforschung* beschäftigt sich mit der Erforschung der Handlungsergebnisse der Lieferanten wie z.B. Marktanteilsberechnungen, Kreuzpreiselastizität, Trendberechnungen, Ermittlung von Konjunktur- und Saisonschwankungen.

4.6.1 Aufgaben und Instrumente der Beschaffungsmarktforschung

a) Aufgaben der Beschaffungsmarktforschung

Die Beschaffungsmarktforschung beobachtet wer, womit, und zu welchen Konditionen den Bedarf befriedigen kann. Alle Vorgänge werden aufgezeigt, analysiert und deren Entwicklung verfolgt, so dass das Marktgeschehen detailliert beurteilt werden kann (Vgl. Kummer et al. 2013, S. 144ff). Zu untersuchende Kriterien können sein:

- Marktpotenzial, Beschaffungsmenge (Lieferzeit, Lose),
- Beschaffungsmarktstruktur (Verhältnis, Abnehmer, Lieferant, Monopole, Oligopole, Polypole),
- zukünftige Marktentwicklung in technischer, wirtschaftlicher, konjunktureller und politischer Hinsicht,
- Konkurrentenverhalten, Marktrisiken, Engpässe.

Resultat einer funktionierenden Beschaffungsmarktforschung sind informierte Einkäufer und Bedarfsträger beispielsweise bzgl. der Markttransparenz. Aber auch in Hinblick auf die Erschließung von Bezugsquellen oder Substitutionsgütern und hinsichtlich der Früherkennung von Beschaffungsrisiken ist die Beschaffungsmarktforschung ein wichtiges Instrument.

b) Instrumente der Beschaffungsmarktforschung

Die Grundlagen der Beschaffungsmarktforschung sind die *Marktbeobachtung*, *Marktanalyse* und *Marktprognose* (Vgl. Arnolds et al. 2013, S. 53f). Die drei Elemente fließen ineinander und sollten nicht isoliert betrachtet werden, da sie sich gegenseitig ergänzen und fördern.

Tabelle 4.14. Instrumente der Beschaffungsmarktforschung

Marktbeobachtung (Lieferant baut neue Produktionskapazitäten auf; Produktnachfrageverschiebungen; Konzentrationsprozesse der Angebotsseite; Veränderung der Marktstruktur, Preise)	Zeitraumbezogene/dynamische Betrachtungsweise: Sie befasst sich mit der Entwicklung der Beschaffungsmärkte im Zeitablauf, also Marktentwicklungen und -bewegungen. Sie dient dazu, die Veränderungen bestimmter Beschaffungsmarktgrößen offen zu legen, damit das Unternehmen in geeigneter Weise reagieren kann.
Marktanalyse (Zahl der Anbieter, ihre Produktionskapazitäten, Marktanteile, Wettbewerbssituation, Kosten, ihr Know-how)	Zeitpunktbezogene/statische Betrachtungsweise: Sie dient der Erforschung von Beschaffungsmarktdaten, also von Marktzuständen, zu einem bestimmten Zeitpunkt und stellt demnach eine Momentaufnahme dar. Damit ermöglicht sie Aussagen über marktbezogene Grundstrukturen.
Marktprognose (Rohstoffengpässe, -überangebot, Preisänderungen, Gesetzesänderungen)	Sie wird aus dem Datenmaterial der Marktbeobachtung und der Marktanalyse abgeleitet und stellt die erwartete zukünftige Entwicklung der Beschaffungsmärkte dar.

Der Marktbeobachtung kommt eine steigende Bedeutung zu, wie an den wirtschaftlichen Turbulenzen der letzten Zeit und z.B. der fluktuierenden Entwicklung des Ölpreises oder auch von Nahrungsmitteln deutlich wird.

In der Beschaffungsmarktforschung werden einerseits die Preisentwicklungen von unternehmensrelevanten (u.U. börsennotierten) Rohstoffen beobachtet, wie z.B. Ölpreis, Kupferpreis und Getreidepreise. Aber auch Wechselkurse haben Auswirkungen auf die Attraktivität eines Lieferanten. Diese Entwicklungen sind vor allem für Rohstoffeinkäufer von Bedeutung, welche die diversen Einflussfaktoren auf die Preise und Verfügbarkeit seiner Materialien kennen muss.

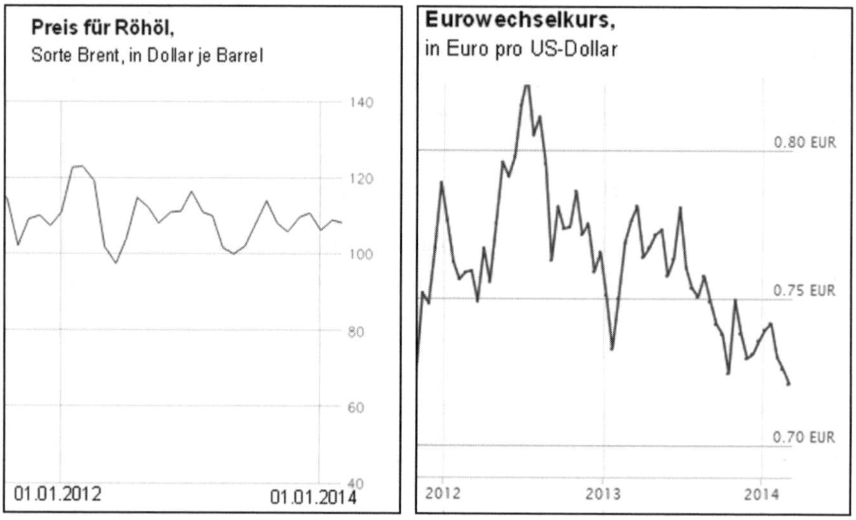

Abb. 4.13. Entwicklung des Rohölpreises und des Eurowechselkurses (Quelle: Wallstreet-online 2014a, onvista 2014)

Abb. 4.14. Entwicklung der Weizenpreise 2008 bis 2014 (Quelle: Wallstreet-online 2014b, Wallstreet-online 2014c)

Abb. 4.15. Entwicklung des Indikators Kupferpreis 2008 bis 2014 (Quelle: Wallstreet-online 2014d)

Neben den angesprochenen Börsenkursen werden auch weitere Informationsquellen zur Beschaffungsmarktforschung herangezogen, wie Indizes. Diese sind z.B. bei der Make-or-buy-Entscheidung von Bedeutung. Insbesondere dann, wenn es sich um qualitativ hochwertige und technologisch aufwendige Materialien handelt und der Hersteller im Ausland fertigt. Dann muss abgewogen werden, ob z.B. das Bildungsniveau im entsprechenden Land hoch genug ist und ob die politische Situation einen steten Warenfluss zulässt.

Der „Environment Subindex and Pillars" nimmt eine solche Länderbewertung nach drei Hauptkriterien vor: Nach der Marktbeeinflussung, nach den politischen und rechtlichen Gegebenheiten und nach der Entwicklung der Infrastruktur. Zudem misst der Network Readiness Index (NRI) die Neigung eines Landes Informations- und Kommunikationstechnologien zu nutzen. Der Corruption Perceptions Index (CPI) von Transparency International wiederum führt Staaten nach dem Grad, in dem dort Korruption bei Amtsträgern und Politikern wahrgenommen wird, auf. Er stützt sich auf verschiedene Umfragen und Untersuchungen, die von neun unabhängigen Institutionen durchgeführt wurden. Dabei werden Geschäftsleute sowie Länderanalysten befragt und Umfragen mit Staatsbürgern im In- und Ausland betrachtet. Traditionell besetzen skandinavische Länder die ersten Plätze, während südosteuropäische, afrikanische und arabische einen höheren Index aufweisen. Deutschland belegte 2013 den zwölften Platz (transparency international 2014).

Ein weiterer wichtiger Index ist der Baltic Dry Index (BDI). Er wird als Frühindikator für den Verlauf der Weltwirtschaft betrachtet. Da er die Verschiffungskosten der Vorstufe der Produktion (Rohstoffe), ermittelt, misst er das Volumen des Welthandels auf der Anfangsstufe. Je mehr Güter verschifft werden, desto größer ist die Nachfrage und umso höher Seefrachtkosten. Damit signalisiert eine Aufwärtsbewegung des BDI eine Belebung des globalen Handels. Zudem gibt es noch diverse Indizes zu den Bereichen Bildung, Infrastruktur, Bürokratie und Gesundheit.

Ein Gebiet zu dem die Beschaffungsmarktforschung Überschneidungen aufweist ist das Riskmanagement. Informationen der Beschaffungsmarktforschung fließen in die Bewertung der Risiken ein.

4.6.2 Beschaffung der Daten durch Primär- und Sekundärforschung

Alle Daten, die für die Beschaffungsmärkte bestimmend sind, müssen erfasst und systematisch beobachtet werden. Zur Unterstützung des Entscheidungsprozesses werden aktuelle und zuverlässige Informationen aus wirtschaftlichen, technischen und wissenschaftlichen Bereichen benötigt.

Es wird in *Primär- und Sekundärforschung* unterschieden, die sich unterschiedlicher Informationsquellen bedienen (Vgl. Kummer et al. 2013, S. 147f.).

a) Die *Primärforschung* (direkte Methode, Feldforschung) führt sehr aufwendige Erhebungen und Befragungen durch. Sie wird speziell mit dem Ziel der Beschaffungsmarktforschung durchgeführt. Sie wird dort angewandt, wo die Sekundärforschung nicht genügend Informationen erbringen konnte bzw. wo die Wichtigkeit der notwendigen Informationen die hohen Kosten und den großen Zeitaufwand rechtfertigt. Die Informationen der Primärforschung sind meist detaillierter und aktueller als die der Sekundärforschung. Bevorzugte Quellen für die Erhebung sind Lieferantenkontakte, Messe-, Tagungs- und Ausstellungsbesuche, Marktforschungsinstitute.

b) Die *Sekundärforschung* (indirekte Methode, Desk Research) stützt sich auf bereits bestehendes Datenmaterial aus unternehmensinternen und -externen Quellen. Dabei werden Informationsmaterialen ausgewertet, welche ursprünglich nicht für die Beschaffungsmarktforschung vorgesehen waren. Dazu gehören z.B. die in Tabelle 4.15 aufgeführten Quellen. Einkaufsstatistiken, und abteilungsspezifische Aufzeichnungen (z.B. über Reklamationen), aber auch Geschäftsberichte, Kataloge, Datenbanken, Prospekte, Preislisten, Fachzeitschriften, Branchenhandbücher und -verzeichnisse. Der Kostenaufwand ist dabei erheblich geringer als der für die Primärforschung (Vgl. Kummer et al. 2013, S. 147f.).

Tabelle 4.15. Informationsquellen der Sekundärforschung

Presse	**Verbände, Institute und Universitäten**	**Einkaufsagenturen/-zentralen**	**Sonstige Informationsquellen**
• Zeitschriften • Veröffentlichungen • Werbesendungen • Einkäuferkataloge • Firmenporträts • Geschäftsberichte • Datenbanken • Forschungsberichte	• Bundesverband Logistik (BVL) • Bundesverband Materialwirtschaft und Einkauf (BME) • Industrie- und Handelskammern im In- und Ausland (IHK) • Wirtschafts- und Fachverbände, z.B. VDI, VCI • Forschungsinstitute • Ministerien	• Informationsaustausch • zwischen den Firmen via Intranet, Extranet, Internet	• Messen • Firmenbesuche • Besuche der Lieferanten • Ausstellungen Botschaften im Ausland • Internet • Schufa • Banken • Branchenhandbücher • Banken

Die *Aufbereitung der Untersuchungsergebnisse* erfolgt in verschiedenen Formen wie Grafiken, Statistiken, Kennzahlen und Berichten.

Weiterhin können heute eine Vielzahl von Auskünften durch das Medium Internet in Erfahrung gebracht werden. Tabelle 4.16 zeigt die wichtigsten Suchmaschinen im Internet.

Tabelle 4.16. Die wichtigsten Suchmaschinen im Internet

www.wer-liefert-was.de	Lieferantensuchmaschine für Produkte und Dienstleistungen im B2B-Markt. In der BRD Eintragung von 380.000 Unternehmen aller Branchen, in Österreich 75.000, in der Schweiz 65.000. Über 670.000 Suchwortverknüpfungen auf 43.000 Rubriken
www.europages.com	Europäische Business-Suchmaschine mit 900.000 exportorientierten Unternehmen aus 35 europäischen Staaten
www.hpi.de	Hoppenstedt, Suchmaschine für Produkte und Dienstleistungen mit 210.000 Unternehmen aus Industrie, Handel und Dienstleistung
www.seibt.com	B2B Datenbank des Seibt-Verlages zu bestimmten Industriebranchen
www.businessdeutschland.de	Gelbe Seiten Business Deutschland ist ein Suchsystem im Internet für Produkte, Lieferanten und Kunden

www.thomas-global.de	Weltweiter Einkaufsführer mit über 700.000 Unternehmen aus 28 Ländern, ca. 11.000 Rubriken
www.kompass.com	2,3 Mio. Unternehmen in 70 Ländern, enthält 57.000 Suchbegriffe
www.diedeutscheindustrie.de	36.000 Herstellerfirmen aus der deutschen Investitionsgüterindustrie, 55.000 Suchbegriffe

4.6.3 Datenmanagement

Die Marktforschung hat eine Vielzahl einzelner Informationen zusammenzutragen, die analysiert und gespeichert werden müssen. Diese Informationen müssen jederzeit zugänglich sein. In der betrieblichen Praxis hat sich eine nach Stichworten aufgebaute Datenbank als unentbehrlich erwiesen. Sie kann folgende Angaben enthalten (Vgl. Schulte 2001, S. 223ff).

Tabelle 4.17. Datenmanagement

Lieferantendatei	**Preis- und Konditionsdatei**
• Eigentumsverhältnisse • Management • Produktpalette • Lieferung an Konkurrenten • Qualität und Service • Preise • Kooperationsbereitschaft etc.	• Preislisten • Zahlungs- und Lieferbedingungen • Rabatte • Verpackungsbedingungen etc.
Bestell- und Termindatei	**Material-, Teiledatei**
• Lieferzeit • Liefertermine • Bestellvorschlagsprogramme	• Artikelnummer, -bezeichnungen • Umweltverträglichkeit • Verpackungsanforderungen

4.7 Beschaffungspolitik und Beschaffungsprogrammpolitik

Aus der Beschaffungsmarktforschung gewonnene Erkenntnisse werden in entsprechende Beschaffungspolitiken umgesetzt, um die materialwirtschaftlichen Ziele zu erreichen. Zum einen soll Einfluss auf die Leistungen, Konditionen und Vertragsbedingungen der Lieferanten ausgeübt werden. Zum anderen machen Änderungen von einem Käufermarkt (Herstellermacht) zu einem Verkäufermarkt (Lieferantenmacht) eine Korrektur der Beschaffungspolitik erforderlich. Durch Konzentration auf der Lieferantenseite bestimmen teilweise die Lieferanten die Preise (Engpassteile, schwierige Produktionsprozesse, überlegene Technologien) (Vgl. Schulte 2001, S. 229ff).

Tabelle 4.18. Unterteilung der Beschaffungspolitik

Beschaffungspolitik				
Beschaffungs-programm-politik	**Bezugs-politik**	**Kommuni-kations-politik**	**Service-politik**	**Finanzierungs-politik**
Qualitätspolitik Quantitätspolitik Terminpolitik	Just-in-Time Just-in-Sequence Rahmen-verträge	Internet Extranet Intranet EDI Scanner	Ersatzteile Eillieferung 24h-Service	Leasing Kompensa-tionsgeschäfte Kredite, Boni, Skonti, Rabatte

Die Beschaffungsprogrammpolitik zielt auf die langfristige Prognose und *Auswahl der zu beschaffenden Güter* nach quantitativen und qualitativen Kriterien unter Berücksichtigung der Terminplanung und des Beschaffungsprogramms (Vgl. Schulte 2001, S. 231f).

Bei der strategischen Planung werden alle oben angegebenen Dimensionen zu Gestaltungsparametern. In der operativen Beschaffungsplanung wird das Beschaffungsprogramm als vorgegeben betrachtet.

4.8 Eigenfertigung oder Fremdbezug (Make-or-Buy)

Die Fragestellung Eigenfertigung (Make) oder Fremdbezug (Buy) erstreckt sich auf eine Vielzahl unternehmerischer Aktivitäten und Wertschöpfungen. Die Tendenz über alle Branchen hinweg liegt in der Verlagerung ehemals unternehmenseigener Aktivitäten an Lieferanten und Dienstleister, also extern Marktpartner.

In der Automobilindustrie nehmen die Fertigungstiefe und damit der Wertschöpfungsanteil des Produktes permanent ab. Teilweise werden bis zu 90% der Teile, bezogen auf den Wertschöpfungsanteil, zugekauft.

Die Firma Porsche lässt den Porsche Boxster von der Firma Valmet in Finnland fast komplett fremdfertigen. Desgleichen übernimmt der Systemlieferant Magna die Fertigung des BMW X3.

Kriterien für Make-or-Buy können sein: Kosten, Qualität, Absatzwirkungen, Sicherung der Materialversorgung, Abhängigkeit.

Unter Umständen können auch andere Aspekte in der Entscheidung eine Rolle spielen. Häufig zeichnet sich der Fremdbezug gegenüber der Eigenfertigung dadurch aus, dass er – kurz und mittelfristig – die Liquidität der Unternehmung weniger belastet.

Momentan ist eine deutliche Bewegung der Rückwanderung bei den Unternehmen, besonders im Anlagen- und Automobilbau, zu erkennen. Jedes fünfte Unternehmen, also 20%, kommt aus dem Ausland zurück. Die Probleme bzw. Nachteile, die sich durch das Outsourcing ins Ausland ergeben haben, beziehen sich meist auf:

- Korruption,
- Bürokratie,
- Mentalität,
- Sprachunterschiede,
- Transportkosten,
- Lieferzeiten,
- Zoll-Problematiken,
- Qualität,
- Know-how-Verlust.

Zur Entscheidungsfindung über die Eigenfertigung oder den Fremdbezug von Fertigteilen hilft eine systematische Make-or-Buy-Analyse. Hierzu müssen die Kosten bei Eigenfertigung und die Einstandspreise bei Fremdbezug verglichen werden. Allerdings reicht es in der heutigen Zeit nicht mehr, nur die Preisvorteile bzw. -nachteile zu betrachten. Wie die oben genannten Punkte zeigen, geht es um weit mehr als nur den monetären Vergleich.

Tabelle 4.19. Vorteile Fremdfertigung und Eigenfertigung

Eigenfertigung (Make)	Fremdfertigung (Buy)
• wirksame Kontrolle von Qualität und Fertigung	• weniger Kosten für Lager, Sicherheitsbestände, Kapitalbindung
• Geheimhaltung von Eigenentwicklung	• schnellere Anpassung an Nachfrageänderungen
• Erhöhung der Kernkompetenz	• niedrigere Fertigungstiefe/Fixkosten
• schnelle Zusammenarbeit Entwicklung, Einkauf, Produktion	• weniger Produktionsrisiko, Ausschusskosten, Überstunden
• bessere Auslastung von Maschinen und Personal	• Nutzung der Fertigungskompetenzen des Zulieferers
• kürzere Reaktionszeit	• weniger Maschinen, Gebäude, Anlagen

Praxisbeispiel Make-or-Buy-Analyse

Die Firma Walter bezieht ein Elektronikmodul in einer Stückzahl von 1.200 Stück. Der Einstandspreis beträgt 1.210 Euro. Wenn die Firma Walter das Modul selber herstellen wollte, so müsste sie Investitionen in Höhe von 2.160.000 Euro vornehmen.

Die stückbezogenen mit Auszahlungen verbundenen Kosten werden mit 864 Euro kalkuliert. Die neue Anlage verursacht außerdem zusätzliche Personalkosten in Höhe von 52.000 Euro je Periode. Die Nutzungsdauer der Anlage beträgt sechs Jahre. Der Annuitätsfaktor beträgt 0,229607. Der Kalkulationszinsfuß im Unternehmen beträgt 10%. Das Unternehmen will wissen, ob hier Eigenfertigung oder Fremdbezug vorteilhafter ist.

Bei der Ermittlung des kritischen Preises und der kritischen Menge ist von den durchschnittlich anfallenden Auszahlungen auszugehen. Aus diesem Grunde muss die Investitionsauszahlung mit Hilfe des Annuitätsfaktors in konstante Zahlungen umgewandelt werden. Im vorliegenden Fall beträgt der Annuitätsfaktor 0,229607.

Aufgabe

a) Ermitteln Sie den kritischen Preis!
b) Ist Fremdbezug oder Eigenfertigung günstiger?
c) Ab welcher Menge ist Eigenfertigung günstiger?

Lösung – Berechnung des kritischen Preises

Die im Durchschnitt der Periode anfallenden Auszahlungen werden mit dem Fremdbezugspreis gleichgesetzt.

2.160.000 € · 0,229607 + 52.000 € + 1.200 Stück · 864 €
= kritischer Preis · 1.200
= 1.584.751,1 / 1.200
= 1.320,62 € (*kritischer Preis*).

Der Fremdbezugspreis beträgt 1.210 €, die Eigenfertigung beträgt 1.320,62 €.

1.320,62 € – 1.210 € = 110,62 €

Damit ist der Fremdbezugspreis um 110,62 € günstiger.

Berechnung der kritischen Menge

2.160.000 · 0,229607 + 52.000 + kritische Menge · 864
= kritische Menge · 1.210

2.160.000 · 0,229607 + 52.000 = 1.210 – 864
547.951,12 : 346 = 1.583,67

Kritische Menge: 1.583,67 Stück (1.584 Stück)

Ab einer Produktion von 1.584 Stück empfiehlt sich die Eigenfertigung, d.h. eine Ausweitung der bisherigen Produktion von 1.200 auf 1.584 Stück.

4.9 Der Einsatz der Portfoliotechnik in der Beschaffung

Der Begriff Portfoliotechnik kommt aus dem Bankensektor. Er bezeichnet die optimale Zusammensetzung eines Wertpapier-Depots aus Rendite und Risikogesichtspunkten (Aktien – Anleihen).

Die Portfoliotechnik wurde von der internationalen Unternehmensberatung McKinsey auf den Beschaffungsbereich angewendet.

Ziele der Portfolioanalyse sind u.a.

- Risiken auf dem Beschaffungsmarkt zu erkennen,
- Herausarbeiten von Chancen, die der Beschaffungsmarkt bietet.

Dabei lässt sich die *Vorgehensweise* bei der Situationsanalyse in drei Schritte unterteilen.

1. *Abgrenzung und Selektion* der zu untersuchenden strategischen Ressourceneinheiten
2. *Ermittlung und Klassifikation* von Erfolgsfaktoren für die festgelegten strategischen Ressourceneinheiten
3. *Positionierung* der strategischen Ressourceneinheiten in einer Matrix

4.9.1 Abgrenzungen und Selektion der Untersuchungsobjekte

Je eindeutiger die Abgrenzung bzw. die Zieldefinition, desto aussagekräftiger ist die Portfoliomatrix. Es sollten nicht zu viele bzw. widersprüchliche Ziele in der Matrix enthalten sein.

Abgrenzungspunkte der strategischen Ressourceeinheiten können sein:

- Beschaffungsobjekte: gefährliche Güter, Engpassartikel, Just-in-Time Teile, Just-in-Sequence Teile, Hochtechnologieprodukte,
- Global Sourcing, Single Sourcing, Modular Sourcing,
- Lieferantenmacht/Herstellermacht: Make-or-Buy, Monopolist oder Polypolist.

4.9.2 Versorgungssicherung

Es existieren unterschiedliche Strategien zur Absicherung der Versorgung. Die Wahl der Strategie ist abhängig vom Typ des Artikels. Grundsätzlich lassen sich Artikel unterteilen in (Vgl. Arnolds et al. 2013, S. 33ff):

- strategische Artikel, Hebelprodukte,
- Engpassartikel und unkritische Artikel.

In Abb. 4.16 sind Strategien für die Behandlung der unterschiedlichen Artikel gegeben.

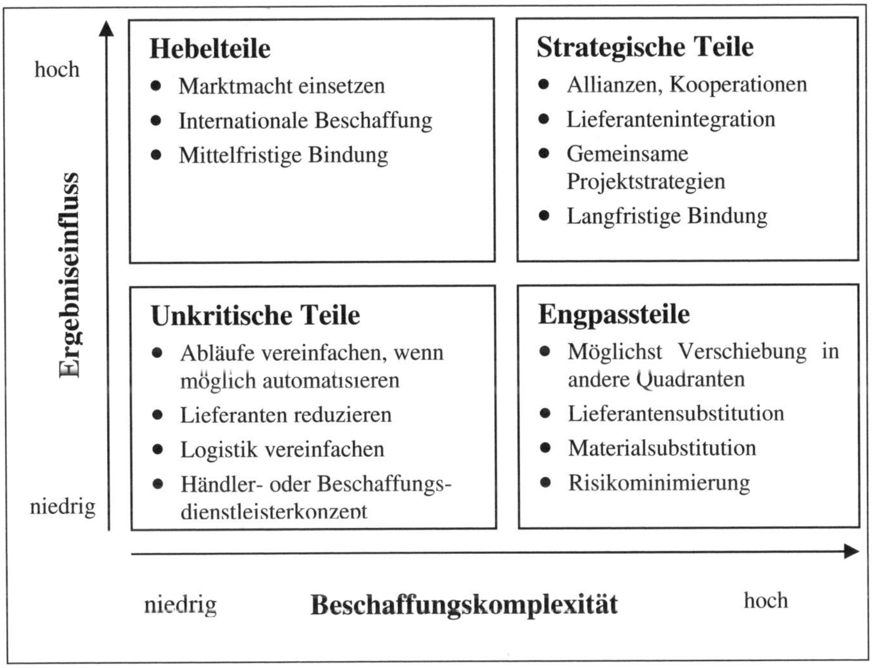

Abb. 4.16. Unterteilung versorgungskritischer Teile

Die Unterteilung setzt eine Vielzahl von Informationen (Tabelle 4.20) voraus. Diese Informationsvielfalt bedingt eine funktionierende Informationsverarbeitung (Vgl. Arnolds et al. 2013, S. 29). Zweckmäßigerweise bedient man sich verschiedener Kriterienkataloge.

Tabelle 4.20. Kriterien und Informationen zur Versorgungssicherung

Allgemeine Daten	• Inländische/internationale Lieferanten • Transportzeit (Wege, Zuverlässigkeit) • Produktgestaltung (Entwicklung) • Produktionskapazität	• Wechselkursschwankungen • Losgrößen • Lagerrisiko (Lieferant/Hersteller/JiT) • Produktqualität
Risikofaktoren	• Abhängigkeit vom Ausland • politisch bedingte Versorgungsverknappung	• Störungen der Transportwege • langfristige Verfügbarkeit der Güter
Ausgleichsmöglichkeiten	• Substitutionsgüter • flexible Produktion (lean production)	• Vorratshaltung • Lieferservice
Angebotsmacht	• Beschaffungsmarktdaten • Verteilung der Marktanteile auf die Anbieter • Anzahl der Anbieter	• Auftreten neuer Anbieter • Einzigartigkeit des Angebotes
Lieferantendaten	• Know-how • Leistungsfähigkeit	• Firmengröße/ Konzernverbund
Nachfragedaten	• Gesamtnachfrage • Gesamtanteil der Fertigung bei einem Lieferanten • Eigenherstellung • Lieferantenentwicklung und Förderung	• Preissteigerungen • Rationalisierungspotenziale • Übernahme des Lieferanten

Die Versorgungssicherheit ist dabei vorrangiges Ziel, vor allem in Zeiten der Hochkonjunktur.

Versorgungskritische Artikel können sein:

- Engpassartikel, Artikel mit begrenztem Vorkommen am Weltmarkt,
- Artikel mit Monopolstellung des Lieferanten, Artikel mit Lieferantenmacht,
- Artikel in Ländern mit hohem politischem Risiko.

4.10 Entwicklung von Beschaffungsstrategien

4.10.1 Risikoorientierte Beschaffungsstrategien

Die risikoorientierten Beschaffungsstrategien können unterschieden werden in *Beeinflussungsstrategie* und *Anpassungsstrategie.*

a) Beeinflussungsstrategie

Politische Unruhen, Streiks, Missernten oder qualitative und finanzielle Probleme beim Lieferanten können ein Risiko in der Beschaffung darstellen. Eine Herabsetzung des Risikos lässt sich erreichen durch (Ehrmann 1997, S. 92ff):

- Informationen über Zuverlässigkeit, politische Situation,
- Finanzhilfen an den Lieferanten bei Insolvenz,
- Beratung bei Qualitätskontrollen, Transport, Technologie.

Praxisbeispiel

Laut Wendelin Wiedeking, ehem. Vorstandschef von Porsche, wurden aufgrund vieler Konkurse der Zulieferer öfter eigene Ingenieure in Zulieferfirmen geschickt, um dort Schwachstellen aufzudecken und zu beheben (Vgl. http://finanzen.aolsvc.de). Die Finanzhilfen der Porsche AG an Zulieferer mit wirtschaftlichen Problemen betrugen über 100 Mio. Euro.

b) Anpassungsstrategie

Die Anpassungsstrategie nimmt im Gegensatz zur Beeinflussungsstrategie die Bedingungen des Beschaffungsmarktes als gegeben hin und versucht sich optimal an die erwartete Situation anzupassen (Vgl. Arnolds et al. 1998, S. 333ff).

Zur Sicherung der bisherigen und zur Erschließung bisher nicht genutzter Beschaffungsquellen können folgende Maßnahmen getroffen werden:

- Kooperationen mit mehreren Lieferanten,
- Beteiligung am Unternehmen des Lieferanten,
- vertikale Integration (Kauf/Aufbau vor- bzw. nachgelagerter Produktionsstufen),
- langfristige Kontrakte, sowie Aufbau und Unterstützung neuer Lieferanten.

4.10.2 Machtorientierte Beschaffungsstrategien

Die Strategie ist hier abhängig davon, ob der Hersteller einer starken Lieferantenmacht gegenübersteht oder ob die Machtverhältnisse ausgeglichen sind (Vgl. Arnolds et al. 2013, S. 58f).

a) Emanzipationsstrategie: Der Lieferant besitzt eine hohe Machtposition. Das Ziel ist der Abbau der Abhängigkeiten gegenüber dem Lieferanten sowie die Stärkung der eigenen Position durch Eigenfertigung oder Substitution.

b) Chancenrealisierungsstrategie: Sie wird empfohlen, wenn der Hersteller eine hohe Nachfragemacht besitzt. Ziel ist eine Steigerung des Wettbewerbs zwischen den Lieferanten. Sie führt zur Stärkung der eigenen Position.

c) Selektive Strategie: Sie zielt ab auf ein ausgewogenes Kräfteverhältnis zwischen Hersteller und Lieferant und die Erhaltung des Kräfte- bzw. Marktverhältnisses. Diese Strategie besteht aus einer Mischung zwischen Chancenrealisierungsstrategie und Emanzipationsstrategie.

Beschaffungspolitische Instrumente

Tabelle 4.21. Übersicht der beschaffungspolitischen Instrumente

Instrument der Beschaffungspolitik	Emanzipationsstrategie	Chancenrealisierungs-strategie
Beschaffungs-programm		
• Eigenfertigung	• Ausbauen bzw. beginnen	• Reduzieren bzw. nicht aufnehmen
• Wertanalyse	• Im Hause forcieren • Intensiv suchen	• Mitarbeit des Lieferanten
• Substitution	• Intensiv suchen	• Nur verfolgen
Lieferanten- und Kontraktpolitik	• Lieferantenförderung und -entwicklung • Suche nach neuen Lieferanten • Preise halten • Langfristige Verträge • Mengen konzentrieren	• Lieferantenerziehung (*Beeinflussungsstrategie*) • Preise aktiv ausreizen • Kurzfristige Verträge • Spotkauf • Gezielt streuen
Lagerpolitik	• Durch hohe Bestände Abhängigkeit mildern	• Lagerhaltung auf Lieferanten abwälzen

4.11 Professionelles Risikomanagement beim Einkauf von Rohstoffen

Über die letzten 10 bis 15 Jahre kam es auf vielen Rohstoffmärkten zu starken Preisanstiegen, die Schwankungen (Volatilitäten) der Rohstoffpreise haben teilweise deutlich zugenommen. Wachsende Nachfrage, auch aus Schwellenländern, sowie Markteintritte großer Investoren (Fonds) und spekulativer Marktteilnehmer spielten hierbei eine Rolle. Außerdem verringerten Zusammenschlüsse von Rohstofflieferanten die Anbieterzahl und steigerten die Angebotsmacht.

Seit 1962 hat sich zum Beispiel der weltweite Bedarf an Molybdän etwa verfünffacht, sein Preis hat sich seit dem Jahr 2000 zeitweise verzehnfacht. In den Jahren 2002 bis 2010 hat sich der Kupferpreis zeitweise verfünffacht.

Zur Bewältigung dieser Herausforderungen reichen vielfach isolierte Einzelmaßnahmen (z.B. die Durchführung einzelner Sicherungsgeschäfte) nicht mehr aus. Vielmehr sind Unternehmen dazu gezwungen, ein systematisches Risikomanagement auch für den Bereich der Rohstoffe zu etablieren. In einigen Unternehmen wurden dafür spezielle Organisationseinheiten gebildet, da sich die Aufgaben im Rohstoffrisikomanagement teilweise deutlich vom traditionellen Zins- und Wechselkursrisikomanagement unterscheiden.

Systematisches Management von Rohstoffrisiken (Exposures) erfordert nach der Entwicklung eines Konzeptes (z.B. für Ziele, Aufbauorganisation, Prozesse des Rohstoffmanagements) die laufende

- Identifikation,
- Messung und
- Steuerung der Rohstoffrisiken sowie ein
- begleitendes Risikocontrolling.

In diesem Prozess des Rohstoffrisikomanagements spielt der Einkauf sowohl bei der Identifikation als auch bei Messung und Steuerung der Risiken eine Rolle, zum Beispiel mit der Erfassung kontrahierter und der Planung zukünftiger Beschaffungsmengen oder durch unterschiedliche Preisvereinbarungen wie

- Fixpreise für zukünftige Perioden,
- variable Preise mit formelbasierten Marktpreisbindungen,
- fixierte Preisgrenzen (Caps),
- Kombinationen von fixen und variablen Preisbestandteilen,
- Neuverhandlungsoptionen u.a.

Der Einsatz derivativer Finanzinstrumente (kurz: Derivate) zur Steuerung einer gegebenen Rohstoffrisikoposition ist demgegenüber Aufgabe des Treasury. Als Derivate werden Finanzinstrumente bezeichnet, deren Wert von einer zugrunde liegenden Variablen abhängt. Für das Management des Rohstoffpreisrisikos werden Derivate genutzt, deren Wert von Rohstoffpreisen abhängt. Dabei können je nach den vertraglichen Preisvereinbarungen unterschiedliche Arten von Derivaten zum Einsatz kommen.

Wie die zugrunde liegenden Rohstoffe selbst werden auch Rohstoffderivate in die Kategorien Energie, Edelmetalle, Industriemetalle und Agrarrohstoffe eingeteilt. Nach dem Handelsplatz werden börsengehandelte und außerbörslich gehandelte Derivate unterschieden.

Der Börsenhandel setzt die Standardisierung des gehandelten Gutes voraus (bei Rohöl z.B. die Standardqualitäten Brent und West Texas Intermediate, WTI). Er hat den Vorteil hoher Transparenz und niedriger Transaktionskosten und bietet eine relativ hohe Liquidität, so dass eingegangene Positionen (Geschäfte) relativ gut wieder aufgelöst werden können (z.B. wenn sich der Bedarf geändert hat). Darüber hinaus sichern Börsen i.d.R. das sog. Kontrahentenrisiko (Ausfall des Geschäftspartners) ab. Nachteilig kann hier die Standardisierung sein, welche eine Ausrichtung der Geschäfte auf individuelle Bedürfnisse begrenzt (oder verhindert).

Rohstoffderivate werden z.B. an folgenden Börsenplätzen gehandelt:

- Energiederivate: London, New York, Chicago, Singapur
- Metallderivate: London, New York, Tokio
- Agrarderivate: New York, Chicago, Tokio

Der außerbörsliche (over the counter, OTC) Handel ermöglicht demgegenüber individualisierte Gestaltungen, welche den Bedürfnissen im Einzelfall besser entsprechen. Dafür können stark individualisierte Geschäfte (Positionen) nicht oder nur zu relativ hohen Kosten aufgelöst werden, wenn sich nach Abschluss der Bedarf ändert. Außerbörsliche Geschäfte mit Rohstoffderivaten werden z.B. von Banken angeboten.

Die drei grundlegenden Arten von Derivaten sind:

1. Termingeschäfte,
2. Swaps und
3. Optionsgeschäfte.

Komplexere Gestaltungen, welche auf spezielle Situationen abgestimmt sind, bezeichnet man als „strukturierte Produkte".

Termingeschäfte sind unbedingte Geschäfte (Käufe oder Verkäufe eines Gutes), die zu einem bei Vertragsabschluss festgelegten Zeitpunkt in der Zukunft erfüllt werden. Dabei werden bei Vertragsabschluss sämtliche

Vertragskonditionen festgelegt, dies sind insbesondere das gehandelte Gut (Menge und Qualität), der (Termin-)Preis, Erfüllungszeitpunkt (der „Termin") und (sofern der Vertrag physisch, d.h. durch Lieferung des Gutes, erfüllt wird) der Lieferort. Damit unterscheidet sich das Termingeschäft vom Kassageschäft, welches sofort erfüllt wird. Zum Beispiel wird Rohöl auf dem Kassamarkt zur sofortigen Lieferung gehandelt, während es auf dem Terminmarkt zur Lieferung zu einem zukünftigen Termin gehandelt wird.

Termingeschäfte können an Börsen standardisiert (Terminkontrakte, engl. Futures) oder außerbörslich zu individuell vereinbarten Konditionen abgeschlossen werden. Durch den Abschluss eines Termingeschäftes sichern sich die Vertragspartner den Terminpreis für den Kauf bzw. Verkauf des Gutes. Der Terminpreis weicht i.d.R. vom Kassapreis des Gutes ab. Liegt der Terminpreis bei Abschluss des Termingeschäftes über dem Kassapreis, bezeichnet man dies als „Contango", liegt der Terminpreis unter dem Kassapreis, nennt man dies „Backwardation".

Da man sich durch Abschluss des Termingeschäftes den Terminpreis gesichert hat, haben Marktpreisänderungen nach dem Geschäftsschluss keine Wirkung mehr: das Geschäft wird zum Terminpreis erfüllt. Damit haben die Vertragspartner das Risiko von Marktpreisveränderungen ausgeschlossen. Dies gilt auch dann, wenn der Terminvertrag nicht durch Lieferung des Gutes (physisch), sondern durch Barausgleich (cash settlement) erfüllt wird.

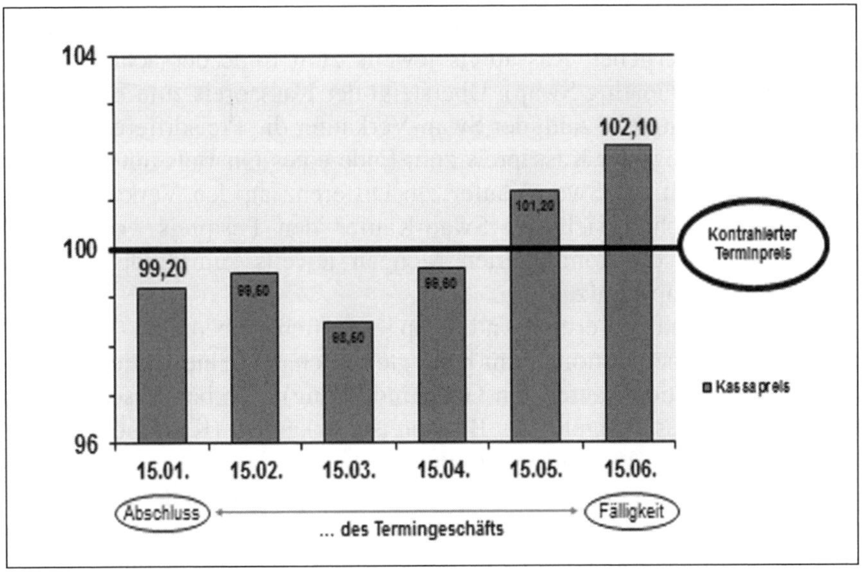

Abb. 4.17. Termingeschäft

Abbildung 4.17 zeigt die Funktionsweise eines Termingeschäftes. Ein Unternehmen kauft am 15.01. Rohöl zum Preis von 100,00 USD/Barrel per Termin 15.06. desselben Jahres. Am 15.01. liegt der Rohöl-Kassapreis bei 99,20 USD/Barrel, es liegt eine Contango-Situation vor (Terminpreis > Kassapreis). Bis April liegen die Kassapreise zur Monatsmitte jeweils unter dem kontrahierten Terminpreis, ab Mai steigen sie darüber. Zum Erfüllungszeitpunkt des Termingeschäftes (15.06.) erzielt das Unternehmen einen Sicherungsgewinn von 2,10 USD/Barrel (Kassapreis – kontrahierter Terminpreis).

Bei physischer Erfüllung des Termingeschäftes liefert der Terminverkäufer das Rohöl für 100 USD/Barrel. Im Falle des Barausgleichs überweist der Terminverkäufer 2,10 USD/Barrel, das Unternehmen kauft das benötigte Rohöl am Kassamarkt für 102,10 USD/Barrel und realisiert abzüglich des Sicherungsgewinns aus dem Termingeschäft ebenfalls den kontrahierten Terminpreis von 100 USD/Barrel.

Für den Einkauf hat die Preissicherung durch ein Termingeschäft den Vorteil, dass Preisveränderungen ab dem Sicherungszeitpunkt ausgeschlossen oder zumindest reduziert werden. Daraus folgt eine größere Planungssicherheit hinsichtlich Kosten und Liquidität.

Während ein Termingeschäft auf einen einzigen Erfüllungstermin geschlossen wird, bezieht sich ein Swap auf mehrere Termine während der Swap-Laufzeit. Damit eignen sich Swapgeschäfte zur Preissicherung für wiederkehrende Rohstoffbedarfe.

Zum Beispiel könnte ein Rohöl-Swapgeschäft über einen Zweijahreszeitraum laufen, getauscht würde der Festpreis von 100,00 USD/Barrel gegen den veränderlichen Kassapreis jeweils zum Ende der acht Quartale (sog. Fixed-for-Floating Swap). Übersteigt der Kassapreis zum Ende eines Quartals den Festpreis, zahlt der Swap-Verkäufer die Preisdifferenz an den Swap-Käufer, liegt der Kassapreis zum Ende eines Quartals unterhalb des Festpreises, zahlt der Swap-Käufer die Differenz an den Verkäufer. Auf diese Weise sichert sich der Swap-Käufer den Festpreis von 100,00 USD/Barrel für die kontrahierten Mengen jeweils zum Ende der acht Quartale der Swap-Laufzeit.

Im Unterschied zu Termin- und Swapgeschäften (unbedingte Geschäfte) handelt es sich bei Optionen um bedingte Geschäfte. Eine Option ermöglicht es dem Optionskäufer, ein Gut (Underlying) zum bei Abschluss des Optionsgeschäftes festgelegten Basispreis zu kaufen (Kaufoption, Call) bzw. zu verkaufen (Verkaufoption, Put).

Eine Option hat eine bei Vertragsschluss festgelegte Laufzeit und kann entweder jederzeit während dieser Laufzeit (amerikanischer Optionstyp) oder nur zum Ende der Laufzeit (europäischer Optionstyp) durch Erklärung des Optionskäufers ausgeübt werden. Der Optionsverkäufer (Stillhalter) muss bei Ausübung der Option das Gut zum Basispreis liefern (Kaufoption) bzw. abnehmen (Verkaufoption). Dafür erhält der Stillhalter bei Abschluss des Optionsgeschäftes die Optionsprämie (Kaufpreis der Option).

Durch den Kauf einer Kaufoption kann sich ein Unternehmen eine Preisobergrenze für den Bezug eines Rohstoffes sichern. Zum Beispiel könnte das Unternehmen am 15.01. eine (europäische) Kaufoption für Rohöl mit einem Basispreis von 100,00 USD/Barrel erwerben, die zum Ende der Optionslaufzeit am 15.06. desselben Jahres ausgeübt werden kann. Bei Abschluss des Optionsgeschäftes zahlt das Unternehmen den Optionskaufpreis von 6,15 USD/Barrel an den Stillhalter, dies entspricht einer Optionsprämie von etwa 7% auf den Kassapreis am 15.01. (99,20 USD/Barrel) für die Optionslaufzeit von fünf Monaten.

Liegt der Rohöl-Kassapreis zum Ausübungszeitpunkt der Option über dem Basispreis, zum Beispiel bei 102,10 USD/Barrel, wird das Unternehmen die Option ausüben und das Rohöl vom Stillhalter zum Basispreis von 100,00 USD/Barrel beziehen. Es erzielt damit einen Preisvorteil von 2,10 USD/Barrel gegenüber dem Kassapreis.

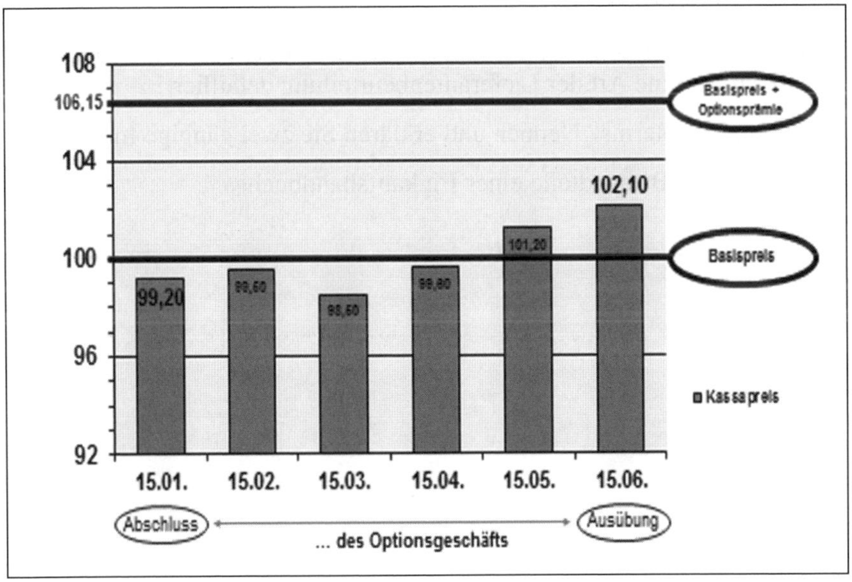

Abb. 4.18. Optionsgeschäft

Allerdings ist zu berücksichtigen, dass das Unternehmen für das Optionsrecht schon 6,15 USD/Barrel gezahlt hat, so dass insgesamt ein Preisnachteil von 4,05 USD/Barrel gegenüber dem Kassapreis verbleibt. Erst bei einem Kassapreis über 106,15 USD/Barrel würde das Unternehmen per Saldo einen Preisvorteil erzielen. Insofern wirkt das Optionsgeschäft wie eine Versicherung zur Fixierung einer Preisobergrenze.

Da der Optionskäufer über die Ausübung der Option entscheiden kann, wird er die Kaufoption bei einem unter dem Basispreis liegenden Kassapreis verfallen lassen und das benötigte Gut zum niedrigeren Preis am Kassamarkt erwerben.

In obigem Beispiel könnte der Rohöl-Kassapreis am 15.06. etwa bei 96,40 USD/Barrel liegen. Das Unternehmen würde das Rohöl am Kassamarkt zu diesem Preis kaufen und die Kaufoption verfallen lassen. Einschließlich der gezahlten Optionsprämie von 6,15 USD/Barrel würden die Kosten des Rohöls dann 102,55 USD/Barrel betragen.

Im Vergleich zum Termingeschäft ermöglicht ein Optionsgeschäft dem Einkauf, weiterhin von einer günstigen Preisentwicklung zu profitieren, während das (Kosten- und Liquiditäts-) Risiko einer ungünstigen Preisentwicklung begrenzt wird.

Wiederholungsfragen zu Kapitel 4

1. Erläutern sie das Ziel der cross-funktionalen Lieferantenbeurteilung und erklären Sie eine Art der Lieferantenbeurteilung detailliert!
2. Was sind Incoterms? Nennen und erklären Sie zwei gängige Incoterms!
3. Erläutern Sie Bestandteile eines Einkaufshandbuches.

5 Beschaffungsstrategien

5.1 Beschaffungsstrategien im Überblick

Beziehungen zwischen Herstellern (OEMs = Original Equipment Manufacturers) und Lieferanten sind oft Spannungen ausgesetzt. Kurzfristige Preiszugeständnisse werden häufig langfristigen Vorteilen einer Lieferantenentwicklung vorgezogen. Langfristig erfolgreich beschaffende Unternehmen betreiben eine Vielfalt von Beschaffungsstrategien entlang ihrer Lieferstruktur.

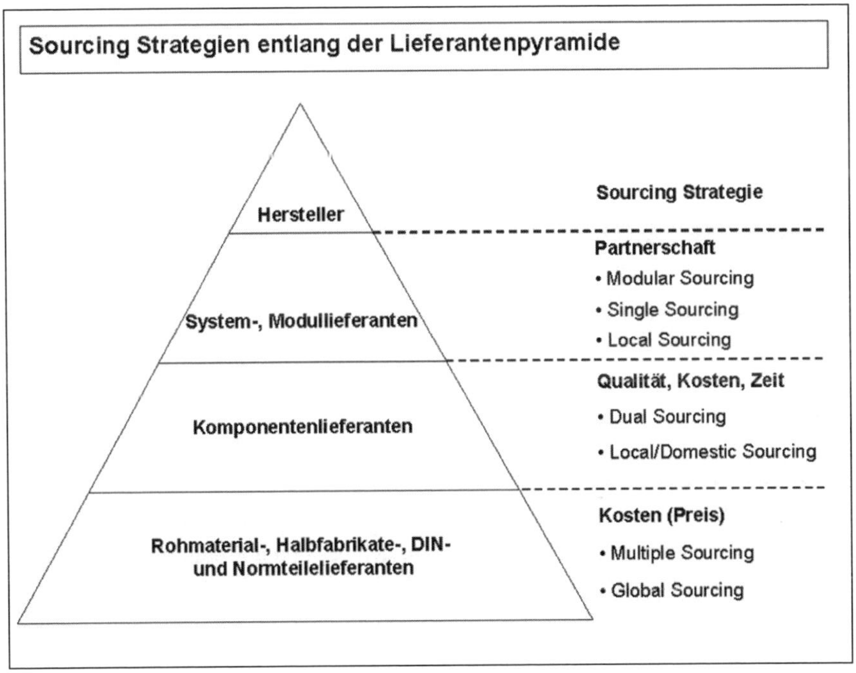

Abb. 5.1. Sourcing Strategien entlang der Lieferantenpyramide

Welche der einzelnen Beschaffungsstrategien sinnvoll angewendet werden soll, hängt vom Beschaffungsmaterial und von der Wettbewerbssituation des Unternehmens ab. Die einzelnen Beschaffungsstrategien haben unterschiedliche Potenziale, die in Tabelle 5.1 ausführlich dargestellt werden.

Tabelle 5.1. Bewertungsmatrix von Beschaffungsstrategien

Beschaffungsstrategie	Geringere Kosten	Bessere Leistung	Geringeres Risiko	Höhere Flexibilität
Single Sourcing	X	X		
Dual Sourcing	X		X	
Multiple Sourcing	X		X	X
Global Sourcing	X	X	X	X
Cluster Sourcing	X	X	X	X
Local Sourcing			X	X
Modular Sourcing	X	X		
Just-in-Time	X	X		
Beschaffungskooperation	X			

5.2 Single Sourcing

Single Sourcing bezeichnet die Beschaffung von bestimmten Gütern bei nur einem einzigen Lieferanten (Einquellenbezug).

Durch eine partnerschaftliche Win-Win-Beziehung sollen gemeinsam Wettbewerbsvorteile realisiert werden. Es muss ein enges Vertrauensverhältnis bestehen, da sich das beschaffende Unternehmen in die Abhängigkeit eines einzigen Lieferanten begibt.

Notwendige Voraussetzungen beim Lieferanten sind eine hohe Lieferzuverlässigkeit, Qualität und Flexibilität. Weitere Voraussetzungen zeigt Tabelle 5.2.

Tabelle 5.2. Voraussetzungen für Single Sourcing

Voraussetzung für Single Sourcing
• Einbeziehung des Lieferanten schon bei der Produktentwicklung
• Vertragliche Bindung des Lieferanten für den gesamten Produktlebenszyklus
• Konsequente Förderung des Lieferanten durch das Unternehmen
• Gründliche Vorab-Analyse des Lieferanten durch das Unternehmen
• Durchführung intensiver Verhandlungen

Werden die Beschaffungsobjekte speziell für einen bestimmten Abnehmer gefertigt, ist ein Lieferantenwechsel nicht mehr ohne weiteres möglich und mit großen Gefahren verbunden, da der Lieferant abnehmerspezifisches Know-how besitzt. Abnehmer-Lieferanten-Beziehungen im Bereich sicherheitskritischer Automobilelektronik sind oft von jahrelangen engen Beziehungen und gegenseitigen Abhängigkeiten geprägt.

Single Sourcing bietet sich deshalb insbesondere an

- für hoch komplexe Güter und
- für Produkte mit intensiven und langen Produktentwicklungsarbeiten.

Tabelle 5.3. Vor- und Nachteile des Single Sourcing

Vorteile	Nachteile
• Engere Zusammenarbeit	• Geringe Flexibilität
• Geringere Preise durch höheres Bestellvolumen	• Kurzfristiger Wechsel schwierig und kostspielig
• Geringere Bestell- und Transaktionskosten	• Abhängigkeit vom Lieferanten (Qualität, Preise)
• Weniger Lieferanten und Kontakte	• Preisgabe von Firmen-Know-how
• Geringere logistische Komplexität und bessere Kontrolle	• Engpässe bei Ausfall des Lieferanten

Single Sourcing findet u.a. in der Luftfahrt- und Automobilindustrie Anwendung. Hier werden Triebwerke, Motoren, Getriebe, Sitze und Cockpit i.d.R. nur von einem Zulieferer geliefert.

Single Sourcing birgt Risiken, wie zuletzt 2011 bei Toyota sichtbar wurde. Durch ein Erdbeben und die dadurch entstandene Tsunami-Flutwelle in Japan fielen plötzlich wichtige Lieferanten aus, es kam zum Produktionsstillstand bei Toyota. Da Toyota jedoch über gute Beziehungen zu seinen Lieferanten verfügt, sprangen kurzfristig Lieferanten anderer Bauteile ein, um die Fertigung der fehlenden Bauteile zu übernehmen. Dennoch wurden in dieser Zeit 260.000 PKW weniger produziert.

Single-Source-Teile sind oft wichtige strategische Teile für das Unternehmen, die in größerer Menge und regelmäßig beschafft werden. Häufig werden diese Teile Just-in-Time bzw. Just-in-Sequence angeliefert (z.B. Anlieferung von Sitzen von Recaro oder der Abgasanlagen von Faurecia zu Daimler).

Der Autohersteller Porsche lässt z.B. den Boxter bei einem System-Lieferanten in Finnland komplett produzieren. Diese Strategie wird seit einigen Jahren auch von BMW genutzt.

Weitere Bedeutung hat das Single Sourcing aber auch bei der Beschaffung von B- und C-Gütern (Wannenwetsch 2004, S. 59f).

Singular Sourcing

Singular Sourcing bedeutet, dass bei einem Lieferanten nur ein einziges Teil, wie z.B. die „DIN-Schraube 4711", bezogen wird. Diese Schraube kann aber ebenfalls bei einem weiteren Lieferanten bezogen werden.

5.3 Dual Sourcing

Beim Dual Sourcing wird ein Beschaffungsobjekt von zwei Lieferanten bezogen (Zweiquellenbezug), die miteinander im Wettbewerb stehen. Der Lieferant, der die günstigeren Konditionen bietet, erhält dabei oftmals ein höheres Beschaffungsvolumen als der andere (z.B. 70%/30%) (Wannenwetsch 2004, S. 60).

Dual Sourcing ist eine Sicherheitsstrategie, die die Versorgungssicherheit des Unternehmens sicherstellen soll und dennoch den Wettbewerb zwischen den Lieferanten fördert.

Für die Anwendung dieser Strategie eignen sich insbesondere strategische Rohstoffe wie z.B. Aluminium, Engpassartikel sowie Teile mit langen Lieferzeiten, bei denen Lieferausfälle mit erheblichen Verlusten für das beschaffende Unternehmen verbunden sind.

Dual Sourcing ist eine Alternativlösung zwischen den Stärken und Schwächen des Single Sourcing (Werner 2002, S. 95f).

Tabelle 5.4. Vor- und Nachteile des Dual Sourcing

Vorteile	Nachteile
• Enge Zusammenarbeit • Geringe Preise durch hohes Bestellvolumen (70/30 Verteilung) • Verbesserte Versorgungssicherheit • Geringe Bestell- und Transaktionskosten • Weniger Lieferanten/Kontakte • Geringe logistische Komplexität	• Preisgabe von Firmen-Know-how • Teilweise Abhängigkeit von Lieferanten (Qualität, Preise) • Mittlere Flexibilität

Durch den ansteigenden Preisdruck und die sich verschlechternde wirtschaftliche Lage, besonders in der Automobilkrise 2008/2009, gingen immer mehr Lieferanten in die Insolvenz. Zwischen 2008 und 2010 fielen mehr als 1–2% der Lieferanten eines Herstellers pro Jahr aus. Dies führt dazu, dass die Hersteller (OEMs) bei wichtigen Teilen (A-Teilen) mindestens zwei Lieferanten für ein Teil auswählen (müssen).

5.4 Multiple Sourcing

Von Multiple Sourcing wird gesprochen, wenn ein Unternehmen die gleichen Waren und Dienstleistungen von mehreren Lieferanten bezieht.

Vorteile von Multiple Sourcing

- Minderung der Risiken eines Produktionsausfalls
- Erhöhung der Konkurrenz unter den Lieferanten

Dies kann sich bei Preisverhandlungen als vorteilhaft für das beschaffende Unternehmen erweisen. Ferner besteht nicht die Gefahr, in die Abhängigkeit von einem einzigen Lieferanten zu geraten und dessen Vertrags- und Preisvorgaben schutzlos ausgeliefert zu sein.

Das Konzept des Multiple Sourcing wurde lange in der Automobilindustrie verfolgt. Es galt die Regel,

- nicht mehr als ein Drittel des eigenen Bedarfs bei einem Lieferanten zu beschaffen und
- dessen Fertigungskapazitäten nur bis zu einem Anteil von maximal 50% in Anspruch zu nehmen.

Dadurch kann die Androhung eines sofortigen Lieferantenwechsels als wichtige Waffe bei Lieferantenverhandlungen eingesetzt werden. Voraussetzung ist jedoch, dass genügend alternative Bezugsquellen auch kurzfristig verfügbar sind. Multiple Sourcing bietet sich vor allem für Waren mit geringer Spezifikation und hoher Standardisierung an, also für C-Artikel wie Schrauben, Büromaterial u.ä.

Nachteile des Multiple Sourcing

- Hohe Transaktionskosten, hohe Bestellkosten
- Geringe Rabatte aufgrund fehlender Volumenbündelung

Vermeidung von „Hoflieferanten"

Als Hoflieferanten werden Lieferanten bezeichnet, die seit Jahren eine Firma mit bestimmten Produkten beliefern. Der Besteller hat es unterlassen, in regelmäßigen Zeitabständen Konkurrenzangebote einzuholen. Dadurch werden bei zukünftigen Ausschreibungen von anderen Lieferanten oft keine oder nur unvollständige Angebote abgegeben, da man davon ausgeht, dass der Auftrag letztendlich sowieso wieder an den bisherigen alten „Hoflieferanten" geht.

5.5 Local Sourcing

Beim Local Sourcing werden die Waren und Dienstleistungen aus unmittelbarer Nachbarschaft des Unternehmens bezogen, also regional. Je geringer die Marktkenntnis, desto höher war früher die Wahrscheinlichkeit, einen Lieferanten in der unmittelbaren Nähe zu wählen. Logistische Störungen der Lieferung werden auf ein Minimum reduziert.

Tabelle 5.5. Vor- und Nachteile des Local Sourcing

Vorteile	Nachteile
• Lieferant befindet sich in unmittelbarer Nähe • Geringere Transport- und Nebenkosten • Bei Rechtsfällen weniger landestypische Probleme • Gleiche Mentalität, Sprache, Währung • Flexibilität bei Änderungen, hohe Qualität	• Keine harten Preisverhandlungen aufgrund langjähriger Kontakte • Vermeidung internationaler Kontakte und Know-how • Oft hohe Preise

Local Sourcing bietet sich insbesondere für hochwertige Beschaffungsobjekte an, die für die Aufrechterhaltung der Produktion unbedingt notwendig sind. In dieses Beschaffungskonzept können mehrere Lieferanten eingebunden sein (Wannenwetsch 2004, S. 58ff).

- Dies sichert dem nachfragenden Unternehmen flexible Lieferantenbeziehungen.
- Aufgrund der lokalen Nähe der Lieferanten können die Beschaffungsobjekte nahezu produktionssynchron abgerufen werden. Logistische Probleme wie z.B. Lieferverzögerungen durch Staus werden ausgeschlossen.

Automobilhersteller vergeben oft nur noch langfristige Millionenverträge unter der Bedingung, dass der Lieferant einen Standort in der Nähe des eigenen Produktionsstandortes aufbaut, also zu einem lokalen Lieferanten wird.

Domestic Sourcing

Beim Domestic Sourcing sind die Beschaffungsaktivitäten, im Gegensatz zum Local Sourcing, auf das Inland begrenzt. Die geographische Weite wird also – verglichen mit Local Sourcing, was sich nur regional ausdehnt – größer. Hierdurch reduzieren sich die Risiken einer länderübergreifenden Beschaffung zugunsten geeigneter inländischer Lieferanten. Dies kann jedoch nachteilige Preis- oder Know-how-Effekte zur Folge haben.

5.6 Global Sourcing

Unter Global Sourcing wird der weltweite Bezug von Beschaffungsobjekten verstanden. Durch die Internationalisierung der Beschaffung werden die Beschaffungsmöglichkeiten gezielt erweitert. Durch Global Sourcing kann sich aber das Lieferrisiko erhöhen. So riss die Versorgung der Computer-Industrie ab, als es in Thailand zu den großen Überschwemmungen kam. Thailand produziert einen großen Anteil von Computer-Chips bzw. Festplatten. In der Automobil-Industrie kam es im Jahre 2011 zu einem Lieferengpass, welcher durch die atomare Katastrophe in Fukushima ausgelöst wurde. Lieferengpässe wurden auch in der Textilindustrie befürchtet, ausgelöst durch den Einsturz einer Textilfabrik in Bangladesch 2013 und den einhergehenden Streiks der Textilarbeiter.

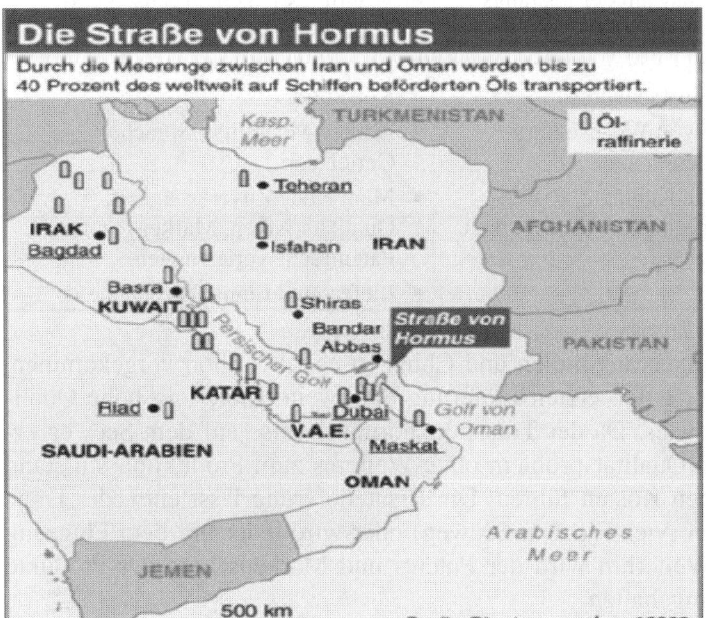

Abb. 5.2. Straße von Hormus (Quelle:http://www.fr-online.de/image/view/2011/ 11/30/)

Durch die Straße von Hormus werden 20% des weltweit vermarkteten Öls transportiert. Der Persische Golf ist dort an der engsten Stelle zwischen Oman und Iran nur etwa 55 Kilometer breit, es gibt für jede Richtung nur einen 3,6 Kilometer breiten Schiffskorridor. Verschiedene Länder haben in den letzten Jahren bereits Vorsichtsmaßnahmen getroffen; so gibt es mittlerweile zusätzliche Ölpipelines.

Die Universität Würzburg führte zusammen mit dem Centrum für Supply Chain Management CfsM Würzburg eine Benchmarking-Studie durch. Laut dieser Studie erledigen rund 63% der westeuropäischen Unternehmensstandorte ihren Einkauf in der entsprechenden Region. Somit ist eine gewisse Internationalität der Einkaufsabteilungen und -dienstleister gefragt, um das globale Produktportfolio unkompliziert beschaffen zu können. Laut der BrainNet-Studie „Die Rolle des Einkaufs aus der CEO-Perspektive" verantwortet der Einkauf je nach Branche bis zu 70 Prozent der Unternehmenskosten, und trägt somit auch einen großen Anteil der Risiken (Beschaffung Aktuell 10/2009).

Tabelle 5.6. Vor- und Nachteile des Global Sourcing (Wannenwetsch 2004, S. 58)

Vorteile	**Nachteile**
• Weltweite Auswahl der leistungsstärksten Lieferanten • Neues Produkt-Know-how, günstigste Einstandspreise • Ausnutzung von Wechselkursschwankungen • Internationale Kontakte, Risikoverteilung, geringere Abhängigkeit	• Währungsrisiken, Wechselkursschwankungen • Zollprobleme, hohe Bürokratie, Korruption • Andere Mentalität, Sprache, Gerichtsort • Mangelnde Zuverlässigkeit, Qualitätsrisiken, Marken- und Patentrechtsverletzungen • Liefer- und Logistikprobleme

Bei Lieferungen aus Indien und China ist es z.B. schon vorgekommen, dass nach einer guten ersten Lieferung die zweite Lieferung hohe Qualitätsmängel aufwies. Da der Transport normalerweise auf dem Seeweg erfolgt, kann ein Qualitätsproblem ohne Weiteres zum Produktionsstillstand und zusätzlichen Kosten führen. Die Ersatzlieferung lässt entweder lange auf sich warten (vier Wochen Seeweg) oder wird teuer mit dem Flugzeug eingeflogen. Weiterhin wird der Patent- und Markenschutz der Produkte nicht immer eingehalten.

Abbildung 5.3 zeigt die Schwierigkeien der Zusammenarbeit mit chinesischen Lieferanten.

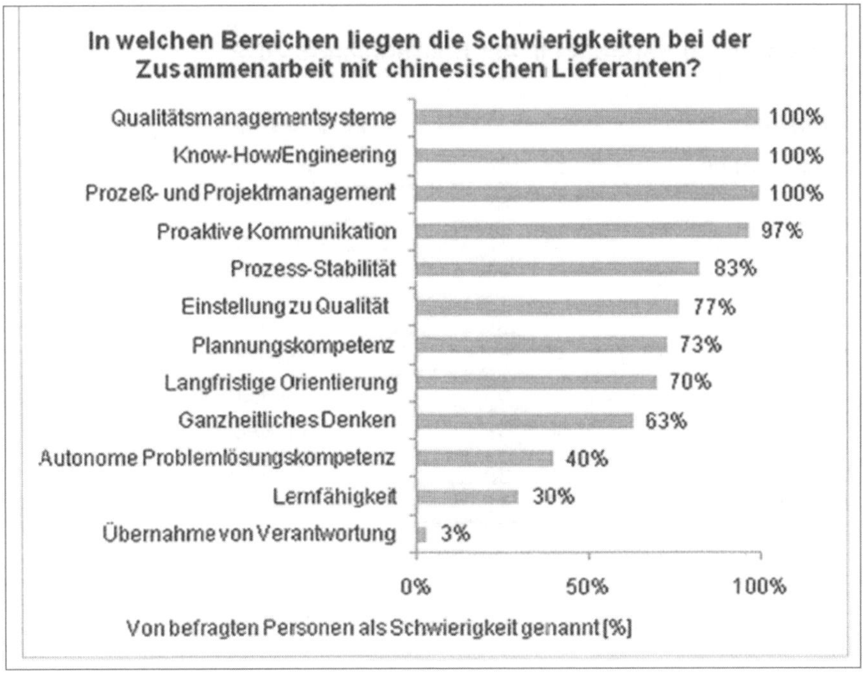

Abb. 5.3. Lieferantenseitige Schwierigkeiten bei der Integration chinesischer Lieferanten (Quelle: Beschaffung Aktuell 8/2009)

Eine Studie der PricewaterhouseCoopers von 2008 besagt, dass Global-Sourcing-Strategien oft teuerer sind als gedacht. Danach kann jedes vierte Handels- und Konsumgüterunternehmen den Kostenvorteil durch die globale Beschaffung nicht beziffern. Qualitätskontrollen kommen zu kurz, Umwelt- und Klimaschutzaufgaben seien nur schwer kalkulierbar. Es scheint, dass auch heute noch wichtige Faktoren wie z.B. Steuern, Lieferausfälle, die Kosten für Qualitätssicherung und Informationstechnologie unberücksichtigt bleiben. Weiterhin ist fast jedes dritte Unternehmen nicht davon überzeugt, dass die bisherigen Sourcing-Anstrengungen zur Reduktion von Beschaffungskosten beigetragen haben (Absatzwirtschaft 07/2008, S. 73).

Global Sourcing ist von Vorteil

- bei Massenprodukten aus Niedriglohnländern,
- wenn die Preisvorteile gegenüber den höheren Risiken und den Kosten für den Transport und den Informationsaustausch etc. überwiegen.

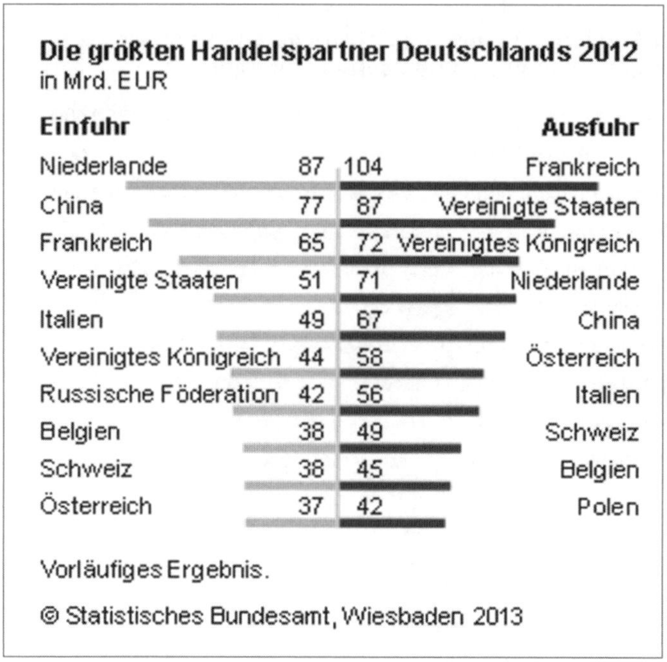

Abb. 5.4. Deutschlands Handelspartner (Quelle: DESTATIS)

Neben der AUDI AG, dem bisherigen Marktführer im chinesischen Premiumsegment, nahmen auch Daimler und BMW gemeinsam mit einem Kooperationspartner die Automobilproduktion in China auf. Zusammen mit dem chinesischen Partner will BMW in China produzieren.

Deutsche Unternehmen lassen z.B. auch ihre Buchführung und Softwareentwicklung im östlichen Europa wie Tschechien bzw. in asiatischen Ländern durchführen. Ein Großteil der in der Bundesrepublik Deutschland verkauften Möbel werden in Ländern wie Tschechien im Auftrag produziert (FAZ 2003h).

Tabelle 5.7 zeigt die Kosten je Arbeitsstunde für das verarbeitende Gewerbe in 2011.

Dennoch ist bei der langfristigen Auswahl der Lieferanten auch der Preiswandel bzw. der Anstieg des Lohns, besonders im östlichen Europa, zu berücksichtigen.

Tabelle 5.7. Kosten je Arbeitsstunde für das verarbeitende Gewerbe in 2011 (Quelle: Statistisches Bundesamt Wiesbaden)

Land	Kosten je Arbeitsstunde in
Belgien	39,30
Schweden	39,10
Frankreich	34,20
Deutschland	30,10
Österreich	29,20
Italien	26,70
Spanien	20,60
Vereinigtes Königreich	20,10
Tschechische Republik	10,50
Polen	7,10
Rumänien	4,50
Bulgarien	3,80

Tabelle 5.8 zeigt die Steigerung der Arbeitskosten in Prozent 2. Qrtl. 2013 gegenüber 2. Qrtl. 2012 (Statistisches Bundesamt Wiesbaden).

Tabelle 5.8. Dienstleistungsbereich in 2013 (Quelle: Statistisches Bundesamt Wiesbaden)

Land	Steigerung der Arbeitskosten in % 2. Quartal 2012 bis 2. Quartal 2013
Estland	7,7
Litauen	6,5
Rumänien	6,0
Bulgarien	3,4
Deutschland	2,0
Frankreich	0,5
Spanien	-0,3

Quelle: https://www.destatis.de/DE/PresseService/Presse/Pressemitteilungen/2013/12

Die Automobilzulieferindustrie zeigt längst weltweite Präsenz und misst sich ausschließlich als Global Player. Eine Rangliste der weltweit umsatzstärksten Zulieferer zeigt Tabelle 5.9.

Tabelle 5.9. Die größten Automobilzulieferer der Welt im Jahr 2013 (Quelle: Automobil-Industrie 4/2013)

Rang	Unternehmen	Land	Umsatz in Mrd. Euro (Automobilsparte)
1	Continental	Deutschland	32,7
2	Bosch	Deutschland	30,9*
3	Denso	Japan	30,9
4	Bridgestone	Japan	26,8
5	Magna	Kanada	23,3
6	Aisin	Japan	22,5
7	Hyundai Mobis	Korea	21,8
8	Michelin	Frankreich	21,5
9	Johnson Controls	USA	20,6
10	Faurecia	Frankreich	17,4

Cluster Sourcing

Beim Cluster Sourcing sind potenzielle Lieferanten in der gleichen geographischen Region angesiedelt. So ist z.B. Silicon Valley eine Region, in der sich die IT Industrie mit Computern und Halbleitern konzentriert. Ein weiteres Beispiel ist Jena als das Zentrum der Optoelektronik. Ein Cluster der Bekleidungshersteller mit fünf großen Herstellern und einem Umsatz von mehr als 1,5 Mrd. Euro ist in der Region Ostwestfalen-Lippe angesiedelt (FAZ 2011, S. 10).

Cluster bieten mehr Innovationen, höhere Produktivität, bessere Lieferanten und definieren sich wie folgt: Cluster sind „räumliche Häufungen von miteinander in Beziehung stehenden Unternehmen.“ Im Cluster können sich Wettbewerber, Zulieferer und Kunden in einer förderlich unterstützenden Infrastruktur nahe beieinander befinden (Beschaffung Aktuell 05/2007).

Vorteile von Cluster Sourcing

- Höhere Wettbewerbsintensität durch unmittelbare Vergleichbarkeit der Clusterfirmen
- Zugänglichkeit von (spezialisierten) Lieferanten, öffentlichen Institutionen
- Reichhaltiges Angebot an spezifischen Arbeitskräften
- Höhere Motivation der Mitarbeiter durch Gruppendruck innerhalb des lokalen Wettbewerbsumfelds
- Entstehung von Lieferantennetzwerken

Quelle: Beschaffung Aktuell 05/2007

Singular Sourcing

Singular Sourcing bedeutet, dass bei einem Lieferanten nur ein einziges Teil, wie z.B. die „DIN-Schraube 4711", bezogen wird. Diese Schraube wird aber ebenfalls bei einem weiteren Lieferanten bezogen, welcher aber noch zusätzliche Teile an das Unternehmen liefert.

Ein Singular Sourcing Lieferant darf z.B. an Aldi nur eine Sorte Riesling liefern, da die anderen angebauten Weine im Portfolio des Lieferanten zu teuer sind. Ein zweiter Lieferant liefert den gleichen Riesling, darf aber zusätzlich noch andere Weine liefern, da er die günstigeren Preise hat.

5.7 Modular Sourcing

Anstatt viele Einzelteile von vielen Lieferanten zu beschaffen, verbunden mit hohen Informations- und Koordinationskosten, konzentriert man sich auf wenige Lieferanten, die komplexe Systeme (Baugruppen, Systeme) liefern. In diesem Fall spricht man von Modular Sourcing (oder System Sourcing).

In diesem System finden direkte Kontakte nur mit den Modul- bzw. Systemlieferanten (direkte Zulieferer) statt. Diese wiederum koordinieren die Prozesse mit den Sublieferanten (indirekte Zulieferer) selbst. Auf diese Weise sollen die Fertigungsprozesse für das beschaffende Unternehmen übersichtlicher werden (Werner 2002, S. 96ff).

Tabelle 5.10. Kostensenkungspotenziale durch Modular Sourcing

Kostensenkungspotenziale durch Modular Sourcing
• Reduktion der Anzahl der direkten Lieferantenbeziehungen
• Reduktion der Lagerhaltung
• Nutzung von Spezialwissen der Lieferanten
• Verkürzung von Entwicklungszeiten für neue Produkte und Dienstleistungen
• Verringerung der Anzahl der Transporte/Logistikkosten

Dem Modul-/Systemlieferanten können noch zusätzliche Aufgaben wie Forschung, Entwicklung, Qualitätssicherung und Einkauf übertragen werden. Wie weit dies gehen kann, zeigt der Automobilzulieferer Magna, der den eigenentwickelten X3 für BMW baut (Wannenwetsch 2004, S. 58).

Voraussetzung für Modular Sourcing

- Enges, vertrauensvolles und längerfristiges Verhältnis zwischen beschaffendem Unternehmen und dem Modullieferanten.
- Häufig müssen Lieferanten vor Ort sein z.B. durch Lieferantenparks bei Just-in-Time- oder Just-in-Sequence-Anlieferungen.

Tabelle 5.11. Vor- und Nachteile des Modular Sourcing (Werner 2002, S. 98)

Vorteile	Nachteile
• Reduzierung von Schnittstellen	• Gegenseitige Abhängigkeit
• Konzentration auf Kernkompetenzen	• Hoher Abstimmungsaufwand
• Förderung gleich bleibender Qualität	• Lieferantenwechsel schwierig
• Unmittelbare Nähe des Lieferanten	• Abgabe von Firmen Know-how
• Reduzierung von Logistikkosten	
• Flexibilität bei Änderungen	
• Verkürzung von Entwicklungszeiten	

Durch den Aufbau von Modullieferanten reduziert sich die Anzahl von Lieferanten erheblich. Dabei wird die logistische Komplexität der Lieferbeziehungen vereinfacht. Dieser Reduktionsprozess ist heute in vielen Unternehmen bereits realisiert.

Tabelle 5.12. Lieferantenreduzierung von Unternehmen (Beschaffung Aktuell 2/2000, S. 34)

	Lieferantenreduzierung		
Unternehmen	**Anzahl von Lieferanten im Reduktionsprozess**		
	Vorher	*Nachher*	*Reduktion in %*
Xerox	5.000	500	90
Motorola	10.000	3.000	70
Digital Equipment	9.000	3.000	67
General Motors	10.000	5.500	45
Ford Motor	1.800	1.000	44

So hat EADS im September 2013 angekündigt, die Zahl seiner Zulieferer deutlich zu reduzieren. Der deutsch-französische Konzern will nur noch mit Unternehmen zusammenarbeiten, die mehr als 100 Mio. Euro Umsatz machen. Dieses Vorgehen, falls es auch von anderen Konzernen übernommen wird, könnten den deutschen Mittelständlern ernste Probleme bereiten (Quelle http://deutsche-wirtschafts-nachrichten.de/2013/09/06/sorge-im-mittwirkelstand-eads-sortiert-kleine-zulieferer-aus/).

Bereits im März 2009 berichtete die FAZ darüber, dass sich Siemens von 74.000 Lieferanten trennen will, das sind knapp 20%. Dadurch sollen bei Siemens die Prozesse in der Beschaffung vereinfacht und flexibler gestaltet werden. Dies sei nötig, um Siemens „schneller, schlagkräftiger und kostengünstiger“ zu machen. Bis 2009 hatte es im Konzern keine zentrale Koordination gegeben, was dazu führte, dass 300.000 Zulieferer ein Beschaffungsvolumen von nur 5% bestritten. Spareffekte durch diese Verschlankung sind enorm. Eine Kostensenkung von im Schnitt 5% würde sich mit „fast 900 Mio. Euro ergebniswirksam niederschlagen“ (FAZ 2009b, S. 18).

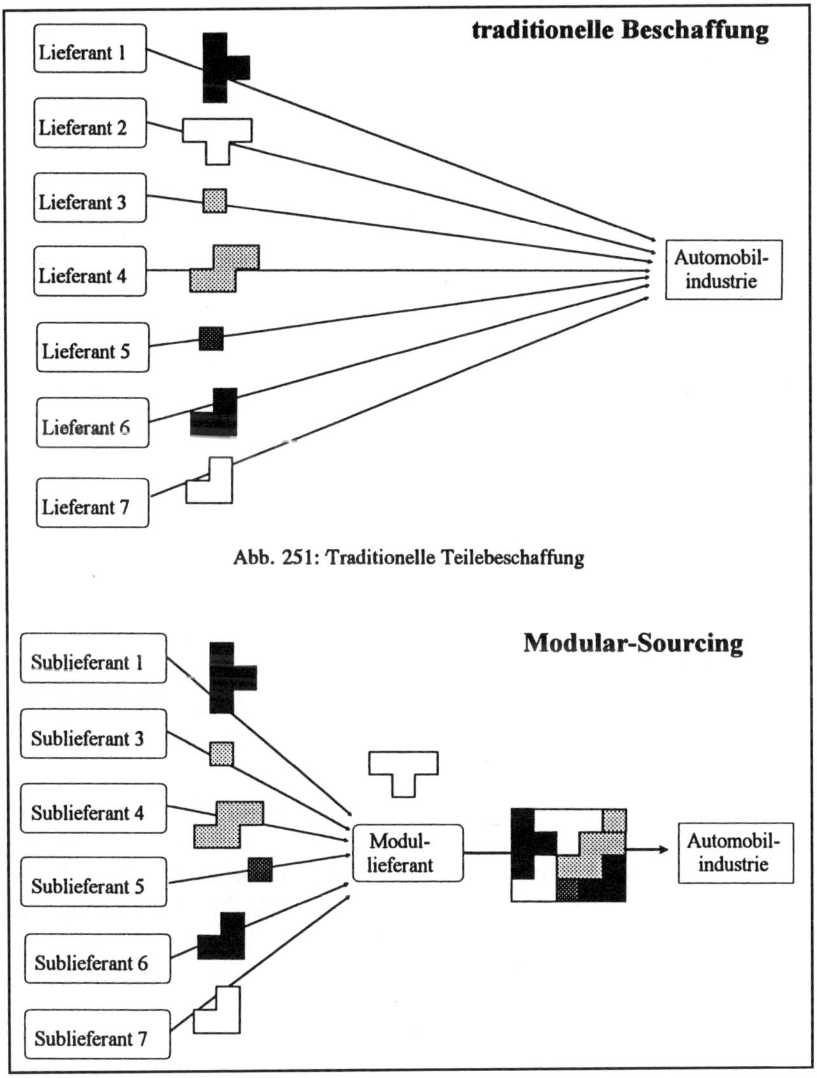

Abb. 5.5. Modular Sourcing (Schulte G 1996, S. 414)

Automobilhersteller versuchen durch Typen- und Variantenvielfalt sowie Sonderausstattungen jeden Kundenwunsch zu erfüllen. Heute bieten fast alle Automobilhersteller einen Online-Car-Konfigurator, der die Zusammenstellung jedes Fahrzeugs nach Kundenwunsch, unter Beachtung von Machbarkeitsregeln, ermöglicht. Mit dieser Variantenvielfalt ist auch eine Stückkostenerhöhung verbunden. Komplexitätsbedingt steigen die Gesamtkosten.

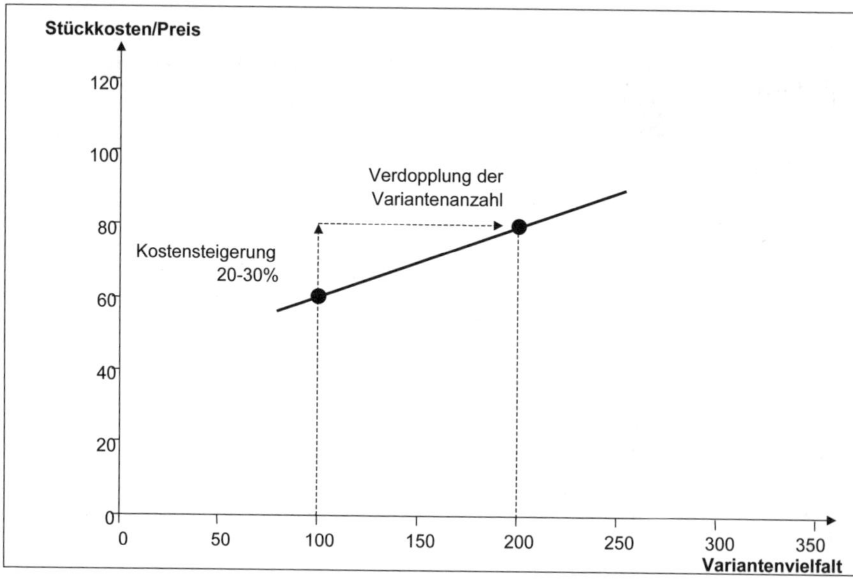

Abb. 5.6. Kostenentwicklung bei Verdoppelung der Variantenanzahl

Das Modular-Sourcing-Konzept wird häufig in der Automobilindustrie angewendet. Durch Modular Sourcing wird die Fertigungstiefe weiter gesenkt. Diese liegt bei BMW nur noch bei 33%. Beim Geländewagen Cayenne stellt Porsche etwa nur ca. 10% selbst her. Im Durchschnitt liegt die Wertschöpfungstiefe der Hersteller nur noch bei 28%.

Diese Entwicklung zeigt auch die von Mercer/Fraunhofer durchgeführte Studie FAST (Future Automotive Industry Structure). Danach wächst die Gesamtwertschöpfung zwischen 2002 und 2015 um über 250 Mrd. Euro. Der OEM-Anteil sinkt von 35% auf 23% ab. Die Wertschöpfung der Zulieferer erhöht sich von 65% auf 77% bzw. auf ca. 700 Mrd. Euro.

Eine Übersicht über die schwerpunktmäßigen Lieferumfänge führender Automobilzulieferer zeigt Tabelle 5.13.

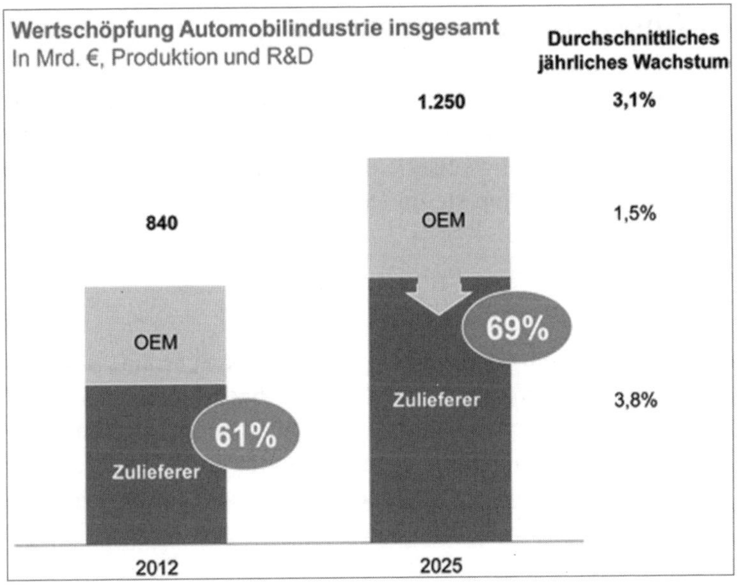

Abb. 5.7. Entwicklung der Wertschöpfungsanteile (Produktion Nr. 33–34, 2013)

Tabelle 5.13. Systemlieferanten der Automobilindustrie (2013)

Lieferanten	Schwerpunktmäßige Lieferumfänge
Behr	Kühlsysteme, Heizanlagen, Klimaanlagen, Standheizungen
Delphi	Fahrwerkskomponenten, Kraftstoffsysteme, Kompressoren, Heizgeräte, Batterien
Faurecia	Sitze, Fensterheber, Abgasanlagen
Hella	Beleuchtungs-, Wischwaschsysteme, Tempomat, Steuergeräte, Motorkomponenten
Johnson Controls	Sitze, Verkleidungen, Hardtop, Verkleidungen
Lear	Sitze, Verdecke, Instrumententafeln, Diebstahlwarnanlagen, Fensterheber, Lenkräder, Exterieur-Komponenten
Magna	Komplette PKWs, Cockpit, Sitze, Tür- und Seitenverkleidungen, Stoßfänger, Press- und Stanzteile
Continental Automotive GmbH (früher Siemens VDO)	Instrumentencombi, Wischwaschsysteme, Kraftstoffsysteme, Tempomat, Steuergeräte, Bordcomputer, Motorkomponenten, Motor- und Fahrzeugelektr(on)ik, Kommunikation, Kabelbäume, Schließsystem
Robert Bosch	Motor- und Fahrzeugelektr(on)ik, Kommunikation, ABS, Wischwaschanlagen
ThyssenKrupp	Karosseriebleche, Stahl
TRW	Fahrwerks-, Lenkungs-, Airbagkomponenten, Sensoren, Rückhaltesysteme, Lenkräder, Verkleidungen
ZF	Automatik- und Schaltgetriebe

5.8 Just-in-Time und Just-in-Sequence

Die Just-in-Time- bzw. Just-in-Sequence-Beschaffungsstrategie hat als vorrangiges Ziel die Vermeidung von Beständen. Ausgangspunkt ist die Idee, die benötigten Beschaffungsobjekte produktionssynchron, d.h. erst zu dem Zeitpunkt zu liefern, an dem sie im Herstellungsprozess benötigt werden (Wannenwetsch 2005, S. 184ff).

Just-in-Time (JiT)

Unter Just-in-Time versteht man eine produktionssynchrone Beschaffungsstrategie, welche die Verbrauchsstellen mit bedarfsgerechten Teilmengen versorgt, unter Verzicht auf eine Warenannahme und -prüfung.

Just-in-Time eignet sich als Belieferungsform für Teile mit geringer Verbrauchsabweichung und hohem Volumen (AX-Güter), die zeitnah produziert werden und ohne Zwischenschaltung eines Lagers an den Einbauort geliefert werden.

Der Lieferant liefert die JiT Teile z.B. in Aufliegern an eine Rampe in der Nähe des Bedarfsortes. Die Anhänger dienen als Lager auf Rädern (Warehouse on Wheels), aus welchen die Teile entnommen werden, wenn der Bedarf am Band entsteht. JiT senkt Bestände und erhöht den Lagerumschlag (Graf 2005, S. 26).

Beim größten Montagewerk des Daimler-Konzerns in Sindelfingen wird ein Drittel des Beschaffungsvolumens JiT angeliefert. Jährlich laufen rund 470.000 PKW vom Band. 1.750 LKW und 65 Eisenbahnwagons steuern täglich das Werk an. Sie bringen 40.000 verschiedene Sachnummern von 1.000 Lieferanten. Die LKW werden an 200 Abladestellen für sechs Montagelinien entladen. Die Teile werden über 25.000 Bereitstellungsplätze an 2.500 Montagestationen geliefert (Graf 2005, S. 25).

Just-in-Sequence (JiS)

Unter Just-in-Sequence versteht man eine produktionssynchrone Beschaffungsstrategie, welche die Verbrauchsstellen mit bedarfsgerechten Teilmengen takt- bzw. sequenzgenau versorgt, unter Verzicht auf eine Warenannahme und -prüfung. Die Belieferung erfolgt somit ohne nennenswerten zeitlichen Puffer zwischen Anlieferung und Einbauzeitpunkt. Die taktgenaue Anlieferung beschränkt dieses Konzept auf solche Zulieferunternehmen, die sich in der Nähe des Abnehmers angesiedelt haben, im sog. Supplier-Park. Außerhalb des Supplier-Parks sollte die Entfernung zwischen Lieferant und Abnehmer nicht mehr als 50 km betragen (Schulte 1996).

Just-in-Sequence eignet sich als Belieferungsform für komplexe und kundenindividuelle Module und Teile die in vielen verschiedenen Ausführungen, Farben und Kombinationen auftreten. Aufgrund der hohen Verbrauchsabweichung müssen die Teile takt- und sequenzgenau, d.h. in der Reihenfolge des Einbaus am Bedarfsort zur Verfügung stehen. Durch JiS lassen sich die Bestände in der Supply Chain deutlich senken. Ein hoher Aufwand verbirgt sich jedoch in der informationstechnischen Steuerung der JiS Umfänge. Ergänzend müssen OEM und Zulieferer das Risiko eines Produktionsstillstandes absichern. Bei Daimler in Sindelfingen werden fast 50% des Teilevolumens JiS angeliefert (Graf 2005, S. 26).

Voraussetzung für JiT und JiS

- Detailliertes Informations- und Planungssystem, das den Lieferanten die benötigte Beschaffungsobjektmenge und den richtigen Lieferzeitpunkt mitteilt.
- Intensive Qualitätssicherungsmaßnahmen, die sicherstellen, dass die gelieferte Waren eine 100%ige Qualität aufweisen, da Fehllieferungen oder qualitativ minderwertige Lieferungen eine Produktionsverzögerung auslösen (Koether 2004, S. 123ff), sowie zum Produktionsstillstand „Bandabriss" führen können.
- Der Lieferant muss über das nötige Know-how verfügen, in kurzer Zeit eine große Anzahl von variierenden Bauteilen fertigen zu können. Wichtig hierfür sind kurze Umrüstvorgänge der Maschinen im Sinne von Lean „Single Minute Exchange of Dies" (SMED). So gibt es z.B. für den Audi A3 ca. 25 verschiedene Abgasanlagen, je nach Motorisierung, Modell (2 oder 4 Türen) und Kraftstoffart.

Durch den Einsatz der ABC-Analyse kann eine erste Selektion von JiT-Teilen erfolgen. Mit nur wenigen Teilepositionen lassen sich hohe Bestandskostenreduzierungen verwirklichen. Weiterhin bieten sich aufgrund des hohen Koordinationsaufwandes meist nur A-Güter mit einem regelmäßigen Verbrauch für das Just-in-Time-Beschaffungskonzept an.

Tabelle 5.14. Vorteile und Nachteile von JiT- und JiS-Beschaffung

Vorteile	Nachteile
• Erhöhung des Materialumschlags bis zu 90% • Verminderung von Ausschusskosten bis zu 40% • Geringere Kapitalbindung • Verbesserung der Produktqualität • Verbesserung des Lieferantenservice • Verkürzung der Beschaffungszeit	• Große Abhängigkeit zum Lieferanten • Großes Risiko durch Umwelteinflüsse (Streik) • Hohe Transportkosten

Durch einen Streik beim BMW-Zulieferer Zahnradfabrik Friedrichshafen in den neuen Ländern erfolgte im Jahr 2003 ein Produktionsstopp des BMW 3er Modells in Westdeutschland. Davon waren über 1.000 Mitarbeiter in den BMW-Werken in Ingolstadt und Regensburg betroffen. Der Umsatzverlust betrug ca. 38 Mio. Euro pro Streiktag des über dreiwöchigen Streiks (FAZ 2003g).

Deutsche Autositze-Hersteller produzieren für Daimler in Kanada im Just-in-Time-Verfahren. Daimler wird dadurch unabhängig von Überseelieferung und hat keinen Lagerbestand, der die Produktionskosten erhöht.

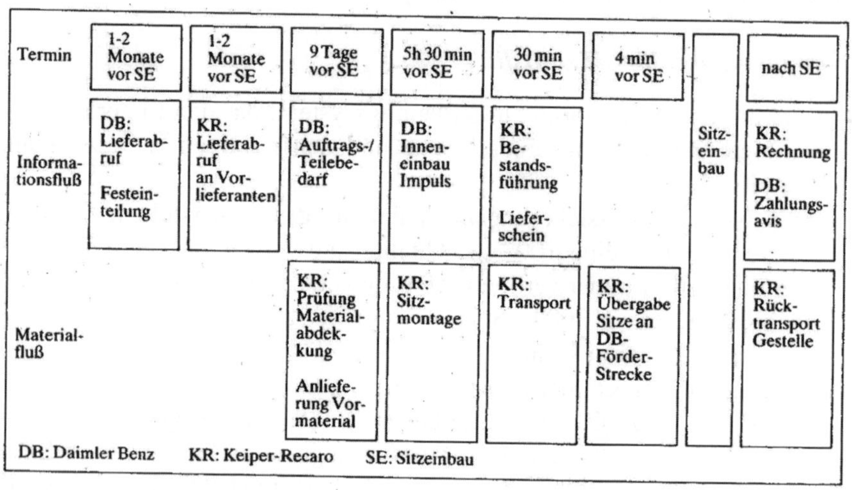

Abb. 5.8. Informations- und Materialfluss zwischen Daimler und Keiper (Schulte C 1995)

5.9 Verschiedene Anlieferungskonzepte innerhalb des JiT-Konzeptes

Supplier-Parks

Beim Ford-Werk in Saarlouis werden die wichtigsten Teile Just-in-Time angeliefert. Alle Lieferanten von A-Teilen wurden im sog. Supplier-Park angesiedelt, um in direkter Nähe zur Produktionsstätte zu sein. 1998 nahm dieser Supplier-Park mit 800 Beschäftigten seinen Betrieb auf. Die Gesamtinvestition für dieses wegweisende Projekt lag bei 240 Mio. Euro. Auf einem Areal von 260.000 Quadratmetern haben sich 13 Lieferanten mit heute 2.500 Beschäftigten angesiedelt (@Ford Magazin 2008). Die Produktionshallen der einzelnen Zulieferer sind durch Förderband-Kanäle miteinander verbunden. Diese Bänder transportieren die Teile direkt an den Point of Use. Somit entfällt ein kostspieliger Transport per LKW und Ford hat eine genaue Übersicht, welche Teile sich in welcher Menge in der Pipeline, also im Förderkanal, befinden. Ford Saarlouis produziert den Ford Focus, C-MAX und Kuga.

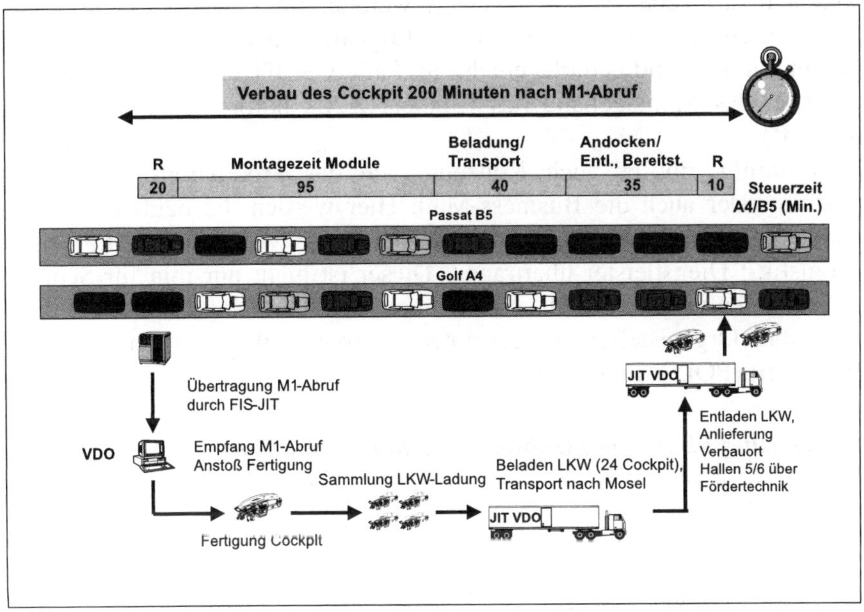

Abb. 5.9. JiT-Abwicklung VDO-Cockpit (Baumgarten 2001, S. 60)

Diese klassischen Zulieferer-Parks, wie Ford Saarlouis, GVZ Audi Ingolstadt integrieren 10 bis 15 Just-in-Sequence-Lieferanten in vermieteten Hallenflächen. Diese befinden sich in unmittelbarer Nähe zum Werk. Die Lieferbeziehungen werden auf die Dauer eines Modellproduktionszyklus beschränkt.

Mittlerweile gibt es bereits innovativere Konzepte, wie z.B. den Automotive Supplier Park in Rosslyn, nahe Pretoria in Südafrika. Dort ist ein von OEMs unabhängiger Lieferantenpark von vier Automobilherstellern entstanden mit einer sehr offenen Parkstruktur. Zulieferer haben keine Verpflichtung zur Lieferung an einen der vier ansässigen OEM und können vom Aufbau eines gezielten Lieferanten-Netzwerkes profitieren (Logistik für Unternehmen 1/2–2005).

Anlieferung über ein externes Lager

Ist die Entfernung zwischen Lieferanten und dem Abnehmer zu groß, d.h. eine direkte Anlieferung ist nicht mehr möglich, kann die Belieferung über ein JiT-Lager erfolgen. Hier wird vom Lieferanten oder einem Pool von Lieferanten ein Pufferlager in unmittelbarer Werksnähe eingerichtet, in welchem die Teile zwischengelagert werden. Im Lager wird die Ware, meist durch einen 3 PL (Third-Party Logistics Provider = Dienstleister), kommissioniert und bedarfsgerecht, im Falle von JiT bzw. JiS, sequenzgerecht an das Montageband des Kunden/OEMs befördert (Schulte 1999, S. 321ff).

Weiterhin gibt es auch Konzepte wie das Produktionsversorgungszentrum oder auch die Business-Mall. Hier werden die beiden oben genannten Konzepte vermischt. Die Verantwortung wird vom OEM an einen (Logistik-) Dienstleister übertragen. Dieser ist nicht nur rein für Sequenzieraufgaben verantwortlich sondern auch für Vormontage, Kommissionierung und Organisation der gesamten externe Teileversorgung bis zum Verbauort (POU = Point of Use).

Anlieferung über einen Gebietsspediteur („Milk Run")

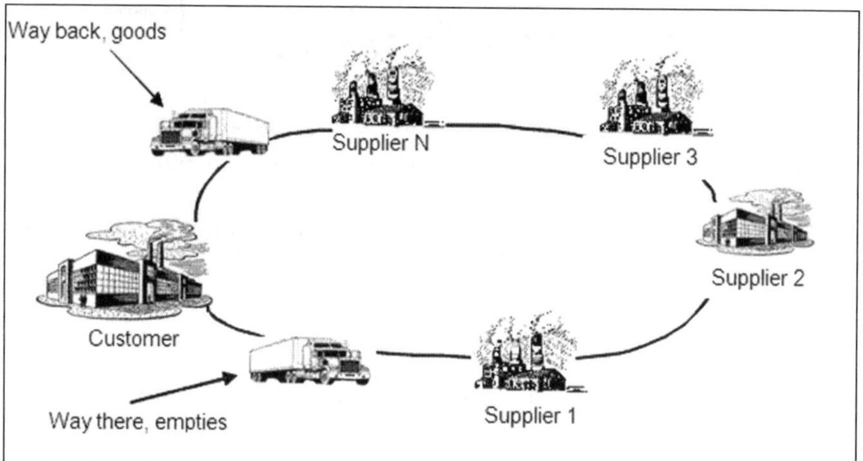

Abb. 5.10. Konzepte eines Milkruns (http://en.wikipedia.org/wiki/Milk_run, 2014)

Werden nur geringe Liefermengen benötigt und liegen große Entfernungen zwischen Lieferanten und Abnehmer, so empfiehlt sich die Einschaltung von Spediteuren. Dadurch werden die Kosten drastisch gesenkt, da nicht jeder Lieferant seinen eigenen Spediteur beauftragen muss und etwaige Transportraumleerkosten vermieden werden können. Der Gebietsspediteur sammelt zunächst alle Einzelsendungen ein und transportiert diese entweder direkt zum Abnehmer oder an einen sog. Empfangsspediteur. Dieser übernimmt dann die Verteilung der Teile zu den Abnehmern. Das Konzept des Gebietsspediteurs der im Milk Run zwischen Lieferanten und Abnehmer(n) pendelt, erfordert meist die Einrichtung von Pufferlagern. Vom Abnehmer werden somit das Lieferrisiko (etwa durch Staus, etc.) sowie die Kosten der Lagerhaltung auf den Lieferanten abgewälzt (Schulte 1999, S. 321ff).

5.10 Maverick Buying

Der Begriff Maverick Buying beschreibt die Beschaffung von Waren und Dienstleistungen durch Bedarfsträger unter Umgehung des Einkaufs. Ungefähr 30% aller C-Teile werden außerhalb der normalen Beschaffungsvorgänge gekauft. Unter den Bereich C-Teile fallen Kleinteile, Ersatzteile, DIN-Teile.

Da bei Einkaufsumgehungen die standardisierten Beschaffungsprozesse nicht eingehalten werden, entstehen für Unternehmen durchschnittlich ca. 15% Mehrkosten (Supply 2010, S. 20). Maverick Buying, also der unkontrollierte Einkauf, wird insbesondere in nichtklassischen Beschaffungsfeldern, wie z.B. bei Marketingdienstleistungen und -Materialien, Beratungsdienstleistungen und Travel Management durchgeführt. Deshalb gilt es, das eigenmächtige Ordern zu verhindern bzw. zumindest einzudämmen (BIP 2 2011, Supply 2010, S. 20).

Die Mehrkosten ergeben sich u.a. durch:

- Nichtnutzung bestehende Rahmenverträge,
- höhere Prozesskosten z.B. in der Kreditorenbuchhaltung,
- fehlende Möglichkeit der Bedarfsbündelung zur Ausschöpfung von Marktmacht,
- Qualitätsmängel der beschafften Güter,
- fehlerhafte Lieferung aufgrund hektischer und zeitkritischer Auftragsvergabe,
- keine Ausnutzung von Preisvorteilen,
- keine optimalen Losgrößen,
- hohe Transportkosten durch Eillieferung und kleine Mengen,
- keine Bedarfsblockung und kein Desktop-Purchasing möglich,
- schlechte Lieferantenauswahl.

Ursachen für Maverick Buying

- Fachabteilung (Produktion, Entwicklung, Verwaltung, Marketing etc.) bestellt ohne Einschaltung des Einkauf, etwa aufgrund von Unzufriedenheit mit der Leistung des Einkaufs.
- Bedarf wird zu spät bzw. kurzfristig dem Einkauf mitgeteilt.
- Schlechte Bedarfsprognosen, ungeplanter Ausschuss, Verderb.
- Langjährige Beziehung zwischen Fachabteilung und Lieferant.
- Verbrauchende Abteilungen halten sich nicht an Einkaufsvorgaben.
- Es fehlt im Einkauf fachspezifisches Warengruppen-Know-how.

Folgende Gegenmaßnahmen sind in der Praxis anzutreffen:

- bessere und rechtzeitige Abstimmung des Bedarfs der verbrauchenden Stellen gegenüber dem Einkauf,
- nur Einkauf hat Berechtigung zur Beschaffung,
- bessere Bedarfsprognosen von Vertrieb, Marketing und Außendienst,
- Maverick Buying wird mit Strafe (Prämienentzug) belegt,
- vorherige Abstimmung mit Kunden,
- Aufbau eines Einkaufscontrollings,
- flexible Rahmenverträge mit Lieferanten.

Mit Maverick Buying gehen auch Risiken für Unternehmen einher. Wenn etwa bei Lieferanten beschafft wird, die vom Einkauf für Geschäftsbeziehungen gesperrt wurden, sog „Black-List-Supplier", entstehen Reputationsrisiken für das Unternehmen. Auch unter Compliance-Gesichtspunkten stellt Maverick Buying eine Gefahr für Unternehmen dar. Denn durch die Intransparenz bei Einkaufsumgehungen steigt die Gefahr von Korruption.

Als Kennzahl für den Anteil des Maverick Buying im Unternehmen gilt die Maverick-Buying-Quote (MBQ):

$$\text{MBQ} = \frac{\text{Realisiertes Beschaffungsvolumen}}{\text{Mandatiertes Beschaffungsvolumen des Einkaufs}} \cdot 100 \tag{5.1}$$

Laut Untersuchung des BME beträgt die Maverick-Buying-Quote im Durchschnitt 12% (BME 2008). Eine hohe Maverick-Buying-Quote kann in einer schlechten Einkaufsorganisation begründet sein. Wenn die Bedarfsträger mit den Leistungen des Einkaufs etwa hinsichtlich Durchlaufzeiten und Preisen unzufrieden sind, kann die Bereitschaft steigen, den Einkauf zu umgehen.

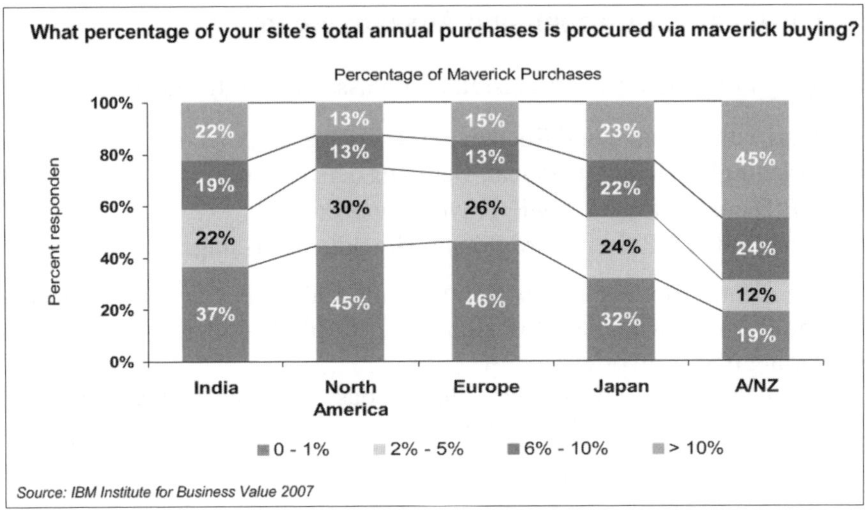

Abb. 5.11. Anteil des durch Maverick Buying beschafften Einkaufsvolumens

Unternehmen versuchen zunehmend, Maverick Buying zu unterbinden. Eine wirksame Maßnahme besteht darin, die Kreditorenbuchhaltung anzuweisen, nur noch Rechnungen zu begleichen, die eine Referenznummer des Einkaufs (z.B. SAP-Bestellnummer) aufweisen. Die Lieferanten werden ebenfalls über die Regel informiert und erhalten künftig Rechnungen ohne Bestellbezug unbeglichen zurück. Der Lieferant wird erfahrungsgemäß mit dem Verursacher in Kontakt treten. Für den Verursacher ist die Begleichung dieser Rechnung mit administrativem Mehraufwand verbunden. Auf diese Weise lassen sich die Bedarfsträger von den Vorteilen einer Standardbeschaffung über den Einkauf überzeugen. Einige Unternehmen erfassen systematisch in jedem einzelnen Fall die Kostenstellenverantwortlichen und haben Sanktionsmechanismen eingeführt, die sogar arbeitsrechtlicher Natur sein können.

5.11 Nicht-traditionelle Beschaffungsfelder

Produkte und Dienstleistungen in „Nicht-traditionellen Beschaffungsfeldern" werden oft nicht direkt durch den Einkauf beschafft bzw. bestellt. Bis zu 30% des gesamten Beschaffungsvolumens im Unternehmen entfällt auf die nicht-traditionellen Beschaffungsfelder. Das stellt ein hohes Kostensenkungspotenzial dar, da die meisten dieser Beschaffungsfelder nach Untersuchungen vom Einkauf kostengünstiger eingekauft werden könnten.

5.11.1 Umfang, Ursachen und Auswirkungen

Nicht-traditionelle Beschaffungsfelder umfassen z.B. folgende Bereiche:

- Bezug von Patenten und Rechten, Finanzdienstleistungen,
- Marketingleistungen, Personal, Beratungsleistungen,
- F&E Dienstleistungen sowie Travel Management,
- Weiterbildung, Reisen, Fortbildung, Hoteldienstleistungen.

Eine Zentralisierung dieser Beschaffungsfelder über den Einkauf entspricht einem Gewinnvorteil in Höhe einer 8- bis 14-prozentigen Umsatzsteigerung (Gewinnvorteil).

Folgende Gründe können dazu führen, dass der Einkauf nicht über die Beschaffungskompetenz für die Bereiche verfügt:

- die zu beschaffenden Güter können zu spezifisch sein,
- dem Einkauf mangelt es an den Ressourcen,
- fehlende Akzeptanz des Einkaufs (Marketing),
- Macht und Prestige der verbrauchenden Bereiche,
- „sich nicht in die Karten schauen lassen“,
- Beschaffungsfelder werden vom Einkauf unterschätzt (Vgl. BME et al. 2005).

Als ein Instrument für die Entscheidungsfindung eignet sich die Erstellung eines „Purchasing Value Portfolios“, das aussagt, in welchem Zusammenhang einzelne Beschaffungsbereiche in Bezug auf ihre Bedeutung für das Unternehmen und ihren Grad der Abwicklung über den Einkauf stehen.

5.11.2 Fallbeispiel Marketing

Die Ausgaben für Marketing sind für 40% der Einkaufsleiter nicht transparent. Nur 20% der Einkaufsleiter sind der Meinung, dass die Marketing-Abteilung bereit ist, Einkaufspraktiken einzuhalten. Ungefähr 40% der europäischen Unternehmen sehen die Hauptrolle des Einkaufs darin, das Marketing bei Preisen und Verträgen zu beraten. Aber 90% der europäischen Einkaufsleiter sind der Meinung, dass durch eine enge Zusammenarbeit mit der Marketingabteilung bessere Ergebnisse erzielt werden können (Untersuchung BME u. Syner Deals 2005).

Die Zusammenarbeit von Einkauf und Marketing kann erleichtert werden, wenn folgende Faktoren beachtet werden.

- Einkauf von Marketingprodukten besteht zu ca. 50% aus harten Faktoren und zu ca. 50% aus weichen Faktoren.
- Einkäufer sollten eine Vorliebe für das Marketing haben.
- Eine Kenntnis des Lieferantenmarktes ist unabdingbar.
- Die Erstellung eines Lastenheftes fördert die Objektivität.

Erhebliche Kosteneinsparungen haben sich ergeben durch:

- Bedarfsbündelung, Rahmenverträge,
- Ermittlung des Bedarfs mit allen Beteiligten,
- Einbindung des Einkaufs von Beginn an.

5.11.3 Fallbeispiel Hoteldienstleistungen

In der Bundesrepublik Deutschland wurden im Jahr 2013 über 170 Mio. Geschäftsreisen durchgeführt. Zehn Millionen Geschäftsreisende gaben dabei über 48 Mrd. Euro aus. Obwohl das Reisevolumen von 2009 bis 2013 um 17% gestiegen ist, sind die durchschnittlichen Geschäftsreisekosten nur um 10% gestiegen.

Die Reisekosten setzen sich aus folgenden Bestandteilen zusammen (Vgl. Verband Deutsches Reisemanagement e.V. 2014):

- 26% Flugkosten,
- 25% Übernachtungen,
- 18,5% Bahnreisen,
- 12,5% Verpflegung,
- 10% sonstige Aufwendungen,
- 8% Mietwagen.

Die Preisunterschiede bei Flugreisen betragen im Durchschnitt ca. 15%. In der Spitze können für eine Flugreise nach Untersuchungen des BME aber bis zu 50% Preisunterschiede bestehen. Mittelständische Unternehmen geben im Jahr ca. 50 Mio. Euro für Geschäftsreisen aus. Beim Faktor Reisekosten sind weitere Faktoren zu beachten:

- 40% der Geschäftsreisekosten fallen auf Veranstaltungen,
- an Messeterminen haben Hotels Preisaufschläge bis zu 100%,
- 28% der Geschäftsreisenden finden viele Reisen unnötig,
- 12% der Reisenden sind der Meinung, dass die Reise die Produktivität verringert.

Folgende Einsparmöglichkeiten sind im Bereich Travel-Management möglich:

- Auslagerung der Reisetätigkeiten auf ein bis zwei Reisebüros,
- Besprechungen, Tagungen und Konferenzen an Flughäfen,
- Videokonferenzen,
- Ausschreibung/Reverse Auktion der Hoteldienstleistungen an Hotels,
- Buchung im Internet unter Adressen wie z.B.: www.hotel.de, www.hrs.de, www.Zimmer-im-Revier.de, www.bed-and-breakfast.de.

Viele Firmen haben darüber hinaus Reiserichtlinien erlassen, welche z.B. regeln, dass innerhalb Europas nur zu Economy-Tarifen geflogen wird. Wird Economy-Class genommen obwohl Business-Class berechtigt gewesen wäre, so wird dem Reisenden eine Geldprämie gutgeschrieben.

Weiterhin sind in vielen Unternehmen Travel-Card oder Corporate Cards im Einsatz. Die Reiseleistungen werden mit der Corporate Card beglichen. Dadurch wird die zeitaufwendige Abrechnung eines Reisegeldvorschusses vermieden. Gleichzeitig erhält das Unternehmen detaillierte Angaben, welche Hotels, Autovermietungen und sonstige Reiseleistungen zu welchen Konditionen in Anspruch genommen worden sind.

Die Corporate-Card oder Travel-Card bieten folgende Vorteile:

- alle anfallenden Kosten der Geschäftsreise werden beglichen (bargeldlos bei 24 Mio. Händlern, Abhebung Bargeld an 100.000 Geldautomaten),
- Unternehmen erhält eine monatliche Abrechnung online,
- Liquiditätsprobleme während der Reise entfallen,
- 80–90% der Kosten werden abgedeckt,
- 28-Tage-Kreditrahmen durch Kartenfirma,
- besseres Controlling der Reisekosten,
- Grundlage für Preisverhandlungen mit Hotels etc.

Weiterhin wird in Reiserichtlinien geregelt, welche Mitarbeiter welche PKW-Wagenklasse erhalten, welche Versicherungen abgeschlossen werden müssen und welche Abteilung die Reisen genehmigt.

5.11.4 Der Bull-Whip-Effekt

Bull-Whip bedeutet in der ursprünglichen Form Bullenpeitsche. Der Bull-Whip-Effekt (Peitschenschlag-Effekt) bezeichnet das Aufschaukeln der Bestände innerhalb der Supply Chain aufgrund mangelnder Information über die Bestände innerhalb der Supply Chain. Der Bull-Whip-Effekt wurde im Konsum-Bereich z.B. bei Baby-Windeln (Pampers) festgestellt und hat heute besonders auf die globalen Lieferketten der Automobil-Zulieferindustrie von Asien nach Europa große Auswirkungen (Beschaffung Aktuell 06/2012, S. 19).

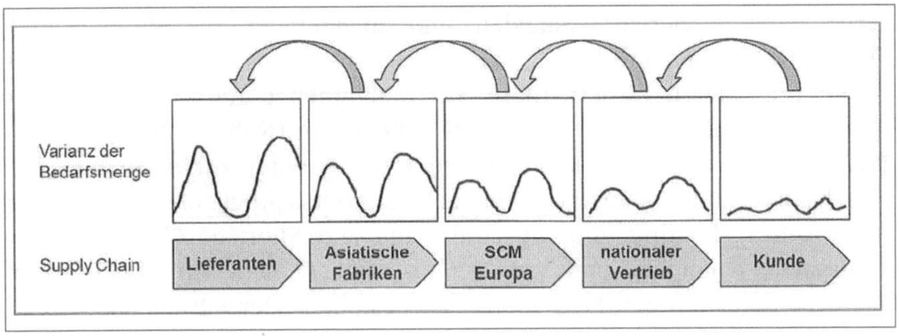

Abb. 5.12. Der Peitschenknall-Effekt: Aufschaukeln der Bestände innerhalb der Supply Chain in komplexen Systemstrukturen (Beschaffung Aktuell 06/2012, S. 20)

Beispiel

Der Einzelhandel hat bei einem Produkt eine Nachfrageschwankung von 5% ausgelöst durch schwankende Einkäufe der Kunden.

Der Einzelhandel legt daraufhin einen Sicherheitsbestand von 10% fest, um Lieferengpässe zu vermeiden. Der Großhandel nimmt die 10%ige Verbrauchsschwankung des Einzelhandels (Aufschaukeln durch Sicherheitsbestände etc.) als Grundlage und errechnet einen Sicherheitsbestand von 15%, um vermeintliche Lieferengpässe zu vermeiden. Der Hersteller sieht wiederum die 15% Schwankungsbreite der Großhandels und legt 20% Sicherheitsbestände fest, um die „künstlichen 15%" Schwankungen des Großhandels auszugleichen.

Der Bull-Whip-Effekt hat verschiedene Ursachen wie z.B.:

- keine aktuellen Nachfragprognosen: jeder Partner in der logistischen Kette kennt nur die Bedarfe, die ihm von seinen Kunden direkt gemeldet werden und jede Stufe erstellt lokale Prognosen,
- um Fehlbestände zu vermeiden, werden in der Supply Chain unnötig viele Mengen produziert und als Sicherheitsbestand auf Lager gehalten – dies erhöht die Kapitalbindung,
- hohe Nachfrageschwankungen, schlechte Bedarfsplanung und daraus fehlgeleitete Managemententscheidungen die nicht ohne zeit- und kostenintensive Maßnahmen ausgeglichen werden können,
- Auftragsbündelung (Order Batching) – Zusammenfassung vieler Bedarfsmengen, um bestellfixe Kosten zu senken, Mengenrabatte oder Staffelpreise zu nutzen.

Besondere Herausforderungen entstehen durch Global Sourcing. Dadurch werden kostengünstige, insbesondere asiatische Produktionsstandorte genutzt, welche zwangsläufig zu langen Transportwegen, damit einhergehenden höheren Beständen und mangelnder Flexibilität führen (Beschaffung aktuell 06/2012, S. 19).

Die Lieferanten fördern diese Schwankungen durch Gewährung von Mengenrabatten, Verkaufsförderungsmaßnahmen (Rabatte und Preisnachlässe). Die Abnehmer decken in Tiefpreisphasen ihren zukünftigen Bedarf. Das Kaufverhalten spiegelt somit nicht den tatsächlichen Bedarf wieder. Eine Auftragskontingentierung (Rationing and Shortage Gaming) sowie befürchtete Knappheit und Versorgungsengpässe verleiten Abnehmer oft dazu, größere Mengen als benötigt zu bestellen. Der tatsächliche Bedarf bleibt weitgehend unbekannt.

Diese Zuschläge summieren sich über die Lieferkette oft zu künstlichen Nachfragebooms.

Die Folgen des Bull-Whip-Effektes sind:

- steigende Herstellkosten (hoher Sicherheitsbestand notwendig oder hohe Produktionskapazitäten notwendig),
- steigende Lagerhaltungskosten,
- steigende Transportkosten (Mindermengen müssen unter Umständen als kostspielige Luftfracht transportiert werden),
- lange Wiederbeschaffungszeiten.

Die folgenden Gegenmaßnahmen sind möglich: Der Hersteller muss sich die tatsächlichen Verbrauchsdaten und Schwankungen direkt beim Einkunden einholen (Point of Sale (POS). Weiterhin kann versucht werden, direkt an den Endverbraucher zu liefern. Mittels Vendor Managed Inventory erhält man die direkten Verbrauchsdaten des Kunden. Ein besserer Informationsfluss mit dem Vertrieb oder mit dem Außendienst hilft ebenfalls, unnatürliche Verbrauchsschwankungen zu erkennen.

Wiederholungsfragen zu Kapitel 5

1. Was ist der Unterschied zwischen Local und Domestic Sourcing? Erläutern Sie kurz!
2. Grenzen Sie Global Sourcing und Single Sourcing voneinander ab. Wo liegen die Gefahren im Global Sourcing?
3. Was versteht man unter JiT-Belieferung, und was sind die Voraussetzungen dafür? Erklären Sie!

6 E-Procurement und E-Commerce

6.1 Bedeutung und Einsparpotenziale

Wachstum im Onlinehandel

Der Online-Handel ist im Jahr 2012 um 27,2% auf 27,6 Mrd. Euro gewachsen (Zahlen des Bundesverbandes des Deutschen Versandhandels, BVH). Hinzu kommen die Dienstleistungsumsätze: Online-Verkäufe für digitale Services wie Tickets, Medienprodukte oder Apps von rund 10 Mrd. Euro. Beim stationären Einzelhandel führt der Online-Handel zu sinkenden Umsätzen, diese sind (ohne Lebensmittel) nominal um 3,9% und real um weit über 5% geschrumpft (Heinemann 2014, S. 1).

Mobile Endgeräte zur Informationsbeschaffung

Immer mehr Verbraucher in Deutschland verwenden mobile Endgeräte wie Smartphones und Tablet-Computer zur Recherche im Internet und zunehmend auch am „Point-of-Sale" in den Einzelhandelsfilialen (Multichannel-Studie der Wirtschaftsprüfungs- und Beratungsgesellschaft PwC, http://www.pwc.de/de/pressemitteilungen/2014/online-shopping-ueberall-und-jederzeit_verbraucher-kaufen-mehr-via-smartphone-und-tablet.jhtml):

- Etwa jeder vierte Konsument nutzte 2013 ein mobiles Endgerät mindestens einmal im Monat für den Online-Einkauf (2011: jeder Neunte).
- 44% nutzten das Smartphone zum Preisvergleich im Ladengeschäft.
- Etwa jeder Dritte holte zusätzliche Informationen zu den angebotenen Produkten ein.
- Knapp jeder Fünfte suchte während des Einkaufens mit dem Smartphone ein bestimmtes Ladengeschäft bzw. die nächstgelegene Filiale.
- 29% der befragten Konsumenten wollten gerne mit ihren mobilen Endgeräten Warenbestände in anderen Filialen oder auch im Internet-Shop abrufen.
- Jeder fünfte Befragte wünschte ein leicht zugängliches WLAN im Ladengeschäft.

Einsparung von Einstandspreisen und Prozesskosten

Auch im Handel zwischen den Unternehmen ist E-Business auf dem Vormarsch: Durch den Einsatz von Katalogsystemen konnten die Unternehmen im Durchschnitt 30% an Prozesskosten einsparen. Bei Ausschreibungslösungen konnten 18,8% und bei Auktionslösungen konnten durchschnittlich 11,8% eingespart werden. Die Einsparungen bei den Einstandspreisen betrugen bei Katalogsystemen durchschnittlich 7,4% und bei Auktionslösungen 14,6% (eSolutions Report 2013 des BME).

Abbildung 6.1 zeigt die Einsparpotenziale von klassischem Bestellprozess im Vergleich zum E-Procurement.

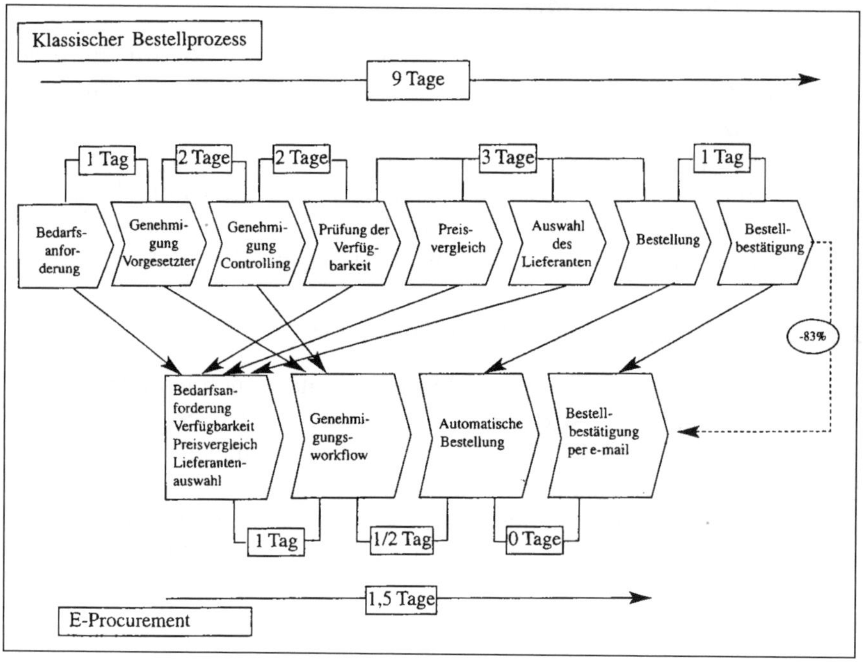

Abb. 6.1. Vergleich konventionelle Beschaffung und E-Procurement (Schulte C 2013)

Kosten bei konventioneller Beschaffung:

- Beteiligte Stellen: Bedarfsträger, Kostenstellenverantwortlicher, Einkauf, Wareneingang, Rechnungsprüfung, Rechnungszahlung
- 150 Minuten Arbeitszeit pro Bestellung
- Etwa 100 Euro Kosten bei oft geringwertigen Beschaffungsartikeln
- Überbewertung des Einstandspreises gegenüber Prozesskosten
- Konzerne mit mehreren hunderttausend Beschaffungsvorgängen

Kostensenkung und Zeitreduktion:

- Beschaffungszeit sinkt von 7,3 auf 2 Tage.
- Verwaltungskosten sinken um bis zu 70%.
- Lagerkosten sinken um 25 bis 50 Prozent.
- Material- und Dienstleistungskosten sinken um 5 bis 10 Prozent.

E-Procurement-Lösungen können bis zu 300% ROI im ersten Jahr erreichen, d.h. in vier Monaten haben sie sich im Idealfall amortisiert.

Unternehmensbeispiel Frankfurter Flughafen

- Zeitaufwand pro Bestellung geht von 182 auf 18 Minuten zurück.
- Kosten sinken von 279 auf 35 Euro.
- Kostensenkung pro Jahr beträgt 4,4 Mio. Euro.

6.2 E-Begriffe

In der „Elektronischen Geschäftswelt" haben sich verschiedene „E"-Begriffe gebildet, die jeweils ein bestimmtes Tätigkeitsfeld abgrenzen. Abbildung 6.2 gibt einen Überblick über die wichtigsten Begriffe in Bezug auf E-Procurement und E-Commerce.

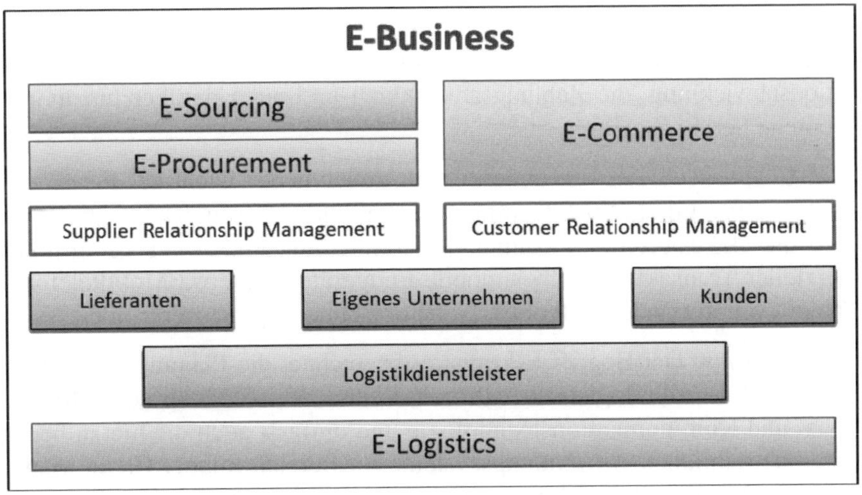

Abb. 6.2. Überblick E-Begriff

E-Business: Unter E-Business werden alle Geschäftsprozesse subsumiert, die unter Verwendung von Informationstechnologie und unter Nutzung öffentlicher oder privater Kommunikationsnetzwerke durchgeführt werden, um Wertschöpfung zu erzielen. Somit sind alle Funktionsbereiche eines Unternehmens, wie Marketing, Vertrieb, Service, Beschaffung, Produktion, Logistik, Controlling und Personalwesen, mit eingeschlossen. E-Business ist als Oberbegriff zu verstehen, von dem alle anderen „E"-Begriffe Teilmengen sind.

E-Procurement: E-Procurement bedeutet die Abwicklung von operativen Beschaffungsvorgängen über elektronische Medien. Hierzu zählen die häufig automatisierte Auswahl eines Lieferanten aus einer zuvor festgelegten und bereits kommunikationstechnisch verbundenen Menge von Lieferanten, die manchmal auch eSearch genannt wird (Vgl. Kollmann 2011, S. 134) sowie das sog. E-Ordering, das die eigentliche operative Beschaffung abdeckt. Beispiele für E-Procurement sind der Einkauf über E-Shop-Lösungen oder elektronische Marktplätze, die elektronische Beschaffung mit Hilfe von ERP-, Warenwirtschafts- oder Desktop-Purchasing-Systemen sowie die Teilnahme an elektronischen Auktionen. Abgegrenzt vom E-Procurement ist das E-Sourcing zu betrachten. Hierunter sind strategische Aufgaben der Beschaffung in Bezug auf die Lieferantenauswahl zusammengefasst, die ebenfalls elektronisch unterstützt werden.

E-Commerce: Das Gegenstück zu E-Procurement auf der Verkaufsseite ist E-Commerce (auch E-Selling genannt). Unter E-Commerce werden alle Tätigkeiten zusammengefasst, die im engeren Sinne mit dem Handel von Waren und Dienstleistungen in Verbindung stehen. Hierzu zählen der einer Transaktion vorausgehende Informationsaustausch, die eigentliche Transaktionsabwicklung, die Zahlungsabwicklung und auch darüber hinaus angebotene Services.

M-Commerce: Als besondere und zunehmend wichtige Form des E-Commerce gilt Mobile Commerce oder kurz M-Commerce. Hierunter wird die elektronische Anbahnung, Vereinbarung und Abwicklung kommerzieller Transaktionen über mobile Endgeräte, wie etwa Mobiltelefone, Tablet Computer oder Netbooks, Notebooks und Laptops verstanden.

E-Logistics: Der Begriff E-Logistics bezeichnet die Planung, Durchführung und Kontrolle logistischer Prozesse durch Verwendung von Informations- und Kommunikationstechnologie und umfasst auch die hierzu benötigten betrieblichen Anwendungssysteme im Bereich Supply Chain Management. Beispiele für E-Logistics sind das „Tracking und Tracing" von Sendungen mittels Radio-Frequency Identification (RFID) Technologie, Global Positioning System (GPS) und Mobilfunk, die IT-gestützte Versendung von Frachtpapieren sowie Zoll- und Einfuhrdokumenten beim internationalen Handel oder die Distributions- und Transportplanung mit Hilfe von Advanced Planning Systems (APS).

Supplier Relationship Management (SRM): Der Begriff SRM umfasst sowohl die strategischen Einkaufsentscheidungen (Strategic Sourcing) als auch die operative Steuerung und Kontrolle der Lieferanten. Entsprechend bieten Softwarehersteller unter dem Namen SRM elektronische Beschaffungslösungen an, die E-Sourcing und E-Procurement Funktionalitäten vereinen. Abbildung 6.3 stellt die Prozesse von strategischen Einkaufsentscheidungen und operativem E-Procurement dar.

Folgende Hauptschritte lassen sich durch die Anwendung vor allem analytischer Hilfsmittel von SRM-Software verbessern:

- Kategorisierung von Lieferanten (Bestell- und Ausgabenanalyse),
- Strategieentwicklung für jede Lieferantenkategorie (Ausscheiden des Lieferanten aus der Lieferantenbasis oder Festigung der Beziehung),
- Anforderungen definieren und Lieferantenauswahl vornehmen,
- konkrete Strategieanwendung (Kontrakte, Katalogverfügbarkeit etc.),
- kontinuierlicher Lernprozess durch Monitoring- und Controllingfunktionalitäten.

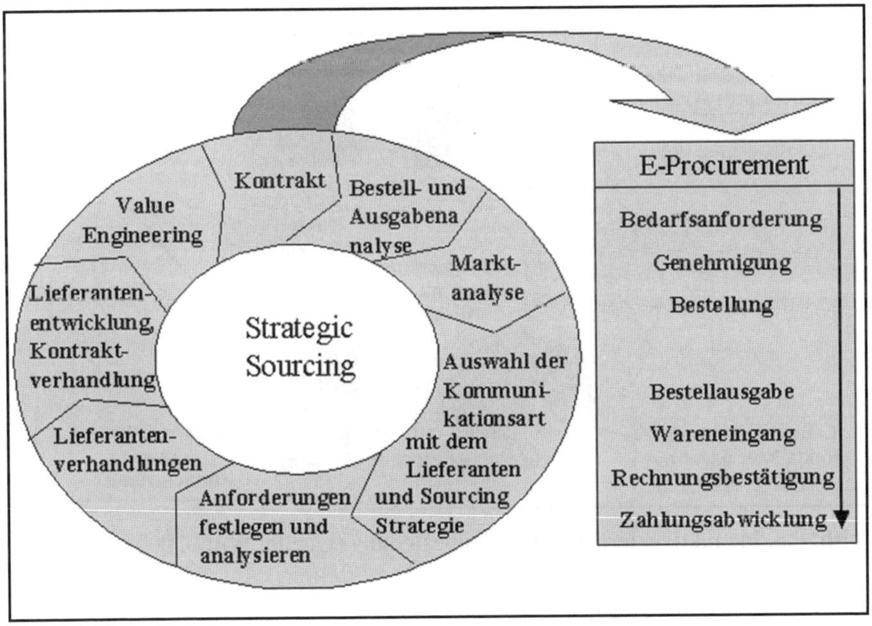

Abb. 6.3. E-Procurement und Strategic Sourcing (Quelle: Gartner Research)

Customer Relationship Management (CRM): CRM ist eine kundenorientierte Unternehmensphilosophie, die mit Hilfe moderner Informations- und Kommunikationstechniken versucht, auf lange Sicht profitable Kundenbeziehungen durch ganzheitliche und differenzierte Marketing-, Vertriebs- und Servicekonzepte aufzubauen. Zu unterscheiden ist dabei zwischen der Unternehmensphilosophie und der Software, die solche Prozesse unterstützen kann. Ein Call-Center etwa wird nicht dadurch entscheidend besser, dass der Call-Center-Mitarbeiter eine besonders gute Software nutzt. Vielmehr führt kundenorientiertes Handeln und Freundlichkeit zu erhöhter Kundenzufriedenheit.

Ein gutes CRM im Unternehmen wird versuchen, aus der Kundenbeziehung Wissen und Gewinn herauszulösen. Auf diese Weise lernt ein Unternehmen seine Kunden immer besser kennen, kann Präferenzen erkennen und Kundenbedürfnissen besser gerecht werden. Aktiv und erfolgreich betrieben, ergibt sich daraus eine erhöhte Kundenzufriedenheit, welche zu Kundenbindung, einer erhöhten Mehrkaufrate und somit einer Umsatzverbesserung und einer Gewinnverbesserung für das Unternehmen beiträgt, zudem ist eine langfristige Kundenbindung und eine Optimierung der Kundenzufriedenheit zu erwerben. Abbildung 6.4 verdeutlicht diese Zusammenhänge.

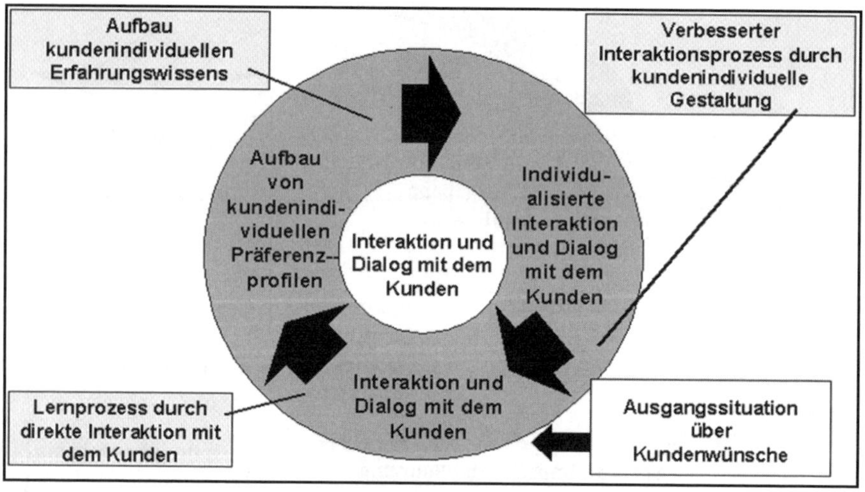

Abb. 6.4. Interaktive, lernende Kundenbeziehung (Quelle: Wirtz 2000)

6.3 Interaktionsformen

Abgegrenzt werden im E-Business verschiedene Interaktionsformen. Hierbei wird danach unterschieden, wer mit wem interagiert. Abbildung 6.5 zeigt mögliche Kombinationen.

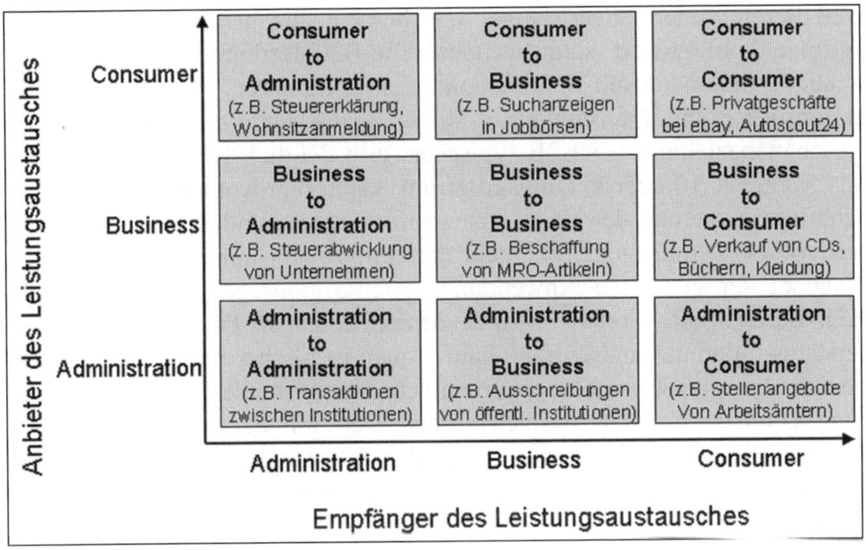

Abb. 6.5. Interaktionsmatrix des E-Business

Für Unternehmen sind insbesondere die geschäftlichen Beziehungen zu anderen Unternehmen und zu Konsumenten von großer Bedeutung. Diese beiden Interaktionsformen werden im Folgenden genauer erläutert.

Business-to-Business (B2B)

Unter B2B werden alle Aktionen verstanden, die eine Kommunikation und Geschäftsabwicklung zwischen Unternehmen über elektronische Medien beinhalten. So stehen sich etwa Zulieferunternehmen und Industrieunternehmen, Hersteller und Distributoren, Großhändler und Einzelhändler gegenüber. Nichtsdestotrotz gibt es im B2B Hindernisse, wie Sicherheit, Wirtschaftlichkeit, Schnittstellenkompatibilität, technische Probleme, Funktionalitäten und Zuverlässigkeit.

Business-to-Consumer (B2C)

Bei B2C stehen sich Produktions-, Dienstleistung- oder Handelsunternehmen und Konsumenten gegenüber. Vornehmlich geht es bei dieser Interaktionsform um den Verkauf von Produkten und Dienstleistungen über elektronische Marktplätze und E-Shops, wobei am häufigsten Produkte wie Bücher, Software, Musik-CDs, Eintrittskarten, Geschenkartikel, Computer-Hardware und Kleidung gehandelt werden.

Unterscheiden lassen sich B2B und B2C beispielsweise anhand der Dauer und der Verlässlichkeit der Geschäftsbeziehung. So finden sich im B2B-Bereich eher längerfristige Beziehungen, die häufig über Rahmenverträge konkretisiert sind, während im B2C-Bereich kurzfristige Geschäftsbeziehungen mit hoher Spontanität dominieren. Auch sind Transaktionswerte und Transaktionsanzahl in Bezug auf die Gesamtdauer der Geschäftsbeziehung bei B2B typischerweise deutlich höher als bei B2C. Als weiteres Unterscheidungskriterium kann die Komplexität der Geschäftsprozesse und der eingesetzten Informations- und Kommunikationstechnologie herangezogen werden, die häufig auch mit dem funktionalen Angebot der genutzten Anwendungssysteme einhergeht. So werden im B2B-Bereich neben relativ einfach zu realisierenden Funktionen zur Lieferstatus- oder Bestandsabfrage häufig auch deutlich komplexere Funktionen wie beispielsweise eine unternehmensübergreifende Produktionssteuerung genutzt. Im B2C-Bereich finden sich hingegen zumeist einfach strukturierte Geschäftsprozesse, die sich schwerpunktmäßig auf den Kauf von Waren durch die Konsumenten konzentrieren. Tabelle 6.1 zeigt Beispiele für die Unterscheidung von B2B und B2C in funktionaler Hinsicht.

Tabelle 6.1. Unterschiede von B2B und B2C in funktionaler Hinsicht

Business-to-Business (B2B)	**Business-to-Consumer (B2C)**
• Ein- und Verkauf über Elektronische Marktplätze • Unternehmensübergreifende Produktionssteuerung • Liefer- und Bestandsstatus-Abfragen • Sendungsverfolgung • Elektronische Rechnungsstellung • Prüfdaten-/Qualitätsabfragen • Ferndiagnose	• Online-Shopping • Interaktive Produktkonfiguration • Interaktive Angebotserstellung • Abrufe von Produktkatalogen oder Produktdatenbanken • Lagerbestandsabfragen durch den Kunden • Lieferstatusabfragen durch den Kunden

6.4 Portale und Marktplätze

Nach der Erläuterung der verschiedenen Interaktionsformen im E-Business werden im Folgenden die Marktformen und die zum Einsatz kommenden

Instrumente näher beleuchtet. Hauptaugenmerk gilt dabei dem B2B-Bereich, teilweise ist aber auch B2C berührt.

In Bezug auf E-Procurement und E-Commerce lassen sich gemäß Abb. 6.6 drei wichtige Arten von Interaktionen zwischen Lieferant und Käufer unterscheiden:

- Lieferanten Web-Shops bzw. Lieferantensysteme (Sell-Side),
- unternehmenseigene E-Kataloge bzw. Beschaffersysteme (Buy-Side),
- Marktplatzsysteme (Sell and Buy).

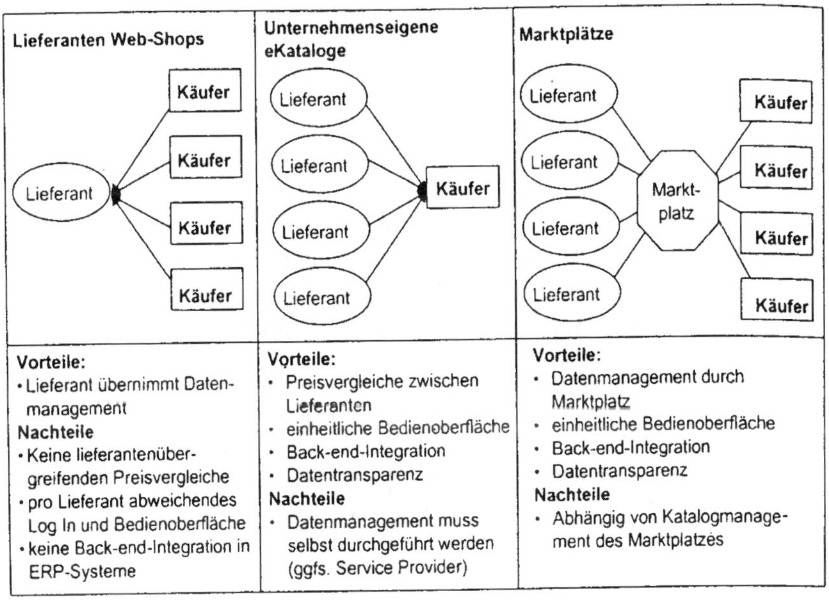

Abb. 6.6. Web Shops, E-Kataloge und Marktplätze (Schulte C 2013)

Lieferanten Web-Shops bzw. Lieferantensysteme

Der Lieferant bietet auf seiner Website seine Waren zum Verkauf an. Beispiele sind Autohersteller, die ihren potenziellen Kunden einen „Car Configurator“ zur Verfügung stellen, um Ausstattungsvarianten und Preise zusammenstellen zu können. Der Übergang ist fließend: Fast jedes Unternehmen weist auf seiner Website auf seine Produkte hin und nimmt auch Bestellungen per E-Mail entgegen. E-Shops erfordern oft eine Anmeldung, bevor eine Bestellung möglich ist (Amazon.de, Book.de). Hier ist ein fließender Übergang von Web-Shops zu Marktplätzen, wenn der Kunde Preise beobachtet (z.B. Lufthansa.de) oder sogar Gebrauchtwaren anbietet (z.B. Gebrauchtbücher bei Amazon).

Unternehmenseigene E-Kataloge bzw. Beschaffersysteme

Beim E-Procurement lohnt es sich für Unternehmen mit hohen Einkaufsvolumina, Rahmenverträge mit Zulieferern zu schließen und deren Produkte in interne Kataloge aufzunehmen, so dass insbesondere C-Güter über sog. Desktop-Purchasing-Systeme beschafft werden können.

Marktplätze

Auf E-Marktplätzen begegnen sich Anbieter und Nachfrager weitgehend auf Augenhöhe und es werden Preise festgelegt. Marktplätze dienen zur Transaktionsabwicklung zwischen Geschäftspartnern. Im B2C- und C2C-Bereich ist eBay das bekannteste Beispiel. Unterschieden werden Marktplätze anhand folgender Kriterien:

- Marktplatzbetreiber (Anbieter, Nachfrager oder Drittanbieter/Intermediär),
- Branchenaffinität (horizontal/branchenübergreifende Produkte, wie Büroartikel (etwa TradeOut) oder vertikal/branchenspezifisch,
- Leistungsspektrum (Informationen, Transaktionen, Services),
- Transaktionsspektrum (Katalogbestellungen, Auktionen, Spot-Buying).

Beispiel: Covisint ist einer der größten Marktplätze in der Automobilbranche. Über ihn werden Hersteller und Zulieferunternehmen miteinander verbunden. Hierdurch können die Produktintegrität verbessert, Beschaffungsprozesskosten reduziert und die Beschaffung indirekter Güter standardisiert werden. Marktplätze im Logistik-Bereich werden später noch genauer vorgestellt.

Portale

Portale sind ein Oberbegriff, es sind Webseiten, die als Plattform für den Austausch von Wissen und Informationen dienen. Die drei geschilderten Handelsformen werden über Portale abgewickelt. Es gibt aber kombiniert damit oder ergänzend auch Portale, die Dienste anbieten wie Suchmaschinen, Email-Dienste, News oder Foren.

Portale können wie folgt differenziert werden:

- *Wissensportale* bieten einen einfachen, zielgruppenspezifischen Austausch von Wissen und Informationen (Beispiel: das Coaching-Wissensportal www.competence-site.de).
- *Kooperationsportale* bieten eine umfassende Kommunikationsinfrastruktur über die eine Zusammenarbeit zwischen Partnern stattfinden kann (Beispiel: das Business-Portal von www.enbw.de).

- *Transaktionsportale* stellen Applikationen zur Verfügung, welche die Abwicklung von Bestellungen oder anderen Geschäftstransaktionen ermöglichen. Diese Form entspricht in seiner Definition einem Marktplatz (z.B. Marktplatz für verschiedene Artikel www.cc-chemplorer.com).

Back-end Integration, End-to-End, Web 2.0

Die Vorteile dieser Handelsformen liegen vor allem darin, neue Kunden zu gewinnen bzw. die Bestandskunden zu halten. Darüber hinaus lassen sich Verwaltungs- und Transaktionskosten erheblich senken:

- *Back-end Integration* bedeutet, dass Ein- oder Verkaufsvorgänge nicht mehr manuell erfasst und in ein IT-System eingegeben werden müssen. Das geschieht z.B. bei Web-Shops oder elektronischen internen Katalogen automatisch.
- *End-to-End Integration* bedeutet, dass alle Vorgänge von der Bestellung bis zur Auslieferung elektronisch unterstützt werden. Der Fulfillment-Prozess ist weitgehend automatisiert. Die großen Softwarehersteller wie SAP unterstützen dies.
- *Web 2.0* bezieht sich insbesondere auf das geänderte Nutzerverhalten im Internet. Neben einem interaktiven Informationsaustausch und einer engeren Kooperation der Nutzer steht vor allem die Bereitschaft, durch eine aktive Beteiligung eigenständig Informationen und Inhalte (Content) mit einem Mehrwert zu schaffen. Hierzu zählt auch, wenn Kunden selbst ihre Daten auf den Portalen der Lieferanten eingeben und pflegen (Ein Beispiel ist das Portal des Energiedienstleisters www.brunate-huerth.de). Auch bei der eigenständigen Konfiguration von Autos, Kleidung, Computer usw. durch den Kunden ist dies der Fall. Es zeigt sich der Trend der „Mass Customization“ (Mischung von Massenproduktion und Kundeneinzelfertigung), der durch Production-on-Demand und Built-to-Order möglich wird.

6.5 Basistechnologien

6.5.1 Netzwerkformen

Die informations- und kommunikationstechnische Grundlage für E-Procurement, E-Commerce und E-Business im Allgemeinen stellt die Vernetzung der Computersysteme dar. Durch die rasante Entwicklung des Internets als globales Informations- und Kommunikationsmedium und durch die immer stärker werdende Verbreitung mobiler Übertragungstechnologien sind heutzutage eine Vielzahl neuer elektronischer Kommunikationsformen möglich. Gemeinhin werden die nachfolgend aufgeführten Netzwerkformen voneinander unterschieden.

Local Area Network (LAN)

Als LAN wird ein Netzwerk bezeichnet, das nur eine geringe räumliche Ausdehnung besitzt und die Computer an einem Standort, z.B. innerhalb eines Unternehmens oder in einem Privathaushalts, verbindet. Für Letzteres wird alternativ auch die Bezeichnung Home Area Network (HAN) verwendet.

Wireless Local Area Network (WLAN)

Ein WLAN ist ein über lokale Funknetze drahtlos (wireless) betriebenes LAN. Kommunikationsgrundlage ist die technische Normenfamilie IEEE 802.11. Aktuell auf dem Markt verfügbare Router, die die Norm 802.11n unterstützen, können Datenübertragungsraten von bis zu 600 Mbit/s realisieren. Zukünftige Erweiterungen der Norm, die sich in Vorbereitung befinden, werden Übertragungsgeschwindigkeiten von mehreren Gigabit/s ermöglichen.

Wide Area Network (WAN)

Der Begriff Wide Area Network bezeichnet ein Netzwerk, bei dem die Computer über einen größeren geografischen Bereich hinweg verbunden sind.

Internet

Das Internet ist ein weltweiter Zusammenschluss von Computernetzwerken, der häufig auch als „Netz der Netze“ bezeichnet wird. Die verbundenen Computer kommunizieren durch Verwendung verschiedener Protokolle aus der sog. Internet Protocol Suite, die durch das aus vier Schichten bestehende TCP/IP-Referenzmodell gegliedert werden.

Intranet

Der Begriff Intranet bezeichnet ein nicht öffentliches, unternehmens- oder organisationsinternes Netzwerk, welches mit der gleichen Technologie wie das Internet arbeitet und es den Mitarbeitern eines Unternehmens oder einer Organisation ermöglicht, auf Informationen zuzugreifen, miteinander zu kommunizieren oder unternehmens- oder organisationsinterne Anwendungen zu nutzen. Der Zugriff der Mitarbeiter auf das Intranet erfolgt hierbei häufig über ein Portal. Da das Intranet ein abgegrenztes Netzwerk darstellt, ist es besonders für die Bereitstellung und den Austausch von unternehmenskritischen Daten geeignet. Werden im Intranet speziell Web 2.0 Anwendungen wie Soziale Netzwerke, Wikis oder Weblogs genutzt, spricht man auch von Enterprise 2.0.

Extranet

Das Extranet ist im Gegensatz zum Intranet ausgeweitet auf außerorganisatorische und -unternehmerische Instanzen, nicht jedoch auf die gesamte Öffentlichkeit. So können über ein Extranet beispielsweise die Lieferanten, Hersteller und Kunden einer Wertschöpfungskette miteinander vernetzt werden. Die technische Verbindung zwischen den privaten Netzwerken der einzelnen Wertschöpfungspartner und dem Extranet wird häufig über ein Virtual Private Network (VPN) realisiert, welches über das sog. Tunneling eine gesicherte Kommunikation über ein öffentliches Netz wie das Internet ermöglicht. Die gleiche Technologie kann auch zur Anbindung von externen Mitarbeitern an das Intranet eines Unternehmens oder einer Organisation genutzt werden.

6.5.2 Integrationstechnologien

Aufbauend auf der Vernetzung der Computersysteme erfolgt die Prozessintegration der am E-Business beteiligten Akteure. Hierbei kann sog. Middleware zur Überbrückung der Heterogenität der Anwendungssysteme und Netzwerke eingesetzt werden. Insbesondere kommunikationsorientierte Middleware mit zumeist asynchroner Nachrichtenübertragung und der Möglichkeit des Queuings, d.h. der indirekten Kommunikation über Warteschlangen, eignet sich gut für eine lose Kopplung der betrieblichen Anwendungssysteme im B2B-Bereich. In diesem Zusammenhang wird häufig auch von Electronic Data Interchange (EDI) gesprochen. Mittels EDI-Konvertern werden die zu übertragenden Daten aus den betrieblichen Anwendungssystemen der angebundenen Unternehmen oder Organisationen in ein bilateral vereinbartes, standardisiertes Nachrichtenformat gebracht, so dass eine automatische Datenübertragung zwischen den beteiligten Akteuren realisiert werden kann. Nachfolgend sehen Sie eine Auflistung wichtiger Standards für den elektronischen Datenaustausch.

UN/EDIFACT: Ein von den Vereinten Nationen herausgegebenes, international und branchenübergreifend gültiges Regelwerk für den elektronischen Datenaustausch in Verwaltung, Wirtschaft und Transport. Standardisiert wird hierbei das zum Einsatz kommende Datenformat mit Hilfe von EDIFACT-Nachrichtentypen, die aus Segmenten, Datenelementgruppen und Datenelementen bestehen. Beispiele für EDIFACT-Nachrichtentypen sind ORDERS (Bestellung), INVOIC (Rechnung) oder PAYORD (Zahlungsanweisung). Um branchenspezifische Besonderheiten abbilden zu können, haben sich eine Reihe sog. EDIFACT-Subsets gebildet, die Teilmengen des EDIFACT-Standards darstellen. Beispiele hierfür sind EANCOM für die Konsumgüterindustrie, ODETTE für die europäische Automobilindustrie oder EDIFOR für die Speditionsbranche in Deutschland, Österreichs und der Schweiz.

Da Integrationslösungen mit EDI aufgrund ihrer Komplexität relativ kostspielig sind, hat sich insbesondere für kleine und mittlere Unternehmen auch das sog. Web-EDI etabliert. Bei Web-EDI werden die Daten nicht automatisch in das betriebliche Anwendungssystem eines Unternehmens oder einer Organisation übertragen, sondern über ein Web-Portal bereitgestellt. Analog können auch Daten mit Hilfe eines Web Browsers über ein Web-Portal erfasst werden. Die eingegebenen Daten werden anschließend durch zu einem standardisierten EDI-Nachrichtenformat aufbereitet, so dass auch Unternehmen und Organisationen, die nicht über EDI-Konverter oder entsprechende Middleware verfügen, als gleichberechtigte Partner in die EDI-Landschaft integriert werden können.

6.5.3 Identifikationstechnologien

Neben der manuellen Datenerfassung haben insbesondere für logistische Anwendungsbereiche automatische Erfassungsverfahren eine große Bedeutung. Unter der Bezeichnung Auto-ID werden verschiedene Techniken zur automatischen Identifikation von Objekten subsumiert. Beispiele hierfür sind die optische Zeichenerkennung (OCR), Barcodes, Radio-Frequency Identification (RFID) oder auch biometrische Identifikationsverfahren. Barcodes (auch: Strichcodes oder Balkencodes) werden über Scanner gelesen und können Informationen wie Sendungsnummern, Artikelnummern oder Chargennummern beinhalten. Die Informationsübergabe bei RFID erfolgt durch Funksignale. Datenträger sind sog. Transponder mit elektronischem Speicher und Antennen. Transponder können mehr Informationen beinhalten als Barcodes und sind je nach Bauart auch beschreibbar.

Voraussetzung für die automatische Objektidentifikation ist das Vorliegen von Informationen über das Objekt in maschinenlesbarer Form. Hierbei spielen standardisierte Identifikationsnummern wie die Global Trade

Item Number (GTIN) und die Global Location Number (GLN), die von der Organisation GS1 (www.gs1.org) verwaltet bzw. vergeben werden, eine wichtige Rolle. Steht nicht primär die Identifikation einzelner Objekte sondern Informationen über die Nutzung von E-Business-Lösungen im Vordergrund, kommen auch softwarebasierte Erfassungstechniken mit anschließender Auswertung des Nutzerverhaltens zum Einsatz. Abbildung 6.7 gibt einen Überblick über die verschiedenen Datenquellen und zeigt zugehörige Datenerfassungs-, Datenspeicherungs- und Datenverwendungsmöglichkeiten auf.

Abb. 6.7. Datenquellen und Datenerfassung (Quelle: Schmitz 2002, S. 28)

6.6 Strategieentwicklung anhand des Teileportfolios

Die Eignung von Artikeln für E-Procurement bzw. E-Commerce ist sehr unterschiedlich. So können zunächst die in Tabelle 6.2 dargestellten Artikelgruppen unterschieden werden.

Die Einkaufsabteilungen haben vornehmlich mit der elektronischen Beschaffung von C-Artikel begonnen, da hier das Projektrisiko vergleichsweise gering ist. Inzwischen allerdings liegt der Fokus auch auf A- und B-Materialien. Abbildung 6.8 zeigt die unterschiedlichen Eigenschaften der Materialien in Verbindung mit den geeigneten E-Business-Anwendungen.

Tabelle 6.2. Artikelgruppen

C-Artikel	Geringpreisige Artikel, die häufig katalogisierbar sowie standardisiert sind und einen geringen Erklärungsbedarf haben, wie Schrauben, Klebstoffe, etc. (s.a. ABC-Analyse).
MRO (Maintainance-Repair and Operations)-Artikel	Katalogisierbare und standardisierte Produkte, die nicht in das Enderzeugnis eingehen, wie: Werkzeuge, Büromaterialien, Maschinenschmierstoffe, etc.
Indirektes Material	Material, welches nicht direkt in das Enderzeugnis eingeht, wie etwa Büroartikel, etc.
Direktes Material	Direktes Material geht direkt in das Enderzeugnis ein, wie Gehäuse, Komponenten, etc.

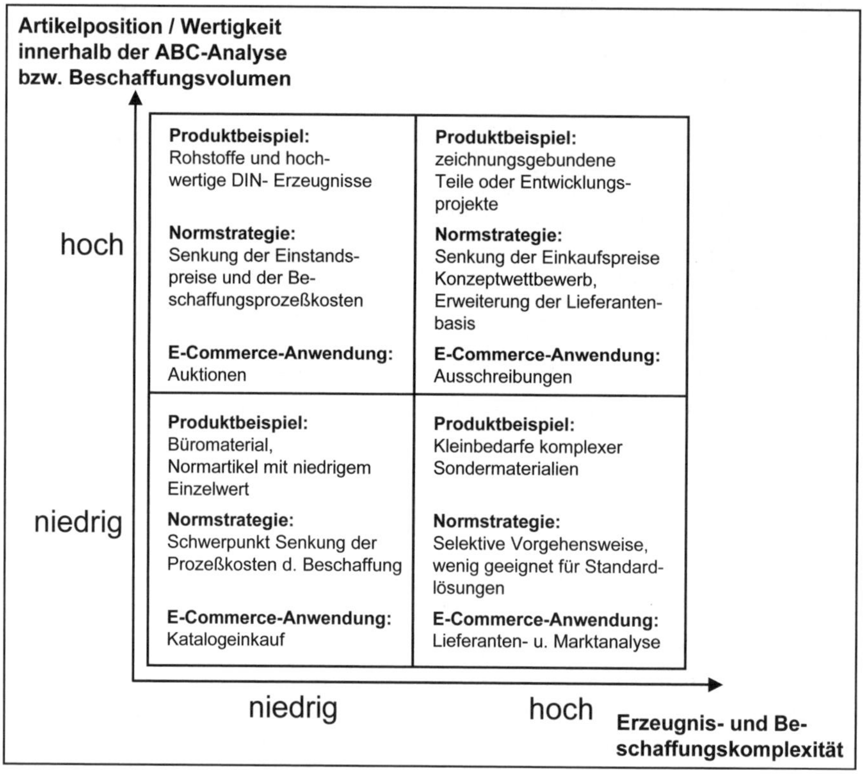

Abb. 6.8. Zuordnung Artikeleigenschaft und E-Commerce-Anwendung (Quelle: Nenninger & Hiller 2000, s.a. Wannenwetsch 2000, S. 96)

Grundsätzlich kann zur Strategieentwicklung festgehalten werden, dass bei geringpreisigen Produkten, deren Beschaffungsprozesskosten häufig den Beschaffungswarenwert übersteigen, die Strategie der Prozesskostenminimierung anzuwenden ist, wohingegen bei hochpreisigen Produkten eine Reduktion der Einstandspreise beabsichtigt wird. Über diese Einteilung hinaus sind folgende Kriterien bei der Strategieentwicklung zu betrachten:

- Gewinneinfluss des Materials, Versorgungsrisiko,
- Bedarfskontinuität, Sourcing-Strategie,
- Bezugsart (systematische oder sporadische Beschaffung),
- zu erwartende Preisreduktion des Artikels/der Artikelgruppe.

6.7 E-Beschaffungsmarktforschung und -marketing

6.7.1 E-Beschaffungsmarktforschung

Die Beschaffungsmarktforschung lässt sich durch die Zuhilfenahme elektronischer Informationsmedien erheblich beschleunigen und verbessern. Folgende Hilfsmittel stehen Einkäufern zur Verfügung:

- Über eine *manuelle Suche* im Netz (etwa über Suchmaschinen) kann der Einkäufer nach für ihn relevanten Markt- und Lieferanteninformationen suchen. Die Suche ist nicht regional beschränkt. Allerdings schwankt die Aktualität und der Umfang der Daten.

- *Lieferantendatenbanken* bieten Einkäufern einen Überblick über potenzielle Lieferanten zu einer bestimmten Produktgruppe. Zu den Lieferanten sind Kontaktdaten vorhanden. Die Lieferantendatenbank kann Bewertungen über die eingetragenen Lieferanten anbieten, wodurch die Auswahl der potenziellen Geschäftspartner vorselektiert wird. Diese qualitativen Zusatzinformationen zu Lieferanten können aber auch andere Diensteanbieter im Netz anbieten, so dass recht schnell ein aussagekräftiger Überblick über das gesuchte Lieferantenangebot möglich ist.

- *Softwareagenten* sind kleine Software-Programme, welche anhand von Kriterien, die der Einkäufer dem Agenten mitgibt, das Netz durchsuchen. Der Agent handelt autonom und liefert die gewünschten Informationen, bestenfalls aufbereitet, nach seiner Suche zurück. Ein gut programmierter Softwareagent ist somit in der Lage, Lieferanten oder andere Marktinformationen zu finden, welche der individuellen Suche entgangen sind und in Lieferantendatenbanken nicht auftauchen.

Tabelle 6.3 zeigt wichtige Suchmaschinen, die bei der Beschaffungsmarktforschung eingesetzt werden.

Tabelle 6.3. Einige wichtige Suchmaschinen im Überblick

„Wer liefert was“ www.wlw.de www.wer-liefert-was.de	Lieferantensuchmaschine für Produkten und Dienstleistungen im Business-to-Business-Markt. In der BRD 500.000, in Österreich 75.000 und in der Schweiz 65.000 Unternehmen aller Branchen eingetragen. Über 670.000 Suchwort-verknüpfungen auf 43.000 Rubriken.
www.europages.com	Europäische Business-Suchmaschine mit 2.600.000 exportorientierten Unternehmen aus 35 europäischen Staaten
www.firmendatenbank.de	Hoppenstedt, Suchmaschine für Produkte und Dienstleistungen mit 300.000 Unternehmen aus Industrie, Handel und Dienstleistung. Eine Million Entscheider
www.seibt.com	B2B Datenbank des Seibt-Verlages zu bestimmten Industriebranchen
www.businessdeutschland.de	Gelbe Seiten Business Deutschland ist ein Suchsystem im Internet für Produkte, Lieferanten und Kunden
www.thomas-global.de	Weltweiter Einkaufsführer mit über 700.000 Unternehmen aus 28 Ländern, ca. 11.000 Rubriken
www.kompass.com	4,7 Mio. Unternehmen und 11 Mio. Kontaktpersonen
www.diedeutscheindustrie.de	Getragen vom Bundesverband der Deutschen Industrie (BDI), 36.000 Herstellerfirmen aus der deutschen Investitionsgüterindustrie, 55.000 Suchbegriffe

6.7.2 E-Beschaffungsmarketing

Das elektronische Beschaffungsmarketing findet vornehmlich über herstellerseitig aufgebaute Websites der Einkaufsabteilungen statt. Diese Websites können die folgenden Informationen und Funktionen umfassen:

- Kontaktadressen der Einkaufsabteilungen (Ansprechpartner, E-Mail-Adressen, Telefonnummern, Adressen, Anfahrtsskizzen, etc.),
- Lieferantenvorselektion (Lieferantenselbstauskunft, interaktiver Online-Fragebogen für Lieferanten, etc.),
- Darstellung der Beschaffungsfunktion (Einkaufsvolumina, Lieferantenanzahl, Aufbaustruktur, regionale Verteilung, etc.),

- Erläuterungen zur Beschaffungsstrategie (Anforderungen an Lieferanten, Beschaffungsbedingungen, Beschaffungspolitik, etc.),
- Darstellung der Bedarfsstruktur (zeitliche, qualitative und quantitative Auskunft über die Beschaffungsobjekte, Qualitätsanforderungen, etc.).

Das E-Beschaffungsmarketing vereinfacht den Prozess der Kontaktaufnahme mit bestehenden und potenziellen Lieferanten. Viele Unternehmen haben die Vorteile von beschaffungsseitigen Websites erkannt und solche aufgebaut, wie etwa Mannesmann VDO, Sony, Volkswagengruppe, Still, Merck, BMW, Preussen Elektra oder Deutz.

6.8 Desktop-Purchasing-Systeme

Unter Desktop-Purchasing-Systemen (DPS) werden Systeme verstanden, die es jedem einzelnen Mitarbeiter von seinem Rechnerarbeitsplatz (Desktop) ermöglichen, seine Bedarfe in Bestellungen umzuwandeln. Dies geschieht zumeist durch die Auswahl der Artikel über elektronische Produktkataloge.Abbildung 6.9 zeigt den Ablauf einer Bestellung über ein DPS.

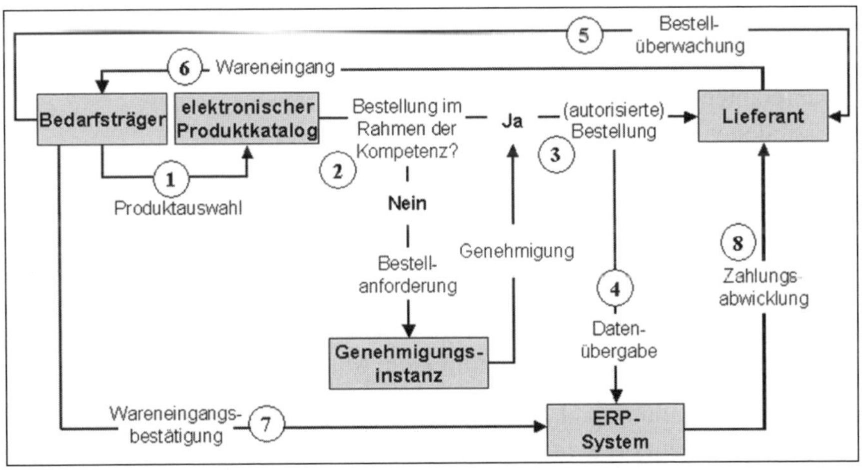

Abb. 6.9. Prozessablauf eines Desktop-Purchasing-Systems (Quelle: Kleineicken 2002, S. 51, s.a. Wannenwetsch 2002b, S. 51)

Aufgaben des Bedarfsträgers als dezentraler Einkäufer

Der Einkauf selbst erfolgt dezentral, das ist hier der Abruf durch Besteller (Bedarfsträger). Aus dieser Sicht hat DPS viele Vorteile:

- Zugriff auf Produktkataloge mit selbsterklärender Software vom Arbeitsplatz,
- sofortige Bestellung mit Übertragung an den Lieferanten,
- sofortige automatische Genehmigung, falls die Bestellung innerhalb der Berechtigung des Bestellers im Workflow-Konzept hinterlegt ist. Falls nicht, muss ein Vorgesetzter genehmigen. Es können festgelegte Budgets oder Einzelbeträge für Bestellgüter überschritten sein, oder der Besteller benötigt eine Materialart, für die er keine Berechtigung hat,
- Bündelung des Transports,
- Lieferung direkt an Bedarfsträger,
- automatisierte Bezahlung des Lieferanten,
- automatische Abrechnung mit der Kostenstelle.

Zentrale Einkaufsabteilung

Die zentrale Einkaufsabteilung hat folgende Aufgaben:

- Festlegung von standardisierten, häufig gebrauchten Beschaffungsgütern,
- Marktforschung,
- Lieferantenauswahl,
- Abschluss von Rahmenverträgen,
- im Idealfall direkte Übernahme von Teilen der Stammdaten von den Lieferanten (Back-End Integration),
- Erstellen von Katalogen im Intranet,
- Berechtigungskonzepte und Workflow zentral hinterlegt in Zusammenarbeit mit IT.

Vorteile

DPS begegnet somit folgenden Problemen bei der herkömmlichen Beschaffung von C-Artikeln bzw. indirektem Material:

- Geringe Verteilung und Verfügbarkeit von Papierkatalogen, Papierkataloge sind zudem oft nicht mehr aktuell.
- Hoher Anteil von Maverick Buying.
- Hohe Sicherheitsbestände aufgrund unsicherer Lieferzeiten.
- Hohe Kosten durch papierbasierte Abstimmungs- und Genehmigungsprozesse.
- Anwendung umständlicher Beschaffungsprozesse von ERP-Systemen für C-Artikel.

- Hoher Zeitaufwand für operative und administrative Routinetätigkeiten von Einkäufern, die für strategische, wertschöpfende Tätigkeiten fehlen.
- Hohe Anzahl von Artikeln, die sich gegenseitig ersetzen können (Schrauben, Kabel, Öle usw. mit gleicher Funktion).

Einsparpotenziale

Die sich durch ein DPS ergebenden Einsparungen hat die Probuy AG errechnet.

Tabelle 6.4. Einsparungen durch DPS (www.probuy.de)

Einkaufsprozess je Bestellvorgang	Kosten ohne E-Purchasing in Euro	Kosten mit E-Purchasing in Euro
Erfassung der Bedarfe	3,60	3,60
Bestellung prüfen und genehmigen	10,30	4,90
Lieferanten auswählen	14,45	0,65
Bestellung aufgeben	9,70	4,15
Ware einlagern, verbuchen und verteilen	5,90	2,90
Ware prüfen und kontrollieren	5,30	5,30
Rechnung prüfen und verbuchen	17,00	1,20
Zahlung abwickeln	3,90	0,30
Prozesskosten gesamt	**70,15**	**23,00**
Absolute Ersparnis je Bestellvorgang		**47,15**
Relative Ersparnis je Bestellvorgang		**67,1 %**

Verbreitung

Nach einer Studie des BME in Zusammenarbeit mit der Universität Würzburg und der HTWK Leipzig setzen mittlerweile rund dreiviertel der befragten deutschen Unternehmen elektronische Katalogsysteme ein. Damit haben sich diese Systeme in nahezu allen Großunternehmen und in vielen kleinen und mittleren Unternehmen als Werkzeug zur elektronischen Beschaffung durchgesetzt. Nur rund 7% der befragten Unternehmen sehen keine Relevanz für den Einsatz von elektronischen Katalogen in ihrem Unternehmen und rund 9% gaben an, dass diese Systeme zwar relevant seien, dass aber ein Einsatz in absehbarer Zeit nicht geplant sei (eSolutions Report 2014 des BME).

Problem Kostenremanenz

Bei der Einführung von DPS mit der Planung radikaler Zeit- und Kostenreduktionen ist Vorsicht geboten: Die Arbeit der Einkaufsabteilungen ändert sich sehr stark. Einfache Tätigkeiten (Anfragen verschicken, Angebote auswerten, Information der Bedarfsträger usw.) werden reduziert oder ganz wegrationalisiert. Das Anforderungsprofil der Einkäufer verändert sich hin zur Verhandlung von Rahmenverträgen mit hohen Volumina und Einführung von neuen Systemen in Verbindung mit IT. Die bisherigen Mitarbeiter sind aber zumeist fest angestellt und verursachen fixe Kosten, die bei niedriger Auslastung nicht automatisch sinken (Kostenremanenz). Erst wenn die Einkaufsabteilungen verschlankt (die überzähligen Mitarbeiter anders eingesetzt oder freigesetzt sind), realisieren sich alle Rationalisierungen des DPS.

Akzeptanz und Organisationsentwicklung

In diesem Zusammenhang sind nicht zur die kalkulierbaren Kosten von Relevanz, sondern auch die Motivation, Stimmung und Atmosphäre im Unternehmen. Die Mitarbeiter müssen durch eine Organisationsentwicklung mitgenommen werden, um nicht verdeckt in die innere Kündigung zu gehen oder sogar gegen das Projekt zu arbeiten.

Wichtig bei der Implementierung von DPS sind zudem die Akzeptanz der Mitarbeiter, die das System später nutzen sollen, sowie eine ausreichende und umfassende Katalogfunktionalität. Der Anwender soll später schnell und einfach finden, was er bestellen möchte.

6.9 Auktionen und Ausschreibungen

Preisreduzierung bei E-Auktionen/Versteigerungen erreichen 5–25%. Die Auktionen führen zu sehr hoher Markttransparenz und Druck auf die Bietenden. Auktionen können durchgeführt werden über Bilder, Pkws, Maschinen, Büromaterial, Patente, Schürfrechte, Grundstücke, Werbeartikel, Handwerkerleistungen usw. In Tabelle 6.5 sind die wesentlichen Einteilungskriterien für Auktionen zusammengefasst.

Tabelle 6.5. Einteilungskriterien für Auktionen

Kriterium zur Einteilung von Auktionen	**Mögliche Ausprägung**
Organisation	Lieferant, Käufer, externer Auktionator
Portal	Eigenes Portal von Lieferant, Käufer oder externer Marktplatz, spezialisiertes Portal, Dienstleister (Covisint, Ariba, Chubwoo, bis 5.000 Euro Kosten pro Auktion bei großen Budgets)
Marktmacht, Anzahl der Teilnehmer	Anbieter- oder nachfrageseitig dominiert, oft ablesbar an der Anzahl der Auktionsteilnehmer
Bietrichtung	Forward: Preis steigt während der Auktion oder Reverse: Preis sinkt während der Auktion
Zuschlag	Höchstpreisauktionen Niedrigpreisauktionen
Auktionsform	Englische, Holländische, Submission, Ausschreibung, Ranking, Vickrey, Bundle …

Gängige Auktionsformen mit ihren jeweiligen Merkmalen sind:

- *Englische Auktion(Aufwärtsversteigerung):* Diese Auktionsform kann auch als klassische Auktion bezeichnet werden. Bei einem Mindestpreis wird die Auktion gestartet. Die Bieter erhöhen durch ihre Gebote ggf. innerhalb eines festgelegten Zeitraumes den Auktionspreis (wie bei www.ebay.de). Die Auktionsform ist offen und für jeden ersichtlich. Jeder Bieter kann mehrfache Gebote abgeben. 80% aller Auktionsveranstalter nutzen diese Form.

- *Reverse Auktion:* Die Reverse Auktion ist das Gegenstück zur Englischen Auktion mit dem Unterschied, dass der Bieter mit dem niedrigsten Angebot den Zuschlag erhält. Wenn kleinere Lieferanten die großen ausgeschriebenen Lose nicht produzieren können, dann kann das Los auch gesplittet werden. Wichtig ist, dass die Lose nicht hintereinander, sondern gleichzeitig in einer Reversen Auktion ausgeschrieben werden.

- *Holländische Auktion (Abwärtsversteigerung)*: Auktionsstart ist bei einem sehr hohen Preis. Dieser wird kontinuierlich gesenkt. Es erhält der Käufer den Zuschlag, welcher als erster dem aktuellen (Höchst-)Preis zustimmt. Die Gebote werden offen abgegeben. Es genügen wenige Bieter. Vorbild ist ein Blumen- oder Fischmarkt mit verderblicher Ware.

- *Ausschreibung/Niedrigstpreisauktion*: Der Ablauf ist gleich dem der Höchstpreisauktion mit dem Unterschied, dass der Bieter mit dem niedrigsten Angebot den Zuschlag erhält.

- *Höchstpreisauktion/Submission*: Jedem Bieter ist es bei dieser Auktionsform gestattet, nur *ein* geheimes Gebot abzugeben. Die Gebote (Submissionen) werden zeitgleich geöffnet. Der Bieter mit dem höchsten Gebot erhält den Zuschlag. Dieses Verfahren ist Standard bei der Ausschreibung größerer öffentlicher Bauprojekte.
- *Vickrey Auktion*: Diese Form der Auktion entspricht der Höchstpreisauktion mit dem Unterschied, dass der Gewinner der Auktion lediglich den zweithöchsten bzw. zweitniedrigsten gebotenen Preis zu bezahlen hat. In der Praxis ist diese Form der Auktion seltener anzutreffen.
- *Ranking Auktion:* Bei der Ranking Auktion sehen die Bieter die Gebote (Wert, Betrag etc.) nicht. Sie sehen lediglich ihren eigenen Rang.
- *Bundle Auktion*: Bei dieser Form werden einzelne, auch ähnliche Positionen gebündelt (Büromaterial, Kleinteile, Ersatzteile). Dadurch entsteht ein größeres Angebot bzw. man erhofft sich eine größere Nachfrage der Lieferanten und bessere Preise. Der Zuschlag erfolgt auf das Gesamtpaket und nicht auf die einzelnen Teile.

Eignungskriterien

- Viele Wettbewerber
- Preissenkungspotential
- Geringe Wechselkosten zwischen den Lieferanten
- Leichte Beschreibbarkeit
- DIN-/Norm-/MRO-Teile
- Katalogteil
- Hohe Bestellkosten

Mögliche Nachteile

- Zu preisaggressiv: Verlust des Lieferanten
- Lieferanten sprechen sich ab
- Keine Auktion bei Engpassteilen, zu zeitaufwändig und Lieferant nutzt seine Marktmacht und lässt sich nicht auf Auktionen ein

Ablauf

- Auswahl geeigneter Kandidaten/Lieferanten
- Begutachtung/Analyse geeigneter Lieferanten
- Prüfung der Leistungsfähigkeit der Lieferanten (Qualität, Liefertreue, finanzielle Stärke, Serviceleistungen etc.)

- Einladung der ausgewählten Lieferanten
- Einweisung der Lieferanten in die Auktionsbesonderheiten/-abläufe
- Durchführung der Auktion (Gebotsabgabe – anonym – innerhalb des definierten Zeitraumes (etwa 2 Stunden).
- Hinzuziehen der vorab ermittelten Kriterien zur Preiskomponente, um den günstigsten Anbieter unter Total-Cost-Gesichtspunkten zu ermitteln
- Benachrichtigung des Gewinners, Vollzug der Transaktion

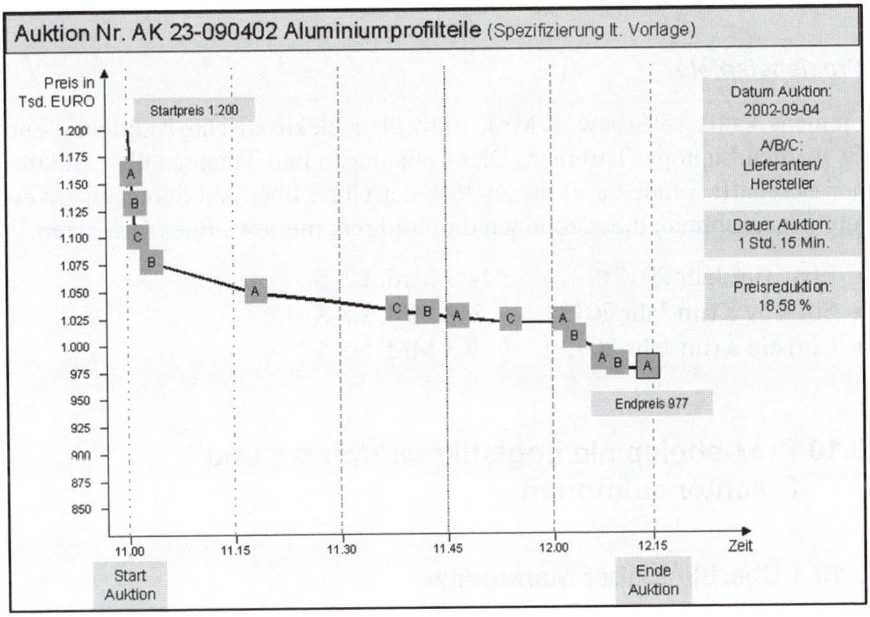

Abb. 6.10. Ablauf einer Reversen Auktion (Quelle: Kleineicken, s.a. Wannenwetsch/Nicolai 2002, S. 103)

Tabelle 6.6. Vor- und Nachteile von Reversen Auktionen

Vorteile	Nachteile
• Preisfokussiert • Zeitsparend • Geringe Transaktionskosten • Enorme Einsparpotenziale (zwischen 10–20%)	• Preisfokussiert, Vernachlässigung anderer Komponenten • Kaum Wiederholungseffekte • Risiko bei unbekannten Bietern • Ggf. hohe Gebühren

Verbreitung und Bedeutung

Ungefähr 40% der Unternehmen setzen Ausschreibungen ein. Ausschreibungen sind damit das Werkzeug, welches am zweithäufigsten genutzt wird. Bei kleinen und mittleren Unternehmen sehen rund 40% keine aktuelle Relevanz E-Sourcing einzusetzen. Die Gründe hierfür sind Zweifel an der Wirtschaftlichkeit und an der Prozessverbesserung. Nur rund 21% der befragten Unternehmen benutzen elektronische Auktionen (eSolutions Report 2013 des BME).

Praxisbeispiele

Siemens kauft 15% bzw. 5 Mrd. Euro über elektronische Auktionen ein. Es werden Laptops, Turbinen, Dienstleistungen und Tonnage über Auktionen beschafft. Linde kauft bis zu 30% der Güter über Auktionen ein. Weitere Unternehmen, die Auktionen durchführen, mit jeweiligen Umsätzen:

- Ebay (im Jahr 2012): 14,7 Mrd. US $
- Sotheby´s (im Jahr 2012): 760 Mrd. US $
- Christie´s (im Jahr 2012): 6,3 Mrd. US $

6.10 Praxisbeispiele Logistikmarktplätze und Frachtenauktionen

6.10.1 Überblick über Marktplätze

Elektronische Marktplätze für Transport und Logistik gehören in jüngster Zeit zu den Schwerpunkten der „E-Logistics-Diskussion". Das Angebot der Logistikmarktplätze im Internet richtet sich an Verlader, Spediteure und Frachtführer. Wichtigste Gemeinsamkeit ist, dass der Frachtenhandel direkt online auf der Plattform stattfindet. Eine genaue Betrachtung der Systeme ergibt jedoch große Unterschiede bezüglich der Handelsprozesse, Zusatzdienstleistungen und Sicherheitsstandards. Das sind Faktoren, aus deren Summe sich letztendlich der Nutzen und die Praxistauglichkeit des Internetmarktplatzes bestimmen lässt.

Tabelle 6.7. Logistikbörsen (Quelle: Deutscher Speditions- und Logistikverband, 2012)

	Anbieter		Homepage	A = Auktion F = Frachtbörse L = Lagerbörse T = Transaktionsplattform *) Z = Zeitfensterplattform
1.	bargelink	NL	www.bargelink.com	F (Binnenschifffahrt), Ausschreibungen
2.	benelog	DE	www.benelog.com	F (Lkw), Ausschreibungen T (Lkw)
3.	Box24 Touren-Börse	DE	www.box24.de	F (Lkw)
4.	Cargoclix	DE	www.cargoclix.com	A (Lkw), Ausschreibungen F (Lkw), T (Lkw), Z (Lkw)
5.	CARGOTRANS	UK	www.cargotrans.net	F (Lkw)
6.	FRACHT24NET	DE	www.trans-boerse.com	F (Lkw)
7.	FreeCARGO.com	NL	www.freecargo.com	F (Lkw), T (Lkw)
8.	HCS HanseCargo Services AG	DE	www.hansecargo.de	T (Lkw)
9.	Inttra.com	UK	www.inttra.com	T (Seefracht)
10.	KURIERPORTAL	DE	www.kurierportal.com	A (Lkw), F (Lkw), Ausschreibungen
11.	LKWonline	DE	www.lkwonline.de	F (Lkw)
12.	logbay	DE	www.logbay.de	A (Lkw), F (Lkw), Ausschreibungen
13.	MERCAREON	DE	www.mercareon.com	Z (Lkw)
14.	SALT Mobile Systems	DE	www.cargorent.de	T (Lkw)
15.	Supply Chain Services AG	DE	www.s-c-s-ag.de	Z (Lkw)
16.	teleroute Deutschland GmbH	FR	www.teleroute.com	F (Lkw)
17.	TICONTRACT	DE	www.ticontract.com	Ausschreibungen
18.	TimoCom Truck & Cargo	DE	www.timocom.de	F (Lkw), Ausschreibungen
19.	Trans-Aktuell3000	DE	www.aktuell3000.com	F (Lkw)
20.	Trans-boerse.com	DE	www.trans-boerse.com	F (Lkw)
21.	TRANS.eu GmbH	DE	www.trans.eu	F (Lkw)
22.	TRANSPOREON	DE	www.transporeon.com	A (Lkw), Ausschreibungen, F (Lkw), T (Lkw), Z (Lkw)
23.	Wtransnet corporate	ES	www.wtransnet.com www.lagerboerse.com	F (Lkw), L (Lager), T (Lkw)

*) Transaktionsplattformen bieten zusätzlich u. a. Module wie internetbasierte Akquisition, Disposition, Auftragsabwicklung, Tracking & Tracing an. Ausschließlich geschlossene Frachtbörsen, die von Verladern oder Spediteuren betrieben werden, sind in dieser Marktübersicht nicht enthalten. Anders als die Betreiber offener Frachtbörsen, die häufig auf ihren Plattformen auch geschlossene Bereiche für Großauftraggeber einrichten, zu denen nur Transportunternehmen Zugang haben, die hierfür vom Verlader oder Spediteur zugelassen werden.

Tabelle 6.8. Vorteile für die Teilnehmer von Frachtbörsen

Vorteile für Auftraggeber	Vorteile für Frachtführer
• Senkung der Transportkosten • Hohe Markttransparenz • Zeitersparnis durch vereinfachte Disposition • Ständige Qualitätsprüfung der Frachtführer • Keine Kosten	• Zusätzliche Einnahmen • Auslastung freier Kapazitäten • Direkter Zugriff auf alle Angebote des Marktes • Hohe Planungssicherheit durch einheitliches Auktionsende • Ständige Qualitätsprüfung der Auftraggeber • Nur bei erfolgreicher Entnahme eines Auftrages wird eine Gebühr von 12,50 Euro berechnet

6.10.2 Auktionen am Spotmarkt

Der Handel kurzfristiger Transportkapazitäten (Spotmarkt) erfolgt über Reverse Auktionen. Der Auftraggeber definiert hierbei im Vorfeld der Auktion die von ihm gewünschte Transportdienstleistung. Einige Ansätze ermöglichen auch die Erfassung der erforderlichen Qualitätsanforderungen und die Eingabe eines Startpreises. Der Vertragsabschluss findet dann vielfach in einer reversen Auktion direkt zwischen Auftraggeber und Ersteigerer statt.

Besonders deutlich werden die Vor- und Nachteile der bestehenden Frachtenbörsen in Bereichen, in denen es darauf ankommt, sich den spezifischen Bedürfnissen ihrer Marktteilnehmer anzupassen. Probleme bereiten daher häufig Auktionsmodelle, die nur ungenügend auf die Bedürfnisse des Spotmarkts und die meist dicht gedrängten Terminkalender der Disponenten zugeschnitten sind. So wird ein Disponent, der täglich einige Dutzend Fahrzeuge zu befrachten hat, kaum Zeit finden, bis zu 45 Minuten für die Ersteigerung jedes einzelnen Spotmarktauftrages aufzubringen.

Diese Problematik ist durch einheitliche Auktionsenden in Verbindung mit dem Einsatz intelligenter Biet-Agenten zu lösen (das sind Programme, die nach festen Vorgaben im Auktionsprozess eigenständig aktiv werden). Ein Disponent kann dabei mehrere Auktionen gleichzeitig betreuen, ohne ständig online sein zu müssen.

Da viele Aufträge auf dem Spotmarkt besonders zeitkritisch sind, empfehlen sich Auktionsformen, die keinen langen zeitlichen Vorlauf erfordern. Für eine neue Geschwindigkeit im Frachtenhandel sorgen Express-Auktionen, über die beim ersten Gebot, das den Qualitäts- und Preisvorstellungen des Auftraggebers entspricht, sofort der Zuschlag erteilen.

6.10.3 Ausschreibung von längerfristigen Kontrakten

Neben dem Handel auf dem Spotmarkt werden auch längerfristige Ausschreibungen von Frachtpaketen und Logistikkontrakten angeboten. Ein Verlader definiert hierbei das von ihm benötigte Transportvolumen nach Relation, Beschaffenheit und Zeitdauer und holt die Gebote interessierter Logistikdienstleister ein.

Wichtig ist, dass der Verlader vor der Vergabe eines Kontraktes die Möglichkeit haben soll, sich mit den Bietern zur Abstimmung von Detailfragen persönlich in Verbindung zu setzen. Eine Vergabe auf anonymer Basis – wie bei einigen Logistikmarktplätzen vorgesehen – kann zu großen Problemen bis hin zur Unterbrechung der gesamten Supply-Chain führen.

Ausschreibungsbegriffe

- *Request for Information (RFI)*: Aufforderung an Lieferanten, Informationen zu einer Anfrage abzugeben.
- *Request for Proposal (RFP)*: Aufforderung an Lieferanten, ein Angebot für ein Produkt oder eine Dienstleistung abzugeben (meist schwierig zu beschreiben wie z.B. eine Anlage, Maschine etc.).
- *Request for Quotation (RFQ):* Aufforderung an Lieferanten, ein Angebot für ein Produkt oder eine Dienstleistung abzugeben (meist einfach zu beschreiben).

6.10.4 Kosten einer Auktion

Wenn Verlader (Anbieter der Ladung, Unternehmen, Lieferanten etc.) eine Ladung/einen Transport z.B. bei Cargoclix ausschreiben/anbieten, so ist dies für den Verlader kostenlos. Der Frachtführer (Spedition), der den Frachtauftrag haben möchte, zahlt nur bei Erfolg ca. 12,50 Euro.

Wenn ein großer Automobilhersteller z.B. einen Jahreskontrakt für PKW-Lieferungen innerhalb der Bundesrepublik Deutschland ausschreibt, so wird eine pauschale Gebühr von 100 Euro je Ausschreibung/Relation vom Verlader (Anbieter der Ladung) verlangt. Wenn also der Jahreskontrakt drei Lieferungen von Mannheim nach Hamburg, Mannheim nach Berlin und Mannheim nach München umfasst, so beträgt die Gebühr dreimal 100 Euro, also 300 Euro. Für den Frachtführer, der den Auftrag bekommt, ist die Teilnahme an dem Marktplatz kostenlos.

Das Beispiel in Tabelle 6.9 zeigt eine Ausschreibung eines Kontrakts mit jährlich 530 Ladungen, davon 50 Ladungen grenzüberschreitend und 400 Teilladungen zwischen 3 und 5 Paletten.

Tabelle 6.9. Beispielrechnung (cargoclix.de/info/de/services-und-preise/ 2014)

Grundpreis	**bis 200 Ladungen**	**350 €**	**= 350 €**
	ab der 201. Ladung 1 € pro Ladung	330 x 1 €	= 330 €
Abschlag Teilladungen	400 Teilladungen 3 bis 5 Paletten à -0,60 €	400 x (- 0,60 €)	= - 240 €
Zuschlag grenzüberschreitend	50 Ladungen grenzüberschreitend à 0,40 €	50 x 0,40 €	= 20 €
		Gesamtsumme	= 460 €

6.11 Zahlungsmethoden beim E-Payment

Unter E-Payment wird eine elektronische Zahlung verstanden, die unter Nutzung von Informations- und Kommunikationstechnologie über private oder öffentliche Netzwerke, insbesondere über das Internet, abgewickelt wird. Für die Zahlung werden sowohl traditionelle Methoden wie Vorauskasse, Rechnung, Nachnahme und Lastschrift verwendet, als auch Kreditkartenzahlungen und neuere Online-Bezahlverfahren.

Im B2B-Bereich herrschen vielfach noch die traditionellen Zahlungsmethoden vor. Diese sind den Unternehmen vertraut und genießen deshalb eine hohe Akzeptanz. Häufig eingesetzt wird auch das Gutschriftverfahren. Hierbei werden für einen Abrechnungszeitraum (zumeist monatlich) Sammelrechnungen vom Lieferanten erstellt, die dann kundenseitig überprüft und bezahlt werden. Auch im B2C-Bereich werden häufig noch traditionelle Zahlungsmethoden eingesetzt, allerdings setzen sich auch zunehmend Kreditkartenzahlungen und Online-Zahlungsverfahren durch, insbesondere in Verbindung mit dem Online-Handel. So ergab eine Umfrage unter Online-Händlern, dass in Deutschland Anfang 2013 PayPal mit 35% bereits zum meistgenutzten Zahlungsverfahren ihrer Kunden zählte, noch vor der Zahlung mit Rechnung mit 29%, der Vorauskasse per Überweisung mit 20% und der Zahlung mit Kreditkarte mit 18% (Statistika 2014). PayPal ist eine Tochtergesellschaft des Unternehmens eBay mit nach eigenen Angaben weltweit 143 Mio. aktiver Benutzerkonten und ist damit eines der größten Online-Zahlungssysteme weltweit.

Nach aktuellen Prognosen des Marktforschungsunternehmens Forrester wird der Umsatz aus dem Onlinehandel bis 2017 in den USA auf 370 Mrd. Dollar und in Europa auf 191 Mrd. Euro wachsen. Dies entspricht einer Steigerungsrate von jährlich 9% für die USA und 11% für Europa. In Deutschland beträgt der Anteil des Onlinehandels am Gesamtumsatz im

Einzelhandel derzeit 7% und soll sich in den kommenden fünf Jahren auf 10% steigern (Forrester Research 2012 to 2017).

Electronic Bill Presentment and Payment (EBPP)

Zur Beseitigung der Ineffizienzen der traditionellen Rechnungsabwicklung mit papierbasierten Rechnungen wurde das Electronic Bill Presentment and Payment (EBPP) Verfahren entwickelt. Der Rechnungssteller versendet hierbei entweder die Rechnung direkt per E-Mail an den Rechnungsempfänger oder stellt die Rechnung über einen zugangsgeschützten Bereich auf seiner eigenen Webseite (Direct Billing Modell) bzw. auf der Webseite eines Intermediärs (Consolidator Modell) elektronisch bereit. Ist eine neue Rechnung vorhanden, kann der Rechnungsempfänger darüber per E-Mail informiert werden und erhält zumeist in der E-Mail einen Hyperlink, der ihn direkt zu der Webseite des Rechnungstellers bzw. des Intermediärs führt. Der Rechnungsempfänger kann nun die bereitgestellte Rechnung ansehen und prüfen und, sofern die Rechnungsdaten in strukturierter Form (z.B. EDIFACT, XML oder im Dateiformat CSV) bereitgestellt wird, direkt in sein eigenes Anwendungssystem übernehmen. Bei einer Bereitstellung über einen Intermediär können Rechnungen verschiedener Rechnungssteller konsolidiert werden. Für den Rechnungsempfänger hat dies den Vorteil, dass ein mehrmaliges Anmelden auf den verschiedenen Webseiten der Rechnungssteller auf einen Anmeldevorgang beim Intermediär reduziert wird. Abbildung 6.11 verdeutlicht noch einmal den Ablauf einer Zahlungsabwicklung mit EBPP.

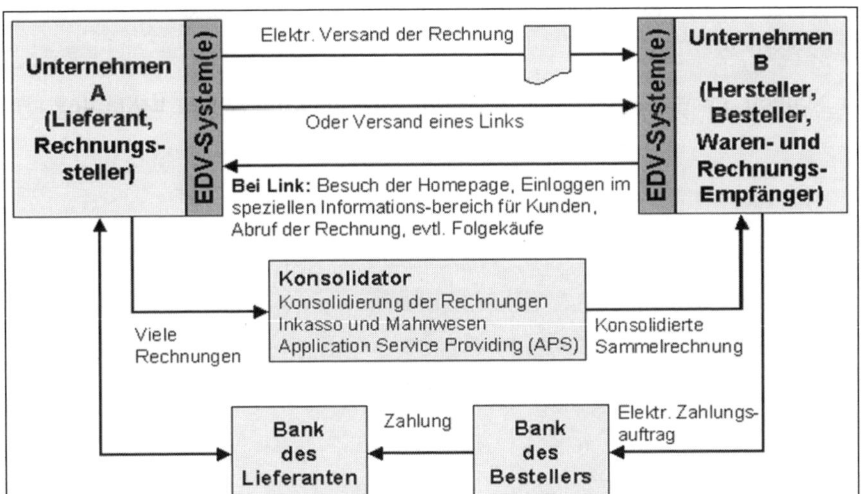

Abb. 6.11. Abläufe einer EBPP-Transaktion (Schmitz 2002, S. 210)

Im B2C-Bereich wird EBPP derzeit vor allem von Unternehmen aus der Telekommunikationsbranche und von Energieversorgen angeboten. Beispiele sind RechnungOnline der Deutschen Telekom AG oder die Online-Services kommunaler Versorgungsunternehmen, die neben der Änderung von Adress- und Bankdaten häufig auch die Eingabe von Zählerständen und die Anzeige aktueller und vergangener Rechnungen ermöglichen.

Mobile Payment

Aufgrund der zunehmenden Verbreitung mobiler Endgeräte wie Smartphones oder Tablet Computer werden mobilfunkbasierte Bezahlvorgänge immer attraktiver. Nach einer Studie des Research Center for Financial Services der Steinbeis-Hochschule Berlin können sich EU-weit rund 65% der Konsumenten vorstellen, ihr Mobiltelefon zur Bezahlung im Einzelhandel oder beim Online-Handel zu nutzen. 55% der Studienteilnehmer gaben an, dass sie überwiegend Zahlungen im Rahmen von 20 bis 99 Euro tätigen würden und immerhin rund 20% der Studienteilnehmer wären bereit, mit dem Mobiltelefon Beträge über 100 oder sogar 500 Euro zu bezahlen (Kleine et al. 2012, S. 11f).

Wiederholungsfragen zu Kapitel 6

1. Erläutern Sie die Unterschiede von E-Shops, unternehmenseigenen E-Katalogen und Marktplätzen.

2. Welche Teile eignen sich für E-Procurement mit Desktop-Purchasing Systemen?

3. Nennen Sie vier verschiedene Auktionsformen mit kurzer Erklärung.

7 Energiemanagement (EM) und Energielogistik

7.1 Bedeutung und Einsparmöglichkeiten

Energiekosten steigen stark an, wie es die langfristige Entwicklung der Rohölpreise zeigt. In Abb. 7.1 wird der Preis für ein Barrel (159 Liter) der Sorte Brent deutlich. Gerade diese Kosten schlagen auf die Treibstoffpreise für die Logistikbranche durch.

Das Barrel Rohöl kostete bis zur Jahrtausendwende fast immer weniger als 20 Dollar, oft war er deutlich geringer. Danach kam die Trendwende, im Jahr 2008 gab es Tagespreise von 146 Dollar. In einigen Branchen wie der Aluminium- oder Zementindustrie betragen Energiekosten ca. 50% des Umsatzes (s. Abb. 7.2).

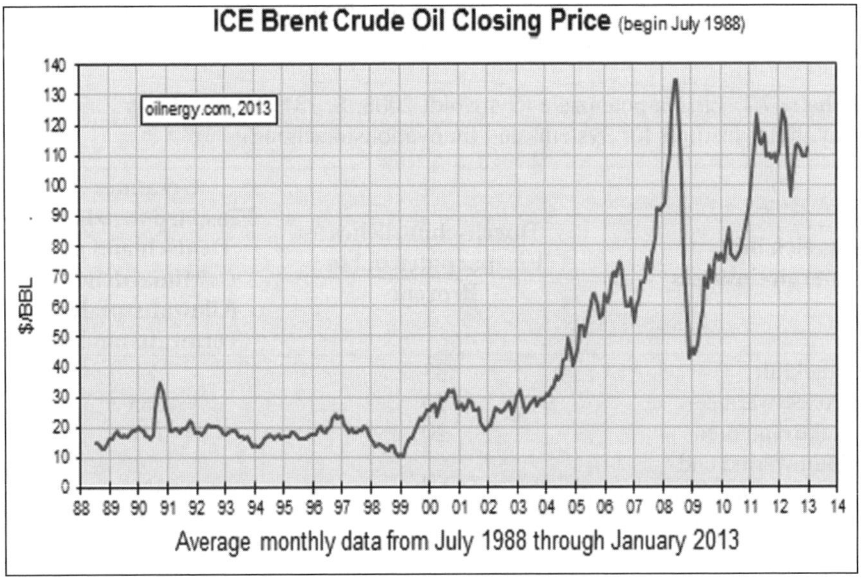

Abb. 7.1. Langfristige Entwicklung des Rohölpreises
(Quelle: http://www.oilnergy.com/1obrent.htm#since88 v. 26.10.13)

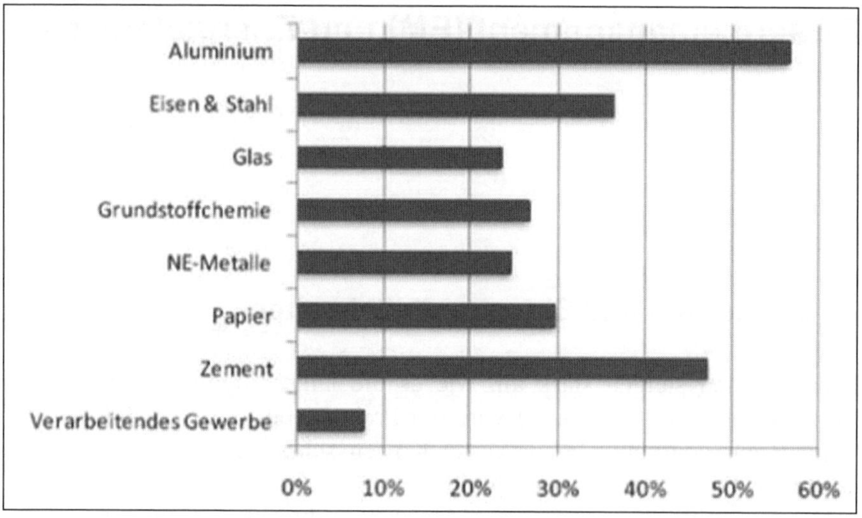

Abb. 7.2. Energiekostenanteil an den Gesamtkosten
(Quelle: http://eneff-industrie.info/quickinfos/energieintensive-branchen/energie-und-produktionswert/Aufgrund von Daten des Statistischen Bundesamtes 2008)

Durch diese großen, wachsenden Kostenblöcke wird Energiemanagement (EM) immer wichtiger. Das Ausschöpfen der Einsparpotenziale (s. Tabelle 7.1) ist ein Wettbewerbsfaktor.

Tabelle 7.1. Einsparpotenziale (Synwoldt 2008, S. 131, aufgrund von Zahlen des Fraunhofer Instituts für System- und Innovationsforschung)

Bereich des Energieeinsatzes	**Durchschnittliches Einsparpotenzial in Prozent**	**Gesamtes Einsparpotenzial in Deutschland in Milliarden Kilowattstunden (Terawattstunden)**
Druckluft	33	14
Prozesswärme	20	265
Elektromotoren	20	132
Raumwärme und Warmwasser	20	64
Pumpen	20	27
Ventilatoren	28	23
Kälteanlagen	15	12
Beleuchtung	15	11

Zudem kristallisierten sich die negativen Folgen des Treibhauseffekts heraus. Die Warnungen von mehreren hundert Forschern, die als Intergovernmental Panel on Climat Change IPCC die Vereinten Nationen beraten, sind eindeutig und eindringlich. Wenn der Ausstoß von Treibhausgasen nicht stärker als bisher begrenzt wird, ist das politisch angestrebte Ziel von maximal zwei Grad Erderwärmung nicht zu halten. Die Erwärmung kann dann auf fünf Grad bis zum Ende des Jahrhunderts steigen mit dramatischen Folgen. Durch die Verbrennung fossiler Energieträger wird Kohlendioxid (CO_2) freigesetzt. Kohlendioxid ist das Leit-Treibhausgas, die Wirkung aller anderen Treibhausgase werden in CO_2-Äquivalenten ausgedrückt. Alleine die außerbetriebliche Logistik und weiterer Verkehr tragen etwa 28% zu den deutschen Emissionen bei, wie es Abb. 7.3 zeigt.

Wenn Unternehmen in den Handel für Kohlendioxid-Emissionsrechte einbezogen sind, verursachen auch entsprechende Emissionen Kosten (die Höhe lässt sich auf der Homepage der European Energy Exchange – EEX – nachlesen, http://www.eex.com/de/).

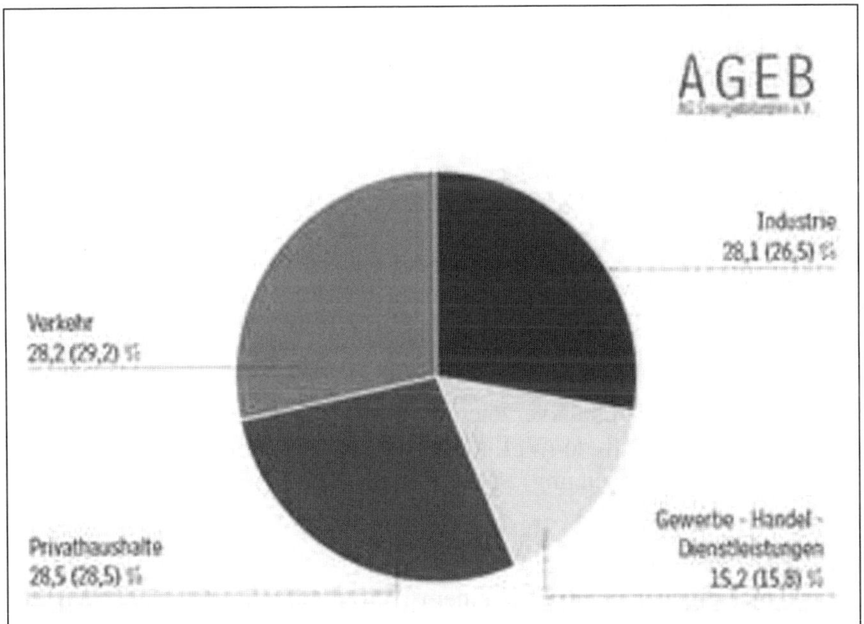

Abb. 7.3. Emission von Treibhausgasen nach Sektoren (Arbeitsgemeinschaft Energie-Bilanzen, AGEB)

7.2 DIN EN ISO 50001

> Energiemanagement ist die vorausschauende, organisierte und systematisierte Koordination von Beschaffung, Wandlung, Verteilung und Nutzung von Energie zur Deckung der Anforderungen unter Berücksichtigung ökologischer und ökonomischer Zielsetzungen (VDI-Richtlinie 4602).

DIN und ISO haben die Bedeutung des Themas erkannt und die DIN EN ISO 50001:2011 „Energiemanagementsysteme – Anforderungen mit Anleitung zur Anwendung in Kraft“ in Kraft gesetzt. Die Zertifizierung des EM funktioniert analog dem Qualitätsmanagement (QM, ISO 9000er-Reihe) und dem Umweltmanagement (UM, ISO 14000er-Reihe sowie Eco-Audit and Management Scheme, EMAS). Die Auflistung zeigt Auszüge aus dem Inhaltsverzeichnis der ISO 50001.

> 4 Anforderungen an ein Energiemanagementsystem
> 4.2 Verantwortung des Managements
> 4.2.1 Top-Management
> 4.2.2 Beauftragter des Managements
> 4.3 Energiepolitik
> 4.4 Energieplanung
> 4.5 Einführung und Umsetzung
> 4.5.7 Beschaffung von Energiedienstleistungen, Produkten, Einrichtungen und Energie
> 4.6 Überprüfung
> 4.7 Managementbewertung (Management-Review)

Abb. 7.4. Wichtige Punkte des Inhaltsverzeichnisses der Norm DIN ISO 50001

Das vollständige Inhaltsverzeichnis mit Anhängen lässt sich einsehen unter http://www.beuth.de (Vgl. auch Regen 2012, Reimann 2013 als Hilfestellungen zur Umsetzung). Das Prinzip des Management-Kreises ist auch hier verwirklicht.

Praxisbeispiel: Heizung Hochregallager

Bei einer eigenen Studie bei einem Automobilzulieferer fand eine Begehung in einem Hochregallager statt. Die Außentemperatur betrug an diesem kalten Wintertag -10 Grad, die Temperatur im Hochregallager lag bei 16 Grad. Das Lagergut war nicht temperaturempfindlich, jedoch hätte ein Einfrieren der wasserbefüllten Sprinkleranlage Schäden in mehrstelliger Millionenhöhe verursacht. Die Mindest-Solltemperatur war auf fünf Grad festgelegt. Die Ursache für diese Energie- und Geldverschwendung lag in der fehlenden organisatorischen Zusammenarbeit zwischen Materialwirtschaft (Lagernutzer) und Facility Management (Verantwortlich für Infrastruktur des Lagers).

In der praktischen Arbeit mit der Norm ist für viele Unternehmen wichtig, was in Ergänzung zu einem UM noch zu erfüllen ist, um eine Zertifizierung zu erlangen. Dazu hat die Geschäftsstelle des Umweltgutachterausschusses einen Leitfaden erarbeitet „Erfüllung der Anforderungen der DIN EN ISO 50001 „Energiemanagementsysteme" durch EMAS". Dieser Leitfaden vom April 2012 geht detailliert jeden Punkt aus dem Inhaltsverzeichnis durch und ist kostenfrei verfügbar (http://www.emas.de/filead min/user_upload/06_service/PDF-Dateien/EMAS-und-DIN-EN-ISO-50001.pdf). Letztlich sind alle Funktionen des Unternehmens berührt und Energiemanagement wird zunehmend integraler Bestandteil der Betriebswirtschaftslehre (Kals 2013, S. 281–286).

7.3 Energie- und CO_2-Bilanzen

Wie auch beim Umweltmanagement, sind Bilanzierungen der Energie die Basis für Verbesserungsmaßnahmen. Im Prinzip ist die folgende verkürzte Energiebilanz eines Maschinenbauunternehmens eine exemplarische Auskopplung und Detaillierung aller energiebezogenen Stoffflüsse aus der Umweltbilanz. Die Inputseite ist nach betrieblichen Funktionen gegliedert, die Outputseite nach der Nutzenergie und Energieverlusten.

Tabelle 7.2. Energiebilanz eines metallverarbeitenden Betriebs

Energie (Inputseite)	Energie (Outputseite)
Produktion • Elektrische Antriebe für Fertigungszentren • Gasbeheizter Glühofen • Druckluftbetriebene Handgeräte • Innerbetriebliche Logistik • Elektrisch, gas-, dieselbetriebene Gabelstapler • Elektrische Hängeförderer *Außerbetriebliche Logistik (Fuhrpark)* • Benzin- und dieselbetriebene PKW • Dieselbetriebene LKW • Facility Management • Heizung und Klimatechnik • Beleuchtung	*Nutzenergie bei primären Prozessen* • Zerspanung von Werkstücken • Härten von Teilen *Nutzenergie bei sekundären und tertiären Prozessen* • Transporte • Hallen- und Raumtemperatur • Energieverluste • Wärmeabstrahlung über Luft, Wasser und Feststoffe (Abfall) • Vibrationen und Lärm *Energieabgabe an Dritte* (Prozessenergie als Fernwärme oder Stromeinspeisung aufgrund des Erneuerbare Energien Gesetz – EEG)

Diese im Ansatz dargestellte Betriebsbilanz für Energie ist auf die Einzelprozesse aufzuteilen. Sankey-Diagramme visualisieren den betrieblichen Energieflusses, ein Beispiel für einen metallverarbeitenden Betrieb enthält Abb. 7.5.

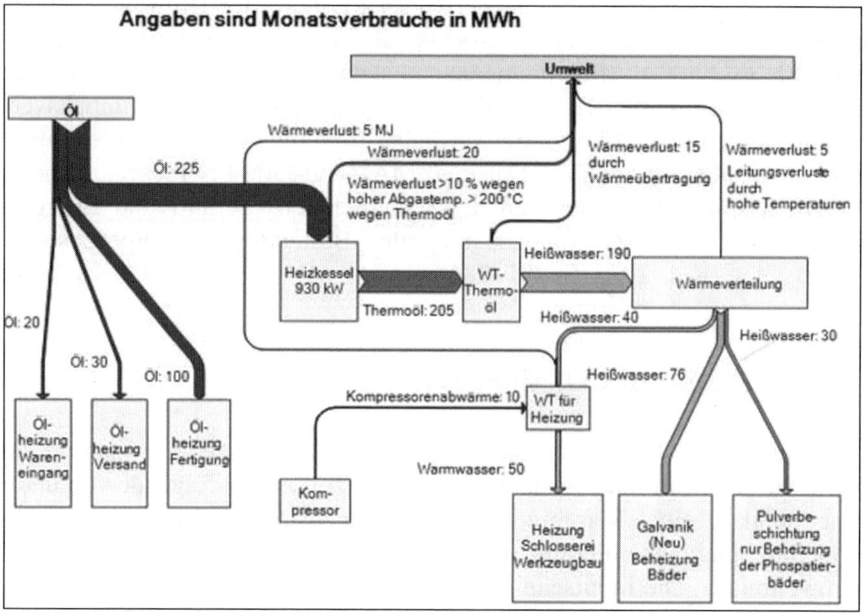

Abb. 7.5. Sankey-Diagramm (Energieflussbild) eines metallverarbeitenden Betriebs (Angaben in MWh, ABAG-itm 2009)

Mit dieser Betriebsbilanz lassen sich die Produktionsprozesse verstehen und der Energieverbrauch von Produkten berechnen (Gate-to-Gate im eigenen Betrieb). Damit ist ein Teil des Lebenszyklus abgedeckt zur Ermittlung des Energieverbrauchs im Produkt-Lebenszyklus (Life-Cycle Assessment, LCA).

Der CO_2-Fußabdruck (Product Carbon Footprint) sind die CO_2-Emissionen, die ein Produkt im Lebenszyklus verursacht.

Um EM zu verstehen, sind die Begriffe Leistung, Energie, Brennwertfaktor und CO_2-Emissionsfaktor zu erläutern. Damit lassen sich Energieverbräuche von Anlagen berechnen und optimieren.

Leistung ist die Energieaufnahme pro Zeit und wird in Watt (W) gemessen. Es ist anschaulich beschrieben die „Stärke" eines Geräts. 1.000 Watt sind ein Kilowatt (kW).

Energie ist die Fähigkeit eines Systems, Arbeit zu leisten. Der Energieverbrauch berechnet sich, indem die Leistung eines Geräts (System) mit der Zeitdauer multipliziert wird. 1.000 Wattstunden sind eine Kilowattstunde kWh.

Leistung (kW) * Zeit (h) = Energieverbrauch (kWh)

Beispiel: Eine Pumpe zur Förderung eine Flüssigkeit durch Rohrleitungen hat eine Leistung von 30 kW. Ist sie über eine Schicht von acht Stunden am Tag eingeschaltet ist, verbraucht sie also folgende Energie:

30 kW * 8 h = 240 kWh

Zum Vergleich: Der typische Tagesverbrauch eines Haushalts beträgt 10 kWh Strom. Elektrische Antriebe haben eine jahrzehntelange Lebensdauer. In den letzten Jahren hat es zwei technologische Fortschritte gegeben, die Antriebe sind energieeffizienter und regelbar geworden (Nicht-regelbare Antriebe kennen nur „aus" und „volle Leistung".). Mit steigenden Strompreisen ist es nun wirtschaftlich, solche alten, aber noch voll funktionsfähigen Antriebe zu ersetzen.

Praxisbeispiel: Kraftwerkspumpe

In einer eigenen Untersuchung in einem Kraftwerk einer Papierfabrik verursachte eine große Pumpe eine Million Euro Energiekosten im Jahr. Die typische Einsparung von alten elektrischen Antrieben zu neuen von 40% war auch hier festzustellen, so dass die Amortisationszeit wenige Monate betrug.

Nun verwenden Unternehmen nicht nur elektrische Energie, die immer in kWh gemessen wird. Der Brennwert oder Brennwertfaktor ermöglicht die Umrechnung in andere Energieformen.

Brennwertfaktor: kWh Energieausbeute pro Mengeneinheit des Energieträgers

Die folgenden Rechnungen zeigen den Umgang mit Brennwertfaktoren. Es sind typische Brennwertfaktoren für Diesel und Heizöl (ist chemisch gleich) sowie nicht-komprimiertes Erdgas verwendet. Der Energieinhalt von 1.000 Litern Diesel und 1.000 Kubikmetern Erdgas wird folgendermaßen berechnet:

1.000 Liter Diesel * 1,08 (kWh/Liter) = 1.080 kWh

1.000 Kubikmeter Erdgas * 10,45 (kWh/Kubikmeter) = 10.450 kWh

Leichte Abweichungen in den Faktoren sind möglich, da fossile Energieträger letztlich Naturprodukte sind mit kleinen chemischen Abweichungen auch nach der Aufbereitung.

> CO_2-Emissionsfaktoren berechnen die CO_2-Emission für eine Mengeneinheit eines Energieträgers bei der Verbrennung.

Hier wieder ein Rechenbeispiel für 1.000 Liter Diesel und 1.000 Kubikmeter nicht-komprimiertes Erdgas:

1.000 Liter Diesel * 2,65 (kg CO_2/Liter) = 2.650 kg CO_2

1.000 Kubikmeter Erdgas * 1,8 (kWh/Kubikmeter) = 1.800 CO_2

Jedoch ist noch die „graue Energie", der Kumulierte Energieaufwand (KEA) hinzuzurechnen.

> Der Kumulierte Energieaufwand (KEA) oder „graue Energie" ist nach der VDI-Richtlinie 4600 „die Gesamtheit des primärenergetisch bewerteten Aufwands, der im Zusammenhang mit der Herstellung, Nutzung und Beseitigung eines ökonomischen Guts (Produkt oder Dienstleistung) entsteht bzw. diesem ursächlich zugewiesen werden kann.

Hier geht es um die graue Energie der Endenergie selber. Ein besonderer Fall ist elektrische Energie, die überhaupt keine CO_2-Emissionen bei der Verwendung freisetzt. Die graue Energie von Elektrizität variiert aber nach Erzeugung erheblich: Sie liegt bei 20 bis 40 Gramm CO_2 pro kWh bei Windkraft, aber 1,2 Kilogramm CO_2 pro kWh bei Braunkohle.

7.4 Elektromobilität und Lastmanagement

Eine kommende Option im Energiemanagement ist die Einbindung von Elektromobilität in intelligente Stromnetze (Smart Grids). Die Bundesregierung hat zum Ziel gesetzt, bis 2020 eine Million Elektrofahrzeuge auf die Straße zu bringen.

Beispiel Nissan Leaf

Grundpreis (inkl. MwSt): ca. 35.000 Euro
Reichweite (in km): 160
Höchstgeschwindigkeit (km/h): 145
Stromverbrauch (kWh/100km): 15

Abb. 7.6. Beispiel eines Elektrofahrzeugs

Ein wesentlicher Grund für Elektromobilität ist die hohe Effizienz der Elektromotoren. Der Verbrauch eines PKW beträgt etwa 15 kWh pro 100 km. Mit den oben eingeführten Brennwertfaktoren lässt sich abschätzen, dass dies etwa 1,5 Litern Diesel entspricht. Die Elektromobilität bei leichten Nutzfahrzeugen ist zu erwarten (http://www.e-motion-line.net/).

Praxisbeispiel: Life-Cycle Costing (LCC) und Total Costs of Ownership (TCO) von Elektromotoren

Elektroantriebe verursachen in der Industrie rund zwei Drittel des Stromverbrauchs. Das BMU rechnet vor, dass mehr als 90% der Gesamtkosten eines Elektromotors über die Lebensdauer auf den Stromverbrauch entfallen, weniger als 10% auf die Anschaffung. Effiziente Elektromotoren mit höherem Wirkungsgrad würden also zu erheblichen Einsparungen führen. Der Zentralverband Elektrotechnik- und Elektronikindustrie e.V. (ZVEI) hat errechnet, dass sich durch den Einsatz von Energiesparmotoren in der deutschen Industrie 5,5 Mrd. Kilowattstunden (kWh) Strom wirtschaftlich einsparen ließen. Und durch den Einsatz elektronischer Drehzahlregelungen ließe sich der Verbrauch um 15% senken – das entspricht mit mehr als 4.000 Megawatt der Leistung von drei bis vier großen Kraftwerken (http://www.scope-online.de/erneuerbare-energien/energieeffizienz-enormes--energieeinsparpotenzial.htm v. 27.08.13).

Doch es gibt weitere Möglichkeiten für den betrieblichen Fuhrpark durch Elektromobilität: Durch die Energiewende kommt es immer häufiger zu Zeiten, in denen Überfluss (Sturm über Norddeutschland) herrscht oder Mangel („dunkle Flaute"). Der Strompreis an der Börse ist durch regenerative Energien wie Sonnen-, Windenergie oder Biomasse stark gesunken. Er kann ins Negative drehen. Das zeigt Abb. 7.7 mit negativen Preisen am 03.11.2013 am Spotmarkt der European Energy Exchange (EEX).

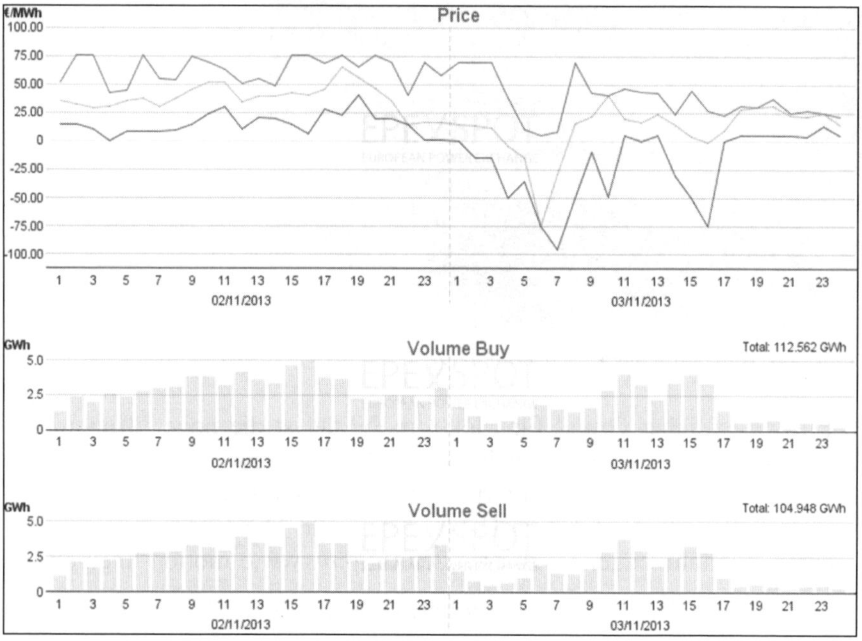

Abb. 7.7. Strompreis an der Strombörse EEX in Leipzig
(Quelle: http://www.epexspot.com/en/market-data/intraday/chart/intraday-chart/2013-11-04/DE v. 04.11.13)

Wenn Unternehmen die Akkumulatoren ihres Fuhrparks an diesem Sonntagmorgen aufladen, bekommen sie eine Vergütung, dass sie den Überschuss verwenden. Aber auch an Wochentagen kommt es zunehmend zu solchen Situationen, insgesamt an 15 Tagen im Jahr 2012. Der Börsenpreis macht jedoch nur einen Teil der Stromkosten aus, hinzu kommen Netzentgelte, Steuern usw.

Lastmanagement (Demand Side Management, Demand Response) bei Unternehmen heißt, bei Stromüberfluss und niedrigen Preisen den Verbrauch hochzufahren, hohen Preisen den Verbrauch zu reduzieren oder sogar gespeicherte Energie einzuspeisen.

Möglichkeiten für das Lastmanagement ist es z.B., automatische Prozesse zu verlegen, Kühlhäuser zur richtigen Zeit herunter zu kühlen oder energieintensive Mühlen, die kurze Zeit viel Strom brauchen, entsprechend einzuschalten.

Als Voraussetzung dient intelligente Messung (Smart Metering, s. Abb. 7.8).

Abb. 7.8. Smart Meter

Smart Meter (intelligente Zähler) senden Verbrauchswerte im Viertelstunden-Takt oder sogar online an Nutzer, interne Leitwarten externe Versorger und Netzbetreiber.

7.5 Energie-Logistik und -Einkauf

Energie-Logistik sorgt dafür, dass die richtige Energieform zur richtigen Zeit am richtigen Ort in der richtigen Menge zu den richtigen Kosten in der richtigen Qualität verfügbar ist.

Ein Beispiel einer innerbetrieblichen Energie-Logistik für ein Lebensmittelunternehmen mit einem Kühlhaus: Gemäß der *Sechs-R* muss Kälteenergie (richtiges Produkt/richtige Energieform) zu jeder Zeit im Kühlhaus (Ort) in ausreichender Menge zu niedrigen Kosten verfügbar sei, um eine Temperaturuntergrenze einzuhalten (Qualität).

Für eine überbetriebliche Energie-Logistik sind alle Aufgaben von Teilnehmern (Knoten) an intelligenten Netzen (Smart Grids) betroffen. Sie müssen im Zusammenspiel insbesondere die Verfügbarkeit von elektrischer Energie gemäß der Sechs-R-Regel sicherstellen. Für ein Unternehmen heißt das eine viel größere Komplexität der Energiebeschaffung über Portfoliomanagement und Lastmanagement.

Portfoliomanagement bedeutet, dass Strom in verschiedenen Teilpaketen gekauft wird (Grundlast/Baseload), Block-/Stundenkontrakte mit verschiedenen Laufzeiten und Ausgleichsenergie (Peakload) – s. Abb. 7.9.

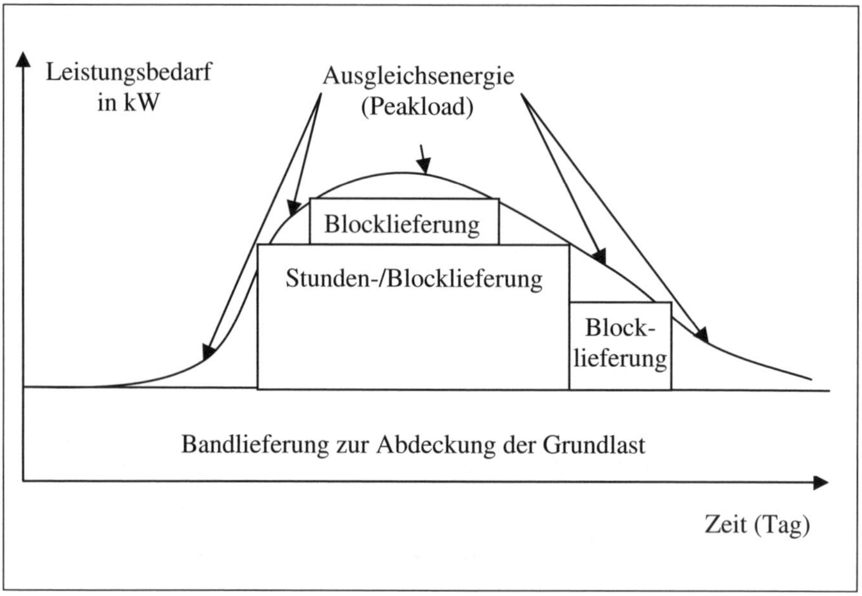

Abb. 7.9 Portfolio-Management beim Stromeinkauf

Es ist ein Baustein für eine gelingende Energiewende, dass die tatsächlichen Knappheiten über Preise an die Unternehmen weitergegeben werden. Das kann mit solchen Bezugsverträgen im Portfolio geschehen. Sehr große Unternehmen kaufen direkt an der Börse und nutzen die niedrigen Preise, die durch die Einspeisung von Wind- und Solaranlagen entstehen. So kann die Alunorf bei Neuss, die größte Aluminiumhütte der Welt, ihre Produktion ständig steigern auf 1,5 Mio. Tonnen pro Jahr (http://www.alunorf.de/alunorf/alunorf.nsf/id/wir-ueber-uns-de v. 04.11.13).

Kleine und mittlere Unternehmen (KMU) haben jedoch vielfach noch teure Vollversorgungsverträge ohne ausreichende Preisdifferenzierungen. Je nach Energiebedarf und Marktmacht können Sie Individualverträge mit Versorgern aushandeln.

In einem (Individual)Stromlieferungsvertrag ist zu regeln:

- Maximalleistung/Anschlusswert: Die Summe der Leistung aller elektrischen Verbraucher, die gleichzeitig genutzt werden.
- Übergabestellen und Anschlussanlagen.
- Leistungspreis für die bereitzustellende Leistung in Euro pro Kilowatt. Es handelt sich um einen Fixpreis pro Periode, der durch Verbrauchsänderungen nicht beeinflussbar ist.
- Arbeitspreis in Cent pro Kilowattstunde oder Euro pro Megawattstunde. Hier kommt mit Smart Metering eine Differenzierung nach Leistungszeiten und eine mögliche Kopplung an die Börsenpreise. Eine Vorstufe ist die Unterscheidung nach Tag- und Nachtstrom (HT – Hochtarif und NT – Niedrigtarif).
- Leistungsfaktorklausel zur Kompensation des Blindstroms. (Zur Erläuterung: Bei großen Stromverbrauchern – z.B. einer betrieblichen Maschine – und den Stromerzeugern/-umwandlern – z.B. einem Kraftwerk – pendelt elektrisch Energie, die nicht als Wirkstrom bezahlt werden muss.)
- Vertragsdauer, Festpreisvereinbarungen, Preisänderungsklauseln.
- Rechtliche Angaben wie Haftung, Gerichtsstand usw.

Eine immer wichtigere Option für KMU ist das Outsourcen des Energieeinkaufs (z.B. www.enoplan.de). Teil der Dienstleistung kann die Auswertung des Lastgangs sein, um Einsparpotenzial zu erkennen.

7.6 Ökologische Bewertung von Transporten

EcoTransIT.de ist eine kostenfreie Homepage und Kalkulationssoftware, um Transportvorgänge ökologisch zu bewerten. Öffentliche Stellen, Forschungsinstitute und Logistikunternehmen stehen hinter dieser internationalen Initiative. Um einen Einblick in die Leistungsfähigkeit des Programms zu geben, ist hier der Vergleich des Transports von 100 Tonnen Standardgütern von Mannheim nach Berlin durchgerechnet. Bahn und LKW sind die durchgerechneten Transportmittel. Auf die Widergabe der umfassenden Ökobewertung mit Stickoxiden, Feinstaub usw. ist hier verzichtet. Abbildung 7.10 gibt den Energiebedarf in kWh (links) und die CO_2-Entstehung (rechts) wider. Der untere Teil der Säulen ist jeweils der Kumulierte Energieaufwand (KEA, „Well-to-Tank"), der obere Teil ist nur der Transport selbst („Tank-to-Wheel"). Die direkten Emissionen fehlen deshalb oben rechts bei der elektrischen Bahn, die keine Emissionen verursacht.

Bahn

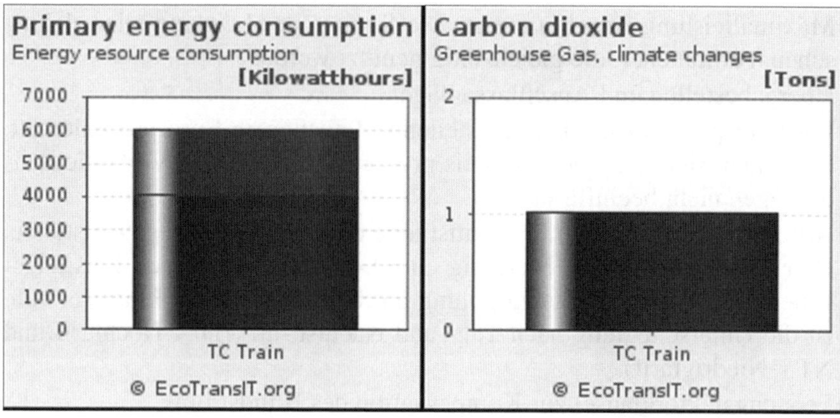

LKW (auf den verschobenen Maßstab achten)

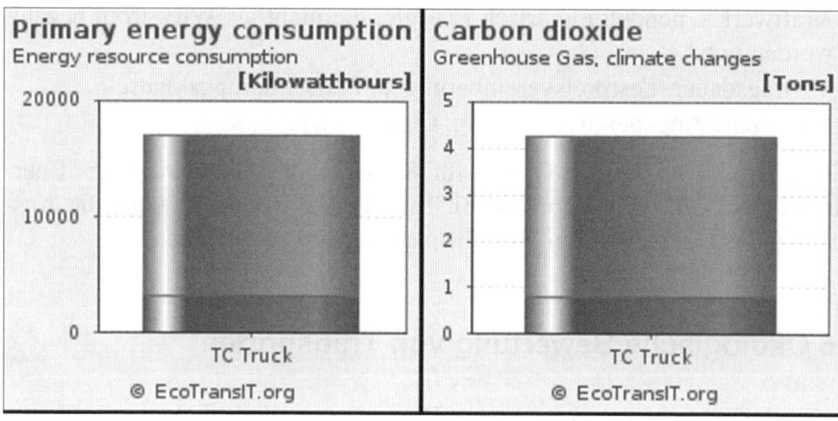

Abb. 7.10. Energievergleich von Bahn und LKW mit EcoTransIT.org

Wiederholungsfragen zu Kapitel 7

1. Wie lässt sich Energiemanagement zertifizieren?
2. Wie hängen Umwelt-, Energie- und CO_2-Bilanzen zusammen?
3. Was ist Lastmanagement (Demand Side Management) bei der Energieverwendung und Portfoliomanagement beim Energieeinkauf?

8 Vertragsmanagement

8.1 Das vorvertragliche Vertrauensverhältnis

Rechte und Pflichten entstehen nicht erst dann, wenn ein Vertrag zustande kommt. Auch im Vorfeld können die Beteiligten „Ansprüche“ (Was unter dem Begriff „Anspruch“ zu verstehen ist, wird vom Gesetzgeber in §194 BGB legal definiert.) gegeneinander besitzen. Bereits mit dem Eintritt in Vertragsverhandlungen entsteht zwischen den Verhandlungspartnern ein „gesetzliches Schuldverhältnis“ mit teilweise sehr weitgehenden Pflichten. Gesetzliches Schuldverhältnis bedeutet, dass das Gesetz rechtliche Beziehungen zwischen Parteien entstehen lässt und zwar unabhängig davon, ob sich die Parteien im Einzelfall in allen Einzelheiten darüber bewusst sind. Das bedeutet jedoch nicht, dass die Beteiligten darauf bei Gericht auf Abschluss eines bestimmten Vertrages mit einem von Ihnen gewünschten Inhalt klagen können. Soweit geht das Gesetz nicht. Vielmehr möchte der Gesetzgeber die Parteien nur schützen. Beide Seiten sind also bis zum Ende der Vertragsverhandlungen völlig frei, ob sie den Vertrag abschließen wollen oder nicht. Es ergeben sich jedoch bereits sog. Sekundärpflichten, insbesondere gegenseitige Aufklärungs- und Schutzpflichten.

In §311 Abs. 2 Nr. 1 BGB heißt es: „Ein Schuldverhältnis mit Pflichten nach §241 Abs. 2 entsteht auch durch die Aufnahme von Vertragsverhandlungen.“ In §241 Abs. 2 BGB heißt es: „Das Schuldverhältnis kann nach seinem Inhalt jeden Teil zur Rücksicht auf die Rechte, Rechtsgüter und Interessen des anderen Teils verpflichten.“

Durch dieses vorvertragliche Schuldverhältnis werden also die Geschäftspartner zur gegenseitigen Sorgfalt verpflichtet. Es entstehen gegenüber dem Verhandlungspartner Schutz-, Obhuts-, Sorgfalts-, Informations-, Aufklärungspflichten usw. Wer eine solche vorvertragliche Pflicht schuldhaft verletzt und damit seinem Geschäftspartner einen Schaden zufügt, begeht „Verschulden beim Vertragsabschluss (lat. culpa in contrahendo)“ und haftet gemäß §§311 Abs. 2, 241 Abs. 2, 280 Abs. 1 BGB auf Schadensersatz.

Beispiele aus dem Einkaufsrecht

- *Schadensersatz bei Anfragen ohne Chance*
  Ein Unternehmen hat sich selbst ein „Einkaufshandbuch“ gegeben wonach zunächst drei Angebote eingeholt werden müssen, bevor ein Auftrag vergeben werden darf. Ein vorschneller Mitarbeiter hat hiergegen verstoßen und ohne weitere Angebote einzuholen gleich ein Unternehmen beauftragt. Im Anschluss fällt das auf und es werden trotz bereits erfolgter Auftragsvergabe 2 Alibi-Angebote eingeholt.
  Folge: Das Unternehmen muss den beiden Unternehmen auf Verlangen selbst dann den gesamten Schaden ersetzen, wenn um ein kostenloses Angebot gebeten hatte. In der Praxis dürfte dieser Nachweis meist jedoch nur schwerlich gelingen.

- *Informationsangebote*
  Ist sich ein Unternehmen noch nicht sicher, ob es tatsächlich investieren soll, sondern will es vielmehr nur wissen, wie teuer ihm die gesamte Investition kommen wird, dann ist es ratsam, dies in der Angebotsanfrage deutlich zum Ausdruck zu bringen. Ob allein die Verwendung der Worte „Informationsangebot“, „Angebot zu Kalkulationszwecken“, „request for information“ usw. ausreicht, um der Haftung zu entkommen, ist zweifelhaft.

- *Ausschreibungsverfahren*
  Im Ausschreibungsverfahren müssen mögliche Bieter darauf hingewiesen werden, dass das Bietverfahren ohne Zuschlag beendet oder in Folge in einzelne Gewerke aufgeteilt werden kann. Sonst könnte ein Bieter auf Schadensersatz klagen, wenn man ihn nicht auf diese Möglichkeit hingewiesen hat. Wichtig sind deutliche Hinweise diesbezüglich.

- *Ausschreibungsunterlagen*
  Ausschreibungsunterlagen müssen vertraulich behandelt werden. Wer sie unerlaubt veröffentlicht, begeht Verschulden beim Vertragsabschluss. Wenn dagegen ein Großhändler einem geschäftlich erfahrenen Käufer eine Maschine zu einem „Sondernettopreis“ anbietet, dann braucht er nicht unaufgefordert darauf hinzuweisen, dass es sich möglicherweise um ein älteres Modell handelt (BGHZ 96, 312). Grundsätzlich besteht auch keine Pflicht, auf einen anstehenden Modellwechsel oder etwa zukünftige technische Verbesserungen hinzuweisen. Die Abgrenzung wann und in welchem Umfang Aufklärungspflichten bestehen, deren Verletzung zu Schadensersatzansprüchen führen, ist nicht pauschal zu beantworten, sondern hängt vom konkreten Einzelfall ab.

8.2 Zum Abschluss eines Vertrages

8.2.1 Zur Willenserklärung

Die Willenserklärung ist ein sehr wichtiges juristisches „Bauelement". Eine Kurzdefinition lautet: Eine Willenserklärung ist die Äußerung eines Rechtsfolgewillens. Stark vereinfacht kann man auch unjuristisch sagen: Eine Willenserklärung ist eine Mitteilung an jemanden, die etwas bezwecken und eine Rechtsfolge herbeiführen soll (beispielsweise Eigentumswechsel).

Wichtig dabei zu wissen ist, dass es im Regelfall nicht ausreicht, wenn die andere Person von diesem geäußerten Willen nichts mitbekommt, es sei denn diese Person hat im Vorfeld oder den Umständen nach darauf verzichtet. Der andere muss also grundsätzlich von der Willenserklärung erfahren. §130 I S.1 BGB ist Ausgangsnorm für das Wirksamwerden empfangsbedürftiger (In der Regel sind Willenserklärungen empfangsbedürftig. Nur in Ausnahmen verzichtet das Gesetz auf die Notwendigkeit der Empfangsbedürftigkeit z.B. bei der Errichtung eines Testaments (§§2229 ff. BGB); bei der Eigentumsaufgabe (§959 BGB), etc.) Willenserklärungen.

Wir müssen also unterscheiden: *Abgabe* einer Willenserklärung durch den Absender und den *Zugang* dieser Willenserklärung beim Empfänger.

a) Die Abgabe

In der Regel ist eine Willenserklärung einem anderen gegenüber abzugeben, z.B. die Abgabe einer Verkaufsofferte. Abgegeben ist die Willenserklärung, wenn der Erklärende alles getan hat, um sie wirksam werden zu lassen. Die empfangsbedürftige, schriftliche Willenserklärung ist erst dann abgegeben und damit rechtlich existent mit Überreichung an den Anwesenden bzw. mit Absendung an den abwesenden Empfänger. Der Absender muss also auf den Weg gebracht haben. Ein Papier, auf dem lediglich „Entwurf" steht, ist somit grundsätzlich noch nicht „abgabefertig wirksam". Eine empfangsbedürftige Willenserklärung gegenüber einem Abwesenden gilt als abgegeben, wenn die Willenserklärung willentlich in den Rechtsverkehr gebracht wurde und bei Zugrundelegung normaler Verhältnisse damit gerechnet werden kann, dass sie ohne weiteres Zutun dem Empfänger zugehen wird.

Eine mündliche Erklärung gegenüber einem Anwesenden ist abgegeben, wenn der Erklärende sie so zu dem Adressaten hin spricht, dass letzterer in der Lage ist, sie zu verstehen.

Wirksam wird die empfangsbedürftige Willenserklärung erst dann, wenn sie ihm zugeht.

Beispiele einer empfangsbedürftigen Willenserklärung sind die Kündigung, die Anfechtung, die Rücktrittserklärung usw.

b) Der Zugang

Der Absender trägt die Gefahr dafür, dass seine Erklärung in die Sphäre des Adressaten gelangt. Die Erklärung muss also ankommen. Der Adressat demgegenüber trägt die Gefahr, dass er von der in seine Sphäre gelangten Erklärung Kenntnis nimmt. Er muss beispielsweise in seinen Briefkasten schauen.

Der Einwurf eines Schreibens in den Briefkasten einer Firma oder Privatwohnung bewirkt Zugehen beim Empfänger, wenn und sobald mit der Leerung zu rechnen ist. Das trifft zu bei Privatwohnungen, aber auch i.d.R. bei Unternehmen, Verwaltungen usw., nicht nachts. Hat der Empfänger ein Postfach und wird ihm das Schreiben dorthin zugestellt, dann gilt der Zugang als erfolgt, sobald mit der Abholung nach regulären Umständen zu rechnen wäre, also z.B. nicht kurz vor Schalterschluss.

Zugang beim Vertragspartner besteht demnach, wenn die Willenserklärung in den „Machtbereich" des Empfängers gelangt, so dass dieser die Möglichkeit hat Kenntnis zu nehmen und mit ihrer Kenntnisnahme verkehrsüblicherweise zu rechnen ist. Das hat der Empfänger auch dann, wenn er beispielsweise in Urlaub ist, da grundsätzlich auf eine generalisierende Betrachtungsweise abzustellen sein wird.

Zusammenfassend ist festzustellen, dass beispielsweise es wenig hilfreich ist, wenn man die Kündigung des Handyvertrages kurz vor Fristablauf mit einem einfachen Brief abschickt und nicht nachweisen kann, dass diese Kündigung auch tatsächlich den Empfänger erreicht hat. Die Beweislast für den Zugang beim Empfänger trägt derjenige, der sich auf die für ihn günstige Tatsache des Zugangs beim anderen berufen möchte.

Der typische Problemfall ist folgender:

Jemand möchte seinen Vertrag kündigen und muss hierzu bestimmte Kündigungsfristen einhalten, da sich der Vertrag ansonsten automatisch verlängert. Macht er dies mit nur einem normalen Brief anstatt eines Einschreibens und besteht Streit darüber, ob der Brief noch rechtzeitig angekommen ist, so muss die Person, die gekündigt hat nicht nur nachweisen, dass sie den Brief versendet hat, sondern auch, dass dieser binnen der Frist angekommen ist.

c) Der Widerruf

Eine Willenserklärung ist nicht wirksam, wenn dem anderen vorher oder gleichzeitig ein Widerruf zugeht (§130 Abs. 1 S. 2 BGB). Das ist zum Beispiel dann der Fall, wenn man via Post ein unterbreitetes Angebot annimmt und kurz nachdem man den Brief bei der Post eingeworfen hat dies bereut. In solchen Fällen sollte man versuchen beispielsweise per Fax die eigene Willenserklärung unverzüglich zu widerrufen, bevor der anderen Seite die postalische Annahmeerklärung zugegangen ist. Trifft nämlich der Widerruf erst zeitlich nach dem Eingang des Briefes ein, so ist der Vertrag schon zustandegekommen und der Widerruf wäre dann unbeachtlich.

8.2.2 Beweissicherung

„Recht haben und Recht bekommen" sind zwei verschiedene Paar Schuhe. Sollte eine gerichtliche Auseinadersetzung geführt werden müssen, muss Ihnen bewusst sein, dass der Richter bei dem Fall nicht dabei war. Aufgrund den unterschiedlichen Parteivorträgen weiß er oftmals nicht wem er glauben kann. Wer Recht haben will, muss schauen, dass er das, was er behauptet auch beweisen kann und dies am Besten mit schriftlichen Dokumenten. Die deutsche Zivilprozessordnung erkennt fünf Beweismittel an (Sachverständiger; Augenschein; Parteivernehmung; Urkunde; Zeuge).

Wichtig ist in der Praxis nicht nur, eine Willenserklärung ordnungsgemäß abgegeben zu haben, sondern dass man auch beweisen kann, dass die Willenserklärung wirksam wurde, d.h. ihren Zugang beweisen kann. Dazu ist ein normaler Brief nicht geeignet, denn der andere kann immer sagen, er habe den Brief nie erhalten.

Auch der eingeschriebene Brief mit Rückschein (sog. Übergabe-Einschreiben) ist dann ungeeignet, wenn der Adressat das Schreiben nicht entgegennimmt bzw. beim Postamt nicht abholt. Für Beweiszwecke ist das sog. Einwurf-Einschreiben gut geeignet. Hierbei ist der Briefzusteller Zeuge für den Einwurf in den Briefkasten:

Die Auslieferung wird von dem ausliefernden Mitarbeiter der Post mit genauer Datums- und Uhrzeitangabe in einem Auslieferungsbeleg bestätigt bzw. dokumentiert. Die Auslieferung erfolgt also beim Einwurf-Einschreiben durch Einlegen in den Hausbriefkasten oder das Postfach sowie Dokumentierung der Zustellung durch die Deutsche Post AG, unabhängig von der An- oder Abwesenheit des Adressaten. Damit ist das Schreiben zum gleichen Zeitpunkt zugegangen. Der Auslieferungsbeleg wird dann in einem Lesezentrum zentral für Deutschland eingescannt, so dass die genauen Auslieferungsdaten zur Verfügung stehen.

Unter einer für Deutschland einheitlichen Telefonnummer (z.Z. 01805–290690) kann dann der jeweilige Postkunde – am dritten Tag nach der Einlieferung ab 12 Uhr – den genauen Zeitpunkt des Einwurfs in den Briefkasten bzw. das Postfach erfragen. Eine Kopie des Auslieferungsbelegs kann angefordert werden. Ebenfalls ist eine Sendungsverfolgung über das Internet möglich.

Auch ein Mittel ist den Brief durch Boten zustellen zu lassen. Der Bote ist dann Zeuge für den Einwurf des Schreibens.

Achtung: Unbefugte (!) Mitschnitte von Gesprächen auf Tonband zum Zwecke des Nachweises sind in den allermeisten Fällen vor Gericht nicht verwertbar. Im Gegenteil: derjenige, der diese Mitschnitte anfertigt und verwendet macht sich sogar strafbar, vgl. §201 Strafgesetzbuch! Dies mag als höchst unbefriedigend und ungerecht empfunden werden, entspricht jedoch der deutschen Gesetzeslage.

8.2.3 Rechtsprobleme bei Verwendung von Telefax

Das Fax gilt – wie ein Brief – gemäß §130 Abs. 1 Satz 1 BGB als zugegangen, wenn es während der üblichen Büro- bzw. Geschäftsstunden beim Empfänger eingeht bzw. ausgedruckt wird. Erfolgt der Eingang nach Geschäftsschluss, wird der Zugang erst mit Beginn der nächsten Geschäftsstunden angenommen.

Wer auf seinen Faxanschluss – zum Beispiel auf seinem Briefbogen, auf Rechnungen oder Visitenkarten – hinweist, muss sicherstellen, dass sein Faxgerät stets empfangsbereit bzw. zum Ausdruck in der Lage ist. Bei Störungen im öffentlichen Netz trägt dennoch der Absender das Risiko. Das Fax gilt dann als nicht zugegangen.

Ein Sendeprotokoll mit „OK“-Vermerk beweist nur, dass eine Verbindung zustande kam, nicht aber dass das Fax zugegangen ist. Dies war sehr lange strittig und wurde durch den Bundesgerichtshof erst aktuell entschieden (Beschluss vom 21.07.2011; Az. IX ZR 148/10). Auf den (nachgewiesenen) Zugang kommt es jedoch bei einer empfangsbedürftigen Willenserklärung entscheidend an. Es gibt keinen allgemeinen Erfahrungssatz, dass Telefaxsendungen den Empfänger vollständig und richtig erreichen. Soll das Fax Beweiszwecken dienen, ist daher eine anzufordernde Empfangsbestätigung erforderlich.

8.2.4 E-Commerce

Erklärungen per E-Mail oder Mausklick erfüllen im Regelfall die Voraussetzungen von Willenserklärungen. Daher ist beim Surfen im Internet stets darauf zu achten, was man „anklickt“. Dies gilt sowohl für den Fall, dass der Computer lediglich zur technischen Übermittlung eingesetzt wird, als auch dann, wenn automatisierte Erklärungen abgegeben werden, die aufgrund einer entsprechenden Programmierung selbstständig durch den Rechner erstellt und übermittelt werden.

Bei elektronischen Dokumenten, die fernübermittelt werden, z.B. als E-Mail, gilt die Erklärung dann abgegeben, wenn der Erklärende den Befehl „Senden" im verwendeten E-Mail-Programm auslöst.

Wird eine Willenserklärung auf elektronischem Wege abgegeben und online übermittelt, handelt es sich regelmäßig um eine Erklärung unter Abwesenden. Etwas anderes könnte bei einem „Chat" angenommen werden. Eine solche Erklärung via E-Mail wird wirksam, wenn sie derart in den Machtbereich des Empfängers gelangt ist, dass bei Annahme gewöhnlicher Umstände der Empfänger die Möglichkeit ihrer Kenntnisnahme hat, wobei sie tatsächlich nur dann in seiner Verfügungsgewalt ist, wenn ihm eine Speicherung (Konservierung) durch Briefablage, elektronische Speicherung auf einen Datenträger o.ä. möglich ist.

Während der üblichen Geschäftszeit besteht für Kaufleute die Pflicht, regelmäßig in ihre Mailbox zu sehen, da Nachrichten jederzeit eintreffen können. Spätestens zu Geschäftsschluss wird der Zugang bei tagsüber eingegangenen E-Mails als erfolgt angesehen.

Wer beispielsweise bei einer Handelplattform wie ebay oder Hood usw. ein Gebot abgibt, hat nach Abschluss des Bestätigungsvorgangs ein rechtsverbindliches Angebot abgegeben. Beweisrechtlich ist hierbei jedoch noch vieles umstritten.

Um es an dieser Stelle deutlich zu sagen: der Online-Handel ist solange unproblematisch, bis einer der Vertragsparteien plötzlich behauptet, er habe nie eine E-Mail gesendet oder den Kauf getätigt, da die Beweislast für das Bestehen des Vertrages mit genau dieser Person von der anderen Person bewiesen werden muss. Beispiele: Hotel- und Reisebuchungen online usw.

8.2.5 Zum schlüssigen bzw. konkludenten Verhalten

Den ausdrücklichen Erklärungen (etwas sagen, etwas schreiben etc) ist das schlüssige bzw. konkludente Verhalten gleichgestellt. Es reicht im Regelfall aus, wenn die Absicht des Erklärenden durch sein Verhalten, z.B. durch Körperhaltung, Mimik, Gestik usw. („Körpersprache", nonverbale Kommunikation), hinreichend deutlich wird. Bei solchen Willenserklärungen kommt der Erklärungswille nicht unmittelbar in einer Erklärung zum Ausdruck. Der Erklärende nimmt vielmehr Handlungen vor, die mittelbar einen Schluss auf einen bestimmten Rechtsfolgewillen zulassen. Wichtig ist jedoch, dass man das Verhalten des „Erklärenden" wahrnehmen kann.

Beispiel: Der Käufer der Zeitung sagt kein Wort. Er legt lediglich den Kaufpreis hin und nimmt ein Exemplar der Zeitung weg. Die Zeitungsfrau nimmt das Geld an sich und duldet die Wegnahme der Zeitung. Durch schlüssiges Verhalten sind drei Verträge abgeschlossen worden: Der Kaufvertrag und die Übereignung der Zeitung sowie des Geldes kommen zustande, ohne dass ein Wort gesprochen wird.

8.2.6 Zur rechtlichen Bedeutung des Schweigens

Schweigen, d.h. reine Untätigkeit, ist im Regelfall überhaupt keine Erklärung und kann schon deshalb keine Willenserklärung sein. Das Schweigen kann jedoch ein Erklärungswert beigemessen werden, wenn unter den Beteiligten im Voraus vereinbart wird, dass dem Schweigen eine ganz bestimmte Bedeutung zukommen soll. In diesen seltenen Fällen liegt eine Willenserklärung vor.

Die Erklärungswirkung des Schweigens beruht u.a. auf ausdrücklichen gesetzlichen Vorschriften. In den nachfolgenden Bestimmungen hat z.B. das Schweigen *ausnahmsweise* die Bedeutung einer *Genehmigung.*

- **§455 BGB (Kauf auf Probe/Billigungsfrist)**
  „Die Billigung eines auf Probe oder auf Besichtigung gekauften Gegenstandes kann nur innerhalb der vereinbarten Frist und in Ermangelung einer solchen nur bis zum Ablauf einer dem Käufer von dem Verkäufer bestimmten angemessenen Frist erklärt werden. War die Sache dem Käufer zum Zwecke der Probe oder der Besichtigung übergeben, so gilt sein Schweigen als Billigung.“

- **§362 Abs. 1 HGB (Schweigen des Kaufmanns auf Anträge)**
  „Geht einem Kaufmanne, dessen Gewerbebetrieb die Besorgung von Geschäften für andere mit sich bringt, ein Antrag über die Besorgung solcher Geschäfte von jemand zu, mit dem er in Geschäftsverbindung steht, so ist er verpflichtet, unverzüglich zu antworten; sein Schweigen gilt als Annahme des Antrags.“

- **§377 Abs. 1–3 HGB (Untersuchungs- und Rügepflicht)**
  (1) Ist der Kauf für beide Teile ein Handelsgeschäft, so hat der Käufer die Ware unverzüglich nach der Ablieferung durch den Verkäufer, soweit dies nach ordnungsmäßigem Geschäftsgange tunlich ist, zu untersuchen und, wenn sich ein Mangel zeigt, dem Verkäufer unverzüglich Anzeige zu machen.
  (2) Unterlässt der Käufer die Anzeige, so gilt die Ware als genehmigt, es sei denn, dass es sich um einen Mangel handelt, der bei der Untersuchung nicht erkennbar war.

Bleibt ein *kaufmännisches Bestätigungsschreiben* ohne Widerspruch, so muss der Empfänger dessen Inhalt gegen sich gelten lassen. Sein Schweigen führt dazu, dass der bereits vereinbarte Vertragsinhalt im Sinne des kaufmännischen Bestätigungsschreibens geändert oder ergänzt wird. Es ist daher im Geschäftsverkehr darauf zu achten, bei Vorliegen der Voraussetzungen eines kaufmännischen Bestätigungsschreibens unverzüglich diesem zu widersprechen.

8.2.7 Das Angebot

Ein Vertrag kommt durch die Annahme eines Angebots zustande. Ein Angebot liegt beispielsweise vor, wenn eine Person die andere fragt, ob diese den Apfel für 50 Cent kaufen möchte. Der andere soll darüber nachdenken können, ob er dieses Angebot annehmen möchte. Nimmt er das Angebot an, kommt ein Vertrag zustande. Wie man sieht, gelten auch mündliche Verträge in den allermeisten Fällen. Problematisch an mündlichen Verträgen ist jedoch die beweisrechtliche Lage.

Da das Angebot eine einseitige, empfangsbedürftige Willenserklärung ist, wird das Angebot mit Zugang wirksam (§130 BGB) und der Antragende ist an sein Angebot zunächst gebunden (§145 BGB). Ein Angebot (Antrag, Offerte) ist der empfangsbedürftige Antrag an eine bestimmte Person zum Abschluss eines bestimmten Vertrages. Ein Angebot liegt vor, wenn man einem anderen die Schließung eines Vertrages anträgt (§145 Halbsatz 1 BGB). Zwei Voraussetzungen müssen gegeben sein:

- Das Angebot muss sich an eine bestimmte natürliche (Menschen) oder juristische Person (GmbH, Aktiengesellschaft, Verein usw.) richten.
- Das Angebot muss so konkret sein, dass es vom Adressaten ohne weiteres angenommen werden kann.

Vom Angebot muss man die *Aufforderung zur Abgabe von Angeboten* unterscheiden (lat. invitatio ad offerendum). Solche Aufforderungen zur Abgabe von Angeboten sind u.a. übersandte Preislisten, ausgelegte Speisekarten, Inserate in Zeitungen, Waren in Schaufenstern. Bei letzteren beiden dürfte dies auf der Hand liegen, denn man möchte ja nicht unbedingt mit jedem einen Vertrag abschließen und im Übrigen auch nur so viele Waren verkaufen, wie man besitzt oder beschaffen kann.

In der Versendung von Katalogen, Lagerverzeichnissen, Proben und Mustern, die erkennbar für mehrere Personen bestimmt sind, ist noch kein Vertragsangebot zu sehen. Wäre dies der Fall, so könnte jeder Interessent ohne weiteres durch seine Annahmeerklärung die vertragliche Bindung herbeiführen. Die Versendung von Katalogen, Schaufensterauslagen usw. stellen daher lediglich eine *Aufforderung* an alle Interessenten dar, nun ihrerseits Angebote abzugeben. Hier ist also erst die Erklärung des Interessenten, z.B. die Bestellung bei einem Versandhaus, das Angebot. Erst mit der Annahme dieses Angebots durch das Versandhaus kommt der Vertrag zustande.

Das Angebot muss inhaltlich so gestaltet sein, dass es vom Empfänger ohne weitere Verhandlungen durch ein einfaches „ja“ angenommen werden kann. Jede Änderung führt dazu, dass das ursprüngliche Angebot als abgelehnt gilt und gleichzeitig umgekehrt als neues Angebot zu werten ist, zu dem dann die andere Person einfach „ja“ sagen können muss, wenn ein Vertrag zustande kommen soll (§150 Abs. 2 BGB).

Wichtig ist, dass alle wesentlichen Vertragsinhalte konkret bestimmt sein müssen (lat. essentialia negotii). Ein Vertrag mit konkretem Inhalt muss also durch die einfache Zustimmungserklärung des Empfängers – ohne irgendwelche Zusätze – zustande kommen. An dieser inhaltlichen Bestimmtheit fehlt es, wenn z.B. der Verkäufer eine Ware anbietet, ohne ihren Preis zu nennen, und wenn auch aus den sonstigen Umständen ein Preis nicht erkennbar wird. Zu einem Angebot auf Abschluss eines Kaufvertrages gehört als Mindestinhalt die Bestimmung der Vertragsparteien, des Kaufgegenstandes und des Kaufpreises.

Wer einem anderen die Schließung eines Vertrages anträgt, ist an den Antrag gebunden, es sei denn, dass er die Gebundenheit ausgeschlossen hat (§145 BGB). Die Bindung an den Antrag kann durch den Zusatz „freibleibend“, „unverbindlich“ ausgeschlossen werden. Ein solches freibleibendes Angebot bedeutet, dass der Anbietende die volle Entschlussfreiheit behalten möchte, ob er am Ende mit der anderen Person den Vertrag eingehen möchte oder nicht. Sein „Angebot“ ist im Regelfall nur als Aufforderung an den Empfänger zu verstehen, er möge nun seinerseits ein Angebot machen (Aufforderung zur Abgabe eines Angebots).

Aufforderung zur Abgabe eines Angebots (invitatio ad offerendum)

↓

Abgabe eines Angebots

↓

Annahme

↓

Vertrag kommt zustande

Wer eine solche „freibleibende“ Erklärung abgibt, hat aber hinsichtlich der ihm zugehenden Angebote eine Erklärungspflicht. Schweigt er, so wird dies u.U. als Annahme des Angebots gewertet.

Denkbar ist, dass solche Freiklauseln auf bestimmte Vertragsbestandteile beschränkt werden, z.B. auf den Preis („Preis freibleibend"). Schließt der Käufer den Vertrag mit einer solchen auf den Preis begrenzten Freiklausel ab, so ist er auch dann an den Vertrag gebunden, wenn der Verkäufer von dem Preisvorbehalt Gebrauch macht.

Angebote sind nicht dauerhaft gültig und bindend.

Die Bindung besteht immer nur für eine gewisse Zeit. Sie erlischt, wenn das Angebot dem Antragenden gegenüber

a) abgelehnt wird oder
b) wenn die Annahmefrist verstrichen ist (§146 BGB).

Als Annahmefrist kommt in erster Linie die Frist in Betracht, die der Anbieter in dem Antrag vorgeschrieben hat (z.B. „dieses Angebot gilt nur bis zum 30.09.2012") oder die zwischen den Parteien vereinbart wurde, beispielsweise in Rahmenvereinbarungen. Ist keine Frist vereinbart muss das Angebot grundsätzlich sofort angenommen werden.

Beispiel: Jemand geht in ein Kaufhaus und lässt sich verbindlich bis zum nächsten Tag um 10 Uhr Ware zurücklegen. Er kommt um 11 Uhr: der Verkäufer wäre nicht mehr gebunden.

Im Übrigen ist hinsichtlich der Annahmefristen zu unterscheiden, ob es sich um ein Angebot an eine anwesende oder abwesende Person handelt, denn danach unterscheidet das Gesetz:
Ist eine Annahmefrist nicht vereinbart worden, so gelten für die Bindung an das Angebot folgende gesetzliche Fristen: Angebote unter Anwesenden können nur sofort angenommen werden. Dies gilt auch für telefonische Angebote. Damit der Empfänger eines Angebots nicht sofort annehmen muss, sollte er daher bei telefonischen Offerten immer eine Annahmefrist vereinbaren und sich diese Zusage am besten schriftlich geben lassen.
Angebote unter Abwesenden können so lange angenommen werden, wie der Antragende den Eingang der Antwort unter regelmäßigen Umständen erwarten darf (§147 Abs. 2 BGB). Diese Zeitspanne umfasst die gewöhnliche Beförderungszeit für das Angebot und die Antwort sowie eine angemessene Überlegungszeit, die je nach Vertragsumfang bzw. Vertragsgegenstand unterschiedlich lang sein kann. Man denke da an eine E-Mail auf der einen Seite oder einen normalen Standardbrief ins ferne Ausland auf der anderen Seite. Dies ist eine sehr unbefriedigende gesetzliche Regelung, da sie unbestimmt ist und es auf den jeweiligen Einzelfall ankommt. Deshalb empfiehlt es sich, die Annahmefrist im Einzelfall zu vereinbaren.

Der Annahme gegenüber steht die Ablehnung des Angebots. Ablehnung im Sinne von §146 BGB ist die eindeutige und endgültige Erklärung des Angebotsempfängers gegenüber dem Anbietenden, das Angebot werde nicht angenommen. Oft ist jedoch eine solche Ablehnung nur eine taktische Finte, um den Anbietenden auf diese Weise zu günstigeren Konditionen zu veranlassen, was aber im Ergebnis aus Rechtssicht irrelevant ist.

Ob das Anbieten von Lieferungen oder Leistungen auf einer Website ein Angebot zu einem Vertrag ist oder nur eine Aufforderung zur Abgabe eines Angebots, hängt letztlich davon ab, ob der User den Inhalt der Website so verstehen darf, dass der Anbieter ein rechtsverbindliches Angebot machen will oder nicht. Bei Warenofferten ist dies regelmäßig nicht der Fall. Hier will der Verkäufer im Zweifel erst seinen Warenbestand und die Zahlungsfähigkeit des Kaufinteressenten prüfen. Etwas anderes gilt bei Software oder Informationen aus Datenbanken, die gegen Entgelt zum Herunterladen zur Verfügung gestellt werden. Hier muss der Verkäufer seinen Bestand nicht vorher prüfen, weil dieser sich nicht verbraucht und auch die Bonität des Käufers bedarf keiner vorherigen Prüfung, weil im Normalfall bereits die Kreditnummer eingegeben oder eine andere elektronische Zahlung erfolgt ist.

Bei E-Mails kommt es u.a. darauf an, an wie viele Personen die E-Mail versandt wurde und ob die Absicht deutlich zum Ausdruck kommt, einer bestimmten Person ein konkretes, verbindliches Angebot zu machen.

An dieser Stelle ist jedoch Achtung geboten: Die deutsche Gesetzeslage gilt im Internet nicht überall, da jedes Land seine eigenen zivilrechtlichen Regeln hat, wann und unter welchen Umständen ein Vertrag zustande kommt. Auch die Tatsache, dass man die Sprache nicht versteht, bedeutet nicht grundsätzlich, dass wegen der mangelnden Sprachkenntnisse kein Vertrag zustande gekommen ist. Letzteres wird immer gern als Argument herangezogen, jedoch man hat damit wenig Erfolg.

Beispiel: Jemand aus Deutschland kauft etwas auf Ebay bei einem Briten aus Manchester. Hier ist zu beachten, dass sich (verkürzt gesagt), die rechtlichen Regelungen des Kaufs nicht nach deutschem Recht richten.

8.2.8 Die Annahme des Angebots

„Annahme" bedeutet vorbehaltlose Bejahung des Angebots (ein „Ja" ohne „wenn und aber"). Sie ist im Regelfall eine einseitige, empfangsbedürftige Willenserklärung. Bei einem Vertrag mit dem Inhaber eines Getränkeautomaten wird beispielsweise auf den Empfang der Willenserklärung durch den Getränkeautomateninhaber verzichtet; bei öffentlichen Verkehrsmitteln wird einfach gestempelt usw.. Der Vertrag kommt zustande mit dem Zugehen der Annahmeerklärung beim Antragenden (§130 BGB), d.h. demjenigen, der das Angebot abgegeben hat.

Passives Verhalten bzw. *Schweigen* bedeutet im Regelfall *Ablehnung*. Wer also auf ein Verkaufsangebot nicht reagiert, lehnt dieses ab (§241a BGB Unbestellte Leistungen). Von diesem Grundsatz gibt es einige Ausnahmen! Durch den Empfang eines Angebots wird man normalerweise nicht verpflichtet, zum Antrag Stellung zu nehmen. Dies ist selbst dann nicht der Fall, wenn der Antragende mitteilt, er betrachte das Angebot als angenommen, wenn nicht innerhalb einer bestimmten Frist geantwortet wird. Der Empfänger eines solchen Angebots muss jedoch alles vermeiden, was als Annahme des Angebots ausgelegt werden könnte. Eine unbestellt zugehende Ansichtssendung stellt eine Verkaufsofferte dar. Legt der Empfänger die Ware beiseite, so hat er das ihm gemachte Angebot abgelehnt. Nimmt er sie jedoch in Gebrauch, hat er das Angebot angenommen. Eine unbestellt zugehende Ansichtssendung muss nicht zurückgeschickt werden; sie muss jedoch im Regelfall einige Zeit aufbewahrt werden. Der Anbietende muss die Sache bei demjenigen, an die er sie „uneingeladen" geschickt hat abholen.

Eine Annahme unter Erweiterungen, Einschränkungen oder sonstigen Änderungen gilt als Ablehnung, verbunden mit einem neuen Antrag (§150 BGB). Die Änderung muss für den anderen Teil klar und unzweideutig zum Ausdruck gebracht werden. Die bloße Beifügung eines vom Inhalt des Angebots abweichenden Formulars genügt nicht. Setzt ein Händler in seiner Auftragsbestätigung wegen einer Erhöhung des Listenpreises einen höheren Preis ein, macht er damit ein neues Angebot. Die bloße Bitte um bessere Vertragsbedingungen fällt nicht unter §150 Abs. 2 BGB, wenn die Auslegung ergibt, dass der Annehmende notfalls auch mit den angebotenen Bedingungen einverstanden ist.

> *Merke:* Jede abweichende Annahme bedeutet die Ablehnung des Angebots.

Weicht die Annahme nur geringfügig vom Angebot ab (Angebot/Bestellung: Lieferung in der 10. KW/Annahme: tatsächlich Lieferung in der 11. KW) *und* hat sich dieser Vorgang in der Vergangenheit zwischen den Vertragspartnern schon mehrfach wiederholt, dann kommt – trotz der Abweichung – ein Vertrag zustande. Ist deshalb im Einzelfall die Abweichung von Bedeutung, dann ist es erforderlich, den Vertragspartner auf die Abweichung und damit auf das Nichtzustandekommen des Vertrages ausdrücklich (schriftlich) hinzuweisen!

In der Aufstellung eines Warenautomaten sieht man das Angebot an jedermann, der durch Einwurf der entsprechenden Münzen die Annahme erklärt (lat. offerte ad incertas personas). Die Zahl der Angebote ist allerdings beim Verkaufsautomaten durch die Zahl der in ihm noch enthaltenen Ware begrenzt. Wer also die richtigen Münzen in den Automaten eingeworfen hat und die gewünschte Ware nicht bekommt, der hat einen einklagbaren Anspruch auf Lieferung der Ware gegen den Automatenaufsteller aufgrund eines abgeschlossenen Kaufvertrags.

Auch bei einer Versteigerung wird ein Kaufvertrag abgeschlossen. Hier macht erst der Bieter die Kaufofferte. Der Kaufvertrag kommt sodann durch den *Zuschlag* zustande. Ein Gebot erlischt, wenn ein rechtswirksames Überangebot abgegeben oder die Versteigerung ohne Erteilung des Zuschlags geschlossen wird (§156 BGB).

Eine Annahmeerklärung ist zusammenfassend gesagt grundsätzlich stets erforderlich, sei sie ausdrücklich oder konkludent erklärt. In wenigen Fällen wird aber auf den Zugang dieser Erklärung beim Empfänger verzichtet (z.B. Automaten).

Erwähnenswert am Rande sei angemerkt, dass im Gegensatz zum deutschen und österreichischem Recht im Rechtsverkehr mit unserem Nachbarn Frankreich darauf zu achten ist, dass nach französischem Recht das Eigentum an einer Sache bereits mit Vertragsschluss übergeht (sofern kein Eigentumsvorbehalt vereinbart wurde), während nach deutschem oder österreichischem Recht mit einem Vertrag nur die Verpflichtung zur Eigentumsübertragung begründet wird. Das Eigentum muss dann nochmals separat übertragen werden (Dem deutschen Recht liegt das Abstraktionsprinzip zu Grunde. Dies bedeutet, die Trennung zwischen dem Verpflichtungsgeschäft (dem kausalen Geschäft) und dem Verfügungsgeschäft. Sinn und Zweck des Gesetzgeber ist es, dadurch die Inhaberschaft an einem Recht – z.B. dem Eigentum – möglichst klar und zweifelsfrei feststellbar zu machen.).

8.2.9 Internetauktionen

Wenn ein Verkäufer eine Sache, z.B. bei eBay, zur „Versteigerung" Verbrauchern anbietet, gibt er damit ein verbindliches Angebot ab. Dieses richtet sich an den, der innerhalb der Laufzeit der „Versteigerung" das höchste Gebot abgibt. Dass das Angebot an den Meistbietenden gerichtet wird und damit erst nach Auktionsende feststeht, wer als Meistbietender Vertragspartner wird, berührt die Wirksamkeit des Angebots nicht. Der Vertrag kommt durch die Abgabe des Höchstangebots zustande. Damit nimmt der Meistbietende das befristete Angebot des Verkäufers an (BGH-Urteil vom 03.11.2004 (VIII ZR 375/03); Der Betrieb 2004 S. 2635).

Das Angebot, das der Verkäufer abgibt, ist bindend. Es kann also bis zum Ende des Auktionszeitraums nicht zurückgenommen werden. Eine solche Bindungswirkung kommt auch einem Angebot mit einem Startpreis von 1 € zu, selbst wenn dies ganz und gar nicht den Preisvorstellungen des Verkäufers entspricht, da er selbstverständlich einen höheren Preis erwartet. Kommt der Vertrag zu einem deutlich geringeren als dem erwarteten Preis zustande, wird selbst bei einem krassen Missverhältnis zwischen Leistung und Gegenleistung Sittenwidrigkeit (§138 BGB) und damit Nichtigkeit des Vertrag nicht vermutet.

Auch die Annahmeerklärung des Bieters ist für diesen grundsätzlich – und zwar bereits vor Ende der Auktionsfrist – bindend. Ausnahmen: Anfechtungsgründe (§§119 ff BGB) oder Widerrufsrecht des Bieters.

8.2.10 Das kaufmännische Bestätigungsschreiben

Das kaufmännische Bestätigungsschreiben (kurz: KBS) ist eine besondere Ausnahme in unserem Recht und in der Praxis sehr wichtig:

Normalerweise stellt Schweigen keine Annahme eines Angebots dar. Normalerweise müssen die Parteien sich tatsächlich über alle wesentlichen Vertragsbestandteile geeinigt haben. Das kaufmännische Bestätigungsschreiben ist tückisch, da es diese Grundregeln „aus den Angeln hebt".

Beim kaufmännischen Bestätigungsschreiben haben die beiden Parteien mündlich einen Vertrag geschlossen. Zwecks Dokumentation übermittelt die eine Partei der anderen nach Abschluss dieses mündlichen Vertrages eine Zusammenfassung des Besprochenen (aus eigener Sicht). Wenn der Empfänger nun nicht aufpasst und sofort reagiert, kann dies für ihn sehr nachteilige Konsequenzen haben. Denn wenn er dieser Zusammenfassung „Auftragsbestätigung" nicht unverzüglich widerspricht, kommt der Vertrag zu den Bedingungen aus der Auftragsbestätigung zustande.

Folgende Voraussetzungen müssen erfüllt sein, damit ein kaufmännisches Bestätigungsschreiben vorliegt, das zu den vorbenannten Folgen führt.

a) Der Empfänger muss ein Kaufmann sein oder er muss zumindest in größerem Umfang am Geschäftsleben teilnehmen. Der Absender des Schreibens muss dagegen zwar nicht zwingend ein Kaufmann sein, wohl aber einem solchen vergleichbar am Verkehr teilnehmen.
b) Es müssen tatsächlich Vertragsverhandlungen dem Bestätigungsschreiben vorangegangen sein und das kaufmännische Bestätigungsschreiben muss unmittelbar nach den Vertragsverhandlungen abgeschickt werden.
c) Das Schreiben muss den früheren Vertragsschluss unter Wiedergabe des Vertragsinhaltes bestätigen (Zugang beim Empfänger erforderlich).

d) Der Absender muss der Meinung sein, dass der Inhalt seines Schreibens der Vereinbarung entspricht oder nur solche Abweichungen enthält, die der Empfänger billigen würde (Redlichkeit des Absenders ist also erforderlich).
e) Der Empfänger darf nicht unverzüglich dem Bestätigungsschreiben widersprochen haben.

Wenn der Empfänger das kaufmännische Bestätigungsschreiben ohne Widerspruch hinnimmt, so muss er dessen Inhalt gegen sich gelten lassen. Sein Schweigen führt dazu, dass der bereits vereinbarte Vertragsinhalt im Sinne des kaufmännischen Bestätigungsschreibens geändert bzw. ergänzt wird. Wird im kaufmännischen Bestätigungsschreiben um Gegenbestätigung gebeten, bedeutet das Schweigen des Empfängers im Regelfall keine Zustimmung.

Das kaufmännische Bestätigungsschreiben muss sich zeitlich unmittelbar an den Vertragsabschluss anschließen. Es gibt jedoch keine allgemeingültige Frist. Jedenfalls hat der BGH eine Frist von fünf Tagen für unbedenklich erklärt. Der Widerspruch gegen ein unzutreffendes kaufmännisches Bestätigungsschreiben muss demgegenüber unverzüglich erfolgen, also innerhalb von einem bis zwei, höchstens drei Tagen. Das kaufmännische Bestätigungsschreiben entfaltet keine rechtsbegründende Wirkung, wenn es sich inhaltlich so weit von den getroffenen Vereinbarungen entfernt, dass der Bestätigende vernünftigerweise mit einer Billigung nicht mehr rechnen konnte. Die Grundsätze über das kaufmännische Bestätigungsschreiben haben sich als Handelsbrauch (§346 HGB) im Verkehr unter Kaufleuten herausgebildet; sie gelten aber heute auch für Architekten, Steuerberater, Wirtschaftsprüfer, Insolvenzverwalter usw.

Inhaltlich falschen kaufmännischen Bestätigungsschreiben muss man unverzüglich widersprechen!

8.3 Zum Erfüllungsort

Im Gegensatz zu früher, als das BGB im Jahre 1900 in Kraft trat, hat die Bedeutung des korrekten Erfüllungsortes zugenommen. Heute wird deutschlandweit und sogar international versendet. Die folgenden Ausführungen betreffen ausschließlich die deutsche Rechtslage. Die Wichtigkeit der korrekten Bestimmung des Erfüllungsortes liegt darin begründet, als ab einem bestimmten Zeitpunkt die Pflichten und Gefahren, welche beim Austausch von Leistungen bestehen auf den Vertragspartner übergehen. Auch stellt sich die Frage, wer wohin etwas liefern oder wer eine Sache von wo abholen muss. Vereinbaren die Parteien nichts über die Frage wie die Ware von Ort A zu Ort B kommt, entsteht oftmals im Nachhinein Streit, weil ein Versand Geld kostet und mit Gefahren verbunden ist. Denkbar sind drei Varianten des Erfüllungsorts: holen, bringen, schicken.

8.3.1 Der gesetzliche Regelfall ist die Holschuld

Ist der Erfüllungsort weder im Vertrag vereinbart und ergibt er sich auch nicht aus den Umständen des Einzelfalls, so hat die Leistung an dem Ort zu erfolgen, an welchem der Schuldner zur Zeit der Entstehung des Schuldverhältnisses seine Niederlassung hatte; §269 Abs. 1 BGB. Der Verkäufer (=Schuldner der Warenleistung) hat die Ware am Ort seiner Niederlassung bereitzustellen. Der Käufer (= Gläubiger der Warenleistung) hat sie dort auf seine Kosten und Gefahren abzuholen.

Die Holschuld ist in vielen Fällen für den Einkäufer nicht günstig. Immerhin hat er die Transportkosten und die Transportgefahr zu tragen. Er wird also häufig versuchen, den Erfüllungsort zu sich „heranzuziehen" bzw. eine Bringschuld zu vereinbaren, obwohl es dadurch sicher nicht billiger wird. Eine solche Vereinbarung muss klar und deutlich erfolgen. Es reicht hierzu z.B. nicht aus, wenn sich der Verkäufer lediglich dazu verpflichtet, die Versandkosten zu übernehmen. Mit der alleinigen Übernahme der Transportkosten durch den Verkäufer „wandert" also der Erfüllungsort nicht vom Verkäufer zum Käufer (§269 Abs. 3 BGB).

8.3.2 Die Bringschuld

Abweichend vom gesetzlichen Regelfall der Holschuld können die Vertragspartner auch eine Bringschuld vereinbaren. Bei ihr hat der Verkäufer (Schuldner) dem Käufer (Gläubiger) die Leistung an dessen gewerblicher Niederlassung zu erbringen. Erst mit der Übergabe der gekauften Sache an diesem Ort geht die Gefahr des zufälligen Untergangs und einer zufälligen Verschlechterung auf den Käufer über.

Für den Einkäufer ist die Bringschuld vorteilhaft, weil er sich um den Transport und die Transportgefahr/die Transportversicherung nicht kümmern muss. Er erreicht z.B. die Bringschuld mit folgenden Klauseln: „Erfüllungsort ist unser Werk in.../die Baustelle in.../die Verwendungsstelle .../der Aufstellungsort".

Es ist also aus der Sicht des Einkaufs erforderlich, den Erfüllungsort soweit wie möglich „an sich heranzuziehen", damit kein Raum bleibt, wo man die Gefahr des zufälligen Untergangs bzw. der zufälligen Verschlechterung der Ware zu tragen hat. Empfehlenswert kann es auch sein, eine Testzeit, Probezeit bzw. einen Probelauf usw. vorzusehen. Erst mit dem Abschluss der Tests sollte dann der Gefahrübergang verbunden sein.

8.3.3 Die Schickschuld/Der Versendungskauf

Bei der Schickschuld ist der Schuldner lediglich verpflichtet, die Ware an den Bestimmungsort bzw. Ablieferungsort abzusenden und nicht etwa diese dorthin zu bringen. Der Schuldner (Verkäufer) erbringt die Leistungshandlung am Ort seiner gewerblichen Niederlassung. Dieser Ort bleibt Erfüllungsort. Der Schuldner (Verkäufer) hat sich jedoch gegenüber seinem Vertragspartner (Käufer) verpflichtet, die Ware an den genannten Bestimmungsort zu versenden bzw. zu schicken.

Zu den gesetzlich geregelten Schickschulden gehört beim Versendungskauf (§447 BGB) die Lieferverpflichtung des Verkäufers. Der Versendungskauf ist ein Kauf, bei dem der Verkäufer sich verpflichtet hat, die Ware an den vom Käufer gewünschten Ablieferungsort zu versenden (§447 BGB). Also zumeist bei kleinen Sachen per Post. Der Käufer, auf dessen Verlangen die gekaufte Sache an einen anderen Ort als den Erfüllungsort versandt wird, soll das dadurch erhöhte Risiko für eine ordnungsgemäße Erfüllung tragen. Er soll insbesondere für dadurch bedingte Transportschäden und Transportverluste aufkommen. Im Regelfall versichert jedoch der Versandhändler die gesamte Strecke bis zum Eingang beim Empfänger.

Beim Verbrauchsgüterkauf (§§474ff BGB), also einem Vertrag bei dem auf der einen Seite ein Unternehmer (§14 BGB) und auf der anderen Seite ein Verbraucher (§13 BGB) involviert sind, geht die Gefahr erst mit der Übergabe der Sache an den Käufer über (z.B. Privatperson kauft bei einem ebay-Händler). Der Verkäufer hat also hier immer die Gefahr des zufälligen Untergangs oder der zufälligen Beschädigung der Sache zu tragen.

8.3.4 CISG

Aufgrund zunehmender Internationalität ist bei grenzüberschreitendem Verkehr das UN-Kaufrecht *United Nations Convention on Contracts for the International Sale of Goods*, CISG) vom 11. April 1980, auch Wiener Kaufrecht genannt, zu beachten, das den internationalen gewerblichen Warenverkehr zwischen den ratifizierenden Staaten regelt. Das UN-Kaufrecht ist nicht anwendbar auf Verbraucherverträge (sofern der private Zweck des Kaufes für den Verkäufer erkennbar war, Art. 2 lit. a). Erwähnt werden soll das CISG deswegen, da es sich zwar um ein Abkommen auf Völkerrechtsebene handelt, jedoch ebenfalls deutsches Recht wie das BGB darstellt. Im CISG gibt es spezielle Regelungen zum Erfüllungsort:

„Artikel 31 [Inhalt der Lieferpflicht und Ort der Lieferung]

Hat der Verkäufer die Ware nicht an einem anderen bestimmten Ort zu liefern, so besteht seine Lieferpflicht in folgendem:

a) Erfordert der Kaufvertrag eine Beförderung der Ware, so hat sie der Verkäufer dem ersten Beförderer zur Übermittlung an den Käufer zu übergeben;
b) bezieht sich der Vertrag in Fällen, die nicht unter Buchstabe a fallen, auf bestimmte Ware oder auf gattungsmäßig bezeichnete Ware, die aus einem bestimmten Bestand zu entnehmen ist, oder auf herzustellende oder zu erzeugende Ware und wussten die Parteien bei Vertragsabschluß, dass die Ware sich an einem bestimmten Ort befand oder dort herzustellen oder zu erzeugen war, so hat der Verkäufer die Ware dem Käufer an diesem Ort zur Verfügung zu stellen;
c) in den anderen Fällen hat der Verkäufer die Ware dem Käufer an dem Ort zur Verfügung zu stellen. an dem der Verkäufer bei Vertragsabschluß seine Niederlassung hatte.“

8.3.5 Zur Begleichung von Geldschulden

Geldschulden sind nach §270 BGB *Schickschulden*, soweit zwischen den Vertragspartnern nichts anderes vereinbart wurde.

„§270 BGB (Zahlungsort):

(1) Geld hat der Schuldner im Zweifel *auf seine Gefahr* und seine Kosten dem Gläubiger an dessen Wohnsitz zu übermitteln.

(2) Ist die Forderung im Gewerbebetrieb des Gläubigers entstanden, so tritt, wenn der Gläubiger seine gewerbliche Niederlassung an einem anderen Ort hat, der Ort der Niederlassung an die Stelle des Wohnsitzes.“

Es gilt die Besonderheit, dass bei *Geldschulden Erfüllungsort* der Geschäftssitz des *Schuldners*, also des Bestellers, Käufers, Auftraggebers ist, dieser aber das Geld auf seine Kosten und Gefahr an den Geschäftssitz des Gläubigers, also des Lieferanten, Verkäufers, Auftragnehmers usw. zu übermitteln hat. Man spricht deshalb auch von sog. qualifizierten Schickschulden. Gemeint ist hier die sog. *Verlustgefahr*, also die Gefahr, dass der übermittelte Betrag verloren geht, dem Gläubiger also nicht zugeht. Der Schuldner muss dann in einem solchen Fall erneut überweisen, kann aber ggf. sein Geldinstitut haftbar machen. Dies gilt jedoch nicht, wenn die

Fehlüberweisung auf das Fehlverhalten des Gläubigers zurückzuführen ist; etwa wenn dieser ein falsches Konto angegeben hat.

Der *Schuldner* trägt nach geltendem deutschen Recht bei der Geldüberweisung im Regelfall gem. §270 BGB *nicht* die *sog. Zeit- oder Verzögerungsgefahr.*

- Bei Zahlung durch Überweisung wäre die Leistungshandlung rechtzeitig, wenn der Überweisungsauftrag vor Fristablauf bei der Bank usw. eingegangen und auf dem Konto Deckung vorhanden wäre. Dies wäre für die Einhaltung der *Skontofrist* von Bedeutung! Eine Gutschrift auf dem Gläubigerkonto wäre also innerhalb der Skontofrist nicht erforderlich, weil es für die Rechtzeitigkeit auf die Leistungshandlung, nicht jedoch auf den Leistungserfolg ankommt. Folglich wäre auch ohne Belang, wann die Abbuchung des überwiesenen Betrags vom Schuldnerkonto erfolgte.
- Der Europäische Gerichtshof kam jedoch im Urteil vom 03.04.2008 (C-306/06) zu dem Ergebnis, dass das deutsche Recht bzw. das Bürgerliche Gesetzbuch insoweit eine unzulässige, europarechtswidrige und damit ungültige Bestimmung enthält.

Der Gerichtshof stellte in seinem Urteil fest: Die Richtlinie 2000/35/EG ist dahin auszulegen, dass bei einer Zahlung durch Banküberweisung der geschuldete Betrag dem Konto des Gläubigers rechtzeitig gutgeschrieben sein muss, wenn das Entstehen von Verzugszinsen vermieden oder beendet werden soll.

Der deutsche Gesetzgeber ist nun aufgerufen, die einschlägigen deutschen Bestimmungen – insbesondere kommt §270 BGB in Betracht – umgehend in eine europarechtskonforme Fassung zu bringen, was er mit seiner Novelle nunmehr auch getan hat, die zum 01.03.2013 kommt.

Es empfiehlt sich jedoch schon jetzt, im Überweisungsverkehr den Auftrag so zu erteilen, dass das Geld dem Empfänger (Verkäufer) innerhalb der Zahlungs-/Skontofrist zur Verfügung steht.

Exkurs ins Jahr 2013

Zum 16.03.2013 muss die Richtlinie 2011/7/EU des Europäischen Parlaments und des Rates zur Bekämpfung von Zahlungsverzug im Geschäftsverkehr in deutsches Recht umgesetzt werden. Dies führt in Folge zu einer Vielzahl von Änderungen im BGB, deren Ausgestaltung im Einzelnen noch unklar ist.

Im Einzelnen betreffen die Neuerungen:

- es soll eine Anhebung des gesetzlichen Verzugszinses für Unternehmer erfolgen, mithin der Verzugszins von derzeit 8 Prozentpunkten über Basiszinssatz soll auf 9 Prozentpunkte über Basiszinssatz erhöht werden;
- die Einführung eines Anspruchs auf Zahlung eines Pauschalbetrages bei Zahlungsverzug; Im Gespräch ist hierbei eine Pauschale von 40 Euro für den Gläubiger.
- die Einführung von Höchstgrenzen für vertraglich festgelegte Zahlungsfristen auf ca. 60 Tage, den vertraglich festgelegten Verzugseintritt sowie für die Dauer von Abnahme- und Überprüfungsverfahren mit Fristen von höchstens 30 Tagen.

8.4 Allgemeine Geschäftsbedingungen und Einzelvertrag

Allgemeine Geschäftsbedingungen (kurz: AGB) sind alle für eine Vielzahl von Verträgen vorformulierte Vertragsbedingungen, die eine Vertragspartei (Verwender) der anderen Vertragspartei bei Abschluss eines Vertrages stellt. AGB liegen hier nicht vor, soweit die Vertragsbedingungen zwischen den Vertragsparteien im Einzelnen ausgehandelt sind (§305 Abs. 1 BGB).

Sinn und Zweck der AGB ist es, dass derjenige, der eine bestimmte Leistung öfters anbietet (z.B. Warenverkauf, Handyverträge, Versicherungsverträge etc) vertragliche Regelungen nicht für jeden Einzelfall neu verfassen möchte. Ihm ist daran gelegen, im Massenverfahren die von ihm ausgedachten Regelungen standardmäßig seinen Verträgen zugrunde zu legen damit sie gegenüber all seinen Kunden gelten. Das ist einfacher, billiger und vor allem unbürokratischer. Im Volksmund bezeichnet man die Allgemeinen Geschäftsbedingungen auch gerne als das „Kleingedruckte", weil diese Regelungen meist niemand liest. Gerade weil diese Regelungen oftmals nicht gelesen werden, hat der Gesetzgeber Regelungen geschaffen, um den Geschäftspartner des Verwenders vor allzu „bösen Überraschungen" zu schützen. Es gibt im BGB Regelungen, die die verwendeten Klauseln danach überprüfen, ob diese den Vertragspartner nicht einseitig unangemessen benachteiligen.

Bestimmungen in AGB sind unwirksam, wenn sie den Vertragspartner des Verwenders entgegen den Geboten von Treu und Glauben unangemessen benachteiligen. Eine unangemessene Benachteiligung kann sich auch daraus ergeben, dass die Bestimmung nicht klar und verständlich ist (§307 Abs. 1 BGB). Die §§308, 309 BGB enthalten eine Aufzählung von Klauseln, die gegenüber Privatpersonen grundsätzlich verboten sind.

Im Verkehr unter Kaufleuten beschränkt sich die richterliche Inhaltskontrolle darauf, dass die verwendeten AGB nicht gegen die Generalklausel gemäß §307 BGB verstoßen. Bei dieser Prüfung werden von den Gerichten die Verbotsklauseln (§§308, 309 BGB) als Maßstäbe der rechtlichen Zulässigkeit herangezogen, so dass auf diese Weise die verbotenen Klauseln auch wieder „entsprechende" Gültigkeit erlangen.

In AGB kann man sich von einer gesetzlichen Regelung nur ein wenig entfernen; sonst droht die Unzulässigkeit gemäß §307. Im Einzelvertrag kann man sich wesentlich weiter von gesetzlichen Vorschriften entfernen. Aber auch hier sind Grenzen zu beachten. Eine einzelvertragliche bzw. ausgehandelte Klausel darf nicht gegen ein gesetzliches Verbot (§134 BGB) oder gegen die guten Sitten (§138 BGB) verstoßen.

Führen beide Geschäftspartner einen Vertrag aus, obwohl sie sich nicht auf die Geltung einer der beiden Geschäftsbedingungen (AEB oder ALB) einigen konnten und enthalten beide Bedingungswerke eine sog. qualifizierte Abwehrklausel, so tritt an die Stelle der von AEB und ALB widersprüchlich geregelten Materie das Gesetz, also u.a. die Vorschriften von BGB und HGB. Es gelten auch die Regelungen, die in AEB und ALB sinngemäß übereinstimmend getroffen wurden.

Was sich auf den ersten Blick als recht einfach liest, stellt in der Praxis große Probleme dar. Die Rechtsprechung ist bemüht selbst dann Vertragstexte als AGB einzustufen, wenn diese nach dem äußeren Erscheinungsbild wie AGB aussehen und typischerweise im betreffenden Geschäftsbereich verwendete Standardklauseln verwendet werden. Dies selbst dann, wenn der eigentlich Verwender der Klauseln diese nur einmal verwenden möchte oder gar sich Musterverträgen von Dritten bedient (Mietvertrag). Als Beispiel seien hier die gerne verwendeten Standardwohnraummietverträge genannt, die man im Internet oder im Zeitschriftenladen erhält.

Zu beachten ist auch hier, dass darauf geachtet werden muss, dass vorangestellte Ausführungen nur die deutsche Rechtslage wiedergeben. Mit einigen Besonderheiten zur britischen Rechtslage aufgrund der europarechtlichen Vorgaben ist festzuhalten, dass gerade anglo-amerikanische AGB („terms and conditions") wesentlich resistenter in ihrer Wirksamkeit sind, als die kontinentaleuropäischen innerhalb der EU. Bei Verträgen mit Österreich ist wissenswert zu erwähnen, dass auch diese recht strenge AGB-Regeln normiert haben, die mit den deutschen Regelungen zwar nicht identisch sind, aber diesen zumindest ähneln.

Grundsätzlich gilt: Nicht auf die Wirksamkeit von AGBs verlassen! Wesentliches immer individuell mit dem Vertragspartner vereinbaren!

8.5 Zum Schadensersatz

Letztlich laufen fast alle Streitigkeiten im Einkauf auf die Frage hinaus, wer den entstandenen Schaden zu tragen hat. Deshalb ist es wichtig, sich folgende Grundregeln zu merken: vertraglichen Schadensersatz kann nur verlangt werden, wenn der Schuldner (Verkäufer, Auftragnehmer usw.) eine Pflicht aus dem Schuldverhältnis verletzt hat. Bis auf einige bestimmte Ausnahmen setzt eine Schadensersatzpflicht grundsätzlich ein Verschulden voraus.

8.5.1 Schadensersatz wegen Pflichtverletzung (§280 BGB)

„Verletzt der Schuldner eine Pflicht aus dem Schuldverhältnis, so kann der Gläubiger Ersatz des hierdurch entstehenden Schadens verlangen. Dies gilt nicht, wenn der Schuldner die Pflichtverletzung nicht zu vertreten hat" (§280 Abs. 1 BGB).

§280 Abs. 1 Satz 1 BGB spricht jede Art der Verletzung von Pflichten aus einem Schuldverhältnis an. Die Norm kann somit als Generalklausel für das Schadensersatzrecht verstanden werden.

Pflichten aus dem Schuldverhältnis wurden daher verletzt, wenn die geschuldete Leistung z.B. nicht, nicht pünktlich (verzögert) oder schlecht erbracht wurde. Eine Pflichtverletzung liegt auch dann vor, wenn Schutz- oder Nebenpflichten verletzt werden.

Beispiel für Nebenpflichtverletzungen: Käufer in der Bäckerei fällt wegen rutschigen Bodens und erleidet Verletzungen. Es bestand die „Nebenpflicht" des Verkäufers in seinem Laden dafür zu sorgen, dass seine Kunden sich nicht verletzen.

Die Schadensersatzpflicht soll nur den treffen, der für die Pflichtverletzung verantwortlich ist. Der Verkäufer muss die Pflichtverletzung schuldhaft, also vorsätzlich oder (leicht) fahrlässig begangen haben. Das Verschulden des Verkäufers wird jedoch – ein ganz großer Vorteil! – gesetzlich vermutet. Er müsste seine Unschuld beweisen (§280 Abs. 1 Satz 2 BGB), um diese Vermutung zu widerlegen. Dies ist allerdings im Regelfall sehr schwer!

Mit der Feststellung des Verstoßes gegen eine Haupt- oder Nebenpflicht, auch gegen eine vorvertragliche Schutzpflicht, liegt eine objektive Pflichtverletzung vor (§280 Abs. 1 S. 1 BGB). Die nächste Frage lautet: Ist der Verkäufer auch individuell für den eingetretenen Schaden verantwortlich (subjektive Pflichtverletzung)? Sein Verschulden wird zunächst gemäß §280 Abs. 1 S. 2 BGB vermutet. Er kann jedoch den Nachweis führen, dass er die Pflichtverletzung nicht verschuldet hat, dass er also an der Pflichtverletzung nicht schuld ist.

Der Schuldner hat gemäß §276 Abs. 1 S. 1 BGB Vorsatz und Fahrlässigkeit zu vertreten. Fahrlässigkeit setzt voraus, dass den Verkäufer hinsichtlich eines Mangels eine Sorgfaltspflicht trifft und dass er dieser Pflicht unter Außerachtlassung der verkehrsüblichen Sorgfalt nicht nachgekommen ist. Von einem Händler kann z.B. nicht immer verlangt werden, dass er industrielle Massenartikel auf Konstruktions- oder Fertigungsmängel hin untersucht, wohl aber von einem Hersteller (Vgl. ProdHaftG).

Der Verkäufer haftet ohne Entlastungsmöglichkeit, wenn er eine Garantie oder ein Beschaffungsrisiko übernommen hat.

Wie bereits ausgeführt, ist §280 BGB, die zentrale Haftungsnorm im BGB. Die Norm greift unmittelbar und allein ein, wenn der eingetretene mittelbare Schaden geltend gemacht wird. Dieser mittelbare Schaden umfasst den gesamten Schaden an anderen Rechtsgütern als dem Liefergegenstand, also den sog. Folgeschaden. Ersetzt wird auch der entgangene Gewinn. Zum mittelbaren Schaden gehören auch alle Verzugs- bzw. Verzögerungsschäden. Eine Fristsetzung wäre hier sinnlos. Soweit eine Pflichtverletzung unmittelbar und endgültig einen Schaden verursacht hat, ist §280 BGB die allein maßgebende gesetzliche Bestimmung.

8.5.2 Schadensersatz statt der Leistung (§281 BGB)

Nach §281 Abs. 1 Satz 1 BGB kann Schadensersatz statt der Leistung verlangt werden, wenn die Leistung nicht oder nicht wie geschuldet erbracht wird. Der Schadensersatzanspruch selbst folgt aus §280 Abs. 1 BGB. §281 BGB bestimmt lediglich eine weitere Voraussetzung, die für den Anspruch auf Schadensersatz statt der Leistung gegeben sein muss: Eine dem Schuldner gesetzte angemessene Frist zur Leistung oder Nacherfüllung muss erfolglos abgelaufen sein.

In §281 BGB geht es um die Umwandlung eines Leistungsanspruchs in einen Schadensersatzanspruch. Diese Bestimmung ist nur auf Schäden anwendbar, die durch Erfüllung des Leistungsanspruchs oder bei Schlechterfüllung durch Nacherfüllung (Nachbesserung oder Neulieferung/Neuherstellung) abgewendet werden können. Unter §281 BGB fallen die Kosten der Ersatzlieferung oder Reparatur und der nach einer Reparatur verbleibende Minderwert. Das Gesetz unterscheidet beim Schadensersatz statt der Leistung zwischen dem kleinen und dem großen Schadensersatz:

- Beim *kleinen Schadensersatz* hält der Käufer am Vertrag fest, behält also die Kaufsache, und verlangt vom Verkäufer Ersatz aller Schäden, die durch die mangelhafte Sache entstanden sind. Das bedeutet den Er-

satz des durch den Mangel verursachten Minderwertes der Kaufsache. Daneben wird aber auch der eventuell entstandene mittelbare Schaden nach §280 BGB ersetzt.
Durch die Schuldrechtsreform wurde eine Schadensersatzhaftung des Verkäufers für diesen eigentlichen Mangelschaden schon bei einem nur fahrlässigen Verhalten des Verkäufers eingeführt.

- Beim *großen Schadensersatz* löst der Käufer den Vertrag auf und verlangt Ersatz des gesamten Schadens, der durch die Nichterfüllung entstanden ist. An die Stelle des Lieferanspruchs tritt dann der Anspruch auf Schadensersatz statt der Leistung. Der Käufer lehnt hier die mangelhafte Sache ab bzw. gibt sie zurück und verlangt den Gesamtschaden, der ihm durch die Lieferung der fehlerhaften Sache entstanden bzw. durch die Nichtlieferung einer mangelfreien Sache entgangen ist.

Der Geschädigte (Gläubiger) kann den Schadensersatz statt der Leistung (§281 BGB) nur geltend machen, wenn neben den Voraussetzungen des §281 BGB (Fristsetzung) auch die des §280 BGB vorliegen. Der Schuldner muss also eine Pflicht aus dem Schuldverhältnis schuldhaft, somit vorsätzlich oder fahrlässig, verletzt haben. Die Ersatzpflicht ist demnach gemäß §280 Abs. 1 Satz 2 BGB ausgeschlossen, wenn er die Pflichtverletzung nachweislich nicht verschuldet hat.

8.5.3 anglo-amerikanischer Exkurs zum Bereich „Schadensersatz“

Da es heute „modern“ ist, mit Kunden in englischer Sprache zu kommunizieren und Verträge in englischer Sprache abzufassen, sei an dieser Stelle als warnender Hinweis angemerkt, dass sich das deutsche Recht fundamental vom anglo-amerikanischen „common law“ unterscheidet.

Einige Beispiele: Das englische Recht sieht grundsätzlich den Schadenersatz (damages) als die einzige Konsequenz eines Vertragsbruchs. Jedes sonstige Recht (also z.B. Rücktritt, Kündigung, Unterlassungsansprüche, Nachbesserungsansprüche, usw.) muss daher grundsätzlich vertraglich gesondert vereinbart werden. Im common law gilt zudem der Grundsatz der Haftung ohne Verschulden (strict liability), d.h. jede Partei haftet für jede Leistungsstörung auf Schadenersatz, auch wenn sie keinerlei Verschulden trifft.

Daher bitte beachten: die Rechtswahl sollte eindeutig bestimmt sein!

8.6 Der Lieferverzug

8.6.1 Voraussetzungen des Lieferverzugs

Beispiel: Sie bestellen mit Liefertermin "7.8.2012" und erhalten ein paar Stunden später die Auftragsbestätigung vom Lieferanten, in der er Ihnen den Liefertermin "7.8.2012" ohne Zusatz von Freizeichnungsklauseln fest bestätigt. Am 8.8.2012 hat der Lieferant noch immer nicht geliefert: nun liegt Lieferverzug vor.

Etwas anderes ist es, wenn entweder Freizeichnungsklauseln verwendet werden, oder die Parteien Liefertermine wie „***ca.*** 35 Kalenderwoche“ vereinbaren.

Aus einer Lieferverzögerung wird Verzug, wenn

1. ein gültiger Liefervertrag abgeschlossen wurde,
2. der Lieferanspruch fällig war,
3. bei Fälligkeit nicht geliefert wurde,
4. die Lieferung nachholbar ist,
5. vom Gläubiger/Käufer gemahnt wurde, soweit dies erforderlich war (§286 BGB),
6. der Lieferant schuldhaft die Frist versäumt hat (§286 Abs. 4 BGB),
7. der Lieferant kein Recht hat, die Lieferung zurückzuhalten,
8. der Gläubiger/Käufer selbst vertragstreu gehandelt hat.

Die Mahnung ist heute zur Herbeiführung des Lieferverzugs nur noch in Ausnahmefällen erforderlich. Der Mahnung bedarf es insbesondere nicht, wenn für die Leistung eine Zeit nach dem Kalender bestimmt ist (bestimmter Kalendertag oder KW) oder die Leistungszeit ab einem bestimmten Ereignis kalendermäßig berechenbar ist (§286 Abs. 2, Nr. 1, 2 BGB), z.B. Bauabnahme 20 Monate nach Erteilung der Baugenehmigung, die am Tag des Vertragsabschlusses noch nicht vorliegt.

Aus beweistechnischen Gründen, sollte dem Vertragspartner dennoch ein Schreiben per Fax zugeleitet werden, mit folgendem Inhalt.

In der Mahnung sollten folgende Inhalte enthalten sein:

- Datum und Nummer der Bestellung, ggf. Aktenzeichen,
- Bezeichnung und Anzahl der bestellten Waren,
- ggf. Datum der Auftragsbestätigung,
- Mitteilung, dass Sie die bestellten Waren noch nicht erhalten haben,
- Bestimmung einer angemessenen Nachfrist, innerhalb deren die Waren eintreffen müssen (beispielsweise „bis spätestens zum Ablauf des 15.08.2012“)

Nach §280 Abs. 1 Satz 2 BGB haftet der Lieferant nicht, wenn er beweisen kann, dass ihm wegen des Lieferverzugs kein Schuldvorwurf gemacht werden kann. Die praktisch einzige Möglichkeit, die hier dem säumigen Lieferanten verbleibt, ist der Beweis, dass ihn „höhere Gewalt" an der rechtzeitigen Lieferung gehindert hat. Die Voraussetzungen für das Vorliegen höherer Gewalt sind:

1. das schadenstiftende Ereignis war bei Vertragsabschluss nicht vorhersehbar,
2. das Ereignis war für den Lieferanten nicht vermeidbar,
3. das Ereignis wirkte von außen in den Betrieb des Lieferanten ein,
4. es war ein außergewöhnliches bzw. schwerwiegendes Ereignis.

Beispiele höherer Gewalt: Hochwasser, Niedrigwasser, Sturmflut, Orkan, Erdbeben, Lawinen, Smogalarm, Nebel, Glatteis, Schneekatastrophe. Bei Arbeitskämpfen (Streik, Aussperrung) liegt kein Fall der höheren Gewalt vor, weil nach der Rechtsprechung das Ereignis vermeidbar war. Die Arbeitgeber hätten den Lohnforderungen der Arbeitnehmer nachkommen können.

8.6.2 Zum Verzugsschaden

Der Anspruch des Gläubigers (Käufers) auf Erfüllung der geschuldeten Leistung bzw. Lieferung bleibt trotz Eintritt des Lieferverzugs bestehen. Im Regelfall wartet der Käufer die Lieferung ab. Er kann aber jetzt seinen gesamten Verzugsschaden gegenüber dem säumigen Lieferanten geltend machen. Nach der verspäteten Lieferung werden die gesamten Verzugsschäden addiert.

Zu den Verzugsschäden gehören alle Aufwendungen oder Verluste, die nicht angefallen wären, wenn der Lieferant rechtzeitig geliefert hätte. Hierzu gehören auch Produktionsausfall und entgangener Gewinn (§252 BGB, also entgangene Einnahmen, weil das Geschäft nicht ordnungsgemäß abgewickelt wurde). Die errechnete Schadensersatzforderung (§280 BGB) kann dann gegen die Kaufpreisforderung oder den Werklohn aufgerechnet werden (§§387 ff BGB). Der errechnete Betrag kann also von der Rechnung des Lieferanten sofort abgezogen werden.

Oftmals versuchen Firmen die Zeiten, welche Sie wegen des Krisenmanagements „vergeudet" haben als Schadensposition in Rechnung zu stellen („wir mussten 2 Stunden durch die Gegend telefonieren bis wir das Problem gelöst hatten und wollen nun diese 2 vergeudeten Stunden ersetzt haben."). Diese Zeiten werden, wenn keine besonderen Umstände des Einzelfalles hinzutreten, grundsätzlich jedoch nicht ersetzt.

8.6.3 Zum Recht auf Rücktritt vom Vertrag

Nach dem Verzugseintritt kann und – von Ausnahmen abgesehen – muss dem Schuldner sofort die Frist zur Leistung oder Nacherfüllung gesetzt werden.

Für die weiteren rechtlichen Voraussetzungen muss dem Schuldner nach §281 Abs. 1 Satz 1 BGB erfolglos eine angemessene Frist zur Leistung oder Nacherfüllung bestimmt worden sein. Die zu setzende Frist muss angemessen lang sein und verlängert sich automatisch in eine angemessene Frist, wenn der Fristsetzende eine unangemessen zu kurze Frist gesetzt hat. Nachfristsetzungen mit den Worten „sofort" sind dabei weniger hilfreich. Der Fristsetzende sollte stets ein kalendermäßig bestimmtes Fristenende wählen (z.B. „bis zum Ablauf des 12.08.2012").

Nach dem erfolglosen Ablauf der Frist kann weiterhin die Lieferung/Leistung verlangt werden. Nach Lieferung/Leistung kann der bis dahin entstandene Verzugsschaden von der Rechnung abgezogen werden. Nach ergebnislosem Fristablauf kann auch von dem Recht auf Rücktritt (mit oder ohne Geltendmachung von Schadensersatz) Gebrauch gemacht werden. Mit dem Rücktritt kann man die Mehrkosten aus einem Deckungsgeschäft (Ware woanders zu einem höherem Preis besorgt) oder den entgangenen Gewinn (den Gewinn, den man wegen der nicht fristgerechten Leistung gehabt hätte) ersetzt verlangen.

Es kann Zeit vergehen, bis ein Deckungskauf möglich ist. Dann kann mit einem zeitlichen Abstand Schadensersatz statt der Leistung verlangt werden. Wird dieser Schadensersatzanspruch geltend gemacht, entfällt der Anspruch auf die Leistung.

8.7 Der Kaufvertrag

8.7.1 Verpflichtungen von Käufern und Verkäufern

Durch den Kaufvertrag wird der Verkäufer einer Sache verpflichtet, dem Käufer die Sache zu übergeben und das Eigentum an der Sache zu verschaffen. Der Verkäufer hat dem Käufer die Sache frei von Sach- und Rechtsmängeln zu verschaffen. Der Käufer ist verpflichtet, dem Verkäufer den vereinbarten Kaufpreis zu zahlen und die gekaufte Sache abzunehmen.

Da §433 BGB nur von „Sachen" als Kaufgegenstand spricht, stellt sich heutzutage rasch die Frage des Verkaufs von Rechten (Forderung, Wohnungseigentum, Gesellschaftsanteil, Patent, Markenrechte, Erbschaft, Miterbenanteil usw.). Hier verweist das Gesetz in §453 BGB auf die entsprechende Anwendung der Regelungen der §§433 ff BGB. Auch Sach- oder Rechtsgesamtheiten können Gegenstand eines Kaufvertrages sein.

Der Kaufvertrag ist i.d.R. formfrei. Er kann sowohl mündlich wie schriftlich als auch durch konkludentes Handeln abgeschlossen werden. Das alte Vorurteil im Volksmund „mündliche Verträge gelten nicht", ist daher grundsätzlich falsch, ansonsten könnte man keine Brötchen beim Becker oder Gegenstände auf dem Flohmarkt kaufen. Nur bei bestimmten Kaufverträgen schreibt der Gesetzgeber eine besondere Form vor. So ist die notarielle Beurkundung nach §311b Abs. 1 BGB beispielsweise beim Kauf von Immobilien (Grundstücke, Wohnungseigentum) erforderlich oder nach §15 Abs. 4 GmbHG beim Kauf eines GmbH-Anteils.

8.7.2 Wann hat beim Kauf eine Sache einen Mangel?

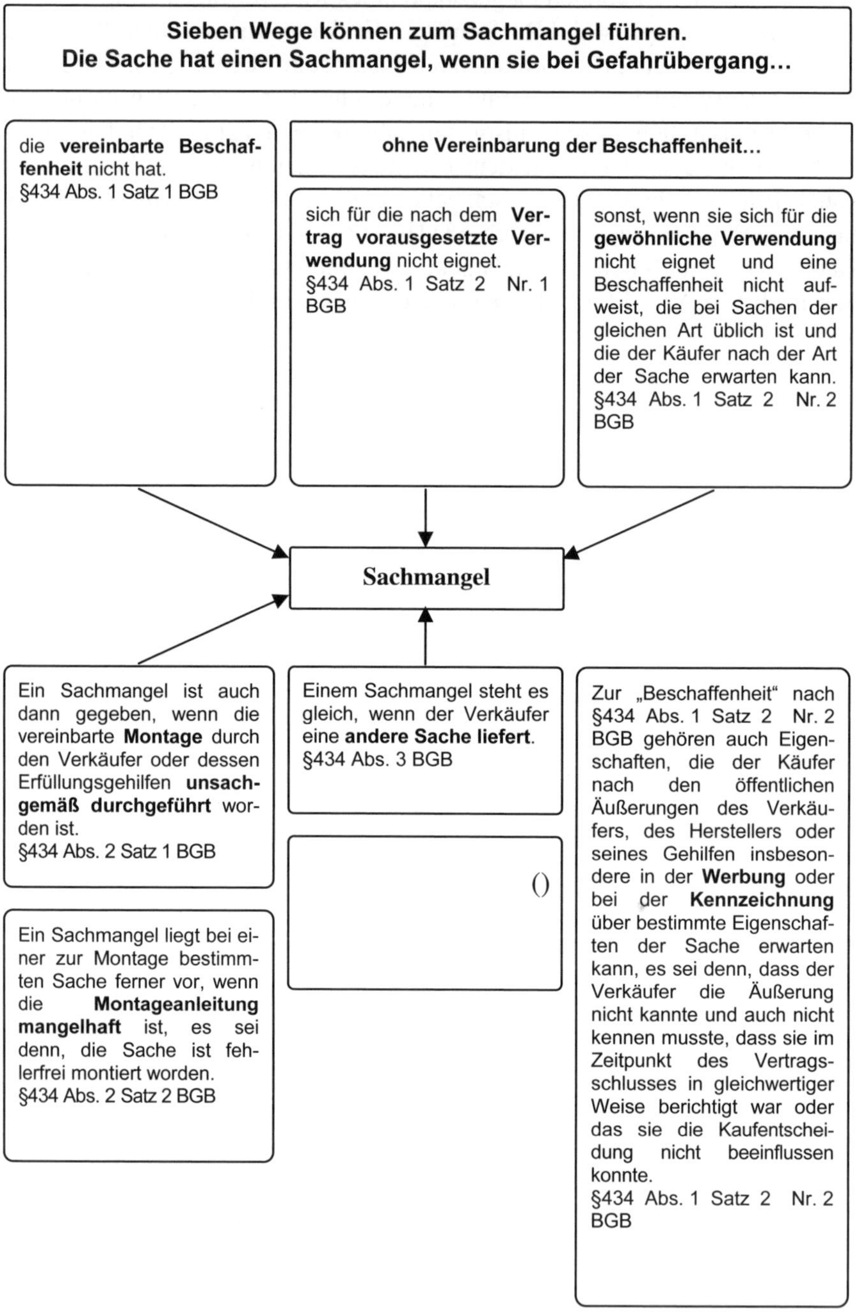

Abb. 8.1. Gründe für einen Sachmangel

8.7.3 Ansprüche aus der Mängelhaftung

Ist die gekaufte Sache mangelhaft, kann der Käufer

- Nacherfüllung, d.h. Nachbesserung oder Neulieferung verlangen. Der Verkäufer hat die zu diesem Zweck erforderlichen Aufwendungen, insbesondere Transport-, Wege-, Arbeits- und Materialkosten zu tragen (§§437 Nr. 1, 439 BGB). Grundsätzlich entscheidet der Käufer, ob er nachgebessert haben will oder lieber einer neue Ware hätte (§439 Abs.1 BGB). Beim Werkvertrag ist dies anders, dort hat der Werkunternehmen die Wahl, wie er den vertragsgemäßen Zustand herstellt.
- Erst nach dem erfolglosen Ablauf einer vom Käufer dem Verkäufer gesetzten angemessenen Frist zur Nacherfüllung bzw. zur Behebung des Mangels steht dem Käufer das Recht zum Rücktritt bzw. zur Minderung zu (§437 Nr. 2 BGB). Einer Fristsetzung bedarf es u.a. dann nicht, wenn die Nachbesserung fehlgeschlagen ist. Eine Nachbesserung gilt grundsätzlich nach dem erfolglosen zweiten Versuch als fehlgeschlagen (§440 BGB).
- Unter den Voraussetzungen der §§440, 280, 281, 283 und 311a BGB stehen, wie bereits ausgeführt, dem Käufer auch Schadensersatzansprüche zu.

Grundsätzlich gilt: Zunächst muss der Käufer dem Verkäufer die Gelegenheit zur Nacherfüllung geben und kann erst nach erfolgloser Fristsetzung zurücktreten, mindern oder Schadensersatz statt der Leistung verlangen. Dabei ist wichtig zu wissen, dass man nicht zwischen den einzelnen Sachmängelgewährleistungsrechten „springen“ kann: hat man sich für eines entschieden (Rücktritt, Minderung, Schadensersatz statt der Leistung), ist man daran gebunden.

Keine Fristsetzung ist erforderlich, wenn die dem Käufer zustehende Art der Nacherfüllung unmöglich, fehlgeschlagen, dem Käufer unzumutbar ist oder vom Verkäufer ernsthaft und endgültig verweigert wird. Eine Nachbesserung gilt nach dem erfolglosen zweiten Versuch als fehlgeschlagen, wenn sich nicht insbesondere aus der Art der Sache oder des Mangels oder den sonstigen Umständen etwas anderes ergibt, vgl. §440 Satz 2 BGB. Dem Fehlschlagen gleich steht auch eine dem Käufer nicht zumutbare Verzögerung der Nachbesserung oder Ersatzlieferung.

Hat der Schuldner die Leistung nicht vertragsgemäß bewirkt, so kann der Gläubiger vom Vertrag nicht zurücktreten, wenn die Pflichtverletzung unerheblich ist (§323 Abs. 5 S. 2 BGB). Nur in Ausnahmefällen besteht ein Recht zum sofortigen Rücktritt (§§281 Abs. 2, 323 Abs. 2, 440).

Auch bei geringfügigen Schäden ist eine Minderung möglich.

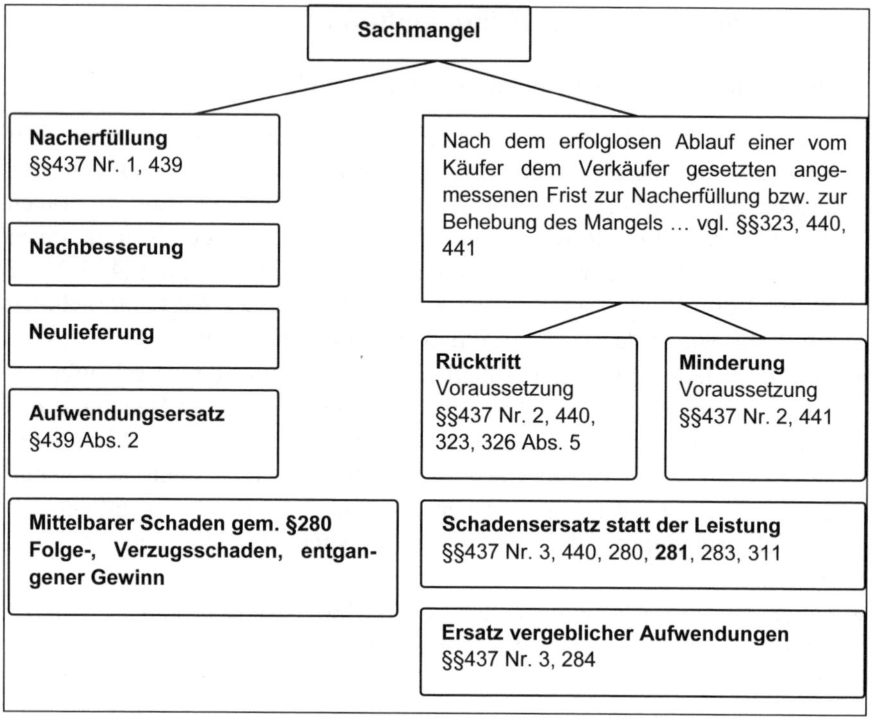

Abb. 8.2. Ansprüche und Rechte des Käufers bei Sachmängeln

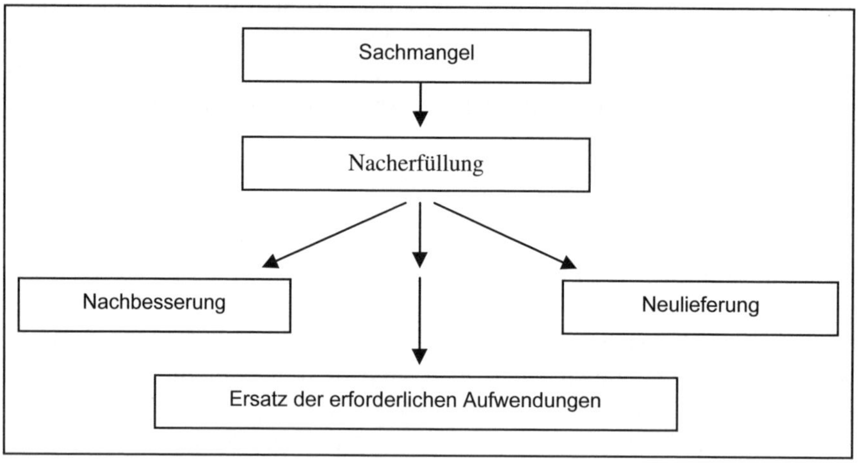

Abb. 8.3. Nacherfüllung beim Kaufvertrag

- Der Käufer kann unter den Voraussetzungen des §439 BGB Nacherfüllung verlangen (§437 Nr. 1 BGB).

- Er kann als Nacherfüllung nach seiner Wahl die Beseitigung des Mangels oder die Lieferung einer mangelfreien Sache verlangen (§439 Abs. 1 BGB).
- Die freie Wahl zwischen Nachbesserung und Neulieferung ist aber tatsächlich so nicht gegeben. Der Käufer darf nämlich nur das verlangen, was verhältnismäßig ist; also im Regelfall nur das, was für den Verkäufer ökonomisch vertretbar ist. Wählt z.B. der Käufer die teuere, nicht unbedingt erforderliche Neulieferung, kann der Verkäufer dennoch die preiswerte Nachbesserung wählen. Vgl. §439 Abs. 3 BGB.
- Der Verkäufer darf zweimal versuchen, Fehler zu beseitigen. Gelingt ihm dies nicht, kann der Käufer zwischen Rücktritt und Minderung, immer zusätzlich Schadensersatz, wählen. Vgl. §440 S. 2 BGB.
- Bei Unikaten (Gemälden) und gebrauchten Sachen (Gebrauchtwagen) gibt es selbstverständlich nur die Nachbesserung. Bei industriellen Massenprodukten (z.B. Billiguhren), bei Porzellan mit Fehlern in der Glasur usw. scheidet die Nachbesserung aus technischen Gründen ebenfalls aus.
- Der Anspruch auf Nachbesserung oder Neulieferung hängt nicht davon ab, dass der Verkäufer den Mangel zu vertreten, also verschuldet hat.
- Die gewählte Art der Nacherfüllung kann verweigert werden, wenn sie nur mit unverhältnismäßigen Kosten möglich ist (§439 Abs. 3 Satz 1 BGB), z.B. wenn die Kaufsache nach Gefahrübergang an einen weit entfernten, anderen Ort als den Erfüllungsort verbracht worden ist.
- Der Käufer kann, solange der Verkäufer der bisher gewählten Art der Nacherfüllung nicht ordnungsgemäß nachgekommen ist, grundsätzlich zu der jeweils anderen Form der Nacherfüllung überwechseln. Hat sich der Käufer zunächst für die Nachbesserung entschieden, kommt aber der Verkäufer dieser Aufforderung nicht oder nur unzulänglich nach, dann kann der Käufer jetzt Neulieferung verlangen.
- Der Verkäufer hat die zum Zwecke der Nacherfüllung erforderlichen Aufwendungen, insbesondere Transport-, Wege-, Arbeits- und Materialkosten zu tragen (§439 Abs. 2 BGB).
- Eine Abwälzung dieser Kosten auf den Käufer ist grundsätzlich nicht zulässig. Beim Verbrauchsgüterkauf (B2C) schreibt dies §§475 Abs. 1, 439 Abs. 2 BGB zwingend vor; sonst verbietet es §§307, 309 Nr. 8 b, cc BGB, wonach der AGB-Verwender die Kostentragungspflicht grundsätzlich nicht ausschließen oder beschränken darf (BGH, NJW 81, 1510).
- Noch ungeklärt ist die Frage, ob eine Ersatzlieferung durch die Lieferung einer gebrauchten, u.U. schon einmal reparierten Sache erfolgen kann, wenn z.B. erst nach über einjährigem Gebrauch reklamiert wird.

- Wird die neue oder nachgebesserte Sache im Wege der Nacherfüllung übergeben, beginnt hierfür erneut die vereinbarte Verjährungsfrist. Dies gilt nicht, wenn ein geringfügiger Mangel eines gelieferten Teils vom Lieferanten ohne nennenswerten Aufwand durch Nachbesserung oder Ersatzlieferung beseitigt wird.

Achtung: Um Missverständnissen vorzubeugen. Es ist zu unterscheiden zwischen den Rechten aufgrund Sachmangels in Form des „Rücktritts" und einem „Umtausch". Oft liest man in Verkaufsräumen „reduzierte Ware ist vom Umtausch ausgeschlossen". „Rücktritt" und „Umtausch" sind zwei verschiedene Paar Stiefel. Ein Rücktritt ist ein gesetzlich normiertes Recht für den Fall, dass dessen Voraussetzungen nach dem BGB vorliegen. Der „Umtausch" ist etwas Freiwilliges und geschieht aus Kulanz des Verkäufers, weil er seine Kunden dazu bewegen möchte wieder bei ihm einzukaufen. Eine Ware, die einen Sach- oder Rechtsmangel aufweist muss der Verkäufer zurücknehmen, selbst, wenn diese reduziert war. Lediglich dann, wenn eben kein Sach- oder Rechtsmangel vorliegt und einem die Ware nur nicht gefällt, oder sie einem nicht passt, obwohl die angegebene Größe stimmt, besteht kein Rücktrittsrecht. Dann ist der Käufer auf die Kulanz des Verkäufers angewiesen, die Ware umzutauschen.

8.7.4 Zur Garantie

Neben dem gesetzlich geregelten Gewährleistungsrechten, ist es in der Praxis nicht unüblich, dass für den Kaufgegenstand eine zusätzliche „Garantie" eingeräumt wird.

Um Missverständnissen vorzubeugen: es ist zwischen den Sachmängelgewährleistungsrechten einerseits und der Garantie andererseits streng zu unterscheiden.

Unternehmer können gegenüber Verbrauchern Sachmängelgewährleistungsrechte grundsätzlich nicht ausschließen. Die Frage nach Sachmängelgewährleistungsrechten ist die Frage der Rechtsfolgen bei Vorliegen eines Mangels. Eine Garantie ist demgegenüber etwas anderes. Zum einen muss kein Verkäufer oder Hersteller eine Garantie gewähren, denn die Garantiegabe ist eine freiwillige zusätzliche Leistung. Diese besteht unabhängig neben der Sachmängelgewährleistung. Auch ist das Wort „Garantie" missverständlich, auch wenn es sehr gerne verkaufsfördernd verwendet wird. Es ist nämlich zu unterscheiden: a) was genau wird garantiert und b) was passiert, wenn der unter a) garantierte Fall eintritt. Da der Verkäufer keine Garantie geben muss, kann er auch einseitig bestimmten, was genau er garantieren will. Als Beispiel nehmen wir den Kauf eines Fernsehers. Der Verkäufer möchte beispielsweise zwar die Funktionsfähigkeit garantieren, aber das heißt nicht zwingend, dass er diese für jeden Fall garantieren will. Er könnte auch im Rahmen der Garantiegabe nur für technische Defekte einstehen wollen, nicht aber, wenn der Fernseher auf den Boden fällt. Garantie ist also nicht ein Allheilmittel, sondern es ist stets zu fragen, was exakt garantiert wird. In einem zweiten Schritt ist danach zu fragen, was passiert, wenn der Garantiefall eintritt. Bleiben wir beim Beispiel des gekauften Fernsehers. Geht der Fernseher aus technischen Gründen kaputt, heißt das nicht, dass der Verkäufer dem Käufer zwingend einen neuen Fernseher geben muss. In den Garantiebestimmungen steht, stets, was die Folge des Eintritts des Garantiefall ist: hier kann beispielsweise stehen, dass der Verkäufer den Fernseher bis zum Ablauf bestimmter Fristen auf seine Kosten repariert. Der Verkäufer ist also frei bei dem für was er garantieren will als auch, bei dem was er im Garantiefall schuldet.

Übernimmt also der Verkäufer oder ein Dritter eine Garantie für die Beschaffenheit der Sache (Beschaffenheitsgarantie) oder dafür, dass die Sache für eine bestimmte Dauer eine bestimmte Beschaffenheit behält (Haltbarkeitsgarantie), so stehen dem Käufer im Garantiefall unbeschadet der gesetzlichen Ansprüche die Rechte aus der Garantie zu den in der Garantieerklärung und der einschlägigen Werbung angegebenen Bedingungen gegenüber demjenigen zu, der die Garantie eingeräumt hat (§443 Abs. 1 BGB). Soweit eine Haltbarkeitsgarantie übernommen worden ist, wird vermutet, dass ein während ihrer Geltungsdauer auftretender Sachmangel die Rechte aus der Garantie begründet. Die Frage nach dem Umfang und der näheren inhaltlichen Ausgestaltung der Ansprüche des Käufers aufgrund der Garantie beantwortet sich nach deren Wortlaut im Einzelfall.

In §443 BGB werden keine Aussagen gemacht zum Gegenstand und zur Dauer der Garantie, zu den dem Käufer zustehenden Garantierechten sowie zu ihrer Verjährung.

Auf eine nachträgliche Vereinbarung, durch welche die Rechte des Käufers wegen eines Mangels ausgeschlossen oder beschränkt werden, kann sich der Garantiegeber nicht berufen, wenn er eine Garantie für die Beschaffenheit der Sache übernommen hat (§444 BGB). Durch die am 8.12.2004 vorgenommene Änderung des Gesetzeswortlauts in den §§444, 639 BGB (das Wort „wenn" wurde durch das Wort „soweit" ersetzt) ist nun klargestellt worden, dass das Gesetz bei Erteilung der Garantie inhaltliche Begrenzungen der Garantie nach Art und Höhe, z.B. im Hinblick auf Folgeschäden, ausdrücklich gestattet.

Nach der Schuldrechtsreform (01.01.2002) hat die Eigenschaftszusicherung im Kaufrecht keine eigenständige Bedeutung mehr und wird im BGB nicht mehr erwähnt. Sie ist gleichwohl in der Praxis noch immer von großer Bedeutung. In den Gesetzesmaterialien zur Schuldrechtsreform heißt es u.a. (Seite 299): „Zunächst ist die Übernahme einer Garantie angesprochen. Gedacht ist dabei etwa an die Eigenschaftszusicherung bei Kauf, Miete, Werkvertrag und ähnlichen sich auf eine Sache beziehenden Verträgen. Inhaltlich bedeutet die Zusicherung einer Eigenschaft die Übernahme einer Garantie für das Vorhandensein dieser Eigenschaft verbunden mit dem Versprechen, für alle Folgen ihres Fehlens (ohne weiteres Verschulden) einzustehen."

8.7.5 Verjährung der kaufrechtlichen Ansprüche

Die kaufrechtlichen Ansprüche auf Nacherfüllung (Mangelbeseitigung und Neulieferung), Schadensersatz und Ersatz vergeblicher Aufwendungen verjähren nach §438 BGB

- *in 30 Jahren,* wenn der Mangel in einem dinglichen Recht eines Dritten besteht, aufgrund dessen Herausgabe der Kaufsache verlangt werden kann oder in einem sonstigen Recht, das im Grundbuch eingetragen ist,
- *in 5 Jahren,* bei einem Bauwerk und bei einer Sache, die entsprechend ihrer üblichen Verwendungsweise für ein Bauwerk verwendet worden ist und dessen Mangelhaftigkeit verursacht hat, und
- *im Übrigen in 2 Jahren.*

Eine Ausnahme gilt lediglich für den Verbrauchsgüterkauf (§474 BGB), bei dem eine Verkürzung nur bei gebrauchten Kaufsachen und dort höchstens auf 1 Jahr möglich ist, §475 Abs. 2 BGB. Eine Verkürzung der Verjährung sowie ein Ausschluss von Mängelansprüchen (etwa bei Verschleißteilen) bei Neuwaren ist bei einem Verbrauchsgüterkauf nicht möglich.

Nach einer Entscheidung des Bundesgerichtshofs vom 05.10.2005 (VIII ZR 16/606) hält eine Klausel, die die Verjährungsfristen für Gewährleistungsansprüche in AGB auf 36 Monate statt der gesetzlichen 2 *verlängert*, der Inhaltskontrolle nach §307 BGB stand. Andererseits ist es nicht zulässig, wenn ein marktstarker Verkäufer versucht, in AGB/ALB eine Verkürzung von zwei Jahren auf ein Jahr vorzunehmen (§309 Nr. 8ff BGB).

Zu beachten ist aber, dass der umgekehrte Zahlungsanspruch aus dem Kaufvertrag binnen der regulären 3-jährigen Frist, beginnend ab Jahresende, in dem der Anspruch entstanden ist verjährt.

8.7.6 Sonderproblematik: Rückgriff des Wiederverkäufers

Wenn ein Unternehmen Produkte einkauft, um sie an den Endverbraucher wiederzuverkaufen, besteht das Problem, dass der Wiederverkäufer gegenüber seinem Kunden unter Umständen bei Mangelhaftigkeit der Ware haftet, er selbst aber aufgrund Verjährung keinen Rückgriffsanspruch gegen seinen Lieferanten mehr hat.

Dieses Spannungsfeld hat der Gesetzgeber gesehen und einen Gleichlauf der Verjährungsfristen unter bestimmten Voraussetzungen vorgesehen (§§478 ff BGB): Der Wiederverkäufer hat auch nach Ablauf der zweijährigen Gewährleistungsfrist noch einen Rückgriffsanspruch gegen seinen Lieferanten. Allerdings muss er innerhalb einer sehr kurzen Frist von zwei Monaten, nachdem er seinen Kunden befriedigt hat, gegenüber seinem Lieferanten den Anspruch geltend machen. Längstens jedoch gilt dieser Rückgriffsanspruch fünf Jahre ab dem Zeitpunkt, in dem das Produkt an den Unternehmer geliefert wurde; §479 II BGB.

Beispiel: Ein Unternehmen handelt mit DVD-Playern. Es kauft DVD-Player en gros ein, wobei mit dem Lieferanten deutsches Recht vereinbart wird. Die Geräte werden am 1. Juli 2003 geliefert. Der Unternehmer verkauft die Geräte an Endkunden, wobei er den größten Teil der Geräte im Weihnachtsgeschäft 2003 an den Mann bringt. Im September 2005 zeigt sich an den Geräten ein epidemischer Fehler. Reihenweise kommen die Endkunden zum Unternehmer und verlangen Mangelgewährleistung. Der Unternehmer lässt alle Geräte reparieren, wodurch ihm ein großer Schaden entsteht.

In unserem Beispiel wäre eigentlich die zweijährige Gewährleistungsfrist gegenüber dem Lieferanten des Unternehmens abgelaufen. Nun sieht aber der Rückgriffsanspruchs des Unternehmers vor, dass der Lauf der Zwei-Jahres-Frist bis zwei Monate nach Befriedigung der Kunden des Unternehmers gehemmt ist. Sobald der Unternehmer somit seine Kunden befriedigt, muss er umgehend, innerhalb von zwei Monaten, eine verjährungsunterbrechende Maßnahme gegenüber seinem Lieferanten vornehmen. Wenn der Lieferant nicht anerkennt, heißt das zumeist: Klage erheben.

Der Rückgriff des Wiederverkäufers gegen den Lieferanten muss innerhalb der kurzen Frist von 2 Monaten geltend gemacht werden!

8.8 Ausländische Vertragsparteien

8.8.1 Sprache

Man mag es bedauern, aber unsere deutsche Muttersprache ist irrelevant im internationalen Geschäftsverkehr. Die Erfahrung zeigt, dass die gesamte Transaktion auf Englisch abgewickelt wird, wenn auch nur eine an einer Transaktion beteiligte Partei nicht deutsch ist.

Der Vertragsabschluss in einer Sprache, die nicht die Muttersprache ist, birgt enorme Risiken. Deshalb sollten Verträge in Englisch, selbst wenn man meint, ganz passabel Englisch zu sprechen, nur von Personen entworfen werden, die absolut verhandlungssicher sind.

Bei den Verhandlungen mögen sich die Kaufleute bisweilen gut verstehen, auch wenn nicht jeder Satz grammatikalisch richtig ist. Grammatikalische Fehler in schriftlichen Verträgen können aber dazu führen, dass ihr Sinn völlig entstellt wird oder sie gar schlicht unverständlich werden. Deshalb muss jeder Einkäufer selbstkritisch genug sein, um einschätzen zu können, ob sein Englisch wirklich ausreicht, um Vertragstexte zu entwerfen.

8.8.2 Rechtswahlklausel und UN-Kaufrecht

In einem Vertrag, indem eine ausländische Partei beteiligt ist, muss unbedingt eine Regelung über das anwendbare Recht getroffen werden. Geschieht das nicht, so unterliegt ein Kaufvertrag im Regelfall dem Recht des Landes des Verkäufers. Dagegen sollte sich der erfahrene Einkäufer durch eine Rechtswahlklausel schützen.

Können sich Einkäufer und Verkäufer, die aus verschiedenen Ländern stammen, nicht auf ein Recht einigen, so bietet sich das UN-Kaufrecht an. Das UN-Kaufrecht ist ein Regelwerk, das im Rahmen der UN verhandelt wurde und dem fast alle wichtigen Industrienationen beigetreten sind (Wichtige Ausnahmen: Großbritannien, Portugal). Bei Kaufverträgen mit Verkäufern aus einem Mitgliedsstaat des UN-Kaufrechts gilt dieses Recht automatisch, sofern man keine anderweitige Rechtswahl trifft.

Seit der Neuregelung des deutschen Kaufrechts ab dem 1. Januar 2002, ist das UN-Kaufrecht vom deutschen Kaufrecht fast nicht mehr zu unterscheiden. Deshalb kann sich der deutsche Einkäufer getrost – wenn er nicht das Recht des ausländischen Verkäufers anerkennen will – auf das UN-Kaufrecht als „Kompromissrecht" einigen.

> In internationalen Verträgen immer eine Rechtswahlklausel aufnehmen!

8.8.3 Gerichtsstand

Ebenso wichtig wie die Rechtswahlklausel ist die Gerichtsstandklausel. Der Profi im internationalen Geschäft sorgt dafür, dass ein eventueller

Prozess möglichst „zu Hause" geführt wird. Wo immer durchsetzbar, soll daher ein inländischer Gerichtsstand gewählt werden.

Jedenfalls sollten die Wahl des Gerichtsstandes, d.h. das Land in dem ein Rechtsstreit geführt werden soll, und die Rechtswahlklausel synchronisiert werden. Nur so kann verhindert werden, dass ein Richter einen Fall in einem Recht entscheiden muss, in dem er nicht ausgebildet ist.

Im internationalen Verkehr können Schiedsgerichtsvereinbarungen sinnvoll sein, insbesondere wenn der Verkäufer in einem Land sitzt, das nicht oder nur über ein eingeschränkt funktionierendes Zivilrechtssystem verfügt (z.B. Italien, Griechenland, Belgien, China, Russland usw.). Es sollte auf ein anerkanntes institutionelles Schiedsgericht des jeweiligen Landes verwiesen werden.

In Deutschland ist das z.B.

die Deutsche Institution für Schiedsgerichtsbarkeit e.V.
Beethovenstr. 5-13
60674 Köln
www.DIS-ARB.de

Nur so kann man sicherstellen, dass man im Streitfalle in angemessener Zeit ein Urteil bekommt. Allerdings muss beachtet werden, dass Schiedsgerichte, außer in Fällen mit einem sehr hohen Streitwert, im Regelfall erheblich teurer sind als staatliche Gerichte.

In internationalen Verträgen immer eine Gerichtsstandklausel aufnehmen!

8.8.4 Vollstreckung ausländischer Urteile

Wenn der in einem Prozess Unterlegene nicht zahlt, dann muss das Urteil vollstreckt werden. Im Internationalen Bereich ist das häufig schwierig. Die Urteile von ausländischen staatlichen Gerichten müssen zur Vollstreckung in einem anderen Land für vollstreckbar erklärt werden. Gleiches gilt für Schiedsgerichtsurteile, sowohl im Inland wie im Ausland.

Innerhalb der Europäischen Union und im Verhältnis zu den USA ist diese Vollstreckbarkeitserklärung zumeist eine reine Formalie, weil gut funktionierende internationale Verträge über die Anerkennung ausländischer Urteile und Schiedsgerichtsurteile bestehen. Schwieriger kann die Vollstreckung von Urteilen und Schiedsgerichtsurteilen in Ländern mit mangelhafter Zivilrechtspflege sein.

Hier muss der Profieinkäufer Vorsorge treffen. Er muss dafür sorgen, dass er niemals in die Lage kommen kann, den Verkäufer verklagen zu müssen. Wenn also der Verkäufer aus einem Land kommt, in dem man schwer vollstrecken kann und/oder ein Gerichtsstand vereinbart wird, bei dem nicht sicher ist, ob es ein faires Verfahren gibt, sollte der Einkäufer nie einseitig in Vorleistung treten. Insbesondere darf der Kaufpreis erst dann zahlbar sein, wenn der Einkäufer sicher ist, dass er mangelfreie Ware erhalten hat. Im Vertrag muss daher vereinbart werden, dass der Kaufpreis erst fällig ist, wenn der Einkäufer ausreichend Gelegenheit hatte, die Ware zu prüfen.

Wiederholungsfragen zu Kapitel 8

1. Muss das Geld bei einer Überweisung innerhalb der Skontofrist beim Gläubiger gutgeschrieben sein?
2. Ein Verbraucher erhält einen Kaufgegenstand, der sich nach Gebrauch als mangelhaft erweist. Dieser wird innerhalb der Gewährleistungszeit umgetauscht. Muss der Käufer für die bisherige Verwendungszeit eine Entschädigung für die Gebrauchsvorteile bezahlen?
3. Hat der Verkäufer im Rahmen der Nacherfüllung auch die Kosten des Ausbaus der mangelhaften Sache und des Einbaus der als Ersatz gelieferten Sache zu tragen?

9 Lagermanagement

Das Lagermanagement, oft der Beschaffung zugeordnet, muss aufgrund seiner Bedeutung im Rahmen des Materialflusses als selbstständiger Teilbereich der Logistik betrachtet werden. Die Tatsache, dass zwei Drittel der Gesamtlogistikkosten auf die Lagerhaltungskosten entfallen, verdeutlicht den direkten oder indirekten Einfluss des Lagerns auf das Betriebsergebnis (Bichler 1997, S. 155ff).

Unter dem Begriff *Lagern* (bzw. Lagerung) versteht man die Bereitstellung von Gütern, die trotz Verfügbarkeit erst zu einem späteren Zeitpunkt benötigt werden. Die Hauptaufgabe der Lagerlogistik besteht in der Gestaltung von Systemen für alle Arten der Lagerung, Kommissionierung und Güterförderung vom Wareneingang bis Warenausgang.

9.1 Aufgaben von Lagern

Die Aufgaben der Lagerhaltung können in verschiedene Hauptfunktionen gegliedert werden (Ehrmann 1997, S. 325ff), den sog. Lagerhaltungsmotiven.

a) Ausgleichsfunktion

Ist die Beschaffungsmenge größer als die Produktionsmenge, so wird das für die Produktion überflüssige Material gelagert. In diesem Fall spricht man von der Ausgleichsfunktion des Lagers. Dies ist auch durch eine Optimierung der Bestellmenge nicht immer zu vermeiden. Werden z.B. nur 70 Schrauben einer bestimmten Sorte benötigt, es aber nur Verpackungseinheiten (VE) à 100 Stück gibt, so werden die restlichen 30 Schrauben auf Lager gelegt.

b) Sicherungsfunktion

Wenn ungenügende Informationen über zukünftige Mengenbedarfe, Liefer- und Bedarfszeitpunkte im Unternehmen vorhanden sind, dient das Lager zur Sicherstellung der Produktion. Dies kann der Fall sein, wenn häufig Produkte, die von Lieferengpässen bzw. saisonalen Schwankungen geprägt sind, beschafft werden müssen. In diesem Fall hat die Sicherung der Verfügbarkeit Priorität vor wirtschaftlichen Gesichtspunkten (Bichler 1997, S. 168ff).

c) Spekulationsfunktion

Gründe für die Lagerung können auch vorhersehbare extreme Preisschwankungen auf dem Beschaffungsmarkt oder zurzeit vorherrschende besonders niedrige Einstandspreise sein. Ist eine Verknappung von Rohstoffen zu befürchten, wird das „Horten von Rohstoffen" sinnvoll. In allen Fällen ist die beschaffte Menge höher als der Bedarf. Beispiele für solche Spekulationsobjekte sind Rohöl oder Gold.

d) Veredelungsfunktion

Die Veredelungsfunktion wird auch als Produktionsfunktion des Lagers genannt. Eine Veredelungsfunktion entsteht, wenn die Lagerung eine Veränderung bzw. Reife des Produkts bewirkt und Teil des Produktionsprozesses (Wein, Whisky, Käse, Chemische Stoffe) ist. Die Lager unterstehen hier u.U. der Produktion.

e) Sortimentsfunktion (Assortierungsfunktion)

Das Lager dient der Sortierung. Die Ware wird in anderer Qualität und Menge/Abfolge eingelagert als verbraucht.

Beispiel: Die Farbbehälter werden bereits entsprechend des späteren Gebrauchs im Lager vorsortiert bzw. eingelagert.

f) Darbietungsfunktion

Hier wird das Lager direkt zum Verkaufsraum. Die gelagerte Ware wird dem Kunden offen angeboten.

Beispiel: Einzelhandel. Der Verkauf ist gleichzeitig Auslagerungsprozess.

g) Entsorgungsfunktion

Auch zu entsorgende Stoffe und Materialien müssen gesammelt und daher gelagert werden, bevor entschieden wird, ob die Abfälle wieder- oder weiterverwendet werden bzw. über einen Entsorgungsdienstleister beseitigt werden.

Beispiel: betriebliche Abfallsammelstellen.

h) Informationsfunktion

Ebenso können durch das Lager verschiedene Kennzahlen wie z.B. Umschlagshäufigkeit der Ware, Durchschnittswert der Ware, Reichweite des Lagers, Lieferbereitschaft generiert werden. Mit Barcoding, Scanning, RFID, Tracking und Tracing wird die Informationsqualität gesteigert.

9.2 Informations- und Materialfluss im Lager

Der Informations- und Materialfluss sind im Leistungserstellungsprozess eng miteinander verknüpft. Die (meist beleglose und damit EDV-gestützte) Lagerverwaltung und -steuerung sorgt für den Informations- und Materialfluss im Lager. Die Informationen über den Materialfluss werden mit Hilfe von Scanning, BDE, Barcoding, Radio Frequency Identifikation (RFID), Tracking und Tracing erfasst und in einer Datenbank gespeichert.

Mobile Datenerfassung (MDE)

Sie ist unabhängig von im Operationsbereich fest installierten Einrichtungen. Der Kontakt zwischen der operativen Ebene und der dispositiven Ebene wird über Funk hergestellt. Diese mobilen Terminals können in der operativen Ebene fahrzeugabhängig oder fahrzeugunabhängig eingesetzt werden.

Abb. 9.1. Beispiele für verschiedene Barcodetypen(Quelle: SmartTools Publishing)

Barcodes sind Strich- oder 1D-/2D-Codierungen. 1D- und 2D-Codes garantieren in allen industriellen Branchen eine Leserate von nahezu 100%. Gängige Barcodes sind: EAN 8, EAN 13, Addon 2 und 5, UPC, Code 128, EAN128, UPS128, Code 39, -extended, PZN, Code 93, 2/5-Interleaved, -Industrie, Leit- und Identcode der Post, Codabar oder MSI Plessey. Besonders interessant ist die Unterstützung der 2D-Barcodes, die auch umfangreiche Informationen wie komplette Adressen aufnehmen können (je nach Barcodetyp können Sie bis zu 2.300 Zeichen in einem Barcode hinterlegen): PDF 417, Datamatrix, Aztec, Maxicode, Codablock F, HIBC, QR-Codes, Die Barcodes werden als hochauflösende Vektorgrafik erzeugt, was die Einhaltung auch sehr enger Toleranzen erlaubt. Abbildung 9.1 zeigt die gängigsten Barcodes.

Radio Frequency Identifikation (RFID)

RFID ist eine Transpondertechnologie, die neben den bereits existierenden automatischen Identifikationssystemen (Auto-ID-Systeme), wie z.B. den o.g. Barcodes, eine immer wichtigere Rolle in der Logistik spielt und noch spielen wird. RFID-Tags werden bereits erfolgreich zur Tier- und Behälteridentifikation, im Rahmen von Zugangskontrollensystemen, in Wegfahrsperren von Kraftfahrzeugen und in der automatisierten Fertigungsindustrie eingesetzt. Aber auch im Handel, Dienstleistungsbereich sowie Beschaffungs-, Produktions- und Distributionslogistik werden in der RFID-Technologie erweiterte Einsatzmöglichkeiten und beträchtliche Effizienzsteigerungen bei der Überwachung und Steuerung von Lieferketten gesehen, sei es zur Reduzierung von Lagerbeständen, Optimierung von Just-in-Time-Prozessen, Lenkung von verkehrstechnischen Einrichtungen in See- oder Flughäfen, Verfolgung von Sendungen oder zur Kontrolle von mechanischen oder klimatischen Einflüssen auf Güter und Waren während eines Transportes. Größtes Potential wird in Branchen gesehen, die höchste Anforderungen an Qualitäts- und Prozesssicherheit stellen, hierzu zählen v.a. die Pharma-, Chemie- und Automobilindustrie.

Gegenüber den herkömmlichen Barcodes bietet RFID eine Datenübertragung zwischen einem Packstück (versehen mit einem Transponder, dem sog. RFID-Tag, einem Datenträger mit integrierter Antenne) und einem Erfassungsgerät ohne Berührung oder Sichtkontakt. Zudem ist es möglich, mehrere Datenträger zur gleichen Zeit zu erfassen (Pulkerkennung) sowie Informationen durch verschiedene Materialien hindurch zu lesen. Darüber hinaus können sie in definierten Bereichen in Echtzeit verfolgt werden. RFID basiert auf elektromagnetischen Wellen mit Frequenzbereichen von Langwellen bis Mikrowellen. Dabei wird über eine gewisse Entfernung ein

RFID-Tag von einer Erfassungs- bzw. Leseeinheit ausgelesen und/oder mit neuen bzw. weiteren Informationen versehen.

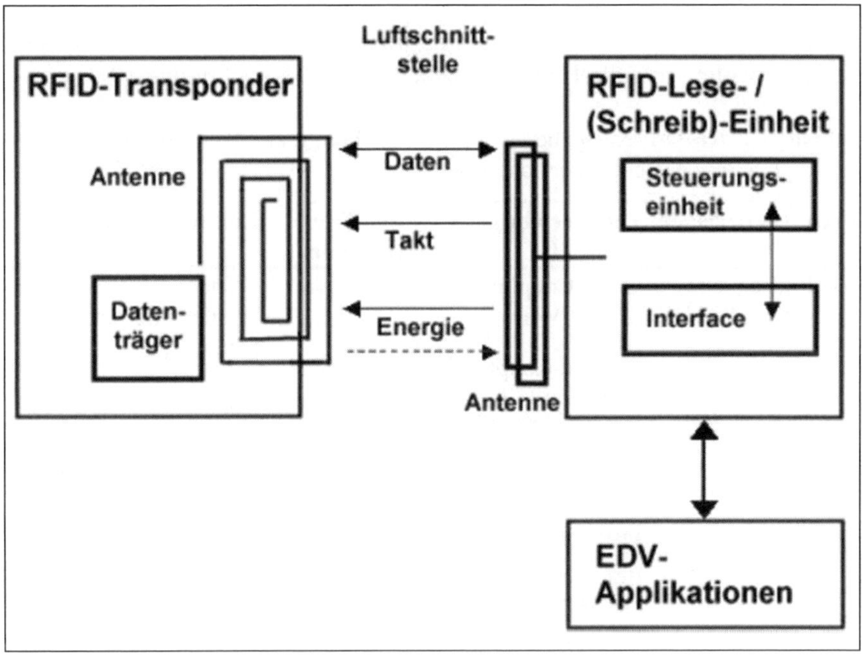

Abb. 9.2. Schematische Darstellung der RFID-Transpondertechnik (Transportinformationsservice TIS der deutschen Versicherer)

Abhängig vom Einsatzgebiet und den zu erfüllenden Aufgaben wird zwischen RFID-Systemen mit niedriger, mittlerer bis hoher Leistungsfähigkeit (Low-end- bis High-end-Systemen) unterschieden, die sich aus den nachstehenden Merkmalen definieren:

- Standort der Leseeinheit entweder mobil oder stationär,
- Speichertechnologie der Leseeinheit bzw. des Transponders als Read-only-System, Write-once-System oder Read-write-System,
- Mehrfachzugriffsverfahren der Leseeinheit (Pulkerkennung) über aktive Steuerung oder Zufallsprinzip,
- Energieversorgung des Transponders entweder als passiver Transponder (Energieversorgung erfolgt durch das Lesegerät), aktiver Transponder (eigene Energiequelle, wird durch Signal der Leseeinheit aktiviert) oder semiaktiver Transponder (eigene Energiequelle, die lediglich der Datensicherung dient),

- Bauformen der Transponder als Smart-Label-Etiketten, Kunststoff- oder Glasbehälter/-röhrchen, Card-Transponder – kontaktlose Chipkarten, widerstandsfähige Metall-Transponder, Kunststoff-Disks uvm.

Tabelle 9.1 zeigt die gängigen Frequenzbereiche (inkl. Teilbereichen), die Reichweiten und die Einsatzgebiete der RFID-Technologie.

Tabelle 9.1. RFID-Frequenzbereichen (in Anlehnung an: Transportinformationsservice TIS der deutschen Versicherer)

Frequenzbereiche	Teilbereiche	Reichweite (in Meter)	Einsatzgebiete
Niedrigfrequenz (125 bis 134 KHz)	Close-Coupling (bis 30 MHz)	bis 0,01m	Tieridentifikation, Wegfahrsperren, Chipkarten
	Remote-Coupling (kleiner 135 KHz)	bis 1,5m	
Hochfrequenz (13,56 MHz)	Remote-Coupling (13,56 MHz - Nahbereich/ Proximity)	0,1m	Zugangssysteme, Behälteridentifikation, Diebstahlüberwachung, Packet-, Post- und Gepäcklogistik
	Remote-Coupling (13,56 MHz - Umgebungsbereich/ Vicinity)	0,5 bis 3m	
Ultrahochfrequenz (433, 868 bzw. 915 MHz)	Long-Range (433, 868 bzw. 915 MHz)	0,5 bis 50m	Automation, Produktionslogistik, Warenverfolgung und -identifikation
Mikrowelle (2,45 bzw. 5,8 GHz)	Long-Range (2,45 GHz)	10 bis 100m	Waren-, Container- und Palettenverfolgung/ -identifikation, elektronisches Siegel, Mautsysteme, Flottenmanagement
	Long-Range (5,8 GHz)	10 bis 1.000m (noch in der Entwicklung)	

RFID-Praxisbeispiel:

In der Fashion-Logistik (Logistiksparte für die Textilindustrie) minimiert RFID die Fehlerquote sowie die Transparenz und Planungssicherheit. Jedes Kleidungsstück wird mit einem RFID-Tag versehen. Dabei gibt es verschiedene Ansätze, die RFID-Tags anzubringen. Zum einem gibt es sog. Hanging RFID-Tags, die an den Textilien befestigt werden. Zum anderen werden Tags direkt in der Produktion integriert in Care- oder Wash-Labels. Somit ist jedes Kleidungsstück von Anfang an mit einem eingenähten RFID-Tag ausgestattet (Vgl. Hellmann Worldwide Logistics).

Tabelle 9.2 zeigt die Vernetzung des innerbetrieblichen Informationsflusses (Ehrmann 1997, S. 334ff).

Tabelle 9.2. Ablauf der Netzung des innerbetrieblichen Informationsflusses

Schritt	Aktion	Beteiligte Stelle im Unternehmen
1	Bestellung der Teile	Einkauf
2	Abruf aus Rahmenverträgen	Einkauf
3	Ankunft der Lieferung	Wareneingang
4	Überprüfung anhand der Bestellung von Liefertermin, Menge, Art	Wareneingang
5	Überprüfung anhand der Frachtpapiere, Lieferschein papiermäßig oder per EDI	Wareneingang
6	Freigabe der Entladung, Auspacken	Wareneingang
7	Entsorgung des Verpackungsmaterials	Wareneingang
8	Überprüfung des Materials auf Beschädigungen durch Messen, Wiegen, Zählen	Wareneingang
9	Qualitätsprüfung per Stichproben und Mängelrüge bei Fehlern	Qualitätsprüfung, Einkauf
10	Freigabe der Materialien	Qualitätsprüfung
11	Weitergabe der Teile an Produktion, Lager, Entwicklung	Innerbetrieblicher Transport

Der Informationsfluss läuft über die Abteilungen Einkauf, Rechnungswesen/Buchhaltung, Produktion, Qualitätssicherung und Lager (Entwicklung). Abbildung 9.3. stellt den Material- und Informationsfluss im Wareneingang dar.

Der Leistungserstellungsprozess erfolgt in mehreren Stufen, die den Materialfluss steuern. Aufgabe des Lagers ist, den optimalen Materialfluss mit Hilfe der Materialflussanalyse zu bestimmen. Wichtige strategische Entscheidungen im Unternehmen können dann aufgrund von Detailinformationen, welche die *Materialanalyse* erbracht hat, getroffen werden.

Der Materialfluss unterteilt sich in *qualitative* und *quantitative* Komponenten. Arbeitspläne dienen zur Ermittlung des qualitativen Materialflusses, während bei der Darstellung des quantitativen Materialflusses auch die Produktionsmengen berücksichtigt werden (Ehrmann 1997, S. 335ff).

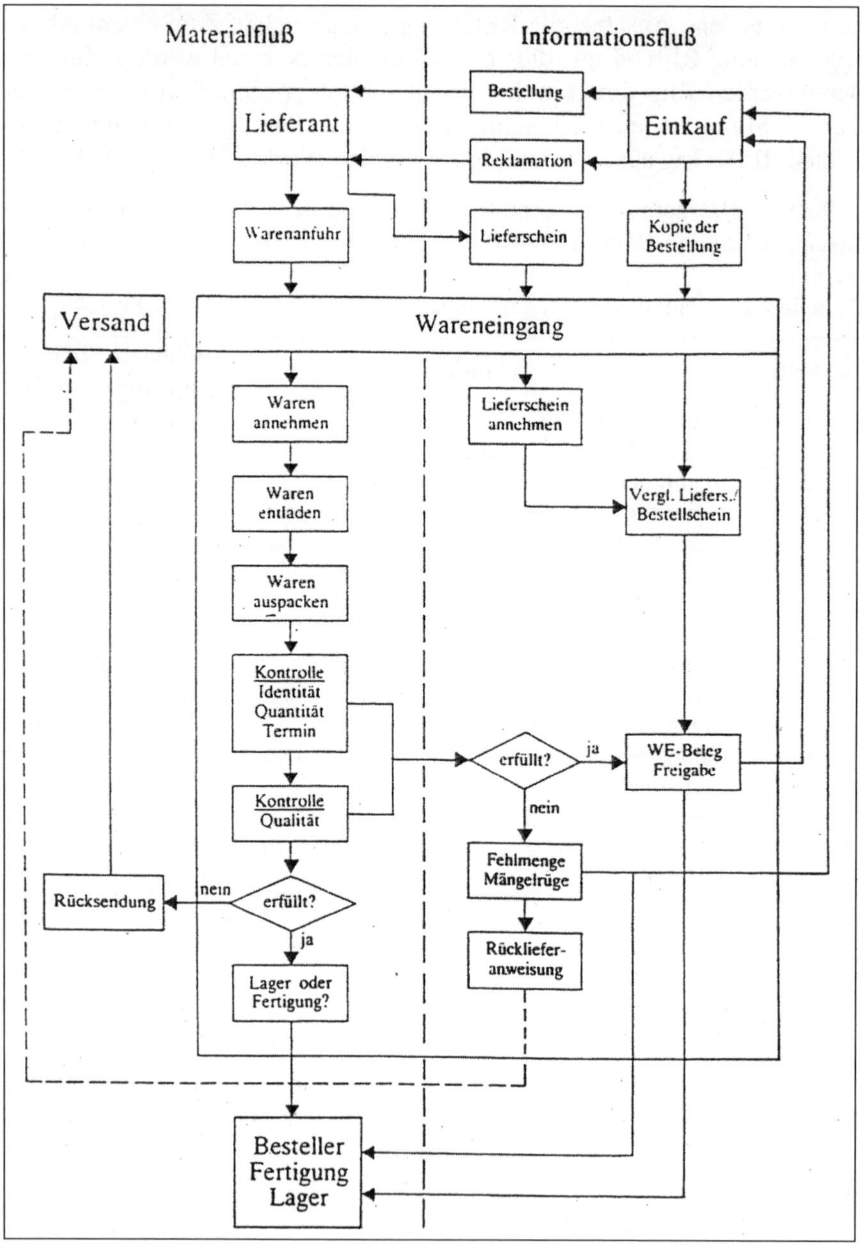

Abb. 9.3. Material- und Informationsfluss im Wareneingang (Schulte C 1995, S. 169, s.a. ZVEI 1982, S. 81)

9.3 Lagerbestandsplanung

Die Aufgabe der Lagerbestandsplanung besteht in der Fixierung des Meldebestandes und des Sicherheitsbestandes. Sie kann durch verschiedene Komponenten erschwert werden, z.B. durch stark schwankenden Bedarf, sporadischen Bedarf, saisonale Geschäfte, starke Trends, lange Lieferzeiten oder Global Sourcing. Auch die Zuverlässigkeit der Bedarfsvorhersagen hat Einfluss auf die Lagerbestandsplanung. Zu nennen sind Faktoren wie die Berechenbarkeit des Verbrauchs (Trendprodukte), die Planung der Produktion (Ausschuss), der jeweilige Sicherheits-, Meldebestand (Bestellzeitpunkt), die Lagerhaltungsstrategie und die Produktart.

Bestände ermöglichen einen reibungslosen Produktionsprozess, können sich aber auch als Produktivitätsfeinde erweisen. Dies hängt vom Bestandsniveau ab. Eine Gegenüberstellung der Vor- und Nachteile der Bestände veranschaulicht Tabelle 9.3.

Tabelle 9.3. Vor- und Nachteile der Bestände

Bestände ermöglichen	Bestände verdecken
• reibungslose Produktion	• Störanfällige, unabgestimmte Kapazitäten
• hohe Lieferbereitschaft	• mangelnde Lieferflexibilität
• Überbrückung von Störungen	• Produktion von Ausschuss
• wirtschaftliche Fertigung	• mangelnde Liefertreue
• konstante Auslastung	• hohe Kapitalbindung
• Vermeidung von Fehlmengenkosten	
• hohen Servicegrad	

Generell jedoch sollen die Lagerbestände so gering wie möglich gehalten werden, um unnötige Kapitalbindung zu vermeiden. Dass dies nicht immer einwandfrei funktioniert, beweist die Tatsache, dass seit 1987 das volkswirtschaftliche Bestandsniveau um jährlich sechs Milliarden Euro zugenommen hat. Somit binden diese Bestände ca. 34% des betrieblichen Umlaufvermögens (Wildemann 1997, S. 349). Folgende Möglichkeiten der Bestandsreduzierung werden angewandt:

- Just-in-Time, Just-in-Sequence, rollendes Lager (LKW),
- Lieferanten- bzw. Spediteurlager,
- Modulbauweise, Standardisierung,
- Verringerung der Lagerreichweite (Schulte G 1996, S. 298ff),
- Fertigung nur nach Auftrag (Menge/Termin), Voraussetzungen: kurze Durchlaufzeiten, Lean Manufacturing.

Gerade in der Automobilindustrie haben sich solche Bestandsreduzierungen durchgesetzt. Durch die konsequente Umstellung auf Modulbauweise, Just-in-Sequence- und Just-in-Time-Belieferungen, werden die Lager zu den Lieferanten und auf die Straße verlagert. Erreicht wurden Lagerreichweiten von drei Tagen, bei einigen Artikeln von bis zu vier Stunden.

9.3.1 Lagerbuchführung und Lagerbewegung

Das Lager unterliegt einer ständigen Bestandschwankung. Warenanlieferungen (Rohstofflager) und vom Unternehmen fertig gestellte Erzeugnisse (Fertigwarenlager) verursachen einen Lagerzugang, wohingegen Abverkäufe von Fertigerzeugnissen oder Verwertung der Rohstoffe in der Produktion Lagerabgänge bewirken. Diese Lagerbewegungen werden durch Materialeingangsmeldungen, Lieferscheine, Versandanzeigen oder Materialentnahmescheinen ausgelöst.

Generell wird jede Lagerbewegung von der Lagerbuchführung rechnerisch erfasst (Thaler 2000, S. 177f). Verbucht werden Lagerzugänge (bestandserhöhend) aufgrund von Informationen auf den Lieferscheinen, sowie Lagerabgänge (bestandsvermindernd) anhand von Materialentnahmescheinen. Die Buchung erfolgt mittels Karteikarten oder per EDV, die auf der Basis von Eingangs- bzw. Ausgangsrechnungen vom Rechnungswesen überprüft und nochmals abgeglichen werden. Zwecks weiterer Bearbeitung werden die Daten durch manuelle Eingabe der entsprechenden Identifizierungsdaten anhand der Lieferscheine in EDV/Karteikarten gespeichert. Die Speicherung der Daten erfolgt meistens mittels Barcoding, EDI, Scanning (Thaler 2000, S. 49f). Nach der Datenerfassung und Datenübermittlung in das Rechenzentrum erfolgt die Bestandsführung zentral im Rechenzentrum zur weiteren Auswertungen.

Die Wertangaben der Bestände werden im externen Rechnungswesen für die Erstellung der Bilanzen benötigt. Die Lagerbuchhaltung umfasst die laufende Materialrechnung, Stoffrechnung oder Verbrauchsrechnung genannt, und die Bestandsrechnung.

9.3.2 Inventur

Mit der Inventur wird der tatsächliche Bestand des Vermögens und der Schulden für einen bestimmten Zeitpunkt durch körperliche Bestandsaufnahme mengenmäßig und wertmäßig erfasst. Nach §240 HGB ist jeder Kaufmann zum Abschluss eines jeden Geschäftsjahres verpflichtet, ein Inventarverzeichnis (= Bestandsverzeichnis) aufzustellen. Die tatsächlich vorhandenen Bestände werden den Buchbeständen gegenübergestellt (Oeldorf/Olfert 1998, S. 241ff).

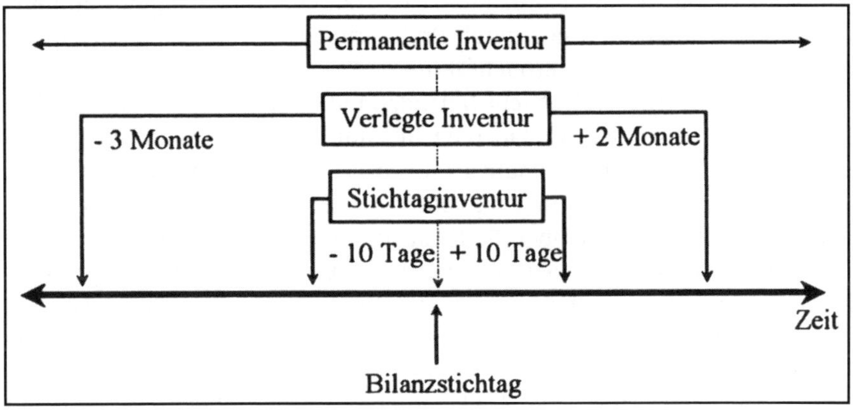

Abb. 9.4. Inventurtermine (Schulte G 1996, S. 293)

Grundsätze der Inventur, sog. GoI (Grundsätze ordnungsgemäßer Inventur) sind:

- Vollständigkeit, Richtigkeit und Willkürfreiheit, Genauigkeit,
- Prinzip der Einzelaufnahme, Klarheit und Nachprüfbarkeit (Quick 2000, S. 18–27).

Die Inventur erfordert einen erheblichen Arbeitsaufwand, weil insbesondere die Bestände gezählt, gemessen, gewogen und bewertet werden müssen. Folgende Verfahren sind in Deutschland zugelassen:

- Stichtagsinventur,
- permanente Inventur,
- verlegte, vom Bilanzstichtag abweichende, Inventur,
- Inventur durch Stichproben.

a) Stichtagsinventur = zeitnahe körperliche Bestandaufnahme

Die körperliche Bestandsaufnahme ist durch Zählen, Messen, Wiegen zeitnah gemäß Einkommenssteuerrichtlinie (EStR) R 30 zum Bilanzstichtag durchzuführen, d.h. zehn Tage davor oder danach. Die Stichtagsinventur ist mit einem großen Arbeitsaufwand innerhalb weniger Tage, der oft Betriebsunterbrechungen zur Folge hat (Schließung des Geschäftes), verbunden. Die körperliche Inventur der Lagerbestände ist für eine exakte Materialplanung und Steuerung wichtig. Durch den Einsatz von EDV-Anlagen wird die Fehlerhäufigkeit reduziert (Oeldorf/Olfert 1998, S. 241ff).

b) Permanente Inventur (§241 Abs. 2 HGB)
= laufende Inventur anhand der Lagerkartei

Die körperliche Bestandsaufnahme erfolgt zu einem beliebigen Zeitpunkt des Geschäftsjahres (Einsatz durch Prüfergruppe). Voraussetzung ist daher eine ordnungsgemäße Lagerbuchführung.

Gegenstände mit ins Gewicht fallenden unkontrollierten Abgängen dürfen nicht mit Hilfe der permanenten Inventur erfasst werden. Die permanente Inventur ist ein rationelles und aussagefähiges Inventurverfahren, das der Unternehmensleitung täglich, vor allem beim Einsatz von EDV-Anlagen, wichtige Daten über die Bestandsbewegungen liefert.

Bekanntestes Beispiel der permanenten Inventur ist die Einlagerungsinventur. In vollautomatischen Lagersystemen (nicht begehbare Großlagerhallen, Hochregallager, Umlaufregallager) erfolgt die Warenbewegung von der Warenannahme bis zur Warenausgabe durch automatisch gesteuerte Arbeitsgeräte. Ein- und Auslagerungen werden über EDV gesteuert und an die Bestandsfortschreibung gekoppelt. Die körperliche Aufnahme erfolgt hier ausschließlich bei der Einlagerung.

Vorteile sind eine häufigere Kontrolle der A-Güter, bessere Kontrolle kritischer Güter und eine geringere Belastung des Geschäftsbetriebes.

c) Verlegte Inventur (vom Bilanzstichtag abweichende Inventur/ vor- bzw. nachverlegte körperliche Bestandsaufnahme)

Eine Inventur zum Bilanzstichtag ist nach §241 Abs. 3 HGB dann nicht erforderlich, wenn eine körperliche Bestandsaufnahme für einen Tag innerhalb der letzten drei Monate vor oder der beiden ersten Monate nach dem Schluss des Geschäftsjahres aufgestellt wurde oder wird. Dabei können für die verschiedenen Vermögensgruppen verschiedene Zeitpunkte gewählt werden. Der am Tag der Inventur ermittelte Bestand wird nur wertmäßig (nicht mengenmäßig) auf den Abschlusstag fortgeschrieben oder zurückgerechnet (Grunwald 1993, S. 181f). Vorteil ist hierbei, dass der Zeitpunkt der Inventur an die betrieblichen Besonderheiten angepasst werden kann (z.B. bei Betriebsruhe).

d) Inventur durch Stichproben

Nach §241 HGB (bzw. §192 Abs. 4 UGB) kann auf eine vollständige Inventur verzichtet und stattdessen eine teilweise körperliche Bestandsaufnahme durchgeführt werden. Unter Einhaltung einer bestimmten Fehlergrenze wird nun mit Hilfe von statistischen Verfahren von der Stichprobe auf die Gesamtheit geschlossen. Dabei ist es erforderlich, dass es sich um ein anerkanntes Verfahren der mathematischen Statistik handelt, speziell also um eines aus dem Bereich der Test- und Schätztheorie.

Aufgrund repräsentativer Stichproben wird demnach eine Inventur des Lagers durchgeführt. Diese Art der Inventur darf nur bei geringen Schwankungen des Lagerbestandes und des Lagerwertes in Bezug auf die einzelnen Materialgruppen angewandt werden. Die durch die Inventur ermittelten Bestände werden in einem besonderen Verzeichnis zusammengestellt, dem Inventar- oder Bestandsverzeichnis.

Voraussetzungen und Vorgehensweise bei der Stichprobeninventur sind:

- das Lager soll mindestens ca. 2.000 verschiedene Artikel umfassen,
- ein aktuelles EDV-Lagerbuchführungssystem muss vorhanden sein,
- ca. 5% des Bestandes decken mindestens 40% des Lagerwertes ab.

Es werden vorrangig die wenigen hochwertigen Artikel körperlich gezählt. Damit ist ein großer Teil des Lagerwertes erfasst. Aus dem restlichen Bestand wird nach dem Zufallsprinzip eine Stichprobe entnommen, aus welcher anschließend der Gesamtbestand hochgerechnet wird.

9.4 Lagerorganisation

Der Begriff Lagerorganisation umfasst die Zuordnung einzulagernder Güter zu Lagerplätzen. Bauart und Ausstattung hängen von betrieblichen und güterbezogenen Faktoren ab. So benötigen flüssige Lagermaterialien z.B. Silos oder Containerlagerplätze, bei Schüttgut ist indes oftmals eine Lagerung im Freien ausreichend (Arnolds 1998, S. 367ff).

9.4.1 Kriterien für die Gestaltung der Lagerorganisation

Materialbeschaffenheit, die Fertigungsmethode (Just-in-Time, Fertigungstiefe, Branche) oder die Unternehmensstruktur sind Kriterien, die auf die Lagerorganisation Einfluss haben. Grundsätzlich können Lager nach folgenden Prinzipien aufgebaut werden (Isermann 1998, S. 229ff):

- Einlagerung anhand von Lagerorten,
- Berücksichtigung der Materialanforderungen (trocken, kühl),
- abhängig vom Fertigungsprozess (häufige Materialbewegungen, räumliche Nähe zur Fertigung notwendig),
- nach der Materialart (sperrig, groß, Rollen, Stäbe),
- nach der Funktion des Lagers (Zentrallager, Regionallager, Produktionslager),

- nach den Anforderungen des Absatzmarktes (Konsignationslager, Servicegrad, Lagermöglichkeit der eigenen Lieferanten),
- nach der Erreichbarkeit mit Transportmitteln,
- Lieferservice (Lieferzeit, Umschlaghäufigkeit),
- nach der Materialflussorientierung (Isermann 1998, S. 229ff).

9.4.2 Einteilungsmöglichkeiten der Lagerarten

Die Einteilung der Lager kann nach verschiedenen Kriterien erfolgen, z.B.

- der Lagerplatzzuordnung und
- dem Zentralisationsgrad.

a) Nach der Lagerplatzzuordnung

Die Planung der Lagerstandorte muss unter der Voraussetzung erfolgen, dass die Fertigungsstellen fortlaufend mit den benötigten Materialien versorgt werden müssen. Es bestehen mehrere Systeme (Isermann 1998, S. 229ff).

Bei der *festen Lagerplatzzuordnung* werden für jeden Artikel feste Lagerplätze bereitgestellt, die nur für diese Artikel reserviert sind.

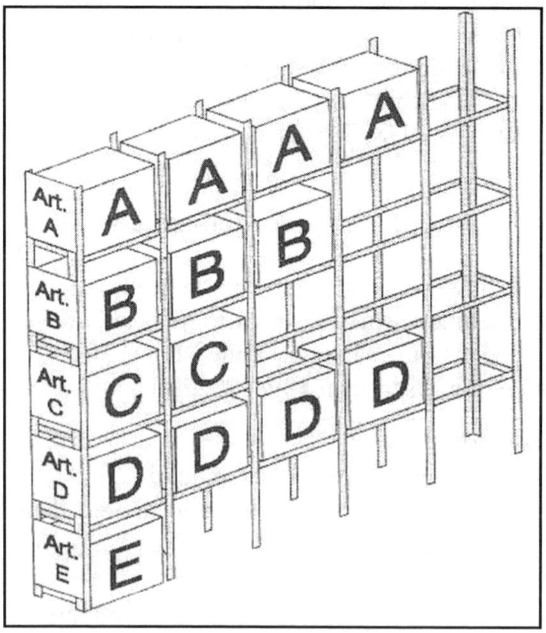

Abb. 9.5. Beispiel für feste Lagerplatzzuordnung

Die Festplatzlagerverwaltung ist sehr stark in folgenden Nutzungsbereichen verbreitet:

- Lager ohne DV-gestützte Lagerverwaltung; das System kann auch als WWDS-Verwaltung („Willy weiß das schon") bezeichnet werden. Was ist aber, wenn Willy krank ist oder Urlaub hat?
- Selbstbedienungslager,
- Ersatzteillager,
- Handlager in der Produktion und Montage,
- Schnellläuferkommissionierbereiche.

Dies sind Anwendungen, bei denen ein hoher Wiederholfaktor gegeben ist und dadurch Zugriffsgeschwindigkeit und Zugriffssicherheit sehr hoch sind. Der Vorteil liegt in der genauen Bestimmbarkeit des Lagerortes, wobei der hohe Platzbedarf einen Nachteil darstellt (Arnolds 1998, S. 368).

Im Gegensatz dazu steht die *chaotische (freie) Lagerplatzzuordnung*. Artikel werden an irgendeinem freien Lagerplatz gelagert. Um den späteren Zugriff auf die Lagerartikel zu gewährleisten, müssen die Lagerplätze genau dokumentiert werden (EDV).

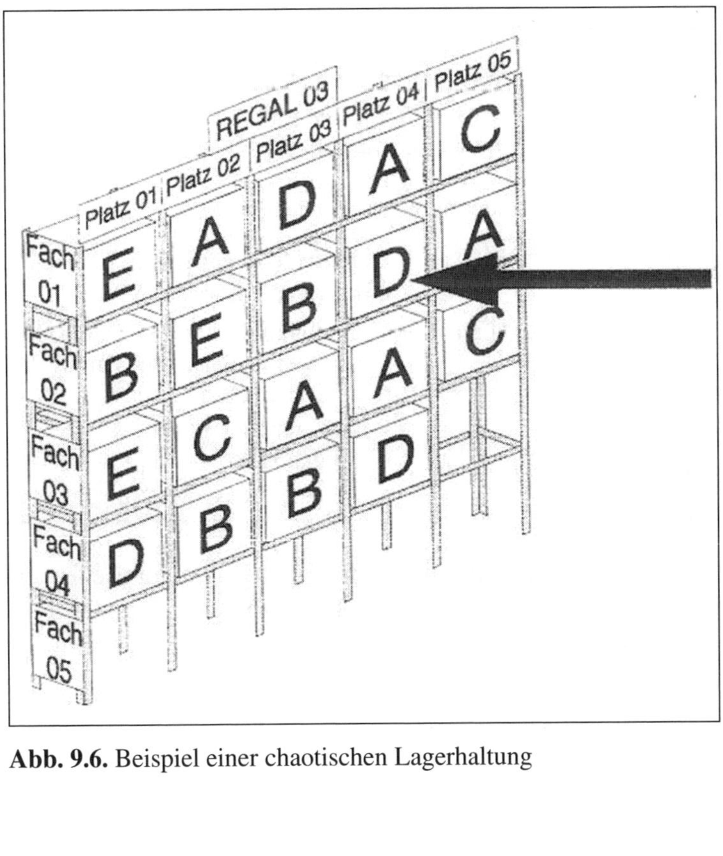

Abb. 9.6. Beispiel einer chaotischen Lagerhaltung

Die Vorteile der chaotischen Lagerhaltung sind immens. Zum einen bietet sie die Möglichkeit, Lagerbereich und Lagerplatz, angepasst an den tatsächlichen Lagervolumenbedarf, zu bestimmen. Des Weiteren wird die vorhandene Lagerfläche besser genutzt (ca. 30% bis 50% bessere Lagervolumennutzung). Neue Teile können problemlos zugelagert werden, d.h. es entsteht kein Umräumaufwand. Personalabhängigkeit gibt es nicht und sehr kurze Einarbeitungszeiten sind gegeben. Zudem besteht ein geringes Risiko von unbefugten und nicht verbuchten Entnahmen, da der Lagerort pro Artikel nur über die EDV ermittelt werden kann.

Nachteile sind eine hohe Abhängigkeit von der EDV-Anlage, hohe Investitionskosten für das Lagerverwaltungssystem sowie eine kurze Aktualität der Lagerliste.

Bei der *Zonung* werden die Lagerplätze der zu lagernden Artikel in Lagerbereiche eingeteilt. Diese Lagerbereiche werden nach verschiedenen Kriterien gebildet (Küchenmöbel, Esszimmermöbel, Schlafzimmermöbel). Innerhalb der festgelegten Zone für eine bestimmte Materialgruppe werden dann die einzelnen Materialien chaotisch eingelagert (= Mischform zwischen fester und freier Lagerplatzzuordnung).

b) Nach dem Zentralisationsgrad

Bei der Wahl von Lagerstandorten spielen auch strategische Überlegungen eine Rolle. Es muss entschieden werden, ob das Lager zentral oder dezentral geführt wird. Tabelle 9.4 zeigt die *Vorteile* beider Systeme.

Tabelle 9.4. Vorteile zentraler und dezentraler Lagerstandorte

Zentrale Lagerung	Dezentrale Lagerung
• Geringere Vorräte • Geringere Kapitalbindung des Umlaufvermögens • Höherer Materialumschlag • Geringerer Personaleinsatz • Bessere Nutzung der Lagereinrichtung • Geringere Raumkosten	• Flexibel • Genauere Disposition der einzelnen Materialien in den Fertigungsbereichen • Besserer Einsatz von Spezialisten • Kürzere Transportwege

Obwohl eine zentrale Lagerung in vielen Fällen ökonomischer erscheint, kann eine dezentrale Lagerung z.B. bei räumlich getrennten Produktionsstandorten nötig sein.

c) Weitere Einteilungsmöglichkeiten

1. *Stofforientierte Lagerung*: Berücksichtigung bestimmter Anforderungen der Waren, wie z.B. Klima, Gewicht, Gefahrgutklasse, Zugriffssicherheit (Schulte C 1999, S. 91ff, s.a. Schulte C 2001).
2. *Verbrauchsorientierte Lagerung*: Die Lagerartikel werden nach Schnellläufern (häufige Ein- und Auslagerung) bzw. Langsamläufern (seltenere Ein- und Auslagerung) sortiert.
3. *Einteilung nach Bedarfsträgern*: Während allgemeine Lager das gesamte Unternehmen beliefern, bevorratet das Handlager nur bestimmte Bedarfsträger oder Fertigungsstufen.
4. *Einteilung nach dem Wertschöpfungsprozess*: Unterteilung der Lager in Eingangslager (Beschaffungslager, Rohstofflager), Zwischenlager (Lager für Halbfertigerzeugnisse) und Absatzlager (Fertigerzeugnislager) (Ehrmann 1997, S. 330ff).

Ebenso wird zwischen internen Lagern (auf dem Werksgelände) und Außenlagern (außerhalb des Werksgeländes) unterschieden. Wird das Außenlager von einem Dritten (z.B. einer Spedition) geführt, so wird von Fremdlagern gesprochen.

9.4.3 Einteilung nach Lagertypen/Lagersystemen

Der Begriff *Lagersystem* umfasst die Gesamtheit der zur Ausführung der Lagerfunktionen eingesetzten Fördermittel einschließlich der Lagertechnik und Informationsmittel.

Die Lagerhaltung setzt sich aus folgenden Bestandteilen zusammen:

- Lagergebäuden, Verkehrswegen,
- Lagerhilfsmitteln (Palette), Fördermitteln (Transportband), Transportmitteln (Stapler),
- Lagertechnik, Lagersoftware und den Waren.

Die Lagerorganisation erfolgt auch nach Schnelldrehern (Teile mit hohem Warenumschlag pro Periode) und Langsamdrehern (geringer Lagerumschlag pro Periode) (Dittrich 2002, S. 38).

Die Lagerarten können nach den in Tabelle 9.5 genannten Aspekten unterschieden werden.

Tabelle 9.5. Einteilung nach Lagerarten (Ehrmann 1997, S. 215)

Lagertechnik	• Bodenlager ohne Lagerhilfsmittel • Blocklager • Zeilenlager • Regallager
Lagereinrichtungen	• Regallager • Palettenlager • Behälterlager • Schranklager • Vitrinenlager
Lagertransportmittel	• Lager mit Stetigförderern • Lager mit Unstetigförderern

Die Lagertypen werden in Abb. 9.7 dargestellt.

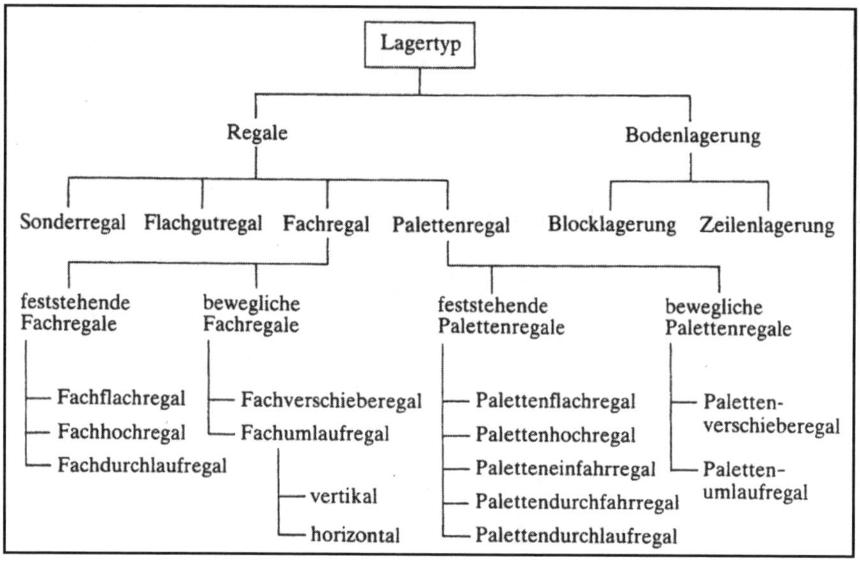

Abb. 9.7. Einteilung nach Lagertypen (Schulte C 1999, S. 180)

9.5 Überblick und Analyse verschiedener Lagertypen und -systeme

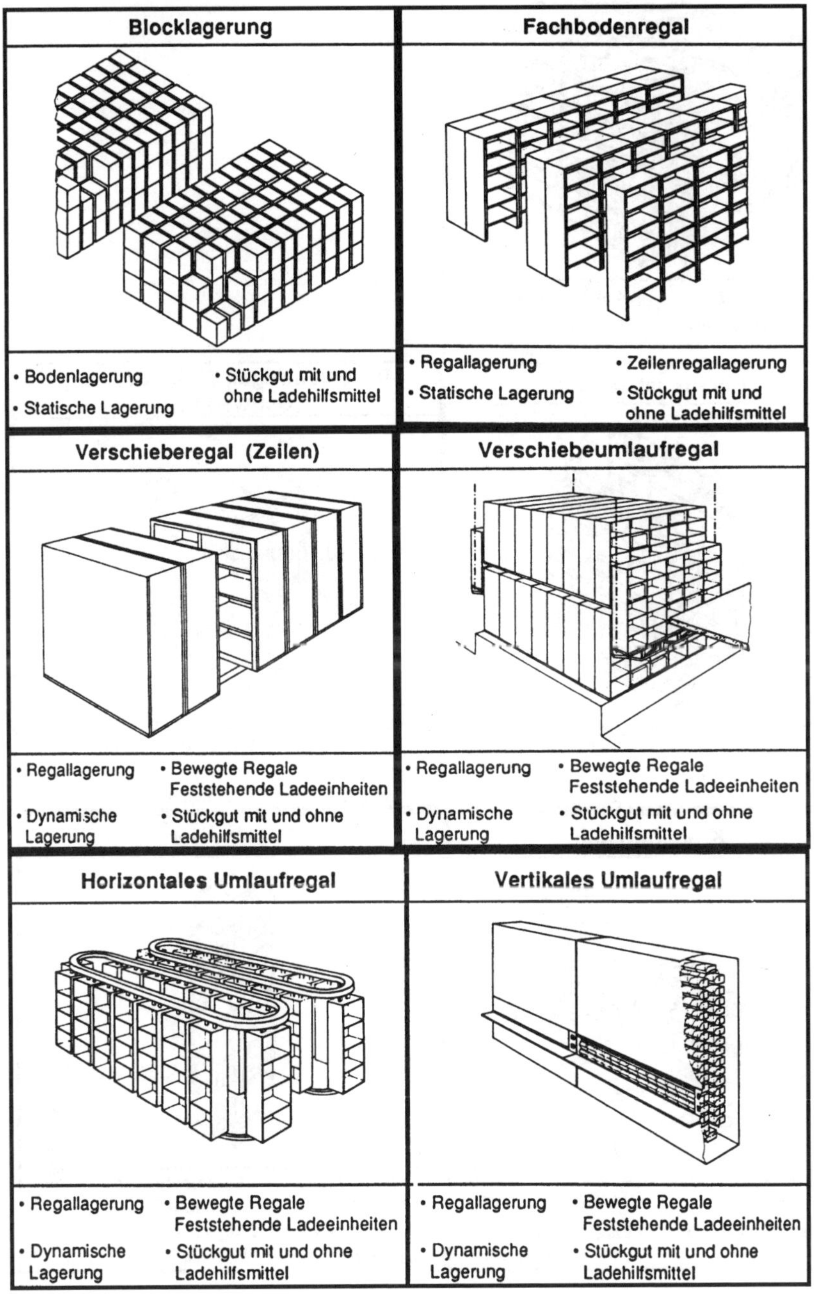

Abb. 9.8. Übersicht über Lagermittel I (Jünemann 1994, S. 154ff)

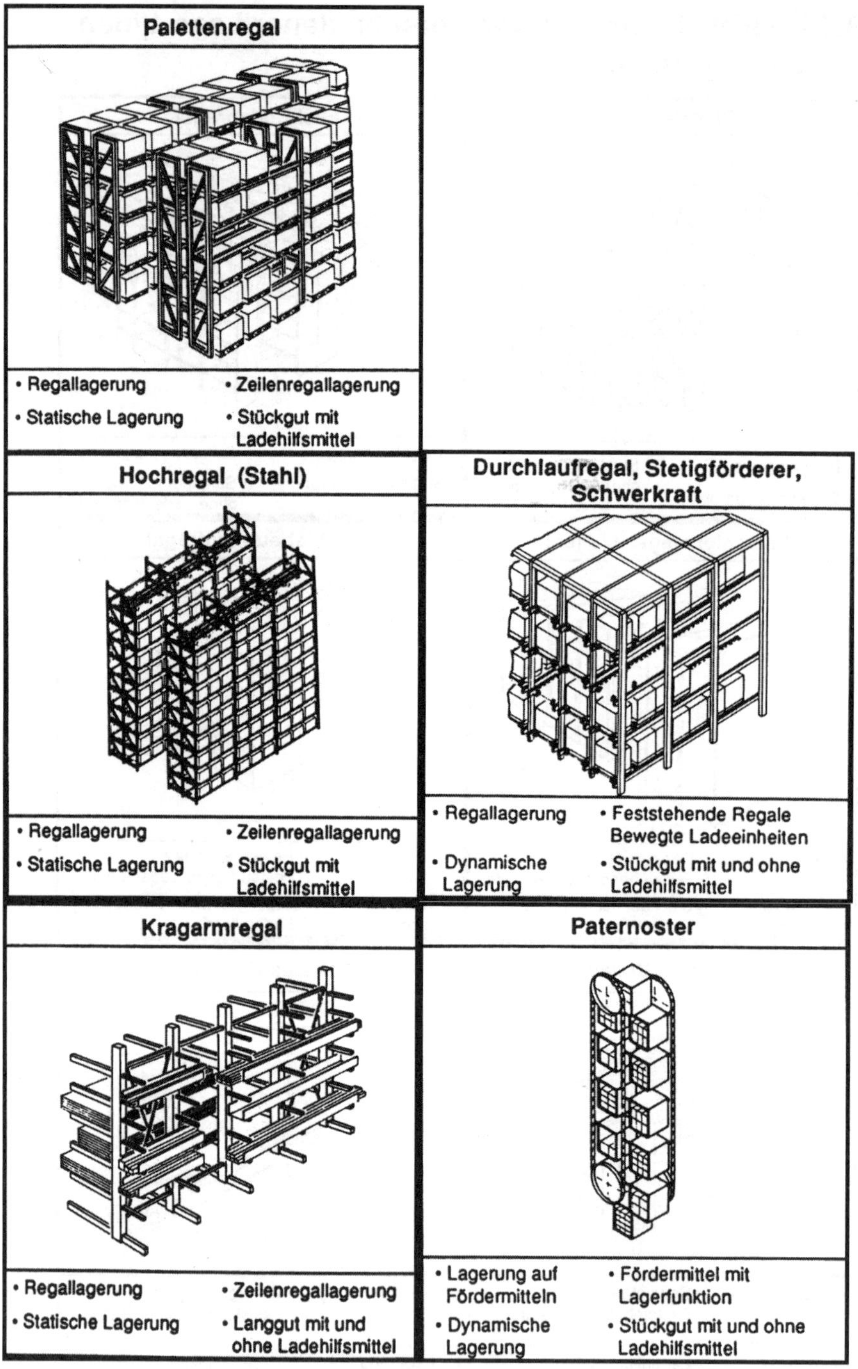

Abb. 9.9. Übersicht über Lagermittel II (Jünemann 1994, S. 154ff)

9.5.1 Bodenlagerung (ohne Lagereinrichtung)

Die Bodenlagerung ist die einfachste Form der Lagerung. Das Gut, verpackt oder unverpackt, liegt direkt auf dem Untergrund (im Gebäude oder im Freien) und wird zum Teil übereinander gestapelt. Unterschieden wird die Bodenlagerung in *Blocklagerung* (einzelner Zugriff auf mittig gelagerte Güter nicht möglich) und *Reihen- bzw. Zeilenlagerung* (Gasse um Zugriff auf mittig angeordnete Güter zu gewährleisten) (Schulte C 1999, S. 181f).

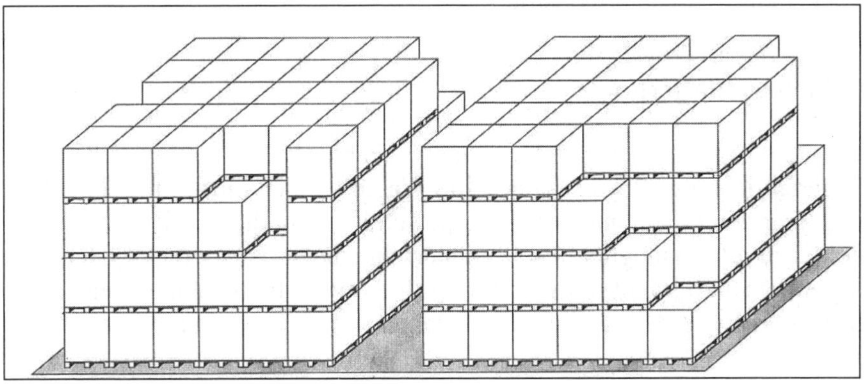

Abb. 9.10. Bodenlagerung in Form der Blocklagerung (ten Hompel 2008, S. 75)

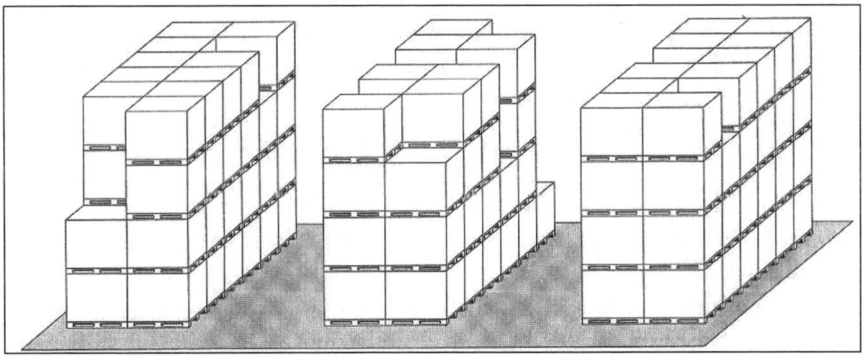

Abb. 9.11. Bodenlagerung in Form der Zeilenlagerung (ten Hompel 2008, S. 75)

Die Vor- und Nachteile der Bodenlagerung sind in Tabelle 9.6 zusammengefasst.

Tabelle 9.6. Vor- und Nachteile der Bodenlagerung (Ehrmann 1997, S. 216ff)

Vorteile	Nachteile
• Sehr niedrige Investitionskosten • Geringe Störanfälligkeit • Geringer Personalbedarf • Hohe Flexibilität	• Mangelnde Transparenz • Schwierige Produktentnahme • Erschwerte Bestandskontrolle • Geringe Automatisierungsmöglichkeit

(Ehrmann 1997, S. 216ff)

Anwendung: große Artikel, stapelbare Artikel, Baustoffindustrie, Getränkeindustrie, Papierindustrie.

9.5.2 Regallagerung

Die Regallagerung ist eine Lagerung in mehreren Ebenen mit Hilfe einer Lagereinrichtung (Regalsystem). Die Waren werden nicht auf dem Boden und nicht direkt aufeinander gelagert. Somit ist ein direkter Zugriff auf jeden Lagerartikel möglich. Es gibt unterschiedliche Arten von Regalen, von denen eine Auswahl dargestellt wird (weiterführend Jünemann 1989, S. 153ff).

Fachregallager

Sie bestehen aus Ständern und Fachböden. Die Lagerung erfolgt auf geschlossenen Fachböden in mehreren Ebenen. Die Bedienung erfolgt i.d.R. manuell. Daher erfolgt der Aufbau der Lagergestelle in Flachbauweise (eine Etage = 2m) (Oeldorf/Olfert 1998, S. 362ff).

Vorteile	Nachteile
• Geringe Investitionsausgaben • Flexibel bei Änderungen durch schnelle Umrüstung • Direkter Zugriff auf jeden Artikel • Einfache Lagerorganisation • Niedrige laufende Kosten	• Hoher Flächenbedarf • Geringe Raumausnutzung • Personalintensiv • Nur teilweise automatisierbar

Anwendung: nicht palettierbare Güter, Kleinteile, großes Sortiment an Artikeln.

Hochregallager

Zusammengefasste Güter werden auf Palettenhochregallagern gelagert. Die Lagerung auf Paletten erfolgt in Zeilen mit bis zu 50 m Bauhöhe. Um eine sinnvolle Zugriffszeit zu erreichen, sollte das Verhältnis Bauhöhe zu Regallänge 1:5 nicht überschreiten. Die Beschickung wird mit Gabelstaplern, Hochregalstaplern, Regalförderzeugen o.Ä. vorgenommen (Schulte C 1999, S. 178ff).

Vorteile	**Nachteile**
• Gute Flächenausnutzung	• Hohe Investitionsausgaben
• Kurze Zugriffszeiten	• Hoher Platzbedarf
• Hohe Umschlagsleistung	• Hohe Störanfälligkeit
• Niedriger Personalbedarf	• Begrenzte Erweiterungsmöglichkeit
• Rationelle Organisation	• Hoher Organisationsaufwand

Anwendung: bei breitem Sortiment, bei großen Mengen, bei hoher Umschlagsleistung, vor allem in der Automobilindustrie bzw. beim Versandhandel.

Durchlaufregallager

Bei dieser Lagerart erfolgt die Einlagerung der Lagergüter auf der einen und die Auslagerung auf der gegenüberliegenden Seite. Das Lagergut wird durch Gefälle oder mechanischen Antrieb bewegt.

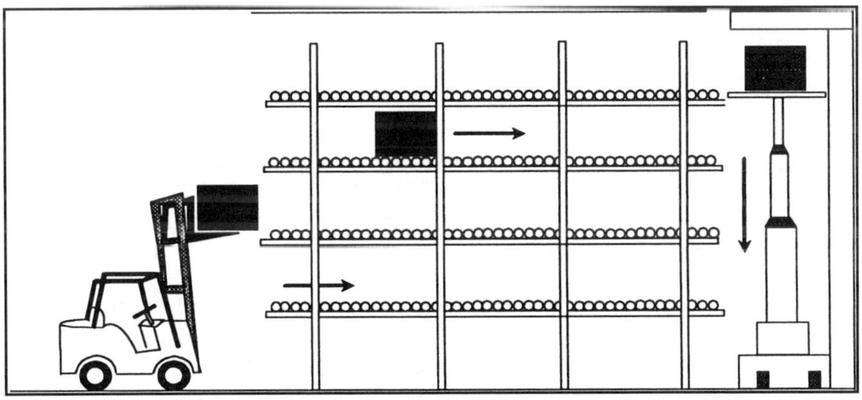

Abb. 9.12. Durchlaufregallager (Schulte G 1996, S. 247)

Vorteile	**Nachteile**
• Gewährung des FiFo-Prinzips	• Nur ein Kanal pro Artikel sinnvoll
• Gute Flächen und Raumausnutzung	• Bei Fördereinrichtung hohe Investitionen
• Möglichkeit der Automatisierung	• Störanfälliges Fördersystem
• Be- und Entladung räumlich getrennt	• Aufwendig bei Teilentnahmen

Anwendung: große Mengen, kleine Artikel, hohe Umschlagshäufigkeit, geringes Eigengewicht, stabile Schwerpunktlage.

Kompaktregale

Die Kompaktregale (Verschiebe- und Umlaufregale) zählen zu den dynamischen Systemen (Ehrmann 1997, S. 365f).

a) Verschieberegal (Paternoster)

Bei Paternoster-Regalen werden Lastaufnahmevorrichtungen (Fachböden) zwischen zwei parallele, vertikal umlaufende Ketten eingehängt. Die Ketten werden normalerweise mit einem Elektromotor angetrieben (Ehrmann 1997, S. 223ff). Die Regale sind kompakt (ohne Zwischenraum) angeordnet und lassen sich im Bediengang herausziehen oder parallel zu ihm verfahren, d.h. man hat jeweils ein bzw. zwei Regale „im Eingriff". Verbreitete Formen des Paternoster-Regals sind u.a. Schrankpaternoster für Akten und Ersatzteile sowie Etagenpaternoster für Ballen.

b) Umlaufregal

Zwei Regalblöcke, bestehend aus mehreren Einzelregalen, werden kompakt nebeneinander (Horizontalprinzip) oder übereinander (Vertikalprinzip) angeordnet. Jeweils nur zwei Regalblöcke sind zugänglich.

Vorteile	Nachteile
• Sehr hohe Flächenausnutzung	• Geringe Umschlagsleistung
• Geringe Störanfälligkeit	• Lange Zugriffszeit
• Verschlussmöglichkeit	• Beschränk erweiterbar

Anwendung: Akten, Ersatzteile, kleine bis mittlere Mengen je Artikel, geringe Umschlagshäufigkeit.

Tabelle 9.7 zeigt den Flächennutzungsgrad ausgesuchter Lagerarten.

Tabelle 9.7. Flächennutzungsgrad ausgesuchter Lagerarten

Lagersystem	Flächennutzungsgrad in %*
Paletten-Blocklager (Bodenlager)	80
Einfahrregal (mit Regalförderzeug)	70
Durchlaufregal (mit Regalförderzeug)	65
Fachregal (Gangbreite 1 m)	45
Kragarmregal für Langmaterial	40

$* = \frac{Lagergutfläche}{Lagergesamtfläche}$ (Jünemann 1989, S. 183)

Tabelle 9.8. Kennzahlenermittlung über Betriebskosten für Block- und Hochregallager

Lagerart	Investitionssumme	Einzulagernde Paletten pro Jahr
Blocklager	2,90 Mio. Euro	20.000 Stück
Hochregallager	6,65 Mio. Euro	145.000 Stück

Betriebskostenart	Blocklager	Hochregallager
Instandhaltung Gebäude (1% der Investitionssumme)	29.000,-	66.500,-
Instandhaltung Transportgeräte (5% der Investitionssumme)	-	110.000,-
Instandhaltung und Ersatzbeschaffung Paletten (5,5% der Investitionssumme)	15.500,-	15.500,-
Instandhaltung und Ersatzbeschaffung Aufsteckrahmen (4% der Investitionssumme)	44.000,-	-
Betriebskosten Elektrostapler	30.000,-	10.000,-
Personalkosten (15 Euro/Std.)	240.000,-	120.000,-
Zinsen (5% der Investitionssumme)	145.000,-	332.500,-
Abschreibung Gebäude (3%)	87.000,-	199.500,-
Abschreibung Transportgeräte (20%)	22.500,-	295.000,-
Abschreibung Transportanlagen (10%)	-	29.000,-
Abschreibung Paletten (20%)	276.000,-	56.000,-
Abschrcibung Regale (7%)	3.500,-	-
Gesamtsumme der jährlichen Kosten	**895.000,-**	**1.129.500,-**
Lagerungskosten Euro/Palette und Monat	0,97	2,19
Umschlagskosten Euro/Palette	1,86	0,90

(Martin 2006, S. 399)

Tabelle 9.9. Betriebskostenvergleich eines Paletten- und Verschieberegallagers (Europaletten)

Kostengröße in Euro/Jahr	Palettenregal	Verschieberegal
Miete (6 Euro/m² und Monat)	72.000,-	39.600,-
Leasing Schubmaststapler	7.200,-	7.200,-
Kalkulatorische Abschreibungen	3.000,-	15.000,-
Kalkulatorische Zinsen (8%)	1.200,-	4.800,-
Personalkosten (1,2 Mitarbeiter/Jahr)	36.000,-	36.000,-
Gesamtkosten pro Jahr	**119.400,-**	**92.600,-**

(Martin 2006, S. 413)

Tabelle 9.10. Praxisbeispiel Kosten eines Palettenplatzes

Lagerart	Kosten in Euro pro Palettenplatz
Konventionelles Blocklager	25,- bis 30,-
Verschieberegal	85,- bis 150,-
Durchlaufregal	200,- bis 300,-

(Meta-Regalbau GmbH & Co. KG 2007)

9.6 Konsignationslager

Das kaufende Unternehmen stellt dem Lieferanten Lagerraum zur Verfügung, den dieser für die Einlagerung von Waren, sog. Konsignationsgegenständen, nutzen darf, die das abnehmende Unternehmen benötigt.

In dem zu schließenden Konsignationslagervertrag sind die Entnahme der Waren durch den Käufer und die Bezahlung festgelegt. Zusätzlich zu den Punkten, die ähnlich dem Rahmenvertrag festgelegt werden, müssen im Besonderen folgende Punkte im Konsignationslagervertrag vereinbart werden:

- genaue Definition des Lagerraumes,
- Zugriffsberechtigungen zu diesem Lagerraum,
- Form der Bestandsführung (Käufer oder Lieferant)
- Zahlungstermine (z.B. nach Entnahme oder nach Inventur),
- Höchst- und Mindestbestände,
- ob dieses Lager nur für Entnahmen durch den Käufer zugelassen ist, oder ob es auch als Verteillager für den Lieferanten an andere Unternehmen genutzt werden darf,
- dass nur die für den Abnehmer notwendigen Waren gelagert werden (aus Sicherheitsgründen).

Der Vorteil für den Einkäufer ist die uneingeschränkte Zugriffsmöglichkeit auf Bestände, die noch nicht in seinem Vorratsvermögen sind, also dem Lieferanten noch nicht bezahlt worden sind. Er spart dadurch Bestellkosten und Lagerhaltungskosten bei gleichzeitiger Erhöhung der Lieferbereitschaft des Lagers. Beachtet werden müssen jedoch die Kostensituation des Lieferanten und die Auswirkungen auf den Preis dieser Konsignationslagergegenstände.

Beispiel eines Konsignationslagervertrages (nach Eschenbach 1990, S. 237–238)

Konsignationslagervertrag

Zwischen der Firma … (Abnehmer) und der Firma … (Lieferant) wird nachstehender Konsignationslagervertrag für unbestimmte Dauer geschlossen.

§1 Ab … (Datum) richtet der Lieferant im Betrieb … des Abnehmers ein Konsignationslager ein.

§2 Die Konsignationsgegenstände sind: (z.B. folgende Ersatzteile für eine …-Anlage)
1. …, Anzahl …
2. …, Anzahl …
usw.

§3 Der Abnehmer stellt für das Konsignationslager folgende Räume einschließlich Heizung, Reinigung, Beleuchtung, Bewachung, Wasser und Abwasser ohne Berechnung zur Verfügung:
1. …
2. …
usw.

§4 Die Lieferung der Konsignationsgegenstände erfolgt zu Lasten des Lieferanten/des Abnehmers mit Lieferschein frei Konsignationslager. Die ordnungsgemäße Lieferung wird durch die Lagerleitung des Abnehmers dem Lieferanten oder seinem Frachtführer bestätigt. Die Einlagerung der Konsignationsgegenstände erfolgt durch Personal des Abnehmers auf Kosten des Abnehmers.

§5 Die Konsignationsgegenstände werden durch den Lieferanten/den Abnehmer gegen Feuer, Wasser, Einbruchdiebstahl … versichert.

§6 Die Konsignationsgegenstände werden vom Lieferanten durch Anhängezettel als Konsignationsware des Lieferanten gekennzeichnet. Der Verwendungszweck der Konsignationsgegenstände ist auf dem Anhängezettel vermerkt. (z.B. Welle für die …-Anlage).

§7 Der Lieferant ist berechtigt, bei dringendem Bedarf für andere Abnehmer Waren aus dem Konsignationslager zu entnehmen.

§8 Dem Lieferanten ist es gestattet, während der üblichen Geschäftszeiten zu Kontrollen, Inventuren oder Entnehmen das Konsignationslager zu betreten.

§9 Der Abnehmer ist berechtigt, jederzeit Konsignationsgegenstände aus dem Konsignationslager zu entnehmen. Diese entnommenen Konsignationsgegenstände gelten als am Entnahmezeitpunkt zu den Allgemeinen Einkaufsbedingungen des Abnehmers und zu den vereinbarten Preisen verkauft.

§10 Bis zum … Arbeitstag jedes Folgemonats (=Meldemonat) sendet der Abnehmer dem Lieferanten eine Bestellung über die entnommenen

	Konsignationsgegenstände. Diese ist die Grundlage für die Rechnungserstellung des Lieferanten.
§11	Der Lieferant füllt bis zum Ende des jeweiligen Meldemonats das Konsignationslager auf den vereinbarten Bestand auf. Für Konsignationsgegenstände, die innerhalb dieser Frist nicht geliefert werden können, sendet der Lieferant dem Abnehmer eine Aufstellung mit genauer Angabe des verbindlichen Liefertermins.
§12	Bei Vertragsende nimmt der Lieferant alle noch lagernden Konsignationsgegenstände zurück. Die Kosten des Abtransportes trägt der Lieferant.
§13	Dieser Konsignationslagervertrag kann von beiden Vertragsparteien mit einer Frist von ... Monaten zum .... (z.B. Ende eines Kalenderjahres) gekündigt werden.

9.7 Fallstudie

Aufgabenstellung: Berechnung der Lagerhaltungskosten am Beispiel eines Blocklagers

Kalkulatorischer Zins:	8%
Anfangsbestand:	5.700.000 Euro
Endbestand:	170.000 Euro

Kostenart	Kostensatz	Bedarf	Gesamtkosten pro Monat in €	Gesamtkosten pro Jahr in €
1. Raumkosten:				
1.1 Miete	3 €/m² und Monat	1.500 m²		
1.2 Sonstige Raumkosten			2.000	
2. Personalkosten:				
2.1 Facharbeiter	15 €/Std. (inkl. AG-Anteil)	2 Mitarbeiter mit je 176 Std./Monat		
2.2 Hilfsarbeiter	12 €/Std. (inkl. AG-Anteil)	4 Mitarbeiter mit je 176 Std./Monat		
3. Staplerkosten:				
3.1 Abschreibung auf insgesamt 4 Stapler	Neupreis pro Stück: 25.000 €	Nutzungsdauer 5 Jahre		
3.2 Versicherung	je 600 €/Quartal			

Kostenart	Kostensatz	Bedarf	Gesamtkosten pro Monat in €	Gesamtkosten pro Jahr in €
3.3 Sonstige Staplerkosten			2.000	
4. Schwund/ Verderb:			1.500	
5. Sonstige Kosten:			1.400	

Berechnen Sie anhand der in der Fallstudie gegebenen Daten den Lagerhaltungskostensatz, das durchschnittlich im Lager gebundene Kapital sowie die gesamten Lagerhaltungskosten pro Jahr für das obige Blocklager!

Lösung der Fallstudie Lagermanagement

Lösung: Berechnung der Lagerhaltungskosten am Beispiel eines Blocklagers

Kostenart	Kostensatz	Bedarf	Gesamtkosten pro Monat in €	Gesamtkosten pro Jahr in €
1. Raumkosten:				
1.1 Miete	3 €/m² und Monat	1.500 m²	4.500	54.000
1.2 Sonstige Raumkosten			2.000	24.000
2. Personalkosten:				
2.1 Facharbeiter	15 €/Std. (inkl. AG-Anteil)	2 Mitarbeiter mit je 176 Std./Monat	5.280	63.360
2.2 Hilfsarbeiter	12 €/Std. (inkl. AG-Anteil)	4 Mitarbeiter mit je 176 Std./Monat	8.448	101.376
3. Staplerkosten:				
3.1 Abschreibung auf insgesamt 4 Stapler	Neupreis pro Stück: 25.000 €	Nutzungsdauer 5 Jahre	1.666,67	20.000
3.2 Versicherung	je 600 €/Quartal		200	2.400
3.3 Sonstige Staplerkosten			2.000	24.0000
4. Schwund/ Verderb:			1.500	18.000
5. Sonstige Kosten:			1.400	16.800
Gesamt			**26.994,67**	**323.93,00**

Durchschnittlich im Lager gebundenes Kapital:

$$\frac{\text{Anfangsbestand} + \text{Endbestand}}{2} = \frac{5.700.000€ + 170.000}{2} = 2.935.000€$$

Lagerhaltungskostensatz:

Zunächst muss der Lagerkostensatz ermittelt werden.

$$\text{Lagerkostensatz in \%} = \frac{\text{Lagerkosten} \cdot 100\%}{\text{durchschnittlich im Lager gebundenes Kapital}} \tag{9.1}$$

$$\text{Lagerkostensatz} \cdot 100\% = \frac{323.936\,€ \cdot 100\%}{2.936.000\,€} = 11{,}04\%$$

$$\text{Lagerhaltungskostensatz} = \text{Lagerkostensatz in \%} + \text{Kalkulatorischer Zins in \%}$$

11,04% + 8% = 19,04%

Gesamte Lagerhaltungskosten pro Jahr:

2.935.000,- € x 19,04% = 558.824,- €

Wiederholungsfragen zu Kapitel 9

1. Erklären Sie bitte die grundlegenden Aufgaben von Lagern!
2. Welche verschiedenen Lagertypen kennen Sie?
3. Was verstehen Sie unter der chaotischen Lagerhaltung?
4. Mit welchen Methoden und Mitteln kann der Lagerbestand reduziert werden?

10 Kommissioniersysteme

Kommissionieren ist „das Zusammenstellen von bestimmten Teilmengen (Artikeln) aus einer bereitgestellten Gesamtmenge (Sortiment) aufgrund von Bedarfsinformationen (Aufträge). Hier erfolgt eine Umwandlung von einem lagerspezifischen in einen verbrauchspezifischen Zustand." (VDI 1977, 3590/1,2,3ff).

Unter Kommissionierung versteht man das Zusammentragen verschiedener Artikel nach einem vorgegebenen Auftrag. Die Bedarfsinformation kann ein absatzorientierter Auftrag (Kundenauftrag) oder ein produktionsorientierter Auftrag (innerbetrieblicher Auftrag) sein.

Trotz Bemühungen die Kommissioniervorgänge zu automatisieren, werden die meisten Kommissionierleistungen manuell erbracht. Gründe hierfür sind die hohen Automatisierungskosten sowie die in der Fülle einzigartigen Sinne des Menschen. Dadurch ist der Mensch der hohen Belastungen und Eintönigkeit der Kommissionieraufgaben ausgesetzt. Abbildung 10.1 zeigt ein vollautomatisches Kommissioniersystem.

10.1 Aufgaben und Ziele der Kommissioniersysteme

I.d.R. ist dem Kommissionieren eine Lagerfunktion vorgelagert und eine Verbrauchsfunktion (z.B. Produktion, Montage, Versand) nachgelagert. Die für das Kommissionieren notwendigen Einzelvorgänge erfordern einen hohen Koordinations- und Steuerungsaufwand. Ein erhebliches Rationalisierungspotenzial liegt in der Ablaufgestaltung des Kommissionierens und der Integration von Material- und Informationsfluss (Schulte C 1999, S. 201ff).

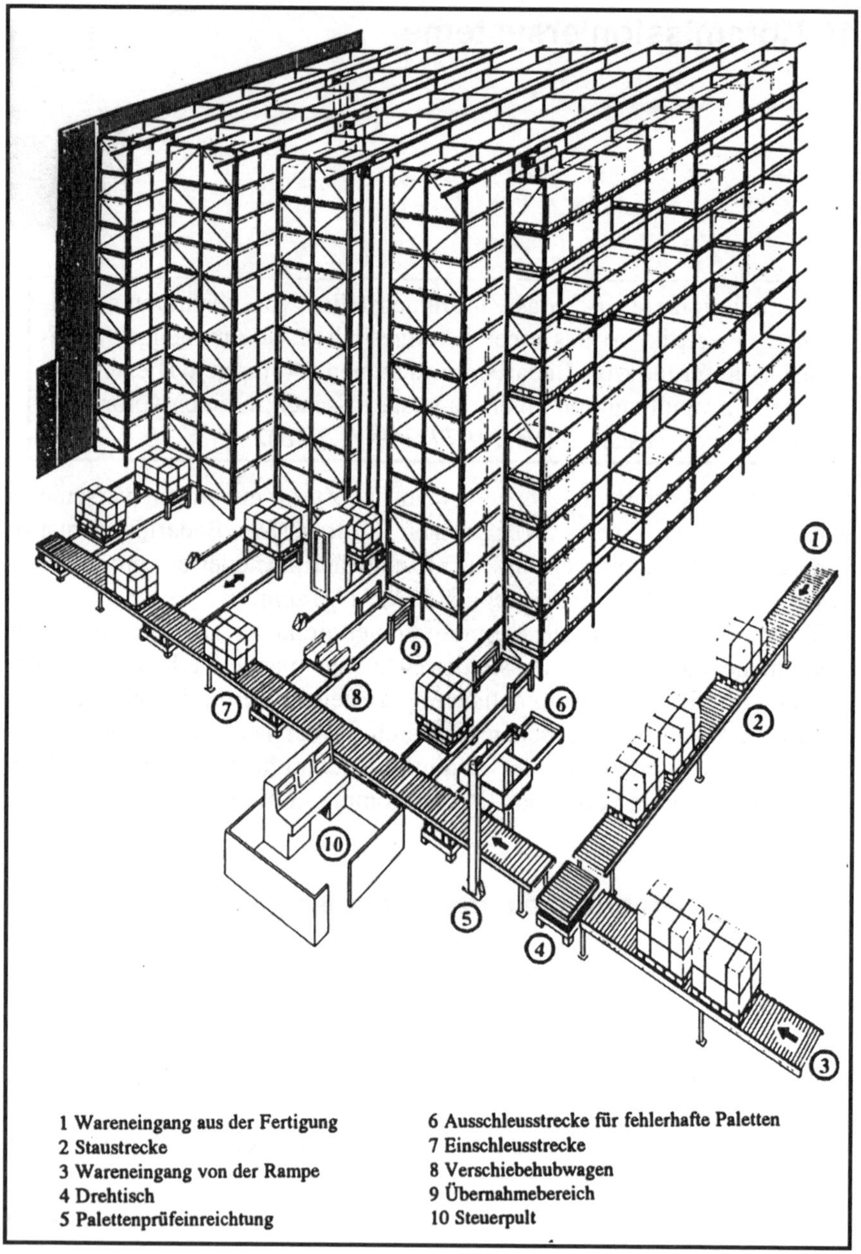

Abb. 10.1. Hochregallager (Schulte G 1996, S. 253)

10.2 Elemente des Kommissioniersystems

Abbildung 10.2 zeigt die Beziehungen der Elemente des Kommissioniersystems:

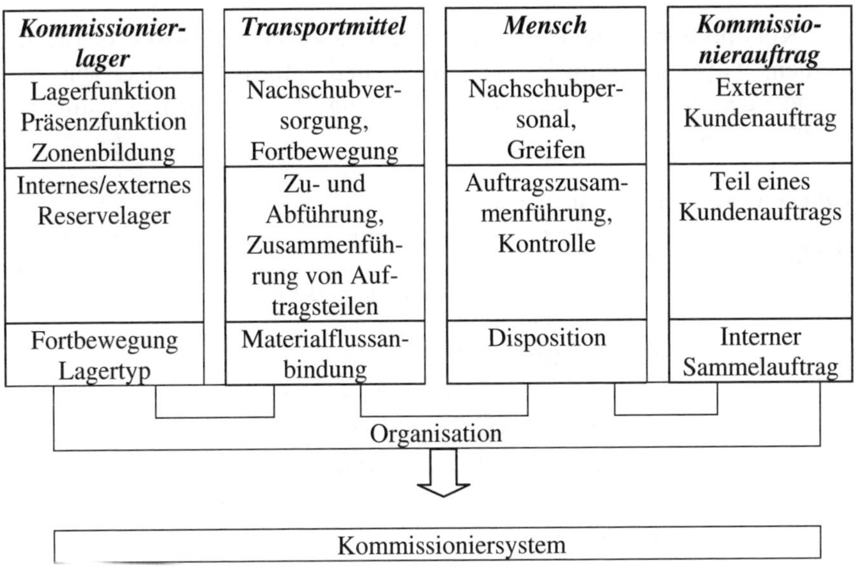

Abb. 10.2. Elemente von Kommissioniersystemen (Schulte C 1999, S. 202)

10.2.1 Kommissionierlager

Im Kommissionierlager werden die Artikel, die Gegenstand eines Kommissionierauftrages sind, für meist nur kurze Zeit in geringen Mengen gelagert. Bewegungsprozesse stehen im Vordergrund und stellen hohe Anforderung hinsichtlich der Umschlagsleistung an den Lagertyp. Der Lagerhaltung für die Kommissionierung werden in erster Linie die vorgeschalteten Reservelager gerecht (Schulte C 1999, S. 201ff).

10.2.2 Einsatz von Transportmitteln

Transportsysteme (Stapler, Pick up car, fahrerloses Transportsystem) haben die Aufgabe die Transportzeiten bei der Kommissionierung zu minimieren und die Menschen bei der Erfüllung der Kommissionieraufgaben zu unterstützen. Von entscheidender Bedeutung bei der Wahl des Transportsystems ist deren Integrität in bestehende Transportsysteme innerhalb eines Unternehmens (Schulte C 1999, S. 203ff).

10.2.3 Tätigkeitsfelder im Kommissioniersystem

Die Kommissionierung kann als System des Materialflusses betrachtet werden, wobei die Einheit von Waren- und Informationsfluss von entscheidender Bedeutung ist. Tabelle 10.1 zeigt die einzelnen Kommissioniertätigkeiten.

Tabelle 10.1. Kommissioniertätigkeiten

Tätigkeit	Aufgaben
Disposition	• Integration des Kommissioniersystems in die Unternehmung • Personaleinsatzplanung • Festlegung der Auftragsreihenfolge • Sicherstellung einer optimalen Systemauslastung
Kontrolle und Überwachung	• Starten der Auftragsbearbeitung • Vollständigkeitsprüfung, Störungsbehebung • Rückmeldung durchführen • Bearbeiten von Eilaufträgen
Physische Abwicklung	• Bestandskontrolle und Nachschubauslösung • Einlagerung • Kommissionieren von Eilaufträgen • Verpacken, Erstellen von Rückmeldebelegen • Übergabe an nachgelagerte Betriebsbereiche

Die Organisation wird dabei von der Zugriffshäufigkeit bestimmt und ist von Schnelldrehern (umsatzstarke Produkte), Saisonprodukten und Sonderaktionen abhängig (Schulte C 1999, S. 209ff).

10.3 Bereitstellungsprinzipien bei der Kommissionierung

10.3.1 Statische Bereitstellung (Mann-zur-Ware)

Bei der statischen Bereitstellung begibt sich der Kommissionierer zur bereitgestellten Ware und entnimmt aus dem Regal die benötigte Menge. Man spricht hier auch vom Konzept „Mann zur Ware". Dies ist sicher noch die meist verbreitete Variante, da in der einfachsten Form keinerlei

Hilfsgeräte erforderlich sind. Ferner ist dieses Konzept häufig bei der Kommissionierung mit starken, kurzzeitigen Spitzenbelastungen, sehr typisch bei Handelslagern, zu finden, da hier mit entsprechend erhöhter Personalkapazität die benötigte Kommissionierleistung erbracht werden kann.

Der Kommissionierauftrag wird in einer vorgegebenen Reihenfolge mit Hilfe von Transportmitteln abgearbeitet (Schulte C 1999, S. 203ff).

Nachteil dieses Konzeptes sind die durch z.T. erhebliche Wegezeiten entstehenden Personalkosten.

10.3.2 Dynamische Bereitstellung (Ware-zum-Mann)

Die Ware wird aus dem i.d.R. automatisierten Lager mit automatischen Geräten zum Kommissionierer transportiert. Nach der Entnahme der benötigten Teilmenge wird die Restmenge ins Lager zurückbefördert (z.B. Hochregallager mit automatischen Regalförderzeugen).

Durch den Einsatz automatischer Kommissioniersysteme ergeben sich bei der Methode der dynamischen Bereitstellung nicht nur deutliche Zeiteinsparungen, sondern auch eine geringere Fehlerquote. Dieses System funktioniert jedoch nur bei homogenen Artikeln bzw. einheitlichen Lagerhilfsmitteln, da die Greifroboter nach einer bestimmten Geometrie arbeiten.

Ein genauer Vergleich zwischen statischer und dynamischer Bereitstellung lässt aber erkennen, dass die statische Bereitstellung vorteilhafter ist, wenn

- zur Erledingung eines Auftrages mehrere Lagerfächer anzufahren sind,
- die Lagerartikel von Hand manipuliert werden können,
- die Verweilzeit am Lagerfach kurz ist (Ehrmann 1997, S. 343ff).

10.4 Möglichkeiten der Kommissionierung

Um die verschiedenen Möglichkeiten der Kommissionierung zu verstehen, soll zunächst Abb. 10.3 der Informationsbereitstellung dienen.

10.4.1 Herkömmliches (beleggebundenes) Kommissionieren

Beim herkömmlichen Kommissionieren (Kommissionierauftrag aus Papier) entnimmt der Kommissionierer die auf dem Kommissionierzettel aufgeführten Positionen des Auftrages den Lagerplätzen.

Informationsbereitstellung		
beleggebunden	beleglos	
	mobil (online oder offline)	stationär (online)
• Kommissionierliste • Lieferschein • Etikett	• Mobile Datenterminals • Terminal am Fördermittel • Pick-by-Voice • Pick-by-Vision	• Stationäre Monitore • Pick-by-Light

Abb. 10.3. Arten der Informationsbereitstellung in der Kommissionierung (Günthner 2012, S. 21)

10.4.2 Belegloses Kommissionieren

Bei der beleglosen Kommissionierung werden die Belege nicht mehr physisch in die Hand des Kommissionierers gegeben, sondern auf Daten- und Informationsträgern lesbar übermittelt (EDV, Datensichtgeräte, Datenterminals, Monitore an den Dispositions- und Kontrollstellen). Die EDV gibt die Reihenfolge der Kommissionierung vor. Die Datensichtgeräte befinden sich an den halbautomatischen Kommissioniergeräten.

Der *Kommissioniervorgang* läuft wie folgt ab:

1. Auf der Ausschleusstrecke stehen die leeren unbearbeiteten Transportbehälter.
2. An der Digitalzone über den Transportbehältern leuchtet die Nummer des als nächsten zu bearbeitenden Behälters auf.
3. Bei Eilauftrag erfolgt eine zusätzliche optische Kennzeichnung.
4. Eine Ziffer im Regalfach leuchtet auf (1. Position des Auftrags).
5. Der Kommissionierer entnimmt die angezeigte Anzahl Artikel (durch die Anzeige braucht er keinen Beleg und hat beide Hände frei).
6. Nach der Entnahme drückt der Kommissionierer die Taste für entnommene Artikel, das System zeigt nun durch ein optisches Signal den nächsten Artikel dem Kommissionierer an.
7. Wenn das optische Signal „00“ aufleuchtet, dann ist der Auftrag abgearbeitet.

Die *Vorteile* belegloser Kommissioniersysteme zeigt Tabelle 10.2.

Tabelle 10.2. Vorteile belegloser Kommissioniersysteme (Rauch 1987, S. 404)

Vorteile belegloser Kommissioniersysteme	
Quantifizierbar	**Nicht/schwer quantifizierbar**
• Erhöhung der Kommissionierproduktivität • Senkung der Personalkosten • Reduzierung der Artikelverwechslungen und Mengenfehler • Senkung des Kontrollaufwandes • Senkung der Auftragsdurchlaufzeit • Schnellere Kundenbelieferung • Bessere Raumausnutzung bzw. Flächeneinsparung	• Flexibler Personaleinsatz • Besseres Abfangen von Auftrags- oder Mengenschwankungen • Schnellere Reaktion auf Eilaufträge • Erhöhung des Informationsgrades im Kommissionierbereich • Verbesserte Kostenkontrolle im Kommissionierbereich • Verbesserte Marketing und Vertriebsmöglichkeiten (z.B. schnellere Durchführung von Sonderaktionen)

10.4.3 Pick-by-Light- und Pick-by-Voice-Kommissionierung

Die Kommissioniersysteme werden immer weiter technisch verbessert. Dadurch ergeben sich für den Kommissionierer immer schnellere und qualitativ bessere Pick-Möglichkeiten.

- *Pick by Voice:* Anweisungen an Lagerpersonal über Tonsysteme, z.B. Kopfhörer-Headset (Vorteil: Hände frei, sofortige Pick-Bestätigung und Rückfragen sind möglich)

Abb. 10.6. Pick-by-Voice-Kommissioniersystem
(Quelle: KBS Industrieelektronik GmbH)

- *Pick by Light:* Anweisungen an Lagerpersonal über Lichtsysteme und -steuerung

Abb. 10.4. Beispiel eines Pick-by-Light-Systems (Quelle: KBS Industrieelektronik GmbH)

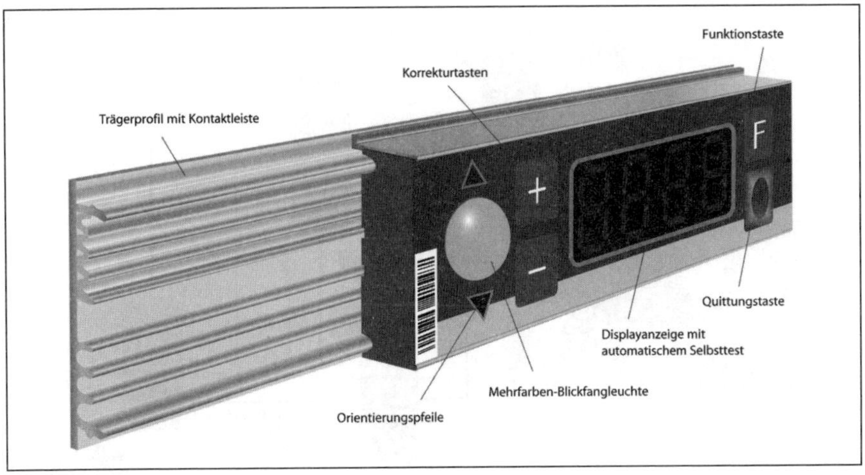

Abb. 10.5. Flexibles Pick-by-Light-Steuerurngssystem (Quelle: KBS Industrieelektronik GmbH)

- *Pick-by-Vision:* Im Rahmen der Industriellen Gemeinschaftsforschung (IGF) wurde ein neuartiges Kommissionierverfahren auf Basis der Augmented-Reality-Technologie entwickelt. Es hat sich gezeigt, dass die Informationsbereitstellung durch Augmented Reality (AR) mittels einer Datenbrille eine effektive Kommissioniertechnologie darstellt.
  Die AR-Technologie bietet die Möglichkeit, verschiedenste Prozessschritte in der Kommissionierung zu unterstützen, wobei v.a. die Entnahme und die Ablage der Artikel sowie der Weg durch das Lager die größten Verbesserungspotentiale gegenüber herkömmlichen Kommissioniertechniken bieten. Diese Vorgänge lassen sich in Abhängigkeit von eingesetztem Kommissioniersystem und der Erfahrung des Kommissioniermitarbeiters mit unterschiedlichen Visualisierungen unterstützen (Günthner 2012, S. 1).
  Ein AR-System besteht aus folgenden fünf Hauptkomponenten: Visualisierungsmedium, Trackingsystem, Datenhaltungssystem, Szenengenerator und Interaktionsgerät.

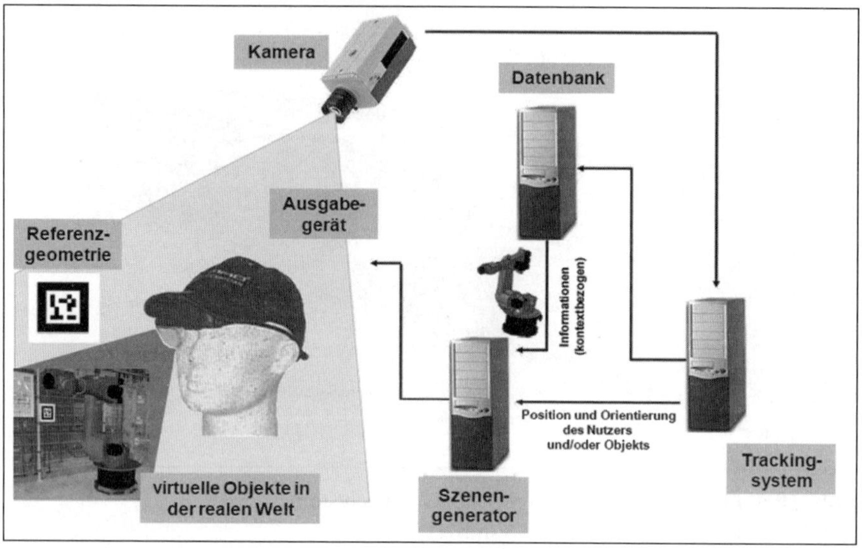

Abb. 10.7. Komponenten eines Augmented-Reality-Kommissioniersystems (Günthner 2012, S. 9)

Abb. 10.8. Pick-by-Vision-System (Bildquelle: TU München)

10.4.4 Automatische Kommissioniersysteme

Bei vollautomatischen Kommissioniersystemen (Schachtkommissionierer, Vakuumgreifer, Kommissionierroboter oder -automaten) entfällt die menschliche Arbeitskraft und somit Personalkosten. Die Pickzeiten sind immens hoch im Vergleich zur herkömmlichen Kommissionierung (s. Tabelle

10.3). Nachteile sind die hohen Infrastrukturkosten sowie die hohe Abhängigkeit von den Systemen.

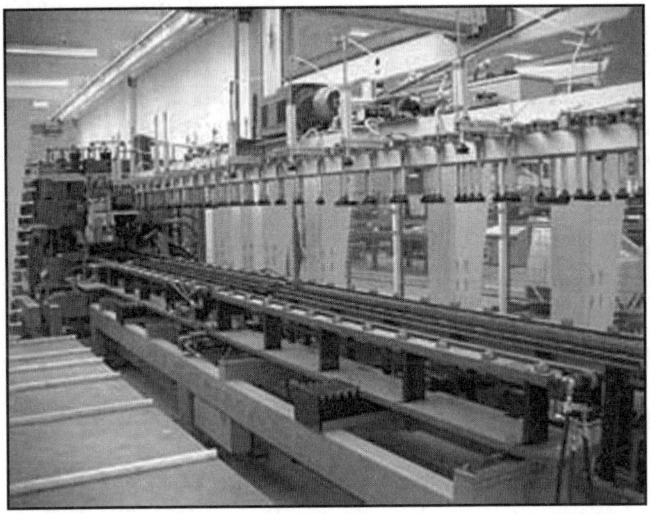

Abb. 10.9. Beispiel eines Vakuumgreifers

Abb. 10.10. Beispiel eines Schachtkommissionierers

Tabelle 10.3. Kommissionierleistungen der verschiedenen Kommissioniersysteme

Kommissioniersysteme	Kommissionierleistung (in Stück pro Stunde)
Manuell, Mann zur Ware	50 – 200
Manuell, Ware zum Mann	100 – 600
Manuell, Kommissioniernest	500 – 900
Stationärer Roboter mit dynamischem Lager	300 – 800
Mobiler Roboter für Kartons	100 – 200
Mobiler Roboter für Kleinteile	200 – 400
Schachtkommissionierer	10.000 – 20.000
Sortier- und Verteilanlage	3.000 – 20.000

10.5 Organisation der Kommissionierung

10.5.1 Einstufiges (sequenzielles) Kommissionieren

Beim sequenziellen Kommissionieren werden die Aufträge in der Reihenfolge der Kommissionierpositionen abgearbeitet. Die Artikel (Positionen) des Kundenauftrags werden zunächst entsprechend der Lagerortvergabe umsortiert, z.B. durch Zusammenfassen von Artikeln, die am selben Lagerort liegen (einstufiges Verfahren) und nacheinander (sequenziell) abgearbeitet werden. Die Abarbeitung der Reihenfolge der einzelnen Aufträge (Prioritäten) wird anhand von Vorgaben des EDV-Systems bzw. der Disposition durchgeführt.

Beim *Hauptgangverfahren* wird die ganze Kommission beim Durchfahren aller Hauptgänge zusammengestellt. Beim *Hauptgang-/Stichgangsverfahren* werden häufig gebrauchte Artikel in Haupt-, weniger häufig gebrauchte Artikel in Stichgängen gelagert (Ehrmann 1997, S. 346ff).

10.5.2 Mehrstufiges (paralleles) Kommissionieren

Beim parallelen Kommissionieren wird der Kundenauftrag in mehrere Kommissionierbereiche unterteilt. Als Kriterium dient der Lagerort. Die so gebildeten Teilaufträge können gleichzeitig (parallel) abgearbeitet werden. Bevor sie dem Versand bzw. der Fertigung zur Verfügung gestellt werden, müssen die Teilaufträge wieder zusammengeführt werden. Dieses Verfahren findet insbesondere bei umfangreichen Kommissionieraufträgen statt.

Vorteile sind die Verkürzung der Kommissionierzeiten (geringere Auftragsdurchlaufzeiten) und die Erhöhung der Kommissionierleistung.

Nachteile sind die höhere Fehlerquote und der umfangreichere organisatorische Aufwand.

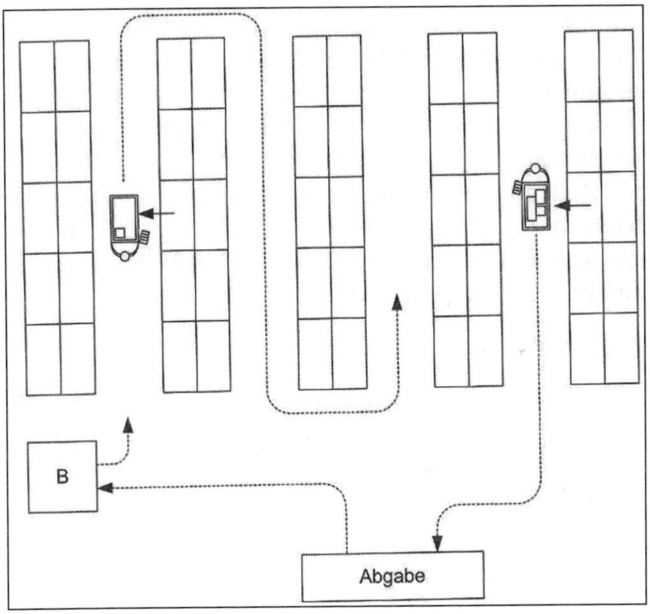

Abb. 10.11. Einstufiges Kommissioniersystem Person-zur-Ware (ten Hompel 2008, S. 48)

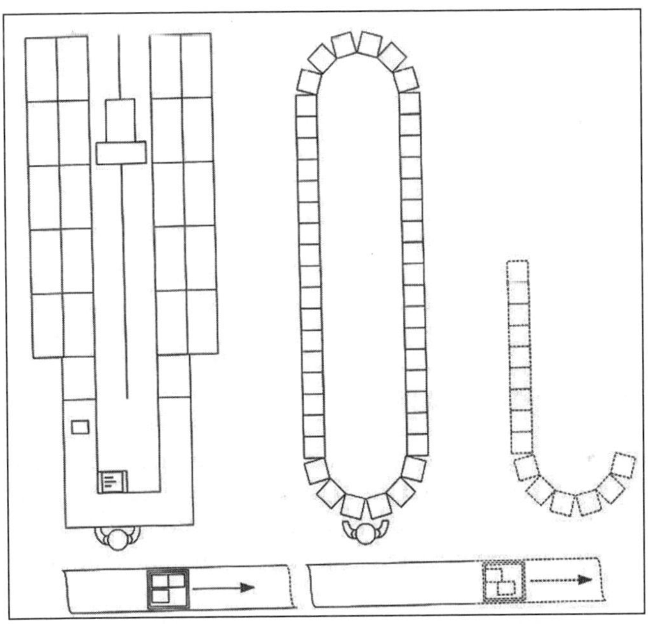

Abb. 10.12. Einstufiges Kommissioniersystem Ware-zur-Person (ten Hompel 2008, S. 50)

Ein Beispiel für ein zweistufiges Kommissioniersystem ist in Abb. 10.13 dargestellt. Die Kommissionierung erfolgt hierbei an Durchlaufregalen. Nachschub und Entnahme der Waren sind in diesem Fall zwangsläufig getrennt. Der Kommissionierer erhält über ein Pick-by-Light-System die Entnahmeinformationen und übergibt die entnommenen Waren direkt an ein Förderband (bzw. Rollenförderer). Die Entnahme erfolgt somit dezentral-statisch, die Abgabe der Entnahmeeinheiten dezentral-dynamisch. Die entnommenen Waren werden in der zweiten Stufe auf einen Sortierkreislauf gefördert und auf die zu erfüllenden Kundenaufträge verteilt.

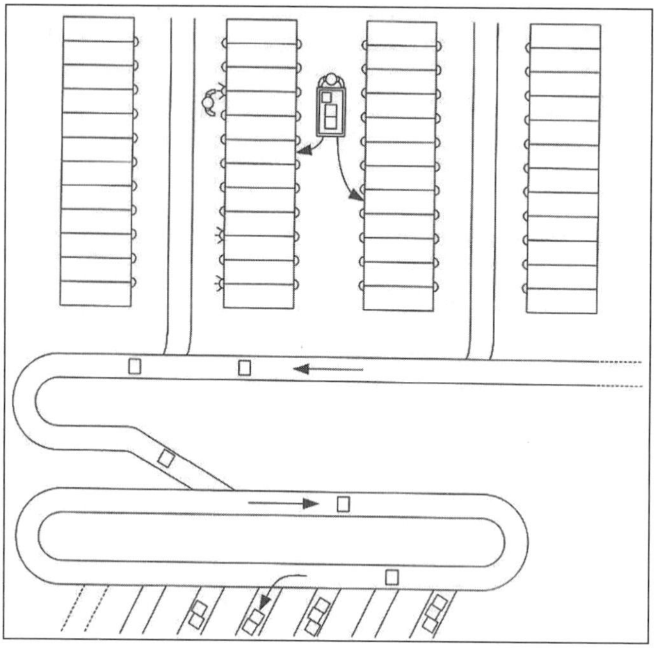

Abb. 10.13. Zweistufiges Kommissioniersystem mit Sorter (ten Hompel 2008, S. 51)

10.5.3 Artikelweises Kommissionieren

Bei diesem Verfahren werden die Kommissionieraufträge nach gleichen Artikeln durchsucht. Anschließend werden die gleichen Artikel aller Aufträge zusammengefasst und aus dem Lager entnommen. Vor der Versendung müssen die Artikel wieder den einzelnen Kommissionieraufträgen zugeordnet werden.

Vorteil ist, dass ein Lagerplatz nur einmal angefahren werden muss.

Nachteile ergeben sich aus der Vereinzelung und anschließenden Zusammenfassung der Aufträge (aufwendig und fehlerträchtig).

10.5.4 Strategien für die Wegoptimierung bei der Kommissionierung

Die Strategien bei der Kommissionierung haben zum Ziel, dass der Weg des Kommissionierers möglichst kurz ist, um so die Wegzeit zu minimieren.

Stichgangsstrategie

Bei der Stichgangsstrategie geht der Kommissionierer im Hauptgang bis zu einer Gasse, aus der kommissioniert werden soll. In dieser Gasse entnimmt er zuerst die Artikel, die auf der einen Seite lagern, um beim Zurückgehen zum Hauptgang die andere Regalseite zu bedienen. Mit zunehmender Anzahl der Positionen vergrößert sich die Wahrscheinlichkeit, dass auch weiter hinten in den Gassen Artikel entnommen werden müssen. Durch den Rückweg zum Hauptgang vergrößert sich die Weglänge. Mit zunehmender Auftragsgröße verschlechtert sich daher die Leistung bei Anwendung der Stichgangsstrategie.

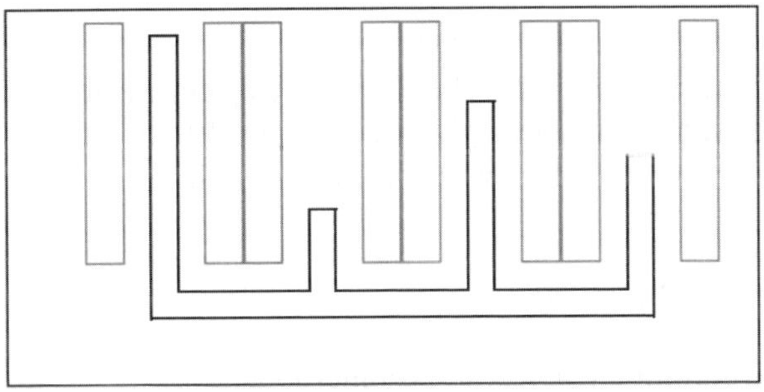

Abb. 10.14. Stichgangsstrategie

Die Strategie ist geeignet für:

- eine niedrige Anzahl Positionen/Auftrag,
- eine große Kommissionieranlage,
- unterschiedliche Aufträge (Auftragsspektrum umfasst große und kleine Aufträge).

Schleifenstrategie (auch Meanderstrategie)

Bei der Schleifenstrategie werden die Lagergassen meanderförmig durchlaufen. Jede Gasse wird in nur einer Richtung durchlaufen. Wenn alle Positionen kommissioniert wurden, ist es in manchen Fällen möglich, die Greifrunde zu verkürzen.

Die Strategie ist geeignet für:

- eine hohe Anzahl Positionen/Auftrag,
- ein geringes Entnahmevolumen,
- gleichverteilte Aufträge,
- gerade Gangzahl.

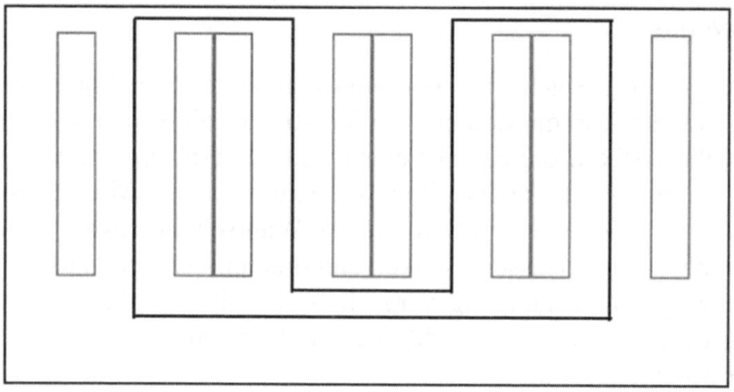

Abb. 10.15. Schleifenstrategie

Weitere Kommissionierstrategien sind die Largest-Gap-Strategie, die Streifenstrategie und die Mittelpunktstrategie wie in Abb. 10.16 gemeinsam mit den o.g. Stichgangs- und Schleifenstrategie dargestellt.

10.5.5 Inverse Kommissionierung

Eine Umkehrung des herkömmlichen Kommissionierablaufs stellt die inverse Kommissionierung dar (s. Abb. 10.17). Während im normalen Fall Waren aus einem Regal entnommen und zur Abgabe transportiert werden, sind in diesem Fall in einem Regal Kundenauftragsbehälter (sog. KLT = Kleinladungsträger) angeordnet. Artikelreine Behälter werden aus einem entfernten Lagerbereich – meist automatisches Kleinteilelager (AKL) – zum Entnahmeplatz befördert und zur Entnahme bereitgestellt (dezentral-dynamische Bereitstellung). Die Abgabe erfolgt in die im Regal befindlichen Kundenauftragsbehälter, die nach Vervollständigung des Auftrags durch weitere Mitarbeiter zum Versand transportiert werden (statisch-dezentrale Abgabe der Entnahmeeinheit und statisch-zentrale Abgabe der Kommissioniereinheit). Das Verfahren wird als inverse Kommissionierung bezeichnet und findet insbesondere im e-Commerce-Bereich zunehmend Bedeutung, v.a. bei Vorliegen eines sehr großen Sortiments und vielen kleinteiligen Kundenaufträgen.

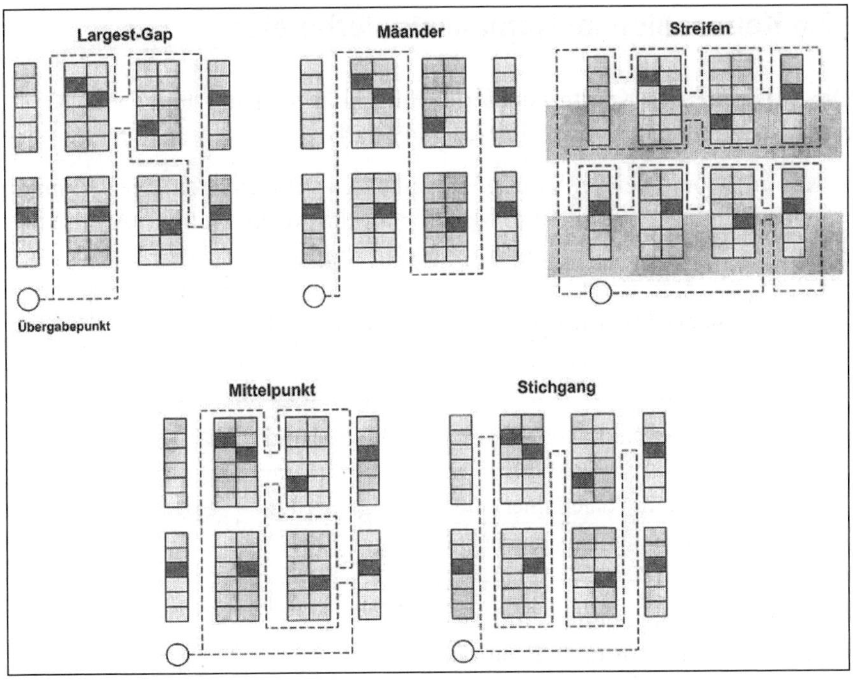

Abb. 10.16. Kommissionierstrategien bzgl. der Wegeoptimierung (ten Hompel 2008, S. 142).

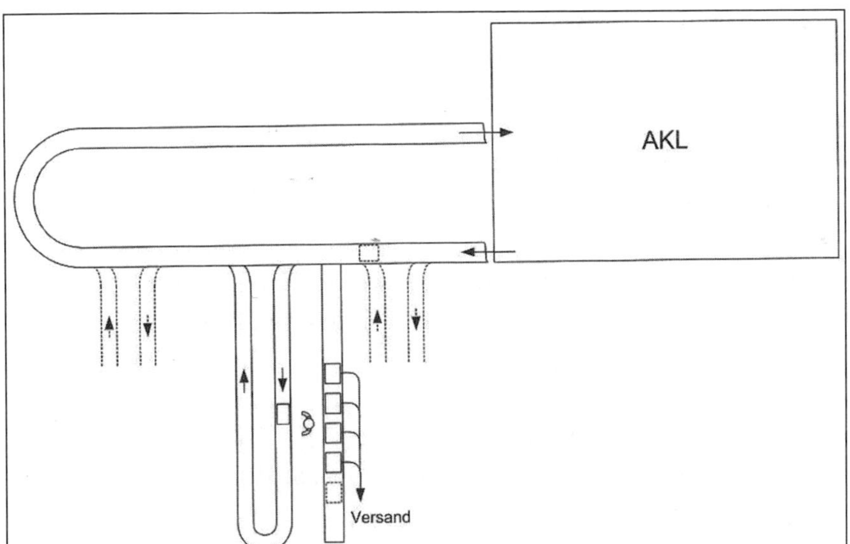

Abb. 10.17. Inverse Kommissionierung (ten Hompel 2008. S. 52)

10.6 Kennzahlen im Kommissionierbereich

Die Effizienz der Kommissionierleistung lässt sich mit Hilfe von Kennzahlen beurteilen (Ehrmann 1997, S. 349), z.B.:

- Kommissionierzeit je Auftrag (Regalbedienzeit nimmt ca. zwei Minuten für die Einlagerung und drei Minuten für die Auslagerung in Anspruch),
- Anzahl der Kommissionierpositionen je Auftrag,

$$\frac{\text{Gesamtzahl der Kommisionierpositionen}}{\text{Anzahl Aufträge}} \quad \text{z.B.} \quad \frac{1350}{450} = 3 \tag{10.1}$$

- Fehlerquote (je nach Branche zwischen 0,5% und 0,1%),

$$\frac{\text{Kommissionierfehler} \cdot 100}{\text{Anzahl Kommissionierungen gesamt}} \quad \text{z.B.} \quad \frac{3 \cdot 100}{12000} = 0{,}025\,\% \tag{10.2}$$

- Kommissionierkosten je Auftrag,
- Kommissionierkosten je Position.

Folgende Arten von Kommissionierfehlern sind zu beachten:

- Entnahme einer falschen Bereitstelleinheit,
- Verwechselung der Artikel,
- Entnahme der falschen Menge,
- Ablage in falsche Sammelbehälter,
- falsche Etikettierung/Codierung,
- Liegenlassen oder Vergessen einzelner Aufträge,
- zu späte Bereitstellung zum Abholen oder Versand.

Die aus diesen Fehlhandlungen resultierenden Fehler können vier wesentlichen Fehlerkategorien zugeordnet werden. Die vier Fehlerarten und die prozentuale Häufigkeit ihres Auftretens sind wie folgt:

- Mengenfehler 44–46 %,
- Typfehler 37–42 %,
- Auslassungsfehler 10 %,
- Zustandsfehler 4–7 % (Günthner 2012, S. 19).

Ersatzteillogistik		
Kleinteile	Mann zur Ware	Fachbodenregal, teilweise mehrgeschossig, Fortbewegung zu Fuß mit teilweise Stetigfördereinsatz 70 bis 85 Pos./Std/Mitarbeiter
		Fachbodenregal, Fortbewegung mit Kommissionierstapler oder Regalbediengerät 70 bis 90 Pos./Std./Mitarbeiter
	Ware zum Mann	automatisches Kastenlager 100 bis 150 Pos./Std./Mitarbeiter
		dynamisches Lager (Durchlaufregal), Umlaufregal (horizontal, vertikal) 100 bis 150 Pos./Std./Mitarbeiter
Mittelgroße Teile	Mann zur Ware	Palettenregal, Fortbewegung zu Fuß 35 Pos./Std./Mitarbeiter
		Palettenregal, Fortbewegung per Stapler 20 bis 40 Pos./Std./Mitarbeiter
Lebensmittel-Großhandel		
Colli	Mann zur Ware	Palettenhochregal mit Regalbediengerät 120 Pos./Std./Mitarbeiter
		Palettenhochregal mit Kommissionierungstapler 120 Pos./Std./Mitarbeiter
		Palettenregal, Mitarbeiter neben fahrerlosen Transportsystemen (FTS) 180 bis 350 Pos./Std./Mitarbeiter
		Palettenregal mit Pickcar 200 bis 300 Pos./Std./Mitarbeiter
Pharma-Großhandel		
Kleinpackungen	Mann zur Ware	Fachbodenregal, Fortbewegung zu Fuß 120 bis 150 Pos./Std./Mitarbeiter
		Durchlaufregal, Fortbewegung zu Fuß 180 bis 200 Pos./Std./Mitarbeiter

Abb. 10.18. Leistungsübersicht Kommissioniereinrichtungen (Vogt 1989, S. 118)

Tabelle 10.4. Durchschnittliche Fehlerquoten unterschiedlicher Kommissioniersysteme (ten Hompel 2008, S. 47)

Technisches Hilfsmittel bei der Kommissionierung	Durchschnittliche Fehlerquote
Pick-by-Voice	0,08 %
Beleg	0,35 %
Etiketten	0,37 %
Pick-by-Light	0,40 %
Mobile Terminals	0,46 %
Mobile Terminals und Etiketten	0,94 %

Wiederholungsfragen zu Kapitel 10

1. Erläutern Sie den Unterschied zwischen der dynamischen und statischen Kommissionierung!
2. Bei der Bestimmung der Kommissionierzeit sind verschiedene notwendige Zeitabschnitte zu berücksichtigen. Welche?
3. Beschreiben Sie zwei gängige Kennzahlen zur Messung der Kommissionierleistung!

11 Produktion und Kosten

Zu den wichtigsten Begriffen der Betriebswirtschaftslehre zählt der Kostenbegriff. Unter Kosten versteht man den bewerteten leistungsbezogenen Verzehr von Gütern und Dienstleistungen im Produktionsprozess und die Aufrechterhaltung der damit erforderlichen Kapazitäten.

11.1 Kostenbegriffe

Die Untersuchung der Kostenstruktur eines Betriebes beruht auf der Unterteilung der Kosten in

- vom Beschäftigungsgrad unabhängige Kosten (*fixe Kosten*) und
- vom Beschäftigungsgrad abhängige Kosten (*variable Kosten*).

11.1.1 Fixe Kosten

Produzieren kann ein Betrieb nur, wenn bestimmte Grundvoraussetzungen erfüllt sind. Dazu gehören zum Beispiel der Kauf oder die Miete von Betriebsmitteln und der Aufbau der gesamten Organisation (Wöhe 2010, S. 307). Die Erfüllung dieser Grundvoraussetzungen verursacht Kosten, die man als *fixe* Kosten bezeichnet. Fixe Kosten sind unabhängig von der jeweils betrachteten Kosteneinflussgröße wie z.B. der Beschäftigung einer Kostenstelle oder des Gesamtunternehmens (Roberts 2010, S. 1095).

Beispiele hierfür sind Abschreibungen auf Gebäude und Maschinen, Miete, Versicherung, Arbeits(Personal)kosten unabhängig vom Output, und Steuern.

Fixe Kosten, die den Betrieb in einen betriebsbereiten Zustand versetzen und über den gesamten Beschäftigungsspielraum eines Betriebes konstant sind, werden *absolut fixe Kosten* genannt. Bei fixen Kosten, die nur in bestimmten Beschäftigungsintervallen unverändert bleiben und sich ab einer bestimmten Beschäftigungsgrenze sprunghaft erhöhen, wird von *sprungfixen Kosten* gesprochen.

Beispiel: Ein Kundenauftrag erfordert die Produktion von weiteren 150 Stück des Produktes. Da alle Maschinen ausgelastet sind, muss für die zusätzliche Fertigung nicht nur zusätzliche Bearbeitungszeit eingeplant werden, es müssen ebenfalls eine neue Maschine gekauft, drei neue Arbeitskräfte angestellt und dadurch die Montagehalle erweitert werden.

Inwieweit die fixen Kosten bei der Leistungserstellung genutzt werden, wird durch die Begriffe *Nutzkosten* und *Leerkosten* definiert.

Als *Leerkosten* bezeichnet man den Teil der fixen Kosten, die zwar anfallen und somit bezahlt werden, aber sich auf nicht genutzter Kapazität beziehen.

Beispiel: Die mit einer Arbeitskraft eingekaufte Kapazität (35 Wochenstunden) wird nur dann voll ausgenutzt, wenn auch genau 35 Stunden oder ein vielfaches davon benötigt wird. Wenn weniger benötigt wird, dann entstehen Leerkosten.

Als *Nutzkosten* versteht man im Gegensatz zu Leerkosten die Kosten für die im Produktionsprozess tatsächlich genutzten Faktoreinheiten. Das Verhältnis der Nutzkosten zu den fixen Kosten bei Vollbeschäftigung bezeichnet man als Beschäftigungsgrad. Bei einem Beschäftigungsgrad von 100% werden die gesamten fixen Kosten zu Nutzkosten.

11.1.2 Variable Kosten

Variable Kosten sind vom Beschäftigungsgrad und somit von der jeweiligen Produktionsmenge eines Betriebes abhängig. Zu den variablen Kosten zählen z.B. Materialkosten, Rohstoffkosten, Energiekosten und Lohnkosten. Variable Kosten können proportional, degressiv, progressiv oder regressiv verlaufen.

Proportional variable Kosten haben einen linearen Kostenverlauf und verändern sich im gleichen Verhältnis wie die Beschäftigung eines Betriebes.

Degressiv variable Kosten verändern sich im Verhältnis zur Beschäftigung unterproportional. D.h. bei steigender Beschäftigung steigen die variablen Kosten in geringerem Maße als die Beschäftigung.

Progressiv variable Kosten dagegen verändern sich im Verhältnis zur Beschäftigung überproportional und verhalten sich entgegengesetzt zu den degressiv variablen Kosten.

11.1.3 Gesamtkosten und Durchschnittskosten

Die *Gesamtkosten* setzen sich aus den fixen Kosten und den variablen Kosten zusammen. Durch Division der Gesamtkosten durch die Ausbringungsmenge erhält man die *Durchschnittskosten* oder *Stückkosten*, die sich wiederum aus den fixen Stückkosten und den variablen Stückkosten zusammensetzen (Wöhe 2010, S. 310).

11.1.4 Grenzkosten und Grenzertrag

Grenzkosten sind die zusätzlichen Kosten je Produktionseinheit, d.h. die entstehenden Kosten, die bei der Produktion einer weiteren Mengeneinheit eines Produktes anfallen.

Da die *Grenzkostenfunktion* die Steigung der Gesamtkostenfunktion angibt führen lineare Gesamtkostenfunktionen zu konstanten Grenzkostenfunktionen, progressiv steigende Gesamtkostenfunktionen zu steigenden Grenzkostenfunktionen und degressiv steigende Gesamtkostenfunktionen zu fallenden Grenzkostenfunktionen, vgl. auch Abb. 11.1 (Wöhe 2010, S. 310).

Grenzertrag: Der Grenzertrag gibt an, um wie viele Mengeneinheiten der Ertrag zunimmt, wenn der Einsatzfaktor um eine Einheit erhöht wird. Wird z.B. der Düngereinsatz bei Getreide um 1 kg erhöht, dann werden bei gleicher Anbaufläche 3 kg Getreide mehr geerntet.

Alternativ eingesetzte Arbeiter	Erzielter Gesamtertrag (in Ztr.)	Grenzertrag (in Ztr.)	Durchschnittsertrag (in Ztr.)
v_1	y	$y' = \frac{\Delta y}{\Delta v_1}$	$\bar{y} = \frac{y}{v_1}$
1	5	8	5,0
2	13	12	6,5
3	25	14	8,3
4	39	16	9,7
5	55	15	11,0
6	70	14	12,0
7	84	12	12,0
8	96	10	11,8
9	106	8	11,4
10	114	7	11,0
11	121	5	10,3
12	126	4	10,0
13	130	2	10,0
14	132	0	9,4
15	132	-2	8,8
16	130	-3	8,1
17	127		7,5

Abb. 11.1. Zahlenbeispiel zum Ertragsgesetz (Fischbach 1996, S. 254)

11.2 Produktionsfunktionen und Kostenfunktionen

Eine Produktionsfunktion stellt bei gegebener Produktionstechnik den Zusammenhang von Faktoreinsatz (Input) zu Faktorausbringung (Output) dar. Produktionsfaktoren als Inputfaktoren können austauschbar sein. Inputfaktoren können als Elementarfaktor menschliche Arbeitskraft, Betriebsmittel, Roh-, Hilfs- und Betriebsstoffe und als dispositiver Faktor die Unternehmensführung sein.

Outputfaktoren können den Inputfaktoren nur schwierig direkt zugeordnet werden. Outputfaktoren können Investitionsgüter, Konsumgüter, Dienstleistungen und Produkte sein.

Reale Produktionsfunktion: Das Verhältnis bezieht sich auf reine Mengen (Ertragsfunktion – Produktionsfunktion B).

Monetäre Produktionsfunktion: Das Verhältnis bezieht sich auf die mit Preisen bewertete Einsatz- und Ausbringungsmenge (Kostenfunktion).

11.2.1 Unterteilung der Produktionsfunktionen

Unterschieden wird zwischen Mikro- und Makroökonomischen Produktionsfunktionen.

- *Makroökonomische Produktionsfunktionen* beschreiben die Relation zwischen den Inputfaktoren (Produktionsfaktoren) und dem sich ergebenden Output (Sozialprodukt) einer Volkswirtschaft.
- *Mikroökonomische Produktionsfunktionen* sind die Funktionen vom Typ A–C, die sich aus der betriebswirtschaftlichen Produktionstheorie entwickelten:
  - Die *Produktionsfunktion vom Typ A* ergibt einen Produktionsverlauf nach dem sog. Ertragsgesetz mit substituierbaren Einsatzfaktoren.
  - Die *Produktionsfunktion vom Typ B* (E. Gutenberg) basiert auf limitationalen Produktionsfaktoren und findet insbesondere in der Industrie Anwendung.
  - Die *Produktionsfunktion vom Typ C* (E. Heinen) basiert auf Typ B, wurde aber mit dem Ziel verfeinert, die Mannigfaltigkeit betrieblicher Produktionsprozesse besser zu erfassen.

11.2.2 Produktions- und Kostenfunktion vom Typ A

Das Ertragsgesetz als eine spezielle Form der Produktionsfunktion vom Typ A bildet den Ausgangspunkt für die später entwickelten Produktions- und Kostentheorien.

11.2.2.1 Die Produktionsfunktion vom Typ A (Ertragsgesetz)

Die Produktionsfunktion vom Typ A beschreibt den Zusammenhang zwischen dem Einsatz eines konstanten Faktors (z.B. der Faktor Boden in der Landwirtschaft) mit einem variablen Faktor (z.B. die Arbeitsleistung eines Menschen). Sie beschreibt somit den Zusammenhang zwischen dem Ertrag und dem Faktoreinsatz (Roberts 2010, S. 952).

Folgende Kennzeichen charakterisieren die Produktionsfunktion vom Typ A:

- nur substitutionale Faktorbeziehungen,
- konstante Qualität der Einsatzgüter,
- nur ein Produkt wird hergestellt,
- die Produktionstechnik bleibt unverändert.

Beispiel Landwirtschaftsbetrieb: (Fischbach 1996, S. 253ff)

Konstanter Faktor: 1 ha landwirtschaftliche Fläche
Variabler Faktor: eingesetzte Landarbeiter
Ertrag: Zentner Kartoffeln

Zunächst bearbeitet ein Arbeiter einen ha Boden allein und erzielt einen Ertrag von fünf Zentnern Kartoffeln. Dann werden zwei Arbeiter eingesetzt, die dreizehn Zentner Kartoffeln erwirtschaften usw.

Die Daten dieses Beispiels lassen sich in eine graphische Darstellung (s. Abb. 11.2) übertragen. Es ergeben sich Kurvenverläufe nach dem Ertragsgesetz für den Gesamtertrag y', den Grenzertrag y' und den Durchschnittsertrag $\bar{y}$.

Aus den Kurvenverläufen lassen sich folgende Gesetzmäßigkeiten ableiten:

Auswertung der Gesamtertragskurve y

Bis zum Wendepunkt (zwischen 4 und 5 eingesetzten Arbeitern) ergeben sich progressive (überproportionale) Zuwachsraten zum Gesamtertrag. Im Wendepunkt liegen proportionale Zuwachsraten vor. Nach dem Wendepunkt ergeben sich bis zum Maximum (Punkt M) degressive (unterproportionale Zuwachsraten) zum Gesamtertrag.

Nach dem Maximum des Gesamtertrages (bei 14–15 eingesetzten Arbeitern) geht der erzielte Gesamtertrag zurück bzw. es ergeben sich negative Ertragszuwächse.

Der „S"-förmige Verlauf der Gesamtertragskurve spiegelt den typischen Ertragsverlauf der Produktionsfunktion A wieder.

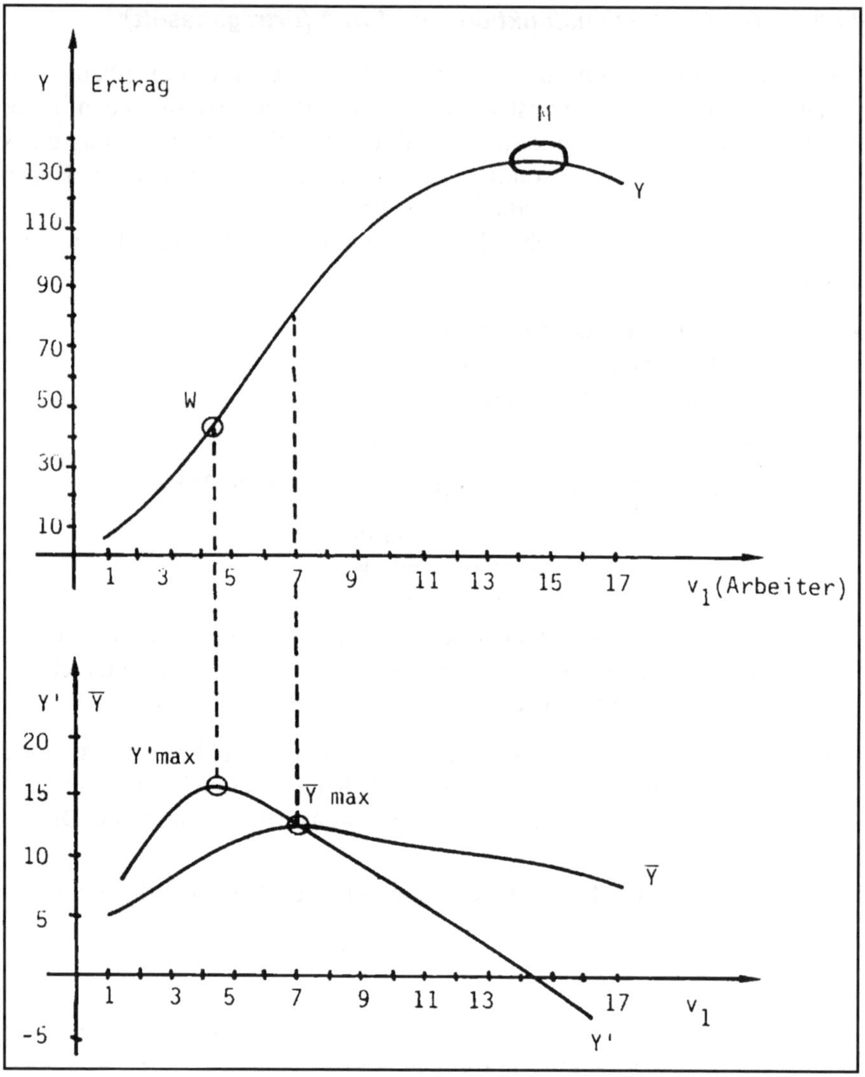

Abb. 11.2. Gesamtertragskurvenverlauf, Grenz- und Durchschnittskurvenverlauf der Produktionsfunktion A (Fischbach 1996, S. 256)

Auswertung der Grenzertragskurve y'

Bis zum Maximum von y' ergeben sich zunehmende Grenzerträge (zwischen 4 und 5 Arbeitern). Dieses Maximum von y' entspricht dem Punkt W der Gesamtertragskurve y. Ab dem Maximum von y' verzeichnen sich abnehmende Grenzerträge, d.h. bis max y' steigt die y'-Kurve an, nach max y' fällt die Kurve. Zwischen 14 und 15 Arbeitern schneidet die y' Kurve die Abszisse, d.h. es ergeben sich negative Grenzerträge, was identisch ist mit dem Punkt M der Gesamtertragskurve.

Auswertung der Durchschnittsertragskurve $\bar{y}$

Die Durchschnittsertragskurve ($\bar{y}$-Kurve) zeigt zuerst einen wachsenden Durchschnittsertrag, der bei sechs und sieben Arbeitern seinen maximalen Wert erreicht. Ab dem Maximum von $\bar{y}$ ergeben sich nur noch abnehmende Durchschnittserträge.

Erklärung des Beispiels für Produktionsfunktion A

Eine landwirtschaftliche Fläche wird mit Handelsdünger gedüngt. Zuerst gibt es zunehmende Erträge (Wirkung des Düngers), dann abnehmende Erträge (die Wirkung lässt nach), danach negative Erträge (Überdüngung des Bodens führt zum Ertragsrückgang) („S"-förmiger Verlauf).

Zuerst mit Hilfe eines Beispiels aus der Landwirtschaft formuliert, wurde das *Ertragsgesetz* von *Gutenberg* auf Probleme der industriellen Fertigung übertragen. Er definierte das Ertragsgesetz wie folgt: „Wenn man die Einsatzmenge eines Faktors (einer Faktorgruppe) bei Konstanz der Einsatzmenge eines anderen Faktors (einer anderen Faktorgruppe) sukzessive vermehrt, dann ergeben sich zunächst steigende, dann abnehmende Ertragszuwächse. Nach Erreichen einer bestimmten Faktoreinsatzmenge werden die Ertragszuwächse negativ."

$$\text{Ertragszuwachs} = \text{Grenzertrag} \qquad (11.1)$$

(Gutenberg 1983, S. 308)

11.2.2.2 Die Kostenfunktion vom Typ A

Die Kostenfunktion ist eine monetäre Ertragsfunktion. Kosten sind die mit ihren Preisen bewerteten Faktoreinsatzmengen. Bei der Kostenbetrachtung wird untersucht, wie sich die Kosten ändern, wenn unterschiedliche Mengen ausgebracht werden. Die Kosten werden zu den ausgebrachten Mengen in Beziehung gesetzt. Degressive (unterproportionale) und progressive (überproportionale) Kostenverläufe sind in allen Wirtschaftszweigen vorhanden, auch in der Industrie. Bei Produktionsbeginn läuft die Produktion nicht optimal. Die Kosten steigen bei Annäherung an die Kapazitätsgrenze progressiv an. In der volkswirtschaftlichen Theorie wird ein „S"-förmiger Gesamtkostenverlauf unterstellt (Spiegelung der Ertragskurve) (Frank 1995, S. 90f).

11.2.3 Produktions- und Kostenfunktion vom Typ B

11.2.3.1 Die Produktionsfunktion vom Typ B

Bei der Produktionsfunktion vom Typ B (Leontief-Funktion) handelt es sich um den Einsatz komplementärer (sich ergänzender) limitationaler (sich begrenzender) Produktionsfaktoren (Jehle 1999, S. 134ff).

Die variablen Produktionsfaktoren sind nur in einem bestimmten Verhältnis miteinander zu kombinieren. Kein Faktor kann durch einen anderen substituiert werden. Steigender Input führt zu einem proportional steigenden Output. Eine Unterscheidung erfolgt nach der Art der Kombination der Inputfaktoren.

- *Produktionsfunktion vom Typ B bei limitationalen (komplementären) Inputfaktoren*

Diese Inputfaktoren lassen sich nur in einer festen gegebenen technischen Relation zum Einsatz bringen. Die Vermehrung eines Inputfaktors bleibt hier ohne Auswirkung. Die Verminderung eines Outputfaktors hingegen würde eine erhebliche Reduzierung des Outputs ergeben.

Beispiel: Eine Maschine ist so konstruiert, dass sie von einer Person bedient werden muss. Substitution von Mensch-Maschine ist somit ausgeschlossen.

1 Arbeiter = 1 Maschine, 2 Arbeiter = 2 Maschinen

- *Produktionsfunktion vom Typ B bei substitutionalen Inputfaktoren*

Diese Inputfaktoren lassen sich gegenseitig austauschen, ohne dass sich der Output verändert. Faktor 1 wird reduziert, dafür wird Faktor 2 erhöht. Der Gesamtinput ist aber insgesamt gleich geblieben.

Beispiel: Landwirtschaftsfaktoren: Boden, Arbeitszeit, Dünger.

Die Faktoren Boden, Arbeitszeit und Dünger sind in gewissen Grenzen substituierbar.

1 Arbeiter = 1 ha, 1 Maschine = 1 ha, 1 dt Dünger = 1 ha

Die Produktionsfunktion vom Typ B kann in der Industrie, chemischen Industrie wie auch in der Landwirtschaft eingesetzt werden.

11.2.3.2 Die Kostenfunktion vom Typ B

Wenn steigende Inputmengen zu einem proportional steigenden Output führen, erhöhen sich die variablen Kosten überproportional, während die Kurve der variablen Kosten linear verläuft.

Die Produktionsfunktion vom Typ B zeichnet sich im Vergleich zur Produktionsfunktion vom Typ A vor allem durch eine technische Fundierung der produktionstheoretischen Aussagen aus.

Die Produktionstheorie kann die Produktionsmöglichkeiten vollständiger erfassen, analysieren und erklären (Jehle 1999, S. 134ff).

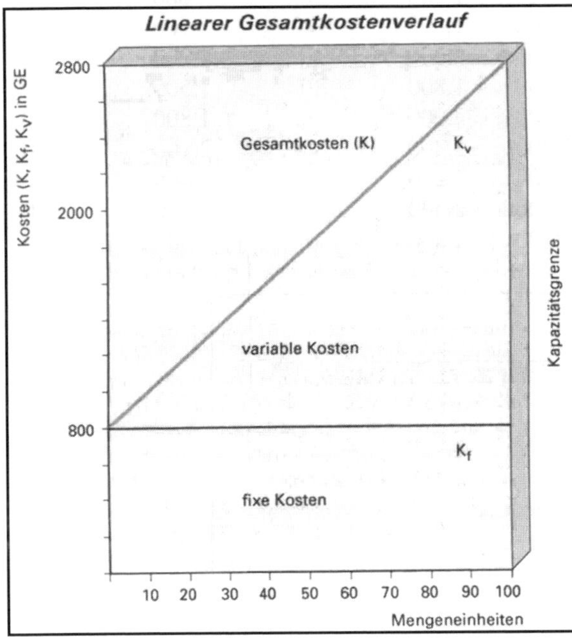

Kurve der variablen Kosten: Sie beginnt bei Nullproduktion im Nullpunkt. Unter der Annahme konstanter variabler Kosten je Stück steigt sie linear an.

Gesamtkostenkurve: Die Gesamtkostenkurve verläuft oberhalb der Fixkostenkurve parallel zur Kurve der variablen Kosten.

Output m	fixe Kosten K_f	variable Kosten K_v	Gesamtkosten K
10	800	200	1 000
20	800	400	1 200
30	800	600	1 400
40	800	800	1 600
50	800	1 000	1 800
60	800	1 200	2 000
70	800	1 400	2 200
80	800	1 600	2 400
90	800	1 800	2 600
100	800	2 000	2 800

Abb. 11.3. Gesamtkostenverlauf Produktionsfunktion Typ B (Frank 1995, S. 96)

11.2.3.3 Die Erlösfunktion der Produktionsfunktion B

Die Erlösfunktion zeigt, wie groß bei unterschiedlichen Verkaufsmengen der erzielte Erlös (Umsatz) ist:

$$\text{Erlös} = \text{Verkaufsmenge} \cdot \text{Preis je Stück } (m \cdot p) \tag{11.2}$$

Es wird davon ausgegangen, dass der Marktpreis konstant ist und vom Unternehmer nicht beeinflusst wird.

Bei gleichem Stückpreis ist die Erlöskurve eine Gerade, beginnend im Nullpunkt und mit maximaler Höhe an der Kapazitätsgrenze. Die Differenz zwischen Erlösen und Kosten gibt Auskunft über den Erfolg des Unternehmers. Ist der Erfolg negativ (Kosten > Erlöse) entsteht ein Verlust.

Um den Gewinn zu maximieren, muss der Unternehmer versuchen, stets an der Kapazitätsgrenze zu produzieren.

Tabelle 11.1. Kosten – Erlöse – Gewinne

Output m	**fixe Kosten** K_f	**variable Kosten** K_v	**Gesamt-kosten** K	**Stück-erlös** P	**Gesamt-erlös** E	**Verlust/ Gewinn** V/G
10	800	200	1.000	30	300	– 700
20	800	400	1.200	30	600	– 600
30	800	600	1.400	30	900	– 500
40	800	800	1.600	30	1.200	– 400
50	800	1.000	1.800	30	1.500	– 300
60	800	1.200	2.000	30	1.800	– 200
70	800	1.400	2.200	30	2.100	– 100
80	800	1.600	**2.400**	30	**2.400**	0
90	800	1.800	2.600	30	2.700	100
100	800	2.000	2.800	30	3.000	200

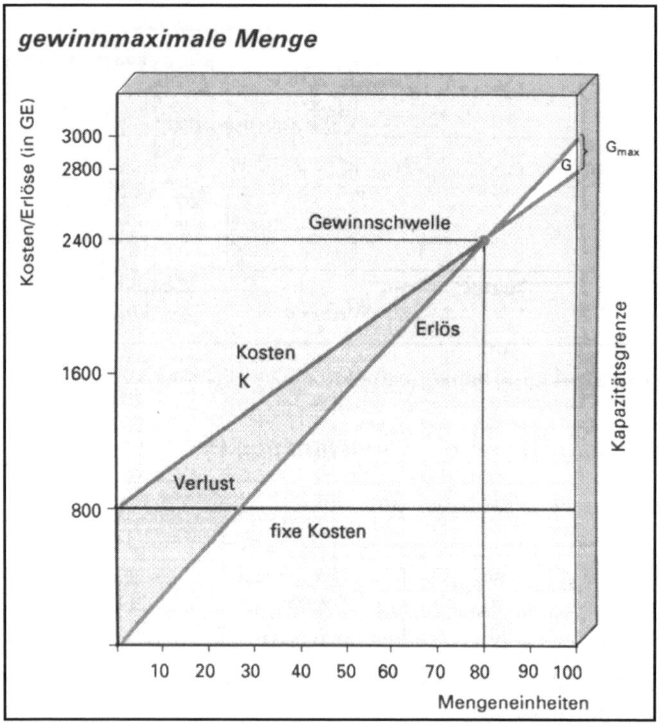

Abb. 11.4. Erlösfunktion der Produktionsfunktion B (Frank 1995, S. 97)

Wiederholungsfrage zu Kapitel 11

Erklären Sie die Produktionsfunktion vom Typ B bei limitationalen (komplementären) Inputfaktoren!

12 Produktion, Fertigung, Ersatzteil- und Instandhaltungsmanagement

12.1 Kostentheoretische Grundlagen in Produktion und Fertigung

Das folgende Kapitel zeigt die kostentheoretischen Grundlagen und Begriffe für die Produktion und Fertigung. Die Begriffe werden jeweils anhand von Praxisbeispielen näher erklärt.

12.1.1 Der Kostenbegriff

Bezogen auf den wertmäßigen Kostenbegriff sind Kosten definiert als ein (1) in Geldeinheiten bewerteter, (2) leistungsbezogener (3) Gütereinsatz. Dabei müssen alle drei genannten Kriterien zusammen erfüllt sein:

(1) *Bewertung*: Der leistungsbezogene Gütereinsatz muss bewertet werden können, d.h. in Geldeinheiten messbar sein (z.B. leistungsbezogener Gütereinsatz von 5 kg eines Rohstoffs für 20 Euro pro kg ergibt einen Gesamtgütereinsatz in Höhe von 100 Euro).

(2) *Leistungsbezogenheit*: Der Gütereinsatz muss leistungsbezogen erfolgen, d.h. dieser muss dem Betriebszweck zugeordnet werden können (z.B. Rohstoffeinsatz zur Herstellung von Schränken bei einem Möbelproduzenten).

Da sich eine Einzelfallabgrenzung in der Praxis häufig problematisch darstellt, schlagen Hoitsch/Lingnau (2007) als pragmatische Vorgehensweise die Zugrundelegung einer „Betriebszweckvermutung" vor, nach welcher nur offensichtlich nicht leistungsbezogene Gütereinsätze abgegrenzt werden.

(3) *Gütereinsatz*: Die zur Produktion der Kostenträger eingesetzten Güter müssen verzehrt werden. Bei Repetiergütern ist hierunter die Umwandlung (z.B. Roh-, Hilfs- und Betriebsstoffe) bzw. der Verbrauch (z.B.

Fertigungslöhne), bei materiellen Potenzialgütern die Abnutzung im Sinne einer Verringerung ihres Nutzungsvorrats (z.B. Abschreibungen bei Produktionsmaschinen) und bei immateriellen Potenzialgütern die Befristung des Verfügungsrechts (z.B. Laufzeit von Softwarelizenzen) zu verstehen.

12.1.2 Kostendifferenzierung

Die im Unternehmen anfallenden Kosten können u.a. differenziert werden nach:

- der Art der verbrauchten Güter und Leistungen (Einteilung in Kostenartenhauptgruppen im Zuge der Kostenartenrechnung),
- der Herkunft der Kosten (Grund-, Anders- und Zusatzkosten),
- dem betrieblichen Funktionsbereich der Kostenentstehung (Kostenstellen),
- dem Zeitbezug der Kostenzurechnung (Plan-, Normal- und Ist-Kostenrechnung),
- dem Ort der Kostenentstehung (primäre und sekundäre),
- der Zurechenbarkeit in Bezug auf den Kostenträger (Einzel- und Gemeinkosten),
- der zu Grunde liegenden Kostenfunktion (fixe und variable Kosten),
- der Kapazitätsnutzung (Nutz- und Leerkosten).

Den Zusammenhang zwischen den drei letztgenannten Differenzierungsmöglichkeiten verdeutlicht Abb. 12.1.

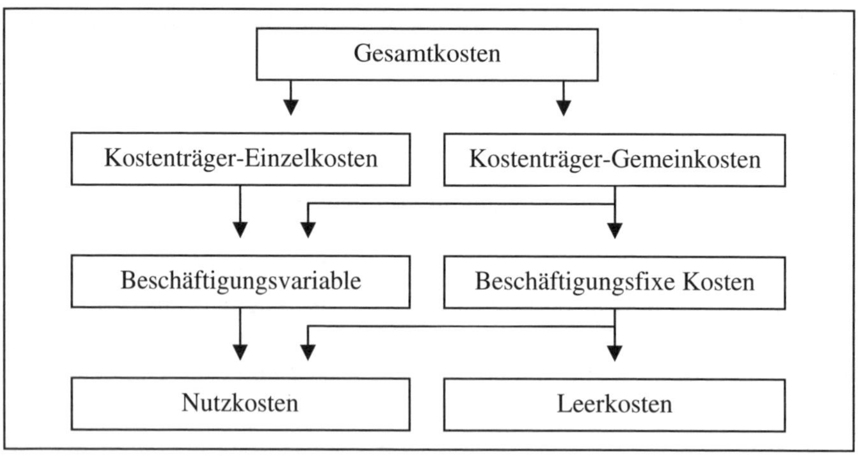

Abb. 12.1. Kategorisierung der Gesamtkosten

Die Gesamtkosten des Unternehmens lassen sich im Hinblick auf den Kostenträger – also demjenigen Bezugsobjekt, welchem Kosten nach Möglichkeit verursachungsgerecht zuzuordnen sind – in Einzel- und Gemeinkosten unterteilen. Einzelkosten können dem Kostenträger direkt zugerechnet werden, wie z.B. der zur Leistungserstellung notwendige Rohstoffeinsatz oder die Fertigungslöhne (Fertigungszeit). Gemeinkosten können dem Kostenträger hingegen nicht direkt zugerechnet werden, wie z.B. die Abschreibungskosten der Produktionsmaschinen.

Nach der zu Grunde liegenden Kostenfunktion ist eine weitere Untergliederung in Abhängigkeit des Beschäftigungsgrads möglich.

Es werden Kosten, deren Höhe bei Beschäftigungsveränderungen variieren, entsprechend als variable Kosten bezeichnet, wie z.B. Rohstoff- oder Fertigungslohnkosten. Kosten, deren Höhe unabhängig vom Beschäftigungsgrad sind, werden als fixe Kosten bezeichnet, wie z.B. die Abschreibungskosten der Produktionsmaschinen. Es fällt auf, dass die hier gewählten Beispiele für Kostenträger-Einzelkosten und beschäftigungsvariable Kosten sowie Kostenträger-Gemeinkosten und beschäftigungsfixe Kosten identisch sind.

Bei Betrachtung der Abb. 12.2 wird deutlich, dass diese Zusammenhänge bestehen *können*, aber nicht bestehen *müssen*! So sind zwar Einzelkosten stets variable Kosten, doch können Gemeinkosten sowohl beschäftigungsvariable als auch beschäftigungsfixe Beziehungen aufweisen.

Dies soll am Beispiel der Energiekosten eines Kopiergeräts deutlich gemacht werden.

Um mit dem Produktionsprozess in Form von Kopien beginnen zu können, muss das Kopiergerät in einen betriebsbereiten Zustand versetzt werden. Hierfür wird das Gerät aufgewärmt, wobei Energiekosten anfallen, ohne dass zu diesem Zeitpunkt Kopien produziert werden. Die anfallenden Energiekosten sind somit beschäftigungsfix. Sie sind außerdem als Gemeinkosten einzuordnen, da sie den Kostenträgern (Kopien) nicht direkt zugerechnet werden können. Der anschließende Produktionsprozess (Erstellung von Kopien) verursacht erneut Energiekosten, welche beschäftigungsvariabel anfallen und somit dem Kostenträger direkt zuzurechnen sind. Das Beispiel zeigt einerseits, dass Gemeinkosten sowohl beschäftigungsvariable als auch beschäftigungsfixe Bestandteile enthalten können, es verdeutlicht aber auch andererseits die faktische Unmöglichkeit, beschäftigungsvariable und beschäftigungsfixe Bestandteile im Falle der Gemeinkosten überschneidungsfrei von einander zu trennen. Ein analoges Exempel im Kontext des Fertigungsprozesses wären Hilfsstoffkosten, wie z.B. Schmiermittelkosten.

Der oben dargestellten Systematik folgend ist eine weitere Untergliederung in Nutz- und Leerkosten möglich. Nutzkosten sind diejenigen Kosten, die auf den genutzten Kapazitätsanteil entfallen, Leerkosten hingegen diejenigen Kosten, die dem *un*genutzten Kapazitätsanteil zuzurechnen sind. Daraus folgt, dass Einzelkosten bzw. variable Kosten stets Nutzkosten sind, Gemeinkosten bzw. fixe Kosten aber sowohl Nutzkosten, als auch Leerkosten sein können. Diesen Zusammenhang verdeutlicht Abb. 12.2.

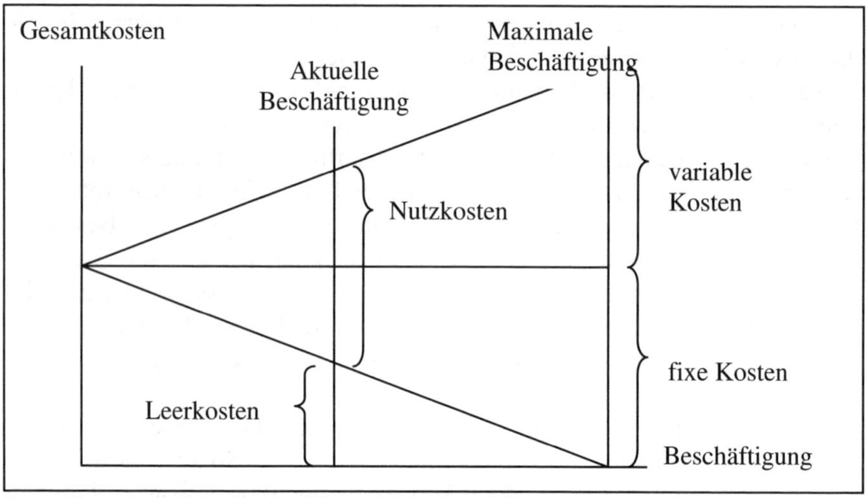

Darstellung in Anlehnung an Hoitsch/Lingnau 2007, S. 61

Abb. 12.2. Gesamtkostenaufgliederung in Abhängigkeit von der Beschäftigung

Bei zunehmender Beschäftigung sinkt der Anteil der Leerkosten an den Gesamtkosten, während der Anteil der Nutzkosten entsprechend steigt. Es gelten die folgenden Beziehungen:

Gesamtkosten = Nutzkosten + Leerkosten

$$\text{Nutzkosten} = \sum \text{variable Kosten} + \sum \text{fixeKosten} \cdot \frac{\text{Aktuelle Beschäftigung}}{\text{Maximale Beschäftigung}}$$

$$\text{Leerkosten} = \sum \text{fixe Kosten} \cdot \left(1 - \frac{\text{Aktuelle Beschäftigung}}{\text{Maximale Beschäftigung}}\right)$$

12.1.3 Kostenverläufe

In Abhängigkeit zur Beschäftigung können lineare, progressive, degressive, regressive, absolut fixe und sprungfixe Kostenverläufe unterschieden werden (s. Abb. 12.3).

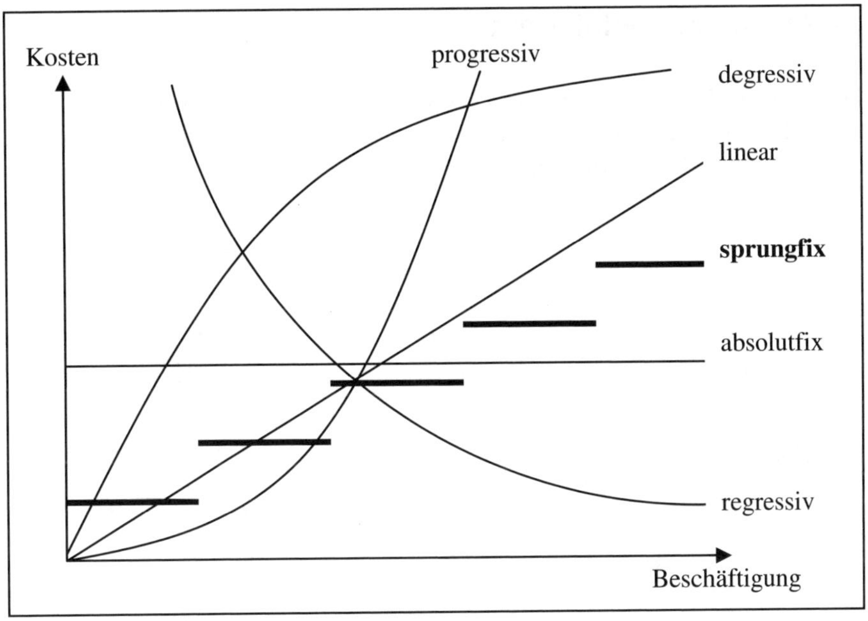

Abb. 12.3. Kostenverläufe in Abhängigkeit von der Beschäftigung

In der Praxis treten diese idealtypisch dargestellten Kostenverläufe äußerst selten in Erscheinung, vielmehr liegen Mischformen vor. So kann z.B. für Materialkosten grundsätzlich ein linearer Kostenverlauf unterstellt werden, welcher aber ab der Realisierung von beschaffungsseitigen Mengenrabatten in einen degressiven Verlauf übergeht. Ähnliches gilt für Fertigungslohnkosten, die im Falle von Überstundenzulagen einen entsprechenden progressiven Verlauf nehmen.

Fixe Kosten können als absolut fixe Kosten (z.B. Mietkosten) und als sprungfixe Kosten vorliegen (z.B. Kosten für die Ingangsetzung einer zusätzlichen Produktionsmaschine oder Kosten für eine zusätzlich eingestellte Arbeitskraft).

Das Vorliegen regressiver, d.h. mit zunehmender Beschäftigung abnehmender Kosten kann als äußerst selten bezeichnet werden, wie z.B. Wärmeenergiekosten bei der Metallverhüttung oder Heizkosten in Räumen im Falle einer steigenden Personenzahl.

12.2 Produktionsfaktoren

Der Begriff Produktionsfaktor (Synonym: Input(faktoren), Einsatz(faktoren), Produktoren) bezeichnet in den Produktionsprozess eingehende Sachgüter und Dienstleistungen und kann, wie Abb. 12.4 zeigt, systematisiert werden.

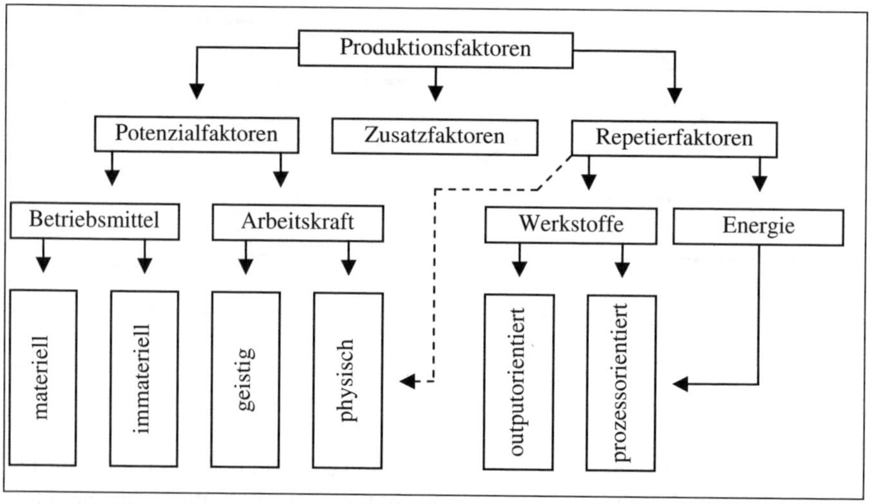

Abb. 12.4. Produktionsfaktoren (Darstellung in Anlehnung an und in Erweiterung von Hoitsch 1993, S. 4)

12.2.1 Potenzialfaktoren

Potenzialfaktoren (Synonym: Nutzungsfaktoren) stellen für das Unternehmen ihr Leistungsvermögen bzw. ihren Nutzenvorrat (als Betriebsmittel oder in Form von Arbeitskraft) über mehrere Perioden zur Verfügung, d h. sie dienen dem Unternehmen mittel- bis langfristig.

12.2.1.1 Betriebsmittel

Betriebsmittel dienen als Potenzialfaktoren dem Unternehmen mittel- bis langfristig und können in materieller (z.B. Gebäude, Maschinen, Fuhrpark) oder immaterieller Form vorliegen (z.B. Patente, Software). In der Kosten- und Leistungsrechnung werden Betriebsmittelkosten z.B. als kalkulatorische Abschreibungen, kalkulatorische Zinsen oder kalkulatorische Wagnisse erfasst.

Eine Systematisierung der in den produzierenden Unternehmen üblicherweise eingesetzten Betriebsmittel kann Abb. 12.5 entnommen werden.

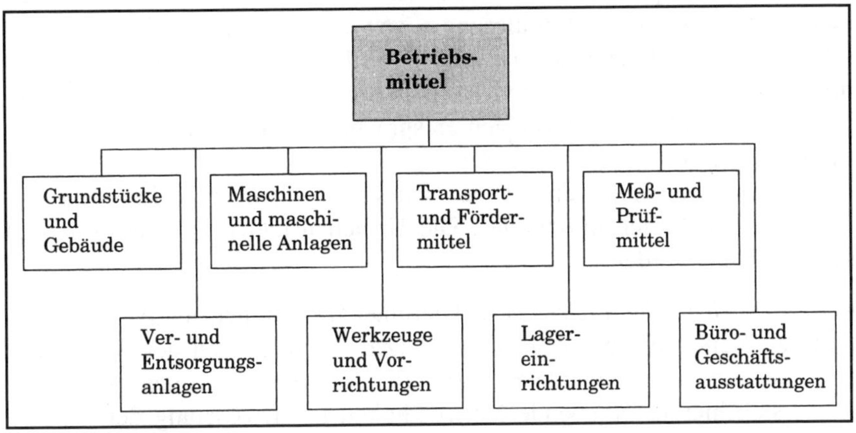

Abb. 12.5. Systematisierung der Betriebsmittel (Steinbuch 1999, S. 137)

Grundvoraussetzung für eine optimale Ergiebigkeit der Betriebsmittel ist ein nach Möglichkeit hoher technischer Leistungsstand sowie spezielle Eignungsfaktoren. Die beiden genannten Komponenten lassen sich, wie in Abb. 12.6 dargestellt, nach weiteren Kriterien untergliedern.

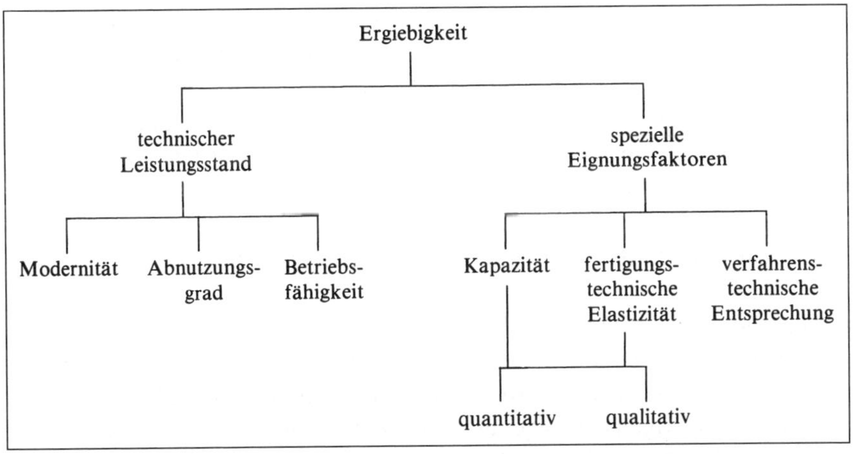

Abb. 12.6. Ergiebigkeitskomponenten von Betriebsmitteln (Jehle 1999, S. 21)

Der *technische Leistungsstand* eines Betriebsmittels wird insbesondere von den Kriterien Modernität, Abnutzungsgrad und Betriebsfähigkeit bestimmt.

Je stärker das Kriterium der *Modernität* erfüllt ist, also je mehr ein Betriebsmittel dem aktuellen Stand der Technik (wie z.B. Roboter, CNC-Maschinen) entspricht, desto größer ist i.d.R. dessen Leistungsfähigkeit und Wirtschaftlichkeit. Veralterung – sowohl technischer, als auch wirtschaftlicher Art (Letzteres wäre z.B. im Falle einer Änderung der Produktionsstruktur, bei welcher eine Maschine nicht anderweitig betrieblich eingesetzt werden kann) – wirkt sich entsprechend wertmindernd auf das Betriebsmittel aus.

Der *Abnutzungsgrad* drückt das sich stetig verringernde Leistungsvermögen eines Betriebsmittels aus. Die Ursachen hierfür können wie folgt systematisiert werden:

- *Verbrauchsbedingte Ursachen*: Hierunter fallen einerseits Abnutzungen durch Verschleiß bei Anlagegütern (z.B. Steigerungen der Ausschussquote aufgrund abgenutzter Formteile bei Produktionsmaschinen oder die sich hieraus ergebende Notwendigkeit der Drosselung der Produktionsgeschwindigkeit) und andererseits Abnutzung durch Substanzverringerung bei Gewinnungsbetrieben, wie Kohlebergwerken, Kiesgruben oder Steinbrüchen (verursacht durch die stetige Abnahme des Förderguts sowie die Steigerung der Grenzkosten bei fortschreitender Ausbeutung).
- *Umweltbedingte Ursachen*: Diese können auch als sog. „ruhender Verschleiß“ bezeichnet werden. Sie beschreiben den Wertverlust von Anlagegütern, der ausschließlich auf Umgebungseinflüsse zurückzuführen ist, wie Korrosion, Lichteinwirkung, Vibration oder sonstige die Substanz schädigende Einflüsse (z.B. der Kontakt mit Salzwasser). Im weiteren Sinne fällt hierunter auch der Wertverzehr durch (Natur-)Katastrophen, wie z.B. Überschwemmung, Blitzeinschlag oder Brand.
- *Wirtschaftlich bedingte Ursachen*: Diese betreffen Wertminderungen eines Anlageguts aufgrund von (wirtschaftlicher) Veralterung durch technischen Fortschritt sowie Wertminderungen aufgrund gesunkener Wiederbeschaffungswerte.
- *Rechtlich bedingte Ursachen*: Neben dem zeitlichen Ablauf von Konzessionen und Patenten (Nutzungsrechte) fällt hierunter auch der gesetzlich vorgeschriebenen Ersatz eines (unter Umständen noch voll funktionstüchtigen) Anlageguts nach einer vorgegeben Nutzungsdauer (z.B. der Ersatz von Filteranlagen).

In der Praxis begründet sich der zu erfassende Werteverzehr i.d.R. durch das Zusammenwirken mehrerer Ursachen. So mindert sich der Wert einer Filteranlage z.B. gebrauchsbedingt durch Verschleiß, ergänzend führen rechtliche Ursachen zum Wertverzehr, wenn die Filteranlage aufgrund gesetzlicher Vorgaben nach einer bestimmten Nutzungsdauer auszutauschen ist. Es ist anzumerken, dass die hier vorgenommene Einteilung nicht vollständig überschneidungsfrei ist, da z.B. umweltbedingte Ursachen verstärkend auf die verbrauchsbedingten Ursachen wirken können.

Eine Sicherstellung der *Betriebsfähigkeit* wird durch regelmäßige Überwachung, Pflege, Wartung und rechtzeitige Durchführung von notwendigen Reparaturen erreicht. Die Einsatzbereitschaft lässt sich auch dadurch erhöhen, dass die an ihr tätigen Mitarbeiter für den Zustand einer Maschine selbst verantwortlich sind.

Die *speziellen Eignungsfaktoren* eines Betriebsmittels können in die Merkmale Kapazität, fertigungstechnische Elastizität sowie dessen verfahrenstechnische Entsprechung untergliedert werden.

Jedes Betriebsmittel besitzt eine begrenzte Leistungsfähigkeit, die durch den Begriff *Kapazität* gekennzeichnet wird. Die Kapazität kann quantitativ und qualitativ ausgedrückt werden. Unter quantitativer Kapazität versteht man das mengenmäßige Leistungsvermögen eines Betriebsmittels pro Zeiteinheit (z.B. die Ausbringungsmenge einer Stanzmaschine pro Stunde). Die qualitative Kapazität drückt sich in Form der Leistungsarten bzw. der Leistungsgüte eines Betriebsmittels aus. Hierunter fallen z.B. der Umfang an verschiedenen Werkstoffen, die auf einer Maschine bearbeitet werden können (z.B. das Bohren bei verschiedenen Härtegraden), die Einsetzbarkeit des Betriebsmittels in Bezug auf unterschiedliche Arbeitsverrichtungen (z.B. die Bearbeitung verschiedener Produktvarianten) oder die fachlichen Mindestanforderungen, die zur Bedienung eines Betriebsmittels notwendig sind (z.B. den Einsatz von Facharbeitern oder angelernten Hilfskräften).

In Bezug auf die Beschäftigung (i.d.R. die Ausbringungsmenge) lässt sich des Weiteren zwischen der minimalen und der maximalen Kapazität eines Betriebsmittels unterscheiden. Die maximale Kapazität ist die bei voller Auslastung tatsächlich zu erstellende Ausbringungsmenge, während die minimale Kapazität diejenige Ausbringungsmenge beschreibt, die zur wirtschaftlichen Nutzung eines Betriebsmittels notwendig ist (z.B. die in einem Hochofen mindestens zu verhüttende Menge an Erzen zur Metallproduktion).

Die *fertigungstechnische Elastizität* beschreibt die Anpassungsfähigkeit eines Betriebsmittels an variierende Produktionsbedingungen, insbesondere sich verändernde Absatz- und Beschaffungsmöglichkeiten. Quantitativ betrachtet ist dies die Möglichkeit, ein Betriebsmittel durch Veränderung der Einsatzzeiten oder der Produktionsgeschwindigkeit an variierende Ausbringungsmengen anzupassen. Qualitative Elastizität bezieht sich dagegen auf die Möglichkeit, unterschiedliche Qualitätsanforderungen produktionstechnisch zu realisieren (z.B. das Umstellen einer Maschine im Zuge eines Rüstvorgangs).

Die Entscheidung für bestimmte, einzusetzende Betriebsmittel ist mit der Festlegung auf bestimmte Fertigungsverfahren (z.B. Fließfertigung, Werkstattfertigung, Kanban-Systeme), der sog. *verfahrenstechnischen Entsprechung*, verbunden. Die Verfahrenswahl wird von der Umsetzbarkeit und Wirtschaftlichkeit der zur Auswahl stehenden Verfahrensalternativen bestimmt.

12.2.1.2 Arbeitskraft

„[D]ie menschliche Arbeitsleistung [nimmt] als Produktionsfaktor eine Sonderstellung ein" (Hoitsch/Lingnau 2007). Sie wird in der betrieblichen Praxis einerseits, in ihrer geistigen Ausprägung, als Potenzialfaktor angesehen, andererseits, in ihrer physischen Ausprägung, als Repetierfaktor behandelt. Geistige Arbeitskraft (z.B. in der Produktionssteuerung, in der Forschung und Entwicklung oder im Rechnungswesen) wird kostenrechnerisch als Gehalt erfasst. Der repetitive Charakter der physischen Arbeitskraft spiegelt sich im Verbrauch der (kostenrechnerisch als Fertigungslohnkosten) erfassten Fertigungszeit wider.

Die Arbeitsleistung ist das bewertbare Ergebnis, welches aus der menschlichen Arbeit resultiert. Quantitativ lässt sich diese in Abhängigkeit zum Faktor Zeit wie folgt bestimmen:

$$\text{Arbeitsleistung pro Zeiteinheit} = \frac{\text{Ausbringungsmenge}}{\text{Zeit}}$$

Beispiel:

$$\frac{96\ \text{Werkstücke}}{8\ \text{Std.}} = 12\ \text{Werkstücke/Std.}$$

Es wird deutlich, dass die menschliche Arbeitsleistung nur über Ersatzgrößen im Sinne einer indirekten Messung, wie die Anzahl der Arbeitsverrichtungen oder die Vorgabezeiten (z.B. die von einem Fliesenleger verlegten m^2 oder die von einem Dreher gefertigten Werkstücke) bestimmt werden kann. Nach Gutenberg lassen sich i.d.R. zuverlässige Messwerte jedoch nur für objektbezogene Arbeitsleistungen ermitteln. Als objektbezogene Arbeitsleistungen verstehen sich sämtliche Tätigkeiten, die unmittelbar mit dem Leistungsprozess zusammenhängen und von primär ausführender Art sind. Die objektbezogenen Arbeitsleistungen unterteilen sich in Arbeitsverrichtungen, die unmittelbar am Produkt vollzogen werden (wie z.B. Werkstatt- oder Montagearbeiten), Maschinenbedienungsarbeiten, die mittelbar zur Produktentstehung beitragen (wie z.B. das Einlegen von Werkstücken zur maschinellen Bearbeitung oder das Umrüsten der Maschine) sowie Steuerungs-, Kontroll- und Überwachungstätigkeiten im Produktionsbereich (wie z.B. die Tätigkeiten von Vorarbeitern, Meistern, Kontrolleuren oder Terminplanern).

Einflussgrößen auf die menschliche Arbeitskraft

Der optimale Einsatz der menschlichen Arbeit unter Produktivitäts- und Wirtschaftlichkeitsgesichtspunkten ist für die Betriebsführung unabdingbar. Hierfür sind Kenntnisse über Einflussgrößen, welche auf die menschliche Arbeitsleistung wirken, notwendig. Diese können in intrapersonelle und extrapersonelle Einflüsse unterteilt werden.

Intrapersonelle Einflüsse

Die *Leistungsfähigkeit* ist das Potenzial eines Menschen, welches von verschiedenen Faktoren beeinflusst wird. Zu diesen Faktoren zählen die genetischen Anlagen eines Menschen und deren Entfaltung durch Sozialisation, Erfahrung und Übung. Der Entfaltungsgrad dieser Anlagen kann im Kontext der der Arbeitsleistung durch betriebliche Schulungsmaßnahmen oder tätigkeitsbezogene Lern- und Übungsprozesse gefördert werden.

Ein wichtiger Bestimmungsfaktor ist auch das Lebensalter des Menschen. Hierdurch bedingte mögliche Leistungsminderungen können allerdings in vielen Fällen durch wachsende Erfahrung kompensiert werden.

Der Begriff *Leistungsbereitschaft* umfasst sowohl die körperliche Disposition (physiologische Komponente) als auch den Leistungswillen (psychologische Komponente).

Die körperliche Disposition wird von unterschiedlichen Faktoren bestimmt, wie z.B. Tagesrhythmus, Ermüdungsgrad, physische und psychische Gesundheit. Die Ermüdung geht insbesondere mit der Erbringung der Arbeitsleistung einher. Durch zweckmäßige Arbeitszeitgestaltung (z.B. an die Arbeitsbelastung angepasste Pausenregelungen, Gleitzeitmodelle) kann die auftretende Ermüdung verringert werden. Abbildung 12.7 stellt die Höhe der menschlichen Leistungsfähigkeit im Tagesablauf dar. Diese sog. Leistungskurve des Menschen sollte nach Möglichkeit auch bei der Arbeitszeitgestaltung Berücksichtigung finden.

Die Motivation des Mitarbeiters beeinflusst ebenfalls dessen Leistungsbereitschaft. Diese wird von verschiedenen Faktoren bestimmt, wie z.B. der Arbeitszufriedenheit, persönliche Einstellung zur Arbeit im Allgemein (Grad der Selbstverpflichtung), Lebenseinstellung (insbesondere Belastbarkeit und Umgang mit Stress).

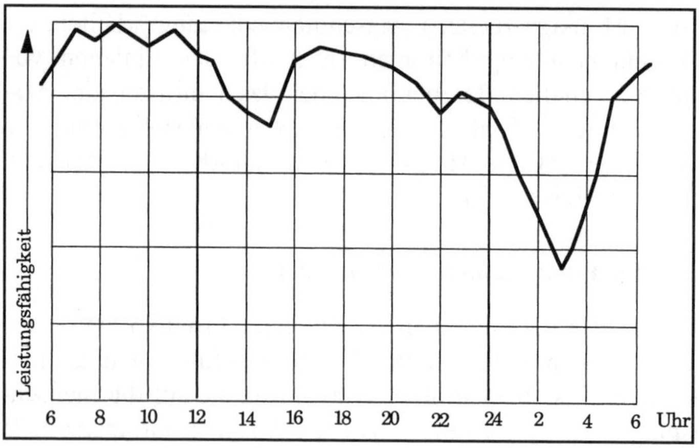

Abb. 12.7. Leistungskurve des Menschen (Steinbuch 1999, S. 85)

Des Weiteren hängt die Leistungsbereitschaft vom Grad der persönlichen Bedürfnisbefriedigung ab. Wissenschaftliche Experimente und praktische Erfahrungen haben gezeigt, dass der Mensch durch seine Arbeit anstrebt, sog. primäre und sekundäre Bedürfnisse zu befriedigen. Wie in Abb. 12.8 dargestellt, sind nach der Bedürfnistheorie von Maslow unter primären Bedürfnissen physische Bedürfnisse (z.B. die Nahrungsaufnahme) und Sicherheit, unter sekundären Bedürfnissen hingegen Selbstverwirklichung, Selbstachtung sowie soziale Bedürfnisse einzuordnen. Diese intrapersonellen Faktoren finden in der betrieblichen Praxis eine extrapersonelle Perspektive, welche im Kontext der im folgenden Abschnitt zu behandelnden Determinanten expliziert wird.

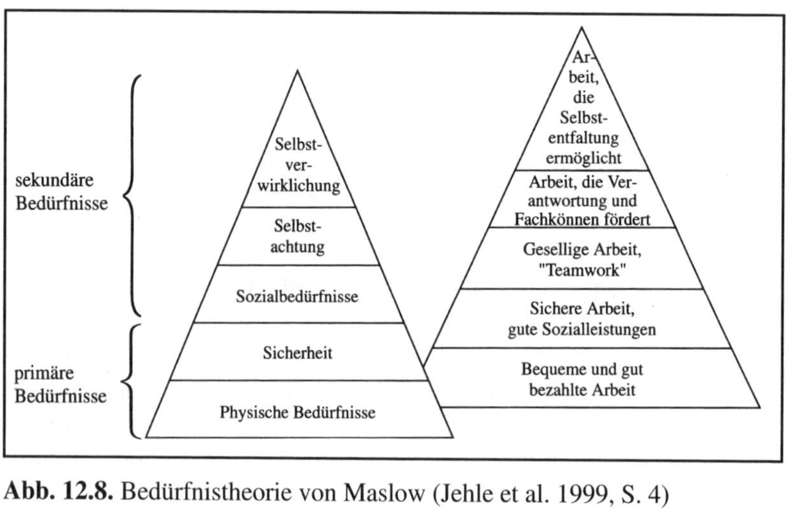

Abb. 12.8. Bedürfnistheorie von Maslow (Jehle et al. 1999, S. 4)

Extrapersonelle Einflüsse

Nach Maslows Theorie werden sekundäre (höhere) Bedürfnisse erst handlungsrelevant, wenn die primären (niedrigen) Bedürfnisse befriedigt wurden. Die Analyse der relevanten Einflussfaktoren des Leistungswillens als Determinante der Leistungsbereitschaft zeigt, dass es sich bei diesen Einflussfaktoren in den meisten Fällen um äußere Leistungsfaktoren (extrapersonelle Einflüsse) handelt. Dies soll exemplarisch an den Faktoren Arbeitsinhalt sowie Arbeitssituation skizziert werden.

Der *Arbeitsinhalt* wird im sog. Anforderungsprofil fixiert (z.B. erforderliche Fähigkeiten und Kenntnisse, Belastungsfaktoren, Verantwortlichkeit). Das Arbeitsprofil wird insbesondere vom technologischen Grad der eingesetzten Arbeitsverfahren (Automatisierung) sowie vom Grad der Arbeitsteilung mitbestimmt. Unter Arbeitsteilung ist die Zerlegung einer Gesamtaufgabe in Teilaufgaben zu verstehen. Dabei kann die gesamte Arbeitsmenge auf mehrere Arbeitskräfte aufgeteilt werden (Mengenteilung) oder eine Zerlegung des Arbeitsprozesses in unterschiedliche Verrichtungsaufgaben erfolgen (Artteilung oder Spezialisierung).

Durch die Humanisierung der Arbeitsplätze wird versucht, den negativen Effekten der Automatisierung und Arbeitsteilung entgegenzuwirken. Die folgenden Maßnahmen können dies unterstützen:

- *Job-Rotation* (planmäßige Arbeitsplatzwechsel nach dem Rotationsprinzip),
- *Job-Enlargement* (Erweiterung bestehender Arbeitsaufgaben),
- *Job-Enrichment* (Aufgabenbereicherung um qualifiziertere Aufgaben) sowie
- Bildung teilautonomer Arbeitsgruppen (z.B. Fertigungsinseln mit unterschiedlichem Selbstständigkeitsgrad).

Die *Arbeitssituation*, die von sozialen Arbeitsumweltbedingungen, sachlichen, räumlichen oder zeitlichen Arbeitsbedingungen determiniert wird, steht im direkten Zusammenhang mit der Leistungsbereitschaft.

Zu den sozialen Arbeitsumweltbedingungen zählen insbesondere das Betriebsklima, der Führungsstil der Vorgesetzten und die Leitungsstruktur (z.B. autoritär, partizipativ). So kann sich die Einführung von Mitbestimmungsrechten im Unternehmen positiv auf die Leistungsbereitschaft des Arbeitnehmers auswirken.

Die Leistungsfähigkeit des Individuums wird in einem erheblichen Maß von der Gestaltung der sachlichen Arbeitsumweltbedingungen beeinflusst, welche versucht, die Tätigkeit unter menschengerechten Bedingungen bestmöglich auszuführen.

Dies betrifft vor allem die Gestaltung des Arbeitsplatzes, also insbesondere die Anpassung des Arbeitsplatzes an den Menschen (z.B. körpergerechte Sitzhaltung, passgenaue Augenhöhe), körperfunktionsgerechte Gestaltung des Arbeitsplatzes (z.B. Klima, Lärm, Beleuchtung, Lüftung), psychologische Arbeitsplatzgestaltung (z.B. Schaffung einer angenehmen Umgebung durch freundliche Farbgestaltung).

Eine wichtige Rolle spielt in diesem Zusammenhang auch die Einhaltung sicherheitstechnischer Regelungen, um Schädigungen der Mitarbeiter oder auch Unfälle zu vermeiden. Es sind bestimmte Gesetze und Verordnungen zu beachten (s. Tabelle 12.1).

Tabelle 12.1. Arbeitsgesetze und -verordnungen

Arbeitssicherheitsgesetz (ArbSichG)	Das Gesetz enthält Handlungsanweisungen für Betriebsräte, Sicherheitsingenieure und entsprechende Fachkräfte, die Arbeitgeber und Arbeitnehmer unterstützen sollen.
Arbeitsstättenverordnung (ArbStättVO)	Diese Verordnung umfasst u.a. Regelungen über Belüftung, Beheizung und Beleuchtung von Arbeitsstätten.
Arbeitszeitgesetz (ArbZG)	Das Arbeitszeitgesetz dient dazu, die Sicherheit und den Gesundheitsschutz der Arbeitnehmer bei der Arbeitszeitgestaltung zu gewährleisten und die Rahmenbedingungen für flexible Arbeitszeiten zu verbessern. Zudem regelt es die Arbeit an Sonntagen und gesetzlichen Feiertagen.
Gewerbeordnung (GewO)	Diese Verordnung enthält Regelungen über die Zulassung, den Umfang und die Ausübung eines Gewerbes.

Die Gestaltung der Arbeitsumweltbedingungen ist bedeutend für die Leistungsbereitschaft der Mitarbeiter. Eine sinnvolle Pausenregelung dient der Erholung von Ermüdungserscheinungen, wobei anforderungstechnische Spezifikationen der einzelnen Betriebsbereichen (z.B. Produktion oder Verwaltung) zu beachten sind.

Die Arbeitszeitregulierung kann verschiedene Formen annehmen, wie z.B. Schichtarbeit, Jahresarbeitszeitkonten oder Gleitzeitmodelle. Grundsätzlich wirkt sich eine Arbeitsflexibilisierung (z.B. Teilzeitarbeit, Telearbeit) eher motivierend auf die Mitarbeiter aus. Die Arbeitszeit wird weitgehend von Vorschriften des Arbeitszeitgesetzes bestimmt. In Tarifverträgen bzw. Betriebsvereinbarungen können allerdings abweichende Regelungen getroffen werden.

Nicht zu unterschätzen ist in diesem Zusammenhang der Einfluss der angewendeten Arbeitsmethodik im Unternehmen. Diese umfasst alle Regeln, derer sich die Arbeitskraft bei der Durchführung einer bestimmten Arbeitsaufgabe bedient bzw. bedienen sollte, wie z.B. systematische Bewegungsabläufe bei den zu verrichtenden Arbeitsschritten. Entsprechende

Bewegungsstudien werden von REFA („Verband für Arbeitsgestaltung, Betriebsorganisation und Unternehmensentwicklung e.V.“, 1924 gegründet als „Reichsausschuß für Arbeitszeitermittlung“) seit 1977 durchgeführt. REFA stützt sich hierbei auf arbeitswissenschaftliche Erkenntnisse, insbesondere auf die Ergebnisse der technisch-organisatorischen, soziologischen, psychologischen und ökonomischen Arbeitsforschung.

Arbeitsbewertung und Lohnformen

Das Arbeitsentgelt bildet die Gegenleistung für die vom Arbeitnehmer für den Arbeitgeber erbrachten Arbeitsleistungen. Die Ermittlung des Arbeitsentgelts erfolgt auf der Basis von verschiedenen Kriterien wie der Arbeitsbewertung und der angewendeten Lohnform. Die Arbeitsbewertung dient der Bestimmung von Lohnsätzen im Hinblick auf unterschiedliche Tätigkeiten von Personen innerhalb eines Unternehmens.

Die Arbeitsbewertung erfolgt auf der Grundlage einer qualitativen Arbeitsanalyse, die eine Tätigkeitsuntersuchung und -beschreibung umfasst. Es kann zwischen der analytischen und der summarischen Arbeitsbewertung unterschieden werden.

Lohngruppe 8:	Facharbeiter mit meisterlichem Können und Dispositionsvermögen (z.B. Vorarbeiter und Gruppenführer in Facharbeiterabteilungen mit hoher Verantwortung).
Lohngruppe 7:	Bestqualifizierter Facharbeiter (für besonders schwierige Facharbeiten, die hohe Anforderungen an Können und Wissen stellen).
Lohngruppe 6:	Qualifizierter Facharbeiter (für schwierige Facharbeiten mit langjähriger Erfahrung, auch in Anlernung erworben).
Lohngruppe 5:	Facharbeiter (im Lehrberuf ausgebildet) oder Angelernter mit Fähigkeiten, die denen eines Facharbeiters gleichzusetzen sind.
Lohngruppe 4:	Qualifizierter Angelernter (für Spezialarbeiten durch Anlernen mit zusätzlicher Erfahrung erworben).
Lohngruppe 3:	Angelernter (für Maschinenarbeiten mit Zweckausbildung oder Fähigkeiten durch Anlernen erworben).
Lohngruppe 2:	Hilfsarbeiter (Anlernung einfacher Art).
Lohngruppe 1:	Hilfsarbeiter (Anlernung einfachster Art).

Abb. 12.9. Lohngruppeneinteilung (Steinbuch 1999, S. 106)

Bei Anwendung der *summarischen Arbeitsbewertung* werden die im Unternehmen zu verrichtenden Tätigkeiten in vorgegebene Lohngruppen eingeordnet, welche die an den Arbeitnehmer gestellten, unterschiedlichen qualitativen Arbeitsanforderungen abgrenzen. Abbildung 12.9 stellt eine mögliche Lohngruppeneinteilung dar.

Dieses Verfahren beruht auf einer relativ problemlos durchzuführenden Einordnung und gestaltet sich daher sehr kostengünstig. Die summarische Arbeitsbewertung berücksichtigt allerdings nur wenige Einflussfaktoren. Aus diesem Grund wurde die analytische Arbeitsbewertung entwickelt.

In vielen Unternehmen bestehen aber heutzutage nicht mehr nur sechs Lohngruppen, sondern bis zu zwölf verschiedene Eingruppierungen. Diese Lohngruppen können wiederum in vier Untergruppen unterteilt werden. Innerhalb der Lohngruppe 8 kann z.B. viermal eine Höhergruppierung stattfinden. Nach der Lohngruppe 12 finden dann die außertariflichen Lohngruppen Anwendung. Diese außertariflichen Lohngruppen (AT) sind oft hochqualifizierten Angestellten und Führungskräften, wie z.B. Abteilungsleitern oder Geschäftsführern, vorbehalten.

Im Zuge der *analytischen Arbeitsbewertung* wird die Schwierigkeit einer Tätigkeit auf der Grundlage einzelner Anforderungen, wie die zu deren Erfüllung benötigte Fähigkeiten und Kenntnisse („Können"), die hiermit verbundene Arbeitsbelastung sowie die vorherrschenden Arbeitsbedingungen bewertet. Abbildung 12.10 zeigt die Anforderungsarten nach dem sog. Genfer Schema.

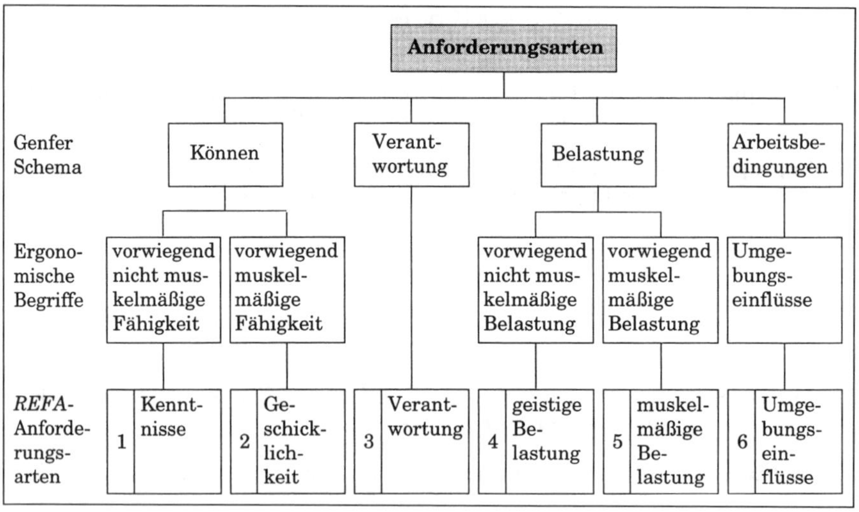

Abb. 12.10. Anforderungsarten nach dem Genfer Schema (Steinbuch 1999, S. 107)

Als problematisch gestaltet sich im Zuge der Arbeitsbewertungsverfahren die häufig ausschließliche Fixierung auf das quantitativ messbare Arbeitsergebnis. Entsprechend werden individuelle und soziale Eigenschaften des Arbeitnehmers, wie kollegiales Verhalten, Hilfs- und Fortbildungsbereitschaft sowie Teamgeist nicht oder nur ungenügend in der Bewertung Berücksichtigung finden.

Im Anschluss an die Arbeitsbewertung ist die anzuwendende Lohnform zu bestimmen. Abbildung 12.11 bietet eine Übersicht der in der Praxis gängigen Lohnformen.

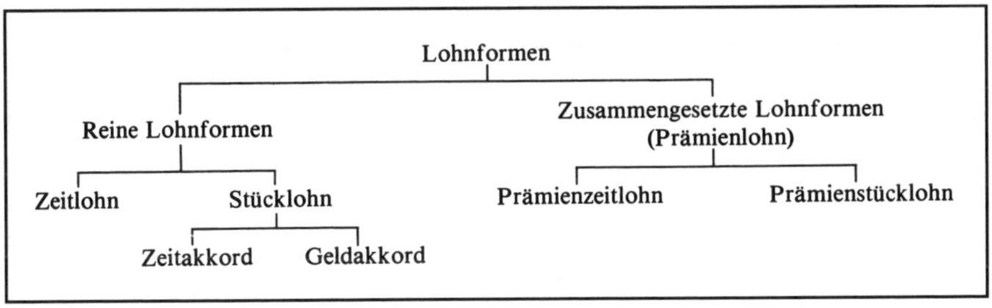

Abb. 12.11. Lohnformen (Jehle 1999, S. 15)

Beim *Zeitlohn* dient die verrichtete Arbeitszeit als Bemessungsgrundlage für die Entlohnung ohne Berücksichtigung der während dieser Zeit erbrachten Arbeitsleistung. Individuelle Leistungsunterschiede und anders geartete Arbeitsschwierigkeiten können jedoch mit Hilfe differenzierter Lohnsätze abgebildet werden.

Der Zeitlohn findet u.a. Anwendung bei:

- qualitativ anspruchsvollen Tätigkeiten (z.B. feinmechanische Arbeiten),
- quantitativ nicht messbaren Tätigkeiten (z.B. Verwaltungsarbeiten),
- mit Gefahren verbunden Tätigkeiten (z.B. Reinigung von Chemieanlagen),
- Arbeitsschwerpunkten kreativer Natur (z.B. Planung einer Werbekampagne),
- Arbeiten, die nach Art und Umfang nicht oder nur unzureichend vorausbestimmt werden können (z.B. Reparaturarbeiten) oder
- Arbeitsabläufen, die vom Arbeitnehmer nicht beeinflusst werden können (z.B. Pförtner- oder Werkschutztätigkeiten).

Der Zeitlohn wird wie folgt ermittelt:

Zeitlohn = geleistete Arbeitszeit · Lohnsatz nach Lohngruppe

Beispiel:

Schichtlohn	= geleistete Schichtzeit · Schichtlohnsatz
(als Form des Zeitlohns)	= 8 Std. · 20 €/Std. = 160 €/Std.

Die Festlegung des Zeitlohns kann als Stundenlohn, Schichtlohn, Tageslohn, Wochenlohn, oder Monatslohn erfolgen. Der Zeitlohn berücksichtigt keine intrapersonellen Leistungsunterschiede, wodurch dessen Anwendung grundsätzlich keine Motivation im Sinne einer Leistungssteigerung über die Normal-Leistung hinaus auf die Arbeitskraft ausübt.

Den Zusammenhang zwischen Stundenlohn, Stücklohnkosten und Ausbringungsmenge stellt beim Zeitlohn Abb. 12.12 dar:

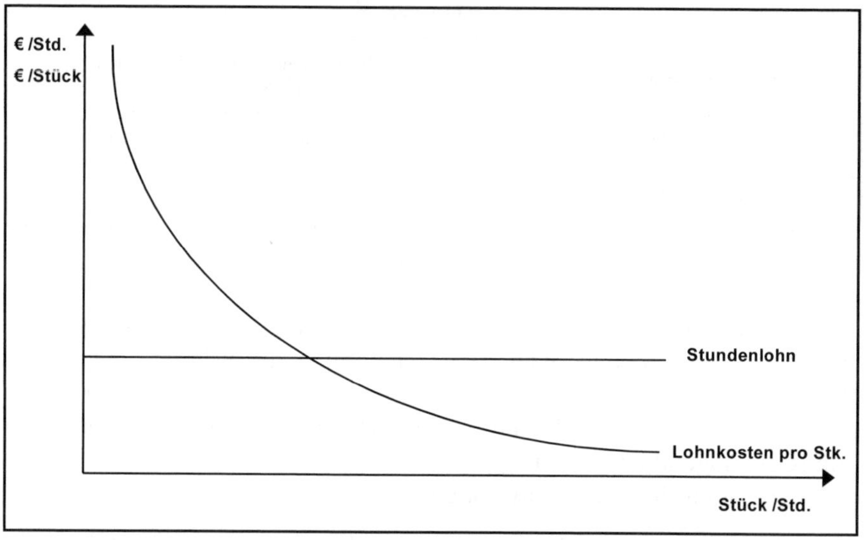

Abb. 12.12. Lohn- und Stückkostenentwicklung beim Zeitlohn (Jehle 1999, S. 16)

Beim *Akkordlohn* (Synonym: Stücklohn) wird im Gegensatz zum Zeitlohn nicht die Arbeitszeit, sondern die geleistete Arbeitsmenge entlohnt. Der Grundlohn (z.B. der tarifliche Mindestlohn) bildet die Grundlage für die Berechnung des Akkordlohns, welcher den Stundenverdienst des Arbeitnehmers bei einer unterstellten Normal-Leistung (= Leistungsgrad von 100%) abbildet. Aufgrund des gewährten Akkordzuschlags (häufig etwa 15–25% des Mindestlohns), welcher eine höhere Leistungsintensität unterstellt, liegt der Akkordlohn i.d.R. über dem Zeitlohn für eine vergleichbare Arbeitsleistung.

Der *Grundlohn* kann wie folgt bestimmt werden:

Tariflicher Mindestlohn	15 €/Std.
+ Akkordzuschlag (20% des Mindestlohns)	+ 3 €/Std.
= Grundlohn (Akkordrichtsatz)	= 18 €/Std.

Den Zusammenhang zwischen Stundenlohn, Stücklohnkosten und Ausbringungsmenge beim Akkordlohn stellt Abb. 12.13 dar.

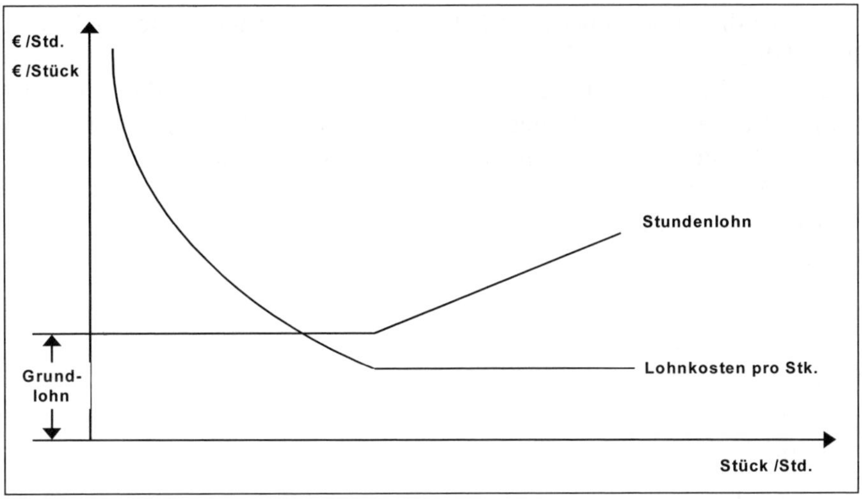

Abb. 12.13. Lohn- und Stückkostenentwicklung beim Akkordlohn (Jehle 1999, S. 17)

Im Hinblick auf die Art des Akkordlohns kann zwischen Zeitakkord und Geldakkord unterschieden werden.

Beim *Zeitakkord* wird für die Ausführung einer Arbeitsverrichtung bzw. die Erstellung einer Ausbringungsmenge eine bestimmte Vorgabezeit veranschlagt (z.B. Stückzahl/Stunde). Wird diese vorgegebene Zeit unterschritten, so erhöht sich der Stundenverdienst des Arbeitnehmers. Es kann somit – unter der Annahme korrekt berechneter Vorgabezeiten – festgestellt werden, wie hoch die Arbeitsleistung eines Mitarbeiters ist (im Sinne einer pro Zeiteinheit erbrachten Leistung).

Rechnerisch bedient man sich zur Ermittlung des Zeitakkords eines sog. Minutenfaktors (Geldeinheiten/Minute), welcher sich aus der Division des Grundlohns pro Stunde durch 60 ergibt.

Der Lohn pro Stunde wird bei Anwendung des Zeitakkords wie folgt bestimmt:

$$\frac{\text{Lohn}}{\text{Stunde}} = \frac{\text{Stückzahl}}{\text{Stunde}} \cdot \frac{\text{Minuten}}{\text{Stück}} \cdot \frac{\text{Geldeinheiten}}{\text{Minuten}}$$

Beispiel:

Grundlohn (Akkordrichtsatz):	18 €/Std.
Minutenfaktor:	0,30 €/min
Vorgabezeit:	2 min/Stk.
Erbrachte Leitung des Arbeitnehmers:	34 Stk./Std.

Der Verdienst pro Stunde beträgt in dem oben genannten Beispiel somit 20,40 €/Std.

Beim *Geldakkord* erfolgt eine Division des Grundlohns durch die bei Normal-Leistung zu erbringende Arbeitsleistung bzw. Ausbringungsmenge. Der sich hieraus ergebende Betrag pro Stück ist der sog. Geldsatz (Geldeinheiten/Stück).

Der Lohn pro Stunde wird bei Anwendung des Geldakkords wie folgt bestimmt:

$$\frac{\text{Lohn}}{\text{Stunde}} = \frac{\text{Stückzahl}}{\text{Stunde}} \cdot \frac{\text{Geldeinheiten}}{\text{Stück}}$$

Beispiel:

Grundlohn (Akkordrichtsatz):	18	€/Std.
Normalleistung:	30	Stk./Std.
Geldsatz:	0,60	€/Stk.
Erbrachte Leitung des Arbeitnehmers:	34	Stk./Std.

Der Verdienst pro Stunde beträgt in dem oben genannten Beispiel somit 20,40 €/Std.

Es wird deutlich, dass sowohl die Anwendung des Zeit- als auch des Geldakkords zu demselben Ergebnis führen. Dies ist durch die Kürzungsmöglichkeit der Ausgangsgleichung zur Berechnung des Stückakkords bedingt:

$$\frac{\text{Lohn}}{\text{Stunde}} = \frac{\text{Stückzahl}}{\text{Stunde}} \cdot \frac{\text{Minuten}}{\text{Stück}} \cdot \frac{\text{Geldeinheiten}}{\text{Minuten}} = \frac{\text{Stückzahl}}{\text{Stunde}} \cdot \frac{\text{Geldeinheiten}}{\text{Stück}}$$

In der Praxis verdrängt der Zeitakkord zunehmend den Geldakkord, da dessen Anwendung für die Produktionsplanung relevantere Informationen bereitstellt und dieser zudem bei Änderungen des Akkordrichtsatzes einfacher zu handhaben ist (Konstanz der Vorgabezeiten bei Tariflohnänderungen, während beim Geldakkord in diesem Fall sämtliche Geldsätze neu zu berechnen wären.

Ausgangspunkt jeder Vorgabezeitermittlung ist die Analyse der betreffenden Arbeitstätigkeiten. Hierbei wird der Arbeitsablauf in verschiedene Abschnitte untergliedert, welche sukzessive untersucht werden. Die hieraus gewonnenen Erkenntnisse bilden eine wesentliche Grundlage bei der späteren Ermittlung der betreffenden Vorgabezeiten. Der nächste Schritt zum Einsatz des Akkordlohns ist die Ermittlung der Normal-Leistung des

Arbeitnehmers (und somit der Vorgabezeiten) nach REFA. Die Normal-Leistung wird anhand von:

- mehreren Zeitmessungen,
- mit verschiedenen Arbeitskräften,
- an derselben Arbeitsvorrichtung (z.B. Maschine),
- bei Ausübung gleicher Arbeitstätigkeit,
- unter Zugrundelegung eines normalen Arbeitstempos sowie
- unter Berücksichtigung von arbeitswissenschaftlichen Erkenntnissen ermittelt.

Beispiel einer Lohnberechnung

Gegeben ist ein Mindestlohn (ML) von 5 €/Std. Der Akkordzuschlag (AZ) beträgt 20%, der Leistungsgrad (LG) = 150%, die Ist-Leistung (IL) = 15 Stk./Std.

(ML)	Mindestlohn	= 5 €/Stk.
(AZ)	Akkordzuschlag	= 20% = 1 €/Stk.
(LG)	Leistungsgrad	= 150%
(IL)	Ist-Leistung	= 15 Stk./Std.

$$\text{Leistungsgrad (LG)} = \frac{\text{Ist} - \text{Leistung}}{\text{Normalleistung}} \cdot 100$$

Gesucht:

(NL)	Normalleistung (s. REFA)
(AR)	Akkordrichtsatz (Grundlohn)
(MF)	Minutenfaktor
(VZ)	Vorgabezeit
(GS)	Geldsatz
(VM)	verrechnete Minuten
(SV)	Stundenverdienst

Lösung:

$$\text{NL} = \frac{\text{IL} \cdot 100}{\text{LG}} = \frac{15\,\text{Stk./Std.} \cdot 100.}{150} = 10\,\text{Stk./Std.}$$

AR =	Mindestlohn	= 5,- €/Std.
	+ Akkordzuschlag	= 1,- €/Std.
	= Akkordrichtsatz	= 6,- €/Std.

$$MF = \frac{AR}{60} = \frac{6\ €/Std..}{60\ Min./Std.} = 10\ €/Min.$$

$$VZ = \frac{60}{NL} = \frac{60\ Min./Std..}{10\ Stk./Std.} = 6\ \ Min./Stk.$$

$$GS = \frac{AR}{NL} = \frac{6\ €/Std..}{10\ Stk./Std.} = 0{,}60\ \ €/Stk.$$

$VM = VZ \cdot IL = 6$ Min./Stk. $\cdot$ 15 Stk./Std. = 90 Min./Std.

$SV_1 = AR \cdot LG = 6$ €/Std. $\cdot$ 1,5 = 9 €/Std

$SV_2 = MF \cdot VM = 0{,}10$ €/Min. $\cdot$ 90 Min./Std. = 9 €/Std.

$SV_3 = GS \cdot IL = 0{,}60$ €/Stk. $\cdot$ 15 Stk./Std. = 9 €/Std.

Zeitakkord:

$SV = m \cdot t_s \cdot G_m = 3 \cdot 20 \cdot 0{,}24 = 14{,}40$
SV = Stundenverdienst t_s = Stückzeit

Geldakkord:

$SV = m \cdot G_e = 3 \cdot 4{,}80 = 14{,}40$

Die Normal-Leistung nach REFA ist somit als eine Bewegungsausführung zu verstehen, welche dem Beobachter hinsichtlich der Einzelbewegungen, der Bewegungsfolge und ihrer Koordinierung besonders harmonisch, natürlich und ausgeglichen erscheint und daher erfahrungsgemäß von jedem Arbeitnehmer auf Dauer erbracht werden kann, sofern dieser im erforderlichen Maß hierfür geeignet, geübt und eingearbeitet ist. Zu berücksichtigen sind in diesem Kontext auch Arbeitspausen zur Erholung und für persönliche Bedürfnisse des Arbeitnehmers (z.B. Toilettengänge).

Die *Normal-Leistung nach REFA* wird wie folgt ermittelt:

$$\text{Normal} - \text{Leistung (in\%)} = \frac{\text{Ist - Leistung}}{\text{Leistungsgrad}} \cdot 100$$

Durch Umstellung der Formel kann entsprechend der Leistungsgrad bestimmt werden:

$$\text{Leistungsgrad (in\%)} = \frac{\text{Ist} - \text{Leistung}}{\text{Normal} - \text{Leistung}} \cdot 100$$

Tabelle 12.2 veranschaulicht an einem Beispiel die Vorgabezeitermittlung nach REFA, wobei hier im Zuge der abzugsfähigen Tätigkeiten neben den bereits genannten Arbeitspausen und persönlich bedingten Unterbrechungen auch Rüstzeiten (z.B. vorzunehmende Umstellungsvorgänge an Maschinen), Transportzeiten (z.B. die Umlegung eines Werkstücks zwischen zwei Bearbeitungsmaschine) und störungsbedingte Unterbrechungen (z.B. Verklemmungen an einer Bearbeitungsmaschine, Stromausfälle).

Tabelle 12.2. Beispiel einer Vorgabeermittlung nach REFA

Bruttoarbeitszeit pro Schicht in Stunden	= 8 Std.
Bruttoarbeitszeit pro Schicht in Minuten	= 8 Std. • 60 min = 480 min
Stück pro Stunde (brutto):	= 12 Stk./Std.
Stückzeit in Minuten (brutto):	= 60 min/12 Stk. = 5 min/Stk.
Stück pro Schicht (brutto):	= 480 min/5 min/Stk. = 96 Stk.
Abzugsfähige Tätigkeiten	benötigte Zeit
Arbeitspausen:	45 min
+ Störungsbedingte Unterbrechungen:	+ 10 min
+ Persönlich bedingte Unterbrechungen:	+ 5 min
+ Rüstzeiten:	+ 30 min
+ Transportzeiten:	+ 10 min
= Summe	= 100 min
Bruttoarbeitszeit pro Schicht:	480 min
– Abzugsfähige Tätigkeiten:	– 100 min
= Nettoarbeitszeit pro Schicht:	= 380 min
=> Vorgabemenge pro Schicht (netto):	=> 380 min/5 min/Stk. = 76 Stk.

Tabelle 12.3 stellt die Vor- und Nachteile bei Anwendung eines Akkordlohns gegenüber.

Der *Prämienlohn* ist eine Entgeltform, bei welcher festgelegte Mehrleistungen des Arbeitnehmers zusätzlich zum Grundlohn vergütet werden. Voraussetzung ist, dass die besagte Vergütung planmäßig und regelmäßig gewährt wird. Häufig erfolgt eine Kombination des Prämienlohns mit den Entgeltformen des Zeitlohns (sog. Prämienzeitlohn) oder des Stücklohns (sog. Prämienstücklohn).

Der Prämienlohn soll helfen, die Schwächen der reinen Lohnformen auszugleichen. So kann einerseits bei Anwendung des Zeitlohns ein zusätzlicher Leistungsanreiz gegeben werden (z.B. Entlohnung einer Mengengröße oder die Erfüllung einer im Vorfeld ausgehandelten Zielvereinbarung). Andererseits ist bei Anwendung des Stücklohns eine über die reine Mengenorientierung hinweg erfolgende Entlohnung möglich (z.B. Prämierung bei der Realisierung eines im Vorfeld fixierten Qualitätsziels).

Tabelle 12.3. Vor- und Nachteile bei Anwendung des Akkordlohns

Vorteile des Akkordlohns	Nachteile des Akkordlohns
• Starker Anreiz zur Leistungssteigerung (höheren Entlohnung) • Möglichkeit besserer Ausnutzung von Betriebsmittelkapazitäten • Abwälzung des Risikos für Minderleistungen auf den Arbeitnehmer • Aufgrund der relativen Stabilität der Lohnkosten u.U. bessere Kalkulationsbasis für die Vorkalkulation bieten	• Gefahr der Überbeanspruchung von Mensch und Maschine • Gefahr der Bevorzugung von Quantität zu Lasten der Qualität • Problem der Ermittlung der Normalleistung • Einsatz des Akkordlohns für geistige Tätigkeiten nicht sinnvoll bzw. möglich • Akkordlohn nicht einsetzbar bei Tätigkeiten, die einmalig verrichtet werden oder eine hohe Störanfälligkeit aufweisen

Prämienlöhne können zudem bei Unterschreiten der zulässigen Ausschussquote (Qualitätsprämien), für den wirtschaftlichen Umgang mit Werkstoffen oder Energie bzw. den sorgfältigen Umgang mit Betriebsmitteln (Nutzungsprämien) gewährt werden. So erhält der Arbeitnehmer bei Unterschreitung der Vorgabezeit eine Prämie, die branchenabhängig 30 bis 70% des ersparten Zeitlohns entsprechen kann.

In der Praxis findet häufig auch dann der Prämienlohn Anwendung, wenn Arbeitszeitstudien nach REFA nicht durchgeführt werden bzw. nicht durchgeführt werden können. Dies kann durch den betrieblichen Ablauf (z.B. bei ausschließlicher Fertigung kleiner Losgrößen, so dass ein Stücklohn nicht sinnvoll angewendet werden kann) aber auch im Fehlen entsprechender Fachkräfte (REFA-Techniker) bedingt sein.

Der *Soziallohn* stellt eine weitere Komponente neben dem regulär gewährten Entgelt dar. Hierunter sind sämtliche gesetzlichen, tariflichen oder freiwilligen Sozialleistungen zu verstehen, welche dem Arbeitnehmer entgeltlich eingeräumt werden, wie Beteiligungen am Unternehmenserfolg, Betriebsrenten oder Arbeitnehmersparzulagen. Letztendlich dient die Gewährung des Soziallohns der Mitarbeiterbindung sowie als zusätzlicher Motivationsanreiz.

12.2.2 Repetierfaktoren

Repetierfaktoren (synonym: Verbrauchsfaktoren) werden im Zuge ihres Einsatzes im Produktionsprozess verbraucht (als Werkstoffe oder in Form von Energie), d.h. sie dienen dem Unternehmen kurzfristig. Produktionstechnisch gesehen müssen Repetierfaktoren bei jedem Produktionsvorgang erneut eingesetzt werden.

12.2.2.1 Werkstoffe

Werkstoffarten

Zu den outputorientierten Werkstoffen zählen die Werkstoffe, welche direkt in das Produkt eingehen, wie Rohstoffe (z.B. Metall, Holz, Kunststoff), Hilfsstoffe (z.B. Schrauben, Nieten), Vorprodukte (z.B. Bausätze) aber auch Handelswaren. Unter Letzteren versteht man Produkte, die vom Unternehmen von Zuliefern gekauft und unverändert weiterverkauft werden. Dies kann entweder (1) losgelöst oder (2) in Kombination mit den übrigen Produkten des Unternehmens erfolgen. Am Beispiel eines Steppdeckenherstellers wären dies (1) fremdbezogene Matratzen zur Abrundung des Verkaufssortiments oder (2) fremdbezogene Kissenbezüge zum gemeinsamen Verkauf mit selbstgefertigten Kissen.

Prozessorientierte Werkstoffe gehen indirekt, in Form von im Produktionsprozess verbrauchten Betriebsstoffen (z.B. Schmiermittel) in das Produkt ein. Verbrauchte Werkstoffe werden entsprechend als Roh-, Hilfs- oder Betriebsstoffkosten erfasst.

Ergiebigkeitskomponenten

Ähnlich wie bei den Betriebsmitteln können auch bei den Werkstoffen verschiedene Ergiebigkeitskomponenten unterschieden werden (s. Abb. 12.14).

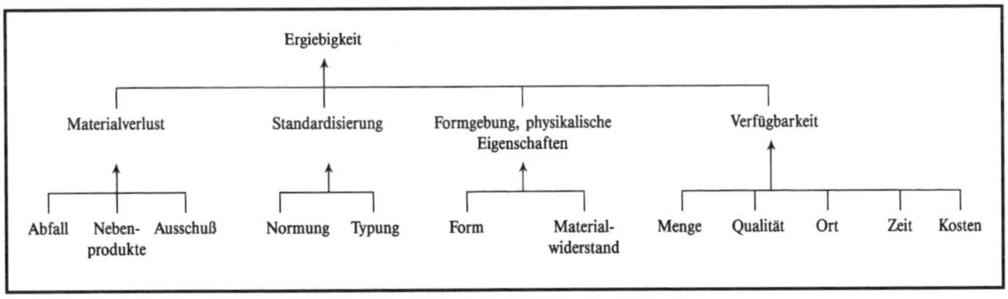

Abb. 12.14. Ergiebigkeitskomponenten von Werkstoffen (Jehle 1999, S. 33)

Der Faktor *Materialverlust* spielt im Hinblick an einer auf Wirtschaftlichkeit ausgelegten Fertigung eine bedeutende Rolle. Materialverluste – die sich fertigungsbedingt nie vollständig vermeiden lassen werden – treten in Form von Abfällen, Nebenprodukten (z.B. im Zuge einer Kuppelproduktion) oder Ausschuss auf.

Die Ergiebigkeit eines Werkstoffs steigt, je weniger zu entsorgender Abfall im Produktionsprozess entsteht, dieser Abfall in Form von Nebenprodukten verkauft oder verwertet oder nach einer entsprechenden Aufbereitung erneut als Werkstoff in die Produktion aufgenommen werden kann (sog. Recycling). Als Ausschuss werden Erzeugnisse bezeichnet, die nicht die geforderten Qualitätskriterien erfüllen und häufig direkt entsorgt werden müssen, da eine Aufbereitung entweder technisch nicht möglich oder unwirtschaftlich wäre. In Ausnahmefällen ist eine Vermarktung dieses Ausschusses als Ware minderer Qualität möglich (z.B. 2. und 3. Wahl), sofern keine sicherheitsrelevanten oder die Funktion in erheblichem Maße einschränkenden Eigenschaften des Produkts zur Aussonderung führten.

Zusammenfassend gilt in Bezug auf Materialverluste die Regel: Vermeidung vor Verwertung, Verwertung vor Entsorgung.

Standardisierung liegt vor, wenn entweder eine Typung oder Normung vorgenommen wurde. Unter Typung ist die Vereinheitlichung eines Erzeugnisses mit dem Ziel, dieses optimal in einen Produktionsprozess einzupassen (z.B. weitgehende Vermeidung von Rüstvorgängen) zu verstehen. Normung bezieht sich hingegen auf die Vereinheitlichung von in das Produkt eingehenden Werkstoffen, wie z.B. Schrauben oder Bauteilen. Hierdurch soll eine wirtschaftliche Produktion ermöglicht werden, da z.B. durch Komplexitätsreduzierung (z.B. die standardisierte Verwendung weniger normierter Schrauben anstatt vieler verschiedener Schrauben) Kosteneinsparungen ermöglicht (z.B. die Realisierung von einkaufsseitigen Mengenrabatten).

12.2.2.2 Energie

Energie geht (in Form von Strom, Wasserkraft, Gas oder Dampf) nicht direkt in das Produkt ein, wird aber im Zuge des Fertigungsprozesses verbraucht. Dieser prozessorientierte Verbrauch wird kostenrechnerisch als Energiekosten erfasst.

12.2.3 Zusatzfaktoren

Diese können sowohl Potenzial- als auch Repetierfaktoren darstellen. Im Unterschied zu den oben genannten Faktoren sind diese allerdings (meistens) nicht in Mengengrößen (z.B. kg, m^3, Fertigungsstunden) messbar. Zu den Zusatzfaktoren zählen z.B. fremdbezogene Dienstleistungen wie Reparaturen oder indirekte Unterstützungsleistungen des Staates wie z.B. die bereitgestellte Infrastruktur. Eine kostenrechnerische Aufnahme erfolgt im erstgenannten Beispiel als Reparaturkosten, im zweitgenannten Beispiel ist eine entsprechende direkte Erfassung nicht möglich.

12.3 Ersatzteillogistik und After-Sales-Logistik

12.3.1 Grundlagen und Umfang der Ersatzteillogistik

Nach DIN 24420 sind Ersatzteile „Teile (Einzelteile), Gruppen (Baugruppen oder Teilegruppen) oder vollständige Erzeugnisse, die dazu bestimmt sind, beschädigte, verschlissene oder fehlende Teile, Gruppen oder Erzeugnisse zu ersetzen (Schulte C 2004, S. 499). Ziel ist es hierbei, den Funktionsumfang des Primärproduktes zu erhalten bzw. wiederherzustellen. Die Ersatzteillogistik ist oft eng mit den Bereichen Kundendienst, Instandhaltung, Pre-Sales und After-Sales-Logistik verbunden. Ein effizientes Ersatzteilmanagement bringt nachhaltige Wettbewerbsvorteile gegenüber der Konkurrenz. Eine zuverlässige und schnelle Ersatzteilversorgung erhöht die Kundenbindung und ist für viele Kunden wichtiger beim Kauf als z.B. niedrige Preise. Der Ausfall von Maschinen aufgrund fehlender Ersatzteile verursacht Umsatzausfälle, Vertragsstrafen und den Verlust von Kunden. Eine schnelle und zuverlässige Ersatzteilversorgung ist in Bereichen wie Maschinenbau, Anlagenbau, Fahrzeugbau, Druckmaschinen oder in der Luft- und Raumfahrtindustrie eine unabdingbare Voraussetzung für den Kauf eines Produktes.

Dies gilt besonders für Saisonmaschinen, wie z.B. für Mähdrescher in der Landwirtschaft. Hier muss die Maschine in der kurzen Erntezeit ohne lange Störungen reibungslos funktionieren.

Eine Umfrage der Landmaschinenfirma Claas bei Lohnunternehmern in Deutschland und Frankreich ergab, dass 81% der Befragten die Ersatzteilversorgung und 74% den Service als die wichtigsten Faktoren für den Kauf einer Landmaschine ansehen. Eine Umfrage der Beratungsgesellschaft McKinsey ergab, dass Servicequalität das Topkriterium für Markentreue beim PKW-Kauf ist (Freitag 2007, S. 22).

Bei der BMW Group hat sich z.B. das Ersatzteilspektrum vom Jahr 2001 auf das Jahr 2006 von 165.000 Artikel auf 240.000 Artikel erhöht, bis zum Jahr 2008 wird ein weiterer Anstieg auf 300.000 Artikel erwartet. Auch beim Baumaschinenhersteller Caterpillar erhöhte sich das Ersatzteilsortiment von 65.000 Teile auf 320.000 Teile (Baumbach 2004, S. 140).

Bei der Heidelberger Druckmaschinen AG, dem weltgrößter Hersteller von Druckmaschinen sind 95% der über 130.000 verschiedenen Teile sofort verfügbar.

In Unternehmen nehmen die Serviceleistungen einen immer größeren Umfang ein. Die Verteilung der Serviceleistungen in Unternehmen zeigt Tabelle 12.4.

Tabelle 12.4. Verteilung der Serviceleistungen in Unternehmen

Serviceleistung	Prozentualer Anteil
Instandhaltung	28,3%
Montage, Inbetriebnahme	25,9%
Planung, Beratung	18,7%
Softwareerstellung	7,5%
Dokumentation	6,5%
Schulung	5,9%
Finanzierung	2,8%
Sonstige	4,4%

(Barkawi 2006, S. 18).

Die Ersatzteillogistik ist oft Teil des After-Sales Bereiches. Der After Sales Bereich gliedert sich z.B. in folgende Segmente:

- Wartung, Instandhaltung, Reparatur, Montage,
- Beschwerdemanagement,
- Schulung, Training,
- Garantie, Gewährleistung,
- Finanzierung, Leasing,
- Entsorgung, Wiederverwertung,
- Ersatzteilmanagement (spare parts management).

Die Dokumentation muss den Pre- und After-Sales Bereich umfassen. Die Erstellung einer Seite von z.B. einer Reparaturanleitung kann 500–800 Euro an Dokumentationskosten betragen. Detaillierte Dokumentationen von Anlagen und Maschinen können über 100 Seiten umfassen. Beim Einkauf von Maschinen ist darauf zu achten, dass eine aussagekräftige Dokumentation der Maschinen und Anlagen im Einkaufspreis enthalten ist.

12.3.2 Ersatzteillogistik als Profitcenter

Für die Hersteller von Investitionsgütern gewinnt der Anteil des Ersatzteilgeschäftes am Unternehmensergebnis immer mehr an Bedeutung. In technologieorientierten Branchen bildet das Ersatzteilgeschäft mit bis zu 70% Umsatzanteil und Nettorenditen mit bis zu 32% eine wichtige Grundlage des Gewinns und der Wettbewerbsfähigkeit (Biedermann 2008, S. 127). In der Automobilindustrie wurden 2005 mit Service und Ersatzteilen rund 42 Mrd. Euro umgesetzt. Dies waren fast 24% des gesamten Umsatzes. Hier wurden mit 6,8 Mrd. Umsatz mehr als die Hälfte des Gewinns erzielt (manager magazin 10/2007, S. 22). Dies betrifft auf auch die Lagerhaltung. Die Heidelberger Druckmaschinen AG mit einer Lieferbereitschaft von 95% an Ersatzteilen benötigt hierzu ein optimiertes Lagermanagement.

Im Maschinenbau beträgt der Umsatz des Ersatzteilgeschäftes nur 25% im Verhältnis zum Umsatz bei Neumaschinen und Anlagen. Die Gewinnmarge liegt bei Neumaschinen aber im Durchschnitt nur bei 5% während er im Ersatzteilgeschäft bei 12–32% liegt (Vgl. Barkawi 2006, S. 189). Tabelle 12.5 zeigt die Kosten der Lagerhaltung (in Prozent) im Durchschnitt.

Tabelle 12.5. Kosten der Lagerhaltung (in Prozent) im Durchschnitt

Kostenbestandteile	**Prozentsatz**
Zinsen des gebundenen Kapitals	6 – 10%
Alterung, Verschleiß	2 – 5%
Verlust, Bruch	1 – 4%
Transport	2 – 4%
Abschreibung	1,5 – 2%
Lagerverwaltung	1 – 2%
Steuern	1 – 2%
Versicherung	0,5 – 1%
Lagerhaltungskostensatz	15 – 30%

(Biedermann 2007, S. 43)

Ein Zentralersatzteillager hat möglichst alle benötigten Teile zu bevorraten, ohne oft vorab zu wissen, welche Teile zu welcher Zeit und in welchem Umfang angefordert werden. Die Umschlagshäufigkeit pro Jahr beträgt deswegen oft nur 2–3 im Gegensatz zu 5–8 bei anderen Lagern.

Das Zentrallager von Mercedes-Benz (Global Logistic Center) in Germersheim hatte im Jahr 2008 z.B. einen Wert an Materialien von über 10 Mrd. Euro. Im Jahr 2013 sind dort ca. 2.800 Mitarbeiter beschäftigt. Das Zentrallager umfasst über 510.000 qm Lager- und Funktionsfläche und versorgt mehr als 400 Großhändler in der ganzen Welt. Es werden dort ca. 530.000 verschiedene teile gelagert. Es werden in den Lagern allein 16.000 verschiedene Schrauben und 4900 unterschiedliche Kopfstützen bevorratet. Über 1.400 Kunden in 160 Ländern werden beliefert. Es wird eine Ersatzteil-Garantie von 15 Jahren nach Ablauf der Serienproduktion garantiert (Vgl. Rheinpfalz 2013a).

Eine Benchmarkstudie von MSR Consulting, Köln über die Ersatzteillogistik brachte folgende Ergebnisse, die in Tabelle 12.6 dargestellt werden.

Die durchschnittliche Umschlagshäufigkeit liegt je nach Branche zwischen 2,3% und 6,2%. Die Liefertreue der Zulieferer lässt oft zu wünschen übrig. Die Originalhersteller werden oft schlechter versorgt als ihre Kunden. Dies führt dazu, dass die Unternehmen Sicherheitsbestände und Puffer aufbauen, um die Lieferbereitschaft sicherzustellen.

Tabelle 12.6. Benchmarkzahlen Ersatzteillogistik

Kennzahl	Erläuterung	Mittelwert
Umschlagshäufigkeit	Umsatz in Verkaufspreisen im Verhältnis zum Bestand in Einkaufspreisen	4,8
Servicegrad	Beschaffungsgrad x Distributionsgrad	86,5%
Gesamtfehler	Greiffehler + Zählfehler + Transportschäden (in parts per million)	3.742 ppm
Liefertreue (intern)	Interne Lieferanten	74,1%
Liefertreue (extern)	Externe Lieferanten	81,8%
Bestandskosten	Geldkosten und mögliche operative Kosten in Relation zum Wert	8,4%
Jahresarbeitszeit	Anzahl der geleisteten Stunden im Betrieb ohne Urlaub und Krankheit	1.600 Stunden
Krankenstand (Lager)	Anzahl der Arbeitstage mit Krankheit	10,6 Tage
Krankenstand (Büro)	Anzahl der Arbeitstage mit Krankheit	6,0 Tage
Logistikkosten	Primärkosten vom Wareneingang- bis Warenausgang in Relation zum Umsatz	8,4%
Lagerkosten	Primärkosten von pickfähig bis versandfähig im Verhältnis zum Umsatz	5,4%
Kosten Wareneingang	Primärkosten im Wareneingang im Verhältnis zu Positionen (in Euro/Position)	8,60 Euro

(Kranke 2006, S. 36–37)
Beschaffungsgrad: Wie viele von 100 angefragten Positionen sind auf Lager?
Distributionsgrad: Wie viele von 100 im Lager vorhandenen Positionen werden tatsächlich angeliefert?

Oftmals nicht berücksichtigt bei den Lagerhaltungskosten sind die Kosten für Verschrottung. Die Kosten für Schwund und Verderb sollten unter 1%, am besten unter 0,1% liegen.

Tabelle 12.7 zeigt ausgewählte Kennzahlen des Ersatzteilmanagements.

Tabelle 12.7 Ausgewählte Kennzahlen des Ersatzteilmanagements

	Elektro- und IT-Branche	Maschinen- und Anlagenbau
Durchschnittliche Bearbeitungszeit von Ersatzteilaufträgen	1,2 Tage	2,2 Tage
Durchschnittliche Durchlaufzeit von Ersatzteilaufträgen	2,4 Tage	14,6 Tage
Durchschnittliche Teileverfügbarkeit auf Auftragsebene	86 %	62 %
Durchschnittliche Liefertermintreue	93 %	85 %

(Vgl. Mahnel Matthias in Pradel/Süssenguth/Piontek/Schwolgin 2009, S. 5ff)

Ein Problem in der Industrie und im Handel stellt die Retourenquote dar. Die Retourenquote in der Industrie liegt zwischen unter einem Prozent und 50% (Vgl. Barkawi 2006, S. 189). Im Versandhandel liegt die Retourenquote bis 70% aller gelieferten Waren. Bei so einer hohen Quote an Rücklieferungen ist es schwer Gewinne zu erzielen.

Es hat sich von Vorteil erwiesen, die Kundenzufriedenheit regelmäßig zu messen. Der Kundenzufriedenheitsgrad wirkt sich auf den Servicegrad aus. Die messenden Unternehmen haben einen Servicegrad von 92,1%. Diejenigen Firmen, welche die Kundenzufriedenheit seltener messen, haben ein Durchschnittswert von 77,9%. Best-Practise-Unternehmen haben einen Servicegrad von über 95%.

Geschäftskunden aus der Hightech- und Elektronikindustrie werden zu 66% innerhalb von 24 Stunden von den Herstellern beliefert.

Bei der Pickleistung liegen die Gesamtfehler bei 3.700 Parts per Million. Der größte Anteil wird durch Greif- und Zählfehler verursacht. Eine höhere Pickleistung verursacht nicht mehr Fehler, da viele Fehler Wiederholfehler sind. Unternehmen, welche die Pickfehler kontinuierlich messen und nach den Ursachen forschen, konnten die Fehlerrate erheblich reduzieren (Kranke 2006, S. 36–37).

12.4 Instandhaltungslogistik

Schätzungen gehen davon aus, dass die jährliche Instandhaltungsrate etwa 6% bis 10% des Bruttoanlagevermögens eines durchschnittlichen Unternehmens entspricht. Des Weiteren konnte in US-amerikanischen Betrieben eine um 33% höhere Steigerung der Instandhaltungskosten in Bezug auf die durchschnittliche Steigerung der gesamten Produktionskosten beobachtet werden.

Diese Sachverhalte zeigen, dass der Instandhaltungsbereich in seiner Bedeutung nicht zu unterschätzen ist. Sie heben zudem dessen Einordnung als wichtiger Wettbewerbsfaktor für die Unternehmen hervor.

Ein Geschäftsprozess der Instandhaltung kann folgenden Ablauf haben (Pepels 2007):

- Störung beim Kunden oder vorbeugende Instandhaltung,
- Reparatur und Wartungsannahme,
- Mitteilung/Zuteilung eines Technikers bzw. Monteurs,
- Schadensanalyse,
- Feststellung des Ersatzteil-Bedarfs,
- Bestellung der Ersatzteile und Ersatzteilauslieferung,

- Ausführung von Wartung und Reparatur,
- Rückmeldung und Servicebericht,
- Rechnungsstellung,
- Dokumentation und Statistik für Prognosen und Informationen an Entwicklung, Vertrieb.

12.4.1 Begriffe und Bedeutung der Instandhaltung

Derzeit belaufen sich die gesamten direkten Kosten der Instandhaltung in der Bundesrepublik Deutschland auf ca. 250 Mrd. Euro jährlich. Durch Ausfall von Maschinen, Lieferausfälle, Qualitätsprobleme, Vertragsstrafen, Imageverluste, Lagerhaltungskosten, Reserveteile und Ersatzinvestitionen erreichen die indirekten Kosten der Instandhaltung sogar einen Wert von ca. 750 Mrd. Euro pro Jahr (www.ps-consulting.de 2007). Unter bestimmten Voraussetzungen ergibt sich im Instandhaltungsbereich ein jährliches Einsparpotenzial in der Größenordnung von 10–15 Mrd. Euro (www.ps-consulting.de 2007).

Folgende Kennzahlen zeichnen die Instandhaltung aus:

- der Anteil der Instandhaltung an den Unternehmenskosten beträgt ca. 40%,
- die Instandhaltungskosten einer Produktionsanlage belaufen sich auf 2–20% des Wiederbeschaffungswertes einer Anlage,
- durch Rationalisierung ergibt sich ein Optimierungspotenzial von 5–30%.

Instandhaltung umfasst alle Maßnahmen der Wartung, Inspektion sowie der vorbeugenden und ausfallbedingten Reparatur. Aufgrund hoher Fehlmengenkosten bei Produktionsstillstand gewinnt die Instandhaltung an Bedeutung. Ziele sind:

- hohe Zuverlässigkeit,
- höchster Nutzungsgrad,
- höchste Wirtschaftlichkeit,
- Kosten minimieren/Gewinne maximieren.

12.4.2 Instandhaltungsstrategien

Instandhaltungen sollen nicht willkürlich, sondern im Einklang mit den Unternehmenszielen erfolgen. Zur Wahl stehen dabei die in Abb. 12.15 dargestellten Strategien.

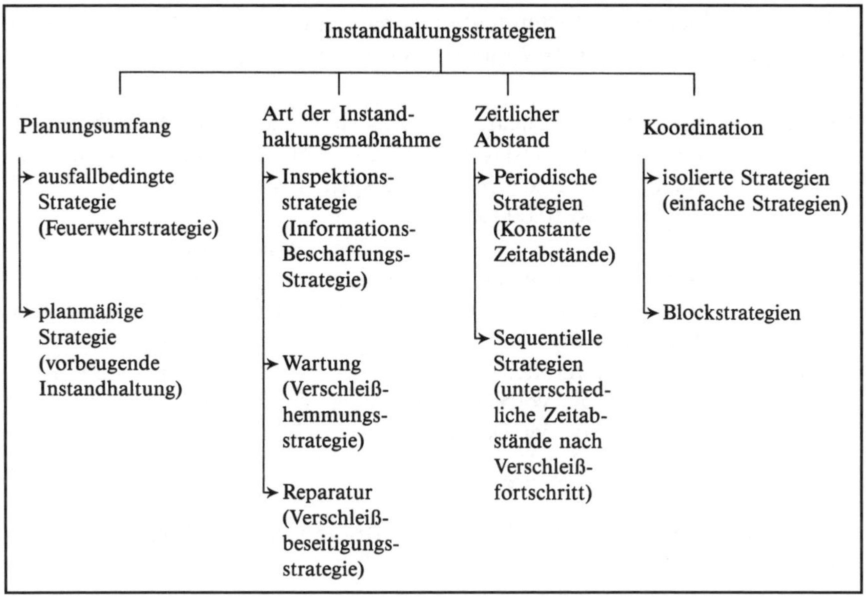

Abb. 12.15. Klassifikation von Instandhaltungsstrategien (Jehle 1999, S. 28)

12.4.3 Arten von Instandhaltungsstrategien

a) Ausfallbedingte Instandhaltungsstrategie (Feuerwehrstrategie)

Sie wird für Betriebsmittel mit begrenzter Restlebensdauer eingesetzt. Die Instandhaltung wird durchgeführt, wenn das Teil bzw. die Maschine ausfällt. Der Vorteil liegt in der Ersparnis von vorbeugenden Inspektions-, Wartungs- und Ersatzteilkosten. Hohe Fehlmengenkosten, eventuelle Vertragsstrafen wegen verspäteter Erfüllung und Imageverluste können sich nachteilig auswirken (Pepels 1999a, S. 115ff).

b) Planmäßige Strategie

Ziel ist die geplante Instandhaltung. Voraussetzung hierfür ist die Ermittlung des Ist-Zustandes (Maschinen, Betriebsmittel, Fuhrpark), die Ermittlung der Wartungsintervalle und Inspektionszeiten (z.B. alle 12 Monate, alle 5.000 Betriebsstunden, alle 20.000 km, nach 100.000 Stück). Die Wartung kann durch eigene Kräfte erfolgen oder an externe Dienstleister mit Wartungsverträgen vergeben werden. Es ist eine vorbeugende Strategie, die den Austausch von Teilen nach bestimmten Betriebsstunden oder nach Fertigung einer bestimmten Anzahl von Werksstücken festlegt. Reparaturen und Wartung können bestimmten gesetzlichen Vorschriften unterliegen.

Die verschiedenen Instandhaltungsmaßnahmen unterteilen sich in Inspektion, Wartung und Reparatur (Jehle 1999, S. 28f).

Inspektion	Sie liefert Informationen über den Zustand eines Betriebsmittels und ermöglicht das frühzeitige Entdecken von Schäden oder Mängel. Sie findet in regelmäßigen Abständen statt (z.B. alle 12 Monate, alle 10.000 km).
Wartung	Sie umfasst die regelmäßige Pflege von Betriebsmitteln durch Reinigen, Schmieren, Konservieren etc. Die Arbeiten sind teilweise täglich durchzuführen (z.B. nach einem Auftrag, gemäß Wartungsheft).
Reparatur	Sie ist erforderlich, um Mängel zu beseitigen. Reparaturen können auch als vorbeugende Maßnahme eingesetzt werden (Austausch bevor der Defekt eintrifft) (z.B. durch den Einsatz einer FMEA-Analyse).

Die Reihenfolge der Instandhaltungsaufträge richtet sich nach verschiedenen Kriterien:

- Teile mit den höchsten Stillstandskosten,
- Engpassartikel,
- Teile mit kurzer Reparaturzeit.

Zusammenfassend resultieren folgende Vorteile aus einer optimalen Ersatzteil- und Instandhaltungslogistik:

- hohe Deckungsbeiträge aufgrund der erhöhten Preisbereitschaft (erhöhte Verfügbarkeit) des Kunden,
- Förderung der Markentreue/Gewinnung von Umsteigern,
- Cross-Selling-Effekte (Kauf von weiteren Produkten aus dem Sortiment).

12.4.4 Auswirkung der Instandhaltungsstrategien auf das Ersatzteilgeschäft

Die Art der gewählten Instandhaltungsstrategie hat oft direkte Auswirkungen auf die Ersatzteilbevorratung. Folgende Instandhaltungsstrategien sind hier möglich.

a) Vorbeugend geplante Instandhaltung

Bei dieser Strategie ist eine Vorhersage über zukünftige Bedarfe notwendig. Wenn mathematisch-statistische Verfahren anwendbar sind und z.B. genügend aussagekräftige Vergangenheitswerte vorhanden sind, so können hier teilweise Prognosen mit über 90%iger Wahrscheinlichkeit getroffen werden. Auf diese Weise können optimale Bestell- und Produktionslosgrößen ermittelt werden. Ersatzteile sind oft C-Teile, DIN- und Normteile im unteren Preissegment. Teure und wichtige A-Teile kommen im Verhältnis zu C-Teilen weniger vor (Biedermann 2008, S. 25).

b) Ausfallbedingte Instandsetzung (Reparatur)

Ein großer Anteil der Ausfälle sind zufallsbedingt und schlecht planbar. Hier ist eine Lagerhaltung oder die Einführung von Konsignationslagern notwendig. Bei geringwertigen C-Teilen ist die Kapitalbindung noch vertretbar. Problematisch sind teure A-Teile, die bevorratet werden müssen, weil sie lange Lieferzeiten haben und Engpassteile sind.

c) On-Line-Instandhaltung (on condition monitoring)

Diese Methode beinhaltet Wartung, Inspektion und ggf. die geplante Instandhaltung. Die Methode ist oft zeitlich flexibel anwendbar. Somit können Ersatzteile zu den günstigsten Einkaufspreisen vorab beschafft werden. Oftmals sind regelmäßig wiederkehrende Verbrauchsteile bei Inspektionen und Wartungen gut planbar.

d) Geplante Instandsetzung (Überholung)

Hier muss ein entsprechender Mindestbestand für die Überholung vorgehalten werden. Dies betrifft z.B. größere Maschinenanlagen oder bauliche Anlagen. Die benötigten Teile sind oft in Stücklisten und Materialstämmen dokumentiert.

e) Notfallinstandsetzung (Feuerwehrstrategie bzw. trouble shooting)

Diese plötzlich auftretende Instandsetzung erfordert ein gewisses Maß an Sicherheitsbeständen. Bei plötzlich auftretendem Bedarf sind die normalen Lieferzeiten zu lange und die Kosten des Produktionsausfalls zu hoch. Hier ist eine Kapitalbindung in Ersatzteilen erforderlich.

Die folgende Auflistung zeigt die Wertschöpfungskette im Lebenszyklus eines Automobils. Hierbei wird die Bedeutung des After-Sales-Service, besonders von Wartung und Reparatur deutlich (Vgl. www.ftd.de/unternehmen/handel_dienstleister v. 22.10.2006). Wartung, Reparatur und Ersatzteile machen über 40% der Gewinne aus, die in der Automobilindustrie erzielt werden.

- Wartung, Reparatur, Teile 40,5 %
- Finanzdienstleistungen 17,7 %
- Neu-Pkw-Verkauf 17,5 %
- Kraftstoffe, Öl 12,8 %
- Gebrauchtfahrzeugverkauf 11,5 %

12.4.5 Total-Productive-Maintenance-Konzept (TPM)

Total Productive Management ist ein von Seiichi Nakajima in Japan entwickeltes Managementsystem zur Optimierung der betrieblichen Abläufe. Kernpunkt ist dabei die kreative Beteiligung aller Mitarbeiter (Rötzel 2005, S. 221). Die wichtigsten Ziele sind die Steigerung der Produktivität, die Reduzierung von Störungen sowie die Förderung der Autonomie der betrieblichen Instandsetzung.

Das TPM-Konzept zeichnet sich durch folgende Merkmale aus:

- Übertragung der Instandhaltungsarbeiten auf den Bediener der Anlage,
- der Bediener der Anlage ist für den ordnungsgemäßen Zustand seines Arbeitsplatzes verantwortlich,
- erhöhte Flexibilität durch Fertigungsinseln und Teamarbeit,
- abteilungsübergreifende Anlagenbetreuung,
- Einbeziehung aller Mitarbeiter (Anlagenbetreuer bis Geschäftsführer),
- Betrachtung des gesamten Lebenszyklus einer Maschine (von der Neuplanung bis zur Entsorgung),
- kontinuierliche Verbesserung von Anlagen, Prozessen und Abläufen.

Bei der Entwicklung von TPM werden zunächst die sechs größten Verlustquellen identifiziert (s. Tabelle 12.8).

Tabelle 12.8. Die sechs größten Verlustquellen in betrieblichen Abläufen

Verlustquellen	Beispiele
Anlagenausfälle	Mechanische und elektrische Ausfälle
Rüst- und Einrichtverluste	Werkzeugwechselzeit
Leerlauf und Kurzstillstände	Hängengebliebene Werkstücke
Verringerte Taktgeschwindigkeit	Verminderte Antriebsleistung
Anlaufschwierigkeiten	Bei Inbetriebnahme
Qualitätsverluste	Ausschuss und Nacharbeit

Das TPM-Konzept besteht dabei aus folgenden fünf Bausteinen:

- Beseitigung von Schwerpunktproblemen,
- autonome Instandhaltung,
- geplantes Instandhaltungsprogramm,
- Instandhaltungsprävention,
- Schulung und Training.

12.4.6 Fallbeispiele zu Instandhaltung und Wartung

a) ThyssenKrupp AG

ThyssenKrupp ist ein globaler Konzern mit über 187.000 Mitarbeitern und einem Umsatz von ca. 47 Mrd. Euro im Geschäftsjahr 2005/2006. Eines der fünf Geschäftsfelder besteht aus dem Servicebereich. Der Bereich Service besteht aus den Segmenten Wartung, Instandhaltung, Werkstattservice, Produktbegleitung, Lager- und Logistiklösungen.

Der Bereich Service gehört mittlerweile mit einem Umsatz von 14,2 Mrd. Euro zum größten Bereich. Das Segment Instandhaltung und Wartung hat hierbei einen Umsatz von 1,716 Mrd. Euro. Das Geschäftsergebnis des Bereiches Service steigerte sich vom Geschäftsjahr 2004/2005 auf das Geschäftsjahr 2005/2006 von 261 Mio. Euro auf 482 Mio. Euro. Dies zeigt die hohe Profitabilität des Bereiches Service, Wartung und Instandhaltung (www.thyssenkrupp.com).

b) Lufthansa Technik AG

Die Luftfahrtbranche erzielte weltweit einen Umsatz von 36 Mrd. Euro.

Im Bereich Lufthansa Technik sind über 18.000 Mitarbeiter beschäftigt, davon ca. 3000 Mitarbeiter in der Instandhaltung. Die Mitarbeiter betreuen die Flotte der Lufthansa sowie weitere 580 Airlines. Hierfür werden in Deutschland und in weiteren 50 Standorten weltweit 60 Kunden bzw. Fluggesellschaften. Die Wartung ist für 200.000 Starts und Landungen pro Jahr verantwortlich. Es werden 39.000 Flugzeugchecks pro Jahr durchgeführt. Ein Check kann mehrere hundert Arbeitsstunden umfassen. Ein Jumbo-Jet mit 300.000 Artikelnummern bzw. sechs Mio. Teilen wird innerhalb von 42 Tagen in 60.000–70.000 Arbeitsstunden komplett auseinander- und wieder zusammengebaut (Beschaffung Aktuell 3/2003, S. 48). Im Flugzeugbau werden teilweise über eine Million verschiedene Ersatzteile vorgehalten.

Der Umsatz der Lufthansa Technik betrug im Jahr 2006 insgesamt 3,4 Mrd. Euro, das operative Ergebnis betrug 248 Mio. Euro. Der Außenumsatz mit Lufthansakunden betrug ca. zwei Mrd. Euro. Der Außenumsatz ist mit 12,5% stärker angestiegen als der Innenumsatz (5,1%) im Vergleich zum Geschäftsjahr (Vgl. Geschäftsbericht Lufthansa).

12.5 Die Fertigungswirtschaft in der Unternehmung

Die Fertigungswirtschaft befasst sich mit der Gesamtheit aller Einrichtungen und Maßnahmen der industriellen Leistungserstellung unter besonderer Beachtung des ökonomischen Prinzips. Die Fertigungswirtschaft kann in Teilbereiche untergliedert werden (s. Abb. 12.16).

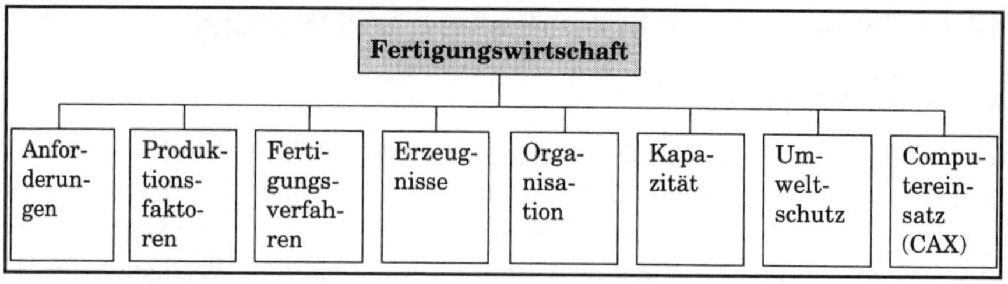

Abb. 12.16. Einteilung der Fertigungswirtschaft (Steinbuch 1999, S. 25c)

Die Aufgabe der Fertigung ist die Realisierung des Wertschöpfungsprozesses für die vorgegebenen Erzeugnisarten. Verschiedene Fertigungsverfahren stehen dabei dem Betrieb zur Verfügung. Diese können nach besonderen Kriterien gegliedert werden, nach Prozessart, Technologie, Erzeugnismenge, Kontinuität oder Fertigungsablauf.

Die folgenden Abschnitte beschränken sich auf die Behandlung der zentralen Teilbereiche der Fertigungswirtschaft.

12.5.1 Einteilung der Fertigungsverfahren (Produktionsprogramm)

Zur Klassifizierung von Fertigungsverfahren dient die Art der erzeugten Produkte. Die Fertigung kann sich auf materielle und immaterielle Produkte beziehen. Betrachtet werden aber nur die materiellen Produkte. Nach der Menge der in einem Los gefertigten Produkte wird zwischen Einprodukt- und Mehrproduktfertigung unterschieden.

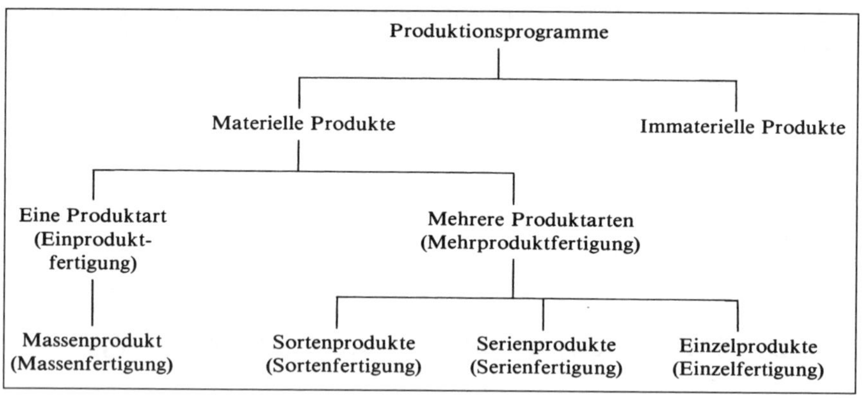

Abb. 12.17. Fertigungsverfahren (Jehle 1999, S. 66)

12.5.1.1 Einproduktfertigung

Als Einproduktfertigung oder Einzelfertigung bezeichnet man die Herstellung eines einzigen Erzeugnisses einer Art. Von diesem einzelnen Produkt werden große Massen hergestellt (Massenfertigung), z.B. Schrauben, Reifen, DIN-Teile.

12.5.1.2 Mehrproduktfertigung

Bei der Mehrproduktfertigung erfolgt eine Unterteilung in:

- *Sortenfertigung*: Bei Übereinstimmung der Produkte in wesentlichen Eigenschaften, aber Differenzierungen in sekundären Merkmalen (rote Dachziegel),
- *Serienfertigung*: Das Fertigungsprogramm enthält eine oder mehrere bestimmte Erzeugnisarten, wovon jeweils eine definierte Menge in einem Auftrag gefertigt wird. Eine Serie ist eine Menge homogener Produkte. Die Serienfertigung lässt sich weiter in Großserien-, Mittelserien- und Kleinserienfertigung unterteilen.

  Am Beispiel PKW lassen sich die Unterschiede erkennen:

Standardmodell	= Serienproduktion, Cabriolet	= Mittelserie
Allradfahrzeug	= kleine Serie, gepanzertes Fahrzeug	= Einzelfertigung

12.5.1.3 Einzelfertigung

Wenn von unterschiedlichen Produkten nur eine Einheit hergestellt wird, spricht man von Einzelfertigung (z.B. Brückenbau, Prototypen).

12.5.1.4 Chargenfertigung

Sie ist dadurch gekennzeichnet, dass es durch den Fertigungsprozess oder die Ausgangsbedingungen zu Unterschieden in den gefertigten Erzeugnissen kommt. Das wesentliche Attribut einer Charge ist die Homogenität. Beispiele für Chargen sind gleiche Beschaffenheit in Farbe und Qualität von Dachziegeln oder Fliesen.

12.5.2 Bearbeitungsmaschinen in der Fertigung

In den letzten Jahren hat sich in der Produktion durch zunehmende Automatisierung und Flexibilisierung unter Einsatz von EDV-Systemen ein tiefgreifender Strukturwandel vollzogen. Die herkömmlichen Bearbeitungsmaschinen wie Drehbank, Fräsmaschine, Bohrmaschine, die manuell bedient wurden, sind größtenteils durch EDV-gesteuerte Maschinen ersetzt worden.

a) NC-Maschinen (Numeric Control) stellten den ersten Schritt in dieser Richtung dar. Von einem Prozessor werden die Programmdaten (NC-Programm) in Steuerungssignale umgesetzt. Die Dateneingabe (Schnitttiefe, Drehzahl, Abweichungen) erfolgt über Lochstreifen oder Magnetbänder. NC-Maschinen können meist nur eine Bearbeitungsfunktion ausführen. Durch den Austausch der Programme können die entsprechenden Bearbeitungsvorgänge programmiert werden. Die Programmierung ist aufwendig (Steinbuch/Olfert 1995, S. 109ff).

b) CNC-Maschinen (Computerized Numeric Control) wurden im Zuge der Weiterentwicklung der Mikroprozessoren entwickelt. CNC-Maschinen sind speicherprogrammierbare Werkzeugmaschinen, die mit Hilfe von eigenen Mikroprozessoren Bearbeitungs- und Bewegungsvorgänge steuern (CNC-Fräsmaschine, Schweißroboter). Der Programmspeicher kann mehrere Bearbeitungsvorgänge enthalten und Programmänderungen können direkt im Programmspeicher der Maschine vorgenommen werden. Aufgrund ihrer Multifunktionalität sind CNC-Maschinen flexibel einsetzbar, aber teuer in der Anschaffung und erfordern ein qualifiziertes Personal (Jehle 1999, S. 72f).

c) DNC-Maschinen (Direct Numeric Control) werden immer häufiger eingesetzt. Ein DNC-Steuerungscomputer betreut mehrere CNC- und NC-Maschinen, versorgt sie mit Steuerinformationen, verwaltet und koordiniert die Programme und gibt sie an einen Zentralrechner weiter (Steinbuch/Olfert 1995, S. 109ff).

d) Bearbeitungszentren sind CNC-Maschinen, die über eine Vorrichtung für einen automatischen Werkzeugwechsel verfügen. Damit lassen sich mehrere Bearbeitungsvorgänge an einem Werkzeug in einem ununterbrochenen Arbeitsablauf ausführen, wie Schleifen, Bohren, Gewindeschneiden und Entgraten. Vorteile eines Bearbeitungszentrums bestehen in der kürzeren Durchlaufzeit für die Werkstücke, Verzicht auf Werkstücktransport und einmaliges Werkzeugspannen für mehrere Arbeitsgänge. Sie sind bei Klein- und Mittelserienfertigung vorteilhaft. Ein Verbund von mehreren Bearbeitungszentren und einer Transporteinrichtung, der mit einem Pufferlagersystem für das automatische Weiterleiten der Werkstücke an die Bearbeitungszentren ausgestattet ist, nennt man *flexible Fertigungszelle*.

Abb. 12.18. CNC-Bearbeitungszentrum von Hermle UWF 902 H (Obermaier 2002)

Die derzeit höchstentwickelte Form der Automatisierung stellen *flexible Fertigungssysteme* dar. Hier sind mehrere Bearbeitungseinheiten zusammengefasst. Diese Fertigungskomponenten werden im weiteren Verlauf erläutert.

Abb. 12.19. MG Rover Group Ltd. Longbridge GB (FAZ 2003i, S. 19)

Der *Robotereinsatz* ersetzt zunehmend den Einsatz menschlicher Arbeit. Zahlen, die deren hohe Leistungsfähigkeit belegen: Ein Roboter setzt 40 Schweißpunkte in der Minute. Ein A-Klasse Mercedes besitzt ca. 4.000 Schweißpunkte. Pro Jahr werden 10.500 Roboter in Betrieb genommen. Dies wird durch die Preissenkung der Roboter (Roboter mit 100 kg Traglast kosteten 1990 noch 115.000 Euro, im Jahr 2000 nur noch 50.000 Euro) ermöglicht. In der Automobilindustrie wird als Stundenlohn für einen Arbeiter mit ca. 45 Euro gerechnet, während der Stundenlohn eines Roboters ca. 15 Euro beträgt. Roboter werden häufig in der Automobilindustrie eingesetzt.

12.6 Darstellung verschiedener Fertigungsprinzipien

12.6.1 Merkmale verschiedener Fertigungsprinzipien

Die Fertigungsprinzipien bestimmen die Struktur der Fertigung. Sie prägen den Materialfluss und haben eine Auswirkung auf den Koordinationsaufwand für die Sicherstellung eines optimalen Produktionsablaufs. Unterschieden werden:

- *Verrichtungsprinzip*, nach dem die Betriebsmittel, die gleichartige Verrichtungen durchführen, in Werkstätten zusammengefasst sind,
- *Objektprinzip* bzw. *Flussprinzip* bedeutet, dass die Betriebsmittel in der Folge des Arbeitsablaufs angeordnet sind.

Bei dem *Gruppenprinzip* sind Verrichtungs- und Objektprinzip kombiniert, um einen idealen Materialfluss zu erreichen (Ehrmann 1997, S. 374).

		Fertigungsprinzipien		
		Werkstättenfertigung	Gruppenfertigung	Fließfertigung
Aufbauprinzip		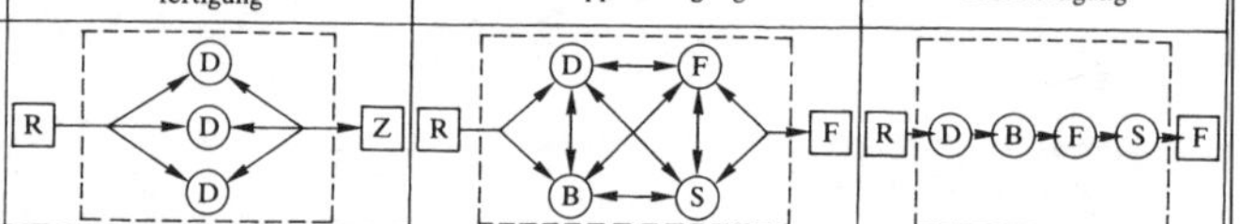		
Kenngrößen	Verantwortungsbereich	Werkstatteilbereich	Fertigungsgruppe	Fertigungslinie
	Art der Verfahren	gleichartig	verschiedenartig	verschiedenartig
	Anordnung d. Verfahren	beliebig	gruppenförmig	reihenförmig
	Materialfluß	variabel	variabel	gerichtet
	Bearbeitungsumfang	Teilbearbeitung	Komplettbearbeitung	Komplettbearbeitung
	Ausrichtungsgrundlage	Verfahren	Werkstück bzw. Verfahren	Werkstück
Bearbeitungsmöglichkeiten	Werkstückgeometrie	verschiedenartige Geometrie	ähnliche Geometrie	gleiche bzw. ähnliche Geometrie
	Werkstücktechnologie	gleichartige Technologie	verschiedenartige Technologie in unterschiedlicher Reihenfolge	verschiedenartige Technologie in gleicher Reihenfolge

Erläuterung: (D) ≙ Drehen (F) ≙ Fräsen (B) ≙ Bohren (S) ≙ Schleifen - - - - - Systemgrenze
[R] ≙ Rohteillager [Z] ≙ Zwischenlager [F] ≙ Fertigteillager ——▶ Materialfluß

Abb. 12.20. Merkmale verschiedener Fertigungsprinzipien (Schulte C 1999, S. 277)

12.6.1.1 Konventionelle Werkstattfertigung

Unter *Werkstattfertigung* versteht man die Zusammenfassung bestimmter Arbeitsverrichtungen (z.B. Gießen, Härten, Schmieden) zu fertigungstechnischen Einheiten. Dieses Fertigungsprinzip findet oft Einsatz bei Prototypen, Musterbau, Sonderanfertigung und bei kleinen Losgrößen.

Tabelle 12.9. Vor- und Nachteile konventioneller Werkstattfertigung

Vorteile	Nachteile
• Schnellere Anpassung an veränderte Nachfrage- und Beschäftigungsschwankungen • Leistungsverbesserung durch Spezialisierung • Höhere Motivation der Arbeiter aufgrund der interessanten und vielseitigeren Arbeit • Niedrigerer Kapitalbedarf als bei der Fließfertigung	• Längere Durchlaufzeiten als bei Fließfertigung • Längere Lagerzeiten und höhere Lagerkosten bzw. Kapitalbindungskosten • Längere Transportwege (Förderkosten) • Unübersichtlicher Fertigungsprozess, d.h. Vorteile schwerer zu kontrollieren

12.6.1.2 Konventionelle Fließfertigung

Bei der *Fließfertigung* erfolgt die räumliche Anordnung von Betriebsmitteln und Arbeitsplätzen nach dem Fertigungsablauf. Dadurch ergibt sich eine Verkürzung der Durchlaufzeiten von Werkstücken. Die Werkstücke fließen im Idealfall ohne Wartezeit von Maschine zu Maschine. Voraussetzung für eine Fließfertigung ist aber eine hohe Kapazitätsauslastung.

Tabelle 12.10. Vor- und Nachteile konventioneller Fließfertigung

Vorteile	Nachteile
• Kurze Durchlaufzeiten • Vermeidung von Zwischenlager an Halbfabrikaten • Reduzierung der Lagerkosten und Kapitalbindung • Möglichkeit der genauen Planung des Output sowie des Bedarfs/ Verbrauchs an Materialien • Transparenz der Fertigung	• Kapitalintensiv (hohe Fixkosten aufgrund hoher Anzahl von Maschinen) • Nachfrageänderungen erfordern eine Änderung der Fließfertigung • Monotone Arbeit für die Arbeiter • Geringe Flexibilität • Teilestruktur muss in die Fließfertigung passen (Kernteile)

Bei der Fließfertigung gibt es drei Formen: die Fließbandfertigung, die Reihenfertigung und die Fließstraße.

12.6.1.3 Gruppenfertigung mit Fertigungszelle und Fertigungsinsel

Die *Gruppenfertigung* ist eine Kombination von mehreren Fertigungsverfahren unter Ausnutzung der Vorteile von Fließ- und Werkstattfertigung.

Betriebsmittel, die für bestimmte Fertigungsgänge erforderlich sind, werden zu Gruppen zusammengefasst und nach dem Fließprinzip angeordnet (Montage Produkt A, B). Die Gruppenfertigung wird für die Produktion von Modulen (z.B. Fahrerhäusern, Getrieben) und bei heterogenem Produktionsprogramm eingesetzt.

Bei dem *Baukastenprinzip*, einer Form der Gruppenfertigung, erfolgt die Herstellung der Grundbestandteile im Fließprinzip, während die Produktion der anderen Teile (Einzelteile) in den Werkstätten erfolgt.

Eine besondere Form der Gruppenfertigung stellt die *Fertigungsinsel* dar. Sie ist wie die Linienfertigung mit einem sternförmigen Materialfluss organisiert. Zusätzliche Arbeitsprozesse wie Waschen, Schleifen, Kontrollieren sind in den Fertigungsprozess mit einbezogen. Damit können Werkstücke mit ausreichend großen Ähnlichkeitsmerkmalen vom Rohteil bis zum Fertigteil komplett bearbeitet werden (Zahnradfertigung). Eine Fertigungsinsel besteht aus mehreren Fertigungszellen. Eine Fertigungsinsel kann z.B. die Endmontage sein.

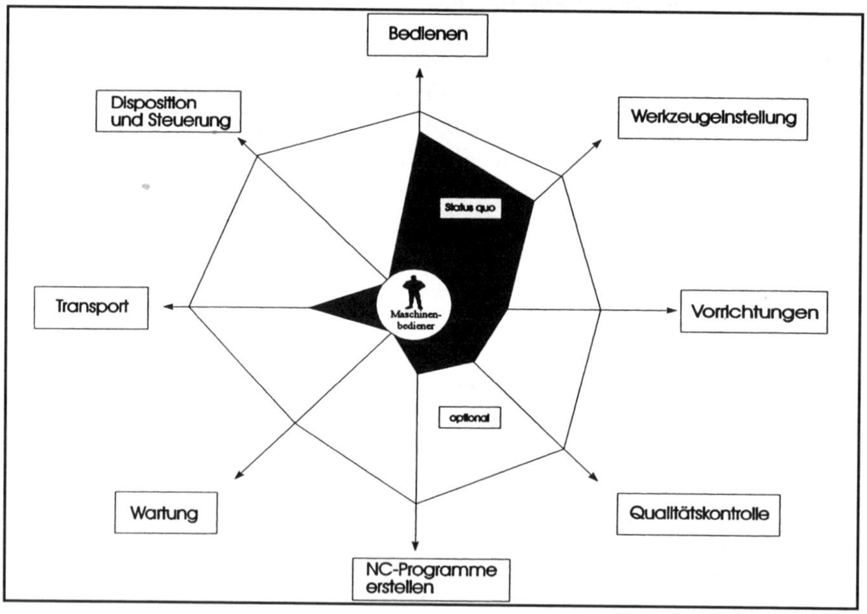

Abb. 12.21. Fertigungsinsel: Integration verschiedener Tätigkeiten (Jehle 1999, S. 71)

a) Flexible Fertigungszelle

Hierbei handelt es sich um automatisch arbeitende, flexible Fertigungszellen, d.h. erweiterte Fertigungsinseln. Der Prozess umfasst auch die Steuerung und Kontrolle der Teile. Der Einsatz eignet sich bei kleinen, sich häufig ändernden und wiederkehrenden Fertigungslosen.

b) Flexible Fertigungsstraße

Darunter versteht man die Integration flexibler Fertigungszellen in eine konventionelle Linienfertigung.

c) Flexibles Fertigungssystem

Das flexible Fertigungssystem bietet ein hohes Maß an Flexibilität und Produktivität und ermöglicht die Bearbeitung eines großen Teilespektrums. Die Systeme bestehen aus über Materialfluss und Informationsfluss verketteten flexiblen Fertigungszellen. Alle Komponenten sind informationsflussorientiert durch einen übergeordneten Rechner miteinander verbunden. Sie bilden das Konzept zur automatischen, ungetakteten, richtungsfreien und damit absolut flexiblen Fertigung.

12.6.1.4 Auswahl des Fertigungsprinzips

Die wichtigsten Kriterien zur Auswahl des Fertigungsprinzips sind:

- Kapitalbindung im Anlage- und Umlaufvermögen,
- Durchlaufzeit als Faktor für Kapitalbindung und Markterfolg,
- Flexibilität auf Änderungen zu reagieren.

Wie Abb. 12.22 zeigt, sind Fertigungsprinzipien umso wirtschaftlicher, je größer die Stückzahl und je kleiner die Variantenstreuung der zu produzierenden Teile ist. Werden besondere Flexibilitätsanforderungen gestellt, wie z.B. in einer Einzelfertigung, sind technologieorientierte Fertigungsprinzipien wirtschaftlicher (Koether 2001, S. 116).

Technologieorientierte Fertigungsprinzipien mit hoher Kapazitätsauslastung eignen sich insbesondere für:

- kapitalintensive Anlagen,
- kleine Stückzahlen,
- hohen Flexibilitätsbedarf bezüglich:
  - Änderung des Fertigungsablaufs,
  - Änderung der Stückzahlen einzelner Typen und Varianten,
  - Änderung der Fertigungstechnik.

Durchlauforientierte Fertigungsprinzipien führen zu kurzen Durchlaufzeiten und geringeren Beständen im Umlaufvermögen. Sie sind besonders geeignet für:

- die Produktion großer Serien, einfache Produktionsmaschinen,
- gering kapitalintensive Anlagen,
- kurze Durchlaufzeiten (Just-in-Time-Fertigung).

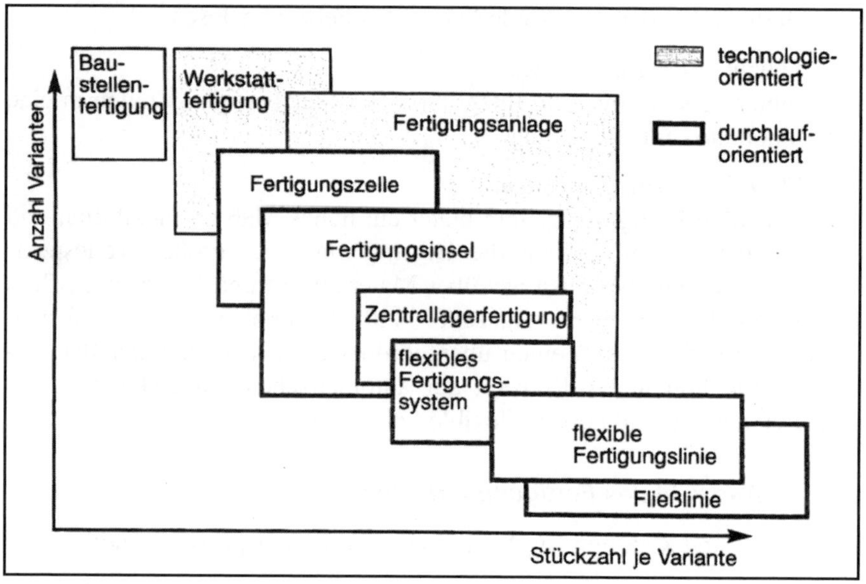

Abb. 12.22. Einsatz verschiedener Fertigungsprinzipien (Koether 2001, S. 71)

12.6.2 Prozessorientierte Abläufe in der Fertigung

Die Durchführung der Produktionsaufgaben verursacht im Produktionsbereich eines Betriebes umfangreiche Güterbewegungen zwischen den Anordnungsobjekten. Die Kosten des innerbetrieblichen Materialflusses sind erheblich und werden von der Anordnung der organisatorischen Einheiten unmittelbar beeinflusst.

Aufbau einer logistikgerechten Produktionsstruktur

Ziel der Produktion und Fertigung muss die Entwicklung eines Layouts sein, das möglichst geringe Materialkosten verursacht. Zu den wichtigen Kriterien zählen: Übersichtlichkeit des Fertigungsablaufs, Anpassungsfähigkeit an wechselnde Fertigungsbedingungen, neue technologische Entwicklungen sowie ein hoher Grad der Raumausnutzung. Eine logistikgerechte Produktionsstruktur umfasst auch die Planung des innerbetrieblichen Transportsystems gemäß des ausgewählten Fertigungsverfahrens (Isermann 1998, S. 324ff).

12.7 Die Arbeitsvorbereitung

12.7.1 Aufgaben der Arbeitsvorbereitung

Die Aufgaben der Arbeitsvorbereitung umfassen Tätigkeiten wie:

- Umsetzung der Kundenbestellungen in Fertigungsaufträge,
- Erstellen von Unterlagen (Stücklisten, Arbeitsplänen, Ermittlung des Faktorverbrauchs, Bereitstellung von Zeichnungen, Anlegen von Stammdaten),
- Ermittlung der quantitativen und qualitativen Produktionsfaktorkapazitäten, Fortschreibung von Kapazitäten,
- Erfassung der personellen und materiellen Kapazitäten,
- Materialanweisungen und Arbeitsanweisungen (Arbeitsaufträge),
- Zusammenstellung der Aufträge (optimale Losgrößen und Kapazität),
- Überwachung der Produktionsaktivitäten (Liefertermine, Engpässe).

12.7.2 Der Arbeitsplan

Kennzeichen der industriellen Fertigung ist, dass vor Fertigungsbeginn die Produktionsdurchführung im Einzelnen geplant wird: Fertigungstechnologie, Fertigungsverfahren, Arbeitsablauf, Arbeitszeitbedarf, Maschinensteuerung etc. Alle Daten werden im Arbeitsplan eingetragen, so dass der Arbeitsplan die Grundlage für die Planung in der Zeitwirtschaft und der Produktionsplanung darstellt. Die hierfür notwendigen Daten werden in der Produktion/Fertigung vor Ort anhand von Erfahrungswerten aus dem Betrieb oder aufgrund von REFA-Werten ermittelt.

ARBEITSPLAN
Erzeugnisnummer: 8317 - Gehäuse

Materialnummer	Bezeichnung	Mengeneinheit	Menge
8612	Gehäuserohling	Stück	1
8613	Gehäusedeckel	Stück	3

Arbeitsgangnummer	Arbeitsgang	Arbeitsplatznummer	Vorrichtungsnummer	Rüstzeit	Stückzeit
010	Bohren	8369	418	-	22
020	Entgraten	8369	418	-	12
030	Gewindeschneiden	8270	416	10	40
.	.	.	.	.	.
.	.	.	.	.	.

Abb. 12.23. Arbeitsplan (Steinbuch 1998, S. 320)

Auf dem Arbeitsplan werden die einzelnen Tätigkeiten des Produktionsprozesses mit ihren Minuten/Zeitwerten dargestellt. An die Erstellung des Arbeitsplans schließt sich dann die Einteilung der Maschinen, Fertigungssysteme, Transport- und Lagersysteme an (Blohm et al. 1997, S. 312ff).

12.7.3 Reihenfolgeplanung

Die Reihenfolgeplanung kann in der Arbeitsvorbereitung durchgeführt werden. In der Fertigung müssen die Aufträge meistens auf mehreren Aggregaten bzw. Maschinen gefertigt werden. Auf den einzelnen Maschinen ist aber die Bearbeitungskapazität von unterschiedlicher Dauer. Bei Engpässen ist es Aufgabe der PPS bzw. der Arbeitsvorbereitung, die zeitliche Reihenfolge der Bearbeitung der Aufträge zu bestimmen (Grap 1998, S. 271ff).

Bei der Lösung dieses Reihenfolgeproblems können Zielkonflikte auftreten, wenn mehrere Aufträge um knappe Personalressourcen und Engpassmaschinen kämpfen.

12.7.4 Perlenkette und Just-in-Time

In einer logistikgerechten Produktionsstruktur hat der Begriff Perlenkette eine wichtige Funktion zu erfüllen. Die Perlenkette wird in der Praxis z.B. beim Automobilhersteller Audi oft in Verbindung mit Just-in-Time bzw. Just-in-Sequenze angewendet. Bei der Perlenkette werden die Teile beim Automobillieferanten schon vorsortiert entsprechend des späteren Einbaus beim Hersteller. Dies erspart dem Hersteller eine zeit- kostenintensive Vorsortierung der Teile am Einbauort. So werden z.B. bei Audi/Neckarsulm sechs Tage vor Einbau der Teile die Einbaureihenfolge festgelegt (Perlenkette) in Verbindung mit der Just-in-Sequenze Anlieferung. Dies erfolgt z.B. für die Modelle Audi A4, A5, A6 in Verbindung mit den verschiedenen Scheinwerfertypen Halogen, LED und Xenon.

12.8 Informationssysteme im Produktionsbereich

Der Computer dringt in immer weitere Bereiche der Fertigung vor. Anfänglich nur zur Planung und Steuerung der Fertigung benutzt, werden die Computer auch zur Unterstützung von Entwicklung und Konstruktion eingesetzt.

Computer Integrated Engineering (CIE)

Die Abkürzungen CAE (Computer Aided Engineering) und CIM (Computer Integrated Manufacturing) werden als Oberbegriffe benutzt und bezeichnen die integrierte Informationsverwaltung für betriebswirtschaftliche und technische Aufgaben eines Industriebetriebes (Jehle 1999, S. 100).

Es lässt sich eine hierarchische Struktur abhängig von dem Einsatzbereich erkennen (Abb. 12.24).

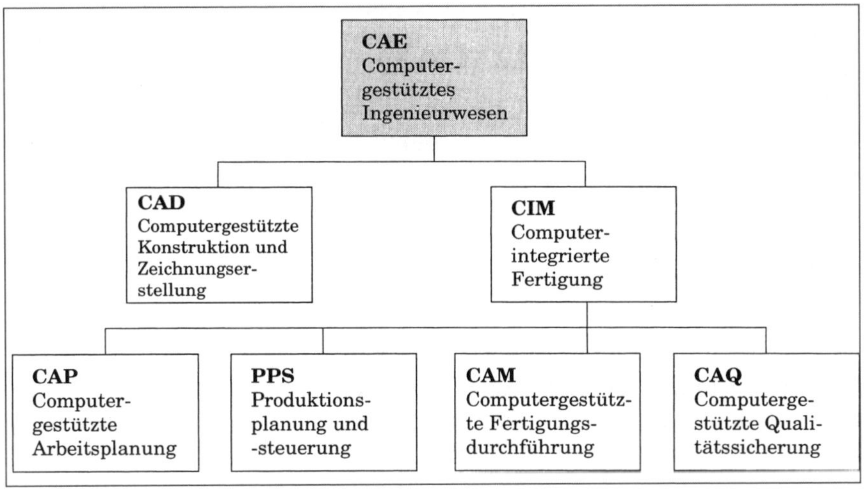

Abb. 12.24. Hierarchie bei CAE-Systemen (Steinbuch 1999, S. 62)

CAE (Computer Aided Engineering) ist ein System der Produktionsplanung und Produktionssteuerung und wird unterteilt in *CAD* (Computer Aided Design) und *CIM* (Computer Integrated Manufacturing).

CAD: Mit Hilfe von CAD-Programmen lassen sich die Entwicklung und Gestaltung von Erzeugnissen automatisieren. Besonders häufig werden CAD-Systeme im Maschinenbau, in der Elektrotechnik und im Bauwesen eingesetzt.

CIM: Ziel von CIM ist es, durch die Integration der technischen und betriebswirtschaftlichen Datenverwaltung überflüssige Organisationsarbeiten und Planungsfehler zu vermeiden. Dies ermöglicht eine Reduzierung der Durchlaufzeit. Gestützt auf eine gemeinsame Datenbasis können z.B. Programme für eine vollautomatische Werkzeugmaschinensteuerung installiert werden.

CIM wiederum gliedert sich in *CAM* (Computer gestützte Fertigung, Computer Aided Manufacturing), *CAQ* (Computer Aided Quality Assurance), *CAP* (Computer Aided Planning) und *PPS* (Produktionsplanung und -steuerung).

CAM-Programme betreffen die Fertigungsdurchführung und werden zur Steuerung von Werkzeugmaschinen eingesetzt (NC, CNC, DNC). CAM kann dezentral realisiert werden (Blohm et al. 1997, S. 402ff).

CAQ (Computer gestützte Qualitätssicherung und Qualitätskontrolle) wird für Erstellung der Qualitäts-, Prüfpläne und Prüfprogramme, zur Fehlerminderung und Qualitätsprüfung verwendet.

CAP (Computer gestützte Arbeitsplanung) dient zur Auswahl der Werkstoffe, der Erstellung von Arbeitsplänen (Arbeitsvorgangsfolge, Maschinenauswahl, Bearbeitungszeit) und Erstellung von Montageplänen.

Hauptaufgabe von *PPS-Systemen* ist die Fertigungsprogrammplanung auf der Basis einer im System integrierten Grunddatenverwaltung.

Probleme bei der Einführung von CIM entstehen durch Schwierigkeiten bei der Integration aller Einheiten, durch die hohen Anschaffungskosten sowie mangelnde Datenaktualität.

12.9 Simultaneous Engineering

Um im internationalen Wettbewerb konkurrenzfähig zu bleiben, müssen die Unternehmen und ihre Lieferanten die Produktentwicklungszeiten drastisch reduzieren. Ziel ist die bereichs- und unternehmensübergreifende Zusammenarbeit. Simultaneous Engineering ist eine Organisationsstrategie, die eine offene und konsequente Zusammenarbeit aller Beteiligten bei der Produktentwicklung und der Planung des Produktionsprozesses unterstützt. Sie ist eine Methode der komplexen sowie zeitlich parallelen Produkt- und Prozessgestaltung (Sommerer 1998, S. 69ff).

12.9.1 Gründe für Simultaneous Engineering

- Hohe Entwicklungszeiten, durch zunehmende technologische Anforderungen, komplexer werdende Produkte
- Wachsende Anforderungen an die Produkthaftung
- Zunehmende ökologische Herausforderungen
- Zeitfalle durch kürzere Marktzyklen und längere Entwicklungszeiten, die zum Verlust der Wettbewerbsfähigkeit und zu längeren Produkteinführungszeiten führen

Die Ursachen für Zeitverluste sind in einem hohen Grad an Arbeitsteilung, Defiziten im Informationsfluss und mangelnder bzw. verspäteter Zusammenarbeit zu finden.

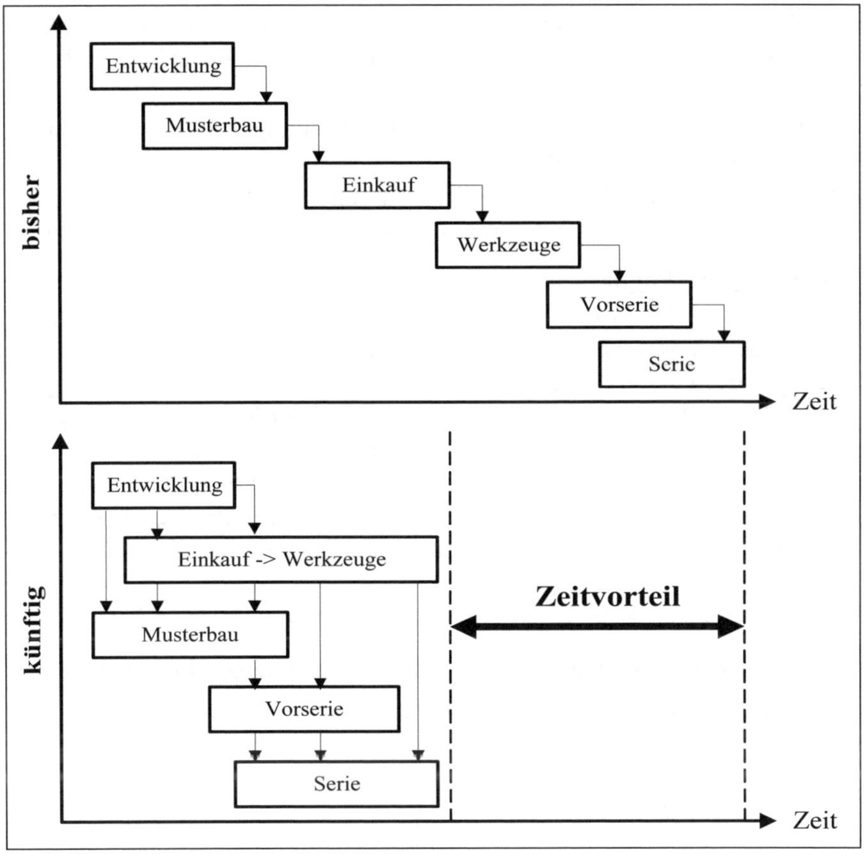

Abb. 12.25. Simultaneous Engineering (Lang in Wannenwetsch/Nicolai 2002, S. 140)

12.9.2 Ziele von Simultaneous Engineering

Das Ergebnis bzw. Ziel des Simultaneous Engineering ist die Reduzierung des Zeitverbrauchs im gesamten Wertschöpfungsprozess und besonders im Entwicklungsprozess. Weitere Ziele sind die Verkürzung der Produktentstehungszeiten, Minimierung der Produkt- und Entstehungskosten und Ausrichtung der Qualität an den Kundenbedürfnissen.

Zur Zielerreichung sind verschiedene Mittel einsetzbar wie:

- Parallelisierung von Produkt- und Produktionsmittelentwicklung,
- Standardisierung (Module, Baukasten),
- Integration (frühzeitige Einbindung und Kooperation von Mitarbeitern verschiedener Abteilungen bzw. von Schnittstellen),

- Bildung von Simultaneous-Engineering-Teams aus den einzelnen Abteilungen der Firma plus Zulieferer, Produktionsmittelhersteller und u.U. Kunden,
- frühzeitige und umfassend abgestimmte Planung kritischer Qualitätsmerkmale des neuen Produktes,
- Einbeziehung der Entwicklungsressourcen von Produktionsmittelherstellern, Komponentenzulieferern und Kunden durch enge Kooperation.

Simultaneous Engineering und seine Umsetzung ist in hohem Maße von der Einstellung der Mitarbeiter abhängig, an die hohe Anforderungen gestellt werden. Voraussetzung für eine erfolgreiche Realisierung ist die Einbeziehung der Personalabteilung mit der Aufgabe einer funktionsübergreifenden Personalplanung. Die Mitarbeiter sollen im Rahmen der Karriereplanung mehrere Bereiche kennen lernen und die Auswahl der Mitarbeiter muss nach Methodenkompetenz, Fachkompetenz und Sozialkompetenz erfolgen. Die folgenden Beispiele aus der Praxis zeigen die Verkürzung der Produktentwicklungszeit durch Simultaneous Engineering.

Tabelle 12.11. Zeitersparnis durch Simultaneous Engineering (Werner 2000, S. 33)

Verringerung der Time to Market durch Simultaneous Engineering		
Unternehmen	**Produkt**	**Zeitersparnis**
Kodak	Kamera „Funsaver“	50%
Fuji	Kopiergerät „F 3500”	30%
AT & T	Telefon	75% (von 24 auf 6 Monate)
Hewlett-Packard	Drucker	56% (von 50 auf 22 Monate)
Honda	Auto	40% (von 5 auf 3 Jahre)

12.10 Simulationstechniken in Produktionsunternehmen

Unter *Simulation* versteht man das Arbeiten mit einem Modell. Das reale System wird auf einem Modell abgebildet, mit dem anschließend vorwiegend rechnergestützt experimentiert wird. Es ist möglich, real noch nicht existierende Systeme bzw. Probleme zu simulieren (Schulte C 1999, S. 110). Simulationstechnik bietet das Durchspielen strategischer Entscheidungen.

Voraussetzungen hierfür sind: Systemanalyse, Problembeschreibung, Anwendung von graphischen Simulationssprachen. Das Produktionsplanungsproblem wird durch die direkte Abbildung der Werkshalle mit den darin arbeitenden Maschinen, Personen und sonstigen Ressourcen in grafischer Form dargestellt

Vorgehensweise: Als erster Schritt wird das reale System in einem Simulationsmodell abgebildet, für dessen Entscheidungsgrößen anschließend mittels eines Optimierungsverfahrens günstige Werte eingesetzt werden. Es stehen verschiedene Verfahren zur Verfügung (Blohm et al. 1997, S. 231ff).

a) Heuristische Verfahren

Sie finden günstige Werte für die Entscheidungsgrößen komplexer Simulationsmodelle.

b) Multi-Agenten-Simulationen

Ein komplexes Systemverhalten wird mit einem Simulationsmodell erzeugt, das auf interagierenden kleinsten Einheiten, den sog. Agenten (Anbieter, Nachfrager, Maschinen, Aufträgen), beruht.

Folgende Fragen können mit Simulationstechniken beantwortet werden:

- Welche Kapazität an Maschinen, Personal und Lagerfläche wird benötigt?
- Wie groß müssen die Bestände zwischen den Produktionseinheiten sein, um den geforderten Produktionsrahmen zu erfüllen?
- Wie viele Behälter, Vorrichtungen und Transporteinrichtungen werden benötigt, um einen reibungslosen Ablauf zu sichern?
- Wie wirken sich zusätzliche Schichten auf das Unternehmen aus?
- Welche Auswirkungen haben Störungen auf die Unternehmensabläufe?

13 Standardisierungsstrategien und Komplexitätsmanagement

Die Industrie steht in den letzten Jahren vor folgender Herausforderung: Die Kunden wollen ein maßgeschneidertes, auf ihre Bedürfnisse bezogenes Produkt zum günstigen Preis. Diese vom Kunden gewünschte „Einzelanfertigung" ist aber sehr teuer und wird vom Kunden oft nicht bezahlt.

Industrie und Handel wollen deswegen Standardprodukte in großen Mengen und mit geringen Produktionskosten absetzen. Je größer die Menge und je weniger Varianten desto einfacher, unkomplizierter und kostengünstiger die Produktion. Die verschiedenen Formen der Standardisierung finden in allen Bereichen der Supply Chain statt. Um gleichzeitig den Kunden nach Vielfalt und der Produktion nach Standardisierung entgegenzukommen, haben sich in der Praxis verschiedene Arten der Standardisierung entwickelt wie z.B. Typung, Normung, Ladungsträgermanagement, Postponement, Gleichteilestrategie, Badge Engineering und Plattformstrategie. Auch im Informations- und Kommunikationsbereich ist eine Standardisierung unumgänglich und findet in der Praxis statt in Form von EDI, Barcodes, und RFID.

Die folgenden Zahlen sollen die Zunahme der Varianten verdeutlichen. Bei VW-Audi existieren ca. 40.000 mögliche Sitzvarianten. Rein rechnerisch sind bei Audi erst ab 100.000 gefertigten Pkws zwei Fahrzeuge genau identisch. Beim LKW-Hersteller Mercedes-Benz hat sich die Anzahl der Fahrerhausvarianten seit Beginn der Produktion von fünf Varianten auf ca. 400 Varianten erweitert. Der Traktoren-Hersteller John-Deere produziert rechnerisch ca. alle sieben Jahre zwei genau identische Traktoren.

Beim Automobilhersteller BMW sind aus 20.000 Einzelteilen für ein Fahrzeug mehr als zwei Millionen Varianten möglich.

Die Produkte werden heute immer stärker unterteilt. Während es früher bei den PKW-Herstellern nur wenige Modelle gab kommt wird bei Mercedes-Benz jetzt z.B. eine A-, B-, C-, E-, G-,M-,R- und S-Klasse angeboten mit zusätzlichen Untersegmenten. Das gleiche findet bei BMW, Volkswagen und anderen Herstellern statt. Dies belegt auch eine von Wildemann durchgeführten Studie bei welcher das Verhalten von 29 Unternehmen untersucht wurde.

Es wurde festgestellt, dass sich in wachsenden Märkten die Varianten um das 1,8- bis 2,5-fache steigerten, während sich die Gesamtproduktionsmenge verdoppelte. Währenddessen erhöhten die Unternehmen in stagnierenden Märkten die Variantenanzahl um das 3- bis 4,2-fache. Die gesamte Produktionsmenge nahm jedoch um bis zu 20% ab (Vgl. Fischer 1993, S. 29 in Anlehnung an Wildemann 1990).

Dieser Anstieg der Variantenvielfalt ist auch im Ersatzteil- und Nachrüstgeschäft zu beobachten, in welchem die Variantenanzahl steigt bei gleichzeitig immer kürzeren Produktlebenszyklen (Vgl. Schuh/Schenk/Warnke 1998, S. 29). Auch bei Staubsaugern gibt es in der Bundesrepublik ca. 1.120 verschiedene Typen für 42.000 unterschiedliche Staubsauger (Vgl. €uro am Sonntag v. 22.06.2008, S. 86). Tabelle 13.1 zeigt die Artikelvielfalt im Handel.

Tabelle 13.1. Artikelvielfalt im Handel

	Artikelvielfalt im Handel	Durchschnittliche Lieferzeit	Produktlebenszyklus im Handel
1998	100 %	100 %	23 Monate
2003	155 %	91 %	19 Monate
2008	206 %	79 %	18 Monate

(Vgl. Kummer/Grün/Jammernegg 2013, S. 66, s.a. Melzer-Ridinger 2007, S. 4ff)

13.1 Materialstandardisierung

Eine Untersuchung der *Boston Consulting Group* zeigte folgende Ergebnisse.

- Wird die Produktvielfalt um 50% gesenkt, so steigt die Produktivität um 31%, die Kosten sinken um 1%.
- Eine weitere Reduktion der Teile um 50% auf nunmehr 25% führt zu einem Ansteigen der Produktivität um 72% im Vergleich zum Anfangsbestand.
- Die Kosten sinken nunmehr um 31%.
- Der Break-Even-Point reduziert sich auf unter 50%.

Infolge technischer und ökonomischer Zwänge werden Artikel und Teile standardisiert bzw. vereinheitlicht. Diese Materialstandardisierung dient zur Steigerung der Wirtschaftlichkeit, d.h. Senkung der Kosten und Erhöhung der Leistung (Oeldorf/Olfert 2008, S. 91ff). Dabei können unterschiedliche Rationalisierungsmaßnahmen getroffen werden.

13.1.1 Normung

Unter Normung versteht man die Vereinheitlichung von Einzelteilen durch die Festlegung von z.B. Abmessung, Farbe, Form oder Qualität. Jährlich werden bis zu 1.000 Normen verabschiedet. Es bestehen Normen für die Maschinensicherheit, Bauprodukte, Druckausrüstungen sowie persönliche Schutzausrüstungen.

Die Vorteile einer Normung der Produkte sind:

- Vereinfachung der Beschaffung durch leichtere Beschreibung der Teile,
- kürzere Beschaffungszeiten aufgrund eines höheren Lagerumschlags und damit höherer Vorratshaltung der Lieferanten,
- Kostenreduzierung, da höhere Mengen beschafft und verkauft werden können, was Vorteile im Einkauf und Absatz bringt,
- leichteres Handling sowohl beim Wareneingang wie auch bei der Einlagerung (weniger Prüfgeräte, weniger Lagerplätze),
- Vereinfachung und Kostenreduzierung bei der Distribution.

Gültigkeit der Normen

Normen können einen unterschiedlichen Geltungsbereich haben: Internationale Normen, nationale Normen, Verbandsnormen und Werksnormen.

a) Internationale Normen

Verschiedene Organisationen befassen sich mit der Festlegung von internationalen Normen. Die wichtigste ist die *International Organisation for Standardization* (ISO) mit Sitz in Genf, z.Zt. bedeutendste Organisation. Sie setzt sich aus über 70 nationalen Normenausschüssen (BRD: Deutscher Normenausschuss – DNA) zusammen.

Die ISO fördert die Erarbeitung und Verbreitung von international anerkannten Normen. Sie kann nur Empfehlungen abgeben, die erst dann Gültigkeit besitzen, wenn der jeweilige nationale Normenausschuss die Normen übernimmt. ISO Empfehlungen müssen erst in die DIN-Normen übernommen werden.

b) Nationale Normen

In Deutschland ist der *DNA* (Deutscher Normenausschuss) das für die Normung entscheidende Organ (Ebel 2009, S. 85ff).

Die Aufgaben des DNA sind

- Schaffung, Überprüfung, Koordination und Überarbeitung von Normen,
- Herausgabe von Normblättern und DIN-Normblatt-Verzeichnissen,
- Maßnahmen zur Einführung der Normen in Praxis und Lehre,

- Beratung von Unternehmen, Behörden, Verbänden und internationalen Organisationen.

DIN-Normen dienen als Empfehlungen, sind aber bindend, wenn sie sich auf Lieferverträge, Gesetze und Verordnungen beziehen.

c) Verbandsnormen

Außer der DNA gibt es auch Verbände und Vereine, die für ihren Aufgabenbereich Richtlinien und Vorschriften entwickeln, die mit Normen gleichzusetzen sind (z.B. Verband Deutscher Ingenieure (VDI) und Verband Deutscher Elektrotechniker (VDE)).

Verbandsnormen haben grundsätzlich nur empfehlenden Charakter, können aber auch zwingende Wirkung haben. Das VDE-Gütezeichen gewährt die Einhaltung bestimmter Richtlinien bei der Erstellung elektrotechnischer Erzeugnisse.

d) Werksnormen

Der Gültigkeitsbereich der Werksnormen erstreckt sich nur auf das Unternehmen. Ziel der Werksnormen ist der rationelle Fertigungsprozess unter Berücksichtigung bestimmter betrieblicher Erfordernisse.

Es wird zwischen abgeleiteten Werksnormen (DIN-Normen sind Grundlage) und ursprünglichen Werksnormen (Festlegung vom Unternehmen, oft aufgrund fehlender DIN-Normen) unterschieden.

13.1.2 Typung

Die Typung resultiert in der Vereinheitlichung ganzer Erzeugnisse oder Aggregate bezüglich ihrer Art, Größe und Ausführung. Die Typenvielfalt eines Unternehmens wird ständig überprüft; gegebenenfalls erfolgt eine Typenbeschränkung (Ebel 2009, S. 85ff). Sie erfolgt unter Aspekten wie z.B. Teilefamilie, Baukastensystem, Baureihe.

Im Gegensatz dazu findet die Normung nur für Einzelteile Anwendung.

a) Innerbetriebliche Typung

Es handelt sich um die Standardisierung von Erzeugnissen des Unternehmens. Hierbei kann eine Einteilung in Baukästen, Baukastensysteme und sonstige Typenbeschränkungen erfolgen.

Kennzeichen von Typung

- Die Bausteine sind unterschiedlich, zahlenmäßig limitiert.
- Viele Kombinationen möglich und mehrseitig verwendbar.

- Die Bausteine besitzen einheitliche Passflächen oder Passstellen.
- Hoher einmaliger Aufwand für Konstruktion und Fertigungstechnik.
- Häufig vorkommende Aufgabenstellungen werden systematisiert.

b) Überbetriebliche Typung

- Kooperation branchengleicher Unternehmen (LKW-Aufsätze)
- Forderung der Großabnehmer (einheitliche Behältergröße)

Allgemeine Vorteile von Typung

- Vereinfachung der Lagerhaltung, weniger Ersatzteile
- Personaleinsparung durch Automation der Fertigung, weniger Verwaltung
- Günstigere Beschaffung, höhere Mengen standardisierter Teile
- Vereinfachung des Kundendienstes, standardisierte Werkzeuge
- Senkung der Konstruktions- und Fertigungskosten und Investitionen
- Weniger Programmänderung aufgrund von wenigen Typen

Allgemeine Nachteile von Typung

- Vermassung der Produkte, Hemmung des technischen Fortschrittes
- Beschränkung des Wettbewerbes (Vgl. Ebel 2009, S. 85ff)

13.1.3 Mengenstandardisierung

Es handelt es sich um die Normung des Materialbedarfes. Es erfolgt eine sorgfältige Ermittlung des Materialbedarfes. Nach Beendigung des Leistungsprozesses wird ein Soll-/Ist-Vergleich des Materialverbrauches vorgenommen. Die Mengenstandardisierung erfolgt in zwei Schritten (Oeldorf/Olfert 2008, S. 99ff):

- Ermittlung des Prognose-Materialbedarfes,
- Durchführung des Soll-Ist-Vergleiches.

Ermittlung des Prognose-Materialbedarfes

Normaler Nettobedarf je Erzeugnis x Stückzahl		1 • 800
=	Netto-Materialbedarf	800
+	Bruttokorrektur (unvermeidbarer Mehrbedarf z.B. 3%)	24
=	Standard-Materialbedarf	824
+	Vermeidbarer Mehrverbrauch (z.B. 1%)	8
=	Prognose – Materialbedarf	832

Der Materialbedarf ist mengengerecht, artgerecht und termingerecht zu decken. Es ist eine genaue Ermittlung des Bedarfes notwendig. Zur Ermittlung des Materialbedarfes können drei Verfahren angewendet werden: die programmorientierte Bedarfsermittlung, die verbrauchsorientierte Bedarfsermittlung und die subjektive Schätzung.

13.1.4 Barcoding, EAN-Code und Transponder

Standardisierung von Informationen

a) Barcoding

Barcodes stellen eine Folge von schmalen und breiten Strichen sowie Lücken dar. Diese Folgen werden durch optische Lesung als numerische oder alphanumerische Informationen interpretiert. Der bekannteste Barcode ist die 13-stellige, rein numerische Europaeinheitliche Artikelnummer (EAN). Als Datenträger sind für den Barcode alle bedruckbaren Oberflächen geeignet. Die Vorteile der Barcodes liegen in der einfachen Erstellung der Datenträger sowie in der schnellen und fehlerfreien Erfassung. Zur Erfassung von Barcodes dienen z.B. Lesestifte, Laserscanner mit festem bzw. beweglichem Strahl, CCD-Scanner und die CCD-Kamera. Nachteile bestehen in der gegebenenfalls schlechten Lesbarkeit bei Beschädigung oder Verschmutzung des Barcodes.

b) EAN-Code (Europaeinheitliche Artikelnummer)

Für den Nahrungsmittelbereich international genormte Schnittstelle zwischen der artikelbezogenen Datenverarbeitung der verschiedenen Handelsstufen. Die Bestandteile des EAN-Codes sind

- 1 und 2 Stelle Länderkennzeichen (Bundesrepublik = 40 bis 43),
- Stellen 3 bis 7 Betriebsnummer des Herstellers,
- Stellen 8 bis 12 vom Hersteller vergebene Artikelnummer,
- Stelle 13 die Prüfziffer (Schulte G 2001, S. 108ff).

c) Transponder- und RFID-Technologie

13.2 Postponement

Der Begriff Postponement kann man wörtlich mit „Aufschub“ oder „verschieben übersetzen. In der Logistik bzw. der Produktion wird damit die Verschiebung der Variantenbildung auf einen möglichst späten bzw. kundenahen Termin, verstanden. Einfach ausgedrückt versucht die Produktion zuerst standardisierte Produkte herzustellen, die als Basis für die spätere kundenspezifische Produktion gelten. Diese Vor(produkte) können bis zu einem bestimmten Grad auf Lager produziert werden, immer unter dem Gesichtspunkt der Vermeidung von hohen Lagerbeständen und hoher Kapitalbindung. Hierbei kann die Menge des vorproduzierten Standardproduktes abhängig sein von Vergangenheitswerten oder von zukünftigen Prognosewerten oder Erfahrungswerten.

Nach Eingang des spezifischen Kundenauftrages werden die bisher standardisierten Produkte kundenindividuell in die gewünschten Varianten endmontiert. Dies entspricht dem Pull-Prinzip. Der Kunde bestimmt die Auslösung des Auftrages.

Hierbei stellt der Entkopplungspunkt (decoplingpoint bzw. orderpenetration point) den Übergang von kundenunabhängiger zu kundenbezogener Fertigung dar. Das Ziel von Postponement ist es, den Entkopplungspunkt innerhalb der Supply Chain möglichst weit an das Ende des Produktionsprozesses Richtung Kunde zu verlegen. Damit wird nur das produziert was auch bestellt wird, eine größtmögliche kundenauftragsbezogene Fertigung. Hierbei werden hohe Lagerbestände und eine hohe Kapitalbindung vermieden. Neben der produktionsbezogenen PostponementPStrategie (assembly postponement) kommt auch ein logistic-postponement (geographic postponement vor. Beim logistischen Postponement werden bereits vorsortierte Produkt möglichst lange an zentralen Lagern bevorratet. Der Transport der Produkte soll dabei so spät wie möglich, d.h. erst nach Kundeneingang erfolgen.

Das produktbezogene Postponement ist eine wichtige Voraussetzung für eine effiziente Mass-Customization, das heißt für eine kundenindividuelle Massenproduktion. Das Ziel von postponement ist es dabei kundenindividuelle Produkte herzustellen die möglichst keinen höheren Preis haben als in Massen hergestellte Standardprodukte.

In der Praxis kommen dabei verschiedene Arten von Postponement vor (Vgl. DHL Logbook 2014, s.a. Pfohl 2004).

Entkopplungspunkt Einkaufsteile

Erst wenn der Auftrag des Kunden vorliegt kauft der Einkauf die dazu notwendigen Rohmaterialien ein. Der Zeitpunkt des Einkaufs wird solange „aufgeschoben" bis der konkrete Auftrag vorliegt. Diese Strategie ist geeignet wenn Unternehmen Produkte mit hochwertigen Bauteilen herstellen. Die Menge der Bauteile schwankt hierbei erheblich wie z.B. bei Ersatzteilen oder mit einer hohen Anzahl von Produktvarianten.

Entkopplungspunkt Vorfertigung

Beim Computerhersteller DELL beginnt die Fertigung erst, wenn der entsprechende Kundenauftrag vorliegt. Diese Art von postponement ist geeignet bei einer hohen Anzahl von Produktvarianten.

Entkopplungspunkt Endmontage

Die Aktivitäten bis zur Endmontage erfolgen prognoseabhängig. Erst wenn ein Kundenauftrag vorliegt werden die Produkte endmontiert. Dieser Typ eignet sich für Produkte mit einem hohen Anteil an (Standard)Materialien welche leicht am Markt verfügbar sind. Weiterhin soll der Platzverbrauch der Produkte im demontierten Zustand sinken.

Entkopplungspunkt Zentrallager

Hierbei stützt sich die Fertigung bis zum Zentrallager auf Prognosen. Erst die Auslieferung an ein entsprechendes Auslieferungslager beruht auf Kundenaufträgen. Diese Methode ist geeignet für Unternehmen mit einer großen Anzahl an Auslieferungslagern (Ersatzteile für Automobilindustrie).

Entkopplungspunkt Auslieferungslager

Hierbei stützt sich die Fertigung und Auslieferung auf Prognosen. Erst die Aktivitäten im Auslieferungslager stützen sich auf bereits vorhandene Kundenaufträge. Dies können beispielsweise die Verpackung oder die Etikettierung sei. Diese Art des postponements kommt bei Unternehmen vor welche ihre Produkte unter verschiedenen Markennamen oder in unterschiedlichen Packungsgrößen verkaufen. Dies kommt vor wenn die Verpackung fertiger Produkte in verschiedenen Karton und in unterschiedlicher Sprache stattfindet. Ebenfalls kann ein Unternehmen das gleiche Produkt (z.B. Kekse) an verschiedene Discounter in unterschiedlichen Verpackungen liefern.

13.3 Klassifikation der Produktionsprozesse

Hierbei kann je nach dem Verhältnis der Produktion zum Absatzmarkt zwischen Kundenauftragsproduktion, Lagerproduktion und auftragsbezogener Montage unterschieden werden. Auch hier sind in der Praxis verschiedene Arten der Standardisierung möglich (Kummer/Grün/Jammernegg 2013, S. 224ff).

a) Make to Order (Kundenauftragsproduktion)

Bei der Kundenauftragsproduktion löst eine Kundenbestellung, der Beginn des Auftragsabwicklungsprozesses, den Produktionsprozess aus. Hierbei läuft der Produktionsprozess parallel zum Auftragsabwicklungsprozess ab (Vorkommen: Schiffsbau, Maßanfertigung von Möbeln).

b) Make to Stock (Lagerproduktion)

Hierbei erfolgt die Produktion auf Lager auf Basis einer durch Marktprognosen geschätzten Marktnachfrage. Wenn der Kunde bestellt ist die Produktion bereits erfolgt und die Waren liegen versandbereit im Lager und werden an den Kunden ausgeliefert.

c) Assemble to Order, Build to Order (Auftragsbezogene Montage)

Hierbei handelt es sich um eine Kombination aus Kundenauftrags- und Lagerproduktion. Erst nach Eingang der Kundenbestellung (Start des Auftragsabwicklungsprozesses) wird das Produkt fertig gestellt. Dazu werden Einzelteile, welche auf Lager vorproduziert worden sind, verwendet. Dadurch, dass die Herstellung der Enderzeugnisse aus vorproduzierten Komponenten beruht, kann die Lieferzeit um die Zeitdauer der vorprogrammierten Komponenten verkürzt werden (Fertigung der Dell Computer).

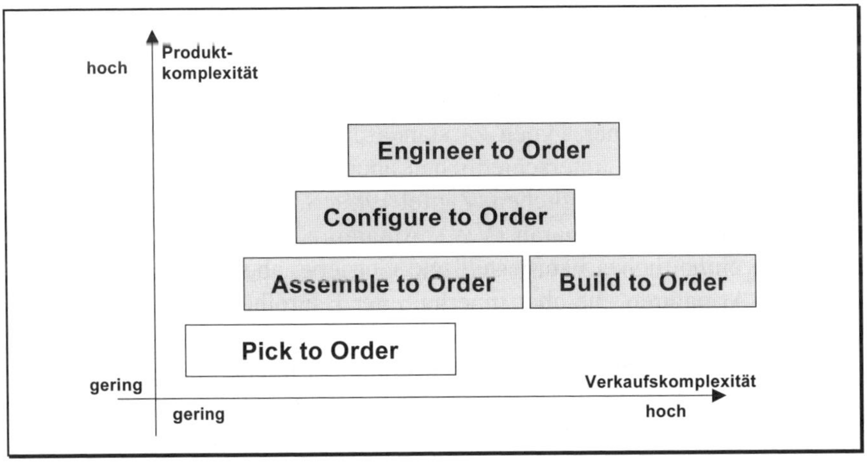

Abb. 13.1. Typisierung von Produktkonfigurationssystemen (Vgl. Schwetz 2000, S. 133)

Der Beginn der Auftragserfüllung (Fulfillment) kann danach unterschieden werden, ob es sich um einen Lagerkauf handelt oder ob noch Produktions- und Entwicklungsprozesse angestoßen werden müssen. Handelt es sich um vernetzte Supply Chains mit Echtzeit-Datenaustausch, so wird für eine Reihe von Produkten die traditionelle Lagerproduktion insgesamt einer bedarfsorientierten Produktion weichen. Bekanntestes Beispiel für eine konsequente bedarfsorientierte Produktion ist der Computerhersteller DELL.

13.4 Strategien der Standardisierung in der Automobilindustrie

13.4.1 Plattformstrategien

Die Idee der Plattformstrategie entstand im Zuge der zunehmenden Individualisierung der Kundenwünsche und dem Bestreben der Hersteller Teile und Komponenten kostenreduzierend zu standardisieren. Beispiele für die steigende Varianten- und Modellvielfalt zeichnen sich u.a. signifikant in der Automobilindustrie ab. So schätzt die AUDI AG, dass bei neuen PKW-Modellen jeweils nur ein Fahrzeug von 100.000 Fahrzeugen des gleichen Typs vollkommen identisch ist. Mercedes-Benz bot seinen Kunden in den 50er Jahren noch fünf Fahrerhausvarianten bei Lastkraftwagen an. Im Jahr 2003 sind es bereits 400 verschiedene Varianten. Ebenso berichtet BMW, dass es ein Zufall wäre, wenn innerhalb eines Jahres zwei völlig identische Fahrzeuge das Werk verließen.

Die ausufernden Modellpaletten der Konzerne haben demnach eine Vereinheitlichung der Technik unausweichlich gemacht. Genau hier setzt die Käfer- Plattform in der Automobilindustrie an. Ziel ist es, die Grundbausteine verschiedener Typen zu standardisieren und auf dieser Grundlage den Einbau von unterschiedlichen aber wiederum einheitlichen individuellen Teilen zu ermöglichen (Zäpfel 1989, S. 138ff).

Fahrzeugtypen wie: Sharan (VW), Alhambra (Seat) und Galaxy (Ford) haben ein einheitliches Fahrgestell und Getriebe, aber verschiedene Sitze, Motoren, Armaturen, die aber innerhalb der Baureihen wiederum standardisiert sind.

Die Kosten für komplette Plattformstrategien können bei großen Automobilkonzernen die Milliardengrenze überschreiten. Diese Kosten werden jedoch durch eine ganze Reihe von Vorteilen kompensiert.

Vorteile der Plattformstrategie

- Hoher Standardisierungsgrad, Reduzierung der Durchlaufzeiten
- Geringes Teilespektrum und Reduzierung des Lieferantenpools
- Reduzierung von Verwaltungs- und Beschaffungskosten
- Geringere Kapitalbindung im Lager
- Erhöhung der Kapital- und Lagerumschlagshäufigkeit

Einen Überblick über die verschiedenen Variationen und Ausprägungen von Standardisierungsstrategien, deren Vor- und Nachteile, sowie führende Anwender der Strategien bietet Tabelle 13.2.

Tabelle 13.2. Übersicht über Standardisierungsstrategien

Strategie	Was steckt dahinter	Die Spezialisten	Vor-/Nachteile
Plattform-Strategie	Verschiedene Marken und Modelle verwenden die gleiche Plattform. Radstand, Spurweite und der hintere Bereich der Bodengruppe sind meist variabel.	Konsequenter Einsatz bei Fiat, PSA und VW. Wird auch von Renault/Nissan favorisiert (z.B. VW-Golf, SEAT-Toledo, AUDI-TT, VW-Bora, Skoda-Octavia)	Kostensenkung im Großseriensegment, ermöglicht viele Modellvarianten für vergleichsweise wenig Geld. Begrenzt die Gestaltungsfreiheit, schwächt den Markencharakter.
Standardteile-Strategie	Identische Komponenten für unterschiedliche Marken und Modelle. Typisch sind Motoren, Antriebsstränge, Elektronik und Elektrik, Klimaanlagen, Schalter, Instrumente, Sitze. Geht quer durch alle Klassen.	Gängige Praxis in fast allen Konzernen, selbst bei Porsche. Die E-Commerce-Allianz von DaimlerChrysler, Ford, General Motors und Renault garantiert Zusatzspareffekte.	Großes Sparpotenzial. Lässt sich auf Komponenten beschränken, die den Charakter des Autos nicht beeinflussen. Bei Premiummarken mit hohem Qualitätsanspruch kritisch.
Komponentenmatrix	Baukasten mit Basiskomponenten, die über Zusatzmodule individualisiert werden (z.B. gleicher Motorblock, unterschiedliche Zylinderköpfe oder Steuersysteme).	Soll bei den Ford-Nobelmarken Aston Martin, Jaguar, Lincoln und Volvo praktiziert werden. Entspricht auch der BMW-Philosophie.	Spart Kosten und passt sich gut den Bedürfnissen gehobener Marktklassen an. Bedarf hochwertiger Basiskomponenten, die sich modular verfeinern lassen.
Badge-Engineering	Ursprünglich ironisch gemeint. Badge bedeutet Emblem. Steht für gleiche Technik, gleiche Form, aber unterschiedlicher Zierrat und Markenname. Von Engineering keine Spur.	Brit. Spezialität aus den 50er und 60er Jahren, heute bei Gemeinschaftsprodukten unterschiedlicher Konzerne üblich (z.B. VW Sharan und Ford Galaxy)	Kostengünstiger lassen sich Autos unterschiedlicher Marken nicht darstellen. Eine reine Mogelpackung. Raubt den Marken jede Eigenständigkeit.

13.4.2 Strategie der Standardisierung am Beispiel der BMW Group

Wer den Kunden Individualität verspricht, muss Varianten zulassen: Aktuell korrigiert jeder zweite Besteller seinen ursprünglichen Fahrzeugwunsch. 40.000 Änderungswünsche summieren sich so pro Monat zusammen. Der 7er BMW wird beispielsweise in über tausend Varianten gebaut. Wer seinen BMW per Mausklick bestellen möchte, den unterstützt dabei ein sog. CarConfigurator. Er enthält 35.000 Baubarkeitsregeln und checkt damit jeden Kundenwunsch auf Plausibilität. Bei einem Fahrzeug mit Anhängerkupplung etwa, lässt er die Bestellung der elektronischen Einparkhilfe nicht zu.

Bei den BMW-Modellen stagniert die Fertigungstiefe bei rund 33%, in Spartanburg/USA liegt sie bei 26% und im englischen Werk Oxford (neuer Mini) wird sie spürbar unter 33% liegen. Die Zahl der bei BMW gefertigten Modelle werden zunehmen. Damit wird sich das Einkaufsvolumen mittelfristig von derzeit ca. 15 auf 18 Mrd. Euro erhöhen. Die 250 Modullieferanten von BMW werden das einerseits gerne hören. Steigende Modularisierung aber darf keineswegs die bei der Premiummarke BMW nötige Variantenbildung beschneiden. Damit sollten die Zulieferer Flexibilität beweisen. Generell setzt BMW statt auf Plattformen und Gleichteile vielmehr darauf, Prozesse beim Zulieferer zu vereinheitlichen, zu optimieren und sicherer zu gestalten. Mit weltweit einheitlichen Fertigungsprozessen kann BMW auch problemlos variierende Produkte fertigen (Pressespiegel 085/2000).

BMW ist ein Vorreiter der Plattformstrategie. Ein BMW hat 20.000 Einzelteile. Mehr als zwei Millionen Varianten sind möglich, und dennoch wäre es ein Zufall, wenn innerhalb eines Jahres zwei völlig identische Fahrzeuge ein Werk bei BMW verlassen würden (EURO 1999).

13.4.3 Plattformstrategie im VW-Konzern

Der VW-Konzern hat die Plattformstrategie sehr weit entwickelt. Dies hat allerdings dazu geführt, dass sich einzelnen Marken kannibalisieren. Dies bedeutet, dass sich die Tochtergesellschaften des VW-Konzerns gegenseitig Kunden wegnehmen. So hat sich der Kundenverlust von 1997 bis 1999 von VW zu Skoda fast verfünffacht. Da Skoda die gleiche Plattform wie VW hat (Skoda Octavia etc.) aber wesentlich günstiger im Preis ist, haben viele vorherige VW-Käufer zu Skoda-Modellen gewechselt. Tabelle 13.3 zeigt einige Beispiele für Plattformen im VW-Konzern.

Tabelle 13.3. Plattformen im VW-Konzern

Segment	Plattform	VW	Audi	Skoda	Seat
Kleinwagen	PQ25	Fox, Polo	A1	Fabia, Roomster	Ibiza
Kompaktklasse	PQ35	Golf, Touran, Tiguan, Jetta, Caddy Scirocco	A3, Q3, TT	Yeti, Octavia	Leon, Toledo, Altea
Mittelklasse	PQ46	Passat, Eos, Sharan		Superb	Alhambra
SUV	PL71	Touareg	Q7		

Quelle: Heißing/Ersoy 2008, S. 589

Vornormen werden verwendet, wenn Techniken noch stark im Fluss sind und dienen als vorläufige Spezifikationen.

Die Materialstandardisierung unterteilt sich in

- Normung, Typung,
- Baukastensystem,
- Module, Plattformstrategie.

13.5 Die Fraktale Fabrik

Die Sättigung der Märkte, der zunehmende Wettbewerbsdruck und Preisverfall sowie die explosionsartig ansteigende Produkt- und Teilevielfalt zwingt die Unternehmen zu einer grundlegenden Neuorganisation der Geschäftsprozesse, um auf die erhöhten Marktanforderungen zu reagieren. Die Fraktale Fabrik ist ein Konzept, welches sich diesen Herausforderungen ganzheitlich stellt und in der industriellen Praxis bereits erste Erfolge verbucht hat.

13.5.1 Definition und Merkmale der Fraktalen Fabrik

Der Begriff *Fraktal* (lat. Fractus = fragmentiert, gebrochen) wird in der Mathematik verwendet. In einem betriebswirtschaftlichen Zusammenhang gebracht, kann man das Fraktal als ein Teilsystem der Fraktalen Fabrik, eine Fabrik in der Fabrik, verstehen. Es ist gekennzeichnet durch die Schaffung von Freiräumen für die Mitarbeiter und die Übertragung von Verantwortung und Kompetenz.

Kerngedanke der fraktalen Struktur ist es, mehr Handlungs-, Gestaltungs- und Entscheidungsspielraum für den Menschen innerhalb und außerhalb der Fabrik zu bieten. Kennzeichnend ist die elastische Reaktion auf Kundennachfrage und die Flexibilisierung der Arbeitszeit (Ehrmann 1997, S. 379ff).

Folgende Merkmale kennzeichnen die Fraktale Fabrik.

- *Dezentralisierung:* Entscheidungen werden dort getroffen, wo das Problem entsteht. Es besteht eine hohe Anforderung an die Qualität und Aktualität der Informationen, die der Entscheidungsträger erhält.
- *Prozessorientierung*: Horizontale Strukturen müssen gebildet werden.
- *Mitarbeiterorientierung*: Der Mensch rückt immer mehr in den Mittelpunkt. Er garantiert Flexibilität und Anpassungsfähigkeit (Arbeitszeitflexibilität).
- *Informationsflussorientierung*: Die Grenzen zwischen den Bereichen sowie zu den Lieferanten und Kunden sind durchlässig für Informationen.
- *Zielvereinbarungen*: Die Unternehmensziele werden mit Hilfe eines Kennzahlensystems bis auf die operativen Bereiche heruntergebrochen, was die Steuerung und Durchsetzung von Managementzielen erheblich verbessert.

13.5.2 Erfolgs- und Verbesserungspotentiale für Unternehmen

Durch die Einführung der Fraktalen Fabrik verfolgt die Unternehmensführung eine Reihe von Zielen:

- Förderung und Nutzung der Kreativitätspotentiale durch interdisziplinäre Zusammenarbeit und ständigen Lernprozess,
- effektivere Kommunikation durch Dezentralisation der Informationen und Entscheidungsbefugnisse,
- bessere betriebswirtschaftliche Erfassung der Prozesse und Produkte,
- bessere Kostenzuordnung, Senkung der Fixkosten, Senkung der Gewinnschwelle von bisher 90% auf ca. 60–70% der Kapazitätsauslastung,
- Arbeitszeitflexibilität kann leichter geregelt werden und ermöglicht eine flexible Anpassung an schwankende Märkte.

Mögliche Verbesserungspotentiale durch die Zusammenarbeit mit Lieferanten wird folgendermaßen geschätzt:

- Maschinenauslastung: + 100 %
- Maschinenstörungen: – 80 %
- Fabrikdurchlaufzeit: – 80 %

- Qualitätskosten: – 50 %
- Umrüstzeiten: – 50 bis – 70 %
- Senkung der Lagerbestände: – 50 %
- Termintreue: + 50 %

13.5.3 Beispiel: SMART Produktion und Industrie 4.0

Zusammenarbeit mit Partner und Lieferanten am Beispiel der Smart GmbH

Die Smart GmbH (ehemals Micro Compact Car GmbH) mit Sitz im Renningen wurde 1994 gegründet. Die Serienproduktion des Smart startete 1997 in einer neuen Fabrik in Hambach/Elsass. Durch den Beginn auf der „grünen Wiese" war vieles einfacher umzusetzen als in Unternehmen mit festgefügten Strukturen. Das Smart-Konzept gilt in vielen Punkten als wegweisend für komplexere Verkaufs- und Produktionssysteme bzw. -prozesse (Baumgarten 2001, S. 217ff).

Schwerpunkt ist eine starke Einbindung in den Produktionsablauf von sieben Systemmodepartnern und nur fünfzehn Direktlieferanten bei einer Fertigungstiefe von etwa 10%. Rund 75% der Wertschöpfung werden bei den Systempartnern geschaffen.

Montage bei Smart GmbH

Das von der Smart GmbH entwickelte Produktionssystem „Smart- Plus" fördert die Logistik- und Qualitätsorientierung und reduziert durch das neuartige Fabriklayout die Fördertechnik (s. Abb. 13.2).

Der Montageweg wird in mehreren Teilsystemen nachvollzogen:

„Verlobung"	Komplett vorgefertigtes Cockpit wird eingebaut und der Innenraum- Leistungssatz verlegt
„Hochzeit"	Die Karosserie wird mit dem Fahrwerk zusammengeführt, verschraubt und verschweißt
„Einrichtungshaus"	Einbau der Verkleidungen, Verglasung und Sitzsysteme, Anlieferung von JiT durch Spediteure
„Schmuck- Atelier"	Einbau der Sitze und Dekorelemente
„Design- Shop"	Einbau der Türen, Kunststoffverkleidungen
„Fitness- Studio"	Technische Abnahme und letzte Qualitätsprüfung

„Marktplatz Bistro“	Zentrum der Fabrik, dient als Kommunikationsplattform zwischen Hersteller und Systempartner, Schulungs- und Planungsort

Der Smart durchläuft insgesamt 140 Montagestationen. Durchschnittlich haben die Mitarbeiter 1,7 Minuten Zeit für die einzelnen Montageschritte. Die Gesamtmontagezeit beträgt für den PKW 4,5 Stunden. Im Vergleich dazu benötigt der erfolgreichste europäische Hersteller 8–9 Stunden. Die Verkürzung der Montagezeit ist auf eine optimierte Fördertechnik zurückzuführen, die mit minimalen Puffern und Rückläufen arbeitet.

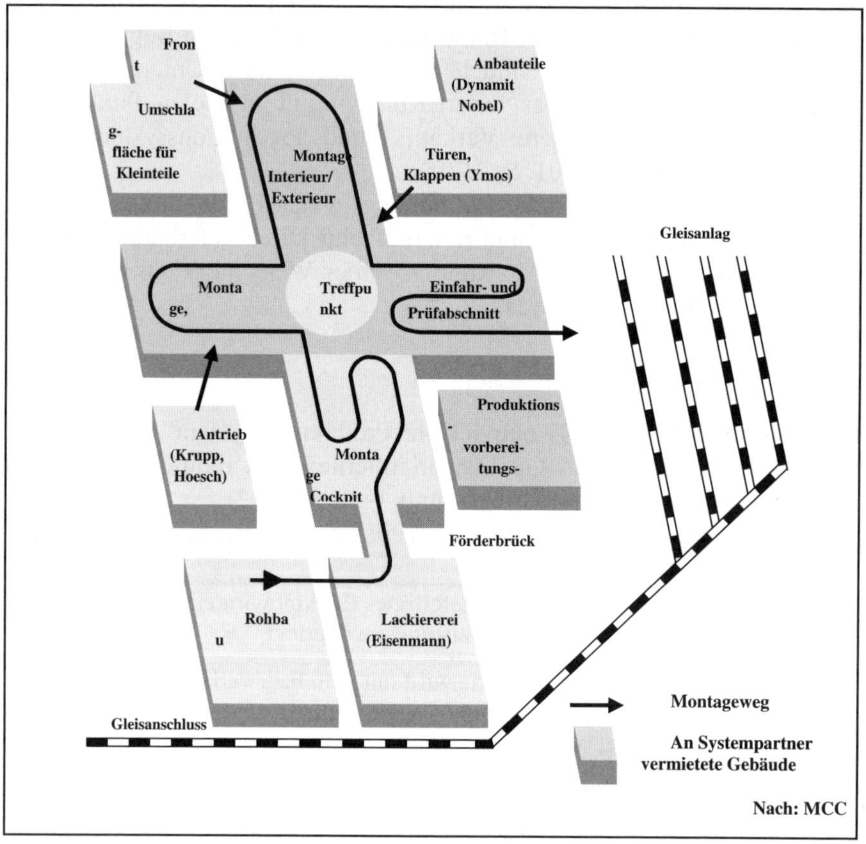

Abb. 13.2. Smart GmbH Werk in Hambach

Besonderheiten des Systems

a) Dezentralisierung

Merkmal des Systems ist die Gewährung einer weitgehenden Autonomie, Selbstorganisation und Aufgabenintegration (Baumgarten 2000, S. 215ff). Die Unternehmensziele werden in einem Zielvereinbarungsprozess zwischen Managementebene und den dezentralen Teams für eine festen Zeitraum von sechs Monaten festgelegt. Die Ziele werden über eindeutige Kennzahlen operationalisiert und lassen sich auf die vier Grundformen Produktivität, Qualität, Termin und Service zurückführen.

b) Kontinuierlicher Verbesserungsprozess (KVP)

Es wurde ein Verbesserungsprozess entwickelt, bei dem ein stetiger Fortschritt aller Unternehmensprozesse verfolgt wird. Den Mitarbeitern wird genügend Zeit eingeräumt, damit sie sich an dem Verbesserungsprozess beteiligen. Sie treffen sich eine Stunde pro Woche, um über Verbesserungen zu diskutieren, so dass eine schichtübergreifende Behandlung der Probleme stattfindet.

c) Entlohnung der Mitarbeiter

Die Entlohnung der Mitarbeiter setzt sich aus einem Grundgehalt und einem Zusatzteil (Prämie) zusammen. Das Grundgehalt ist qualifikationsorientiert und der Zusatzteil wird nach dem Zielerreichungsgrad bestimmt.

d) Arbeitszeitflexibilisierung

Ein wichtiger Aspekt der „atmenden Fabrik“ ist die Arbeitszeitflexibilisierung. Verschiedene Arbeitsmodelle wurden entwickelt, so dass im Extremfall der Arbeitstag auf zehn Stunden verlängert werden kann. Bei starker Unterbeschäftigung aber auch bei Null sein kann (Atmungsprinzip).

Durch die Bedingungen der Produktionsstruktur der Smart-Fabrik wird der Schichtübergang fließend gestaltet. Es muss nur sichergestellt werden, dass jeder Arbeitsplatz belegt ist.

Industrie 4.0

Industrie 4.0, die vierte Stufe der industriellen Revolution, zeigt die Verschmelzung von Produktionstechnologien mit der Internettechnologie. In der heutigen Industrieproduktion treten folgende Zielkonflikte auf: Um niedrige Herstellkosten und Fixkosten zu erzielen sind große Serien oder Massenfertigung mit wenig Varianten optimal (mass customization). Der Kunde will aber ein individuelles „massgeschneidertes“ Produkt mit vielen Varianten.

Das Ziel von Industrie 4.0 ist die schnellere, effizientere aber vor allem flexiblere Produktion. Änderungen der Kundenwünsche, Produktvariationen in letzter Minute und flexible Anpassungen der Supply Chain an Änderungen in letzter Minute sollen reibungsloser und effektiver erfolgen. Dazu ist es notwendig, dass die eingesetzten Maschinen, Produktionsmittel und die halbfertigen Produkte schnell und direkt miteinander kommunizieren (Vgl. www.wittenstein.de, Industrie 4.0 v. 21.03.2014). Durch die Eingabe neuer Daten in das betriebliche System können die Produkte auch noch in fortgeschrittener Produktionsstufe innerhalb der gesamten Supply Chain geändert werden. Das Schlagwort ist hier die „mitdenkende Produktion" in Cyber-Physischen-Systemen" (Vgl. www.Wittenstein.de).

Hierbei können auch Lieferanten in das System mit eingebunden werden. Die Unternehmen sehen dabei großes Potential in der Verbindung mit mobilen Anwendungen. Unternehmen im Maschinenbau sowie Anlagenbauer sehen in Industrie 4.0 mehr Anwendungsbereiche als Unternehmen mit einfachem Produktspektrum (Vgl. www.produktion.de/top-story/unternehmen sind bei Industrie 4.0 noch im Aufbruch v. 21.03.2014).

Praxisbeispiel

Beim Unternehmen Schmalz kommunizieren Vakuum-Greifer direkt mit dem zu handhabenden Werkstück und vereinfachen damit die Energie- und Prozesskontrolle. In vielen Anwendungen regelt die Robotersteuerung den Unterdruck in den Vakuumgreifern und passt ihn z.B. an das zu handhabende Werkstück an.

Wiederholungsfragen zu Kapitel 13

1. Welche Vorteile ergeben sich durch die Verfahren zur Standardisierung?
2. Erklären Sie die Begriffe „Assemble to Order" bzw. „Build to Order".
3. Was verstehen Sie unter dem Schlagwort „Plattformstrategie"?

14 Service-Logistik und Marketing-Logistik

14.1 Bedeutung der Service-Logistik

In vielen Unternehmen ist die Service- und Marketing-Logistik als Profit Center fest etabliert. In der Automobilindustrie wurden 2005 mit Service und Ersatzteilen rund 42 Mrd. Euro umgesetzt. Dies waren fast 24% des gesamten Umsatzes. Hier wurden mit 6,8 Mrd. Umsatz mehr als die Hälfte des Gewinns erzielt (manager magazin 10/2007, S. 22). In technologieorientierten Branchen beträgt der Umsatz im After-Sales-Logistik-Bereich bei Serviceleistungen und Ersatzteilen ca. 25%, der Gewinnbeitrag beträgt jedoch 40% bis 80%. Bei Ersatzteilen beträgt die Gewinnmarge im Maschinenbau im Durchschnitt 12% bis 32%. Im Verkauf von neuen Maschinen und Anlagen beträgt die Gewinnmarge oft nur 5%. Das After-Sales-Markvolumen liegt in Deutschland im Jahr 2005 bei etwa 8% des Bruttosozialproduktes. In den Vereinigten Staaten betrug im Jahr 2005 betrug der Umsatz ca. 700 Mrd. USD. Bis zum Jahr 2015 dürfte hier die Billionen Dollar Grenze erreicht sein.

Tabelle 14.1 zeigt die Bedeutung des After-Sales-Service (Vgl. Mahnel in Pradel/Süssenguth/Piontek/Schwolgin 2009, S. 2).

Tabelle 14.1. Bedeutung des After-Sales-Service

Jahr	**1990**	**2000**	**2007**	**2012**
Umsatz: Neumaschinen/Systeme/Geräte	85%	80%	73%	65%
Umsatz: After Sales Service	15%	20%	27%	35%

Die Service- und After-Sales-Logistik hat einen überragenden Anteil an den gesamten Lebenszykluskosten eines Produktes. So betragen z.B. die Anschaffungskosten eines Druckers nur 10% der Gesamtkosten bezogen auf eine vier jährige Nutzungsdauer. Auf Tinte und Druckköpfe fallen 70% der Kosten, der Rest entfällt auf das Spezialpapier (Vgl. Barkawi 2006, S. 186ff). Vor allem in der Luftfahrtindustrie und im Flugzeugtriebwerksbau ist die Service- und Ersatzteillogistik ein zentraler Bestandteil des Unternehmensgewinnes. Mehr als die Hälfte des Unternehmensumsatzes stammt aus dem Servicegeschäft, der Gewinnanteil dürfte noch erheblich darüber liegen (Vgl. Barkawi 2006, S. 7ff).

Die Service-Logistik zählt mittlerweile zu den Kernkompetenzen, da sie als wichtiger Wettbewerbsfaktor erkannt wurde. Firmen wie SAP, OTIS-Aufzüge, aber auch Maschinenbauer und PKW-Hersteller können mit der Service-Logistik hohe Deckungsbeiträge bzw. Gewinne erzielen.

Etwa 70% der in Deutschland neuzugelassenen Autos werden über Kredite oder Leasing finanziert. Wegen der Nähe zum Produkt und den günstigen Konditionen haben die Autobanken einen immer größeren Zulauf. Im Neugeschäft mit Autokrediten haben sie einen Marktanteil von 72%. Umsatzrenditen von rund 19% zeigen, wie lukrativ dieses Geschäft für die Autobanken ist (FAZ 2003a, S. 16).

Die Service- und Marketing-Logistik umfasst aber auch Beratung, Unterstützung, Betreuung und Vermarktung vor allem von erklärungsbedürftigen Produkten (z.B. Anlagen, EDV-Systemen, Fuhrparks).

14.2 Rahmenbedingungen des Lieferservices

Der Lieferservice muss abhängig von mehreren Rahmenbedingungen gestaltet werden (Pfohl 1994, S. 118ff).

Lieferservice als strategische Wettbewerbsgröße

Die Warenverteilung wird von vielen Unternehmen neben anderen absatzpolitischen Instrumenten als Wettbewerbsinstrument eingesetzt, um gegenüber der Konkurrenz Vorteile zu erzielen (Klee 1971, S. 15). Abnehmer versuchen verstärkt, ihre Bestände zu minimieren, indem sie bedarfsorientiert bestellen, d.h. in kürzeren Abständen und kleinere Mengen. Sie verlangen Leistungen, wie z.B. Lagerhaltung, Bedarfsprognosen, Werbemaßnahmen, Verkaufsunterstützung, Tourenplanung oder Vorsortimentierung. Diesen Anforderungen muss Rechnung getragen werden (Schulte C 1999, S. 370).

a) Rechtliche und technische Rahmenbedingungen

Bei *rechtlichen Rahmenbedingungen* handelt es sich beispielsweise um die Sicherstellung der Versorgung mit kritischen Produkten (Erdöl). Bei der Lieferung von gefährlichen Gütern (z.B. Chemie, Gas, Explosivstoffen) sind die gesetzlichen Anforderungen zu beachten. Die Liefer- und Ladefristen müssen im Einklang mit der Kraftverkehrsordnung durchgeführt werden.

Die *technischen Rahmenbedingungen* und die Merkmale der zu transportierenden Güter müssen bei der Lieferung von Waren berücksichtigt und angepasst werden. Technische Rahmenbedingungen sind

- Temperaturempfindlichkeit, Verderblichkeit, Kühlung,
- Maße und Gewicht,
- Sicherheitsvorschriften, Schallschutz, Unfallschutz.

b) Ökonomische Rahmenbedingungen

Der Lieferservice hat unter ökonomischen Aspekten zu erfolgen. Die ökonomischen Rahmenbedingungen sind abhängig von der Differenzierbarkeit des Serviceangebotes und des Produktes (z.B. Mindestbelieferung).

Um beim Kunden wahrgenommen zu werden und im Benchmarking mit den Wettbewerbern konkurrieren zu können, müssen bestimmte durch den Wettbewerb geforderte Leistungen erbracht werden. Diese sind beispielsweise (Wildemann 1997a, S. 11):

Tabelle 14.2. Ökonomische Rahmenbedingungen

Lieferzeit Standarderzeugnisse	2 Arbeitstage
Lieferzeit „Exoten"	9 Arbeitstage
Lieferfähigkeit	99,5%
Liefertreue	99%
Lieferqualität	99,8%
Interne Termintreue	98%

Liefertreue und -fähigkeit sind für Kunden ein wichtiger Kostenfaktor. Denn die Logistikkosten für Bestände sind mit 10–15% des Bestandswertes anzusetzen. Die Reduzierung der Durchlaufzeit, bzw. die zuverlässige Liefertreue und auch Lieferqualität lassen eine Reduzierung der erforderlichen Bestände zu. Wird beispielsweise die Durchlaufzeit zur Versandbereitstellung in einem Versandlager von drei auf zwei Tage reduziert, so sinken die erforderlichen Bestände im Versandlager auf durchschnittlich 66% (Wildemann 1997a, S. 304).

c) Datenmanagement

Zum After-Sales-Service gehört auch ein komplexes Datenmanagement. Je größer die Produktkomplexität, desto umfassender muss das Management von Daten sein. Vor allem der Vertrieb muss wissen, welche Störfälle eintreten können und welche Kosten für die Behebung auftreten. Dies beinhaltet auch Retouren-, Reparatur-, Abwicklungs- und Controllingprozesse.

Je nach Servicegrad der Ersatzteilversorgung müssen Teile dezentral vor Ort oder zentral positioniert werden, um die Störfallbehebung innerhalb der vereinbarten Zeit zu gewährleisten.

Die Teile müssen bezüglich folgender Daten erfasst werden:

- Lebenszyklusstatus, Umschlagshäufigkeit,
- Lieferstandort, Regionen- und Kundenspezifika,
- Lieferzeit, Nachrüstdauer, Wiederbeschaffungskosten.

Um eine Transparenz der benötigten Daten zu gewährleisten, werden Informationsträger, wie beispielsweise Transponder genutzt. Der Einsatz der *Transpondertechnik* ist überall dort sinnvoll, wo schnelle und unkomplizierte Identifikation von Objekten erforderlich ist. So tragen heute bereits viele Austauschmodule Transponder in sich, aus denen relevante Wartungsdaten und weitere Instruktionen gelesen werden können. Außer Produkt- und Seriennummer können beispielsweise Instruktionen für Reparaturen, Installations-, Controlling- und Recycling-Angaben gespeichert werden (Baumgarten 2000, S. 155f).

14.3 Pre-Sales, At-Sales und After-Sales-Logistik

Bei der Servicelogistik kann unterschieden werden in vorbereitende (Pre-Sales-Service mit Kundenakquisition), begleitende (Servicefunktion und Kundenabwicklung) und nachbereitende (After-Sales-Service und Product-Support) Dienstleistungen.

Die Abgrenzung zwischen den drei Phasen und die Zuordnung der entsprechenden Aktivitäten sind aber nicht immer eindeutig möglich.

14.3.1 Pre-Sales-Service mit Kundenaquisition

Hierunter fallen alle Handlungen und Dienstleistungen vor dem eigentlichen Verkauf, die darauf abzielen eine positive Beziehung zum Kunden aufzubauen bzw. eine bereits bestehende Kundenbindung zu erhalten.

Beim Pre-Sales-Service wird bei der Kundenakquisition dem Kunden Unterstützung bei seiner Bedarfsermittlung, bei der Investitionsplanung und bei der Bestimmung der Konfigurationsmöglichkeiten geboten. Diese Unterstützung kann sich beispielsweise durch technische Beratung, Problemanalyse, Planung oder Projektmanagement ausdrücken.

Praxisbeispiel
Im Sondermaschinenbau bieten einzelne Hersteller die Berechnung der Lebenszykluskosten ein, um dem Kunden im Vorhinein eine gezielte konstruktive Gestaltung der gewünschten Maschine nach seinen Bedürfnissen zu ermöglichen. Dabei können auch mögliche Variationen der zugrunde gelegten Annahmen, beispielsweise der Energiekosten, des Produktionssortiments etc. sowie deren Auswirkungen simuliert werden.

14.3.2 At-Sales-Service

Unter At-Sales-Service fallen alle Handlungen und Dienstleistungen die den eigentlichen Verkaufsvorgang begleiten. Zuweilen sind diese Leistungen Gegenstand vertraglicher Regelungen, aus denen sich eine entsprechende Verpflichtung des Verkäufers ergibt.

Praxisbeispiel
Bei komplexen Anlagen erfolgt die Schulung des Personals des Kunden bereits vor der Inbetriebnahme der Anlage für die Produktion. Die logistische Leistung besteht u. a. darin, das notwendige Personal und die ggf. notwendigen Schulungseinrichtungen zum Übergabezeitpunkt bereitzustellen.

14.3.3 After-Sales-Service und Product Support

In vielen Märkten, insbesondere jenen für Investitions- und Gebrauchsgüter, ist mit der Übergabe der Güter und deren Bezahlung die Geschäftsbeziehung zwischen Anbieter und Kunde noch nicht abgeschlossen. Mit der sich anschließenden Nachkaufphase wird der nachhaltige Markterfolg determiniert (Schulte C 1999, S. 409ff).

Unter den After Sales Service fallen alle Handlungen und Dienstleistungen nach einem erfolgreichen Geschäftsabschluss. Diese Leistungen sollen den Kunden dauerhaft an das Unternehmen und seine Produkte binden.

Wichtige *Bestandteile* des After-Sales-Service sind (Pfohl 2000, S. 233)

- Lieferservice, Ersatzteilversorgung,
- Montage, Anpassung an technische Weiterentwicklungen,
- Dokumentation, Schulungen/Training,
- Instandhaltung, Wartung, Kulanz,
- Call-Center, 24-Stunden-Kundendienst.

Gerade durch besondere Leistungen in diesen Bereichen kann eine starke Kundenbindung aufgebaut werden. Für viele Unternehmen gehört der After-Sales-Service inzwischen zur Kernkompetenz, weil er als wichtiger Wettbewerbsfaktor erkannt wurde.

Über die Erbringung der produktbegleitenden Dienstleistungen können viele Anbieter nicht frei entscheiden. Gesetzliche Regelungen oder die Erwartungshaltung des Kunden geben den Ausgestaltungsrahmen vor.

Im Vorfeld der Bestimmung eines Service-Mix ist daher zu prüfen, ob es sich bei den produktbegleitenden Dienstleistungen um obligatorische oder fakultative Leistungen handelt.

Obligatorische Leistungen (Muss-Leistungen) werden von allen Anbietern im Markt erbracht und bieten daher kein Abgrenzungspotenzial zum Wettbewerb. Fakultative Services (Kann-Leistungen) hingegen werden vom Kunden nicht zwangsläufig erwartet und ermöglichen daher erfolgversprechende Differenzierung zum Wettbewerb.

Zu den Muss-Leistungen zählt beispielsweise die telefonische Erreichbarkeit eines Serviceteams zu den üblichen branchenüblichen Bürozeiten. Eine Kann-Leistung wäre hingegen eine Telefonbereitschaft rund um die Uhr oder im Internet der Rückrufservice nach Ausfüllen eines „Call me Back“ Feldes auf der Website des Anbieters.

Praxisbeispiel

Ein führender Landmaschinenhersteller bietet seinen Kunden die elektronische Ferndiagnose seiner Produkte an. Mit Hilfe von Mobilfunk- und Internet-Technologie werden die Daten des betreffenden Fahrzeugs direkt auf das Diagnosegerät oder den Rechner des Technikers übertragen. Dieser kann dann von jedem Ort aus die richtige Diagnose stellen und dann direkt mit dem eventuell benötigten Ersatzteil anreisen. Dadurch lassen sich der Lieferservice in der Ersatzteilhaltung und die Maschinenauslastung optimieren (www.claas.de 2009).

Auf Grund der hohen Kosten, die eine wettbewerbsdifferenzierende Ausgestaltung von Services für einen Anbieter verursachen kann, wird empfohlen, die Vielfalt und Intensität der Serviceleistungen dem Kundenwert entsprechend zu klassifizieren.

Das bedeutet, dass analog zur ABC-Klassifizierung von Gütern (s.a. Punkt Customer Relationship), auch eine Kategorisierung der Kunden eines Unternehmens vorgenommen werden sollte.

Als A-Kunden bezeichnet man demnach Kunden, die auf Grund ihres Deckungsbeitrages oder Wachstumspotenzials als besonders wertvoll eingestuft werden. Dieser Status rechtfertigt daher eine entsprechend intensivere Betreuung.

Für die Ausgestaltung der Serviceleistungen hat dies zur Folge, dass aufwendige und für das Unternehmen mit hohen Kosten verbundene Dienstleistungen (fakultative Leistungen, s.u.) nur den besonders wertvollen Kunden zugute kommen. C-Kunden hingegen werden lediglich mit den branchenüblichen Standardservices versorgt.

Speziell im Industriegütersektor versuchen Anbieter einen Mehrwert für ihre Kunden zu generieren, indem sie aus einer Commodity eine „value added commodity" entwickeln. Dieses Geschäftsmodell vom „dienstleistenden Hersteller" hin zum „herstellenden Dienstleister" wird als Performance Contracting bezeichnet (Backhaus/Voeth 2007, S. 261).

Beim Contracting Typ 1 (Leistungsgarantie) trägt der Anbieter das Risiko der Funktionsfähigkeit. Er garantiert, dass eine Maschine beispielsweise einen bestimmten Leistungsumfang produzieren kann. Um dies zu gewährleisten, muss er u.a. dafür sorgen, dass das Personal des Käufers entsprechend geschult wird oder auch – durch Wartungs- und Instandhaltungsmaßnahmen – dass bei der Maschine keine Ausfallzeiten entstehen.

Beim Contracting Typ 2 (garantiertes Leistungsergebnis) übernimmt der Hersteller auch den Betrieb des Produktes. Anbieter und Käufer vereinbaren hier ein bestimmtes Leistungsergebnis, das eine Maschine realisieren muss (Pay-for-Performance-Prinzip).

Wie Abb. 14.1 zeigt, steigert sich die Vielfalt und Komplexität der Serviceleistungen von Stufe zu Stufe. Zwar stellt die Ausgestaltung der Services ein bedeutender Kostenfaktor für das Unternehmen dar, durch die abnehmenden Margen beim Maschinenverkauf sind diese Dienstleistungen jedoch eine willkommene Möglichkeit dennoch den Anbietergewinn zu steigern. Und nicht zuletzt, dienen sie – zumindest, wenn es sich um nicht branchenübliche Kann-Leistungen handelt – zur Generierung von Wettbewerbsvorteilen.

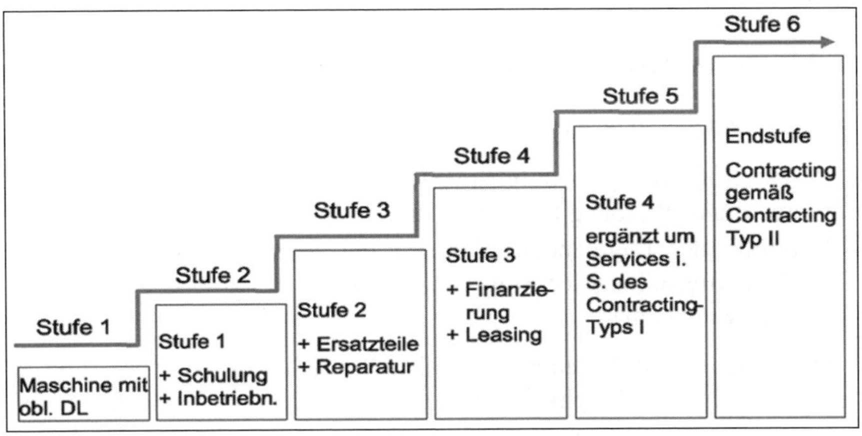

Abb. 14.1. Stufenmodell des Performance Contracting (Backhaus/Voeth 2007, S. 263)

Die Idee des Contracting wurde Ende des 18. Jahrhunderts vom Erfinder James Watt (1736–1819) ins Leben gerufen. Mit seinem Partner Matthew Boulton verkaufte er seine Dampfmaschinen nicht, sondern stellte sie seinen Kunden zur Verfügung. Als Entgelt für die Nutzung erhielten sie einen Teil der eingesparten Brennstoffkosten.

„Wir werden Ihnen kostenlos eine Dampfmaschine überlassen. Wir werden diese installieren und für fünf Jahr den Kundendienst übernehmen. Wir garantieren Ihnen, dass die Kohle für die Maschine weniger kostet, als Sie gegenwärtig an Futter für die Pferde aufwenden müssen, die die gleiche Arbeit tun. Und alles, was wir von Ihnen verlangen ist, dass Sie uns ein Drittel des Geldes geben, das Sie sparen." (Quelle: leider unbekannt)

14.3.4 Dokumentation und Kundendienst

Der Kundendienst und der Dokumentationsdienst stehen in direkter Verbindung mit der Serviceabwicklung.

Der Kundendienst hat hauptsächlich die Erfüllung von Gewährleistungspflichten, die Wartung und Instandhaltung, die Beseitigung von Störungen und Ausfällen zur Aufgabe.

In seinen Aufgabenbereich fällt auch die Dokumentation, d.h. die Verarbeitung von Informationen in Teilekatalogen und Teilebeschreibungen. Der Kundendienst organisiert den Lieferservice, sorgt für die Inbetriebnahme und den Testlauf der Güter sowie die Schulung des Bedienerpersonals. Die nachträgliche Erstellung von Dokumentationen komplexer Anlagen kann 70–100 Euro pro Seite betragen. Dies kann bei einem Umfang von 100–200 Seiten erhebliche zusätzliche Kosten verursachen.

14.3.5 Anwendung des Internet in der Service-Logistik

Das Internet kann in der Service-Logistik z.B. eingesetzt werden für

- Beschwerde-Management (unzuverlässige Händler) und
- Werbeseiten (Werbung für andere kundeneigene Produkte),
- Kontrolle der Lieferzeiten (Abrufen der Reparaturzeiten für PKW, LKW, Fertigstellung der Aufträge; Einsatz im Ersatzteilwesen, Instandhaltung, Reparatur).

Das harmonische Zusammenspiel aller Wertschöpfungspartner (z.B. der Spediteure) entlang der physischen Versorgungskette im Rahmen einer effizienten und termingenauen Warenverteilung ist unabdingbar. Ein Unternehmen muss heute in der Lage sein, ein über das Internet bestelltes Produkt in kürzester Zeit zu liefern. Funktioniert dieser Service nicht, erleiden die Unternehmen einen kaum wieder gutzumachenden Image- und Umsatzverlust (Bogaschewsky 1999).

14.4 Marketing-Logistik

Für die Gestaltung des Lieferservices sind die Art der Produktion und die Natur des Produktes entscheidend. Man unterscheidet die folgenden Güter.

a) Güter des täglichen Bedarfs (Convenience Goods)

Unter diesem Begriff versteht man Konsumgüter, die vom Kunden ohne große Kauf- und Vergleichsanstrengungen beschafft werden (Tabakwaren, Zeitung, Kaffee, Seife). Fehlmengen führen zur Substitution durch andere Güter oder die Güter sind leicht in unmittelbarer Nähe in einem anderen Geschäft zu kaufen. Ein fehlender Lieferservice eines Gutes macht sich in dieser Kategorie nicht bemerkbar (Pfohl 1994, S. 119).

b) Güter des gehobenen Bedarfs (Shopping Goods)

Es sind Konsumgüter, bei denen der Kunde kritisch nach Preis, Qualität und Aussehen auswählt (Möbel, bessere Kleidung, Haushaltsgeräte). Der Käufer entscheidet sich meistens erst nach intensivem Vergleich in mehreren Geschäften. Die Bedeutung des Lieferservices lässt sich an zwei Beispielen erkennen: Im Inter Shop Vergleich (es werden mehrere Geschäfte aufgesucht) ist bei schlechtem Lieferservice nur ein geringer Verlust zu verzeichnen. Im Intra-Shop-Vergleich (es wird ein Spezialfachgeschäft aufgesucht) kann dagegen eine fehlende Ware zum Verlust des Kunden führen, da der Kunde nicht gewillt ist, täglich nach dieser Ware zu suchen (z.B. Spezialwerkzeuge, Spezialstoffe).

c) Spezialitäten (Speciality Goods)

Als Spezialitäten bezeichnet man Konsumgüter mit einzigartigen Eigenschaften und hohem Maß an Markenidentifikation (Designer- und Markenkleidung, Luxusgüter). Diese bedeutsame Käufergruppe ist zu erheblichen Kaufanstrengungen bereit. Die Spezialitäten haben einen hohen Grad an Produktdifferenzierung und Markentreue (hoher Identifizierungsgrad). Bei dieser Produktgruppe ist der Kunde im Fall von Lieferproblemen bereit zu warten. Fehlmengen verursachen eher niedrige Kosten (Pfohl 1994, S. 120ff).

d) Impulsgüter (Impulse Goods)

Bei Impulsgütern zeigen die Käufer ein stark impulsives, oft ungeplantes Kaufverhalten, z.B. Schokoriegel und Kaugummi. Die Präsenz oder der

Sichtkontakt löst eine Kaufreaktion aus. Fehlmengen führen zu rapiden Umsatzverlusten.

14.4.1 Wesentliche Bestandteile der Kundenservicepolitik

Die Wettbewerbsfähigkeit eines Unternehmens wird stark durch die Kundenservicepolitik beeinflusst (Oeldorf/Olfert 2002, S. 387ff), die verschiedene Bestandteile enthält.

Kundenservice

a) Lieferzeit

Lieferzeit = Zeitspanne zwischen Auftragserteilung und Verfügbarkeit der Ware beim Kunden (in Tagen). Sie ist abhängig von verschiedenen Faktoren: Verfügbarkeit der Produkte am Lager, Produktionsrhythmus, Dauer der Auftragsbearbeitung, Belieferungshäufigkeit und -zuverlässigkeit. Ein gutes Beispiel für schnelle Lieferzeit wäre, wenn der Kunde die Ware 12/24/48 Stunden nach der Auftragsvergabe erhält.

Um dieses Ziel zu erreichen, ist ein Aufbau von Lagerstrukturen, Auslieferungslagern, Distributionsstrukturen, Service- und Wartungszentren und eine Zusammenarbeit mit kombinierten Verkehrsträgern zur Vermeidung von Schnittstellenproblemen erforderlich.

b) Lieferzuverlässigkeit und -beschaffenheit

Lieferzuverlässigkeit = Wahrscheinlichkeit, mit der die Lieferzeit eingehalten wird (in %). Sie ist abhängig von der Zuverlässigkeit des Arbeitsablaufs und der Lieferbereitschaft. Bei einem gut strukturierten Lagerbestand kann mit einer Einhaltung der Lieferzeit von 98% gerechnet werden. Termintreue bedeutet Kundentreue und ist teilweise wichtiger als der Preis des Gutes.

Lieferungsbeschaffenheit = Liefergenauigkeit nach Art, Menge und Zustand der Lieferung. Ziel ist eine 100%ige Übereinstimmung von georderter und gelieferter Ware sowie eine unbeschädigte Lieferung.

c) Lieferflexibilität und Kundenreaktion

Lieferflexibilität = Fähigkeit, auf besondere Kundenwünsche einzugehen hinsichtlich Liefermodalitäten, Information des Kunden und Reklamationsregelungen (Oeldorf/Olfert 1998, S. 387ff).

- *Liefermodalitäten* sind die verschiedenen Lieferbedingungen, die mit dem Kunden bei Auftragserteilung festgelegt wurden. Dazu zählen die

Incoterms (frei Haus, ab Werk, etc.) und die Vereinbarung von Sonderzuschlägen (z.B. 5% Zuschlag bei Lieferung innerhalb 24 Stunden oder Zuschlag von 5% bei Wert unter 500 Euro).

- *Information:* Bei Lieferverzögerungen ist eine sofortige Information der Kunden von besonderer Bedeutung. Bei Kundenbeschwerden empfiehlt sich eine Antwort innerhalb von 7 Tagen. Eine Information über den Kundenauftrag sollte innerhalb weniger Stunden per Telefon erfolgen, und eine Auftragsbestätigung innerhalb von 24 Stunden.

14.4.2 Abhängigkeit von Lieferservice und Kundenreaktion

Seitens der Kunden kann man eine Steigerung der Anforderungen an die Lieferleistung, d.h. an die Ausstattung und die Qualität des Lieferservices feststellen. Hier sei das Motto von Scania, einem LKW-Hersteller, genannt: „Der erste LKW wird über den Vertrieb verkauft, alle weiteren über den Lieferservice“. Ein perfekt funktionierender Lieferservice kann dazu verhelfen, sich von den vielen anderen Wettbewerber hervorzuheben.

In der Praxis hat sich folgendes gezeigt:

- Schlagartige Lieferverbesserung wird vom Kunden bemerkt.
- Allmähliche Lieferverbesserung wird nicht wahrgenommen.
- Bei dreimaliger Nichtlieferung muss mit dem Verlust des Kunden gerechnet werden.
- Der Verlust eines langjährigen Altkunden ist nicht durch den Gewinn eines Neukunden zu ersetzen.

Reklamationsmanagement: Wie eine Reklamation behandelt wird, entscheidet oft über den Verlust oder die Treue eines Kunden und eventuell anderer Kunden (Mundpropaganda). Möglichkeiten eines gelungenen Reklamationsmanagements sind:

- sofortige und kundenfreundliche Reaktion bei Beschwerden,
- Kundenbonus bei Unregelmäßigkeiten (Versandhäuser geben z.B. Gutscheine bei verspäteter Lieferung),
- großzügige Kulanzauslegung,
- Controlling und Auswertung der Beschwerden (nach Produkten, Region),
- Nachfrage, ob der Beschwerde abgeholfen wurde.

Wichtig zu wissen ist, dass ein unzufriedener Kunde durch negative Mundpropaganda bis zu sieben potenzielle Kunden vom Kauf des gleichen Produktes bzw. der gleichen Marke abhalten kann.

14.5 Erfolgreiche Zusammenarbeit von Einkauf und Marketing

In der Praxis handeln die einzelnen Bereiche im Unternehmen oft ohne eine Abstimmung und Information mit angrenzenden Abteilungen durchzuführen. Dies führt häufig zu unnötigen Kosten, Lieferengpässen, Lagerbeständen, Transportkosten, unzufriedenen Kunden und Belastungen innerhalb des Mitarbeiters des Unternehmens.

14.5.1 Zielkonflikte zwischen Marketing und Einkauf

Zwischen Marketing und Einkauf im Unternehmen bestehen oft Differenzen. Dies führt dazu, dass die Einkaufsergebnisse hinter den Möglichkeiten zurückbleiben und in den Unternehmen Kostensenkungspotentiale nicht genügend genutzt werden. Die folgenden Ergebnisse von Untersuchungen verdeutlichen dies.

Die Marketingausgaben betragen im Durchschnitt ca. 5–10% der Gesamtausgaben eines Unternehmens. Die Ausgaben für Marketing sind für 40% der Einkaufsleiter nicht transparent. Nur 20% der Einkaufsleiter sind der Meinung, dass die Marketing-Abteilung bereit ist, Einkaufspraktiken einzuhalten.

Ungefähr 40% der Unternehmen sind der Meinung, dass die Marketingmitarbeiter im Einkauf nur ein „notwendiges Übel" sehen. Demgegenüber sind aber 90% der europäischen Einkaufsleiter der Meinung, dass durch eine bessere Zusammenarbeit mit dem Marketing bessere Ergebnisse erzielt werden könnten.

Durch eine besser Zusammenarbeit des Marketing bei Werbeaktionen, Promotions oder bei neuen Produkten mit dem Einkauf kann dieser schon im voraus geeignete Lieferanten aussuchen, entsprechende Rahmenverträge schließen und mit den Lieferanten günstige Einkaufskonditionen aushandeln. Ein Bereich mit hohem Einsparpotenzial sind z.B. die nichttraditionellen Beschaffungsfelder.

14.5.2 Hohe Flop-Rate in den Unternehmen

Ein kritisches Segment ist z.B. die Flop-Rate im Unternehmen, also die Anzahl der neu entwickelten Produkte welche vom Kunden nicht angenommen werden und wieder vom Markt verschwinden. Die Entwicklung neuer Produkte ist mit hohen Kosten verbunden. Eine geringe Flop-Rate ist daher anzustreben.

Untersuchungen in der Praxis brachten folgende Ergebnisse:

- Nur ein einziges von vier neu eingeführten Produkten in der Konsumgüterindustrie ist zwölf Monate nach der Einführung noch am Markt.
- Die Flop-Rate bei neuen Produkten beträgt bis zu 70%.
- Die Flop-Rate ist in den vergangenen sieben Jahren um 20% gestiegen.
- Jedes Jahr werden rund 10 Mrd. Euro in Flops fehlinvestiert.
- Nur 17% der rund 30.000 Produkte des Konsumgütersektors welche jedes Jahr neu auf den Markt kommen sind wirklich erfolgreich – das heißt sie werden innerhalb eines Jahres von 5% der Verbraucher gekauft und von 30% dieser Käufer sogar mehrmals erworben.

Es wurde dabei festgestellt, dass viele neue Produkte über einen hohen Preis mit einem Qualitätsversprechen abgegeben, welches die Produkte nicht halten können. Nur 17% der Produkte haben einen hohen Innovationsgrad. Es findet weiterhin eine zu starke Orientierung am Wettbewerb und nicht am Kunden statt. Weitere Ergebnisse der Untersuchung waren:

- 77% der Konsumgüterhersteller wollen ihre neuen Produkte nicht über den Discounter vertreiben, aber in 72% der erfolgreichen Produktinnovationen kann man schon zehn Tage nach ihrer Einführung beim Discounter kaufen.
- In 88% der Fälle werden Produktneuheiten unter einer bestehenden Dachmarke vermarktet – dies ist kostengünstiger als der Start unter einer neuen Marke – bei einem Flop der neuen Marke wird die starke Marke aber beschädigt.
- Je stärker das Image der alten Marke, desto größer der Imageschaden wenn eine neue Marke unter der alten Dachmarke flopt(FA Z 2006d).

14.5.3 Sortimentsreduzierung und effiziente Kommunikation

a) Auswirkungen auf Einkauf, Logistik und Marketing

Eine hohe Floprate führt zu einem hohen Lagerbestand, der nicht mehr abgebaut werden kann, da die Kunden die Produkte nicht mehr nachfragen. Dementsprechend erhöht sich die Kapitalbindung. Damit müssen viele Teile verschrottet werden oder es findet bei Nahrungs- und Genussmitteln ein hoher Verderb der Waren statt.

Durch die vielen Bestellungen erhöhen sich die Bestellkosten und auch die Transportkosten für die Waren.

Um die Waren zu verkaufen müssen Sonderaktionen und Rabattaktionen durchgeführt werden welche den Gewinn reduzieren.

b) Kosteneinsparung durch Reduzierung der Sortimente und bessere Kommunikation

Im Jahre 1990 betrug die durchschnittliche Einkaufszeit 46 Minuten. Im Jahr 2006 betrug die durchschnittliche Einkaufszeit nur noch 23 Minuten. Traditionelle Supermarktanbieter haben ca. 18.000 Produktvariationen. Bei Joghurt werden z.B. mit 37% aller angebotenen Geschmacksrichtungen 80% des Umsatzes gemacht. Kunden loben die Produktauswahl kaufen aber meist immer die gleiche Sorte Joghurt. Von ca. 68 Geschmacksvarianten bei Joghurt welche im Angebot sind werden immer wieder die gleichen fünf Geschmacksrichtungen gekauft. Es wurde in der Praxis sogar festgestellt, dass ein zu großes Sortiment den Kunden eher verwirrt und vom Kauf abhält, als ein kleineres übersichtlicheres Angebot.

So hat z.B. das KaDeWe in Berlin 380.000 Artikel im Angebot. Die Kaufhof-Gruppe hat nur 300.000 Artikel im Angebot.

Eine große Baumarktkette hatte 300.000 Werkzeuge, Schrauben und Farben im Angebot. Es fand eine Reduzierung auf 72.000 Artikel statt, wobei sich der Gewinn dabei beträchtlich erhöhte. Die eingesparte Summe finanzierte problemlos 20%ige Rabattaktionen

Beim Discounter Aldi sind aus ursprünglich 400 Artikeln sind inzwischen über 1.200 Artikel im Angebot geworden (Lebensmittel, Babynahrung, Flugticket, Gartenartikel, Textilien) (Handelsblatt 2006).

Ein großer Supermarkt oder Baumarkt hat bis zu 70.000 verschiedene Artikel im Sortiment.

Eine Reduzierung der Sortimente bringt folgende Vorteile:

- weniger Lagerhaltungskosten und Kapitalbindung,
- weniger Verderb, Verschrottung und Schwund,
- größere Einkaufsmengen für das gestraffte Sortiment,
- bessere Einkaufskonditionen für die größeren Einkaufsmengen,
- geringere Transportkosten,
- höhere Gewinnmargen bzw. bessere Verkaufspreise,
- niedrigere Bestellkosten und weniger Lieferanten.

Durch eine bessere und regelmäßige Kommunikation zwischen den einzelnen Bereichen wie Marketing, Einkauf, Logistik und Produktion lassen sich schon im Vorfeld Probleme lösen.

Dies hat zur Bildung von gemischten Einkaufsteams geführt. Dies bedeutet, dass sich ein Einkaufsteam aus Mitgliedern von verschiedenen Abteilungen wie z.B. Marketing, Einkauf, Transport, Entwicklung oder Qualitätsmanagement zusammensetzt. Hier werden das Wissen und die Erfahrung der einzelnen Bereiche gebündelt. Das Marketing weiß die Kundenwünsche und den Bedarf, die Produktion kennt die Probleme bei der

Verarbeitung der verschiedenen Materialien sowie die Produktionszeiten und der Einkauf kennt die zuverlässigen Lieferanten mit den besten Preisen. Das Transportwesen weiß, bei welchen Losgrößen und Abrufmengen die günstigsten Transportkosten zu erzielen sind.

Wiederholungsfragen zu Kapitel 14

1. Nennen Sie wichtige Bestandteile der Kundenservicepolitik.
2. Zeigen Sie Bestandteile des After-Sales-Service auf.

15 Produktionsplanungs- und Produktionssteuerungs-Systeme (PPS) und Enterprise-Resource-Planning (ERP)-Systeme

Die industrielle Produktion hat in den letzten 20 Jahren starke Strukturveränderungen erlebt. Die explosionsartige Steigerung der Produktvielfalt, die komplizierten Zulieferer-/Abnehmer-Beziehungen haben zu immer größer werdender Komplexität in international agierenden Unternehmen geführt. Im Zuge der Entwicklung der IT wurde auch die Produktion mit verbesserten, computergestützten Produktionsplanungs- und -steuerungs-Systemen ausgestattet.

15.1 Entwicklung von PPS-Systemen

Die klassischen PPS-Systeme basieren auf dem sog. *MRP-Konzept (Material Requirement Planning)*. Bestandteile des auch als MRP I bezeichneten Konzepts sind Module zur Produktionsprogrammplanung, der Mengenplanung (sich der daraus ergebenen Materialbedarfsplanung auf Basis einer Stücklistenauflösung) und teilweise von Modulen der Bestellmengen und Losgrößenplanung. Die Berücksichtigung von Terminen und Kapazitäten finden bei diesem Konzept allerdings nicht statt, so dass das geplante Produktionsprogramm oftmals nicht realisiert werden konnte.

Daraufhin wurde MRP II *(Manufacturing Resource Planning)* entwickelt, das im Gegensatz zu MRP I die Restriktionen von Kapazitäten mit einbezieht und einem hierarchischen Planungskonzept folgt (Wöhe 2010, S. 365). Es findet heute noch in ERP-Systemen, wie z.B. in SAP R/3, Verwendung. Die zunehmende Globalisierung der Märkte und der daraus folgende verschärfte Wettbewerb fordern eine Optimierung der gesamten Logistikkette. Dies setzt z.B. standortübergreifende PPS-Systeme voraus, d.h. die informationstechnische Anbindung weltweit verstreuter interner und externer Partner. Die Umsetzung erfolgt heute durch SCM-Systeme, die auf ERP-Systemen basieren.

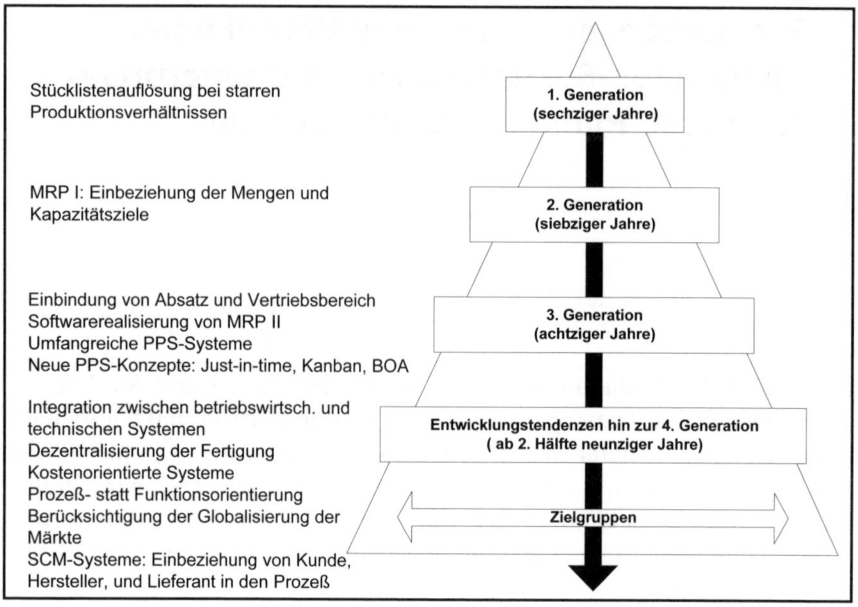

Abb. 15.1. Entwicklung von PPS-Systemen

15.2 Ziele von PPS-Systemen

Die permanente Kapazitätsauslastung als Hauptziel wurde durch andere Ziele, wie ständige Ausrichtung am Markt, hohe Termintreue, kurze Durchlaufzeiten, niedrige Lager- und Werkstattbestände, hohe Lieferbereitschaft, schnelle Informationsversorgung u.Ä. ersetzt.

Als Reaktion auf die Verschiebung der Zielsetzungen wurden Produktionsplanungs- und Produktionssteuerungs-Systeme entwickelt, die den sich ändernden Bedingungen gerecht werden.

PPS-Systeme sind Software-Pakete, die die integrierte Gestaltung und Durchführung der betrieblichen Produktionsplanung und -steuerung und der damit verbundenen Datenverwaltung unterstützen.

Die Ziele der Produktionsplanung und -steuerung leiten sich von den Unternehmenszielen ab. Folgende Ziele werden angestrebt (Schuh/Stich 2012a, S. 29):

- hohe Termineinhaltung,
- hohe und gleichmäßige Kapazitätsauslastung,
- kurze Durchlaufzeiten,
- geringe Lager- und Werkstattbestände,
- Flexibilität der Fertigung,
- optimale Losgrößen.

15.3 Aufgaben und Funktionen von PPS-Systemen

Ein PPS-System hat zur *Aufgabe* den Produktionsablauf mengenmäßig und zeitlich, auf Basis von vorliegenden und erwarteten Kundenaufträgen und verfügbarer Kapazitäten zu planen und zu steuern (Wöhe 2010, S. 361). Ein PPS-System unterstützt dabei die Aufgaben der PPS mit Hilfe von Softwaresystemen.

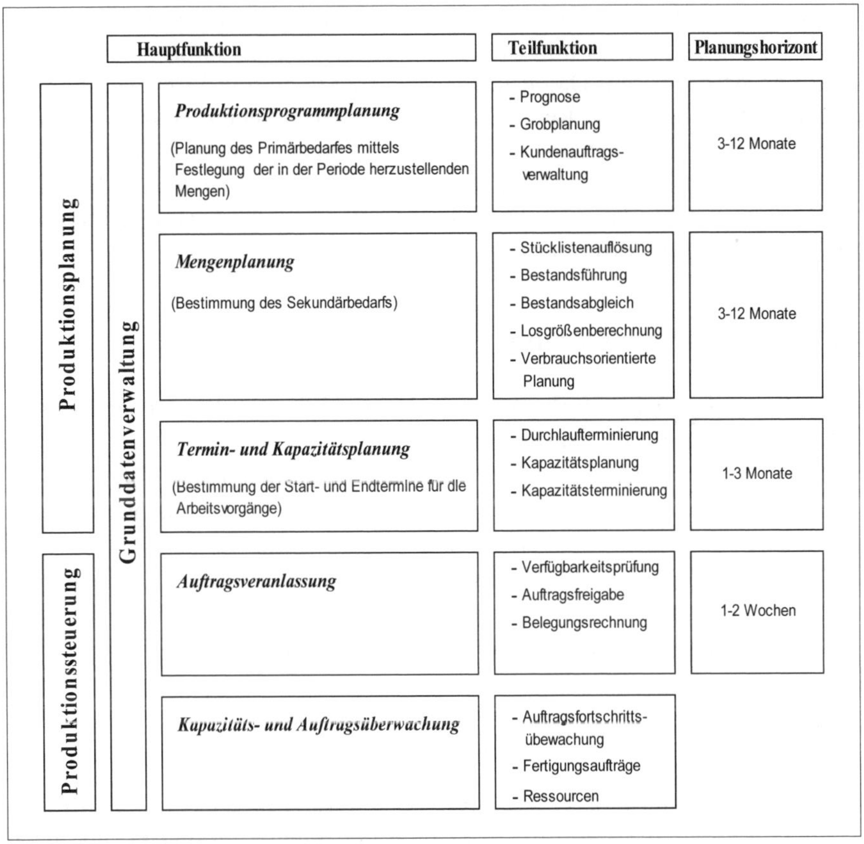

Abb. 15.2. Grundstruktur eines PPS-Systems

Zuerst wird innerhalb der Produktionsprogrammplanung der Primärbedarf bestimmt. Abgeleitet wird der Primärbedarf aus Zahlen der Absatzplanung. Im Vordergrund der Betrachtung stehen dabei antizipierte Vertriebsaufträge, sowie konkrete Kundenaufträge. Daraus hervorgehend wird eine Mengenplanung und auftragsbezogene Termingrobplanung durchgeführt (Sekundärbedarfsplanung). Nach vorliegen aller Mengen erfolgt ein Abgleich der geplanten Kapazitäten mit den tatsächlich vorhandenen Kapazitäten und eine Überprüfung der Verfügbarkeit des benötigten Materials. Abschließend wird in einer Terminfeinplanung die Reihenfolge der Arbeitsabläufe bestimmt.

Die Produktionssteuerung ist der Produktionsplanung zeitlich nachgelagert. Auf Basis der in der Produktionsplanung determinierten Größen wird die Produktion der geplanten Kundenaufträge realisiert und laufend überwacht.

Die Hauptfunktion eines PPS-Systems besteht in der Grunddatenverwaltung, die die Produktionsplanung und -steuerung umfasst. Die Erfassung von betrieblichen Daten liefern als Rückkopplung Informationen für jede Funktion der PPS. Realisiert wird die Grunddatenverwaltung durch EDV-Lösungen. Jede Hauptfunktion besteht aus mehreren Modulen (Teilfunktion), die alle eine bestimmte Aufgabe zu erfüllen haben. Abbildung 15.2 zeigt die Grundstruktur eines PPS-Systems als Stufenkonzept und die Aufgaben jeder Hauptfunktion.

15.3.1 Produktionsplanung

- *Produktionsprogrammplanung* mit den Funktionen: Prognoserechnung, Grobplanung, Kundenauftragsverwaltung
- *Mengenplanung* (Materialwirtschaft) umfasst Stücklistenauflösung, Bestandsführung und -abgleich, Lagerdisposition (verbrauchsorientierte Planung) und Losgrößenberechnung
- *Termin- und Kapazitätsplanung* (Zeitwirtschaft) mit den Aufgaben der Durchlaufterminierung, Kapazitätsbedarfsrechnung bzw. -planung, Kapazitätsterminierung und der Reihenfolgeplanung

15.3.2 Produktionssteuerung

- *Auftragsveranlassung* und Arbeitsverteilung: Freigabe von Aufträgen zur Fertigung aufgrund ihrer geplanten Fertigungsstellungstermine nach einer Verfügbarkeitsprüfung der benötigten Materialien, Baugruppen und Werkzeuge
- *Kapazitäts- und Auftragsüberwachung:* Kundenauftrags- und Fertigungsauftragsüberwachung unter Berücksichtigung der vorhandenen Fertigungsaufträge und Ressourcen

15.3.3 Datenmanagement

Die Grunddatenverwaltung umfasst die Erfassung, Speicherung, Änderung und Löschung aller planungs- und dispositionsrelevanten Daten. Dazu zählen die Bereiche Personal, Maschinen, Fertigungsaufträge und Lager. Voraussetzung dafür ist die Verfügbarkeit an Grunddaten (Fertigungsgrunddatenbank in aktueller Form), wie z.B.:

a) Stammdaten

Stammdaten beinhalten Daten, die mittel- bis langfristig unverändert bleiben. Informationen aus den Stammdaten werden immer wieder in der gleichen Art benötigt. Unterschieden wird zwischen folgenden Stammdaten:

- *Erzeugnisstrukturdaten* (Stückliste)
- *Kundenstammdaten*
  Unter Kundenstammdaten können folgende Angaben gespeichert werden: Adresse, Sachbearbeiter, Kommunikationsverbindungen (Telefon, Fax, E-Mail, EDIFACT), Kennziffern für: Spediteur, Verkaufsgebiet, Branche, Rabatt, Skonto, Währung, Bonität, offene Rechnungen, Kreditlimit, Umsatz und Mahnung.
- *Lieferantenstammdaten*
  Lieferantenstammdaten enthalten vor allem Informationen über Mindestabnahmemengen, Lieferzeiten, Bestelllosgrößen, Preise, Rabatte, Qualitätsangaben u.Ä.
- *Materialstammdaten*
  Für jedes Teil bzw. Material ist im Rahmen der Materialstammdatenverwaltung ein Materialstammsatz anzulegen. Tabelle 15.1 zeigt ausgewählte Bestandteile eines Materialstammsatzes. Weitere Stammdaten sind in Form der verschiedenen Stücklisten und Verwendungsnachweise gespeichert.
- *Arbeitsplatzstammdaten*
- *Arbeitsgangstrukturdaten* (Arbeitsplan)

b) Bewegungsdaten

Bewegungsdaten ergeben sich im Gegensatz zu den Stammdaten aus einem bestimmten Vorfall bzw. Prozess (z.B. Erfassung eines neuen Kundenauftrages). Bewegungsdaten greifen dabei auch auf die fest hinterlegten Stammdaten zurück (z.B. Informationen zum Material aus dem Teilestamm). Weitere Beispiele für Bewegungsdaten sind:

- Anfang und Ende von Arbeitsvorgängen,
- Lagerbestände (Lagerort, Disposition), Lagerzugänge und -abgänge,
- Bestellaufträge.

c) Aufbereitete Daten

- Personalübersicht, Maschinenbelegungsplan
- Lagerbestandsübersicht, Auftragsfortschrittübersicht

Tabelle 15.1. Sichten eines Materialstammes

Sichten	Inhalte (Auswahl)	Beispiel
Grunddaten	• Materialkurztexte • Basismengeneinheit • Warengruppe (ESN) • Abmessung • Gewicht	Stahlrohr Stück HEJ = C-Stahl-Rohre 300x1,5 mm 6 KG
Buchhaltung	• Buchungskreis • Preissteuerung • Bewertungsklasse	0001 = Werk V = Durchschnittspreis 4000 = Rohstoff
Klassifizierung	• Merkmale • Klassen	Rohstoff Stahl, Stahlprodukte
Kalkulation	• Kalkulationslosgröße • Preiseinheit • Währung • Planpreise	1 100 EUR 2,5
Prognose	• Gleitender Mittelwert	2,53
Disposition	• Sicherheitsbestand • Meldebestand • Planlieferzeit • Mindestlosgröße • Einkäufergruppe	200 ST 250 ST 5 T 50 ST
Einkauf	• Einkaufsbestelltext • Lieferungstoleranzen	360 Stahlrohr 30x1,5 +/- 5%
Qualitätsmanagement	• Soll QM-System • Prüfintervalle • Steuerschlüssel	ISO 9001 mit Zertifikat 90 T 0001 = Lieferfreigabe
Vertrieb	• Vertriebstexte • Verkaufsmengen-einheit • Transportgruppe	Stahlrohr 30x1,5 50 ST In Gitterbox

Sichten	Inhalte (Auswahl)	Beispiel
Werks-/ Lagerortbestände	• Werksbestände der laufenden Periode • Werksbestände der Vorperiode	300 ST 150 ST
Lagerung und Lagerverwaltung	• Volumen • Lagerplatz • Haltbarkeitsdaten • Lagerungsvorschriften	450 mm² Lager 222 Unbegrenzt Trocken
Arbeitsvorbereitung	• Eigenfertigungszeit • Fertigungsmengen-einheit • Fertigsteuerungsprofil • Toleranzangaben	0,05 T D = Tage KST 210 – Stahlinsel +10/-15%

15.4 Aufbau von PPS-Systemen

Grundlage jeder Planung des Produktionsablaufs bildet die Produktionsprogrammplanung, die in enger Abstimmung mit dem Vertrieb erfolgen soll. Es müssen daher die zu erstellenden Erzeugnisse nach Art, Menge und Termin festgelegt werden (z.B. Anzahl verkaufter PKW, Waschmaschinen, Videogeräte). Zielkonflikte der Programmplanung ergeben sich aus den gegensätzlichen Forderungen nach kurzen Lieferzeiten, bei gleichzeitig hoher Liefertreue und hoher, stetiger Kapazitätsauslastung. Für die Effizienz des gesamten PPS-Systems ist die Planungsqualität des Produktionsprogramms entscheidend. Oftmals wird die geforderte Kapazität erreicht, der Bedarf jedoch zu hoch eingeschätzt. Es wurden deshalb Verfahren zur genaueren Absatzplanung entwickelt. Ausgehend vom Primärbedarf (verkaufsfähige Produkte) werden, auf Grundlage zuvor angelegter Stücklisten und Arbeitsplänen, der Kapazitätsbedarf und der Teilebedarf ausgerechnet. Aus diesen Bedarfszahlen ergibt sich auch der Bedarf an extern zu beschaffenden Produkten.

15.4.1 Planungsgrundlagen

Ausgangspunkt für die Planung sind Determinanten, wie die Daten des Vertriebs, des Absatzes über geplante Verkaufszahlen, bisherige Aufträge und die Wettbewerbssituation des Unternehmens (Absatzpotenzial von PKWs, Handys etc.).

Die Absatzplanung kann bei der Auftragsfertigung durch feste Aufträge hinterlegt sein. Bei anderer (herkömmlicher) Fertigungsart werden die Daten aus verschiedenen Quellen ermittelt, z.B.:

- bisherige Aufträge und Vorjahresaufträge, wobei die Aufträge sich nach externen (Kunden) und internen Aufträgen splitten,
- Kundenbefragung und Kundenverhalten auf Testmärkten (z.B. für die Automarke „Maybach“ wurden 2.000–3.000 potenzielle Kunden definiert),
- Wirtschaftslage/Konjunktur, Schätzungen/Prognosen,
- Werbung, Preissenkungen,
- Extrapolation der Vergangenheitswerte durch mathematische Prognoseverfahren (Mittelwertbildung, exponentielle Glättung).

Weitere Determinanten sind die Technologie der Fertigung, die Kapazität der Fertigung, die Verfügbarkeit der Teile, die Ausbildung der Mitarbeiter und die Kundenwünsche (Lieferzeit, Preis, Service, Qualität).

15.4.2 Zentralisierungsgrad

Nach dem Zentralisierungsgrad der zu treffenden Entscheidungen können die PPS-Systeme unterteilt werden in:

- *zentrale PPS-Systeme*: Alle Entscheidungen werden zentral getroffen (z.B. MRP-Systeme).
- *teilweise zentrale PPS-Systeme*: Zentrale Planung von bestimmten Produktionseinheiten (OPT-Systeme).
- *dezentrale PPS-Systeme*: Die Rahmenbedingungen werden zentral vorgegeben. Die detaillierte Ablaufplanung erfolgt dezentral (z.B. Kanban-System).

15.4.3 Fertigungsprozessszenarien

Neben den klassischen Fertigungsprinzipien, die die Struktur der Fertigung bestimmen, kann die Fertigung in verschiedene Fertigungsprozessszenarien unterteilt werden. Die verschiedenen Szenarien klassifizieren den jeweiligen Fertigungsprozess innerhalb eines PPS-Systems und legen somit fest, inwiefern das PPS-System bzw. die Produktionslogistik organisiert und geplant wird. Sie sind Ausdruck der Beziehung der Produktion zum Absatzmarkt.

Unterschieden wird zwischen folgenden Szenarien der Fertigung:

a) Kundenauftragsproduktion (Make to Order)

Kennzeichnend für die Kundenauftragsproduktion ist, dass erst mit Beginn des Auftragsabwicklungsprozesses (Kunde löst eine Bestellung aus) der Produktionsprozess gestartet wird.

Konkrete Bedarfe (Primär- und Sekundärbedarfe) sind erst mit Beginn des Produktionsprozesses bekannt, eine übergreifende und dem Produktionsprozess vorgelagerte Planung findet nicht statt.

Die Produktion wird für jeden Kundenauftrag individuell geplant. Typischerweise findet dieses Szenario bei sehr komplex zu fertigen Produkten Anwendung, die sehr hohen und spezifischen Kundenanforderungen gerecht werden müssen (Einzelproduktion, teilweise Serienproduktion). Ein typisches Problem stellt somit die Einhaltung kurzer Durchlauf- und Lieferzeiten dar.

Beispiele für eine Produktion nach Kundenauftrag sind Möbel, die nach Maß gefertigt werden, der Anlagen- und Maschinenbau, oder auch der Schiffsbau.

b) Lagerproduktion (Make to Stock)

Der Produktionsplanung kommt bei dem Szenario der Lagerproduktion eine besondere Bedeutung zu, da – auf Basis einer zuvor prognostizierten Marktnachfrage – eine Produktion der Produkte auf Lager stattfindet. Der Auftragsabwicklungsprozess (Kundenbestellung) ist in diesem Fall dem Produktionsprozess nachgelagert, das nachgefragte Produkt liegt im Lager und kann sofort abgerufen werden.

Typischerweise findet dieses Szenario in Branchen Anwendung, in denen wiederkehrend das gleiche Produkt an viele Kunden verkauft wird und die Bearbeitungszeit der Kundenaufträge sehr kurz ist (Massenproduktion, teilweise Sortenproduktion).

Die Planung sollte dabei gewährleisten, dass die, aus den vorliegenden Kundenaufträgen ersichtlichen, konkreten Bedarfe der Kunden niemals die Vorausberechnungen übersteigen. Es besteht somit ein Zielkonflikt zwischen guter Liefertreue und niedrigen Lagerbeständen.

Beispiele für die Produktion auf Lager sind die Unterhaltungselektronik und der Buchhandel.

c) Auftragsbezogene Montage (Assemble to Order, Build to Order)

Bei der Produktion von Produkten, die standardisierte Komponenten beinhalten und gleichzeitig kundenindividuell gefertigt werden, findet die auftragsbezogene Montage Anwendung. Sie stellt eine Mischform der Kundenauftrags- und Lagerproduktion dar. Die Fertigstellung (z.B. Montage) des Produktes erfolgt erst bei Beginn des Auftragsabwicklungsprozesses (Kundenbestellung).

Die der Fertigstellung des Endproduktes vorgelagerten Prozesse werden auf Basis von Prognosen angestoßen, die daraus resultierenden Einzelteile auf Lager bevorratet und nach Vorliegen eines Kundenauftrags entnommen.

Anwendung findet diese Methode in Branchen, die Merkmale der Serien- und Sortenproduktion aufweisen. Vorteil dieses Szenarios ist, dass Durchlauf- und Lieferzeiten extrem verkürzt werden können.

Beispiele für die auftragsbezogene Montage sind die Dienstleistungsproduktion und Komponenten für die Automobilindustrie.

15.5 Produktionsprogrammplanung

Die Produktionsprogrammplanung, auch Fertigungsprogrammplanung genannt, bildet die Grundlage der Produktionsplanung und -steuerung. Sie gibt Aufschluss, ob für Kunden- oder Lageraufträge gefertigt wird und enthält Angaben, welche Produkte, in welchen Mengen und zu welchen Terminen fertig gestellt werden.

15.5.1 Mengenplanung

Ausgehend vom Primärbedarf bestimmt die Mengenplanung den Sekundärbedarf (Baugruppen, Rohstoffe). Der Mengenbedarf ist schrittweise für die untergeordneten Teile zu ermitteln, das heißt für die Teile, die direkt in die übergeordnete Baugruppe eingehen. Die Materialbedarfsermittlung kann programmiert, verbrauchsorientiert und auf der Grundlage von Schätzungen erfolgen.

Determinanten der zu beschaffenden Menge können die Beschaffungskosten, die Losgröße, die Liquidität des Unternehmens, Ausschuss in der Produktion oder die am Markt zu verkaufende Menge sein. Für die Ermittlung der optimalen Beschaffungsmenge sind verschiedene Verfahren möglich, wie die Probiermethode, die klassische Losgrößenformel, das gleitende Bestellmengenverfahren oder das Kostenausgleichsverfahren.

15.5.2 Termin- und Kapazitätsplanung

Die Aufgabe der Termin- und Kapazitätsplanung ist die Planung und Koordination des zeitlichen Ablaufs der Aufträge auf Basis der Mengenplanung. Hierbei sind die zur Verfügung stehenden Kapazitäten an Personal und Maschinen zu berücksichtigen. Die Termin- und Kapazitätsplanung umfasst die Bereiche der Durchlaufterminierung, der Kapazitätsbedarfsrechnung sowie der Kapazitätsminimierung.

15.5.2.1 Durchlaufterminierung

Die Durchlaufterminierung hat den zeitlichen Vollzug der Fertigung zu planen. Sie ist abhängig von der Ablaufstruktur und der Durchlaufzeit und bestimmt folgende Determinanten:

- Starttermin,
- Pufferzeiten,
- Endtermin,
- kritischer Pfad.

Die Bestimmung kann sich auf einen Betriebsauftrag oder einen Arbeitsgang beziehen. Die Durchlaufterminierung kann auftragsorientiert (ohne Berücksichtigung der Kapazitätsgrenze) oder kapazitätsorientiert (mit Berücksichtigung der Kapazitätsgrenze) erfolgen. Bei der Durchlaufterminierung zu beachten sind die in Tabelle 15.2 aufgeführten Abläufe.

Tabelle 15.2. Durchlaufterminierung

Durchlauf-terminierung	• Relevante Zeiten (Rüstzeit, Bearbeitungszeit, Transportzeit, Liegezeit) • Techniken (Listungs-, Balkendiagramm-, Netzplantechniken) • Vorgehensweise (Vorwärts-, Rückwärtsterminierung, kombinierte Terminierung) • Verknüpfungsarten (direkte oder indirekte Terminierung) • Durchlaufzeitverkürzung (Losteilung, Splittung, Überlappung, Rüstzeitminimierung, Familienfertigung)

15.5.2.2 Arten der Durchlaufterminierung

Die Durchlaufterminierung (Arbeitsgangterminierung) kann in Vorwärts-, Mittelpunkt- und Rückwärtsterminierung unterteilt werden.

a) Vorwärtsterminierung

Die Ausgangsbasis bildet dabei der „Heute-Termin“ bzw. der aktuelle Dispositionstermin. Vom „Heute-Termin“ ausgehend, werden nun mittels Vorwärtsterminierung die „frühestmöglichen Start- und Endtermine festgelegt“. Dies geschieht durch eine Addition der jeweiligen Durchlaufzeiten auf die entsprechenden Anfangstermine der einzelnen Arbeitsgänge. Pufferzeiten werden dabei mit berücksichtigt. Die Vorwärtsterminierung entspricht dem zeitlichen Ablauf der Fertigung (Schulte C 2013, S. 415).

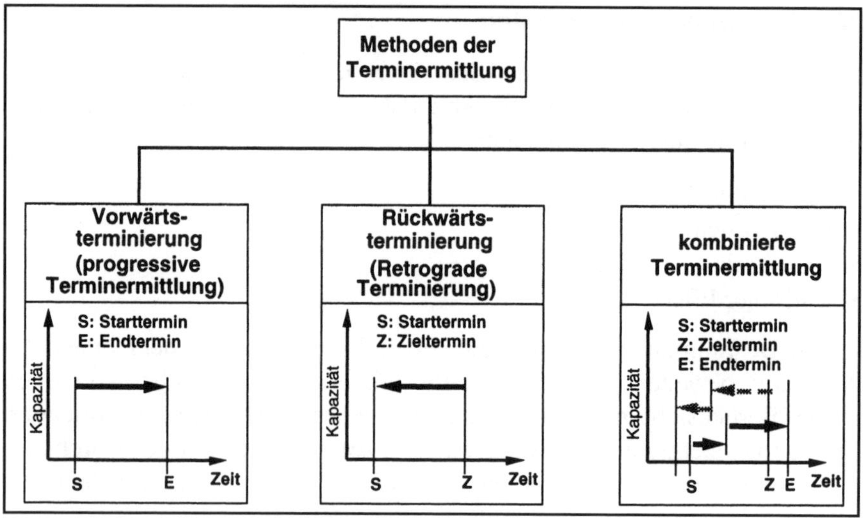

Abb. 15.3. Methoden der Terminermittlung (Grap 1998, S. 274)

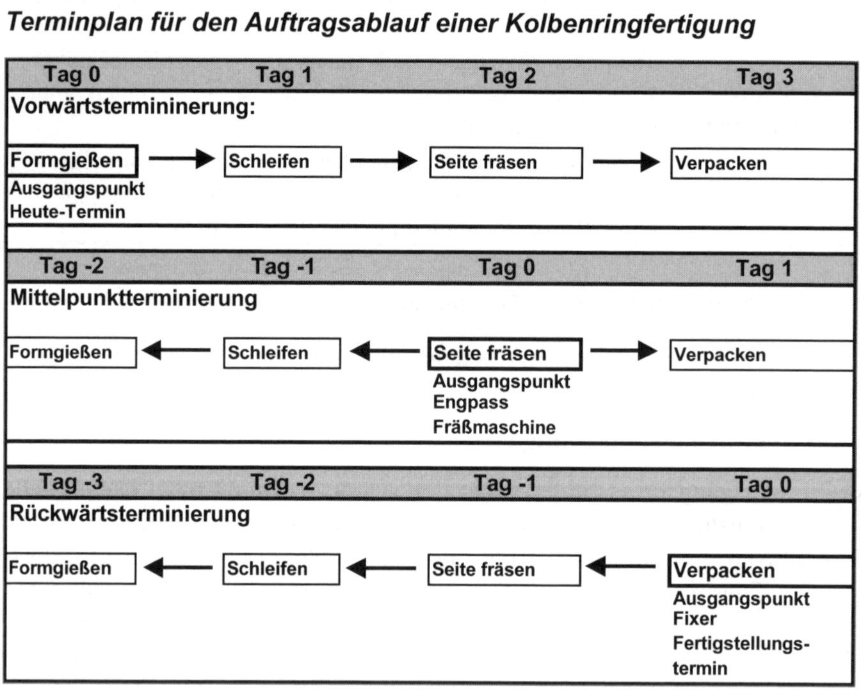

Abb. 15.4. Vorwärts-, Mittelpunkt- und Rückwärtsterminierung

b) Mittelpunkterminierung

Von Mittelpunkterminierung wird gesprochen, wenn von einem fixen Mittelpunkt aus die Vorwärts- und Rückwärtsterminierung vorgenommen wird. Ausgangspunkt ist ein bestehender oder möglicher Engpass.

c) Rückwärtsterminierung

Die Ausgangsbasis bildet der über die Vorlaufverschiebung festgelegte späteste Fertigstellungstermin der Fertigungsaufträge bzw. der Lose. Damit ergibt sich der späteste zulässige Starttermin bzw. der späteste zulässige Endtermin. Entscheidend ist dabei der „späteste Starttermin" für den ersten Arbeitsgang.

15.5.3 Durchlaufzeiten

Die Durchlaufzeit ist die Zeit, welche für einen Auftrag von der Bereitstellung über die einzelnen Bearbeitungsplätze bis zum letzten Arbeitsgang benötigt wird. Die Durchlaufzeit enthält die Rüstzeit, die Bearbeitungszeit sowie ablaufbedingte Wartezeiten.

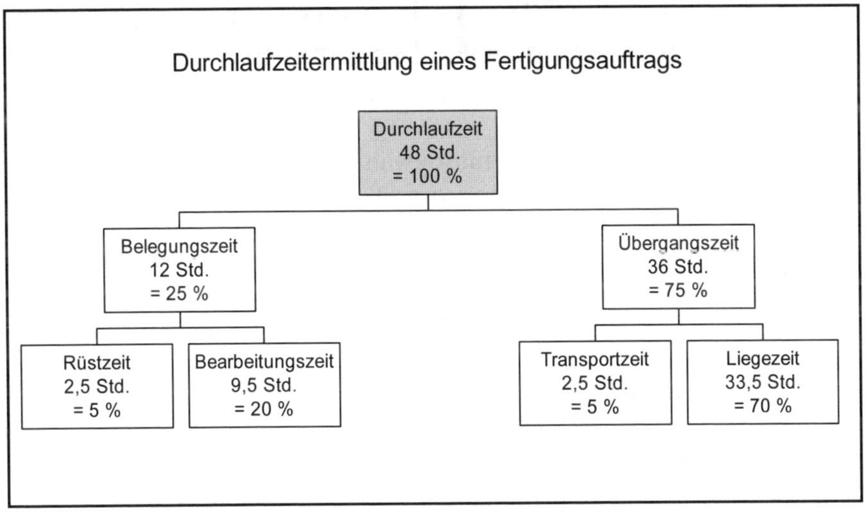

Abb. 15.5. Durchlaufzeit (in Anlehnung an Steinbuch 1999, S. 358)

Die klassischen PPS-Systeme basieren auf MRP II, das sukzessiv den Auftragsbestand bzw. die Nachfrageprognose abarbeitet. Nach dem Bestandsabgleich werden aus dem daraus resultierenden Auftragsbestand Losgrößen ermittelt und Produktionsaufträge abgeleitet. Die Fertigungsaufträge werden dann, anhand vorhandener Kapazitäten, auf ihre Durchführbarkeit überprüft. Diese grobe Produktionsplanung (Produktionsprogramm-, Mengen- sowie Termin- und Kapazitätsplanung) erfolgt innerhalb einer Periode, i.d.R. eines Monats. Die Produktionssteuerung beinhaltet die minuten- und arbeitsplatzgenaue Planung, ausgehend von der Auftragsveranlassung, über die Reihenfolgeplanung, bis hin zur Auftragsfortschrittüberwachung. Der daraus resultierende Maschinenbelegungsplan unterliegt kürzeren Planungsabschnitten.

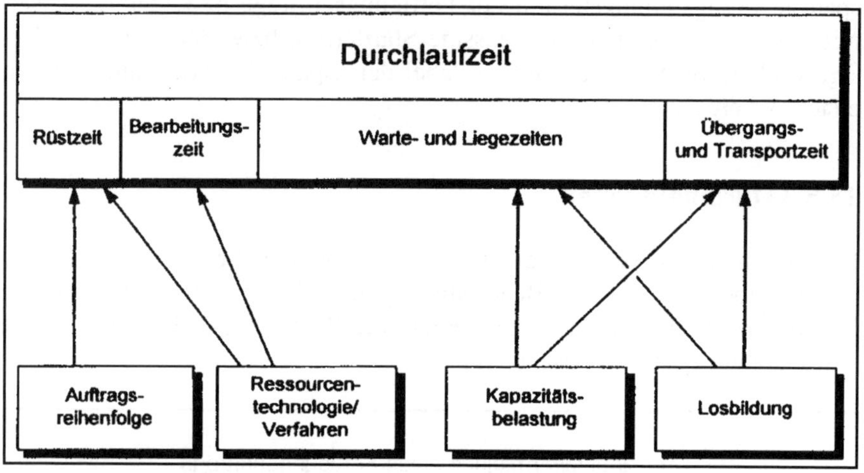

Abb. 15.6. Bestimmungsfaktoren der Durchlaufzeitkomponenten

Dieses sukzessive Vorgehen führt zwangsläufig zu Koordinationsproblemen, was die Abstimmung von Losgröße und Maschinenbelegungsplan verdeutlicht. Die Losgröße hängt von der Kapazität und diese wiederum von den Rüstzeiten ab, die ihrerseits jedoch von der Losgröße bestimmt werden. Die Rüstzeiten werden von den ablaufbedingten Leerzeiten beeinflusst, die sich erst aus dem Maschinenbelegungsplan ergeben. Mit Hilfe von Simulationen kann man verschiedene Szenarien durchspielen, um so den Ablauf zu optimieren.

Eine Folge der Sukzessivplanung ist das Durchlaufzeit-Syndrom. Da die Durchlaufzeiten von Aufträgen nicht bekannt sind (sie ergeben sich aus dem Maschinenbelegungsplan), erhöht man diese um einen Sicherheitszuschlag, um Liefertermine einzuhalten. Dadurch werden Aufträge zu früh freigegeben, was zu einer Erhöhung des Auftragsbestandes führt. Die Folgen davon sind Wartezeiten vor Engpässen und Bestandserhöhungen in Zwischenlagern. Daraufhin werden die Aufträge noch früher freigegeben, was diesen Effekt noch verstärkt. Zur Lösung dieses Problems setzt man bestandsorientierte (Fortschrittszahlenkonzept) und bereichsweise Verfahren (Belastungsorientierte Auftragsfreigabe, Kanban, Optimized Production Technology) ein. Des Weiteren ist eine effizientere Gestaltung des Fertigungsprozesses durch strategische Entscheidungen möglich. Hierbei sind die Strategien der Standardisierung durch Baukastensysteme und Plattformfertigung zu nennen. Dadurch sinkt die Variantenzahl, wodurch große Fertigungslose produziert werden können. Folge davon ist eine Minimierung der Rüstzeiten und letztlich eine Reduzierung der Durchlaufzeiten (Lang in Wannenwetsch/Nicolai 2002, S. 136).

Weitere Maßnahmen zur Verkürzung der Durchlaufzeiten sind:

a) Überlappung

Bei der Überlappung wird ein Teil des Loses vorrangig durch alle Fertigungsstufen durchgeschleust, obwohl dies unter Umständen nicht materialflussgerecht und rationell ist. Hierbei muss die Mindestlosgröße und die Koordination der Teile bestimmt sowie die verschiedenen Rüstzeiten berücksichtigt werden. Des Weiteren muss gewährleistet sein, dass die gesamte Menge zum geplanten Fertigungstermin fertig gestellt ist.

b) Splitting

Splitting bedeutet, dass das gesamte Los auf mehrere Maschinen bzw. Bearbeitungsplätze zur Bearbeitung aufgeteilt wird. Zu beachten sind hier mögliche hohe Rüstzeiten in Verbindung mit kleinen Stückzahlen, welche eine Bearbeitung verteuern können. Beim Splitting müssen alle Teillose zum geplanten Endtermin fertig sein.

c) Losteilung

Bei der Losteilung wird, wie beim Splitting, die Auftragsmenge in mehrere Teillose getrennt. Es wird aber nicht mehr für das gesamte Los die Einhaltung der Lieferzeit angestrebt, sondern nur für eine vorher definierte Teilmenge. Die Losteilung erfordert eine Neudisposition der „zurückgebliebenen“ Teile.

d) Teilefamilien

Hierbei werden ähnliche Teile zusammen bearbeitet. Es können dabei oft die gleichen Maschinen verwendet werden. Ein Vorteil in der Bearbeitung der Teilefamilien sind die zum Teil geringen Rüstkosten.

Von besonderer Bedeutung für eine termingerechte Materialbeschaffung bei mehrstufiger Fertigung ist die Vorlaufverschiebung.

15.5.4 Vorlaufverschiebung

Der Fertigstellungstermin für ein Los oder einen Auftrag kann nur dann eingehalten werden, wenn die zur Produktion dieses Loses direkt benötigten Teile (der Sekundärbedarf) eine bestimmte Zeitspanne vor dem geplanten Fertigstellungstermin des Primärbedarfes in ausreichender Menge zur Verfügung stehen. Die rechtzeitige Bereitstellung dieser Teile soll mittels einer Vorlaufverschiebung sichergestellt werden. Hierbei erfolgt die zeitliche Vorverlegung des Fertigungsstellungstermins (des Sekundärbedarfes) eines Auftrags um die sog. Vorlaufzeit.

Erzeugnis: Tisch

Periode		**1**	**2**	**3**	**4**	**5**	**6**
Primärbedarf	Tisch				8	14	11
Sekundärbedarf 1	Tischplatte				8	14	11
Vorlaufverschiebung 1	3 Perioden	8	14	11 ←			
Sekundärbedarf 2	4 Tischbeine				32	56	44
Vorlaufverschiebung 2	2 Perioden		32	56	44 ←		
Bedarfe 1	**Tischplatte**	**8**	**14**	**11**			
Bedarfe 2	**Tischbeine**		**32**	**58**	**44**		

Abb. 15.7. Vorlaufverschiebung

Der sich durch die Vorlaufzeit ergebende Termin stellt dann den (spätesten) Bereitstellungstermin sämtlicher Teile dar, die zur Durchführung des Fertigungsauftrages erforderlich sind. Bei der für einen Fertigungsauftrag anzusetzenden Vorlaufzeit handelt es sich um eine Plan-Durchlaufzeit.

Die Vorlaufverschiebung bei mehrstufiger Fertigung berücksichtigt, dass in einem Vorlauf zunächst Einzelteile und/oder Baugruppen unterer Fertigungsstufen produziert werden müssen. Danach sind die Teile und Baugruppen für die nächsthöhere Fertigungsstufe verfügbar und können dort bearbeitet werden, bis schließlich das Enderzeugnis erstellt werden kann. Bei zeitbezogener Ermittlung des Materialbedarfs kann die Vorlaufverschiebung ebenfalls zeitpunktbezogen ermittelt werden (Schulte C 2013, 397f). Bei der Durchlaufterminierung werden die Kapazitätsgrenzen nicht immer berücksichtigt.

15.5.5 Kapazitätsabgleich und Verfügbarkeitsprüfung

Im Rahmen der Kapazitätsterminierung werden die Anfangs- und Endtermine der Arbeitsgänge unter Berücksichtigung des begrenzten Kapazitätsangebots festgelegt. Der Vergleich von Kapazitätsangebot und -nachfrage zeigt den Handlungsbedarf auf. Teilaufgaben des Kapazitätsabgleichs sind:

- Ableitung von Belastungsprofilen bzw. -übersichten für die einzusetzenden Arbeitsplatzgruppen,
- Festlegung von Maßnahmen zur Beseitigung von Ungleichgewichten zwischen Kapazitätsangebot und -nachfrage.

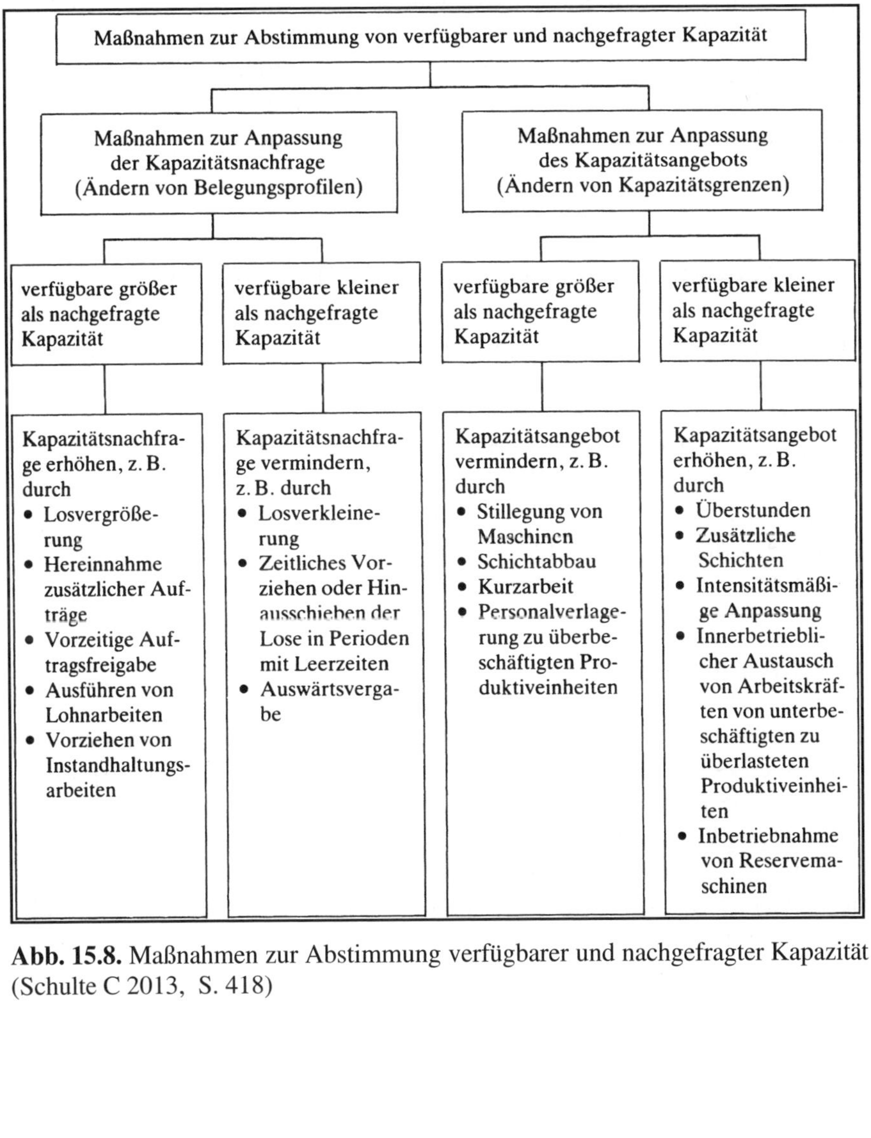

Abb. 15.8. Maßnahmen zur Abstimmung verfügbarer und nachgefragter Kapazität (Schulte C 2013, S. 418)

Die Kapazitätsnachfrage ergibt sich durch die Summierung sämtlicher Rüst- und Bearbeitungszeiten der Fertigungsaufträge. Sämtliche Fertigungsaufträge mit dem gleichen Starttermin (als Ergebnis der Durchlaufterminierung) werden zusammengefasst.

Durch eine Gegenüberstellung von jeweiliger Kapazitätsnachfrage und Kapazitätsangebot ergibt sich ein Belastungsprofil pro Periode/Arbeitsgruppe. Abbildung 15.8 zeigt mögliche betriebliche Anpassungsmaßnahmen zur Abstimmung von verfügbarer und nachgefragter Kapazität.

Verfügbarkeitsprüfung

Im Anschluss an den Kapazitätsabgleich sollte mittels einer Verfügbarkeitsprüfung festgestellt werden, ob zu den Grobstartterminen der einzelnen Aufträge auch die benötigten Materialien, Betriebsmittel, Vorrichtungen und Werkzeuge bereitstehen. Diese Maßnahme hilft, eventuelle Engpässe zu erkennen bzw. bereits im Vorfeld zu vermeiden (Schulte C 2013, S. 420).

15.6 Produktionssteuerung und Auftragsveranlassung

Mit der Auftragsveranlassung geht die Produktionsplanung und -steuerung in die Steuerungsphase über. Sie findet an den Orten statt, wo eine wertschöpfende Leistungserstellung erfolgt. Bei der Auftragsveranlassung werden die Aufträge für die Fertigung zuerst danach geprüft, ob Personal, Material, Maschinen und Vorrichtungen verfügbar sind und dann der Auftrag freigegeben.

Die Auftragsveranlassung gliedert sich in die drei Teilbereiche Auftragsfreigabe, Ablaufplanung und Arbeitszuteilung.

15.6.1 Feinterminierung

Die Feinterminierung bzw. Werkstattsteuerung stellt jeweils den Abschluss eines Planungszyklus dar, der Material- und Termindisposition umfasst. Die Feinterminierung legt auch die Reihenfolge fest, in der die Fertigungsaufträge an einem Arbeitsplatz zu erledigen sind (Jehle 1994, S. 77ff). Die Auftragsbearbeitungsreihenfolge ist nach bestimmten Kriterien festzulegen, was zu Zielkonflikten, einem „Dilemma der Ablaufplanung“ führen kann.

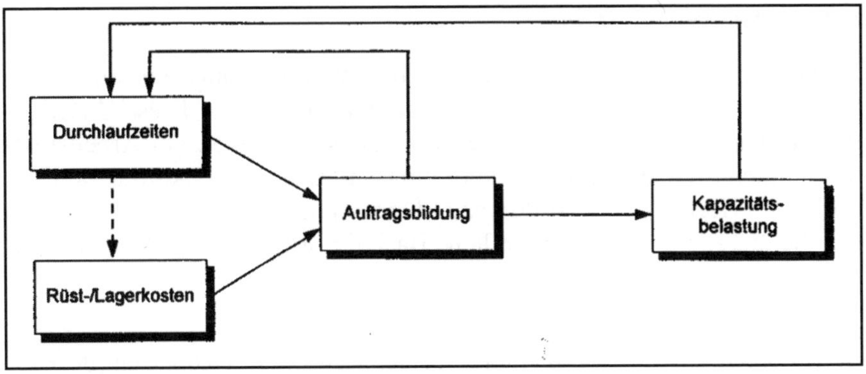

Abb. 15.9. Dilemma der Ablaufplanung

Zu diesen Kriterien zählen:

- Minimierung der Durchlaufzeiten,
- Maximierung der Kapazitätsauslastung,
- niedrige Lagerbestände, niedrige Kapitalbindungskosten,
- hohe Termintreue.

15.6.2 Terminierungsverfahren und Prioritätsregeln

Die Bestimmung von zeitbezogenen Auftragsreihenfolgen erfolgt nach verschiedenen Methoden:

- analytische Methoden,
- heuristische Verfahren (Näherungsverfahren),
- Prioritätsregeln.

a) Analytische Methoden

Mittels analytischer Methoden werden optimale Auftragsreihenfolgen ermittelt. Die eingesetzten Optimierungsmodelle benötigen jedoch hohe Rechenzeiten, da bei jeder Änderung die Produktionsplanung sofort neu berechnet werden muss.

b) Heuristische Verfahren (Näherungsverfahren)

Näherungsverfahren zeichnen sich durch einen Verzicht auf das Erreichen des Optimums aus. In der Praxis werden gewöhnlich nur wenige Ablaufpläne auf ihre Auswirkungen hinsichtlich ihrer Zielsetzung überprüft.

c) Prioritätsregelverfahren

Jedem Fertigungsauftrag, der sich in einer Warteschlange vor einem Arbeitsplatz befindet, wird eine Prioritätsziffer zugeordnet. Diese Ziffer bestimmt dann seine Stelle in der Bearbeitungsreihenfolge am Arbeitsplatz im Vergleich zu den übrigen Fertigungsaufträgen. Der Auftrag mit der höchsten Priorität ist zuerst durchzuführen. In der betrieblichen Praxis finden die in Tabelle 15.3 dargestellten „Basis-Prioritätsregeln" Anwendung.

Tabelle 15.3. Prioritätsregeln

KOZ-Regel (Kürzeste Operationszeit)	Der Auftrag mit der kürzesten Operationszeit (Bearbeitungszeit) auf der jeweiligen Produktionsstufe wird als erster behandelt.
LOZ-Regel (Längste Operationszeit)	Der Auftrag mit der längsten Bearbeitungszeit auf der jeweiligen Produktionsstufe wird als erster bearbeitet (erhält höchste Priorität).
GRB-Regel (Größte Restbearbeitungszeit)	Der Auftrag, dessen noch verbleibende Bearbeitungszeit auf allen benötigten Maschinen im Moment der Belegung die größte ist, wird zuerst bearbeitet.
KRB-Regel (Kürzeste Restbearbeitungszeit)	Der Auftrag, dessen noch verbleibende Bearbeitungszeit auf allen benötigten Maschinen im Moment der Belegung die kürzeste ist, wird zuerst bearbeitet.
WT-Regel (Wert-Regel)	Der Auftrag mit dem höchstem Produktendwert wird zuerst bearbeitet. Alternativ erhält der Auftrag mit dem höchstem Produktendwert vor Ausführung des jeweiligen Arbeitsvorgangs die höchste Priorität (dynamische Wertregel).
FLT-Regel (Früheste Liefertermin-Regel)	Der Auftrag mit dem frühesten Liefertermin erhält die höchste Priorität.
FCFS-Regel	First-come-first-served-Regel
GGB-Regel	Größte Gesamtbearbeitungszeit auf allen Maschinen
KGB-Regel	Kleinste Gesamtbearbeitungszeit auf allen Maschinen

In der Praxis findet oft eine Kombination von verschiedenen Prioritätsregeln statt (Schulte C 2013, S. 419).

Die einzelnen Prioritätsregeln haben unterschiedliche Auswirkungen. Deshalb sind die in den Softwarepaketen enthaltenen Feinterminierungsverfahren normalerweise auf die Anwendung mehrerer kombinierter Prioritätsregeln ausgelegt. Wird z.B. nur die KOZ-Regel angewendet, besteht die Gefahr, dass Aufträge mit langen Bearbeitungszeiten erst sehr spät eingelastet werden. Um diese Gefahr zu vermeiden, wird deshalb eine Kombination zwischen der KOZ- und LOZ-Regel benutzt.

Abbildung 15.10 zeigt die Wirksamkeit von Prioritätsregeln.

Die Feinterminierung umfasst somit die Arbeitsplatzplanung, Maschinenbelegungsplanung, Auftragsreihenfolgeplanung und die Arbeitsgangstarttermine.

Prioritätsregel / Optimierungsziele	Kürzeste Operations-zeit-Regel	Fertigungs-restzeit-Regel	Dynamische Wert-Regel	Schlupf-zeit-Regel
Maximale Kapazitätsauslastung	sehr gut	gut	mäßig	gut
Minimale Durchlaufzeit	sehr gut	gut	mäßig	mäßig
Minimale Zwischenlagerkosten	gut	mäßig	sehr gut	mäßig
Minimale Terminabweichungen	schlecht	mäßig	mäßig	sehr gut

Abb. 15.10. Wirksamkeit von Prioritätsregeln (Schulte C 2013, S. 420)

15.6.3 Arbeitsverteilung

Die Arbeitsverteilung ordnet die Fertigungsaufträge mit den zugehörigen Unterlagen den einzelnen Arbeitsplätzen zu. Sie ist z.B. für die Ausgabe von Lohnscheinen und Materialentnahmebelegen verantwortlich. Unterschieden werden zwei Organisationsformen der Arbeitsverteilung: zentrale (durch Leitstand) oder dezentrale (durch Meistersystem) Arbeitsverteilung.

Eine wichtige Grundlage für die Fertigungsaufträge bilden die hinterlegten Arbeitspläne.

Zentrale Arbeitsverteilung

Bei einer zentralen Arbeitsverteilung mittels Leitstand übernimmt der Leitstand die Steuerung. Er hat den Überblick über alle Produktionsabteilungen. Die zentrale Auftragsplanung gibt die Aufträge an die Produktionsplanung weiter, während die Meisterebene für Mitarbeiterführung zuständig ist.

Zur Entlastung des Leitstandpersonals werden zunehmend EDV-gestützte Leitstandsysteme eingeführt, die den Arbeitsfortschritt mit permanentem Soll-/Ist-Vergleich überwachen (Schulte C 2013, 422f).

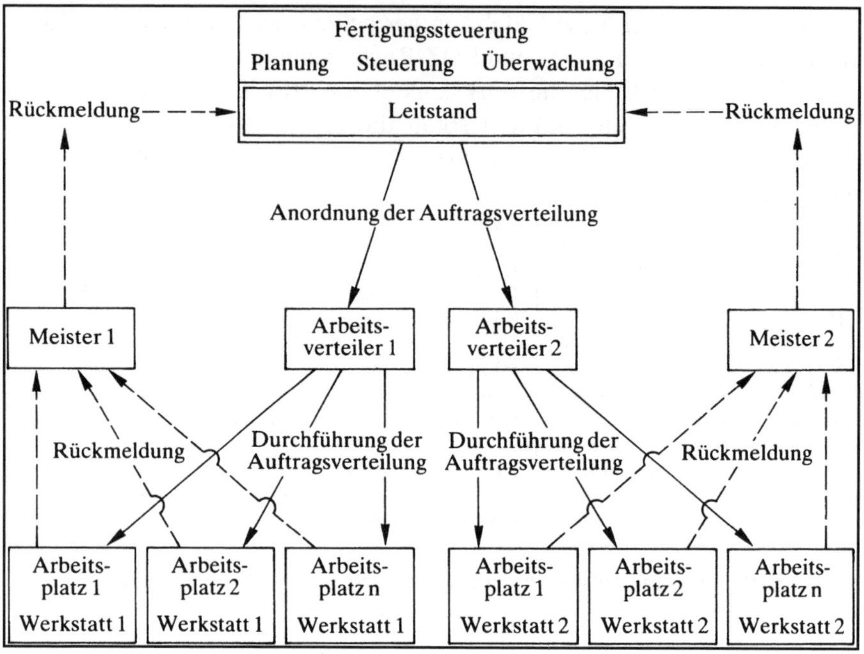

Abb. 15.11. Zentrale Arbeitsverteilung durch den Leitstand (Schulte C 2013, S. 422)

Dezentrale Arbeitsverteilung

Im Rahmen der Werkstattsteuerung weisen die zentralen Systeme oft Nachteile auf, z.B. fehlende Übereinstimmung von Plan und Realität, Verlust von Transparenz, hohe Belastung des Führungspersonals. Die Dezentralisierung von Steuerungsfunktionen geht mit der Rückverlagerung von Entscheidungskompetenzen in den ausführenden Bereichen einher (Schulte C 2013, S. 423).

Beim *Meistersystem* verwaltet und steuert der Meister sämtliche Aufträge einer Werkstatt. In welcher Reihenfolge der vorhandene Auftragsbestand abgearbeitet wird, obliegt seinem Ermessen.

Die Vorteile der dezentralen Arbeitsverteilung durch Meister sind:

- höhere Motivation durch weniger Fremdbestimmung,
- Qualitätsabweichungen sind schneller zu beheben,
- geringere Anforderungen an Informations- und Koordinationssystem,
- Aufträge sind kurzfristig umzudisponieren,
- bessere Kontrolle zeitkritischer Aufträge.

Kleinrechnersysteme, die an zentrale Produktionssteuerung angeschlossen sind, können die Meister vor Ort unterstützen.

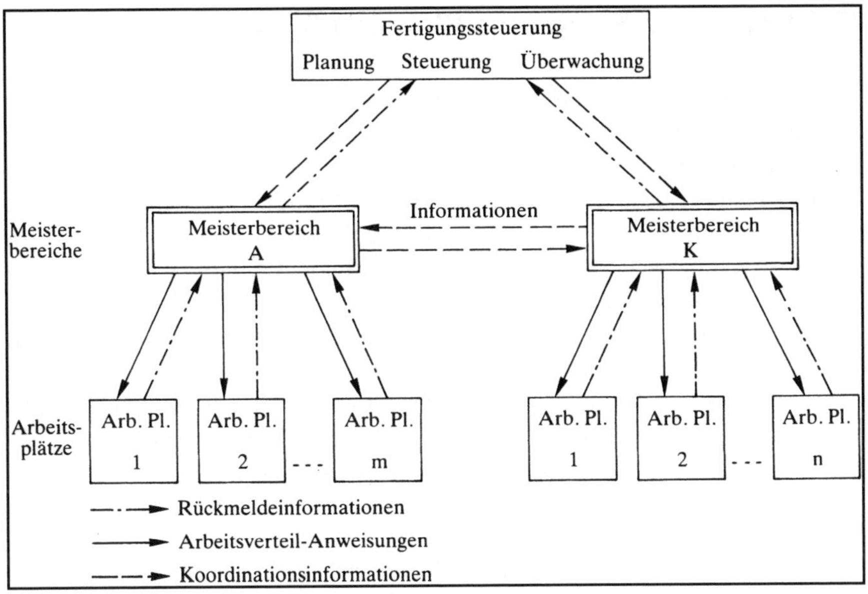

Abb. 15.12. Dezentrale Arbeitsverteilung durch Meister (Schulte C 1999, S. 424)

15.6.4 Kapazitäts- und Auftragsüberwachung

Die Aufgabe der Kapazitäts- und Auftragsüberwachung besteht darin, die Einhaltung der Plandaten zu kontrollieren und sicherzustellen. Sie ermöglicht eine frühzeitige Erkennung von Störungen und erlaubt Rationalisierungs- und Verbesserungsmaßnahmen zu treffen. Diese Aufgabe lässt sich nur ausüben, wenn Ist-/Soll-Vergleiche durchgeführt werden. Die notwendigen Daten liefern Betriebs- bzw. Maschinendatenerfassungssysteme. Die Aufgabe der Betriebsdatenerfassung (BDE) besteht darin, die im Rahmen des betrieblichen Arbeitsprozesses anfallenden technischen und organisatorischen Daten in möglichst maschinell verarbeiteter Form am Ort der Entstehung (Arbeitsplatz, Maschine) aufzunehmen. Hilfreiche Instrumente sind dabei Scanner bzw. Barcodes oder die Transpondertechnologie. Die Kapazitätsüberwachung erfasst maschinen- und mitarbeiterbezogene Daten und führt mit ihnen Ist-/Soll-Vergleiche durch. Aufbauend auf der Grundstruktur eines PPS-Systems wurden in den letzten Jahren zahlreiche Systeme entwickelt (Schulte C 2013, S. 426).

15.7 Enterprise Ressource Planning-Systeme

Enterprise Resource Planning (ERP)-Systeme sind EDV-Lösungen, die u.a. die Aufgaben der Produktionsplanung und -steuerung unterstützen (Hachtel 2010, S. 109).

ERP-Systeme bestehen aus verschiedenen Modulen, zu denen vor allem die klassischen Module Finanz- und Buchhaltung, Personalwesen, Produktionsplanung und -steuerung, Einkauf sowie Logistik gehören. Jedes Modul ist ein eigenständiges System und kann auch als solches betrieben werden. Ein Hauptmerkmal der Standardanwendungssoftware ist, dass alle Module auf eine einheitliche Datenbasis zurückgreifen.

Daraus ergibt sich der Vorteil, dass für alle Unternehmensbereiche sämtliche Module zu einem Gesamtsystem integriert werden können. Da alle Aktivitäten in einem Unternehmen miteinander verstrickt sind, muss auch das ERP-System in der Lage sein, die Informationen zwischen den Modulen auszutauschen.

ERP-Systeme basieren auf einer Software, die u.a. von SAP, Oracle, Sage und Microsoft angeboten wird. Mit 16,82 Mrd. Euro Umsatz im Geschäftsjahr 2013 ist die SAP AG eines der führenden Anbieter von ERP-Systemen weltweit. Nachdem SAP seinen Kunden anfänglich nur ein Produkt anbot, können diese heutzutage aus einem großen Produkt-Portfolio, der SAP Business Suite, eine passende Lösung auswählen.

Da sich die Systemlandschaft der Anbieter von ERP-Systemen laufend verändert, wird auf eine detaillierte Darstellung des Funktionsumfangs von z.B. SAP ERP verzichtet. In den folgenden Kapiteln werden ERP-Systeme allgemein beschrieben.

15.7.1 Kennzeichen

1. *Funktionalität*: Mittels langjähriger Erfahrung entstehen Synergieeffekte durch Optimierung mehrerer Anwendungen. Das Finanzwesen profitiert z.B. von den Funktionen anderer Anwendungsbereiche, wie Vertrieb oder Einkauf.
2. *Internationalität*: Berücksichtigung von unterschiedlichen Sprachen, Gesetzen und Währungen.
3. *Branchenneutralität*: Einsatz in Chemie, Automobil, Banken
4. *Anpassungsfähigkeit durch Customizing*: Die Anpassung an branchenspezifische und firmenspezifische Besonderheiten erfolgt mit Hilfe dialoggesteuerter Customizing-Funktionen. Customizing bedeutet die Vornahme von betriebsspezifischen Standardvorgaben und Verarbeitungsre-

geln in der Standardsoftware (Losgrößen, Bewertungsregeln). Dadurch entsteht in jedem Unternehmen ein betriebsspezifisches ERP-System.

5. *Integration*: Die einmalige Speicherung von Daten macht Schnittstellen zum Datenaustausch überflüssig, die bei der Verknüpfung von Softwareprodukten unterschiedlicher Hersteller erstellt und gewartet werden müssen. Mehrere Softwareprodukte unterschiedlicher Hersteller verursachen zusätzliche Mehrfachspeicherungen.
6. *Bedienoberfläche*: Die grafische Bedienoberfläche entspricht weitgehend der von Windows. An jeder Stelle des ERP-Systems gelten für die Bedienoberfläche einheitliche Regeln.

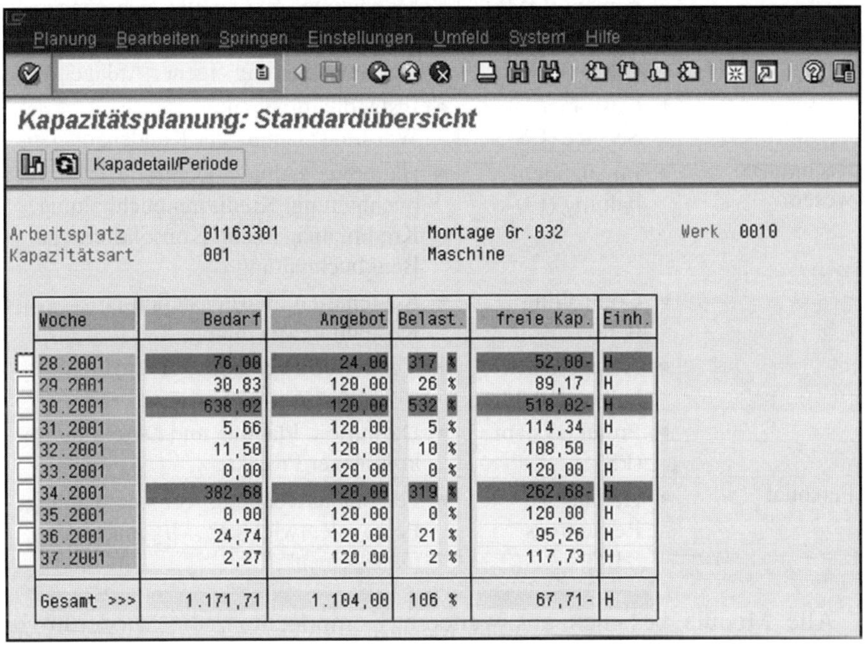

Woche	Bedarf	Angebot	Belast.	freie Kap.	Einh.
28.2001	76,00	24,00	317 %	52,00-	H
29.2001	30,83	120,00	26 %	89,17	H
30.2001	638,02	120,00	532 %	518,02-	H
31.2001	5,66	120,00	5 %	114,34	H
32.2001	11,50	120,00	10 %	108,50	H
33.2001	0,00	120,00	0 %	120,00	H
34.2001	382,68	120,00	319 %	262,68-	H
35.2001	0,00	120,00	0 %	120,00	H
36.2001	24,74	120,00	21 %	95,26	H
37.2001	2,27	120,00	2 %	117,73	H
Gesamt >>>	1.171,71	1.104,00	106 %	67,71-	H

Abb. 15.13. Kapazitätsplanung (SAP R/3-System der Pfaff Industrie Maschinen AG)

15.7.2 Bestandteile von ERP-Systemen

Das ERP-System der SAP AG entstand aus der Idee heraus betriebswirtschaftliche Abläufe (Geschäftsprozesse) ganzheitlich elektronisch zu unterstützen. Um dieses gewährleisten zu können ist ein großes und komplexes System entstanden, das aus Gründen der Übersichtlichkeit aus unterschiedlichen, miteinander interagierenden Modulen besteht. Neben zahlreichen branchenspezifischen Modulen bilden folgende die Hauptmodule von SAP ERP (Gubbels 2013, S. 34):

Tabelle 15.4. Hauptmodule von SAP ERP

Hauptmodule	Teilmodule	Inhalte
Logistik	• Vertrieb (SD) • Materialwirtschaft (MM) • Produktionsplanung (PP) • Qualitätsmanagement (QM) • Plant Maintance (PM) • Customer Service (CS)	• Verkauf, Versand und Fakturierung • Bestandsführung, Einkauf, Bewertung des Bestandes, Rechnungsprüfung • Absatzplanung, Produktionsgrobplanung, Programmplanung, Disposition, Fertigungssteuerung, Kapazitätsplanung • Planung und Durchführung von Maßnahmen zu Qualitätssicherung • Instandhaltungs- und Wartungsplanung eigener Anlagen • Instandhaltungs- und Wartungsplanung der Kundenanlagen
Rechnungswesen	• Finanzbuchhaltung (FI) • Controlling (CO) • Anlagenbuchhaltung (AA) • Projektsystem (PS)	• Hauptbuchhaltung, Debitorenbuchhaltung, Kreditorenbuchhaltung, Kreditmanagement, Konsolidierung, Bankbuchhaltung • Kostenarten-, Kostenstellen-, Kostenträgerrechnung • Verwaltung betrieblicher Anlagen • Definition, Planung und Durchführung komplexer Projekte
Personal	• Human Ressources (HR)	• Personalabrechnung, Personalplanung, Personalentwicklung, Organisationsmanagement

Alle Module bestehen aus weiteren Komponenten, die wiederum in Teilkomponenten untergliedert werden können. Dies soll am Modul Material Management (MM) aufgezeigt werden (s. Tabelle 15.5).

15.7.3 Zusammenarbeit der einzelnen Bereiche

Standardanwendungssysteme zeichnen sich vor allem dadurch aus, dass sich alle Teilmodule auf die gleiche Datenbasis stützen. Wird z.B. im Einkauf ein neuer Kreditor (Lieferant) in den Lieferantenstammdatensätzen angelegt, kann der Kreditorenbuchhalter über diese Informationen verfügen (Anschrift, Ansprechpartner, Zahlungsbedingungen, usw.) und diese Daten um bereichsspezifische Informationen erweitern (Kontonummer, Kreditlimit, usw.).

Tabelle 15.5. Komponenten des Moduls Material Management (MM)

Komponenten	Bezeichnung	Teilkomponenten
MM-CBP	Verbrauchsgesteuerte Disposition	• verbrauchsgesteuerte Disposition • Planauftragsbearbeitung
MM-PUR	Einkauf	• Grundfunktionen, Lieferant-/Materialbeziehung und Konditionen • Bezugsquellen, Lieferantenanfrage und -angebot, Rahmenverträge, Bestellungen, Dienstleistungsabwicklung
MM-IM	Bestandsführung	• Grundfunktionen, Wareneingang, Warenausgang, Reservierungen • Inventur, Mehrwährungslager
MM-WM	Lagerverwaltung	• Lagerstruktur, Ein-/Auslagerungsstrategien, Lagerbewegungen
MM-IV	Rechnungsprüfung	• Grundfunktionen, WE-Rechnungsprüfung, Materialpreisänderungen, Verrechnungskontenpflege
MM-IS	Information system	• Einkaufsinformationssystem, Bestandscontrolling, Lieferantenbeurteilung
MM-EDI	Electronic Data Interchanges	• Eingang, Ausgang

Bemerkbar macht sich diese Datenintegration vor allem in der „Durchbuchung" von Geschäftsvorfällen in allen aktiven Komponenten der Standardanwendungssoftware. Werden in einem Unternehmen beispielsweise die Teilmodule der Logistik inkl. der Materialwirtschaft, der Produktionsplanung und die Teilmodule des Rechnungswesens inkl. der Finanzbuchhaltung und des Controllings verwendet, so bewirkt eine Wareneingangsbuchung eines Fremdfertigungsteils folgende Aktivitäten (Maasen 2006).

- Fortschreibung der mengenmäßigen Lagerbestände in der Materialwirtschaft,
- Auslösung eines Produktionsauftrages, der auf dieses Material wartet,
- Erhöhung der Lagerwerte in der Finanzbuchhaltung,
- Ermittlung der Kosten (inkl. aller Gemeinkosten) im Controlling.

15.8 Grundsätze bei der Einführung von PPS-Systemen

Beim Einsatz der Software spielt der Kostenfaktor eine wichtige Rolle. Ein Misserfolg bei der Einführung von PPS-Systemen kann auf folgende Gründe zurückzuführen sein:

- Der Schulungsaufwand wird oft unterschätzt (Kosten/Zeit). Das Verhältnis der Softwarekosten zum Schulungsaufwand und Nachfolgekosten kann bei 1:10 liegen.
- Die Überarbeitung der Geschäftsprozesse wird halbherzig betrieben, ohne Engagement des Managements und mit zu viel Rücksicht auf Besitzstände.
- Das PPS-System wird über alte Abläufe gestülpt und es entsteht kein nennenswerter Nutzen.
- Das System wird zu wenig bereichsübergreifend und lediglich auf Teilprozesse beschränkt eingesetzt.
- Eine ungenügende Analyse der Kundenanforderungen ist erfolgt.
- Es wird aus Kostengründen keine Test- und Simulationsphase vorgeschaltet.

Damit ein PPS-System für den Produktionsbereich erfolgreich eingeführt werden kann, sollten folgende Grundsätze beachtet werden (Schulte C 2013, S. 429):

- Es muss ein einheitliches Planungskonzept vorhanden sein.
- Die Software muss sorgfältig ausgewählt werden.
- Es muss ein Gesamtkonzept für die Datenbasis erarbeitet sein.
- Das PPS-System muss mit der vorhandenen Hardware kompatibel sein.
- Das PPS-System muss in die Organisationsstruktur der Unternehmung passen, bzw. diese ggf. angepasst werden.

Wiederholungsfragen zu Kapitel 15

1. Was unternehmen Sie, wenn die nachgefragte Kapazität größer ist als die vorhandene Kapazität?
2. Was ist der Unterschied zwischen einem PPS-System und einem ERP-System?

16 Arten von PPS-Systemen im Unternehmen

In den letzten Jahren wurden die herkömmlichen Systeme zur Produktionsplanung und -steuerung weiterentwickelt. Die wichtigsten unter diesen neuen Systemen sind

- Material Requirement Planning (MRP),
- Kanban-System,
- belastungsorientierte Auftragsfreigabe (BOA),
- bestandsgeregelte Durchflusssteuerung (BGD),
- Optimized Production Technologie (OPT),
- Fortschrittszahlensystem (FZS),
- Toyota Produktionssystem (TPS),
- Industrie 4.0.

Tabelle 16.1 zeigt einen Vergleich der Inhalte traditioneller PPS-Konzeptionen mit modernen logistikorientierten Konzeptionen.

16.1 Merkmale von MRP II-Systemen

Das MRP II-Konzept (Management Resource Planning bzw. Manufacturing Resource Planning) ist eine Weiterentwicklung des MRP I-Ansatzes (Material Requirements Planning) und der Grundstein moderner Produktionsplanungs- und -steuerungssysteme. Die meisten Ansätze der wichtigen Verfahren der Prozess- und Ablaufplanung greifen zu großen Teilen auf Bausteine des MRP II-Konzeptes zurück. Folgende Eigenschaften kennzeichnen die MRP II-Systeme: Informatikeinsatz, Komplexität, Wirtschaftlichkeit, Fertigungsunabhängigkeit.

Nach dem Zentralisationsgrad der zu treffenden Entscheidungen unterscheiden sich die MRP-Systeme in zentral organisierte, bereichsweise zentralorganisierte und dezentral organisierte PPS-Systeme. In einem Unternehmen können dabei alle drei Systemarten vorkommen.

Tabelle 16.1. Vergleich von traditionellen und modernen PPS-Konzeptionen

Traditionelle PPS-Konzeptionen	Moderne PPS-Konzeptionen
• Geringe Integration der Fertigungssysteme, Einzeloptimierung • Funktionsoptimierung • Produktivität • hohe Kapazitätsauslastung • Bestände an Material und Waren zur Sicherung der Produktion und des Lieferservices • langer zeitlicher Dispositionszyklus • große Fertigungstiefe • Einzweckanlagen • programm- und lagerorientierte Fertigung • Reduktion der Hauptzeiten • Einzelkostenbetrachtung • Bringsystem • Qualitätsprüfung am Ende der Fertigung	• hohe Integration, Systemoptimierung • Flussoptimierung • Flexibilität • hoher Durchflussgrad • Bestände an Kapazitäten zur Erreichung hoher Flexibilität und kurzer Durchlaufzeiten • sehr kurze Dispositionszyklus • geringe bis mittlere Fertigungstiefe • Universalanlagen • kundenauftragsbezogene Fertigung • Reduktion der Neben- u. Rüstzeiten • Gesamtkostenbetrachtung • Holsystem • Qualitätsprüfung auf jeder Fertigungsstufe

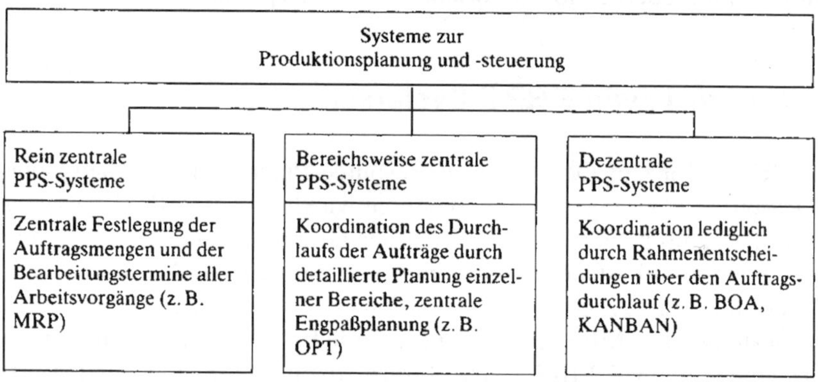

Abb. 16.1. Systematik der PPS-Systeme (Schulte C 1999, S. 334)

Klassische MRP II-Systeme sind zentral angelegt, so dass der Fertigung keine Planungsaufgaben mehr, sondern nur die Ausführung verbleiben. In moderneren Systemen behält aber die Produktionssteuerung die Aufgabe der Feinterminierung und der Maschinenbelegung. Diese Dezentralisierung entlastet die Produktionsplanung um die aufwendige Feinplanung des gesamten Planungshorizonts.

Die Arbeitsweise von MRP II-Systemen lässt sich wie folgt zusammenfassen:

- MRP II-Systeme sind hierarchisch aufgebaute PPS-Systeme bestehend aus mehreren miteinander vernetzten Modulen (Grunddatenverwaltung, Terminplanung, Kapazitätsabgleich, Werkstattsteuerung) zur Planung und Steuerung der Fertigungsaufträge.

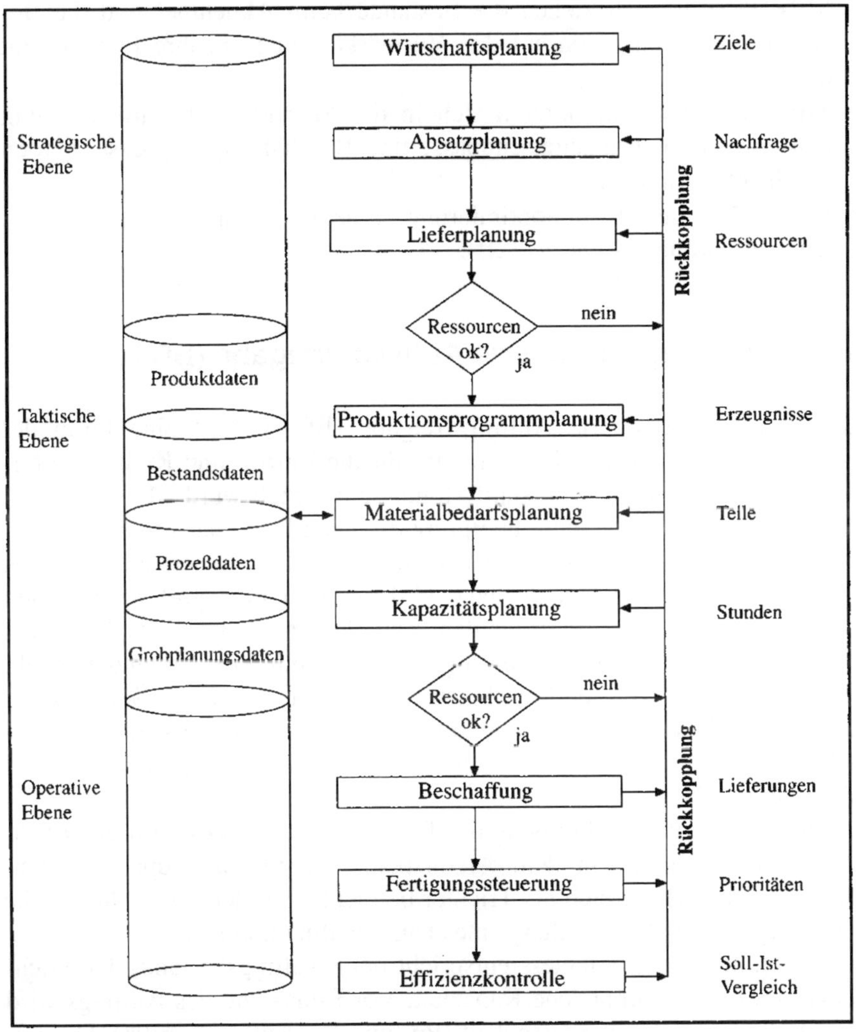

Abb. 16.2. MRP II-Konzeption (Schulte C 1999, S. 335)

- MRP II-Systeme zerlegen das Planungsproblem, arbeiten dieses sukzessive und hierarchisch ab und ignorieren damit etwaige Abhängigkeiten zwischen Zielen, Aufträgen und Fertigungsstufen. Die Ergebnisse jeder Planungsstufe bilden die Grundlage für die nächste.
- Die Planung erfolgt rollierend. Nur die Bestell- und Betriebssaufträge werden endgültig umgesetzt. Die Betriebsvorschläge und Bestellvorschläge haben bis zur Auftragsfreigabe nur vorläufigen Charakter.
- MRP II-Systeme beziehen die Bestände beim Abnehmer und die Bestände und Kapazitäten auf den Vormärkten nicht in ihre Planung mit ein.
- MRP II-Systeme orientieren sich in der Primärbedarfsplanung streng marktorientiert. Kapazitätsengpässe und Beschaffungsengpässe werden (noch) vernachlässigt.
- Die Los- und Bestelloptimierung arbeitet streng kostenorientiert (Melzer-Ridinger 1994, S. 32ff).

16.2 Belastungsorientierte Auftragsfreigabe (BOA)

Die belastungsorientierte Auftragsfreigabe (BOA) stellt eine Form der Fertigungssteuerung dar, die vorrangig für die Einzel- und Kleinserienfertigung im Rahmen der Werkstattfertigung entwickelt wurde. Ursprungsgedanke ist das Erreichen einer überproportionalen Durchlaufzeitenreduktion bei einer geringen Absenkung der Werkstatt und Zwischenlagerbestände. Der Arbeitsvorrat am Arbeitsplatz wird als Steuerungsgröße verwendet. Die Belastung soll so dosiert werden, dass sich an allen Arbeitsplätzen ein im Verhältnis zum Leistungsvermögen gleicher mittlerer Bestand einstellt. Der Arbeitsvorrat vor den Maschinen wird reduziert, was zur Senkung der durchschnittlichen Durchlaufzeit führt. Aufträge werden erst dann freigegeben, wenn alle Betriebsmittel zum Zeitpunkt der Inanspruchnahme zur Verfügung stehen.

Als Modell zur Beschreibung des Produktionsprozesses wird ein Trichtermodell verwendet, in dem Arbeitsplatz, Arbeitsplatzgruppe, Kostenstelle und Betriebsbereich als Trichter betrachtet werden. Diese bilden die Grundlage für die Entwicklung eines Durchlaufdiagramms.

Die Füllhöhe des Trichters entspricht dem Auftragsbestand, der Trichterauslass ist die vorhandene Kapazität. Vor Einlastung des Auftrags wird eine Belastungsschranke festgelegt (Prüfung Kapazität, Priorität). Die Belastungsprüfung basiert auf geplanten Bearbeitungs- und Rüstzeiten sowie produzierten und rückgemeldeten Aufträgen.

Die Steuerung des Bestands an einem Arbeitsplatz (Durchlaufzeit der Aufträge an einem Arbeitsplatz) sowie die Abläufe einer ganzen Werkstatt erfolgen nach einem Planungsablauf in zwei nacheinander durchzuführenden Schritten (Kluck 1998, S. 153):

- Dringlichkeitsprüfung und
- Freigabeprüfung.

16.2.1 Dringlichkeitsprüfung

Die nach Startterminen sortierten Aufträge werden bis zu einem definierten zeitlichen Vorgriffshorizont als dringlich eingestuft, die übrigen Aufträge bis zum nächsten Planungslauf als nicht dringlich zurückgestellt.

Im zweiten Schritt werden nur die Aufträge herangezogen, die innerhalb der Terminschranke liegen. Diese beinhaltet die Freigabeüberprüfung mittels Belastungsschranke der beteiligten Arbeitsplätze.

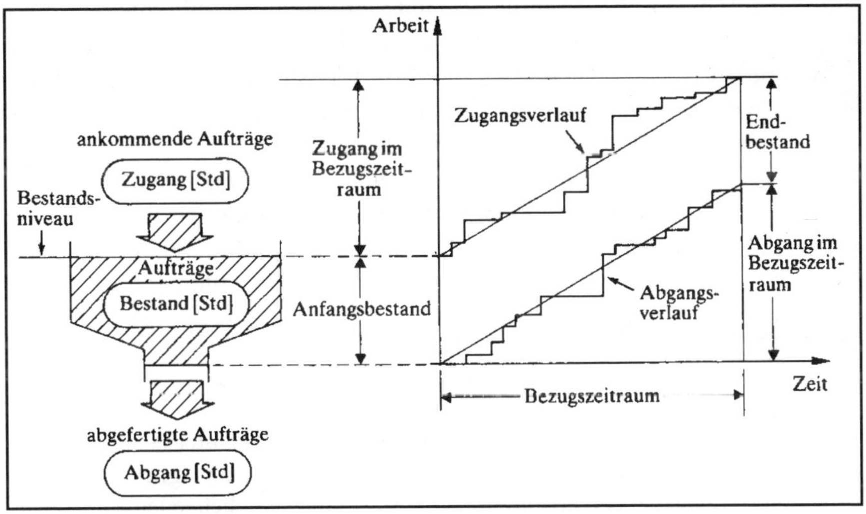

Abb. 16.3. Trichtermodell und Durchlaufdiagramm eines Arbeitssystems (Schulte C 1999, S. 337)

16.2.2 Freigabeprüfung

Die eigentliche Freigabeprüfung beginnt mit einer Belastungsrechnung, die im Gegensatz zum konventionellen Verfahren nicht auf einer periodenweisen Einlastung beruht, sondern nur die nächste Planungsperiode betrachtet. Je Kapazitätseinheit wird für jeden Arbeitsgang geprüft, ob ein mit der Plandurchlaufzeit korrespondierender maximaler Belastungswert (die sog. Belastungsschranke) überschritten wird oder nicht (Trichtermodell).

Während der Belastungsprüfung kann simultan auch eine Verfügbarkeitsprüfung auf Personal, Material, Werkzeuge und Arbeitspapiere stattfinden. Als Ergebnis erhält man eine Liste der freigegebenen Aufträge, die anschließend zur Durchsetzung mit den Teilfunktionen Reihenfolgebildung, Arbeitsverteilung und Bereitstellung weiterbehandelt werden. Die abgewiesenen Aufträge werden aufgelistet und die Arbeitsgänge mit den entsprechenden Kapazitätsgruppen genannt, die zur Abweisung führten. Sie werden bis zum nächsten Freigabelauf zurückgestellt.

16.2.3 Anwendererfahrung in der Praxis

- Bei der belastungsorientierten Auftragsfreigabe lassen sich durch allmähliches Absenken der Belastungsschranken die Auslastungsgrenze und damit die Grenzwerte für Bestand und Durchlaufzeit erreichen.
- Sinkende Bestände und kürzere Durchlaufzeiten lassen Schwächen in Materialwirtschaft, Werkzeug- und Betriebsmittelversorgung, Transport- und Qualitätssicherung sichtbar werden. Dies führt zu Anstößen im Sinne einer ständigen Verbesserung.
- Die durch die BOA erreichten Durchlaufzeitenverkürzungen müssen in den Wiederbeschaffungszeiten der Disposition berücksichtigt werden.
- Die BOA erfordert eine höhere Qualifikation der Mitarbeiter, da diese den verschiedenen Arbeitsplatzangeboten gerecht werden müssen.

Die BOA zeigt folgende Vor- und Nachteile auf:

Vorteile	Nachteile
• Aufgrund der niedrigen Bestände steigt die Verantwortung der Mitarbeiter, sowie die Verantwortung für korrekte und aktuelle Rückmeldungen. • Mehrere Arbeitsplätze werden zu Belastungsgruppen zusammengefasst. • Der Dispositionsspielraum für die Vorarbeiter und Werkstattmeister wird erhöht.	• Die kurzen Umlaufbestände schränken die operativen täglichen Entscheidungsmöglichkeiten ein (Auftragszusammenfassung, Loszusammenfassung). • Fifo-Regel schränkt die Handlungsfähigkeit ebenfalls ein. • Eine gezielte Verfolgung einzelner Aufträge ist aufgrund statischer Betrachtung der Auftragsgesamtheit nicht möglich.

Bei Einzel- und Kleinserienfertigern, für welche das System entwickelt wurde, ist eine kontinuierliche Abarbeitung der Aufträge oft nicht möglich, da Bedarfs- und Terminänderungen sowie Störungen zu ständigen Änderungen des Produktionsprogramms führen. Das Ergebnis ist die Streuung der Durchlaufzeit aufgrund der Einplanung kurzfristiger Eilaufträge. Durch die immer kundenspezifischeren Aufträge, mit immer kürzeren Lieferzeiten, verliert die belastungsorientierte Auftragsfreigabe als Form der Produktionsplanung und -steuerung immer mehr an Bedeutung, da zur Abdeckung der schwankenden Kundenaufträge und Erhaltung der Wettbewerbsfähigkeit größere Kapazitätsreserven vorgehalten werden müssen (Sommerer 1998, S. 65).

16.3 Fortschrittszahlenkonzept

Das System wurde als Steuerungssystem für Großserien entwickelt (Vorkommen in der Automobil- und Zuliefererindustrie) mit der Zielsetzung, gute Kapazitätsauslastung, niedrige Bestände und hohe Flexibilität zu verbinden. Dieses Konzept eignet sich zur zentralen Durchlaufterminierung bei der Fließfertigung.

Unter einer Fortschrittszahl wird eine auf ein Bauteil oder ein Produkt bezogene kumulierte Mengengröße verstanden. Wird eine Fortschrittszahl auf Planungsgrößen bezogen (z.B. Anzahl zu montierender Autoradios in KW (=Kalenderwoche), spricht man von einer Soll-Fortschrittszahl. Wenn das Datum dem realisierten Ist-Wert entspricht, spricht man von einer Ist-Fortschrittszahl (Kluck 1998, S. 154ff). Die Differenz zwischen Ist-/Soll-Fortschrittszahlen macht die Abweichungen mengen- und zeitmäßig sichtbar. Dies ermöglicht entsprechende Ausgleichsmaßnahmen.

Die Entwicklung eines Auftrags anhand seiner Soll- und Ist-Fortschrittszahl zeigt Abb. 16.4.

Das Fortschrittszahlenkonzept läuft in folgenden Schritten ab:

1. Die Materialversorgung soll mit Hilfe einer ständigen Information des Abnehmers (mittels Lieferabrufe) über den sich aus der Montageplanung ergebenden Bedarfsverlauf sichergestellt werden. Die Produktion gibt die Information an den Leitstand/EDV.
2. Das System enthält summiert den Bedarf und die Mengenleistung einer Planungsperiode und verknüpft die gesamte logistische Kette durch Fortschrittszahlen.
3. Kumulative Darstellung von Soll-/Ist-Daten wie z.B. Mengen, Stunden, Kapitalbindungswerte.

4. Typische Fortschrittszahlen sind Ein- und Ausgänge für Materialien, Fertigerzeugnisse, Kunden- und Liefer-Fortschrittszahlen.
5. Soll-/Ist-Zustand des Auftragsfortschritts.
6. Mit dem System sollen für den Mitarbeiter undurchsichtige Terminierungen, Losgrößen, die nicht an den Bedarfsmengen und -terminen orientiert sind, sowie eine scheingenaue BDE vermieden werden.

Fabriktag	Soll-FZ	Ist-FZ	Vorlauf/Rückstand
150	10000	10000	–
151	15000	10000	Rückstand 5000
152	15000	10000	Rückstand 5000
153	15000	25000	Vorlauf 10000
154	15000	25000	Vorlauf 10000
155	20000	25000	Vorlauf 5000
156	20000	25000	Vorlauf 5000
157	20000	35000	Vorlauf 15000
158	30000	35000	Vorlauf 5000
159	30000	35000	Vorlauf 5000
160	30000	35000	Vorlauf 5000
161	40000	35000	Rückstand 5000
162	40000	45000	Vorlauf 5000
163	40000	45000	Vorlauf 5000
164	40000	45000	Vorlauf 5000
165	40000	45000	Vorlauf 5000

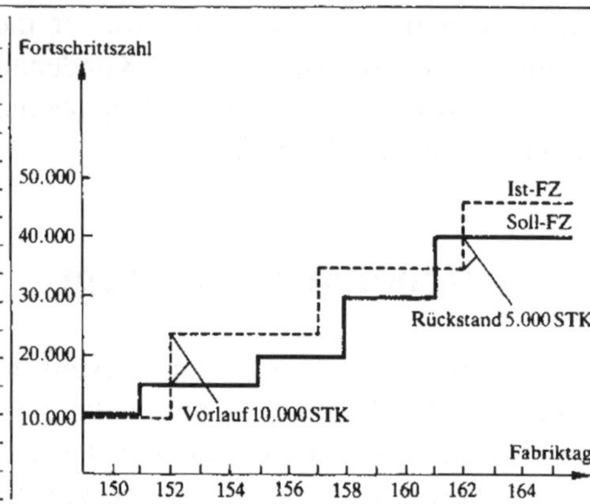

Abb. 16.4. Fortschrittszahlen-System – Beispiel (Schulte C 1999, S. 346)

Voraussetzungen für die Realisierung eines Fortschrittszahlenkonzeptes sind eine enge Beziehung zu Lieferanten, hohe Wiederholhäufigkeit der Teile, Serien- oder Massenfertigung sowie die Abstimmung der Informations- und Kommunikationssysteme zur Übertragung der Fortschrittszahlen im Dialog.

Das Fortschrittszahlenkonzept hat große Verbreitung in der Automobilindustrie und deren Zulieferern gefunden.

16.4 Optimized Production Technology (OPT)

Der Ausgangspunkt, des seit 1980 in den USA eingesetzten OPT-Systems zur Engpasssteuerung, ist die Bestimmung der Engpässe. Diese haben einen wesentlichen Einfluss auf die Höhe des Materialdurchsatzes innerhalb der Produktion. Deshalb ist das Ziel der OPT die Durchsatzmaximierung bei kontinuierlichen Durchflussgeschwindigkeiten.

Dieser Engpass kann sich z.B. in Form einer Lackieranlage mit geringer Leistung darstellen. Mit Hilfe einer Mittelpunktterminierung werden die vorherigen und nachfolgenden Produktionseinheiten in der Fließfertigung abgestimmt. Als Anpassungsmaßnahmen wären hierbei die Verringerung der Kapazitäten oder eine Auslagerung auf andere Fertigungslinien möglich.

Das OPT-Konzept geht von folgenden *Grundsätzen* aus:

- der Fertigungsfluss ist abzugleichen, nicht die Kapazitäten,
- Unterscheidung von Engpässen und Nicht-Engpässen,
- Nutzung und Bereitstellung von Kapazitäten ist nicht gleichbedeutend,
- Engpasskapazitäten determinieren Nicht-Engpass-Kapazitäten,
- Engpässe verursachen hohe Durchlaufzeiten und hohe Bestände und sind zeitkritisch,
- Produktionslosgrößen sind variabel,
- restriktive Bedingungen im Planungsprozess werden berücksichtigt,
- Reduzierung der Lose an den Nicht-Engpässen,
- Optimierung des Fertigungsflusses hat Priorität vor einer Kapazitätsoptimierung.

Die OPT stützt sich auf Basisdaten, wie bei MRP II. Die Auftragsdaten werden in einem Netzplan zusammengefasst (Netzplantechnik), der als Basis für die Identifikation auftretender Engpässe genutzt wird. Nach dieser Identifikation erfolgt die Optimierung der Engpässe, unter Berücksichtigung variabler Kapazitäten, Losgrößen und Auftragsreihenfolgen.

Das OPT-System eignet sich aufgrund seiner Planungsfunktionen und -abläufe sowohl zur Planung der Leistungserstellung im Produktionsbereich als auch zur Neuplanung bei Erweiterungs- und Ersatzinvestitionen von Produktionseinrichtungen.

16.5 Kanban-System und eKanban

Unter Kanban versteht man die zeitsynchrone Steuerung der Fertigung nach dem Pull-Prinzip (Holprinzip). Die japanische Beschaffungsstrategie Kanban ist ein dezentrales Planungs- und Steuerungsverfahren für die Wiederholfertigung, auf Basis selbststeuernder Regelkreise. Sie funktioniert nach dem Supermarktprinzip, d.h. nach der Entnahme, wird die entstandene Lücke wieder mit dem gleichen Artikel aufgefüllt. Hilfsmittel sind dabei Behälter, die in einem Pufferlager aufbewahrt werden. Sie besitzen eine Karte (=Kanban), auf der die Teile- und Abnehmerdaten, Bestellmenge, Transport, etc. vermerkt sind. Auslöser bei der Kanban-Fertigung ist immer die nachgelagerte Stelle, d.h. die Endmontage setzt in einem Unternehmen den gesamten Prozess in Gang, indem Teile aus einem Behälter im Pufferlager entnommen werden. Wird ein bestimmter Meldebestand erreicht, z.B. ein leerer Behälter, beginnt die vorgelagerte Stelle (z.B. die Vormontage), mit der Produktion bzw. Montage, der auf dem Kanban vermerkten Menge. Danach wird der Behälter im Pufferlager befüllt (Werner 2000, S. 67).

Die Fertigungssteuerung nach dem Kanban-Prinzip setzt voraus:

- gute Prognosemöglichkeiten des Verbrauchs,
- Harmonisierung des Produktionsprogramms durch Bildung von Teilefamilien und Standardisierung von Teilen,
- materialflussorientierte Aufstellung der Betriebsmittel: sie dient insbesondere der Unterstützung des Prinzips selbststeuernder Regelkreise,
- hohe Verfügbarkeit und minimale Umrüstzeiten der Betriebseinrichtungen,
- hohe Motivation und Qualifikation der Mitarbeiter.

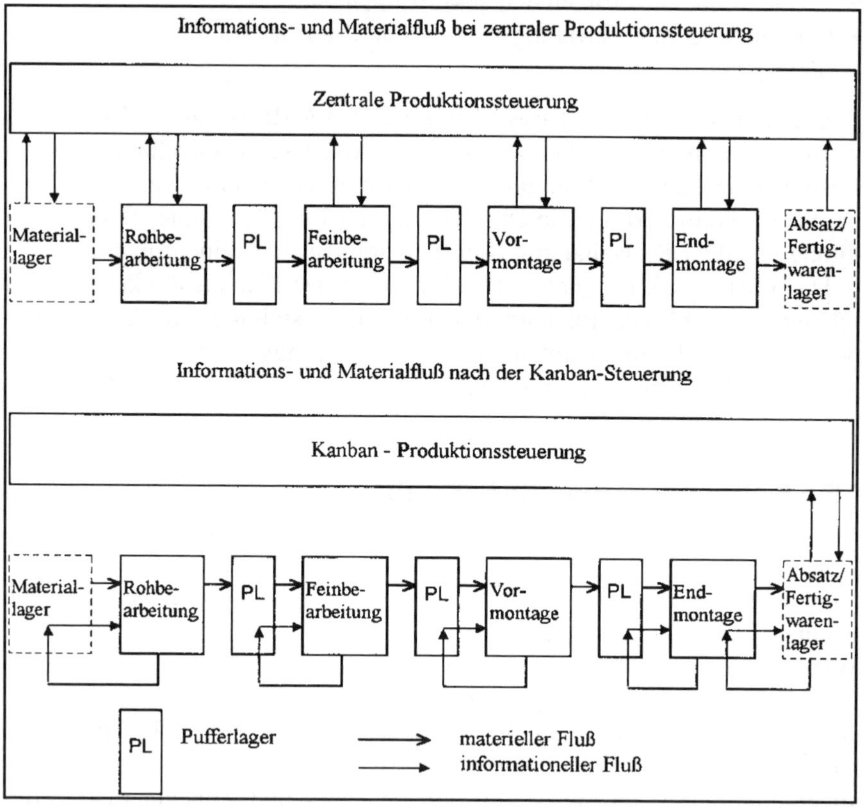

Abb. 16.5. Klassische Produktionssteuerung vs. Kanban-Steuerung (Sommerer 1998, S. 52)

Mit der Einführung eines Kanban-Systems werden folgende *Ziele* verfolgt:

- Minimierung der Material- und Teilbestände und dadurch durch Minimierung der Kapitalbindung,
- die innerbetriebliche Auftragserteilung muss sich selbstständig auslösen ohne Steuerungsanstoß von übergeordneten Leistungsebenen,
- hohe Termintreue,
- Verringerung des Aufwandes für sich wiederholende Planungsaufgaben.

Die Verwirklichung der Kanban-Steuerung bringt folgende Vorteile: Beschleunigung des Materialflusses, Reduzierung der Lagerbestände, innerbetriebliche Transportkostenreduzierungen, Erhöhung des Qualitätsstandards und Beruhigung des Produktionsprozesses. Die Erfolge von Kanban zeigen sich in dem zunehmenden Verbreitungsgrad dieser Konzeption in der Industrie. Bei Pilot-Anwendungen in der BRD ergaben sich Bestandsreduzierung bis zu 50%. In der Automobilindustrie bei Toyota erfolgt die Produktions- und Prozessplanung der Teile zu 60–70% nach Kanban-Prinzipien.

16.5.1 eKanban

Kanban wird mittlerweile in zahlreiche ERP-Systeme integriert, z.B. in SAP R/3. Das Unternehmen IFS Application bietet in seinem neuen Release eine neu entwickelte Kanban Steuerung an. Die jeweilige vorgelagerte Stelle wird beim Erreichen des Meldebestandes durch IFS informiert. Dies erfolgt entweder durch einen Ausdruck oder papierlos auf elektronischen Weg (E-Mail, SMS, Alert-Monitor). Durch diese informationstechnologische Unterstützung des Kanban-Systems spricht man auch vom eKanban (Lang in Wannenwetsch/Nicolai 2002, S. 154).

Praxisbeispiel: eKanban bei BMW

Die Lear Corporation liefert Sitze und Rückbänke Just-in-Sequence an das BMW-Montageband in Regensburg. Nach dem Lieferabruf werden die Sitze innerhalb von 300 Minuten (ca. 11.000 mal täglich) nach dem Kanban-Prinzip gefertigt und ausgeliefert.

Aufgrund des engen Zeitrahmens entschied man sich für die Kanban-Belieferung durch die Fa. Hammerschein in Solingen, die Sitzstrukturen herstellt. Dabei handelt es sich um 30 Kilogramm schwere Kompletteile, die allerdings sehr transportanfällig sind. Dieses Problem wurde durch die Entwicklung von speziellen Transportbehältern gelöst, die die Teile bis an das Fertigungsband vor Beschädigungen schützen. Lear hat insgesamt 2.250 Transportbehälter im Einsatz. Jeder Behälter besitzt einen Versandanhänger, der Angaben über die Variante, Datum, Änderungsstand u.ä. enthält.

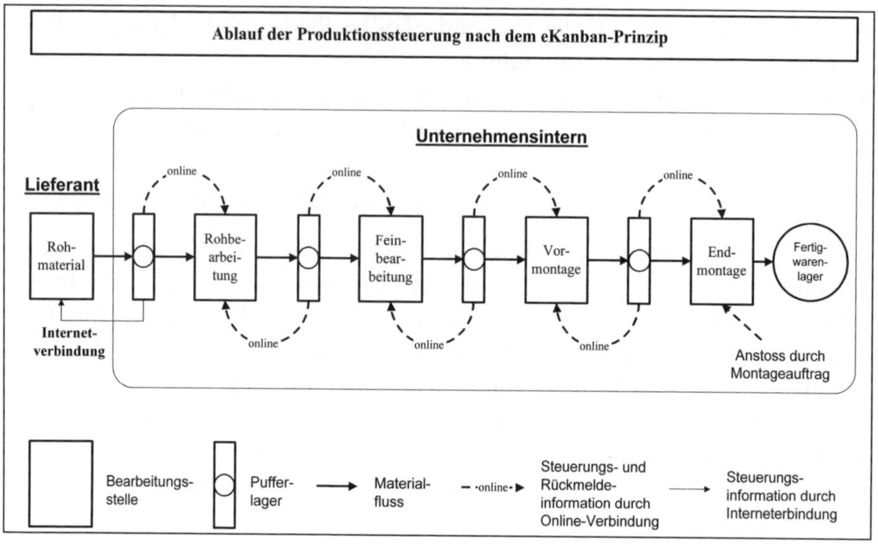

Abb. 16.6. eKanban-Ablauf (Lang 2002, in Wannenwetsch/Nicolai, S. 154)

Der Lieferant Hammerschein stellt zweimal täglich Sitzstrukturen in ein Blocklager von Lear. Von dort aus werden sie nach dem „First-in-First-out-Prinzip" in den Fertigungsprozess gebracht, d.h. die zuerst eingelagerten Teile werden als erstes verwendet. Nach der Entnahme aus dem Blocklager wird automatisch ein Bestellabruf mit allen produktspezifischen Daten generiert und dem Zulieferer über das Internet gesendet. Die Daten werden so innerhalb kürzester Zeit übermittelt, so dass die Fertigung der Teile beim Lieferanten sofort angestoßen werden kann. Lear erzielt dadurch kürzere Durchlaufzeiten und eine höhere Flexibilität. Kanban wird in dieser Form mit weiteren Lieferanten, z.B. für Kopfstützen praktiziert. Die Stützen werden in beschrifteten Wagen, nach Varianten sortiert, angeliefert. Ein leerer Wagen erzeugt hier ebenfalls einen Bestellabruf. Lear arbeitet auch mit nichteuropäischen Lieferanten zusammen. Aufgrund der Entfernung ist jedoch keine Kanban-Belieferung möglich (Logistik Inside 02/2002, S. 31).

16.5.2 Kanban-Arten

Das Kanban-System kann in Unternehmen in verschiedenen Bereichen eingesetzt werden. Man unterscheidet daher vor allem drei wesentliche Kanban-Arten (Schulte G 1996, S. 307f).

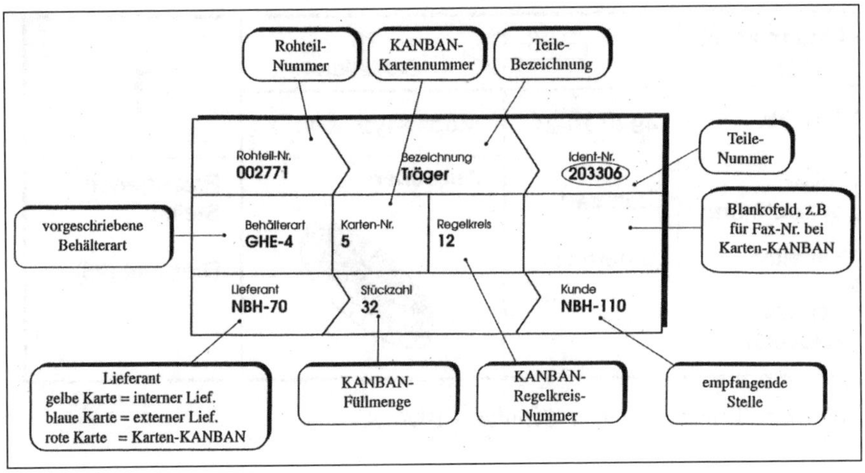

Abb. 16.7. Allgemeine Darstellung einer Kanban-Karte

- Der *Produktionskanban* stellt ein Fertigungsauftrag dar und steuert wie beschrieben den Fertigungsprozess.

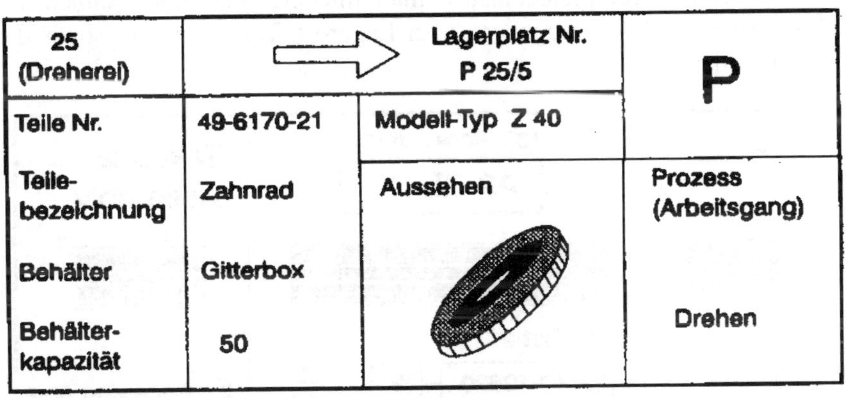

Abb. 16.8. Produktionskanban (Schulte G 1996, S. 307)

- Der *Transportkanban* (Verbrauchskanban) dient der Versorgung einer verbrauchenden Stelle aus einem Pufferlager.

Die aufgedruckten Daten stimmen mit denen eines entsprechenden Produktionskanbans überein. Allerdings wird anstelle der Bezeichnung der Quelle die der verbrauchenden Stelle angegeben.

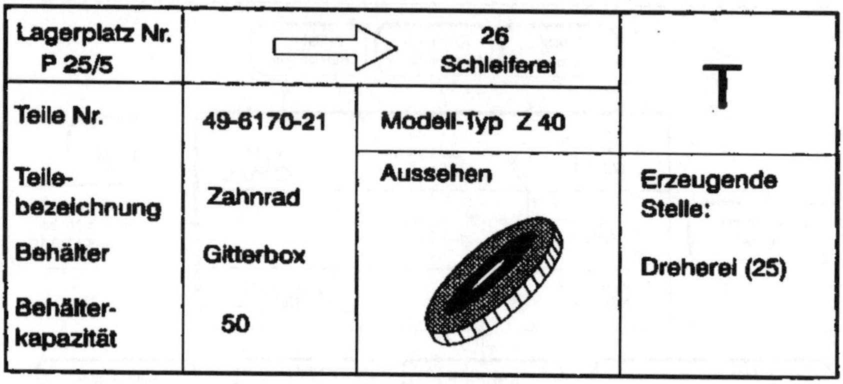

Abb. 16.9. Transportkanban (Schulte G 1996, S. 307)

- Beim *Lieferantenkanban* wird der Zulieferer in dieses System mit eingebunden. Der Kanban übernimmt die Funktion eines Bestellscheins, der eine Materialbereitstellung beim Lieferanten auslöst. Den Abschluss eines Rahmenvertrags über eine Kanban-Belieferung setzt vor allem die Zuverlässigkeit des Zulieferers bezüglich Lieferbereitschaft und Qualität voraus. Der Lieferantenkanban enthält Informationen über Namen des Lieferanten und Auftraggebers, über Lagerort, Teilenummern sowie die Qualität des Teils.

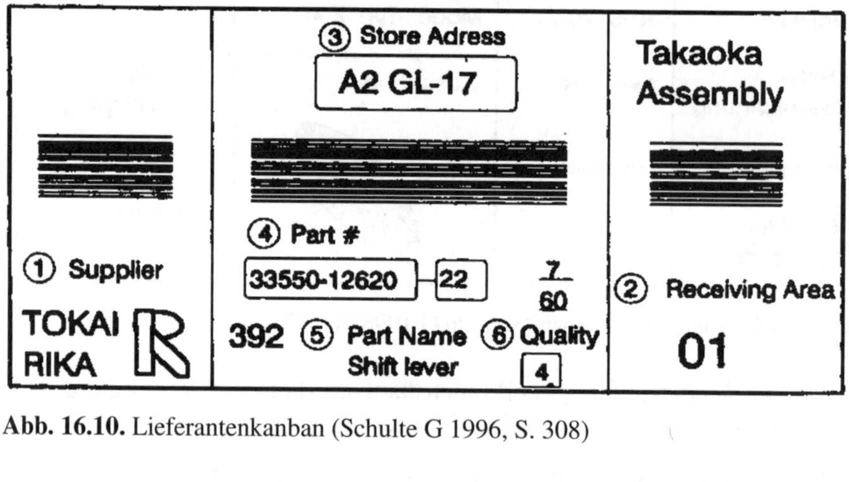

Abb. 16.10. Lieferantenkanban (Schulte G 1996, S. 308)

16.5.3 Anzahl der Kanbans

Vor der Einführung eines Kanban-Systems ist die Anzahl der in Umlauf zu bringenden Kanban-Behälter und deren Füllmenge zu ermitteln. Dabei ist zu achten, dass ein kontinuierlicher Materialfluss, sowie minimale Bestände und somit geringe Kapitalkosten gewährleistet sind. Bei einer zu geringen Zahl an Behältern kann der Produktionsfluss unterbrochen werden. Dagegen führt eine überhöhte Zahl an Kanbans zu hohen Beständen und somit Lagerkosten.

Gleichung 16.1 zeigt, wie die optimale Zahl an Kanban-Behälter ermittelt wird: (Schulte G 1996, S. 304ff).

$$Y = \frac{D \cdot t_W \cdot (\lambda + 1)}{k} \tag{16.1}$$

Y = Anzahl der Kanbans pro Regelkreis
D = Teilebedarf (durchschnittlicher) je Zeiteinheit
t_W = Wiederbeschaffungs- bzw. Wiederauffüllzeit
λ = Sicherheitsfaktor
k = Anzahl der Teile je Standardbehälter (Stück)
m = Anzahl der Teile je Planperiode (Stück/Planperiode)
t = Periodenlänge $D = \frac{m}{t}$

Beispiel

Wie viele Kanban-Behälter werden bei einem Monatsbedarf von 100 Teilen, einer Wiederbeschaffungszeit von 4 Tagen, einer Periodenlänge von 20 Arbeitstagen (entspricht einer Periode von einem Monat), einem Sicherheitsfaktor von 0,2 (entspricht einer Sicherheitszeit von 4 Tagen = 4/20) und einem Fassungsvermögen der Behälter von 6 Teilen benötigt?

Lösung: $$\frac{\frac{100}{20} \cdot 4 \cdot (1 + 0{,}2)}{6} = 4$$

Bei 4 Kanbans zirkulieren maximal 24 Teile (4 Behälter x 6 Teile) in diesem Regelkreis.

16.6 Das TOYOTA-Produktionssystem (TPS)

Als Begründer des Toyota-Produktionssystems (TPS) gilt Taiichi Ohno, Executive Vice President bei Toyota.

Die Ziele von TPS sind hohe Qualität, niedrige Kosten und kurze Lieferzeit. Der Ausgangspunkt der Unternehmung ist dabei den Kunden, der Gesellschaft und der der Wirtschaft einen Mehrwert zu generieren (Produktion von Fahrzeugen mit hoher Qualität, niedrigen Kosten und geringen Lieferzeiten).

Basis für TPS bildet der Grundsatz der „kontinuierlichen Verbesserung durch Standards und Stabilität“ um einen reibungslosen Materialfluss zu gewährleisten und qualitativ hochwertige Produkte zu produzieren. Im Mittelpunkt steht dabei der engagierte und qualifizierte Mitarbeiter (Liker, Meier 2007, s.a. 4. Aufl.). Ermöglicht wird dies durch das „Kanban-System“ unter Anwendung von z.B. Just-in-Time und unter Einsatz von autonomen und automatischen Maschinen (CNC-Maschinen, Fertigungsinsel etc.)

Dem kontinuierlichen Verbesserungsprozess (KVP) bzw. dem betrieblichen Vorschlagswesen wird dabei ein hoher Stellenwert beigemessen (Liker, Meier 2007, S. 40 u. 336). Im Jahre 2001 machten die 60.000 Beschäftigten der Automobilsparte von Toyota insgesamt 99.000 Verbesserungsvorschläge, von denen 99 eingeführt wurden. Der direkte Vorgesetzte des Arbeiters der den Vorschlag eingereicht hat, kann Vorschläge mit einer Belohnungshöhe bis 16 Dollar (85 aller Vorschläge) sofort ohne Zustimmung eines Dritten bewilligen.

In der Bundesrepublik Deutschland verschenken die Unternehmen jährlich 27 Mrd. Euro, weil sie kein Ideenmanagement pflegen. Dies sind die Ergebnisse einer Erhebung des deutschen Institutes für Betriebswirtschaft. In der deutschen Automobilindustrie reichten im Jahre 2006 rund 450.000 Mitarbeiter rund 246.000 Verbesserungsvorschläge ein. Im Jahr 2005 sparte das Unternehmen Audi 47 Mio. Euro durch Verbesserungsvorschläge. Der BMW-Konzern sparte im Jahr 2006 insgesamt 63 Mio. Euro, Opel sparte 17 Mio. Euro. Bei Mercedes-Benz betrug die Einsparung durch Ideenmanagement von 2000 bis 2004 in Untertürkheim allein mehr als 50 Mio. Euro (Thomas 2008, S. 46).

16.6.1 Auftreten von Verschwendung und Konzept der drei „M“

Die drei „M“ sind verschiedene Formen von Störungen im Produktionsprozess, die es zu vermeiden gilt.

Diese lassen sich unterteilen in:

- *Katakana muda*: Verschwendung, die sofort eliminiert werden kann (warten, suchen Doppelarbeit).
- *Hiragana muda:* Tätigkeiten, welche als solche Verschwendungen darstellen (Handbetrieb von Maschinen, Niederhalten von Tasten und Schaltern).
- *Kanji muda:* Verschwendung, die auf Anlagen bzw. Maschinen zurückzuführen ist (leere Rückwege bei hydraulischen Maschinen).

Wichtigstes Ziel ist die nachhaltige Eliminierung der Verschwendung. Verschwendung lässt sich hierbei in sieben Kategorien einteilen (Ohno 1993).

1. Überproduktion

Produktion über den Bedarf hinaus ist die größte Verschwendungsart. Dadurch entsteht weitere Verschwendung wie Doppelhandling, unproduktive Lagerbestände und unnötiger Transport.

2. Verschwendung durch Wartezeiten und Leerlauf

Überwachungstätigkeiten sowie das Warten auf Werkzeuge oder Material führt zu schlechter Auslastung. Die Wechselzeiten von Presswerkzeugen wurden von über einer Stunde (50er Jahre) auf eine Minute reduziert.

3. Unnötige und lange Transportwege

Lange Transportwege zwischen Lagern und Prozessen haben ihre Ursache in einem mangelhaften Produktionslayout. Das Kanban-System sorgt hier für die Vermeidung von „muda".

4. Herstellung fehlerhafter Teile

Verschwendung durch überschüssige oder fehlerhafte Bearbeitungsschritte. Durch ungeeignete Werkzeuge oder mangelhafte Produktdesigns entstehen unnötige Bearbeitungsschritte bzw. Bewegungen und Mängel also „nicht-wertschöpfende Prozesse". Vermeidung kostspieliger Nacharbeit durch Jidoka (Vermeidung vor Beseitigung).

5. Überhöhte Lagerhaltung

Hohe Lagerbestände führen zu hoher Kapitalbindung. Gleichzeitig kann der Anteil von Verderb, Schwund und veralteten Teilen steigen. Weiterhin werden ungleichmäßige Auslastung und schlechte Produktionsplanung und lange Rüstzeiten nicht erkannt.

6. Verschwendung durch ineffiziente Bewegungsabläufe

Eine nicht genau geplante Anordnung der Maschinen und Arbeitsplätze kann unnötige und lange Laufwege verursachen.

So wurden bei einem Fahrzeughersteller die Teile immer zehn Meter entfernt vom benötigten Arbeitsplatz angeliefert, was zusätzliche und unnötige Wegezeiten der Mitarbeiter verursachte. Laut Takeda sind 80 aller Bewegungen der Arbeiter Verschwendung.

7. Fehler/Defekte

Die Reparatur und Nacharbeit eines fehlerhaften Teiles ist um ein Vielfaches höher, als wenn der Fehler von vorneherein durch eine fehlerlose Bearbeitung vermieden worden wäre. Die Kosten der Nacharbeit sind teilweise bis zu zehnmal höher, verursacht durch Rücklieferungen, Reklamationen, Auftragsabwicklung etc.

8. Ungenutzte Initiative und Kreativität der Mitarbeiter

Darunter versteht man, dass z.B. Verbesserungsvorschläge der Mitarbeiter nicht umgesetzt werden oder dass die Mitarbeiter für ihre Verbesserungen nicht anerkannt oder honoriert werden. Die Mitarbeiter sind am engsten mit den Prozessen verbunden und haben daher eine hohe Fachkompetenz die es zu fördern gilt.

16.6.2 Die 5 S-Methode zur Vermeidung von Verschwendung

Zur Vermeidung von Verschwendung werden 5 Stufen nacheinander eingeführt, die aufeinander aufbauen.

1. *Selektieren:* Selten verwendete Gegenstände markieren und beseitigen.
2. *Sortieren:* Schaffung eines festen Platzes.
3. *Sauberkeit:* Wenn ein Arbeitsplatz sauber ist und z.B. keine Öllappen etc. herumliegen, so reduziert dies die Unfallgefahr. Das Arbeitsteam kann bei Sauberkeit Prämien bekommen aber auch Prämienabzug bei unsauberen Arbeitsplätzen.
4. *Standardisierung:* Um die ersten drei S zu gewährleisten, werden z.B. Abläufe standardisiert. Dies reduziert die Fehler, da die Mitarbeiter viele wiederkehrende bzw. ähnliche Abläufe ausführen. Es werden auch Standard-Arbeitsblätter verwendet.
5. *Selbstdisziplin/Erhalt:* Um Fehler zu vermeiden, wurde eine autonome Automation bei Toyota eingeführt.

16.6.3 Systeme zur Fehlervermeidung

Systeme zur Fehlervermeidung werden in unterschiedlichsten Branchen, oft auch im täglichen Leben, eingesetzt. Beim Bankautomaten wird z.B. bei der Geldabhebung zuerst die EC-Karte vom Automaten ausgegeben und dann erst der Geldbetrag. Wird die EC-Karte nicht innerhalb einer bestimmten Zeit entnommen, so wird sie automatisch einbehalten. Gasflaschen haben z.B. zur besseren Erkennung ein Linksgewinde anstatt ein Rechtsgewinde.

a) Jidoka – „denkende Maschinen“

Unter Jidoka versteht man die Fähigkeit der Anlagen bei allen Störungen oder außergewöhnlichen Situationen, Fehler zu erkennen und daraufhin anzuhalten. Jidoka kann auftreten bei fehlerhaften Maschinen, bei Qualitäts- oder Montageproblemen. Die Maschine überwacht sich selber und meldet eigene Fehler. Der Mitarbeiter ist somit entlastet und kann mehrere Maschinen bedienen.

b) Band-Stop-System und Andon Board

Mit dem Band-Stop-System und dem Andon Board können Fehler erkannt und behoben werden, ohne dass das Band angehalten werden muss.

Bei Toyota sind in der Produktion alle Arbeitsstationen mit einer Reißleine verbunden. Das System ist zudem mit Andon Boards (Anzeigetafeln verbunden). Andons sind elektronische Displays, die für jeden Arbeiter sichtbar in den Montageberichten angebracht sind. Auf den Displays kann der Arbeiter den aktuellen Status seines Bereiches ersehen (Bandstopp, Unfälle etc.).

Tritt nun in einer Station ein Fehler auf (Jidoka), so betätigt der Arbeiter die Reißleine. An der Anzeigetafel erscheint ein gelbes Licht, ein Alarm ertönt und an dem Andon Board ersieht der Teamleiter bei welchem Arbeitsplatz Probleme aufgetreten sind. Während das Band weiterläuft versucht nun der Teamleiter mit dem Werker zusammen den Fehler zu beheben. Konnte der Fehler behoben werden, so wird die Reißleine erneut gezogen, und dass gelbe Licht erlischt. Wird das Problem hingegen nicht bis zum Ende der Taktzeit gelöst, so stoppt das Band automatisch und das rote Licht leuchtet auf. Mitarbeiter, Meister bzw. Teamleiter suchen nun nach der Ursache des Fehlers und überlegen mit welchen Maßnahmen der Fehler in Zukunft behoben werden kann.

c) Poka Yoke

Das Ziel von Poka Yoke ist es, nicht normale Zustände zu erkennen, zu vermeiden und möglichst durch sofortiges Eingreifen abzustellen. Dabei soll kein fehlerhaftes Produkt das Unternehmen verlassen.

Folgende Arbeitsvorgaben sollen bei der Umsetzung helfen:

1. Fehlerbehaftetes Material darf nicht in das Werkzeug passen.
2. Bei Abweichungen des Materials kann die Maschine nicht starten (Jidoka).
3. Wenn ein Fehler in einer Arbeitsfolge auftritt, dann stoppt die Maschine (Jidoka).
4. Wird ein Prozess vergessen, so sollen automatische Korrekturen durchgeführt werden, ohne dass hierbei der Bearbeitungsprozess un-

terbrochen wird. Kann der Fehler nicht behoben werden, so stoppen die entsprechenden Folgeprozess.
5. Abweichungen in den vorgehenden Prozessen werden nach dem 4-Augen Prinzip nochmals kontrolliert.
6. Verwendung des Band-Stop-Systems und Visual Management (Andons).
7. Entsprechende Vorrichtungen (Qualitätswerkzeug etc.) sollen die Selbstüberprüfung unterstützen (Dickmann 2007, S. 41f).

Durch die Einführung von TPS konnte z.B. der Output pro Mitarbeiter in der Produktion um 84 erhöht werden. Lagerbestände an Materialien konnten bei Rohmaterial über ca. 90 reduziert werden, bei Endprodukten betrug die Reduktion über 68. Der Raumbedarf im Produktionsprozess konnte bis 60 reduziert werden. Die Kundenbeschwerden aufgrund schlechter Qualität gingen um bis zu 100 zurück. Die Rüstzeiten konnten um bis zu 90 reduziert werden (Toyoda 1995, S. 138).

Um Probleme und Ihre Ursachen genauer zu analysieren wird oft die 5 W-Methode verwendet. Das folgende *Beispiel* verdeutlicht dies:

• Warum steht die Maschine?	• Motor wurde überlastet
• Warum wurde der Motor überlastet?	• Die Lager sind festgelaufen
• Warum sind die Lager festgelaufen?	• Weil sie nicht geschmiert wurden
• Warum wurden sie nicht geschmiert?	• Weil die Schmierpunkte defekt ist
• Warum sind die Schmierpunkte defekt?	• Weil der Ölfilter verstopft ist
• Warum ist der Ölfilter verstopft?	• Weil er nicht gereinigt wurde

Weitere Methoden und Strategien in der Produktion sind die Gruppenfertigung, Just-in-Time, Kanban-System sowie die Produktionsglättung nach dem Heijunka-Prinzip. Hierbei werden die Produktionsmengen und die Varianten auf kleinere Zeiträume verteilt (anstatt eines Monatsloses werden diese auf kleine Tageslose verteilt).

Das TPS-System wird mittlerweile von vielen bekannten Unternehmen wie Mercedes-Bank oder Porsche erfolgreich umgesetzt.

16.7 Bewertung der einzelnen Systeme

MRP II- und Kanban-Systeme eignen sich am besten für die auftragsorientierte Einzelfertigung, während die belastungsorientierte Auftragsfreigabe eher bei der gemischte Serienfertigung einzusetzen ist. Sie ergänzt sinnvoll das Fortschrittszahlenkonzept. Beachtenswert ist, dass keines der

Verfahren das vorrangige Ziel einer Kapazitätsauslastung besitzt. Bei Bestandsreduzierungen können eventuell damit einhergehende Störungen nicht ausgeglichen werden.

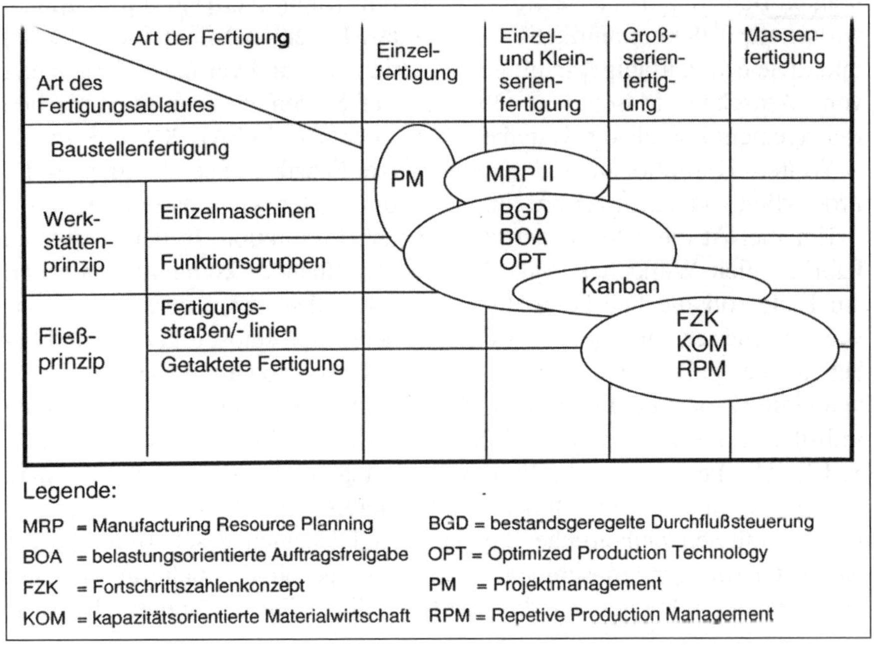

Abb. 16.11. Überblick von neuen PPS-Systemen (Quelle: www.lis.iao.fhg.de/scm)

Lediglich MRP-Systeme decken im Wesentlichen die PPS-Funktionen, vor allem die Produktionsplanung, vollständig ab.

Alle Systeme haben als Voraussetzungen gemeinsam:

- konstantes Kapazitätsangebot auf einem bestimmten Niveau,
- flexibler Einsatz von Mitarbeitern und Produktionsmitteln,
- wenige Produktvarianten pro Produkteinheit,
- störungsfreier Produktionsablauf,
- qualitätssicheres Material und Produktionsmittel,
- bereichsübergreifendes Denken (Konstruktion, Einkauf, Produktion, Verkauf).

Die Sicherstellung eines integrierten Logistik-Systems erfordert die PPS-Funktionen aufeinander abzustimmen. Gemeinsame Datenbasen der Planungs- und Durchführungsebene dienen dabei als Grundlage.

16.8 Industrie 4.0

Es gibt momentan über 30 Definitionen des in der Bundesrepublik geprägten Begriffes Industrie 4.0. Der Bitkom (Bundesverband Informationswirtschaft, Telekommunikation und neue Medien) definiert Industrie 4.0 mit: „Die echtzeitfähige, intelligente, horizontale und vertikale Vernetzung von Menschen, Maschinen, Objekten, IT-Systemen zum dynamischen Management komplexer Systeme“ (Vgl. Giersberg in FAZ 2014e, S.16).

Weitere Definitionen sind „Die vernetzte Fabrik“, „Die Vernetzung der Produktion“ oder „Einzelfertigung zu Bedingungen wie Massenfertigung“.

Ein Ziel ist die selbststeuernde vernetzte Produktion. In der vernetzten Fabrik sollen Werkstück und Maschine miteinander kommunizieren und am Ende soll die Fabrik im Idealfall sich selbst organisieren. Die softwaregesteuerten Maschinen sollen Schwachstellen selbst erkennen und beheben. Dies geht soweit dass die vernetzte Fabrik sogar die Lieferanten für benötigte Ersatzteile autonom erkennt und die entsprechenden Lieferanten selbständig aussucht (Vgl. FAZ 2014d, S. 18, s.a. Giersberg in FAZ 2014c, S. 17). Hierbei werden in Produktionsanlagen die Maschinen mit dem Werkstück über einen Chip kommunizieren und selbständig abfragen. Hierbei müssen einheitliche Standards und Normen geschaffen werden, damit die Anlagen, Maschinen und Werkzeuge ohne Brüche miteinander kommunizieren können wie dies bei Barcoding, EDI und anderen Internetanwendungen der Fall ist.

Industrie 4.0 steht für viele Experten für die vierte industrielle Revolution. Die erste industrielle Revolution war die Mechanisierung der Fertigung im 18. Jahrhundert, die zweite industrielle Revolution war die Einführung der arbeitsteiligen Massenproduktion durch die Einführung des Fließbandes im 19.Jahrhundert, die dritte industrielle Revolution erfolgte durch den Einsatz der Elektronik und IT zur Automatisierung in den 60er Jahren (Vgl. Russwurm in FAZ April 2014, V4ff).

Neben der Vernetzung wird in Zukunft aber auch die Datensicherheit der Software, welche die Produktion steuert, eine große Rolle spielen. Bei dem Thema Industrie 4.0 spielt aber auch die Rentabilität und die Wettbewerbsfähigkeit zwischen Unternehmen in den einzelnen Ländern eine entscheidende Rolle. Im Folgenden sollen die Voraussetzungen, die Bedeutung und die Anwendungsmöglichkeiten näher untersucht werden.

Die Finanzkrise im Jahre 2008 und der Zusammenbruch vieler Banken führte bei vielen Entscheidungsträgern zu einem Umdenkprozess in Bezug auf die produzierende Industrie. Während vorher der Dienstleistungssektor propagiert wurde erfolgt nun eine Rückbesinnung auf die Produktionsfirmen. Der Industrie-Anteil am Bruttoinlandsprodukt (BIP) ist von 2001 bis 2012 in fast allen europäischen Ländern stark gesunken, mit Ausnahme der Bundesrepublik Deutschland wie Tabelle 16.2 zeigt (alle Angaben in Prozent).

Tabelle 16.2. Veränderung des Industrie-Anteils am BIP in % von 2001 bis 2012

Litauen	+12,57		
Polen	+ 12,26	Italien	-14,66
Ungarn	+ 7,51	Schweden	-15,15
Deutschland	+5,12	Slowenien	-16,12
Schweiz	-2,13	Spanien	-19,16
Lettland	-2,76	Vereinigtes Königreich	-21,58
Tschechische Republik	-3,25	Belgien	-22,03
Österreich	-3,61	Norwegen	-22,03
Niederlande	-3,73	Irland	-25,43
Griechenland	-5,15	Frankreich	-27,86
Kroatien	-10,38	Dänemark	-28,48
Portugal	-13,58	Finnland	-29,22

Quelle: Statistisches Bundesamt der Europäischen Union 2013, s.a. Fraunhofer Institut IAO Studie 2013, S. 15

Mit 7,7 Mio. Beschäftigten ist der Produktionssektor in der Bundesrepublik ein wichtiger Wirtschaftssektor. Gleichzeitig steht die Bundesrepublik Deutschland mit seinen Lohnkosten von 35 Euro pro Stunde in Konkurrenz zu USA mit 24 Euro und China mit 2,70 Euro pro Stunde (Vgl. Fraunhofer Institut, Industrie 4.0, S. 46).

Durch immer stärkere schwankende Märkte werden die Produktionsschwankungen, die Kapazitätsschwankungen wie auch die Schwankungen im Personalbedarf immer größer. Dazu kommen eine immer größere Anzahl von Varianten in immer kleinerer Losgröße, ohne dass die Hersteller und Kunden aber bereit sind für die kleinen Lose höhere Preise pro Stück zu bezahlen.

Die Schwankungen von Monat zu Monat im personellen Kapazitätsbedarfs werden sich von 27% auf 56% erhöhen. Die Schwankungen von Woche zu Woche werden sich von jetzt 47% auf 41% reduzieren. Dagegen nehmen Untersuchungen die Schwankungen von Tag zu Tag von 15% auf 44% zu und die Schwankungen innerhalb eines Tages steigern sich von 11% auf 60% (Vgl. Fraunhofer Institut IAO Studie). An der Befragung nahmen 661 produzierende Unternehmen teil.

Die Industrie 4.0 setzt dabei auf bisher bewährte ganzheitliche Produktionskonzepte (GPS) wie das Toyota Produktionssystem als Grundlage. Kennzeichen hierbei sind die kundenorientierte Pull-Produktion, dezentrale PPS-Systeme wie das Kanban-System in Verbindung mit Just-in-Time bzw. Just-in-Sequenze. Das Kanban-System setzt z.B. flexible Mitarbeiter mit elastischen Arbeitszeiten voraus. Neu ist, dass die Maschinen mittels der Internettechnologie miteinander kommunizieren und ihren Zustand an die verschiedenen Nutzergruppen übermitteln. Die Informationen können über RFID (Radio Frequency Identifikation) oder Transponder ausgetauscht werden. Dies kann auch überbetrieblich zwischen Lieferant und Hersteller geschehen. Im Handel erfolgt dies bisher mit Hilfe von Scanning und Barcodes bei VMI (vendor managed inventory).

Die flächendeckende Produktion on Demand (POD) bei welcher die Varianten erst am Schluss der Produktion stehen ist ein weiteres Anwendungsgebiet.

Viele Unternehmen wie z.B. Class, Festo AG& Co. KG, Wittenstein, Trumpf/Ditzingen, Weidmüller/Detmold, BASF, BMW, Bosch GmbH, Freudenberg, SAP, Telekom und Siemens arbeiten an der Entwicklung dieser neuen Technologie.

Durch die durchgängige Vernetzung der Produktion können die Daten, Web-Protokolle und Zeichengebungen aber durch Geheimdienste und Industriespionage leicht zugänglich sein. Hier sind schon verschlüsselte Daten in die machine-to-machine Interaktionen einzubauen.

Die Firma Claas, Hersteller von Mähdreschern und anderen landwirtschaftlichen Geräten arbeitet mit der Telekom an einem Pilotprojekt. In einem Pilotprojekt ernten Mähdrescher ohne Fahrer auf dem Feld z. Raps und Getreide. Wenn der Korntank des Mähdreschers voll ist erfolgt ein Signal an den Traktor de mit dem Wagen das Korn abholt und es zum Lager bringt. Der Landwirt steht mit seinem Tablet am Ackerrand und überwacht den Mähdrescher oder den Traktor der pflügt und weitere Arbeiten durchführt. In Franken/Bayern stellt der Maschinenring Regnitz-Franken zwischen Fürth und Erlangen bereits Sendemasten auf, über welche die Landwirte mit ihren Traktoren kommunizieren (Vgl. Emge, s.a. Haas in FAZ April 2014, V4).

Die Potentiale eines sozialen Schwarms, der im Tierreich bei z.B. Ameisen und Bienen ein mächtiges und überlebensnotwendiges Gebilde darstellt machten sich die Wissenschaftler der Universität Graz zunutze. Es wurden 20 kleine U-Boote (Schwarm) konstruiert, die über Schall und Funk miteinander kommunizieren, Entscheidungen treffen und sogar ein Mitglied ersetzen können, wenn es wegen eines technischen Defektes ausfällt. Die U-Boot-Roboterschwärme sollen schon bald in Gewässern Giftmüll oder versunkene Gegenstände wie z.B. Flugschreiber von Flugzeugen aufspüren. Die „Roboter-U-Boote“ sollen dabei in Tiefen eingesetzt werden, bei denen die Menschen Probleme haben.

Neben dem technologischen Aspekt spielen aber auch juristische Fragen eine große Rolle. Bei gemeinsamer Entwicklung mehrerer Unternehmen von neuen Produkten müssen z.B. folgende Punkte geregelt werden: Welchen Anteil haben die einzelnen Partner an der gemeinsamen Entwicklung, wem gehört die Entwicklung, wie wird sie bilanziell bei den einzelnen Partnern dargestellt, wer hat welche Rechte an den Patenten und wer haftet zu welchen Teilen bei Schadenersatzforderungen (Vgl. Giersberg in FAZ 2014e, S. 16).

Industrie 4.0 ist in Teilen bereits Realität in anderen Bereichen noch Vision. Industrie 4.0 erfordert teilweise hohe Anfangsinvestitionen, wobei noch nicht klar ist, ob diese Investitionen bei Herstellern und Lieferanten immer rechnen. Weiterhin sind die Sicherheitsrisiken durch das Abgreifen der Daten noch nicht alle im Griff. Sicher ist aber, dass sich alle bedeutenden Industrienationen bereits ein Wettrennen um die Anwendung und Umsetzung von Industrie 4.0 liefern.

Wiederholungsfragen zu Kapitel 16

1. Erklären Sie kurz das Kanban-System.
2. Zeigen Sie bitte im Toyota Produktionssystem am Konzept der drei „M" verschiedenen Arten von Störungen/Verschwendungen im Produktionsprozess, welche es zu vermeiden gilt.

17 Supply Chain Management-Systeme

Unter Supply Chain Management versteht man die Organisation und Steuerung des Materialflusses, des Services und der dazugehörenden Informationen in, durch und aus dem Unternehmen heraus. Die Bemühungen eines SCMs betreffen somit sowohl die unternehmensinternen Prozesse als auch die Vernetzung mit Lieferanten und Kunden. Bezüglich der internen Supply Chain (SC) ist man bestrebt, Kommunikations- und Materialflüsse zwischen allen an der Wertschöpfungskette beteiligten Abteilungen zu optimieren. Die unternehmensintegrierte Supply Chain konzentriert sich dabei auf eine schnelle und einfache Überbrückung der Schnittstellen zwischen internen und externen Bereichen. Es soll im SCM eine effektive und effiziente Logistikkette aufgebaut werden, um die Konkurrenzfähigkeit zu erhalten (Werner 2000, S. 5).

17.1 Kennzeichen und Aufgaben von SCM-Systemen

Der Begriff SCM ist den vergangenen Jahren in den Mittelpunkt des Interesses der Unternehmen gerückt. Hauptgrund dafür ist die zunehmende Globalisierung der Märkte und der daraus folgende verschärfte Wettbewerb, der u.a. eine Optimierung der gesamten Logistikkette fordert. Dies kann nur durch die Einbeziehung aller der Produktion vor- und nachgelagerten Prozesse erzielt werden, da sich z.B. Unternehmen auf Kernkompetenzen konzentrieren und dadurch stärker von externen Prozessen abhängig sind. Seit den 70er Jahren wird versucht diesen Gedanken mit Hilfe von Software-Tools umzusetzen. Abbildung 17.1 zeigt die Aufgaben einer SCM-Software.

Die Unternehmen i2 Technologies, Manugistics und Numetrix brachten die ersten Tools für die integrierte Produktions- Beschaffungs- und Distributionsplanung auf den Markt. SAP bot dagegen erst später die SCM-Software Advanced Planner and Optimizer (APO) an mit dem Ziel, die Wertschöpfungskette zu optimieren.

SCM-Module	Aufgabe	Planungs-horizont
Strategische-Planung	▪ Entwurf einer idealen Logistikkette ▪ Analyse der Auswirkungen langfristiger Veränderungen in der Produktpalette auf die Logistikkette ▪ Simulation und Bewertung von Investitionen innerhalb der Logistikkette ▪ Variationen der Kapazitäten von Lagern und Produktionslinien ▪ Standortverlagerungen von Produktionslinien und daraus resultierende Effekte auf Transport- und Distributionsplanung ▪ Analyse neuer Distributionswege und der Logistikkette bei Hinzunahme neuer Großkunden	1Jahr und mehr

Absatz-planung	▪ Prognose des zukünftigen Bedarfs anhand von
	  ▪ Vergangenheitswerten
	  ▪ Saisonalität
	  ▪ Promotion/Aktionen
	  ▪ Trends im Gesamtmarkt
	▪ innerbetriebliche und überbetriebliche Substitutionen
	▪ Einsatz einer top-down- und bottom-up-Planung
		Monate / Wochen / Tage: Planungsgenauigkeit nimmt mit sinkendem Planungshorizont zu.

Verbund-planung und Auftrags-erfüllung	▪ Abgleich zwischen Bedarf aus Aufträgen/Prognosen und aktuellem Kapazitätsangebot ▪ Unterstützung des Planers bei der Bestimmung der Produktionskapazitäten im Rahmen der Jahresplanung ▪ Einsatz von „available to promise"-Anwendungen (ATP) ▪ Ermöglichung von Reichweitenszenarien mit Hilfe des Verkaufs	Monate / Tage: Planungsgenauigkeit nimmt mit sinkendem Planungshorizont zu
Distributions-planung	▪ Lagerbestandsplanung ▪ das richtige Material, am richtigen Ort zur richtigen Zeit am Lager haben ▪ Bestandsminimierung ▪ Errichtung/Verwaltung von Kundenlagern ▪ aktive Planung von Kundenlagern durch ▪ Umsetzen von ECR und VMI ▪ Festlegung von Regeln für Sicherheitsbestände anhand der durchschnittlichen Prognoseabweichung ▪ Verwaltung von Sekundärbedarf und zu berücksichtigender Kontrakte	Wochen / Tage: Planungsgenauigkeit nimmt mit sinkendem Planungshorizont zu
Transport-planung	▪ Tourenplanung ▪ Transportmittelauswahl ▪ Auswahl der Spedition	Tage / Stunden: Planungsgenauigkeit nimmt mit sinkendem Planungshorizont zu
Produktions-planung	▪ Optimierung einer zeitgerechten Produktion ▪ Optimierung der Ressourcenauslastung ▪ Erkennung von Engpässen und ausreichende Vorproduktion ▪ Kostenoptimierung bzgl. Lagerkosten und optimaler Losgrößen	Wochen / Tage: Planungsgenauigkeit nimmt mit sinkendem Planungshorizont zu
Feinplanung	▪ Erzeugung von produzierbaren Auftragsreihenfolgen ▪ stunden- oder tagesgenaue Einplanung der Produktionsaufträge ▪ permanenter Datenaustausch mit verbundenen MRP II-Systemen	Tage / Stunden: Planungsgenauigkeit nimmt mit sinkendem Planungshorizont zu

vgl. Hellingrath, Bernd: PPS-Anbieter auf SCM-Kurs, in: Logistik Heute, Ausgabe 9/98, S.88-91, hier S.88ff.

Abb. 17.1. Übersicht SCM-Software (Schulte C 1999, S. 233).

17.2 Advanced Planning and Scheduling-Systeme

APS-Systeme sind eine Erweiterung der ERP-Systeme. Sie stimmen die Aktivitäten der gesamten Supply Chain synchron aufeinander ab. Die gesamte Wertschöpfungskette wird erfasst, inklusive der Lieferanten- und Kundenströme.

Die APS-Systemarchitektur unterteilt sich in sich gegenseitig und miteinander integrierte Module. Die verschiedenen Planungsmodule unterstützen die zeitlichen Aspekte der Planung durch Berücksichtigung mehrerer Planungshorizonte (Tage, Wochen, Monate) und durch die unterschiedlichen Planungsaufgaben entlang der Logistikkette (Vormontage, Lager, Endmontage, Verpackung).

Das APS-System eines führenden Anbieters auf dem Weltmarkt enthält die in Tabelle 17.1 aufgeführten Module.

Tabelle 17.1. Module eines APS-Systems

• Forecasting: Zur Prognoseerstellung und Errechnung von Abweichungen	• ATP: Simultane Planung und Restriktions-Management
• Distributionsplanung: Modellierung alternativer Transportmöglichkeiten ist möglich.	• Beschaffung: Optimaler Zulieferer wird mit benutzerdefinierbaren Algorithmen berechnet.
• Reservierungen: Fertigwaren- und Rohstoffzuteilungen zu Kunden werden in Echtzeit optimiert.	• Bestandplanung: Mit Unterstützung verschiedener Bestellverfahren
• Planung und Terminierung: Es werden parallel Pläne erstellt und gleichzeitig mehrere Aspekte betrachtet.	• Beschaffung und Outsourcing: Mit Berücksichtigung externer Kapazitäten bei der Planung
• Electronic Commerce: Hersteller, Zulieferer und Kunden können über ein Informationssystem verbunden werden.	

17.3 Manufacturing Execution Systeme (MES)

MES bildet das Bindeglied zwischen dem Fertigungsprozess und dem ERP-System. Es gewinnt in der Industrie weiter an Bedeutung, da es die Produktionsabläufe detaillierter als herkömmliche ERP-Systeme darstellt. MES-Systeme bilden immer den aktuellen Stand der Produktion ab und verwalten und erfassen alle Daten, die der B2B-Kunde für seinen Informationsbedarf benötigt. Der Kunde hat somit über das Internet einen direkten Zugriff auf alle Produktionsdaten, z.B. den Fertigungsstand eines Erzeugnisses, des Lieferanten.

Auf Störgrößen und Planungsänderungen kann ein ERP-System allein nicht reagieren. Der ständige Abgleich von Soll- und Ist-Daten zwischen Planungs- und Prozessebene ist notwendig, um Abweichungen von der eigentlichen Produktionsplanung abfangen zu können. Mit Hilfe von MES werden alle Ist-Daten der Produktionseinheiten erfasst und an das ERP-System weitergegeben. Sie können sofort aktuell verwendet werden (Bayer Nov. 2000, S. 25).

MES besitzt somit folgende Funktionen:

- Datenmanagementfunktion,
- Entscheidungsfunktion,
- Dokumentationsfunktion,
- Auswertungsfunktion.

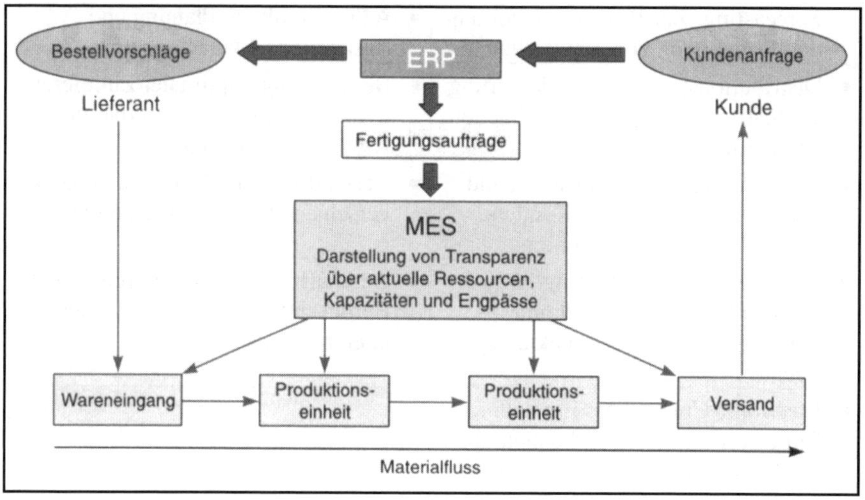

Abb. 17.2. MES (Bayer Nov. 2000, S. 25)

17.4 Advanced Planner and Optimizer (APO)

Voraussetzung für die Umsetzung einer SCM-Strategie ist die Implementierung einer leistungsfähigen Software. Die SAP AG bietet für die Unterstützung der Produktionsplanung und -steuerung die SCM-Software APO an. Die SCM-Software erhält alle notwendigen Daten aus dem ERP-System, welches das Grundgerüst des Gesamtsystems bildet. APO setzt daher SAP ERP voraus. Es gibt jedoch auch eigenständige SCM-Lösungen.

SAP APO bietet im Gegensatz zu klassischen PPS-Systemen einen deutlich größeren Planungshorizont. Im Mittelpunkt steht eine unternehmensübergreifende Planung, Steuerung und Kontrolle von Logistikketten. Abläufe mit Geschäftspartner innerhalb der Supply Chain werden in einem

System abgebildet. Da nicht nur die eigene Produktion bzw. Kapazitäten geplant und gesteuert werden (klassisches PPS-System), nimmt auch die Komplexität der Planung zu. Nicht nur eigene Planungsgrundlagen müssen angenommen werden, sondern auch die der Partnerunternehmen.

APO ist ein Feinplanungs- und Optimierungswerkzeug und besteht aus den fünf folgenden Modulen:

- Supply Chain Cockpit (SCC),
- Demand Planning (DP),
- Supply Network Planning and Deployment (SNPD),
- Production Planning and Detailed Scheduling (PP/DS),
- Available to Promise (Global ATP).

Inwiefern die einzelnen Module von APO die Planung der gesamten Supply Chain unterstützen veranschaulicht Abb. 17.3.

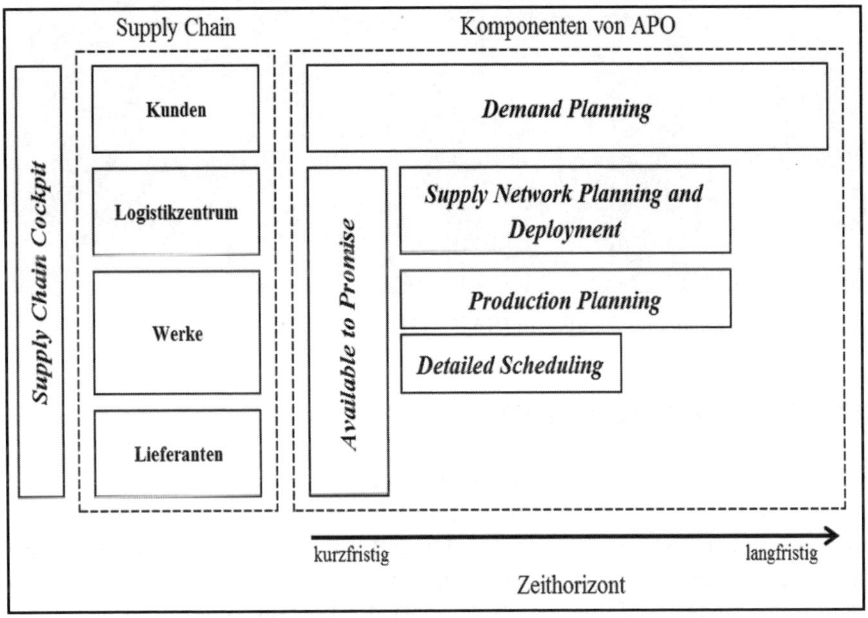

Abb. 17.3. SAP APO in der Supply Chain.

17.4.1 Supply Chain Cockpit (SCC)

Das SCC ist eine grafische Darstellung der Beziehungen der gesamten Logistikkette. Nach der Modellierung der eigenen „logistischen Landkarte" hat man die Möglichkeit, die Beziehungen der verschiedenen Knotenpunkte zueinander zu kontrollieren. Durch die Eingabe von Bedingungen und Ereignisauslösern erhält man bei Eintritt eine Meldung über einen Alert-Monitor ("Alarmmonitor"), der definierte Faktoren, z.B. den Lagerbestand, überwacht (Knolmayer/Mertens/Zeier 2000, S. 106f).

Abb. 17.4. Logistische Landkarte (SAP AG)

17.4.2 Demand Planning (DP)

Das Modul der Bedarfsplanung bietet statistische Prognosetechniken, die genauer arbeiten als das SD-R/3-Modul (Vertriebsmodul von SAP ERP) und somit verlässlichere Absatzzahlen liefern. Eine präzise Prognostizierung ist hierbei die Voraussetzung für einen realistischen Produktionsplan (Knolmayer/Mertens/Zeier 2000, S. 109). Es besteht zudem die Möglichkeit der

- Durchführung unternehmensübergreifender Prognosen,
- Verwaltung von Produktlebenszyklen,
- Planung von Werbemaßnahmen,
- Absatzprognose eines neuen Produktes,
- Durchführung von Kausalanalysen.

DP verwendet ebenso einen Alert Monitor, der anzeigt, wenn die geplanten Aufträge von der Prognose abweichen.

17.4.3 Supply Network Planning and Deployment (SNPD)

Mit SNPD besteht die Möglichkeit, ein Beschaffungsnetz zu erstellen und alle Materialströme der Logistikkette zu planen sowie einen Bestandsabgleich mit der Kundennachfrage zu vollziehen. Mit der Komponente Deployment kann man das Distributionsnetz ins Gleichgewicht bringen und optimieren.

17.4.4 Production Planning and Detailed Scheduling (PP/DS)

Das PP/DS ermöglicht, durch die präzise Erstellung von Produktionsplänen, eine sofortige Reaktion auf sich ändernde Marktbedingungen. Hierbei werden Aufträge, bei ständiger Optimierung des Ressourceneinsatzes, sekunden- und mengengenau sowie in ihrer Reihenfolge geplant. Zudem ist aufgrund einer engen Verbindung zu ATP eine realistische Lieferterminbestimmung bei Kundenaufträgen möglich. PP/DS hat folgende Aufgaben (Knolmayer/Mertens/Zeier 2000, S. 126):

- Planung der Materialbereitstellung und effiziente Nutzung knapper Ressourcen,
- Bestimmung einer rüstkostenoptimalen Reihenfolge,
- Berücksichtigung unerwarteter Ereignisse.

17.4.5 Available to Promise (Global ATP)

Die Komponente *Globale Verfügbarkeitsprüfung* verwendet eine regelbasierte Strategie, um sicherzugehen, dass die dem Kunden gemachten Lieferversprechungen auch eingehalten werden. ATP repräsentiert somit die gegenwärtige und zukünftige Verfügbarkeit von Materialien und Kapazitäten, die dazu benutzt werden können um neue Kundenaufträge zu akzeptieren. Dies erfolgt durch sofortige Prüfungen und Simulationen unter Berücksichtigung von Kapazitäten und vorhandenen Beständen.

17.5 APO-Fallbeispiel

Nach Eingang des Auftrags des Kunden (über SAP ERP), wird im APO-System (Modul ATP = Available to Promise) eine Verfügbarkeitsprüfung durchgeführt. Das APO-System berücksichtigt dabei aller entlang der Lieferkette verfügbaren Lokationen (Lieferwerke und Lager) und verwendet hinterlegte Regeln (Algorithmen) zur Prüfung der Verfügbarkeit. Die sich aus dem Kundenauftrag ergebenen Bedarfe (über Stücklistenauflösung ermittelter Sekundärbedarf) werden im APO-Modul PP/DS (Production Planning/Detailed Scheduling) einer, unter Einsatz von Fertigungsgruppen und Belegungszeiten, Kapazitätsfeinplanung unterzogen, die wiederum über mehrere Werke erfolgen kann. Als Hilfsmittel der Feinplanung dient u.a. ein Elektronischer Leitstand (ELS), der Kapazitätssituationen erkennt, Auftragsreihenfolgen simuliert, alternative Einlastungen erprobt und auf Störungen des Kapazitätsangebots reagiert (Bauer 2013, S. 284). Liefertermine, die realistisch erscheinen, werden von PP/DS an das Modul ATP weiter gegeben. Parallel aufgelöste Bedarfszahlen werden im SAP ERP-System in Planaufträge umgesetzt, gleichzeitig erfolgt die Synchronisierung mit den Bedarfszahlen und Terminen in SAP APO. Bei Ereignissen, die in der Lieferkette überbetrieblich stattfinden, kommt es beispielweise zu folgenden Reaktionen im Fertigungssystem:

Tabelle 17.2. Innerbetriebliche Reaktion auf SCM-Ereignisse (Bauer 2013, S.169)

Kunden in der Lieferkette…	**Interne Produktionslogistik…**
…erhöhen die Abnahmemengen.	…erhöht Losgröße und Starttermine werden nach vorne gelegt.
…ändern Liefertermine.	…ändert Starttermine.
…passen Kapazitäten an.	…passt Kapazitäten an.
…verringern Lagerbestände im Vertriebslager.	…verkürzt Durchlaufzeiten.
…verringern Lagerbestände im Eingangslager.	…verkürzt Durchlaufzeiten.

17.6 SCM-Anbietermarkt

Im Folgenden werden SCM-Anbieter nach den drei Kriterien Gesamtlösung, Teillösung und ERP mit SCM-Lösung unterschieden.

Alle Anbieter haben sich auf verschiedene Funktionalitäten spezialisiert, bei denen sie die führende Position auf dem Markt innehaben. Daher ist vor der Wahl einer SCM- oder ERP-Software zu prüfen, welcher Anbieter die individuellen Bedürfnisse eines Unternehmens am besten abdeckt.

Tabelle 17.3. Der SCM-Anbietermarkt (Lührs/Rock 2001, S. 14)

SCM-Gesamtlösungen	**SCM-Teillösungen**		**ERP-Anbieter mit SCM-Lösungen**
Das gesamte Spektrum vom SCM-Planning bis zum SC-Execution	Spezialisierung auf SC-Planning	Spezialisierung auf SC-Execution	SCM als Erweiterung der bestehenden ERP-Funktionalitäten
Anbieter i2 Manugistics Numetrix Synquest Logility	Anbieter Chesapeake Icon Symix Wassermann	Anbieter BLLB debis OR-Soft	Anbieter SAP Baan Peaplesoft J.D.Edwards

Wiederholungsfragen zu Kapitel 17

1. Was besagt das Schlagwort „Available to Promise“ (ATP)?
2. Inwieweit helfen SCM-Systeme das Managcment der Supply Chain zu unterstützen?

18 Vernetztes Supply Chain Management

18.1 Wettbewerbsvorteile durch ein vernetztes Supply Chain Management

Die Fertigungstiefe in vielen Unternehmen beträgt oft nur noch 20%. Dies bedeutet, dass 80% der Wertschöpfung eines Produktes von den Lieferanten hergestellt wird. In der Automobilindustrie kommen bis zu 70% aller Innovationen von den Lieferanten, da diese da auch den größten Teil des Fahrzeuges herstellen. Wenn ein wichtiger Lieferant nicht liefern kann oder fehlerhafte Teile liefert, so ist die gesamte Lieferkette (supply chain) blockiert. Die Kette ist nur so stark wie das schwächste Glied, der schwächste Lieferant, in der Kette. Die reibungslose und optimale Zusammenarbeit der Supply Chain, die effektive Vernetzung der Supply Chain kommt deswegen wettbewerbsentscheidende Bedeutung zu (Vgl. Wannenwetsch 2005, S. 1ff).

Die Consulting-Gesellschaft PRTM sieht im Supply Chain Management folgendes Potential für die Unternehmen (Vgl. Werner 2010, S. 1ff, s.a. Becker 2004, S.86).

Tabelle 18.1. Verbesserungspotenziale durch Einführung von Supply Chain Management

Kriterium	Verbesserungspotential
Bestände	50 bis 80 %
Liefertreue	10 bis 25 %
Rückgang überfälliger Bestellungen	70 bis 90 %
Verkürzung der Auftragsabwicklungszeit	40 bis 75 %
Gemeinkostensenkung	10 bis 30 %
Verkürzung der Herstellkosten	30 bis 90 %

In Deutschland wurde das Supply Chain Management (wörtlich übersetzt „Lieferkettenmanagement") in den 90er Jahren bekannt. Es gibt hierbei verschiedene Definitionen für den Begriff des Supply Chain Management.

Die Wertschöpfungskette misst die selbst erstellten Leistungen einer Unternehmung abzüglich erbrachter Vor- und Fremdleistungen (Vgl. Werner 2010, S. 5ff).

Unter Vernetztem Supply Chain Management versteht man die erfolgreiche Zusammenarbeit der Wertschöpfungskette über den gesamten Produktlebenszyklus vom Lieferanten über den Hersteller Das Supply Chain Management erstreckt sich über ein Netzwerk bzw. über einen Verbund vom Lieferanten über den Hersteller bis zum Kunden.

Die interne Supply Chain umfasst die interne Wertschöpfungskette des Unternehmens wie z.B. Personal, Entwicklung, Einkauf, Lagerhaltung, Produktion, Qualitätssicherung, Marketing, Kommissionierung, Verpackung, Transport, Vertrieb und Rechnungswesen. Die externe Supply Chain umfasst die Vernetzung von Lieferant-Hersteller-Kunde. Dies umfasst auch z.B. die gesamte Lieferantenkette vom C-Lieferanten bis zu B- und A-Lieferanten.

Praxisbeispiel: Innerbetriebliche Vernetzung bei der Siemens AG

Der Siemens Konzern hatte 2008 ein Einkaufsvolumen von 40 Mrd. Euro. Durch die unterschiedlichen nicht vernetzten Geschäftsfelder und durch die dezentrale Organisation wurde 2008 ein erhebliches Einsparpotential identifiziert. Die Ziele der Initiative waren:

Maßnahmen	**Istwert 2008**	**Sollwerte**	**Istwerte 2010**
Reduktion der Lieferanten	113.000 Lieferanten	91.000	94.000
Steigerung des zentral eingekauften Materials	29 %	47 %	ca. 45 %.
Steigerung des Bezugs aus Schwellenländern (China, Indien)	20 %	25 %	Ca. 23 %

Ein Problem war, dass 21,2 Mrd. Einkaufsvolumen von insgesamt 40 Mrd. Einkaufsvolumen dezentral durch die einzelnen Werke eingekauft wurde. Innerhalb von Siemens gab es wiederum drei Sektoren (Energy, Industry, Healthcare) welche eigene Einkaufsorganisationen hatten (Vgl. Handelsblatt v. 19.05.2010a, s.a. Bußler/Rösler im Handelsblatt v. 27.05.2010b). Insgesamt wurden hierbei mehr als 1.000 Einzelmaßnahmen zur Erreichung der Ziele festgelegt.

Das Beispiel zeigt, dass in allen Unternehmen, unabhängig von der Größe, erhebliche Einsparpotentiale durch eine vernetzte Zusammenarbeit bestehen.

18.2 Global Supply Chain Design

Die globalen Supply Chains stehen momentan vor folgenden Herausforderungen. Die Markt-Schwerpunkte verschieben sich in Richtung Osteuropa und Asien:

- Die Produktion folgt den Märkten, die Lieferanten folgen der Produktion.
- Die einzelnen Länder verlangen, dass ein immer größerer Teil der Wertschöpfung im Absatzland erfolgt.
- Die Wertschöpfung wird global.
- Durch die Globale Supply Chain entstehen zusätzliche Chancen, Kosteneinsparungen aber auch erhöhte Transportkosten und Komplexitätskosten.
- Erhöhte Komplexität entsteht durch die Steuerung der zahlreichen weltweit verteilten Standorte, durch viele Transportmittel, Lieferanten- und Wertschöpfungsentscheidungen.

Durch viele Einflussfaktoren (Produktionskosten, Löhne, Währung, Transportzeiten etc.) sind Gesamtoptimierungen schwieriger geworden. Unkoordinierte Entwicklungen von Netzwerken sind ebenso zu vermeiden wie Überstandardisierungen da auf die jeweiligen lokalen Märkte und Gegebenheiten Einfluss genommen werden muss.

Ein Supply Chain Design welches eine globale Effizienz und gleichzeitig eine regionale Nähe mit vielen Veränderungsmöglichkeiten sicherstellt ist hier von zentraler Bedeutung für die globale Wertschöpfungskette

Wichtige Fragestellungen hierzu sind:

- Wie entwickelt man eine globale Netzwerk-Strategie?
- Welche Besonderheiten haben die einzelnen Branchen (Handel, Industrie)?
- Wie visualisiert und standardisiert man weltweite Material- und Informationsflüsse
- Wie sieht eine optimale Lieferanten- und Transportstruktur unter Supply-Chain-Aspekten aus und wie erfolgt das Controlling globaler Supply Chains.

Abbildung 18.1 zeigt ein Netzwerk von globalen Supply Chains.

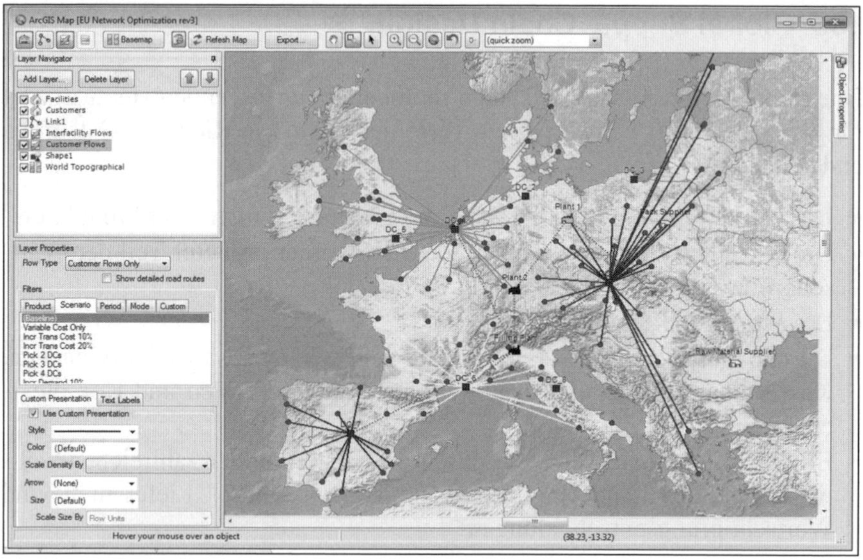

Abb. 18.1. Netzwerke globaler Supply Chains (Vgl. www.bci.global.com.2013)

18.3 Wertstromanalyse und Wertstromdesign

Die Wertstromanalyse ist eine bewährte Methode um den Ist-Zustand von Produktions-, und Informationsprozessen sowie Materialflüssen übersichtlich und umfassend darzustellen. Ziele sind z.B. die Reduzierung von Durchlaufzeiten, hohe Lieferbereitschaft oder verständliche Material- und Informationsflüsse. Die Wertstromdarstellung kann verwendet werden um Verbesserungspotentiale für den Produktionsablauf darzustellen

Wertstromdesign

Das Wertstromdesign dient der Neugestaltung der Produktion hin zu einem effizienten und kundenorientiertem Wertstrom. Die analysierte Ist-Analyse wird in eine Sollkonzeption überführt. Ergebnisse sind Lean-Production, Kaizen, Kanban-Systeme, Just-in-Time.

Wertstrom-Design umfasst alle Tätigkeiten (wertschöpfende und nicht wertschöpfende) die notwendig sind um ein Fertigprodukt vom Rohmaterial bis zum Kunden zu bringen (in Anlehnung an Fraunhofer Institut für Produktionstechnik und Automatisierung).

Wertstromdesign eignet sich vom kundenspezifischen Einzelfertiger bis zum variantenreichen Serienfertiger (Maschinen-, Anlagenbau, PKW-Hersteller und Zulieferer). Es sind alle Managementebenen (Management-

Mitarbeiter-Lieferant) mit offener Kommunikationsstruktur geeignet. In Abb. 18.2 sehen Sie das Supply Chain Design von SAP (Vgl. SCC 2000, s.a. Bogaschewsky/Müller/Altmann, S. 3 in Anlehnung an Rohde, Meyr & Wagner, 2000, S. 10).

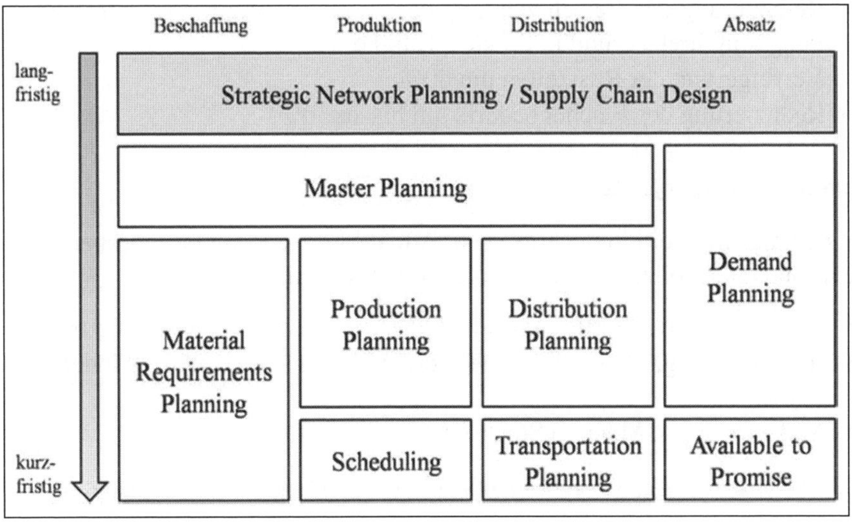

Abb. 18.2. Supply Chain Design von SAP

Supply Chain Design SAP

Bei der Wertstromdesign-Methode hat sich folgende Vorgehensweise bewährt:

1. *Produktfamilie wählen*: z.B. Zahnrad-Fertigung
2. *Zeichnung/Anfertigung des Ist-Zustandes*: Darstellung und aktuelle Funktionsweise des Wertestroms – Ablauf des momentanen Fertigungsvorganges
3. *Zeichnung/Anfertigung eines Soll-Zustandes*: Verständnis der zukünftigen Funktionsweise des Wertstroms, z.B. Reduzierung der Lagerhaltung, JiT, Reduzierung der Produktionsstufen und der Arbeitsvorgänge, Vermeidung von Verschwendung
   Verschwendung sind Produktionselemente die nur Zeit und Geld kosten und keinen Wert schöpfen. Verschwendung kann vorkommen durch lange Produktionszeiten, schlechte Materialausnutzung, lange Wegezeiten und Rüstzeiten.

Durch die Wertstromdesign-Methode können folgende Wettbewerbsvorteile erzielt werden:

- Reduzierung der Bestände und der DLZ um 25–50% durch JiT, kleinere Losgrößen,
- Reduzierung der Verschwendung bei Montagezeit um 25% durch Trennung von direkten und indirekten Tätigkeiten,
- Verringerung der Rüstzeiten um 40%,
- Reduzierung des Flächenbedarfs um bis zu 50%.

Umsetzungsprojekte

Es erfolgt hierbei eine schrittweise Annäherung an den erwünschen Soll-Zustand. Der Sollzustand kann folgendermaßen aussehen:

- Reduzierung der Fertigungstiefe, Outsourcing von Teilen der Fertigung,
- JiT-Fertigung, Konsignationslager, weniger Varianten, Modullieferanten,
- Make to Order, Make to Stock-Fertigung,

Der Soll-Zustand kann in mehrere Leitlinien unterteilt werden:

- Leitlinie 1: Montieren nach der Taktzeit
- Leitlinie 2: Entwicklung einer kontinuierlichen Fließfertigung
- Leitlinie 3: Supermarkt Pull-System zur Produktionssteuerung wo Fließfertigung nicht möglich ist
- Leitlinie 4: Produktionsplanung nur an einer einzelnen Stelle im Wertstrom
- Leitlinie 5: Verteilung verschiedener Produkte über die verfügbare Zeit
- Leitlinie 6: Produktionsvolumen ausgleichen durch „Anfangs-Pull" am Schrittmacher-Prozess

Nach Erarbeitung des Soll-Zustandes wird die Umsetzung geplant. Der Umsetzungsplan kann selten auf einmal umgesetzt werden, deshalb wird er in Wertstromschleifen unterteilt. Diese werden separat und nacheinander umgesetzt. Während der Umsetzung wird ständig kontrolliert und nachgebessert. Somit ergibt sich ein ständiger Verbesserungsprozess (KVP)

18.4 Das Supply Chain Operations Reference Model (SCOR-Modell)

Das SCOR-Modell (Supply Chain Operations Reference Model) ist ein allgemeines Referenzmodell, dass sich zur Anwendung auf die Geschäftsprozesse unterschiedlicher Supply Chains eignet.

Das Ziel ist eine Standard-Methode zu entwickeln die alle Gesichtspunkte einer Supply Chain analysiert und beschreibt. Das System ist verknüpft mit Konzepten wie Best-Practise-Analyse und Benchmarking.

Das SCOR-Modell basiert auf der Grundlage einer integrierten Supply Chain unter Einbezug sämtlicher Lieferanten-, Produktions- und Distributionsstufen bis zum Endkunden. Das SCOR-Modell besteht aus fünf hierarchisch geordneten Ebenen. Auf der oberste Ebene (Top-Level-Prozesse) werden die Prozesse „Plan", „Source", „Make", „Deliver" und „Return" unterschieden.

1. Die Ebene Planung „Plan" enthält alle Planungsprozesse und ist ein übergeordnetes Instrument. Angebot und Nachfrage sollen in Einklang gebracht werden.
2. Die Ebene Beschaffung „Source" enthält alle Beschaffungsaktivitäten, Produkte und Dienstleistungen.
3. Die Prozessebene „Make" umfasst Produktionsprozesse, PPS-Systeme und die Produktion von End-, und Zwischenprodukten. Unterteilung in Make-to-Stock (Lagerfertigung, Make-to-Order (Auftragsfertigung) und Engineer-to-Order (Projektfertigung).
4. Die Ebene „Deliver" bezieht sich auf die Distributionsprozesse inklusive der Schnittstelle zu den Kunden. Die Produkte oder Dienstleistungen werden an die Kunden geliefert einschließlich des Lager-, Auftrags- und Transportmanagements.
5. Die Prozessebene Rückgabe „Return" bezieht sich auf die Rücksendung fehlerhafter Produkte, Rohstoffe oder auch Verpackung.

Abbildung 18.3 zeigt das SCOR-Modell (Vgl. Supply Chain Council 2000, s.a. Eßig/Hofmann/Stölzle 2013, S. 289ff).

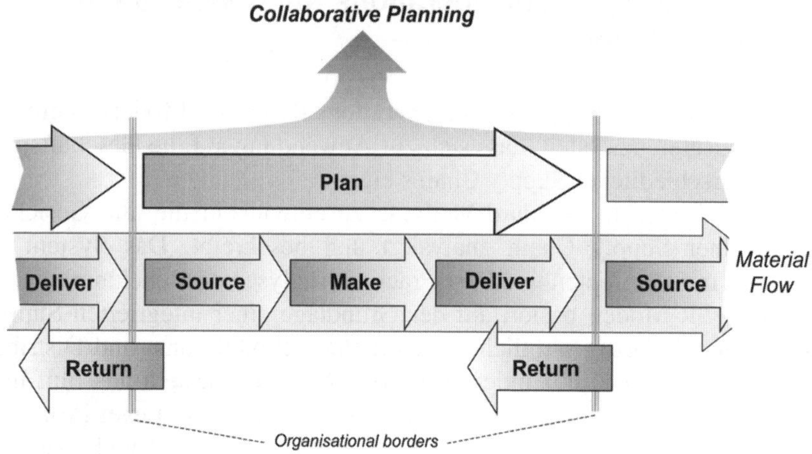

Source: SCC (2000)

Abb. 18.3. Supply Chain Operation Reference Modell (SCOR-Modell)

18.5 Customer Relationship Management (CRM)

Die zunehmende Ausrichtung auf den Kunden macht ein gezieltes Kundenbeziehungsmanagement erforderlich, das Unternehmen befähigt, den Kunden individuell und seinen Bedürfnissen entsprechend anzusprechen.

Eine angemessene Ansprache des Kunden kann nur über die Kenntnis seiner Präferenzen erfolgen, wobei es zunächst gilt, die „wichtigen" Kunden zu identifizieren, um dadurch aufwändige Maßnahmen besser und effektiver kanalisieren zu können. Das Internet hat es zusätzlich ermöglicht, den Relationship-Management-Ansatz auch für Kundenmassen kostengünstig anwendbar zu machen. Die über Jahre angewachsenen Kundendatenbestände können nun verknüpft, zentral verwaltet und abgerufen werden (Vgl. Schmitz in Wannenwetsch 2002, S. 192ff).

In der Praxis ist Customer Relationship Management (CRM) eng verbunden mit SLRM Supplier Relationship Management, mit PLM (Product LifeCycle Management), ECR-Logistik (Efficient Consumer Response) und mit der Letzten-Meile-Logistik (Vgl. Wannenwetsch/Nicolai 2002, S. 184ff).

Zusätzliche Ausführungen s.a. im Kapitel E-Procurement und E-Commerce.

Beantwortung von Kundenfragen ist damit an jedem Ort in nahezu Echtzeit möglich. Über mobile Endgeräte kann eine zentrale Datenpflege erfolgen, so dass Änderungen eines Mitarbeiters für alle anderen direkt sichtbar sind. Datenredundanzen werden auf diese Weise vermieden. Mit der Dauer der Kundenbeziehung steigt der Wert dieser Kunden, da durch konsequente Datenansammlungen diese in ihren Absichten und Wünschen durchschaubarer und in ihrem Beziehungsverhalten berechenbarer werden (Vgl. Töpfer 2000, S. 52f.). Der Kundenkontakt erfolgt hierbei i.d.R. über mehrere, unterschiedliche Kanäle, wie Abb. 18.4 zeigt.

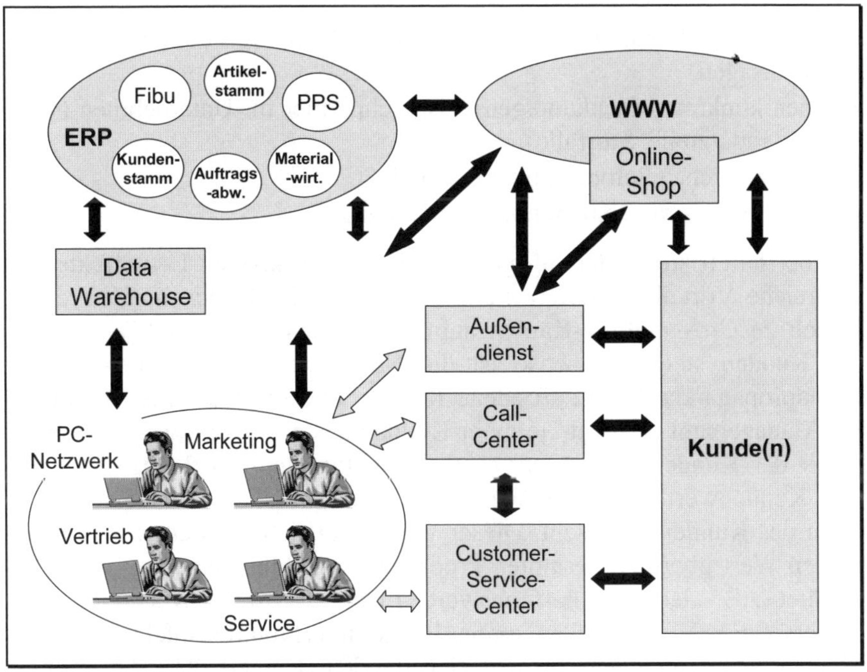

Abb. 18.4. Aufbau eines integrierten CRM-Systems (Vgl. auch Schwetz 2000, S. 109)

CRM lässt sich grundsätzlich in verschiedene Schlüsselaufgaben einteilen (Vgl. Newell 2001, S. 31) wie z.B.

- Kundenpräferenzen bei geschäftlichen Transaktionen herausfinden,
- Prioritäten innerhalb der einzelnen Kundensegmente analysieren,
- den Einfluss des Beziehungsmanagements auf das Unternehmensergebnis evaluieren und nur gewinnbringende Lösungen durchsetzen,
- die jeweiligen Kundensegmente über akzeptierte Kommunikationskanäle mit den gewünschten, relevanten Informationen versorgen,
- Auswerten der Ergebnisse des Beziehungsmanagements und weitere Maßnahmen daraus ableiten.

Wird ein derartiges Customer Relationship Management angestoßen, so überführt sich das Beziehungsmanagement schnell in einen Beziehungszyklus, der durch permanentes Lernen im Umgang mit dem Kunden geprägt ist.

Über eine derartige interaktive und lernende Kundenbeziehung lässt sich im Zeitablauf genauer herausfinden, was der einzelne Kunde wirklich wünscht. Generell lassen sich immer wieder ähnliche Kundenwünsche vorfinden, wie (Vgl. auch Newell 2001, S. 138) wie z.B.

- bevorzugte Behandlung, Mass-Customization, verlässliche Lieferterminzusagen,
- einen konkreten fachkundigen Ansprechpartner im Unternehmen (Wartung, Ersatzteile, Störfälle),
- unverzügliche telefonische Erreichbarkeit,
- Online-Chats mit Experten des Unternehmens.

Über langfristige Bindung gegenüber Kunden können Lerneffekte und zahlreiche Vorteile generiert werden. So kann der Kunde im Zeitverlauf gezielt zu Cross-Selling-Käufen animiert werden, was den *Lifetimevalue* des Kunden steigert. Ebenso ist die Neukundenwerbung über positive Mundpropaganda durch zufriedene Kunden Ziel des Customer Relationship Management ist nicht „je mehr Kunden desto besser, sondern je profitabler der Kunde desto besser (Vgl. Eßig/Hofmann/Stölzl 2013, S. 54ff). Der Kundenwert dabei der Wert bezeichnet, welcher eine Leistung aus Sicht des Kunden ausmacht. Dieser Wert kann sich aus dem wahrgenommenen Wert über den gesamten Produktlebenszyklus erstrecken. Dies beinhaltet z.B. den Anschaffungswert, Ersatzteilkosten, Werkstättennetz, Lieferservice, Wiederverkaufspreis, Image und, Funktionstüchtigkeit. Aus Sicht des Unternehmens bezieht sich der Kundenwert über die gesamte Lebensdauer (Customer Lifetime Value) bzw. Kundenlebenszeitwert.

Wichtige Werkzeuge zum Aufbau eines Customer Relationship Management sind zentrale Datenbanken, die Informationen aus den unterschiedlichsten Kommunikationskanälen zentralisieren. In einem weiteren Schritt sind auf eine Datenbasis Analysetools aufzusetzen, die in der Lage sind Segmentierungen, Vergleiche und Prognosen zu erstellen. Besonders die Anwendung von Data Mining bringt in diesem Zusammenhang positive Effekte. Welche Wettbewerbsvorteile ein erfolgreiches CRM haben kann, zeigt das folgende Praxisbeispiel (Vgl. Eßig/Hofmann/Stölzl 2013, S. 54).

Praxisbeispiel CRM

Das am meisten verkaufte Auto ist ein kleines Rutscher-Auto für Kleinkinder, welches die US-Firma Rubbermaid herstellt. Der Umsatz der Firma beträgt 2012 ca. 2,2 Mrd. USD und wurde von dem US-Magazin Fortune auf Platz sieben der erfolgreichsten Unternehmen der USA gewählt. Der Wettbewerbsvorteil der Firma gegenüber der Konkurrenz lautet: Die Wünsche der Kunden genau erforschen und den Kunden immer das Beste bieten und das was sie tatsächlich benötigen: nützliche, moderne, und innovative Produkte von hoher Qualität.

Eines der ersten der inzwischen über fünftausend angebotenen Produkte von Rubbermaid war eine Kehrschaufel. Die Kehrschaufel wurde von Tür zu Tür verkauft und war doppelt bis dreimal so teuer wie die der Konkurrenz.

Der Vorteil der angebotenen Kehrschaufel war aber die lange Lebensdauer, ein einmaliges Design, sehr gute Qualität und eine hohe Funktionalität. Jedes Jahr kommen ca. 400 neue Produkte auf den Markt. Der Umsatz soll zu mindestens 33% mit neuen Produkten gemacht werden. Im Branchendurchschnitt sind 90% Fehlschläge bei 10% Erfolgsquote. Bei Rubbermaid beträgt die Erfolgsquote 90% bei 10% Fehlschlägen (Vgl. Kotler, 1999, S. 410ff).

18.6 Supplier Relationship Management (SRM)

Durch die abnehmende Fertigungstiefe der Unternehmen auf oftmals nur noch 20% sind die Lieferanten für 80% der Wertschöpfung verantwortlich. Dies erfordert von den Herstellern sich noch stärker auf wichtige Schlüssellieferanten, -Lieferanten und Systemlieferanten zu konzentrieren. Gerade für strategische Materialien ist es ein wichtiges Ziel, die Versorgungsrisiken zu minimieren, was ein aktives Lieferantenmanagement erforderlich macht, welches beiden Partnern hilft, aus der Beziehung Effektivitätspotentiale zu heben. Ein reibungsloses, ausgeklügeltes Fulfillment und Planungsoptimierungen lassen sich unmöglich durch ständige Lieferantenwechsel erzielen. Es gilt hier der Satz: „If a good supplier is found, it is wise for the customer to hang on. Every supplier switch is costly." (Leenders & Blenkhorn 1988, S. 23)

Auch der Lieferant, im Sinne des Customer Relationship Management, hat ein natürliches Interesse an einer langfristigen Bindung mit beiderseitigem Gewinn haben wird. Allerdings ist zu beachten, dass die Beziehungsziele des Herstellers in Bezug auf den Lieferanten (less costs) different oder gar konträr zu denen des Lieferanten auf den Hersteller (more revenues) sein werden.

Auch daran wird deutlich, dass aktives Lieferantenbeziehungsmanagement teilweise dem aktiven Customer Relationship Management des Lieferanten entgegenwirkt. Ziel ist es daher, die Ziele der Partner in Einklang zu bringen.

Beziehungsmanagement sollte nicht mit Knebelung des Lieferanten verwechselt werden, etwa um bessere Einstandspreise zu erlangen. Dies würde in der Folge aufgrund unnachgiebigen Kostendrucks nur zu Versorgungsschwierigkeiten, Qualitätseinbußen, mangelnder Innovationskraft, bis hin zu einem verstärkten Lieferantensterben führen (Vgl. Payne & Rapp 1999, S. 10). In Bezug auf ein angemessenes Supplier Relationship Management ist eine strukturierte Vorgehensweise geboten, die durch folgende Schritte gekennzeichnet ist:

- Lieferanten kategorisieren (etwa anhand einer Lieferantenportfolioanalyse),
- Strategien für jede Kategorie entwickeln,
- die wichtigen und richten Lieferanten für jede Kategorie ausfindig machen, Anforderungen an die Lieferanten definieren,
- Lieferantenauswahl vornehmen,
- konkrete Strategieanwendung in Bezug auf das Beziehungsmanagement (Grad der Integration, Kommunikation etc.).

In Bezug auf die Kategorisierung von Lieferanten unterscheidet Bogaschewsky im Hinblick auf das Beziehungsmanagement die folgenden vier Partnerschaftstypen (Vgl. Bogaschewsky 2000, S. 144ff).

Wertschöpfungspartnerschaft

Bei Wertschöpfungspartnerschaften wird der gesamte Lebenszyklus einer Produktionsserie abgedeckt, von der Entwicklung, über die Produktion bis zum Übergang zur nächsten Serie. Mit dem Produktlebenszyklus geht dann ein entsprechender Beziehungslebenszyklus einher. Wertschöpfungspartnerschaften sind gekennzeichnet durch starkes Vertrauen der Partner ineinander sowie die klare Verteilung von Zielen und Aufgaben.

Entwicklungspartnerschaft

Bei Entwicklungspartnerschaften handelt es sich zumeist um Projektbeziehungen, wodurch die Einmaligkeit und zeitliche Begrenzung der Partnerschaft betont wird. Während des Projektes können die Partner vom gegenseitigen Know-how profitieren und dieses in den weiteren Geschäftsprozess über die Beziehung hinaus integrieren. Das bloße Absaugen von Wissen allerdings birgt ein nicht zu unterschätzendes Konfliktpotential, weshalb klare Vereinbarungen zwischen den Partnern zu treffen sind.

Entwicklungs- und Wertschöpfungsnetze

Sobald die Betrachtung/Zusammenarbeit auf mehrere Partner ausgedehnt wird, ist die Anwendung von netzwerkorientiertem Beziehungsmanagement notwendig, was die gesamte Beziehungsstruktur verkompliziert, da nun mehrere Einzelziele in Gesamtziele zu überführen sind.

Wissens- und Lernpartnerschaften

Die Effizienz von Partnerschaften kann durch die systematische Verbreitung von Wissen verbessert werden. Durch einen optimalen Wissensaustausch kann der größte Nutzen für die Partner gestiftet werden. Dies verlangt von den Partnern allerdings ein hohes Maß an Offenheit, was nur bei einem intensiven Vertrauensverhältnis vorausgesetzt werden kann. Die Einsicht, dass zunehmend Wertschöpfungsketten miteinander konkurrieren, dürfte das notwendige Vertrauen hierfür schaffen.

Wie intensiv die einzelne Beziehung zum Lieferanten ist, wird durch verschiedene Indikatoren, wie

- Grad der Vernetzung und der Systemintegration,
- Umfang des Vertrauen (Trust), Verpflichtung (Commitment) und Zuversicht (Confidence),
- Anzahl persönlicher Kontakte, klare Absprache von Zielen und Aufgaben etc.

bestimmt.

Hierzu bedarf es aber einer Reihe von notwendigen Voraussetzungen, welche die Umsetzung wirklich enger Partnerschaften und Beziehungen zwischen Lieferanten erst ermöglichen (Vgl. Quinn 2001):

- gemeinsames Interesse und klare Erwartungen an der Zusammenarbeit,
- Offenheit und gegenseitiges Vertrauen,
- Kenntnis der bedeutendsten Partner der Wertschöpfungskette,
- klare Zuweisung von Verantwortlichkeiten und Führungsrollen.

Die eigentliche Beziehung zum Lieferanten während der Geschäftsabwicklung sollte durch Beziehungsmanagement vor bzw. nach Beendigung von Geschäftsbeziehungen ergänzt werden. Dies ist etwa der Fall, wenn für einen zukünftigen Bedarf oder den Austausch bestehender Lieferanten vorausschauend Lieferanten gesucht werden. Ebenso ist nach Beendigung der Geschäftsbeziehung der Kontakt zum Lieferanten zu halten, weil etwa noch die Ersatzteilversorgung sichergestellt werden soll oder die Unterstützung des Lieferanten Aufwendungen rechtfertigt, da der Lieferant im Hinblick auf einen späteren Zeitpunkt wichtig werden könnte

Sind das Lieferantenportfolio analysiert und die Wichtigkeit der Lieferanten evaluiert, sind geeignete Beziehungsstrategien auszuwählen und anzuwenden (Vgl. Abb. 18.5).

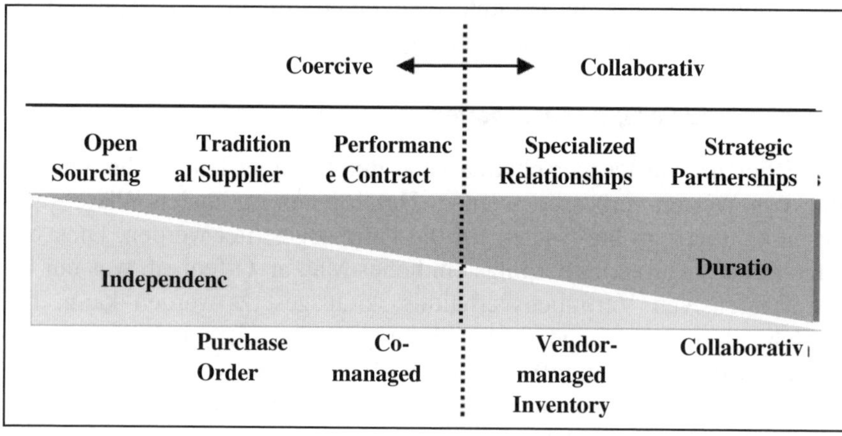

Abb. 18.5. Strategien Portfolio im Lieferantenbeziehungsmanagement (Gartner 2001, S. 10)

Dabei sind die Beziehungen gekennzeichnet durch erzwungenen Charakter (Coercive) bis hin zu kollaborativem Fokus. Langfristige und strategische Partnerschaften mit geringer Unabhängigkeit sind in der Abbildung rechts vorzufinden. Hierfür eignen sich vor allem kollaborative Strategien, da die Beziehung durch Prozesse wie Entwicklung, Absatzplanung und weitere Planungsarten gekennzeichnet sein wird. Weiter links sind stark unabhängige, also lockere und kurzfristig ausgelegte Lieferanten-Hersteller-Beziehungen anzusiedeln. Die Intensität des Beziehungsmanagements wird hier eher abnehmen (Vgl. Gartner 2001, S. 10).

Weiter wird die Beziehungsstrategie durch die Machtverhältnisse zwischen Abnehmer und Lieferant bestimmt. So kann bei hoher Lieferantenmacht eine hohe Beziehungsintensität im Interesse des Abnehmers liegen, um das Versorgungsrisiko zu minimieren. Liegt die Machtposition mehr beim Abnehmer, so werden die Anstrengungen des Beziehungsmanagements von dessen Seite eher abnehmen. Hingegen wird bei derartiger Konstellation die Initiative aktiven Beziehungsmanagements mehr auf Seiten des Lieferanten vorzufinden sein, was dann einem Customer Relationship Management entspricht (Vgl. Wannenwetsch/Nicolai, S. 184ff).

Mit der Durchführung einer Lieferantenanalyse und -auswahl wird vielfach eine Reduktion der Lieferantenanzahl hin zu System- oder Modullieferanten einhergehen. Dies bewirkt verminderte Aufwendungen für Lieferantenkontakte und Lieferantenpflege. Bezogen auf das Supply Chain

Management allerdings ist dies nur eine Problemverschiebung, denn die Anstrengungen für die Lieferantenpflege in der nächst tieferen Hierarchieebene sind vom Modullieferanten zu übernehmen und liegen somit nicht im Herrschaftsbereich des Herstellers.

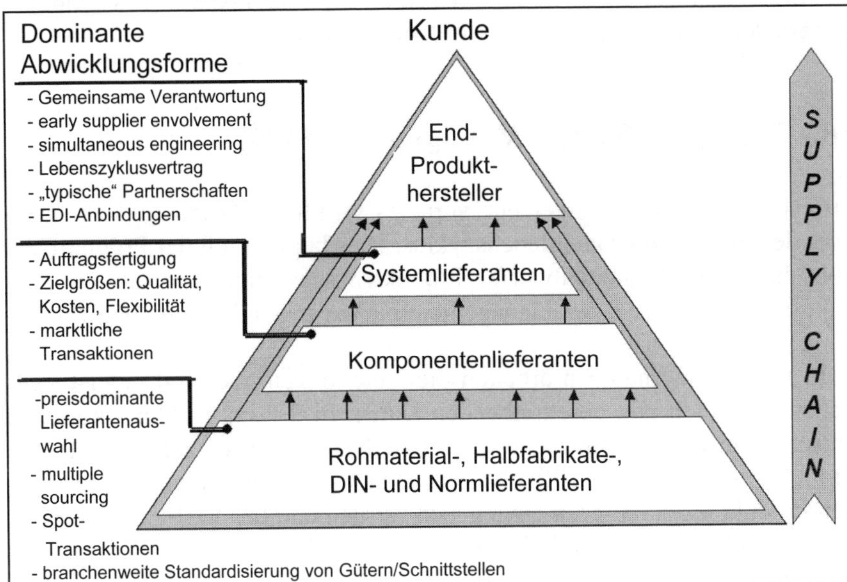

Abb. 18.6. Zulieferpyramide (Schmitz 2002, S. 201, s.a. www.uni-stuttgart.de)

Aus der Industrie ist in diesem Zusammenhang die Zulieferpyramide bekannt, welche Abb. 18.6 darstellt. Daraus können auch unterschiedliche Strategien abgeleitet werden, wobei jedoch auch ein direkter, wichtiger Kontakt zu einem Lieferanten der unteren Hierarchiestufe ein besonderes Beziehungsmanagement notwendig machen kann (Vgl. Schmitz in Wannenwetsch 2002, S. 190ff).

Gutes und gezieltes Supplier Relationship Management wird die folgenden Effekte zu Tage fördern (Vgl. hierbei auch den Abschnitt über Vor- und Nachteile enger Partnerschaften und Stoelzle 2000, S. 17).

Folgende Kennzeichen machen ein erfolgreiches Supplier Relationship Management aus:

- gemeinsame Anstrengungen zur kontinuierlichen Verbesserung von Produkten und Prozessen,
- Aufdecken und Beseitigen von Unwirtschaftlichkeiten in der Hersteller-Lieferanten-Beziehung (wie etwa Lagerbestände und doppelte Qualitätskontrollen),

- Schneller Echtzeit-Informationsaustausch verhilft den Partnern zu flexiblen Reaktionen auf Planungsveränderungen,
- Messung des gesamten Lieferantennutzens unter Total-Cost-of-Ownership-Gesichtspunkten,
- Verbesserungen von Qualität, Kosten, Lieferfähigkeit, Entwicklungsbeschleunigung, Flexibilität und Planungsstabilität.

18.7 Product Lifecycle Management (PLM)

Product Lifecycle Management vernetzt sämtliche Daten und Prozesse über den gesamten Produktlebenszyklus. Dies beginnt mit der Produktidee, über die ersten Produktentwürfe,, Produktentwicklung, Konstruktion, Produktion über das Ersatzteilmanagement bis zur Instandsetzung und Entsorgung.

In vielen Unternehmen arbeiten die Abteilungen noch mit unterschiedlichen Systemen und beschreibenden Daten. In der Entwicklung kommen beispielsweise CAD-Lösungen mit speziellen Stücklisten zum Einsatz, die Produktion arbeitet mit ERP-Systemen, in welche die unternehmenseigenen Produktbezeichnungen eingegeben werden und der Vertrieb verwendet wieder andere Daten und Programme. Ziel des Einsatzes eines PLM-Systems ist es, die beschreibenden Informationen aus allen Abteilungen zu vereinheitlichen und zu konsolidieren. Das gilt für Produkt-, Prozess- und Feedback-Daten sowie für Reklamationen und Garantiefälle. Unternehmen versprechen sich davon Rationalisierungseffekte, kürzere Reaktionszeiten und mehr Innovation (Vgl. Schäfer in Wannenwetsch 2005, S. 398ff).

Um den zukünftigen Erfolg zu sichern, muss ein Unternehmen zu jeder Zeit Überblick über seine Produkte haben und zum richtigen Zeitpunkt neue Produkte auf den Markt bringen. Folgende Fragen können sich dabei ergeben und sind zu beantworten:

- Welche Modelle können produziert werden und welche Modelle und Zeichnungen gehören zusammen?
- Was ergaben die Prototypenversuche
- Gab es Fehlermeldungen von Lieferanten und Kunden
- Wer hat das Produkt entwickelt, wann wurde es in Betrieb genommen und wann wurde es ausgeliefert
- Wie oft wurde der Service gebraucht und welche Kundenbetreuer waren im Einsatz
- Wann ist das Nutzungsende des Produktes erreicht
- Ist ein Recycling möglich und in welchem Umfang?

Um diese Fragen beantworten zu können, müssen Entwicklung, Engineering, Design, Marketing und Service müssen eng miteinander verzahnt sein. Alle diese Bereiche müssen Zugriff auf die Produktdaten im Unternehmen haben. Und nicht nur auf die Daten innerhalb des Unternehmens. Auch Zulieferer verfügen über Produktinformationen, die für das produzierende Unternehmen von großer Bedeutung sind. Im Zeitalter des Internets ist eine Trennung der internen und externen Anwender entlang der Logistikkette veraltet. Die Zusammenarbeit über Abteilungs- und Unternehmensgrenzen hinweg, mit Kunden und Zulieferern, wird zum entscheidenden Wettbewerbsvorteil.

Produkt- oder projektbezogene Daten entstehen über alle Phasen des Produktlebenszyklus hinweg von der Erfassung der ersten Spezifikation bis zur Änderung einer as-designed- oder as-maintained-Struktur nach einer Servicemaßnahme und unterliegen dabei ständigen Veränderungen durch verschiedene Anwender.

So genügt es heute längst nicht mehr, lediglich dem Entwicklungsbereich Zugriff auf alle produktbezogenen Daten zu gewähren. Abbildung 18.7 zeigt den Lebenszyklus eines Produktes.

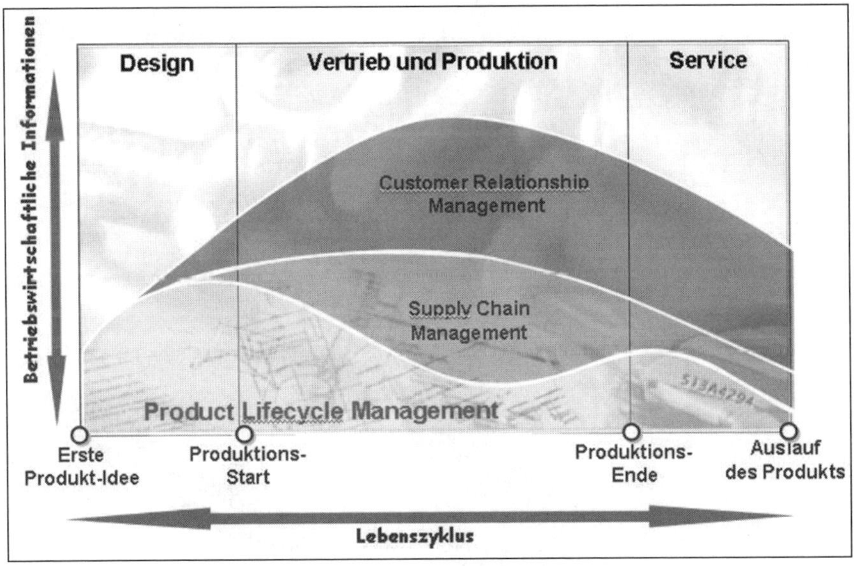

Abb. 18.7. Produktlebenszyklus (Vgl. Eisert/Geiger/Hartmann/Ruf 2000, S. 18)

Ein wichtiger Bestandteil des PLM stellt das Produktdaten- und Dokumenten-Management dar.

Das Produktdaten-Management kann als Grundlage der Gesamtlösung bezeichnet werden. Zu ihm gehören zunächst alle Werkzeuge zur Verwaltung von Produkt-, Prozess- und Ressourcendaten. Dies umfasst z.B.

- Spezifikationen, Stücklisten, Arbeitspläne,
- Ressourcendaten, Rezepte, CAD-Modelle,
- und technische Dokumentationen.

Neben einem Produktstrukturbrowser, der mithilfe übersichtlicher Baumdarstellung, Bearbeitung per Drag & Drop und integrierten Viewings die Arbeit vereinfacht, ist auch eine internetgestützte Dokumentenverwaltung ein zentraler Bestandteil. Sie verknüpft die Verwaltung und Verteilung aller Dokumente und den damit verbundenen Originaldateien mit dem unternehmensweiten Informationsfluss und integriert dabei unterschiedliche Systeme wie CAD-, Office- und Grafik-Applikationen.

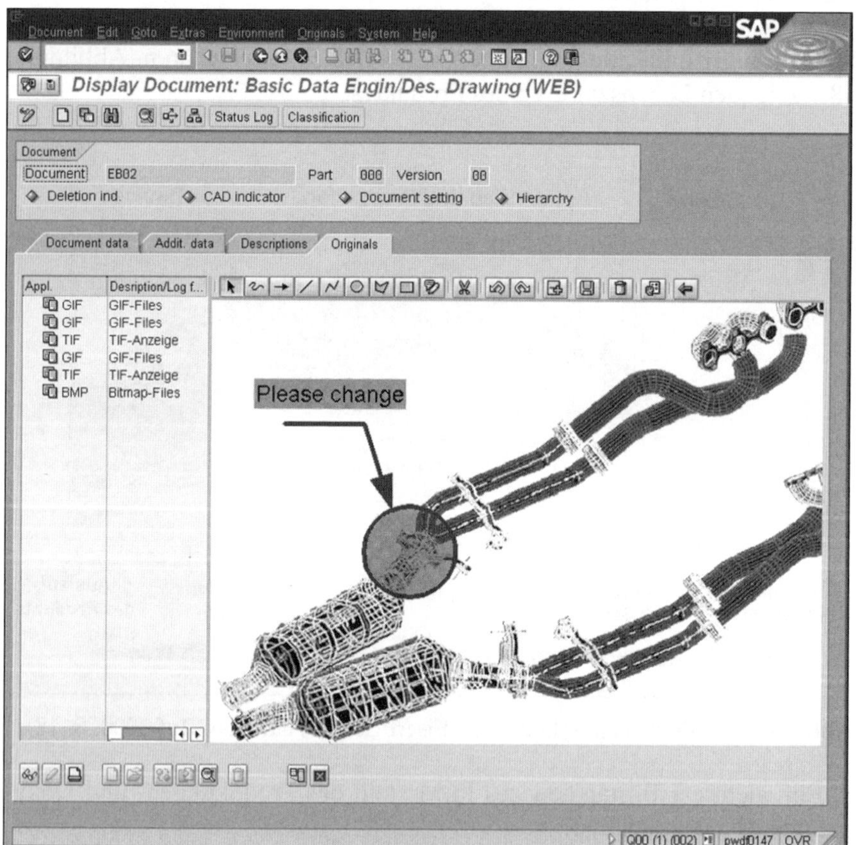

Abb. 18.8. Integrierter Viewer zum Anzeigen von CAD-Dokumenten

In der Praxis findet hierbei eine Verzahnung von CAD (Computer Aided Design,) CAE (Computer Aided Engineering) mit PPS-Systemen (Produktionsplanung- und Steuerungssystemen), ERP-Systemen (Enterprise Ressource Planning) und SCM-Systemen statt. Die Synergieeffekte zwischen CAD- und PLM-Systemen sind bemerkenswert. Beispielsweise heißt das für die Konstruktion, ihre Arbeit transparent zu machen, aber auch jederzeit auf die Arbeit anderer, z.B. des Einkaufs oder der Lagerhaltung, zuzugreifen.

Life-Cycle Collaboration

Mit Life-Cycle Collaboration können Daten – wie Projektpläne, Dokumente, Serviceblätter, technische Zeichnungen und Produktstrukturen ausgetauscht, weitergeleitet und bearbeitet werden. Dieses Tool dient als Kommunikationsplattform für virtuelle Entwicklungsteams, Geschäftspartner, Kunden und Lieferanten dar. Dabei fungiert das Internet als globale Infrastruktur

Wiederholungsfragen zu Kapitel 18

1. Durch welche Faktoren entsteht eine erhöhte Komplexität in der Supply Chain?
2. Welche unterschiedlichen Daten und Prozesse werden im Product Lifecycle Management vernetzt?
3. Zeigen Sie die eine strukturierte Vorgehensweise bzw. Kategorisierung der Lieferanten im Supplier Relationship Management.

19 Qualitätsmanagement (QM)

19.1 Der Qualitätsbegriff und seine Entwicklung

Die Produkte werden komplexer (Autos haben zehntausende Teile, der Airbus A 380 drei Millionen), die Sicherheitsanforderungen höher, die Zyklen kürzer. Die Bedeutung von Qualitätsmanagement nimmt deshalb zu. Leicht werden scheinbare Kleinigkeiten übersehen mit gravierenden Folgen.

Praxisbeispiele: Rückrufaktion

VW ruft im November 2013 weltweit 2,6 Mio. Fahrzeuge in die Werkstätten. Es geht u.a. um 800.000 Tiguan-Modelle, die wegen Reparaturen am Licht zurück in die Werkstätten müssen. Technischer Hintergrund ist ein kleines Teil, eine Schmelzsicherung. Darüber hinaus führt VW weltweit einen Ölwechsel für alle Fahrzeuge mit 7-Gang Doppelkupplungsgetrieben durch, die mit synthetischem Öl befüllt sind. Es geht um 1,6 Mio. Autos über fünf Konzernmarken hinweg. Wenn bei 1,6 Mio. Fahrzeugen der Wechsel von jeweils rund 5 Liter Getriebeöl nur mit 20 Euro pro Fahrzeug berechnet wird, dann beträgt diese Belastung schon mindestens 32 Mio. Euro.

2012 hat das Kraftfahrtbundesamt (KBA) insgesamt 162 Rückrufaktionen wegen erheblicher Mängel eingeleitet mit 824.000 betroffenen Fahrzeugen. In der ersten Jahreshälfte 2013 wurde auf dem wichtigen US-Automarkt ein neuer Spitzenwert erreicht, mit 11,3 Mio. zurückgerufenen Pkw (http://www.handelsblatt.com/auto/nachrichten/sicherungen-und-getriebeoel-anzahl-der-rueckrufe-auf-hohem-niveau/ 9074256-3.html, Abruf 15.11.13).

Nach DIN 55350 ist *Qualität* die „Beschaffenheit einer Einheit bezüglich ihrer Eignung, festgelegte oder vorausgesetzte Erfordernisse zu erfüllen".

Qualität liegt vor, wenn definierte, messbare Merkmale erfüllt sind für „Einheiten". Das können materielle Produkte oder Dienstleistungen sein,

Arbeitsabläufe, Verfahren und Prozesse, sogar Konzepte oder Entwürfe. Qualität heißt also nicht „so gut wie möglich“, sondern „so gut wie festgelegt“. Over-Engineering ist Ressourcenverschwendung und soll deshalb vermieden werden. Die Argumentation lässt sich sogar umdrehen: Geplanter Verschleiß (planned obsolescence) legt für Produkt gewünschte Höchstgrenzen für die Lebensdauern fest.

Praxisbeispiel: Geplanter Verschleiß bei Druckern
Drucker streikt nach Plan: In Druckköpfen moderner Printer sind oft Zähler eingebaut, die nach einigen Tausend Seiten Ausdrucken Fehler melden, die es nicht gibt (www.focus.de, Abruf 11.11.13).

Qualität heißt gemäß der lateinischen Wortherkunft schlicht Beschaffenheit, Merkmal, Eigenschaft oder Zustand.

> Die *DIN EN ISO 9000:2005* definiert Qualitätsmanagement (QM) als „aufeinander abgestimmte Tätigkeiten zum Leiten und Lenken einer Organisation, die darauf abzielen, die Qualität der produzierten Produkte oder der angebotenen Dienstleistung zu verbessern“.

Tabelle 19.1 gibt einen Überblick über Entwicklungen und Stand des QM.

Tabelle 19.1. Entwicklung des Qualitätsmanagements

Qualitäts-kontrolle und -prüfung	Qualitätssicherung (QS)	Qualitäts-management (QM)	Total Quality Management (TQM)
Überprüfung, ob das Produkt den definierten Merkmalen entspricht, Messtechnik, statistische Methoden	Prozessbeherrschung (In-Process-Quality-Control), Null-Fehler-Denken	Einbeziehung aller Elemente der Organisation, DIN EN ISO Normenreihe 9000, Kundenorientierung, kontinuierliche Verbesserung im Sinne des Management-Kreises	Weitere umfassende Ansätze wie Six Sigma, Total Productive Maintenance (TPM), Total Customer Care (TCC) etc.
Schon immer in der Geschichte	Mit komplexer werdender Produktion ab dem “Wirtschaftswunder” bis zu den ISO-Normen in den 80er Jahren	1979 British Standard Institution (BSI 5750) als Vorläufer 9000:1987	Etwa seit 2000, Sammelbegriff mit unscharfer Abgrenzung

Qualitätskontrolle und -prüfung

Qualitätskontrolle als Überprüfung des Endproduktes ist selbstverständlich und bei einfachen Produkten banal. Je komplexer die Produkte, desto teurer wurde es, Mängel erst am Ende zu entdecken. Qualität wurde (und wird immer noch – die vorhergehenden Stufen gehen in den folgenden auf) während der Fertigung „hineingeprüft".

Qualitätssicherung (QS)

Dies entspricht der Stufe der Qualitätssicherung (QS), Prozessbeherrschung als „In-Process-Quality-Control".

Praxisbeispiel: Quality Gates

Als Teil eines umfassenden QM sind bei Evobus in Mannheim „Quality Gates" symbolisch auf dem Boden markiert. Nur vollständig überprüfte halbfertige Busse dürfen diese symbolischen Qualitätstore passieren. Ein fehlender Kontakt im Kabelbaum wäre in Sekunden mit einem Schraubendreher befestigt, wenn die Verkabelung noch offen liegt, fast ohne Kosten. Entdeckt die Endkontrolle den Mangel, muss die Innenausstattung entfernt und nachgearbeitet werden.

In den 70er und 80er Jahren wurde immer deutlicher, dass eine ingenieurmäßige Herangehensweise mit Prüfungen, Kontrollen, Protokollen, technischen Spezifikationen alleine nicht ausreicht, die Komplexität in den Griff zu bekommen.

Qualitätsmanagement (QM)

Hier setzt das QM gemäß der Normenreihe DIN EN ISO 9000 (kurz ISO 9000) an, die alle relevanten Elemente einer Organisation einbezieht. Ein technischer Mangel wie beispielsweise ein defekter Kabelbaum kann viele tiefer liegende Ursachen haben:

- Ein Kabel ist schadhaft (Lieferantenauswahl, Eingangskontrolle).
- Ein Kontakt ist korrodiert (Feuchtigkeit im Lager, Lagermanagement, Facility Management).
- Der Mitarbeiter hat einen Fehler gemacht (Ausbildung, Einweisung und Kontrolle von Mitarbeitern, Leiharbeitern, Subunternehmern).
- Der Druckluftschrauber zur Befestigung war nicht stark genug wegen eines kurzfristigen Abfalls der Druckluft (Instandhaltung, Monitoring/ständige Überwachung der Druckluft aus der Leitwarte).
- Konstruktionsfehler (Forschung und Entwicklung, Test von Prototypen).

Der Ansatz der ISO 9000er-Reihe besteht darin, alle relevanten Funktionen in einem systemischen Ansatz einzubeziehen Dabei bieten Normen nur eine erste Ideensammlung und Checkliste. Die wirkliche Leistungsfähigkeit eines QM ergibt sich daraus, die entscheidenden Punkte für ein spezielles Unternehmen zu erkennen und klug zu regeln. Weiter verwirklicht QM zwingende Verbesserungszyklen. Dazu dienen interne und externe Audits (systematische Überprüfungen).

Total Quality Management (TQM)

Unternehmen, Berater und Wissenschaft suchen immer wieder nach neuen Trends und Schlagworten, so dass Total Quality Management als Fortentwicklung entstanden ist (Vgl. Brüggemann/Bremer 2012). Hier handelt es sich um einen Sammelbegriff für Ansätze wie Six Sigma, Total Customer Care (TCC), 5-S-Methode usw., die noch erörtert werden.

TQM lässt sich als ein besonders gutes Qualitätsmanagement mit starker Kundenausrichtung, Einbeziehung von Wertschöpfungsnetzen und aktuellen Ansätzen bezeichnen.

Neuere Ansätze beziehen auch weiche Faktoren wie Motivation, Mitarbeiterzufriedenheit und ethische Werte ein. „Wenn der Kunde zurückkommt und nicht das Produkt“ ist ein populärer Ausdruck für Qualität, der recht gut einem kundenorientierten Begriffsverständnis entspricht.

19.2 Zertifizierung von Managementsystemen

QM hat Strukturen der externen Zertifizierung eingeführt, um die Leistungsfähigkeit einer Organisation gegenüber externen Stellen, insbesondere dem Kunden, darzulegen.

Unter dem Begriff *Zertifikat* versteht man eine Bescheinigung über den ordnungsgemäßen Zustand des Qualitätsmanagements im Unternehmen.

Zertifizierungen können die DQS, Dekra, Det Norske Veritas, der TÜV oder 80 in- und ausländische Gesellschaften vornehmen. Die Zertifizierung kann sich auf das gesamte Unternehmen oder nur auf einzelne Bereiche beziehen. DIN und ISO sind die wesentlichen tragenden Institutionen dieses Systems. Das Deutsche Institut für Normung ist ein eingetragener Verein (e.V.), in dem „interessierte Kreise“ wie Industrie, Verbraucher, Wissenschaft usw. im Konsensverfahren Normen erlassen. Die Normen haben keinen zwingenden Charakter, werden jedoch gelegentlich vom Gesetzgeber oder Gerichten als Maßstäbe herangezogen. Die ISO (International Organization for Standardization) vereinheitlicht die Normen weltweit, die nationalen Normungsorganisationen wie die DIN sind Mitglieder. Die vom Europäischen Komitee für Normung (CEN) Europäischen Normen (EN) erlassenen Normen sind ebenfalls mit abgestimmt, so dass die vollständige Bezeichnung für die wichtigste QM-Norm DIN EN ISO 9001:2000 (für das Herausgabe- oder Überarbeitungsjahr) lautet. Kurz als ISO 9000 oder 9000er-Reihe bezeichnet, sind die in Tabelle 19.2 enthaltenen Normen im Rahmen der Zertifizierung primär zu beachten.

Tabelle 19.2. Inhalte der Normenreihe ISO 9000

Teilnorm	Inhalte der Teilnormen
ISO 9000	Leitfaden, der eine Einweisung in das gesamte Normenwerk gibt. Beschreibt Grundlagen und erklärt Begriffe zum Thema Qualität und Qualitätsmanagement. Gibt Überblick bzgl. qualitätsbezogener Ziele und Verantwortlichkeiten. Beurteilung von QM-Systemen, Funktion und Nutzen der Dokumentation, Stand 2005
ISO 9001	Legt Forderungen an ein QM-System fest. Liefert konkrete Hinweise und Forderungen, wie QM-System normkonform aufzubauen und weiterzuentwickeln ist. Erläutert Möglichkeiten, gewisse Normforderungen auszuschließen, falls diese nicht die Qualität des im anwendenden Unternehmen erzeugten Produkts betreffen. Große Neuerung 2000, Korrekturen 2008 und 2009
ISO 9004	Leitfaden, der Wirksamkeit und Wirtschaftlichkeit des QM-Systems betrachtet. Ziel ist die Leistungsverbesserung der Organisation und die Zufriedenheit der Kunden und anderer interessierter Parteien (Behörden, Umweltverbände), 2009

Ergänzend gibt es „Anforderungen an Stellen, die Managementsysteme auditieren und zertifizieren“ (ISO 17021), einen Leitfaden zur „Auditierung von Qualitäts- und Umweltmanagementsystemen“ (ISO 190011) sowie weitere relevante Normen. In der Praxis ist hinderlich, dass der Kauf der Normentexte gerade für kleine und mittlere Unternehmen (KMU) erwähnenswerte Kosten verursacht. Die British Standards Institution (BSI) verfolgt einen teilweise anderen Ansatz, denn ein Teil der Normen (die Publicly Available Specification – PAS) sind kostenfrei (http://www.bsigroup.com/).

Die Zertifizierung des QM-Systems erfolgt durch einen externen Zertifizierer oder Auditor, der nicht gleichzeitig beim Aufbau des Systems als Berater involviert sein darf. Große Beratungsgesellschaften haben deshalb innerhalb des Konzerns Tochter- oder Schwestergesellschaften für diesen

Zweck gegründet. Solche Zertifizierungsgesellschaften müssen akkreditiert sind, was nationale Akkreditierungsinstitutionen durchführen. In Deutschland ist das die Deutsche Akkreditierungsstelle (DAkkS), die seit 2010 nach EU-Recht als einzige Institution Zulassungen im Bereich Kalibrierdienst, Prüfwesen und auch Qualitäts-, Umwelt-, Energiemanagement-Zertifizierung erteilt (s. Abb. 19.1).

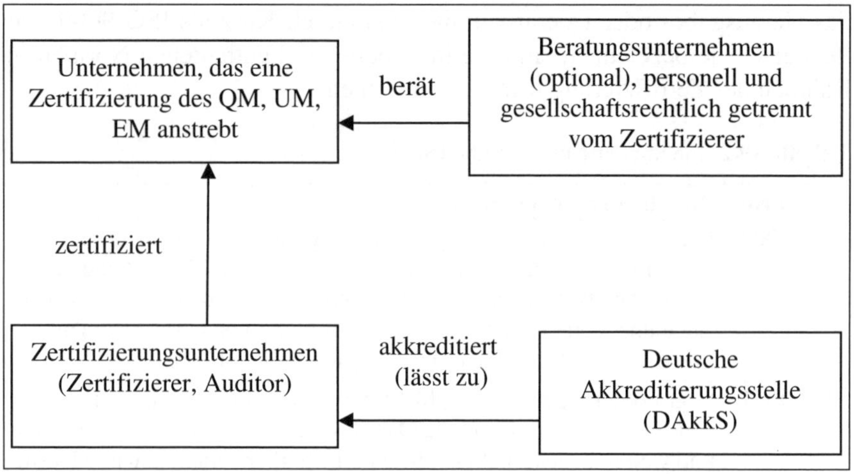

Abb. 19.1. Zusammenspiel von Institutionen bei der Zertifizierung

Die Überprüfung der Zertifizierungsunternehmen erfolgt in einem Audit. Das externe Erst-Audit ist nach drei Jahren in einem Re-Audit zu wiederholen. Neben der laufenden, kontinuierlichen Verbesserung sind mindestens jährlich erfolgende interne Audits und Management-Reviews notwendig, um die dauernde Wirksamkeit des Systems zu sichern. In manchen Branchen wie Autoindustrie, ihre Zulieferindustrie, Pharma usw. sind so gut wie alle Unternehmen zertifiziert, der Ansatz ist weltweit verbreitet (s. Abb. 19.2).

QM hat mit der Einführung akkreditierter Zertifizierer Maßstäbe gesetzt, die das Umweltmanagement und Energiemanagement übernommen haben. Die gleichen Verfahren prägen die in der Entstehung begriffene Ermittlung und Berichterstattung von Treibhausgasen sowie die Nachhaltigkeits-Berichterstattung gemäß der Global Reporting Initiative (GRI). Das Grundmuster stammt aus dem kaufmännischen Bereich, da hier Wirtschaftsprüfer in einem Audit den Jahresabschluss als Externe überprüfen.

Abb. 19.2. Fischgroßhändler in Japan (Wikipedia)

Tabelle 19.3 gibt einige Einblicke in typische Größenordnungen der Kosten für eine Zertifizierung. Die tatsächlichen Kosten hängen neben der Unternehmensgröße vor allem vom Stand des QM im jeweiligen Unternehmen und von der Branche ab.

Tabelle 19.3. Kosten einer Zertifizierung (in Anlehnung an www.denkeler-qm.de/zertkost.xls)

Anzahl Mitarbeiter des Unternehmens	Tage Erstaudit (etwa 1.000 Euro pro Tag)	Tage Überwachungs-audit	Kosten für die ersten drei Jahre pro Jahr	Kosten der ersten drei Jahre gesamt
10	2	0,7	1.600	5.000
50	5	1,7	3.300	10.000
100	7	2.3	4.400	13.000
500	11	3,7	6.600	20.000
1.000	13	4.3	7.700	23.000
5.000	20	6,7	12.000	35.000
10.000	22	7,3	13.000	38.000

19.3 Ablauf des Zertifizierungsverfahrens

Bevor das eigentliche Zertifizierungsverfahren beginnt, muss sich das Unternehmen eine staatlich anerkannte akkreditierte Zertifizierungsstelle auswählen und dort einen Antrag auf Zertifizierung stellen. Es kommt zu einem Vertragsschluss, in dem sich der Zertifizierer verpflichtet, das Unternehmen durch das Zertifizierungsverfahren zu begleiten. Abbildung 19.3 gibt einen Überblick.

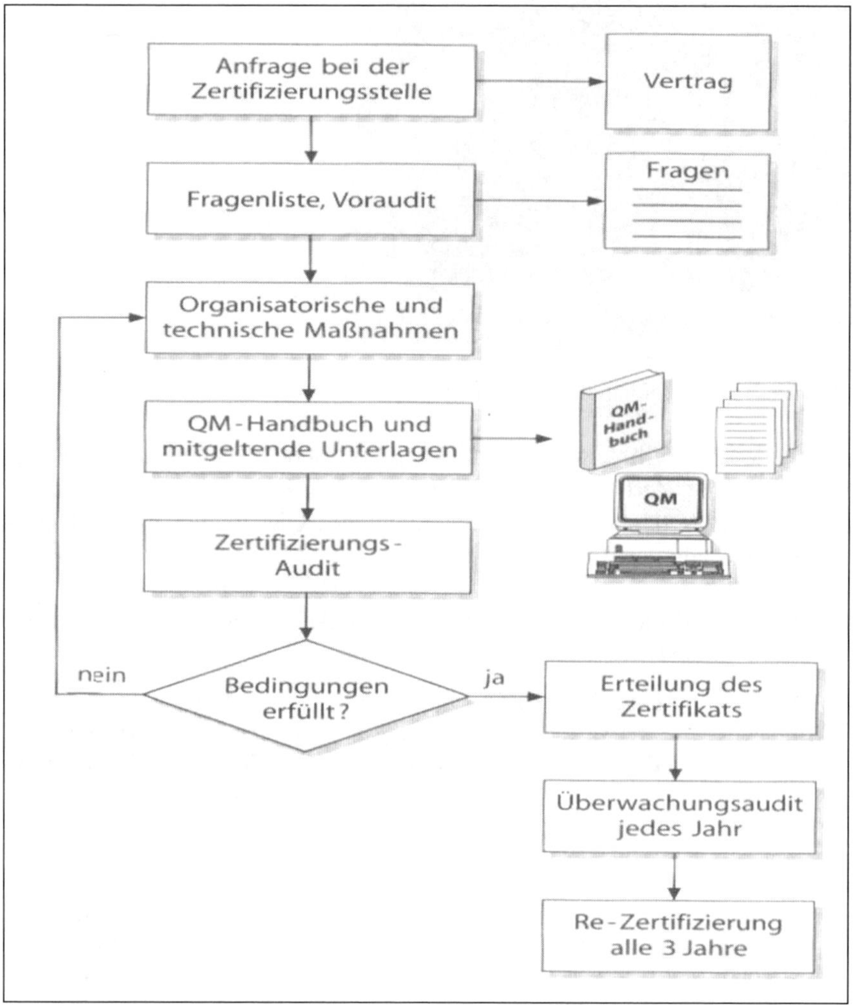

Abb. 19.3. Ablauf der Zertifizierung des QM-Systems (Brauer 2002, S. 38)

Die abschnittsweise Durchführung des Audits ermöglicht es dem Unternehmen, nach jedem erfolgten Vertragsabschnitt zu entscheiden, ob es den nächsten Abschnitt in Auftrag geben möchte. Das geprüfte Unternehmen wird während der Zertifizierung über die Vorgehensweise ausführlich informiert.

Fragenliste, Voraudit (1. Vertragsabschnitt)

Die Zertifizierungsstelle macht sich zunächst ein Bild vom Betrieb und seinem Zustand bezüglich des QM-Systems. Hierbei wird auch der Zeitbedarf abgeschätzt. Für ein noch nicht vorbereitetes Unternehmen beträgt er etwa ein bis zwei Jahre. Das Unternehmen erhält einen Fragenkatalog zur Selbstbeurteilung. Dieser dient der Zertifizierungsstelle als Vorbeurteilung, ob die Grundvoraussetzungen für ein Zertifizierungsaudit erfüllt sind. Schwachstellen des QM-Systems sollen so frühzeitig aufgedeckt und das weitere Vorgehen zur Zertifizierung festgelegt werden. In dieser Phase ist es möglich, ein Voraudit zur Klärung noch offener Fragen zu vereinbaren.

Prüfung QM-Handbuch (2. Vertragsabschnitt)

Im nächsten Schritt werden die organisatorischen und technischen Voraussetzungen für die Zertifizierung geschaffen oder vervollständigt und das QM-Handbuch fertig gestellt. Das Unternehmen übergibt das QM-Handbuch an die Zertifizierungsstelle. Der Betrieb erhält einen Bericht und ein Preisangebot zur Durchführung des eigentlichen Zertifizierungsaudits. Eventuell festgestellte Mängel sind vor dem Zertifizierungsaudit zu beheben.

Zertifizierungsaudit (3. Vertragsabschnitt)

Das eigentliche Zertifizierungsaudit erfolgt nun auf der Basis der ISO 9001. In einer stichprobenartigen Prüfung werden im Rahmen des Zertifizierungsaudits alle Prozesse und Bestandteile des QM-Systems untersucht. Dabei werden insbesondere Schwachstellen überprüft und besprochen, die vor Erteilung des Zertifikats zu beheben sind.

Erteilung des Zertifikats (4. Vertragsabschnitt)

Nach positivem Abschluss des Audits wird das Zertifikat erteilt. Die Gültigkeit beträgt drei Jahre, wenn mindestens einmal im Jahr ein Überwachungsaudit mit positivem Ergebnis durchgeführt wird.

19.4 Integrierte Managementsysteme

In seinem theoretischen Konzept umfasst der Qualitätsbegriff potenziell alles, was relevant ist, wofür externe Vorgaben existieren oder interne Merkmale definiert werden. In der Praxis existieren jedoch weitere Managementsysteme, die zu integrieren sind.

Integrierte Managementsysteme umfassen Qualitätsmanagement, Umweltmanagement, Arbeitssicherheit, Gesundheitsschutz und weitere, nicht direkt sicherheitsbezogene Bereiche.

Die Integration drückt sich insbesondere in Aufbauorganisation und Dokumentation aus. Das wird deutlich, wenn eine einzige Stabsstelle oder Zentralabteilung alle sicherheitsrelevanten Aufgabenbereiche bündelt. Typisch ist eine Bezeichnung wie SHEQ:

- Safety (Arbeitssicherheit),
- Health (Gesundheitsschutz),
- Environment (Umweltmanagement),
- Quality (Qualitätsmanagement).

Hinzu können kommen Bereiche wie Energy (Energiemanagement, EM), Security (Werkschutz), IT-Sicherheit, Brandschutz, Sustainability (Nachhaltigkeit), Gleichstellung, IT-Sicherheit, Datenschutz, Ethik und weitere, oft branchenbezogene Aufgaben. Tabelle 19.4 zeigt Parallelen wichtiger Systeme.

Auch die schon immer behandelten Kernbereiche des Managements von Beschaffung, Produktion, Absatz usw. gehören dazu. Abbildung 19.4 zeigt eine mögliche aufbauorganisatorische Verankerung.

Zusammenfassend sind Anforderungen für integrierte Managementsysteme zu formulieren:

- Alle relevanten Felder wie QM, UM abdecken, zumindest gemäß der rechtlichen Regelungen sowie der angestrebten freiwilligen Zertifizierungen.
- Je nach Unternehmensgröße und -komplexität eine einheitliche Regelungs- und Dokumentationssystematik verwirklichen.
- Jeder Mitarbeiter findet die für ihr relevanten Regelungen schnell und eindeutig, möglichst an einer Stelle.
- Beauftragte mit Zugang zur obersten Leitung im Sinne eines Vier-Augen-Prinzips installieren (Beratungs-, Initiativ-, Überwachungsfunktion).
- Verantwortung systematisch in der Linie beginnend von der obersten Leitung bis zur Ausführung delegieren, dabei Einheit von Aufgabe, Kompetenz und Verantwortlichkeit.

Tabelle 19.4. Überblick integrierte Managementsysteme

Managementbereich und Normen	Einzelziele	Gemeinsame Ziele und Maßnahmen
Qualität DIN ISO 9000-Serie	Erreichung der festgelegten Qualität, systemischer Ansatz, zufriedene Kunden	**Ziele** Rechtskonformität Haftungsvermeidung Kostensenkung Imageverbesserung Unternehmenskultur **Maßnahmen** Aufbauorganisation Prozessorganisation Dokumentation **Auditierung**
Umweltschutz DIN ISO 14000-Serie und Eco-Management and Audit Scheme (EM	Öko-Effizienz, niedrige Umweltbelastung, ökologische Nachhaltigkeit	
Energie DIN ISO 50001	Steigerung Energieeffizienz, Verringerung der Kohlendioxidemissionen	
Arbeitssicherheit und Gesundheitsschutz Occupational Health and Safety Assessment Series (OHSAS) Sicherheits-Certifikat-Contractoren (SCC)	Verringerung Arbeits- und Wegeunfälle, gesunde Mitarbeiter	
Ethik und Compliance DIN ISO 26000 Leitfaden zur gesellschaftlichen Verantwortung	Formulierung und Umsetzung einer Unternehmensethik und Moral, Einhaltung aller Gesetze und Vorschriften (Compliance)	

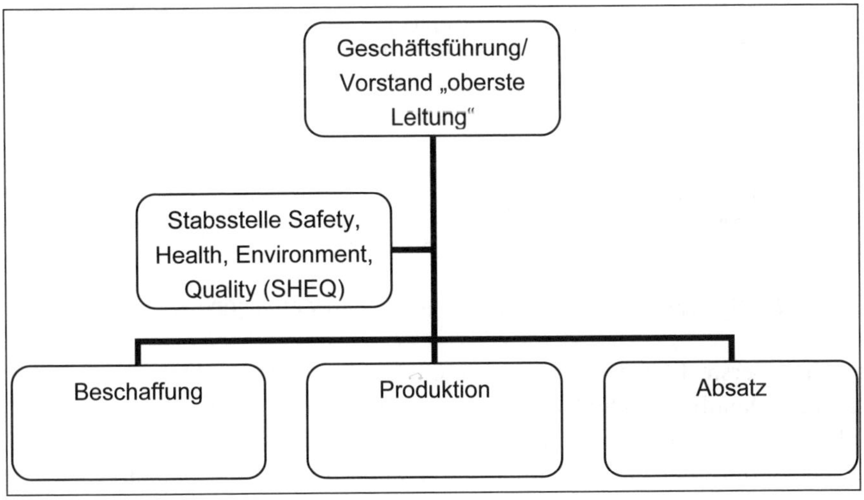

Abb. 19.4. Organisatorische Anbindung

Zusammenfassend sind Anforderungen für integrierte Managementsysteme zu formulieren:

- Alle relevanten Felder wie QM, UM abdecken, zumindest gemäß der rechtlichen Regelungen sowie der angestrebten freiwilligen Zertifizierungen.
- Je nach Unternehmensgröße und -komplexität eine einheitliche Regelungs- und Dokumentationssystematik verwirklichen.
- Jeder Mitarbeiter findet die für ihr relevanten Regelungen schnell und eindeutig, möglichst an einer Stelle.
- Beauftragte mit Zugang zur obersten Leitung im Sinne eines Vier-Augen-Prinzips installieren (Beratungs-, Initiativ-, Überwachungsfunktion).
- Verantwortung systematisch in der Linie beginnend von der obersten Leitung bis zur Ausführung delegieren, dabei Einheit von Aufgabe, Kompetenz und Verantwortlichkeit.

19.5 Dokumentation

Abbildung 19.5 gibt einen Einblick in die etablierte Struktur der Dokumentation von QM und integrierten Managementsystemen.

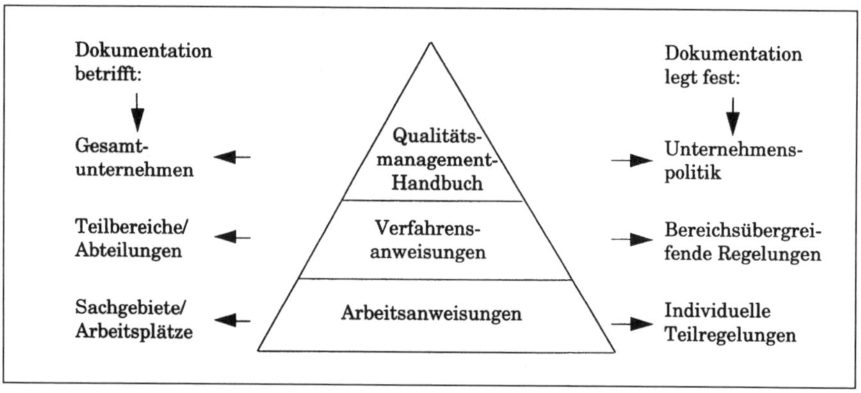

Abb. 19.5. Systematik der Dokumentation (Oeldorf/Olfert 2008, S. 76)

Die oberste Ebene der Dokumentation eines QM-, UM- usw. Systems ist das Handbuch. Dieses gibt auch die grundsätzliche Einstellung des Managements und seine Absichten und Maßnahmen zur Sicherung und Verbesserung der Qualität im Unternehmen wieder. Es enthält typischerweise die Politiken, Missionen, Philosophien, Leitlinien. Weiter beschreibt es organisatorische Gliederung, d.h. aufbauorganisatorische Aufgaben, Zuständigkeiten, Verantwortung. Das Handbuch enthält auch Regelungen zur Pflege und Aktualisierung der Dokumentation selber.

Die Verfahrensanweisungen sind „mitgeltende Unterlagen“ des Handbuches, in denen wichtige funktionsübergreifende Vorgänge und Prozesse beschrieben. Beispiele sind Beschaffung, Reklamationsbearbeitung oder Instandhaltung. Arbeitsanweisungen richten sich an einen Arbeitsplatz, an den einzelnen Mitarbeiter.

Den Verlauf der täglichen Arbeit, die Ergebnisse der Bearbeitung einzelner Produkte oder Projekte dokumentiert der Mitarbeiter in Formularen oder anderen oft IT-gestützten Protokollen. Jedes Dokument ist dabei in das umfassende System der „mitgeltenden Unterlagen“ eingebunden. Das Unternehmen ist frei, diese Ebenen zu variieren.

19.6 Detailanforderungen an das QM

Abbildung 19.6 fasst das Inhaltsverzeichnis der Norm zu einem Prozessmodell zusammen (Das vollständige Inhaltsverzeichnis lässt sich herunterladen unter www.beuth.de). Dies sind die Kerninhalte, die für ein QM nach ISO 9001 zwingend zu regeln sind.

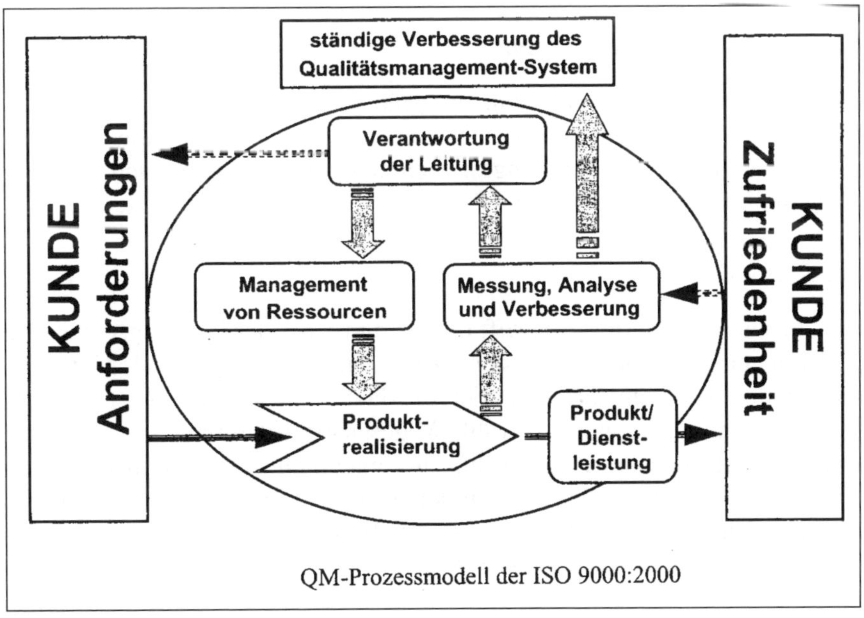

Abb. 19.6. Prozessmodell der ISO 9001 (Ebel, 2003, S. 128)

Die Neufassungen der Normen bei Überarbeitungen erfolgen normalerweise behutsam, so dass Kontinuität für die Unternehmen gegeben ist, die mit der Vorgängernorm arbeiten. Im Jahr 2000 kam es jedoch zu einem Bruch mit dem alten, vom technischen Prüfwesen geprägten Denken in Qualitätsprüfung und Qualitätssicherung. Die in der Abb. 19.6 enthaltene managementorientierte, systemische, auf Kunden ausgerichtete Denkweise des QM ist seitdem prägend. Die vier Elemente „Verantwortung der Leitung“, „Management von Ressourcen“, „Produktrealisierung“ sowie „Messung, Analyse und Verbesserung“ entsprechen den Hauptkapiteln der Norm (zur Umsetzung vgl. Greßler/Göppel 2012 und Herrmann/Fritz 2011).

Verantwortung der Leitung

Die „Verantwortung der Leitung“ umfasst die zwingende Einbindung des Top-Managements, die eine Qualitätspolitik unterschreiben muss. Die Aufbauorganisation ist zu beschreiben, jede relevante Aufgabe muss einen „Besitzer“ haben, dem Aufgaben, Kompetenzen und Verantwortlichkeiten nachvollziehbar zuordenbar sind. Beauftrage unterstützen das Top-Management sowie die gesamte Organisation. Auch für die interne Kommunikation muss das Management sorgen sowie für regelmäßige Überprüfungen, also interne Audits.

Management von Ressourcen

Beim „Management von Ressourcen“ sind zunächst Personen gemeint, die für die qualitätsrelevanten Aufgaben (im weiteren Sinne: für alle ihre Aufgaben) richtig ausgewählt, angewiesen und überwacht werden müssen. Auch die Infrastruktur sowie die Arbeitsumgeben sind zu gestalten.

Produktrealisierung

Die „Produktrealisierung“ betrifft den Kernprozess der Leistungserstellung (Fulfillment) beginnend von der Produktentwicklung gemäß Marktforschung und Kundenwünschen. Für die laufende Produktion ist die Beschaffung mit Lieferantenauswahl, Materialspezifikationen, Logistikprozessen, Kontrollen usw. zu regeln. Die eigentliche Produktion (die auch eine Dienstleistungsproduktion sein kann) hängt stark von der Branche ab. Die „Lenkung von Überwachungs- und Messmitteln“ integriert die QS-Sicht und leitet über zum nächsten Kapitel.

Messung, Analyse und Verbesserung

„Messung, Analyse und Verbesserung“ institutionalisiert das Lernen und den kontinuierlichen Verbesserungsprozess. Es geht um Kundenzufriedenheit und die strikte Vermeidung der Auslieferung fehlerhafter Produkte. Audits überprüfen das System und verbessern es, so dass der Management-Kreis, Plan-Do-Check-Act Circle, Deming-Kreis sich schließt (s. Abb. 19.7).

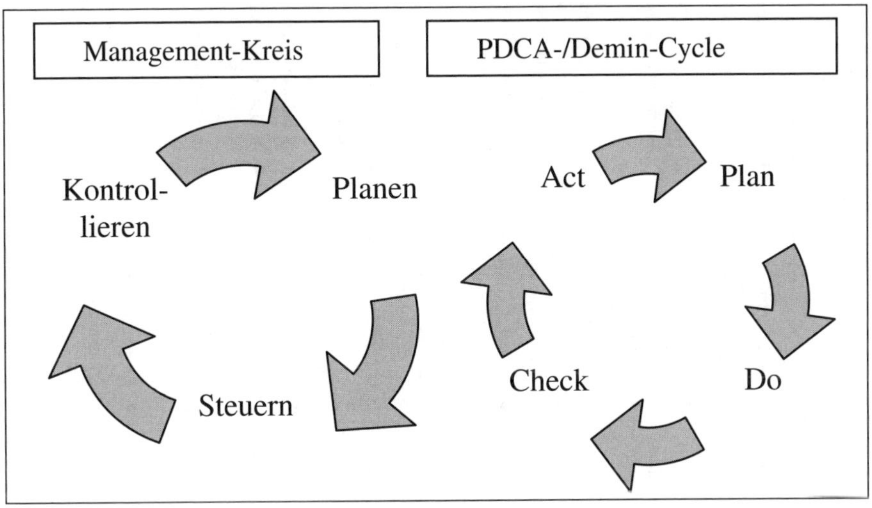

Abb. 19.7. Management-Kreis versus PDCA-/Demin-Cycle

19.7 VDA 6.1, QS 9000, ISO/TS 16949 – Einsatz in der Fahrzeugindustrie

Die Automobilindustrie ist in Logistik und QM vielfach Vorreiter. Bei Just-in-Sequence-Anlieferungen können Fehler hohe Kosten verursachen und zu Produktionsausfällen führen. Auch deshalb wurden branchenspezifische QM-Systeme entwickelt.

> Die *Norm 6.1* des Verbands der Automobilindustrie (VDA 6.1) im Jahr 1996 gilt als Antwort auf die „QS 9000“ der US-Automobilhersteller. Um eine Zersplitterung und Mehrfachzertifizierung zu vermeiden, führt die ISO/TS 16949:2009 die Systeme QS 9000 und VDA zusammen (TS heißt „Technische Spezifikation“, 2009 ist das aktuelle Auflagenjahr).

Das Vorgehen basiert auf der geschilderten 9000er-Reihe. Tabelle 19.5 gibt einen Überblick über Gemeinsamkeiten und Unterschiede.

Tabelle 19.5. Unterschiede zwischen ISO 9000, QS9000, VDA 6.1, ISO/TS16949

Forderungen aus ISO 9001	Zusätzliche Anforderungen in QS 9000	Zusätzliche Anforderungen aus VDA 6.1	Zusätzliche Anforderungen aus ISO/TS 16949
• Verantwortung der Leitung • Vertragsprüfung • Designlenkung • Lenkung von Dokumenten und Daten • Beschaffung • Behandlung der vom Kunden beigestellten Produkte • Kennzeichnung und Rückverfolgbarkeit • Mess- und Prüfmittel • Prüfstatus • Lenkung fehlerhafter Produkte • Prozesslenkung • Korrektur- und Vorbeugemaßnahmen • Lagerung, Wartung und Verpackung • Qualitätsaufzeichnungen • Interne Qualitätsaudits und Schulungen • Statistische Methoden	• Umfassende Bewertung aller Elemente des QM-Systems • Geschäftsplan zu Unternehmenszielen • Ermittlung der Kundenzufriedenheit • Bereichsübergreifende Teams • APQP & Kontrollplan • Liefer-Meldesystem zum Kunden • Entwicklung von Unterauftragnehmern zur QS 9000 • Qualifizierte Entwicklungswerkzeuge • Prüfungsannahmekriterium Null-Fehler • Handhabung gefährlicher Stoffe • Einhaltung und Überwachung von Lieferterminen • Prototypentests • Untersuchungen zur Messmittelfähigkeit • Ständige Verbesserungen	• Dokumentation von Korrekturmaßnahmen aus internen Audits • Produkt- und Prozessaudits • Förderung des Mitarbeiter-Qualitätsbewusstseins • Finanzielle Betrachtung des QM-Systems • Produktsicherheit und Produkthaftung • Angebotsgliederung nach technischen und kaufmännischen Aspekten • Einbindung der Marketingfunktion • Feld- und Marktbeobachtungen der Produkte • Frühwarn-Systeme für Produktausfälle • Wirksamkeit von Fertigungsprozessen • Mitarbeiterzufriedenheit • Simultaneous Engineering	• Definition besonderer Produktmerkmale • Verantwortung für Kundenanforderungen auch bei Outsourcing • Einhaltung technischer Vorgaben im Einklang mit der Kundenterminplanung • Kundenbeauftragter • bereichsübergreifender Ansatz zur Entwicklung von Werks-, Anlagen- und Einrichtungsplänen (lean production) • Notfallpläne für Ausfall von Energieversorgung, Arbeitskräften, Betriebsmitteln • Fehlervermeidung statt Fehlerentdeckung • Vertraulichkeit bzgl. kundenspezifischen Produktentwicklungen • Herstellbarkeitsuntersuchungen und Risikoanalyse bzgl. Kundenforderungen • Fähigkeit zur Kommunikation über vom Kunden festgelegte Formate (z.B. EDI) • FMEA (Fehler- Möglichkeits- und Einflussanalyse) • Kennzeichnung kundeneigener Werkzeuge • Kalibrierung und Verifizierung von Messmittel • Q-Ziele & Kennzahlen im Geschäftsplan • Benchmarking und Reviews

19.8 Chemische Industrie – REACH

Nach dem Umweltreport der Schweizer Stiftung Green Cross leiden weltweit über 200 Mio. Menschen unter Umweltgiften. Die chemische Industrie bringt eine große Zahl neue Stoffe in Verkehr, deren mögliche Risiken für Mensch, Tier und Umwelt bis zum Jahr 2006 nicht systematisch überprüft wurden.

> Die EU hat mit ihrer *REACH-Verordnung* (Nr. 1907/2006) hier eine einheitliche, in allen Mitgliedstaaten unmittelbar bindende Regelung geschaffen. REACH steht für Registration, Evaluation, Authorization and Restriction of Chemicals, also für die Registrierung, Bewertung, Zulassung und Beschränkung von Chemikalien.

Die zugelassenen Stoffe werden in der Datenbank der European Chemicals Agency (ECHA) verzeichnet, die über 10.000 Einzelsubstanzen und mehr als 40.000 Verbindungen enthält (http://echa.europa.eu/web/guest/information-on-chemicals/registered-substances, Zugriff 02.10.13).

Unter dem Prinzip „no data, no market“ ist es eigenverantwortliche Aufgabe der Industrie, alle Analysen durchzuführen und der ECHA zur Verfügung zu stellen, die eine Klassifizierung der Chemikalien ermöglichen. Erst dann ist abhängig von den Mengen, Gefährdungsklassen und möglichen Beschränkungen ein Inverkehrbringen erlaubt. Damit stellen sich für die Forschung und Entwicklung, die Labors sowie Materialwirtschaft und Marketing chemischer Unternehmen umfangreiche Anforderungen, die für KMU schwierig zu erfüllen sind. Deshalb hat die EU weitere technische Leitfäden vorgesehen (RIPs – Reach Implementation Project) und die Mitgliedstaaten müssen zwingend Auskunftsstellen einrichten. Der nationale „Helpdesk“ insbesondere für KMUs ist in Deutschland bei der Bundesanstalt für Arbeitsschutz und Arbeitsmedizin (BAuA) angesiedelt.

19.9 Lebensmittelindustrie – Hazard Analysis and Critical Control

> Das *HACCP-Konzept* (deutsch: Gefährdungsanalyse und kritische Lenkungspunkte) ist ein vorbeugendes System, das die Sicherheit von Lebensmitteln und Verbrauchern gewährleisten soll.

Das HACCP-Konzept wurde im Jahr 1959 entwickelt. Der amerikanische Pillsbury-Konzern sollte weltraumgeeignete Astronautennahrung für die amerikanische Weltraumbehörde NASA herstellen, welche 100-prozentig sicher sein sollte. Pillsbury wandte hierzu die 1949 vom US-Militär für technische Anwendungen geschaffene FMEA-Methodik (s.u.) auf die Lebensmittelindustrie an.

Praxisbeispiel: Futtermittel
Ein Futtermittelhersteller in Norddeutschland verarbeitet 2011 dioxinbelastetes Futterfett. In Deutschland kommt verseuchtes Futter in die Mastanlagen von Schweine- und Hühnerzüchtern. Die zulässigen Grenzwerte für Dioxin, eines krebserregenden Stoffes, werden um das 80-fache überschritten. Hühner werden massenweise geschlachtet, Verbraucher steigen um auf Bio-Produkte.

Der von der Ernährungs- und Landwirtschaftsorganisation der UNO (FAO) herausgegebene Codex Alimentarius empfiehlt seit 1993 ebenfalls die Anwendung des HACCP-Konzepts. Das HACCP-Konzept fordert z.B. alle im Verantwortungsbereich eines Unternehmens vorhandenen Gefahren für die Sicherheit von Lebensmitteln zu analysieren, die für die Überwachung der Lebensmittel kritischen Punkte zu ermitteln, Eingreifgrenzen für die kritischen Lenkungspunkte festzulegen, Verfahren zur fortlaufenden Überwachung der Lebensmittelsicherheit einzuführen, Korrekturmaßnahmen für den Fall von Abweichungen festzulegen, zu überprüfen, ob das System zur Sicherstellung der Lebensmittelsicherheit geeignet ist, und alle Maßnahmen zu dokumentieren.

Seit dem 1. Januar 2006 ist die Lebensmittel-Hygiene-Verordnung (LMHV) als Umsetzung der EG-Verordnung 852/2004 in Deutschland in Kraft. Die Verordnung sieht vor, dass nur noch Lebensmittel, die die HACCP-Richtlinien erfüllen, in die Europäische Union eingeführt werden und in der Europäischen Union gehandelt werden dürfen. Aber auch schon zuvor mussten Unternehmen, die Lebensmittel herstellen oder mit Lebensmitteln in Berührung kommen, ein HACCP-Konzept anwenden. Durch die Umsetzung der Verordnung muss es aber nun auch in schriftlicher Form dokumentiert werden.

Bei großen Unternehmen mit vielen Gefahrenquellen und hohem Risikopotenzial sind ausführliche Aufzeichnungen vorgeschrieben, bei kleinen Unternehmen genügen Reinigungspläne, Verifizierungsnachweise oder Personalanweisungen. Ausgangspunkt des Konzepts ist jeweils die Einführung der „Guten Hygienepraxis“ (GHP).

19.10 Arbeitssicherheit – OHSAS und SCC

OHSAS (Occupational Health and Safety Assessment Series) ist ein international anerkanntes Konzept für Arbeitsschutzmanagementsysteme (AMS).

Seine Bestandteile sind Arbeitsschutzgesetze, betriebliches Risikomanagement, der Umgang mit gefährlichen Stoffen, Anforderungen der Unfallversicherer, Unfallschutz und Unfallvermeidung in Unternehmen (Oeldorf/Olfert 2008, S. 81f).

OHSAS ist stark an die ISO 9001 und 14001 angelehnt. Seit 2007 ist OHSAS 18001 als britische Norm festgelegt. Auch in Polen wurde der Standard zu einer nationalen Norm erhoben, weltweit besitzt OHSAS aber nicht den Status einer ISO-Norm, da die Normung von AMS weltweit abgelehnt wird.

Der Standard kann sowohl zum Aufbau als auch zur Zertifizierung eines betrieblichen AMS genutzt werden. Es ist in erster Linie für international tätige Unternehmen vorgesehen.

Das *SCC-Verfahren* (Sicherheits-Certifikat-Contraktoren-Verfahren) wurde 1994 in den Niederlanden von der petrol-chemischen Industrie entwickelt und betrifft die Arbeitssicherheit.

Es richtet sich in erster Linie an Fremdfirmen (technische Dienstleister), so genannte Kontraktoren. Streng genommen handelt es sich bei dem SCC-Verfahren nicht um ein Managementsystem, sondern um einen Fragenkatalog. Seine Grundlage bilden zwei Checklisten, die SCC-Checkliste und die SCP-Checkliste, die im Rahmen eines Auditierungssystems eingesetzt werden.

Es handelt sich beim SCC-Verfahren um eine rein privatwirtschaftliche Lösung, bei der durch das SCC-Sekretariat der Trägergemeinschaft für Akkreditierung Zertifizierer zugelassen werden. Es gibt SCC-Zertifikate auf zwei Levels: SCC* (eingeschränkt) und SCC** (uneingeschränkt).

19.11 Qualitätskosten

Traditionell erfolgt die Definition und Unterteilung der Qualitätskosten wie in Tabelle 19.6 beschrieben, wobei eine Prägung durch das Konzept der Qualitätssicherung zu erkennen ist.

Tabelle 19.6. Unterteilung der Qualitätskosten

Kostenart	Ursache	Beispiele
Interne Fehlerkosten (ca. 45% der Qualitätskosten)	Werden durch nicht erfüllte innerbetriebliche Qualitätsanforderungen verursacht	Kosten für Ausschuss, Sortierung, Nacharbeit
Externe Fehlerkosten (ca. 15–2% der Qualitätskosten)	Werden durch nicht erfüllte außerbetriebliche Qualitätsanforderungen verursacht	Rückrufaktionen, Reklamationen, Garantieleistungen, Vertragsstrafen
Prüfkosten (ca. 20–35% der Qualitätskosten)	Personal-, Prüfmittel- und sonstige Kosten der Prüfungen	Kosten für Eingangs-, Prozess- und Endkontrollen, Prüfmittel, Gutachten, Personal und Räumlichkeiten
Fehlerverhütungskosten (ca. 5–10% der Qualitätskosten)	Verursacht durch fehlerverhütende oder vorbeugende Tätigkeiten und Maßnahmen im Rahmen der Q-Sicherung (auch in Entwicklung, Arbeitsvorbereitung, Fertigung)	Kosten für Qualitätsplanung, präventive Analysen möglicher Fehlerursachen

Die Deutsche Gesellschaft für Qualitätssicherung (DGQ) ergänzt diese Kosten in ihren Rahmenempfehlungen um management- und organisationsorientierte Kostenarten:

- Leitung des QM,
- Qualitätsfähigkeitsuntersuchungen,
- Qualitätsaudits,
- Schulungen,
- Prüfplanung,
- Prüfmittelplanung/-überwachung (z.B. Kalibrierung von Messgeräten),
- Lieferantenbeurteilung.

Besonders kostenintensiv sind Fehler bei der Planung, Entwicklung und Konstruktion, wenn sie erst am fertigen Teil oder kompletten Produkt erkannt werden. Nach einer Faustregel verhalten sich die Kosten in der Konstruktion, in der Fertigung und beim Kunden zur Fehlerfindung und -beseitigung wie 1:10:100, also

- in der Konstruktion 1 Euro,
- in der Fertigung 10 Euro,
- beim Kunden 100 Euro.

Folgen von Qualitätsmängeln beim Kunden sind zudem schwer zu bewerten, denn sie wirken über Image und Markenschädigung langfristig auf den Umsatz.

19.12 Gesetzliche Nacherfüllung und Produkthaftung

Nacherfüllung gemäß BGB der Paragraphen 437, 439, 634 und 635 BGB steht dem Käufer einer Sache zu, wenn die verkaufte oder hergestellte Sache mangelhaft ist.

Als Nacherfüllung kann der Käufer die Beseitigung des Mangels oder die Lieferung einer mangelfreien Sache fordern. Noch teurer wird es, wenn Produkte beim Einsatz versagen.

Unter *Produkthaftung* versteht man die Haftung für Schadenersatz bei Lieferung einer fehlerhaften Kaufsache und für Schäden, die hierdurch an anderen Rechtsgütern verursacht werden.

Die Produkthaftung ist in den Paragraphen 823ff. BGB geregelt sowie in darauf aufbauenden Rechtsvorschriften. Private Endverbraucher werden zusätzlich durch das Produkthaftungsgesetz (ProdHaftG) geschützt, das auf der EG-Richtlinie 85/374 EG beruht.

Der Gesetzgeber hat für Kaufleute im Paragraphen 377 Abs. 1–3 HGB eine Untersuchungs- und Rügepflicht verankert. Der Käufer muss die Ware unverzüglich nach Ablieferung durch den Verkäufer prüfen. Sonst gilt das gelieferte Material als genehmigt. Es sei denn, der Mangel hätte bei einer Prüfung nicht erkannt werden können. Diese Regelung dient dem Schutz des Verkäufers.

19.13 Verwandte Managementansätze

Parallel und überlappend zum QM mit Zertifizierung haben sich weitere, verwandte Managementansätze, Methoden und Werkzeuge entwickelt. Diese Begriffe unterliegen oftmals einem Zyklus, die Kernideen sind mehrfach zu finden und werden immer wieder aufgegriffen. Über Ober- und Unterbegriffe zu diskutieren, ist in der Praxis nicht zielführend. Tabelle 19.7 gibt einen Einblick in die Begriffs- und Methodenvielfalt.

Tabelle 19.7. Bestandteile des Kontinuierlichen Verbesserungs-Prozesses (KVP) (Oeldorf/Olfert 2008, S. 73)

• Kundenorientierung • TQC (Total Quality Control) • Mechanisierung • QC (Quality Control) als Qualitätszirkel • Vorschlagwesen • Automatisierung	• Arbeitsdisziplin • TPM (Total Production Maintenance) als umfassende Produktivitätskontrolle • Kanban • Qualitätssteigerung • Just-in-Time	• Fehlerlosigkeit • Kleingruppenarbeit • Kooperation der Managementebene • Produktivitätssteigerung • Entwicklung neuer Produkte

Folgende Ansätze werden hier erläutert:

- Kaizen und KVP,
- Ideenmanagement (Vorschlagswesen),
- Six Sigma,
- Lean Management,
- Total Customer Care,
- Muda, Mura, Muri,
- 5-S-Methode,
- Poka Yoke,
- Q7.

19.13.1 Kaizen und KVP

Kaizen ist ein japanisches kundenorientiertes Unternehmenskonzept, das ausgehend von externer Kundenunzufriedenheit und Erkennung von internen Defiziten als kontinuierlicher Verbesserungsprozess (KVP) bezeichnet wird.

Das Prinzip von Kaizen ist eine ständige Suche nach Ursachen von Problemen, um alle Systeme von Produktion und Dienstleistung sowie alle anderen Aktivitäten im Unternehmen ständig und immer weiter zu verbessern. Besonders wichtig ist dabei, dass die ständige Verbesserung auf ein Problem nicht nur ein- oder mehrmals angewendet wird. Es handelt sich vielmehr um eine prozessorientierte Denkweise, die gleichzeitig Ziel und grundlegende Verhaltensweise im täglichen Arbeitsleben darstellt (Kamiske/Brauer 2002, S. 81).

Der Verbesserungsprozess muss von oben nach unten (top down) erfolgen, anfangend mit der Überzeugung der Unternehmensführung. Durch Schaffung entsprechender Organisationsformen (Zuordnung von Aufgaben und Kompetenzen, Bildung von Arbeitsteams) wird die Durchführung des Verbesserungsprozesses von unten nach oben (bottom up) gestaltet.

Ziel ist es, die kontinuierliche Verbesserung zum Bestandteil des selbstständigen Handels jedes einzelnen Mitarbeiters werden zu lassen.

19.13.2 Ideenmanagement (Vorschlagswesen)

Das *Ideenmanagement* bindet systematisch die Mitarbeiter in die Suche nach Verbesserungsvorschlägen ein und belohnt umgesetzte Ideen auch durch Prämien.

Besonders hervorzuheben sind die Vorschläge aus den Qualitätszirkeln. Qualitätszirkel sind kleine institutionalisierte Gruppen von ca. fünf bis zwölf Mitarbeitern, die in ihrem Arbeitsbereich auftretende Probleme bearbeiten. Den Mitarbeitern wird eine Auswahl an Analyse- und Problemlösungsinstrumenten (Brainstorming, Wertanalyse, Delphi-Methode, Morphologischer Kasten, ABC-Analyse) vermittelt, die ihnen eine stetige Weiterentwicklung von Konzepten und Abläufen ermöglicht.

Praxisbeispiel: Ideenmanagement

Volkswagen veröffentlich am 23.01.2013 auf der Homepage, dass mehr als 60.000 Verbesserungsideen eingebracht wurden mit einer Einsparung von über 118 Mio. Euro.

Aus einer Umfrage des Deutschen Instituts für Betriebswirtschaft (dib) in Frankfurt am Main von 2005:

- 306 Unternehmen aus 18 Branchen mit 2,04 Mio. Beschäftigten,
- 1.294.580 Verbesserungsvorschläge,
- insgesamt 159 Mio. Euro Prämie,
- 199 Euro Durchschnittsprämie für einen prämierten Vorschlag,
- Beteiligungsgrad von 63,5 Verbesserungsvorschlägen pro 100 Beschäftigte,
- 1.589 Mrd. Euro Gesamtnutzen aus Verbesserungsvorschlägen,
- 1.227 Euro pro eingereichtem Verbesserungsvorschlag,
- 779 Euro pro Mitarbeiter.

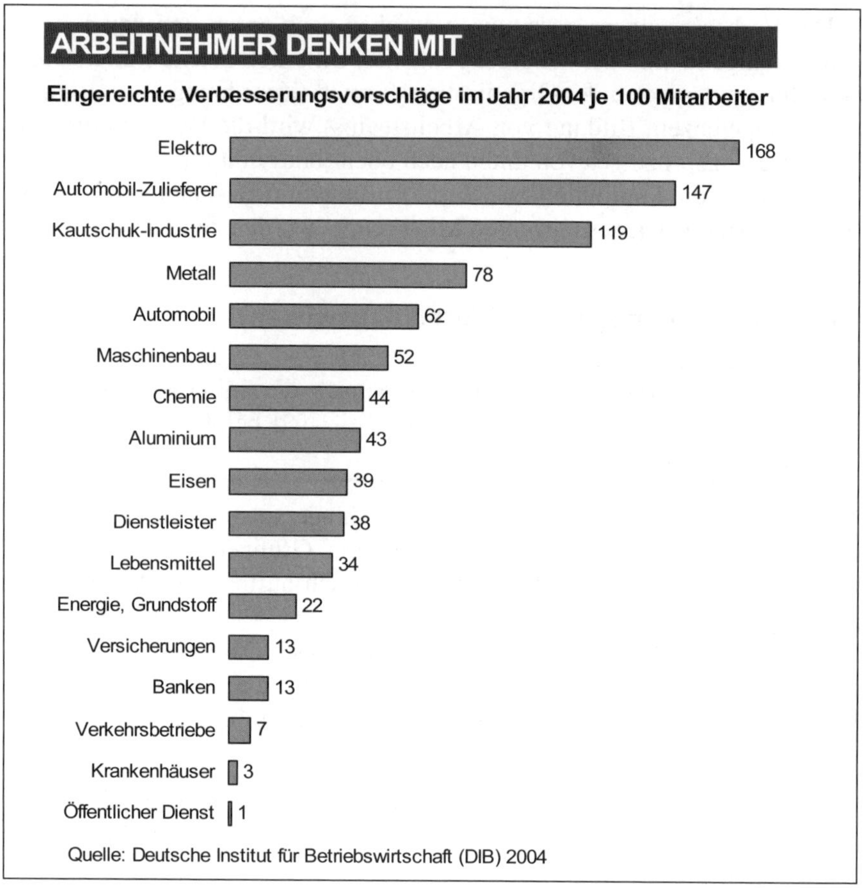

Abb. 19.8. Eingereichte Verbesserungsvorschläge je 100 Mitarbeiter

19.13.3 Six Sigma

Six Sigma ist ein von Motorola entworfenes und von anderen Firmen weiterentwickeltes Qualitätsförderungsprogramm, das mit Hilfe statistischer Methoden konsequent Fehler und Prozessabweichungen in den Mittelpunkt der Betrachtung stellt.

Six Sigma wird auch als Null-Fehler-Programm (Zero Defects Concept) bezeichnet, wobei dieser Begriff nicht ganz trifft, denn Null Fehler sind kaum zu erreichen. Ziel ist es, Fehlerquellen systematisch zu eliminieren, um eine Fehlerwahrscheinlichkeit im Prozess/Produkt auf Six-Sigma-Niveau bzw. 3,4 Fehler pro 1 Million (3,4 ppm = parts per million) zu reduzieren. Zur Bestimmung des Sigma-Niveaus, das angibt, wie viele Fehler oder Abweichungen bei den Ergebnissen eines Prozesses pro eine Million Möglichkeiten noch akzeptabel sind, wird die Standardabweichung (Streuung um den Mittelwert) der Prozessergebnisse herangezogen. Hierfür wird das griechische Symbol Sigma (Ά) verwendet. Tabelle 19.8 zeigt den Zusammenhang zwischen wichtigen Kennzahlen.

Tabelle 19.8. Zusammenhang zwischen Sigma-Niveau, Fehlerquote und Qualitätskosten (Harry/Schroeder 2004, S. 33)

Sigma-Niveau	Fehler pro Millionen Möglichkeiten (ppm)	Qualitätskosten
2	308.537 (nichtwettbewerbsfähige Unternehmen)	Nicht anwendbar
3	66.807	25–40% vom Umsatz
4	6.210 (Durchschnitt)	15–25% vom Umsatz
5	233	5–15% vom Umsatz
6	3,4 (Weltklasse)	<1% vom Umsatz

19.13.4 Lean Management

Lean Management ist als eine Verschlankung von Hierarchien und eine Vereinfachung von Unternehmensabläufen zu verstehen.

Als Erweiterung der ursprünglichen Form des Lean Production bezieht es sich nicht ausschließlich auf die Fertigung, sondern fordert eine ganzheitliche Betrachtung des Unternehmens. Die bestehende hierarchische Struktur wird hinsichtlich ihrer Sinnhaftigkeit überprüft und als überflüssig angesehene Ebenen werden gestrichen (Werner 2008, S. 83).

Praxisbeispiel: Lean Management

Texas Instruments reduzierte im Rahmen des Lean Managements die Anzahl an Führungskräften von 4.000 auf 200 (Werner 2008, S. 83). PKW-Hersteller reduzierten die Hierarchiestufen im Unternehmen von sieben auf vier Managementebenen.

Die Basis des Lean Managements sind flexibel agierende und in hohem Maße kunden- und qualitätsorientierte Teams und Arbeitsgruppen in allen Unternehmensbereichen. Vielfach wurden Lean-Managementprojekte jedoch nur mit der inoffiziell so genannten „Quietsch-Methode“ durchgeführt: Management-Ebenen streichen und Kosten senken, bis es quietscht.

19.13.5 Total Customer Care (TCC)

Total Customer Care ist die konsequente Ausrichtung aller Leistungsprozesse, Produkte und Mitarbeiter auf die Zufriedenheit und Erwartung der Kunden.

Abbildung 19.9 zeigt die Bedeutung der Kundenausrichtung, die ja auch im der ISO 9000er Reihe verankert ist.

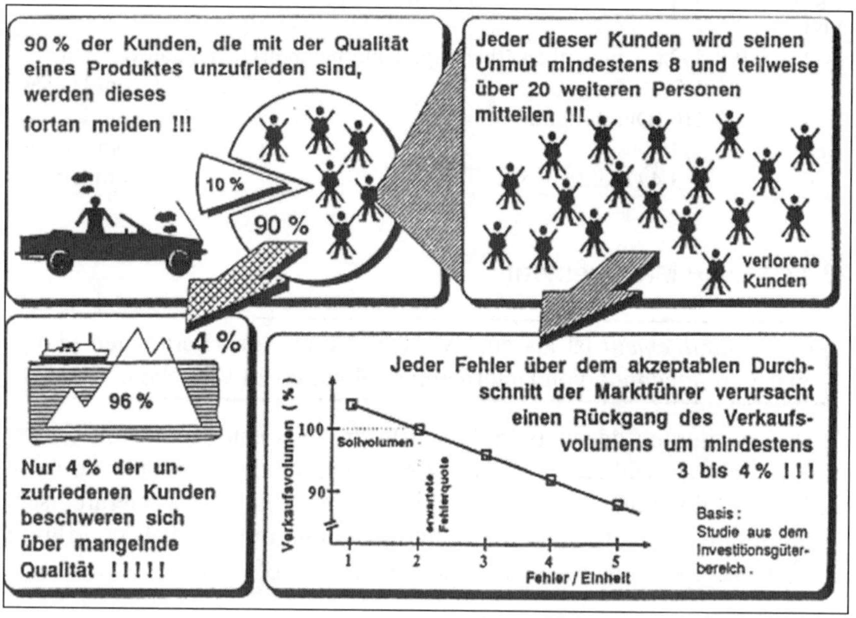

Abb. 19.9. Folgen mangelnder Qualität (Pfeifer 1996, S. 4)

Marktforschung ist die Grundlage für gezielte Veränderungsprogramme. Es beinhaltet Trainings, Reklamationsmanagement, Kundennähe im Vertrieb, optimalen Kundenservice und Kundenorientierungsprogramme in allen Arbeitsbereichen. Unternehmen wie Hewlett Packard erreichten mit Total Customer Care eine Verdreifachung der Marktanteile in wichtigen Marktsegmenten.

19.13.6 Muda, Mura, Muri

Japanische Managementmethoden waren lange führend und haben auch Begriffe geprägt.

Das japanische Wort „*Muda*“ bedeutet Verschwendung.

Im Rahmen des Kaizen werden die Verschwendungsarten Überproduktion, zu hohe Bestände, zu lange Laufwege, zu große Flächen, unnötige Transporte, Ausschuss und zu lange Wartezeiten identifiziert (Oeldorf/Olfert 2008, S. 73f.).

Das Wort „*Mura*“ bedeutet Unausgeglichenheit.

Es beschreibt die Folgen einer nicht synchronisierten Produktion, also Verluste, die durch mangelhafte Fertigungssteuerung verursacht werden (Wannenwetsch 2007, S. 156).

Unter dem Wort „*Muri*“ verbirgt sich Überlastung.

Im Rahmen des Kaizen wird zwischen Mitarbeiter- und Maschinenüberlastung unterschieden. Beide Überlastungsarten führen zu Wartezeiten und erhöhter Fehlerhäufigkeit und müssen daher vermieden werden (Wannenwetsch 2007, S. 156).

19.13.7 5-S-Methode

Die 5-S-Methode beinhaltet fünf Maßnahmen zur Schaffung eines funktionalen, sicheren und sauberen Arbeitsplatzes (Oeldorf/Olfert 2008, S. 116). Sie besteht aus den Elementen

- Seiri – Vorkehrung, aussortieren der notwendigen Arbeitsmittel,
- Seiton – Aufräumen, optimale Anordnung der notwendigen Arbeitsmittel,
- Seiso – Reinlichkeit, Arbeitsplatz sauber halten,
- Shitsuke – Disziplin, Arbeitsstandards definieren und permanent einhalten,
- Seiketsu – Pflege, alle Punkte einhalten und kontinuierlich verbessern.

19.13.8 Poka Yoke

„Poka Yoke“ bezeichnet das Vermeiden unbeabsichtigter Fehlhandlungen. Wörtlich aus dem Japanischen „unglückliche Fehler vermeiden“.

Im Qualitätsmanagement wird hierunter ein Prinzip verstanden, das technische Vorkehrungen zur Fehleraufdeckung und -vermeidung umfasst.

Beispiele:

- Schablonen, um Bohrungen an der richtigen Stelle anzubringen.
- Bei handbedienten Pressen müssen gleichzeitig zwei weit auseinanderliegende Knöpfe gedruckt werden, um den Pressvorgang zu starten. So geraten die Hände nicht durch Unachtsamkeit unter die Presse.
- USB-Sticks oder Telefonstecker lassen sich nur richtig herum einstecken (s. Abb. 19.10).

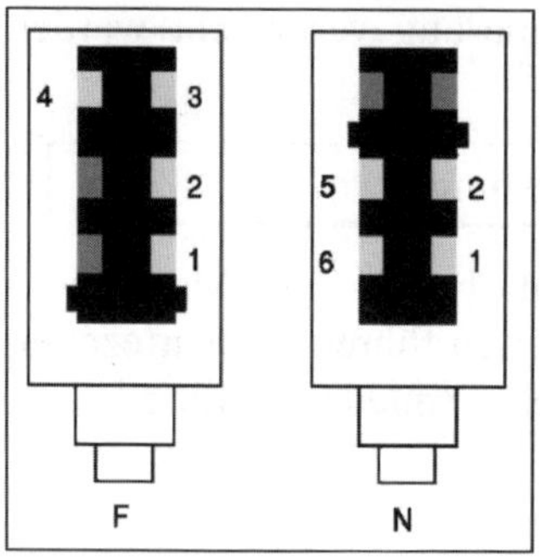

Abb. 19.10. Formkodierung eines Telefonsteckers

19.13.9 Q7

Gemäß diesem Schlagwort können zur Verbesserung von Produkt- und Prozesseigenschaften in Organisationen sieben elementare Qualitätstechniken (Q7) eingesetzt werden:

- Brainstorming,
- Fehlersammelkarte,
- Histogramm,
- Paretodiagramm,
- Qualitätsregelkarte,
- Ursache-wirkungs-(Ishikawa-)Diagramm,
- Produkthaftung.

Aufbauend auf den elementaren Qualitätstechniken wurden komplexere Methoden (z.B. QFD, FMEA, SPC etc.) entwickelt, die noch detaillierter dargestellt werden.

19.14 Qualitätsprüfungen in der operativen Beschaffung

19.14.1 Aufgaben

Der gesamte Prozess der Lieferantenauswahl und die logistischen Prozesse des Transports unterliegen dem QM. Somit sind große Teile des Buches relevant. Die Regelungen müssen in Handbüchern, Verfahrensanweisungen und Verträgen dokumentiert werden. Die Kernaufgabe der operativen Beschaffung im Hinblick auf QM ist die Sicherstellung der Qualität von allen Roh-, Hilfs- und Betriebsstoffen. Dazu sind insbesondere

- die Lieferanten auszuwählen und laufend zu bewerten,
- die Qualität der Beschaffungsgüter vertraglich genau zu vereinbaren,
- Qualitätsprüfungen/-kontrollen durchzuführen,
- die Prüfungen zu dokumentieren und auszuwerten.

Diese Aufgaben verschieben sich durch Just-in-Time (JiT) und Just-in-Sequence (JiS) in der Lieferkette hin zum Lieferanten. Je früher ein Mangel erkannt wird, desto kostengünstiger die Korrektur. Das belieferte Unternehmen verzichtet bei JiT und JiS weitgehend auf Eingangskontrollen und verlässt sich auf seinen Modullieferanten, der wiederum Komponenten von Vorlieferanten bezieht. Logistikdienstleister übernehmen ebenfalls zunehmend qualitätsrelevante Tätigkeiten wie Verpackung, Lagerung und Disposition. Auch das macht einen Überblick über qualitätsrelevante Tätigkeiten in der Supply-Chain und Netzwerken schwieriger. Die Qualitätsprüfung hat – wo immer Sie auch stattfindet – eine besondere Bedeutung. Die wichtigsten Methoden werden nun erläutert.

19.14.2 Einteilung und Auswertung von Prüfung

Prüfungen sind als Teil des kontinuierlichen Verbesserungsprozesses auszuwerten:

- dokumentierte Sicherheit über die Qualitätsfähigkeit der nicht-beanstandeten Objekte,
- Sperrlagerung der beanstandeten Prüfobjekte, Entscheidung über das weitere Vorgehen (Korrekturmaßnahmen, Nacharbeit, Ausmusterung …),
- Ursachenforschung für Mängel (FMEA, Ursache-Wirkungs-Diagramm, s.u.),
- Veränderungen im QM-System, um Mängel zukünftig zu vermeiden, Rückmeldung und Schlussfolgerungen für Lieferanten,
- Schlussfolgerungen für die Prüfung selber.

Tabelle 19.9. Klassifizierungen von Prüfungen

Einteilungskriterium	Ausprägungen
Nach Fertigungsablauf	Eingangsprüfungen – Prüfung von Zwischenprodukten – Ausgangsprüfungen
Nach Produktlebenszyklus	Erstmusterprüfung (Prototyp) – Prüfung in der Produktion von Serienprodukten – Prüfungen bei Verwendung (Service) – Ausmusterung/Recycling
Umfang der Prüfungen	100-Prozent Prüfungen - Stichprobenprüfungen
Prüfkriterien	Attributsprüfung (Gut-Schlecht-Prüfung) – Variablenprüfung (Messung von technischen Eigenschaften/Variablen)
Prüfort	Prüfung am Lagerort des Prüfobjekts – Prüfstand/ Prüflabor
Auswirkungen auf das Prüfobjekt	Zerstörend (z.B. Zugkraft von Seilen) – nicht zerstörend (Automobil)
Dokumentation der Prüfung	Bloßer Vermerk über das Stattfinden der Prüfung – Gut-Schlecht-Vermerk – Variablendokumentation – ausführliches Prüfprotokoll

19.14.3 Prüfkriterien und -verfahren

Beispiele für Prüfkriterien sind (Oeldorf/Olfert 2008, S. 297):

- Abmessung, Gewicht, Dichte,
- Verhalten der Werkstoffe im Feuer, bei Feuchtigkeit,
- Korrosion und Verschleißfestigkeit,
- Widerstandsfähigkeit gegen chemische Einflüsse,
- Beschädigungen, Risse,
- Leitfähigkeit.

Der Anteil der Teile, die in einem Grundgesamtheit (Lieferung, Beschaffungslos) die Prüfkriterien nicht einhalten, wird häufig in parts per million (ppm) festgelegt. Wenn bei einer Lieferung über eine Million Stück z.B. nur fünf Stück fehlerhaft sein dürfen, beträgt die Toleranz fünf ppm. Mögliche Prüfverfahren sind Tabelle 19.10 aufgeführt (Oeldorf/ Olfert 2008, S. 298).

Tabelle 19.10. Prüfverfahren

Chemische Analyse	Ermittlung der Zusammensetzung eines Werkstoffes (z.B. Schmelzverfahren)
Metallurgische Prüfverfahren	Untersuchung des Mikro- und Makrogefüges von Metallen und Legierungen (160.000-fache Vergrößerung mit Elektronenmikroskop)
Mechanische Prüfverfahren	Messung von Festigkeit und Schwingungen (z.B. Zug-, Druckbeanspruchung)
Korrosions-Prüfverfahren	Auftreten von Korrosion im Zeitraffertempo
Zerstörungsfreie Prüfverfahren	• Eindringungsverfahren (Farblösung zum Erkennen von Rissen und Gefügetrennungen) • Röntgenstrahlverfahren (erkennen von z.B. Gasblasen, Poren) • Ultraschallverfahren (metallische Wanddicken von mehreren 100 mm können auf Fehlerstellen überprüft werden)

19.14.4 Hundertprozentprüfung

Bei der *Hundertprozentprüfung* wird jedes Stück einer Lieferung der Prüfung unterzogen.

Diese Art der Prüfung garantiert eine maximale Einhaltung der Prüfstandards, allerdings ist es sinnvoll, die Prüfung auf die wichtigsten Merkmale zu beschränken, da sonst der Aufwand zu umfangreich und kostenintensiv wird. Die Anwendung der Hundertprozentprüfung ist nicht zu empfehlen, wenn

- die Prüfung unter Einsatz von zerstörenden Prüfversuchen wie Lebensdauerversuchen, Zerreißproben oder Crash-Tests erfolgt,
- die Prüfungen schon beim Lieferanten stattfinden,
- die Lieferungen Just-in-Time durchgeführt werden. In diesem Fall ist zu wenig Zeit für aufwendige Prüfungen vorhanden,
- die Prüfungen kostspielig und oft nicht mit eigenen Geräten durchführbar sind.

19.14.5 Stichprobenprüfungen mit Acceptable Quality Limit (AQL)

Stichprobenprüfung entnehmen aus der gesamten Lieferung oder einem anderen Los eine repräsentative Stichprobe.

Die Stichproben werden zufällig entnommen und jedes Los muss die gleiche Chance haben, zufällig geprüft zu werden. Mehrere Verfahren wurden entwickelt, welche die Zufälligkeit der Stichprobe garantieren:

- die Auswahl aus einer Zufallszahlentabelle bei geordneten Elementen,
- die Auswahl mit einem Zufallszahlengenerator bei IT-Einsatz,
- die Auswahl nach Zeitpunkten bei kontinuierlicher Fertigung.

Der *AQL-Wert* (Acceptable Quality Limit oder Annehmbare Qualitätsgrenze) gibt den maximal zulässigen Anteil fehlerhafter Einheiten in Prozent des Prüfloses an. Als entsprechende Rückweisewahrscheinlichkeit kommt die Kennzahl Rejectable Quality Level (RQL) hinzu (Kamiske/Brauer 2002, S. 91ff).

Tabelle 19.11. Auszug aus DIN ISO 2859 Teil 1 (Stichprobenplan)

	Stichprobenumfang - Annahmezahl (n-c)							
Losumfang N	AQL 0,01 n-c	AQL 0,04	AQL 0,1	AQL 0,25	AQL 1,5	AQL 4,0	AQL 6,5	AQL 10,0
2-8	3-0	3-0	3-0	3-0	3-0	3-0	3-0	3-1
9-15	5-0	5-0	5-0	5-0	5-0	5-0	5-1	5-1
16-25	8-0	8-0	8-0	8-0	8-0	8-1	8-1	8-1
26-50	13-0	13-0	13-0	13-0	13-0	13-1	13-2	13-3
51-90	20-0	20-0	20-0	20-0	20-0	20-2	20-3	20-5
91-150	32-0	32-0	32-0	32-0	32-0	32-3	32-5	32-7
151-280	50-0	50-0	50-0	50-0	50-2	50-5	50-7	50-10
281-500	80-0	80-0	80-0	80-0	80-3	80-7	80-10	80-14
501-1200	125-0	125-0	125-0	125-1	125-5	125-10	125-14	125-21
1201-3200	200-0	200-0	200-0	200-1	200-7	200-14	200-21	125-21
3201-10000	315-0	315-0	315-1	315-2	315-10	315-21	200-21	125-21
10001-35000	500-0	500-0	500-1	*500-3*	*500-14*	315-21	200-21	125-21
35001-150000	800-0	800-1	800-2	800-5	800-21	315-21	200-21	125-21
150001-500000	1250-0	1250-1	1250-3	1250-7	800-21	315-21	200-21	125-21

Beispielsweise kann die annehmbare Qualitätsgrenze (AQL) bei 0,25% maximal fehlerhaften Einheiten festgelegt werden. Aus Tabelle 19.11 ist ablesbar, dass bei einer Grundgesamtheit von 15.000 Stück 500 zu prüfen sind. Sind maximal 3 fehlerhafte Teile in der Stichprobe von 500 enthalten, wird die gesamte Lieferung angenommen (die Annahmezahl beträgt 500-3). Ab vier fehlerhaften Teilen wird sie zurückgewiesen.

Ein weiteres *Beispiel*: Bei einer Lieferung von 20.000 Teilen bedeutet ein AQL von 1,5, dass 500 Teile als Stichprobe entnommen werden. Hiervon dürfen nicht mehr als 14 Stück fehlerhaft sein (s. Tabelle 19.12). Bei einer Fehleranzahl von 15 kann die Lieferung abgelehnt oder eine zweite Probe durchgeführt werden.

Tabelle 19.12. Merkmale des AQL-Stichprobensystems

Merkmale des AQL Stichprobensystems:
• Die Anzahl fehlerhafter Produkte in der Stichprobe entscheidet über die Annahme oder Rückweisung des gesamten Loses.
• Je größer die AQL, umso größer die Wahrscheinlichkeit, dass fehlerhafte Produkte in der Eingangsprüfung nicht entdeckt werden, sondern in der Produktion auftauchen und dort zu Störungen führen (z.B. bei AQL = 10).
• Je kleiner die AQL, desto höher ist die Rückweisewahrscheinlichkeit der Lieferung bei einem bestimmten Fehleranteil im Los (z.B. bei AQL = 0,1)
• Die Vereinbarung einer AQL berechtigt den Lieferanten nicht, einen bestimmten Anteil fehlerhafter Produkte zu liefern bzw. verpflichtet den Abnehmer nicht, einen unbemerkten fehlerhaften Anteil von Produkten zunehmen.
• Die in der Stichprobe festgestellten fehlerhaften Produkte werden als offene Mängel beanstandet. Später festgestellte Mängel gelten als verdeckte Mängel, für die entsprechende Gewährleistungs- und Schadensersatzansprüche entstehen.

Die statistischen Grundlagen des Stichprobenverfahrens zeigen sich in Abb. 19.11. Je nach Stichprobengröße, AQL und Anzahl Fehlerteile lassen sich Annahmekennlinien ermitteln, auf denen Tabelle 19.13 basiert. Abbildung 19.11 zeigt im Prinzip, wie sich die Wahrscheinlichkeit für die fälschliche Annahme eines Loses (Abnehmerrisiko) oder die fälschliche Ablehnung eines Loses (Herstellerrisiko) ermitteln lässt. Die Kurve basiert auf der Normalverteilung der Gaußschen Glockenkurve.

19.14.6 Einfach-, Mehrfach-, Skip-Lot-Stichproben

Ob eine Lieferung angenommen oder zurückgewiesen wird, entscheidet sich bei *Einfachstichproben* auf der Grundlage einer einzigen Entnahme.

Mehrfachstichproben werden häufig auch als Doppel- oder Folgeprobenpläne eingesetzt. Der Umfang der einzelnen Stichproben kann dabei wesentlich geringer gehalten werden als bei Einfachstichproben.

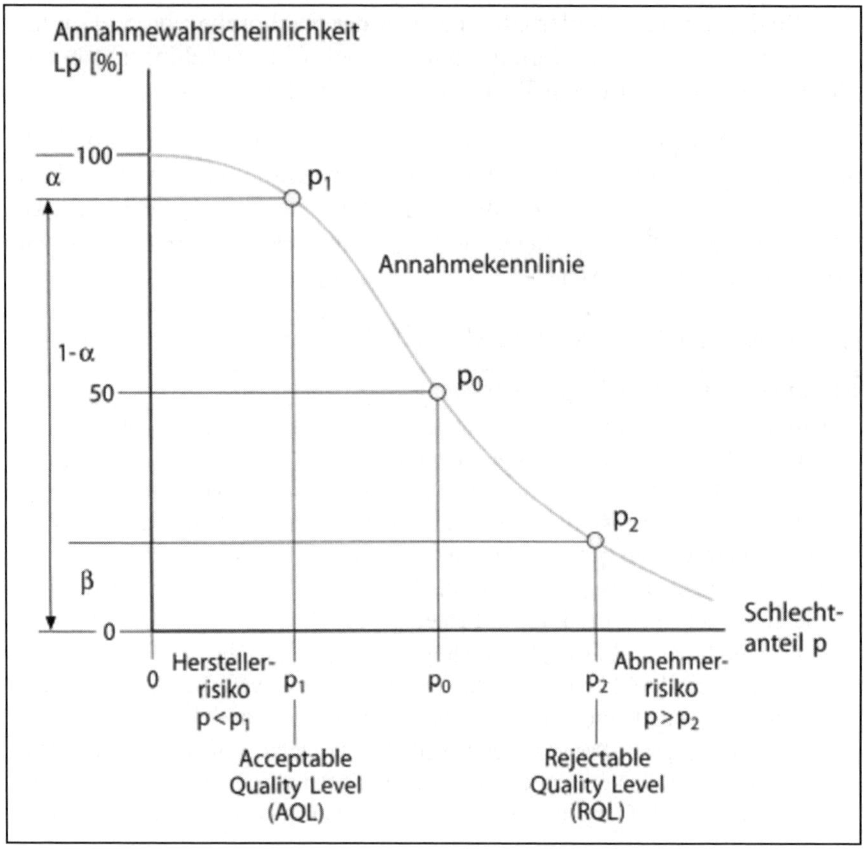

100-Lp: Rückweisewahrscheinlichkeit [%]
α: Irrtumswahrscheinlichkeit 1. Art (nicht beabsichtigte Rückweisung)
β: Irrtumswahrscheinlichkeit 2. Art (nicht beabsichtigte Annahme)

Abb. 19.11. Annahmekennlinie (Kamiske/Brauer 2002, S. 91)

Eine Variante sind *Skip-Lot-Stichprobenprüfung* („Überspringe Prüflose").

Der Gesamtaufwand wird vermindert, indem eine Skip-Lot-Stichprobenprüfung mit einer Einfachstichprobe beginnt. Wird eine vorher definierte Anzahl von aufeinander folgenden einwandfreien Prüfstücken erreicht, wird nur noch ein Teil der restlichen Stichprobe überprüft. DIN ISO 2859-3 umfasst die Regeln der Skip-Lot-Stichprobenprüfung bei Attributsprüfungen.

19.14.7 Attributs- oder Variablenprüfungen

Für die Entscheidung über die Annahme eines Loses stehen Attributprüfung (nach DIN ISO 2859) und Variablenprüfung (nach DIN ISO 3951) zur Verfügung. Es sind Varianten der Stichprobenprüfung.

> Die *Attributsprüfung*, auch als „Gut-Schlecht-Prüfung" bezeichnet, zeigt lediglich, ob ein Prüfmerkmal der Qualitätsnorm entspricht oder nicht.
> Bei der *Variablenprüfung*, auch messende Prüfung genannt, wird an jeder Einheit der Stichprobe das interessierende Qualitätsmerkmal gemessen.

Da die messende Prüfung mehr Informationen über die einzelne Einheit enthält als eine Gut-Schlecht-Prüfung, ist der Stichprobenumfang kleiner. Der Aufwand für eine Messung ist jedoch größer und die Anforderungen an das Personal höher.

Beispiel: Die vorgegebene Wanddicke eines Gastanks beträgt 3 mm, mit genehmigter Abweichung von Á1/100 mm. Der Gastank wird angenommen, wenn die Messung der Wand 2,99 bis 3,01 mm ergibt.

19.15 Pareto-Diagramm zur Darstellung der Fehlerhäufigkeit

In einem *Pareto-Diagramm* werden die Häufigkeiten eines Merkmals in absteigender Reihenfolge und die kumulierten relativen Häufigkeiten dargestellt. Es eignet sich zur Darstellung von Konzentrationen.

Tabelle 19.13. Fehlerdaten zur Vorbereitung eines Pareto-Diagramms

Art des Fehlers			
Bezeichnung	**Anzahl**	**Anteil**	**kumuliert**
Fehlende Teile	5	41,67%	41,67%
Technische Mängel	4	33,33%	75,00%
Montage fehlerhaft	2	16,67%	91,67%
Mangelhaftes Material	1	8,33%	100%

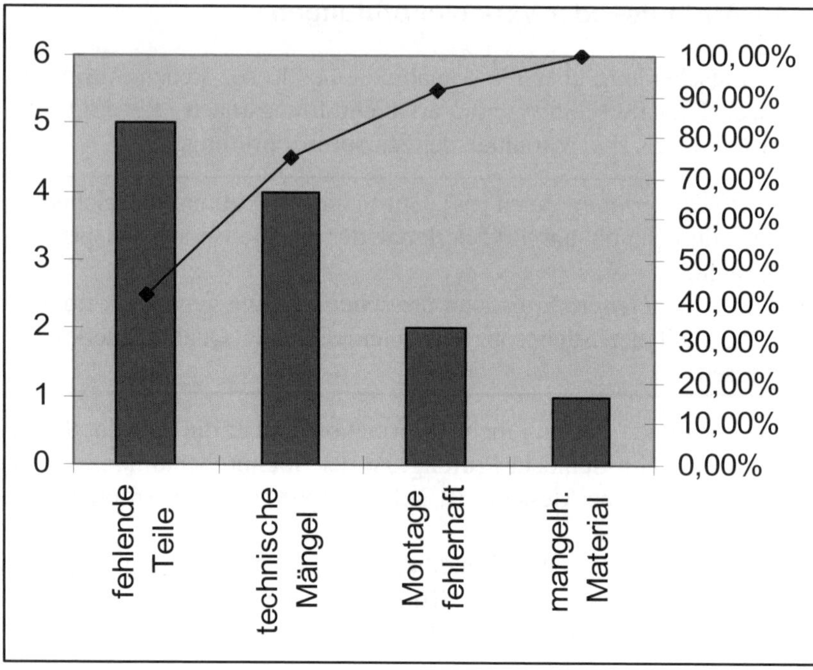

Abb. 19.12. Pareto-Diagramm

19.16 Lieferantenbewertung mit Qualitätskennzahlen (QKZ)

Liegen die Ergebnisse der Wareneingangsprüfung vor, lassen sich die zugehörigen Lieferanten beurteilten. Das SAP-Qualitätsmanagementinformationssystem QMIS berechnet u.a. die Qualitätskennzahl (QKZ) zur Bewertung von Lieferanten.

Die Formel lautet:

$$QKZ = 101 - \frac{WE_0 \cdot f_o + WE \cdot f_1 + WE_2 \cdot f_2 + WE_3 \cdot f_3}{WE} \quad (19.1)$$

Hierbei bedeutet

WE = Summe der Wareneingänge
WE_0 = Wareneingänge ohne fehlerhafte Teile
WE_1 = Wareneingänge mit unbedeutenden Fehlern
WE_2 = Wareneingänge mit Fehlern
WE_3 = Wareneingänge mit erheblichen Fehlern

f_0, f_1, f_2, f_3 sind firmenspezifische Gewichtungskriterien

Auf Basis der QKZ können A-, B- und C-Lieferanten definiert werden:

- A-Lieferanten ($96 \leq QKZ \leq 100$): gute Lieferanten
- B-Lieferanten ($90 \leq QKZ < 96$): akzeptable Lieferanten
- C-Lieferanten ($0 \leq QKZ < 90$): nicht akzeptable Lieferanten

Beispielhaft wird die QKZ für folgenden Lieferanten berechnet:

Tabelle 19.14. Klassifizierung von Lieferanten

Klasse	Anzahl Einträge		Behandlung	Fehlerschwere	Gewichtung	Gewichtungsfaktor
Lieferant	**L_1**	**L_2**				
WE_3	5	7	Gesperrt	Schwerwiegend	f_3	100
WE_2	2	3	Reklamiert	Erheblich	f_2	30
WE_1	6	10	Nachträglich reklamiert	Unbedeutend	f_1	5
WE_0	12	380	angenommen	Ohne Fehler	f_0	1
Summe	25	400				

Dann ergibt sich:

$$QKZ_1 = 101 - \frac{12 \cdot 1 + 6 \cdot 5 + 2 \cdot 30 + 5 \cdot 100}{25} = 76{,}92$$

$$QKZ_2 = 101 - \frac{380 \cdot 1 + 10 \cdot 5 + 3 \cdot 30 + 7 \cdot 100}{25} = 97{,}95$$

Bei Lieferant 1 handelt es sich also um einen nicht akzeptablen Lieferanten, während Lieferant 2 als guter Lieferant eingestuft werden kann.

19.17 SPC und Qualitätsregelkarten zur Sicherung der Leistungsprozesse

Die *statistische Prozessregelung (Statistical Process Control, SPC)* ist ein mathematisch-statistisch orientiertes Verfahren. Bereits optimierte Fertigungsprozesse sollen durch kontinuierliche Beobachtungen von Prozessvariablen und ggf. Korrekturen in diesem Zustand erhalten werden.

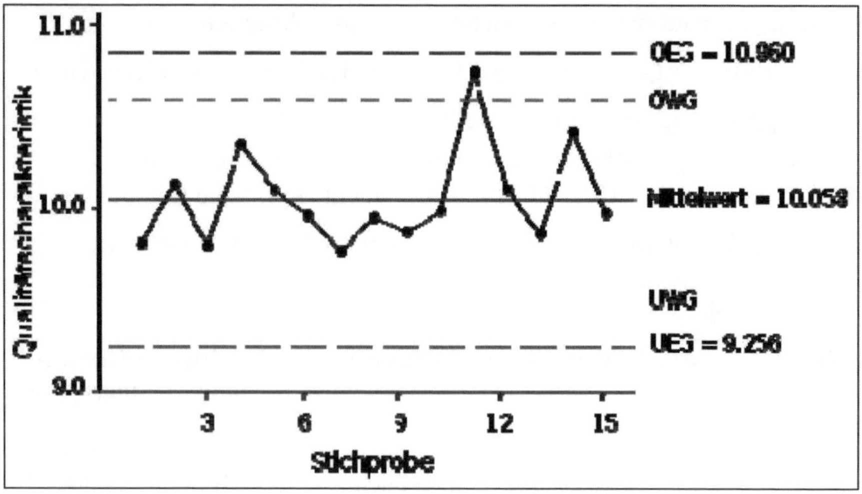

Abb. 19.13. Qualitätsregelkarte

Zu beobachtende Prozessvariablen können z.B. die Ausschussrate, Einstellgenauigkeit der Maschinen, Fehlerrate bei Stichprobenverfahren und Materialqualität sein. Wichtigstes Hilfsmittel sind hierbei Qualitätsregelkarten (s. Abb. 19.13).

Mit Hilfe der Statistik werden gemessene oder gezählte Beobachtungen charakteristischer Produktmerkmale bewertet und ihr Verhalten beschrieben. Die unbekannten Parameter der zu beurteilenden Grundgesamtheit werden durch Stichproben geschätzt und zu Qualitätsregelkarten verarbeitet. Nur zufallsbedingte Schwankungen der Prozessparameter beeinflussen das Prozessergebnis.

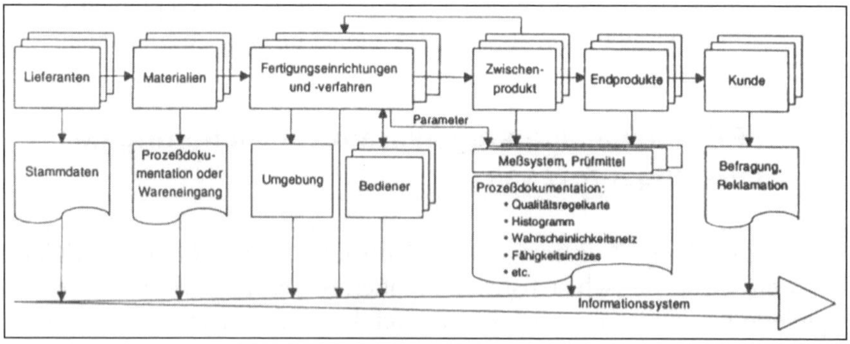

Abb. 19.14. Verknüpfung der Informationen von SPC (Qualitätszirkel 2000, S. 136)

SPC kann als Prozessinformationssystem bezeichnet werden. Es ist somit in der Lage, für die gesamte Prozesskette Entscheidungsgrundlagen zu liefern (Kamiske/Brauer 2002, S. 84ff). Die Anwendung von SPC ist primär nur auf Produktionsprozesse angelegt, SPC kann aber auf jeden Prozess angewandt werden.

19.18 Failure Mode and Effect Analysis (FMEA)

Die Feststellung von Fehlern sagt noch nichts über deren Ursache, die bekannt sein muss, um Korrekturmaßnahmen ergreifen zu können. Dazu dient die Fehlermöglichkeits- und Einfluss-Analyse (FMEA).

Nach der Entwicklung im Bereich der Raumfahrt in den USA, wurde das Instrument in Europa zunächst im Rahmen der Automobil- und ihrer Zulieferindustrie eingesetzt. Mittlerweile findet es auch in anderen Branchen Anwendung. Die FMEA dient der Aufdeckung und Beseitigung von Schwachstellen, oftmals in der Entwicklungsphase eines Produktes, eines neuen Herstellungsverfahrens oder beim Einsatz neuer Produkte. Der Anteil der Fehler, die bei der Produktentwicklung ihre Ursachen haben, werden mit 70 beziffert (Werner 2008, S. 229ff). Die FMEA analysiert die Fehler und ihre Folgen nach folgenden Kriterien:

- ihrer Bedeutung,
- der Wahrscheinlichkeit des Auftretens und des Entdeckens,
- den Abhilfemaßnahmen.

Sie gliedert sich in folgende Phasen (Werner 2008, S. 230):

1. Problemstellung (z.B. Ölverlust am PKW),
2. Risikoanalyse (Risse im Schlauch),
3. Risikobewertung (hohes Risiko: bei Ölverlust Ausfall Motor),
4. Identifizierung von Verbesserungsmaßnahmen (Materialwahl),
5. Umsetzung der Maßnahmen (Abt: Einkauf, binnen vier Wochen),
6. Soll-Ist-Vergleich (Fehlerrisiko nach Austausch des Materials).

Durch die Anwendung von Kreativitätstechniken werden Fehlermöglichkeiten aufgedeckt, welche man anschließend gewichtet. Bei der Gewichtung werden drei ganzzahlige Zahlen zwischen 1 und 10 berücksichtigt:

- Wahrscheinlichkeit für das Auftreten des Fehlers,
- Bedeutung des Fehlers,
- Wahrscheinlichkeit des Entdeckens eines Fehlers vor Auslieferung an den Kunden.

Durch die Multiplikation der Zahlen miteinander wird eine Ist-Risikoprioritätszahl abgeleitet, die den Fehler bewertet und zwischen 1 und 1.000 liegt. Anschließend werden Maßnahmen, Verantwortliche und Termine definiert, welche die Fehlerursache beseitigen sollen. Die abgeleiteten Maßnahmen werden bei der Ermittlung der Soll-Risikoprioritätszahl berücksichtigt. Zur Eintragung der Analysedaten sollte ein Formblatt dienen.

Tabelle 19.15. Beispiel FMEA in der Wareneingangskontrolle (in Anlehnung an Werner 2008, S. 231)

Problemstellung	**Wareneingangskontrolle**	
Potenzieller Fehler	Falsche Zuordnung von Waren zu ihrem Lagerort	
Potenzielle Fehlerursache	Manuelle Zuordnung zu ihrem Lagerort	
Folge des Fehlers	Probleme beim Kommissionieren	
Ist-Zustand (Risikoprioritätszahl)	- Auftreten des Fehlers: 8 Pkt. - Bedeutung des Fehlers: 10 Pkt. - Entdecken des Fehlers: 6 Pkt.	8*10*6 = **480 Pkt.**
Maßnahmen	Barcode gestützte Zuordnung von Waren zum Lagerort	
Verantwortlich	Schmitt	
Termin	30.09.2005	
Soll-Zustand (Risikoprioritätszahl)	- Auftreten des Fehlers: 1 Pkt. - Bedeutung des Fehlers: 10 Pkt. - Entdecken des Fehlers: 3 Pkt.	1*10*3 = **30 Pkt.**

Je nach Schwerpunkt und Zielrichtung des Einsatzes werden verschiedene Arten von FMEA unterschieden:

- Konstruktions-FMEA,
- Prozess-FMEA,
- System-FMEA.

Konstruktions-FMEA

Die Konstruktions-FMEA ist speziell auf ein Produkt ausgerichtet und wird in der Entwicklungs- und Produktionsplanungsphase durchgeführt. Es soll sichergestellt werden, dass alle möglicherweise auftretenden Fehler betrachtet und vermieden werden. Das Produkt soll gegen Schwachstellen abgesichert werden, z.B. in Bezug auf Funktionalität, Zuverlässigkeit, Werkstoffauswahl, wirtschaftliche Herstellbarkeit, Servicefreundlichkeit. Zunächst wird das Gesamtsystem untersucht, anschließend die entsprechenden Teilsysteme bzw. Baugruppen bis hin zu den Einzelteilen.

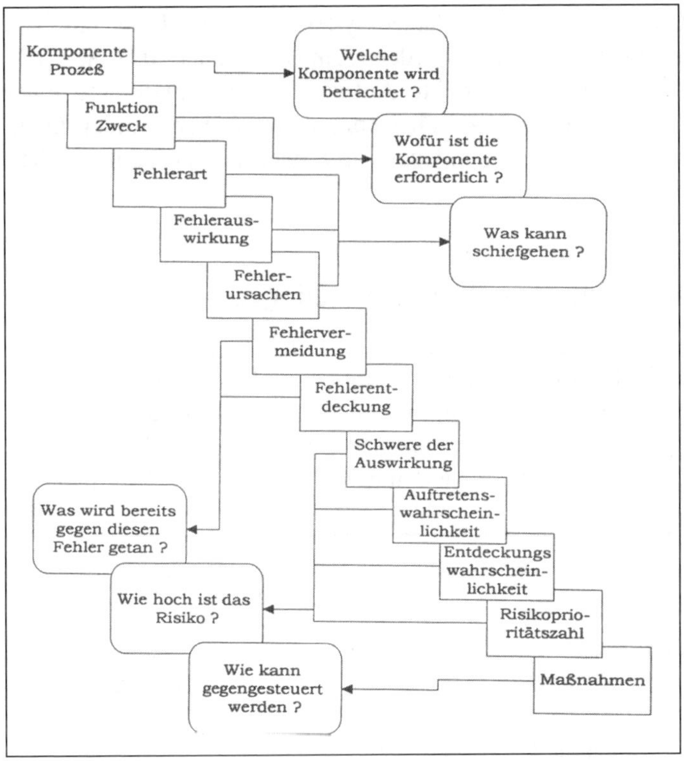

Abb. 19.15. Schema zur Durchführung einer Konstruktions-FMEA

Prozess-FMEA

Die Prozess-FMEA wird ebenfalls in der Produktionsplanungsphase durchgeführt. Sie bezieht sich auf einen bestimmten Prozess in den Bereichen Fertigung, Montage und Prüfung. Alle möglichen Faktoren und Zustände, die einen einwandfreien Prozessablauf erschweren, sollen ermittelt werden. Besonders zu betrachten sind hierbei Eignung und Sicherheit des Herstellverfahrens, seine Qualitätsfähigkeit sowie Prozessstabilität und die Ermittlung von Prozesssteuerungsmerkmalen.

System-FMEA

Im Rahmen der System-FMEA wird das funktionsgerechte Zusammenwirken einzelner Komponenten eines komplexen Systems untersucht. Pflichtenheft oder Ergebnisse der Qualitätsplanung können die Ausgangsinformationen hierzu darstellen. Auf diese Weise sollen bereits im Stadium des Systementwurfs frühzeitig Fehler vermieden werden. Insbesondere können

Sicherheit und Zuverlässigkeit des geplanten Systems sowie die Einhaltung von gesetzlichen Vorschriften überprüft werden (Kamiske/Brauer 2002, S. 32ff).

Häufig amortisiert sich der erhöhte Aufwand für die Erstellung einer FMEA schon vor Serieneinsatz durch weniger und frühere Änderungen. Hinzu kommt ein nennenswerter Zuwachs an Sicherheit und Fehlerfreiheit der Produkte.

19.19 Ursache-Wirkungs-(Ishikawa-)Diagramm

Das Ursache-Wirkungs-Diagramm ergründet die Ursachen von Qualitätsmängeln durch die Rückführung auf bis zu acht Ursachenkategorien (8M). Nach seinem japanischen Erfinder auch Ishikawa-Diagramm oder nach dem Erscheinungsbild Fischgräten-(Fishbone-)Diagramm genannt.

Die Methode erinnert im systematischen Vorgehen an Kreativitätstechniken (s. Abb. 19.16).

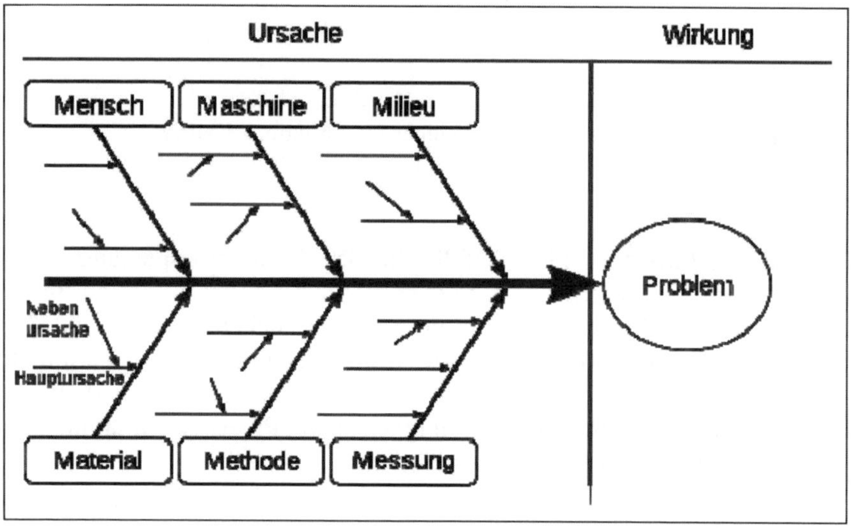

Abb. 19.16. Ishikawa-Diagramm

Sprachliche Eleganz gewinnt das Modell durch die ursprünglich vier mit M beginnenden Hauptursachen (4M), die bei einem Problem im Stil einer Checkliste zunächst zu bedenken sind: Mensch, Maschine, Material und Methode. Hinzu kamen dann weitere mögliche Ursachen zur Erweiterung auf 8M: Milieu (Mitwelt/Umwelt), Messung, Management und Money.

Praxisbeispiel: Ladungssicherung

Im zentralen Versandlager der BASF in Ludwigshafen: Ladungssicherung liegt zwar juristisch gesehen in der Verantwortung der wechselnden Spediteure, doch da es sich um Gefahrstoffe handelt, wollte das renommierte Unternehmen unbedingt im Sinne einer ausgeprägten Produktverantwortung („product stewardship") Unfälle vermeiden. Mit Hilfe des Ishikawa-Diagramm (hier beschränkt auf 4M) lassen sich Ursachen unzureichender Ladungssicherung erarbeitet:

- *Mensch:*
  Fehlende Kenntnis der eigenen Lagermitarbeiter und der Fahrer über Gefahren und Verantwortlichkeiten. Als Maßnahme: Schulung eigener Mitarbeiter und Anweisung der Fahrer.

- *Material:*
  Die verwendeten Zurrgurte sind bei Fässern und halbvollen LKW zur Ladungssicherung nicht ausreichende. Maßnahme: Zusätzliche Holzlatten und druckluftgefüllte Kissen.

- *Maschine:*
  Für die Druckluftkissen sind keine Druckluftleitungen vorhanden. Maßnahme: neue Leitungen bis an die Ladetore verlegen.

- *Methode:*
  Unsystematische Beladung der LKW. Maßnahme: Bereitstellung des Transportgutes gemäß der Beladereihenfolge.

19.20 Quality Function Deployment (QFD)

> *Quality Function Deployment* stellt eine Methode zur systematischen Gestaltung der gesamten Produktentstehungsphase und maximalen Kundenorientierung dar. Übersetzt: „Qualitätsfunktionendarstellung" oder „Aufstellung der Qualitätsanforderungen". Wegen der graphischen Darstellungsform auch „House of Quality" genannt.

Kundenwünsche werden als messbare Produkt- und Prozessmerkmale abgeleitet. Es ist nicht wichtig, dass ein Produkt alle möglichen Funktionen und Merkmale aufweist, sondern nur die, die der Kunde wünscht. In der Korrelationsmatrix (s. Abb. 19.17) sollen die Kundenanforderungen und Designanforderungen gegenübergestellt werden (Heiserich 2000, S. 182f). Auf diese Weise sollen die Produktspezifikationen, die nicht den Kundenerwartungen entsprechen, vermieden werden.

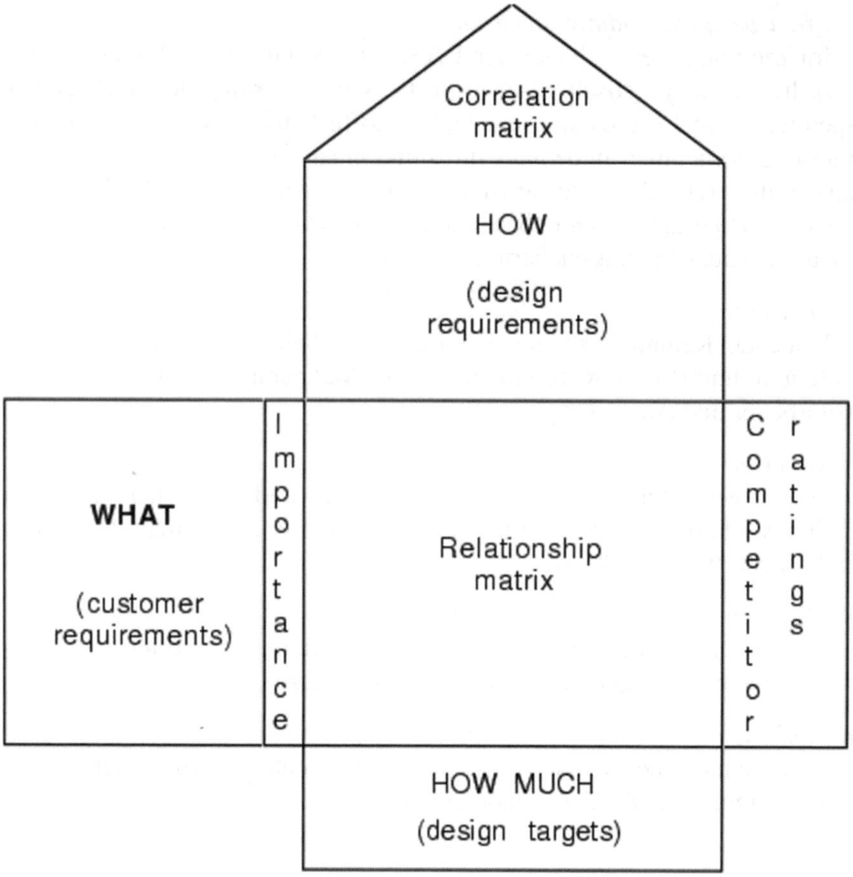

Abb. 19.17. Quality-Function-Deployment-Schema

Die Stufen des Umsetzungsprozesses sind (Koether 2007, S. 183f):

- *vom Was (What) zum Wie (How):*
  Eigenschaften des Produktes aus Kundensicht (Was) sollen als messbare Größen des Produktes (Wie) dargestellt werden;
- *Was-Wie-Beziehungen:*
  In der Qualitätshausmatrix (House of Quality) werden die Was-Wie-Beziehungen und die Stärken der Paare dargestellt (z.B.: Wie leise muss aus Kundensicht der Heizkessel sein, welche Lautstärke hat er und welche Bedeutung hat dies für den Kunden?);
- *Wechsel-Beziehungen:*
  Die messbaren Größen des Produktes (Wie) können sich ergänzen oder widersprechen. Mögliche Konkurrenzsituationen werden durch diese

Darstellung offensichtlich. Um solche Konflikte zu vermeiden, werden gezielte Innovationen angeregt (z.B. Widerspruch: Der Kunde fordert eine lange Lebensdauer, aber wenig Wartung.);

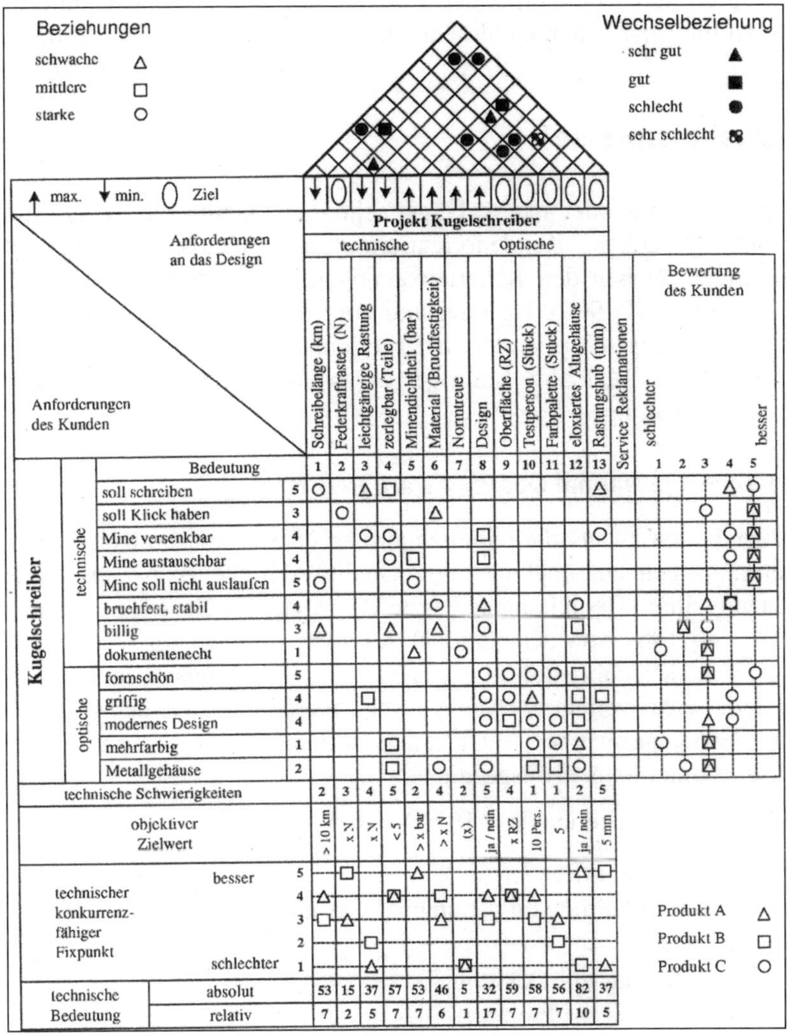

Abb. 19.18. Quality-Function-Deployment-Schema (Werner 2008, S. 228)

- *Wie viel (how much):*
  Die messbaren Größen (Wie) werden quantifiziert. Die Marktpositionierung des geplanten Produktes kann durch den Vergleich mit den quantifizierten Messgrößen der Wettbewerbsprodukte dargestellt werden.

Praxisbeispiel: Traktorenhersteller

Ein elektronisches Motor-Steuergerät beim Traktor-Hersteller John Deere, das zu viele Funktionen erfüllen konnte, die gar nicht gebraucht wurden, wurde durch eine erheblich billigere abgespeckte Spezialanfertigung ersetzt und sparte dem Unternehmen fast 308.000 Euro (FAZ 2003h).

19.21 Qualitätspreise

Stiftungen, Verbände oder andere Träger schreiben Qualitätspreise aus, um den Qualitätsgedanken, Kundenorientierung und Wettbewerbsfähigkeit voranzubringen. Neben den Kriterienkatalogen zur Bewertung von QM, die auf der DIN ISO 9001 basieren und eher operativ ausgerichtet sind, sind die eher strategisch orientierten Kriterienkataloge des EFQM Excellence Award, des Malcolm Baldrige Award und des Ludwig-Erhard-Preises von Bedeutung.

Malcolm Baldrige Natinal Quality Award (MBNQA)

In den 80er Jahren zwang die plötzlich auftretende japanische Konkurrenz die amerikanischen Unternehmen ihre Qualitätsdefizite zu beheben. Als Unterstützung ihrer Bemühungen wurde der Malcolm Baldrige National Quality Award 1987 von der National Advisory Council for Quality ins Leben gerufen. Malcolm Baldrige war in den USA Minister und Unternehmer. Jedes Jahr werden höchstens zwei Unternehmen aus den drei Kategorien Großunternehmen, Dienstleistungsunternehmen und mittelständische Unternehmen ausgezeichnet.

Die sieben Hauptkriterien des MBNQA sind

- Führung zur Qualität (Leadership),
- Informationsverarbeitung und strategische Analyse,
- Qualitätsplanung,
- Personaleinsatz und -entwicklung,
- Prozessmanagement für Produkte/Dienste,
- Qualitäts- und Betriebsresultate,
- Kundenzufriedenheit.

Die Hauptkriterien werden in 28 gewichtete Einzelkriterien untergliedert. Zwischen diesen Größen herrschen dynamische Zusammenhänge. Die Kriterien zu Ergebnissen ergeben maximal etwa 250 Punkte und die zu Prozessen maximal etwa 750 Punkte.

EFQM Excellence Award

Vor dem Hintergrund der verstärkten Qualitätsanforderungen in Japan und USA setzte sich auch in Europa ein neues Qualitätsverständnis durch. Es wurde die Erkenntnis gewonnen, dass Qualität nicht nur Produktqualität bedeutet, sondern sich auf alle Aktivitäten des Unternehmens bezieht, sei es im Bereich Personal oder bei Fragen des Umwelt- und Ressourcenschutzes. Um diese Entwicklung zu unterstützen, wurde 1992 der European Quality Award von der European Foundation for Quality Management (EFQM) ins Leben gerufen. Zielsetzung ist die Verbreitung von TQM in Europa, um die Stellung der europäischen Industrie auf dem Weltmarkt zu festigen und auszubauen. Abbildung 19.19 gibt einen Überblick über das Modell.

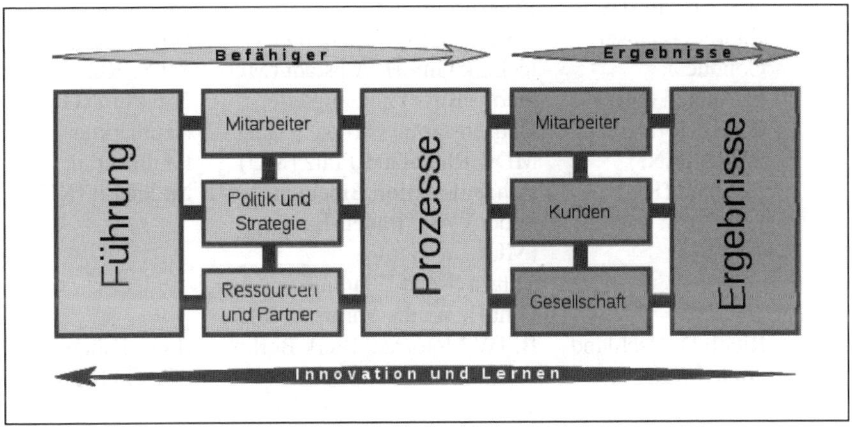

Abb. 19.19. EFMQ-Modell (www.ilep.de)

RADAR ist ein Bestandteil des EFQM-Modells, eine Abkürzung für results (Ergebnisse), approach (Vorgehen), deployment (Umsetzung), assessment (Bewertung) und review (Nachbearbeitung). Im Kern handelt es sich um einen Regelkreis zur kontinuierlichen Verbesserung.

Ludwig-Erhard-Preis

Der EFQM Excellence Award hat in der Form eines nationalen Qualitätspreises, des Ludwig-Erhard-Preises, Eingang in Deutschland gefunden. Geschaffen wurde der Preis auf Initiative des Vereins Deutscher Ingenieure und der Deutschen Gesellschaft für Qualität in Zusammenarbeit mit den Spitzenverbänden der deutschen Wirtschaft. Vorbildliche Unternehmen in Deutschland, die aufgrund hervorragender Managementleistungen Spitzenpositionen im internationalen Wettbewerb erzielt haben, werden seit 1997 jährlich ausgezeichnet. Die Zufriedenheit von Kunden und Beschäftigten, sowie der Nutzen für das Unternehmen und die Gesellschaft sind dabei grundlegende Maßstäbe.

Tabelle 19.16. Gewinner des Ludwig-Erhard-Preises (www.ilep.de)

	Preisträger	Auszeichnung	Finalist
2012	Robert Bosch GmbH, Werk Stuttgart-Feuerbach Schindlerhof Klaus Kobjoll GmbH Allresist GmbH	BMW Werk Regensburg	Busch-Jaeger Elektro GmbH
2011	BMW Motorrad, Werk Berlin(GU) Endress+Hauser Conducta, Gerlingen (MU) WSS AKTIV BERATEN, Rottweil (KU)	Robert Bosch GmbH, Werk Feuerbach(GU) ASSA ABLOY Sicherheits-technik GmbH, Albstadt (MU) Herth+Buss Fahrzeugteile, Heusenstamm (MU) MDK Rheinland-Pfalz (MU) Polizeidirektion Biberach (MU) Schöck AG, Baden-Baden (MU) Thüringische Weidmüller GmbH, Wutha-Farnroda (MU)	WISAG Gebäudereinigung Holding GmbH & Co. KG, Frankfurt (GU) Neumarkter Lammsbräu, Neumarkt (KU)
2010	Ricoh Deutschland GmbH (GU) I. K. Hofmann GmbH (MU)	BMW Motorrad, Werk Berlin (GU) TRW Airbag Systems GmbH (GU) TKW Gebäudeservice GmbH MU) Marc Klejbor Marketing & Merchandising GmbH (KU)	Brose Fahrzeugteile GmbH & Co KG Meerane (MU) Deutsches Zentrum für Luft- und Raumfahrt e.V.(MU) Reha Vita GmbH (KU)

Wiederholungsfragen zu Kapitel 19

1. Wie funktioniert das Zertifizierungsverfahren für das QM nach DIN ISO 9001?
2. Welche besonderen QM-Systeme gibt es in der Auto-, Chemie-, Lebensmittelbranche sowie für Arbeitssicherheit?
3. Welche Methoden der Qualitätsprüfung werden eingesetzt?
4. Wie lassen sich Fehlerursachen ermitteln und vermeiden?

20 Umweltmanagementsysteme (UM)

20.1 Nachhaltigkeit als Wettbewerbsfaktor

Nachhaltigkeit (Sustainability): „Entwicklung zukunftsfähig zu machen, heißt, dass die gegenwärtige Generation ihre Bedürfnisse befriedigt, ohne die Fähigkeit der zukünftigen Generation zu gefährden, ihre eigenen Bedürfnisse befriedigen zu können."
Definition der von der UN beauftragten Brundtland-Kommission „Unsere gemeinsame Zukunft" 1987

Nachhaltiges Wirtschaften wird zusehends zu einem Wettbewerbsfaktor. Globale Unternehmen wählen ihre Zulieferer unter Nachhaltigkeitskriterien aus. Tabelle 20.1 zeigt die Zahl schnell zunehmender externer Nachhaltigkeitsaudits bei Lieferanten von Siemens und daraus folgende Maßnahmen.

Tabelle 20.1. Nachhaltigkeitsaudits bei Lieferanten von Siemens (http://www.siemens.com/sustainability/pool/de/nachhaltigkeitsreporting/siemens-nb-lieferanten.pdf, Abruf 17.11.13)

Externe Nachhaltigkeitsaudits	**2012**	**2011**	**2010**
Europa GUS, Afrika, Naher und Mittlerer Osten	37	24	20
Amerika	51	29	31
Asien, Australien	269	231	152
Gesamt	357	284	203
Vereinbarte Verbesserungsmaßnahmen			
Einhaltung der Gesetze/Verbote von Korruption und Bestechung	1.303	443	170
Achtung der Grundrechte der Mitarbeiter	2.129	1.466	326
Verbot von Kinderarbeit	93	105	81
Gesundheit und Sicherheit der Mitarbeiter	2.600	2.277	336
Umweltschutz	598	377	160
Lieferkette	353	295	199

Zur Ausgestaltung von Nachhaltigkeit hat sich das Drei-Säulen-Konzept (Triple-Bottom-Line – „Dreifachbilanzierung") durchgesetzt, wie in der Tabelle 20.2 erläutert. Im Englischen mit PPP bezeichnet: Profit, Planet, People.

Tabelle 20.2. Tripple-Bottom-Line-Ansatz

Ökonomische Nachhaltigkeit	Ökologische Nachhaltigkeit	Soziale Nachhaltigkeit
Stichwort *Dauerhaftigkeit* von Wirtschaftseinheiten: So wirtschaften, dass Unternehmen und Volkswirtschaften dauerhaft überleben.	Stichwort *Umweltschutz*: Die natürlichen Lebensgrundlagen nur so weit in Anspruch nehmen, wie sie sich regenerieren können.	Stichwort *Gerechtigkeit*: Ungleichheiten in sozialen Systemen so gering halten, dass Spannungen friedlich gelöst werden können.

Ökonomische Nachhaltigkeit

Ökonomische/wirtschaftliche Nachhaltigkeit ist Kern der Betriebswirtschaftslehre, die als Oberziel das langfristige Überleben der Unternehmen verfolgt. Einkauf und Logistik tragen dazu bei durch niedrige Einstandspreise, effiziente Transporte usw. Aus volkswirtschaftlicher Sicht fallen einzelwirtschaftliche Gewinne und Gemeinwohl jedoch auseinander, wenn externe (soziale, Umwelt-) Kosten entstehen. Das sind Nachteile für Dritte, die von einer wirtschaftlichen Handlung nicht profitieren. Beispiele sind Lärmbelästigung oder Treibhausgasemissionen bei Transporten. Sie spiegeln sich nicht im internen Rechnungswesen wider (s. Tabelle 20.3).

Tabelle 20.3. Umweltkosten pro Personen- bzw. Tonnenkilometer für verschiedene Fahrzeugtypen in Deutschland

Verkehrsmittel	Umweltkosten gesamt
PKW Diesel	4,0 Cent pro Personen-Kilometer
PKW Benzin	3,1 Cent pro Personen-Kilometer
Leichtes Nutzfahrzeug (Diesel)	14,8 Cent pro Tonnen-Kilometer
Leichtes Nutzfahrzeug (Benzin)	10,8 Cent pro Tonnen-Kilometer
Schweres Nutzfahrzeug (Diesel)	2,6 Cent pro Tonnen-Kilometer
Bus (Diesel)	2,1 Cent pro Personen-Kilometer
Krafträder (Benzin, 4-Takt)	3,6 Cent pro Personen-Kilometer
Kraftfahrräder (Benzin, 2-Takt)	3,6 Cent pro Personen-Kilometer
Personenzug (Diesel)	3,8 Cent pro Personen-Kilometer
Personenzug (Elektro)	1,2 Cent pro Personen-Kilometer
Güterzug (Diesel)	0,9 Cent pro Tonnen-Kilometer
Güterzug (Elektro)	0,3 Cent pro Tonnen-Kilometer

Quelle: http://www.umweltbundesamt.de/ v. 12.11.13, S. 9

Ökologische Nachhaltigkeit

Mit steigenden Umweltschäden wird die ökologische Nachhaltigkeit drängender. Sie ist eine Voraussetzung für die langfristige Existenz unserer Kultur, auch wirtschaftliche Gewinne sind ohne natürliche Ressourcen nicht möglich. Der Staat erlässt deshalb Gesetze zum Schutz der Umwelt. Ein Unternehmen mit Anlagen, die der Störfallverordnung unterliegen, muss etwa 1.500 Gesetze und Verordnungen befolgen. Insgesamt sind es bei Großunternehmen etwa 15.000 Vorschriften, die das Compliance Management (Übereinstimmungs-Management) überwachen muss. Ökologische Nachhaltigkeit als betriebliches Umweltmanagement (Öko-Effizienz) ist Kern dieses Kapitels.

Historisch gilt Hans Carl von Carlowitz (1645–1714), Oberberghauptmann aus Freiberg (Sachsen), als Begründer des Prinzips der Nachhaltigkeit: In der Forstwirtschaft darf nicht mehr Holz eingeschlagen werden als im gleichen Zeitraum nachwächst. Allgemein formuliert: Nicht mehr natürliche Ressourcen entnehmen als sich im gleichen Zeitraum neu bilden.

Soziale Nachhaltigkeit

Soziale Nachhaltigkeit behandelt im Unternehmen folgende Themen: Gerechte Entlohnung, Gleichstellung (Gender, Behinderte, ältere Arbeitnehmer…), soziales Engagement in der Kommune (Good Corporate Citizenship), fairer Einkauf, Geschäftstätigkeit in Entwicklungsländern, Anti-Korruption usw. Zur praktischen Integration aller drei Aspekte das folgende *Beispiel*: BASF: **S**ocio**E**co**E**ffiency Analysis (SEEBalance).

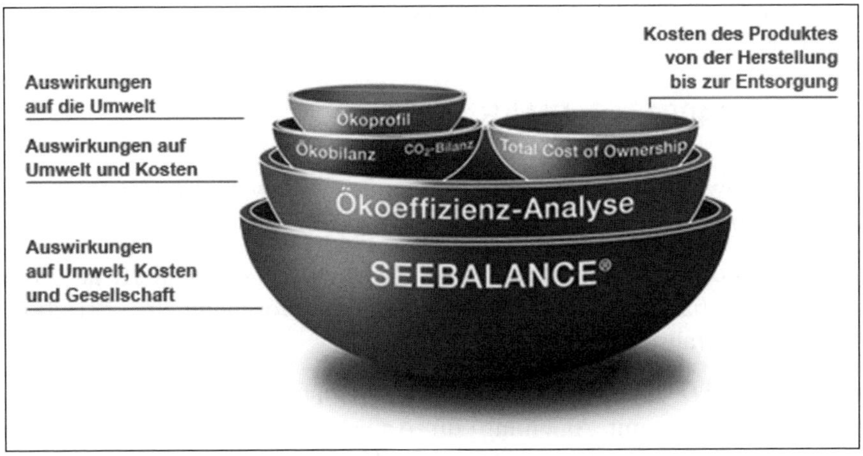

Abb. 20.1. SEEBalance (Quelle: http://www.basf.com/group/corporate/de/sustainability/eco-efficiency-analysis/seebalance v. 03.11.13)

Die praktische Bedeutung des Themas lässt sich an der Entwicklung der Veröffentlichung von Nachhaltigkeitsberichten ablesen, wie in Abb. 20.2 gezeigt.

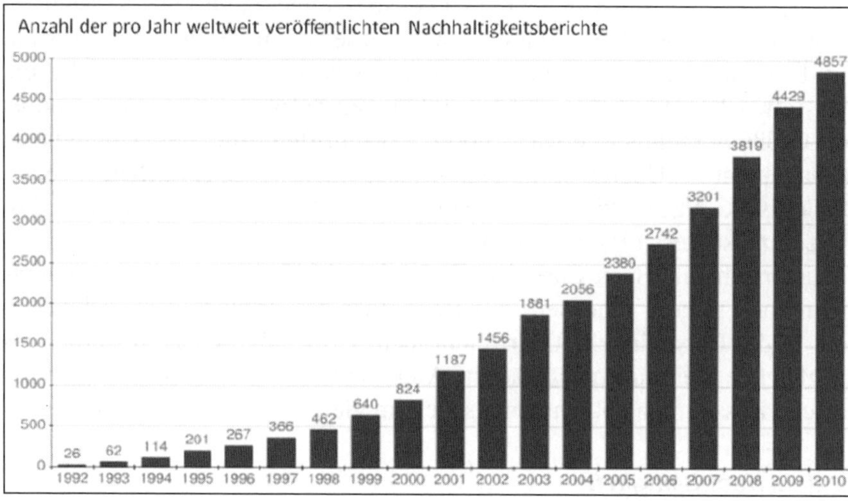

Abb. 20.2. Anzahl Nachhaltigkeitsberichte pro Jahr

Der weltweit wichtigste Standard zur Nachhaltigkeitsberichterstattung ist die Global Reporting Initiative (GRI) der UN. Auf der Homepage lässt sich die Anzahl dort registrierten Berichte recherchieren. Es sind mit Abruf vom 05.11.13 über 15.000 verfügbar (http://database.globalreporting.org/search). Die Berichte selber lassen sich über Verlinkungen einsehen, eine wertvolle Quelle für Beschaffungsmarktrecherchen.

20.2 ISO 14001 und EMAS

Für das Umweltmanagement gibt es international zwei dominierende, aufeinander abgestimmte Normen:

- *EMAS*: Eco-Management and Audit Scheme, kurz EMAS III aus dem Jahr 2009, basierend auf der EU-Öko-Audit-Verordnung Nr. 1221/2009, erstmals verabschiedet im Jahr 1993.
- *DIN EN ISO 14001* (kurz ISO 14001) Umweltmanagementsysteme – Anforderungen mit Anleitung zur Anwendung (aktuelle Fassung aus dem Jahr 2009, erstmals verabschiedet 1996).

Beide Systeme funktionieren in Anlehnung an die Zertifizierung von QM. Sie basieren auf Freiwilligkeit. Der ISO kommt zahlenmäßig eine größere Bedeutung zu. Nach einer Beschreibung der Inhalte von ISO werden deshalb die Unterschiede zu EMAS erörtert. Abbildung 20.3 zeigt das Inhaltsverzeichnis der ISO 14001.

Vorwort
Einleitung
1 Anwendungsbereich
2 Normative Verweisungen
3 Begriffe
4 Anforderungen an ein Umweltmanagementsystem
4.1 Allgemeine Anforderungen
4.2 Umweltpolitik
4.3 Planung
4.3.1 Umweltaspekte
4.3.2 Rechtliche Verpflichtungen und andere Anforderungen
4.3.3 Zielsetzungen, Einzelziele und Programm(e)
4.4 Verwirklichung und Betrieb
4.4.1 Ressourcen, Aufgaben, Verantwortlichkeit und Befugnis
4.4.2 Fähigkeit, Schulung und Bewusstsein
4.4.3 Kommunikation
4.4.4 Dokumentation
4.4.5 Lenkung von Dokumenten
4.4.6 Ablauflenkung
4.4.7 Notfallvorsorge und Gefahrenabwehr
4.5 Überprüfung
4.5.1 Überwachung und Messung
4.5.2 Bewertung der Einhaltung von Rechtsvorschriften
4.5.3 Nichtkonformität, Korrektur- und Vorbeugungsmaßnahmen
4.5.4 Lenkung von Aufzeichnungen
4.5.5 Internes Audit
4.6 Management review

Abb. 20.3. Inhaltsverzeichnis der ISO 14001 (http://www.beuth.de/)

Tabelle 20.4 erläutert die wichtigsten Forderungen der Norm an das UM (Vgl. auch Försch/Meinholz 2011, Finkbeiner 2012).

Tabelle 20.4. Forderungen der ISO 14001 an das Umweltmanagementsystem

Forderung	Beschreibung
Verantwortung der obersten Leitung	UM muss Chefsache sein, die Einführung und Aufrechterhaltung erfolgt durch die oberste Leitung
Umweltpolitik	Langfristige Strategie basierend auf ethischen Werten
Organisation und Personal	Festlegung von Verantwortlichkeiten, Befugnissen und Mitteln in der Linie vom Top-Management bis zu den Ausführenden, Bestellung von Umweltbeauftragten mit Beratungs- Initiativ- und Überwachungsfunktion (Vier-Augen-Prinzip), Mittel für Überwachung und Kontrolle, Qualifikation, Training und Motivation, Umgang mit Vertragspartnern
Umwelteinwirkungen	Umweltbilanzen, Einrichtung eines Mitteilungssystems (intern/extern), Abschätzung der Einwirkungen auf die Umwelt, Verzeichnis gesetzlicher Vorschriften
Umweltspezifische Ziele	Messbare Ziele mit Zeitpunkt der Erreichung und Verantwortlichkeit
Umweltmanagement-programme	Maßnahmen und Investitionen zur Erreichung der Ziele
Beschaffung von Material und Leistungen	Einführung von Verfahren für die Beschaffung umweltverträglicher Materialien und Leistungen
Umweltmanagementhandbuch und -dokumentation	Handbuch zur Beschreibung des UM-Systems, mitgeltende Unterlagen wie Verfahrens- und Arbeitsanweisungen, Lenkung von Dokumentation
Ablauflenkung	Prozessorganisation z.B. von Beschaffung, Transport, Nutzung und Entsorgung von Produkten
Überwachung	Prüfung und Überwachung festgelegter Forderungen
Korrekturmaßnahmen	Verfahren zur Untersuchung von Abweichungen und Einleitung von Korrekturmaßnahmen
Risikomanagement	Verfahren zur Wahrscheinlichkeit und Reaktion auf umweltrelevante Vorfälle
Umweltmanagement-aufzeichnungen und -berichte	Aufzeichnungs- und Berichtssystem zur Kontrolle der Zielerreichung
Umweltmanagement-audits	Verfahren für Audits, bestehend aus Auditplan, Auditverfahren und Auditberichten, Verwirklichung eines Management-Kreises, PDCA-Zyklus
Umweltbericht	Erstellung eines jährlichen Umweltberichts
Kommunikation	Bereitstellung von wesentlichen Informationen für Stakeholder
Umweltmanagement-review	Regelmäßige Bewertung des UM-Systems durch die oberste Leitung

20.3 Vermeidung von Umwelthaftung

Eine starke Triebfeder für die Einführung eines UM, ist es auch, „Straftaten gegen die Umwelt" nach den Paragraphen 324ff. Strafgesetzbuch zu vermeiden. In vielen Umweltgesetzen ist eine Organisationspflicht verankert. Bei genehmigungsbedürftigen Anlagen mit besonders hohen Umweltrisiken erfordert der Paragraph 52a des Bundes-Immissionsschutzgesetzes, dass der Überwachungsbehörde angezeigt wird, welcher Vorstand oder Geschäftsführer die Betreiberverantwortung wahrnimmt. Durch ein UM kann ein Organisationsverschulden – das dann dem verantwortlichen Top-Manager persönlich zuzurechnen wäre – vermieden werden.

Praxisbeispiel Paragraph 52a (1)BImSchG – Mitteilungspflichten zur Betriebsorganisation

Besteht bei Kapitalgesellschaften das vertretungsberechtigte Organ aus mehreren Mitgliedern oder sind bei Personengesellschaften mehrere vertretungsberechtigte Gesellschafter vorhanden, so ist der zuständigen Behörde anzuzeigen, wer von ihnen nach den Bestimmungen über die Geschäftsführungsbefugnis für die Gesellschaft die Pflichten des Betreibers der genehmigungsbedürftigen Anlage wahrnimmt, die ihm nach diesem Gesetz und nach den auf Grund dieses Gesetzes erlassenen Rechtsverordnungen und allgemeinen Verwaltungsvorschriften obliegen. Die Gesamtverantwortung aller Organmitglieder oder Gesellschafter bleibt hiervon unberührt.

20.4 Umweltpolitik

Die Umweltpolitik drückt die langfristige Verpflichtung des Unternehmens gegenüber der Umwelt aus. Als Beispiel zeigt Abb. 20.4 eine verkürzte Umweltpolitik eines mittelständischen Automobilzulieferers.

Umweltschutz ist im Denken der Hirschmann Car Communication GmbH schon lange verankert. Dies ist in unserer Umweltpolitik folgendermaßen konkretisiert.

1. *Umweltschutz und Mitarbeiter*: Wir fördern und entwickeln das Bewusstsein zur Erhaltung unserer Umwelt bei allen Mitarbeitern.
2. *Umweltschutz und Recht:* Wir verpflichten uns, alle umweltrelevanten Rechtsvorschriften, z. B. zum Schutz des Bodens und des Grundwassers, zum Umgang mit Abfällen, zur Rücknahme unserer Produkte oder zum Einsatz gefährlicher Stoffe, einzuhalten. ...

3. *Umweltschutz und Ertrag:* Durch den sorgfältigen Umgang mit Material, Energie, Wasser und Abfällen erhalten wir nicht nur die Umwelt, sondern verringern zugleich auch unsere Kosten.
4. *Umweltschutz und Technik:* Den sorgfältigen Umgang mit natürlichen Ressourcen verstärken wir durch den Einsatz moderner Technik. ... Angefangen bei der Planung und dem Design unserer Produkte und Dienstleistungen über die Fertigung und die Auswahl der Fertigungsverfahren (bei normalen und abnormalen Betriebszuständen) bis hin zum Vertrieb und der Beratung unserer Kunden über Verwendung und Entsorgung unserer Produkte.
5. *Umweltschutz und Kommunikation*: Umweltschutz wird durch den Dialog verstärkt. ... Außerhalb des Standorts kommunizieren wir bei Kunden, Lieferanten, Behörden und der interessierten Öffentlichkeit in angemessener Weise unsere Umweltgrundsätze und gewinnen so zusätzliche Ideen zur laufenden Verbesserung unseres Umweltmanagementsystems und unseres betrieblichen Umweltschutzes. ...
6. *Umweltschutz und Steuerung*: Wir haben Verfahren festgelegt, die zur Erstellung und Einhaltung unserer Umweltpolitik und unserer Umweltziele sowie deren ständiger Kontrolle und Verbesserung dienen. ... Die Wirksamkeit unseres Umweltmanagementsystems bei Mitarbeitern und externen Partnern wird von der Geschäftsführung jährlich geprüft.

Abb. 20.4. Beispiel einer Umweltpolitik
(Quelle. http://www.hirschmann-car.com/Deutsch/Unternehmen/Umweltschutz/umweltpolitik/index.phtml, Abruf 20.11.13)

20.5 Umweltziele und -programme

Umweltziele sind messbar und mit einem Zeithorizont versehen. Beispielsweise hat sich Siemens unter dem Schlagwort „Serve the Environment“ folgende Hauptziele gesetzt:

- wir werden die Verbesserung unserer Energieeffizienz weiter systematisch vorantreiben, die auch unsere Effizienz im Bereich CO_2 Emissionen positiv beeinflussen soll,
- wir werden unsere Abfalleffizienz um 1% pro Jahr bis zum Geschäftsjahr 2014 steigern, und
- wir werden gleichzeitig die Abfälle zur Beseitigung um 1% pro Jahr bis zum Geschäftsjahr 2014 verringern.

(Vgl. http://www.siemens.com/sustainability/pool/de/nachhaltigkeitsreporting/siemens-nb-umweltschutz.pdf, Abruf 18.11.13)

Der Nachhaltigkeitsbericht (der die Umwelterklärung einschließt) veröffentlicht die erreichten Zahlen. Tabelle 20.5 enthält beispielhaft die Daten für Abfallentstehung und -verwertung von Siemens.

Tabelle 20.5. Abfallentstehung und -verwertung in 1.000 Tonnen laut Siemens Nachhaltigkeitsbericht 2013

Abfall (in 1.000 Tonnen)	**2012**	**2011**	**2010**	**2009**
Nicht gefährliche Abfälle	393	400	359	339
Gefährliche Abfälle	46	56	53	49
Bauschutt	21	45	30	27
Gesamt	**360**	**491**	**442**	**415**
Anteil der Verwertung am Gesamtabfall	84%	78%	80%	81%

Umweltprogramme beinhalten die Maßnahmen zur Erreichung der Ziele. Dabei ist festzulegen, wer, was, bis wann mit welchem Budget umsetzt. Hier sind Beispiele, die einen Leiter Beschaffung und Logistik betreffen können (Zeithorizont jeweils bis Ende nächstes Geschäftsjahr):

- Auditierung der Lieferanten mit mehr als 500.000 Euro Beschaffungsvolumen gemäß Nachhaltigkeitscheckliste.
- Überprüfung aller Auffangwannen für Lagerbehältnisse von wassergefährdenden Stoffen.
- Ersetzen der vorhandenen Warmluftheizung durch eine effiziente Infrarotheizung in der Versandhalle.
- Ersetzen aller PKWs des Fuhrparks mit mehr als 130 Gramm Kohlendioxidemission pro Kilometer.
- Schulung aller Fahrer: Sicherheit und Kraftstoffeinsparung.

20.6 Umweltbilanzen

Als planerische Basis für Maßnahmen in Umweltprogrammen dienen Umweltbilanzen. Sie stellen den ökologisch relevanten Input und Output eines Produktionssystems dar. Es handelt sich dabei um Material-, Stoff-, Energieströme. Ihre Erfassung ist für Materialwirtschaft und Logistik wichtig sowohl innerbetriebliche als auch in der Supply Chain. Abbildung 20.5 zeigt wichtige Positionen einer Bilanz für ein Maschinenbauunternehmen.

Tabelle 20.6. Umweltbilanz eines metallverarbeitenden Betriebs

Input	Output
Rohstoffe • Rohlinge • Bleche • Dichtungen • Elektromotoren • Schläuche	**Produkte (Maschinen)** **Feste Abfälle und Wertstoffe** • Verschnitt und Metallspäne • Kunststoffreste • Hausabfälle
Hilfsstoffe • Schrauben • Klebstoffe	**Flüssige Residuen** • Belastete Kühl-/Schmieremulsion zur Behandlung • Unbelastetes Abwasser • Kühl-/Regenwasser
Betriebsstoffe und weitere Medien • Öle • Elektrizität • Druckluft • Wasser • Gase • Treibstoff Fuhrpark	**Gase** • Kohlendioxid • Stäube • Stickoxide
Verpackungen, Transporthilfsmittel usw.	**Verpackungen, Transporthilfsmittel usw.**

Eine solche Betriebsbilanz ist aus Lieferscheinen/Rechnungen, Lagerausgängen, Tankstandablesungen, Messprotokollen usw. relativ leicht zu erstellen. Jedoch ist der Wert für die Ableitung eines Umweltprogramms (also der konkreten Verbesserungsmaßnahmen) eingeschränkt. Erst der Blick auf die einzelnen Produktions- und sonstigen Prozesse hilft, den Verbrauch von Ressourcen wirklich zu verstehen. In Abb. 20.5 ist die Werkhalle in drei Produktionsprozesse aufgeteilt, durch die ein Produkt läuft.

Die Betriebsbilanz stellt die gesamte Werkhalle dar, die Prozessbilanz nimmt z.B. eine NC-Maschine (Prozessbilanz 1), einen Härteofen (2) oder einen Prüfstand (3) in den Blick. Wenn nun ein Wellenrohling zunächst in der NC-Fertigung zerspant wird, dann gehärtet und schließlich die Prüfung durchläuft, so lässt sich die Umweltwirkung durch die Fertigung eines Produkts, einer Welle, beziffern. Diese Produktbilanz ist durch die Pfeile in Abb. 20.5 gezeigt.

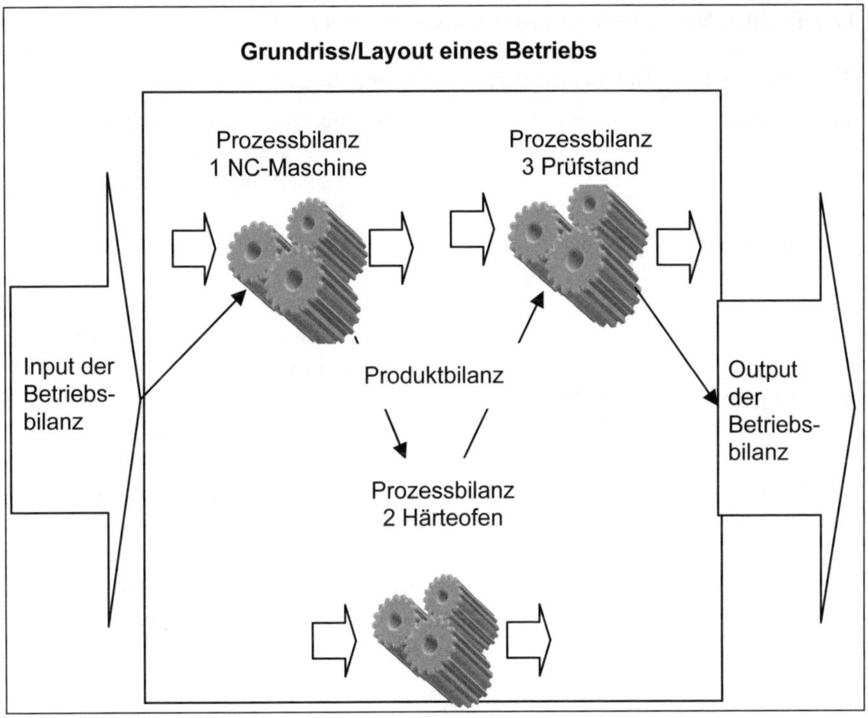

Abb. 20.5. Zusammenhang von Betriebs-, Prozess- und Produktbilanz (Kals 2010, S. 31)

Das Problem ist weitgehend analog der Kalkulation von Produkten in der Kostenrechnung:

- die Kostenartenrechnung entspricht der Betriebsbilanz,
- die Kostenstellenrechnung der Prozessbilanz mit der Bestimmung von Zuschlagssätzen,
- die Kostenträgerstückrechnung (Kalkulation) der Produktbilanz.

Jedoch gilt diese „Gate-to-Gate“ Betrachtung als zu eingeschränkt, der Blick muss sich über die Unternehmensgrenzen hinaus weiten. Würde beispielsweise das Glühen an einen Subunternehmer vergeben, so verbessert sich zwar die Bilanz des auftragsgebenden Unternehmens, jedoch nicht die Bilanz des Produkts in seinem Lebenszyklus. Tabelle 20.7 zeigt die verschiedenen Möglichkeiten für Systemgrenzen.

Tabelle 20.7. Mögliche Systemgrenzen von Umweltbilanzen

Systemgrenze	Betrachtungsraum	Bemerkungen
gate-to-gate	"Von Tor zu Tor"	Bewertungsgegenstand beschränkt sich auf die Prozessgrenze der eigenen Leistungserstellung des betrachteten Unternehmens
cradle-to-gate	"Von der Wiege bis zum Tor"	Bewertungsgegenstand ist der partielle Produktlebenszyklus von Rohstoffabbau bis zum Ausgangstor des Unternehmens. Kann vom Unternehmen direkt beeinflusst werden
gate-to-grave	"Vom Tor bis zur Bahre"	Hier werden nur Auswirkungen berücksichtigt, die nach der eigenen Produktion des Produkts anfallen
cradle-to-grave	"Von der Wiege bis zur Bahre"	Der gesamte Produktlebenszyklus wird bewertet (Produktbilanzierung, Life-Cycle Assessment, LCA)
cradle-to-cradle	"Von Wiege zu Wiege"	Der Gedanke der Kreislaufwirtschaft und des Recycling wird betont, nichts soll verloren gehen.

Umfassende Umwelt- oder Öko-Bilanzen (die Begriffe sind weitgehend synonym) gipfeln im Anspruch, die Lebenszyklusanalyse (LCA) eines Produktes für ein gesamtes Wert(schöpfung)netz(werk) einschließlich Recycling aufzustellen. Abbildung 20.6 zeigt das anschaulich.

Kleine oder mittlere Unternehmen (KMU) haben kaum die Möglichkeit, für Beschaffungsgüter oder ihre Produkte eigene, aufwändige Analysen zu machen. Jedoch gibt es Unterstützung durch Datenbanken, die Produkte und Teile bewerten:

- ProBas Datenbank (Prozessorientierte Basisdaten für Umweltmanagement-Instrumente) des Umweltbundesamt (http://www.probas. umweltbundesamt. de/ php/index.php),
- Ökobilanzdatenbank der Europäischen Kommission (http://lca.jrc.ec. europa.eu/ lcainfohub/datasetArea.vm),
- GEMIS (Globales Emissions-Modell intergrierter Systeme) des Öko-Instituts in Freiburg (http://www.oeko.de/service/gemis/de/index.htm),
- ecoinvent Datenbank, u.a. durch die ETH Zürich erstellt (http://www. ecoinvent.org/).

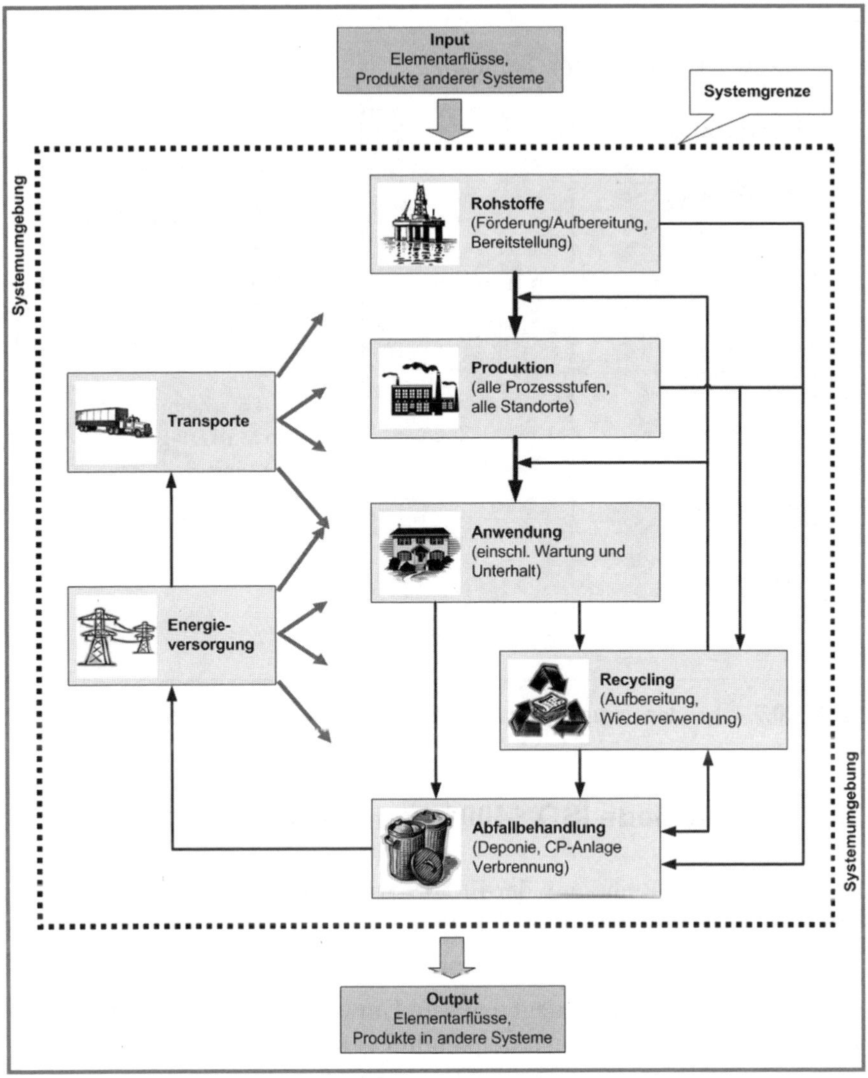

Abb. 20.6. Systemgrenzen der Lebenszyklusanalyse (www.umweltschutz-bw.de)

Die bisher behandelten Material- und Energieflüsse sind Sachbilanz, die unterschiedliche Umweltwirkungen wie Erwärmung von Kühlwasser, die Emission von Stickoxiden oder den Verbrauch „“Seltener Erden nicht vergleichen. In Anlehnung an die DIN EN ISO 14040 zur Umweltbilanzierung zeigt Abb. 20.7 deshalb die Einbettung der Sachbilanz in Wirkungsabschätzungen. So lassen sich Schlüsse für Unternehmenspolitik, Marketing usw. ziehen.

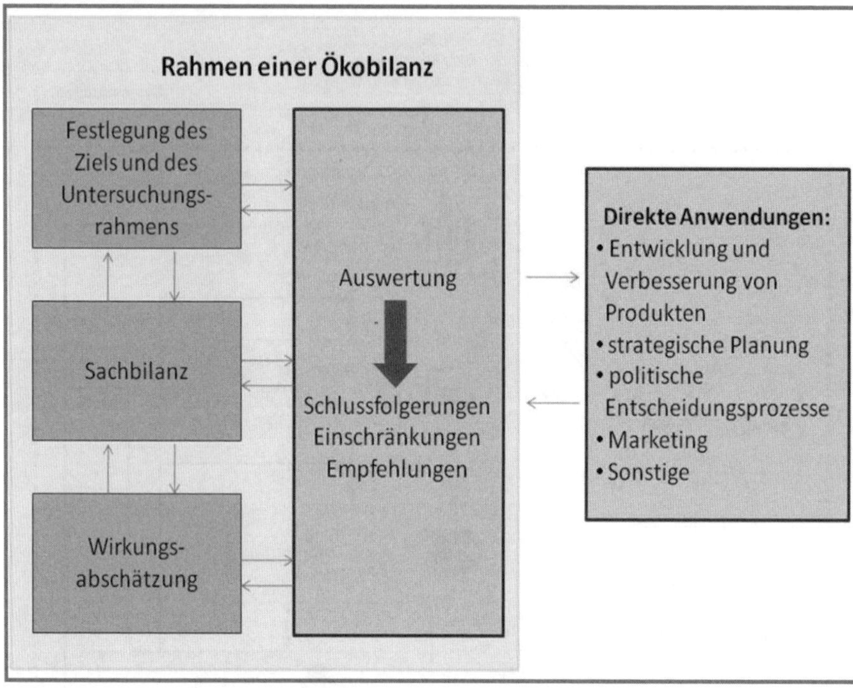

.**Abb. 20.7.** Ökobilanzierung nach DIN ISO 14040

20.7 Unterschiede ISO 14001 und EMAS

Die ISO 14000er Reihe und der EMAS-Ansatz unterscheiden sich in einigen Details. Zusammenfassend hier die Anforderungen der EMAS, mit denen das Unternehmen

- seine Umweltpolitik festlegt und sein Umweltprogramm aufstellt,
- sein Umweltmanagementsystem einführt,
- eine Umweltprüfung i.S. eines Öko-Audits durchführt,
- die Öffentlichkeit mit einer Umwelterklärung informiert (Oeldorf/Olfert 2008, S. 79f).

Tabelle 20.8 arbeitet Unterschiede zwischen EMAS/EU-Öko-Audit-Verordnung und der ISO 14000er-Reihe heraus.

Tabelle 20.8. Unterschied EU-Öko-Audit – ISO 14001 (Det Norske Veritas, Essen)

	EMAS EU-Öko-Audit-Verordnung	**ISO 14001**
Geltungsbereich	Europäischer Wirtschaftsraum	Weltweit
Anwendungsbereich	Standortbezogen	Unternehmensweit
Information der Öffentlichkeit	Validierte Umwelterklärung veröffentlichen	Nur Umweltpolitik veröffentlichen
Bestandsaufnahme	Durchführung einer Umweltprüfung	Ermittlung der Umweltaspekte
Verifizierung	Überprüfung des Umwelt-Managementsystems	Zertifizierungsaudit
Validierung der Umwelterklärung	Durch zugelassenen Umweltgutachter	Entfällt

Ein wichtiger Unterschied liegt darin, dass gemäß EMAS eine Umwelterklärung zu veröffentlichen ist. Faktisch handelt sich um die Betriebsbilanz als Sachbilanz für eine Periode. Ein Unternehmen muss also gegenüber Kunden, Nachbarn, Konkurrenten und allen anderen Interessierten veröffentlichen, welche Stickoxidemissionen vom Werksgelände emittiert wurden, wie viel besonders überwachungsbedürftiger Klärschlämme entsorgt wurden, wie viel Gefahrguttransporte mit welchen Gütern ein- und ausgingen usw. Daten, die viele Unternehmen als vertraulich einstufen. Jede Umwelterklärung wird in einem jährlichen Audit von staatlich zugelassenen Umweltgutachtern überprüft. Sofern die Erklärung die strengen Voraussetzungen der EU-Öko-Audit Verordnung erfüllen, wird sie für gültig erklärt. Das Unternehmen kann anschließend in das EMAS-Register bei der IHK eingetragen werden (Wannenwetsch 2005, S. 378f.). Die Erfahrung zeigt, dass Umwelterklärungen kaum zu Protesten Anlass geben, sie gehen in der heutigen Informationsflut unter. Möglicherweise greift auch ein Mechanismus der Selbstselektion, dass nur Unternehmen ihre Umwelterklärung veröffentlichen, die über einen guten Umweltschutz verfügen. Bei zunehmender Transparenz in allen Bereichen und „Big Data" liegt es im Trend, auch mit Umweltdaten offen umzugehen, um so bei den Stakeholdern Vertrauen zu schaffen.

Ein weiterer Unterschied zwischen ISO und EMAS liegt darin, dass ISO ein Zertifikat verlangt. Das entsprechende Verfahren von EMAS heißt Validierung. Die Zertifizierer und „zugelassenen Umweltgutachter" überprüfen das Managementsystem in einem externen Audit, der Umweltbetriebsprüfung. Nach erfolgreicher Zertifizierung bekommt das Unternehmen eine Urkunde, die Validierung erlaubt die Verwendung des EMAS-Logos (s. Abb. 20.8). Die Zertifizierung für ein mittelständisches verursacht Kosten in der Größenordnung von 10.000 bis 20.000 Euro.

Dabei lassen sich die Kosten reduzieren, wenn die Zertifizierung des UM mit dem Qualitäts- und Energiemanagement in einem integrierten Ansatz kombiniert wird.

Abb. 20.8. EMAS-Logo

Wiederholungsfragen zu Kapitel 20

1. Welche Systeme für das Umweltmanagement kennen Sie?
2. Was sind Umweltpolitik, -ziele und -programme?
3. Welche Arten von Umwelt-/Ökobilanzen werden unterschieden?

21 Entsorgungslogistik und ökologische Logistik

Bei der betrieblichen Leistungserstellung fallen in Industrieunternehmen Produkte an, die weder in der eigenen Fertigung noch in anderen Betriebsbereichen verwendet werden. Für diese Produkte wird i.d.R. der Sammelbegriff *Abfall* verwendet. Die Abfallentsorgung kann als Kern der betrieblichen Abfallwirtschaft angesehen werden.

Die Entsorgungslogistik eines Unternehmens umfasst die auf die Unternehmensziele und ökologischen Rahmenbedingungen ausgerichtete Planung, Steuerung und Überwachung der logistischen Leistungsprozesse für Rückstände im Verantwortungsbereich des Unternehmens (Isermann 1998, S. 310).

21.1 Ausgangsbedingungen

Ökologische Probleme wegen Ressourcenverknappung und Verschlechterung der Ressourcenqualität haben dazu geführt, dass Unternehmen in zunehmendem Maße mit der gesellschaftlichen Dimension der ökologischen Belastung konfrontiert werden.

In den letzten Jahren hat die Entsorgung stark an Bedeutung gewonnen. Für diese Entwicklung waren folgende Einflussfaktoren von Bedeutung (Werner 2000, S. 77ff):

- steigende Entsorgungskosten durch knapper werdenden Deponieraum und Akzeptanzprobleme der Müllverbrennung,
- gestiegenes Umweltbewusstsein von Bevölkerung und Unternehmen,
- Umweltverträglichkeit als Wettbewerbsfaktor,
- strengere gesetzliche Rahmenbedingungen,
- immer mehr entsorgungspflichtige Produkte.

Ein wichtiger Bestandteil stellt hierbei das *Abfallrecht* dar. Das Abfallrecht besteht aus Gesetzen und Verordnungen, die von Bund und Ländern erlassen werden können, z.B.

- Abfallbestimmungsverordnung von 1987 (§2 Abs. 2 AbgG, Sonderabfälle),

- Verordnung (von 1977) über Betriebsbeauftragte für Abfall (Festlegung von Verfahrensalternativen, Genehmigung von Abfalltransporten, Einsammeln und Befördern von Abfällen),
- Verpackungsverordnung mit dem Ziel, die Flut des Verpackungsmülls einzudämmen, der rund 50% des Haushaltsmülls und hausmüllähnlichen Gewerbemülls ausmacht (Oeldorf/Olfert 1998, S. 403ff),
- Altautoverordnung vom April 1998 (nur Entsorgungsfachbetriebe, die durch eine Zertifizierung anerkannt sind, dürfen „Altautos“ abnehmen),
- Entsorgungsfachbetriebverordnung (EfV): Seit 1996 gibt es für Dienstleister der Abfallbranchen ein gesetzliches Zertifikat. Die Zertifizierung garantiert dem Kunden, dass der gewählte Entsorger alle gesetzlichen Anforderungen für die umweltgerechte Behandlung von Abfällen erfüllt. Der Betrieb erhält vom Umweltministerium die Plakette als „anerkannter Entsorgungsbetrieb“,
- Elektro- und Elektronikgerätegesetz (ElektroG) von 2005: Gesetz über das Inverkehrbringen, die Rücknahme und die umweltverträgliche Entsorgung von Elektro- und Elektronikgeräten.

21.1.1 Ziele und Aufgaben der Entsorgung

Die Abfallentsorgung im Sinne des Gesetzes ist die Verwertung und Beseitigung von Abfällen. Sie umfasst die Aufgabenbereiche Abfallverwertung, auch *Recycling* genannt (Gewinnen von Stoffen oder Energie aus Abfällen), die Ablagerung sowie die hierzu erforderlichen Maßnahmen des Sammelns, Beförderns, Behandelns, Lagerns und die endgültige Entledigung von Rückständen (Ehrmann 1997, S. 494ff).

In der Praxis mußten Haushaltsgeräte, wie Toaster und Staubsauger, eine Recyclingquote von 50% und Großgeräte, wie Kühlschränke, eine Recyclingquote von 75% erreichen. Die Hersteller sind außerdem dazu verpflichtet, Altgeräte zurückzunehmen und nach bestimmten ökologischen Standards zu entsorgen.

Die Entsorgungslogistik umfasst die Gesamtheit der operativen und dispositiven Tätigkeiten, die auf Rückführung von Realgütern, insbesondere Rückständen, ausgerichtet sind. Unter Rückständen versteht man Güter, die als ungewollte Kuppelprodukte während der Produktentstehung und -verwendung anfallen. Daneben sind auch Leergut, Retouren, ausrangierte Betriebsmittel (Maschinen) und Austauschaggregate Gegenstände der Entsorgungslogistik.

Die Ziele der Entsorgungslogistik sind ökonomischer und ökologischer Natur.

Ökologie in Euro messbar gemacht

Sustainable Value ist eine Methode, die umweltgerechtes Verhalten von Unternehmen misst. Diese beinhaltet mehrere Kenngrößen, welche sich nach dem Leitfaden der Global Reporting Initiative richten. In einer von der EU 2006 erstmals initiierten Advanced-Studie wurde die Umweltleistung von 65 europäischen Konzernen aus 16 Ländern quantifiziert. Heute, 8 Jahre nach dieser ersten Studie, weisen führende Industrieunternehmen eigene *Sustainable Value Reports* aus, wie zum Beispiel die BMW Group. Die in Abb. 21.1 dargestellten Nachhaltigkeitskennzahlen umfassen eine große Anzahl von Produktionsstandorten und werden stets angepasst, so wurden 2012 zusätzliche Kennzahlen aufgenommen, um die Anforderungen des im März 2011 aktualisierten Leitfadens der Global Reporting Initiative zu erfüllen (Quelle für Text und Abb. 21.1: http://www.bmwgroup.com/bmwgroup_prod/d/0_0_www_bmwgroup_com/verantwortung/svr_2012/ziele-kennzahlen-fakten.html, 28.01.2014).

—GRAFIK 01 KERNINDIKATOREN IM FÜNFJAHRESÜBERBLICK

	2008	2009	2010	2011	2012
Geschäftstätigkeit der BMW Group					
Umsatz (in Mio. €)	53.197	50.681	60.477	68.821	76.848
Ergebnis vor Steuern (in Mio. €)	351	413	4.853	7.383	7.819
Return on Capital Employed (in %)	2,3	3,3	19,1	25,6	23,1
Auslieferungen Automobile (in Tsd.)	1.435,9	1.286,3	1.461,2	1.669,0	1.845,2
Produktverantwortung					
CO_2-Emissionen der BMW Group Automobile (EU-27) (in g/km)	156,0	150,0	148,0	145,0	138,0
Forschungs- und Entwicklungsleistungen (in Mio. €)	2.864	2.448	2.773	3.373	3.952
Konzernweiter Umweltschutz					
Energieverbrauch je produziertes Fahrzeug (in MWh / Fahrzeug)	2,80	2,89	2,75	2,46	2,44
Wasserverbrauch je produziertes Fahrzeug (in m³ / Fahrzeug)	2,56	2,56	2,31	2,12	2,1
Prozessabwasser je produziertes Fahrzeug (in m³ / Fahrzeug)	0,64	0,62	0,58	0,54	0,48
CO_2-Emissionen je produziertes Fahrzeug (in t / Fahrzeug)	0,82	0,91	0,86	0,71	0,68
Abfall zur Beseitigung je produziertes Fahrzeug (in kg / Fahrzeug)	14,84	10,63	10,09	7,99	6,11
Emissionen VOC (flüchtige organische Lösungsmittel) je produziertes Fahrzeug (in kg / Fahrzeug)	1,96	1,77	1,60	1,65	1,68

Abb. 21. 1. Auszug Sustainable Value Report BMW-Konzern

Desweiteren gibt es den sog. *Dow Jones Sustainability Index* (DJSI) und ist der weltweit führende Index (Quelle: http://www.nachhaltigkeit.info/artikel/dow_jones_sustainability_index_djsi_1598.htm). Dieser gilt für Unternehmen und Investoren als Gütesiegel für Nachhaltigkeitsleistungen. In den Nachhaltigkeitsbewertungen (engl. Sustainability Assessments), wird eine detaillierte Betrachtung der drei Dimensionen: ökonomische, ökologische und soziale Dimension. Bewertet wird nach dem Best-In-

Class Prinzip, das heißt von den 2.500 weltgrößten Konzernen werden von Analysten diejenigen ausgewählt, die auf allen drei Feldern die besten Leistungen der Branche erzielen.

Tabelle 21.1 zeigt für 2013–2014 die jeweils Top Company jeder der 24 Industriezweige (alphabetisch).

Tabelle 21.1. Top Companies 2013–2014 Sustainability Assessments

Industry Group Leaders (2013 – 2014)	Industry Group
Volkswagen AG	Automobiles & Components
Australia & New Zealand Banking Group Ltd	Banks
Siemens AG	Capital Goods
Adecco SA	Commercial & Professional Services
Panasonic Corp	Consumer Durables & Apparel
Tabcorp Holdings Ltd	Consumer Services
Citigroup Inc	Diversified Financials
BG Group PLC	Energy
Woolworths Ltd	Food & Staples Retailing
Nestlé SA	Food, Beverage & Tobacco
Abbott Laboratories	Health Care Equipment & Services
Henkel AG & Co KGaA	Household & Personal Products
Allianz SE	Insurance
Akzo Nobel NV	Materials
Telenet Group Holding NV	Media
Roche Holding AG	Pharmaceuticals, Biotechnology & Life Sciences
Stockland	Real Estate
Lotte Shopping Co Ltd	Retailing
Taiwan Semiconductor Manufacturing Co Ltd	Semiconductors & Semiconductor Equipment
SAP AG	Software & Services
Alcatel-Lucent SA	Technology Hardware & Equipment
KT Corp	Telecommunication Services
Air France-KLM	Transportation
EDP - Energias de Portugal SA	Utilities

Quelle: http://www.sustainability-indices.com/images/130912-djsi-review-2013-en-vdef_tcm1071-372482.pdf, 28.01.14

21.1.2 Objekte der Entsorgungslogistik

Die Objekte der Entsorgungslogistik lassen sich unterteilen nach (Schulte C 1999, S. 420):

- der Art des ökonomischen Basisprozesses,
- ihrer Verwertbarkeit,
- ihrer Gefährlichkeit und
- ihrem ökonomischen Wert.

Weitere Objekte, die zur Entsorgungslogistik zählen, sind:

- *bewegliche Sachen*, deren sich der Besitzer entledigen will oder Entsorgung im öffentlichen Interesse,
- *Abluft*, d.h. nicht gefäßgehaltene gasförmige Stoffe (geregelt durch das Bundesemissionsschutzgesetz),
- *Abwasser*, d.h. alle Stoffe, die in Gewässer, Kanalisationen und Kläranlagen eingeleitet werden,
- *Leergut*, d.h. Verpackungen und Transporthilfsmittel.

Als Sammelbegriff dient häufig der Begriff *Abfall* für alle Arten von Produkten, die für den eigentlichen Betriebszweck nicht mehr benötigt werden. Während Wertstoffe dem Recycling zugeführt werden, gibt es derzeit für Abfälle keine technische oder wirtschaftliche Verwertungsmöglichkeit.

21.1.3 Einflussfaktoren auf die Entsorgungspolitik

Die *ökologischen Ziele* werden durch den Grundsatz

„Vermeidung vor Verwertung vor Entsorgung“

§2 Abs. 1 KrW bestimmt. Die Verwertung ist umweltverträglich durchzuführen. Die wichtigsten Einflussfaktoren zeigt Abb. 21.1.

21.1.4 Optimierung der betrieblichen Entsorgung

Die gesetzlichen Vorschriften haben den Kostenfaktor Entsorgung deutlich erhöht. Es ist daher notwendig, eine Optimierung der betrieblichen Entsorgung durchzuführen, die darauf zielt, den ursprünglichen Kostenfaktor Entsorgung in einen Gewinn (positiven Erlös) für das Unternehmen umzuwandeln. Die Abfallvermeidung bzw. die Verwertung der Abfälle ist ein für den Unternehmenserfolg mitbestimmender Faktor.

Zu diesem Zweck können verschiedene Entsorgungsstrategien eingesetzt werden, die Abb. 21.2 praxisnah darstellt.

Weitere Maßnahmen sind:

- *der Verkauf von Edelschrott* (Elektronikbörse, Computersoftware, Hardware) sowie die Optimierung von Entsorgungsleerfahrten,
- *die Lieferantenbeurteilung:* Lieferanten von umweltgerechten Produkten werden bevorzugt,
- *die Standardisierung* von Behältern und Werkzeugen (VDA-Einheitsbehälter, ISO-Container, Paletten), Einsatz von Containern.

Entsorgungs-strategie	**Inhalt**	**Beispiel**
Vermeidung	Auf die Entstehung von Abfällen wird von vornherein verzichtet	Wegfall von Transport- und Umverpackungen
Reduzierung – quantitativ – qualitativ	Einsatz von ressourcenschonenden Alternativen	 Einsatz schadstoffärmerer LKWs Schadstoffentfrachtung
Verwendung – Wiederverwendung – Weiterverwendung	Beibehaltung der Gestalt des Wertstoffes + erneuter Einsatz des gebrauchten Produkts für den gleichen Verwendungszweck + Einsatz des gebrauchten Produkts für einen anderen als den ursprünglichen Verwendungszweck	 Einführung von Mehrwegverpackungen Einsatz einer Glasverpackung in einem neuen Anwendungsbereich
Verwertung – Wiederverwertung – Weiterverwertung	Auflösung der Gestalt des Wertstoffes + erneuter Einsatz des weitgehend gleichwertigen Wertstoffes in einem Produktionsprozess + Einsatz in einem neuen Anwendungsbereich	 Altglas- und Altpapierrecycling Herstellung von Parkbänken aus Kunststoffverpackungen
Beseitigung (Entsorgung i. e. S.)	Endgültige Abfallentledigung aus betriebswirtschaftlicher (nicht volkswirtschaftlicher) Sicht	Deponierung Verbrennung Kompostierung

Abb. 21.2. Entsorgungsstrategischer Handlungsspielraum (Schulte C 1999, S. 419)

21.2 Praxisbeispiel Daimler

Ab dem Jahr 2015 sollen bei ausgedienten Autos nur noch 5% ihres Gesamtgewichts als Abfall übrig bleiben, denn die EU-Kommission will die Recyclingquote bei Autos bis 2015 auf 95% hochsetzen. Mindestens 85% der Materialien müssen dann durch Materialrecycling wieder verwendet, 10% dürfen energetisch verwertet und nur noch 5% deponiert werden.

Dies kann u.a. durch eine recyclinggerechte Fahrzeugproduktion und dem Aufbau von Stoffkreisläufen und Verwertungsmöglichkeiten erreicht werden. Bei Daimler wird heute schon im Rahmen der umweltgerechten Produktentwicklung das Recycling bei der Konstruktion der Fahrzeuge berücksichtigt. Ansatzpunkte sind die Gewichtsreduzierung, der Einsatz von nur wenigen umweltverträglichen Kunststoffen, die hohe Recyclingfähigkeit der Materialien und Betriebsstoffe und die Verwendung von Sekundärwerkstoffen für weniger beanspruchte Karosserieteile.

Durch den Einsatz von Leichtbauwerkstoffen – Anteil 26% am Fahrzeuggewicht – wurde bei der neuen S-Klasse das Gewicht gegenüber dem Vorgängermodell um 300 kg gesenkt. Die Leichtbaumaterialien machen hier bereits ein Drittel des Fahrzeuggewichts aus. Anhand der Veränderung des Materialmix der neuen gegenüber der früheren S-Klasse ist die Gewichtsersparnis deutlich erkennbar:

- Eisen und Stahl: 53% statt vorher 63%,
- Aluminium: 14% statt vorher 6%,
- Kunststoffe: 10% unverändert,
- andere Werkstoffe: 23% statt vorher 21%.

Bei den weiteren Baureihen von Daimler beträgt der Anteil gewichtsmindernder Leichtbauwerkstoffe ca. 20% des Fahrzeuggewichts. Ein Nebeneffekt der Gewichtsverringerung ist der dadurch sinkende Kraftstoffverbrauch, d.h. es entstehen weniger Emissionen und dadurch eine geringere Luftverschmutzung, der zur Umweltschonung beiträgt. Je nach Modellreihe wurde der Kraftstoffverbrauch zwischen 10 und 20 Prozent gegenüber dem Vorgängermodell verringert.

Durch den Einsatz nachwachsender Rohstoffe wird die Umwelt ebenfalls entlastet. Bei der neuen C-Klasse bestehen 33 Bauteile, rund 23 kg, aus Naturmaterialien, wie Baumwolle, Kokos, Sisal, Holz und anderen Zellulosefasern. Diese Materialien werden z.B. in Türverkleidungen, Hutablagen und Sitzen verarbeitet.

Momentan lassen sich bereits mehr als 85% der Materialien und Betriebsstoffe der V-Klasse verwerten und für nochmals 5% besteht weiteres technisches Potenzial. Das Kunststoffrecycling wird durch die Verringerung der Werkstoffvielfalt erleichtert. Große Kunststoffteile, wie die Stoßfänger oder der Unterbodenschutz, werden nur noch aus einer Kunststoffsorte hergestellt.

Viele Bauteile, wie Abdeckleisten, Ölfilter, Verkleidungsteile und schwarze Innenteile, können ganz oder teilweise aus recycelten Kunststoffen hergestellt werden.

Der Einsatz von Gefahrstoffen, z.B. Schwermetallen, wird bei Daimler im Fahrzeugbau kontinuierlich verringert. Der Anteil an Blei, Chrom IV und Quecksilber, der z.B. bei der Starterbatterie, als Legierungszusatz oder bei Xenon-Scheinwerfern verwendet wird, kann heute fast vollständig kontrolliert verwertet oder entsorgt werden.

Durch den Einsatz intelligenter Wartungssysteme, die die tatsächliche Beanspruchung des Motors ermitteln, werden bei Mercedes die Ölwechselintervalle ausgedehnt. So sparen die neu zugelassenen Mercedes-PKW schätzungsweise über eine Million Liter Motorenöl jährlich (Quelle: Daimler 1999).

21.3 Strategien zur Verwertung von Rohstoffen

Anwendungen in der Praxis

In der nachhaltigen Materialwirtschaft spielt die Wiederaufarbeitung von nicht mehr funktionierenden Teilen und Komponenten eine wichtige Rolle. Die Verwertung der Reststoffe (Recycling) sollte nicht nur auf das eigene Unternehmen beschränkt bleiben, sondern Rückgaben an den Lieferer oder den Weiterverkauf einschließen.

Tabelle 21.2. Rohstoffverwertungsstrategien (Hirschsteiner 2002a, S. 360)

Ansatz	Methode	Beispiel
Neuverwendung	Mit besonderen Verfahren werden Stoffe für die ursprünglichen Verwendungen aufbereitet	Metallabfälle (Schrott)
Weiterverwendung	Mit oder ohne Bearbeitung werden die Reststoffe für andere Verwendungen eingesetzt	Größere Stanzreste für die Herstellung kleinerer Teile verwenden
Mehrfachverwendung	Mit oder ohne Bearbeitung werden Reststoffe mehrfach verwendet	Verpackungsbehälter und -material
Wiederverwendung	Nach der Erstverwendung wird gebrauchtes Material wieder eingesetzt	Verwendung ausgebauter Teile als Ersatzteile oder für Musterbau

Die Rohstoffgewinnung aus Altmaterial bringt der deutschen Volkswirtschaft nach einer Studie des Instituts der deutschen Wirtschaft eine jährliche Ersparnis von 3,7 Mrd. Euro. Mit dem Einsatz von wiederverwerteten Abfällen würden rund 20% der Kosten für Metallrohstoffe eingespart, was angesichts gestiegener Rohstoffpreise immer wichtiger wird (WZ 2006, S. 7). Außerdem verkaufen Industrieunternehmen Abfälle wie zum Beispiel Metall- oder Aluminiumspäne, sowie Schrott (durch fehlerhafte Produktion entstanden), und erwirtschaften so einen Erlös. Der Schrottpreis unterliegt starken Schwankungen und kann im Internet tagesgenau abgerufen werden. Diese Strategien werden nicht nur im metallverarbeitenden Gewerbe praktiziert, sondern auch in der papierverarbeitenden Industrie. So werden zum Beispiel fehlerhaft produzierte Windeln einer Recyclinganlage zugeführt, welche die verschiedenen Rohstoffe trennt, um diese entweder in der Produktion erneut zu verwenden oder die einzelnen Rohstoffe getrennt und gebündelt als Ausschuss zu verkaufen. Einige Reststoffe werden zum Beispiel den Müllverbrennungsanlagen zugeführt, da der heutige Hausmüll aufgrund der Mülltrennung nicht mehr alleinig brennfähig ist.

In der Automobilindustrie werden z.B. Motoren und Getriebe aufgearbeitet, die die gleiche Garantie wie Neuteile bekommen. In Zusammenarbeit mit ihren Zulieferern werden bei Daimler mehr als 1.000 Teile aufgearbeitet und als Tauschteile für zeitwertgerechte Reparaturen verwendet.

21.4 Entsorgung

21.4.1 Nachweisverfahren für die Entsorgung

Die Entsorgungspflicht des Erzeugers unterliegt verschiedenen gesetzlichen Vorschriften. Auf Verlangen der Behörden ist der Erzeuger verpflichtet, entsprechende Nachweise zu erbringen.

Hierzu muss der Erzeuger jährlich einen Entsorgungsnachweis, d.h. eine *Abfallbilanz,* erbringen. Die Abfallbilanz ist eine verantwortliche Erklärung des Abfallerzeugers über Art, Beschaffenheit und Menge der Abfälle sowie über die durchgeführte Prüfung ihrer Verwertbarkeit bzw. Vermeidbarkeit der Abfälle.

Im Vordergrund stehen die Wiederverwendung und stoffliche Verwertung (Recycling). Die Hersteller müssen zukünftig bei der Produktion ihrer Geräte deren gesamte Lebensspanne – von der Gestaltung bis zur Entsorgung – in die Planung einbeziehen. Ziel ist, dass die Geräte von vornherein so gestaltet werden, dass sie nach ihrer Nutzung möglichst gut demontiert und ihre Bauteile und Werkstoffe wieder verwendet werden können.

Rund 1,8 Mio. Tonnen an Altgeräten fallen in Deutschland jährlich an und kaum ein Markt wächst so schnell wie der für Elektro- und Elektronikgeräte. Wertvolle Ressourcen bis hin zu Edelmetallen können nun aus den Altgeräten gewonnen werden. Am Beispiel von Aluminium zeigt sich, dass der Einsatz von Sekundärrohstoffen auch einen deutlichen Beitrag zur Energieeinsparung leistet.

Jeder Erdenbürger verursacht im Durchschnitt pro Jahr ca. 7 kg Elektroschrott. Das geht aus Zahlen der internationalen Initiative Solving the E-waste Problem (StEP) hervor. So verursacht ein Deutscher im Schnitt

23,2 kg Elektroschrott pro Jahr, ein Amerikaner sogar 29,8 kg. Bis 2017 könnte die weltweite Zahl an Elektromüll um ein Drittel, auf 65,4 Mrd. steigen, das schätzen Wissenschaftler der Universität der Vereinten Nationen in Bonn (Quelle: http://www.welt.de/wissenschaft/umwelt/ article123077832/US-Buerger-produzieren-am-meisten-Elektroschrott.html).

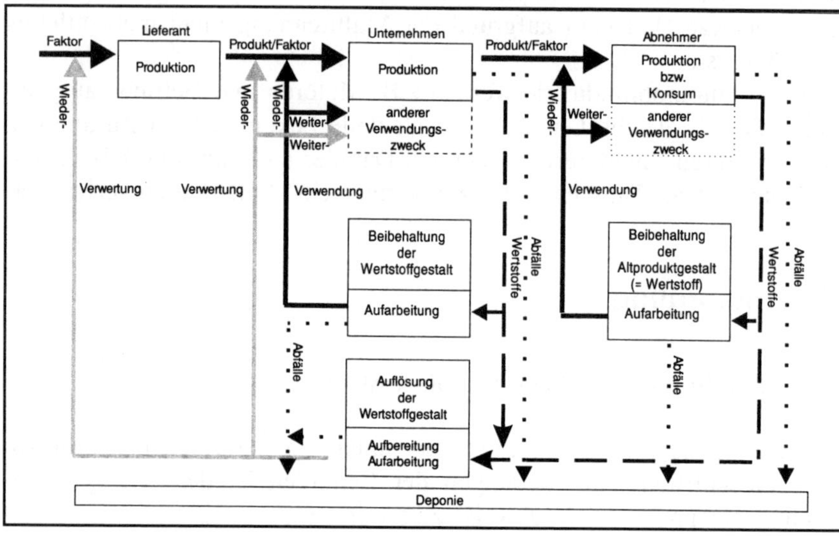

Abb. 21.3. Gestaltungsmöglichkeiten der Entsorgung (Isermann 1998, S. 308)

Preise für Elektroschrottabholung

Bezeichnung	Preis pro Stück
Telefone	2,10 €
Drucker/Faxgeräte	4,80 €
Drucker/Faxgeräte (groß)	12,50 €
Tischkopierer	4,80 €
Standkopierer	35,00 €
Plattenspieler, DVD, Videorekorder	4,80 €
Monitore	12,50 €
TV klein (bis 62 cm)	12,50 €
TV groß (ab 62 cm)	12,50 €
Staubsauger	4,00 €
Kühl/Gefrierschrank	35,00 €
Doppeltür-Kühlschränke	40,00 €
Kühltruhen	50,00 €
Spülmaschinen	20,00 €
Waschmaschinen	20,00 €
Herde	20,00 €
PC-Tower	kostenlos
Klimageräte	35,00 €
Ventilatoren	2,80 €
Kühlregal pro m	85,00 €
Kiste Elektroschrott	7,60 €

Abb. 21.4. Preise für Elektroschrottabholung (Quelle: http://www.elektroschrott.de/preise)

21.4.2 Einkaufs- und Entsorgungsmanagement

Aufgrund ihrer Aufgabenstellung erweist sich die Entsorgungslogistik als Querschnittsfunktion im Unternehmen. Eine zielgerichtete Gestaltung des entsorgungslogistischen Systems kann nur in Abstimmung mit den übrigen betrieblichen Funktionsbereichen erfolgen. Insbesondere der Einkauf eines Unternehmens ist mitbestimmend für die Realisierung des Ziels der Minimierung von Abfällen. Abfall, der beim Wareneinkauf bereits vermieden werden kann, muss nach dem Produktionsprozess nicht kostenaufwendig der Entsorgung zugeführt werden.

Grundlegend ist der Aufbau der Fachkompetenz innerhalb des eigenen Unternehmens. An die Entscheidungsträger eines Unternehmens werden hohe Anforderungen gestellt. Von ihnen werden Fachkenntnisse in der Abfallentsorgung und -vermeidung erwartet. Die erforderliche Fachkompetenz umfasst:

- Kenntnisse über eine recyclingorientierte Produktgestaltung (Festlegung geeigneter Materialien und Verringerung des Materialeinsatzes),
- systematische Bestandsaufnahme zur Minimierung der Reststoffe,
- Berechnung der Abfallstoffe vor dem Einkauf bzw. vor der Entwicklung,
- Gestaltung der produktiven Prozesse und Verfahren, so dass Abfälle bei der Produktion vermieden oder verwertet werden,
- Klärung, unter welchen Voraussetzungen (Verunreinigungsgrad) die Abfälle/Reststoffe von den Herstellern der Rohstoffe zurückgenommen werden,
- Organisation eines stoffspezifischen Transport- und Sammelsystems, abhängig von der Verwertungsstruktur des Unternehmens zentral oder dezentral,
- Berechnung der betrieblichen Belastung.

21.4.3 Erstellen eines innerbetrieblichen Entsorgungskonzeptes

Die Erstellung und Realisierung eines Entsorgungskonzeptes für ein Unternehmen vollzieht sich in mehreren Stufen (Isermann 1998, S. 312ff). Dabei ist die Mitwirkung des Umweltschutzbeauftragten besonders wichtig.

1. Analyse des Ist- Zustandes

- Bestandsaufnahme innerbetrieblicher Stoff- und Abfallströme
- Klärung der organisatorischen Zuständigkeiten für Abfallbeseitigung und Verwertung
- Zusammensetzung der Abfallstoffe und Mengenermittlung
- Kostenermittlung (Ist-Kosten und zukünftige Kosten)

2. Entwicklung eines alternativen Entsorgungskonzeptes

- Kontakte mit öffentlichen und privaten Abfallentsorgern und Überprüfung der gesetzlichen Grundlagen
- Festlegung der innerbetrieblichen Kompetenzen

3. Einführung eines Entsorgungskonzeptes unter Berücksichtigung folgender Punkte:

- Kooperation mit allen internen und externen Stellen
- Betriebliches Vorschlags- und Verbesserungswesen
- Aus Kosten sollen Erlöse werden (Weiterverwertung und -verarbeitung)
- Liefererverpflichtung zu umweltschonenden Produkten und Verfahren
- Vereinbarung von Pfand- und Rücknahmekonzepten mit den Lieferanten und Forderung prüfbarer Nachweise der Lieferanten über umweltfreundliche Entsorgung durch Dritte
- Reparatur von Teilen und Erhöhung der Haltbarkeit (Pflege, Anstrich, Überdachung)
- Nutzung von Recyclingbörsen (Wertstoffbörsen, Abfallbörsen)
- Entscheidung wieder verwendbarer Produkte sowie für umweltfreundliche Logistik bzw. Distributionsverfahren

21.4.4 Kosten der Entsorgung

Empirische Befunde zeigen, dass die Entsorgungslogistikkosten branchenübergreifend einen Anteil zwischen 5–15% an den gesamten Logistikkosten haben (Wildemann 1997, S. 55). Zu den Kostenfaktoren der Entsorgung zählen:

- Personalkosten,
- Verpackungskosten (über 25 Mrd. Euro),
- Entsorgungskosten (Transportkosten, Behälter etc.),
- Analyse, wie viele Entsorgungskosten durch Verderb, technische Alterung und mangelnde Reparaturfähigkeit der Anlagen entstehen,
- Einhaltung der gesetzlichen Vorschriften und
- Beseitigung der Abfallstoffe durch Deponierung (Endlagerung von Abfällen), Verbrennung oder Kompostierung.

Als Anhaltspunkt zeigt Tabelle 21.3 eine unvollständige Liste der Entsorgungskosten von Januar 2013. Die gesamte Liste ist unter dem Link: http://www.kreis-viersen.de/C12575A800425A98/files/entgelte.pdf/$file/entgelte.pdf?OpenElement einzusehen.

Tabelle 21.3. Entsorgungskosten (Januar 2013)

Abfälle aus der Herstellung und Verarbeitung von Zellstoff, Papier, Karton und Pappe	
Rinden und Holzabfälle	148,23 €/t
mechanisch abgetrennte Abfälle aus der Auflösung von Papier- und Pappeabfällen	174,95 €/t
Abfälle aus dem Sortieren von Papier und Pappe für das Recycling	174,95 €/t
Faserabfälle, Faser-, Füller- und Überzugsschlämme aus der mechanischen Abtrennung	174,95 €/t
Abfälle a.n.g.	EF (*1)
Abfälle aus der Leder-, Pelz- und Textilindustrie	
Abfälle aus der Leder- und Pelzindustrie	
Fleischabschabungen und Häuteabfälle	189,64 €/t
chromhaltige Schlämme, insbesondere aus der betriebseigenen Abwasserbehandlung	189,64 €/t
chromhaltige Abfälle aus gegerbtem Leder (Abschnitte, Schleifstaub, Falzspäne)	189,64 €/t
Abfälle aus der Zurichtung und dem Finish	189,64 €/t
Abfälle a.n.g.	EF (*1)
Abfälle aus der Textilindustrie	
Abfälle aus Verbundmaterialien (imprägnierte Textilien, Elastomer, Plastomer)	189,64 €/t
organische Stoffe aus Naturstoffen (z.B. Fette, Wachse)	189,64 €/t
Abfälle aus unbehandelten Textilfasern	189,64 €/t
Abfälle aus verarbeiteten Textilfasern	189,64 €/t
Abfälle a.n.g.	EF (*1)
Abfälle aus der Erdölraffination, Erdgasreinigung und Kohlepyrolyse	
Abfälle aus der Kohlepyrolyse	
Abfälle a.n.g.	EF (*1)
Abfälle aus organisch-chemischen Prozessen	
Abfälle aus Herstellung, Zubereitung, Vertrieb und Anwendung (HZVA) organischer Grundchemikalien	
andere Reaktions- und Destillationsrückstände (schlammig)	189,64 €/t
andere Filterkuchen, gebrauchte Aufsaugmaterialien	189,64 €/t
Abfälle a.n.g.	EF (*1)
Abfälle aus Herstellung, Zubereitung, Vertrieb und Anwendung (HZVA) von Kunststoffen, synthetischem Gummi und Kunstfasern	
andere Reaktions- und Destillationsrückstände	174,95 €/t
andere Filterkuchen, gebrauchte Aufsaugmaterialien	189,64 €/t
Schlämme aus der betriebseigenen Abwasserbehandlung mit Ausnahme derjenigen, die	189,64 €/t

21.4.5 Erträge der Entsorgung

Bei der Produktion entstehen auch Reststoffe, wie zum Beispiel Metallspäne oder auch Verschnitt durch das Ausstanzen von Aluminiumplatten. Bei dieser Entsorgung von Edelmetallen entstehen wiederum Erlöse. Deshalb ist es für die Unternehmen von großer Bedeutung, Rohstoffabfälle ordnungsgemäß zu trennen um den höchst möglichen Schrottpreis zu erzielen.

SCHROTTPREISE

Schrottart	Euro/ Kg
Mischschrott	0,13 €
Scherenschrott	0,15 €
Aluminium	0,70 €
Blei	0,60 €
Edelstahl	0,60 €
Hartmetall	8,00 €
Kupferschrott	4,10 €
Messing	2,60 €
Zinn	6,00 €
Zink	0,60 €

Durchschnittspreise, 28.01.14

Abb. 21.5. Durchschnittliche Schrottpreise Januar 2014
(Quelle: http://www.schrottpreis.org/elektroschrott/ v. 28.01.14)

21.5 Entsorgung als Marketing und Verkaufsinstrument

In den Einkaufsabteilungen spielt die Recyclingfähigkeit der Produkte bereits in der Beschaffung eine wichtige Rolle. Hohe Recyclingkosten erhöhen im Nachhinein die Einkaufspreise. Viele Firmen verlangen bereits bei der Ausschreibung von Aufträgen das Vorliegen praxiserprobter Entsorgungskonzepte von potenziellen Lieferanten.

So kamen bei Großaufträgen von mehreren tausend Computern, die von großen Kommunen geordert wurden, nur die Firmen in die engere Wahl, die bereits im Vorfeld ein erprobtes Entsorgungskonzept für die Computer vorgelegt hatten.

Selbst McDonalds macht heute Werbung für die fachgerechte Entsorgung und Zuführung zum Recycling seiner umfangreichen Verpackungen. Ein neuer Trend hat der Wiederverwertung hat sich in den letzten Jahren etabliert. So gibt es Firmen wie z.B. die Firma Freitag, welche aus alten LKW Planen Taschen und Mappen herstellt oder auch die Firma Feuerwear, die mit alten Feuerwehrschläuchen produziert.

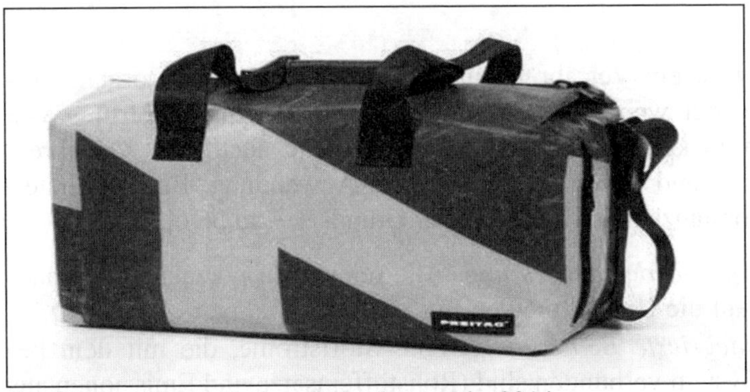

Quelle: http://www.freitag.ch/fundamentals, 2014

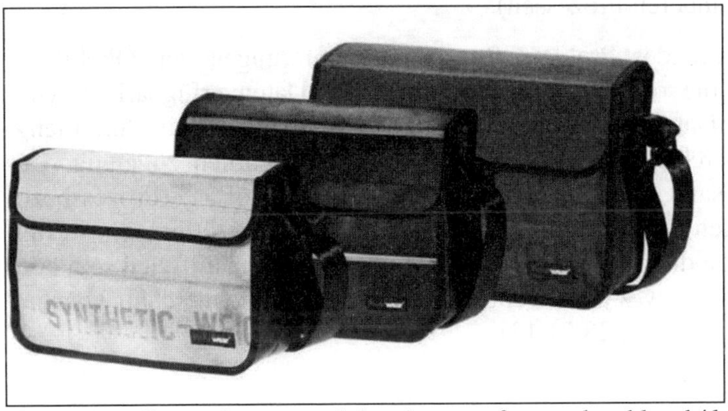

Quelle: http://www.feuerwear.de/taschen-aus-feuerwehrschlauch/ laptoptaschen/ scott-17-zoll-notebooktasche.html

Praxisbeispiel Merck – Verpackung Titripac®

Bei Merck spielt die Verpackung eine große Rolle und verfügt daher über eine eigene Packmittelentwicklung und -zertifizierung. Volumetrische Lösungen, welche der chemischen Analyse dienen, werden im Titripac® angeboten. Dies ist eine Verpackung bestehend aus einem Karton in dem sich ein Beutel mit angeschlossenem Dosierhahn befindet. Dadurch kann die Lösung direkt aus der Verpackung genau dosiert verwendet werden.

Die Konkurrenz bietet dieses Produkt in Glasflaschen an. Die Merck-sche Verpackung reduziert durch diese innovative Verpackung das Entsorgungsvolumen und macht zusätzliche Gerätschaften überflüssig.

Öko-Bilanz

Die Ökobilanz ist ein Verfahren mit dem umweltrelevante Vorgänge erfasst und bewertet werden. Ursprünglich wurde sie zur Bewertung von Produkten entwickelt, und findet heute jedoch auch bei Verfahren, Dienstleistungen und Verhaltensweisen ihre Anwendung. Bei der Erstellung einer Ökobilanz sind vor allem zwei Grundsätze zu befolgen:

- *Medienübergreifende Betrachtung*: Alle relevanten potenziellen Schadwirkungen auf die Umweltmedien Boden, Luft, Wasser.
- *Stoffstromintegrierte Betrachtung*: Alle Stoffströme, die mit dem betrachteten System verbunden sind (Rohstoffeinsätze und Emissionen aus Vor- und Entsorgungsprozessen, aus der Energieerzeugung, aus Transporten und anderen Prozessen).

Ein grundlegendes Problem für die Durchführungen von Ökobilanz-Projekten ist die oftmals sehr eingeschränkte Datenverfügbarkeit. Umweltbezogene Daten zu Produkten und Prozessen sind oft nur durch langwierige Recherchen zu erhalten und oft nicht öffentlich zugängig. Das Umweltbundesamt bietet über das Internet-Portal „ProBas“ (Prozessbezogene Basisdaten für Umweltmanagement-Instrumente) öffentlich verfügbare Datensätze die bei der Herstellung einer Ökobilanz hilfreich sein können (Quelle: http://www.umweltbundesamt.de/themen/wirtschaft-konsum/produkte/oekobilanz v. 28.01.13).

21.6 Vermeidung von Verpackung

Verpackungen stellen im Rahmen der Entsorgungslogistik Rückstände dar. In Abb. 21.6 werden Verpackungsarten und die verschiedenen Anforderungen an diese beschrieben.

Die Verordnung über die Vermeidung von Verpackungsrückständen (Verpackungsverordnung) richtet sich an die Hersteller und Vertreiber von Verkaufsverpackungen. Demnach sind diese verpflichtet, ihre gebrauchten Verpackungen zurückzunehmen, einer Wiederverwertung zuzuführen und dieses auch nachzuweisen. Inzwischen wurde die Verpackungsverordnung mehrfach novelliert. Die aktuellen Änderungen traten zum 1. Januar 2009 mit der 5. Novelle der Verpackungsverordnung in Kraft. (www.-dualessystem.de 2009)

Die Verpackungsordnung behandelt folgende Themen:

- Vermeidung bzw. Wiederverwendung von Verpackungen,
- Rücknahme von Verpackungen (Einsparung von 6–8 Mio. t),

- Verpackung aus wiederverwertbarem Material,
- Standardisierung von Verpackungskonzepten und Abmessungen,
- Hinweise zur Verwertung und Entsorgung auf der Verpackung,
- Auswahl ökologisch verträglicher Verpackungen (z.B. keine Lackierung oder Beschichtung, keine Eisenteile dicker als 10 mm, keine Kunststoffteile).

Verpackungsart	**Transportverpackungen**	**Umverpackungen**	**Verkaufsverpackungen**
Begriff	Dienen zum Transport und Schutz der Waren auf dem Weg vom Hersteller/Lieferanten zum Handel	Dienen als zusätzliche Verpackung zur Verkaufsverpackung der Selbstbedienung oder Diebstahlsicherung oder Werbung	Dienen dem Endverbraucher zum Transport der Waren oder zur Aufbewahrung bis zum Verbrauch
Beispiele	Paletten, Versandverpackungen, Transportsicherungen	Schachtel um Dose, Blister um Schachtel	Schachtel, Beutel, Flasche, Dose
Pflichten für Handel und Industrie	• Rückgabe an Lieferant oder • für Wiederverwendung oder stoffliche Verwertung sorgen	• Entfernen vor Verkauf oder Aufstellen von Sammelbehälter (mit Hinweisschild) • für Wiederverwendung oder stoffliche Verwertung sorgen	• Rücknahme von Endverbraucher und Rückgabe an Lieferant oder • für Wiederverwendung oder stoffliche Verwertung sorgen
Pflichten für Lieferant (Vorstufen)	• Rücknahme von Handel und • für Wiederverwendung oder stoffliche Verwertung sorgen	keine	• Rücknahme von Handel und • für Wiederverwendung oder stoffliche Verwertung sorgen
Inkrafttreten der Pflichten	1. 12. 1991	1. 4. 1992	1. 1. 1993
Möglichkeiten der Entsorgung für Handel und Industrie	Durch Rückgabe an Lieferant; durch private Entsorgungsunternehmen; durch Entsorgungssystem für Transportverpakkungen	Durch private Entsorgungsunternehmen; eventuell durch Entsorgungssystem für Transportverpakkungen	Durch den Endverbraucher über das Duale System der DSD GmbH

Abb. 21.6. Vergleich Verpackungsart/Anforderungen (Schulte C 1999 S. 320)

Da Handel und Industrie nicht im Stande waren entsprechende Wiederverwertungskreisläufe zu installieren, wurde das sog. *Duale System* aufgebaut. In diesem Kreislauf arbeiten Industrie, Handel und Entsorgungswirtschaft eng zusammen (Ehrmann 1997, S. 498ff).

Deutschland verfügt über eine hohe Recyclingquote. Insgesamt wurden im Jahr 2010 knapp 85% aller Verpackungsabfälle einer werkstofflichen Verwertung zugeführt. Dies bedeutet, dass sie auf gleicher Ebene wiederverwertet werden, also die Verpackungsmaterialien wieder als gleiches Material Verwendung finden. Im Bundesdurchschnitt führt jeder Einwohner heute bereits ca. 30 kg an Abfällen den gelben Tonnen bzw. Säcken zu. Hinzu kommen dann noch die Tonnen bzw. Säcke für Glas sowie Papier, welche auch durch die Einwohner entsorgt werden. Bei der Wiederverwertung auf niedriger Ebene wird aus Rohstoffen von z.B. hochwertigen Plastiktaschen ein stofflich weniger anspruchsvolles Produkt, wie z.B. eine Parkbank (Quelle auch für Abb. 21.7: http://www.recycling-fuer-deutschland.de/web/recycling/dl=daten-fakten v. 28.01.14).

Ferner fordert sie von Herstellern und Distributoren die Zurücknahme von Transportverpackungen (20% des gesamten Verpackungsaufwandes) nach Gebrauch. Weiterhin müssen Verkaufsverpackungen und Umverpackungen an oder in unmittelbarer Nähe der Verkaufsstelle zurückgenommen werden.

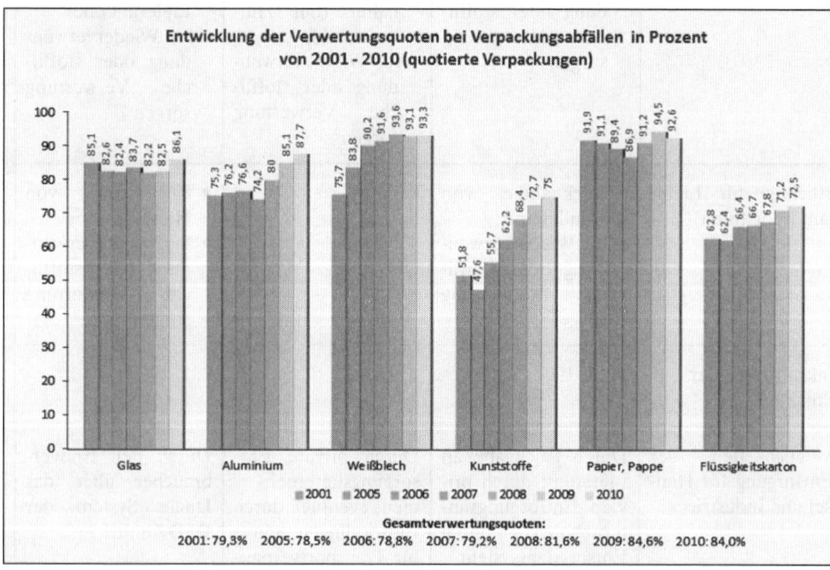

Abb. 21.7. Entwicklung der Verwertungsquoten bei Verpackungsabfällen in Prozent von 2001–2010 (quotierte Verpackungen)

21.7 Gefahrenstoffmanagement und dessen Kennzeichnungspflicht

R- und S-Sätze

Sind „**R**isiko- und **S**icherheitssätze". Es handelt sich hierbei kodifizierte Warnhinweise zur Charakterisierung der Gefahrenmerkmale von Gefahrstoffen. Das global harmonisierte System zur Einstufung und Kennzeichnung von Chemikalien (GHS) ersetzt diese Gefahrstoffkennzeichnung und ist für Stoffe bereits rechtskräftig; für Gemische gilt eine Übergangsfrist bis zum 1. Juni 2015, bis zu der noch die Kennzeichnung mit den Gefahrensymbolen und R-/S-Sätzen gilt. Danach müssen nach GHS eingestufte Stoffe und Gemische mit GHS-Gefahrenpiktogrammen und H- und P-Sätzen gekennzeichnet werden.

Beispiele für *R-Sätze* (Übergangsfrist bis 1. Juni 2015)

- R 1 In trockenem Zustand explosionsgefährlich.
- R 5 Beim Erwärmen explosionsfähig.
- R 6 Mit und ohne Luft explosionsfähig.
- R 7 Kann Brand verursachen.
- R 9 Explosionsgefahr bei Mischung mit brennbaren Stoffen.
- R 10 Entzündlich.

Beispiele für *S-Sätze* (Übergangsfrist bis 1. Juni 2015)

- S 1 Unter Verschluss aufbewahren.
- S 2 Darf nicht in die Hände von Kindern gelangen.
- S 4 Von Wohnplätzen fernhalten.
- S 7 Behälter dicht geschlossen halten.
- S 8 Behälter trocken halten.
- S 9 Behälter an einem gut gelüfteten Ort aufbewahren.

H- und P-Sätze

Mit der neuen GHS-Verordnung werden nicht nur neue Gefahrensymbole eingeführt. Auch die bisher bekannten R- und S-Sätze verschwinden und werden zu. H- und P-Sätzen. „H" steht für Hazard Statements, also Gefahrenhinweise und „P" für Precautionary Statements, also Sicherheitshinweise. Gefahrenhinweise („Hazard Statements") beschreiben die Art und den Schweregrad einer Gefahr, die von einem Stoff oder Gemisch ausgeht. Sie lösen die bisher verwendeten R-Sätze ab. Sicherheitshinweise („Precautionary Statements") treten an die Stelle der S-Sätze. Sie empfehlen

Maßnahmen, um schädliche Wirkungen für die menschliche Gesundheit oder die Umwelt zu vermeiden oder zu minimieren. Diese Sicherheitshinweise sind beim Umgang mit den Chemikalien zu befolgen (Quelle: PDF Wirtschaftskammer Österreich)!

Beispiele für *H-Sätze*

- H 200 Instabil, explosiv.
- H 201 Explosiv, Gefahr der Massenexplosion.
- H 202 Explosiv; große Gefahr durch Splitter, Spreng- und Wurfstücke.
- H 205 Gefahr der Massenexplosion bei Feuer.
- H 221 Entzündbares Gas.
- H 222 Extrem entzündbares Aerosol.

Beispiele für *P-Sätze*

- P 230 Feucht halten mit … .
- P 232 Vor Feuchtigkeit schützen.
- P 233 Behälter dicht verschlossen halten.
- P 234 Nur im Originalbehälter aufbewahren.

Im Rahmen der Entsorgungslogistik sollte die Schnittstelle zum Gefahrstoffmanagement betrachtet werden. Gefahrstoffe, wie Chemikalien, unterliegen im gesamten Wertschöpfungsprozess einer besonderen Kontrolle. Ein wichtiger Teil ist hierbei die korrekte Kennzeichnung, um ein hohes Schutzniveau für Mensch und Umwelt sicherstellen zu können.

Durch in Kraft treten der Verordnung (EG) Nr. 1272/2008[1] am 20. Januar 2009 soll die Einstufung und Kennzeichnung weltweit nach dem GHS System (Globally Harmonized System of Classification, Labelling and Packaging of Chemicals) harmonisiert werden.

Wichtige Inhalte sind Regelungen zu den zwei Informationsinstrumenten

- Sicherheitsdatenblatt (s. Verordnung (EG) Nr. 1907/2006)
- und Kennzeichnungsetiketten.

Nach dieser Verordnung stellt der Lieferant eines gefährlich eingestuften Stoffes oder Gemisches dem Abnehmer ein Sicherheitsdatenblatt kostenlos zur Verfügung. Das Sicherheitsdatenblatt enthält folgende Rubriken:

1. Bezeichnung des Stoffes bzw. des ►M3 Gemischs ◄ und Firmenbezeichnung;
2. mögliche Gefahren;
3. Zusammensetzung/Angaben zu Bestandteilen;
4. Erste-Hilfe-Maßnahmen;
5. Maßnahmen zur Brandbekämpfung;
6. Maßnahmen bei unbeabsichtigter Freisetzung;
7. Handhabung und Lagerung;
8. Begrenzung und Überwachung der Exposition/Persönliche Schutzausrüstung;
9. physikalische und chemische Eigenschaften;
10. Stabilität und Reaktivität;
11. toxikologische Angaben;
12. Umweltbezogene Angaben;
13. Hinweise zur Entsorgung;
14. Angaben zum Transport;
15. Rechtsvorschriften;
16. sonstige Angaben.

Die im Sicherheitsdatenblatt bereitgestellten Informationen finden sich auch auf dem Kennzeichnungsetikett des Produktes wieder, um auf einen Blick sicherheitsrelevante Informationen bereitzustellen. Das Kennzeichnungsetikett beinhaltet folgende Informationen: Symbole, dazugehörige Gefahrenbezeichnungen und H- und P-Sätze. Auch die bisherigen Symbole werden durch neue Gefahrenpiktogramme mit neuen Signalwörtern ersetzt.

Einen Vergleich zwischen alten und neuen Kennzeichnung zeigt Abb. 21.8.

Kennzeichnung ab 2008	Beschreibung	Bis 2017 noch erlaubt
	**Tödliche Vergiftung** Produkte können selbst in kleinen Mengen auf der Haut, durch Einatmen oder Verschlucken zu schweren oder gar tödlichen Vergiftungen führen. Die meisten dieser Produkte sind Verbrauchern nur eingeschränkt zugänglich. Lassen Sie keinen direkten Kontakt zu.	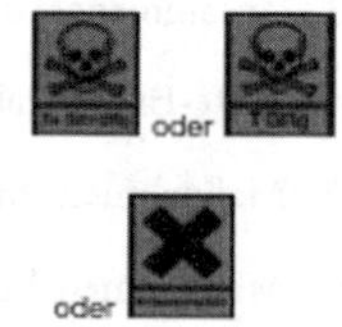 oder ... oder
	**Schwerer Gesundheitsschaden, bei Kindern möglicherweise mit Todesfolge** Produkte können schwere Gesundheitsschäden verursachen. Dieses Symbol warnt vor einer Gefährdung der Schwangerschaft, einer krebserzeugenden Wirkung und ähnlich schweren Gesundheitsrisiken. Produkte sind mit Vorsicht zu benutzen.	
	**Zerstörung von Haut oder Augen** Produkte können bereits nach kurzem Kontakt Hautflächen mit Narbenbildung schädigen oder in den Augen zu dauerhaften Sehstörungen führen. Schützen Sie beim Gebrauch Haut und Augen!	 oder
	**Gesundheitsgefährdung** Vor allen Gefahren, die in kleinen Mengen nicht zum Tod oder einem schweren Gesundheitsschaden führen, wird so gewarnt. Hierzu gehört die Reizung der Haut oder die Auslösung einer Allergie. Das Symbol wird aber auch als Warnung vor anderen Gefahren, wie der Entzündbarkeit genutzt.	 oder
	**Gefährlich für Tiere und die Umwelt** Produkte können in der Umwelt kurz- oder langfristig Schäden verursachen. Sie können kleine Tiere (Wasserflöhe und Fische) töten oder auch längerfristig in der Umwelt schädlich wirken. Keinesfalls ins Abwasser oder den Hausmüll schütten!	
	**Entzündet sich schnell** Produkte entzünden sich schnell in der Nähe von Hitze oder Flammen. Sprays mit dieser Kennzeichnung dürfen keineswegs auf heiße Oberflächen oder in der Nähe offener Flammen versprüht werden.	 oder

Quelle: Bundesministerium für Risikobewertung, www.bfr.bund.de

Abb. 21.8. Unterschiede zwischen alter und neuer Kennzeichnung der Produktetiketten

Wiederholungsfragen zu Kapitel 21

1. Nennen und erklären Sie drei Bestandteile des Abfallgesetzes!
2. Erläutern Sie die Kernpunkte, die bei der Erstellung eines innerbetrieblichen Entsorgungskonzepts zu beachten sind!
3. Welche Strategien zur Verwertung von Rohstoffen bestehen? Bitte erklären Sie diese kurz und nennen Sie je ein Beispiel!

22 Innerbetrieblicher Materialtransport

Um Güter von einem Ort an einen anderen zu befördern, werden Transportsysteme eingesetzt. Unterschieden wird in innerbetrieblichen (innerhalb des Unternehmens) und außerbetrieblichen Transport. In DIN 30781, Teil 1 wird der innerbetriebliche Transport mit „Fördern" bezeichnet.

Innerbetriebliche Transport- und Fördersysteme haben die Aufgabe, die Raumüberwindung von Objekten innerhalb des Unternehmens bzw. innerhalb von Betriebstätten (Lager, Produktion, Hallen, Werksgelände, Fabrikanlagen aber auch Förderanlagen, z.B. bei Abbaubetrieben von Rohstoffen) vorzunehmen. Dabei finden häufig Wechsel zwischen verschiedenen Transportmitteln statt. Die Instrumente, die zum innerbetrieblichen Transport eingesetzt werden, werden Fördermittel genannt (Schulte C 2013, S. 153ff).

Der Begriff Fördermittel umfasst alle technischen Einrichtungen, mit denen Güter unmittelbar oder mittelbar fortbewegt werden können. Fördermittel sind durch ihre Dynamik charakterisiert. Da es aber nur in wenigen speziellen Fällen sinnvoll ist, Güter lose zu transportieren oder zu lagern, empfiehlt sich der Einsatz von *Förderhilfsmitteln* (Palette, Gitterbox).

Der Stellenwert ist in der Praxis beachtlich: So hat der VW-Konzern weltweit jährlich mehr als 300 Mio. Euro Kapital in Ladungsträger und Ladungshilfsmitteln gebunden und investiert p.a. zwischen 15 und 20 Mio. Euro für neue Förderhilfsmittel.

22.1 Transportsysteme im Unternehmen

Die Fördermittelauswahl wird von vier verschiedenen Bestimmungsgrößen beeinflusst, die in Tabelle 22.1. dargestellt sind.

Hinzu kommen gesetzliche Bestimmungen (z.B. bei Feuer- oder Explosionsgefahr).

22 Innerbetrieblicher Materialtransport

THE POWER OF DELIVERY

Tabelle 22.1. Bestimmungsgrößen für die Fördermittelauswahl

Fördergut	Maße, physikalische Eigenschaften des Gutes (z.B. Stückgut, Schüttgut, Flüssigkeiten, Paletten, Säcke)
Förderintensität	bewegte Transportmenge pro Zeiteinheit (z.B. Tonnen/h bei einer Rohrleitung)
Förderstrecke	Entfernung zwischen Start- und Endpunkt des Gütertransports mit Berücksichtigung des Streckenverlaufs (gerade, gekrümmt)
Fertigungsprinzip	Einzel- und Serienfertigung: Flurförderer und Hebezüge Massenfertigung: Stetigfördersysteme

Transportsysteme müssen optimal geplant und eingesetzt werden. Dabei sind folgende *Zielgrößen* zu beachten (s. Tabelle 22.2).

Tabelle 22.2. Zielgrößen von Transportsystemen

Ziele	**Zielinhalte**
Optimale Nutzung der Transportsysteme	• Minimale Transportkosten • Minimale Leerwege • Hohe funktionale und zeitliche Auslastung
Hoher Servicegrad (auftragsbezogen)	• Kurze Wartezeiten (Aufträge) • Niedrige Transportzeiten • Schnelle Reaktion auf eilige Transporte
Hohe Flexibilität	• Breites Transportspektrum (verschiedene Güter) • Leichte Anpassung an betriebliche Umstellung
Transparenz und Controlling	• Information über aktuelle Situation (Verfügbarkeit, Ort, durchgeführte Aufträge) • Kennzahlenerzeugung (durchschnittliche Transportzeiten) • Information der vor- und nachgelagerten Bereiche über relevante Vorgänge (Betrieb, Produktion), Information über Produktverlagerung, Umsatzrückgange • Datensammlung (Fahrtenschreiber, Auslastung) • Auswertung von Daten (Statistiken)

Um diese Ziele zu erreichen, müssen Planungs-, Steuerungs- und Durchführungsaufgaben bewältigt werden (Kummer/Grün//Jammernegg 2013, S. 223ff).

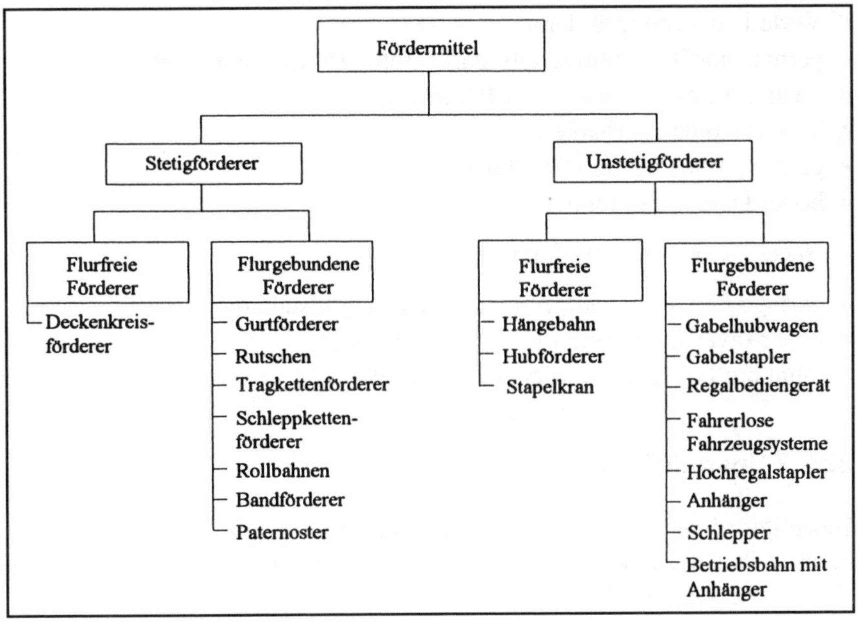

Abb. 22.1. Einteilung der Flurfördermitteln (Schulte G 1996, S. 263)

Fördermittel lassen sich außerdem nach drei Kriterien unterscheiden:

- *flurgebunden*: Nutzung von Verkehrswegen, die in den Boden eingelassen sind (Magnetschleifen),
- *flurfrei*: an der Hallendecke schwebend,
- *aufgeständert*: auf Schienen etc. (Kluck 1998, S. 206ff).

Abbildung 22.1 zeigt eine Übersicht über die Einteilung von Fördermitteln.

22.2 Innerbetriebliche Transport- und Fördersysteme

22.2.1 Stetigförderer

Stetigförderer arbeiten kontinuierlich auf einem gleich bleibenden, festgelegten Förderweg. Die Förderleistung kann entweder durch die Schwerkraft (Rutschen, Fallrohre) oder mit Hilfe eines Antriebs (Förderband, Kettenförderer) erfolgen. Anwendung finden solche Systeme z.B. bei Massenfertigung oder in der Baustoffindustrie (Sand, Kies) etc.

Vorteile der Stetigförderer:

- permanente Transportbereitschaft (große Betriebssicherheit)
- niedriger Personalbedarf zur Bedienung
- hohe Automatisierbarkeit
- gute Ausnutzung der Raumhöhe
- hoher Durchsatz möglich

Nachteile der Stetigförderer:

- geringe Flexibilität aufgrund der ortsfesten Installation
- hoher Investitionsbedarf u. Energieverbrauch
- lohnt nur bei kontinuierlichem Materialfluss

22.2.2 Unstetigförderer

Unstetigförderer arbeiten diskontinuierlich und rein bedarfsorientiert und können ihre Transportwege zum Teil frei wählen. Dabei setzt sich der Transportzyklus aus Teilvorgängen zusammen (Schulte C 2013, S. 153ff).

1. Aufnahme des Fördergutes am Ausgangspunkt
2. Transport zum Zielort
3. Abgabe des Gutes am Zielort
4. Fahrt zum Ausgangsort (Leerfahrt)

Tabelle 22.3.

Bezeichnung	Eigenschaft	Beispiel
Hebezeuge	• Frei fahrbar, manuell • Spurgebunden, manuell	• Drehkran, Laufkran • Hallenkran
Flurförderzeuge	• Spurgebunden, manuell • Spurgebunden, automatisch (über Infrarot, Funk, Ultraschall) • Frei fahrbar, manuell	• Eisenbahn • Fahrerloses Transportsystem • Gabelstapler
Regalförderzeuge	• Spurgebunden, manuell • Spurgebunden, automatisch	• Regallager (manuell) • Hochregallager (automatisch)

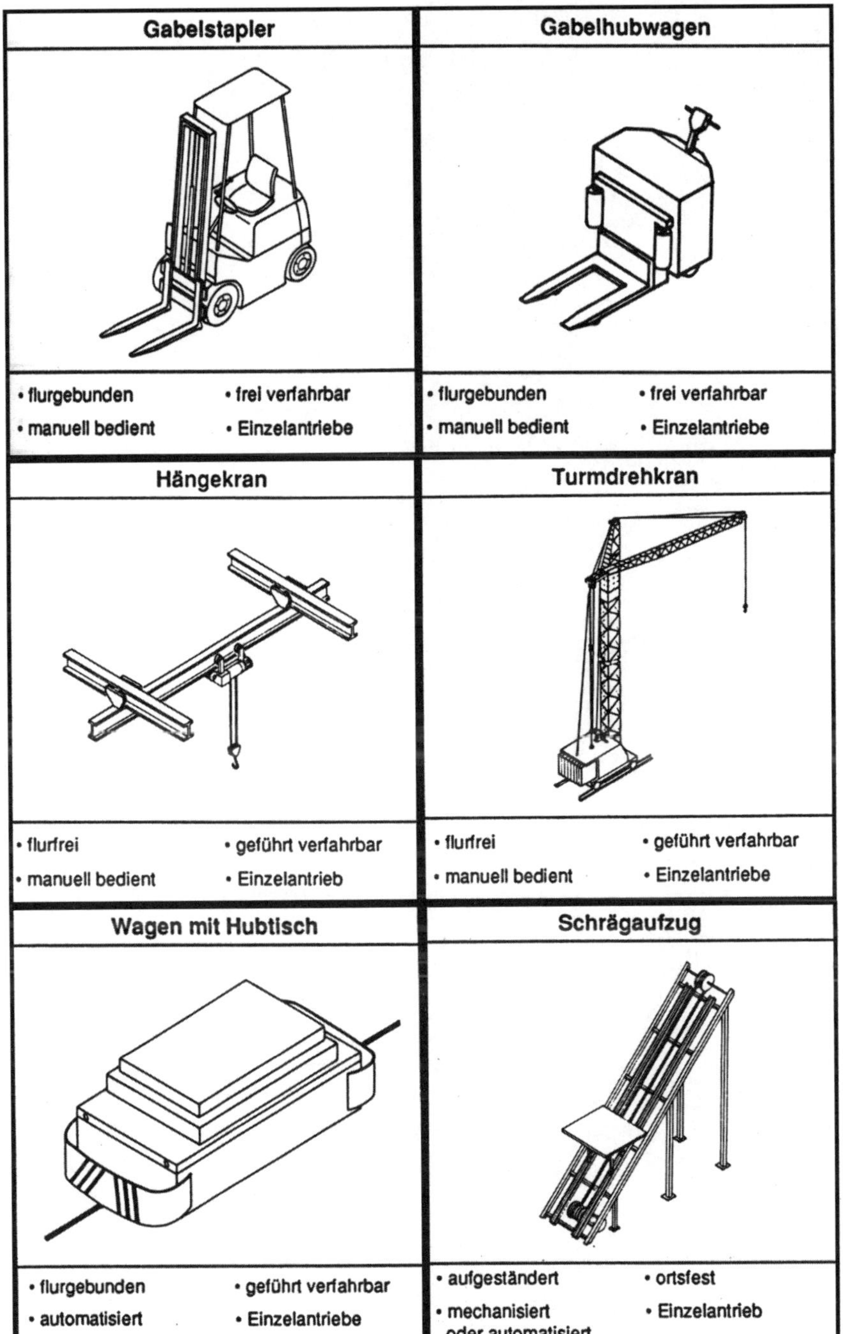

Abb. 22.2. Fördermittel (Jünemann 1989, S. 219ff)

Gabelhubwagen

- flurgebunden
- manuell bedient

Turmdrehkran

22.2.3 Förderhilfsmittel

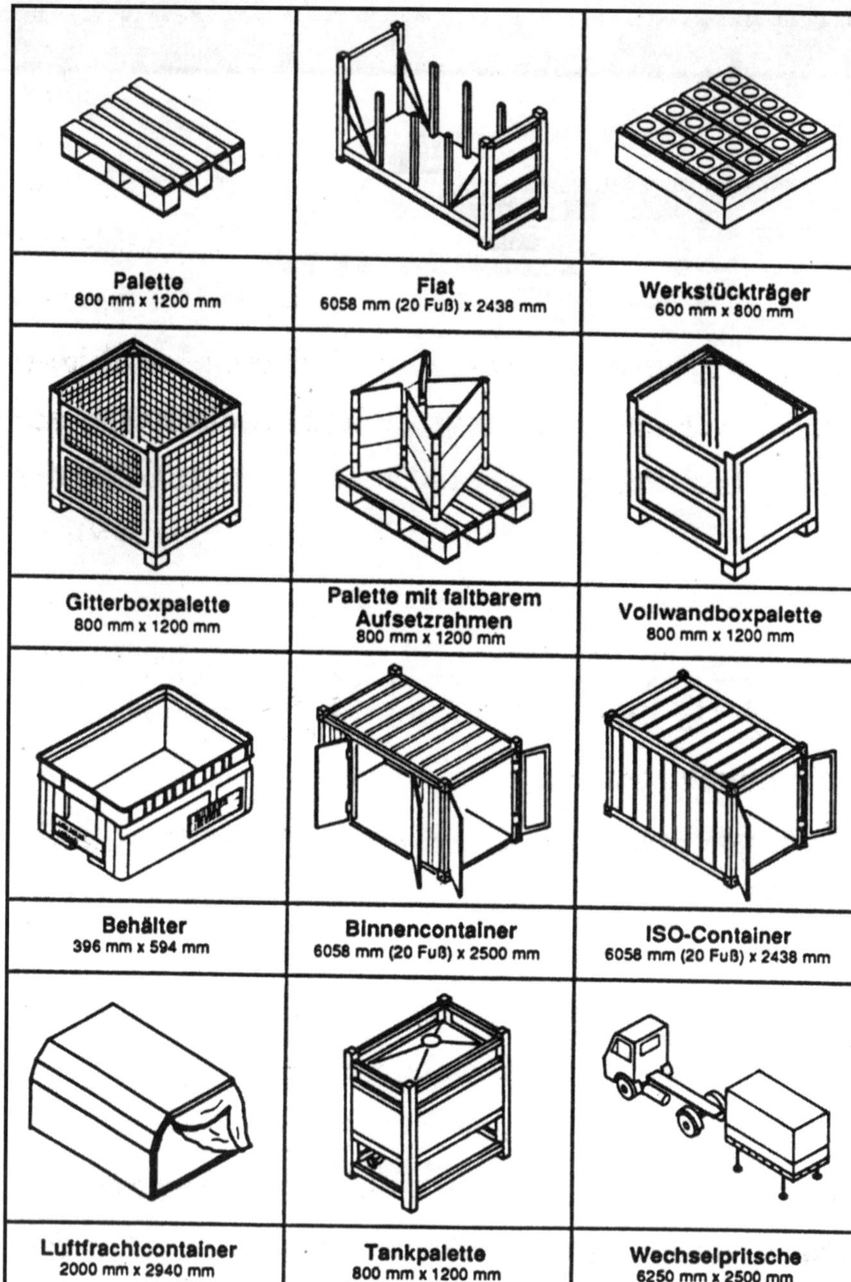

Abb. 22.3. Förderhilfsmittel (Schulte C 2013, S. 156, s.a. Ihme 2000)

Förderhilfsmittel haben die Aufgabe, Ladeeinheiten zu bilden, d.h. mehrere einzelne Güter zu größeren Transporteinheiten zusammenzufassen. Förderhilfsmittel erfüllen folgende *Funktionen*:

- *Lagerfunktion:* Ermöglicht die Aufnahme verschiedener Güter mit einem Fördersystem (standardisierte Behälter, Paletten etc.), stapelbar, schneller Zugriff, dient der Aufnahme und Zusammenfassung des Förderguts.
- *Informationsfunktion:* Durch Barcoding Infos über Menge, Charge, Produktart, Produktionstermin etc.
- *Schutzfunktion*: Schützt Produkte vor Beschädigungen, Diebstahl etc. (Ihme in Koether 2004, S. 361ff).

Bei den Förderhilfsmitteln werden tragende (Flachpaletten, Werkstückträger), umschließende (Boxpaletten, Kästen) oder abschließende (Container, Kisten, Fässer, Kanister, Kartons u.ä.) Mittel unterschieden.

Zu den wichtigen *Anforderungen* an Förderhilfsmittel zählen:

- Minimierung der Förderhilfsmittelvielfalt (Container, Europaletten etc.).
- Anstreben der Transportkettenbildung (ein Förderhilfsmittel, z.B. Europalette kompatibel für innerbetrieblichen Transport, LKW, Bahn, Schiff).
- Erhöhung der Umschlagsleistung durch Planung geeigneter Ladeeinheiten (genaue Abmessungen und maximale Belastbarkeit müssen bekannt sein).

Bei der Einkaufsentscheidung für Förderhilfsmittel sind folgende *Prinzipien* zu beachten:

- Auswahl kostengünstiger Förderhilfsmittel,
- Beschränkung auf eine möglichst geringe Anzahl verschiedener Arten,
- Einsatz vieler mehrfach verwendbarer Förderhilfsmittel,
- Verwendung möglichst vieler genormter/standardisierter Förderhilfsmittel,
- Auswahl von Förderhilfsmitteln, die nicht rücktransportiert werden müssen,
- Verwendung umweltschonender Materialien.

Wiederholungsfragen zu Kapitel 22

1. Erläutern Sie die Unterschiede zwischen einem Stetigförderer und einem Unstetigförderer!
2. Nennen Sie jeweils drei Beispiele für einen Stetigförderer und einen Unstetigförderer!
3. Definieren Sie drei wesentliche Anforderungen an Förderhilfsmittel!

23 Verpackung, Versand und Ladungssicherung

23.1 Verpackung

Bevor die fertiggestellten Güter an den Kunden ausgeliefert werden, müssen sie i.d.R. verpackt werden.

> Unter Verpackung versteht man die lösbare, vollständige oder teilweise Umhüllung eines Gutes (Packgutes), um dieses zu schützen oder andere Funktionen zu erfüllen (Pfohl 2000, S. 146).

Der Umsatz der Verpackungsindustrie in der Bundesrepublik Deutschland beträgt ca. 30 Mrd. Euro. In der Verpackungsindustrie in Deutschland sind ca. 82.000 Mitarbeiter beschäftigt.

Folgende Zahlen verdeutlichen das Rationalisierungspotential beispielsweise bei Transportverpackungen:

- die durchschnittliche Beladung einer Euro-Palette beträt ca. 20–30% der Maximalkapazität,
- hohe Variantenvielfalt und kürzere Produktlebenszyklen lassen Spezialladungsträger immer unwirtschaftlicher werden,
- unsachgemäß gesicherte Ladung verursacht in der BRD Kosten von ca. 500 Mio. Euro,
- es erfolgt oft keine optimale Abstimmung zwischen dem Produkt, der Verpackungseinheit, der Transportpackung, der Ladeeinheit und der Ladung,
- oftmals existieren die Artikel nicht mehr, für welche die Verpackungen eingeführt worden sind.

Bestimmte Produkte kauft der Kunde oft nur aufgrund einer ansprechenden Verpackung. So ist z.B. bekannt, dass der Wein zu 80% aufgrund seines Etikettes, seiner Verpackung, gekauft wird.

Fallbeispiel IKEA

Auch in der Verpackung stecken Rationalisierungspotenziale. So hat der Eigentümer des Möbelkonzerns IKEA, Herr Ingvar Kamprad angeordnet, dass die Teelichter „Glimma“ zukünftig in Blöcke gestapelt werden sollen.

25 Jahre vorher wurden die Teelichter lose in Beuteln verkauft. Wenn die Teelichter in Blöcke gestapelt werden, kann das Transportvolumen des LKWs besser ausgenutzt werden. Anstatt 7.560 Beutel in der losen Packweise passen nun 10.800 Packungen Teelichter auf den LKW (Vgl. FAZ 2009a).

Die Verpackung erfüllt in der Praxis wichtige Funktionen, welche nachfolgend kurz dargestellt werden:

a) Funktionen der Verpackung

Der Verbrauch von Verpackungsmaterialien kann aufgrund von Daten aus der Vergangenheit vorhergesagt werden. Verpackungsmaterialien sind Kästen, Kartons, Aufkleber, Etiketten sowie Polster oder Füllmaterial, welche die Lagerteile gegen Beschädigungen schützen sollen. Der Bedarf wird meist langfristig ermittelt und die Bedarfsermittlung erfolgt nach den Methoden der Verbrauchssteuerung. Bei größeren Verpackungseinheiten wie Kisten, Fässer etc. kann der Bedarf in der gleichen Weise wie bei der Stücklistenauflösung ermittelt werden (Ebel 2009, S. 226ff).

Die verschiedenen Funktionen der Verpackung zeigt Abb. 23.1.

Schutzfunktion	Lagerfunktion	Transportfunktion	Manipulationsfunktion	Informationsfunktion
– Schutz vor quantitativen Veränderungen – Schutz vor qualitativen Veränderungen – Schutz vor Beschädigungen – Schutz der Umwelt und des Personals	– Raumsparendes Lagern – Stapelbarkeit – Verkaufsmengengerechte Lagereinheit	– Bildung von Transporteinheiten – Optimale Auslastung von Transport(hilfs-)mitteln – Sicherung von Ladeeinheiten und Ladungen	– Handhabungsgerechte Gewichts- und Geometriefestlegung, Manipulation von Ladeeinheiten – Einsatz von Manipulationshilfen – Automatisierte Handhabung	– Identifikationshilfen – Vorsichtsmaßnahmen – Warenpräsentation – Gebrauchsanweisung

Abb. 23.1. Funktionen der Verpackung (Schulte C, 2013, S. 490, s.a. Jansen 1989, S. 79)

Die Planung logistikgerechter Verpackungen der einzelnen Produkte ist mit Hilfe von CAD-Techniken verbessert und standardisiert worden (Schulte C 2013, S. 490, s.a. Jansen/Thater 1987, S. 88). Dadurch reduziert sich der Kostenfaktor Verpackung.

Der Einsatz von Standardkartons oder Normbehältern führt zur Vereinfachung und Beschleunigung der Abläufe. Er sollte am Anfang der logistischen Kette beginnen, um Umpackvorgänge zu vermeiden und eine bessere Raumauslastung zu erzielen. Verpackung beansprucht Raum und entsprechend hoch sind auch die Transportkosten. Das Ziel ist deshalb der Wegfall von teuren, schweren und raumbeanspruchenden Verpackungen. Beim Containertransport z.B. entfällt ein Großteil der Verpackung.

Die Etikettierung der Verpackungen an einer definierten Stelle mit einheitlichen Angaben (z.B. Artikelnummer) kann eine zusätzliche Erleichterung der Abläufe mit sich bringen. Große Erfolge sind in dieser Hinsicht durch die Verwendung von Barcodes und Transpondern zur Kennzeichnung von Waren zu verzeichnen.

b) Kostenfaktor Verpackung

Eine Kostenreduzierung wird durch den Einsatz von Sammelverpackungen und die Vermeidung von Füllmaterial, sofern es der Schutz vor Beschädigungen nicht erfordert, bewirkt. Die Rücknahmeverordnung für Verpyaackungen wirft die Frage nach Wiederverwertbarkeit auf (Schulte C 1999, S. 394f). Die erreichte stoffliche Verwertungsquote beträgt in Deutschland 63% und ist damit die beste in Europa. Zum Vergleich: Frankreich 35%, Italien 32% oder Großbritannien 30%.

Tabelle 23.1. Anteil Verpackungskosten verschiedener Branchen am Produktionswert (2003)

Branche	**Anteil wertmäßig**
Ernährungsgewerbe	5,87 %
Chemische Industrie	2,02 %
Zellstoff, Papier, Pappe	1,43 %
Glasindustric	1,38 %
Tabakverarbeitung	1,11 %
Bekleidungsgewerbe	0,45 %
Verlags-, Druckgewerbe	0,25 %
Verarbeitendes Gewerbe gesamt	**1,2 %**

Quelle: IHK, DVI, IK, 20. Leipziger Verpackungsseminar, Leipzig 2003, S. 38

Bei Parfüm können die Verpackungskosten bis zu 30% betragen. Hier erfüllt die Verpackung außer einer Schutzfunktion noch eine Informationsfunktion. Die Verpackung dient in hohem Maße der Warenpräsentation.

Der Produktionswert für Verpackungen liegt weltweit bei über 450 Mrd. Euro – in Europa sind es rund 85 Mrd. Euro. Deutschland ist der mit Abstand wichtigste europäische Verpackungsmarkt mit einem Volumen von

21,7 Mrd. Euro. Folgende Anteile der Packstoffe am Verpackungseinsatz in Europa nach dem Wert der Verpackungsmaterialien liegen vor:

	2002	*2001*
• Kunststoffe	37,8%	(30%)
• Papier, Karton, Pappe	35,6%	(38%)
• Metalle	18,1%	(19%)
• Glas	6,2%	(10%)
• Holz, Sonstige	2,3%	(3%)

Kunststoff sowie Papier, Karton und Pappe dominieren demnach die Verpackungsmittel (IHK, DVI, IK, 20. Leipziger Verpackungsseminar, Leipzig 2003, S. 38, und: IHK, DVI, 18. Leipziger Verpackungsseminar, Leipzig 2001, S. 58).

Kosten durch Beschädigung von Verpackung und Ladeeinheiten

Die Verpackung und die Ladeeinheiten sind nicht immer auf die Supply Chain abgestimmt (Fraunhofer IML, Fachpack 2009). Die folgenden Faktoren führen zu zusätzlichen Kosten:

- falsch dimensionierte Verpackungen und überschrittene Leistungsgrenzen,
- Verpackungen minderer Qualität,
- unsachgemäßes Handling,
- fehlende Anweisungen über den sachgemäßen Umgang,
- fehlendes Bewusstsein über den Wert von Waren und den Folgen von Bruch,
- falsche Ladungssicherung.

Praxisbeispiele

Durch die Reduzierung der Faltschachtelvarianten von 500 auf 168 Varianten konnte bei der Robert Bosch GmbH in 2009 eine Ersparnis von über 20% erzielt werden.

Die neue Modularität der Verkaufsverpackungen bei der LEGO GmbH konnte eine Palettenauslastung der LKW-Ladungen von ca. 25% erreicht werden (Fraunhofer IL Fachpack 2009).

Innerhalb der Claas KGaA mbH wurde gruppenweit in allen Werken innerhalb eines Jahres die Anzahl der Behältertypen von 493 auf 26 Typen 2007 reduziert (Deutscher Logistik Preis 2007).

Der Telefonhersteller Gigaset produziert sein klassisches Massen-Elektronikprodukt noch komplett in der Bundesrepublik Deutschland. Pro

Jahr werden ca. 15 Mio. Stück verkauft. Am Standort Bocholt werden ca. 1.200 Endprodukt-Varianten am Band produziert. Die Losgrößen schwanken von 100 bis ca. 7.000 Stück. Um kurze Lieferzeiten zu gewährleisten wurde ein professioneller Algorithmus basierend aus Absatzvorhersage, historischer Planung und Kapazitätsplanung eingeführt. Damit können Lieferzeiten von max. 20 Tagen garantiert werden. Diese kurzen Lieferzeiten von 20 Tagen sind ein echter Wettbewerbsvorteil, da die Konkurrenz in Asien produziert und die Transportzeiten mit Seefracht allein schon vier bis sechs Wochen dauern.

Die Beschaffung und das Handling der Verpackungen für die mehr als 1.000 Modellvarianten stellt bei Gigaset das Produkt mit der höchsten Varianz und mit der höchsten Komplexität dar, was die Abwicklung betrifft. Aufgrund der Absatzplanung des Vertriebes von Gigaset erfolgt die Auftragsplanung der Verpackungsmaterialien. Diese löste dann die Produktionsmengen selbsttätig aus. Mit den Packmittelherstellern werden die Jahreskontrakte abgeschlossen.

Durch ein optimales Lieferkettenmanagement (Supply Chain Management) hat sich im Bereich Verpackung die Lieferzeit innerhalb von drei Jahren von 30 Tagen auf fünf Tage verringert. Die Lagerkosten wurden 23% verringert. Die Optimierung der eingesetzten Packungsgrößen brachte eine Materialeinsparung um 23% (150 Tonnen). Gleichzeitig konnte die Anzahl der versandten Geräte je Palette von 36 Stück auf 81 Stück gesteigert werden. Die Anzahl der Lastwagen-Ladungen hat sich damit um 30% reduziert (Vgl. Ohle in FAZ 2010, S. 12).

c) Shelf Ready Packaging (SRP) reduziert Prozesskosten in der gesamten Supply Chain

Hersteller, Handel und Konsumenten stellen heute die unterschiedlichsten Anforderungen an Regalverpackungen. Sicherer Transport, schnelle Verräumung in den Filialen und ansprechende Platzierung sind nur einige der Vorgaben, die erfüllt werden müssen. Durch SRP werden die Prozesskosten in der gesamten Supply Chain reduziert, denn handelsgerechte Regalverpackungen verfügen über hohe Displayfähigkeit (shelf-impact), sind einfach zu öffnen und nach dem Verkauf durch den geringstmöglichen Materialeinsatz leicht zu entsorgen. Das einfache Handling der Regalverpackungen führt zu hohen Einsparpotenzialen bei Hersteller und Handel.

Mit einem Griff können die Ware und Trays im Regal platziert oder nachbestückt werden. Out-of-Stock-Raten lassen sich so gleichzeitig reduzieren. Speziell bei Discountern führt dies zu deutlichen Kostenvorteilen bei Handling und Logistik, und ermöglicht zudem eine Aufwertung der Warenpräsentation. Aber auch die Verbraucher profitieren: eine attraktive

Gestaltung gibt dem Verbraucher schnelle Orientierung und führt so zu Abverkaufssteigerungen.

d) Freigabe der Packungsgrößen in der EU

In Europa sind von April 2009 an die Packungsgrößen freigegeben. Verbindliche Füllmengen gibt es dann nur noch für Wein und Spirituosen. Für alle anderen Produkte können die Hersteller jeweils unterschiedliche Füllmengen und Gewichte festlegen. Eine Tafel Schokolade kann jetzt auch 85 Gramm anstatt 100 Gramm kosten. Ein Milchpack kann ebenfalls 0,95 Liter Milch anstatt 1 Liter Milch wie bisher enthalten.

23.2 Versand

Versandfertige Aufträge werden zur Auslieferung bereitgestellt. Dazu werden im Auslieferungslager entsprechende Pläne unter Berücksichtigung der Arbeitsbelastung des Versandpersonals und der Kapazität der Transportmittel aufgestellt. Dabei sind die Lieferanweisungen, die bei der Auftragsannahme festgelegt wurden, zu berücksichtigen (Oeldorf/Olfert 1998, S. 383).

Verpackung	Es sind bestimmte Verpackungseinheiten, gesetzliche Bestimmungen, Höchstgewichte oder bestimmte, vom Kunden gewünschte, Verpackungsgrößen zu verwenden.
Verladung	Sie bezieht sich auf die Art des Versands, beispielsweise Bahn, LKW, Luftfracht.
Auslieferung	Sie wird anhand der Auslastung der Transportmittel und unter Berücksichtigung des Kunden geplant.

Bei der Gestaltung des Warenausgangs müssen die Merkmale, die auch für den Wareneingang maßgeblich sind, berücksichtigt werden. Abbildung 23.2 verdeutlicht den Material- und Informationsfluss im Wareneingang.

23.3 Ladungssicherung

Der Begriff Ladungssicherung ist der Sammelbegriff für sämtliche Maßnahmen, die dem Schutz der zu verladenden Güter dienen, z.B. vor

- statischen und dynamischen Belastungen (Stöße, Schwingungen) und
- Umgebungseinflüssen (Temperatur, Feuchtigkeit, UV-Einwirkungen).

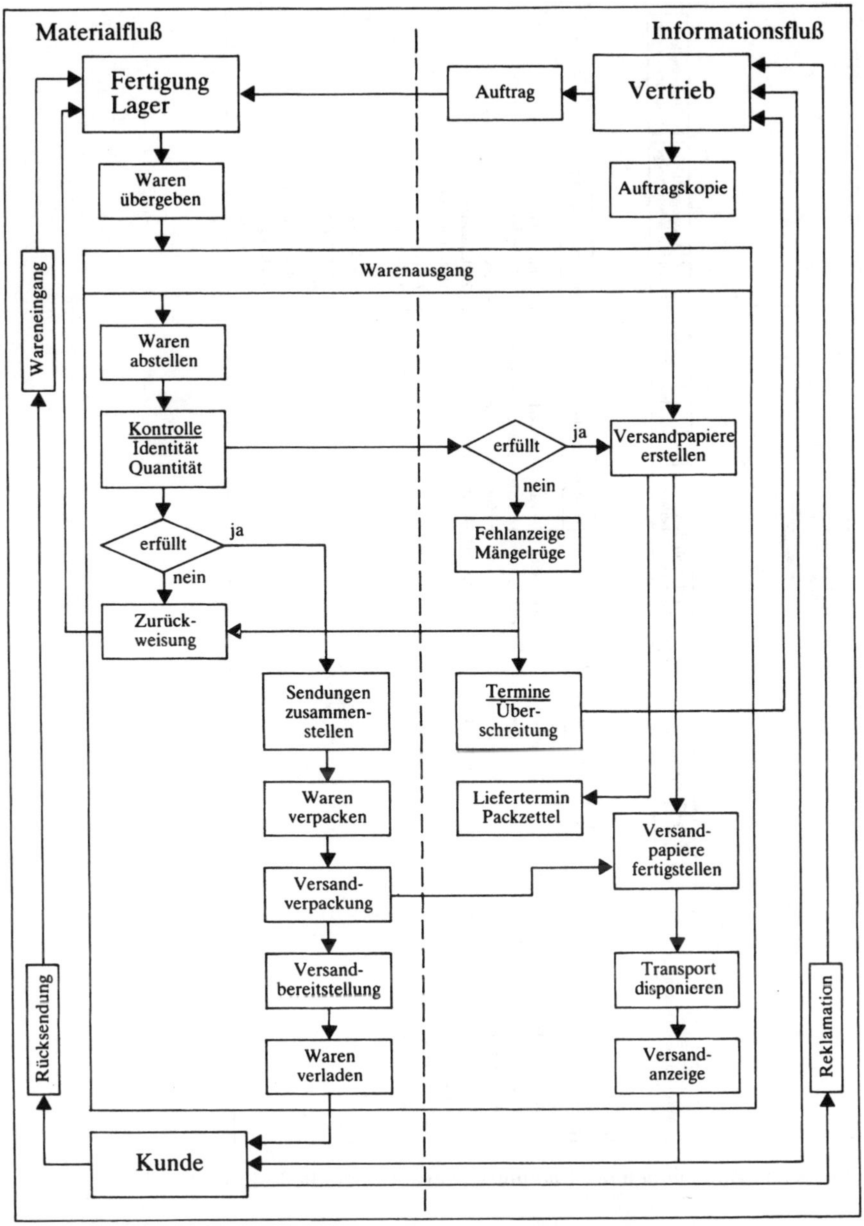

Abb. 23.2. Material- und Informationsfluss im Warenausgang (Schulte C 2013, S. 492, s.a. ZVEI 1982, S. 83)

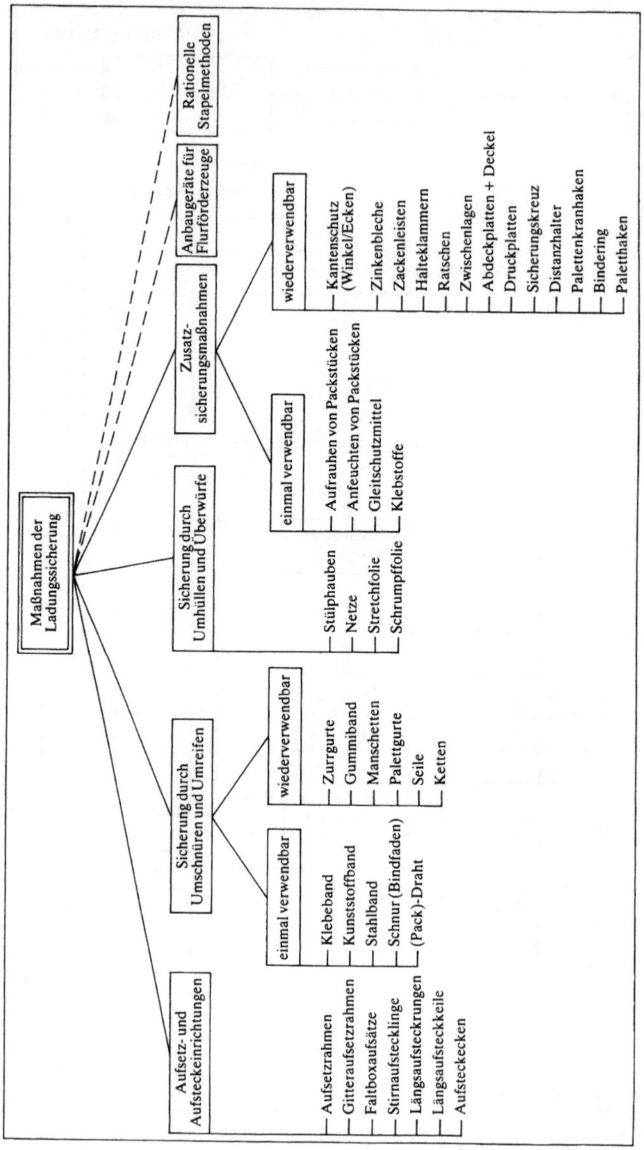

Abb. 23.3. Maßnahmen der Ladungssicherung (Schulte C.1999, S. 397)

Im Rahmen eines Soll-Ist-Vergleichs sind die Eigenschaften

- des Packstückes (Abmessungen, Form, Gewicht),
- der Verpackung (Werkstoff, Form, Festigkeit),
- des Ladungsträgers (Werkstoff, konstruktive Ausführung, Maße),
- der Ladeeinheit (Packschemata, Höhe, Gewicht, Kontur, Zwischenlagen) und
- der verwendeten Transport-, Umschlag- und Lagermittel

zu berücksichtigen (Schulte C 1999, S. 395ff).

Etwa 70% aller LKW-Ladungen sind nicht oder nur unzureichend gesichert. Ungefähr 20% aller LKW-Unfälle haben ihre unmittelbare oder mittelbare Ursache in ungenügend gesicherter Ladung. Der Anteil der dadurch verursachten Schäden beläuft sich nach Angaben des Gesamtverband der deutschen Versicherungswirtschaft (GDV) jährlich auf ca. 500 Mio. Euro. Dadurch wird deutlich, dass Ladungsverluste ein signifikantes Problem darstellen.

Voraussetzung für eine sichere Verladung ist die Bildung von Ladeeinheiten. Der Verlader (oder sein Beauftragter) sind für die beförderungssichere Bereitstellung der Ladeeinheiten verantwortlich, um überhaupt einen sicheren Transport der Waren zu ermöglichen. Um die Ladung im Fahrzeug mit den geeigneten Mitteln ausreichend sichern zu können, ist es notwendig, Ladungsteile zu möglichst homogenen Ladeeinheiten zusammenzustellen. Abbildung 23.3 zeigt die wichtigsten Möglichkeiten zur Ladungssicherung.

Wiederholungsfragen zu Kapitel 23

1. Beschreiben Sie vier verschiedene Funktionen einer Verpackung!
2. Was ist unter Ladungssicherung zu verstehen?
3. Nennen Sie vier Maßnahmen der Ladungssicherung!

24 Distributionslogistik und ECR-Logistik

Die Distributionslogistik stellt das Bindeglied zwischen der Produktion und der Absatzseite des Unternehmens dar. Sie umfasst alle Lager und Transportvorgänge von Waren zum Abnehmer sowie die damit verbundenen Informations-, Steuerungs- und Kontrolltätigkeiten. Das Ziel der Distributionslogistik ist die Lieferung der richtigen Waren, zum richtigen Zeitpunkt, am richtigen Ort, mit der richtigen Qualität und gleichzeitigem, optimalen Verhältnis zwischen Lieferservice und anfallenden Kosten (Schulte C 1999, S. 371ff).

Ihr Tätigkeitsbereich erstreckt sich auf die Standortwahl der Distributionslager, Lagerhaltung, Auftragsabwicklung, Kommissionierung und Verpackung, Warenausgang, Ladungssicherheit und Transport.

24.1 Standortwahl und Standortfaktoren

Der Standort ist der geografische Ort der Leistungserstellung, zu dem Produktionsfaktoren gebracht werden müssen und von dem aus Erzeugnisse zum Abnehmer transportiert werden. Die Wahl des Standortes erfolgt nach unterschiedlichen Kriterien, die beschaffungs-, produktions-, absatz- oder transportorientiert sein können.

a) Beschaffungsorientierte Standortfaktoren

Die Auswahl des Standortes erfolgt nach beschaffungsorientierten Kriterien, wenn der Rohstoff den primären Kostenfaktor (Kohle, Energie, Öl) darstellt. Dadurch wird die Möglichkeit einer günstigen Rohstoffbeschaffung genutzt. Beschaffungsorientierte Standortfaktoren beeinflussen insbesondere das Global Sourcing (Pfohl 1994, S. 191ff).

b) Produktionsorientierte Faktoren

Ausschlaggebend für einen produktionsorientierten Standort können günstige Standortfaktoren wie preisgünstige Grundstücke, Erschließungsmöglichkeiten, schnelle Genehmigungsverfahren, Umweltschutz, niedrige Lohn- und Lohnzusatzkosten und qualifizierten Arbeitskräften sein.

c) Absatzorientierte Standortfaktoren

Die Nähe eines großen Absatzpotentials (Nachfragepotential) kann die Wahl eines Standortes ebenso beeinflussen. Die räumliche Nähe zu den Abnehmern gestaltet kostenintensive Auslieferungsfahrten wesentlich günstiger. Andere Faktoren können die Höhe von eventuellen Einfuhrzöllen oder die Anwesenheit von Wettbewerbern am selben Ort (aus Imagegründen) sein (Schulte C 1999, S. 380ff).

d) Transportorientierte Standortfaktoren

Hierbei sind die Faktoren, wie Entfernung zum Kunden, Struktur der Kunden (Großhändler, Einzelhändler), Mengenumsatz oder Infrastruktur, ausschlaggebend (Ehrmann 1997, S. 431ff).

24.2 Distributionsstruktur

Die Standortauswahl für ein Auslieferungslager oder Zentrallager ist von besonderer Bedeutung. Insbesondere deshalb, weil ein dynamischer Prozess vorliegt, der auch künftige Märkte und Kundengewohnheiten berücksichtigen muss.

Die Distributionsstruktur eines Warenverteilungssystems hängt von folgenden Elementen ab, die zueinander in enger Beziehung stehen:

- Zahl der unterschiedlichen Lagerstufen,
- Zahl der Lager auf jeder Stufe sowie deren Standort,
- räumliche Zuordnung der Lager zu den Absatzgebieten.

24.2.1 Vertikale Distributionsstruktur

Die vertikale Distributionsstruktur gibt an, wie viele unterschiedliche Lagerstufen vorhanden sind. Man kann zwischen vier Lagerstufen unterscheiden (Fortmann/Kallweit 2000, S. 110ff), die in Abb. 24.1 dargestellt sind.

Werkslager auch Fertigwarenlager genannt, sind bei Produktionsstätten angesiedelt. Sie nehmen deren Fertigwarenausstoß meist zum kurzfristigen Mengenausgleich auf und umfassen nur die vor Ort produzierten Erzeugnisse (Werkslager PKW, Flugzeuge, Staubsauger).

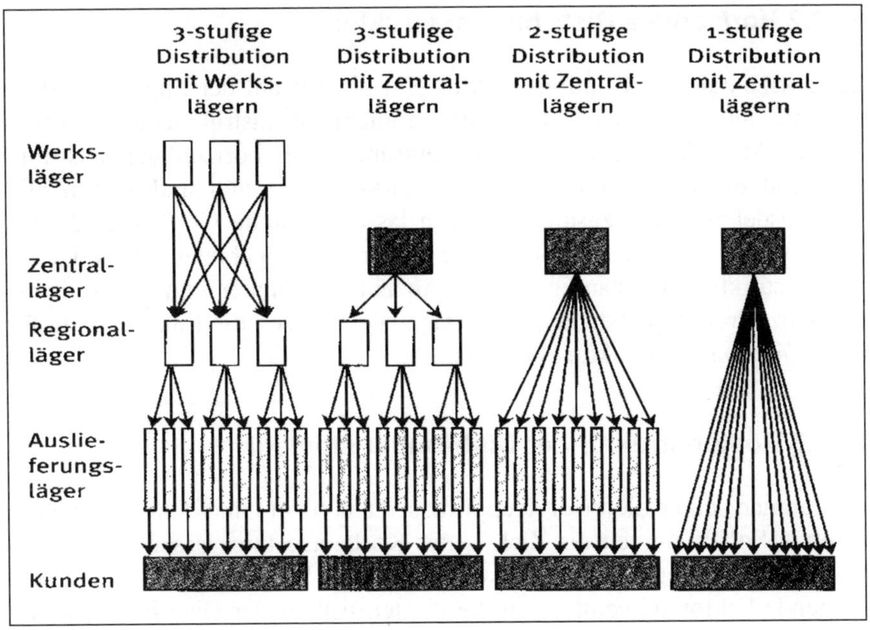

Abb. 24.1. Alternative Distributionsstrukturen (Weber/Kummer 1998, S. 209)

Zentrallager sind die dem Werkslager nachgeordnete Lagerstufen. Sie enthalten die gesamte Sortimentsbreite und ihre Funktion besteht im Auffüllen nachgelagerter Lagerstufen. Bei einer zentralisierten Distributionsstruktur werden in Zentrallagern die Waren in den jeweils vom Kunden bestellten Mengen und Sorten zur Auslieferung bereitgestellt (Zentralersatzteillager, Zentrallager Versandhaus).

Regionallager enthalten Teile des Sortiments (je nach Absatz und Region, z.B. Lebensmittel). Ihre Aufgabe liegt in der Bildung eines Puffers für Produktion und Absatzmarkt zur Entlastung vor und nachgelagerter Lagerstufen innerhalb einer Absatzregion. Die Umschlaghäufigkeit im Regionallager ist größer als im Zentrallager.

Auslieferungslager stehen auf der untersten Stufe und sind direkt dem Verkaufsbezirk zugeordnet. Sie enthalten, wie die Regionallager, nur die jeweils absatzstärksten Produkte der Region (Verkaufsgebiet).

Die Entscheidung der vertikalen Distributionsstruktur beeinflusst die taktischen und operativen Überlegungen, sowie die Aufgabenverteilung zwischen den einzelnen Lagerstufen und die zwischen ihnen bestehenden Relationen. Diese Entscheidung hängt auch davon ab, welche Anforderungen die Kunden des Unternehmens an die Bereitstellungsdauer stellen und welche Distributionskosten sich ergeben.

24.2.2 Horizontale Distributionsstruktur

Die horizontale Distributionsstruktur gibt die Anzahl der Lager pro Stufe und ihre unterschiedliche Standortbestimmung (Infrastruktur) an. Die Stufen der Auslieferungslager sind bedeutsam in der horizontalen Distributionsstruktur, da sie zahlenmäßig am stärksten vertreten sind, sich relativ weit ausdehnen oder zusammenfassen lassen (Schulte C 1999, S. 380ff). Es erfolgt eine Zuordnung der Lager zu den Absatzgebieten. Diese Distributionsstruktur ist abhängig von der Anzahl der Kunden und der Anlieferfrequenz. Produktpalette und Nachfrage beeinflussen die Entscheidung für diese Distributionsstruktur ebenfalls.

24.2.3 Kostenstruktur der Distributionslogistik

Im Rahmen seiner Lieferservicepolitik setzt sich ein Unternehmen eine bestimmte Soll-Lieferzeit als Ziel. Unter Kostenaspekten lassen sich davon ausgehend Strategien zur Strukturierung der Warenverteilung ableiten. Folgende Faktoren beeinflussen die Kostenstruktur der Distributionslogistik (Pfohl 1994, S. 245ff):

- *Anzahl und Größe der Lager*

  Die Transportkosten verlaufen in weiten Teilen diametral zu den Lagerhaltungskosten. Durch eine Ausweitung der Anzahl der *Auslieferungslager* werden die Transportkosten gesenkt. Je höher die Anzahl von Lagern (und Lagerstufen), desto höher ist die Anzahl der Fixkosten (für Lager) und Kapitalbindungskosten (für Bestände) (Schulte 1999, S. 376).

- *Auslieferungskosten zum Kunden*

  Die entstehenden Auslieferungskosten sind abhängig von der Entfernung zum Kunden, von der Kundenstruktur, d.h. ob nur wenige Großkunden oder viele Einzelkunden anzusteuern sind und vom Umsatz pro Kunde.

- *Transportkosten für Mengenbewegungen zwischen den Lagern*

  Bei geringer Kundenzahl und großer Warenmenge je Kunde ist eine zentrale Lagerhaltung günstig. Dagegen ist bei hoher Kundenzahl und geringen Mengen je Kunde eine zusätzliche Lagerstufe in Form von Auslieferungslagern sinnvoll. Ansonsten kann die hohe Transportfrequenz bei geringem Transportvolumen, d.h. geringer Auslastung, zu einem starken Kostenanstieg führen.

- *Beständehöhe*

Die Bestands- und Lagerkosten steigen progressiv mit zunehmender Lageranzahl bzw. der Lagerstufen. Eine Bestandssenkung kann durch einen schnellen Transport ausgeglichen werden. Eine JiT-gemäße Bestandssenkung ist jedoch nur dann wirtschaftlich, wenn die eingesparten Lager- und Kapitalbindungskosten die zusätzlich anfallenden Transportkosten übersteigen (Schulte 1999, S. 376ff).

24.3 Efficient Consumer Response (ECR)

ECR lässt sich als „effiziente Reaktion auf die Kundennachfrage" übersetzen. Im Vordergrund stehen die Kundenorientierung und eine ganzheitliche Betrachtung von der Herstellung eines Produktes bis zur Auslieferung zum Kunden. ECR verfolgt das Ziel, Waren- und Informationsflüsse im gesamten Distributionssystem durch eine vertrauensvolle Zusammenarbeit zwischen Hersteller und Handel zu optimieren. Basis ist dabei eine lückenlose Informations- und Versorgungskette (Wannenwetsch/Nicolai 2004, S. 213).

ECR setzt sich aus mehreren Bestandteilen zusammen, die entweder unter Logistik- oder Marketingstrategien einzuordnen sind. Es verbindet Logistik und Marketing mit Hilfe der Informationstechnologie. Das ECR-Konzept verspricht bemerkenswerte Einsparpotentiale. Durch eine Optimierung des Sortiments können Out-of-Stock-Situationen vermieden werden. Dies kann, wie einige ECR-Projekte zeigen, zu Umsatzsteigerungen bis zu 35% führen. Zusammenfassend bietet ECR folgende Potentiale auf:

- Reduzierung der Bestandshöhen im Distributionszentrum von über 40%,
- optimierte Nutzung der Transportkapazitäten um bis zu 20%,
- Reduzierung der Durchlaufzeiten von 50–80%,
- Reduzierung der Prozesskosten um bis zu 50%,
- Erhöhung der Produktverfügbarkeit am Point of Sales um 2–5%.

Das amerikanische Food Marketing Institut präsentierte 1992 erstmalig ECR, bestehend aus Marketing- und Logistikkomponenten (Werner 2000, S. 54).

In 13 europäischen Ländern wurden 140 Handels- und Konsumgüterunternehmen zu folgenden ECR-Themen befragt. Status, Auswirkungen und Erfolgsfaktoren von Händler-Hersteller-Kooperationen und zukünftige Trends in der ECR-Logistik. Die Ergebnisse waren:

- In Europa arbeiten Händler und Hersteller zu 59% zusammen, in den USA aber zu 95%.
- Erfolgreiche Kooperationen bringen für Händler und Hersteller ein durchschnittliches Umsatzwachstum von 6% und Kostenreduzierungen von 7% für Händler und 2% für Hersteller.
- Die Steigerung der Verfügbarkeit beträgt im Durchschnitt 6% für Händler und 3% für Hersteller.
- Ca. 40% aller ECR-Projekte scheitern an mangelnder Zusammenarbeit, Befähigung oder Streit bezüglich Datenaustausch und Gewinnaufteilung.

(Untersuchung Supply-Chain-Netzwerk ECR Europe und McKinsey. Vgl. Brinkhoff/Großpietsch/Rexhaussen/Sänger in Akzente 3/12, S. 30ff)

24.3.1 Marketingkomponenten

a) Efficient Store Assortment (EA)

Efficient Store Assortment umfasst die Bereiche ökonomische Sortimentsgestaltung und Bestandsreduzierung. Ziel ist es, eine Ausgewogenheit zwischen Artikeln, die Kunden anlocken sollen (sog. Strategieartikel oder Frequenzbringer) und Profitartikeln mit hohem Deckungsbeitrag zu schaffen.

Kernstück des Efficient Store Assortment ist die effiziente Sortimentsgestaltung im Sinne eines Category Managements.

Hierunter versteht man den eine gemeinsame Initiative von Händler und Hersteller, bei dem Warengruppen als strategische Geschäftseinheiten geführt werden, um durch die Erhöhung des Kundennutzens Ergebnisverbesserungen zu erzielen.

Unter einer sog. Category versteht man Produkte, die von bestimmten Zielgruppen beim Kauf gemeinsam erworben werden.

Die Tengelmann Gruppe hat beispielsweise herausgefunden, dass in ihren Läden Tiernahrung gemeinsam mit Spielwaren gekauft wird. Aus der Erkenntnis, dass in vielen kinderreichen Familien Tiere gehalten werden, erfasst Tengelmann heute beide Warengruppen als eine Kategorie (Ballhaus/Seibold 2004, S. 56–57).

Indem die Sortimente aus dem Blickwinkel der Konsumenten gestaltet und gesteuert werden, sollen Leistungsvorteile entstehen, welche die Absatzchancen beim Endverbraucher ausschöpfen. Erfolgreiches Category Management (CM) verhilft zu zufriedenen und somit loyaleren Kunden, was insgesamt zu höheren Umsätzen bei Hersteller und Handel führt.

Karstadt beispielsweise hat in Zusammenarbeit mit Procter & Gamble sein Premiumsegment in der Parfümerie optimiert. Das Ergebnis: ein gestrafftes Sortiment, bessere Warenpräsentation und Übersichtlichkeit sowie ein erhöhter Kundenservice führte zu Umsätzen über Marktniveau (Ochs 2007, S. 32).

Der Handel kann sich durch das Ausrichten der Sortimente an den Bedürfnissen der Kunden stärker gegenüber seinen Wettbewerbern profilieren und durch die Steigerung der Warenumschlagshäufigkeit den Ertrag pro Flächeneinheit steigern.

Durch CM ergeben sich somit zahlreiche Vorteile für den Handel wie auch für die Hersteller, wie die Abb. 24.2. und 24.3. aufzeigen (Ballhaus 2004, S. 42).

Durch CM können auf Herstellerseite durch die Reduzierung von Fehlbeständen in den Regalen und dadurch zufriedeneren Konsumenten wie auch Handelspartnern vor allem Umsatz- und Marktanteilssteigerungen realisiert werden. Der Handel profitiert deutlich durch gesteigerte Käuferreichweite sowie erhöhte Kundentreue und kann letztendlich hierdurch seine Roherträge signifikant steigern.

Standardisierte Systeme und Prozesse bei den CM-Partnern schaffen Synergien. Wal Mart beispielsweise stellt über ein internetbasiertes Tool seinen Lieferanten Abverkaufs-, Bestands-, Ergebnis- und Lagerbewegungsdaten zur Verfügung (Bock 2004, S. 52–54). Und auch beim dm-Markt werden fast allen wichtigen Lieferanten die Listungs- und Abverkaufsdaten per Extranet zur Verfügung gestellt (Ballhaus 2004, S. 48).

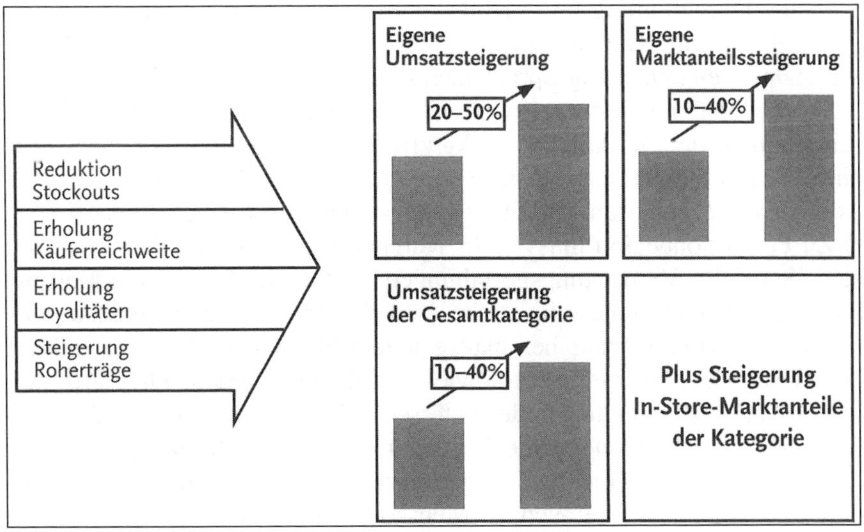

Abb. 24.2. Herstellervorteil

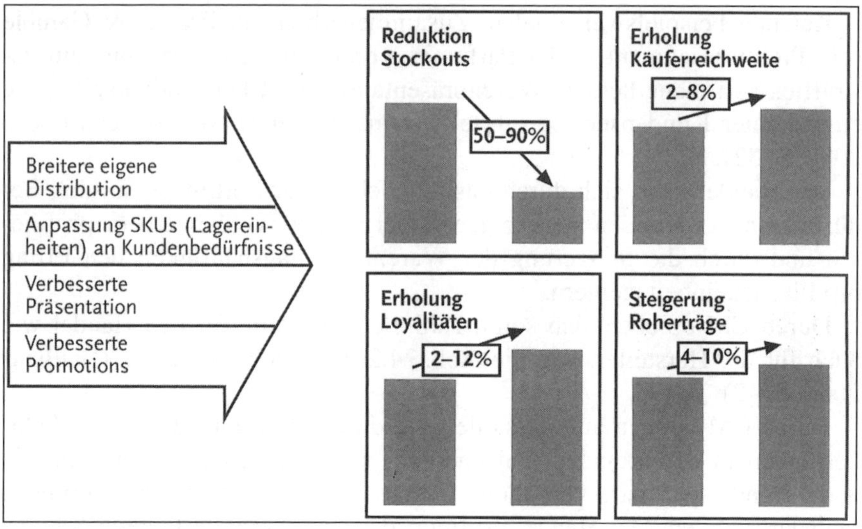

Abb. 24.3. Handelsvorteil

b) Efficient Promotion (EP)

Efficient Promotion beinhaltet eine effiziente Verkaufsförderung durch die vertrauensvolle Zusammenarbeit und Abstimmung der Werbeaktivitäten zwischen Hersteller und Handel zur Beeinflussung der Kundennachfrage.

Effizienz in der Verkaufsförderung entsteht durch die gemeinschaftliche Abstimmung der geplanten Promotionaktivitäten. Durch eine kooperative Planung, Durchführung und Erfolgskontrolle können die Aktionen individuell für einzelne Handelsfilialen konzipiert werden und zielgerichtet die Absatzmengen in den angesprochenen Zielsegmenten gesteigert werden.

Promotionaktionen haben weitreichende Auswirkungen auf die Wertschöpfungskette. Sie führen zu kurzfristigen Absatzschwankungen, die eine erhöhte Flexibilität, z.B. in Bezug auf die Bedarfsplanung sowie hinsichtlich der Produktions- und Lagerkapazitäten, erfordern.

Zu Promotionbeginn muss volle Warenverfügbarkeit am POS gesichert sein. Spezielle Verpackungsgestaltungen sind nötig, wenn zum Beispiel zwei oder mehrere unterschiedliche Artikel gemeinsam angeboten werden sollen. Die vom Format her häufig unterschiedlichen Produkte müssen gemeinsam ge- und verpackt sowie ausgeliefert werden. Dies erfordert häufig Sonderverpackungsmittel unterschiedlicher Größe oder auch gänzlich anderer Art, denn gerade bei gebündelten Produkten kann oftmals nicht auf Standard-Umverpackungen zurückgegriffen werden. Das erfordert Sondergebinde, die auch zu Mehrkosten bei Kommissionierung und Transport führen.

Aus diesem Grund erreichen laut einer McKinsey-Studie 60% aller POS-Promotions keinen positiven Deckungsbeitrag!

Durch den erhöhten Aufwand in Produktion und Logistik, z.B. in Bezug auf eine vorübergehende Erhöhung der Produktionskapazitäten oder Umrüstung auf größere Mengeneinheiten sind viele Promotionsaktionen unprofitabel.

Dennoch, durch Efficient Promotion lassen sich nicht nur wertvolle Umsatzpotenziale erschließen, auch Markenpräferenzen können gesteigert werden. Vor allem aber die Zufriedenheit und somit Loyalität der Handelspartner durch profilierte Sortimente und abverkaufsstarke Promotionartikel, bietet Herstellern wertvolle Vorteile gegenüber ihren Wettbewerbern.

c) Efficient Product Introduction (EP)

Das Ziel von *Efficient Product Introduction* ist eine gemeinsame Produkteinführung sowie die Koordination der Einführungsaktivitäten. Bei der Erarbeitung von Konzepten können Hersteller und Handel ihre Kompetenzen gemeinsam einbringen, um Fehlschläge zu vermeiden. Dadurch lässt sich der Anteil an Ladenhütern und Teilen mit niedriger Umschlagshäufigkeit wesentlich reduzieren. Dies führt zu einer Reduzierung der Kapitalbindungskosten und einer Erhöhung der Wettbewerbsfähigkeit.

Der Drogerie-Filialist dm und Kao Brands Europe kooperieren bereits seit mehreren Jahren überaus erfolgreich miteinander.

Über das dm-Extranet erhält Kao tag- und filialgenaue Abverkaufs- und Bestandsdaten. Hinzu kommen Informationen aus der Bondatenauswertung der Payback-Kundenkarten. Diese zeitnahen Käuferanalysen ermöglichen eine schnelle Einschätzung gerade bei Produkteinführungen. So konnte das Marktpotenzial eines neu gelisteten Haarpflegeproduktes in Bezug auf Käuferreichweite und Wiederkaufsrate exakt analysiert und bewertet werden (o.V. 2006).

Diese kooperative Neuproduktentwicklung und -einführung, hat zum Ziel, Misserfolge durch ein verbessertes Verständnis der Kundenwünsche zu vermeiden. Durch einen qualitativen Informationsaustausch mit dem Handelspartner und das Einbinden quantitativer Handelsdaten können die Hersteller wertvolle Rückschlüsse für zielgruppengerechte Forschungs- und Entwicklungsaktivitäten gewinnen (Schmickler 2001).

So lassen sich Komplexität und Kosten der Entwicklungs- und Einführungsprozesse reduzieren und die time-to-market verkürzen. Und nicht zuletzt führt dies zu nachhaltigen Umsatz- und Ertragsteigerungen für Handel und Industrie.

24.3.2 Logistikkomponenten

a) Efficient Replenishment

Efficient Replenishment (synonym: Continous Replenishment) kann als „kontinuierlicher Warennachschub“ bezeichnet werden. Es wird das Ziel einer Zeit- und Kostenreduzierung beim Warenfluss, mit Hilfe eines automatischen Bestellwesens verfolgt. Der Abgang der Ware beim Hersteller erfolgt mit Hilfe eines Scanners, der die Daten vom Barcode der Waren abliest und weitergibt. Die sofortige Übermittlung der Verkaufsdaten am Point of Sale (Verkaufszeitpunkt) wird über Kommunikationsstandards, wie z.B. über das Internet mit WebEDI, realisiert. Beim Erreichen des Mindestbestandes wird der Bestellprozess ausgelöst, was eine deutliche Beschleunigung zur Folge hat (Knolmayer/Mertens/Zeier 2000, S. 48f). Den Lieferanten kann dabei eine größere Verantwortung zuteil werden, wie beim *Vendor Managed Inventory* („lieferantengesteuerte Bestandsführung“). Der kontinuierliche Warennachschub erzielt folgende Verbesserungen (s. Tabelle 24.1).

Tabelle 24.1. Verbesserungen durch Efficient Replenishment (Wannenwetsch/ Nicolai 2004, S. 214)

Verbesserungen durch Efficient Replenishment
• Kostensenkung (Transport und Lager)
• Kürzere Durchlaufzeiten
• Qualitätsverbesserungen (Erhöhung von Service- und Dienstleistungsgrad)
• Ausnutzung der Flexibilität des Lieferanten

Laut Kurt Salmon Associates hat sich die Umschlagsdauer im Handel, durch den Einsatz von Efficient Replenishment, von durchschnittlich 104 auf nur noch 61 Tage verkürzt (Werner 2000, S. 53ff).

Efficient Replenishment besteht aus folgenden Elementen:

- *Continous Replenishment Program (CRP)*
  CRP beinhaltet einen partnerschaftlichen Bestellprozess, in welchem der Hersteller, auf Basis von Bestands- und Abverkaufsinformationen und Bestellprognosen (Joint Forecasting), die Lagerbevorratung des Handels bestimmt. Dabei unterscheidet man die Verfahren Vendor Managed Inventory und Co-Managed Inventory.

- *Logistik-Pooling*
  Beim Logistik-Pooling wird der Einsatz von LKWs und Lagern unternehmensübergreifend geplant und optimiert, um eine maximale Auslas-

tung zu gewährleisten. Durch den Zusammenschluss verschiedener Unternehmen können Leerfahrten und somit Kosten minimiert werden.

- *Roll Cage Sequencing*
  Roll Cage Sequencing ist eine filialgerechte Kommissioniermethode in den Handelslagern, bei der die Zusammenstellung der Ware nicht entsprechend des Layouts des Handelslagers vorgenommen wird, sondern entsprechend des Layouts der zu beliefernden Filiale. Die Folge ist eine Einsparung von langen Einräumwegen in der Filiale, wodurch Personalkosten reduziert werden.

Die vier genannten ECR-Komponenten wurden im Laufe der Zeit um drei weitere Logistikbestandteile, die in Abb. 24.4 gezeigt werden, ergänzt.

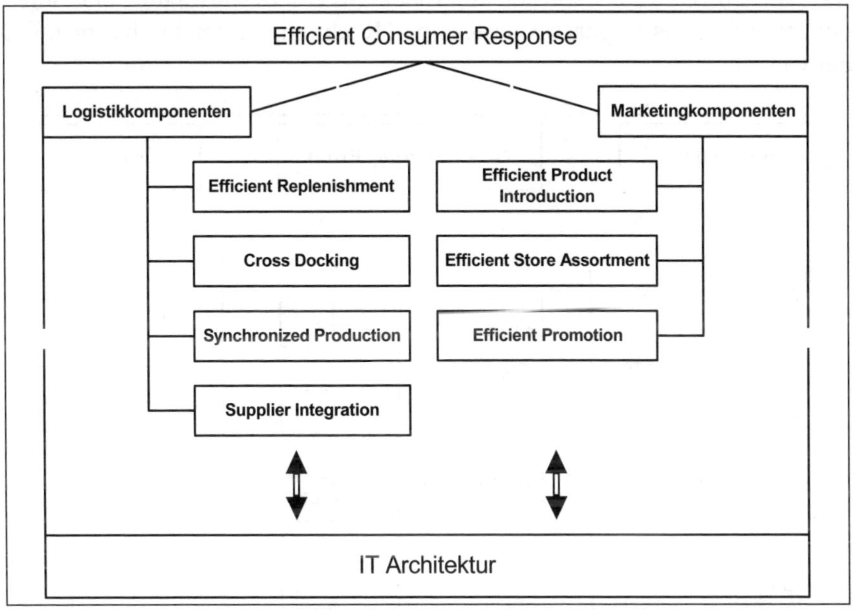

Abb. 24.4. Bestandteile des ECR-Konzepts (Werner 2000, S. 54)

b) Synchronized Production

Synchronized Production (synchronisierte Fertigung) bezeichnet die Abstimmung der Kundennachfrage mit der Produktion des Lieferanten (Pull-Prinzip). Der Lieferant kann durch den frühzeitigen Erhalt der Verkaufsdaten des Kunden seine Produktionsplanung und -steuerung optimieren.

c) Supplier Integration

Supplier Integration (Zulieferintegration) meint die Zusammenarbeit mit wenigen Systemlieferanten, die komplette Aggregate nach Vorgabe des Kunden entwickeln und fertigen. Durch die Kooperation mit wenigen Lieferanten ist eine engere Zusammenarbeit und eine bessere Qualitätskontrolle möglich.

d) Cross Docking

Cross Docking ist eine Form der Warenverteilung, die aufgrund des Engpasses an Laderampen aufgekommen ist. Vor allem in Innenstädten ist es oft schwierig, wenn mehrere Lieferanten in engen Straßen Händler beliefern wollen. Um die Zahl der liefernden LKWs zu verringern und somit dem Problem des Engpasses an Rampen Rechnung zu tragen, hat man CD entwickelt.

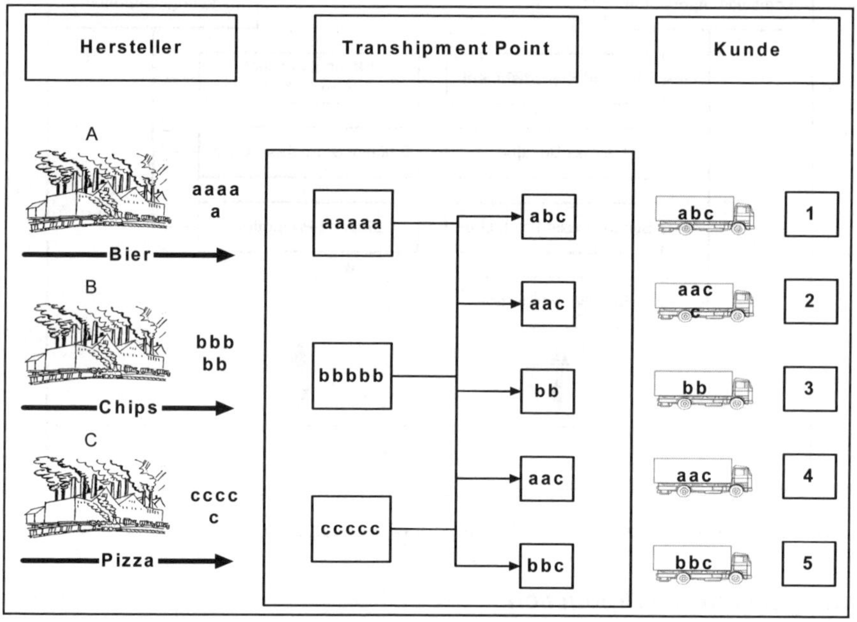

Abb. 24.5. Cross Docking (Werner 2000, S. 57f)

Die Waren mehrerer Hersteller, hier aus der Lebensmittelindustrie, werden zu einem Transhipment Point gebracht. Dabei handelt es sich um ein Distributionszentrum, das als Umschlagspunkt dient. Die LKWs docken an einer Rampe, der „Docking Station" an und werden entladen. Danach erfolgt ohne Zwischenlagerung, entsprechend den Bestellungen, die filialgerechte Kommissionierung. Die kundenspezifisch zusammengestellten Waren werden dann an der quer gegenüberliegenden Rampe bereitgestellt, auf andere LKWs verladen und den Kunden (hauptsächlich dem Einzelhandel) ausgeliefert.

Die Parfümerie Douglas GmbH realisierte in Zusammenarbeit mit der L'Oréal Luxusprodukte GmbH und Thiel LifestyleFashion GmbH & Co. KG die Umstellung auf ein integriertes Cross Docking-Konzept.

In den neun Cross Docking-Standorten in Deutschland werden die Waren ohne Zwischenlagerung verkaufsfertig bearbeitet. Nach der Verpackungsentsorgung, Preisauszeichnung, Warensicherung, Verbuchung, Rechnungsabwicklung und -kontrolle werden die Produkte gebündelt zu festen Terminen an die jeweiligen Douglas-Filialen ausgeliefert. Ziel war es, die Douglas-Filialen von Nicht-Verkaufstätigkeiten weitestgehend zu entlasten sowie die Lagerverweildauer der bezogenen Produkte so weit wie möglich zu minimieren.

Der elektronische Datenaustausch EDI wurde als Standard bei der Auftrags-, Lieferschein- und Rechnungsdatenübermittlung mit den strategisch wichtigsten Lieferanten etabliert. Inzwischen ist das Konzept auch in den Niederlanden, Österreich und Italien weitgehend umgesetzt.

Der administrative Aufwand hat sich dadurch entscheidend reduziert und die Logistikkosten konnten gegenüber der Zentrallagerlösung um über 50% gesenkt werden (o.V. 2006 sowie o.V. 2006a).

24.3.3 Milk Run

Der Milk Run („Milchmann Prinzip“) bezeichnet eine Sonderform des Direkttransportes auf einer festgelegten Route mit vorgegebenen Abfahrts- und Ankunftszeiten in den Warenbahnhöfen der Absender und Empfänger.

Innerhalb der geschlossenen Route fährt ein Spediteur mehrere Lieferanten an, sammelt die auszuliefernden Produkte ein und transportiert diese zum Abnehmer. Bei einem Milk Run werden die Lieferungen ab Werk bezogen. I.d.R. sollte ein Milk Run aus zwei bis zehn Lieferanten bestehen, um eine optimale Auslastung des Ladevolumens zu erzielen.

Das Milk Run-System kommt sowohl innerhalb eines Unternehmens zur Versorgung von Produktionsbereichen als auch unternehmensübergreifend mit externen Kunden und Lieferanten zum Einsatz. Häufig liefern die Lieferanten „Ship-to-Line“ (direkt ans Band) und sind über ein Kanban Steuerungssystem mit dem dezentralen Bedarfsträger verbunden.

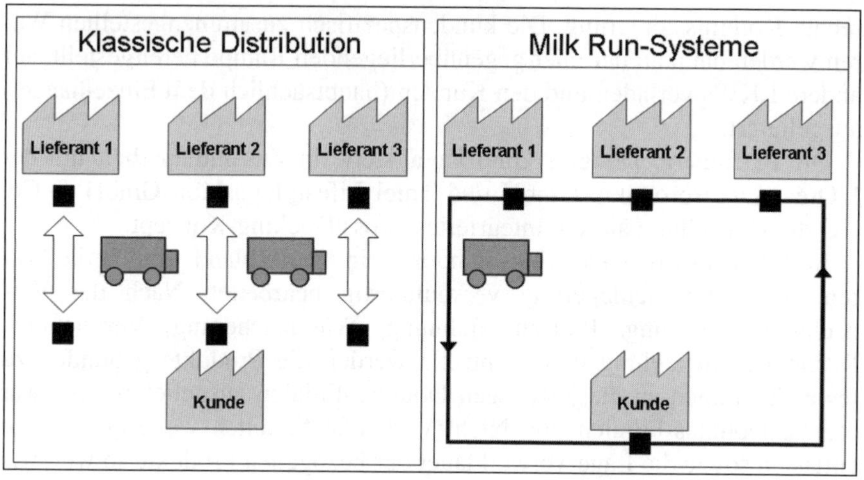

Abb. 24.6. Vergleich klassische Distribution zu Milk Run-Systemen

Vorteile im Überblick

- Effiziente und ökologisch vorteilhafte Anliefersystematik
- Optimierte Steuerung des Beschaffungsprozess (Material Flow)
- Anbindung von eKanban und Just-in-Time-Konzepten
- Reduzierung von Bestell- und Gebindelosgrößen
- Vermeidung von Umschlagsanlagen
- Reduzierung von Lagerbeständen und Kapitalbindungskosten
- Verbesserte Entsorgungslogistik (Transport von Leergütern, Behältern)
- Erhöhte Anlieferfrequenz und gleichmäßige Auslastung
- Reduktion der Transportzeiten und Transportkosten
- Taktung des Lieferanten durch feste Zeitfenster

Bei der Einführung von Milk Run-Systemen muss beachtet werden, dass der Planung ein intensiver Lieferantenauswahlprozess vorausgeht, der die benötigte Qualifikation der Lieferanten sicherstellt. Milk Runs setzen stabile und ausgetaktete Logistikprozesse voraus. Die Routenplanung kann sehr zeitintensiv und komplex werden bedingt durch die Anzahl und geografische Verteilung der Sender und Empfängerbahnhöfe. Ergänzend müssen die gesetzlichen Lenk- und Ruhezeiten für die Fahrer in der Routenplanung berücksichtigt werden.

Praxisbeispiel

Ein Beispiel, das Milk Run mit Just-in-Time verbindet, repräsentiert Toyota. Der Automobilhersteller betreibt in Japan und in den USA erfolgreich Milk Runs und sichert so die JiT-Produktion. Die Struktur in Japan erlaubt es, die verschiedenen Werke von einem Lieferanten oder einzelne Werke von mehreren Lieferanten mittels Milk Run zu versorgen.

24.3.4 Tower 24

Der Tower 24 ist ein neues Lagerkonzept im B2C-Bereich, mit dem Ziel einer effizienten Belieferung der Endverbraucher. Diese Logistikstrategie nimmt somit den ECR-Gedanken auf.

Beim Tower 24 handelt es sich um ein automatisches Lagersystem, das von Logistikdienstleistern und Paketempfängern über ein Terminal bedient wird. Der Turm, mit einer Höhe von 10 Metern und einem Durchmesser von 4,5 Metern, kann 300 Standardbehälter (Größe: 60x40cm) zwischenlagern. Versorgt werden die Behälter von einem Zweisäulen-Regalbediengerät, das zentral angeordnet ist und zusammen mit einem Bodendrehtisch arbeitet. Die chaotisch gelagerten Behälter können in drei verschiedenen Temperaturzonen untergebracht werden: Normaltemperatur, Frischebereich (2 bis 7 Grad) und Kühlbereich (minus 18 Grad).

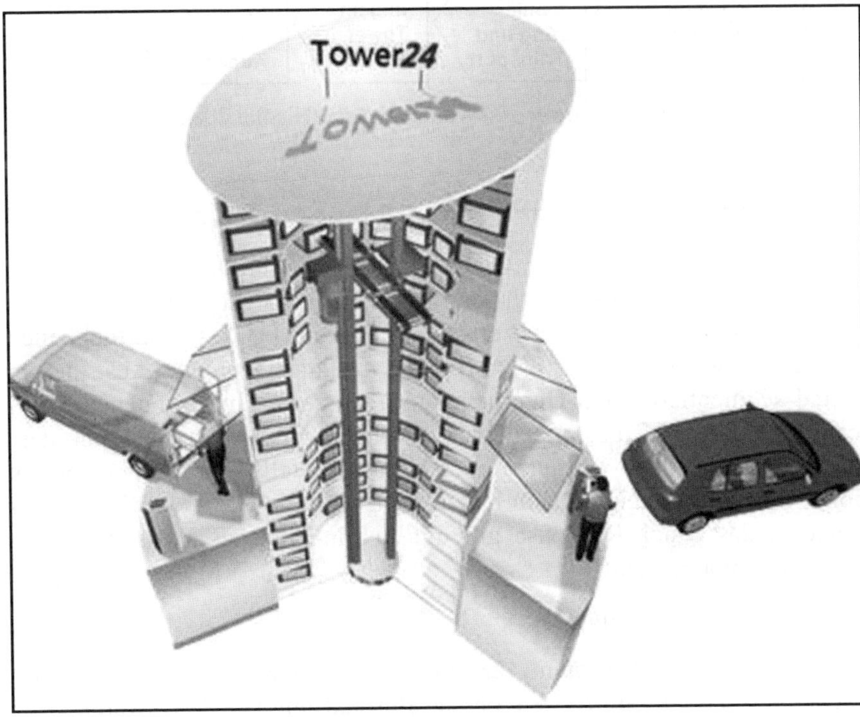

Abb. 24.7. Tower 24 (Wannenwetsch/Nicolai 2004, S. 224)

Nach der Online-Bestellung wird die Ware einer Region zugeordnet. Daraufhin folgt die Kommissionierung und der Transport zum jeweiligen Tower 24. Nach dem Einlagerungsvorgang erhält der Kunde automatisch eine Nachricht per SMS oder Email, dass die Ware zum Abholen bereit liegt. Die Identifizierung der Behälter erfolgt beim Entgegennehmen der Ware über Barcodes. Mit dem Tower 24 können Warenströme gebündelt, Distributionskosten sowie das Verkehrsaufkommen reduziert werden. Zudem kann der Logistikdienstleister die Ware schnell (100 Pakete in 20 Minuten) und unkompliziert zustellen. Es erfolgt eine Entkopplung der Schnittstelle zwischen Distribution und Konsument, so dass die Zustellung sicherer wird. Die vereinfachte Tourenplanung erlaubt eine schnellere Zustellung der Ware. Die kompakte Bauform des Tower 24 lässt sich in Gebäude integrieren oder als „Stand-alone" aufstellen (Wannenwetsch/Nicolai 2004, S. 223ff).

Abbildung 24.8 zeigt den Ablauf einer Online-Bestellung mit Hilfe des Tower 24-Prinzips:

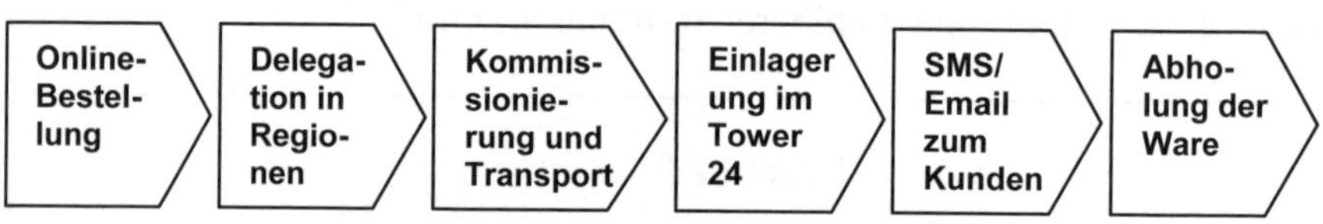

Abb. 24.8. Prozessablauf Tower 24 (Wannenwetsch/Nicolai 2004, S. 224)

24.3.5 Quick Response Logistik

Kurt Salmon Associates entwickelte in den 80er Jahren den Quick Response-Ansatz für die Textil- und Bekleidungsindustrie. Es wurde festgestellt, dass die gesamte Wertschöpfungskette Unwirtschaftlichkeiten aufwies, obwohl Teilprozesse effizient gestaltet wurden. Aus diesem Grund segmentierte man Unternehmensprozesse und wies ihnen Projektteams zu. Diese Teams versuchten in enger Zusammenarbeit mit dem Handel Ineffizienzen aufzudecken. Daraufhin stellte sich der Erfolg in Form von Umsatzsteigerungen bis zu 25% ein (Werner 2000, S.53f). Der Gedanke des Quick Response gilt mit Just-in-Time als Basis der ECR-Logistikkomponenten.

Wesentliche Merkmale sind

- Wandel vom Push-System, das vom Hersteller ausgeht, zum Verbraucher gesteuerten Pull-System bei der Beschaffung von Textilwaren,
- Einführung eines elektronischen Datenaustausches zwischen Abnehmern, Lieferanten und logistischen Dienstleistern,

- Senkung der Quoten langfristig angelegter Bestellungen,
- Ermöglichung kürzerer Beschaffungszeiten,
- Erhöhung der Flexibilität der Fertigung in der Textilbranche bei gleichzeitiger Verminderung der Losgrößen (Wannenwetsch/Nicolai 2004, S. 216).

24.4 Vendor Managed Inventory (VMI)

VMI ist ein Konzept des Efficient Replenishments und beinhaltet die selbstständige Lagerdisposition durch den Lieferanten beim Hersteller. So übernimmt der Lieferant z.B. das Bestandsmanagement des Herstellers. Voraussetzung dafür ist die informationstechnologische Verknüpfung beider Parteien. Der Lieferant muss in der Lage sein, permanent aktuelle Bestände im Lager seines Kunden, meist Handelsunternehmen, abzurufen. Eine in diesem Zusammenhang oft genutzte Technologie ist EDI.

Abbildung 24.9 stellt die Aufgaben des Lieferanten dar. Der Lieferant erstellt selbständig auf Grundlage der übermittelten Daten eine Prognose des Kundenverbrauchs, ermittelt Lieferzeitpunkte und -mengen, startet daraufhin die Aufträge in der Produktion und füllt letztlich die Bestände des Kunden auf. Eine ständige Überwachung der Ergebnisse stellt die Optimierung von Umschlaghäufigkeit und Lieferbereitschaft sicher. Dadurch werden Kosten reduziert und die Kundenzufriedenheit erhöht, was eine Verbesserung der Wettbewerbsfähigkeit zur Folge hat.

Die Danone GmbH erhält beispielsweise von der Globus SB Warenhaus Holding täglich Abverkaufs- und Bestandsdaten. Auf Basis dieser Informationen kann Danone den voraussichtlichen Bedarf der Märkte ermitteln und Produktion und Auslieferung der Ware entsprechend steuern. Beiden Kooperationspartnern ist es gelungen, Messgrößen gleichzeitig zu verbessern, die eigentlich miteinander konkurrieren.

Sie haben es geschafft, den Frischegrad der Produkte zu steigern und gleichzeitig die logistischen KPIs (Key Performance Indicators) zu optimieren.

So wurde beispielsweise der Vollpalettenanteil um 9,4% erhöht, und die Liefer-LKWs werden besser ausgelastet. Die Lagerabschriften wurden mittels VMI um 14% reduziert. Erfreulich für beide Seiten ist außerdem der gestiegene Servicelevel vom Lieferanten zum Globus-Lager und vom Handels-Zentrallager an die SB-Warenhäuser.

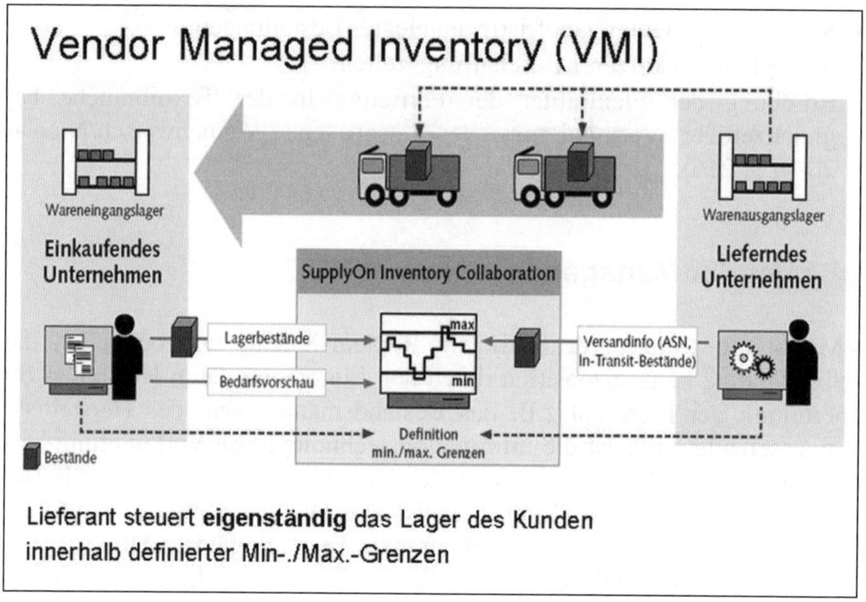

Abb. 24.9. Ablauf der lieferantengestützten Lagerdisposition (SupplyOn 2005)

Die Endkunden profitieren von einer erhöhten Warenpräsenz frischer Produkte, die nun mit einem um durchschnittlich drei Tage längeren Mindesthaltbarkeitsdatum in die Märkte und beim Kauf in die Kühlschränke der Verbraucher gelangen (Loderhose 2007, S. 32).

Vorteile von VMI im Überblick

- Optimierte Produktionsplanung und Auslastung der Kapazitäten
- Aktuelle Bestände und Bedarfsprognose für alle Partner transparent
- Warnmeldungen im Vorfeld von möglichen Engpässen
- Senken von Lager-, Fracht und Verwaltungskosten
- Vermeidung von Lieferengpässen oder Überlieferungen, Sonderschichten sowie kostspieligen Sondertransporten
- Reduzierung von Beständen und Kapitalbindungskosten
- Verbesserte Lieferbereitschaft, Kundenbindung durch Partnerschaften

Spezielle Vorteile für den Lieferanten

- Bessere Planung der Produktion durch verlässliche Bestandsdaten des Kunden möglich
- Prognosedaten geben frühzeitige Informationen über eventuelle Nachfrageschwankungen

Spezielle Vorteile für den Kunden

- Reduzierung von Dispositions-, Verwaltungs- und Bestellaufwand

Wird dem Lieferanten nur teilweise die Verantwortung für die Lagerdisposition gegeben, spricht man von Co-Managed-Inventory (CMI). Dies ist z.B. der Fall, wenn der Kunde Bestellvorschläge des Lieferanten erst genehmigen muss (Wannenwetsch/Nicolai 2004, S. 217ff).

L´Oréal ist der Weltmarktführer für kosmetische und dermatologische Produkte. Gemeinsam mit „dm – drogerie markt“ realisierte L´Oréal ein Vendor Managed Inventory, das eine Bedarfsplanung auf Basis von Lagerbeständen und Abverkäufen beim Kunden erlaubt. Neben der verbesserten Produktions- und Lagerplanung wurde es möglich, den Sortimentswechsel genauer zu steuern. Die Kosten für den zusätzlichen Service der Lagerbewirtschaftung wurden durch Prozesskostenreduktionen vollständig aufgefangen. Der neue Service führte für L´Oréal auch zu einer wesentlich höheren Kundenbindung.

Für den dm-drogerie markt brachte das Vendor Managed Inventory den deutlichen Nutzen einer Reduktion der Bestandskosten um 30% und Bestandsreichweite um 50%, gleichzeitig konnte der Lieferservicegrad um 1% gesteigert werden (Seifert 2006, S. 124).

24.5 Collaborative Planning, Forecasting and Replenishment (CPFR)

Der Wandel, von der Push- zur bedarfsorientierten Pull-Produktion, hat Unternehmen bei der Planung des Produktionsprogramms vor eine große Herausforderung gestellt. Durch die Entwicklung zum Käufermarkt wurden, z.B. in Massen gefertigte Produkte, nicht mehr vollständig abgesetzt. Die Folge war ein erhöhter Lagerbestand an Fertigerzeugnissen, was erhebliche Kosten (Lagerkosten, Kapitalbindungskosten, Abschreibungen etc.) verursachte. Dagegen konnte die Nachfrage von anderen Produkten nicht befriedigt werden. Dieses Missverhältnis brachte einige Unternehmen in Schwierigkeiten, z.B. den Nähmaschinenhersteller G.M. Pfaff AG in Kaiserslautern, der aufgrund von geringem Absatz und hohen Lagerbeständen an Fertigprodukten im Jahre 1999 Insolvenz anmelden musste. Im Optimalfall sollte die Produktion aus tatsächlichen Kundenaufträgen bestehen. Da diese Konstellation nur selten auftritt, sind Unternehmen gezwungen, den zukünftigen Absatz so genau wie möglich zu planen. Verlässliche Absatzzahlen verlangen jedoch die Kooperation aller an der Wertschöpfungskette Beteiligten und die Nutzung modernster Informationstechnologien (Lang 2002, in Wannenwetsch/Nicolai, S. 141ff).

Ein neuer Ansatz, der diesen Kooperationsgedanken aufnimmt, ist die Strategie des „Collaborative Planning, Forecasting und Replenishment“ (CPFR), die von Industrie- und Handelsunternehmen praktiziert wird. CPFR bedeutet übersetzt „kooperatives Planen, Prognostizieren und Managen von Warenströmen“ (Logistik Inside 01/2002, S. 52ff). Zentraler Punkt ist dabei das Erstellen einer möglichst genauen Bedarfsprognose durch ein Planungsteam, das aus Logistikern und Marketingmitarbeitern aus Industrie und Handel zusammengesetzt ist. Die Arbeit des Teams beinhaltet im Wesentlichen

- Planung der Promotionsaktivitäten und Prognose der Promotionsvolumina,
- Kontrolle der Filialbestellungen und -bestände und Monitoring der Promotionsumsätze,
- Evaluierung der Promotion nach Abschluss (Logistik Inside 02/2002, S. 24ff)

und lässt sich im folgenden Prozess (s. Abb. 24.10) darstellen.

Der CPFR-Prozess zeigt den dynamischen Datenaustausch zwischen Käufer und Verkäufer mit dem Ziel der Reduzierung der Lagerbestände sowie der Vermeidung von Versorgungsengpässen. Basierend auf einem Kooperationsvertrag und einem gemeinsamen Geschäftsplan wird eine Prognose des Kundenbedarfs erzeugt und ständig aktualisiert.

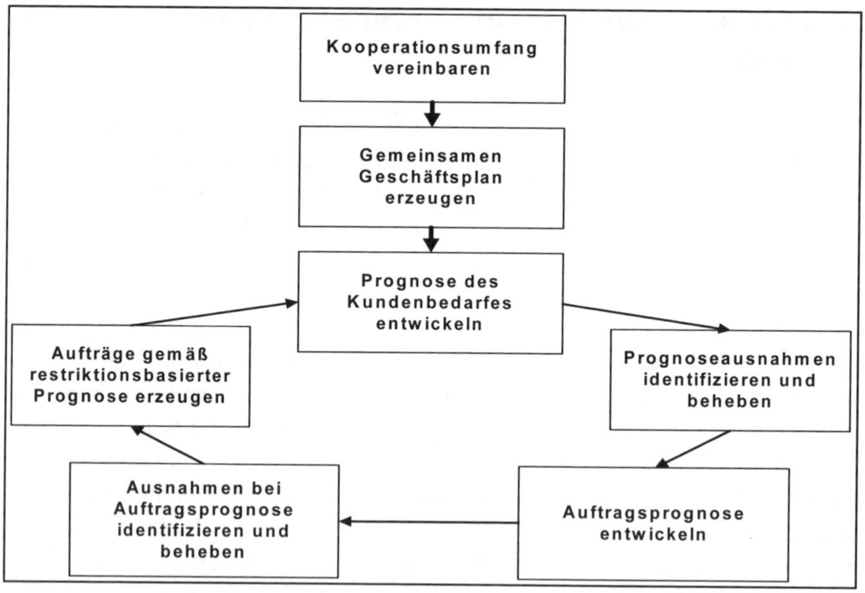

Abb. 24.10. CPFR-Prozess (Wannenwetsch/Nicolai 2004, S. 134)

Entscheidend für den Erfolg der Zusammenarbeit sind folgende Schlüsselfaktoren:

- Bereitschaft der Zusammenarbeit, Top-Management Unterstützung,
- Multifunktionale Teams, gemeinsame Zielsetzung,
- messbare Leistungsindikatoren, transparente Verteilung der Einsparungen,
- Verwendung von Kommunikationsstandards,
- Technologie (Wannenwetsch/Nicolai 2004, S. 135).

Wichtigster Punkt ist hierbei die vertrauensvolle und uneingeschränkte Zusammenarbeit der CPFR-Partner. Eine Optimierung der Wertschöpfungskette kann nur erfolgen, wenn alle Partner Zugriff auf aktuelle Daten haben. Das Industrieunternehmen muss z.B. ständig Einblick in den Auftragsbestand seines Kunden haben. Die Qualität der abgerufenen Daten ist entscheidend für die Vorhersagegenauigkeit.

Die technische Umsetzung erfolgt über Internetmarktplätze wie z.B. Transora, WWRE und GNX. Nachteil der Marktplätze ist die mangelnde Integrationsfähigkeit mit bestehenden ERP-Systemen. Alternativ bieten dazu SCM-Anbieter wie SAP Softwaretools an.

Praxisbeispiel: Collaborative Planning, Forecasting and Replenishment

Beispiel für ein CPFR-Pilotprojekt ist die Kooperation der Metro AG und des Konsumgüterherstellers Procter & Gamble. Sie verwenden dafür den Internetmarktplatz GPG-market. Das gemeinsam definierte Ziel ist die bessere Erfüllung der Konsumentenwünsche.

Das Projektteam besteht auf Herstellerseite mit Vertretern aus Verkauf, Logistik, IT und Customer Service. Die Metro AG ist mit Mitarbeitern aus den Bereichen Warengruppenmanagement/Einkauf, Logistik, Store Operation und IT einbezogen (Logistik Inside 02/2002, S.24). Ergebnis der bisherigen Zusammenarbeit ist eine Erhöhung der Prognosegenauigkeit von 83% auf 98,5%, eine Verbesserung des Servicelevels um 1% sowie die Reduzierung der Eilaufträge um 20%. Des Weiteren wird eine Bestandsreduzierung um 20–30% erwartet (Logistik Inside 04/2002, S.15).

- CPFR hat, ebenso wie ECR, die Optimierung der Wertschöpfungskette, durch eine abteilungs- und unternehmensübergreifende Zusammenarbeit zum Ziel. Der Unterschied liegt darin, dass bei CPFR eine vertrauensvollere Basis durch die Bildung eines unternehmensübergreifendes Team erreicht wird. Die mangelnde Kooperation und unterschiedlichen Machtinteressen der Partner verhinderten den Erfolg von ECR. Diese Faktoren stellen auch die wichtigsten Barrieren für CPFR dar (Logistik Inside 01/2002, S. 52ff).

24.6 Telematiksysteme und Strategien der Sendungsverfolgung

Telematik setzt sich aus den Begriffen Telekommunikation und Informatik zusammen. Telematik beinhaltet den direkten Datenaustausch und die Verarbeitung zwischen beliebiger Informationstechnik und mobiler Kommunikationstechnik auf digitaler Basis. In Verbindung mit dem Internet bietet die Telematik jedem Unternehmen im Bereich der internen und externen Logistik Einsparpotenziale. Zum einen haben Disponenten einen besseren Überblick über den technischen Zustand und die Einsatzorte der Fahrzeuge, zum anderen wird eine verbesserte Kommunikation zwischen Verladern und den Spediteuren oder Endkunden gewährleistet. Sämtliche Fahrzeugdaten werden in den Logistikprozess integriert, so dass der Fahrzeugzustand, wie z.B. Kraftstoffverbrauch, Reifendruck oder Zustand der Bremsen ständig beobachtet und analysiert werden kann. Anhand von Informationen über Kapazitäten und Fahrzeugzuständen können Transporte optimiert und notwendige Reparaturen eingeplant werden, um kostspielige Leerfahrten zu vermeiden. Durch die Nutzung eines Internetportals ist die Abbildung des gesamten Logistikprozesses von der Bestellung bis zur Sendungsverfolgung möglich. Als Vorteile dieser internetbasierten Telematiksysteme zählen (Wannenwetsch/Nicolai 2004, S. 206f):

- Ortung und Routenplanung, Kommunikation zwischen Disponent und Fahrer,
- Kosten- und Leistungsvergleich zwischen Fahrzeugen,
- Leistungsvergleiche zwischen Fahrern,
- bessere Kommunikation mit Kunden und Kooperationspartnern,
- bessere Abstimmung der Einsatzzeiten, weniger Leerfahrten,
- Optimierung der wartungsbedingten Stillstandzeiten.

Im Folgenden werden Anwendungsmöglichkeiten für Unternehmen vorgestellt, mit deren Hilfe Sendungen verfolgt werden können.

24.6.1 Tracking and Tracing

Unter Tracking und Tracing versteht man die Sendungsverfolgung per Internet in der Transportlogistik. Damit ist eine effektive Bewältigung des bereits seit Jahren dynamisch wachsenden Aufkommens von Gütertransporten in Industrie und Handel möglich. Die zunehmende Globalisierung hat einen steigenden internationalen Materialfluss zur Folge. Dabei stehen Unternehmen vor der Herausforderung diesen Materialfluss zu optimieren, um lokale Überbestände bzw. Engpässe zu vermeiden. Voraussetzung dafür ist ein System, das jederzeit Auskunft über den Weg der transportierten Teile geben kann und den Materialfluss zu Land, Wasser und Luft verbessert. Eine Systemlösung des Tracking und Tracings, die in Abb. 24.11 dargestellt wird, bietet z.B. die gedas GmbH in Berlin.

Das System bietet folgende *Vorteile*:

- vollständige Transparenz in der Transportkette, Frühzeitiges Erkennen von Lieferengpässen,
- Grundlage einer hohen Planungssicherheit aufgrund einer ständigen Aktualisierung und Verfügbarkeit der Informationen,
- Steigerung der Kundenzufriedenheit durch zuverlässige Auslieferung,
- Langzeitbetrachtungen und -bewertungen führen zu kontinuierlichen Verbesserungen des Logistikprozesses und sichern damit dauerhaft die Wettbewerbsfähigkeit (Wannenwetsch/Nicolai 2004, S. 208).

Praxisbeispiel: Tracking und Tracing bei der Volkswagen AG

In Zusammenarbeit mit gedas hat die VW AG ein auf dem VW-Intranet basierendes Tracking und Tracing-System entwickelt, das die Steuerung und Kontrolle der Transportwege der Ware vom Auftragseingang bis zur Ablieferung durch alle Beteiligten ermöglicht. Vor dem Verlassen des VW-Werkes werden alle Auftrags- und Versanddaten sowie die Nummern des Waren-Containers erfasst, wodurch die genaue Lokalisierung jedes einzelnen Teils über sog. Trackingpunkte möglich ist. Es können beliebig viele Punkte definiert werden, mit dem Ziel der optimalen Abbildung der Logistikkette. Ein Trackingpunkt stellt z.B. das Hafentelematik-System in Bremerhaven dar, das auf Basis des internationalen Standards EDIFACT Daten liefert. Über diesen Informationsknotenpunkt können Daten elektronisch gesendet, empfangen und weiterverarbeitet werden (gedas GmbH 6/99).

24.6.2 Barcoding

Der Barcode ist ein maschinell lesbarer Strichcode, der auf sämtlichen Produkten bzw. Produktverpackungen aufgedruckt ist. Mit Hilfe eines Scanners wird z.B. an der Supermarktkasse der Strichcode eingescannt und der Abgang der Ware verbucht. Danach erfolgt ein Bestandsabgleich, indem der Ist- mit dem Soll-Lagerbestand verglichen wird. Beim Erreichen des Meldebestands wird automatisch eine Bestellanforderung generiert, die via Internet als Bestellung an den Lieferanten weitergeleitet wird.

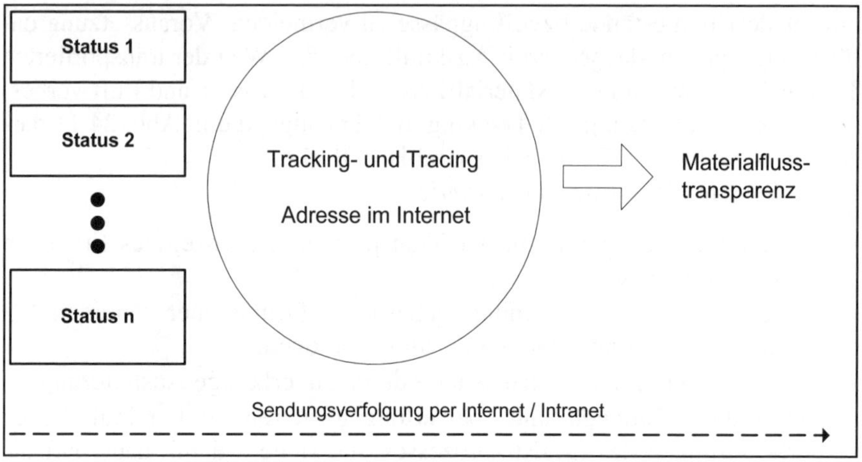

Abb. 24.11. Funktionsweise des Tracking und Tracing-Systems (Wannenwetsch/ Nicolai 2004, S. 208)

Der Barcode enthält u.a. Informationen über den Artikel, den Bestimmungsort sowie die Artikelherkunft, die anhand der ersten Ziffer zu erkennen ist. In produzierenden Unternehmen erhalten alle Arbeitsgänge von Fertigungsaufträgen ebenso Barcodes. Mit Hilfe des Barcodelesers wird jeder Arbeitsgang (z.B. Schleifen, Bohren, etc.) nach Beendigung im ERP-System zurückgemeldet. Dadurch besitzen der Vertrieb, die Montage oder andere Stellen die Möglichkeit, sich ständig über den Arbeitsfortschritt von Aufträgen zu informieren. Ebenso werden damit Lagerdaten erfasst, wie z.B. Lagerabgänge oder -zugänge. Auch der Einsatz bei Tracking und Tracing-Systemen ist möglich (Wannenwetsch/Nicolai 2004, S. 209ff).

24.7 Kontraktlogistik: 1 PL-, 2 PL-, 3 PL-, 4 PL-, 5 PL-Logistik

Unter Kontraktlogistik versteht man die meist langfristige Übernahme einfacher und komplexer logistischer Dienstleistungen. Die Übernahme der logistischen Dienstleistungen erfolgt durch Speditionen, Paketdienstleister oder sonstige logistische Dienstleister. Die Palette der Dienstleistungen kann z.B. Transport, Lagerung, Umschlag, Montage, Konfektionierung wie auch einfache Produktions- und Montagetätigkeiten umfassen.

Im Logistikmarkt herrschen sechs Geschäftsmodelle vor. Das Express-Logistik-Modell ist nicht auf bestimmte Dienstleistungen spezialisiert. Es nutzt eigene sehr dichte Netzwerke im Landverkehr, Luft und Seefracht, um Kontraktlogistikleistungen anzubieten. Die Gewinnmarge beträgt hier durchschnittlich 7,3%.

Die Deutsche Post verfügt als einziger Komplettanbieter über ein Geschäftsportfolio, welches in allen wichtigen Logistikbereichen vertreten ist. Die Gewinnmarge der Deutschen Post beträgt 6,4%.

Spediteure mit Schwerpunkt im Landverkehr mit zusätzlicher Kontraktlogistik wie die Unternehmen DSV, Schenker und Geodis haben Gewinnmargen von ca. 3,5%. Die Gewinnmarge ist hier leicht höher als bei Unternehmen die im reinen Transportgeschäft tätig sind.

Höhere Gewinnmargen erzielen Kontraktlogistikexperten mit Landverkehrsnetzen, die sich auf eine oder mehrere Kundengruppen spezialisiert haben. Das Unternehmen Dachser mit der Spezialisierung auf Lebensmittel und Frischproduktelogistik erzielt eine durchschnittliche Gewinnmarge von 5%.

Weltweit tätige Unternehmen mit Schwerpunkt in der Luft- und Speditionsfracht wie Kühne & Nagel, EGL, Nippon Express oder Expeditors erzielen Margen von ca. 4,6% (VDI nachrichten 2005a, S. 17).

In der Beschaffungslogistik können z.B. folgende Aufgaben outgesourct werden:

- Lieferantenauswahl, Bedarfsermittlung, Liefereinteilung
- Bestellzeitpunktermittlung, Transport, Warenannahme,
- Warenprüfung, Behälterhandhabung, Leergut, Ein- und Auslagerung,
- Kommissionieren, innerbetrieblicher Transport, Materialbereitstellung für Produktion
- Erstellung von EDV-Konzeptionen

Je nach Umfang der Tätigkeiten kann der logistische Dienstleister dabei sogar die Verantwortung und Umfang eines Systemdienstleisters übernehmen. In der Praxis wird dabei zwischen dem 1 PL, 2 PL, 3 PL, 4 PL, und 5 Party Logistic Provider unterschieden. Ziel ist dabei die Erzielung von Einsparungen durch Outsourcing von logistischen Aktivitäten. Hierbei wird die Kernkompetenz und Professionalität der logistischen Dienstleister in Anspruch genommen (Vgl. Schulte C 2013, S. 194ff).

a) 1 PL Party Logistic Provider

Der First Party Logistic Provider (1 PL) betreibt einen eigenen Fuhrpark, mit Lagermanagement und organisiert den Waren- und Informationsfluss in eigener Verantwortung. Für spezielle Aufgaben wie z.B. die Durchführung internationaler Transporte werden Speditionen, Flugunternehmen und Schifffahrtslinien beauftragt.

b) 2 PL Party Logistic Provider

Second Party Logistic Provider (2 PL) sind Weiterentwicklung von 1 PL bei der zunehmend Basisleistungen wie Spedition und Lagerung an Logistikanbieter ausgelagert werden

c) 3 PL Party Logistic Provider

3 PL-Anbieter sind weiterentwickelte Speditionsunternehmen. Aus Wettbewerbsgründen werden zusätzlich zu den bisherigen Leistungen wie Transport, Umschlag und Lager weitere „value added services" wie Bereitstellung und Montage entwickelt. Ziel ist es, den Kunden eigenverantwortlich Systemlösungen anbieten zu können. Die Zusammenarbeit kann auf kurzfristiger aber auch auf langfristiger Basis ausgerichtet sein. Logistiksystemdienstleister wie z.B. Schenker, Danzas, Fiege oder Kühne&Nagel bieten solche Dienstleistungen an. Diese Unternehmen binden auch Sub-Unternehmer mit in ihre Tätigkeiten ein. Hierbei kommen mittel- bis langfristige Rahmenverträge zur Anwendung. Ein modernes und professionelles IT-System ist dabei unabdingbare Voraussetzung. Wenn Textilien, Kleider und Anzüge aus Fernost zum Hafen Hamburg geliefert werden, dann übernimmt z.B. der 3 PL die Konfektionierung und den Weitertransport der Waren an die zuständigen Warenhäuser.

Werden Pkws aus Asien nach Deutschland importiert so müssen oft noch Umbauarbeiten durchgeführt werden, damit die PKW´s den deutschen gesetzlichen Vorschriften entsprechen. Auch diese Umbau- und Montagearbeiten werden von Logistikdienstleistern übernommen. Ebenso bei Großveranstaltungen wie den Olympischen Spielen übernehmen die 3 PL-Anbieter wichtige Aufgaben der Veranstalter.

d) 4 PL Party Logistic Provider

Der Fourth Party Logistic Provider (4 PL-Anbieter) führt überwiegend „integrative und informatorische Aufgaben" durch. Hierbei werden im Gegensatz zum 3 PL-Anbieter weder eigene Gebäude noch ein eigener Fuhrpark benötigt. Das Ziel ist die Planung, Steuerung und Führung logistischer Ketten entlang der Supply Chain. Aufgaben sind hierbei Transportplanung, Lager-Bestands- und Ertragsmanagement sowie IT und Finanzmanagement.

e) 5 PL Party Logistic Provider

5 Party Logistic Provider befassen sich mit dem Supply-Chain-Management und bieten den jeweiligen Kunden systemorientierte Consultingdienstleistungen und Wertschöpfungskettenmanagement an

24.8 Letzte Meile Logistik und Order Fullfilment

Order Fullfilment

Unter Order Fullfilment versteht man die optimale Erfüllung eines Kundenauftrages. Dazu gehört die Versorgung des Kunden mit allen gewünschten Informationen, sowie die Ansprache des Kunden über die akzeptierten und modernen Vertriebskanäle. Dies beinhaltet dies auch eine professionelle und schnelle Auftragsabwicklung mit einem entsprechenden Reklamationsmanagement. Der Kunde erwartet ebenfalls eine schnelle Reaktionsfähigkeit auf externe Vorfälle und Engpässe (Vgl. Schmitz/Björn in Wannenwetsch 2002b, S. 182ff).

„Letzte Meile" Logistik

Die sog. „Letzte Meile" umfasst den Transport von der bestellten Ware vom letzten regionalen Lager oder Verteildepot zum Kunden. Die „Letzte Meile" Logistik kommt vor allem im KEP-Bereich (Kurier-Express-Paketdienst) vor. Der Kunde bestellt heute innerhalb von Sekunden im Internet und erwartet, dass die Waren ebenfalls innerhalb von wenigen Tagen oder Stunden zu ihm geliefert werden. Vor allem im B2C (Business tot Consumer) ist die letzte Meile Logistik von entscheidender Bedeutung.

Folgende Endkundenanforderungen an eine (über das Internet bestellte) bestimmen die

Anforderungen an die Letzte Meile Logistik:

- Anstieg der Sendungszahlen bei kleineren Sendungsgrößen,
- Atomisierung der Sendungsstrukturen/-relationen,
- unterschiedliche zu bewegende Produkte, Stückgewichte, Sperrigkeit sowie
- teilweise hohe Empfindlichkeit der zu transportierende Waren.

Die effiziente Überwindung der „letzten Meile", also die Zustellung der bestellten Waren vom letzten regionalen Verteildepot zum Kunden, stellt die kritische Erfolgsgröße dar (Vgl. Polzin in Wannenwetsch 2005, S. 320ff).

Betriebswirtschaftlich betrachtet ist das Grundproblem heute, dass im B2C hohe Distributionskosten einem (noch) geringen Warenwert/Bestellung gegenüberstehen. Der Kunde akzeptiert maximal 5 Euro für Bestellkosten, was bei vielen kleinen Sendungsgrößen von 50 Euro zu einer Verteuerung des Warenwertes führt. Heutzutage bieten Internetversender schon ab einem Bestellwert von 20 Euro eine portofreie Lieferung an. Wenn dem Kunden die Ware nicht gefällt, so kann er die Ware auf Kosten des Versenders (Versandunternehmen) wieder zurückschicken.

Versandunternehmen haben teilweise Retouren, von Kunden zurückgeschickte Waren, von 30–70% aller versandten Artikel. Ob hier noch Gewinne erzielt werden ist fraglich.

Bezüglich des „Letzte-Meile-Problems" wird bei den sich abzeichnenden Wachstumsraten eine vollständige Feinverteilung bis zur Haustüre des Endkunden logistisch wie ökonomisch nicht immer möglich sein. Alternativen für bestimmte Waren- und Kundengruppen bilden

- feste Paket-Shops,
- private (Haustür-) Boxen und
- Schließfachsysteme an öffentlich zugänglichen Stellen (z.B. Bahnhöfe, Tankstellen, Videotheken oder Fitnessstudios),
- Paketshops in Supermärkten.

Durch das Internet und den damit verbundenen wachsenden Online-Handel bietet die Deutsche Post jetzt Privatkunden an, neben dem traditionellen Briefkasten auch einen Paketkasten gegen Gebühr aufzustellen. Außerdem will die Post durch den Internetboom bis Ende 2014 mehr als 50.000 neue Paketshops aufstellen. Die Anzahl der versandten Briefe stagniert, durch das Internet und den damit verbundenen boomenden Onlinehandel verzeichnet das Paketgeschäft aber starke Zuwächse. Die Deutsche Post beförderte im Jahr 2013 erstmals mehr als 1 Mrd. Pakete (Vgl. Rheinpfalz 2014).

Schließfachsysteme verursachen höhere Kosten und erfordern höhere Sicherheitssysteme. Öffentliche Schließfachsysteme und Paketshops sind auch aus Sicht des strategischen Marketings begrenzt. Der preissensible, aber bequemer Internet-Kunde wünscht die Anlieferung direkt an die Haustür, während ein preissensibler „Schnäppchenjäger" hingegen auch die dort entstehenden (zusätzlichen) Logistikkosten nicht zu tragen bereit ist und dann anstatt zu einen Schließfach oder Shop oftmals doch direkt zu seinem Einzelhändler geht. Hier zeigt sich ein klassische „stuck-in-the-middle"-Problem solcher Pickpoints.

Einige Paketdienste sind heute aufgrund ihrer standardisierten Produktionssysteme zwar relativ kostengünstig, einfach skalierbar und weisen eine hohe Netzdichte auf, erlauben jedoch nur wenige Zusatzdienstleistungen und damit auch kaum Differenzierung in der Logistikleistung für den Online Shop. Hinzu kommt, dass die Unternehmensstrategie der Paketdienste bewusst die komplexe B2C-Distribution mit ihren Problemen wie Frischelogistik ausklammert.

Gerade die Frischelogistik bzw. die Lebensmittellogistik weisen jedoch Wachstumspotentiale auf. So verkauft der Internetversender amazon schon seit dem Jahr 2010 Trockensortimente wie Nudeln und Reis. In den Ballungsgebieten können Kunden bei Rewe bereits online bestellen und einen Lieferservice in Anspruch nehmen. Bei Rewe können derzeit mehr als 8500 Artikel online gekauft werden. Dies umfasst Artikel wie z.B. Fleisch, Käse, Wurst, Bioprodukte, Trockenprodukte, Drogerieartikel und Trockenprodukte. Die Preise sind gleich wie im stationären Handel und die typischen Sonderangebote sind ebenfalls vorhanden (Vgl. FAZ 2014b, S. 24). Momentan werden bei Rewe die eingehenden Online-Bestellungen noch aus den Regalen der in der Nähe gelegenen Supermärkten vom Fachpersonal entnommen und dann in Tüten oder Kühlboxen versandt. In Großbritannien erfolgt die Zusammenstellung der Bestellungen schon in „Dark Stores". Dies sind Läden ohne Fenster, Regale und Kunden.

Der Kunde bei Rewe gibt bei der Bestellung eine bestimmte Zeit vor in welcher er die Waren haben möchte (meist innerhalb von 24 Stunden). Die Auslieferung erfolgt durch Rewe oder durch DHL Die Zusatzkosten bei der Online-Bestellung betragen zwischen 3 bis 7 Euro, ab einem Einkaufswert von 150 Euro sind es nur noch 2 Euro. Ab einem Einkaufwert von ca. 100 Euro dürfte die Bestellung für Rewe Gewinn abwerfen.

Abbildung 24.12 zeigt das optimale Zusammenwirken zwischen CRM, SLRM, der Third-Party Logistik und der letzten Meile Logistik.

Die *Shop- und Boxensysteme* privater oder öffentlicher Natur werden sich demgegenüber einen Anteil von bis zu einem Drittel des Marktes sichern können. An Bedeutung gewinnen *speziellen E-Commerce-Lieferdiensten.* Diese werden, differenziert nach Produkten und Mehrwertdiensten, über Konsolidierungspunkte organisiert, hochspezialisiert ihre Dienstleistungen anbieten. So wird z.B. die Frischelogistik zunehmend an Bedeutung gewinnen.

Der Transport der Waren erfolgt aufgrund der kleinen Mengen oft über Schnelltransporter welche über optimierte Tourenplanungssysteme und GPS gesteuert werden. Hier kommen dann auch Tourenplanungssysteme wie „milk-run" zum Einsatz.

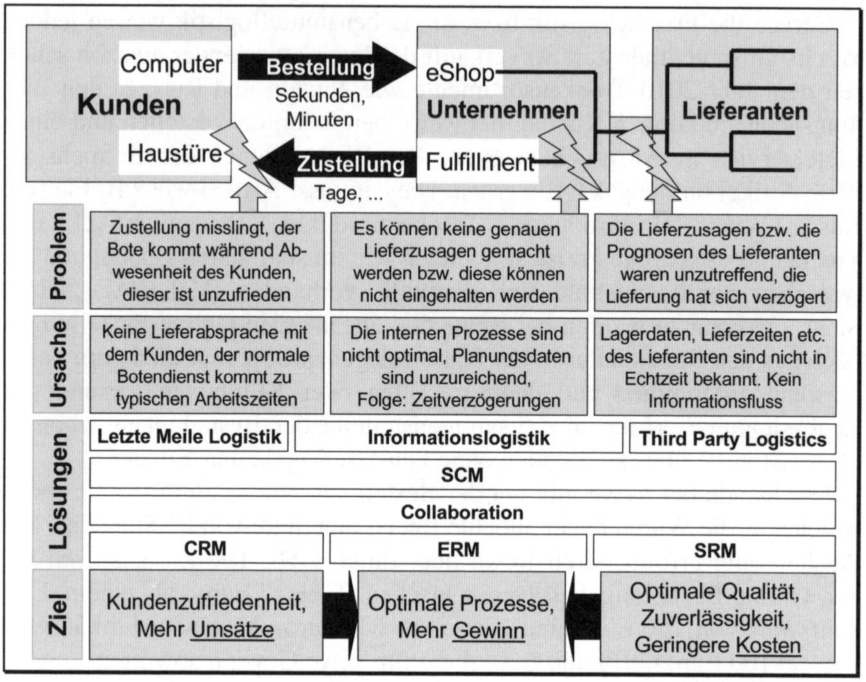

Abb. 24.12. Optimales Zusammenwirken zwischen CRM, SLRM, der Third-Party Logistik und der letzten Meile Logistik (Vgl. Wannenwetsch/Nicolai 2004b, S. 179ff)

Wiederholungsfragen zu Kapitel 24

1. Was versteht man unter dem Begriff „Efficient Promotion"
2. Nennen Sie bitte kurz vier verschiedene Standortfaktoren.
3. Welches sind Bestandteile der vertikalen Distribution?

25 Nationale und Internationale Verkehrsträgerlogistik

Die zunehmende Globalisierung des Wettbewerbs hat weitreichende Einflüsse auf die Logistik in allen Branchen und Märkten. Folgende Entwicklungen beeinflussen hierbei nachhaltig den weltweiten Einsatz von verschiedenen Verkehrsträgern in der Logistik:

- geringere Lagerbestände, damit verbundene kleinere Losgrößen und häufigere Anlieferungen (Just-in-Time, Just-in-Sequence),
- höhere Variantenvielfalt und kürzere Produktlebenszyklen,
- Nutzung des globalen Beschaffungsmarktes,
- Verlagerung der Fertigung auf den Lieferanten (Modular Sourcing),
- Verlagerung der Produktion im Grundstoffbereich an den Ort der Rohstoffgewinnung (z.B. Ölraffinerien am persischen Golf),
- Konzentration der Betriebe in den Ballungszentren.

Daraus resultieren vielerorts Verkehrsüberlastungen.

25.1 Auswirkungen der Industriegesellschaft auf die Verkehrsstruktur

Die Entstehung neuer Wirtschaftszentren in Europa hat zu einer Änderung der Verkehrs- und Infrastruktur geführt. Damit einhergehend haben sich die Verkehrs- und Warenströme gewandelt.

Durch die starke Nachfrage dieser neuen Wirtschaftszentren nach Produkten und Dienstleistungen wurden besondere Anforderungen an die gesamte Logistikkette gestellt. Trotzdem kann nicht verhindert werden, dass zu bestimmten Zeiten an Verkehrsknotenpunkten Staus und lange Wartezeiten entstehen.

In der Bundesrepublik werden 95% aller Edelmetalle eingeführt. Über 70% der gesamten Energie wird ebenfalls eingeführt. Diese Beispiele zeigen die starke Abhängigkeit der Bundesrepublik von einem funktionierenden Transport- und Logistiksystem. Weiterhin sind ca. 95% aller Logistikunternehmen Mittelstandsbetriebe.

Merkmale all dieser Wirtschaftszentren sind hohe Verdichtungsräume, hohes Nachfragepotenzial, hohe Kaufkraft und hohe Wirtschaftskraft. Deren Entwicklung hängt von verschiedenen Kriterien ab. Dazu gehören die Erfüllung der hohen Anforderungen an die Infrastruktur, ausgebaute Informationsnetze, Warenverteilzentren und die Entstehung von Verkehrsknotenpunkten.

Negative Aspekte bestehen in den längeren Transportwegen und der stärkeren Beeinflussung der Güterströme durch Staus, Streiks oder Umwelteinflüsse. Die Umweltsensibilisierung der Bevölkerung wird künftig die Gestaltung logistischer Systeme wesentlich beeinflussen (z.B. Umweltgesetze). Abbildung 25.1 zeigt die geografische und wirtschaftliche Entwicklung in Europa.

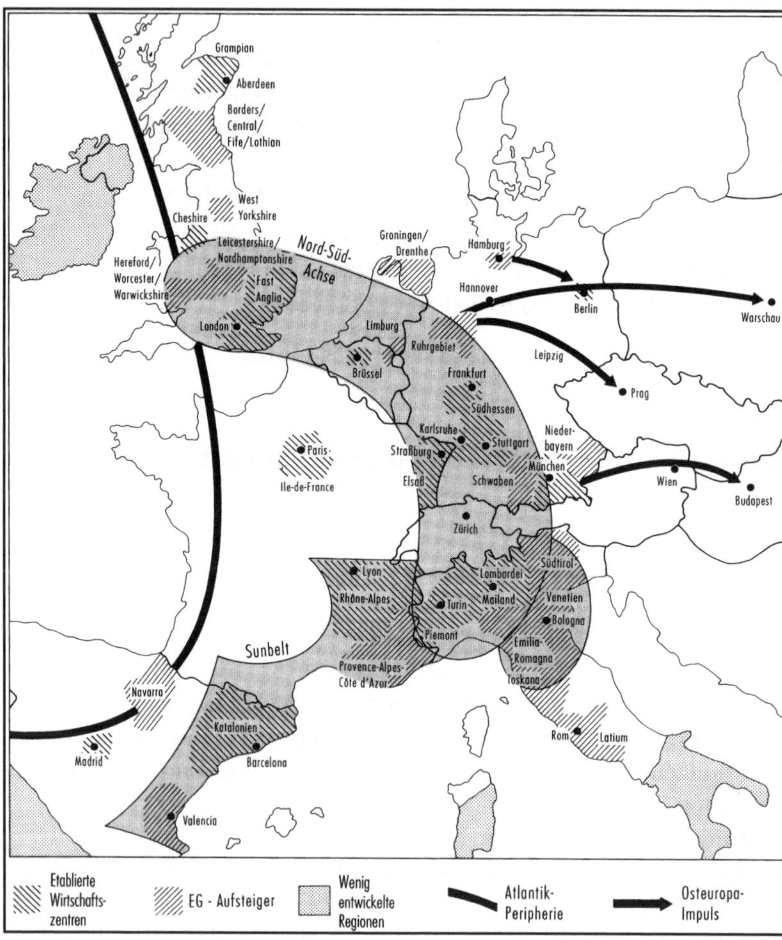

Abb. 25.1. Europäische Wachstumszentren der 90er Jahre (Pfohl 1994, S. 135)

Diese neuen Rahmenbedingungen stellen erhöhte Anforderungen an die Transportlogistik. Geringere Bestellmengen, höhere Belieferungsfrequenz, immer komplexere und hochwertigere Produkte, ein erhöhtes Verkehrsaufkommen sowie zunehmender Kosten- und Wettbewerbsdruck sind hierbei Herausforderungen an die Logistikkette.

25.2 Beurteilungskriterien der Transportsysteme

Transportsysteme sind Güterverkehrssysteme, die sich in die Kategorien Land-, Luft- und Wasserverkehr einteilen lassen. Innerhalb der Kategorie werden verschiedene Verkehrsträger unterschieden, z.B. Straßen-, Schienen- und Rohrleitungsverkehr innerhalb der Kategorie Landverkehr. Eine Übersicht des Güterverkehrssystems wird in Abb. 25.2 dargestellt.

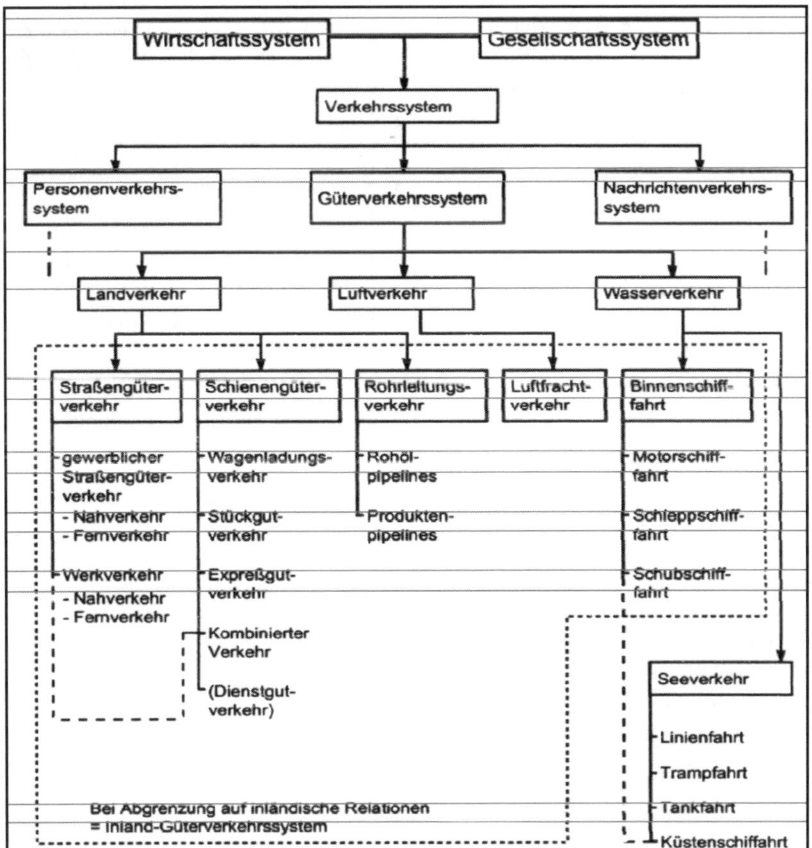

Abb. 25.2. Güterverkehrssystem (Pfohl 2010, S. 155)

Die Auswahl und der Einsatz von Transportsystemen ist maßgeblich beeinflusst von Beurteilungskriterien, die in Tabelle 25.1 aufgeführt werden.

Tabelle 25.1. Beurteilungskriterien für außerbetriebliche Transportsysteme (Ehrmann 2013, S. 84)

Beurteilungskriterien für außerbetriebliche Transportsysteme

Rechtliche Kriterien	Infrastruktur	Kostenkriterien	Leistungskriterien
• Gesetze und Verordnungen zum Straßenverkehr • Fahrverbote • Umweltschutz bestimmungen • Vorschriften über Steuern und Abgaben • Gefahrgutvorschriften • Einspruchsmöglichkeit von Anliegern • Einfluss des Staates auf die Tarife • Straßenmaut • Öffentlich rechtliche Normen: Binnenschifffahrtsgesetz, Güterkraftverkehrsgesetz etc.	• Straßen-, Schienennetz, Flughäfen, Wasserwege • Lage der Standorte • Gewerbepolitik • Einstellung der Bevölkerung	• Frachtkosten • Transportnebenkosten wie Hafengebühren, Maut, Standgelder, Zölle • Handlingskosten • Sonstige Logistikkosten • Kostenauswirkungen außerhalb der Logistik	• Transportzeit • Transportfrequenz • Technische Eignung der Transportart • Vernetzungsfähigkeit • Flexibilität • Anfangs- und Endpunkte der Transportart • Zuverlässigkeit • Nebenleistungen

25.3 Verkehrsträger

Zu den außerbetrieblichen Transportsystemen gehören folgende Verkehrsträger:

- Straßenverkehr,
- Schiffsverkehr,
- kombinierter Verkehr,
- Schienenverkehr,
- Luftverkehr,
- Rohrleitungsverkehr.

Tabelle 25.2 zeigt die Beförderungsmengen der einzelnen Verkehrsträger der BRD in Millionen (Mio.) Tonnen (t).

Tabelle 25.2. Beförderungsmengen der einzelnen Verkehrsträger in Mio. t (2014)

Güterverkehr	Einheit	2009	2010	2011	2012	2013
Straßengüterfernverkehr	Mio. t	3.113,7	3.125,8	3.402,5	3.311,1	3.340,9
Eisenbahnverkehr	Mio. t	312,1	355,7	374,7	366,1	369,0
Seeschifffahrt	Mio. t	259,4	272,9	292,8	295,1	293,3
Binnenschifffahrt	Mio. t	203,9	229,6	221,9	223,2	227,0
Rohrfernleitungen	Mio. t	88,4	88,8	86,6	87,9	87,3
Luftverkehr	Mio. t	3,4	4,2	4,4	4,3	4,3
Gesamt:	**Mio. t**	**3.980,9**	**4.077,0**	**4.382,9**	**4.287,7**	**4.321,8**

Quelle: Statistisches Bundesamt, Verkehr aktuell 02/2014

Der Güterverkehr in Deutschland konnte im Jahr 2013 weiter erhöht werden. So stieg das Transportaufkommen gegenüber dem Vorjahr um 0,8% auf 4,3 Mrd. Tonnen. Das Wirtschaftswachstum in der BRD von +0,4% wirkte sich somit auch auf die Güterbeförderung aus (Statistisches Bundesamt 2014, Pressemitteilung – 41/14).

Die Beförderungsmengen lassen sich in verschiedene Güterabteilungen aufschlüsseln. Jede Güterabteilung stellt unterschiedliche Anforderungen an die Wahl des Verkehrsträgers. Tabelle 25.3 zeigt die Beförderungsleistungen im Inland, aufgeteilt nach Verkehrsträgern und Güterabteilungen. Dies verdeutlicht die Wichtigkeit des Einsatzes von Verkehrsträger in der Praxis.

Tabelle 25.3. Beförderungsmenge BRD nach Güterabteilungen in 1.000 t (2012)

Verkehrsträger nach Güterabteilungen (2012)				
Güterabteilung	**Bahnverkehr**	**Binnenschiff**	**Seeschiff**	**Straßenverkehr**
Land-, Forstwirt. Erzeugnisse	4.112	16.324	19.166	161.419
Kohle, rohes Erdöl, Erdgas	40.956	34.123	43.262	5509
Erze, Steine, Erden	52.603	55.582	29.442	901.062
Nahrungs- Genussmittel	2.438	9.2393	20.888	304.910
Textilien, Bekleidung	21	18	4.905	9.001
Holzwaren, Papiererzeugnisse	10.198	3.524	17.267	117.344
Kokerei-, Mineralölerzeugnisse	53.991	41.125	27.633	417.346
Chemische Erzeugnisse	32.041	22.957	26.870	143.784
Metallerzeugnisse	64.238	11.207	14.648	130.620
Fahrzeuge, Maschinen	13.625	1.636	26.378	128.798
Haushaltserzeugnisse	80	316	7.408	13.735
Sekundärrohstoffe, Abfälle	15.518	12.184	5.933	245.936
Material f. Güterbeförderung	3.456	1.423	356	176.909
Sonstiges Sammelgut	71.004	59.350	59.350	134.934
Gesamt	**366.140**	**223.170**	**295.103**	**2.891.308**

Quelle: Statistisches Bundesamt, Verkehr aktuell 02/2014

25.4 Straßengüterverkehr

25.4.1 Gewerblicher Straßengüterverkehr

Der Straßengüterverkehr stellt den wichtigsten Verkehrsträger unserer Zeit dar. Im Jahr 2012 betrug die Verkehrsleistung (Produkt aus Beförderungsmenge und Versandweite) des Straßengüterverkehrs 446 Mrd. Tonnenkilometer (Statistisches Bundesamt, Verkehr aktuell 02/2014).

Die BRD verfügt über ein Straßennetz für den überörtlichen Verkehr von über 231.000 km Länge. Davon entfallen aktuell rund 53.400 km (23%) auf die Bundesfernstraßen, rund 12.550 km (5%) auf Bundesautobahnen und rund 40.700 km (18%) auf Bundesstraßen. Den Bundesfernstraßen in der BRD kommt aufgrund der zentralen Lage in Europa eine wichtige Rolle in der europäischen Verkehrsabwicklung zu. Die BRD ist das Transitland Nr.1 in Europa. Kernstück des Bundesfernstraßennetzes ist das Bundesautobahnennetz. Obwohl dieses nur einen Längenanteil von 5% am gesamten überörtlichen Straßennetz hat, werden darüber fast ein Drittel der gesamten Fahrleistungen der Kraftfahrzeuge abgewickelt (BMVBS 2006).

Der Straßengüterverkehr gliedert sich in den gewerblichen Güterverkehr und Güternahverkehr sowie in den Werksverkehr. Der Werksverkehr (auf dem Werksgelände) ist nicht genehmigungspflichtig und wird in den meisten Fällen von den eigenen Mitarbeitern erledigt. Entsprechend der Transportmenge lässt sich der gewerbliche Straßengütertransport nach Transportträgern einteilen, wie in Tabelle 25.4 dargestellt.

Tabelle 25.4. Einteilung der Transportträger im Straßengütertransport nach Transportmengen

Transportmenge	Transportträger
Pakete bis 31,5 kg	per KEP (z.B. UPS, DPD, TNT)
Stückgut 31,5 bis 2.500 kg	per LKW (1–2 Paletten)
Teilpartien	kein kompletter LKW
Komplette Ladung	kompletter LKW

Während in der Vergangenheit das Angebot an Frachtdienstleistungen durch teils stark regulierte Beförderungstarife, eingeschränkte Möglichkeiten zum Transport von Rückfracht oder Zeitverzögerungen durch Zollformalitäten reguliert wurde, hat die Liberalisierung des Binnenmarktes zu einigen Änderungen geführt (Logistik Inside 2005).

Entwicklungen im Straßengüterverkehr

- 1994: Aussetzung der festgeschriebenen Transportpreise durch Tariffreiheit im freien Wettbewerb des Güterkraftverkehrs.
- 1998: Traditionelle Markteinteilung zwischen Güternah-, Güterfern- und Umzugsverkehr mit Konzessionspflichten ist verworfen und durch leicht erhältliche Lizenzen ersetzt worden (vereinfachter Marktzugang).
- 1998: Wegfall des Kabotageverbots. Jeder in einem EU15-Land ansässige Spediteur darf seitdem inländische Transporte übernehmen.
- 2004: EU-Erweiterung ermöglicht osteuropäischen Transporteuren uneingeschränkte Transporte zwischen EU-Ländern.

Durch diese Entwicklungen fand ein Wandel im Logistikmarkt statt. Die Liberalisierung führte zu einem starken Verdrängungswettbewerb. Durch den Kostendruck verlagern viele Spediteure in großem Maße ihre Aufträge an ausländische Transportunternehmen. Gerade die osteuropäischen Staaten können durch niedrigere Löhne und weniger strenge technische Überwachungen sowie vereinfachte Grenzformalitäten ihre Leistungen um bis zu 70% günstiger anbieten.

Aufgrund der Erhöhung des Wettbewerbs durch osteuropäische Spediteure senkten sich die Preise in einzelnen Teilmärkten im Schnitt um 10–15%. Zur Erhaltung der Wettbewerbsfähigkeit gründen immer mehr deutsche Speditionen Niederlassungen in EU-Beitrittsstaaten, um von den günstigen Fahrerlöhnen, Unternehmenssteuern und den Dieselpreisen zu profitieren. Dies ist durch die EU-Niederlassungsfreiheit seit 01. Mai 2004 deutlich vereinfacht worden (Logistik Inside 2005).

Der Straßengüterverkehr hat die folgenden Vor- und Nachteile.

Vorteile	Nachteile
• Hohe Flexibilität im Hinblick auf die Transportaufgaben und Umdispositionsmöglichkeiten • Haus-zu-Haus-Beförderung • Flächendeckende Güterverteilung im 24-Stunden-Takt • Weniger Stillstand- und Wartezeiten • Bei geringen oder mittleren Entfernungen relativ niedrige Transportzeiten • Kostensenkung durch verstärkten osteuropäischen Wettbewerb	• Verkehrsstörungen • Witterungseinflüsse • Einschränkungen bei Gefahrgütern • Eingeschränktes Transportvolumen (ca. 20–25 t Nutzlast) • Einschränkungen aufgrund von rechtlichen Rahmenbedingungen (Sonn- und Feiertagsfahrverbot von 0–22 Uhr) • Neue Lenk- und Ruhezeiten: Ruhezeit: 11 h/Tag (9h am Stück), mindestens 45 h/Woche, Lenkzeit: von bislang 74 h/Woche auf max. 56 h/Woche reduziert (Logistik Inside 2006a, S. 16ff) • Ökologische Aspekte

Zusammensetzung der Frachtkosten im Straßengüterverkehr

Die Berechnung der Transportkosten setzt sich aus der Beförderungsstrecke, Gewicht der Ladung und Güterart zusammen. Die gesamten Transportkosten im Straßengüterverkehr beinhalten i.d.R.:

- Transportkosten für die Beförderungsstrecke, Verpackungskosten,
- Versicherungskosten, abhängig vom Transportgut, -wert und von der Art des Transportmittel (Hartschalen-LKW günstiger als Planen-LKW),
- Zollkosten, Mautgebühren,
- Kosten für Transitgenehmigungen.

Praxisbeispiel: Transportkostenberechnung im Straßengüterverkehr

Transport von 15 t Nahrungsmitteln (komplette Ladung) von Deutschland nach Italien (550 km) mit Hartschalen-LKW (3 Achsen).

Transportkosten (15 t x 550 km x 0,40 €/tkm)	3.300,00 €
Versicherungskosten (Hartschalen-LKW, Nahrungsmittel)	300,00 €
Zollkosten	75,00 €
Mautgebühren (EURO III, 3 Achsen, 550 x 0,19 €/km)	104,40 €
Gesamtkosten Fracht (inkl. MwSt.)	*3.779,40 €*

25.4.2 Straßenmaut in Deutschland

Seit dem 01.09.2003 ist in Deutschland das Gesetz über die LKW-Straßenmaut in Kraft getreten. Die wesentlichen Inhalte des Gesetzes sind:

- Mautpflicht für inländische und ausländische LKWs ab 12 t zulässigem Gesamtgewicht,
- Gebührenpflicht auf Autobahnen, Ausdehnung auf konkrete Abschnitte von Bundesstraßen nur aus Sicherheitsgründen,
- Differenzierung nach Achsanzahl, Schadstoffemissionen, später Ort und Zeit der Fahrleistung,
- Höhe der Maut durch Rechtsverordnung,
- zur Harmonisierung werden in Deutschland geleistete verkehrsspezifische Abgaben bei Festlegung der Maut pro km berücksichtigt,
- Zweckbindung der Einnahmen zum Erhalt, zum Ausbau und zur Verbesserung der Verkehrsinfrastruktur,
- verursachungsgerechte Anlastung der Wegekosten (ein „40-Tonner" belastet die Straßendecke etwa 60.000 mal stärker als ein PKW),
- Schaffung eines Anreizes zur ökologisch sinnvollen Verlagerung des Gütertransportes auf alternative Verkehrsträger (Schiene, Wasserstraße).

Zum 19.07.2011 wurde das neue Bundesfernstraßenmautgesetz (BFStrMG) eingeführt. Dieses Gesetz löst das bis dahin bestehende Autobahnmautgesetz für schwere Nutzfahrzeuge (ABMG) ab. Das BFStrMG ist im Wesentlichen inhaltlich identisch. Die maßgebliche Änderung ist die Regelung zur Ausdehnung der LKW-Maut auf Bundesstraßen (www.bmvi.de 2014).

Maut-Kontrollen

Kontrolliert wird auf vier Arten:

- automatisch mittels Videoüberwachung,
- Standkontrolle mit automatischer Vorkontrolle,
- mobile Kontrollen,
- Betriebskontrollen.

Die Höhe der Maut wird bestimmt durch die zurückgelegte Strecke, die Anzahl der Achsen des Fahrzeugs und dessen Emissionsklasse. Abrechnung und Kontrolle der Maut erfolgen über eine Systemstruktur (Tabelle 25.5).

Tabelle 25.5. Systemstruktur Mautsystem (BMVI 2012)

<table>
<tr><th colspan="4">Mautsystem</th></tr>
<tr><th colspan="3">Duales Mauterhebungssystem</th><th rowspan="3">Kontroll-
system</th></tr>
<tr><td rowspan="2">Automatisches Mauterhebungssystem
Satellitennavigation</td><th colspan="2">Einbuchungssystem</th></tr>
<tr><td>Manuell
Zahlstellenterminals</td><td>Sonstige
online</td></tr>
</table>

Seit dem 01.01.2009 werden durch das Bundesministerium für Verkehr und digitale Infrastruktur (BMVI) neue Mautsätze erhoben.

Tabelle 25.6. LKW-Mautsätze ab 2009 mit Partikelminderungsklassen (PMK)

Motorenart/PMK	**Emissions-kategorie**	**Mautsatz pro gefahrenem Autobahnkilometer**	
		Bis max. 3 Achsen	**ab 4 Achsen**
EURO 0/I/II	D	0,274 EUR/km	0,288 EUR/km
EURO III/ EURO II +PMK 1, 2, 3, 4	C	0,190 EUR/km	0,204 EUR/km
EURO IV/ EURO III+PMK 2, 3, 4	B	0,169 EUR/km	0,183 EUR/km
EURO V/EEV	A	0,141 EUR/km	0,155 EUR/km

Quelle: www.toll-collect.de/Mautsätze 2013

Zusätzliche Kosten

Neben den Basiskosten entstehen folgende zusätzliche Kosten:

- Einbaukosten, Reparatur- und Wartungskosten der OBU (On Board Unit) zur automatischen Erfassung der Maut,
- Umwegfahrten, Standzeiten (manuelle Zahlweise), Verwaltungskosten.

In 2013 betrugen die Maut-Einnahmen ca. 4,52 Mrd. Euro (BMVI 2014). Eine Bilanz der aktuellen Maut-Erfassungen zeigt Tabelle 25.7.

Tabelle 25.7. Bilanz des neuen Mautsystems 2013

Bilanz Mautsystem	15.12.2005	30.11.2007	19.12.2008	31.12.2013
Eingebaute OBU	481.000	608.000	650.000	776.000
Abgerechnete km	23,0 Mrd.	75,0 Mrd.	100,0 Mrd.	>100,0 Mrd.
Mauteinahmen	2,86 Mrd.	3,08 Mrd.	3,3 Mrd.	4,52 Mrd.
Registrierte Fahrzeuge	734.182	911.000	938.000	1.000.000
Registrierte Nutzer	108.844	111.000	122.000	158.600
Erfassungsquote (Ist)	> 99%	> 99%	> 99%	99,9%
Erfassungsquote (Soll)	95%	99%	99%	99%
Buchungen automatisch	86%	90%	> 90%	> 90%
Buchungen manuell	14%	10%	<10%	< 10%

Quelle: www.toll-collect.de, Pressemitteilung vom 31.01.2014

25.4.3 Fuhrparkmanagement

Das Fuhrparkmanagement hat zum Ziel, die Fuhrparkkosten im Unternehmen zu reduzieren. Die Fuhrparkkosten setzen sich aus Investitionskosten und Folgekosten zusammen. Investitionskosten (ca. 15%) sind die Beschaffungskosten bzw. Abschreibungen und die Finanzierungskosten. Die Folgekosten (ca. 85%) sind Kosten für Personal, Treibstoff, Wartung/ Reparaturen, Verschleißteile, Steuern/Versicherung etc.

Kostenaufteilung im Fuhrparkmanagement

Die jährlich anfallenden Fuhrparkkosten setzen sich zusammen aus:

- Fahrerpersonalkosten (ca. 49%):
  - Bruttolöhne, AG-Anteil-Sozialversicherung
  - Lohnnebenkosten (Urlaub, Weihnachten, Spesen, Prämien)
  - Berufsgenossenschaftsbeiträge
- Fixe Kosten (ca. 40%):
  - Versicherung: Haftpflicht-, Kasko- und Vollkasko-, Insassenschutz
  - Fracht-, Rechtschutz-, Betriebshaftpflicht-, Unfallversicherungen
  - Kalkulatorische Abschreibungen (lineare/degressive Abschreibung)
  - Kraftfahrzeugsteuer gemäß Kraftfahrzeugsteuergesetz (KraftStG)
  - Rundfunkgebühren (GEZ)
  - Finanzierungs-, Leasingkosten (Kreditzinsen, Raten)
  - Kalkulatorische Zinsen für alternative Anlage des Kapitals
  - Verwaltungskosten (Büroverwaltung), Miet- und Energiekosten

- Variable Kosten (ca. 11%):
  - Kraftstoffkosten, Mautkosten
  - Reparaturkosten (Werkstatt- und Ersatzteilkosten)
  - Wartungskosten (Öl und Schmierstoffe, Reifen, Bremsen etc.)

Finanzierung im Fuhrparkmanagement

Bei der Fahrzeugbeschaffung werden neben der konventionellen Beschaffung (Eigenmittel) immer häufiger Finanzierungslösungen bevorzugt:

- Kauf mit Fremdmitteln (Finanzkauf herstellerabhängig/unabhängig),
- Kauf mit Rücknahmevereinbarung,
- Finanzleasing (herstellerabhängig/unabhängig),
- Full-Service-Leasing (herstellerabhängig/unabhängig),
- Langfristmiete oder Chartern (Mietverträge).

25.5 Schienenverkehr

Der Schienenverkehr wird in Europa i.d.R. von staatlichen Unternehmen, wie der Deutschen Bahn AG in der Bundesrepublik Deutschland, wahrgenommen. Privatbahnen drängen gerade in Nischen auf den Markt.

Die Bahn ist jedoch bestrebt, ihr Angebot zu verbessern (Eurail Cargo, PaperSolution für Papier- und Zellstoffindustrie), ihr Schienennetz auszubauen und eng mit ihren Partnern im Ausland zu kooperieren (Magnetschnellbahn). Effizienzsteigerungen bei der Bahn sind möglich durch die weitere Umsetzung der rechnergestützten Zugsteuerung (Computer Integrated Railroading CIR), die Einführung eines ökonomischen Trassenmanagements zur optimalen wirtschaftlichen Nutzung von Engpasstrassen und der Verbesserung des Auslastungsgrades von Zügen und Wagons sowie die Entmischung von Personen- und Güterverkehr (Ehrmann 2013, S. 91).

Obwohl stark gefördert, scheint eine Verlagerung des Straßengüterverkehrs auf den Schienenverkehr in größerem Ausmaß noch nicht realisierbar. Die Deutsche Bahn Netz AG verwaltet in Deutschland ein Schienennetz von über 34.000 km. Auf diesem Netz setzt die DB Cargo Güterzüge mit bis zu 1.500 t Transportleistung ein. Ein Waggon hat je nach Typ eine Nutzlast von 25 bis 62 t.

Vorteile	Nachteile
• Unabhängigkeit vom Straßenverkehr • Unabhängigkeit von Fahrverboten (Sonntags, Feiertags) • Eignung für Massengutverkehr (mehrere Wagenladungen) oder viele Güterarten (Kohle, Rohstoffe) • Höhere Geschwindigkeiten und kostengünstige Lösung bei größeren Entfernungen • Umweltfreundlich • Geringe Unfallgefahr (ca. 30 Unfälle/Mrd. tkm)	• Feste Bindung an Fahrpläne • Hohe Fixkosten und niedrige variable Kosten • Unterlegenheit bei Transport auf kurzen Strecken oder bei häufigem Wechsel des Transportgutes • Monopolstellung des Hauptbetreibers • Unflexibel (feste Fahrpläne etc.) • An Schienennetz gebunden • Lärmbelastung

25.6 See- und Binnenschifffahrt

Die Wasserstraßen sind neben den Straßen, Schienen und Rohrleitungen Teil des bodengebundenen Verkehrswegenetzes der BRD. Obwohl sehr viel weitmaschiger als Schiene und Straße, ist das Wasserstraßennetz dennoch ein zusammenhängendes Netz, das einerseits die großen Seehäfen mit der Hohen See, andererseits das Hinterland sowie die bedeutendsten Industriezentren miteinander verbindet. Die Mehrzahl der deutschen Großstädte besitzt einen Wasserstraßenanschluss.

Beim Schifffahrtsgütertransport unterscheidet man generell den Seegütertransport (Seeschifffahrtsstraßen) und den Binnenschifffahrtstransport (Binnenschifffahrtsstraßen).

Das Netz der Bundeswasserstraßen in Deutschland umfasst ca. 7.300 km, wovon 6.500 km Binnenschifffahrtstraßen und 750 km auf Seeschifffahrtsstraßen entfallen. Etwa 75% der Bundeswasserstraßen entfallen auf Flüsse und 25% auf Kanäle. Zu den Bundeswasserstraßen zählen auch ca. 23.000 km² Seewasserstraßen. Zu den Anlagen an den Bundeswasserstraßen gehören u.a. 400 Schleusen, 320 Wehre, drei Schiffshebewerke, zwei Talsperren und etwa 1.600 Brücken. Zum Hauptnetz der Binnenschifffahrt gehören ca. 5.100 km. Dazu zählen die Magistralen Rhein und Nebenflüsse (Neckar, Main, Mosel und Saar), Donau, Weser und Elbe sowie die verbindenden Kanalsysteme bis zur Oder und zur Donau.

In Summe bilden sie einen wesentlichen Bestandteil des Transeuropäischen Verkehrsnetzes (TEN). Über die 757 km langen Seeschifffahrtsstraßen sind Nord- und Ostsee erreichbar (BMVBS 2009).

Die Bundeswasserstraßen haben neben der verkehrswirtschaftlichen Nutzung beachtliche Funktionen wie z.B. Wasserversorgung, Erhaltung der Vorflut für den Abfluss der Niederschläge und Entwässerungszwecke.

25.6.1 Binnenschifffahrt

Die Binnenschifffahrt wird schwerpunktmäßig für die Beförderung nicht eilbedürftiger transportkostenempfindlicher Massengüter eingesetzt. Dies sind z.B. Steine und Erden, Mineralöle und Erzeugnisse, feste mineralische Brennstoffe sowie Erze und Metallabfälle.

Über die Bundeswasserstraßen der BRD transportierten deutsche und ausländische Binnenschiffe im Jahr 2012 227 Mio. t mit einer Transportleistung (Produkt aus Menge und Wegstrecke) von 59,7 Mrd. Tonnenkilometer (tkm). Dies entspricht ca. 60% der Güterverkehrsleistung der Eisenbahnen bzw. 14 Mio. LKW-Fahrten (Statistisches Bundesamt, Verkehr aktuell 02/2014).

Vorteile	Nachteile
• Kostengünstiger Transport • Massenleistungsfähigkeit • Umweltfreundlichkeit • Sicher (10 Unfälle/Mrd. tkm) • Angebot von Spezialschiffen • Entlastung Straßen-, Schienenverkehr	• Geringes Streckennetz • Witterungsabhängigkeit (Wasserstand, Eis und Nebel) • Hohe Kosten für Handling und Umschlag • Lange Transportdauer • Geringe Geschwindigkeit

Des Weiteren werden etwa 1,5 Mio. Container (TEU) befördert, was zusätzlich 700.000 LKW-Fahrten entspricht. Damit leistet die Binnenschifffahrt einen großen Beitrag zur Bewältigung der Transportnachfrage.

25.6.2 Seeschifffahrt

Die Seeschifffahrt spielt dank der geringeren Kosten im interkontinentalen Handel auf langen Strecken gegenüber dem Lufttransport, seiner Eignung für den Massentransport sowie dem Transport von schweren und sperrigen Gütern eine große Rolle (Ehrmann 2013, S. 96ff).

Tabelle 25.8. Kostenvergleich Luftfracht zu Seefracht (Frankfurt/Vancouver)

Frachtdaten	Luftfracht	Seefracht
Wert (Euro)	120.000	120.000
Frequenz	2–3 Abflüge/Woche	1 Abfahrt/Woche
Laufzeit	2–3 Tage	23 Tage
Laufzeitdifferenz	-	+ 20 Tage
Zinsmehrkosten (8%) (Euro)	-	526
Verpackungsmehrkosten (Euro)	-	100
Mehrkosten gesamt (Euro)		626
Transportkosten (Euro): 250 kg	344	291 + 626 = 917
Transportkosten (Euro): 500 kg	664	341 + 626 = 967
Transportkosten (Euro): 1.000 kg	1.329	416 + 626 = 1.042

Tabelle 25.9. Die größten Containerhäfen der Welt 2012

Platz	Hafen	Stellplatzkapazität in TEU* (20 Fuß Container)
1	Singapur	31,5 Mio.
2	Shanghai	29,9 Mio.
3	Hongkong	24,4 Mio.
4	Shenzhen	22,6 Mio.
5	Busan	16,2 Mio.
6	Ningbo	14,7 Mio.
7	Guangzhou	14,4 Mio.
8	Qingdao	13,0 Mio.
9	Dubai	13,0 Mio.
10	Rotterdam	11,9 Mio.
(14)	Hamburg	9,0 Mio.

* TEU = twenty foot equivalent unit
Quelle: Hafen Hamburg Marketing 2012

Etwa 80% des EU-Außenhandels wird mit Schiffen bewältigt. Es besteht ein starker Wettbewerb um die Nachfrage der Transportkapazitäten zwischen den Häfen untereinander. Tabelle 25.9 zeigt die größten Containerhäfen weltweit. Der Hamburger Hafen mit einer Stellplatzkapazität von 9,0 Mio. TEU platziert sich auf Rang 14 im internationalen Vergleich.

Der Seegütertransport unterscheidet zwischen der *Linienschifffahrt* (Verkehr planmäßig nach festgelegten Routen) und der *Trampschifffahrt* (Massengütertransport im „Gelegenheitsverkehr" mit Charterverträgen).

	Vorteile	Nachteile
Linien-schiff-fahrt	• Einsatz von Schiffen mit guter Klassifizierung • konstante Frachtraten • verlässliche Terminierung	• feste Routen • geringes Streckennetz • feste Termine
Tramp-schiff-fahrt	• verhandelbare Charterverträge • Einsatzmöglichkeit auf allen Seewegen/Seehäfen • Freie Gestaltung der Route	• Verlängerte Transportzeiten aufgrund langer Liegezeiten und Wahl der Seehäfen durch den Verfrachter • Teilweise Einsatz von Schiffen von niedriger Klassifizierung

Containerschiffverkehr

Eine wachsende Bedeutung kommt der Containerlogistik zu. In den letzten Jahren wurden immer mehr Containerschiffe mit größeren Kapazitäten gebaut. Der Vorteil der Containerlogistik liegt in ihrer Normung (DIN ISO 30791) TEU (Twentyfoot Equivalent Unit = Länge 20 Fuß, Breite 8 Fuß, Höhe 8 Fuß und 6 Inches bzw. 6,06 m x 2,44 m). Dieser Standard ermöglicht eine Anwendung in der gesamten Transportkette (Straße, Schiene, See), der ein aufwendiges Umladen der Güter überflüssig macht.

Die Häfen Hamburg, Wilhelmshaven und Bremen verfügen über Gleisanschlüsse, so dass wie bei den Binnenhäfen auch kombinierte Ladungsverkehre möglich sind. Außerdem bieten Seehafengesellschaften Full-Service-Logistik an, d.h. Logistik aus einer Hand (Umschlag, Lagern, Bearbeitung) zur Bildung durchgehender weltweiter Transportketten (Arnold u.a. 2008, S. 783f).

Im Hafen Duisburg werden z.B. jährlich 100.000 Autos für den Verkauf bereitgestellt. Der Service umfasst die Endreinigung, die Beseitigung von Transportschäden, den Einbau der Radios, Schiebedächer und Felgen und vieles mehr (FAZ v. 04.09.06).

Der weltweit größte Frachter ist die „Maersk Mc-Kinney Moller" (Reederei Maersk) mit einer Transportkapazität von 18.240 Standard Containern TEU (FAZ 2013c, S. T5).

Tabelle 25.10. Eckdaten zum aktuell größten Containerschiff

	**Container Schiff: Maersk Mc-Kinney Moller** **Reederei: Maersk** **Technische Daten:**
Transportkapazität	18.240 TEU-Container
Höhe:	68 m
Breite:	59 m
Länge:	399 m
Tiefgang:	16,5 m
Besatzung:	22 Mann
Baukosten:	ca. 185 Mio. Dollar
Leistung:	59.360 kW
Geschwindigkeit:	19/23 Knoten (35/42,5 km/h)
Treibstoffverbrauch:	ca. 29.000 Liter auf 100 km

Quelle: FAZ 2013, S. T5

Heute gehören den 25 größten Reedereien der Welt etwa 80% des Schiffsladeraums (DIE ZEIT 2005, S. 20). Eine Übersicht über die größten Container-Reedereien bietet Abb. 25.3.

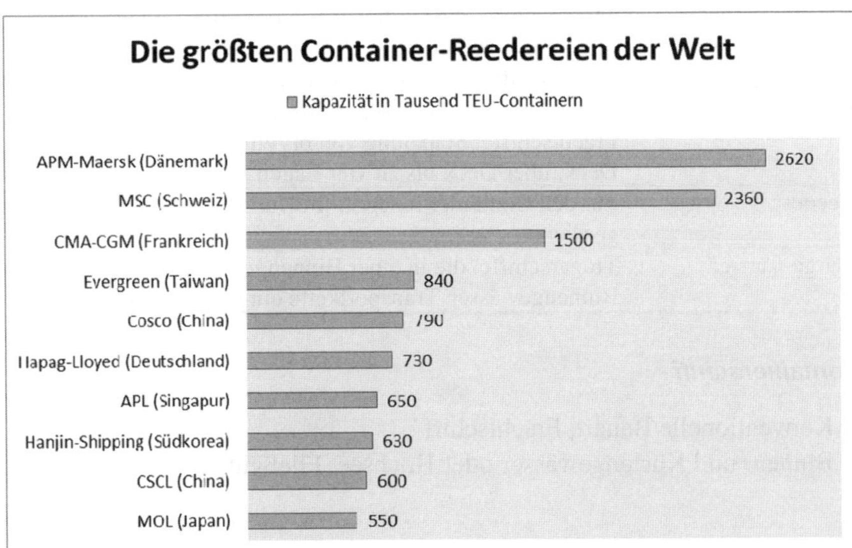

Abb. 25.3. Die größten Container-Reedereien der Welt (FAZ 2013d, S. T15)

Allein die gesamte Container-Transportkapazität der Reederei Maersk würde eine 108.000 Kilometer lange Wand ergeben, das reicht zweieinhalb Mal um die Erde. Zu jeder Zeit sind Waren im Wert von 3% des weltweiten Bruttosozialproduktes auf den mehr als 500 Maersk-Schiffen unterwegs (Hinze 2008).

Nach Angaben von Experten wird sich das Wachstum der Transportkapazitäten der Carrier fortsetzen. Aktuell werden insbesondere in den asiatischen Großwerften 150 Riesenschiffe gefertigt, die jeweils mehr als 8.000 Container tragen können. Gemäß Expertenberechnungen bedeutet dies ein jährliches Plus von etwa 13% bei der Transportkapazität. Gleichzeitig wächst die Zahl der Container, die von Asien nach Europa transportiert werden sollen jährlich um etwa 16% (Hinze 2008).

Unterscheidung der eingesetzten Schiffstypen in der Schifffahrt

Die Wahl der Schiffsart hängt von den Faktoren Transportkosten, Geschwindigkeit des Schiffes, Kapazität, Eignung und Ruf der Reederei ab (Ehrmann 2013, S. 96f).

Schiffstypen	**Merkmale**
Schubschiffe	Motorschiffe, die in der Binnenschifffahrt zur Bewegung eines Schubverbandes eingesetzt werden.
Stückgutfrachter	Motorschiffe, die auf hoher See oder Binnengewässern Stückgut befördern.
Tanker	Frachtschiffe für den Fließguttransport mit großer Länge
Containerschiffe	In der Regel als Hochseeschiffe eingesetzte offene Frachtschiffe. Stapelung von bis zu neun Lagen unter Deck, über Deck bis zu vier Lagen
Feeder	Für den Containertransport im Kurzstrecken- und Zubringerdienst
Barge-Carrier	Trägerschiffe, die in einer Binnengewässer-Hochsee-Binnengewässer-Transportkette eingesetzt werden.

Containerschiff

- Konventionelle Bauart, Frachtschiff
- Binnen- und Küstengewässer oder Hochsee, Fließgut

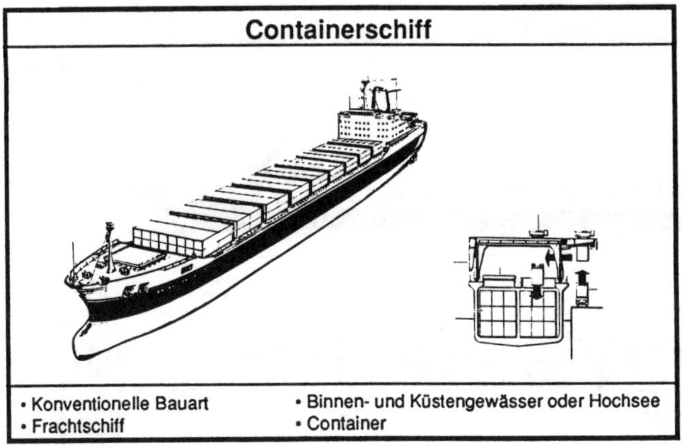

Abb. 25.4. Containerschiff

Lash-Carrier, Lighter aboard Ship

- Sonderbauart, Swim-in-Swim-out-Schiffe
- Hochsee, Lash-Leichter

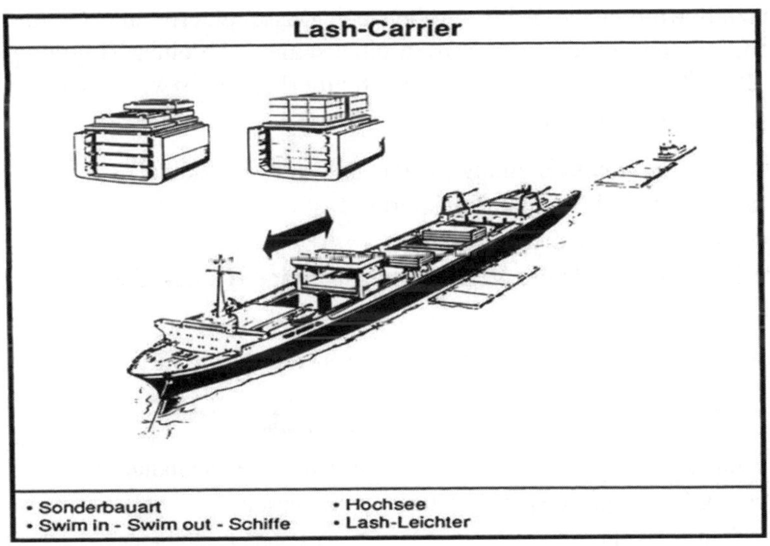

Abb. 25.5. Lash-Carrier

Bacat-Carrier

- Sonderbauart, Swim-in-Swim-out-Schiffe
- Hochsee, Bacat- und Lash-Leichter

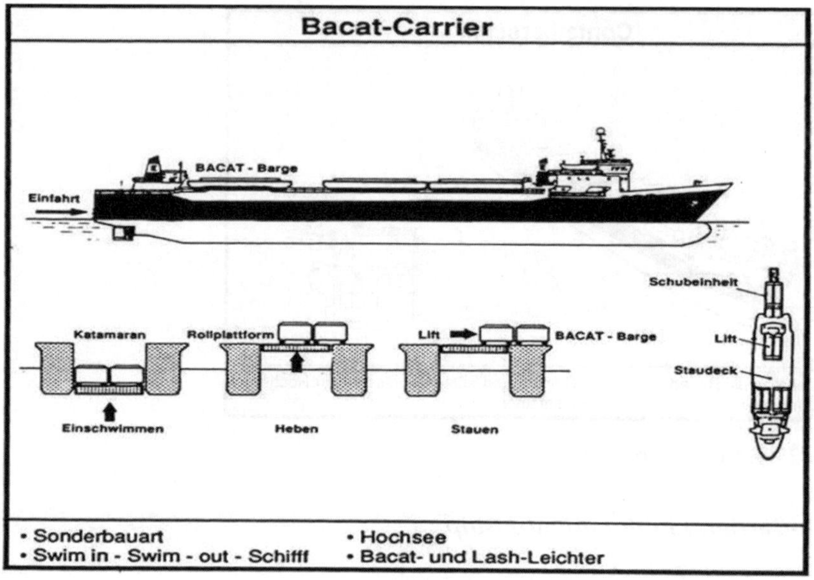

Abb. 25.6. Bacat-Carrier

Tendenziell wurden die Schiffsgrößen bei Massengütern- und Containertransporten stetig erhöht, um Kosten einzusparen. Ab einer Tragfähigkeit von 250.000 t sind Vorteile kaum noch zu erkennen bzw. schlagen in Nachteile um. Gründe hierfür sind:

- weitere Seewege (keine Eignung für Panama- und Suezkanal),
- verlängerte Vor- und Nachlauftransporte,
- steigende Lager- und Umschlagskosten,
- längere Liegezeiten, höhere Versicherungsbeiträge (Gefahr der Havarie) (Aberle 2000, S. 245f).

Der Seeschifffahrtsverkehr hat folgende Vor- und Nachteile.

Vorteile	Nachteile
• Kostengünstig	• Hohe Kapitalbindungskosten
• Geeignet für Massengüter, sperrige Güter	• Langsam
• Großes Transportvolumen	• Wassernetzgebunden
• Geeignet für gefährliche Güter (Öl, Gas)	• Großcontainerschiffe sind an speziell ausgerüstete Hafen gebunden (Kräne, Wassertiefe)
• Witterungsunabhängig	
• Umweltfreundlich	
• Geringes Unfallrisiko (ca. 10 Unfälle/Mrd. tkm)	• Kein Just-in-Time möglich
	• Lange Transportdauer
• Geringe Lärmbelastung	• Gefahren (z.B. Piraterie)

Risikomanagement in der Schifffahrt gegen Piraterie

Ein zunehmendes Risiko für Reedereien, Seeleute, Ladungseigner und Versicherer stellt die Schiffspiraterie dar. Die US-Organisation „Oceans beyond Piracy“ schätzt den wirtschaftlichen Schaden für 2012 durch somalische Piraten auf rund 6 Mrd. Dollar. Die Weltbank geht laut einer Studie zufolge von der dreifachen Summe aus. Seit dem Jahr 2005 wurden fast 385 Mio. Dollar Lösegeld gezahlt. Dabei ist die Anzahl der Attacken vor Somalia beträchtlich zurückgegangen. Im ersten Quartal 2012 wurden 102 Piratenangriffe vom Internationalen Schifffahrtsbüro registriert. Im selben Zeitraum 2013 waren es nur noch 66. Trotz Erfolge gegen Piraten vor der Küste Somalias ist das Problem nicht gelöst, sondern verlagert. Aktuell besteht die deutlich größere Gefahr für die Reedereien im Westen Afrikas. Der Golf von Guinea, der Golf von Aden und die Straße von Hormus im Persischen Meer bieten besonderes Gefahrenpotential (Südwest Presse 2013, S. 9).

Aktuell nehmen Überfälle und Entführungen an den eben genannten Gebieten stark zu. Als Reaktion auf die steigende Anzahl von Übergriffen sind Unternehmen und Regierungen herausgefordert, Maßnahmen einzuleiten und ein entsprechendes Risikomanagement einzuführen.

Aktuelle Maßnahmen im Kampf gegen die Piraterie

- Verstärkte internationale Zusammenarbeit (UN-Resolutionen)
- Einführung des ISPS-Codes (Identifizierung von gestohlenen Schiffen)
- Militärische Unterstützung (NATO-Kriegsschiffe mit Geleitfunktion)
- Private bewaffnete Sicherheitsdienste
- Unterstützung durch nichtstaatliche Organisationen (IMB, BIMCO, ITF, Reedereiverbände und das Comité Maritime International)
- On-Board-Risk-Management-System
- Technische Entwicklungen
  - Sicherheitscontainer zum Schutz der Ladung
  - Radaranlagen zur Aufspürung von Piraten im Nahbereich
  - Flutlichtanlagen, spezielle Nachtsichtgeräte und Thermokameras
  - Akustische und optische Alarmsysteme, Abwehrsysteme (LRAD)
  - Satellitengestützte Trackingsysteme zur Lokalisierung von Schiffen
  - Luftüberwachung (Eye in the Sky)
  - Unbemannte ferngesteuerte Roboterschiffe für Patrouillenfahrten

Transportkosten in der Schifffahrt

Die Transportkosten für den Verkehrsträger Schifffahrt beinhalten folgende Kostenbestandteile:

- Vorlauf zum Hafen,
- Nachlauf vom Hafen zum Bestimmungsort,
- Um-, Abladen vom Pier auf Schiff (Handlingskosten),
- Zuschläge Rohöl, Zoll, Security Charges und Dokumentation.

Praxisbeispiel: Transportkostenberechnung in der Schifffahrt

Transport von 10 t Güter von Mannheim nach New York:

Transportkosten Container von Mannheim nach Rotterdam	500 €
Umschlag Binnenschiffterminal + Zuschlag Rohöl + Umschlag + Security Charges	250 €
Seefracht Rohölzuschlag	2.000 €
Handling, Zoll, Dokumentation	100 €
Kosten bis Hafen New York (inkl. MwSt.)	*2.850 €*
Abladung vom Schiff und Umladung auf LKW	400 €
Importverzollung	100 €
Transportkosten Container zum Endbestimmungsort	350 €
Kosten bis Bestimmungsort New York (inkl. MwSt.)	*3.700 €*

25.7 Luftverkehr

Die Zuwachsraten der weltweiten Beförderungsmengen im Luftfrachtverkehr haben in den letzten 20 Jahren stets zugenommen. Vergleicht man die Güter-Beförderungsmengen der einzelnen Verkehrsträger in der BRD untereinander, so scheint der Lufttransport mit einem mengenmäßigen Anteil von 0,11% an der insgesamt beförderten Frachttonnen auf den ersten Blick eine untergeordnete Rolle. Im Jahr 2012 lagen die Beförderungsmengen in der BRD bei 4,3 Mio. Tonnen (Statistisches Bundesamt, Verkehr aktuell 02/2014). Jedoch zeigt der wertmäßige Anteil der per Luftfracht exportierten Güter, welche Bedeutung der Luftfrachtverkehr für deutsche Unternehmen im Jahr 2012 hatte. Dieser machte mit insgesamt 22% einen großen Anteil am Extrahandel (Ausfuhren außerhalb der EU) der BRD aus.

Der Luftverkehr zeichnet sich insbesondere durch eine kurze Transportzeit aus und bietet damit Einsparpotenziale gegenüber anderen Verkehrsträgern wie z.B. dem Seeschiffverkehr (Kapitalbindungskosten). Allerdings entfallen nur 10% der Transportzeit auf die Flugzeit, 90% auf den Vor- und Nachlauf sowie Umschlag und Zollabwicklung (Koether 2004, S. 321).

Das Flugzeug eignet sich für den Transport von Teilen mit hohem Wert, geringem Gesamt- und Volumengewicht (Ersatzteile, Post, Medikamente).

Das größte zurzeit im Einsatz befindliche Transportflugzeug ist die russische Antonov An-225 mit einem maximalen Abfluggewicht von 600 t und einer max. Nutzlast von 250 t (www.airliners.de 2009).

Abb. 25.7. Antonov An-225 (www.airliners.de 2009)

Über die deutschen Flughäfen werden jährlich über 3 Mio. Tonnen Fracht inklusive Transit abgewickelt. Frankfurt steht mit über 2,1 Mio. Tonnen an erster Stelle vor Köln/Bonn, Leipzig, München und Hahn (ADV 2008). Im internationalen Vergleich belegt Frankfurt Rang neun (s. Abb. 25.8).

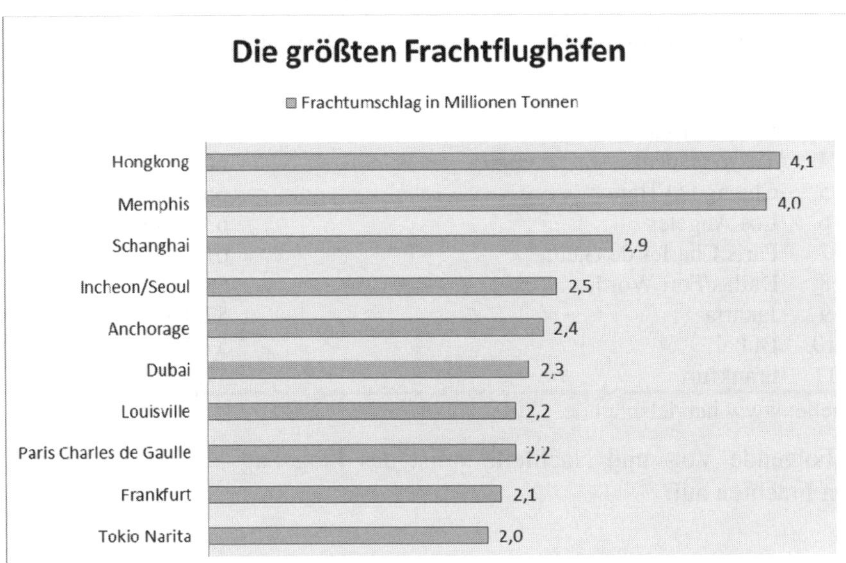

Abb. 25.8. Die größten Frachtflughäfen weltweit (Quelle: FAZ 2013b, S. 22)

Tabelle 25.11 zeigt die größten Flughäfen der Welt nach Passagierzahlen im Jahr 2012. Der Frankfurter Flughafen fiel aus den Top 10 und belegt im Jahr nur noch den 11. Rang.

Tabelle 25.11. Die größten Flughäfen der Welt nach Passagierzahlen

Rang	Name des Flughafens	Passagiere in Millionen 2012
1	Atlanta	95,5 Mio.
2	Peking	81,9 Mio.
3	London Heathrow	70,0 Mio.
4	Tokio Haneda	66,8 Mio.
5	Chicago O´Hare	66,6 Mio.
6	Los Angeles	63,7 Mio.
7	Paris Charles de Gaulle	61,6 Mio.
8	Dallas/Fort Worth	58,6 Mio.
9	Jakarta	57,8 Mio.
10	Dubai	57,7 Mio.
11	Frankfurt	57,5 Mio.

Quelle: www.handelsblatt.de

Tabelle 25.11 zeigt die größten Flughäfen der Welt nach Passagierzahlen im Jahr 2012. Der Frankfurter Flughafen fiel aus den Top 10 und belegt im Jahr nur noch den 11. Rang.

Tabelle 25.12. Die größten Flughäfen der Welt nach Passagierzahlen

Rang	Name des Flughafens	Passagiere in Millionen 2012
1	Atlanta	95,5 Mio.
2	Peking	81,9 Mio.
3	London Heathrow	70,0 Mio.
4	Tokio Haneda	66,8 Mio.
5	Chicago O´Hare	66,6 Mio.
6	Los Angeles	63,7 Mio.
7	Paris Charles de Gaulle	61,6 Mio.
8	Dallas/Fort Worth	58,6 Mio.
9	Jakarta	57,8 Mio.
10	Dubai	57,7 Mio.
11	Frankfurt	57,5 Mio.

Quelle: www.handelsblatt.de

Folgende Vor- und Nachteile weist das Flugzeug als Transportmittel von Frachten auf.

Vorteile	Nachteile
• Hohe Geschwindigkeit, Häufigkeit, Sicherheit beim Transport • Geringe Kapitalbindung (ca. zwei Zinstage) aufgrund kürzer Transportzeit (Senkung der Sicherheitsbestände und der Auslieferungslager) • Geringere Beschädigungs- und Diebstahlgefahr • Kostengünstig beim Transport von Teilen mit geringer Dichte (Volumen/Massenverhältnis), da Frachtberechnung nach Volumengewicht erfolgt • Geringe Unfallgefahr (200 Unfälle/Mrd. Abflüge)	• Hohe Transportkosten bei Massengütern • Relativ niedrige Beförderungskapazität • Netzbildung notwendig, da noch relativ wenig Standorte • Bodenzeiten ca. 73% der Gesamttransportzeit • Hohe Umweltbelastung • Hohe Lärmbelastung

Flughäfen als Einnahmequelle und Wachstumszentren

Flughäfen, z.B. der Frankfurt-Airport (Fraport AG), haben genauso wie die großen Containerhäfen enormen Einfluss auf das Wachstum wie auch auf die Beschäftigung in der Region. 500 Betriebe und Dienststellen und mehr als 78.000 Beschäftigte machen den Flughafen Frankfurt/M. zur größten lokalen Arbeitsstätte in Deutschland (Fraport AG 2014).

Während die Einnahmen der Flughäfen früher hauptsächlich aus den Landegebühren bestanden, sind in den letzten Jahren zusätzliche größere Einnahmequellen entstanden. Die Fraport AG erwirtschaftete im Jahr 2013 bei 2,56 Mrd. Euro Umsatz ein Jahresergebnis von 236 Mio. Euro. Die Umsatzstruktur des heutigen *Flughafenmanagements* setzt sich im Wesentlichen aus folgenden Bereichen zusammen:

- Verkehrsbezogene Einnahmen (Aviation): etwa 51%
  - Start- und Landegebühren
  - Passagiergebühren
  - Abstellgebühren
  - Abfertigung und Handling
- Kommerzielle Einnahmen (Non-Aviation): etwa 49%
  - Einnahmen aus Gastronomie und Einzelhandelgeschäften,
  - Catering, Duty Free Geschäfte, Werbung,
  - Parkhausbetriebe,
  - Wartung, Reparatur, Service,
  - PKW-Vermietung
  - Sonstige Einnahmen aus Vermietungen und Konzessionen.

Transportkosten im Luftverkehr

Die Transportkosten im Luftverkehr beinhalten folgende Kostenbestandteile:

- Vorlauf und Nachlauf zum Flughafen und Endbestimmungsort,
- Luftfrachtkosten inkl. Handlingskosten bei der Verladung,
- Flughafengebühren,
- Zuschläge Treibstoff, Maut, Sicherheit,
- Kosten für Versicherung und Versicherungspolice.

Praxisbeispiel: Transportkostenberechnung im Luftverkehr

Transport von 600 kg Güter von Mannheim nach New York Flughafen per Luftfracht:

- Warenwert = 100.000 €
- Verpackungsmaße Packträger (Palette): 120cm x 80cm x 100cm
- Anzahl: 6 Paletten
- Volumengewicht = Maße Packträger/6000 cm³/kg x Anzahl Packträger ((120 x 80 x 100/6000) x 6,0 = 960 kg)
- Nettogewicht pro Palette = 100 kg = 600 kg Gesamtgewicht.
- Auftragswert = Warenwert + Frachtkosten +10% Gewinnaufschlag

Transportkosten Güter von Mannheim nach Frankfurt	400 €
Luftfrachtkosten nach New York (Basis Volumengewicht)	
960 kg x 1,80 €/kg	1.728 €
Flughafengebühr	100 €
Treibstoffzuschlag (Basis Gesamtgewicht)	
600 kg x 0,24 €/kg	144 €
Maut pauschal	43 €
Sicherheitszuschlag (Basis Gesamtgewicht)	
(625 kg x 0,20 €/kg)	120 €
Luftfrachtkosten bis Flughafen New York (inkl. MwSt.)	*2.535 €*
Versicherungspolice pauschal	15 €
Versicherung 0,37% vom Auftragswert	
(100.000 € + 2.535 € + 253,50 €) x 0,0037	380 €
Gesamte Luftfrachtkosten (inkl. MwSt.)	*2.930 €*

25.8 Rohrleitungsverkehr

Der Rohrleitungsverkehr dient zum Transport von flüssigen und gasförmigen Gütern, die kontinuierlich gefördert und verbraucht werden, z.B. Wasser, Erdöl und Erdgas. Kennzeichnend für diesen Verkehrsträger ist, dass Verkehrsweg, Transportgefäß und Transportmittel eine Einheit bilden (Ehrmann 2013, S. 100). Etwa 2,0% des deutschen Güterverkehrsaufkommens wird durch Rohrleitungen erbracht (Statistisches Bundesamt).

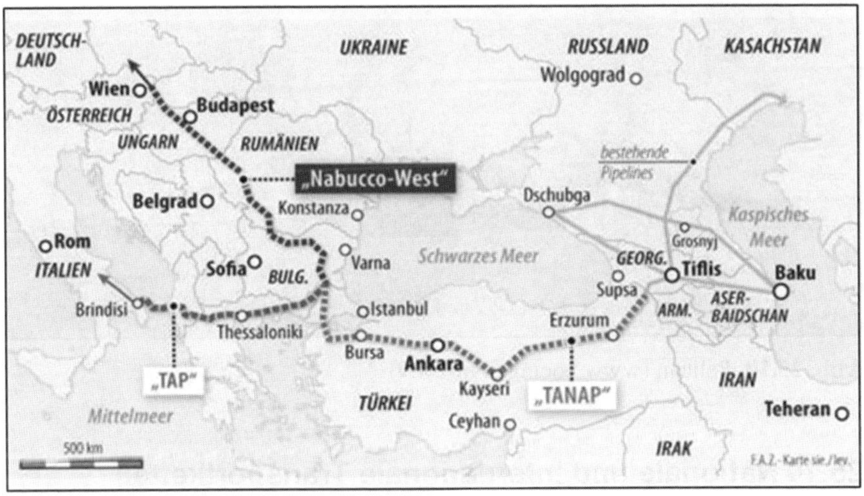

Abb. 25.9. Europas Gaspipelines (www.faz.net 2014)

Im Durchschnitt werden in der BRD monatlich etwa 7 Mio. Tonnen befördert. Die gesamte Beförderungsmenge der BRD in 2013 lag bei etwa 87,3 Mio. Tonnen. Davon betrafen 21,2 Mio. t (24%) den innerdeutschen Verkehr und 66,1 Mio. t (76%) den grenzüberschreitenden Empfang von Gütern (Statistisches Bundesamt, Verkehr aktuell 02/2014).

Die folgenden Vor- und Nachteile weist der Rohrleitungsverkehr als Verkehrsträger von Frachten auf (Ehrmann 2013, S. 101):

Vorteile	Nachteile
• Umweltfreundlichkeit	• Hohe Errichtungs- und Revisionskosten
• Zuverlässigkeit	• Geringe Flexibilität
• Wetterfestigkeit	• Umständliche Genehmigungsverfahren
• Unabhängigkeit von Verkehrswegen	• Nur rentabel bei langfristiger Absicherung des Absatzes

25.9 Flugboote

Boeing hat in seiner Entwicklungsabteilung Phantom Works ein Projekt für das Riesen-Flugboot Pelican ins Leben gerufen. Der Gigant mit einer Länge von 122 m und einer Spannweite von 152,5 m soll eine Nutzlast von 1.422 t besitzen und nur 6 m über dem Meer fliegen können, um Treibstoff zu sparen (Verwirbelungseffekt unter den Tragflächen). Es sind auch Flughöhen von über 6.000 m möglich (www.boeing.com 2009).

Abb. 25.10. Pelican (www.boeing.com 2009)

25.10 Nationale und internationale Transportketten

Die Verkehrsinfrastruktur und Gründe der Wirtschaftlichkeit sind Veranlassung, die Güterbeförderung nicht nur mit einem Transportmittel durchzuführen, sondern mehrere Transportmittel zu einer Transportkette zu kombinieren. So werden die Vorteile des Straßen-, Wasser- und Luftverkehrs miteinander verbunden. Dabei findet in den meisten Fällen kein Wechsel des Transportmittels statt (Ehrmann 2013, S. 100). Tabelle 25.12 zeigt eine Übersicht über verschiedene Transportketten.

Tabelle 25.13. Transportketten (Ehrmann 2013, S. 100)

Kombinationsformen	Charakteristika
Huckepackverkehr mit folgenden Formen:	Kombination von Straßen- und Schienentransport. Der Transport zum Bahnhof des Versenders und vom Bahnhof des Empfängers erfolgt per LKW.
Rollende Landstraße	Vollständige Last- und Sattelzüge werden auf Spezialwaggons der Bahn befördert. Üblicherweise fährt der LKW-Fahrer im Personenwagen (Liegewagen) mit.
Transport von Sattelaufliegern	Sattelanhänger werden mittels eines Krans auf Spezialwaggons verladen. Die Zugmaschine wird nicht mitbefördert.
Transport von Wechselbehältern	Containerähnliche Behälter werden mit Kränen verladen und befördert.
Kombinierter Containerverkehr	Containerbeförderung mit mehreren Verkehrsmitteln (Kombinationen aus Straße, Schiene, Luftfahrt, See)
Ro-/Ro-Verkehr (Roll on/Roll off-Verkehr)	Landfahrzeuge werden auf Schiffen befördert; man spricht auch von der „schwimmenden Landstraße".
Lash-Verkehr (lighter aboard ship)	Kombination von Binnen- und Seeschifffahrt. Per Kran werden schwimmende leichte Binnenschiff auf Seeschiffe verladen und mit diesen befördert.
Si-So-Verkehr	Der Si-So-Verkehr (Swim-in-Swim-Out-Verkehr) erfolgt mit Barge Carriern. Dies sind Mutterschiffe, die schwimmfähige Transportgefäße (Barges) ohne eigenen Antrieb oder Binnenschiffe während der Seereise befördern. Zur Aufnahme der schwimmenden Barges unterscheidet man Lash-Schiffe mit bordeigenem Kran und Barge-Containerschiffe mit schließbarem Bugtor.
Hub- und Spoke Systeme (Nabe-Speiche-System) 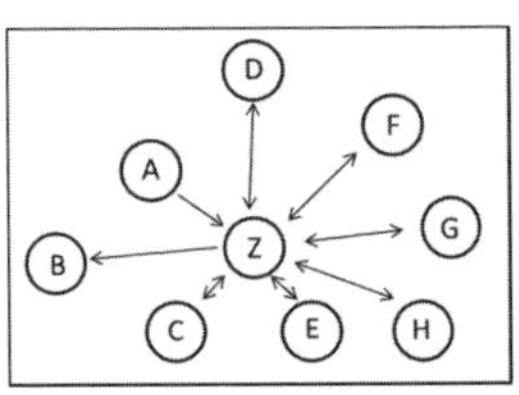 	Hub- und Spoke Systeme ist ein Verkehrsnetz, das aus einem zentralen Umschlagsplatz (Hub) und darauf sternförmig zu- und ablaufende Verkehrsstrecken (Spoke) besteht. Zur Vermeidung von kostspieligen Leerfahrten und unausgelasteten Kapazitäten über Punkt-zu-Punkt-Verbindungen werden alle Sendungen zu einem zentralem Hub (Nabe) befördert und dort gesammelt. Anschließend nach Zielregionen, -gruppen sortiert, umgeladen und über kontinuierliche Linienverkehre (Spoke) versendet. Zweck ist die Bündelung der Hauptläufe der Transporte über kosteneffiziente ausgelastete Hauptrouten und Nebenläufe. Dieses System findet Anwendung bei KEP-Diensten, Fluggesellschaften und im Schienenverkehr.

25.11 KEP-Dienste

KEP-Dienste (Kurier-, Express-, Paketdienste) entstanden aufgrund der gewachsenen Nachfrage nach kleinen und schnellen Sendungen. Begünstigt durch das wachsende Internetgeschäft erreichte der KEP-Markt im Jahr 2012 2,5 Mrd. Sendungen und einen Gesamtumsatz von 14,98 Mrd. Euro. Im Jahr 2011 waren 188.000 Personen bei den KEP-Diensten direkt beschäftigt. Seit 1995 wächst der KEP-Markt doppelt so schnell wie die Gesamtwirtschaft (BIEK – KEP Studie 2012).

Die drei verschiedenen Formen von Dienstleistungsangeboten unterscheiden sich nach Art und Gewicht der zu transportierenden Güter, der Laufzeit und der Preisstruktur. In der Praxis überschneiden sich die Angebote der einzelnen Anbieter (Arnold u.a. 2008, S. 782f).

25.11.1 Kurierdienste

Kuriere begleiten permanent persönlich leichte Eilsendungen (max. 1,5 kg) unter Ausnutzung der jeweils schnellsten Verkehrsverbindungen. Das Fluggepäck eines fliegenden Kuriers wird z.B. wesentlich schneller als auf dem regulären Gütertransport abgefertigt. Modernste Informations- und Kommunikationstechniken werden eingesetzt, um die Sendungen zu erfassen und zu verfolgen.

In Deutschland operieren Einzelunternehmen oder weltweit tätige Unternehmen. Das Tätigkeitsfeld ist nicht entfernungsgebunden und kann im Stadtbereich *(regionaler Kurierdienst)*, bundesweit (*nationaler Kurierdienst*) oder weltweit (*internationaler Kurierdienst*) stattfinden. Internationale Kurierdienste sind die in den USA gegründeten Integratoren DHL, UPS, FedEx oder TNT. Sie verfügen weltweit über eigene Niederlassungsnetzwerke mit eigenen Flugzeugen und eigenem Fuhrpark. Dies ermöglicht eine permanente Qualitätskontrolle. Weitere Merkmale der Integratoren sind das lückenlose Verfolgen der Güter durch Einsatz von Barcodes, GPS-Systemen zur Fahrzeugverfolgung und der Einsatz von Scanningprozessen an mehreren Schnittstellen der Transportkette (Arnold u.a. 2008, S. 782).

25.11.2 Expressdienste

Schnell-Lieferdienste transportieren ohne Gewichtsbeschränkungen. Sie befördern ihre Sendungen über Umschlagszentren zum Ziel und verzichten dabei auf die direkte, exklusive und persönliche Begleitung. Ihr Merkmal ist die Schnelligkeit und Pünktlichkeit. Der Transport wird normalerweise per LKW abgewickelt. Kennzeichen ist der i.d.R. fixe Liefertermin.

25.11.3 Paketdienste

Sie befördern Pakete (max. 31,5 kg) in einem standardisierten System. Sie sind ein Untersegment der Expressdienste. Bekannte Paketdienste sind German Parcel, Federal Express und UPS. Die Pakete laufen über Umschlagzentren (Dallas, Frankfurt, London) mit größtmöglicher Automatisierung und schneller Kommissionierung. Ein Sendungsverfolgungssystem im Internet (seit 1997) garantiert eine lückenlose Information über den momentanen Standort des Pakets. Aufgrund ihrer genormten Logistiksysteme und ihrer flächendeckenden Präsenz können Paketdienste Kleingüter preisgünstig in einem 24- bis 48-Stunden Service liefern (Arnold u.a. 2008, S. 782f).

Wiederholungsfragen zu Kapitel 25

1. Welche Verkehrsträger im Güterverkehrssystem kennen Sie? Nennen Sie jeweils drei Vor- und Nachteile!
2. Was verstehen Sie unter dem Begriff „kombinierte Transportkette“? Nennen und beschreiben Sie mindestens zwei Kombinationsformen!

26 Logistik-, Einkaufs-, Supply-Chain-Controlling

Unter *Logistik-Controlling* versteht man die Wahrnehmung von Controlling-Aufgaben im Logistikbereich des Unternehmens. Die hohe Komplexität von Logistiksystemen und die Leistungsanforderungen an diese verstärken die Notwendigkeit gezielter Planung, Information, Analyse, Kontrolle, Koordination und Steuerung.

26.1 Ziele, Aufbau und Ablauf des Logistik-Controlling

Das Ziel des Logistik-Controlling besteht vor allem darin die Wirtschaftlichkeit der Logistik zu gewährleisten. Dabei werden laut Praxisumfragen vor allem Verbesserungen in folgenden Bereichen gesehen:

- Bestandsoptimierung, Durchlaufzeitverkürzung,
- Transparenz logistischer Kosten und Leistungen,
- Minimierung logistischer Kosten,
- Erhaltung der Lieferbereitschaft, Transportoptimierung.

Das Controlling-Systems kann zentral oder dezentral aufgebaut sein. In beiden Fällen fordert der Ausbau eines effektiven und schlanken Controllings, dass der Controller in Prozessen denkt, um mit seinen Instrumenten eine integrierende schnittstellenübergreifende Wirkung zu erzielen (Pfohl 1994, S. 205).

Der Ablauf des Logistik-Controlling erfolgt in mehreren Schritten (Schulte C 2013, S. 620 ff).

26.2 Instrumente des Logistik-Controlling

Im Laufe der Zeit haben sich einige Controlling-Formen gebildet. Am Anfang des Controlling-Konzeptes steht das operative Controlling. Als kurzfristig wirkendes Instrument umfasst es gewöhnlich ein Geschäftsjahr. Dagegen dient das strategische Controlling als langfristig wirkendes Instrument für das Erkennen und Ausbauen von zukünftigen Erfolgspotentialen.

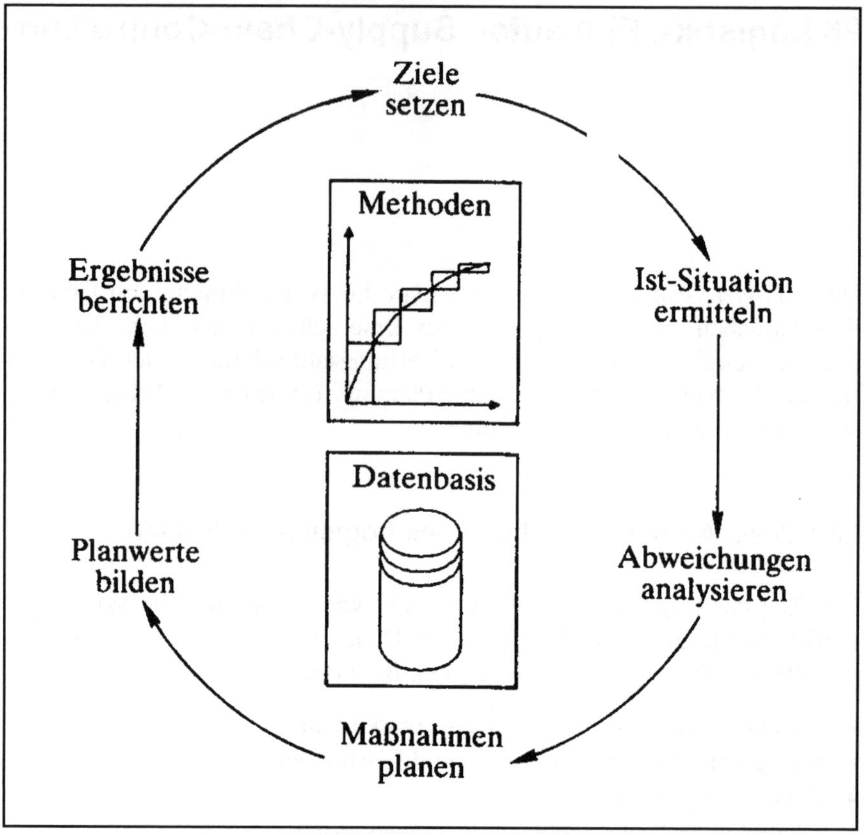

Abb. 26.1. Ablauf des Logistik-Controlling (Schulte C 2013, S. 620, s.a. Kiesel 1987, S.346)

Als wichtigste Instrumente des Logistik-Controllings eignen sich sowohl die *Kosten- und Leistungsrechnung* als auch die Bildung von *Kennzahlen und Kennzahlsystemen.*

Die *Budgetierung* wird häufig als weiteres Instrument des Logistik-Controlling eingesetzt. Bei der Budgetierung werden die Ressourcen Geld, Personal und Investitionsmittel den verbrauchenden Bereichen zugewiesen. Ein Budget stellt dabei eine Vorgabe dar, die zu bestimmten Zeiten mit den Ist-Daten verglichen werden. Bei Abweichungen werden notwendige Maßnahmen zur Vermeidung eingeleitet. Die flexible Festlegung der Zeitintervalle der Vergleiche erlaubt die Darstellung von kurzfristigen als auch langfristigen Entwicklungen (Kluck 1998, S. 227).

26.2.1 Logistikkosten- und Logistikleistungsrechnung

Die Kosten- und Leistungsrechnung erweist sich für das Logistik-Controlling als wichtiges Instrument zur Entscheidungsfindung und -unterstützung.

Die Hauptaufgaben der Logistikkosten-Leistungsrechnung sind:

- *Kostenkontrolle:* Beschäftigungs- und Verbrauchsabweichung werden sichtbar.
- *Kalkulation von Logistikabweichungen:* Produktvor-/Produktnachkalkulation, Kalkulation von Logistik-Dienstleistungen.
- *Verfahrensauswahl:* Im Rahmen gegebener Kapazitäten erfolgt die Entscheidung über innerbetriebliche Transportmittel, Lagerplatz, Eigen- oder Fremdleistung, Distributionsform.
- *Investitionsentscheidungen:* Bei veränderten Kapazitäten Entscheidung über Lagersysteme, Transportsysteme.

Da Logistik-Controlling eine genaue Erfassung logistischer Daten erfordert, müssen die Funktionen und Aufgaben klar abgegrenzt werden.

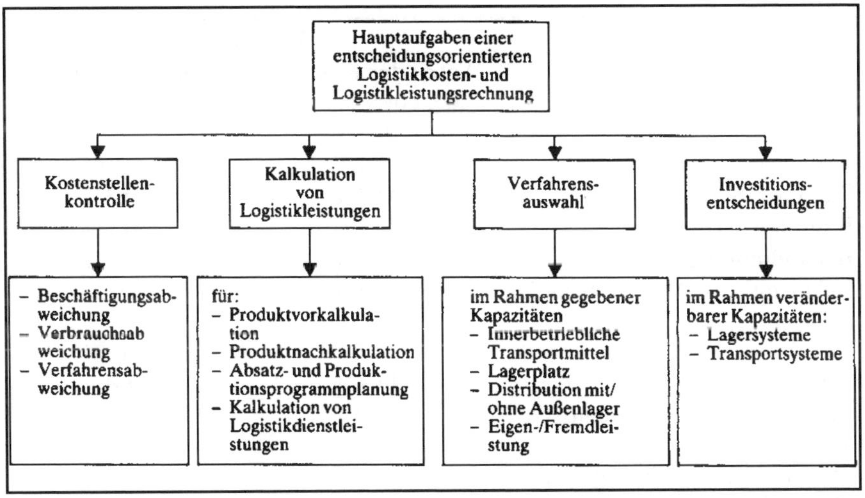

Abb. 26.2. Logistik-Controlling (Schulte C 2013, S. 623 s.a. Reichmann, S. 121)

Um Leistungs- und Effizienzsteigerungen sowie Kostensenkungspotenziale realisieren zu können, müssen Informationen generiert werden. Dabei sind sowohl interne als auch externe Informationsquellen von Bedeutung. Externe Informationsquellen lassen Rückschlüsse auf aktuelle wirtschaftliche Entwicklungen und auf Entwicklungen des Wettbewerbs zu.

Im Rahmen der betrieblichen Leistungserstellung und Leistungsverwertung erfolgt ein Kosten verursachender Verzehr von Gütern, Diensten und Aufgaben. Da es – aufgrund ihrer Querschnittfunktion – schwierig ist die Logistik von anderen Unternehmensbereichen abzugrenzen, müssen die in der Logistik vorhandenen Kosten und Leistungen transparent gemacht werden.

Vorzunehmen ist der Ausbau der drei Teilgebiete, Kostenarten-, Kostenstellen- und Kostenträgerrechnung. Die in den Kostenstellen verursachten Kosten sollen dem Kostenstellenverantwortlichen zugeordnet werden. Dies ermöglicht eine aussagefähige Kostenauflösung, aus der Logistikplankosten abgeleitet werden können. Ermöglicht werden dadurch sowohl Wirtschaftlichkeitskontrollen als auch Budgetierungen. Durch Abweichungsanalysen können Verbesserungspotentiale erkannt werden. In der Praxis stellt sich aber die verursachungsgerechte Erfassung der Logistikkosten, eine klare Aufteilung auf Logistikleistungen und Logistikkostenträgern wie z.B. Produkte und Aufträge als schwierig dar. Das Beispiel der Tabelle 26.1 zeigt die Aufteilung der Logistikkosten.

Tabelle 26.1. Beispiel Aufteilung der Logistikkosten (Neumann 1994, S. 124)

Kostenstelle	**Disposition**	
Kostenarten	**Anteil der Kosten an den Gesamtkosten**	**Anteil an Logistikkosten gesamt**
Löhne und Gehälter	24,0%	7,4%
Sozialleistungen	9,3%	2,9%
Summe Personalkosten	**33,3%**	**10,3%**
Raumkosten	**2,1%**	**0,7%**
Instandhaltung	**0,4%**	**0,1%**
kalkulatorische Abschreibung für Anlagen	0,6%	0,2%
kalkulatorische Zinsen	44,5%	13,8%
Summe Kapitalkosten	**45,1%**	**14,0%**
Verschrottung für Erzeugnisse/ Materialien	4,8%	1,5%
Sonderfahrten für Erzeugnisse/ Materialien	8,4%	2,6%
Summe Wagniskosten	**13,2%**	**4,1%**
sonstige Kosten	**5,9%**	**1,8%**
Summe	**100%**	**31,0%**

Ein von Reichmann (1985, S. 298ff) entwickeltes System gliedert den *Aufbau* einer Logistikkostenleistungsrechnung in mehrere Schritte.

1. Definition und Erfassung von Logistikleistungen, Kostenbestimmungsfaktoren und Logistikkosten
2. Einbau von Logistikkostenstellen in die Betriebsabrechnungsbögen
3. Erfassung der Logistikkostenleistungen in der Kostenträgerrechnung

In manchen Betrieben erscheint eine eigene logistische KLR als nicht möglich bzw. sinnvoll. Hier kann als Alternative eine Verfeinerung der in ihrem Aufbau gleich bleibenden Kostenrechnung um die Logistikkosten angewendet werden. Eventuelle Ergänzungen umfassen vor allem die Kostenarten und die Kostenstellenrechnung.

Die Logistikkosten sind üblicherweise in ihrer Höhe und Aufteilung auf die Bereiche Transport, Lagerhaltung, Auftragsabwicklung und in der Gliederung nach den Logistikstufen Beschaffungslogistik, Produktionslogistik und Distributionslogistik anzugeben. Betriebsindividuelle Kostenstellenbildungen sind aber möglich. Diese Gliederung ermöglicht die Transparenz über die Stärken und Schwächen eines Unternehmens in der Logistik.

26.2.2 Prozesskostenrechnung

Die Kostenstruktur hat sich in den Unternehmen in den letzten Jahren stark geändert. So verursachte die Automatisierung eine Verlagerung von produktiven zu administrativen Kosten und eine Verschiebung der Tätigkeiten in Richtung der Vorlaufkosten. Dieser Entwicklung stehen die traditionellen Kostenrechnungsverfahren gegenüber, die für die eigentliche Produktion entwickelt wurden und die Gemeinkosten (zu denen in den meisten Fällen die administrativen Kosten gehören) pauschal als Zuschlag auf die Produktionskosten verrechnen. Dies führt zu einer Inkongruenz bezüglich des Schwerpunktes des Kostenanfalls und der Kostenrechnung.

Die für die Kosten verantwortlichen Faktoren müssen aber erkannt und gestaltet werden. Diesem Zweck dient der *Ansatz der Prozesskostenrechnung,* der die für die betriebliche Leistungserstellung in Anspruch genommenen Prozesse (abgeschlossene Tätigkeiten) in den Vordergrund stellt und diese mit Kosten bewertet. Dies bedeutet, dass in Unternehmen horizontal über die internen Abläufe (Prozesse) kalkuliert wird (Kluck 1998, S. 49). Im Vordergrund steht die Frage, welche Stationen bzw. Kostenstellen ein Produkt durchläuft, bis es fertig gestellt ist. Jeder, der einen Prozess in Anspruch nimmt, wird mit Kosten belegt.

Die Prozesskostenrechnung erfolgt in verschiedenen Stufen (Schulte C 2013, S. 630ff).

Tätigkeitsanalyse zur Identifizierung von Prozessen

- Wahl geeigneter Größen (mengenmäßige Quantifizierung der Prozesse)
- Plan-Prozessmengen festlegen
- Prozesskosten (Personal, Sachmittel) bestimmen
- Prozesskostensätze ermitteln

$$\text{Prozesskostensatz} = \frac{\text{Prozesskosten}}{\text{Prozessmenge}} \quad (\text{€ je Maßeinheit}) \qquad (26.1)$$

$$\text{Umlagesatz} = \frac{\text{Leistungsmengenneutrale Prozesskosten x Prozesskostensatz}}{\text{Plankosten der leistungsmengeninduzierten Prozesse}}$$

(26.2)

Kostenträgerstückrechnung (Prozesskostenkalkulation)

Sie liefert Kosteninformationen für die Preisbildung und -beurteilung sowie Entscheidungen wie z.B. Eigenfertigung oder Fremdbezug.

26.3 Anwendung von Kennzahlen im Logistik-Controlling

Kennzahlen werden zur Unternehmensführung in sämtlichen betrieblichen Funktionsbereichen angewandt. Sie können wichtigste logistische und betriebliche Vorgänge wiedergeben und sind als Planungsinstrument und zur Kontrolle sehr gut geeignet. Die Kennzahlen können einzeln oder als Kennzahlsysteme, in denen sie zusammengefasst und miteinander verknüpft sind, eingesetzt werden.

26.3.1 Ermittlung der relevanten Daten

Die relevanten Daten werden aus mehreren betrieblichen internen Quellen bezogen. Das Rechnungswesen liefert Informationen über die Kosten, die z.B. mit dem Einsatz von Maschinen, Transportmitteln (z.B. Gabelstapler, Kraftstoff, Versicherung, Personalkosten) verbunden sind.

- Die Lagerdatei übermittelt die Daten über Umschlaghäufigkeit, Verderb, Schwund oder Kommissionierleistung.

- Die Personaldatei gibt Auskunft über Fehlzeiten, Lohngruppen und sonstige tarifliche Leistungen.
- Das Controlling liefert die Daten resultierend aus dem Vergleich mit aktiven Lagern und dem Vergleich mit anderen Unternehmen.

26.3.2 Beispiele für Lagerkennzahlen aus der betrieblichen Praxis

Lagerkennzahlen dienen der Kostentransparenz im Lager. Beobachtet werden neben unkontrollierten Lagerabgängen wie Schwund, Diebstahl etc. auch Kosten verursachende Faktoren wie ein zu hoher Lagerbestand (und dadurch höhere Kapitalbindungskosten), der durch ungenaue Bedarfsvorhersagen oder zu hohe Sicherheitsbestände verursacht wird.

Der Sicherheitskoeffizient

Der Sicherheitskoeffizient gibt das Verhältnis zwischen dem Sicherheitsbestand und dem durchschnittlichen Lagerbestand oder dem Höchstbestand wieder.

$$= \frac{\text{Sicherheitsbestand} \cdot 100}{\text{Ø Lagerbestand}} \qquad (26.3)$$

Beispiel $\frac{12 \cdot 100}{150} = 8\%$

$$= \frac{\text{Sicherheitsbestand} \cdot 100}{\text{Höchstbestand}} \qquad (26.4)$$

Beispiel $\frac{12 \cdot 100}{180} = 6{,}66\%$

Interpretation

Die Kennzahl zeigt den Anteil des Sicherheitsbestandes am Lagerbestand. Änderungen beeinflussen die Lieferbereitschaft, Rentabilität und Liquidität. Die Basisdaten werden von der Materialrechnung, Lagerkartei und Materialartikelkartei geliefert.

Je niedriger der Sicherheitskoeffizient ist, desto geringer ist der Sicherheitsbestand und damit die Kapitalbindung. Der Sicherheitsbestand kann von null Prozent bis über zwanzig Prozent schwanken. Bei Just-in-Time

Belieferung tendiert der Sicherheitsbestand gegen null Prozent, während bei strategischen Engpassteilen mit langer Lieferzeit, ein Sicherheitsbestand von zwanzig Prozent sinnvoll sein kann.

Durchschnittliche Wiederbeschaffungszeit

Die durchschnittliche Wiederbeschaffungszeit lässt sich wie folgt errechnen:

∅ Auftragsvorbereitungszeit (Bestellauslösung und Bestellabwicklung)
+ ∅ Lieferzeit
+ ∅ Prüf- und Einlagerungs- bzw. Bereitstellungszeit

Die Kennzahl zeigt die für die Materialbereitstellung erforderliche Zeitspanne. Veränderungen beeinflussen die Lieferbereitschaft und die Höhe der Lagerbestände. Die Basisdaten werden aus der Materialartikeldatei, Lagerkartei sowie den Dispositions-, Bestell- und Warenannahmeunterlagen entnommen.

Durchschnittliche Lagerdauer (Umschlagsdauer)

$$= \frac{\text{Ø Lagerbestand} \cdot 365 \,(\text{oder } 240 \text{ Tage})}{\text{Jahresverbrauch}} \tag{26.5}$$

Beispiel $\frac{200 \cdot 365}{2.500} = 29{,}2 \text{ Tage}$

Die Kennzahl zeigt, wie viele Verbrauchsperioden (Tage/Wochen) ein durchschnittlicher Lagerbestand abdeckt. Bei Just-in-Time beträgt die durchschnittliche Lagerdauer ein bis zwei Tage.

Lagerreichweite

$$= \frac{\text{Ø Lagerbestand am Stichtag}}{\text{Verbrauch pro Tag/Woche/Monat}} \tag{26.6}$$

Beispiel $\frac{1000}{250} = 4 \text{ Tage}$

$$= \frac{\text{Lagerbestand} + \text{offene Bestellungen}}{\text{geplanter Verbrauch pro Tag/Woche/Monat}} \tag{26.7}$$

Die Reichweite gibt die Zeit wieder, für die ein Lagerbestand bei einem durchschnittlichen oder geplanten Materialverbrauch ausreichen soll. Die Kennzahl zeigt die interne Versorgungssicherheit. Die Daten kommen aus der Lagerbuchhaltung, der Lagerdatei und den Bestandsdaten.

Umschlagshäufigkeit

$$= \frac{\text{Verbrauch in der Periode}}{\text{Ø Lagerbestand}} \qquad (26.8)$$

Beispiel $\frac{500}{125} = 4x$

$$= \frac{365\,(240)\text{ Tage}}{\text{Ø Lagerdauer (in Tagen)}} \qquad (26.9)$$

Die Kennzahl zeigt an, wie oft sich das Lager in einer Verbrauchsperiode umschlägt. Veränderungen beeinflussen die Lagerhaltungs- und Kapitalbindungskosten sowie die Qualität/Nutzungsmöglichkeiten des Materials (Veralterung, Verderb).

Die Umschlagshäufigkeit ist abhängig von der Produktart (Ersatzteile, leicht verderbliche Güter) und der Branche (Investitionsgüter, Industrie, Handel). Während bei Ersatzteilen für Maschinen eine Umschlagshäufigkeit von acht pro Jahr gut ist, werden im Groß- und Einzelhandel bei „Schnelldrehern" Umschlagshäufigkeiten von zwanzig und mehr pro Jahr erreicht.

Die Daten liefern die Lagerkarte, Materialrechnung und Lagerbuchhaltung. Die Kennzahl ermöglicht eine systematische Analyse der Situation und der Entwicklung der Umschlagsgeschwindigkeit des im Lager gebundenen Kapitals (Kennzahl für Disposition, Einkauf, Bevorratung, Bestellplanung, Beschaffungs- und Bevorratungspolitik).

Berechnung des durchschnittlichen Lagerbestandes

Der durchschnittliche Lagerbestand lässt sich (wert- und mengenmäßig) aus den folgenden Formeln errechnen:

$$= \frac{\text{Jahresanfangsbes tan d} + \text{Jahresendbes tan d}}{2} \qquad (26.10)$$

Beispiel $\frac{200+250}{2}=225$

Bestandsdurchschnitt bei monatlicher Bestimmung

$$=\frac{\text{Anfangsbestand}+12\text{ Monatsendbestände}}{13} \tag{26.11}$$

$$=\frac{\frac{1}{2}\text{Anfangsbestand}+11\text{ Monatsendbestände}+\frac{1}{2}\text{Endbestand}}{12} \tag{26.12}$$

Es besteht ein ständiger Konflikt von Fehlmengenkosten durch zu niedrige Bestände bzw. Kosten für unnötige Kapitalbindung durch zu hohe Bestände. Fehlendes Material kann zu Produktionsstillstand bzw. verspäteter Lieferung an die Kunden führen (Konventionalstrafe, Imageverlust). Erhöhte Materialkosten entstehen auch durch Nach- und Eillieferungen. Kürzere Lieferzeiten muss man sich oft mit höheren Kosten bei Lieferanten und Transportunternehmen „erkaufen“. Neuanlauf- und Verzugskosten durch den Kunden des einkaufenden Unternehmens reduzieren den Unternehmensgewinn (Melzer-Ridinger 1994, S. 13ff).

Die Leistungs- und Kostendaten von Lagern sind wesentlich geprägt durch die Lagerkapazität und die eingesetzten Fördermittel zum Ein- und Auslagern.

Sie sind ebenso abhängig von der Anzahl und Größe der Lager: Je höher die Anzahl von Lagern (und Lagerstufen), desto höher die Anzahl der Fixkosten (für Lager) und Kapitalbindungskosten (für Bestände). Bestand und Lagerkosten steigen progressiv mit zunehmender Lageranzahl. Dies gilt sowohl für vertikale als auch für horizontale Strukturen (Jünemann 1989).

26.3.3 Beispiele für Logistikkennzahlen aus der betrieblichen Praxis

Als Beispiel werden die Kennzahlen zur Beschaffungslogistik betrachtet. Sie gliedern sich in

- Strukturkennzahlen,
- Produktivitätskennzahlen,
- Wirtschaftlichkeits- und
- Qualitätskennzahlen (Schulte C 2013, S. 649 ff).

Beispiel für Strukturkennzahlen

Rahmenvertragsquote

$$= \frac{\text{Materialeinkaufsvolumen über Rahmenverträge} \cdot 100\%}{\text{Gesamtes Materialeinkaufsvolumen}} \qquad (26.13)$$

Beispiel $\frac{140 \cdot 100\%}{200} = 70\%$

Die Kennzahl gibt das Ausmaß langfristiger Bindung und Versorgungssicherheit an. Eine Erhöhung der Rahmensvertragsquote kann durch den Einkauf im Verbund erreicht werden (optimale Werte: 80–90%).

Bestellstruktur

$$= \frac{\text{Wert der Bestellungen im Bestellwert bis } 50\,€ \cdot 100\%}{\text{Gesamtwert der Bestellungen}} \qquad (26.14)$$

Beispiel $\frac{5 \text{ Mio } € \cdot 100\%}{30 \text{ Mio. } €} = 16{,}66\%$

Bestellungen mit kleinem Bestellwert verursachen überproportionale Bestellkosten, die auf den Verkaufspreis aufgeschlagen werden müssen. Hier ist eine niedrige Bestellstruktur anzustreben. Ein Wert von 16,7% bedeutet, dass die Bestellkosten pro Bestellung sehr hoch sind. Eine Abhilfe kann in der Zusammenfassung von Bestellungen, in einer Bedarfsblockung oder in der Anwendung von Materialgruppen-Management bestehen.

Beispiel für Produktivitätskennzahlen

Anzahl abgewickelter Sendungen pro Personalstunde

$$= \frac{\text{Anzahl eingehender Sendungen}}{\text{Anzahl der Mitarbeiterstunden}} \qquad (26.15)$$

Beispiel $\frac{200.000}{100} = 2.000 \, \frac{\text{Sendungen}}{\text{Stunde}}$

Optimierung kann durch Automatisierung der Prozesse erreicht werden.

Auslastungsgrad der Transportmittel

$$= \frac{\text{tatsächliche Einsatzstunden} \cdot 100\%}{\text{mögliche Einsatzstunden der Transportmittel}} \tag{26.16}$$

Beispiel $\frac{1.300 \cdot 100\%}{1.900} = 68{,}42\%$

Flächennutzungsgrad

$$= \frac{\text{belegte Regalfläche} \cdot 100\%}{\text{Gesamtlagerfläche}} \tag{26.17}$$

Beispiel $\frac{2.000 \cdot 100\%}{4.000} = 50\%$

Verbesserung durch Outsourcing des Lagers, JiT, Vergabe der Lageraktivitäten an externe Dienstleister.

Beispiel für Wirtschaftlichkeitskennzahlen

Beschaffungskosten je Bestellung

$$= \frac{\text{Gesamte Bestellkosten}}{\text{Anzahl Bestellungen}} \tag{26.18}$$

Beispiel $\frac{2\ \text{Mio.€}}{150.000} = 13{,}33\text{€} / \text{Bestellung}$

Optimierung durch ABC-Analyse, Automatisierung beim Bestellwesen, Sammelrechnung, Bedarfsblockung, E-Procurement

Bestellkosten in % der Beschaffungskosten in Euro

$$= \frac{\text{Bestellkosten pro Periode} \cdot 100\%}{\text{Beschaffungskosten pro Periode}} \tag{26.19}$$

Beispiel $\frac{500.000 \cdot 100\%}{30\ \text{Mio.}} = 1{,}66\%$

Optimierung durch Reduzierung der Lieferantenanzahl, Materialstandardisierung, weniger Varianten

Beispiel für Qualitätskennzahlen

Quote der Beanstandungen

$$= \frac{\text{Zahl der beans tan det en Fehllieferungen} \cdot 100\%}{\text{Gesamtzahl der Lieferungen}} \tag{26.20}$$

Beispiel $\frac{15 \cdot 100\%}{12.000} = 0{,}125\%$

Logistikkosten je Umsatzeinheit

$$= \frac{\text{Gesamte Logistikkosten} \cdot 100\%}{\text{Ausbringungsmenge}} \tag{26.21}$$

Beispiel $= \frac{2\ \text{Mio.}\ € \cdot 100\%}{24\ \text{Mio. St}} = 8{,}33\ €/\text{Stück}$

Kennzahlübersicht Materialfluss und Transport

Struktur und Rahmenkennzahlen

- Anzahl der Mitarbeiter
- Anzahl und Typen der Transport- und Fördermittel
- Mechanisierungs-/Automatisierungsgrad
- Transportmenge

Produktivitätskennzahlen

- Transportzeiten je Auftrag
- Transportleistung
- Durchsatz (t/h, m3/h, Stück/h)
- Auslastung der Kapazitäten

Wirtschaftlichkeitskennzahlen

- Kosten je Auftrag
- Kosten je Mengeneinheit
- Kosten je Tonnenkilometer
- Kapitalbindung durch Materialbestände

Qualitätskennzahlen

- Servicegrad
- Dienstleistungsqualität
- Schadenhäufigkeit
- Unfallquote

Tabelle 26.2 zeigt die Durchschnittskosten und die Best in Class-Werte im Einkauf (BME Top-Kennzahlen im Einkauf 2013).

Tabelle 26.2. Durchschnittskosten und Best in Class-Werte im Einkauf

	Durchschnitt	Best in Class
Einkaufskosten zum Einkaufsvolumen in %	2 %	< 1 %
Kosten je Bestellvorgang €	75–150 €	< 75 €
Liefertermintreue %	– 80 %	> 80 %
Reklamationsquote %	2,25–3,25 %	> 2,25 %
Einkaufsvolumen durch langfristige Verträge in %	– 55 %	>55 %
Aktive Liederanten je Mio. € Einkaufsvolumen	10–20 Stück	< 10 Stück
Abrufquote aus Rahmenverträgen in %	40–60 %	> 60 %

Maßnahmen gegen Rohstoffrisiken

Die Reduzierung der Fertigungstiefe und der gleichzeitig hohe Anteil der Materialkosten am Endprodukt erhöht das Risiko der ausreichenden Rohstoffversorgung. Bei wichtigen Produkten wie Öl werden über 80 % des Handelsvolumens an den Rohstoffbörsen nur aus Spekulationsgründen getätigt. Die Unternehmen haben sich mit Folgen Maßnahmen gegen Rohstoffrisiken abgesichert (Evonik.Magazin 2/2013, S. 60).

- Erhöhung der Materialeffizienz/Verringerung des Rohstoffbedarfs 80,4%
- Produktenwicklung/Forschung in 52,9%
- Langfristige Lieferverträge 49,0%
- Weitergabe von Kostensteigerungen an Kunden 48,0%
- Substitution 39,2%
- Recycling 38,2%
- Preisabsicherungsgeschäfte 31,4%
- Einkaufszusammenschlüsse 16,7%
- Beteiligung an Rohstoffunternehmen 4,9%

26.4 Benchmarking in der Logistik

Benchmarking ist ein Instrument der Wettbewerbsanalyse. Dabei wird ein Unternehmen mit einem (oder mehreren anderen) verglichen. Ziel des kontinuierlichen Vergleichs mit anderen Unternehmen ist, die Leistungslücke zum sog. Klassenbesten systematisch zu schließen. Die erhobenen Bestwerte werden als *Benchmarks* bezeichnet und die Lücke als *Gap*. Der Benchmarking-Prozess kann alle betrieblichen Funktionen umfassen und schließt auch die Infrastruktur, das betriebliche Umfeld, als strategische Größe mit ein.

26.4.1 Ursachen und Beweggründe für das Benchmarking

Benchmarking wurde von der amerikanischen Xerox Corporation in den achtziger Jahren angewandt, um seine Versand- und Lagerfunktionen mit denen des Sportgeräteherstellers L.L. Bean zu vergleichen. Die Ergebnisse veranlassten Xerox zu gravierenden Verbesserungen im Logistikbereich, beispielweise durch die Einführung von Barcode-Techniken.

Ein Grund für den Einsatz von Benchmarking kann für ein Unternehmen das Ziel sein, eine herausragende Marktstellung zu sichern oder weiter auszubauen. Voraussetzung hierfür ist eine Bestandsaufnahme im eigenen Unternehmen. Dadurch wird festgestellt, wo das eigene Unternehmen im Vergleich zu anderen steht. Ob die Konkurrenz schon aufgeholt hat oder wo neue Entwicklungen stattgefunden haben.

Schwieriger gestaltet sich die Lage für eine Vielzahl von Betrieben, in denen akuter Handlungsbedarf besteht. Gründe für ein akutes Benchmarking sind

- drastische Umsatzeinbrüche, plötzlich auftretende Konkurrenz,
- verandertes Kundenverhalten, Wegfall bisheriger Märkte,
- Wandlung der wirtschaftpolitischen Rahmenbedingungen.

Der Prozess ist oft nicht von kurzer Dauer, sondern verlangt ein verändertes Bewusstsein für notwendige Veränderungen im Unternehmen. Dies kann zu einem Umbruch bisheriger Traditionen und zur Entstehung einer völlig neuen Firmenkultur führen. Es stehen nicht primär Produkte im Vordergrund, sondern es findet eine Fokussierung auf Methoden und Prozesse statt.

26.4.2 Wichtige Benchmarking-Arten

a) Internes Benchmarking

Es beinhaltet den Vergleich der einzelnen Unternehmensbereiche miteinander. Dies kann auch der Vergleich von verschiedenen Standorten oder Cost-Centern einer Unternehmensgruppe sein (z.B. PKW-Hersteller kann die Kostenstruktur der eigenen Verkaufsniederlassungen miteinander vergleichen). Diese Art von Benchmarking ist für kleine und mittlere Betriebe nur begrenzt möglich.

b) Externes Benchmarking

Es ist der Vergleich unterschiedlicher Unternehmen miteinander, die innerhalb der gleichen Branchenstruktur sein können. Dies ist aber nicht zwingend notwendig, da auch unterschiedliche Branchen oftmals das gleiche zentrale Problem haben wie z.B. die Logistik.

c) Wettbewerbs-Benchmarking

Das Wettbewerbs-Benchmarking bezieht sich auf die direkten Wettbewerber derselben Branche, deren Kundenkreis weitgehend mit dem des eigenen Unternehmens identisch ist. Es erfolgt ein direkter Vergleich der Prozesse, Praktiken, Produkte und Kosten mit denen des Konkurrenten.

d) Branchen-Benchmarking national und international

Das Ziel ist hier die Ermittlung der Best Practices innerhalb der Branche. Bei dieser Methode werden die Best Practices national und weltweit und zwar innerhalb einer Branche untersucht. Bei weltweit wenigen Herstellern, zum Beispiel in Bereichen der Luft- und Raumfahrtindustrie, muss die Suche nach Benchmarking-Partnern weltweit erfolgen. Im nationalen kann die Untersuchung z.B. alle Betriebe der Möbelbranche umfassen.

e) Branchenübergreifendes Benchmarking national

Als Basis des Vergleichs wird der beste Betrieb bezüglich eines bestimmten Prozesses genommen. Hier werden hervorragende Produkte, Prozesse aber auch Dienstleistungen wie z.B. Kundenservice untersucht.

26.4.3 Ablauf von Benchmarking

Der Benchmarking-Prozess vollzieht sich in mehreren Schritten:

Schritt 1: Festlegen des Analyseobjektes und des Benchmark-Teams
Schritt 2: Analysieren des Kernproblems
Schritt 3: Identifizieren von Benchmark-Partnern, sammeln und auswerten von Benchmark-Informationen
Schritt 4: Herausarbeiten von Lösungsmöglichkeiten
Schritt 5: Einleiten von Maßnahmen
Schritt 6: Analyse der Ergebnisse

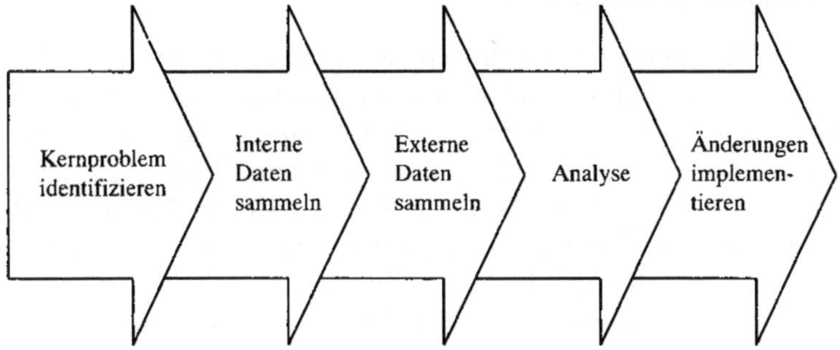

	Kernproblem identifizieren	Interne Daten sammeln	Externe Daten sammeln	Analyse	Änderungen implementieren
Input:	• Problem - Kundenbedürfnisse nicht erfüllt - Leistungslücke - Problembereiche - Strategischer Vorteil	• Überblick über Verfahren • Gegenwärtige Meßkriterien • Potentielle treibende Kräfte und externe Organisationen	• Benchmarking-Fragebogen	• Benchmarking-Daten vergleichen, Unterschiede feststellen	• Plan zur Implementierung • Probleme
Output:	• Definierter Benchmarking-Bereich • Überblick über zentrales Verfahren, dem das Benchmarking gilt • Ausgewählte Meßkriterien für Leistung • Potentielle treibende Kräfte und externe Organisationen identifizieren	• Verfahrens-Flußdiagramm • Treibende Kräfte bewerten • Benchmarking-Zielunternehmen • Kurzfristige operative Verbesserungen • Benchmarking-Fragebogen	• Externe Firma / Firmen • Analyse-verfahren, Leistung und Meßkriterien	• Lücke • Verbesserungen / Chancen für Neuentwicklung der Verfahren • Neue - Abläufe - Politik - Prozeduren • Plan zur Implementierung • Vorrangige Probleme	• Plan zum Schließen der Lücke • Aktionen zum Schließen der Lücke • Benchmarking neu gewichten • Zusätzliche Analysen / Benchmarking, um Probleme zu lösen

Abb. 26.3. Rahmen für Benchmarking (Schulte C 1999, S. 566)

26.4.4 Implementierung von Benchmarking

Festlegung des Benchmarking-Objektes

Als erste Phase bei der Implementierung von Benchmarking erfolgt die Festlegung der Zielobjekte des Benchmarking. Anschließend wird eine Prioritätenliste entsprechend der wichtigsten Ziele erstellt, wobei jedes Ziel einen beträchtlichen Zeit- und Kostenaufwand erfordert.

Das Benchmarking-Team

Je nach Umfang der Untersuchungsobjekte werden ein oder mehrere Benchmarking-Teams gebildet. Die Zusammensetzung eines fachlich qualifizierten Teams von 4–8 Mitarbeitern kann sehr heterogen sein, z.B. Angehörige von Produktion, Entwicklung, Controlling, Personalwesen, Logistik und Vertrieb. Je mehr Mitarbeiter des Unternehmens am Benchmarking-Prozess aktiv mitgearbeitet haben und davon überzeugt sind, desto größer ist auch der Multiplikatoreffekt im Betrieb. Besonders wichtig ist die eingehende Vorbereitung der Teams auf ihre Aufgaben sowie der Rückhalt der Geschäftsführung bzw. ihrer Vorgesetzen.

Beurteilungen der Leistungen und Erstellung einer Unternehmensbewertung

Die interne Analyse zwingt zu einer detaillierten Auseinandersetzung des Benchmarking-Objektes. Als Ergebnis daraus folgt die Erstellung der Fragebögen, die auch den Vergleichsunternehmen vorgelegt werden. Dabei kommt der Formulierung der Fragen eine große Bedeutung zu. Sie stellen das Gerüst dar, nach dem andere Firmen mit dem eigenen Unternehmen verglichen werden können. Die Fragebögen sind nach den einzelnen Bereichen des Unternehmens spezifiziert. Ein Fragebogen zu Durchlaufzeiten könnte wie in Tabelle 26.3 aussehen.

Tabelle 26.3. Fragebogen zu Durchlaufzeiten

Zeitaufwand	**Antwort**
Wie lange sind die Lieferzeiten für Serienmaterial?	
Wie lange sind die Lieferzeiten für Entwicklungsteile?	
Wie lange ist die durchschnittliche Bearbeitungszeit im Einkauf? 1. für Serienteile 2. für Entwicklungsteile 3. für Nicht-Produktionsmaterial	
In welchem Zeitabstand läuft in Ihrem Haus die Bedarfsrechnung?	
Wie hoch ist der Anteil der verbrauchsgesteuerten Bedarfsermittlung am Einkaufsvolumen?	
Lassen Sie „Just-in-Time“ anliefern? 1. bei welchem Teilespektrum? 2. bei wie vielen Lieferanten? 3. wie decken Sie dies vertraglich ab?	

Für den Logistikbereich können folgende Fragenkomplexe von Interesse sein:

- Maschinen/Ausstattung, Durchlaufzeiten,
- Fertigungs- und Teilespektrum,
- Materialplanung und Steuerung, Transportsysteme,
- Beschaffungsmärkte, Lieferantenstruktur.

Neben diesen mehr bereichsspezifischen Fragestellungen sind aber auch übergreifende Themenkomplexe wichtig:

- Informationsfluss, DV-Infrastruktur,
- Qualifikation der Mitarbeiter,
- Managementtechniken, Patente.

Suche und Auswahl der Benchmarking-Partner

Bei der Ermittlung der geeigneten Benchmarking-Partner ist die Auswahl von Unternehmen, die in einem oder mehreren Gebieten einen Wettbewerbsvorsprung besitzen, sinnvoll. Bei branchenfremden Unternehmen gestaltet sich der Informationsaustausch leichter. Die Unternehmen sind dem Konkurrenzdruck ausgesetzt. Daher streben sie ständig nach Verbesserungen, Einsparungen und Rationalisierungsmaßnahmen und sind der Suche nach Partnern aufgeschlossen. Dieser „immanente Leidensdruck" bedingt eine Offenheit gegenüber Benchmarking und erlaubt damit die Vermittlung der Informationen „auf welche Art und Weise löst das andere Unternehmen das gleiche Problem".

Hilfestellung bei der Suche nach Partnern bieten verschiedene Organisationen, nationale und internationale Datenbanken für Benchmarking, Industrie und Handelskammern, Handwerkskammern oder Unternehmensberatungen.

Analyse und Auswertung der Daten

Nachdem die Gespräche und Auswertungen bei den Partnern stattgefunden haben, erfolgt die Auswertung der Daten. Eine Prüfung zeigt, ob alle benötigten Daten vorliegen und vollständig sind oder ob wichtige Parameter fehlen. Die Analyse der Daten ist mit der Bestimmung der Leistungslücke verbunden, was durch den Vergleich von Kennzahlen möglich ist. Anschließend folgt die Implementierung und Umsetzung der Ziele.

Implementierung und Kontrolle

Viele erfolgreich angefangene Umstrukturierungsmaßnahmen sind in der Implementierungsphase gescheitert. Um dies zu vermeiden, sollten schon zu Beginn bestimmte Grundsätze und Vorgehensweisen beachtet werden.

Besonderen Wert muss auf die Kommunikation mit allen Beteiligten gelegt werden, um die Unsicherheit der Mitarbeiter vor Änderungen oder vor Verlust des Arbeitsplatzes zu reduzieren. Das Ziel ist die Einbindung der Mitarbeiter in den Benchmarking-Prozess.

Die Information der Mitarbeiter könnte mittels einer extra Benchmarking-Zeitung, durch die Benchmarking-Projektteams oder durch Berichterstattung bei Betriebs-, Bereichs- oder Abteilungsversammlungen erfolgen.

Damit die Motivation der Projektteams und der Beteiligten nicht ins Leere läuft, ist eine schnelle und planmäßige Umsetzung notwendig.

Benchmarking-Ergebnisse

Der Logistikbereich ist einer der Unternehmensbereiche, in dem das Benchmarking von Pionierunternehmen wie der Xerox Corporation schon frühzeitig eingesetzt wurde. Tabelle 26.4 zeigt die branchenunabhängigen Partner von Xerox.

Tabelle 26.4. Benchmarking-Partner von Xerox

Partner	Prozess
• American Express	• Abrechung und Inkasso
• American Hospital Supply	• Automatische Lagerstandskontrolle, gesamtes Qualitätswesen
• Florida Light and Power	• Fertigungsplanung
• Ford Motor Company	• Roboter-Technologie
• General Electric	• Lagerhausbetrieb
• L.L. Bean	• Lagerhaus- und Vertriebseffizienz

Benchmarking-Studie über Lagerhäuser in den USA (www.xerox.com 2000)

Tabelle 26.5. Erfolgreich übernommene Verfahren von unterschiedlichen Benchmarking-Partnern

Art des Unternehmens	Übernommenes Verfahren
Pharma Großhandel	Elektronisches Bestellen: Apotheken bestellen elektronisch bei den Vertriebszentren
Hausgeräte-Hersteller	Transport von gleichzeitig mehreren Geräten (bis zu 6 Stück) auf dem Gabelstapler
Hersteller von Elektroteilen	Automatisches, mitlaufendes Wiegen und Scanning von Verpackungsetiketten
Film-Hersteller	Arbeitsteams, die selbstständig im Lager arbeiten
Versandhaus	Aufzeichnen von Größe und Gewicht der versandten Artikel, um berechnete mit tatsächlichen Daten zu vergleichen

Tabelle 26.6. Logistikkostenvergleich untersuchter Unternehmen

% vom Umsatz	untersuchtes Unternehmen	Durchschnitt	Die Besten 25%
Transportkosten	3,2	3,3	2,68
Lagerkosten	2,3	2,1	1,71
Auftragsabwicklung	0,6	0,6	0,47
Administration	0,5	0,4	0,25
Bestandskosten	2,4	2,0	1,14
Sonstige Kosten	–	–	–
Gesamtkosten	**9,0**	**8,4**	**6,25**

Die besten 25% der Unternehmen im Transportbereich (2,68% vom Umsatz) haben 7,2 Mio. Euro Einsparpotential realisiert.

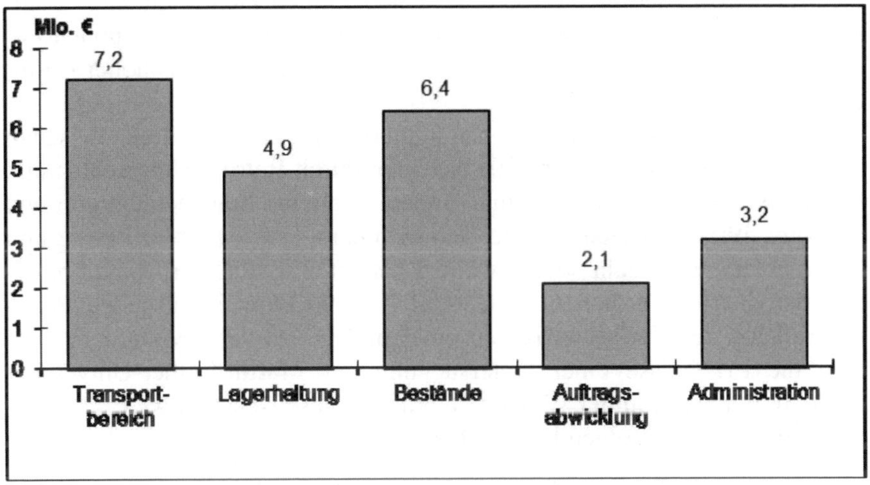

Abb. 26.4. Einsparpotentiale bei Erreichen der Besten

26.5 Bestechung, Betrug, Diebstahl, Korruption und Spionage

26.5.1 Gründe für Korruption, Betrug, Bestechung und Spionage

Korruption kann generell in allen Branchen und in allen Unternehmen stattfinden gleichgültig ob es kleine oder große Unternehmen sind.

Unter Korruption versteht man die Ausnutzung einer Machtposition zu Lasten Dritter. Korruption kann von Einkäufern, Kunden wie auch von Lieferanten durchgeführt werden.

Die Organisation „Transparency International“ zählt zur Korruption folgende Tatbestände:

- Bestechung, Bestechlichkeit, Betrug, Untreue,
- Vorteilsgewährung und Vorteilsnahme,
- Wettbewerbsbeschränkungen, Absprachen,
- Submissionsbetrug, Geldwäsche, Schmuggel,
- Käuflichkeit politischer Entscheidungen, Abgeordnetenbestechung,
- Umgehung der gesetzlichen Bestimmungen zur Parteienfinanzierung (Transparency International 2002).

Ein Täter dem Korruption nachgewiesen wird, muss in Deutschland bei einer Verurteilung oft nur mit verhältnismäßig geringen Haftstrafen rechnen. Angezeigt werden Fälle von Korruption oft von Lieferanten die mehrmals trotz niedriger Gebote bei Unternehmen nicht zum Zuge kommen und vom privaten Umfeld welches den unverhältnismäßig hohen Lebensstandard neidet. Der hohe Lebensstandard kann Ergebnis hoher Bestechungssummen sein.

56% aller Handels- und Konsumgüterunternehmen erlitten zwischen Frühjahr 2005 und Frühjahr 2007 Schäden durch Betrug, Unterschlagung, Produktpiraterie, Korruption und andere Delikte, branchenübergreifend waren es 49%. Fast jedes zweite Unternehmen (45%) war von Betrug und Unterschlagung im Jahr sogar zweimal betroffen. Die Unternehmen beziffern den durchschnittlichen Verlust auf 232.000 Euro, in gut jedem zehnten Fall lag der Verlust zwischen einer und bis zu zehn Millionen. Dies sind die Ergebnisse einer Untersuchung der Martin-Luther-Universität Halle-Wittenberg mit der Wirtschaftsprüfungsgesellschaft (PwC).

Korruption kann folgende Ursachen haben:

- Geldgier oder das Bedürfnis nach einem hohen Lebensstandard,
- Demotivation, weil man z.B. bei einer Beförderung übergangen wurde,
- schwacher, labiler Charakter,
- langjähriges Vertrauensverhältnis wird ausgenutzt,
- Druck der Firma Aufträge zu bekommen,
- Gefälligkeit aus Freundschaft oder Abhängigkeit.

In der Praxis werden die meisten Geschenke bis zu einem Wert von 50 Euro gemacht. Häufige Geschenke sind z.B. Büromaterial, Kalender, Kugelschreiber oder Geldbörsen.

Oftmals beginnt die Korruption schleichend. Zuerst werden großzügige Weihnachtsgeschenke gemacht, wertvolle Theaterkarten werden gratis vergeben, ein Golfspieler bekommt z.B. eine Golfausrüstung geschenkt oder man bekommt eine kostenlose Urlaubsreise umsonst angeboten. Es gibt aber auch Kunden welche bei Auftragsvergabe gleich vorweg eine bestimmte Summe verlangen z.B. 5% vom Auftragswert. Im Ausland ist es in vielen Ländern üblich, dass die oft schlechten Gehälter von Mitarbeitern durch verschiedene Arten von Bestechung und Korruption „aufgebessert" werden. Aber auch hohe Regierungsvertreter verlangen bei großen Staatsaufträgen hohe Bestechungssummen damit sie den Auftrag vergeben. Es gibt Länder bei denen dies fast schon zum politischen System gehört.

26.5.2 Korruptionsindex

Die regierungsunabhängige Organisation Transparency International (TI) erstellt jedes Jahr den Korruptionsindex. Nach Aussage von TI spiegelt dieser Index jedoch nur die Wahrnehmung der Korruptionsanfälligkeit der zu bewertenden Länder durch Geschäftsleute und Risikoanalysten wieder.

Ein Problem dabei ist, das betont TI immer wieder, dass die Einschätzung von Funktionären vorgenommen wird, die oftmals selbst zu der korruptionsanfälligen Gruppe gehören. Dennoch ist dieser Index als Indiz für die Korruptionsanfälligkeit der einzelnen Länder international anerkannt. Leider werden Ihre Vermutungen enttäuscht, sollten Sie annehmen, Deutschland belege einen der vorderen Plätze der besonders ehrlichen Länder.

Nach Erkenntnissen der Gesellschaft zur Bekämpfung von Korruption, Transparency International (TI) kommen nur 5% aller weltweit bekannten Bestechungsfälle an das Licht der Öffentlichkeit. Die folgende Aufzählung zeigt einen vom Bundeskriminalamt (BKA) erstellten Lagebericht, der alle von Korruption betroffenen Branchen aufzeigt. Von den im Jahr 2006 insgesamt 1.127 angezeigten Korruptionsfällen konnten 97% (1.090 Fälle) der Branche zugeordnet werden (www.bka.de/ 2008).

- Privatpersonen 45%
- Dienstleistungsgewerbe 12%
- Bau 12%
- Technologie (Software etc.) 8%
- Handel 4%
- Pharma/Gesundheit 4%
- Transport u. Logistik 4%
- Automobil 3%
- Handwerk 3%
- Straftäter 3%
- Sonstige 3%
- Entsorgung 1%
- Medien 1%

In der Bundesrepublik Deutschland werden Parteien, Parlamenten und Unternehmen am häufigsten Bestechlichkeit vorgeworfen. Einen sehr guten Ruf haben dagegen deutsche Polizisten. Mit einer Note von 2,5 gelten deutschen Polizisten auch im internationalen Vergleich als sehr sauber. Der internationale Durchschnittswert liegt hier bei 3,6 (http:// channel11. aolsvc.de 2005).

Tabelle 26.7. Korruptionsindex 2012 (Corruption Perceptions Index) Tabellarisches Ranking

Rang	Land	Rang	Land
1	Dänemark	62	Kroatien
1	Finnland	69	Brasilien
1	Neuseeland	72	Italien
4	Schweden	80	China
5	Singapur	94	Griechenland
6	Schweiz	94	Indien
7	Australien	102	Argentinien
7	Norwegen	105	Mexico
9	Kanada	118	Ägypten
9	Niederlande	133	Russland
13	Deutschland	144	Bangladesch
14	Hongkong	144	Ukraine
17	Japan	156	Jemen
17	Großbritannien	157	Kambodscha
19	USA	160	Lagos
22	Frankreich	160	Libyen
27	Katar	163	Simbabwe
30	Spanien	165	Venezuela
33	Portugal	169	Irak
41	Polen	173	Sudan
54	Lettland	174	Nordkorea
54	Türkei	174	Somalia

Quelle: Transparency International Deutschland e.V.

26.5.3 Diebstahl und Schwund im Handel und Warenverkehr

Der Warenschwund den Einzelhandel kostete weltweit im Jahr 2009/2010 ca. 87,506 Mrd. Euro. In der Bundesrepublik Deutschland kostete der Warenschwund den Einzelhandel von Juli 2009 bis Juni 2010 ca. 5 Mrd. Euro.

Weltweit wurden 2010 ca.22 Mrd. Euro in Anti-Diebstahlsanlagen investiert, auf Deutschland entfielen davon 1,25 Mrd. Euro. Jede Familie hat in den 42 untersuchten Ländern des Centre for Retail Research (Vgl. W&S

Barometer 1/2011) durchschnittlich 152 Euro „zusätzlich“ auf ihrem Kassenzettel.

Die Hauptursache für Warenschwund ist Ladendiebstahl. In Deutschland werden 52,7% der Ladendiebstähle den Kunden zugeschrieben, für 26,1% der Fälle sind unehrlichen Mitarbeitern zuzuschreiben, gefolgt von internen 15,8% internen Fehlern und 5,4% Lieferanten.

Die Diebstahlsrenner sind, ähnlich wie in den Vorjahren, Markenartikel die klein und teuer sind. Diese Artikel sind leicht zu stehlen und können leicht weiterverkauft werden.

Tabelle 26.8. Liste der Diebstahlsrenner

Artikel	Diebstahlquote in Prozent
Accessoires	4,02%
Kinderbekleidung	2,76%
Rasierartikel	3,66%
Parfüms	2,66%
Fleischfeinkost	3,10%
Käse	3,06%

Ungefähr 3,25 Mio. Ladendiebe wurden bei den europäischen Einzelhändlern gefasst. Der Wert der gestohlenen Waren lag bei den Ladendieben im Durchschnitt bei 114,- Euro. Dabei waren nur 4% der Ladendiebe unehrliche Mitarbeiter. Der Wert des Diebesgutes lag bei den unehrlichen Mitarbeitern jedoch mit 1.760 Euro ca. 15-mal höher als bei den Nichtmitarbeitern.

Etwa 38% der Einzelhändler setzen die elektronische Artikelsicherung im Kampf gegen den Warenschwund ein. Allerdings haben 28,3% der Top-50-Diebstahslrenner noch keinen besonderen Diebstahlsschutz.

In Tabelle 26.9 wird die Schwundquote der einzelnen Länder ersichtlich:

Tabelle 26.9. Schwundquote der einzelnen Länder

Land	Schwundquote in Prozent
Indien	2,72
Russland	1,61
Europa	1,29
Schweiz	1,00
Österreich	0,97

Im Jahr 2010 wurden weltweit die höchsten Schwundraten in den Sektoren Autozubehör, Eisenwaren, Baumarktartikel (1,81%) Bekleidung, Accessoires (1,72%) sowie Schönheits-, Pflege- und Apothekenartikel (1,70%) gemessen.

Unterteilt nach den einzelnen Sektoren ergeben sich in Europa folgende Schwundraten (Vgl. Sicherheit Aktuell, W&S Barometer 1/2011, www.checkpointsystems.com).

- Bekleidung, Accessoires 1,79%
- Bio- und Feinkostläden 1,77%
- Autozubehör, Eisenwaren, Baumarktartikel 1,70%

Die Inventurdifferenzen im Handel betrugen im Jahr 2008 insgesamt 3,9 Mrd. Euro, dies sind 50 Euro pro Einwohner. Im Durchschnitt liegen die Inventurdifferenzen bei 0,65% bewertet zu Einkaufspreisen und fast einem Prozent bewertet zu Verkaufspreisen. Dies sind die Ergebnisse einer Untersuchung des Europäischen Handels-Institutes an der sich 78 Unternehmen mit 12.500 Verkaufsstellen mit einem Gesamtumsatz von rund 57 Mrd. Euro beteiligt haben.

Beim Diebstahl fallen professionell agierende Tätergruppen besonders ins Gewicht. Um die Inventurverluste zu reduzieren investiert der Handel jährlich über 0,3% vom Umsatz, dies sind rund 1,1 Mrd. Euro. Hierbei ist beachten, dass die Umsatzrendite im Nahrungsmittelhandel im Durchschnitt nur bei 0,5 bis 1,5 liegt. In der Bundesrepublik Deutschland sind die Gewinnmargen in dieser Branche sehr gering. Zu den häufigsten Artikeln die gestohlen werden zählen kleine und teure Waren wie z.B. Rasierklingen, Batterien und Tabakwaren. In Modegeschäften verschwinden vor allem Markenbekleidung und Dessous. Der größte Anteil des Schadens (53%) wird durch unehrliche Kunden verursacht (ca. 2 Mrd. Euro) (Frankfurter Allgemeine Zeitung (2002b).

Der Lidl-Konzern erleidet jährlich einen Inventurverlust von ca. 80 Mio. Euro. Nach eigenen Angaben hatten die Lidl-Filialen mit Kameraeinsatz davor doppelt so hohe Inventurverluste pro Jahr.

Bei einer Umsatzrendite von 1% muss ein zusätzlicher Umsatz von 8 Mrd. Euro erzielt werden um den Verlust von 80 Mio. Euro auszugleichen (www.ftd.de/Unternehmen/handel_dienstleister/338301.html 2008).

Tabelle 26.10 zeigt den Schwund in Prozent am Umsatz europäischer Geschäfte (inklusive Schweiz und Norwegen), sortiert nach Geschäftstypen. Demnach gehen pro Jahr ca. 1,4% des Umsatzes auf das Konto von Falschbuchungen und Diebstahl. Dabei gibt es regelrechte Diebstahlsrenner wie Tabelle 26.11 zeigt.

In einer europaweiten Studie im Handel wurden 98% der Diebstähle von Kunden durchgeführt und 2% von Mitarbeitern.

Bei den bei Diebstählen gefassten Mitarbeitern betrug der Wert jedes Diebstahls knapp 3.800 Euro (http://wirtschaft.t-online.de 2007).

Tabelle 26.10. Schwund in Prozent nach Geschäftstypen (FAZ 2002)

Schwund nach Geschäftstypen		
Geschäftstyp	**2001**	**2000**
Nahrungsmittel	1,22	1,21
Super- und Hypermärkte	1,11	1,05
Feinkostgeschäfte	1,56	1,69
Kaufhäuser/Geschäfte mit gemischtem Warensortiment	1,92	1,86
Kleidung/Textilien	1,73	1,69
Elektro/Video/Musik	0,96	1,01
Haushaltswaren/Heimwerkerartikel/Möbel	1,68	1,72
Schuhe/Lederwaren	0,60	0,61
Sonstige Non-Food-Geschäfte	1,94	1,89
Gesamt	**1,42**	**1,40**

Quelle: European Retail Theft Barometer 2002

Tabelle 26.11. Diebstahlsrenner (FAZ 2001)

Diebstahlsrenner		
Warenart	**2000**	**1999**
Textil	18,6 %	14,6 %
Elektro	13,6 %	12,2 %
Kosmetik	12,5 %	15,0 %
Drogerie	9,4 %	6,2 %
Werkzeuge/Eisenwaren	8,5 %	keine Angabe
Tabak	7,3 %	7,5 %
Lebensmittel	7,2 %	6,7 %
Spielwaren	3,5 %	2,9 %
Spirituosen	3,4 %	4,8 %
Fahrrad/Auto	2,8 %	3,7 %
Rundfunk/CDs	2,4 %	4,1 %
Schmuck/Uhren	2,1 %	4,1 %
Sonstige	8,7 %	keine Angabe
Gesamt	**100,0 %**	**100,0 %**

Quelle: FAZ 2001

26.5.4 Spionage und Produktpiraterie

Durch Spionage und Produktpiraterie entsteht der Bundesrepublik Deutschland nach Angaben der Deutschen Industrie und Handelskammer (DIHK) jährlich ein Schaden von ca. 30 Mrd. Euro. Jedes Jahr gehen in Deutschland ca. 70.000 Arbeitsplätze durch Fälschungen deutscher Produkte verloren. Gerade der Einkauf ist infolge der Globalisierung sehr stark von diesem Thema betroffen. Ein eingekauftes Produkt welches eine

Fälschung ist, kann kostspielige Folgen haben von Garantie, Schadensersatz bis zu Vertragsstrafen und Imageverlusten.

26.5.4.1 Spionage

Im Verfassungsschutzbericht wird die „immer drastischere Wirtschaftsspionage in Deutschland" angeprangert. So wurde in dem Bericht festgestellt, dass mit drastischen Computer-Spähattacken und dem Einsatz von Spionen der Bundesrepublik Deutschland geschadet wird. So sollten z.B. russische Spione in Deutschland die Rüstungsindustrie noch stärker auszuspionieren. Damit wollte sich Russland teure Eigenentwicklungen zur schnelleren Verstärkung seiner Streitkräfte ersparen.

Einen weiteren „Spitzenplatz" im Spionagebereich nimmt die Volksrepublik China ein. China ist in der Bundesrepublik vor allem am elektronischen Sektor interessiert. Aber auch andere fernöstliche Länder haben es nach Angaben des Verfassungsschutzes auf z.B. moderne deutsche Telekommunikationstechnik im Computerbereich abgesehen.

Aber auch die europäischen Partnerländer betreiben in Deutschland Spionage. So hatte Frankreich mit seinem Geheimdienst DGSF (Direktion Generale de la Securite Exterieure) die Verhandlungen von Siemens über die Lieferung von schnellen Zügen nach Südkorea abgehört. Der französische Konkurrent TGV konnte dadurch nach Überzeugung von

Beobachtern den Siemens-Konzern unterbieten. und erhielt den milliardenschweren Zuschlag (Rheinpfalz 2008).

Oftmals sind es Mittelstandsfirmen die versteckten Weltmarktführer (Hidden Champions), welche das Ziel von Spionage sind. Diese Firmen sind sich aber meist ihrer Bedeutung nicht bewusst. Vor allem auch auf Messen und bei Produktpräsentationen wird häufig ausspioniert und Kontakt gesucht.

26.5.4.2 Produktpiraterie

Nach Angaben der Europäischen Kommission hat im Jahr 2007 die Produktpiraterie mit Kosmetika und Körperpflegeartikeln um 264% zugenommen. Gleichzeitig wurden 51% mehr gefälschte Medikamente in den EU-Binnenmarkt geschmuggelt. In Europa sind 10% aller verkauften Ersatzteile für Pkws gefälscht.

Im Jahr 2007 haben die Zollbehörden in den EU-Ländern in 43.000 Fällen gefälschte Produkte entdeckt. Gefälschte Haushaltsgeräten tragen Markennamen, sind mit Prüfetiketten ausgestattet, entsprechen aber tatsächlich nicht den europäischen Sicherheitsvorschriften. Selbst große Discounter in Deutschland mussten Produkte zurücknehmen, weil es sich um

Produktfälschungen handelte die zudem beim Verbraucher schnell defekt wurden und eine hohe Reklamationsquote verursacht haben.

Tabelle 26.12. Übersicht der Anzahl von beschlagnahmten Artikeln in der Europäischen Union 2006 dargestellt in % nach Herkunft und Produktart

Produktart	Platz 1	Platz 2	Platz 3
Lebensmittel, Alkohol und andere Getränke	Türkei 18%	China 14%	Singapur 12%
Parfums und Kosmetik	China 37%	Ukraine 19%	Indonesien 17%
Kleidung/Accessoires	China 63%	Indien 5%	Türkei 3%
a) Sportkleidung	China 43%	Vietnam 13%	Schweiz 7%
b) andere Kleidung	China 50%	Indien 19%	Türkei 9%
c) Kleidungsaccessoires	China 81%	Malaysia 2%	Algerien 2%
Elektrogeräte	China 61%	Hong Kong 21%	VAE 7%
Computerausstattung (Hardware)	China 47%	Spanien 17%	Hong Kong 15%
CD (Audio, Software, Spiel), DVD, Kassetten	China 88%	Iran 5%	Taiwan 1%
Uhren und Schmuck	China 72%	Hong Kong 19%	Südkorea 2%
Spielwaren	China 85%	Hong Kong 3%	Spanien 2%
Sonstige	China 82%	Türkei 3%	Hong Kong 2%
Zigaretten	China 83%	VAE* 6%	Algerien 2%
Arzneimittel	Indien 31%	VAE 31%	China 20%

*VAE = Vereinigte Arabische Emirate

Die Produktpiraterie ist in diesem Umfang für den Einkauf eine völlig neue Herausforderung.

Nach Angaben der OECD (Organisation für wirtschaftliche Zusammenarbeit und Entwicklung) beläuft sich der Anteil an gefälschten Waren mittlerweile auf 5–9% des gesamten Welthandels. Diese Zahl entspricht einem Handelsvolumen von 450 Mrd. Dollar. Aufgrund der hohen Dunkelziffern, kann dieser Wert jedoch noch höher liegen.

- Die Körperpflegekonzerne Procter & Gamble, Unilever und Gillette verlieren nach eigener Angabe jährlich etwa 350 Mio. Dollar Umsatz.
- Die meist gefälschten Produkte im Jahr 2005 waren z.B. Armani-Textilien, Louis-Vitton Uhren und Accessoires, Hewlett-Packard Druckerpatronen, Disney-Waren aller Art, Nokia-Handys, Gilette-Rasierklingen, Puma-, Reebok-, Nike- und Adidas-Sportartikel (Quelle: Bundesministerium der Finanzen/Zoll).

- Der Lederfabrikant MCM hatte innerhalb von sechs Jahren aufgrund von Produktpiraterie einen Umsatzeinbruch von über 85% zu verzeichnen. Dies war Hauptgrund für den Untergang des Unternehmens.

26.5.4.3 Maßnahmen gegen Bestechung, Korruption und Produktfälschung

Gegen Produktfälschungen können z.B. der Patenschutz und Markenschutz helfen (Deutsches Patentamt, Europäisches Patentamt, München). Viele Länder setzen sich jedoch über diese Patentanmeldungen hinweg und fälschen trotzdem die Produkte.

Folgende Schutzmaßnahmen sind beispielsweise möglich:

<table>
<tr><th></th><th>Originalitätsschutz</th><th>Fälschungsschutz</th><th>Vertriebsschutz</th><th>Internetschutz</th></tr>
<tr><td>Offene Technologien</td><td>• Siegel
• Folien</td><td>• Hologramme
• OVD/DOVID
• Sicherheitsdruck
• Sicherheitstinte
• Sicherheitspapier</td><td>Tracing & Tracking Systeme</td><td>Software zur Überwachung und Unterbindung des Internethandels mit Piraterieware</td></tr>
<tr><td></td><td colspan="4">Fälschungsschutz</td></tr>
<tr><td>Versteckte Technologien</td><td colspan="2">• Mikroaufdrucke
• Scannertechnologie
• Digitale Wasserzeichen</td><td colspan="2">• Chemische, biologische, magnetische Marker
• Mikroskopische Kunststoffpartikel
• Holographische Projektoren</td></tr>
</table>

26.5.5 Maßnahmen gegen Bestechung und Korruption

Der volkswirtschaftliche Schaden, der durch die Wirtschaftskriminalität pro Jahr verursacht wird, beträgt nach Aussage vom Bund Deutscher Kriminalberater mindestens 36 Mrd. Euro (Rheinpfalz 2002b). Bei derart hohen Summen ist die Eindämmung dringend erforderlich. Ziel muss es sein, diesen Schaden in den nächsten Jahren massiv einzudämmen.

Folgende Indizien können *Ursachen von Korruption* sein:

- Ihr Unternehmen hat seit vielen Jahren Haus- und Hoflieferanten, die nicht angetastet werden.
- Mitarbeiter an Schlüsselpositionen verfügen über ein durchschnittliches Gehalt, fallen jedoch durch einen sehr hohen Lebensstandard (Auto, Urlaub, Haus, Kleidung, Schmuck, Hobbys etc.) auf.

- Der Umgang mit Lieferanten erfolgt erstaunlich freundschaftlich, was sich an gemeinsamen Freizeitaktivitäten zeigt (gemeinsames Skifahren, Golf spielen, Tennis spielen etc.).
- Trotz des hohen Auftragsvolumens bei einem Lieferanten bleiben die Preise konstant bzw. erhöhen sich über die Jahre.
- Es werden bei einigen Produkten keine Ausschreibungen mehr durchgeführt, obwohl diese in die Kategorien A- bzw. B-Produkte fallen.
- Es verschwinden immer wieder Unterlagen in diesem Bereich.

Wie sich in der Praxis gezeigt hat, sind besonders die Einkaufsabteilung und die Produktion anfällig für Korruption und Unterschlagung. Erstaunlicherweise ist nach Auskunft von Karl Stefan Schotzko, Landesgeschäftsführer des Verbandes für Sicherheit in der Wirtschaft, die Produktion das schwächste Glied in der Kette. Das liegt auch nahe, kann doch der Produktionsleiter solange Ausschuss produzieren, bis der Einkauf die gewünschte Ware beschafft, für die der Produktionsleiter die vereinbarte, illegale Provision erhält (Sonntag Aktuell 1998).

In den meisten Fällen werden diese Mitarbeiter – je nach Höhe der Prämie – alles daran setzen, ein anderes Produkt zur Einsatzreife zu bringen. Bestechliche Kollegen fallen durch unkollegiales Verhalten und destruktives Handeln ziemlich schnell auf (näheres s. Wannenwetsch 2013).

26.6 Risiko-Management und Frühwarnsysteme in der Logistik

Große Automobilfirmen haben mittlerweile schon spezielle Abteilungen im Einkauf eingerichtet, welche sich nur um Lieferantenausfälle kümmern. Teilweise geben große Konzerne bis zu 100 Mio. Euro pro Jahr aus, um notleidende Lieferanten zu unterstützen und um einen kostspieligen Produktionsausfall zu vermeiden. Durch die Reduzierung der A-Lieferanten wirkt sich der Ausfall eines Lieferanten umso verheerender aus. Die an den Weltbörsen gehandelte Getreidemenge ist 50-mal größer als de tatsächlich benötigte Menge. Die an den Börsen gehandelte Ölmenge ist ca. 95-mal größer als die benötigte Menge. Dadurch, dass Rohstoffe immer mehr Spekulationsobjekte im großen Stil geworden sind, wird es für viele Unternehmen immer schwieriger eine sichere Kalkulationsbasis für ihre Produkte zu erlangen.

Folgende Faktoren haben das Thema Risk-Management inzwischen zur Chefsache im Einkauf werden lassen:

- durch die Reduzierung der Fertigungstiefe nimmt der Kaufanteil der Produkte zu,

- Reduzierung der Lieferanten statt mit der Folge, dass in bestimmtem Märkten wenige Lieferanten das Marktgeschehen dominieren,
- bei guter Konjunktur wandelt sich das Bild von der Herstellermacht zur Lieferantenmacht in vielen Bereichen,
- geringe Gewinnmargen und lange Zahlungsziele führen schnell zur Insolvenz von Lieferanten,
- Global Sourcing erhöht die Transportrisiken und schafft Intransparenz bei neuen Lieferanten,
- durch Just-in-Time sowie niedrige Sicherheitsbestände fehlt den Unternehmen der Risikopuffer bei Teileausfall und Lieferverzögerung,
- durch unvorhersehbare Preiserhöhungen bei Rohstoffen werden Verträge einseitig von Lieferanten gekündigt.

Welche Strategien sind nun sinnvoll und praktikabel um das Risiko von Fehlmengenkosten, Lieferausfall und Preiserhöhungen zu vermeiden? In der Praxis wird der Einkäufer gut fahren, welcher das Risiko verteilt. Folgende Strategien, die in den einzelnen Abschnitten noch näher behandelt werden, können das Risiko minimieren.

- Sorgfältige Lieferantenbeobachtung von A-Lieferanten in Verbindung mit einer regelmäßigen Lieferantenbeurteilung.
- Einsatz von Konsignationslagern (Teilelagerung des Lieferanten im Lager des Herstellers).
- Dual Sourcing: Auswahl von zwei Lieferanten pro Teil anstatt bisher nur von einem Lieferanten.
- Überprüfung der Bonität durch Auskunftsagenturen und sofortige Meldung bei Verschlechterung bestimmter Risikokennzahlen.
- Erhöhung der Sicherheitsbestände bei kritischen Materialien.
- Erarbeitung von Risikoprofilen für einzelne Segmente und Länder.
- Bessere Zusammenarbeit der einzelnen Unternehmensbereiche untereinander.
- Kurssicherungsgeschäfte für Währungen und Hedging Strategien.
- Konsignationslager und Rahmenverträge.

Untersuchungen haben ergeben, dass Global Sourcing nicht immer den erwünschten Erfolg in der Praxis hatte. Vielfach wurden z. B. die hohen Transportkosten nicht berücksichtigt. Stillschweigend fand bei vielen Firmen eine Rückverlagerung der Produkte vom Ausland in das Inland statt. Der Kostenvorteil muss hierbei immer in Relation zum Risiko gesehen werden.

Der Einkaufsmanagerindex gewinnt immer mehr an Bedeutung als Frühwarnindikator. Steigt der Einkaufsmanagerindex über mehr als drei

Perioden signifikant über den Wert von 50 Punkten (54 Punkte) so gilt dies als positives Vorzeichen für eine gute konjunkturelle Entwicklung. Ein steigender Preis für Kupfer gilt ebenso als Frühwarnindikator für eine positive konjunkturelle Entwicklung. Der Rohstoff Kupfer wird von vielen Schlüsselindustrien wie z.B. von der Automobilindustrie nachgefragt. Steigt die Nachfrage nach Kupfer so steigt dementsprechend auch die Nachfrage nach Pkws, was wiederum für eine gute konjunkturelle Lage spricht.

In vielen Unternehmen ist es mittlerweile normal, dass bei der Besprechung übergreifender Themen auch Vertreter anderer Bereiche eingeladen werden. Wenn der Vertrieb beispielsweise das Thema Korruption und Bürokratie in bestimmten Ländern auf der Meetingagenda hat, dann wird auch der Einkauf zu der Besprechung eingeladen. Denn beim Einkauf von Produkten aus diesen Ländern kann der Einkauf ebenfalls mit diesen Themen konfrontiert werden.

Im Falle von Insolvenzen besteht weiterhin die Möglichkeit, das gesamte Lieferantenportfolio von einem externen Dienstleister überwachen zu lassen. So können sämtliche Informationen zu Insolvenzen und Zahlungsausfällen innerhalb von 24 Stunden bzw. 48 Stunden per E-Mail oder als Datenpaket von dem Dienstleister gesendet werden.

Auch die Vorhersage ist teilweise möglich durch verschlechtertes Zahlungsverhalten, Zwangsversteigerungen oder Auftauchen von schlechten Nachrichten in der Presse.

So haben Auskunft- und Beratungsunternehmen wie Dun & Bradstreet (D&B) weltweit über 110 Mio. Unternehmen in ihrer Datenbank erfasst. Die Daten dieser Unternehmen werden ständig aktualisiert. Dienstleister wie z. B. D&B bieten den Unternehmen Supply Risk Management an.

Bei der Bewertung von Länderrisiken existieren in der Praxis verschiedene Ratings und Analysen, die Länder aus verschiedenen Blickwinkeln bewerten.

In Tabelle 26.13 sind wichtige Kriterien mit den entsprechenden Quellen aufgeführt. Diese sind mit den entsprechenden Einkaufskriterien wie Qualität der Produkte, Liefertreue, Preise etc. zu kombinieren. Eine nähere Darstellung der länderspezifischen Werte ist auch unter www.supplymarkets.com zu finden.

Diese Bewertungen können anschließend firmenspezifisch gewichtet werden, um eine Risikomatrix (s. Tabelle 26.14) zu erarbeiten.

Tabelle 26.13. Risikoarten

Kriterien	Quellen
Politische Risiken	
• Politische Stabilität/sozialer Sprengstoff	• FiW: Political Rights
• Arbeitslosenquote/Arbeitslosigkeit	• Bertelsmann Transformation Atlas • BTA: Welfare Regime
• Bürokratie	• Growth Competitiveness Index • GCI: Public Institutions Index
• Korruption	• CPI: Perceptions Index
• Putsch/Bürgerkrieg	• FiW: Civil Liberties
Ökonomische Risiken	
• Wechselkurs/Inflation	• BTA: Currency & Price Stability
• Konjunkturschwankungen	• BTA: Economic Performance
• Investitionsklima	• IEF: Business Freedom
• Infrastruktur	• BTA: Sustainability
• Technologiestand	• GCI: Technology Index
• Steuerniveau	• Index of Economic Freedom • IEF: Fiscal Freedom
Rechtliche und sonstige Risiken	
• Durchsetzbarkeit von Verträgen	• BTA: International Cooperation
• Gesundheitsstand	• HDR: Human Developement Report
• Enteignung	• Index of Economic Freedom • IEF: Porperty Rights
• Ausbildungsniveau	• HDR: Education Index

Tabelle 26.14. Risikomatrix

Risikoarten	Einkauf Hightech Produkt	Einkauf Standardteil
	Gewichtung in Prozent	Gewichtung in Prozent
Politische Stabilität	20 %	20 %
Durchsetzbarkeit von Verträgen	20 %	15 %
Korruption	10 %	15 %
Technologiestand	25 %	10 %
Bürokratie	10 %	20 %
Infrastruktur	15 %	20 %
	100 %	100 %

Eine Änderung von Gesetzen sowie ein verändertes Bewusstsein der Konsumenten kann eine schnelle Änderung des Einkaufsverhaltens nach sich ziehen. So werden von Konsumenten zunehmend Produkte abgelehnt, die durch Kinderarbeit entstehen, aus Firmen mit unsozialen Arbeitsbedingungen kommen, Produkte, die eine schlechte Energiebilanz aufweisen oder umweltbelastend sind.

Unter den Bedingungen eines Risikomanagements hat der Einkauf schon im Vorfeld zu untersuchen welche zukünftigen Einkaufsmärkte durch veränderte Umweltbedingungen entstehen. Da die zukunftsorientierten Einkaufsabteilungen anderer Unternehmen vor der gleichen Entscheidung stehen gilt es, durch entsprechende Verträge bzw. dem Aufbau zukünftiger Lieferanten jetzt schon zu positionieren.

Environment subindex and pillars 2012

Der „*Environment Subindex and Pillars*“ nimmt eine Bewertung der Länder nach drei Hauptkriterien vor: nach der Marktbeeinflussung, nach den politischen und rechtlichen Gegebenheiten und nach der Entwicklung der Infrastruktur.

Rang	Land	Rang	Land
1	Singapur	59	Thailand
2	Finnland	73	Bulgarien
3	Schweden	75	Italien
4	Neu-Seeland	78	Indien
5	Dänemark	79	Mexiko
6	Schweiz	85	Ägypten
7	Hongkong	96	Vietnam
8	Kanada	100	Russland
9	Niederlande	112	Pakistan
10	Norwegen	122	Argentinien
11	Großbritannien	123	Bangladesh
12	Australien	126	Paraguay
14	USA	127	Zimbabwe
19	Israel	134	Jemen
25	Frankreich	136	Algerien
26	Japan	137	Nicaragua
28	Vereinigte Emirate	138	Venezuela
38	Portugal	139	Tschad
40	Spanien	140	Burundi
53	Türkei	141	Angola
58	Polen	142	Haiti

Quelle: The Global Information Technology Report 2012

Weiterhin gibt es den *Network Readiness Index*. Dieser misst die Neigung eines Landes, Informations- und Kommunikationstechnologien zu nutzen (NRI).

Rang	Land	Rang	Land
1	Schweden	16	Deutschland
2	Singapur	17	Australien
3	Finnland	18	Japan
4	Dänemark	19	Österreich
5	Schweiz	20	Israel
6	Niederlande	21	Luxemburg
7	Norwegen	22	Belgien
8	USA	23	Frankreich
9	Kanada	24	Estland
10	Großbritannien	25	Irland
11	Taiwan, China	26	Malta
12	Korea, Republik	27	Bahrain
13	Hongkong	28	Quatar
14	Neuseeland	29	Malaysien
15	Island	30	Arabische Emirate

Abbildung 26.5 zeigt den *Baltic-Dry Index*. Der Index wird von der Baltic-Dry-Exchange in London veröffentlicht und setzt sich aus vier verschiedenen Sub-Indizes zusammen, welche Schiffsraten in verschiedenen Containerklassen abbilden. Hierbei stehen Hauptfrachtgüter wie Kohle, Eisenerz, Weizen etc. im Vordergrund. Der Index gilt als Frühwarnindikator für die Weltwirtschaft und ist im Allgemeinen acht bis zwölf Monate der wirtschaftlichen Entwicklung voraus.

26.7 Einkaufs- und Supply Chain Controlling – die Einkaufsscorecard

Die Aussteuerung und die Kontrolle der gesamten Lieferantenbasis erfolgt über das Einkaufscontrolling. Dieses steht dabei nie für sich allein, sondern leitet sich aus den Beschaffungszielen ab, die wiederum auf den Unternehmenszielen basieren.

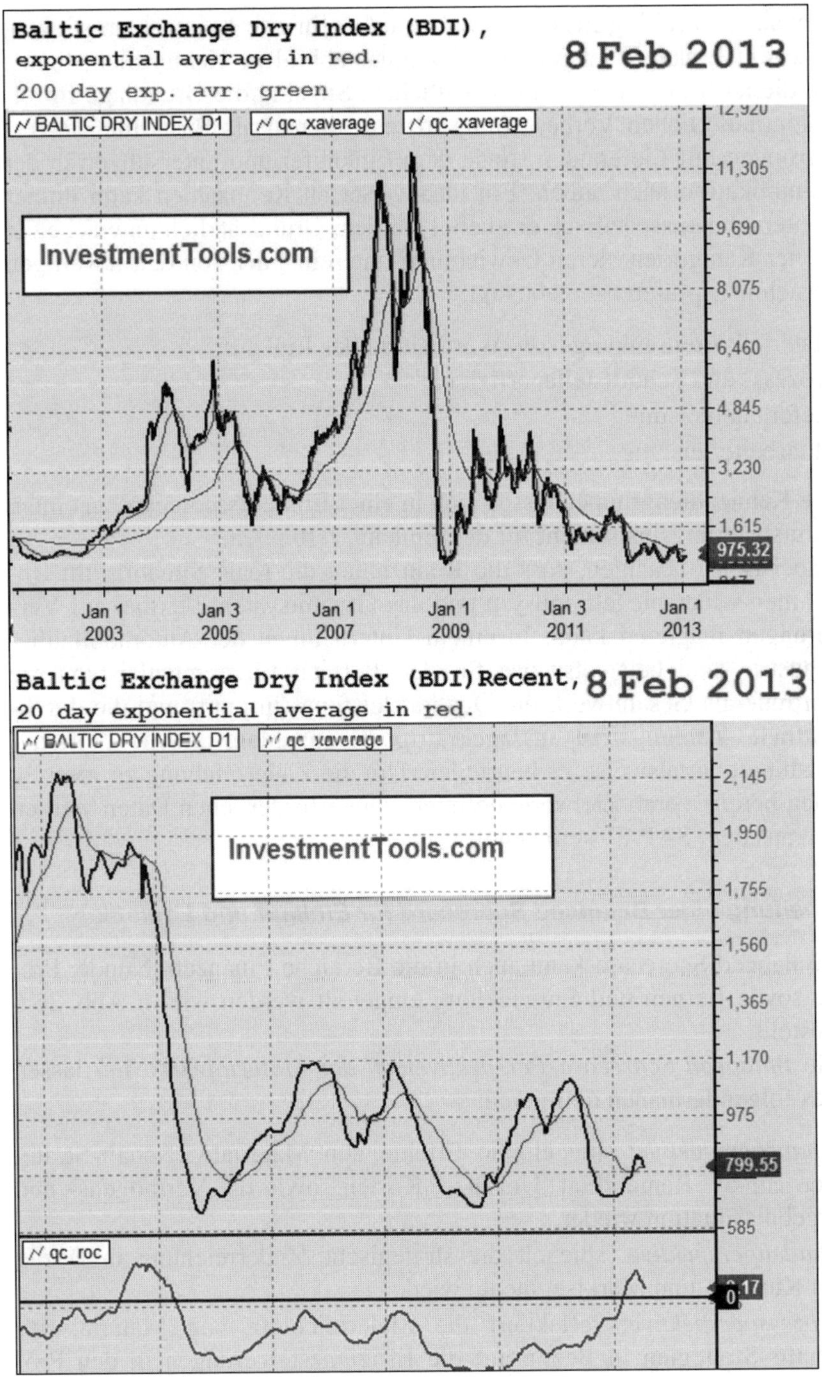

Abb. 26.5. Baltic-Dry Index (www.InvestmentTools.com)

Einkaufscontrolling muss sich dabei auf definierte Kennzahlen stützen, welche die Einkaufszielerreichung optimal abbilden. Kennzahlen dienen dazu, die Ist-Situation zu veranschaulichen. Sie sind die Grundlage für einen kontinuierlichen Verbesserungsprozess, dienen als Basis für Zielvereinbarungen mit Lieferanten sowie dem Einkäufer und unterstützen in der Kommunikation nach außen. Ein ideales Set an Kennzahlen kann immer nur unternehmensspezifisch erarbeitet werden. Grundsätzlich unterscheidet man vier Kategorien, deren Gewichtung untereinander von den jeweiligen Unternehmenspräferenzen abhängt:

- Materialkostensenkung bzw. Wertbeitrag des Einkaufs,
- Prozess- und Schnittstelleneffizienz,
- Lieferantenleistung,
- Mitarbeiterleistung.

Die Kennzahlengruppen lassen sich in einer Einkaufsscorecard zu einem Gesamtsteuerungsinstrument für den Einkauf verbinden.

Dabei ist zu beachten, dass die Kennzahlen die reale Situation im Unternehmen widerspiegeln müssen und das Gesamtsystem flexibel auf Veränderungen reagieren kann. In einem Unternehmen der Automobilzulieferindustrie sind beispielsweise für den Bereich Lieferantenleistung die Liefertreue als Gesamtwert, die Qualitätsleistung (in ppm) und die durchschnittliche Zahlungsfrist aussagekräftige Kennzahlen, um die Lieferantenleistung quartalsweise zu beurteilen. Um die Zielerreichung zu messen, wurden bereits vorab Zielwerte definiert. Die erforderlichen Daten werden hierzu aus dem SAP-System abgefragt.

Erarbeitung einer Balanced Scorecard für Einkauf und Logistik

Die Balanced Scorecard kann auch in die Bereiche Finanzen, Kunde, Prozesse sowie Lernen und Entwicklung eingeteilt werden wie in Abb. 26.6 dargestellt.

Die *Balanced Scorecard-Perspektiven in der Materialwirtschaft* lassen daraus folgendermaßen definieren.

- *Finanzperspektive*: spiegelt die Effekte von Materialwirtschaft-Strategien auf die Rentabilität, Umsätze, Kosten sowie die Vermögens- und Ergebnissituation wieder.
- *Kundenperspektive*: spiegelt die strategische Zielerreichung in Bezug auf Kunden- und Marktsegmente wieder.
- *Prozessperspektive*: reflektiert die Zielerreichung von Materialwirtschafts-Strategien in Bezug auf die Effizienzsteigerungen in den Prozessen.

- *Lern- und Entwicklungsperspektive*: beleuchtet die Innovationsfähigkeit und die Mitarbeiterzufriedenheit sowie -qualifikation im Unternehmen.

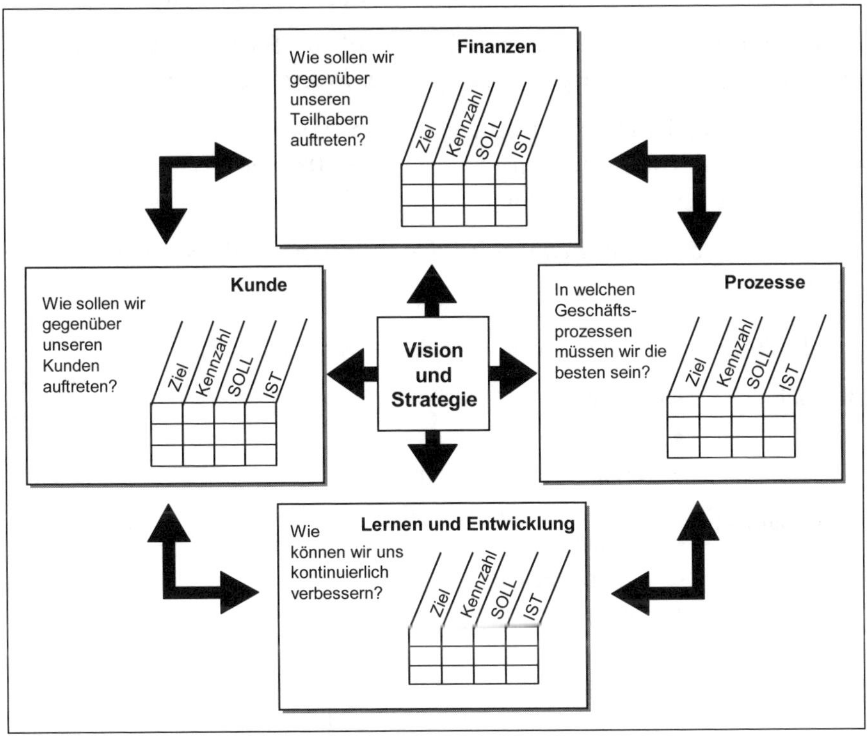

Abb. 26.6. Perspektiven der Balanced Scorecard

Daraus können dann jeweils die einzelnen Ziele abgeleitet werden. Ausgewählte *Ziele der Lern- und Entwicklungsperspektive* können sein:

- Steigerung der Mitarbeiterqualifikation im Einkauf:
  Seminare pro MA > 2 Seminare p.a.
- Steigerung der Mitarbeiterzufriedenheit im Einkauf: > 95%

Aus der *Finanzperspektive* können folgende Ziele abgeleitet werden:

- Senkung der Bestandskosten: < 12% p.a.
- Reduzierung der Beschaffungskosten: < 15% p.a.
- Verminderung der Frachtkosten: < 10% p.a.

Aus der *Kundenperspektive* können sich die nachfolgend aufgeführten Ziele ergeben.

- Steigerung der Kundenakquisition: > 8% Neukunden p.a.
- Steigerung der Kundenbindung: > 20% Folgekäufe p.a.
- Erhöhung der Kundenzufriedenheit: < 0,5% Reklamationen p.a.

Am Beispiel der *Prozessperspektive* wird die Balanced Scorecard detaillierter dargestellt. Ausgewählte Ziele der *Prozessperspektive* sind:

- Reduzierung der Durchlaufzeiten: > 25% p.a.
- Reduzierung von Beständen: > 20% p.a.
- Steigerung der Liefererfüllung: > 98,5% p.a.

Daraus werden dann *Kennzahlen der Prozessperspektive* abgeleitet, wie Tabelle 26.15 zeigt.

Tabelle 26.15. Ausgewählte Kennzahlen der Prozessperspektive

Bereich	Kennzahl
Durchlaufzeit	• Auftragsabwicklungszeit in Tagen • Gesamtdurchlaufzeit in Tagen • Rüstzeiten, Taktzeiten in der Fertigung • Wiederbeschaffungszeit • Transportzeiten • Liegezeiten
Bestände	• Reichweite des Lagers • Bestandsmenge/-wert pro Lager, Artikel, Gruppe • Lagerumschlagshäufigkeit pro Lager, Artikel, Warengruppe
Liefer-performance	• Lieferfüllung • Lieferflexibilität auf kurzfristige Änderungen • Bestellabwicklung pro Monat • Anzahl von Mängelrügen qualitativer Abweichungen • Anzahl nicht eingehaltener Liefertermine pro Monat • Anzahl zuverlässiger Auslieferungen • Anzahl von Fehlteilen pro Monat/Jahr

Tabelle 26.16 zeigt, inwieweit diese Ziel-Kennzahlen erreicht worden sind bzw. wie hoch die Abweichung ist. Je nach Grad der Abweichung ist das vorgegebene Ziel erreicht (Null-Abweichung = Durchlaufzeit), die Kennzahl ist zu beobachten (Lieferperformance) oder aber es sind Maßnahmen zu treffen (Bestände).

Tabelle 26.16 Materialwirtschaft-Scorecard der Prozessperspektive

Zielbereich	Operative Kennzahl	Soll	Ist	Abweichung
Durchlaufzeit	Gesamtdurchlaufzeit in Tagen	≤ 12	12	0,0%
Bestände	Reichweite der Bestellungen in Tagen	≤14	16	- 14,3%
Liefer-performance	Liefererfüllung (Anzahl Lieferungen erfüllt/Anzahl alle Lieferungen) pro Monat	≥ 97%	96%	- 1,0%

Abw. < -5% = Abweichungsanalyse + Maßnahmen treffen
Abw. > -5% bis 0% = Beobachten
Abw. ≥ 0% = OK

Mit dem Alert Monitoring können dann in einer Gesamtansicht alle vier Perspektiven beobachtet und die Soll-Ist-Abweichungen festgestellt werden.

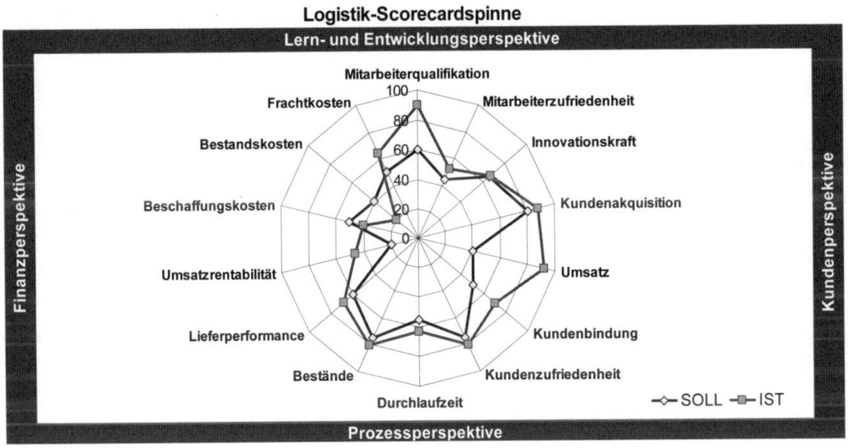

Abb. 26.7. Alert Monitoring mit der Materialwirtschaft Scorecard Spinne

Wiederholungsfragen zu Kapitel 26

1. Was versteht man unter dem Sicherheitskoeffizienten?
2. Was können Indizien für Korruption im Einkaufsbereich sein?
3. Nennen Sie operative Kennzahlen der Balanced Scorecard für die Materialwirtschaft.

Lösungshinweise

Lösungshinweise zu Kapitel 1

1. Nennen Sie vier Kennzeichen von erfolgreichen Unternehmen.

a) Die bei der Kostenreduktion führenden Unternehmen arbeiteten mit sechs Lieferanten pro Million Euro Einkaufsvolumen.

b) Bei den TOP 5 Unternehmen bewältigen Einkäufer das doppelte Einkaufsvolumen im Vergleich zum Branchendurchschnitt.

c) Bei den TOP 5 Unternehmen waren die Durchschnittswerte einer Bestellung doppelt so hoch wie im Durchschnitt.

d) Bei den Top 5 Unternehmen berichten 80% der Einkaufsleiter direkt an die Geschäftsführung.

2. Zeigen Sie vier Zielkonflikte in der Logistik auf.

Bereich/Abtl.	**Ziele**	**Zielkonflikt**
Produktion	hohe Verfügbarkeit der Teile	hohe Kapitalbindung im Lager
Einkauf	geringe Einstandspreise, hohe Rabatte, Boni, Skonti	hohe Abnahmemengen, hohe Kapitalbindung
Qualitätssicherung	hohe Qualität	intensive Stichprobenprüfung, hohe Prüfkosten
Lagermanagement	hohe Teileverfügbarkeit	hohe Lagermenge und damit hohe Kapitalbindung und Lagerkosten
Distribution	schneller Transport	hohe Transportkosten

3. Nennen Sie wichtige Gründe, warum Unternehmensbereiche ihre Produktion ins Ausland verlagern.

Folgende Hauptgründe werden für die Produktionsverlagerung in das Ausland von den Firmen angeführt:

Personalkosten	82%
Produktion im Absatzgebiet	28%
Ausweitung von Kernkompetenzen	25%
Flexibilität	23%
Kapazitätsauslastung	22%
Koordinationskosten	13%

Lösungshinweise zu Kapitel 2

1. Beschreiben Sie die Funktionsweise der ABC-Analyse!

Schritt 1: Bei jeder Materialart wird die Materialmenge mit dem Bezugspreis bzw. den Herstellkosten multipliziert.

Schritt 2: Anschließend werden die Materialarten nach der Höhe ihrer Materialwerte in absteigender Form geordnet und die Materialwerte kumuliert.

Schritt 3: Aufgrund der Kumulation ist eine Ermittlung des mengen- und wertmäßigen Anteils des Materials, bezogen auf den Gesamtwert, möglich.

Schritt 4: Eine Bestimmung von sinnvollen Wert- oder Artgrenzen wird vorgegeben.

Schritt 5: Grafische Darstellung der ABC-Analyse.

2. Grenzen Sie die XYZ-Analyse von der ABC-Analyse ab!

Die XYZ-Analyse gibt eine Aussage über die Vorhersagegenauigkeit von Materialverbräuchen an, wohingegen die ABC-Analyse eine Wert-Mengen-Relation von Materialien betrachtet.

Lösungshinweise zu Kapitel 3

1. Welche Verfahren der Bedarfsermittlung werden in der Praxis eingesetzt?

Hier werden nur die Verfahren genannt. Details können unter den jeweiligen Verfahren nachgeschlagen werden:

- Programmorientierte Verfahren, z.B. Stücklistenauflösung
- Verbrauchsorientierte Verfahren, z.B. Mittelwertbildung, exponentielle Glättung oder Regressionsrechnung
- Subjektive Schätzungen

2. *Der Lagerbestand in der Periode beträgt für alle Waren 250.000 Stk. Lagerkosten fielen in Höhe von 93.500 Euro an. Der Stückpreis der Waren betrug 5 Euro/Stk. Errechnen Sie den Lagerkostensatz.*

   Der Lagerkostensatz errechnet sich wie folgt:

$$L_S = \frac{93.500 \cdot 100 \cdot 2}{250.000 \cdot 5} = 14{,}96\%$$

   Der Lagerkostensatz beträgt 14,96 %.

3. *Welche verschiedenen Wertansätze können für die Bewertung des mengenmäßigen Materialverbrauches und der Materialbestände zugrunde gelegt werden?*

Verschiedene Wertansätze sind möglich:

- Anschaffungswert,
- Wiederbeschaffungswert,
- Tageswert,
- Verrechnungswert.

Genauere Details können bei den verschiedenen Wertansätzen nachgeschlagen werden.

Lösungshinweise zu Kapitel 4

1. Erläutern sie das Ziel der cross-funktionalen Lieferantenbeurteilung und erklären Sie eine Art der Lieferantenbeurteilung detailliert!

Lieferanten sollten nicht mehr nur vom Einkauf bewertet werden, sondern durch verschiedene Abteilungen innerhalb des Unternehmens, da es zu Interessenkonflikten zwischen einzelnen Abteilungen kommen kann.

Stärken-Schwächen-Profil

Eine Möglichkeit grafisch veranschaulicht Lieferanten zu bewerten, ist das Stärken-Schwächen-Profil. Für jeden Lieferanten werden die individuellen Stärken bzw. Schwächen in einer Kurve festgehalten. Es gibt vier Kategorien:

- Preffered (90–100 Punkte): die besten Lieferanten,
- Accepted (70–89 Punkte): gute Lieferanten,
- Restricted (50–69 Punkte): mäßige Lieferanten, die zu Verbesserungen angehalten werden,
- Desourced (<50 Punkte): schlechte Lieferanten, von denen nach Möglichkeit nicht mehr bezogen wird.

2. Was sind Incoterms? Nennen und erklären Sie zwei gängige Incoterms!

Incoterms (International Commercial Terms = Lieferbedingungen) sind einheitliche internationale Regeln zur Auslegung von handelsüblichen Vertragsformeln. Sie regeln den Kosten- und Gefahrenübergang ab dem Ort und Zeitpunkt, an dem der Verkäufer die Ware an den Verkäufer übergibt. Durch die Aufstellung von Incoterms stehen insbesondere auch für den zwischenstaatlichen Handelsverkehr eindeutige Klauseln zur Verfügung.

Ab Werk (ex works): Käufer trägt die gesamten Transportkosten und das gesamte Transportrisiko.

Frei Haus: Verkäufer trägt die Kosten, die im Angebotspreis einkalkuliert sind.

3. Erläutern Sie die Bestandteile eines Einkaufshandbuches.

Ein Einkaufshandbuch (oder Beschaffungsrichtlinie) beinhaltet verbindliche und einheitliche Regeln für einkaufsbezogene Sachverhalte. Es beschreibt unternehmensweit individuelle Verantwortlichkeiten, Grenzen der Zuständigkeit und das allgemeine Verhalten bei der Wahrnehmung der Beschaffungsaufgabe durch Einkäufer und jene Bedarfsträger, die in Beschaffungsvorgängen involviert sind.

Lösungshinweise zu Kapitel 5

1. Was ist der Unterschied zwischen Local und Domestic Sourcing? Erläutern Sie kurz!

Beim Local Sourcing wird direkt aus der Nachbarschaft des Unternehmens beschafft, das heißt also regional. Je geringer die Marktkenntnis, desto höher war früher die Wahrscheinlichkeit, einen Lieferanten in der unmittelbaren Nähe zu wählen. Beim Domestic Sourcing sind die Beschaffungsaktivitäten auf das Inland begrenzt, d.h. geographisch gesehen, erweitert sich der Beschaffungsmarkt im Vergleich zum Local Sourcing.

2. Grenzen Sie Global Sourcing und Single Sourcing voneinander ab. Wo liegen die Gefahren im Global Sourcing?

Unter Global Sourcing wird die Beschaffung durch globale Beschaffungsquellen verstanden. Diese Strategie bezieht sich auf die geographische Lage der Lieferanten. Single Sourcing ist die Strategie des Einquellenbezugs. Das beschaffende Unternehmen bezieht nur bei einem einzigen Lieferanten.

Single Sourcing bezieht sich also auf die Menge der Lieferanten. Als Gefahren des Global Sourcing lassen sich u.a. Qualitätsprobleme, hohe Lieferkosten, eventueller Bandabriss bei Nicht- oder Schlechtlieferung, Zoll, Kommunikation, Korruption oder auch Wechselkursschwankungen sehen.

3. Was versteht man unter JiT-Belieferung, und was sind die Voraussetzungen dafür? Erklären Sie!

Unter Just-in-Time-Belieferung versteht man eine produktionssynchrone Belieferungsstrategie, welche die Verbrauchsstellen mit bedarfsgerechten Teilmengen versorgt, unter Verzicht auf eine Warenannahme und -prüfung.

Lösungshinweise zu Kapitel 6

1. Erläutern Sie die Unterschiede von E-Shops, unternehmenseigenen E-Katalogen und Marktplätzen.

- Bei E-Shops kauft der Kunde (Unternehmen oder Konsument) auf der Homepage des Herstellers, der in einem elektronischen Geschäft seine Produkte anbietet.
- Unternehmenseigene, interne Kataloge übernehmen die Produktdaten eines Herstellers, mit dem ein Rahmenvertrag besteht. Im Rahmen von Desktop-Purchasing-Systemen (DPS) können dann die eigenen Mitarbeiter dezentral bestellen.
- Auf elektronischen Marktplätzen begegnen sich viele Anbieter und Nachfrager. Oft ist der Preis nicht fest sondern wird durch Auktionen ermittelt.

2. *Welche Teile eignen sich für E-Procurement mit Desktop-Purchasing Systemen?*

- C-Teile, DIN-Teile, Norm-Teile, leicht erklärbare Teile, Teile mit hohen Prozesskosten

3. *Nennen Sie vier verschiedene Auktionen mit kurzer Erklärung!*

- *Höchstpreisauktion*: Jedem Bieter ist es bei dieser Auktionsform gestattet, nur *ein* geheimes Gebot abzugeben. Die Gebote werden zeitgleich geöffnet. Der Bieter mit dem höchsten Gebot erhält den Zuschlag.
- *Ausschreibung/Niedrigstpreisauktion*: Der Ablauf ist gleich der Höchstpreisauktion mit dem Unterschied, dass der Bieter mit dem niedrigsten Angebot den Zuschlag erhält.
- *Vickrey Auktion*: Diese Form der Auktion entspricht der Höchstpreisauktion mit dem Unterschied, dass der Gewinner der Auktion lediglich den zweithöchsten bzw. zweitniedrigsten gebotenen Preis zu bezahlen hat. In der Praxis ist diese Form der Auktion seltener anzutreffen.
- *Ranking Auktion:* Bei der Ranking Auktion sehen die Bieter die Gebote (Wert, Betrag etc.) nicht. Sie sehen lediglich ihren eigenen Rang.

Lösungshinweise zu Kapitel 7

1. *Wie lässt sich Energiemanagement zertifizieren?*

Analog dem Qualitäts- und Umweltmanagement lässt sich das Energiemanagement gemäß DIN ISO 50001 zertifizieren und ist damit Teil integrierter Managementsysteme.

2. *Wie hängen Umwelt-, Energie- und CO2-Bilanzen zusammen?*

Umweltbilanzen enthalten alle ökologisch relevanten Input- und Outputgrößen, Energiebilanzen ziehen hieraus die physikalischen Energieflüsse heraus. Sie lassen sich mit Sankey-Diagrammen (Energieflussbildern) darstellen. Energieverbrauch verursacht das Treibhausgas CO_2, was sich mittels Emissionskoeffizienten berechnen lässt. So lassen sich aus Energiebilanzen die CO_2-Bilanzen berechnen.

3. Was ist Lastmanagement (Demand Side Management) bei der Energieverwendung und Portfoliomanagement beim Energieeinkauf?

Das Lastmanagement passt den Verbrauch eines Unternehmens an die gerade herrschende Knappheit (oder den Überfluss) von Strom an. Durch die Energiewende mit Solar- und Windkraftanlagen wird die Energiegenerierung schwankender (volatiler). Das drückt sich in volatilen Börsenpreisen aus. Somit können Unternehmen Kosten senken, wenn Sie sich anpassen.

Lösungshinweise zu Kapitel 8

1. Muss das Geld bei einer Überweisung innerhalb der Skontofrist beim Gläubiger gutgeschrieben sein?

Ja. Der Europäische Gerichtshof hat mit Urteil vom 03.04.2008 die bisherigen deutschen Regelungen, insbesondere §270 BGB, für unzulässig erklärt.

2. Ein Verbraucher erhält einen Kaufgegenstand, der sich nach Gebrauch als mangelhaft erweist. Dieser wird innerhalb der Gewährleistungszeit umgetauscht. Muss der Käufer für die bisherige Verwendungszeit eine Entschädigung für die Gebrauchsvorteile bezahlen?

Nein. Der Europäische Gerichtshof hat mit Urteil vom 17.04.2008 entschieden, dass ein solcher Wertersatz nicht verlangt werden kann. Die bisherige deutsche Rechtslage war für Verbraucher unzulässig. Der Gesetzgeber hat deshalb §474 BGB geändert bzw. ergänzt.

3. Hat der Verkäufer im Rahmen der Nacherfüllung auch die Kosten des Ausbaus der mangelhaften Sache und des Einbaus der als Ersatz gelieferten Sache zu tragen?

Nein. Der BGH hat mit Urteil vom 15.7.2008 entschieden: Der Verkäufer schuldet bei Ersatzlieferung nur die Lieferung mangelfreier Kaufsachen. Zur Verlegung ersatzweise gelieferter Parkettstäbe ist der Verkäufer im Wege der Nacherfüllung auch dann nicht verpflichtet, wenn der Käufer die mangelhaften Parkettstäbe bereits verlegt hatte.

Diese Kosten sind im Rahmen des Schadensersatzes gemäß §280 BGB zu ersetzen, wenn dem Verkäufer eine Pflichtverletzung vorzuwerfen ist. Dies ist jedoch bei einem Händler i.d.R. nicht der Fall.

Lösungshinweise zu Kapitel 9

1. Erklären Sie bitte die grundlegenden Aufgaben von Lagern!

Ausgleichsfunktion, Sicherungsfunktion, Spekulationsfunktion, Veredelungsfunktion, Sortimentsfunktion, Entsorgungsfunktion, Informationsfunktion, Darbietungsfunktion

2. Welche verschiedenen Lagertypen kennen Sie?

Hochregallager, Durchlaufregallager, Blocklager, Verschieberegallager, Reihenlager, Umlaufregallager, Automatisches Kleinteileregallager

3. Was verstehen Sie unter der „chaotischen Lagerhaltung"?

- Lagerung entsprechend freier Lagerplätze
- keine Ware hat fest bestimmbaren Lagerplatz
- Ware wird dort eingelagert, wo gerade freier Lagerplatz ist
- EDV-System mit Informationen über gerade freie Lagerplätze notwendig
- EDV-System zur Bestimmung der Teile in den Lagerplätzen notwendig, da sonst die Teile nicht gefunden werden können

4. Mit welchen Methoden und Mitteln kann der Lagerbestand reduziert werden?

- Just-in-Time Anlieferung
- Reduzierung der Sicherheitsbestände
- Reduzierung der Sortimente und der Varianten
- Durchführung einer ABC-Analyse zur Ermittlung der teuren Waren/Produkte

Lösungshinweise zu Kapitel 10

1. Erläutern Sie den Unterschied zwischen der dynamischen und der statischen Kommissionierung!

Bei der dynamischen Kommissionierung („Ware zum Mann") werden durch automatische Fördergeräte die benötigten Waren zum Kommissionierer transportiert, wohingegen bei der statischen Kommissionierung („Mann zur Ware") der Kommissionierer zum Lagerplatz geht und die Waren manuell entnimmt.

2. Bei der Bestimmung der Kommissionierzeit sind verschiedene notwendige Zeitabschnitte zu berücksichtigen. Welche?

Zeitabschnitte der Kommissionierzeit:

Basiszeit (Organisationszeit)
+ Wegzeit (zwischen zwei Entnahmen)
+ Greifzeit („Pick-Zeit", Entnahmezeit)
+ Totzeit (Nebenzeit)
+ Verteilzeit (persönlich und sachlich)

3. Beschreiben Sie zwei gängige Kennzahlen zur Messung der Kommissionierleistung!

- Kommissionierzeit je Auftrag,
- Anzahl der Kommissionierpositionen je Auftrag,
- Fehlerquote,
- Kommissionierkosten je Auftrag,
- Kommissionierkosten je Position.

Lösungshinweis zu Kapitel 11

Erklären Sie die Produktionsfunktion vom Typ B bei limitationalen (komplementären) Inputfaktoren!

Die Inputfaktoren lassen sich hier nur in einer festen technischen Relation zum Einsatz bringen. Die Vermehrung nur eines Inputfaktors bleibt ohne Auswirkung.

Beispiel: Ein Arbeiter kann genau eine Maschine bedienen. Zwei Arbeiter und nur eine Maschine wären nicht effektiv, genauso wie ein Arbeiter und zwei Maschinen. Zwei Arbeiter und zwei Maschinen wäre wieder sinnvoll.

Lösungshinweise zu Kapitel 12

1. Was kann Bestandteil des After-Sales-Bereiches sein?

Die Ersatzteillogistik ist oft Teil des After-Sales-Bereiches. Der After-Sales-Bereich gliedert sich z.B. in folgende Segmente:

- Wartung, Instandhaltung, Reparatur, Montage,
- Beschwerdemanagement, Schulung, Training,
- Garantie, Gewährleistung, Finanzierung, Leasing,
- Entsorgung, Wiederverwertung,
- Ersatzteilmanagement (spare parts management).

2. Zeigen Sie die verschiedenen Arten der Instandhaltung auf!

- Vorbeugend geplante Instandhaltung
- Ausfallbedingte Instandsetzung (Reparatur)
- On-Line-Instandhaltung (on condition monitoring)
- Geplante Instandsetzung (Überholung)
- Notfallinstandsetzung (Feuerwehrstrategie bzw. trouble shooting)

3. Was sind die Ziele und Merkmale des Total-Productive-Management Systems (TPM?)

Ziele: Die wichtigsten Ziele sind die Steigerung der Produktivität, die Reduzierung von Störungen sowie die Förderung der Autonomie der betrieblichen Instandsetzung.

Das TPM-Konzept zeichnet sich durch folgende Merkmale aus:

- Übertragung der Instandhaltungsarbeiten auf den Bediener der Anlage.
- Der Bediener der Anlage ist für den ordnungsgemäßen Zustand seines Arbeitsplatzes verantwortlich.
- Erhöhte Flexibilität durch Fertigungsinseln und Teamarbeit.
- Abteilungsübergreifende Anlagenbetreuung.
- Betrachtung des gesamten Lebenszyklus einer Maschine (von der Neuplanung bis zur Entsorgung).
- Kontinuierliche Verbesserung von Anlagen, Prozessen und Abläufen.

Lösungshinweise zu Kapitel 13

1. Welche Vorteile ergeben sich durch die Verfahren zur Standardisierung?

Weniger Kapitalbindung durch Lagerhaltung, kürzere Durchlaufzeiten, flexiblere Produktion, weniger Alterung der Bestände.

2. Erklären Sie die Begriffe „Assemble to Order" bzw. „Build to Order.

Hierbei handelt es sich um eine Kombination aus Kundenauftrags- und Lagerproduktion. Erst nach Eingang der Kundenbestellung (Start des Auftragsabwicklungsprozesses) wird das Produkt fertig gestellt. Dazu werden Einzelteile, die auf Lager vorproduziert worden sind, verwendet.

3. Was verstehen Sie unter dem Begriff „Plattformstrategie"?

Verschiedene Marken und Modelle verwenden die gleiche Plattform. Radstand, Spurweite und der hintere Bereich der Bodengruppe sind (bei Fahrzeugen) meist variabel.

Lösungshinweise zu Kapitel 14

1. Nennen Sie wichtige Bestandteile der Kundenservicepolitik.

Wichtige Bestandteile der Service-Logistik sind Lieferzeit, Lieferzuverlässigkeit, Lieferflexibilität, Liefermodalitäten.

2. Zeigen Sie Bestandteile des After-Sales-Service auf.

Wichtige Bestandteile des After-Sales-Service sind z.B.

- Lieferservice, Ersatzteilversorgung,
- Montage, Dokumentation, Schulungen/Training,
- Instandhaltung, Wartung, 24-Stunden-Kundendienst.

Lösungshinweise zu Kapitel 15

1. *Was unternehmen Sie, wenn die nachgefragte Kapazität größer ist als die vorhandene Kapazität?*

- Überstunden, zusätzliche Schicht aufbauen
- Neue Maschinen kaufen, Zeitarbeit
- Personal einstellen

2. *Was ist der Unterschied zwischen einem PPS- und einem ERP-System?*

Ein Produktions-, Planungs- und Steuerungssystem (PPS) wird vorrangig in der Produktion, Montage und Fertigung eingesetzt. Die Bestandteile eines PPS-Systems sind z.B. Programmplanung, Mengenplanung, Kapazitätsplanung, Zeitwirtschaft etc. Ein PPS-System ist grundsätzlich ein Software-System mit unterschiedlichen Modulen.

Ein Enterprise-Resource-Planning-System (ERP) kann neben der Produktion und Fertigung auch andere betriebliche Funktionen haben, z.B. Rechnungswesen, Controlling, Personal etc. Ein ERP-System (Software) kann die gesamte interne Supply Chain abdecken.

Lösungshinweise zu Kapitel 16

1. *Erklären Sie kurz das Kanban-System!*

- Dezentrales PPS-System
- Anwendung für Just-in-Time-Fertigung
- Pull- anstelle Push-Prinzip, Supermarktprinzip
- Kanban = Karte (Datenträger)
- Selbststeuernde Regelkreise
- Einsatz in der Serienproduktion (Wiederholfertigung)
- Flexibles Produktions-, Planungs- und Steuerungssystem
- Reduzierung der Bestände

2. *Zeigen Sie bitte im Toyota-Produktionssystem am Konzept der drei „M" verschiedene Arten von Störungen/Verschwendungen im Produktionsprozess, welche es zu vermeiden gilt!*

- Katakana muda: Verschwendung, die sofort eliminiert werden kann (warten, suchen, Doppelarbeit).
- Hiragana muda: Tätigkeiten, welche als solche Verschwendungen darstellen (Handbetrieb von Maschinen, Niederhalten von Tasten und Schaltern).
- Kanji muda: Verschwendung, die auf Anlagen bzw. Maschinen zurückzuführen ist (leere Rückwege bei hydraulischen Maschinen).

Lösungshinweise zu Kapitel 17

1. Was besagt das Schlagwort „Available to Promise" (ATP)

Die Software-Komponente (SAP-System) „Available to Promise" ist eine globale Verfügbarkeitsprüfung. Sie stellt sicher, dass die Kunden die versprochene Lieferung erhalten. Hierbei werden vorhandene Bestände und Produktionskapazitäten berücksichtigt bzw. überprüft und gegenübergestellt. Damit können Aussagen getroffen werden über die Verfügbarkeit und Lieferbereitschaft. Es kann verglichen werden, wie viele der zugesagten Liefertermine auch tatsächlich eingehalten wurden (z.B. 97%).

2. Inwieweit helfen SCM-Systeme das Management der Supply Chain zu unterstützen?

Im Sinne des Supply Chain Managements soll eine unternehmensübergreifende Organisation und Steuerung der Logistikkette gewährleistet werden. SCM-Systeme helfen dabei die zwischen Unternehmen (Lieferanten, produzierendes Unternehmen und Kunden) existierenden Schnittstellen mit Hilfe geeigneter EDV-Systeme (erweiterte ERP-Systeme) zu überbrücken, indem Materialströme innerhalb der gesamten Wertschöpfungskette erfasst und aufeinander abgestimmt werden.

Lösungshinweise zu Kapitel 18

1. Nennen Sie Produkte, die oft gefälscht werden!

Erhöhte Komplexität entsteht durch die Steuerung der zahlreichen weltweit verteilten Standorte, durch viele Transportmittel, Lieferanten- und Wertschöpfungsentscheidungen.

2. Welche unterschiedlichen Daten und Prozesse werden im Product Lifecycle Management vernetzt?

Das PLM vernetzt sämtliche Daten und Prozesse über den gesamten Produktlebenszyklus. Dies beginnt mit der Produktidee, über die ersten Produktentwürfe, Produktentwicklung, Konstruktion, Produktion über das Ersatzteilmanagement bis zur Instandsetzung und Entsorgung.

3. Zeigen Sie die eine strukturierte Vorgehensweise bzw. Kategorisierung der Lieferanten im Supplier Relationship Management.

- Lieferanten kategorisieren (etwa anhand einer Lieferantenportfolioanalyse),
- Strategien für jede Kategorie entwickeln,
- konkrete Strategieanwendung in Bezug auf das Beziehungsmanagement (Grad der Integration) Kommunikation etc.),

- die wichtigen und richtigen Lieferanten für jede Kategorie ausfindig machen, Anforderungen an die Lieferanten definieren, Lieferantenauswahl vornehmen.

Lösungshinweise zu Kapitel 19

1. Wie funktioniert das Zertifizierungsverfahren für das QM nach DIN ISO 9001?

Unternehmen, die ein Qualitätsmanagement-Zertifikat anstreben, lassen sich durch ein Zertifizierungsunternehmen in einem externen Audit überprüfen. Erfüllen sie alle Voraussetzungen der Norm, erhalten Sie das Zertifikat. Zertifizierer müssen bei der Deutschen Akkreditierungsstelle (DAkkS) zugelassen (akkreditiert) sein.

2. Welche besonderen QM-Systeme gibt es in der Auto-, Chemie-, Lebensmittelbranche sowie für Arbeitssicherheit?

- Automobilindustrie: VDA 6.1, QS 9000, ISO/TS 16949
- Lebensmittelindustrie: HACCP
- Arbeitssicherheit: OHSAS und SCC-Zertifizierung

3. Welche Methoden der Qualitätsprüfung werden eingesetzt?

- Einhundertprozentprüfung
- Stichprobenprüfung (AQL, Einfachstichproben, Mehrfachstichproben, Skip-Lot-Stichproben) als Attributs- oder Variablenprüfung

4. Wie lassen sich Fehlerursachen ermitteln und vermeiden?

Darstellung und Analyse der Fehlerhäufigkeit mit Pareto-Diagrammen und Qualitätskennzahlen. Ursachenforschung mit FMEA sowie Ursache-Wirkungs- (Ishikawa-)Diagrammen

Lösungshinweise zu Kapitel 20

1. Welche Systeme für das Umweltmanagement kennen Sie?

Analog dem Qualitätsmanagement lässt sich das Umweltmanagement gemäß DIN ISO 14000er-Reihe zertifizieren und nach dem Eco-Management and Audit Scheme (EMAS) validieren. Umweltmanagement ist ein Bestandteil integrierter Managementsysteme, die auch Qualität, Energie, Arbeitssicherheit usw. beinhalten.

2. Was sind Umweltpolitik, -ziele und -programme?

Die Umweltpolitik beinhaltet die langfristige Absichtserklärung des Unternehmens im Verhältnis zur natürlichen Umwelt. Sie stützt sich auf ethische Werte und wird von der obersten Leitung unterzeichnet.

Umweltziele konkretisieren die Umweltpolitik für einen bestimmten Zeithorizont, meist für ein Jahr. Dabei sind die Ziele messbar zu machen.

Umweltprogramme fassen die Maßnahmen zur Zielerreichung zusammen. Sie sind mit Zeitplänen, Budgets und verantwortlichen Personen zu versehen.

3. Welche Arten von Umwelt-/Ökobilanzen werden unterschieden?

Umweltbilanzen verzeichnen den gesamten ökologisch relevanten Input und Output eines Systems unabhängig von der Kostenrelevanz. Betriebsbilanzen sehen die Systemgrenzen bei einem Standort oder einer Produktionsstätte. Prozessbilanzen betrachten einzelne Produktions- oder andere Prozesse. Produktbilanzen bilden zunächst den Durchfluss eines Produktes durch einen Betrieb ab („Gate-to-Gate"). Wird der gesamt Lebenszyklus betrachtet (Life-Cycle Assessment, LCA), so sind Zulieferer, die Nutzung des Produkts sowie das Recycling (zur Realisierung des Ziels geschlossener Kreisläufe) zu berücksichtigen.

Lösungshinweise zu Kapitel 21

1. Nennen und erklären Sie drei Bestandteile des Abfallgesetzes!

Lösungsansatz: Abfallbestimmungsverordnung, Verpackungsverordnung, Altautoverordnung, Details siehe 21.1.

2. *Erläutern Sie die Kernpunkte, die bei der Erstellung eines innerbetrieblichen Entsorgungskonzepts zu beachten sind!*

Lösungsansatz:
- a) Analyse des Ist- Zustandes,
- b) Entwicklung eines alternativen Entsorgungskonzeptes,
- c) Einführung eines Entsorgungskonzepts.

3. Welche Strategien zur Verwertung von Rohstoffen bestehen? Bitte erklären Sie diese kurz und nennen Sie je ein Beispiel!

Lösungsansatz: Neu-, Weiter-, Mehrfach-, Wiederverwendung.

Lösungshinweise zu Kapitel 22

1. Erläutern Sie die Unterschiede zwischen einem Stetigförderer und einem Unstetigförderer!

Stetigförderer fördern kontinuierlich, sind massengüterfähig. Unstetigförderer arbeiten diskontinuierlich und rein bedarfsorientiert.

2. Nennen Sie jeweils drei Beispiele für einen Stetigförderer und einen Unstetigförderer!

- Beispiele für Stetigförderer: Rutsche, Rollenbahn, Schneckenförderer, Bandförderer usw.
- Beispiele für Unstetigförderer: Hubwagen, Gabelstapler, Schlepper, Deckenkran usw.

3. Definieren Sie drei wesentliche Anforderungen an Förderhilfsmittel!

- Minimierung der Förderhilfsmittelvielfalt
- Anstreben der Transportkettenbildung
- Erhöhung der Umschlagsleistung durch Planung geeigneter Ladeeinheiten

Lösungshinweise zu Kapitel 23

1. Beschreiben Sie vier verschiedene Funktionen einer Verpackung!

- Schutzfunktion (Schutz vor Beschädigungen etc.)
- Lagerfunktion (Stapelbarkeit, Lagerfähigkeit, usw.)
- Transportfunktion (optimale Auslastung von Transportmitteln, Bildung von Transporteinheiten)
- Informationsfunktion (Identifikation, Gebrauchsanweisung, etc.)

2. Was ist unter Ladungssicherung zu verstehen?

Ladungssicherung = Sammelbegriff für sämtliche Maßnahmen, die dem Schutze der zu verladenden Güter dienen (z.B. vor Stößen, Schwingungen, Temperatur, Nässe, UV-Strahlung, usw.)

3. Nennen Sie vier Maßnahmen der Ladungssicherung!

- Aufsetz- und Aufsteckeinrichtungen
- Sicherung durch Umschnüren und Umreifen
- Sicherung durch Umhüllen und Überwürfe
- Zusatzsicherungsmaßnahmen etc.

Lösungshinweise zu Kapitel 24

1. Was versteht man unter dem Begriff „Efficient Promotion“

Unter *Efficient Promotion* versteht man z.B. eine effiziente Verkaufsförderung durch die vertrauensvolle Zusammenarbeit und Abstimmung der Werbeaktivitäten zwischen Hersteller und Handel zur Steigerung der Nachfrage nach Produkten durch den Kunden.

2. Nennen Sie bitte kurz vier verschiedene Standortfaktoren

Standortfaktoren: Beschaffungs-, Produktions-, Absatz-, und Transportfaktoren

3. Welches sind Bestandteile der vertikalen Distribution

Bestandteile der vertikalen Distribution sind: Werks-, Zentral-, Regional- und Auslieferungslager

Lösungshinweise zu Kapitel 25

1. Welche Verkehrsträger im Güterverkehrssystem kennen Sie? Nennen Sie jeweils drei Vor- und Nachteile!

Verkehrsträger	Vorteile	Nachteile
Straßengüterverkehr	Haus-zu-Haus-Beförderung Weniger Stillstand-/Wartezeiten Hohe Flexibilität	Verkehrsstörungen Eingeschränktes Transportvolumen Lenk-/Ruhezeiten
Schienengüterverkehr	Kostengünstig bei großen Entfernungen Unabhängigkeit von Fahrverboten Eignung für Massengüter	Unterlegenheit bei Transport auf kurzen Strecken/häufigem Transportgutwechsel Unflexibel (feste Fahrpläne etc.) Monopolstellung des Hauptbetreibers
Schifffahrtverkehr	Kostengünstig und Normung (TEU) Eignung für Massengüter, Sperrgüter Großes Transportvolumen	Lange Transportdauer (kein JiT) Hohe Kapitalbindungskosten Aktuelle Gefahren (Piraterie)
Luftfrachtverkehr	Hohe Geschwindigkeit Sicherheit beim Transport Geringe Kapitalbindung/Transportzeit	Hohe Transportkosten bei Massengütern Relativ niedrige Beförderungskapazität Lange Bodenzeiten im Verhältnis zur Transportzeit
Rohrleitungsverkehr	Zuverlässigkeit Wetterfestigkeit Unabhängigkeit von Verkehrswegen	Hohe Errichtungs- und Revisionskosten Geringe Flexibilität (Netzgebunden) Langfristige Absatzsicherung erforderlich

2. Was verstehen Sie unter dem Begriff „kombinierte Transportkette"? Nennen und beschreiben Sie mindestens zwei Kombinationsformen!

Der nationale und internationale Transport über große Distanzen erfordert oft den Einsatz von mehreren Verkehrsmitteln, die zu einer Transportkette kombiniert werden, z.B. kombinierter Schienen- und Straßenverkehr. Dabei findet in den meisten Fällen kein Wechsel des Transportmittels (LKW, Container etc.) statt.

Kombinationsformen	**Beschreibung**
Huckepackverkehr	Kombination von Straßen- und Schienentransport. Der Transport zum Bahnhof des Versenders und vom Bahnhof des Empfängers erfolgt per LKW.
Rollende Landstraße	Vollständige Last- und Sattelzüge werden auf Spezialwaggons der Bahn befördert. Üblicherweise fährt der LKW-Fahrer im Personenwagen (Liegewagen) mit.
Lash-Verkehr	Kombination von Binnen- und Seeschifffahrt. Per Kran werden schwimmende leichte Binnenschiff auf Seeschiffe verladen und mit diesen befördert.
Hub- und Spoke-Systeme (Nabe-Speiche-System)	Hub- und Spoke-Systeme ist ein Verkehrsnetz, das aus einem zentralen Umschlagsplatz (Hub) und darauf sternförmig zu- und ablaufende Verkehrsstrecken (Spoke) besteht. Alle Sendungen werden zu einem zentralem Hub (Nabe) befördert und gesammelt, anschließend nach Zielregionen umgeladen und über kontinuierliche Linienverkehre (Spoke) versendet.
Kombinierter Containerverkehr	Containerbeförderung mit mehreren Verkehrsmitteln (Kombinationen aus Straße, Schiene, Luftfahrt, See)

Lösungshinweise zu Kapitel 26

1. Was versteht man unter dem Sicherheitskoeffizienten?

Der Sicherheitskoeffizient gibt das Verhältnis zwischen dem Sicherheitsbestand und dem durchschnittlichen Lagerbestand oder dem Höchstbestand wieder

2. Was können Indizien für Korruption im Unternehmen sein?

- Das Unternehmen hat seit vielen Jahren Haus- und Hoflieferanten, die nicht angetastet werden.
- Mitarbeiter an Schlüsselpositionen verfügen über ein durchschnittliches Gehalt, fallen jedoch durch einen sehr hohen Lebensstandard (Auto, Urlaub, Haus, Kleidung, Schmuck, Hobbys etc.) auf.
- Der Umgang mit Lieferanten erfolgt erstaunlich freundschaftlich, was sich an gemeinsamen Freizeitaktivitäten zeigt (gemeinsames Skifahren, Golf spielen, Tennis spielen etc.).

- Trotz des hohen Auftragsvolumens bei einem Lieferanten bleiben die Preise konstant bzw. erhöhen sich über Jahre.

3. Nennen Sie operative Kennzahlen der Balanced Scorecard für die Materialwirtschaft

Kennzahlen Balanced Scorecard:

- Gesamtdurchlaufzeit in Tagen
- Reichweite der Bestellungen
- Lieferbereitschaftsgrad

Literatur

@Ford Magazin (Hrsg.) Ford of Europe, Public Affairs, November 2008

5. BME Stahlforum Köln 2009

ABAG-itm (2009)

Aberle G (2000) Transportwirtschaft. Einzelwirtschaftliche und gesamtwirtschaftliche Grundlagen. Oldenbourg, München

Absatzwirtschaft (07/2008)

Aichbauer S (2003) In: Wannenwetsch H (Hrsg.) Erfolgreiche Verhandlungsführung in Einkauf und Logistik. Springer, Heidelberg–Berlin–New York

Airport Council Int. (2009) In: www.airports.org, 07.02.2009

Amor D (2000) Die E-Business (Revolution) – Das Executive Briefing. Bonn

Arbeitsgemeinschaft deutscher Verkehrsflughäfen (ADV) (2006) In: www.adv-net.org, 26.04.2006

Arbeitsgemeinschaft Energie-Bilanzen, AGEB

Arnold D, Isermann H, Kuhn A. u.a. (2008) Handbuch Logistik. Springer, Heidelberg–Berlin–New York

Arnold U (2000) In: Beschaffung Aktuell 08/2000. Konradin Verlag, Stuttgart

Arnolds H (2001) Materialwirtschaft und Einkauf. Gabler, Wiesbaden

Arnolds H (2013) Materialwirtschaft und Einkauf. Gabler, Wiesbaden

Arnolds H, Heege F, Röh C, Tussing W (2013) Materialwirtschaft und Einkauf, Grundlagen – Spezialthemen – Übungen. 12. Aufl. Springer, Gabler, Wiesbaden

Arnolds H, Heege F, Tussing W (1998) Materialwirtschaft und Einkauf. Gabler Wiesbaden

Arnolds H, Heege F, Tussing W (2008) Materialwirtschaft und Einkauf. Gabler, Wiesbaden

Automobil-Produktion (2005) In: www.automobil-produktion.de

Automobil Industrie 4/2013

B.K. Düsseldorf (1999) 23.04.1999

Backhaus K, Voeth M (2007) Industriegütermarketing. Vahlen Verlag

Ballhaus J, Seibold M (2004) Daten – Die heiße Ware. In: absatzwirtschaft, Zeitschrift für Marketing 09/2004

Barkawi K, Baader A, Montanus S (2006) Erfolgreich mit After Sales Services. Springer, Heidelberg–Berlin–New York

Baumbach M (2004) After-Sales-Management im Maschinen- und Anlagenbau, 2.Aufl. Transfer Verlag, Regensburg

Baumgarten H (2000) Logistik-Management. Strategien – Konzepte – Praxisbeispiele. Springer, Heidelberg–Berlin–New York

Baumgarten H (2001) Logistik im E-Zeitalter. Die Welt der globalen Logistiknetzwerke. Frankfurter Allgemeine Zeitung
Bauer J (2013) Produktionscontrolling und -management mit SAP. Springer, Wiesbaden
Beschaffung Aktuell (2/2000) Konradin Verlag, Stuttgart
Beschaffung Aktuell (7/2000) Konradin Verlag, Stuttgart
Beschaffung Aktuell (3/2003) Konradin Verlag, Stuttgart
Beschaffung Aktuell (5/2003) Konradin Verlag, Stuttgart
Beschaffung Aktuell (2/2004) „Your Czech Supplier". Konradin Verlag, Stuttgart
Beschaffung Aktuell (10/2005) Einkäufer unter Zugzwang. Konradin Verlag, Stuttgart
Beschaffung Aktuell (2005) Konradin Verlag, Stuttgart
Beschaffung Aktuell (5/2007) Konradin Verlag, Stuttgart
Beschaffung Aktuell (8/2009) Konradin Verlag, Stuttgart
Beschaffung Aktuell (10/2009) Konradin Verlag, Stuttgart
Beschaffung Aktuell (6/2012) Konradin Verlag, Stuttgart
Bichler K (1997) Beschaffungs- und Lagerwirtschaft. Gabler, Wiesbaden
Bichler K, Schröter N (2001) Praxisorientierte Logistik. Kohlhammer, Stuttgart
Biedermann H (2008) Ersatzteilmanagement. Springer, Heidelberg–Berlin–New York
BIEK Bundesverband Internationaler Express- und Kurierdienste e.V. In: www.biek.de, 07.02.2009
BIEK – KEP Studie 2012
BillMeLater unter URL www.billmelater.com, 24.10.2007
BIP 2 (2011) 2. Jg.
Blattmann, Schmitz (2001)
Blohm H (1997) Produktionswirtschaft. Neue Wirtschaftsbriefe, Herne
Bloomberg (2014) BDIY Chart – Baltic Dry Index. In: http://www.bloomberg.com/quote/BDIY:IND/chart
BME (2005) Große Kostensenkungspotenziale durch Professionalisierung. Pressemeldung, 07.07.2005
BME (2008) Top-Kennzahlen im Einkauf
bme-news@dcimail.de, 07.05.2009
BME-Newsletter Ausgabe Juni 2003
BME (2013) Gehaltsstudie. Bundesverband Materalwirtschaft Einkauf und Logistik, Frankfurt/a.M.
BME-Fachgruppe „Personal im Einkauf" (2013) 1. Aufl.
BME (2013) Top-Kennzahlen im Einkauf
Untersuchung BME u. Syner Deals (2005)
BMVBS (2009) Bundesministerium für Verkehr, Bau und Stadtentwicklung 2009. In www.bmvbs.de
BMVI (2012)
BMVI (2014)
BMW Januar (2009) Best in Class
Bock R (2004) Interview mit Peter Hanser. In: absatzwirtschaft, Zeitschrift für Marketing 09/2004

Bogaschewsky R (1999) Electronic Procurement – Neue Wege der Beschaffung. In: Bogaschesky R (Hrsg.) Elektronischer Einkauf: Erfolgspotentiale, Praxisanwendungen, Sicherheits- und Rechtsfragen. Gernsbach
Boutellier R Wagner S (2005) Chancen nutzen, Risiken managen, Band 14. Schweizer Verband für Materialwirtschaft und Einkauf, Arau
Brauer J-P, Thomas T (2002) DIN EN ISO 9000:2000 ff umsetzen. Gestaltungshilfen zum Aufbau Ihres Qualitätsmanagementsystems. Hanser, München
Brüggemann H, Bremer P (2012) Grundlagen Qualitätsmanagement – Von den Werkzeugen über Methoden zum TQM. Springer, Wiesbaden
Buchholz T (2005) Der Onlinehandel boomt. In: Logistik inside, 26.01.2005
bullVestor, Ausgabe Dezember 2007
Bundesministerium der Finanzen/Zoll
Bundesministerium für Verkehr, Bau und Stadtentwicklung (BMVBS) (2006) In: www.logistikinside.de, 03.05.2006
Bundesministerium für Risikobewertung, www.bfr.bund.de
Bundesverband Materialwirtschaft Einkauf und Logistik (BME), Ursel S, Essig M, Tratmann J, Wiedling M (2005) Wertsteigerungen im Einkauf – Studie zur Erschließung von Potentialen in nicht-traditionellen Beschaffungsfeldern, Frankkfurt/Main
Bundesverband Materialwirtschaft Einkauf und Logistik (BME) e.V. (Hrsg.) (2013) eSolutions Report 2013: Procurement, Sourcing, Integration (http://www.bme.de)
Bundesverband Materialwirtschaft Einkauf und Logistik (BME) e.V. (Hrsg.) (2014) eSolutions Report 2014: Procurement, Sourcing, Integration (http://www.bme.de)
Bündner H (2005) Die Gewinner der Globalisierung formieren sich. In: FAZ, Nr. 234, 08.10.2005
Burckhardt W (Hrsg.) (2001) Das große Handbuch Produktion. Verlag Moderne Industrie, Landsberg
Cybersource (2007) The 2008 ePayment Management Project Guide. Mountain View. Reading, Tokyo
Cybersource (2007) Third Annual UK Online Fraud Report. Mountain View. Reading, Tokyo
DaimlerChrysler (1999) Das Mercedes-Benz Umweltlexikon
Dannenberg M, Ullrich A (2004) E-Payment und E-Billing. Gabler, Wiesbaden
Dennso Management Consulting (Hrsg.) (2002) Go fast! – Einführung des VISA Purchasing Card Systems bei der Adam Opel AG. Informationsbroschüre
DESTATIS (2005) Deutschlands wichtigste Handelspartner 2004. Pressemitteilung, 04.04.2005
Det Norske Veritas, Essen
Deutsche Presse Agentur (dpa) (2005) Der globale RFID-Markt wird 2008 7 Milliarden USD übersteigen, 22.02.2005
Deutscher Speditions- und Logistikverband (2012)
Dickmann P (2007) Schlanker Materialfluss, 1.Aufl. Springer, Heidelberg–Berlin–New York
DIE ZEIT (2005) Nr. 34, Allianz der Stahlcontainer. 18.08.2005

DIE ZEIT (2006) Nr. 5, 26.01.2006
Dittrich L, Fischer W (2002) Materialfluß und Logistik. Optimierungspotenziale im Transport- und Lagerwesen. VDI-Buch
DHL Logbook in Kooperation mit der Technischen Universität Darmstadt (2014) www.dhl-discoverlogistics.com, Aufruf März 2014, s.a. fohl (2004) Logistikmanagement
Dolmetsch R (2000) eProcurement. Einsparungspotenziale im Einkauf. Addison-Wesley
Dörflein M, Hennig A (2000) Electronic Commerce und EDI. In: Thome R, Schinzer H (Hrsg.) Electronic Commerce – Anwendungsbereiche und Potentiale der digitalen Geschäftsabwicklung. München
DTE in www.dte.de, 19.01.2004
Dunz M (2002) Grundlagen des E-Business. In: Wannenwetsch H (Hrsg.) Integrierte Materialwirtschaft und Logistik. Springer, Berlin–Heidelberg–New York
Ebel (2009) Produktionswirtschaft, 9. Aufl. Kiehl-Verlag, Ludwigshafen
e_procure-online Newsletter 16.9.2002, e-procure@nuernbergmesse.de
EFQM (2005) In: www.efqm.org, 20.09.2005
EFQM (2009)
Ehrmann H (1997) Logistik. Kiehl, Ludwigshafen
Ehrmann H (2001) Logistik. Kiehl, Ludwigshafen
Ehrmann H (2003) Logistik, 4. Aufl. Kiehl, Ludwigshafen
Ehrmann H (2005) Logistik. Kiehl, Ludwigshafen
Ehrmann H (2008) Logistik. Kiehl, Ludwigshafen
Ehrmann H (2011) Logistik. Kiehl, Ludwigshafen
Ehrmann H (2013) Logistik. Kiehl, Ludwigshafen
Eisert U, Geiger K, Hartmann G, Ruf H (2000) Product Lifecycle Management mit mySAP®. Galileo Press
Ellram und Cooper 190
eMarketer (2001)
Emge J (2014) Produktion auf Probe, s.a. Birgit H (2014) Kinder der vierten Revolution. In: FAZ April 2014, V4
Eschenbach R (1990)
Eßig M, Hofmann E, Stölzl W (2013) Supply Chain Management. Vahlen Verlag
Eßig M (2013b) Institut für den öffentlichen Sektor. Nachhaltigkeit als Treiber für einen strategischen öffentlichen Einkauf
EURO, 9. Mai 1999
European Retail Theft Barometer (2002) Ein bisschen Schwund ist immer, 16.01.2002
Evonik.Magazin (2/2013)
Fachpack '97 (1997) Verpackungszeit. In: Materialfluss, Heft 10/1997
Finkbeiner M (2012) Umweltmanagement für kleinere und mittlere Unternehmen: Die Normenreihe ISO 14000 und ihre Umsetzung. Beuth Verlag, Berlin
Fischbach R (1996) Volkswirtschaftslehre. Oldenbourg, München
Förtsch G, Meinholz H (2011) Handbuch betriebliches Umweltmanagement. Vieweg + Teubner, Wiesbaden
FOM München, Hochschule für Oekonomie und Management (2013)

Forrester Research (2006)
Forrester Research (2012 to 2017) US Online Retail Forecast 2012 to 2017, European Online Retail Forecast 2012 to 2017 (http://www.forrester.com)
Fortmann K-M, Kallweit A (1999) Logistik. Kohlhammer, Stuttgart
Fortmann K-M, Kallweit A (2000) Logistik. Kohlhammer, Stuttgart
Fortmann K-M, Kallweit A (2007) Logistik. Kohlhammer, Stuttgart
Frank W (1995) Volkswirtschaft. Lehre und Wirklichkeit. Winkler, Darmstadt
Frankfurter Allgemeine Zeitung (2000a) Nur 2000 Auto-Zulieferer bleiben übrig, 05.10.2000
Frankfurter Allgemeine Zeitung (2001) 20.08.2001. HDE, „Geklaut wird alles, was nicht angebunden ist"
Frankfurter Allgemeine Zeitung (2002) 06.01.2002
Frankfurter Allgemeine Zeitung (2002a) Nr. 120, 11.04.2002
Frankfurter Allgemeine Zeitung (2002b) 21.11.2002
Frankfurter Allgemeine Zeitung (2003a) 20.01.2003
Frankfurter Allgemeine Zeitung (2003b) 07.04.2003
Frankfurter Allgemeine Zeitung (2003c) 06.05.2003
Frankfurter Allgemeine Zeitung (2003d) Nr. 82
Frankfurter Allgemeine Zeitung (2003e) Nr. 142, 23.06.2003
Frankfurter Allgemeine Zeitung (2003f) 28.06.2003
Frankfurter Allgemeine Zeitung (2003g) Nr. 149, Daimler-Chrysler strafft seine Lastwagensparte, 01.07.2003
Frankfurter Allgemeine Zeitung (2003h) 16.08.2003
Frankfurter Allgemeine Zeitung (2003i) 13.01.2003
Frankfurter Allgemeine Zeitung (2004) Nr. 278, 29.11.2004
Frankfurter Allgemeine Zeitung (2005a) Nr. 23, 03.02.2005
Frankfurter Allgemeine Zeitung (2005b) Nr. 27, Immer mehr Betriebe forschen im Ausland, 02.02.2005
Frankfurter Allgemeine Zeitung (2005c) Nr. 33, Produktpiraterie nimmt zu, 09.02.2005
Frankfurter Allgemeine Zeitung (2005d) Nr. 84, 12.04.2005
Frankfurter Allgemeine Zeitung (2005e) Nr. 86, Mitarbeiter ersparen Unternehmen Kosten in Milliardenhöhe, 14.04.2005
Frankfurter Allgemeine Zeitung (2005f) 02.06.2005
Frankfurter Allgemeine Zeitung (2005g) Nr. 206, Philips hat sich von mehr als 16.000 Lieferanten getrennt, 05.09.2005
Frankfurter Allgemeine Zeitung (2005h) Nr. 214, Automobilzulieferer – Umsatz im Jahr 2004 in Milliarden Euro in der Automobilsparte, 14.09.2005
Frankfurter Allgemeine Zeitung (2005i) Nr. 228, Ford versetzt Zulieferbranche in Unruhe, 30.09.2005
Frankfurter Allgemeine Zeitung (2005j) Nr. 282, 03.12.2005
Frankfurter Allgemeine Zeitung (2006) Nr. 97, 26.04.2006
Frankfurter Allgemeine Zeitung (2006a) Nr. 102, 03.05.2006
Frankfurter Allgemeine Zeitung (2006b) Nr. 137, 16.06.2006
Frankfurter Allgemeine Zeitung (2006c) Nr. 145, 26.06.2006
Frankfurter Allgemeine Zeitung (2006d) Nr. 95, 24.04.2006

Frankfurter Allgemeine Zeitung (2006e) Vom HP-Drucker über den Dacia bis zu Brückenteilen, 04.09.2006
Frankfurter Allgemeine Zeitung (2006f) Emma Maersk ist die Heimat für elftausend Container, 14.11.2006
Frankfurter Allgemeine Zeitung (2008) Nr. 82 B11, 08.07.2008
Frankfurter Allgemeine Zeitung (2009) Nr. 131, 09.06.2009
Frankfurter Allgemeine Zeitung (2009a) Wilhelm S, Einpacken von Berufs wegen Nr. 131, 09.06.2009
Frankfurter Allgemeine Zeitung (2009b) Nr. 131, 31.03.2009
Frankfurter Allgemeine Zeitung (2011) 11.06.2011
Frankfurter Allgemeine Zeitung (2013a) Nr. 92, 20.04.2013
Frankfurter Allgemeine Zeitung (2013b) Nr. 141
Frankfurter Allgemeine Zeitung (2013c) Nr. 192
Frankfurter Allgemeine Zeitung (2013d) Nr. 283
Frankfurter Allgemeine Zeitung (2014a) 28.01.14
Frankfurter Allgemeine Zeitung (2014b) Nr. 54, „Rewes virtuelle Lebensqualität", 08.03.2014
Frankfurter Allgemeine Zeitung (2014d) Industrie 4.0 geht in die Praxis, 10.04.2014, s.a. Giersbeg G, Die Krönung der Automatisierung. In: FAZ (2014c) Nr. 82, 07.04.2014
Fraport AG (2009) Zahlen, Daten, Fakten 2008 zum Flughafen Frankfurt. In: www.fraport.de, 07.02.2009
Fraunhofer Institut IAO Studie Produktionsarbeit der Zukunft – Industrie 4.0, Spath D (Hrsg.), Ganschar O, Gerlach S, Hämmerle M, Krause T, Schlund S (2013)
Fraunhofer IML, Fachpack 2009. Ströhmer M, Verpackungen in der Logistik
Frese E, Graumann M, Theuvsen L (2012) Grundlagen der Organisation: entscheidungsorientiertes Konzept der Organisationsgestaltung. 12. Aufl. Gabler, Wiesbaden
Freitag (2007) Gewinnwarnung. In: Managermagazin, 37. Jhrg. 10/2007. Hamburg
Frodl A (1998) Dienstleistungslogistik. München, Wien
Gartner Research 2001
gedas GmbH 6/99
Giersberg G (2014) Industrie 4.0 für Kaufleute und Juristen. In: FAZ (2014e) 14.04.2014
Glaser H (1992) PPS – Produktionsplanung- und -steuerung. Grundlagen – Konzepte – Anwendungen. Gabler, Wiesbaden
Göpfert I, Wehberg G (1995) Ökologieorientiertes Logistik-Marketing. Kohlhammer, Stuttgart
Graf H (2005) Hüter der Perlenkette. In: Logistik 01/2005
Grap R (1998) Produktion und Beschaffung. Vahlen, München
Greßler U, Göppel R (2012) Qualitätsmanagement – Eine Einführung. Bildungsverlag Eins
Grunwald H (1991) Marketing. Haufe Verlag, Freiburg
Grunwald H (1993) Erfolgreicher einkaufen und disponieren. Haufe Verlag, Freiburg

Gubbels H (2013) SAP ERP – Praxishandbuch Projektmanagement. Springer, Wiesbaden
Günthner W.A. (2012) Forschungsbericht zur Vermeidung von Kommissionierfehlern mit Pick-by-Vision. München
Hachtel G, Holzbaur U (2009) Management für Ingenieure. Kindle Edition
Hafen Hamburg Daten und Fakten 2009. In: www.hafen-hamburg.de, 14.01.2009
Hafen Hamburg Marketing 2009. In: www.hafen-hamburg.de, 14.01.2009
Hafen Hamburg Marketing 2012
Handelsblatt (2006) Nr. 64, 30.03.2006
Handelsblatt (2010a) Siemens spart und investiert v. 19.05.2010, s.a. Bußler M, Rösler M, Handelsblatt (2010b) v. 27.05.2010
Härdler J (1999) Material-Management. Grundlagen, Instrumentarien, Teilfunktionen. Hanser, München
Harry M, Schroeder R (2005) Six Sigma, Prozesse optimieren, Null-Fehler-Qualität schaffen, Rendite radikal steigern. Campus Verlag
Hartmann H (2010) Wie kalkuliert Ihr Lieferant? Einkauf Materialwirtschaft Band 12. Deutscher Betriebswirte-Verlag, Gernsbach
Heinemann G (2014) Der neue Online-Handel, Geschäftsmodell und Kanalexzellenz im E-Commerce. Springer
Heisereich O-E (2000) Logistik. Eine praxisorientierte Einführung. Gabler, Wiesbaden
Heß G (2010) Supply-Strategien in Einkauf und Beschaffung: systematischer Ansatz und Praxisfälle, 2. Aufl.. Gabler, Wiesbaden
Heißing B, Ersoy M (2008) Fahrwerkhandbuch. Vieweg Friedr. + Sohn
Hellmann Worldwide Logistics
Henke M, Jahns C (2005) Supply Risk Management. St. Gallen: SMG Publishing AG, Verlag Wissenschaft und Praxis
Herrmann J, Fritz H (2011) Qualitätsmanagement – Lehrbuch für Studium und Praxis. Carl Hanser Verlag, München
Hinze H (2008) Auf Linie. In: Süddeutsche, 17.03.2008
Hirschsteiner G (2002a) Einkaufs- und Beschaffungsmanagement. Kiehl, Ludwigshafen
Hirschsteiner G (2002b) C-Artikel-Management – Direct Purchasing for Peanuts?. Beschaffung Aktuell 06/2002
Hoitsch H-J, Lingnau J (2007) Kosten- und Erlösrechnung. Springer, Berlin–Heidelberg–New York
http://boerse.ard.de/anlagestrategie/branchen(china-paradies-der-autokonzerne 100. html, 01.07.2014
http://channel11.aolsvc.de, 25.07.2005
http://cargoclix.de/info/de/services-und-preise/ (2014)
http://database.globalreporting.org/search, 05.11.13
http://de.wikipedia.org/wiki/Silicon_Valley, 2009
http://deutsche-wirtschafts-nachrichten.de/2013/09/06/sorge-im-mittwirkelstand-eads-sortiert-kleine-zulieferer-aus/
http://echa.europa.eu/web/guest/information-on-chemicals/registered-substances, 02.10.13

http://en.wikipedia.org/wiki/Milk_run (2014)
http://eneff-industrie.info/quickinfos/energieintensive-branchen/energie-und-produktionswert/Aufgrund von Daten des Statistischen Bundesamtes 2008
http://files.vogel.de/vogelonline/vogelonline/files/5572.pdf
http://finanzen.aolsvc.de, 22.06.03
http://lca.jrc.ec.europa.eu/lcainfohub/datasetArea.vm
http://wirtschaft.t-online.de, 14.12.2007
http://www.airliners.de, 2009
http://www.alunorf.de/alunorf/alunorf.nsf/id/wir-ueber-uns-de, 04.11.13
http://www.basf.de
http://www.basf.com/group/corporate/de/sustainability/eco-efficiency-analysis/seebalance, 03.11.13
http://www.bci.global.com (2013)
http://www.beschaffungsstrategie.info/modular-sourcing.html (2014)
http://www.beuth.de/
http://www.bka.de/lageberichte/ko/blkorruption2006.pdf, 28.10.2008
http://www.bme.de. Benchmark-Studie: Effizienz und Best-practise im Einkauf. Studie SynerDeal und BME
http://www.bmu.de/abfallwirtschaft/elektro_und_elektronikgeraetegesetz/doc/36726.php, 26.04.2006
http://www.bmvbs.de
http://www.bmvbw.de (2003) Einführung einer LKW-Maut in Deutschland, 23.05.2003
http://www.bmvbw.de (2005) 21.12.2005
http://www.bmvi.de (2014)
http://www.bmwgroup.com/bmwgroup_prod/d/0_0_www_bmwgroup_com/verantwortung/svr_2012/ziele-kennzahlen-fakten.html, 28.01.2014
http://www.boeing.com, 2009
http://www.bsigroup.com
http://www.cargolifter.com
http://www.cc-chemplorer.com/
http://www.claas.de/countries/generator/cl-pw/de/services/first-claas-service/die_produkte/telematics/start,lang=de_DE.html, 27.04.2009
http://www.clickandbuy.com
http://www.covisint.com/
http://www.cybersource.com.
http://www.demming.de/
http://www.destatis.de/ (2005) Schiffscontainer würden 23.000 Fußballfelder abdecken, 04.01.2005
http://www.destatis.de/ (2006) 22.02.2006
http://www.drilbox.de/
http://www.dualessystem.de (2009)
http://www.e-juristen.de (2009)
http://www.e-motion-line.net/
http://www.ecin.de/
http://www.ecoinvent.org/

http://www.ecology.or.jp/isoworld//english/analy14k.htm, 25.11.2005
http://www.ecology.or.jp/isoworld//english/analy14k.htm, März 2009
http://www.eex.com/de/
http://www.efqm.org
http://www.elektroschrott.de/preise
http://www.emas.de, 25.11.2005
http://www.emas.de/fileadmin/user_upload/06_service/PDF-Dateien/EMAS-und-DIN-EN-ISO-50001.pdf
http://www.enbw.de/
http://www.epexspot.com/en/market-data/intraday/chart/intraday-chart/2013-11-04/DE, 04.11.13
http://www.erdgasvisionen.de, 07.02.2009
http://www.faz.net (2014)
http://www.feuerwear.de/taschen-aus-feuerwehrschlauch/laptoptaschen/scott-17-zoll-notebooktasche.html
http://www.focus.de, 11.11.13
http://www.fr-online.de/image/view/2011/11/30/
http://www.freitag.ch/fundamentals (2014)
http://www.ftd.de/unternehmen/handel_dienstleister, 22.10.2006
http://www.ftd.de/Unternehmen/handel_dienstleister/338301.html, 04.04.2008
http://www.gate4logistics.de
http://www.genios.de, 05.06.2009
http://www.giropay.de
http://www.globalcollect.com
http://www.gruener-punkt.de (2009)
http://www.handelsblatt.de
http://www.handelsblatt.com/auto/nachrichten/sicherungen-und-getriebeoel-anzahl-der-rueckrufe-auf-hohem-niveau/9074256-3.html, 15.11.13
http://www.hirschmann-car.com/Deutsch/Unternehmen/Umweltschutz/umweltpolitik/index.phtml, 20.11.13
http://www.ilep.de (2007)
http://www.invest-in-hessen.de
http://www.InvestmentTools.com
http://www.kreis-viersen.de/C12575A800425A98/files/entgelte.pdf/ $file/entgelte.pdf?OpenElement
http://www.lis.iao.fhg.de/scm
http://www.logistik-heute.de/Logistik-News-Logistik-Nachrichten/Markt-News/8744/BME-Effiziente-Firmen-kostet-eine-Bestellung-zwischen-35-und-50-Euro-Umfrage
http://www.logistic-inside.com, 22.06.2006
http://www.Ludwig-Erhard-Preis.org 2005, 20.09.2005
http://www.luupay.de
http://www.moneybookers.com
http://www.nachhaltigkeit.info/artikel/dow_jones_sustainability_index_djsi_1598.htm

http://www.oeko.de/service/gemis/de/index.htm
http://www.oilnergy.com/1obrent.htm#since88, 26.10.13
http://www.osec.de, 06/2009
http://www.probas.umweltbundesamt.de/php/index.php
http://www.probuy.de
http://www.produktion.de/top-story/unternehmen sind bei Industrie 4.0 noch im Aufbruch, 21.03.2014
http://www.ps-consulting.de, 21.09.007
http://www.pwc.de/de/pressemitteilungen/2014/online-shopping-ueberall-und-jederzeit_verbraucher-kaufen-mehr-via-smartphone-und-tablet.jhtml
http://www.recycling-fuer-deutschland.de/web/recycling/dl=daten-fakten, 28.01.14
http://www.schrottpreis.org/elektroschrott/, 28.01.14
http://www.scope-online.de/erneuerbare-energien/energieeffizienz-enormes--energieeinsparpotenzial.htm, 27.08.13
http://www.siemens.com/sustainability/pool/de/nachhaltigkeitsreporting/siemens-nb-lieferanten.pdf, 17.11.13
http://www.siemens.com/sustainability/pool/de/nachhaltigkeitsreporting/siemens-nb-umweltschutz.pdf, 18.11.13
http://www.sustainability-indices.com/images/130912-djsi-review-2013-en-vdef_tcm1071-372482.pdf, 28.01.14
http://www.thyssenkrupp.com
http://www.toll-collect.de
http://www.toll-collect.de/Mautsätze (2013)
http://www.toll-collect.de (2014) Pressemitteilung, 31.01.2014
http://www.t-pay.com
http://www.umweltbundesamt.de/sites/default/files/medien/378/publikationen/hgp_umweltkosten.pdf (2012) 12.11.13
http://www.umweltbundesamt.de/themen/wirtschaft-konsum/produkte/oekobilanz, 28.01.13
http://www.umweltschutz-bw.de
http://www.uni-stuttgart.de
http://www.webagency.de/
http://www.welt.de/finanzen/article1874436/Lebensmittel_werden_knapp_und_teuer.html) (2009)
http://www.welt.de/wissenschaft/umwelt/article123077832/US-Buerger-produzieren-am-meisten-Elektroschrott.html
http://www.wittenstein.de Industrie 4.0, 21.03.2014
http://www.worldpay.de
http://www.xerox.com
https://www.destatis.de/DE/PresseService/Presse/Pressemitteilungen/2013/12
https://www.destatis.de/SiteGlobals/Forms/Suche/Servicesuche_Formular.html
Hübbers M (2008) Standard: IS – Dienstleistungsstandards in erfolgreichen Internationalisierungsstrategien. In: UdZ – Unternehmen der Zukunft, FIR-Zeitschrift für Unternehmensorganisation und Unternehmensentwicklung, 9. Jg., 2/2008

ICC (International Chamber of Commerce) (2005) Incoterms 2000. In: www.iccwbo.org/incoterms, 25.06.05
Ihde G (1991) Transport, Verkehr, Logistik. Vahlen, München
IHK, DVI, 15. Leipziger Verpackungsseminar 1997. Leipzig
IHK, DVI, 18. Leipziger Verpackungsseminar 2001. Leipzig
IHK, DVI, IK, 20. Leipziger Verpackungsseminar 2003. Leipzig
Ihme J (2004) Verpackung, Förder- und Lagerhilfsmittel. In: Koether R (2004) Taschenbuch der Logistik. Carl-Hanser Verlag, München
Institut der deutschen Wirtschaft Köln (IW) (2013)
International Maritime Bureau (IMB) (2009) In: www.icc-deutschland.de, 07.02.2009
Internet Retailer (November 2007) New day ahead for online payment methods
Isermann H (Hrsg.) (1998) Logistik. Gestaltung von Logistiksystemen. Moderne Industrie, Landsberg
IW Köln
Jehle E (1999) Produktionswirtschaft. Eine Einführung mit Anwendungen und Kontrollfragen. Verlag Recht und Wirtschaft, Heidelberg
Jünemann R (2001) Entwicklung der Logistik
Jünemann R, Schmidt T (1989) Materialflußsysteme. Springer, Heidelberg–Berlin–New York
Jünemann R, Schmidt T (1994) Materialflußsysteme. Springer, Heidelberg–Berlin–New York
Jünemann R, Schmidt T (2000) Materialflußsysteme. Springer, Heidelberg–Berlin–New York
Kals J (2010) Energiemanagement – Eine Einführung. Kohlhammer, Stuttgart
Kals J (2013) Energiemanagement als Fach der BWL? In: UmweltWirtschafts-Forum (uwf), Jg. 21, Heft 3, S. 281–286
Kamiske G F, Brauer J-P (2002) ABC des Qualitätsmanagements. Hanser, München
KBS Industrieelektronik GmbH
Kippels D, Siebenlist J (2006) Logistik ist Schlüsseltechnik für Deutschland. In: VDI nachrichten, Nr. 8, 24.02.2006
Klee (1971)
Kleine J, Venzin M, Ludwig F, Krautbauer M (April 2012) Mobile Payment – wohin geht die Reise? Chancen und Risiken für Marktteilnehmer in Europa. Steinbeis Research Center for Financial Services, Center for Payment Studies, München
Kleineicken A (2002a) E-Procurement – Front End Solutions. In: Wannenwetsch H. E-Logistik und E-Business. Kohlhammer, Stuttgart
Kleineicken A (2002b) Electronic Procurement. In: Wannenwetsch H, Nicolai S (Hrsg.) E-Supply-Chain-Management. Gabler, Wiesbaden
Kluck D (1998) Materialwirtschaft und Logistik. Schäffer-Poeschel, Stuttgart
Kluck D (2002) Materialwirtschaft und Logistik. Schäffer-Poeschel, Stuttgart
Kluck D (2008) Materialwirtschaft und Logistik. Schäffer-Poeschel, Stuttgart
Knolmayer G, Mertens P, Zeier A (2000) Supply Chain Management auf Basis von SAP-Systemen. Perspektiven der Auftragsabwicklung. Springer, Heidelberg–Berlin–New York

Koether R (2001) Technische Logistik. Carl Hansen Verlag, München, Wien
Koether R (2004) Taschenbuch der Logistik. Fachbuchverlag Leipzig, München, Wien
Koether R (2007) Taschenbuch der Logistik. Fachbuchverlag Leipzig, München, Wien
Koether R (Hrsg.) (2010) Taschenbuch der Logistik. Fachbuchverlag Leipzig, im Carl Hanser Verlag, München, Wien
Koether R u.a. (2003) Taschenbuch der Logistik. Fachbuchverlag Leipzig im Carl Hanser Verlag, München, Wien
Köhn R (2009) Siemens trennt sich von 74.000 Lieferanten. In: FAZ, 31.03.2009, Nr. 76
Kohnhäuser C (1999) C-Artikelmanagement im Intranet/Internet. In: Bogaschewsky R (Hrsg.) Elektronischer Einkauf. Erfolgspotentiale, Praxisanwendungen, Sicherheits- und Rechtsfragen. Gernsbach
Koll S (2009) Produktnahe Dienstleistungen. In: Industrieanzeiger, 131. Jg., Nr.14
Kollmann T (2011) E-Business – Grundlagen elektronischer Geschäftsprozesse in der Net Economy, 4. Aufl. Wiesbaden
Kranke A (2002) Wer ist ein Supply Chain Manager? In: LOGISTIK Inside (01/2002). München
Kranke A (2005) Volkswagen: RFID für CKD Behältermanagement. In: Logistik Inside newsletter, 18.02.2005
Kranke A (2006) Verbesserungen sind durchaus möglich. In: Logistik inside 08/2006
Krummeich K (2006) Material- und Lagerwirtschaft. Düsseldorf
Kummer S (Hrsg.), Grün O, Jammernegg W (2013) Grundzüge der Beschaffung, Produktion und Logistik. Pearson Higher Education, München
Lammer T (2006) Handbuch E-Money. E-Payment & M-Payment. Heidelberg
Lawrenz O, Nenninger M (2002) B2B-Erfolg durch eMarkets und eProcurement. Vieweg, Wiesbaden
Liker J. K, Meier D (2007) Praxisbuch – Der Toyota Weg, 1. Aufl. FinanzBuch, München
Loch R (2007) Der Konbini. In: http://www.japanlink.de/ll/ll_land_konbini.shtml, 24.11.2007
logistic-ready, 05.06.2009
Logistik für Unternehmen 1/2–2005
Logistik Heute (12/92)
Logistik Inside (2002), Ausgabe 01/2002
Logistik Inside (2002), Ausgabe 02/2002
Logistik Inside (2002), Ausgabe 04/2002
Logistik Inside (2005) Der neue Logistikmarkt, Ausgabe 05/2005. In: www.logistikinside.de, 03.05.2005
Logistik Inside (2005a) Conti-Reederei bestellt vier 10.000 Containerschiffe. In: www.logistikinside.de, 20.10.2005
Logistik Inside (2006) Weniger Güter transportiere, durchschnittliche Entfernung steigt aber. In: www.logistikinside.de, 17.01.2006
Logistik Inside (2006a) Lenkzeiten – Verlader müssen aufpassen, Ausgabe 02/2006

Logistik Inside newsletter (2006) 09.02.2006
Logistik Inside newsletter (2006a) 29.03.2006
Logistik Inside newsletter (2008) Binnenschifffahrt: 2007 Bestes Ergebnis beim Gütertransport, 11.03.2008
Loos S (1998) QS 9000 und VDA 6.1. Inhalte, Unterschiede, Checklisten für die Zertifizierung. Hanser, München
Maasen A (2006) Grundkurs SAP R/3. Friedr. Vieweg & Sohn, Wiesbaden
Maersk (2009) In: www.maersk.com
Mahnel M (Juni 2009) Internationale Ersatzteilversorgung. In: Pradel, Süssenguth, Piontek, Schwolgin (Hrsg.): Praxishandbuch Logistik
manager magazin 10/2007
Mannesmann VDO automotive, Pressespiegel (085/2000) 05.05.2000
Martin H (2006) Transport- und Lagerlogistik. Wiesbaden
Materialfluss 10/1997
Mayer H W (2003) Studie sagt Konkurs- und Fusionswelle bei Automobilzulieferern voraus. In: FAZ v. 28.6.2003
Meier A (2004) In: Wannenwetsch H (Hrsg.) Erfolgreiche Verhandlungsführung in Einkauf und Logistik. Springer, Heidelberg–Berlin–New York
Melzer-Ridinger R (1994) Materialwirtschaft und Einkauf, Bd. 1 – Grundlagen und Methoden. Oldenbourg, München
Melzer-Ridinger R (1995) Materialwirtschaft und Einkauf, Bd. 2 – Qualitätsmanagement. Oldenbourg, München
Melzer-Ridinger R (2008) Materialwirtschaft und Einkauf, Beschaffungsmanagement, 5. Aufl. Oldenbourg, München
Mercedes-Benz Umweltlexikon (1999) DaimlerChrysler AG Communications
META-Regalbau GmbH & Co. KG (2007) Informationen aus Dialog auf der LogIntern Fachmesse, Nürnberg
Metro Future Store in www.future-store.org v. 19.01.2004
Miebach J (2006) Logistiker schicken Arbeitsplätze auf Reisen. In: VDI nachrichten, Nr. 8, 24.02.2006
Moder M (2008) Supply Frühwarnsysteme: Die Identifikation und Analyse von Risiken in Einkauf und Supply Chain Management, Dissertation European Business School Oestrich-Winkel. Gabler Verlag, Wiesbaden
Nenninger M & Hiller T (2000) eSupply Chain Management. In: Lawrenz O, Hilldebrand K & Nenninger M (Hrsg.) Supply Chain Management
o.V. (2005) Einkauf in Niedriglohnländern boomt. In: Beschaffung aktuell 02/2005. Konradin Verlag, Stuttgart
Obermaier A (2002) unter http://www.a-obermaier.de/fert.htm, 11.05.2002
Ochs (2007)
Oeldorf G, Olfert K (Hrsg.) (1995) Materialwirtschaft, 7. Aufl. Kiehl, Ludwigshafen
Oeldorf G, Olfert K (2000) Materialwirtschaft. Kiehl, Ludwigshafen
Oeldorf G, Olfert K (2004) Materialwirtschaft. Kiehl, Ludwigshafen
Oeldorf G, Olfert K (2008) Materialwirtschaft. Kiehl, Ludwigshafen
Oeldorf G, Olfert K (2013) Materialwirtschaft. Kiehl, Ludwigshafen
Ohle F. In: FAZ, 29.11.2010, Nr. 278
Ohno T (1993) Das Toyota-Produktionssystem. Campus-Verlag, Frankfurt/M.

Onvista (2014) Eurokurs – US Dollar Euro Kurs – Wechselkurs. In: http://www.onvista.de/devisen/Eurokurs-USD-EUR
PDF Wirtschaftskammer Österreich
Pepels W (1999a) ABWL. Fortis-Verlag, Köln
Pepels W (1999b) Betriebswirtschaftslehre im Nebenfach. Schaeffer-Poeschel, Stuttgart
Pepels W (2007) After Sales Service. Geschäftsbeziehungen profitabel gestalten, 2. Aufl. Düsseldorf
Pfeifer T (1996) Qualitätsmanagement. Hanser, München
Pfeifer T (2001) Qualitätsmanagement. Hanser, München
Pfohl H-C (1994) Logistikmanagement. Springer, Heidelberg–Berlin–New York
Pfohl H-C (1996) Logistiksysteme. Springer, Heidelberg–Berlin–New York
Pfohl H-C (2000) Logistiksysteme, Betriebswirtschaftliche Grundlagen. Springer, Heidelberg–Berlin–New York
Pfohl H-C (2004) Logistiksysteme, Betriebswirtschaftliche Grundlagen. Springer, Heidelberg–Berlin–New York
Pfohl H-C (2010) Logistiksysteme, Betriebswirtschaftliche Grundlagen. Springer, Heidelberg–Berlin–New York
PMZ/C'T (2007) Zehntausende Kartenhaus-Kunden von Kreditkarten-Diebstahl betroffen. In: http://www.heise.de/newsticker/suche/ergebnis?rm=result;q=Kartenhaus.de; url=/newsticker/meldung/96953/;words=Kartenhaus%20de, 22.11.2007
Pott W (2005) 1.200 Firmen sind zurückgekehrt. In: www.wams.de/data/2005/03/27618058.html, 22.12.2005
Pradel, Süssenguth, Piontek, Schwolgin (Hrsg.) (2009) Praxishandbuch Logistik, Juni 2009
PricewaterhouseCoopers AG (2013) PwC-Multichannel-Studie 2013 (http://www.pwc.de/de/pressemitteilungen/2014/online-shopping-ueberall-und-jederzeit_verbraucher-kaufen-mehr-via-smartphone-und-tablet.jhtml)
Pressespiegel (085/2000) MannesmannVDO
Produktion Nr. 33–34, 2013Pulic A (2011) Delivered at terminal (DAT): Vom 1. Januar 2011 an gelten neue Incoterms. In: Beschaffung Aktuell, Jg. 2011, Heft 1
Qualitätszirkel (1997) Nr. 42
Qualitätszirkel (2000/01)
Quick R (2000) Inventur,. IDW-Verlag, Düsseldorf
Rauch (1997)
Regen S (2012) DIN EN ISO 50001:2011 – Arbeitsbuch zur Umsetzung. Weka Medien, Kissing
Reimann G (2013) Erfolgreiches Energiemanagement nach DIN EN ISO 50001: Lösungen zur praktischen Umsetzung – Textbeispiele, Musterformulare. Beuth, Berlin
Rheinpfalz (2002) Wirtschaftskriminalität explodiert, 20.11.2002
Rheinpfalz (2003) 08.03.2003
Rheinpfalz (2005) Arbeitnehmer denken mit. Nr. 133, 11.06.2005
Rheinpfalz (2006) Nr. 78, 01.04.2006

Rheinpfalz (2006a) Nr. 86, 11.04.2006
Rheinpfalz, (2008) Nr. 116, 20.05.2008
Rheinpfalz (2013a) s.a. FAZ, Debus T: Großer Aufwand für kleine Schrauben, 11.01.13
Rheinpfalz (2014) Nr. 61, 13.03.2014
Roberts L (2010) Gabler Wirtschafts-Lexikon. Gabler, Wiesbaden
Rötzel A (2005) Instandhaltung – eine betriebliche Herausforderung, 3.Aufl. VDE Verlag Berlin, Offenbach
Russwurm S (2014) Industrie 4.0 – von der Vision zur Wirklichkeit. In: FAZ April 2014, V4ff
Schinzer H D & Bange C (1999) Werkzeugarchitektur analytischer Informationssysteme. In: Chamoni P & Gluchowski P (Hrsg) Analytische Informationssysteme – Data Warehouse, On-Line Analytical Processing, Data Mining, 2. Aufl. Springer, Berlin et al.
Schmickler M (2001) Management strategischer Kooperationen zwischen Hersteller und Handel. Gabler, Wiesbaden
Schmidt H (2005) Internetauktionen sind ein Riesenthema für die Einkäufer. In: FAZ, 23.09.2005
Schmidt H (2008) Marketing 2.0. In: FAZ, 24.11.2008
Schmitz B (2002) In Wannenwetsch H (Hrsg.) E-Logistik und E-Business. Kohlhammer, Stuttgart
Schneck O (1999) Betriebswirtschaftslehre. Eine praxisorientierte Einführung mit Fallbeispielen. Campus Fachbuch
Schuh G, Stich V (2012a) Produktionsplanung und -steuerung 1, Grundlagen der PPS. Springer, Wiesbaden
Schuh G, Stich V (2012b) Handbuch Produktion und Management; 6. Aufl. Springer, Wiesbaden
Schulte C (1995) Logistik – Wege zur Optimierung des Material- und Informationsflusses, 2.Aufl. Vahlen, München
Schulte C (1999) Logistik – Wege zur Optimierung des Material- und Informationsflusses. Vahlen, München
Schulte C (2004) Logistik, 4.Aufl. Vahlen, München
Schulte C (2009) Logistik – Wege zur Optimierung des Material- und Informationsflusses. Vahlen, München
Schulte C (2013) Logistik – Wege zur Optimierung der Supply Chain, 6. Aufl. Vahlen, München
Schulte G (1996) Material- und Logistikmanagement. Oldenbourg, München
Schulte G (2001) Material- und Logistikmanagement. Oldenbourg, München
Schulze/Weber (1987)
Schulze-Rohde S (2005) Einkäufer unter Zugzwang. In: Beschaffung Aktuell, Ausgabe 10/2005
Seeber 2010
Sibbel R, Hartmann F (2005) Integriertes Beschaffungsmanagement in dezentralen Unternehmensstrukturen. In: Beschaffung Aktuell 2005
Sicherheit Aktuell, W&S Barometer (1/2011) www.checkpointsystems.com
Simon H (2007) Hidden Champions. Campus

Singer W (2003) Ein neues Menschenbild? Gespräche über Hirnforschung. 1. Aufl. Suhrkamp, Frankfurt/a.M.
SmartTools Publishing
Sommerer G (1998) Unternehmenslogistik. Hanser, München
Sonntag aktuell (1998) Fälschen und Klauen, 17.05.1998
Specht O (1997) Betriebswirtschaft für Ingenieure und Informatiker. Kiehl, Ludwigshafen
Stahl Dr. E, Breitschaft M, Krabichler T, Wittmann G (2007) ibi research 2007 (www.ecommerce-leitfaden.de). Regensburg
Statistika (2014) Meistgenutzte Zahlungsverfahren im Online-Handel 2013 (zu finden über Start › Branchen › E-Commerce & Versandhandel › B2C-E-Commerce)
Statistisches Bundesamt Wiebaden
Statistisches Bundesamt (2006) In: www.destatis.de, 22.02.2006
Statistisches Bundesamt (2008) Güterumschlag in der Seeschifffahrt erreicht 2007 neuen Höchststand, Pressemitteilung Nr.122, 19.03.2008
Statistisches Bundesamt (2009) Verkehr aktuell 12/2008. In: www.destatis.de vom 09.01.09
Statistisches Bundesamt der Europäischen Union (2013) s.a. Fraunhofer Institut IAO Studie 2013
Statistisches Bundesamt (2014a) Verkehr aktuell 02/2014
Statistisches Bundesamt (2014b) Pressemitteilung – 41/14
Steinbuch P A (1999) Fertigungswirtschaft. Kiehl, Ludwigshafen
Steinbuch P A, Olfert K (1999) Fertigungswirtschaft. Kiehl, Ludwigshafen
Stiftung Warentest (2011) Kreditkarten mit „Mastercard SecureCode" und „Verified by Visa": Mehr Sicherheit, 06.05.2011 (http://www.test.de/Kreditkarten-mit-Mastercard-SecureCode-und-Verified-by-Visa-Mehr-Sicherheit-4233850-0/)
Stölzle W, Heusler F, Karrer M (2004) Erfolgsfaktor Bestandsmanagement. Versus Verlag, Zürich
Studie FAST (2004) von Mercer Management Consulting und Fraunhofer Gesellschaft. In: Automobil-Produktion (April 2/2004) mi verlag moderne Industrie, Sonderausgabe: Eine Branche im Umbruch
Südwest Presse (2013)
Supply Chain Council (2000) Einführung in das Supply Chain Score Reference Modell
Supply Chain Council (SCC) 2000, s.a. Bogaschewsky R, Müller H, Altmann M (2000) Integrierte Risikobetrachtung in strategischen Supply Chain Design von KMU. In Anlehnung an Rohde, Meyr & Wagner (2000)
SupplyOn in www.supplyon.de, 01.12.2005
Supply (2010)
Synwoldt C (2008) Mehr als Sonne, Wind und Wasser – Energien für eine neue Ära. Weinheim
ten Hompel M, Schmidt T (2008) Warehouse Management, 3. Aufl. Berlin/Heidelberg
Texas Instruments in www.texasinstruments.com, 19.01.2004

Thaler K (2000) Supply Chain Management. Prozessoptimierung in der logistischen Kette. Fortis, Köln

The Global Information Technology Report (2012)

Thomas P (2008) Mitarbeiterideen können Millionen wert sein. In: FAZ Nr. 10, 12.01.2008

Toyoda J K (1995) The Toyota Produktion System. The Toyota Production System. Toyota Motor Corporation

Transparency International (2002) A-B-C der Korruptionsbekämpfung, Stand 15.12.2002: http://www.transparency.de/html/themen/Unternehmen/ABC--Druckfassung_Webseite.pdf

Transparency International (2008) Corruption Perceptions Index 2007, s.a. www.transparency.de, 28.07.2008

Transparency international (2014) TI-Deutschland: tabellarisches Ranking. In: http://www.transparency.de/Tabellarisches-Ranking.2400.0.html

Transportinformationsservice TIS der deutschen Versicherer 2014

Untersuchung Supply-Chain-Netzwerk ECR Europe und McKinsey. Vgl. Brinkhoff A, Großpietsch J, Rexhaussen F, Sänger F (2012) Supply Chain – gemeinsam planen, doppelt profitieren. In: Akzente 3/12

U.S. Customs and Border Protection: Blocked, Denied, Entity and Debarred Persons Lists. In: http://www.cbp.gov/xp/cgov/export/persons_list/, 28.11.2007

Van Baal S (2007) Internet-Zahlungsverfahren aus Sicht der Händler: Ergebnisse der Umfrage IZH4

VDI (1977) 3590/1,2,3

VDI nachrichten (2005) Nr. 23, 10.06.2005

Verband Deutsches Reisemanagement e.V. (VDR) (2014) Leichtes Wachstum im Geschäftsreisemarkt. In: http://www.vdr-service.de/pressemitteilungen, Pressemitteilung v. 11.06.2014

Versteeg A (1999) Revolution im Einkauf

Voigt S (2006a) Gütertransport in der Binnenschifffahrt 2005 auf Rekordniveau. In: Logistik Inside newsletter, 08.03.2006

W&S Barometer (1/2011)

Wagner S M (2002) Lieferantenmanagement. Hanser Verlag, München, Wien

Wallstreet-online (2014a) Ölpreis – Weizen, Wheat – Weizenkurs. In: http://www.wallstreet-online.de/rohstoffe/oelpreis-brent

Wallstreet-online (2014b) Reispreis – Reis CBOT, Rough Rice – Reiskurs. In: http://www.wallstreet-online.de/rohstoffe/reispreis

Wallstreet-online (2014c) Kupferpreis – Kupfer, Copper – Kupferkurs. In: http://www.wallstreet-online.de/rohstoffe/kupferpreis

Wannenwetsch H (Hrsg.) (2000) E-Logistik und E-Business. Kohlhammer, Stuttgart

Wannenwetsch H (Hrsg.) (2002b) E-Logistik und E-Business. Kohlhammer, Stuttgart

Wannenwetsch H (Hrsg.) (2004) Erfolgreiche Verhandlungsführung in Einkauf und Logistik, Springer, Heidelberg–Berlin–New York

Wannenwetsch H (Hrsg.) (2005a) Erfolgreiche Verhandlungsführung in Einkauf und Logistik, 2. Aufl. Springer, Heidelberg–Berlin–New York

Wannenwetsch H (Hrsg.) (2009) Erfolgreiche Verhandlungsführung in Einkauf und Logistik, 3. Aufl. Springer Heidelberg–Berlin–New York

Wannenwetsch H (Hrsg.) (2013) Erfolgreiche Verhandlungsführung in Einkauf und Logistik, 4. Aufl. Springer Heidelberg–Berlin–New York
Wannenwetsch H, Nicolai S (Hrsg.) (2002): E-Supply-Chain-Management, 2. Aufl. Gabler Wiesbaden
Wannenwetsch H, Nicolai S (Hrsg.) (2004b): E-Supply-Chain-Management, 3. Aufl. Gabler Wiesbaden
Wannenwetsch H (Hrsg.) (2002a) Integrierte Materialwirtschaft und Logistik. Springer, Heidelberg–Berlin–New York
Wannenwetsch H (Hrsg.) (2004a) Integrierte Materialwirtschaft und Logistik, 2. Aufl. Springer, Heidelberg–Berlin–New York
Wannenwetsch H (Hrsg.) (2007) Integrierte Materialwirtschaft und Logistik, 3. Aufl. Springer, Heidelberg–Berlin–New York
Wannenwetsch H (2005) Vernetztes Supply Chain Management. Springer, Heidelberg–Berlin–New York
Weber J (2002) Logistik- und Supply Chain Controlling. Schäffer-Poeschel, Stuttgart
Weber J, Kummer S (1994) Logistikmanagement. Schäffer Poeschel Verlag, Stuttgart
Website Uni Hannover
Weiss J (2001) Killer-Applikationen – Electronic Bill Presentment and Payment. In: sapinfo.net (April 2001)
Werner H (2000) Supply Chain Management. Grundlagen, Strategien, Instrumente und Controlling. Gabler, Wiesbaden
Werner H (2002) Supply Chain Management. Grundlagen, Strategien, Instrumente und Controlling. Gabler, Wiesbaden
Werner H (2008) Supply Chain Management. Grundlagen, Strategien, Instrumente und Controlling. Gabler, Wiesbaden
Werner H (2010) Supply Chain Management, 6. Aufl. Gabler, Wiesbaden
Wetterauer Zeitung (2006) Nr. 152, IW: Milliarden-Ersparnis durch Wiederverwertung, 04.07.2006
Wildemann H (1997a) Logistik-Prozessmanagement. TCW 18, München
Wildemann H (1997b) Trends in der Distributions- und Entsorgungslogistik, Ergebnisse einer Delphi-Studie. München
Wilhelm K (1983) Technisch-organisatorische Informationssysteme – Materialwirtschaft, 6. Aufl. Stuttgart
Wilhelm S (2009) Einpacken von Berufs wegen. In: FAZ 2009
Winkler M (1999) Unternehmen können von Konzernressourcen profitieren. In: Beschaffung Aktuell 6/99
Wirtz B W (2000) Electronic Business. Gabler, Wiesbaden
Wöhe G (1996) Einführung in die Allgemeine Betriebswirtschaftslehre. Vahlen, München
Wöhe G (2000) Einführung in die Allgemeine Betriebswirtschaftslehre. Vahlen
Wöhe G (2010) Einführung in die Allgemeine Betriebswirtschaftslehre. Vahlen, München
Zäpfel G (1989) Strategisches Produktionsmanagement. Walter de Gruyter, Berlin
Zeitschrift „Chancen“ (2006) Das Potenzial der Märkte. Ausgabe 7
ZVEI (Hrsg.) (1982) ZVEI-Leitfaden Logistik. Frankfurt

Autorenverzeichnis

Dipl.-Kfm. Peter Comperl *(Kapitel 1)*

Studium der Betriebswirtschaft an der Universität des Saarlandes in Saarbrücken. Nach leitender Tätigkeit im Personalwesen bei den Saarbergwerken AG (jetzt RAG) Leiter Einkauf und Logistik, u.a. verantwortlich für Maschinenwerkzeuge, Kunststoffe und Dienstleistungen. Nebenberufliche Tätigkeit an Fachhochschulen sowie Dozent an der BME-Akademie in Frankfurt/M. (Bundesverband Materialwirtschaft, Einkauf und Logistik e.V.) im Bereich Einkauf, Materialwirtschaft und Logistik. Herr Dipl.-Kfm. Peter Comperl lehrt an der Dualen Hochschule Baden-Württemberg, Mannheim, Cooperative State University, die Fächer Einkauf, Logistik und Produktion. Erfolgreicher Autor von Büchern zu den Themen Einkauf und Logistik.

Bachelor of Arts (Industrie) Paul David *(Kapitel 25)*

Technische Ausbildung zum Industriemechaniker Fachrichtung Maschinenbau mit anschließender mehrmonatiger Tätigkeit in der Produktion zur Herstellung von kundenindividuellen Produkten aus Hochleistungskeramik. Danach Einschlag des zweiten Bildungsweges. Besuch der Technischen Oberschule in Mannheim mit Erhalt der Allgemeinen Hochschulreife. Nachfolgend Studium der Betriebswirtschaftslehre mit den Schwerpunkten Material-/Produktionswirtschaft sowie Personalwirtschaft an der Dualen Hochschule Baden-Württemberg Mannheim, Cooperative State University.

Im Anschluss Anstellung bei einem weltweit führenden Unternehmen für Produkte aus korrosionsbeständigen und verschleißfesten Werkstoffen im Bereich der Produktion und Fertigung mit den Aufgaben Organisationsentwicklung und Lean Management.

Dipl.-Betriebswirtin (FH) Anja Franke *(Kapitel 14)*

Nach dem Studium der Betriebswirtschaftslehre mit den Schwerpunkten Marketing und Management war Frau Franke über zehn Jahre in leitenden Positionen in Marketing und Vertrieb mittelständischer Unternehmen der Konsumgüterbranche tätig. Ihre Kenntnisse der Markenführung und

-kommunikation konnte Frau Franke in einer der Top 10 der inhabergeführten Werbeagenturen in Deutschland vertiefen.

Seit 2001 ist Frau Franke mit ihrem Beratungsunternehmen „Success for less“ erfolgreiche Beraterin für Marketing- und Vertriebsfragen speziell im Mittelstand. An der Dualen Hochschule Baden-Württemberg Mannheim, Cooperative State University, lehrt Frau Franke die Fächer Marketing, Einkaufsmarketing und Logistik. Autorin von Büchern zu den Themen Einkauf und Logistik.

Bachelor of Arts Carolina Grüll *(Kapitel 4)*

Studium der Industrie-Betriebswirtschaftslehre an der Dualen Hochschule Baden Württemberg Mannheim, Corporate State University. Schwerpunkt des Studiums bildeten dabei die Fächer Marketing sowie Materialwirtschaft und Logistik bei Prof. Dr. Wannenwetsch. Im Anschluss Anstellung bei einem großen Spezialchemie-Konzern im Bereich Marketing und Vertrieb mit den Tätigkeitsgebieten Market Intelligence und Regional Sales Management.

Prof. Dr. Johannes Kals *(Kapitel 7)*

Studium der Betriebswirtschaft an der RWTH Aachen, 1987 Abschluss Diplom-Kaufmann. Wissenschaftlicher Angestellter an der Universität Duisburg-Essen, Forschungen in den USA für die Promotion 1992 an der TU Berlin über „Umweltorientiertes Produktions-Controlling“.

Unternehmensberater in der Gerling Consulting Gruppe in Köln, im Geschäftsfeld Sicherheitsmanagement (Umwelt- und Qualitätsmanagement). Ab 1995 Professor an der Hochschule Ludwigshafen für BWL, insbesondere Produktionswirtschaft, Materialwirtschaft und Logistik. Von 1997 bis 2002 Vizepräsident der Hochschule. Aktueller Forschungsschwerpunkt BWL und Energie (Energy Management Systems).

Bachelor of Arts Niklas Lübke *(Kapitel 11, 15, 17)*

Niklas Lübke studierte in Kooperation mit der Siemens AG industrielle Betriebswirtschaftslehre an der Dualen Hochschule Baden-Württemberg Mannheim mit den Vertiefungsfächern Rechnungswesen und Materialwirtschaft. Im Schaltanlagenwerk der Siemens AG in Frankfurt konnte er während des Studiums u.a. in den Bereichen Controlling, Personalwesen, Vertrieb und Einkauf berufliche Erfahrungen sammeln. Gegenwärtig ist er als strategischer Einkäufer im Schaltanlagenwerk der Siemens AG in Frankfurt tätig und ist nebenberuflich Student des Masterstudiengangs "Master of Arts in Management" an der Steinbeis-Hochschule Berlin.

Prof. Dr. Peter Malinski *(Kapitel 3)*

Prof. Dr. Peter Malinski studierte von 1984 bis 1988 Betriebswirtschaftslehre an der Universität Mannheim. Anschließend promovierte er an der juristischen Fakultät (Lehrstuhl Prof. Dr. Arndt) der Universität Mannheim. Danach Referent in der Steuerabteilung des weltweit größten Automobilzulieferers in Stuttgart. Von 1994 bis 1998 Leiter des Bereichs Steuern bei einem weltweit führenden deutschen Software-Hersteller in Walldorf/Baden. Seit 1998 lehrt Prof. Dr. Malinski an der Dualen Hochschule Baden-Württemberg Mannheim, Cooperative State University, im Bereich Steuern und Rechnungswesen im Grund- und Hauptstudium.

Prof. Dr. Gerald Mann *(Kapitel 1)*

Professor Dr. Gerald Mann, Dipl.-Volkswirt, Dipl. sc. pol. Univ., Jahrgang 1968. Nach Abitur, Wehrdienst, Banklehre erste Berufstätigkeit im Bankgeschäft 1990/91 in Folge der deutsch-deutschen Währungsunion. Anschließend Studium der Volkswirtschaftslehre an der Ludwig-Maximilians-Universität und Politikwissenschaft an der Hochschule für Politik in München. Danach Unternehmensanalyst in einer Großbank, dann Geschäftsführer und Berater im Verlagswesen, freiberuflicher Dozent, auch Gastdozent in der VR China. Promotion über internationale Handelspolitik an der Universität der Bundeswehr in München, daneben Zusatzstudium Erwachsenenpädagogik an der Hochschule für Philosophie München.

Heute Professor für Volkswirtschaftslehre und regionaler Gesamtstudienleiter für München an der privaten, bundesweiten FOM Hochschule für Oekonomie und Management. Interviewpartner und Autor in nationalen und ausländischen Medien. 2012 BCW-Stiftungspreis für exzellente Lehre.

Dipl.-Kfm. Egon Mayerhofer von Rottkay *(Kapitel 1)*

Studium der Wirtschafts- und Organisationswissenschaften an der Universität der Bundeswehr in München/Neubiberg, Abschluss Dipl.-Kaufmann. Anschließend verantwortliche Tätigkeit als Marineoffizier. Nach Beendigung der Dienstzeit langjährige Tätigkeit als verantwortlicher Projektleiter von Großprojekten in der Bauindustrie.

Lehrauftrag an der FOM Hochschule für Ökonomie und Management in München und Nürnberg in Logistik. Lehrbeauftragter an der Hochschule für Politik der Ludwig Maximilians Universität München und Dozent an der Fachakademie für Wirtschaft in München.

Prof. Dr. Alexander E. Meier *(Kapitel 2)*

Studium der Betriebswirtschaftslehre, Universität Mannheim. Mehrjährige Erfahrung in der hausinternen Unternehmensberatung eines weltbekannten internationalen Konzerns der Metall- und Elektroindustrie. Daneben Promotion zum Thema Total Quality Management. Zuletzt war er in verantwortungsvoller Funktion im Zentraleinkauf des Konzerns zuständig für strategische Einkaufsgrundsatzfragen und das Einkaufscontrolling.

Seit 1999 ist Herr Dr. Meier Professor an der Dualen Hochschule Baden-Württemberg Mannheim, Cooperative State University, tätig. Erfolgreiche Unternehmensberatung auf den Gebieten der Einkaufs- und Fertigungsoptimierung in Mittel- und Großbetrieben. Tätigkeitsschwerpunkte sind u.a. Targetcosting, Produktwertgestaltung, Zielkostenkalkulationen, Lieferantenentwicklung, Fertigungsanalysen sowie Einkaufsorganisationsprojekte. Autor zahlreicher Bücher zum Thema Einkauf.

Prof. Dr. Gerhard Moroff *(Kapitel 14)*

Geb. 1962 in Darmstadt. Studium der Betriebswirtschaft mit anschließender Promotion an der Universität Mannheim. Danach verantwortungsvolle Tätigkeit in einem der weltweit größten Chemiekonzerne in den Bereichen Controlling und Logistik. Seit 1995 Professor an der Dualen Hochschule Baden-Württemberg Mannheim, Cooperative State University. Prof. Dr. Moroff lehrt die Fachgebiete Produktions- und Kostentheorie, Logistik sowie Finanz- und Rechnungswesen im Grund- und Hauptstudium. Seit 1997 Studiengangsleiter im Studiengang Industrie. Dozent an der Ruprecht-Karls-Universität in Heidelberg. Erfolgreicher Autor zahlreicher Bücher zu den Themen Einkauf, Logistik und Dienstleistungen.

RA Christopher Müller *(Kapitel 8)*

Nach seinem Studium der Rechtswissenschaften an der Universität Mannheim und anschließendem Referendariat erwarb Herr Rechtsanwalt Müller in renommierten Kanzleien erste Berufserfahrungen als Anwalt, bevor er seine eigene Kanzlei gründete, die inzwischen erfolgreich expandierte und mehrere Zweigniederlassungen in Deutschland besitzt.

Daneben hält Herr Rechtsanwalt Müller schon seit über zehn Jahren an der Dualen Hochschule Baden-Württemberg, Mannheim in der Fachrichtung Industrie Vorlesungen im Fach Recht. Darüber hinaus ist er für weitere staatlich anerkannte Berufsfach- bzw. Fachschulen und diversen Industrie- und Handelskammern in der Aus-, Fort- und Weiterbildung engagiert, insbesondere in dem Bereich Personal- und Mitarbeiterführung.

Durch diese jahrelange Erfahrung verbunden mit seiner Tätigkeit in verschiedenen Ausschüssen, aber auch in der Funktion als Aufsichtsratsvorsitzender einer Aktiengesellschaft, sowie seinem Beruf als Rechtsanwalt sind ihm die Anforderungen der Praxis und die sich daraus ergebenden Problematiken bekannt.

Prof. Dr. Cornelius Nolte *(Kapitel 4)*

Studium der Volkswirtschaftslehre und Promotion an der Johannes-Gutenberg-Universität, Mainz. Tätigkeit als Unternehmensberater in einer Tochtergesellschaft eines deutschen Privatbankhauses mit den Beratungsschwerpunkten Corporate Finance und Financial Management.

Anschließend verschiedene Positionen in Controlling und Finanzmanagement eines international tätigen deutschen Konsumgüterunternehmens (Senior Controller International, Finanzdirektor eines Tochterunternehmens, Direktor des Shared Service Center Deutschland). Seit 1999 Professor an der Dualen Hochschule Baden-Württemberg in Mannheim mit den Schwerpunkten Controlling und Finanzmanagement.

Bachelor of Arts Industrie (DH) Johanna Richter *(Kapitel 3)*

Studium der Betriebswirtschaftslehre an der Dualen Hochschule Baden-Württemberg Mannheim, Cooperative State University. Schwerpunkte in Material- und Produktionswirtschaft und Marketing. Während des Studiums dreimonatiger Auslandsaufenthalt in Kalifornien im Bereich Planning and Purchasing. Im Anschluss Anstellung in einem internationalen Chemie- und Pharmaunternehmen im Bereich

Produktmanagement, mit globalem Verantwortungsbereich. Gegenwärtig als Globale Produktmanagerin für drei diversifizierte und umfangreiche Produktgruppen im Bereich Chemie tätig. Hierbei Übernahme von verantwortungsvollen Aufgaben entlang der Supply Chain als Schnittstelle zwischen u.a. Produktions-, Einkaufs-, Marketing- und Vertriebsfunktionen.

Dipl.-Betriebswirtin (DH) Maike Seeber *(Kapitel 5, 21)*

Studium der Betriebswirtschaftslehre an der Dualen Hochschule, Baden-Württemberg Cooperative State University, in Mannheim. Im Anschluss Anstellung bei einem führenden amerikanischen Automobilzulieferer im Bereich Lean Management Europe. Entsendung nach Südafrika zum 14-monatigen Auslandsaufenthalt mit dem Schwerpunkt der Produktionsoptimierung. Es folgten weitere Karriereschritte in Konzernfunktionen der Automobil- und Medizinbranche im In- und Ausland. Gegenwärtig als Produktionsleiterin und stellvertretende Werkleiterin bei einem der weltweit größten Automobilzulieferer tätig.

Diverse Tätigkeiten als Trainerin für Fach- und Führungskompetenz sowie Dozentin an der Nelson Mandela Metropolitan University Port Elizabeth in Südafrika.

Dipl.-Kfm. Alexander Sehr *(Kapitel 9, 10, 22, 23)*

Studium der Betriebswirtschaftslehre mit den Schwerpunkten Logistik, Produktionswirtschaft und Personalwirtschaft an der Johann-Wolfgang von Goethe Universität Frankfurt/Main. Nach dem Studium verantwortungsvolle Position in der Personalberatung und Personalentwicklung in einem der international größten Personaldienstleistungsunternehmen.

Bei der BME-Akademie GmbH, Aus- und Weiterbildungsakademie des Bundesverbandes Materialwirtschaft, Einkauf und Logistik e.V. (BME)/ Frankfurt a.M. bundesweiter Teamleiter Lehrgänge und Zertifizierungen. Autor zahlreicher Bücher zum Thema Einkauf und Beschaffung. Erfolgreicher Autor von Büchern zu den Themen Einkauf und Beschaffung.

Prof. Dr. Frank Thomé *(Kapitel 14)*

Studium der Wirtschaftswissenschaften mit anschließender Promotion an der Rheinisch-Westfälischen Technischen Hochschule (RWTH) Aachen. Danach langjährige Tätigkeit in der Entwicklungsabteilung in einem der weltweit größten Softwarehersteller, zuletzt als Programm-Manager im Bereich Supply Chain Management.

Seit 2010 Professor für Wirtschaftsinformatik an der Hochschule Ludwigshafen am Rhein mit den Lehrgebieten E-Business und Supply Chain Management, ERP-Systeme und ERP-Consulting, Business Process Management sowie Internet Technologien.

Prof. Dr. Helmut H. Wannenwetsch
(Kapitel 1, 2, 12, 13, 14, 16, 18, 24, 26)

Geb. 1957, Studium in München, Promotion in Augsburg. Zwölf Jahre Erfahrung in multinationalen Unternehmen in den Bereichen Beschaffung, Materialwirtschaft, Logistik, Produktion und Projektmanagement. Zuletzt verantwortliche Tätigkeit in der logistischen Programmführung eines großen deutschen Konzerns der Luft- und Raumfahrtindustrie.

Seit 1996 lehrt Prof. Dr. Helmut H. Wannenwetsch Beschaffung, Einkaufsmanagement, Logistik, Produktion und Materialwirtschaft an der Dualen Hochschule Baden-Württemberg Mannheim, Cooperative State University im Grund- und Hauptstudium. Herr Prof. Wannenwetsch führt Seminare und Beratungen zum Thema Einkauf, Logistik und Supply Chain Management bei Unternehmen und Organisationen durch. Erfolgreicher

Autor und Herausgeber zahlreicher Büchern zu den Themen Beschaffung, Logistik, Einkaufsvorbereitung und Supply Chain Management.

Prof. Dr. Bernd Weibel *(Kapitel 12)*

Studium der Betriebs- und Volkswirtschaftslehre sowie Erziehungswissenschaft an der Universität Mannheim. Anschließend mehrjährige Forschungs- sowie Lehrassistententätigkeit an den Universitäten Mannheim (Promotion) und Karlsruhe. Danach Personalleiter eines großen überregional agierenden Non-Profit-Unternehmens mit mehreren tausend Mitarbeitern.

Seit 1987 lehrt Prof. Dr. Weibel an der Dualen Hochschule Baden-Württemberg Mannheim, Cooperative State University, und ist Studiengangsleiter des Bereichs Wirtschaft-Industrie I. Arbeitsschwerpunkte im Rahmen der Lehre: Allgemeine Betriebswirtschaftslehre, Personalwirtschaft und PC-gestützte Unternehmenssimulationen. Darüber hinaus langjährige erfolgreiche Lehr- und Vortragstätigkeit an renommierten Hochschulen, Institutionen der Erwachsenenbildung sowie Beratung (Business Mediation) und Schulungen (Intern. Management) für Industrieunternehmen. Erfolgreicher Autor von Büchern zum Thema Personalmanagement.

Ich danke den folgenden Autoren für ihre Mitarbeit bei den vorigen Auflagen: Dipl.-Betriebswirtin (BA) Sulamith Anstett, Dipl.-Betriebswirt (BA) Lajos Eric Forster, Herrn Frieder Gamm, Trainer für Vertrieb und Verhandlungsführung, Dipl.-Betriebswirt (BA) Thorsten Hemmer, Dr. Andreas Kleineicken, Dipl.-Betriebswirt (BA) Michael Lang, Björn Schmitz und Rechtsanwalt Florian Wolff.

Weiterhin bin ich zu besonderem Dank verpflichtet:

Prof. Dr. Uwe Barwig, Duale Hochschule Baden-Württemberg, Mannheim

Prof. Dr. Beedgen, Prorektor der Dualen Hochschule Baden-Württemberg und Dekan des Fachbereichs Wirtschaft.

Prof. Dr. Frank Borowicz, Duale Hochschule Baden-Württemberg, Karlsruhe

Prof. Dr. Ulrich Brecht, Hochschule Heilbronn, University of Applied Siences

Direktor Helmut Beck, Logistik Seminare Heidelberg

Prof. Dr. Martin Detzel, Duale Hochschule Baden-Württemberg, Karlsruhe

Dipl. Wirtschaftsing. Oliver Dorn, Geschäftsleitung FOM, Hochschule für Ökonomie und Management, Hochschulstudienzentrum München/ Augsburg

Dr. Christoph Feldmann, Hauptgeschäftsführer, Bundesverband, Materialwirtschaft, Einkauf und Logistik (BME) Frankfurt

Dr. Volker Fleck. Duale Hochschule Baden-Württemberg, Lörrach

Herrn Dipl.-Ing. Ernst Fritzemeier, Mitglied der Geschäftsführung, Ringspann GmbH Bad Homburg,

Prof. Dr. Rolf Fuhrmann, Duale Hochschule Baden-Württemberg, Mannheim

Prof. Dr. Harald Hartmann, Duale Hochschule Baden-Württemberg Mannheim

Dr. Dieter Hildebrandt, ehem. Hauptgeschäftsführer Bundesverband Materialwirtschaft, Einkauf und Logistik, Frankfurt/M.

Prof. Dr. Herold, Duale Hochschule Baden-Württemberg, Karlsruhe

Prof. Dr. Wolfgang Hochdoerffer, Duale Hochschule Baden-Württemberg, Karlsruhe

Dipl. Volkswirt Andreas Hornberger, Akademischer Mitarbeiter DHBW, Doktorand Universität Heidelberg

Dipl.-Ing. Dipl.-Wirtsch.-Ing. Franz Hummel, Beschaffung Produktionsanlagen, MTU-Aero-Engines AG, München

Dipl.-Kfm. Kai-Uwe Köhler, Leiter IHK Lehrgänge. BME Akademie Frankfurt/M, Bundesverband Materialwirtschaft, Einkauf und Logistik.

Prof. Dr. Hans-Christian Krcal, Duale Hochschule Baden-Württemberg Mannheim

Dr.-Ing. Reiner Lübke, Mitglied des Vorstandes, Technische Werke Ludwigshafen AG

Prof. Dr. Jochem Piontek, Hochschule Bremerhaven

Prof. Dr. Dietmar Polzin, Duale Hochschule Baden-Württemberg, Mannheim

Dipl. Kfm. Schröder, CONPLAN Unternehmensberatung für Planung und Controlling, Karlsruhe

Ass. Jur. Kai-Uwe Sax, Bauunternehmen Sax+Klee, Mannheim

Prof. Dr. Christoffer Schneider, Duale Hochschule Baden-Württemberg, Mannheim

Prof. Dr. Schwolgin, Duale Hochschule Baden-Württemberg, Lörrach

Prof. Dr. Michael Teichmann, Duale Hochschule Baden-Württemberg, Mannheim

Frau Sabine Ursel, Leiterin Kommunikation, BME Frankfurt/M.

Dipl. Kfm. Rainer Winge, Leiter Einkauf Südzucker AG, Mannheim

Herrn Florian Wolff, Rechtsanwalt, Kanzlei Graf von Westphalen, Frankfurt/M.

Herrn Dr. Marco Zessel, LL.M. Rechtsanwalt, Kanzlei Graf von Westphalen, Frankfurt/M.

Dr. Karl Waldkirch, Unternehmen Asia Success, Neustadt/W.

Stichwortverzeichnis

Printing: Ten Brink, Meppel, The Netherlands
Binding: Ten Brink, Meppel, The Netherlands